《化工管路设计手册》编委会

主　任：严建中

副主任：张亚丁　赵　志

委　员（按拼音字母排序）：

程治方　戴文权　董万森　姜罘宇

李　军　李淑华　李思凡　李玉秀

齐福海　徐宝东　张建民

化工管路设计手册

◎ 徐宝东 主编　　齐福海 主审

HUAGONG GUANLU SHEJI SHOUCE

化学工业出版社

·北京·

管路是工程中非常常见同时又非常重要的部分，各行各业都不可或缺，国家、行业关于管路及其附件等多有相关标准规范进行规定，其安装设计等也是实际工程设计的重要环节。随着形势的变化，有关管路方面的标准规范及产品资料有不少进行了更新、修订。本书采用最新的标准规范，从安装、设计，管道材料及阀门、法兰、衬里、支吊架等其他附件方面，在原来《化工管路手册》基础上重新编写。

本书可供化工、石化、医药、轻工等行业从事管路设计的工程技术人员使用，也可供其他行业和有关院校师生参考。

图书在版编目（CIP）数据

化工管路设计手册/徐宝东主编. —北京：化学工业
出版社，2011.1（2021.10 重印）
ISBN 978-7-122-09841-2

Ⅰ. 化…　Ⅱ. 徐…　Ⅲ. 化工设备-管件-设计-技术
手册　Ⅳ. TQ055.8-62

中国版本图书馆 CIP 数据核字（2010）第 214061 号

责任编辑：左晨燕　　　　　　　　　　　　文字编辑：刘砚哲
责任校对：顾淑云　　　　　　　　　　　　装帧设计：韩　飞

出版发行：化学工业出版社（北京市东城区青年湖南街 13 号　邮政编码 100011）
印　　装：北京虎彩文化传播有限公司
787mm×1092mm　1/16　印张 62½　字数 2323 千字　2021 年 10 月北京第 1 版第 6 次印刷

购书咨询：010-64518888　　　　　　　　　售后服务：010-64518899
网　　址：http://www.cip.com.cn
凡购买本书，如有缺损质量问题，本社销售中心负责调换。

定　　价：398.00 元

前　言

在化工生产企业里，我们可以发现几乎所有的机器设备之间，都是用管路（即管子和各种管件、阀门等的总称）把它们相互连通着。管路同一切机器设备一样，是化工生产中不可分割的一个组成部分，要确保安全、持续、稳定的生产，除要妥善设计好各种机器设备外，同时必须重视化工管路的设计工作。否则，同样会因管路的故障和损坏而直接影响生产。另外，合理的设计、安装和改进化工管路，也是化工生产中的重要一环。

化工管路在生产中的作用，主要是用来输送各种流体介质（如气体、液体等），使其在生产中按工艺要求流动，以完成各个化工过程。各种不同类型的化工管路，在设计、安装和生产中，都有它们各自不同的特点，我们只有掌握它们的特点，合理地使用才能确保生产的安全。

随着化学工业的迅速发展，为适应化工管路设计的需要，《化工管路设计手册》着重介绍一般装置的化工管路，是化工设计人员的实用工具书。1986 年化学工业出版社曾经出版过《化工管路手册》，受到了广大使用者的好评和欢迎。经历二十多年，很多标准规范已经更新，化学工业出版社决定重新编写出版，并更名为《化工管路设计手册》。

这次重新编辑有以下原则：首先是保持原有特色，并根据目前的需要对内容作适当增删；其次体现设计行业的技术发展，对设计规范和标准进行更新；最后体现实用性强的特点，着重考虑使用者查找的方便。

本书第一章以化工管路设计的理论和计算为主，重点在于管路系统的组成、管路设计的压力和温度、管径的选择、管道阻力的计算、真空管路的设计、浆液管路的设计、设计文件的要求及校审等。

第二章以管路安装设计的布置和绘图为主，重点在于管路设计基础、管道布置设计、管道布置要求、典型配管示例（塔设备、容器、泵类、换热器、排放管、取样管、双阀设计、仪表安装、安全阀、疏水阀、罐区、管廊、装卸站、软管站、洗眼器与淋浴器的配管）和配管注意事项（包括阀门操作位置、操作维修空间、常见配管错误）等。

第三章以管路的绝热和防腐为主，重点在于管道绝热范围及材料、绝热与加热计算、绝热结构的设计、材料计算与附录、防腐及涂漆、防腐的施工、防腐涂料及性能等。

第四章以金属管与管件为主，重点在于化工配管系列（包括压力等级、使用温度、管径系列、壁厚选用等）、材料选用依据、金属管材（包括无缝钢管、焊接钢管、铜和铜合金管、铝和铝合金管、铅和铅合金管、钛和钛合金管）、标准管件（包括钢制管件分类、钢制对焊无缝管件、钢板制对焊管件、锻钢制螺纹管件、承插焊管件、可锻铸铁管件、支管台、快速接头等）。

第五章以金属法兰与连接件为主，重点在于法兰选用依据、化工标准法兰（欧洲体系）、化工标准法兰（美洲体系）、机械标准法兰、国家标准法兰、螺栓螺母（包括材料等级、六角头螺栓、双头螺柱、全螺纹螺柱、螺母）等。

第六章以非金属管路与衬里管路为主，重点在于橡胶制品、塑料制品（包括聚氯乙烯管、聚乙烯管材、无规聚丙烯管材、增强聚丙烯管材、聚四氟乙烯管材、有机玻璃管、尼龙 1010

管材)、玻璃钢管和管件、玻璃管和管件、陶瓷管材及配件、石墨管材、钢衬复合管和管件(包括衬胶钢管和管件、钢衬塑料复合管、衬玻璃管和管件、搪玻璃管和管件)等。

第七章以常用阀门为主,重点在于阀门的选用(包括阀门的设置、阀门结构长度、材料与组合、阀门压力试验、阀门的命名)、常用金属阀(包括闸阀、截止阀、节流阀、止回阀、蝶阀、球阀、旋塞阀、隔膜阀、柱塞阀)、非金属阀门等。

第八章以管路附件为主,内容包括管道过滤器、安全喷淋洗眼器、管道混合器、液体装卸臂(包括陆用和船用)、软管(包括金属和非金属)与接头、消声器与隔声罩、视镜与喷嘴、取样设施、阻火器与呼吸阀、爆破片与安全阀、疏水阀、减压阀等。

第九章以管道应力及支吊架为主,重点在于管道应力分析、管架设计计算(包括管道跨距的计算、管架的最大间距、管架荷载的计算、管架强度的计算、悬臂管架的设计)、管架设置选用(包括管架的类型、管架的设置、典型管架设置、管架生根结构)、管架设计选用(包括管架选用原则、固定支吊架、弹簧支吊架、标准管架索引)、管廊与埋地管道等。

附录部分包括部分计量单位及换算、医药洁净要求、几何图形计算公式、电器防护与安装、机械制图知识、配合与公差、金属的焊接、常用钢号对照、金属的性质、常用工程材料、常用设计资料、管道的无损检测、设备材料采购要求等。

本《手册》是为了方便化工管路的设计,广大编辑人员本着科学严谨、不断进步的精神,完成了相关的编写任务,希望对广大设计人员能有所帮助。

本书由齐福海主审,第一章和附录主要由徐宝东编写,第二章主要由李思凡编写,第三章和第九章主要由刘程和郑京明编写,第四章、第五章和第七章主要由宋炯亮、张德生和史晓岳编写,第六章主要由王亚慧编写,第八章主要由宋向东和赵燕编写。参与本书编写、校对和给予支持的还有刘家祥、刘新、徐秀慧、吕凤翔、闫振利、刘明、吕文昱、徐振海、何嘉、吴习、杨婷、张志、王方、刘旭辉、窦一文、李军、张志超、蔺向阳、杨晓燕、黄玲、林永利、邹鸿岷、张效峰、杨会娥、李薇、毕永军、伍明、刘红斌、杜涵雯等,在此表示感谢!

徐宝东

2010 年 9 月 10 日

目　录

1 化工管路设计

1.1 管路系统

1.1.1 流体分类（GB 50316）

1.1.1.1 A1 类流体（category A1 fluid）

在本规范内系指剧毒流体，在输送的过程中如有极少量的流体泄漏到环境中，被人吸入或与人体接触时，能造成严重中毒，脱离接触后，不能治愈。相当于现行国家标准《职业性接触毒物危害程度分级》GB 5044 中 I 级（极度危害）的毒物。

1.1.1.2 A2 类流体（category A2 fluid）

在本规范内系指有毒流体，接触此类流体后，会有不同程度的中毒，脱离接触后可治愈。相当于《职业性接触毒物危害程度分级》GB 5044 中 II 级及以下（高度、中度、轻度危害）的毒物。

1.1.1.3 B 类流体（category B fluid）

在本规范内系指这些流体在环境或操作条件下是一种气体或可闪蒸产生气体的液体，这些流体能点燃并在空气中连续燃烧。

1.1.1.4 C 类流体（category C fluid）

系指不包括 D 类流体的不可燃、无毒的流体。

1.1.1.5 D 类流体（category D fluid）

指不可燃、无毒、设计压力小于或等于 1.0MPa 和设计温度 -20~186℃ 之间的流体。

1.1.2 管道术语（GB 50316）

1.1.2.1 管道（piping）

由管道组成件、管道支吊架等组成，用以输送、分配、混合、分离、排放、计量或控制流体流动。

1.1.2.2 管道系统（piping system）

简称管系，按流体与设计条件划分的多根管道连接成的一组管道。

1.1.2.3 管道组成件（piping components）

用于连接或装配成管道的元件，包括管子、管件、法兰、垫片、紧固件、阀门以及管道特殊件等。

1.1.2.4 管道特殊件（piping specialties）

指非普通标准组成件，系按工程设计条件特殊制造的管道组成件，包括膨胀节、补偿器、特殊阀门、爆破片、阻火器、过滤器、挠性接头及软管等等。

1.1.2.5 管道支吊架（pipe supports and hangers）

用于支承管道或约束管道位移的各种结构的总称，但不包括土建的结构。

1.1.2.6 固定支架（anchors）

可使管系在支承点处不产生任何线位移和角位移，并可承受管道各方向的各种荷载的支架。

1.1.2.7 滑动支架（sliding supports）

有滑动支承面的支架，可约束管道垂直向下方向的位移，不限制管道热胀或冷缩时的水平位移，承受包括自重在内的垂直方向的荷载。

1.1.2.8 刚性吊架（rigid hangers）

带有铰接吊杆的管架结构，可约束管道垂直向下方向的位移，不限制管道热胀或冷缩时的水平位移，承受包括自重在内的垂直方向的荷载。

1.1.2.9 导向架（guides）

可阻止因力矩和扭矩所产生旋转的支架，可对一个或一个以上方向进行导向，但管道可沿给定轴向位移。

当用在水平管道时，支架还承受包括自重力在内的垂直方向荷载。通常导向架的结构兼有对某轴或二个轴向限位的作用。

1.1.2.10 限位架 (restraints)

可限制管道在某点处指定方向的位移（可以是一个或一个以上方向线位移或角位移）的支架。规定位移值的限位架，称为定值限位架。

1.1.2.11 管道和仪表流程图 (piping and instrument diagram)

简称 P&ID（或 PID）。此图上除表示设备外，主要表示连接的管道系统、仪表的符号及管道识别代号等。

1.1.2.12 公用工程管道 (utility piping)

相对于工艺管道而言，公用工程管道系指工厂（装置）的各工序中公用流体的管道。

1.1.3 压力管道及分类

1.1.3.1 压力管道

压力管道是指在生产、生活中使用的可能引起燃烧或中毒等危险性较大的特种设备。更具体的说，凡具有下列属性的管道均为压力管道。

1) 输送 GB 5044《职业性接触毒物危害程度分级》中规定的毒性程度为极度危害介质的管道。

2) 输送 GB 50160《石油化工企业设计防火规范》及 GBJ 16《建筑设计防火规范》中规定的火灾危险性为甲、乙类介质的管道。

3) 最高工作压力大于等于 0.1MPa（表压、下同），输送介质为气（汽）体、液化气体的管道。

4) 最高工作压力大于等于 0.1MPa，输送介质为可燃、易爆、有毒、有腐蚀性的或最高工作温度高于等于标准沸点的液体的管道。

5) 前四项规定的管道的附属设备及安全保护装置等。"管道的附属设施"是指管道体系中所用的管件（包括三通、弯头、异径管、管瓶等）、连接件（包括法兰、垫片、紧固件、盲板等）、管道设备（包括各种类阀门、过滤器、阻火器等特殊件）、支撑件（包括各种类型的管道支吊架）和阴极保护装置等。"安全保护装置"主要指超温、超压控制装置和报警等装置。

以下四条不属于压力管道监察范围：

1) 设备本体所属管道；

2) 军事装备、交通工具上和核装置中的管道；

3) 输送无毒、不可燃、无腐蚀性气体，其管道公称直径小于 150mm，且最高工作压力小于 1.6MPa 的管道；

4) 入户（居民楼、庭院）前的最后一道阀门之后的生活用燃气管道及热力点（不含热力点）之后的热力管道。

从以上规定可见输送水的管道被排除在监察范围之外，至于输送危险性相对较小的管道，如空气、惰性气体等无毒、不可燃、无腐蚀性气体，仅限于其管道的公称直径≥150mm 或其最高工作压力≥1.6MPa 时，才属于压力管道的监察范围。

1.1.3.2 压力管道分类

根据锅炉压力容器安全监察局制定的《压力管道设计单位资格认证与管理办法》，将压力管道划分为三类两级十六种。

（1）长输管道为 GA 类，级别划分如下。

① 符合以下条件之一的长输管道为 GA1 级：

a. 输送有毒、可燃、易爆气体介质，设计压力 $p>1.6$MPa 的管道；

b. 输送有毒、可燃、易爆液体介质，输送距离≥200km 且管道公称直径 DN≥300mm 的管道；

c. 输送浆体介质，输送距离≥50km 且管道公称直径 DN≥150mm 的管道。

② 符合以下条件之一的长输管道为 GA2 级：

a. 输送有毒、可燃、易爆气体介质，设计压力 $p≤1.6$MPa 的管道。

b. GA1b 范围以外的长输管道。

c. GA1c 范围以外的长输管道。

（2）公用管道为 GB 类，级别划分如下：

GB1—燃气管道；

GB2—热力管道。

（3）工业管道为 GC 类，级别划分如下。

① 符合以下条件之一的工业管道为 GC1 级。

a. 输送 GB 5044《职业性接触毒物危害程度分级》中毒性程度为极度危害介质的管理；

b. 输送 GB 50160《石油化工企业设计防火规范》及 GBJ 16《建筑设计防火规范》中规定的火灾危险性为甲、乙类可燃气体或甲类可燃液体介质，且设计压力 $p \geqslant 4.0$ MPa 的管道；

c. 输送可燃流体介质、有毒流体介质，设计压力 $p \geqslant 4.0$ MPa，且设计温度 $\geqslant 400℃$ 的管道；

d. 输送流体介质且设计压力 $p \geqslant 10.0$ MPa 的管道。

② 符合以下条件之一的工业管道为 GC2 级：

a. 输送 GB 50160《石油化工企业设计防火规范》及 GBJ 16《建筑设计防火规范》中规定的火灾危险性为甲、乙类可燃气体或甲类可燃液体介质，且设计压力 $p < 4.0$ MPa 的管道；

b. 输送可燃流体介质、有毒流体介质，设计压力 $p < 4.0$ MPa，且设计温度 $\geqslant 400℃$ 的管道；

c. 输送非可燃流体介质、有毒流体介质，设计压力 $p < 10$ MPa，且设计温度 $\geqslant 400℃$ 的管道；

d. 输送流体介质，设计压力 $p < 10$ MPa 且设计温度 $< 400℃$ 的管道；

1.1.4 工程划分及费用

按照 GB 50252—94《工业安装工程质量检验评定统一标准》，进行质量检验评定的工业安装工程应划分为单位工程、分部工程和分项工程。

1.1.4.1 单项工程

是建设项目的组成部分，具有独立设计文件，建成后能够发挥生产能力或效益的生产装置（车间）或独立工程。一个建设项目可以包括多个单项工程，并且单项工程是个综合体。

1.1.4.2 单位工程

指单项工程中，具备独立施工条件或独立使用功能的工程。单位工程（unit construction）包括建筑工程和安装工程。从施工的角度看，单位工程就是一个独立的交工系统，有自身的项目管理方案和目标，按业主的投资及质量要求下，如期建成交付生产和使用。单位工程应按工业厂房、车间（工号）或区域进行划分，单位工程应由各专业安装工程构成；当二个专业安装工程具有独立施工条件或独立使用功能时，也可构成一个或几个单位工程。

1.1.4.3 分部工程

指单位工程中，按专业类别划分的若干相对独立的工程。例如：土石方工程、打桩工程、混凝土工程、金属结构工程等。分部工程的划分应符合各专业分部工程划分的有关规定，按专业划分为工业设备、工业管道、电气装置、自动化仪表、防腐蚀、绝热、工业炉砌筑等。

1.1.4.4 分项工程

指分部工程中，按不同工种、台（套）、类别、材料、介质、系统等划分的工程，是施工图预算最基本的计算单位。分项工程的划分应符合各专业分项工程划分的有关规定。

1.1.4.5 管道工程

根据 GB 50184—93《工业金属管道工程质量检验评定标准》，管道工程一般属于分部工程，相对关系如下：

分项工程合价＝工程量×预算单价

分部工程小计＝∑分项工程合价

单位工程合计＝∑分部工程小计

单项工程合计＝∑单位工程合计

1.1.4.6 工程费用（表 1.1-1）

表 1.1-1 （93）化工安装工程费用计算程序及费率

序号	项目名称	计算方法	费率/%	备注
	人工工日单价	22.95 元/工日		计算基础
一	直接工程费	(1)+(2)+(3)		
1)	直接费	(1-1)+(1-2)+(1-3)		
1-1)	人工费			
1-2)	材料费			

续表

序号	项目名称	计算方法	费率/%	备注
1-3)	施工机械费			
2)	其他直接费	(1-1)~(2-14)之和		
2-4)	冬雨季施工增加费	(1-1)×费率	8.54	
2-5)	夜间施工增加费	(1-1)×费率	4.69	
2-6)	材料二次搬运费	(1-1)×费率	1.10	
2-7)	生产工具用具使用费	(1-1)×费率	8.82	
2-8)	检验试验费	(1-1)×费率	0.60	
2-9)	特殊工种培训费	(1-1)×费率	0.07	
2-10)	工程定位复制、工程点交、场地清理费	(1-1)×费率	0.20	
2-11)	配合联动试车费	(1)×费率	1.00	
2-12)	特殊工程增加费	按施工组织设计或方案计算		
2-13)	大型机械租赁费	按出租单位有关规定执行		
2-14)	有害身体健康环境中施工保健费	按生产工人每日保健标准		
3)	现场经费	(3-15)+(3-16)		
3-15)	临时设施费	(1-1)×1.0774×费率	25.58	
3-16)	现场管理费	(1-1)×1.0774×费率	27.26	
二	间接费	(4)+(5)+(6)		
4)	企业管理费	(1-1)×1.0774×费率	65.67	
5)	财务费用	(1-1)×1.0774×费率	5.90	
6)	其他费用	(1-1)×1.0774×费率	0.70	
三	计划利润	(1-1)×1.0774×费率	32.59	
四	税金	按有关文件规定计算		

注：1. 计算现场经费、间接费和计划利润应包括其他直接费用的人工费。本次简化了计算程序，在计算上述费用时，不再计算其他直接费用中的人工费，而以直接费用中人工费乘以系数 1.0774，再乘以费率。

2. 有害身体健康环境中，施工保健费在符合规定条件时计算。

1.2 压力和温度

1.2.1 管道的设计压力

1.2.1.1 适用范围

适用于设计压力 p 在以下工作范围的管道。

① 压力管道：0MPa≤p（表压）≤35MPa 范围的管道。

② 真空管道：p（表压）<0MPa 的管道。

③ 适用于输送包括流态化固体在内的所有流体管道。

1.2.1.2 管道设计压力的确定原则

① 管道设计压力不得低于最大工作压力。

② 装有安全泄放装置的管道，其设计压力不得低于安全泄放装置的开启压力（或爆破压力）。

③ 所有与设备相连接的管道，其设计压力应不小于所连接设备的设计压力。

④ 输送制冷剂、液化气类等沸点低的介质的管道，按阀被关闭或介质不流动时介质可能达到的最大饱和蒸气压力作为设计压力。

⑤ 管道或管道组成件与超压泄放装置间的通路可能被堵塞或隔断时，设计压力按不低于可能产生的最大工作压力来确定。

⑥ 工程设计规定需要计算管壁厚度的管道，其"管壁厚度数据表"中所列的计算压力即为该管道的设计压力，与计算压力相对应的工作温度即为该管道的设计温度。

1.2.1.3 管道设计压力的选取

① 设有安全阀的压力管道：p≥安全阀开启压力

② 与未设安全阀的设备相连的压力管道：p≥设备设计压力

③ 离心泵出口管道：p≥泵的关闭压力

④ 往复泵出口管道：$p \geqslant$ 泵出口安全阀开启压力
⑤ 压缩机排出管道：$p \geqslant$ 安全阀开启压力＋压缩机出口至安全阀沿程最大正常流量下的压力降。
⑥ 真空管道：p 等于全真空
⑦ 凡不属于上述范围管道：$p \geqslant$ 工作压力变动中的最大值

1.2.1.4 设备设计压力的选取原则（表 1.2-1）

表 1.2-1 设计压力的选取原则

类　型		设计压力
常压容器	常压下工作	设计压力为常压，用常压加上系统附加条件校核
内压容器	未装安全泄放装置	一般取 1.00～1.10 倍最高压力（表）
	装用安全阀	1.05～1.10 倍最高工作压力（当最高工作压力偏高时，可取下限，反之可取上限），且不低于安全阀开启压力
	装有爆破片	不小于最大标定爆破压力
	出口管线上装有安全阀	不低于安全阀开启压力加上流体从容器至安全阀处的压力降
	容器位于泵进口侧，且无安全泄放装置时	取无安全泄放装置时的设计压力，且以 0.10MPa（表压）外压进行校核
	容器位于泵出口侧，且无安全泄放装置时	取泵的关闭压力
真空容器	无夹套真空容器　设有安全泄放装置	设计外压力（表压）取 1.25 倍最大内外压力差值或 0.1MPa 进行比较，两者取最小值
	无夹套真空容器　未设安全泄放装置	按全真空条件设计，即设计外压力（表压）取 0.1MPa
	夹套内为内压的带夹套真空容器　容器壁	按外压容器设计，其设计压力取无夹套真空容器规定的压力值，再加夹套内设计压力，且必须校核在夹套试验压力（外压）下的稳定性
	夹套内为内压的带夹套真空容器　夹套壁	设计内压力按内压容器规定选取
外压容器		设计外压力取不小于在工作过程中可能产生的最大内外压力差
常温储存下，烃类液化气体或混合液化石油气（丙烯与丙烷或丙烯与丁烯等的混合物）容器	介质为丁烷、丁烯、丁二烯时	0.79MPa（表压）
	介质 50℃时饱和蒸气压小于 1.57MPa 时	1.57MPa（表压）
	介质为液态丙烷或介质 50℃时饱和蒸气压（表压）大于 1.57MPa，小于 1.62MPa 时	1.77MPa（表压）
	介质为液态丙烯或介质 50℃时饱和蒸气压（表压）大于 1.62MPa，小于 1.94MPa 时	2.16MPa（表压）

1.2.2 管道的设计温度

管道设计温度 T 系指管道在正常工作过程中，相应设计压力下可能达到的管道材料温度。工艺系统专业人员根据化工工艺专业提供的正常工作过程中各种工况的工作温度，按"最苛刻条件下的压力温度组合"来选取管道设计温度。有工艺系统专业提出的管道设计温度（本节系指管道中介质的最高工作温度）可参见以下原则确定。

（1）以传热计算或实测得出的正常工作过程中，介质的最高工作温度下的管壁壁温作为设计温度。

（2）在不便于传热计算或实测管壁温度的情况下，以正常工作过程中介质的最高（或最低）工作温度作为管道设计温度。

①金属管道
a. 介质温度小于 38℃ 的不保温管道，$T=$ 介质最高温度。
b. 介质温度不小于 38℃ 的管道，$T=95\% \times$ 介质最高温度。
c. 外部保温管道，$T=$ 介质最高温度。
d. 内保温管道（用绝热材料衬里），$T=$ 传热计算管壁温度或试验实测的管壁温度。
e. 介质温度不大于 0℃，$T=$ 介质最低温度。

②非金属管道及非金属衬里的金属管道

a. 无环境温度影响的管道，T＝介质最高温度。

b. 安装在环境温度高于介质最高温度的环境中的管道（除已采取防护措施者之外），T＝环境温度。

（3）以化工工艺专业提出的正常工作过程中，介质的正常工作温度加（或减）一定余量作为设计温度，可按下式确定设计温度。

① 介质正常工作温度为 0～300℃ 时，$T \geqslant$ 介质正常工作温度＋30℃。

② 介质正常工作温度大于 300℃ 时，$T \geqslant$ 介质正常工作温度＋15℃。

（4）当流体介质温度接近所选材料允许使用温度界限时，应结合具体情况慎重选取设计温度，以免增加投资或降低安全性。如：按上述（3）中计算结果会引起更换高一档的材料时，允许按工程设计要求，将 15℃ 附加量减小，但工艺必须有措施，使运行中不至于超温。

（5）当工作压力和对应工作温度有各种不同工况或周期性的变动时，工艺系统设计人员应将化工工艺专业提出的各种工况数据列出，并向管道材料专业加以说明。

（6）设备设计温度的选取见表 1.2-2。

表 1.2-2　设计温度选取

介质温度 T/℃	设 计 温 度	
	Ⅰ	Ⅱ
$T < -20$	介质最低工作温度	介质正常工作温度减 0～10℃
$-20 \leqslant T < 15$	介质最低工作温度	介质正常工作温度减 5～10℃
$T \geqslant 15$	介质最高工作温度	介质正常工作温度加 15～30℃

1.2.3　管道的试验压力

按照 GB 50235 的规定，管道液压试验压力的规定如下。

（1）承受内压的地上管道及有色金属管道试验压力应为设计压力的 1.5 倍，埋地钢管道的实验压力应为设计压力的 1.5 倍，且不低于 0.4MPa。

（2）当管道与设备作为一个系统进行试验，管道的试验压力等于或小于设备的试验压力时，应按管道的试验压力进行试验；当管道试验压力大于设备的试验压力，且设备的试验压力不低于管道设计压力的 1.15 倍时，经建设单位同意，可按设备的试验压力进行试验。

（3）当管道的设计温度高于试验温度时，试验压力应按下式计算：

$$p_S = 1.5p \frac{[\sigma]_1}{[\sigma]_2}$$

式中　p_S——试验压力（表压），MPa；

　　　p——设计压力（表压），MPa；

　　$[\sigma]_1$——试验温度下管材的许用应力，MPa；

　　$[\sigma]_2$——设计温度下管材的许用应力，MPa。

当 $\dfrac{[\sigma]_1}{[\sigma]_2}$ 大于 6.5 时，取 6.5。

当 p_S 在试验温度下，产生超过屈服强度的应力时，应将试验压力 p_S 降至不超过屈服强度时的最大压力。

（4）对位差较大的管道，应将试验介质的静压计入试验压力中。液体管道的试验压力应以最高点的压力为准，但最低点的压力不得超过管道组成件的承受力。

（5）对承受外压的管道，其试验压力应为设计内、外压力之差的 1.5 倍，且不得低于 0.2MPa。

（6）夹套管内管的试验压力应按内部或外部设计压力的高者确定。夹套管外管的试验压力按本条（1）中的规定。

按照 GB 50235 的规定，当管道的设计压力小于或等于 0.6MPa 时，可采用气压试验，但应采取有效的安全措施。承受内压的钢管及有色金属管的气压试验压力应为设计压力的 1.15 倍，真空管道的试验压力应为 0.2MPa。当管道的设计压力大于 0.6MPa 时，必须有设计文件规定或经设计单位同意，方可用气压进行压力试验。

根据 SH 3501 对管道压力试验规定如下：

（1）液体压力试验时的应力值，不得超过试验温度下材料屈服点的 90%；

（2）气体压力试验时的应力值，不得超过试验温度下材料屈服点的 80%。

1.3　管径的选择

1.3.1　管径的确定

本方法适用于化工生产装置中的工艺和公用物料管道，不包括储运系统的长距离输送管道、非牛顿流体及固体粒子气流输送管道。

管径应根据流体的流量、性质、流速及管道允许的压力损失等确定。对于大直径、厚壁合金钢等管道直径的确定，应进行建设费用和运行费用方面的经济比较。除另有规定或采取有效措施外，容易堵塞的液体不宜采用小于 DN25 的管道。一般采用预定流速或预定管道压力降值（设定管道压力降控制值）来选择管道直径。

1.3.2　预定流速法（HG/T 20570.06）

当按预定介质流速来确定管径时，采用下式以初选管径：

$$d=18.81W^{0.5}u^{-0.5}\rho^{-0.5} \tag{1.3-1}$$

或

$$d=18.81V_0^{0.5}u^{-0.5} \tag{1.3-2}$$

式中　d——管道的内径，mm；

　　　W——管内介质的质量流量，kg/h；

　　　V_0——管内介质的体积流量，m³/h；

　　　ρ——介质在工作条件下的密度，kg/m³；

　　　u——介质在管内的平均流速，m/s。

管道内各种介质常用流速范围见表 1.3-1，表中管道的材质除注明外，一律为碳钢管。

表 1.3-1　常用流速的范围推荐值表[①]

介　质	工作条件或管径范围	流速/(m/s)	介　质	工作条件或管径范围	流速/(m/s)
饱和蒸汽	DN>200	30～40	半水煤气	p=0.1～0.15MPa（表）	10～15
	DN=200～100	35～25	天然气		30
	DN<100	30～15	烟道气	烟道内	3～6
饱和蒸汽	p<1MPa	15～20		管道内	3～4
	p=1～4MPa	20～40	石灰窑窑气		10～12
	p=4～12MPa	40～60	氮气	p=5～10MPa	2～5
过热蒸汽	DN>200	40～60	氢氮混合气[③]	p=20～30MPa	5～10
	DN=200～100	50～30	氨气	p=真空	15～25
	DN<100	40～20		p<0.3MPa（表）	8～15
二次蒸汽	二次蒸汽要利用时	15～30		p<0.6MPa（表）	10～20
	二次蒸汽不利用时	60		p<2MPa（表）	3～8
高压乏汽		80～100	乙烯气	p=22～150MPa（表）	5～6
乏汽	排气管:从受压容器排出	80	乙炔气[④]	p<0.01MPa（表）	3～4
	从无压容器排出	15～30		p<0.15MPa（表）	4～8（最大）
压缩气体	真空	5～10		p<2.5MPa（表）	最大 4
	p≤0.3MPa（表）	8～12	氨	气体	10～25
	p=0.3～0.6MPa（表）	20～10		液体	1.5
	p=0.6～1MPa（表）	15～10	氯仿	气体	10
	p=1～2MPa（表）	12～8		液体	2
	p=2～3MPa（表）	8～3	氯化氢	气体（钢衬胶管）	20
	p=3～30MPa（表）	3～0.5		液体（橡胶管）	1.5
氧气[②]	p=0～0.05MPa（表）	10～5	溴	气体（玻璃管）	10
	p=0.05～0.6MPa（表）	8～6		液体（玻璃管）	1.2
	p=0.6～1MPa（表）	6～4	氯化钾烷	气体	20
	p=2～3MPa（表）	4～3		液体	2
煤气	管道长 50～100m		氯乙烯		
	p≤0.027MPa	3～0.75	二氯乙烯		2
	p≤0.27MPa	12～8	三氯乙烯		
	p≤0.8MPa	12～3			

介　质	工作条件或管径范围	流速/(m/s)	介　质	工作条件或管径范围	流速/(m/s)
乙二醇		2	氢氧化钠	浓度0~30%	2
苯乙烯		2		30%~50%	1.5
二溴乙烯	玻璃管	1		50%~73%	1.2
水及黏度相似的液体	$p=0.1~0.3MPa$(表)	0.5~2	四氯化碳		2
	$p\leqslant1MPa$(表)	3~0.5	硫酸	浓度88%~93%(铅管)	1.2
	$p\leqslant8MPa$(表)	3~2		93%~100%(铸铁管、钢管)	1.2
	$p\leqslant20~30MPa$(表)	3.5~2	盐酸	(衬胶管)	1.5
自来水	主管 $P=0.3MPa$(表)	1.5~3.5	氯化钠	带有固体	2~4.5
	支管 $P=0.3MPa$(表)	1.0~1.5		无固体	1.5
锅炉给水	$p>0.8MPa$(表)	1.2~3.5	排出废水		0.4~0.8
蒸汽冷凝水		0.5~1.5	泥状混合物	浓度15%	2.5~3
冷凝水	自流	0.2~0.5		25%	3~4
过热水		2		65%	2.5~3
海水、微碱水	$p<0.6MPa$(表)	1.5~2.5	气体	鼓风机吸入管	10~15
油及黏度较大的液体	黏度0.05Pa·s			鼓风机排出管	15~20
	DN25	0.5~0.9		压缩机吸入管	10~20
	DN50	0.7~1.0		压缩机排出管：	
	DN100	1.0~1.6		$p<1MPa$(表)	10~8
	黏度0.1Pa·s			$p=1~10MPa$(表)	10~20
	DN25	0.3~0.6		$p>10MPa$(表)	8~12
	DN50	0.5~0.7		往复式真空泵吸入管	13~16
	DN100	0.7~1.0		往复式真空泵排出管	25~30
	DN200	1.2~1.6		油封式真空泵吸入管	10~13
	黏度1Pa·s		水及黏度相似的液体	往复泵吸入管	0.5~1.5
	DN25	0.1~0.2		往复泵排出管	1~2
	DN50	0.16~0.25		离心泵吸入管(常温)	1.5~2
	DN100	0.25~0.35		离心泵吸入管(70~110℃)	0.5~1.5
	DN200	0.35~0.55		离心泵排出管	1.5~3
液氨	$p=$真空	0.05~0.3		高压离心泵排出管	3~3.5
	$p\leqslant0.6MPa$(表)	0.8~0.3		齿轮泵吸入管	≤1
	$p\leqslant2MPa$(表)	1.5~0.8		齿轮泵排出管	1~2

① 本表所列流速，在选用时还应参照相应的国家标准。

② 氧气流速应参照《氧气站设计规范》(GB 50030—91)。

③ 氢气流速应参照《氢气站设计规范》(GB 50177)。

④ 乙炔流速应参照《乙炔站设计规范》(GB 50031—91)。

1.3.3　设定压力降法（HG/T 20570.06）

当按每100m计算管长的压力降控制值（Δp_{f100}）来选择管径时，采用下式以初定管径：

$$d=18.16W^{0.38}\rho^{-0.207}\mu^{0.033}\Delta p_{f100}^{-0.207} \qquad (1.3-3)$$

或

$$d=18.16V_0^{0.38}\rho^{0.173}\mu^{0.033}\Delta p_{f100}^{-0.207} \qquad (1.3-4)$$

式中　　μ——介质的动力黏度，Pa·s；

　　Δp_{f100}——100m计算管长的压力降控制值，kPa。

一般工程设计的管道压力降控制值见表1.3-2。

每100m管长的压力降控制值（Δp_{f100}）见表1.3-3。

1.3.4　放空管道计算（GB 50316）

放空管道的阀后管道流速，不应大于下式计算的气体声速。

$$v_c=91.20(kT/M)^{0.5} \qquad (1.3-5)$$

$$k=\frac{c_p}{c_V} \qquad (1.3-6)$$

式中 v_c——气体的声速或临界流速，m/s；

K——气体的绝热指数；

c_p、c_V——比定压热容，比定容热容，J/(g·K)；

T——气体温度，K；

M——气体分子量。

表 1.3-2 一般工程设计的管道压力降控制值

管 道 类 别	最大摩擦压力降 /(kPa/100m)	总压力降 /kPa	管 道 类 别	最大摩擦压力降 /(kPa/100m)	总压力降 /kPa
液体 泵进口管 泵出口管： 　DN40、50 　DN80 　DN100 及以上	8 93 70 50		蒸汽和气体 公用物料总管 公用物料支管 压缩机进口管： 　$p<350$kPa(表) 　$p>350$kPa(表) 压缩机出口管 蒸汽		按进口压力的 5% 按进口压力的 2% 1.8～3.5 3.5～7 14～20 按进口压力的 3%

表 1.3-3 每 100m 管长的压力降控制值（Δp_{f100}）

介质	管 道 种 类	压力降/kPa	介质	管 道 种 类	压力降/kPa
输送气体的管道	负压管道[①] 　$p\leqslant49$kPa 　49kPa$<p\leqslant101$kPa	1.13 1.96	输送液体的管道	自流的液体管道	5.0
	通风机管道 $p=101$kPa	1.96		泵的吸入管道 饱和液体 不饱和液体	10.0～11.0 20.0～22.0
	压缩机的吸入管道 　101kPa$<p\leqslant111$kPa 　111kPa$<p\leqslant0.45$MPa 　$p>0.45$MPa	1.96 4.5 $0.01p$			
	压缩机的排出管和其他压力管道 　$p\leqslant0.45$MPa 　$p>0.45$MPa	4.5 $0.01p$		泵的排出管道 流量小于 150m³/h 流量大于 150m³/h	45.0～50.0 45.0
	工艺用的加热蒸汽管道 　$p\leqslant0.3$MPa 　0.3kPa$<p\leqslant0.6$kPa 　0.6kPa$<p\leqslant1.0$MPa	10.0 15.0 20.0		循环冷却水管道	30.0

① 表中 p 为管道进口端的流体之压力（绝对压力）。

1.4 管道阻力计算

1.4.1 管道流体阻力

1.4.1.1 简单管路

凡是没有分支的管路称为简单管路。

(1) 管径不变的简单管路，流体通过整个管路的流量不变。

(2) 由不同管径的管段组成的简单管路，称为串联管路。

① 通过各管段的流量不变，对于不可压缩流体则有：

$$V_f=V_{f1}=V_{f2}=V_{f3}=\cdots$$

② 整个管路的压力降等于各管段压力降之和，即：

$$\Delta p=\Delta p_1+\Delta p_2+\Delta p_3+\cdots$$

1.4.1.2 复杂管路

凡是有分支的管路，称为复杂管路。复杂管路可视为由若干简单管路组成。

（1）并联管路：在主管某处分支，然后又汇合成为一根主管。

① 各支管压力降相等，即：

$$\Delta p = \Delta p_1 = \Delta p_2 = \Delta p_3 = \cdots$$

在计算压力降时，只计算其中一根管子即可。

② 各支管流量之和等于主管流量，即：

$$V_f = V_{f1} + V_{f2} + V_{f3} + \cdots$$

（2）枝状管路：从主管某处分出支管或支管上再分出支管而不汇合成为一根主管。

① 主管流量等于各支管流量之和；

② 支管所需能量按耗能最大的支管计算；

③ 对较复杂的枝状管路，可在分支点处将其划分为若干简单管路，按一般的简单管路分别计算。

1.4.1.3　流体阻力的分类

阻力是指单位质量流体的机械能损失。产生机械能损失的根本原因是流体内部的黏性耗散。流体在直管中的流动因内摩擦（层流，$Re \leqslant 2000$）和流体中的涡旋（湍流，$Re > 2000$）导致的机械能损失称为直管阻力。流体通过各种管件因流道方向和截面的变化产生大量涡旋而导致的机械能损失称为局部阻力。流体在管道中的阻力是直管阻力和局部阻力之和。

有关管道压力降的计算可参考 HG/T 20570.07。

1.4.2　直管阻力计算

单位质量流体沿直管流动的机械能损失 h_f 按式（1.4-1）、式（1.4-2）计算。

$$h_f = \lambda \frac{L}{D} \times \frac{u^2}{2} \tag{1.4-1}$$

或

$$h_f = 4f \frac{L}{D} \times \frac{u^2}{2} \tag{1.4-2}$$

式中　λ——摩擦因子，无量纲；

L——管长，m；

D——管道内径，mm；

u——流体平均流速，m/s；

f——范宁摩擦系数。

摩擦因子 λ 与管内流动介质的雷诺数 Re 和管壁相对粗糙度 ε/D 有关，其关系详见表 1.4-1 和图 1.4-1。

表 1.4-1　摩擦因子 λ、雷诺数 Re 和相对粗糙度 ε/D 关系

流体流型		雷诺数 Re	管壁相对粗糙度 ε/D	摩擦因子 λ	公式来源
层流		$Re \leqslant 2000$	无关	$\lambda - \dfrac{64}{Re}$	
湍流	水力光滑管区	$3 \times 10^4 < Re < 4 \times 10^6$	$\dfrac{\varepsilon}{D} < \dfrac{15}{Re}$	$\dfrac{1}{\sqrt{\lambda}} = 2\lg(Re\sqrt{\lambda}) - 0.8$	Prancltl-Karman
	水力光滑管区	$3 \times 10^4 < Re < 4 \times 10^6$	$\dfrac{\varepsilon}{D} < \dfrac{15}{Re}$	$\lambda - \dfrac{0.3164}{Re^{0.25}}$	Blasius
	过渡区		$\dfrac{15}{Re} \leqslant \dfrac{\varepsilon}{D} \leqslant \dfrac{560}{Re}$	$\dfrac{1}{\sqrt{\lambda}} = 1.74 - 2\lg\left(\dfrac{2\varepsilon}{D} - \dfrac{18.7}{Re\sqrt{\lambda}}\right)$	Colebrook
	阻力平方区	无关	$\dfrac{\varepsilon}{D} > \dfrac{560}{Re}$	$\dfrac{1}{\sqrt{\lambda}} = 1.74 - 2\lg\left(\dfrac{2\varepsilon}{D}\right)$	Karman

雷诺数 Re 的定义为：

$$Re = \frac{Du\rho}{\mu} \tag{1.4-3}$$

式中　μ——介质黏度，Pa·s；

ρ——密度，kg/m³；

D——管道内径，m；

u——流体流速，m/s。

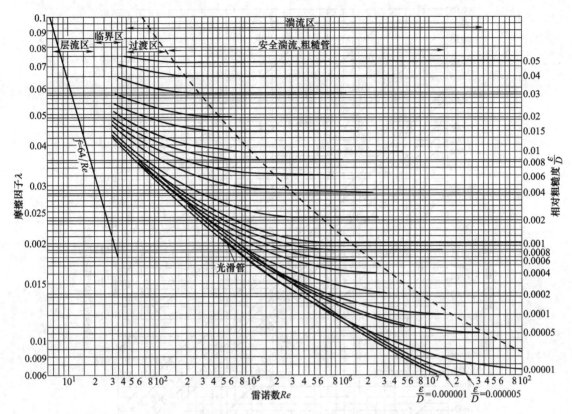

图 1.4-1　摩擦因子 λ、雷诺数 Re 和管壁相对粗糙度 ε/D 关系

　　绝对粗糙度表示管子内壁突出部分的平均高度。根据流体对管材的腐蚀、结垢情况和材料使用年龄等因素选用合适的绝对粗糙度，部分工业管道的绝对粗糙度取值范围见表 1.4-2 和图 1.4-2。

表 1.4-2　部分工业管道的绝对粗糙度 ε

金 属 管 道	绝对粗糙度 ε/mm	金 属 管 道	绝对粗糙度 ε/mm
新的无缝钢管	0.02～0.10	清洁的玻璃管	0.0015～0.01
中等腐蚀的无缝钢管	约 0.4	橡皮软管	0.01～0.03
钢管、铅管	0.01～0.05	木管（板刨得较好）	0.30
铝管	0.015～0.06	木管（板刨得较粗）	1.0
普通镀锌钢管	0.1～0.15	上釉陶器管	1.4
新的焊接钢管	0.04～0.10	石棉水泥管（新）	0.05～0.10
使用多年的煤气总管	约 0.5	石棉水泥管（中等状况）	约 0.60
新铸铁管	0.25～1.0	混凝土管（表面抹得较好）	0.3～0.8
使用过的水管（铸铁管）	约 1.4	水泥管（表面平整）	0.3～0.8

1.4.3　局部阻力计算

　　流体流经弯头、阀门等管件时，单位质量流体的机械能损失称为局部阻力。管道的局部阻力是各个管件的局部阻力之和，通常包括弯头、三通、渐扩管、渐缩管、阀门、设备接管口以孔板、流量测量仪表等部件。管件的局部阻力可用阻力系数法或当量长度法计算。即：

$$h_f = \sum K \frac{u^2}{2} \qquad (1.4\text{-}4)$$

或

$$h_f = \lambda \frac{\sum L}{D} \times \frac{u^2}{2} \qquad (1.4\text{-}5)$$

　　式中，$\sum K$ 和 $\sum L$ 分别为所有管件的阻力系数和当量长度之和。

　　常用管件的阻力系数可参见表 1.4-3、表 1.4-4。

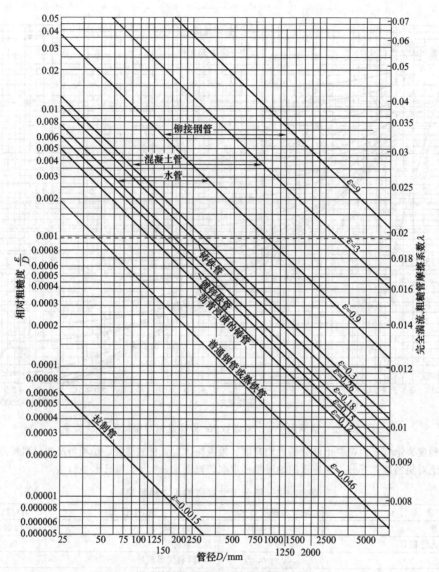

图 1.4-2 清洁新管的粗糙度

表 1.4-3 管道附件和阀门的局部阻力系数 K（层流）

管件和阀门名称	Re			
	1000	500	100	50
90°弯头（短曲率半径）	0.9	1.0	7.5	16
三通（直通）	0.4	0.5	2.5	
三通（支流）	1.5	1.8	4.9	9.3
闸阀	1.2	1.7	9.9	24
截止阀	11	12	20	30
旋塞阀	12	14	19	29
角型阀	8	8.5	11	19
旋启式止回阀	4	4.5	17	55

表 1.4-4 管道附件和阀门局部阻力系数 K（湍流）

名　　称	简　　图	阻力系数 K
由容器流入管道内（锐边）		0.50

续表

名　称	简　图	阻力系数 K									
由容器流入管道内（小圆角）		0.25									
由容器流入管道内（圆角）		0.04									
由容器流入管道		0.56									
由管道流入容器		1.0									
由容器流入管道	θ	$K=0.5+0.3\cos\theta+0.2\cos^2\theta$									
		$\theta/(°)$	10	20	30	40	45	50	60	70	80	90
		K	0.989	0.959	0.910	0.847	0.812	0.775	0.700	0.626	0.558	0.500
突然扩大	截面积A,流速u_A 截面积B,流速u_B	$K=(1-A/B)^2$ 流速取 u_A									
		A/B	0	0.1	0.2	0.3	0.4	0.5	0.6	0.7	0.8	0.9	1.0
		K_A	1.0	0.81	0.64	0.49	0.36	0.25	0.16	0.09	0.04	0.01	0
突然缩小	截面积A,流速u_A 截面积B,流速u_B	$K=0.5(1-B/A)^2$ 流速取 u_B									
		B/A	0	0.1	0.2	0.3	0.4	0.5	0.6	0.7	0.8	0.9	1.0
		K_B	0.5	0.41	0.32	0.23	0.18	0.13	0.08	0.05	0.02	0.01	0
渐扩管		d_B/d_A	1.1	1.2	1.3	1.4	1.5	1.6	1.7	1.8	1.9	2.0
		K_A	0.05	0.10	0.15	0.20	0.24	0.27	0.31	0.34	0.36	0.38
		K_B	0.07	0.21	0.43	0.78	1.22	—	—	—	—	—
渐缩管		d_A/d_B	1.1	1.2	1.3	1.4	1.5	1.6	1.7	1.8	1.9	2.0
		K_A	0.06	0.10	0.15	0.22	0.31	0.36	0.42	0.49	0.57	0.7
		K_B	0.04	0.05	0.06	0.06	0.07	0.07	0.07	0.08	0.08	0.08
45°标准弯头		0.35									
90°标准弯头		0.75									
180°回弯头		1.5									
三通（直流）		DN	20	25	40	50	80	100	150	200	250	300	350	400
		K	0.48	0.45	0.40	0.38	0.35	0.33	0.30	0.28	0.27	0.26	0.25	0.25
三通（支流）		DN	20	25	40	50	80	100	150	200	250	300	350	400
		K	1.44	1.35	1.21	1.14	1.04	0.98	0.89	0.84	0.81	0.78	0.76	0.74
活管接		0.4									
闸阀		全开		3/4 开		1/2 开		1/4 开			
		0.17		0.9		4.5		24			
截止阀		全开				1/2 开					
		6.4				9.5					
蝶阀	θ	$\theta/(°)$	0	5	10	20	30	40	45	50	60	70	90
		K	0.05	0.24	0.52	1.54	3.91	10.8	18.7	30.6	118	751	∞
升降式止回阀		12									
旋启式止回阀		2									
底阀（带滤网）		DN	40	50	75	100	150	200	300	500	750
		K	12	10	8.5	7	6	5.2	3.7	2.5	1.6
角阀（90°）		5									

表 1.4-5　管件、阀门当量长度（用于完全湍流 ε=0.000045m，法兰连接）

单位：mm

管件、阀门		公称尺寸 DN																								
		25	50	80	100	150	200	250	300	350	400	450	500	600	750	900	1050	1200	1350	1500	1650	1800	2100	2400	2700	3000
标准90°弯头		0.61	1.25	1.86	2.47	3.66	4.88	6.10	7.62	8.23	9.45	10.67	11.89	14.33	17.37	21.64	25.30	28.65	32.61	36.88	40.23	43.89	50.29	56.39	63.09	69.19
长半径90°弯头		0.49	0.94	1.40	1.77	2.62	3.35	4.27	4.88	5.49	6.10	6.71	7.62	8.84	10.97	13.11	15.24	17.07	19.20	21.64	23.47	25.30	28.65	32.31	35.36	38.40
标准45°弯头		0.26	0.61	0.85	1.13	1.77	2.41	3.05	3.66	3.96	4.88	5.49	6.10	7.32	9.45	11.28	13.72	15.54	17.68	20.42	22.25	24.38	28.35	32.31	36.58	40.23
直流三通		0.52	0.85	1.19	1.68	2.56	3.35	4.27	5.18	5.49	6.40	7.32	7.92	9.75	11.89	14.63	16.76	19.20	21.64	24.69	27.13	28.96	33.53	37.80	42.06	46.02
支流三通		1.58	3.05	4.57	6.10	9.14	12.19	15.24	18.29	20.12	23.16	26.21	29.26	35.36	44.50	53.64	62.79	71.93	81.08	90.22	99.36	108.51	126.80	144.78	163.07	181.36
180°回弯头	标准	1.04	2.10	3.05	4.27	6.40	8.53	10.67	12.80	14.02	16.15	18.29	20.42	24.69	31.09	35.66	44.20	49.99	57.00	64.01	70.41	77.11	88.70	100.58	112.17	122.22
	长半径	0.82	1.55	2.26	2.93	4.27	5.79	7.01	8.53	9.14	10.67	11.58	12.80	15.54	18.89	22.56	26.21	29.57	33.53	37.80	40.54	44.20	50.29	56.08	62.48	68.58
截止阀		10.67	21.34	32.00	41.15	60.96	82.30	103.63	121.92	137.16	160.02	179.83	199.64	243.84	289.56	362.71	425.20	484.63	—	—	—	—	—	—	—	—
闸阀		0.30	0.61	0.82	1.07	1.68	2.16	2.68	3.35	3.66	3.96	4.57	5.18	6.10	7.62	9.45	10.97	12.19	—	—	—	—	—	—	—	—
角阀		5.49	10.67	15.24	20.42	30.48	39.62	51.82	60.96	67.06	76.20	88.39	99.06	118.87	149.35	179.83	210.31	240.79	—	—	—	—	—	—	—	—
旋启式止回阀		3.66	7.01	10.67	13.72	20.73	27.43	34.44	41.15	45.42	52.43	59.13	66.14	79.86	100.28	121.01	141.43	162.15	—	—	—	—	—	—	—	—
K=0.04 圆角		0.05	0.11	0.18	0.25	0.43	0.58	0.76	0.94	1.07	1.28	1.46	1.65	2.10	2.74	3.35	4.27	4.88	5.79	6.71	7.32	8.23	9.75	11.28	12.80	14.33
K=0.23 小圆角		0.28	0.64	0.98	1.40	2.53	3.35	4.27	5.49	6.10	7.32	8.53	9.45	12.19	15.85	19.51	24.69	28.04	33.53	38.71	42.06	47.55	56.08	64.92	73.76	82.30
K=0.50 锐边		0.61	1.37	2.26	3.05	5.49	7.32	9.45	11.89	13.41	16.15	18.29	20.73	26.21	34.44	42.06	53.34	60.96	72.54	83.82	91.44	103.02	121.92	141.12	160.02	179.22
K=0.78		0.94	2.13	3.66	4.88	8.23	11.28	14.94	18.29	20.73	24.99	28.65	32.00	41.15	53.34	65.53	83.21	95.10	112.78	130.76	142.65	160.63	190.20	220.07	249.63	279.50
K=1.0		1.22	2.74	4.57	6.10	10.97	14.63	18.90	23.77	26.82	32.31	36.58	41.45	52.43	68.88	84.12	106.68	121.92	145.08	167.64	182.88	206.04	243.84	282.24	320.04	358.44
雷诺数 范围×100		7×10^5	9×10^5	1×10^6	2×10^6	2.5×10^6	3×10^6	4×10^6	6×10^6	9×10^6	1×10^7	1×10^7	1×10^7	2×10^7	3×10^7	4×10^7	5×10^7	5×10^7	6×10^7	7×10^7	8×10^7	9×10^7	1×10^8	1×10^8	2×10^8	2×10^8
完全湍流 流量边界	完全湍流 流量系数×100	0.560	0.475	0.435	0.410	0.370	0.350	0.335	0.320	0.315	0.305	0.300	0.295	0.280	0.270	0.260	0.250	0.245	0.238	0.229	0.225	0.222	0.219	0.215	0.212	0.210

注：对于两相流，所列数值需乘以 2.0 后使用。

常用管件、阀门的当量长度见表 1.4-5。

1.4.4 不可压缩单相流体阻力计算

单相流管道的压力降计算的理论基础见表 1.4-6 所列公式，并假设流体是在绝热、不对外做功和等焓的条件下流动，不可压缩流体的密度保持常数不变。

表 1.4-6　单相流管道的压力降计算公式

名　称	公　式
连续性方程	$Q=\dfrac{\pi}{4}D^2u=$常数　　　　　　　　　　　　　　　　(1.4-6)
机械能衡算式	$\Delta p=\Delta p_H+\Delta p_V+\Delta p_f=(Z_2-Z_1)\rho g+\dfrac{u_2^2-u_1^2}{2}\rho+\left(\lambda\dfrac{L}{D}+\sum K\right)\dfrac{u^2}{2}\rho$　(1.4-7) 式中　Δp_H——静压力降，Pa； 　　　Δp_V——加速度压力降，Pa； 　　　Δp_f——阻力压力降，Pa； 　　　Z_1、Z_2——管道起点、终点的标高，m； 　　　u_2、u_1——管道起点、终点的流速，m/s； 　　　u——流体平均流速，m/s
摩擦因子计算式	参见表 1.4-1

工程中，由于管材标准容许管径和壁厚有一定程度的偏差，以及管道、管件和阀门等所采用的阻力系数与实际情况也存在偏差，所以，通常对最后计算结果乘以 15% 的安全系数。

1.4.4.1　简单管道的设计型计算（实例）

A 塔底部液相出料依靠 A、B 两塔的压差输送至 B 塔，流量 12m³/h，流体密度 616kg/m³，黏度 0.15cP（1cP=1mPa·s），管道全长 55m，管道起点压力 350kPa，标高 2m，管道终点压力 150kPa、标高 18m，管道包含 9 个 90°标准弯头，2 个闸阀，2 个异径管，2 个直流三通，一个调节阀。管道为无缝钢管。求管径和调节阀的许用压力降（见图 1.4-3）。

解：查常用流速表（表 1.3-1）得：$u=0.5\sim3$m/s，取 $u=1.5$m/s

$$D=0.0188\left(\frac{Q}{u}\right)^{1/2}=0.0188\left(\frac{12}{1.5}\right)^{1/2}=0.053\text{m}$$

初估管径：DN50mm

流体流速：$u=\dfrac{Q}{\frac{\pi}{4}D^2}=\dfrac{12/3600}{\frac{\pi}{4}0.05^2}=1.70$m/s

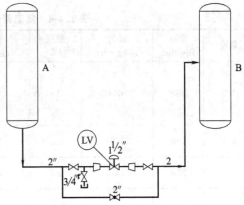

图 1.4-3　简单管道的设计型计算

雷诺数：$Re=\dfrac{Du\rho}{\mu}=\dfrac{0.05\times1.70\times616}{0.15\times10^{-4}}=349066$

相对粗糙度：$\dfrac{\varepsilon}{D}=\dfrac{0.10\times10^{-3}}{0.05}=0.002$

根据表 1.4-1，求摩擦因子 λ

因为：$\dfrac{\varepsilon}{D}>\dfrac{560}{Re}=\dfrac{560}{349066}=0.0016$

$\dfrac{1}{\sqrt{\lambda}}=1.74-2\lg\left(\dfrac{2\varepsilon}{D}\right)=1.74-2\lg\ (2\times0.002)$

$\lambda=0.0234$

根据表 1.4-4 求得局部阻力系数得表 1.4-7。

阻力压力降：

$$\Delta p_f=\left(\lambda\frac{L}{D}+\sum K\right)\frac{u^2}{2}\rho=\left(0.0234\frac{55}{0.05}-10.07\right)\frac{1.7^2}{2}616=31875\text{Pa}=31.88\text{kPa}$$

表 1.4-7 局部阻力系数（实例计算）

名　　称	阻力系数	数　量	阻力系数×数量
90°标准弯头	0.75	9	6.75
闸阀	0.17	2	0.34
异径管	0.55+0.17	1	0.72
直流三通	0.38	2	0.76
塔器出口（锐边）	0.5	1	0.5
塔器入口	1.0	1	1.0
小计$\sum K$			10.07

静压力降：

$$\Delta p_{\mathrm{H}}=(Z_2-Z_1)\rho g=(18-2)616\times9.81=96687\mathrm{Pa}=96.69\mathrm{kPa}$$

加速度压力降：

$$\Delta p_{\mathrm{V}}=\frac{u_2^2-u_1^2}{2}\rho=\frac{1.7^2-0}{2}616=890\mathrm{Pa}=0.89\mathrm{kPa}$$

$$\Delta p=1.15(\Delta p_{\mathrm{H}}+\Delta p_{\mathrm{V}}+\Delta p_{\mathrm{f}})=1.15(96.69+0.89+31.88)=148.88\mathrm{kPa}\quad(式中1.15系安全系数)$$

调节阀的许用压力降为：$\Delta p_{\mathrm{controlvalve}}=p_{(起点)}-p_{(终点)}-\Delta p=350-150-148.88=51.12\mathrm{kPa}$

调节阀的许用压力降占整个管路压力降的比例为：

$$\frac{\Delta p_{\mathrm{controlvalve}}}{\Delta p}=\frac{51.12}{200}=0.26$$

通常此比例值为30%左右，所以可以接受初步估计管径为DN50，调节阀的许用压力降51.12kPa的结果。

1.4.4.2 复杂管道的压力降计算（实例）

石脑油经预热后作为进料送入乙烯裂解炉，换热器的配管对称布置，并设一旁路管道。换热器的压降60kPa。流体的物性参数和配管的情况详见表1.4-8和图1.4-4。管道为无缝钢管。求整个管道的压降和旁通管路和管径。

表 1.4-8 复杂管道压力降计算实例物性参数

管段	管径 DN/mm	流量 /(kg·h)	温度 /℃	密度 /(kg/m³)	黏度 /cP	管长 /m	阀门和管件
1-2	200	100642	15	708	0.496	80	5个90°标准弯头 1个直流三通 1个支流三通 1个闸阀
2-3	200	50321	15	708	0.496	5	1个90°标准弯头 1个闸阀
4-5	200	50321	60	666	0.313	5	1个90°标准弯头 1个闸阀
5-6	200	100642	60	666	0.313	5	6个90°标准弯头 1个直流三通 1个支流三通 1个闸阀
7-8	200	100642	15	708	0.496	15	3个90°标准弯头 2个支流三通 1个闸阀

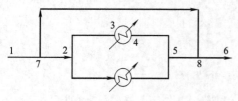

图 1.4-4 复杂管道的压力降计算（实例）

解：（1）管道的总压力降：

流体流速：$u=\dfrac{W}{\dfrac{\pi}{4}D^2\rho}=\dfrac{100642/3600}{\dfrac{\pi}{4}0.2^2\times708}=1.26\mathrm{m/s}$

雷诺数：$Re=\dfrac{Du\rho}{\mu}=\dfrac{0.2\times1.26\times708}{0.496\times10^{-3}}=359710$

相对粗糙度：$\dfrac{\varepsilon}{D}=\dfrac{0.10\times10^{-3}}{0.2}=0.0005$

根据表 1.4-1，求摩擦因子 λ：

$$\frac{560}{Re} = \frac{560}{359710} = 0.0016$$

$$\frac{15}{Re} = \frac{15}{359710} = 0.000042$$

由于 $\dfrac{560}{Re} > \dfrac{\varepsilon}{D} > \dfrac{15}{Re}$，得：

$$\frac{1}{\sqrt{\lambda}} = 1.74 - 2\lg\left(\frac{2\varepsilon}{D} - \frac{18.7}{Re\sqrt{\lambda}}\right) = 1.74 - 2\lg\left(2 \times 0.0005 - \frac{18.7}{359710\sqrt{\lambda}}\right)$$

试差求得摩擦因子 $\lambda = 0.0180$，根据表 1.4-5，求得当量长度见表 1.4-9。

表 1.4-9　实例计算当量长度

名　　称	当 量 长 度	数　　量	当量长度×数量
5 个 90°标准弯头	4.88	5	24.4
1 个直流三通	3.35	1	3.35
1 个支流三通	12.19	1	12.19
1 个闸阀	2.16	1	2.16
小计 $\sum L_e$			42.1

阻力压力降：$\Delta p_f = \lambda \dfrac{L + L_e}{D} \times \dfrac{u^2}{2}\rho = 0.0180 \dfrac{80 + 42.10}{0.2} \times \dfrac{1.26^2}{2} 708 = 6176\text{Pa}$

压力降：$\Delta p = 1.15(\Delta p_H + \Delta p_v + \Delta p_f) = 1.15(0 + 0 + 6176) = 7102\text{kPa}$（式中 1.15 系安全系数）

按照上述步骤可求出所有管段的压力降，见表 1.4-10。

表 1.4-10　实例计算压力降（一）

管段	流量/(kg/h)	流速 u/(m/s)	雷诺数 Re	摩擦因子 λ	L_e/m	L/m	$(L+L_e)/m$	$\Delta p_f/\text{Pa}$	$\Delta p/\text{Pa}$
1-2	100642	1.26	359001	0.0180	42.10	80	122.10	6176	7102
2-3	50321	0.63	179500	0.0190	7.04	5	12.04	161	185
4-5	50321	0.67	284448	0.0183	7.04	5	12.04	165	189
5-6	100642	1.34	568896	0.0176	16.98	30	76.98	4051	4658
小计								10553	12134

管道达到总压力降：$\Delta p = 12134\text{Pa}$（不包括换热器的压力降）

（2）确定旁通管路管径

选择不同的管径，按上述的方法求出相应管径的旁通管路压力降，见表 1.4-11。

表 1.4-11　实例计算压力降（二）

管段	流量/(kg/h)	管径 DN	流速 u/(m/s)	雷诺数 Re	摩擦因子 λ	L_e/m	L/m	$(L+L_e)/m$	$\Delta p_f/\text{Pa}$	$\Delta p/\text{Pa}$
7-8	100642	200	1.26	359001	0.0180	41.18	15	56.18	2842	3268
7-8	100642	150	2.24	638221	0.0176	30.94	15	45.94	9520	10848
7-8	100642	100	5.03	1436003	0.0167	20.68	15	35.68	53344	61345

由于换热器的压力降为 60000Pa，旁通管道压力降必须小于 60000Pa，所以取旁通管径为 DN150。

1.4.5　可压缩型单相流体阻力计算

气体有较大的压缩性，其密度随压力的变化；随着压力的降低和体积膨胀，温度往往也随之降低，从而影响气相流体的黏度，最终造成压力降与管长不成正比的结果，根据能量恒等方程，有

$$g\,\mathrm{d}z - \mathrm{d}\frac{u^2}{2} + \frac{\mathrm{d}p}{\rho} + \lambda\frac{\mathrm{d}l}{D} \times \frac{u_2^2}{2} = 0 \qquad (1.4\text{-}8)$$

由于气体流体的密度通常很小，特别在水平管中，位能差和其他各项相比小得多，所以上式中的位能项 $g\,\mathrm{d}z$ 可以忽略不计。另外，摩擦因子 λ 是雷诺数 Re 和管壁相对粗糙度 ε/D 的函数，由于气体流体的雷诺数 Re 通常很大，已处于阻力平方区，摩擦因子 λ 与雷诺数 Re 无关，保持不变。如果气体流体的雷诺数 Re 不处于阻力平方区，由于：

$$Re = \frac{Du\rho}{\mu} = \frac{DG}{\mu} \tag{1.4-9}$$

式中，G 为质量流速，$kg/(m^2 \cdot s)$，沿管长保持不变。在等径管输送时，Re 只与气体的温度有关。对于等温或温度变化不大的流动过程，λ 也可以看成是沿管长不变的常数。反之，则可以把管道分成若干段，在每个管段中可以认为 λ 是沿管长不变的常数。

把气体流速 $u = \frac{G}{\rho}$ 代入式 $gZ_1 + \frac{u_1^2}{2} + \frac{p_1}{\rho} = gZ_2 + \frac{u_2^2}{2} + \frac{p_2}{\rho} =$ 常数

积分得到：

$$G^2 \ln \frac{p_1}{p_2} + \int_{p_1}^{p_2} \rho dp + \lambda \frac{G^2}{2} \times \frac{L}{D} = 0 \tag{1.4-10}$$

1.4.5.1 等温流动

对于等温流动，根据理想气体状态方程有：

$$\frac{p}{\rho} = 常数$$

代入式 $gZ_1 + \frac{u_1^2}{2} + \frac{p_1}{\rho} = gZ_2 + \frac{u_2^2}{2} + \frac{p_2}{\rho} =$ 常数，得：

$$G^2 \ln \frac{p_1}{p_2} + (p_2 - p_1)\rho_m + \lambda \frac{G^2}{2} \times \frac{L}{D} = 0 \tag{1.4-11}$$

式中　ρ_m——平均压强下气体的密度，kg/m^3。

1.4.5.2 绝热流动

对于绝热流动，根据理想气体状态方程，有

$$\frac{p}{\rho^k} = 常数$$

式中，k 为绝热指数，$k = \frac{c_p}{c_V}$（c_p 为比定压热容，c_V 为比定容热容）。常温常压下，单原子气体 $k = 1.67$（如 He），双原子气体（如 CO）$k = 1.40$，三原子气体（SO_2）$k = 1.30$。

代入式 $gZ_1 + \frac{u_1^2}{2} + \frac{p_1}{\rho} = gZ_2 + \frac{u_2^2}{2} + \frac{p_2}{\rho} =$ 常数，得：

$$\frac{G^2}{k} \ln \frac{p_1}{p_2} + \frac{k}{k+1} p_1 \rho_2 \left[\left(\frac{p_2}{p_1}\right)^{\frac{k+1}{k}} - 1 \right] + \lambda \frac{G^2}{2} \times \frac{L}{D} = 0 \tag{1.4-12}$$

1.4.5.3 临界流动

气体流速达到声速时，称为临界流动。可压缩流体在管道中可以达到的最大速度就是声速。流体流速达到声速后，即使下游压力进一步下降，管内的流速也不会增加，相应地，系统压力降也不会增加。所以，计算可压缩流体流动压力降时，应校核流速是否大于声速，当流速大于声速时，以声速作为计算压力降流速。对于设计型计算，应该避免管内流速大于声速的情况发生。气体的声速按下列公式计算：

等温流动：

$$u = \sqrt{\frac{RT}{M}} \tag{1.4-13}$$

绝热流动：

$$u = \sqrt{\frac{kRT}{M}} \tag{1.4-14}$$

式中　u——流体声速，m/s；

R——气体常数，$R = 8.314 \times 10^3 J/(kmol \cdot K)$；

T——绝对温度，K；

M——气体分子量，$kg/kmol$。

1.4.5.4 可压缩流体压力降的设计型计算（实例）

乙烯裂解炉进料系统中，气相 LPG 经过进料缓冲罐后经气相输料管送至乙烯裂解炉。流量 66000kg/h，流体密度 12.76kg/m³，黏度 0.01cP，温度 80℃，相对分子质量 44.1，绝热指数 $k = 1.15$，管道全长 300m，管道起点压力 800kPa（a），管道终点压力 750kPa（a），管道包含 9 个 90°标准弯头，2 个闸阀。管道为无缝钢管，管外加装保温层。求管径和压力降。

解：查常用流速表（表 1.3-1）得，$u = 10 \sim 15 m/s$，取 $u = 15 m/s$

$$D = 0.0188 \left(\frac{W}{u\rho}\right)^{\frac{1}{2}} = 0.0188 \left(\frac{66000}{15 \times 12.76}\right)^{\frac{1}{2}} = 0.349 m$$

(1) 初估管径为 DN350。因为管外有保温层，可作为绝热流动考虑。绝热流动的气体声速为：

$$u=\sqrt{\frac{kRT}{M}}=\sqrt{\frac{1.15\times8.314\times(273+80)}{44.1\times10^3}}=277\text{m/s}$$

质量流速为：$G=\dfrac{66000}{\dfrac{\pi}{4}\times0.35^2\times3600}=190.6\text{kg/(m}^2\cdot\text{s)}$

流速：$u=\dfrac{G}{\rho}=\dfrac{190.6}{12.76}=14.96\text{m/s}$，小于气体声速，故可以应用流速 $u=14.94\text{m/s}$ 作为计算基准。

雷诺数：$Re=\dfrac{DG}{\mu}=\dfrac{0.35\times190.6}{0.01\times10^{-3}}=6.671\times10^6$

相对粗糙度：$\dfrac{\varepsilon}{D}=\dfrac{0.10\times10^{-5}}{0.35}=2.857\times10^{-4}$

根据表 1.4-1，求摩擦因子 λ：

$$\frac{560}{Re}=\frac{560}{6.671\times10^8}=8.395\times10^{-8}$$

$$\frac{\varepsilon}{D}>\frac{560}{Re}$$

$$\frac{1}{\sqrt{\lambda}}=1.74-2\lg\left(\frac{2\varepsilon}{D}\right)=1.74-2\lg(2\times2.857\times10^{-4})$$

$$\lambda=0.0148$$

根据表 1.4-5，求的管件当量长度见表 1.4-12：

表 1.4-12 实例计算当量长度

名　　称	当量长度	数　　量	阻力系数×数量
90°标准弯头	8.23	9	71.07
闸阀	3.66	2	7.32
缓冲罐出口（锐边）	13.41	1	13.41
小计$\sum L_e$			94.80

$$\frac{G^2}{k}\ln\frac{p_1}{p_2}+\frac{k}{k+1}p_1\rho_1\left[\left(\frac{p_1}{p_2}\right)^{\frac{k+1}{k}}-1\right]+\lambda\frac{G^2}{2}\times\frac{L}{D}$$

$$=\frac{190.6^2}{1.15}\ln\frac{800}{p_2}+\frac{1.15}{1.15-1}\times800\times10^3\times12.76\left[\left(\frac{p_2}{800}\right)^{\frac{1.15+1}{1.15}}-1\right]+0.0148\frac{190.6^2}{2}\times\frac{300-94.80}{0.35}=0$$

试差求得：$p_2=776\text{kPa}$

$\Delta p=1.15\times(800-776)=27.6\text{kPa}$（式中 1.15 系安全系数）

因 $\Delta p<(800-750)=50\text{kPa}$，有较大的余量，再假设管径为 DN300 重新求 Δp。

(2) 重新假设管径为 DN300。

质量流速：$G=\dfrac{66000}{\dfrac{\pi}{4}\times0.30^2\times3600}=259.5\text{kg/(m}^2\cdot\text{s)}$

流速：$u=\dfrac{G}{\rho}=\dfrac{259.5}{12.76}=20.34\text{m/s}$，小于气体声速，可以应用流速 $u=20.34\text{m/s}$ 作为计算基准。

雷诺数：$Re=\dfrac{DG}{\mu}=\dfrac{0.30\times259.5}{0.01\times10^{-8}}=7.785\times10^5$

$$\frac{560}{Re}=\frac{560}{7.785\times10^6}=7.193\times10^{-3}$$

$$\frac{\varepsilon}{D}>\frac{560}{Re}$$

摩擦因子仍然为 $\lambda=0.0148$，根据表 1.4-5，求得管件当量长度，见表 1.4-13。

$$\frac{G^2}{k}\ln\frac{p_1}{p_2}+\frac{k}{k+1}p_1\rho_1\left[\left(\frac{p_1}{p_2}\right)^{\frac{k}{k}}-1\right]+\lambda\frac{G^2}{2}\times\frac{L}{D}$$

$$=\frac{259.5^2}{1.15}\ln\frac{800}{p_2}+\frac{1.15}{1.15-1}\times800\times10^3\times12.76\left[\left(\frac{p_2}{800}\right)^{\frac{1.15+1}{1.15}}-1\right]+0.0148\frac{259.5^2}{2}\times\frac{300+87.17}{0.30}=0$$

表 1.4-13 实例计算当量长度

名　称	当量长度	数　量	阻力系数×数量
90°标准弯头	7.62	9	68.58
闸阀	3.35	2	6.70
缓冲罐出口(锐边)	11.89	1	11.89
小计 ΣL_e			87.17

试差求得：$p_2 = 748\text{kPa}$

$\Delta p = 1.15 \times (800 - 748) = 59.8\text{kPa}$（式中 1.15 系安全系数）

因 $\Delta p > (800 - 750) = 50\text{kPa}$，DN300 不可取。

(3) 结论

选择管径为 DN350，压降为 27.6kPa。

1.4.6　非闪蒸气液两相流阻力计算

气体和液体在管道中并行流动称为两相流。在化工设计中经常遇到这样的工况，例如蒸汽发生器、冷凝器、气液反应器入口管段等场合。但是两相流的流动情况比单相流复杂得多，存在着多种流型的变化，给流动压力降的计算方程式的实验回归和理论推导带来了很大的困难。现阶段主要应用一些半理论、半经验的关联式进行流动压力降的计算，两相流管道压力降计算的前提是确定两相流动的流型，然后在此基础上选用相应的计算公式进行计算。

1.4.6.1　水平管道内的基本流型

水平管内气液两相流的基本流型，主要决定于气速和液速的大小，管径和流体的性质也是影响因素；一般来说水平管内气液两相流的基本流型分为七类，见表 1.4-14。

表 1.4-14　水平管内气液两相流的基本流型

流　型	图　例	特征说明	气体、液体表面速度
分层流	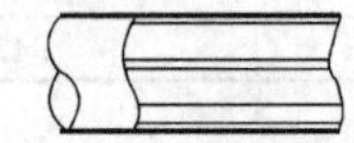	液相和气相速度都很低，气液分层流动，气液表面比较平滑	$u_{sg} \approx 0.6 \sim 3\text{m/s}$ $u_{sl} < 0.15\text{m/s}$
波动流	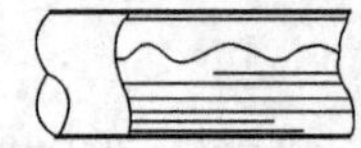	气液分层流动，但两相间的相互作用增强，界面上出现振幅较大的波动	$u_{sg} \approx 4.5\text{m/s}$ $u_{sl} < 0.3\text{m/s}$
环状流	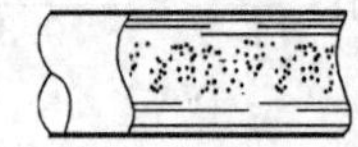	液体成膜状沿管壁流动，但膜厚不均匀，管底处的液膜厚得多，气体在管中心夹带着液滴高速流动	$u_{sg} > 6\text{m/s}$
塞状流	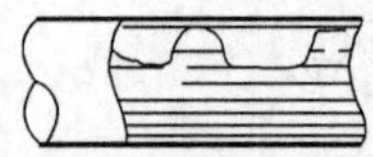	气体呈弹头性大气泡，气泡倾向于沿管顶流动，沿管上部液体和气体如活塞状交替运动	$u_{sg} < 0.9\text{m/s}$ $u_{sl} < 0.6\text{m/s}$
液节流	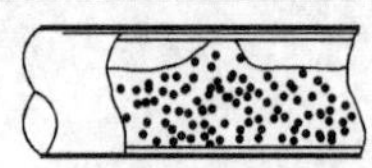	泡沫液节沿管道流动，液相虽然连续但是夹带着许多气泡，管中常有突然的压力脉动，造成管道振动	
气泡流	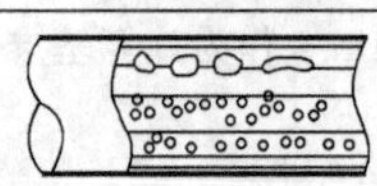	气泡分散在连续的液相中，当气速较低时，气泡聚集于管顶，随着气速增加，气泡分布趋于均匀	$u_{sg} \approx 0.3 \sim 3\text{m/s}$ $u_{sl} \approx 1.5 \sim 4.5\text{m/s}$
雾状流	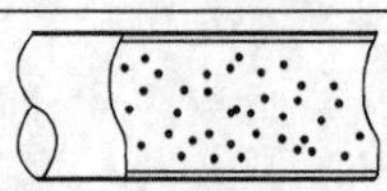	管道内的液体大部分甚至全部被雾化，由气体夹带着高速流动	$u_{sg} > 60\text{m/s}$

有关水平管内气液两相流的基本流型的判断和流型转变的界定的文献有许多，图 1.4-5 给出了 Tromewski 提供的水平流型，图中 G_g，G_l 为气相和液相的质量流速，kg/(m² · s)。

$$\lambda = \left(\frac{\rho_g}{\rho_a} \times \frac{\rho_l}{\rho_w} \right)^{0.5} \tag{1.4-15}$$

$$\Phi = \left(\frac{\sigma_w}{\sigma_l} \right) \left[\left(\frac{\mu_l}{\mu_w} \right) \left(\frac{\rho_w}{\rho_l} \right)^2 \right]^{\frac{1}{3}} \tag{1.4-16}$$

式中　ρ_g、ρ_a、ρ_l、ρ_w——气体、空气、液体和水的
　　　　　　　　　　密度；

　　　　σ_l、σ_w——液相和水的表面张力；

　　　　μ_l、μ_w——液相和水的黏度。

1.4.6.2　垂直管内的基本流型

　　垂直管内气液两相流的基本流型和水平管一样主要决定于气速和液速的大小，管径和流体的性质也是影响因素。一般来说垂直管内气液两相流的基本流型可详见表 1.4-15，图 1.4-6 给出了 Troniewski 提供的垂直流型图。

　　根据对水平和垂直管内气液两相流基本流型的分析，水平管内塞状流和液节流及垂直管内液节流和泡沫流流型所表现出的液体和气体的交互作用最大，会引起管道的剧烈振动。因此，在工程中采取缩小或增大管径的方法避免上述流型的产生。

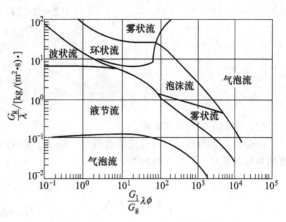

图 1.4-5　Tromewski 水平流型

表 1.4-15　垂直管内气液两相流的基本流型

流型	图例	特征说明	气体、液体表面速度	流型	图例	特征说明	气体、液体表面速度
气泡流		液体在垂直管内上升流动，气体以气泡的形式分散于液体中。随着气速的增加，气泡的尺寸和个数逐渐增加	$u_{sg}\approx0.3\sim3m/s$ $u_{sl}\approx1.5\sim4.5m/s$	泡沫流		弹头型气泡变得狭长并发生扭曲，相邻气泡间液节中的液体被气体反复冲击，呈现液体振动和方向交变的特征	
液节流		大部分气体形成弹头性大气泡，其直径大于管道半径。气泡均匀向上运动，液体中的气泡呈分散状态。当含气量进一步增加弹头性大气泡的长度和运动速度都相应增加		环状流		液体成膜状沿管壁流动，但膜厚不均匀，气体在管中心夹带着液滴高速地流动	$u_{sg}>6m/s$
				雾状流		管道内的液体大部分甚至全部被雾化，由气体夹带着高速流动	$u_{sg}>60m/s$

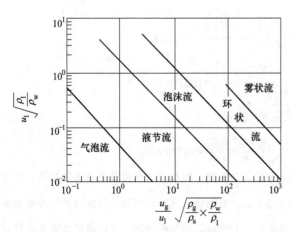

图 1.4-6　Troniewski 垂直流型

1.4.6.3　压降

（1）持液量

　　由于两相流中气体的真实速度和液体的真实速度不相等，存在着相对速度。所以沿着通道各相所占的截面积并不与气液两相的进口流量成正比。按 Hughmark 法，可由式（1.4-17）计算平均持气量 $\overline{\varepsilon_g}$。

$$\overline{\varepsilon_g}=\frac{u_{sg}}{u_{sg}+u_{sl}}\overline{K} \tag{1.4-17}$$

当 $Z<10$ 时：
$$\overline{K}=-0.16367+0.310372Z-0.03525Z^2+0.001366Z^3 \tag{1.4-18}$$

当 $Z\geqslant10$ 时：
$$\overline{K}=0.75545+0.003585Z-0.1436\times10^{-4}Z^2 \tag{1.4-19}$$

$$Z = Re_{\mathrm{m}}^{1/6} Fr_{\mathrm{m}}^{1/8} C_{\mathrm{l}}^{-1/4} \tag{1.4-20}$$

$$Re_{\mathrm{m}} = \frac{D(\rho_{\mathrm{g}} u_{\mathrm{sg}} + \rho_{\mathrm{l}} u_{\mathrm{sl}})}{\overline{\varepsilon_{\mathrm{g}}} \mu_{\mathrm{g}} + \overline{\varepsilon_{\mathrm{l}}} \mu_{\mathrm{l}}} \tag{1.4-21}$$

$$Fr_{\mathrm{m}} = \frac{(u_{\mathrm{sg}} + u_{\mathrm{sl}})^2}{gD} \tag{1.4-22}$$

$$C_{\mathrm{l}} = \frac{u_{\mathrm{sl}}}{u_{\mathrm{sg}} + u_{\mathrm{sl}}} \tag{1.4-23}$$

（2）Dukler 法计算压力降

Dukler 根据两相恒定滑动速度的假定，提出了 Dukler 法摩擦损失计算式。此计算方法对水平和垂直管气液两相流都适用，平均误差约为 20%。

$$\Delta p_{\mathrm{l}} = 2 f_{\mathrm{TP}} L \frac{G_{\mathrm{m}}^2}{D \rho_{\mathrm{m}}} \tag{1.4-24}$$

$$f_{\mathrm{TP}} = \alpha \beta f_{\mathrm{l}} \tag{1.4-25}$$

$$f_{\mathrm{l}} = 0.0014 + 0.125 Re_{\mathrm{m}}^{-0.32} \tag{1.4-26}$$

$$Re_{\mathrm{m}} = \frac{D G_{\mathrm{m}}}{\mu_{\mathrm{m}}} \tag{1.4-27}$$

$$\mu_{\mathrm{m}} = \mu_{\mathrm{l}} C_{\mathrm{l}} + \mu_{\mathrm{g}} (1 - C_{\mathrm{l}}) \tag{1.4-28}$$

$$G_{\mathrm{m}} = \rho_{\mathrm{g}} u_{\mathrm{sg}} + \rho_{\mathrm{l}} u_{\mathrm{sl}} \tag{1.4-29}$$

$$\rho_{\mathrm{m}} = \rho_{\mathrm{l}} C_{\mathrm{l}} + \rho_{\mathrm{g}} (1 - C_{\mathrm{l}}) \tag{1.4-30}$$

$$C_{\mathrm{l}} = \frac{u_{\mathrm{sl}}}{u_{\mathrm{sg}} + u_{\mathrm{sl}}} \tag{1.4-31}$$

$$\alpha = 1 + (-\ln C_{\mathrm{l}}) / [1.281 - 0.478(-\ln C_{\mathrm{l}}) + 0.444(-\ln C_{\mathrm{l}})^2 - 0.094(-\ln C_{\mathrm{l}})^3 + 0.00843(-\ln C_{\mathrm{l}})^4] \tag{1.4-32}$$

$$\beta = \frac{\rho_{\mathrm{l}} C_{\mathrm{l}}^2}{\rho_{\mathrm{m}} \overline{\varepsilon_{\mathrm{l}}}} + \frac{\rho_{\mathrm{g}} (1 - C_{\mathrm{l}}^2)}{\rho_{\mathrm{m}} \overline{\varepsilon_{\mathrm{g}}}} \tag{1.4-33}$$

式中　下标 m——表示气液混合物；

ρ_{m}——两相平均密度，kg/m^3；

G_{m}——两相流的质量流量，$kg/(m^2 \cdot s)$；

α，β——校正系数。

1.4.6.4　压力降计算（实例）

C_3 加氢反应器进口管道的压力降计算。对于 C_3 加氢反应器而言，氢气在反应器进口管道上注入（图 1.4-7），管道中便形成了氢气和 C_3 的气液两相流。$G_{\mathrm{l}} = 56333 kg/h$，$G_{\mathrm{g}} = 117 kg/h$，$\rho_{\mathrm{l}} = 469 kg/m^3$，$\rho_{\mathrm{g}} = 3.22 kg/m^3$，$\mu_{\mathrm{l}} = 0.08 cP$，$\mu_{\mathrm{g}} = 0.01 cP$，管径 DN150，长度 12m，高度差 8m，90°标准弯头 2 个。求该段管道的压力降。

解：（1）以 Troniewski 法作流型判断依据

$$u_{\mathrm{sl}} = \frac{G_{\mathrm{l}}}{\rho_{\mathrm{l}}} = \frac{56333 / \left(\frac{\pi}{4} \times 0.15^2 \times 3600 \right)}{469} = 1.89 \mathrm{m/s}$$

$$u_{\mathrm{sg}} = \frac{G_{\mathrm{g}}}{\rho_{\mathrm{g}}} = \frac{117 / \left(\frac{\pi}{4} \times 0.15^2 \times 3600 \right)}{3.22} = 0.57 \mathrm{m/s}$$

$$u_{\mathrm{sl}} \sqrt{\frac{\rho_{\mathrm{l}}}{\rho_{\mathrm{w}}}} = 1.89 \times \sqrt{\frac{469}{1000}} = 1.29 \mathrm{m/s}$$

$$\frac{u_{\mathrm{sg}}}{u_{\mathrm{sl}}} \sqrt{\frac{\rho_{\mathrm{g}}}{\rho_{\mathrm{a}}} \times \frac{\rho_{\mathrm{w}}}{\rho_{\mathrm{l}}}} = \frac{0.57}{1.89} \times \sqrt{\frac{3.22}{1.16} \times \frac{1000}{469}} = 0.734 \mathrm{m/s}$$

如图 1.4-8 查得 (0.734, 1.29) 处为气节流区域，本应设法避免，但是在气液流量确定的前提下，改变管径，坐标点将在 $\frac{u_{\mathrm{sg}}}{u_{\mathrm{sl}}} \sqrt{\frac{\rho_{\mathrm{g}}}{\rho_{\mathrm{a}}} \times \frac{\rho_{\mathrm{w}}}{\rho_{\mathrm{l}}}} = 0.734$ 上移动，如果将坐标点上移将进入泡沫流区域，该区域的气液振动更大；如果将坐标点下移将进入气泡流区域，则需将管径放大至 DN600，非常不经济。可以通过加固管道的方法避免管道的强烈振动。

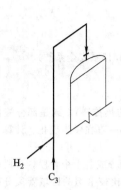

图 1.4-7 实例计算附图

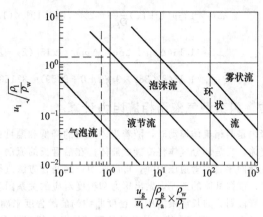

图 1.4-8 实例计算附图

（2）应用 Hughmark 法计算持气量

① 基于平均持气量

$$Re_m = \frac{D(\rho_g u_{sg} + \rho_l u_{sl})}{\varepsilon_g \mu_g + \varepsilon_l \mu_l} = \frac{0.15(3.22 \times 0.57 + 469 \times 1.89)}{\varepsilon_g 0.01 \times 10^{-3} + (1-\varepsilon_g)0.08 \times 10^{-3}} = \frac{133.2 \times 10^3}{0.08 - 0.07\overline{\varepsilon_g}}$$

$$Fr_m = \frac{(u_{sg} + u_{sl})^2}{gD} = \frac{(0.57 + 1.89)^2}{9.81 \times 0.15} = 4.11$$

$$C_l = \frac{u_{sl}}{u_{sg} + u_{sl}} = \frac{1.89}{0.57 + 1.89} = 0.768$$

$$Z = Re_m^{1/6} Fr_m^{1/8} C_l^{-1/4} = \left(\frac{133.2 \times 10^3}{0.08 - 0.07\overline{\varepsilon_g}}\right)^{1/6} \times 4.11^{1/8} \times 0.768^{-1/4}$$

平均持气量：$\overline{\varepsilon_g} = \dfrac{u_{sg}}{u_{sg} + u_{sl}}\overline{K} = \dfrac{0.57}{0.57 + 1.89}\overline{K} = 0.232\,\overline{K}$

当 $Z < 10$ 时：

$$\overline{K} = -0.16367 + 0.310372Z - 0.03525Z^2 + 0.001366Z^3 \tag{1.4-34}$$

当 $Z \geqslant 10$ 时：

$$\overline{K} = 0.75545 + 0.003585Z - 0.1436 \times 10^{-4} Z^2 \tag{1.4-35}$$

试差求得：$\overline{\varepsilon_g} = 0.186$。

② 基于平均持气量

$$\rho_m = \rho_l(1 - \overline{\varepsilon_g}) + \rho_g \overline{\varepsilon_g} = 469(1 - 0.186) + 3.22 \times 0.186 = 382\text{kg/m}^3$$

（3）DukLer 法计算摩擦损失

$\rho_m = \rho_l C_l + \rho_g(1 - C_l) = 469 \times 0.768 + 3.22(1 - 0.768) = 361\text{kg/m}^3$

$G_m = \rho_g u_{sg} + \rho_l u_{sl} = 3.22 \times 0.57 + 469 \times 1.89 = 888\text{kg/(m}^2 \cdot \text{s)}$

$\mu_m = \mu_l C_l + \mu_g(1 - C_l) = 0.08 \times 0.768 + 0.01(1 - 0.768) = 0.064\text{cP} = 0.064 \times 10^3\text{Pa} \cdot \text{s}$

$Re_m = \dfrac{DG_m}{\mu_m} = \dfrac{0.15 \times 888}{0.064 \times 10^{-3}} = 2.08 \times 10^6$

$f_1 = 0.0014 + 0.125Re_m^{-0.32} = 0.0014 + 0.125 \times (2.08 \times 10^6)^{-0.32} = 2.59 \times 10^{-4}$

$\alpha = 1 + (-\ln C_l)/[1.281 - 0.478(-\ln C_l) + 0.444(-\ln C_l)^2 - 0.094(-\ln C_l)^3 + 0.00843(-\ln C_l)^4] = 1.22$

$\beta = \dfrac{\rho_l C_l^2}{\rho_m \overline{\varepsilon_l}} + \dfrac{\rho_g(1 - C_l^2)}{\rho_m \overline{\varepsilon_g}} = \dfrac{469 \times 0.768^2}{361 \times (1 - 0.186)} + \dfrac{3.22(1 - 0.768^2)}{361 \times 0.186} = 0.961$

$f_{TP} = \alpha\beta f_1 = 1.22 \times 0.961 \times 2.59 \times 10^{-4} = 3.04 \times 10^{-4}$

根据表 1.4-5，求得管件当量长度，见表 1.4-16。

表 1.4-16 实例计算当量长度

名　　称	当量长度	数　　量	阻力系数×数量
90°标准弯头	3.66×2	2	14.64
小计 ΣL_e			14.64

$$\Delta p_f = 2f_{TP}(L+L_e)\frac{G_m^2}{D\rho_m} = 2 \times 3.04 \times 10^3 \times (12+14.64)\frac{888^2}{0.15 \times 361} = 2359Pa$$

$$\Delta p = 1.15(\Delta p_H + \Delta p_V + \Delta p_f) = 1.15\left[(Z_2-Z_1)\rho_m g + \frac{u_2^2 - u_1^2}{2}\rho + \Delta p_f\right]$$

$$= 1.15(8 \times 382 \times 9.81 + 0 + 2359) = 37189Pa \approx 37.2kPa \quad (式中1.15系安全系数)$$

1.4.7 闪蒸型气液两相流阻力计算

管内是两相流体流动时，随着流体压力的降低和温度的变化（与管外环境的热传递），或是部分液体将闪蒸成气体，或是部分气体将冷凝成液体。在沿管长的流动中，流体的气液相比例一直在发生变化。计算（闪蒸型）气液两相流的管道压力降，可以按照下列两种方法进行。

（1）根据具体的工况，做出压力和密度对应的关系图表，然后把整个管道划分成若干个管段，分段计算阻力降。管段划分的长度根据压力-密度曲线的陡峭程度来确定，在压力-密度曲线比较平坦的区域管段分得相对少一些，在压力-密度曲线比较陡峭的区域管段分得相对多一些。

（2）应用 Dukler 法计算。

（闪蒸型）气液两相流管道阻力降的计算步骤示例如下。

冷凝水回流至冷凝水回收装置，流量 100kg/s，$\rho_l = 943kg/m^3$，$\rho_g = 1.12kg/m^3$，$\mu_l = 0.232cP$，$\mu_g = 0.013cP$，起始压力 199kPa，管径 DN200，长度 200m，高度差 0m，管外加装保温层。求该段管道的压力降。

解：因为管外有保温层，可以作为绝热流动来考虑。根据相平衡数据和能量守恒方程，计算得到表 1.4-17。

表 1.4-17　闪蒸型气液两相流阻力实例计算

压力/kPa	温度/℃	液相体积比率	气相体积比率	压力/kPa	温度/℃	液相体积比率	气相体积比率
2.03	120.00	1.000	0.000	199.00	120.08	1.000	0.000
2.028	120.00	1.000	0.000	198.41	119.99	0.982	0.018
2.027	120.00	1.000	0.000	198.29	119.97	0.952	0.048
2.027	120.00	1.000	0.000	198.16	119.95	0.923	0.077
2.026	120.00	1.000	0.000	198.03	119.93	0.895	0.105
2.024	120.00	1.000	0.000	197.90	119.91	0.868	0.132

先以单相流计算方法，算出流体压力降至 199.00kPa 所需要经过的管道长度。再把剩余的管道等分成 5 段，分段计算每段管道的压力降。每段管道的气相比率以每段管道起始点的状态近似替代。最后，累加各段阻力降得出整段管道的压力降。详细计算过程从略。

1.5　真空管路设计

1.5.1　真空区域的划分

根据 GB 3163—2007《真空技术　术语》的分类，真空区域的大致划分见表 1.5-1。

表 1.5-1　真空区域的划分

低（粗）真空	$10^5 \sim 10^2 Pa$	高真空	$10^{-1} \sim 10^{-5} Pa$
中真空	$10^2 \sim 10^{-1} Pa$	超高真空	$< 10^{-5} Pa$

1.5.2　真空流动的状态

在真空状态下，气体的平均自由程增大，分子间的碰撞频率减小。随着真空度的增加，分子间的碰撞频率越来越小，气体在管内流动时主要是与管壁发生碰撞。因此在计算压力降前，需要对气体的流动状态进行界定，并在此基础上，选择相应的计算公式计算压降。真空状态下，气体的流动状态分为三种，详见表 1.5-2。

表 1.5-2 真空状态下的气体流动状态

流动状态	边界条件	特 征
分子流	$pD<0.0197\text{Pa}\cdot\text{m}$	气体分子的平均自由程大于管径 D，气体不与其他分子碰撞，在流动中几乎只与管壁碰撞。不服从牛顿黏性定律，壁面速度不为零
中间流	$0.0197\text{Pa}\cdot\text{m}<pD<0.658\text{Pa}\cdot\text{m}$	使用牛顿黏性定律，壁面有速度滑移
黏性流	$pD>0.658\text{Pa}\cdot\text{m}$	气体分子的平均自由程小于管径 D，气体分子会相互碰撞，因而影响气体流动。服从牛顿黏性定律，壁面无速度滑移

注：p 为气体的压力，Pa；D 为管径，m。

1.5.3 真空流导及计算

气体沿导管流动的能力称为流导，定义如下：

$$C=\frac{Q}{p_1-p_2} \tag{1.5-1}$$

式中　C——流导，m^3/s；

Q——在管道两端压差为（p_1-p_2）时的气体流量，$\text{Pa}\cdot\text{m}^3/\text{s}$；

p_1，p_2——分别为真空容器和真空泵进口处的压力，Pa。

由于 Q 在管道中保持常数不变，即：

$$Q=s_1p_1=s_2p_2 \tag{1.5-2}$$

代入式（1.5-1）得：

$$\frac{1}{C}=\frac{1}{s_1}-\frac{1}{s_2} \tag{1.5-3}$$

或

$$\frac{s_1}{s_2}=\frac{C/s_2}{1+C/s_2} \tag{1.5-4}$$

流导 C 与真空系统的配管有关，反映了管道流动阻力的大小。根据式（1.5-4）计算出图 1.5-1 所示为流导与排气速度的关系。

由图 1.5-1 可知：当真空泵的排气速度 s_2 恒定，随着流导的不断增大，在 $C/s_2=0\sim0.8$ 时，真空容器的排气速度 s_1 表现出快速增加的特性，当 $C/s_2>0.8$ 后，s_1 的增加速度非常缓慢。所以在工程设计时，通常使 s_1/s_2 处于 $0.6\sim0.8$ 区间内。串联管道的总流导等于各管段流导倒数和的倒数，即：

$$\frac{1}{C}=\sum\frac{1}{C_i} \tag{1.5-5}$$

并联管道的总流导等于各管道流导之和，即：

$$C=\sum C_i \tag{1.5-6}$$

对应不同的流型，有相应的流导计算公式，见表 1.5-3。

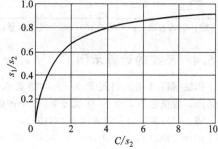

图 1.5-1 流导与排气速度的关系

表 1.5-3 流导计算公式

流型	适用范围	公 式	来 源
分子流	长圆管 $L/D>20$	$C=\dfrac{1}{6}\sqrt{\dfrac{2\pi RT}{M}}\times\dfrac{D^4}{L}$	Knudsen
	短圆管 $L/D<20$	$C=\dfrac{1}{6}\sqrt{\dfrac{2\pi RT}{M}}\times\dfrac{D^3}{L}\left(\dfrac{1}{1+1.33D/L}\right)$	Knudsen
中间流	长圆管 $L/D>20$	$C=\dfrac{\pi}{128}\times\dfrac{\bar{p}D^4}{\mu L}+\dfrac{1}{6}\sqrt{\dfrac{2\pi RT}{M}}\times\dfrac{D^3}{L}\times\dfrac{1+\sqrt{\dfrac{M}{RT}}\times\dfrac{\bar{p}D}{\mu}}{1+1.24\sqrt{\dfrac{M}{RT}}\times\dfrac{\bar{p}D}{\mu}}$	
黏性流	圆管	$C=\dfrac{\pi}{128}\times\dfrac{\bar{p}D^4}{\mu L}$	Poiseuille

注：C 为流导，m^3/s；$\bar{p}$ 为管内气体平均压力，Pa；R 为气体常数，$8.314\times10^3\text{J}/(\text{kmol}\cdot\text{K})$；$T$ 为绝对温度，K；M 为气体分子量，kg/kmol；L 为管长，m；D 为管道内径，m；μ 为介质黏度，$\text{Pa}\cdot\text{s}$。

真空系统中常用管件和阀门的管道当量长度见表 1.5-4。

表 1.5-4　真空系统中管件和阀门的管道当量长度（适用于湍流）

管件阀门			公称直径 DN												
			20	25	40	50	80	100	150	200	250	300	350	400	450	500
90°弯头	法兰	钢	0.37	0.49	0.73	0.95	1.34	1.80	2.72	3.70	4.30	5.20	5.50	6.40	7.00	7.60
90°长弯头	法兰	钢	0.40	0.49	0.70	0.82	1.02	1.28	1.71	2.13	2.44	2.75	2.86	3.10	3.40	3.70
45°弯头	法兰	钢	0.18	0.25	0.40	0.52	0.79	1.07	1.71	2.35	2.75	3.40	4.00	4.60	4.90	5.50
直流三通	法兰	钢	0.25	0.31	0.46	0.55	0.67	0.85	1.16	1.44	1.58	1.83	1.95	2.20	2.32	2.50
支流三通	法兰	钢	0.79	1.00	1.58	2.00	2.86	3.70	5.50	7.30	9.30	10.3	11.3	13.2	14.4	15.8
180°回转弯头	法兰	钢	0.37	0.49	0.73	0.95	1.34	1.80	2.72	3.70	4.30	5.20	5.5	6.40	7.00	7.60
	长径法兰	钢	0.40	0.49	0.70	0.82	1.02	1.28	1.74	2.13	2.44	2.75	2.86	3.10	3.40	3.70
截止阀	法兰	钢	12.2	13.7	18.0	21.3	28.6	37	58	79	94	119	—	—	—	—
闸板阀	法兰	钢	—	—	—	0.79	0.85	0.89	0.98	0.98	0.98	0.98	0.98	0.98	0.98	0.98
角阀	法兰	钢	4.60	5.20	5.50	6.40	8.50	11.6	19.2	27.5	37	43	49	58	64	73
止回阀	法兰	钢	1.62	2.20	3.70	5.20	8.20	11.6	19.2	27.5	37	43				
⌐	圆角	钢	0.04	0.06	0.10	0.13	0.20	0.29	0.49	0.70	0.89	1.07	1.22	1.44	1.62	1.86
⌐	锐边	钢	0.40	0.55	0.95	1.32	2.04	2.90	4.90	7.00	8.90	10.7	12.2	14.4	16.2	18.6
⌐	容器流入管道	钢	0.79	1.10	1.89	2.60	4.00	5.80	9.80	13.7	17.7	21.3	24.4	29	34	37
⌐	突然扩大		$h = \dfrac{(v_1 - v_2)^2}{2g}$ 米液柱　　式中，v_1, v_2 为介质在小、大管中流速，m/s。														

注：湍流的定义：$W/D \geqslant 360$，W 为气体流量，kg/h；D 为管道内径，m。

1.5.4　系统的计算示例

真空容器气相出料流量 3m³/s，黏度 0.01cP，温度 80℃，管道全长 30m，管道起点压力（绝对压力）2000Pa，管道包括 5 个 90°标准弯头，1 个闸阀，管道为无缝钢管。求管径、真空泵进口压力和抽气速率。

解：（1）管径（假设管径为 DN150）：

$pD = 2000 \times 0.15 = 300 \text{Pa} \cdot \text{m} > 0.658 \text{Pa} \cdot \text{m}$ 气体流动状态属于黏性流。

假设 $s_1/s_2 = 0.8$：

$$Q = s_1 p_1 = s_2 p_2 \longrightarrow \frac{s_1}{s_2} = \frac{p_2}{p_1} \longrightarrow 0.8 = \frac{p_2}{2000} \longrightarrow p_2 = 1600 \text{Pa}$$

$$\overline{p_2} = \frac{2000 + 1600}{2} = 1800 \text{Pa}$$

$$\frac{1}{C} = \frac{1}{s_1} - \frac{1}{s_2} \longrightarrow \frac{1}{C} = \frac{1}{3} - \frac{1}{3/0.8} \longrightarrow C = 15 \text{m}^3/\text{s}$$

根据表 1.4-5，求得管件的当量长度，见表 1.5-5。

表 1.5-5　管件当量长度

名　　称	当量长度	数　　量	阻力系数×数量
90°标准弯头	2.72	5	13.6
闸阀	0.98	1	0.98
小计 ΣL_e			14.58

$$C_{\text{实际}} = \frac{\pi}{128} \frac{\overline{p} D^4}{\mu(L + L_e)} = \frac{\pi}{128} \times \frac{1800 \times 0.15^4}{0.01 \times 10^{-3}(30 + 14.58)} = 50.2 \text{m}^3/\text{s} > C$$

DN150 可行。核算比小 DN150 一级的 DN100 是否适用。

$pD=2000\times0.10=200\text{Pa}\cdot\text{m}>0.658\text{Pa}\cdot\text{m}$ 气体的流动状态属于黏性流。

根据表 1.4-5，求得管件的当量长度见表 1.5-6。

表 1.5-6　当量长度实例计算

名　称	当量长度	数　量	阻力系数×数量
90°标准弯头	1.80	5	9.00
闸阀	0.89	1	0.89
小计 $\sum L_e$			9.89

$$C_{\text{实际}}=\frac{\pi}{128}\frac{\overline{p}D^4}{\mu(L+L_e)}=\frac{\pi}{128}\times\frac{1800\times0.10^4}{0.01\times10^{-3}(30+9.8)}=11.1\text{m}^3/\text{s}<C$$

DN100 不适用，选择管径为 DN150。

(2) 真空泵进口压力和抽气速率

$$\frac{1}{C_{\text{实际}}}=\frac{1}{s_1}-\frac{1}{s_2}\longrightarrow\frac{1}{50.1}=\frac{1}{3}-\frac{1}{s_2}\longrightarrow s_2=3.19\text{m}^3/\text{s}$$

$$\frac{p_2}{p_1}=\frac{s_1}{s_2}\longrightarrow\frac{p_2}{2000}=\frac{3}{3.19}\longrightarrow p_2=1881\text{Pa}$$

真空泵进口压力 1881Pa，抽气速率 3.19m³/s。

1.6　浆液管路设计（HG/T 20570.07）

1.6.1　浆液的流型及管径

浆液由液、固两相组成，属两相范畴；其流型属非牛顿型流体；按固体颗粒在连续相中的分布情况，又可以分为均匀相浆液、混合型浆液和非均匀相浆液三种流型。确定浆液输送管道的尺寸，必须注意下列几点。

(1) 均匀相流动的浆液，要求固体颗粒均匀地分布在液相介质中，只要计算出浆液中固体颗粒的最大粒径 (d_{mh})，将它与已知筛分数据进行比较，若全部固体颗粒小于 d_{mh}，则为均匀相浆液，否则为混合型浆液或非均匀相浆液。

(2) 为避免固体粒子在管道中沉降，要使浆液浓度、黏度和沉降速度间处于合理的关系中。对于均匀相浆液的输送，必须确定浆液呈均匀相流动时的最低流速，且要获得高浓度、低黏度、低沉降速度。浆液流动要求有一个适宜流速，它不宜太快，否则管道摩擦压力加大；它亦不宜太慢，否则易堵塞管道。该适宜的最低流速数据由实验确定。为获得高浓度、低黏度、低沉降速度，可采用合适的添加剂。

(3) 混合型浆液或非均匀相浆液的输送，应保证浆液流动充分呈湍流工况。

1.6.2　计算的依据及方法

1.6.2.1　提供下列数据

(1) 实测数据

① 最低的浆液流体流速 (u_{min})；

② 固体筛分的质量百分数 (X_{pi})；

③ 固体筛分的密度 (ρ_{pi})；

④ 浆液流的表现黏度 (μ_{a}) 与剪切速率 (τ) 的相关数据或流变常数 (η) 和流变指数 (n)。

(2) 可计算数据

① 连续相（水）的物性数据：黏度 (μ_{l})、密度 (ρ_{l})；

② 固体的质量流量 (W_{s}) 或浆液的质量流量 (W_{sl}) 及浆液的浓度 (C_{sl})；

③ 连续相（水）的质量流量 (W_{l})；

④ 浆液的平均密度 (ρ_{sl})；

⑤ 固体的平均密度 (ρ_{s})。

1.6.2.2　计算浆液流体物性数据

(1) 已知 ρ_{s}、ρ_{l}、W_{s}、W_{l}，计算 ρ_{sl}

$$\rho_{\text{sl}}=(W_{\text{s}}+W_{\text{l}})/[(W_{\text{s}}/\rho_{\text{s}})+(W_{\text{l}}/\rho_{\text{l}})] \tag{1.6-1}$$

（2）已知 ρ_{sl}、ρ_l、W_{sl}、C_{sl}，计算 ρ_s

$$W_s = W_{sl} \cdot C_{sl} \tag{1.6-2}$$

$$W_1 = W_{sl} - W_s \tag{1.6-3}$$

$$\rho_s = \rho_{sl} \cdot \rho_l \cdot W_s / (W_{sl} \cdot \rho_l - W_1 \cdot \rho_{sl}) \tag{1.6-4}$$

（3）计算均匀相浆液的物性数据

$$\rho_{1s} = 100 / (\sum X_{pi} / \rho_s) \tag{1.6-5}$$

$$\rho_n = \rho_{hsl} = \rho_{sl} \tag{1.6-6}$$

（4）计算混合型浆液的物性数据

$$\rho_{1s} = \sum [W_s \cdot (X_{p1}/100)] / \sum [W_s \cdot (X_{p1}/100)/\rho_{pi}] \tag{1.6-7}$$

$$\rho_{2s} = \sum [W_s \cdot (X_{p2}/100)] / \sum [W_s \cdot (X_{p2}/100)/\rho_{pi}] \tag{1.6-8}$$

$$\rho_{hsl} = \rho_s \frac{\sum [W_s \cdot (X_{p1}/100)] + W_1}{\sum [W_s \cdot (X_{p1}/100)/\rho_{pi}] + (W_1/\rho_l)} \tag{1.6-9}$$

$$X_{vs} = (W_s/\rho_s) / [(W_s/\rho_s) + (W_1/\rho_l)] \tag{1.6-10}$$

$$X_{vhcs} = \sum [W_s (X_{p2}/100)/\rho_{pi}] / [(W_s/\rho_s) + (W_1/\rho_l)] \tag{1.6-11}$$

1.6.2.3 浆液流体流型的确定和计算均匀相浆液的最大粒径（d_{mh}）

根据流变量常数（η）、流变指数（n）[由试验测得浆液流的表观黏度（U_a）与剪切速率（r）的相关数据求得] 计算 μ_a；由浆液流的有关参数（Y）、阻滞系数（C_h）（Y 与 C_h 的关联式由实验数据回归获得）计算 d_{mh}。

均匀相浆液的表观黏度（μ_a）由下式计算：

$$\gamma = 8u_a / D \tag{1.6-12}$$

$$\mu_a = 1000\eta \times \gamma^{n-1} \tag{1.6-13}$$

$$Y = 12.6[\mu_a(\rho_{1s} - \rho_a)/\rho_a^2]^{\frac{1}{3}} \tag{1.6-14}$$

当 $Y > 8.4$ 时： $\quad\quad C_h = 18.9Y^{1.41} \tag{1.6-15}$

当 $8.4 \geqslant Y > 0.5$ 时： $\quad\quad C_h = 21.11Y^{1.46} \tag{1.6-16}$

当 $0.5 \geqslant Y > 0.05$ 时： $\quad\quad C_h = 18.12Y^{-0.963} \tag{1.6-17}$

当 $0.05 \geqslant Y > 0.016$ 时： $\quad\quad C_h = 12.06Y^{0.824} \tag{1.6-18}$

当 $0.016 \geqslant Y > 0.00146$ 时： $\quad\quad C_h = 0.4 \tag{1.6-19}$

当 $Y \leqslant 0.00146$ 时： $\quad\quad C_h = 0.1 \tag{1.6-20}$

$$d_{mh} = 1.65C_h\rho_a / (\rho_{1s} - \rho_a) \tag{1.6-21}$$

若固体颗粒粒度全小于 d_{mh}，为均匀相浆液，否则为混合型浆液或非均匀相浆液。

1.6.2.4 管径的确定

（1）输送均匀相浆液

由试验获得浆液最低流速（u_{min}），计算管径 D：

$$u_a = u_{min} \tag{1.6-22}$$

$$D = \sqrt{[(W_s/\rho_s) + (W_1/\rho_l)]/(3600 \times 0.785u_a)} \tag{1.6-23}$$

$$Re = 1000D\rho_a U_a / \mu_a \tag{1.6-24}$$

浆液流流型应控制在滞流的范围之内，故 Re 在 2300 以下。调整 D 到满足要求为止。

（2）输送混合型浆液或非均匀相浆液

由试验获得浆液最低流速 u_{min}，可计算允许流速 u_a；由浆液流的有关参数 x、非均匀相中固体颗粒的平均粒径 d_{wa}，可计算管径 D。x 与 $u_{min}/(gD)^{0.5}$ 的关联式由回归获得。

$$u_a = u_{min} + 0.8 \tag{1.6-25}$$

$$u = [(W_s/\rho_s) + (W_1/\rho_l)]/(3600 \times 0.785D^2) \tag{1.6-26}$$

$$x = 100X_{vhes} \cdot F_d(\rho_{2s} - \rho_a)/\rho_a \tag{1.6-27}$$

$$d_{wa} = \sum (X_{p2}\sqrt{d_1 d_2}) / \sum X_{p2} \tag{1.6-28}$$

当 $d_{wa} \geqslant 368$ 时： $\quad\quad F_d = 1 \tag{1.6-29}$

当 $d_{wa} < 368$ 时： $\quad\quad F_d = d_{wa}/368 \tag{1.6-30}$

当 $0.006 < x \leqslant 2$ 时：$\qquad u_{\min}/(gD)^{0.5} = \exp[1.053X^{0.149}]$ (1.6-31)

当 $2 < x \leqslant 70$ 时：

$$u_{\min}/(gD)^{0.5} = \exp\{[(4.2718 \times 10^{-3} \ln x + 5.0264 \times 10^{-2}) \ln x + 4.7849 \times 10^{-2}] \ln x + 8.8996 \times 10^{-2}\}$$

(1.6-32)

浆液流应控制在湍流的范围之内，目标函数 $|u_a - u| \leqslant \delta$。调整 D 到满足要求为止。

1.6.2.5 泵压差 Δp 的计算

管道中包括直管段、阀门、管件、控制阀、流量计孔板等。管道系统的压力降是各个部分的摩擦压力降、速度压力降和静压力降的总和。

(1) 通用数据的计算

由浆液流的有关参数 Z、非均匀相阻滞系数 C_{he}（Z 与 C_{he} 的关联式由回归获得），可计算非均匀相尺寸系数 C_{ra}、沉降流速 V_t。

$$Z = 0.000118 d_{wa} [\rho_s(\rho_{2s} - \rho_a)/\mu_a^2]^{\frac{1}{3}}$$ (1.6-33)

当 $Z > 5847$ 时：$\qquad C_{he} = 0.1$ (1.6-34)

当 $20 < Z \leqslant 5847$ 时：$\qquad C_{he} = 0.4$ (1.6-35)

当 $1.5 < Z \leqslant 20$ 时：$\qquad C_{he} = 10.979 Z^{-1.106}$ (1.6-36)

当 $0.15 < Z \leqslant 1.5$ 时：$\qquad C_{he} = 13.5 Z^{-1.61}$ (1.6-37)

$$V_t = 0.00361 \sqrt{d_{wa}(\rho_{2s} - \rho_a)/(\rho_a C_{he})}$$ (1.6-38)

$$C_{ra} = \sum(X_{p2} \sqrt{C_{he}})/\sum X_{p2}$$ (1.6-39)

(2) 摩擦压力降 Δp_K 的计算

它由直管段、阀门、管件的摩擦压力降组成。流体流经阀门、管件的局部阻力计算包括阻力系数法和当量长度法，现推荐当量长度法。

① 均匀相浆液摩擦压力降 Δp_K 的计算

$$\Delta p_K = 0.03262 \times 10^{-6} \times \mu_s \times u_a(L + \sum L_e)/D^2$$ (1.6-40)

② 混合型浆液或非均匀相浆液摩擦压力降 Δp_K 的计算

浆液中非均匀相固态的有效体积分率 φ 为：

$$\varphi = 0.5[1 - u/(V_t/\sin\alpha)] \pm \sqrt{0.25[1 - u/(V_t/\sin\alpha)]^2 + X_{vhes} \cdot u/(V_t/\sin\alpha)}$$ (1.6-41)

$$u_{hsl} = u + \varphi V_t \sin\alpha$$ (1.6-42)

若 $X_{vhes} V_t \sin\alpha \ll u$，则：$\qquad \varphi = X_{vhes} \qquad u_{hsl} = u$ (1.6-43)

a. 非垂直管道：

$$\Delta p_{K1} = (4F_n/D)\rho_a u_{hsl}^2 (L + \sum L_e)/(20000 g_c)$$ (1.6-44)

$$dd = \{u_{hsl}^2 \rho_a C_{ra}/[\cos\alpha \cdot 9.81 D(\rho_{2s} - \rho_a)]\}^{1.5}$$ (1.6-45)

$$\Delta p_K = \frac{0.11 \Delta p_{K1}[1 + (85\varphi/dd)]}{(1 + 0.1\cos\alpha)}$$ (1.6-46)

b. 垂直管道：

$$\Delta p_K = 0.11[(4F_n/D)\rho_a U_{hsl}^2 (L + \sum L_e)/(20000 g_c)]$$ (1.6-47)

(3) 速度压力降 Δp_v 的计算

由温度和截面积变化引起密度和速度的变化，它导致压力降的变化。

① 均匀相浆液速度压力降 Δp_v 的计算

$$\Delta p_v = 0.1\rho_a u_a^2/(20000 g_c)$$ (1.6-48)

② 非均匀相浆液速度压力降 Δp_v 的计算

$$\Delta p_v = \frac{0.1[(1 - X_{vhes})u_{hsl}^2 + (\rho_{2s}/\rho_a)(u_{hsl} - V_t \sin\alpha)^2 X_{vhes}]\rho_a}{20000 g_c}$$ (1.6-49)

若 $V_t \sin\alpha \ll u_{hsl}$，则可用简化模型

$$\Delta p_v = 0.1\rho_a u_{hsl}^2/(20000 g_c)$$ (1.6-50)

(4) 静压力降 Δp_s 的计算

由于管道系统进（出）口标高变化而产生的压力降称静压力降。其值可为正值或负值。正值表示压力降低，负值表示压力升高。

① 均匀相浆液静压力降 Δp_s 的计算

$$\Delta p_s = 0.1[(Z_{s.d}\sin\alpha\rho_a/10000) \pm (H_{s.d}\rho_{sl}/10000)] \tag{1.6-51}$$

② 非均匀相浆液静压力降 Δp_s 的计算

$$\Delta p_s = 0.1\{Z_{s.d}\sin\alpha[1.1\varphi(\rho_{2s}-\rho_a)/\rho_a+1](\rho_a/10000) \pm (H_{s.d}\rho_{sl}/10000)\} \tag{1.6-52}$$

(5) 泵压差 Δp 的计算

$$\sum\Delta p_s = (\Delta p_K)_s + (\Delta p_v)_s + (\Delta p_s)_s \tag{1.6-53}$$

$$\sum\Delta p_d = (\Delta p_K)_d + (\Delta p_v)_d + (\Delta p_s)_d \tag{1.6-54}$$

$$\sum\Delta p = (p_{rd}-p_{rs}) + \sum\Delta p_s + \sum\Delta p_d \tag{1.6-55}$$

(6) 摩擦系数 F_n 的计算

推荐采用牛顿型流体摩擦系数的计算方法。

① 在层流范围之内（$Re<2300$）

$$F_n = 16/Re \tag{1.6-56}$$

② 在过渡流范围之内（$2300<Re\leqslant10000$）

$$F_n = 0.0027[(10^6/Re)+16000\varepsilon/D]^{0.22} \tag{1.6-57}$$

③ 在湍流范围之内（$Re>10000$）

$$F_n = 0.0027(16000\varepsilon/D)^{0.22} \tag{1.6-58}$$

(7) 当量长度 $\sum L_e$ 的计算

若只知阀门管件的局部阻力系数 K_n 的计算方法，可采用 L_e 与 K_n 的关系式求得 L_e。

$$L_e = K_n D/(4F_n) \tag{1.6-59}$$

1.6.3　计算的步骤及示例

1.6.3.1　确定流型和管径

(1) 计算浆液流体物性数据。

(2) 计算均匀相浆液的最大粒径 d_{mh} 及管径 D。

① 设浆全为均匀相浆液，校核其最大粒径。

a. 计算均匀相固体的平均密度 ρ_{ls}、均匀相固体的体积分率 X_{vs}。

b. 计算管径 D。

c. 计算均匀相浆液的表观黏度 μ_a。

d. 计算均匀相浆液的允许流速 u_a。

e. 计算均匀相浆液的最大粒径 d_{mh}。

② 设浆液为混合型浆液或非均匀相浆液，校核其最大粒径。

a. 计算浆液均匀相部分固体的平均密度 ρ_{ls} 及非均匀相部分固体的平均密度 ρ_{2s}。

b. 计算均匀相浆液密度 ρ_a 及非均匀相浆液中固体的体积分率 X_{vhes}。

c. 计算非均匀相浆液中固体颗粒的平均粒径 d_{wa}。

d. 计算非均匀相浆液中允许最低流速 u_a 及实际流速 u。

1.6.3.2　计算吸入端、排出端总压力降 Δp_K、$\sum p_s$、$\sum p_d$ 及泵压差 Δp

1.6.3.3　计算例题

已知如图 1.6-1 所示的泥浆系统和下列数据：固体流量 $W_s=122500\text{kg/h}$，液体流量 $W_l=40820\text{kg/h}$，固体平均密度 $\rho_s=2499\text{kg/m}^3$，液体密度 $\rho_l=865\text{kg/m}^3$，液体黏度 $\mu_l=0.2\text{mPa·s}$，泥浆黏度 $\mu_{sl}=3\text{mPa·s}$，温度 $t=26.7℃$，最大流速 $u=3.66\text{m/s}$，流变常数 $\eta=0.0773$，流变指数 $n=0.35$，泵排出端容器液面的压力为 0.17MPa，泵吸入端容器液面的压力为 0.1MPa，固体筛分数据（表 1.6-1）和压力降计算有关数据（表 1.6-2）。

表 1.6-1　固体筛分数据

网目	粒度/(μ_m)	质量百分数/%	密度/(kg/m³)
$-20\sim48$	$840\sim300$	5	4806
$-48\sim65$	$300\sim210$	10	4005
$-65\sim100$	$210\sim150$	20	3204
$-100\sim200$	$150\sim74$	30	2403
$-200\sim325$	$74\sim44$	20	2403
-325	44	15	1602

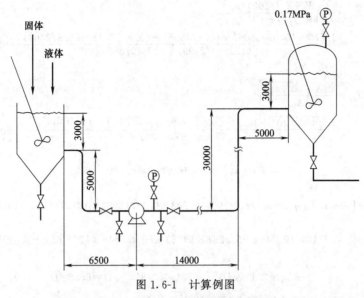

图 1.6-1　计算例图

表 1.6-2　压力降计算有关数据

项　　目	α	弯头数	三通数	闸阀数	钝边进口数	钝边出口数	管道长度/m
泵吸入端：							
水平管	0	1	1	1	1	0	6.5
下降管	−90	1	0	0	0	0	5
泵排出管：							
水平管	0	1	2	0	0	1	19
上升管	90	1	0	0	0	0	30

试求系统管径和泵压差。

解：（1）确定流型和管径

按 1.6.3.1 中计算步骤进行。先假设全为均匀相泥浆并校核其最大粒径，获结果：固体颗粒粒径非全小于最大粒径 d_{mh}，可见假设不妥（具体计算步骤省略）。然后假设最后三个筛分级在均匀相泥浆中，重复上述计算，获结果：该三个筛分级固体颗粒仍非全小于最大粒径 d_{mh}，可见假设仍不妥（具体计算步骤省略）。继续假设最后两个筛分级在均匀相泥浆中并校核其最大粒径。

按式（1.6-1）：

$$\rho_{sl} = (W_s + W_l)/[(W_s/\rho_s) + (W_l/\rho_l)]$$
$$= (122500 + 40820)/[(122500/2499) + (40820/865)] = 1698 kg/m^3$$

按式（1.6-7）：

$$\rho_{1s} = \frac{\sum[W_s(X_{p1}/100)]}{\sum[W_s(X_{p1}/100)/\rho_{pi}]} = \frac{122500(0.2+0.15)}{122500[(0.2/2403)+(0.15/1602)]} = 1979 kg/m^3$$

按式（1.6-8）：

$$\rho_{2s} = \frac{\sum[W_s(X_{p2}/100)]}{\sum[W_s(X_{p2}/100)/\rho_{pi}]}$$
$$= \frac{122500(0.05+0.1+0.2+0.3)}{12250[(0.05/4806)+(0.1/4005)+(0.2/3204)+(0.3/2403)]} = 2920 kg/m^3$$

按式（1.6-9）：

$$\rho_a = \frac{\sum[W_s(X_{p1}/100)] + W_l}{\sum[W_s(X_{p1}/100)/\rho_{pi}] + (W_l/\rho_l)}$$
$$= \frac{122500(0.2+0.15)+40820}{122500[(0.2/2403)+(0.15/1602)]+(40820/865)} = 1216 kg/m^3$$

按式（1.6-11）：

$$X_{vhes} = \frac{\sum [W_s (X_{p2}/100)/\rho_{pi}]}{\sum [(W_s/\rho_s) + (W_1/\rho_1)]}$$

$$= \frac{122500[(0.05/4806) + (0.1/4005) + (0.2/3204) + (0.3/2403)]}{[(122500/2499) + (40820/865)]} = 0.283$$

按式 (1.6-28):

$$d_{wa} = \frac{\sum X_{p2} \sqrt{d_1 d_2}}{\sum X_{p2}}$$

$$= \frac{5\sqrt{840 \times 300} + 10\sqrt{300 \times 210} + 20\sqrt{210 \times 150} + 30\sqrt{150 \times 74}}{(5 + 10 + 20 + 30)} = 180\mu m$$

按式 (1.6-30):

$$F_d = d_{wa}/368 = 180/368 = 0.489$$

按式 (1.6-27):

$$x = 100 X_{vhes} F_d (\rho_{2s} - \rho_a)/\rho_a = 100 \times 0.283 \times 0.489(2920 - 1216)/1216 = 19.4$$

按式 (1.6-32):

$$u_{min}/(gD)^{0.5} = \exp\{[(4.2718 \times 10^{-3}\ln x + 5.0264 \times 10^{-2})\ln x + 4.7849 \times 10^{-2}]\ln x + 8.8996 \times 10^{-2}\} = 2.19$$

按式 (1.6-25):

$$u_{min} = 2.19(gD)^{0.5} = 2.19 \times 9.81^{0.5}\sqrt{D} = 6.86\sqrt{D}$$

$$u_a = u_{min} + 0.8 = 6.86\sqrt{D} + 0.8$$

按式 (1.6-26):

$$u = \frac{[(W_s/\rho_s) + (W_1/\rho_1)]}{(3600 \times 0.785 D^2)} = \frac{[(122500/2499) + (40820/865)]}{3600 \times 0.785 \times D^2} = 0.034/D^2$$

目标函数 $|u_a - u| \leqslant \delta$，调整 D，满足要求为止，见表 1.6-3。

表 1.6-3 D 调整过程

D/m	u_a/(m/s)	u/(m/s)
0.075	2.68	6.04
0.100	2.97	3.40
0.125	3.23	2.18

根据目标函数要求，选用 $D = 0.100m$，又按式 (1.6-12)～式 (1.6-21) 得：

$$\mu_a = 1000\eta \times \gamma^{n-1} = 77.3(8 \times 3.4/0.1)^{0.35-1} = 2.02mPa \cdot s$$

$$Y = 12.6[\mu_a(\rho_{1s} - \rho_a)/\rho_a^2]^{\frac{1}{3}} = 12.6[2.02(1979 - 1216)/1216^2]^{\frac{1}{3}} = 1.28$$

$$C_h = 21.11Y^{1.46} = 30.3$$

$$d_{mh} = 1.65C_h \times \rho_a/(\rho_{1s} - \rho_a) = 1.65 \times 30.3 \times 1216/(1979 - 1216) = 79.7\mu m$$

经比较，确定最后两个筛分级在均匀相泥浆中，其余筛分级在非均匀相泥浆中。允许最低流速 $u_a = 2.97m/s$；实际流速 $u = 3.4m/s$。

(2) 计算压力降及泵压差的通用数据

① 计算颗粒沉降速度 V_t，按式 (1.6-33)～式 (1.6-38):

$$Z = 0.000118d_{wa}[\rho_n(\rho_{2s} - \rho_a)/\mu_a^2]^{\frac{1}{3}} = 0.000118 \times 180[1216(2920 - 1216)/2.02^2]^{\frac{1}{3}} = 1.69$$

$$C_{he} = 10.979Z^{-1.106} = 6.15$$

$$V_t = 0.00361\sqrt{\frac{d_{wa}(\rho_{2s} - \rho_a)}{(\rho_a \times C_{he})}} = 0.00361\sqrt{\frac{180(2920 - 1216)}{1216 \times 6.15}} = 0.023m/s$$

② 计算非均匀相尺寸系数 C_{ra}，按式 (1.6-33)～式 (1.6-39) 得：

$$Z = 0.000118\sqrt{840 \times 300}[1216 \times (4806 - 1216)2.02^2]^{1/3} = 6.06$$

$$C_{he} = 10.979Z^{-1.106} = 1.5$$

$$Z = 0.000118\sqrt{300 \times 210}[1216 \times (4005 - 1216)2.02^2]^{1/3} = 2.78$$

$$C_{he} = 10.979Z^{-1.106} = 3.5$$

$$Z = 0.000118\sqrt{210 \times 150}[1216 \times (3204 - 1216)2.02^2]^{1/3} = 1.76$$

$$C_{he} = 10.979Z^{-1.106} = 5.88$$

$$Z = 0.000118\sqrt{150 \times 74}[1216 \times (2403 - 1216)2.02^2]^{1/3} = 0.88$$

$$C_{he} = 13.5Z^{-1.61} = 16.6$$

由式（1.6-39）得：

$$C_{ra} = \frac{\sum X_{p2}\sqrt{C_{he}}}{\sum X_{p2}} = \frac{(5 \times \sqrt{1.5}) + (10 \times \sqrt{3.5}) + (20 \times \sqrt{5.88}) + (30 \times \sqrt{16.6})}{(5 + 10 + 20 + 30)} = 3.01$$

（3）计算压力降及泵压差

按式（1.6-42）、式（1.6-43）得：

$$X_{vhes}V_t\sin 90° = 0.283 \times 0.023 = 0.00651$$

由于 $X_{vhes}V_t\sin 90° \leqslant u$，则 $\varphi = 0.283$，$u_{hsl} = 3.4 \text{m/s}$

按式（1.6-24）～式（1.6-58）得：

$$Re = 1000Du_{hsl}\rho_a/\mu_a = 1000 \times 0.1 \times 3.4 \times 1216/2.02 = 204673$$

$$F_n = 0.0027(16000\varepsilon/D)^{0.22} = 0.0027(16000 \times 0.0000457/0.1)^{0.22} = 0.00418$$

① 泵吸入端水平管道

a. 当量长度（L_e）的计算见表 1.6-4。

表 1.6-4　泵吸入端水平管道当量长度计算

泵吸入端水平管道连接管件	件数	L_e/m	K_n
闸板阀	1	$8D = 0.8$	
90°短径弯头	1	$30D = 3$	
直流三通	1	$20D = 2$	
进口（即容器出口）	1	$K_n \times D/(4F_n) = 5.98$	1.0
$\sum L_e$	4	11.78	

b. 压力降的计算

按式（1.6-44）～式（1.6-47）、式（1.6-50）、式（1.6-52）～式（1.6-55）得：

$$\Delta p_{K1} = (4F_n/D)\rho_a u_{hsl}^2(L + \sum L_e)/(20000g_c)$$

$$= 4 \times 0.00418/0.100 \times 1216 \times 3.4^2 \times (6.5 + 11.78)/(20000 \times 9.81) = 0.219$$

$$dd = \{U_{hsl}^2\rho_a C_{ra}/[\cos\alpha \times 9.81D(\rho_{2s} - \rho_a)]\}^{1.5}$$

$$= \{3.4^2 \times 1216 \times 3.01/[\cos 0 \times 9.81 \times 0.1(2921 - 1216)]\}^{1.5} = 127.344$$

$$\Delta p_K = [0.11\Delta p_{K1}(1 + 0.1\cos\alpha)](1 + 85\varphi/dd)$$

$$= [0.11 \times 0.219/(1 + 0.1)](1 + 85 \times 0.283/127.344) = 0.026 \text{MPa}$$

② 泵吸入端垂直管道

a. 当量长度（L_e）的计算见表 1.6-5。

表 1.6-5　泵吸入端垂直管道当量长量的计算

泵吸入端垂直下降管道连接管件	件数	L_e/m
90°短径弯头	1	$30D = 3$
$\sum L_e$		3

b. 压力降的计算

$$\Delta p_K = 0.11[(4F_n/D)\rho_a u_{hsl}^2(L + \sum L_e)/(20000g_c)]$$

$$= 0.11[(4 \times 0.00418/0.1) \times 1216 \times 3.4^2(5 + 3)/(20000 \times 9.81)] = 0.01054 \text{MPa}$$

$$\Delta p_v = -0.1\rho_a u_{hsl}^2/(20000g_c) = -0.1 \times 1216 \times 3.4^2/(20000 \times 9.81) = -0.00716 \text{MPa}$$

$$\Delta p_s = 0.1\{Z_s\sin\alpha[1.1\varphi(\rho_{2s} - \rho_a)/\rho_a + 1](\rho_a/10000) - H_s\rho_{sl}/10000\}$$

$$= 0.1\{-5\sin 90°[1.1 \times 0.283(2920 - 1216)/1216 + 1](1216/10000) - 3 \times 1698/10000\}$$

$$= -0.1383 \text{MPa}$$

③ 泵排出端水平管道

a. 当量长度（L_e）的计算（表 1.6-6）

表 1.6-6　泵排出端水平管道当量长度的计算

泵排出端水平管道连接管件	件数	L_e/m	K_n
闸板阀	1	$8D=0.8$	
90°短径弯头	1	$30D=3$	
直流三通	2	$2 \times 20D=4$	
出口（即容器入口）	1	$K_n \times D/(4F_n)=2.99$	0.5
$\sum L_e$	5	10.79	

b. 压力降的计算

$$\Delta p_{K1}=(4F_n/D)\rho_a u_{hsl}^2(L+\sum L_e)/(20000g_c)$$
$$=(4 \times 0.00418/0.1) \times 1216 \times 3.4^2 \times (19+10.79)/(20000 \times 9.81)=0.357MPa$$
$$dd=\{u_{hsl}^2\rho_a C_{rs}/[\cos\alpha \times 9.81D(\rho_{2s}-\rho_a)]\}^{1.5}$$
$$=\{3.4^2 \times 1216 \times 3.01/[\cos0 \times 9.81 \times 0.1(2921-1216)]\}^{1.5}=127.344$$
$$\Delta p_K=[0.11\Delta p_{K1}(1+0.1\cos\alpha)](1+85\varphi/dd)$$
$$=[0.11 \times 0.357/(1+0.1)](1+85 \times 0.283/127.344)=0.0424MPa$$

④ 泵排出端垂直管道

a. 当量长度（L_e）的计算（表 1.6-7）

表 1.6-7　泵排出端垂直管道当量长度的计算

泵排出端垂直上升管道连接管件	件数	L_e/m
90°短径弯头	1	$30D=3$
$\sum L_e$	1	3

b. 压力降的计算

$$\Delta p_K=0.11[(4F_n/D)\rho_a u_{hsl}^2(L+\sum L_e)/(20000g_c)]$$
$$=0.11[(4 \times 0.00418/0.1) \times 1216 \times 3.4^2(30+3)/(20000 \times 9.81)]=0.0435MPa$$
$$\Delta p_v=-0.1\rho_a u_{hsl}^2/(20000g_c)=-0.1 \times 1216 \times 3.4^2/(20000 \times 9.81)=0.00716MPa$$
$$\Delta p_s=0.1\{Z_d\sin\alpha[1.1\varphi(\rho_{2s}-\rho_a)/\rho_a+1](\rho_a/10000)+H_d\rho_{sl}/10000\}$$
$$=0.1\{30\sin90°[1.1 \times 0.283(2920-1216)/1216+1](1216/10000)+3 \times 1698/10000\}$$
$$=0.5749MPa$$

计算结果汇总见表 1.6-8。

表 1.6-8　压降计算结果汇总

项　目	$\Delta p_K/MPa$	$\Delta p_v/MPa$	$\Delta p_s/MPa$	$\Delta p_{s.d}/MPa$
泵吸入端：				
水平管	0.0260			
下降管	0.01054	−0.00716	−0.1383	
$\sum L_e$	0.0365	−0.00716	−0.1383	−0.1090
泵排出端：				
水平管	0.0424			
上升管	0.0435	0.00716	0.5749	
$\sum L_e$	0.0859	0.00716	0.5749	0.6680

（4）泵压差

$$\Delta p=p_{rd}-p_{rs}+\sum \Delta p_s+\sum \Delta p_d=0.17-0.1-0.1090+0.6680=0.629MPa$$

1.7　设计文件及校审

1.7.1　图面一般要求（HG/T 20549.1）

1.7.1.1　图幅和比例

管道布置图图幅应尽量采用 A0，比较简单的也可以采用 A1 或 A2。同区的图应采用同一种图幅，图幅不宜加长或加宽。常用比例为1∶30，也可采用1∶25或1∶50，但同区的或各分层的平面图，应采用同一比例。

1.7.1.2　尺寸单位

管道布置图中标注的标高、坐标以米为单位，小数点后取三位数，至毫米为止；其余的尺寸一律以毫米为单位，只注数字，不注单位。管子公称直径一律用毫米表示。基准地平面的设计标高宜表示为：EL100.000m，低于基准地平面者可表示为：9×.×××m。

1.7.1.3　图纸名称

标题栏中的图名一般分成两行书写，上行写"管道布置图"，下行写"EL×××.×××平面"或"A—A、B—B……剖视"等。

1.7.1.4　管径范围

全部工艺管道（包括高点排气、低点排液）、公用工程管道及地下管道。

1.7.2　布置图的内容 （HG/T 20549.1）

1.7.2.1　图面的表示

（1）管道布置图应按设备布置图或按分区索引图所划分的区域（以小区为基本单位）绘制。区域分界线用粗双点划线表示，在区域分界线的外侧标注分界线的代号、坐标和与此图标高相同的相邻部分的管道布置图图号，见图1.7-1。

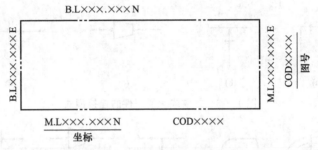

图 1.7-1　区域分界线的表示方法

注：B.L——表示装置边界；M.L——表示接续线；COD——表示接续图

（2）管道布置图一般只绘平面图。当平面图中局部表示不够清楚时，可绘制剖视图或轴测图，此剖视图或轴测图可画在管道平面布置图边界以外的空白处（不允许在管道平面布置图内的空白处再画小的剖视图或轴测图）或绘在单独的图纸上。绘制剖视图时要按比例画，可根据需要标准尺寸。轴测图可不按比例，但应标注尺寸。剖视符号规定用 A—A、B—B 等大写英文字母表示，在同一小区内符号不得重复。平面图上要表示所剖截面的剖切位置、方向及编号。

（3）对于多层建筑物、构筑物的管道平面布置图应按层次绘制，如在同一张图纸上绘制几层平面图时，应从最低层起，在图纸上由下至上或由左至右依次排列，并于各平面图下注明"EL100.000 平面"或"EL×× ×.×××平面"。

（4）在绘有平面图的图纸右上角，管口表的左边，应画一个与设备布置图的设计北向一致的方向标。

1.7.2.2　建（构）筑物的表示

（1）建筑物和构筑物应按比例，根据设备布置图画出柱、梁、楼板、门、窗、楼梯、平台、安装孔、管沟、箅子板、散水坡、管廊架、围堰、通道、栏杆、梯子和安全护圈等。

（2）按比例用细点划线表示就地仪表盘、电气盘的外轮廓及电气、仪表电缆槽或架和电缆沟，但不必标注尺寸，避免与管道相碰。

（3）生活间及辅助间应标出其组成和名称。

1.7.2.3　设备的表示

（1）用细实线按比例以设备布置图所确定的位置，画出所有设备的外形和基础。

（2）表示吊车梁、吊杆、吊钩和起重机操作室。

（3）按比例画出卧式设备的支撑底座，并标注固定支座的位置，支座下如为混凝土基础时，应按比例画出基础的大小，不需标注尺寸。

（4）对于立式容器还应表示出裙座人孔的位置及标记符号。

（5）对于工业炉，凡是与炉子和其平台有关的柱子及炉子外壳和总管联箱的外形、风道、烟道等均应表示出。

（6）用双点划线按比例表示出重型或超限设备的"吊装区"或"检修区"和换热器抽芯的预留空地。但不标注尺寸，如图 1.7-2 所示。

图 1.7-2　设备检修或抽芯区示意

（7）按 PID 给定的符号标注容器上的液面计、液面报警器、排气、排液、取样点、测温点、测压点等，其中某项若有管道及阀门也应画出，尺寸可以不必标注。

1.7.2.4　管道的表示

（1）管道布置图中，公称直径（DN）大于和等于 400mm 或 16 英寸的管道用双线表示，小于和等于 350mm 或 14 英寸的管道用单线表示。如果管道布置图中，大口径的管道不多时，则公称直径（DN）大于和等于 250mm 或 10 英寸的管道用双线表示；小于和等于 200mm 或 8 英寸者用单线表示。

（2）在适当位置画箭头表示物料流向（双线管道箭头画在中心线上）。

（3）按比例画出管道及管道上的阀门、管件（包括弯头、三通、法兰、异径管、软管接头等管道连接件）、管道附件、特殊管件等。

（4）各种管件连接型式如图 1.7-3 螺纹或承插焊件的连接型式和图 1.7-4 对焊的连接型式所示；焊点位置应按管件长度比例画，标注尺寸应考虑管件组合的长度。管道公称直径小于和等于 40mm 或 1½ 英寸的弯头一律用直角表示。

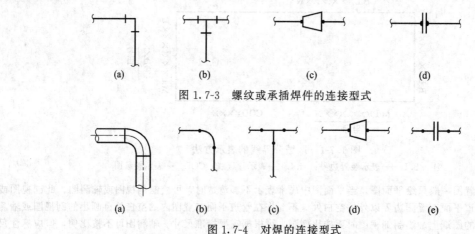

（a）　　　　　（b）　　　　　（c）　　　　　（d）

图 1.7-3　螺纹或承插焊件的连接型式

（a）　　　（b）　　　（c）　　　（d）　　　（e）

图 1.7-4　对焊的连接型式

（5）管道的检测元件（压力、温度、流量、液面、分析、料位、取样、测温点、测压点等）在管道布置平面图上用 φ10mm 的圆圈表示，并用细实线和圆圈连接起来。圆内按 PID 检测元件的符号和编号填写。具体位置由设计人员根据自控专业的安装要求确定，特殊情况由两专业共商解决。

（6）当几套设备的管道布置完全相同时，允许只绘一套设备的管道，其余可简化并以方框表示，但在总管上应绘出每套支管的接头位置。

（7）当塔上的管道经过一个平面到另一个平面时，应标注此管道的编号。若管道有直径或位置的变化或出现了支管或附件时，也应标注出管道号。

（8）在 PID 上的特殊管件，如消声器、爆破片、洗眼器、分析设备等等，在管道布置图中允许作适当简化，即用矩形（或圆形）细线表示该件所占位置，注明标准号或特殊件编号。

（9）对分析取样接口应画至根部阀，并标注符号，见图 1.7-5 分析取样接口及符号标注。

（10）对排气及排液的表示法见图 1.7-6 排气及排液标注。

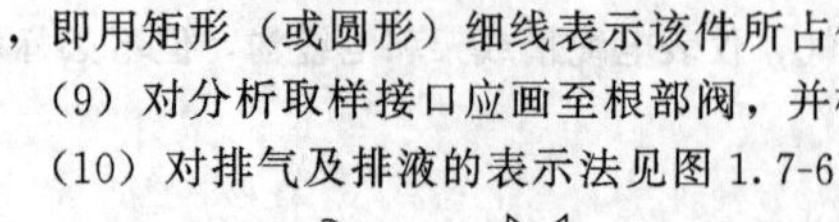

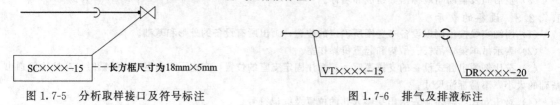

SC××××-15 ──长方框尺寸为18mm×5mm

VT××××-15　　　　DR××××-20

图 1.7-5　分析取样接口及符号标注　　　　图 1.7-6　排气及排液标注

(11) 所有管道高点应设排气，低点应设排液。对于液体管道的排气、排液应装阀门及螺纹管帽，而气体管道的排液也应装阀门及螺纹管帽；用于压力试验的排气点仅装螺纹帽。

(12) 管道平面布置图中表示不清楚的管道，可在图纸四周的空白处用局部放大轴测图（简称详图）表示。该局部放大轴测图也可画在另一张图上。其标示符号举例如下：

10	→	"10"——表示详图编号
34	→	"34"——表示管道布置图尾号
E3	→	"E3"——表示管道布置图的网格号

方框尺寸为 12mm×15mm；字高为 3mm

在本图空位出画轴测图时，应将管道布置图尾号省略，表示为：

| 10 |
| ~ |
| E3 |

在放大轴测图的下方应注明详图编号及对应管道布置图尾号及网格号，如"10"（34-E3）以便查找所在的位置。

(13) 在管道材料有变化（及等级有变化处）时，应按 PID 在图中标注出。

(14) 在每张管道布置图标题栏上方加贴缩小的分区索引表，并用阴影线在其上表示本图所在位置。

1.7.3 图面尺寸标注（HG/T 20549.1）

1.7.3.1 建、构筑物的尺寸标注

(1) 标注建、构筑物柱网轴线编号及柱距尺寸或坐标。

(2) 标注地面、楼面、平台面、吊车的标高。

(3) 标注电缆托架、电缆沟、仪表电缆槽、架的宽度和底面标高以及就地电气、仪表控制盘的定位尺寸。

(4) 标注吊车梁定位尺寸、梁底标高、荷载或起重能力。

(5) 对管廊应标注柱距尺寸（或坐标）及各层的顶面标高。

1.7.3.2 设备的尺寸标注

(1) 按设备布置图标注所有设备的定位尺寸或坐标、基础面标高；对于卧式设备还需注出设备支架位置尺寸；对于泵、压缩机、透平机或其他机械设备应按产品样本或制造厂提供的图纸标注管口定位尺寸（或角度）、底盘底面标高或中心线标高。

(2) 按设备图用 5mm×5mm 的方块标注设备管口符号、管口方位（或角度）、底部或顶部管口法兰面标高、侧面管口的中心线标高和斜接管口的工作点标高等，如图 1.7-7 管口方位图所示。

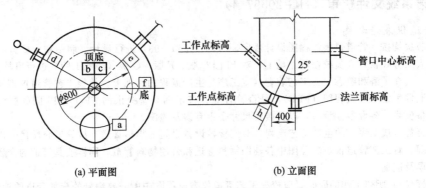

(a) 平面图　　　　　　　　(b) 立面图

图 1.7-7　管口方位标注示意

(3) 在管道布置图上的设备中心线上方标注于流程图一致的设备位号，下方标注支承点的标高（如 POS EL×××.×××）或主轴中心线的标高（如 EL×××.×××）。剖视图上的设备位号注在设备近侧或设备内。

1.7.3.3 管道的尺寸标注

(1) 以建筑物或构筑物的轴线、设备中心线、设备管口中心线、区域界限（或接续图分界线）等作为基准标注管道定位尺寸，管道定位尺寸也可用坐标形式表示。

（2）按 PID 在管道上方标注（双线管道在中心线上方）介质代号、管道编号、公称直径、管道等级及隔热型式、流向，下方标注管道标高（标高以管道中心线为基准时，只需标注数字如 EL×××.×××，以管底为基准时，在数字前加注管底代号如 BOP EL×××.×××）。

（3）有特殊要求的管道定位尺寸或坐标及标高，如液封高度、不得有袋形弯的管道标高等应标注相应尺寸、文字或符号。

（4）对于异径管，应标出前后端管子的公称通径，如：DN80/50 或 80×50。

（5）要求有坡度的管道，应标注坡度（代号用 i）和坡向，见图 1.7-8 管道坡度的标注。

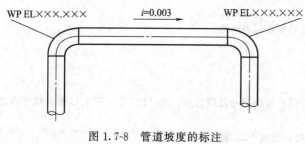

WP EL×××.×××　　$i=0.003$　　WP EL×××.×××

图 1.7-8　管道坡度的标注
（注：WP EL——工作点标高）

（6）非 90°的弯管和非 90°的支管连接，应标注角度。

（7）在管道布置平面图上，不标注管段的长度尺寸，只标注管子、管件、阀门、过滤器、限流孔板等元件的中心定位尺寸或以一端法兰面定位。

（8）在一个区域内管道方向有改变时，支管和在管道上的管件位置尺寸应按轴线、设备、管口或邻近管道的中心线来标注。当有管道跨区通过接续线到另一张管道布置图时，为了连续的缘故，还需要从接续线上定位，只有在这种情况下，才出现尺寸的重复。

（9）标注仪表控制点的符号及定位尺寸。对于安全阀、疏水阀、分析取样点、特殊管件有标记时，应在 $\phi10mm$ 圆内标注它们的符号。

（10）为了避免在间隔很小的管道之间标注管道号和标高而缩小字型，允许用附加线标注标高和管道号，此线穿越各管道并用箭头指向被标注的管道。

（11）水平管道上的异径管以大端定位，螺纹管件或承插焊管件以一端定位。

（12）按比例画出人孔、楼面开孔、吊柱（其中用双细实线表示吊柱的长度，用点划线表示吊柱活动范围），不需标注定位尺寸。

（13）当管道倾斜时，应标注工作点标高（WP EL），并把尺寸线指向可以进行定位的地方。

（14）带有角度的偏置管和支管在水平方向标注线性尺寸，不标注角度尺寸。

（15）管架定位

水平向管道的支架标注定位尺寸，垂直向管道的支架标注支架顶面或支承面（如平台面、楼板面、梁顶面）的标高。在管道布置图中每个管架应标注一个独立的管架号。

1.7.4　工艺系统文件校审（HG 20557.4）

1.7.4.1　管道仪表流程图

（1）所有版次均按《管道仪表流程图设计规定》（HG 20559—93）进行设计、制图和校核。

（2）审核人员应在校核人员校核的基础上，对 PI 图 C 版、E 版、G 版（即施工版）进行审核。

（3）校核人员在了解和熟悉化工工艺装置（或工序）生产流程的基础上，校核工艺管道仪表流程图是否符合化工工艺专业发表的工艺流程图（PFD），是否符合专有技术拥有者提供的 PFD 或 PI 图的要求；校核图中设备名称、设备位号、各设备接管口，以及接管尺寸是否有误及遗漏。

（4）按照装置（或工序）的生产工艺流程，对连接各设备之间的物料管道，按管道介质代号逐一进行校核是否有误及遗漏。对工艺管道仪表流程图中各辅助物料管道和公用物料管道，同样按其管道的介质代号逐一进行校核是否有误及遗漏。

（5）在进行（4）所列工作的同时，应校核工艺管道仪表流程图中所需要编号的全部管道的管道介质代号、管道顺序号、管道尺寸、管道等级的编制是否有误和遗漏；校核所有管道阀门和管道附件的选择和表示是否有误和遗漏；校核管道流向箭头及接续符号、管道编号及图号是否有误及遗漏；校核异径管的标注是否有误及遗漏；校核各支管与总管连接的前后位置与管道平面设计图是否一致。

（6）校核工艺管道仪表流程图中有位差的限位尺寸，地下、半地下设备的地面线、容器及其他设备的关键标高或设备的最小标高、与设备（不包括管道）相连接的阀门规格及管道上的阀门规格是否进行了标注，对管道坡度、管道名称或阀门、管件或仪表的特殊位置、液封高度等有特殊要求或对管道等级分界位置，对埋设、未埋设及管道的分界线和两相流管线等是否进行了标注。

（7）校核工艺管道仪表流程图中操作和试车所需要有关的放空管、排液管、放净管和吹扫点有无错误或遗漏。

（8）校核工艺管道仪表流程图中所有需绝热保温的设备、管道、蒸汽、电或其他类型伴热的伴管、夹套管的标注是否有误及遗漏。

（9）按照装置（或工序）的生产流程，在检查接受工艺化验项目条件的基础上，校核工艺分析取样点是否有误及遗漏。

（10）按照装置（或工序）的生产流程，在检查接受化工工艺专业主要控制说明和工艺系统专业对控制要求补充说明，并在自控专业配合的基础上，校核工艺管道仪表流程图中全部检测、控制仪表（包括控制系统）是否有误及遗漏；校核在线仪表、转子流量计等的规格。当与管道规格不同时，其规格的标注是否遗漏；校核仪表位号的标注是否有误及遗漏。

（11）校核工艺管道仪表流程图控制阀及旁路阀规格、仪表空气断路时控制阀的状态，控制阀前后若有异径管，其标准是否有误或遗漏。

（12）校核工艺管道仪表流程图中安全阀编号、安全阀（进出管口）规格及整定压力是否按有关绘制规定标出；若安全阀入口管道要限制压降，应校核其管道尺寸、管道长度及管件数量和规格是否注明。

（13）校核工艺管道仪表流程图中疏水阀位号的标注。当疏水阀的前切断阀之前设置有放空管，疏水阀与后切断阀之间设有检查管时，应校核其放空管及检查管的尺寸和标注。根据所选用疏水阀型号及安装要求校核疏水阀异径管、过滤器、前后切断阀的标注是否有误及遗漏。

（14）校核工艺管道仪表流程图中限流孔板符号、位号的标注是否有误或遗漏。

（15）校核工艺管道仪表流程图、辅助物料、公用物料管道仪表流程图中的特殊管件（包括特殊阀门、视镜、安全喷淋器、洗眼器、消声器等）的编号和标注是否有误及遗漏。

（16）校核工艺管道仪表流程图中塔类设备的总塔板数、进出物料的塔板数、加热盘或冷却盘管以及容器内件是否加了注明。

（17）校核工艺管道仪表流程图中对从界区外来或送出界区的管道，是否标注了管道界区接续标志，接续图管道编号及图号的标注是否有误及遗漏。

（18）在工艺管道仪表流程图中对有专业分工或有供货范围的部分，应校核是否按有关的绘制规定进行了标注。

（19）在工艺管道仪表流程图中对厂商供货的成套设备，要校核是否标注了成套设备的供货范围，校核与厂商供货的成套设备相连接的管道连接点的标注是否有误及遗漏。

（20）在工艺管道仪表流程图中对有"待定"的问题，要校核是否进行了标注及注释说明。

（21）按照 PI 图首页编制的规定，校核 PI 图首页图中应表示的全部工艺物料、辅助物料和公用物料代号、缩写字母，以及装置中所采用的全部管道、阀门、主要管件、取样器等的图例符号、仪表符号等是否齐全正确；校核设备编号说明、管道编号说明、公用物料站编号说明是否清楚。如在首页图中表示进出界区所有工艺物料、辅助物料和公用物料的界区交接点表，则对该表内容逐项进行校核是否有误及遗漏；校核备注栏中对 PI 图中共性的问题或未表示清楚的内容进行统一规定的说明，以及"待定"问题是否完善和清楚。

（22）根据辅助物料、公用物料管道仪表流程图绘制的规定，对照工艺装置（或工序）生产工艺流程，校核每一个单一介质系统辅助物料、公用物料管道仪表流程图中的管道、阀门和管道附件（不包括工艺管道仪表流程图上已表示的）是否有误及遗漏；校核主管走向或支管分支顺序是否与实际配管相同。

（23）校核辅助物料、公用物料管道仪表流程图中每一个单一介质系统全部检测、控制仪表（不包括工艺管道仪表流程图中已表示的）是否有误及遗漏。

（24）校核辅助物料、公用物料管道仪表流程图中每一个单一介质系统的分析取样点（不包括工艺管道仪表流程图中已表示的）是否有误及遗漏。

（25）按（17）的规定校核辅助物料、公用物料管道仪表流程图中进出界区的管道。

（26）校核辅助物料、公用物料管道仪表流程图中的绝热保温（伴管、夹套管等）的标注是否有误及遗漏。

（27）校核辅助物料、公用物料管道仪表流程图管道等级变化的分界位置是否有误及遗漏。校核管道流向及接续图管道编号及图号是否有误及遗漏。

（28）按（13）的规定校核辅助物料、公用物料管道仪表流程图中的疏水阀。

（29）按（12）的规定校核辅助物料、公用物料管道仪表流程图中的安全阀。

（30）校核泵、鼓风机、压缩机等的驱动装置（如：电动机、蒸汽轮机、柴油机、燃气轮机等），当需要表示时是否表示。

（31）校核工艺管道仪表流程图、辅助物料、公用物料管道仪表流程图中，对开车、停车、正常操作、事故处理、维修及人身安全方面的考虑和设施是否齐全可靠。

（32）审核的主要内容

① 在已校核计算结果的基础上，审核系统压力降和安全分析。

② 审核与工艺系统专业有关的三废排放安全分析。

③ 审核与工艺系统专业有关的费用控制。

④ 审核 PI 图上所表示示的供货范围。

1.7.4.2　管道命名表及索引

（1）"管道命名表"（以下简称命名表）所有版本编制后均需校核和审核。

（2）校核人员在检查接受条件的基础上，按流体介质校核本表管道说明栏中的管道编号、尺寸、压力等级、流体介质、来自至、管道规格、所在管道仪表流程图图号；校核工作条件栏中的正常（工作）温度、正常（工作）压力、事故或短期变化中的温度、压力、事故类型、允许超应力％；校核设计条件栏中的物料类型、温度、压力；校核现场试验栏中的介质、压力；校核绝热保温与涂漆栏中的绝热保温类型、绝热层厚度、涂漆要求及备注栏等各项内容的编制是否有误及遗漏。

（3）校核"管道命名表索引"中的管道编号、管道用途及表明所在管道编号的页数是否与管道命名表中所编制的内容一致。

（4）审核人员主要审核设计条件、工作条件和现场试压三栏是否有误。

1.7.4.3　容器接管汇总表

（1）"容器接管汇总表"按"容器接管汇总表编制说明"进行编制和校核后即可发表。

（2）校核人员在检查接受条件的基础上，校核"容器接管汇总表"中的设备名称、容器位号、容器类型、设计压力、最小法兰等级、容器接管字母符号、用途、接管型式、公称通径、压力等级、法兰面类型和与容器接管相连接的管道类别，以及工艺系统专业需要在附注中说明的本专业要求是否有误或遗漏。

（3）在校核本表中容器接管公称通径的同时，要校核决定接管公称通径的管道水力计算。

1.7.4.4　换热器接管汇总表

（1）"换热器接管汇总表"按"换热器接管汇总表编制说明"进行编制和校核后即可发表。

（2）校核人员在检查接受条件的基础上，校核"换热器接管汇总表"中的设备名称、设备位号、类型。管程及壳程的设计压力、换热器接管数据栏中管程与壳程接管字母符号、用途、接管型式、公称通径、压力等级、法兰面类型及工艺系统专业需在附注中说明的本专业要求是否有误或遗漏。

（3）当换热器的操作与泵有关时，需由编制人员在最大操作压力一栏中填写出由工艺提供的数据，同时将泵关闭压力的数值填入，由校核人员校核是否有误。

（4）在校核换热器接管公称通径的同时，要校核决定接管公称通径的管道水力计算。

1.7.4.5　绝热保温条件汇总表

（1）"设备绝热保温条件汇总表"按"设备绝热保温条件汇总表编制说明"进行编制，经校核后即可发表。

（2）校核人员在检查接受条件的基础上，校核"设备绝热保温条件汇总表"中的绝热保温的设备位号、设备名称、工作条件中的正常压力和正常温度、绝热类型及需要在备注中对安装环境、绝热位置等情况加以说明时是否有误或遗漏。

（3）若设备有伴管（或夹套）保温，校核人员还应校核工作条件中的设计压力和设计温度、伴管（或夹套）管径、绝缘保温厚度等项编制是否有误。

（4）需要时，审核人员应在校核人员校核的基础上，对本表进行审核。

1.7.4.6　蒸汽及冷凝水条件表

（1）按表中的说明要求编制，并按照表逐项进行校核及审核后发表。

（2）校核人员在检查接受条件的基础上，校核蒸汽平衡图和"蒸汽及冷凝水条件表"中的设备位号、设备名称、蒸汽用途、加热方式、受热介质的组分、正常压力及进口、出口温度、蒸汽正常流量、蒸汽正常入口压力及正常入口温度，使用性质及需要在备注中特殊说明的内容是否有误。

（3）编制人员在可能的条件下，尽可能填写出受热介质的最高压力、蒸汽最小及最大流量、蒸汽最低入口压力及最低入口温度，间断还是连续使用、使用时间、年工作小时数，并由校核人员校核。

（4）校核人员在检查接受条件的基础上，校核蒸汽平衡图和"蒸汽及冷凝水条件表"中的蒸汽冷凝水设备位号、设备名称、运行及备用台数、蒸汽冷凝水的回水压力及回水温度、送出方式等是否有误。

（5）编制人员在接受条件的基础上尽可能填写清楚蒸汽冷凝水的正常、最大、最小流量、水质情况、连续回收还是间断回收，以及间断时间，自流还是加压回水量，由校核人员校核。

（6）审核人员在校核人员校核的基础上，对本表中各项进行审核，主要审核蒸汽用量和压力是否正确。

（7）审核人员在校核人员校核的基础上，审核"蒸汽及冷凝水条件表"中的流量、压力和温度是否正确。

1.7.4.7　用水及排水条件表

（1）本表中有关各项可参照该表备注说明的要求编制及校核，再经审核后即可发表。

（2）校核人员在检查接受条件的基础上，校核"用水及排水条件表"中的车间或工段名称、用水设备名称、水的用途、平均及最大用水量、水质要求栏中的水温；校核需水情况栏中的进水口水压、连续及间断情况、进水口位置及标高等是否有误；校核排水设备的名称、平均排水量，水质是否污染、污水水温、排水余压、连续或间断、排水口位置及标高是否有误。

（3）编制人员在接受条件的基础上，尽可能填写出水质要求栏中的（水的）浊度及物理成分，由校核人员校核。

（4）审核人员在校核人员校核的基础上，对"用水及排水条件表"中的技术性问题进行审核。

1.7.4.8　软水、脱盐水条件表

（1）本表经过编制、校核及审核后即可发表。

（2）校核人员在检查接受条件的基础上，校核车间或工段名称、用途、使用班数、需用量、车间入口水压要求、水温等是否有误。

（3）编制人员在接受条件的基础上，尽可能填写出水质要求栏中的硬度、碱度、电导率、SiO_2 等各项，对水质的特殊要求应在备注栏中说明，由校核人员校核。

（4）校核人员在校核时应注意，当供水中断时发生的变化（如发生事故或减产）在备注中是否已说明。

（5）审核人员在校核人员校核的基础上，对"软水及脱盐水条件表"中的技术性问题进行审核。

1.7.4.9　界区条件表

（1）本表按"界区条件表编制说明"进行编制，经校核及审核后即可发表。

（2）校核人员校核进出界区的全部地上及地下管道（属本专业职责范围的）的工艺数据及接管连接条件，校核进出界区的全部地上及地下管道的基本管道号、接管尺寸、流体介质、管道走向及界区接点条件中的流量、密度（液体）、分子量（气体）、温度及其温度下的黏度、压力及输送特性是否有误。

（3）校核人员在校核本表中界区接管尺寸的同时，要校核决定接管尺寸的管道水力计算。

（4）审核人员在校核人员校核的基础上，对"界区接点条件表"中的技术性问题进行审核。

1.7.4.10　压缩机条件表

（1）本表按"压缩机条件表编制说明"进行编制，经校核及审核后即可发表。

（2）校核人员在检查接受条件的基础上，校核工作介质及组成、流量、进出压缩机的压力、进出压缩机的温度是否有误。

（3）校核压缩机吸入及排出管道机械设计条件中，压缩机吸入及排出接管的设计温度、设计压力、安全阀整定压力、接管法兰压力等级及法兰连接面型式等是否有误。

（4）校核冷却水系统条件中进水和出水的设计压力、进水和出水的安全阀整定压力、冷却器允许压降 Δp、进水和出水的设计温度，冷却器进、出口水温差 Δt 是否有误。

（5）审核人员在校核人员校核的基础上，对压缩机条件表中的关键性问题进行审核。

1.7.4.11　泵

（1）校核人员在检查接受条件的基础上，对"泵计算表"中的泵吸入条件、泵排出条件，以及泵的 NPSH 计算、控制阀等栏各项，按泵计算的程序抽查是否有误及遗漏。

（2）校核人员校核"泵计算表"中泵数据栏中泵位号、备用泵位号、流量安全系数、黏度、比重、温度、密度、正常流量、设计流量、泵的设计压差；校核在设计能力下，泵的吸入和排除压力、有效的 NPSH、最大吸入压力、吸入及排出管道类别、管道压力等级，以及法兰面等各项中是否与"泵计算表"中计算结果相符合及是否遗漏。

（3）校核人员校核往来关系栏中泵的最高工作温度、最大吸入压力、最大关闭压力是否有误。

（4）校核人员校核"泵数据汇总表"中各泵的正常流量及设计流量、泵压差（设计流量下）、在设计能力下泵的吸入和排出压力、有效 NPSH、最大吸入压力、吸入及排出管管径、管道类别及法兰压力等级，以及法兰面型式是否和"泵计算表"中所列数值相符。

（5）对 NPSH 和泵压差，审核人员要全面审核并签署最终计算。

1.7.4.12 管壁厚度数据表

(1) 本表按"管壁厚度数据表编制说明"进行编制，经校核后即可发表。

(2) 校核人员在校核本表中工艺系统栏中基本管道编号、公称通径、类别及管道说明栏中的物料及管道来去走向、温度、压力、事故类型、不正常操作等各项是否有误及遗漏。

1.7.4.13 控制阀和流量计数据表

(1) 本表按"控制阀和流量计数据汇总表编制说明"进行编制，经校核后即可发表。

(2) 校核人员在检查接受条件的基础上，校核控制阀管道编号和尺寸、管道类别、管表号或管道规格（外径×壁厚）、介质、温度、上游压力、下游压力、液体或气体的最大及正常流量、液体比重或气体分子量、气体临界密度、总流通系数 C 是否有误。

(3) 校核人员在检查接受条件的基础上，校核流量计管道编号和尺寸、管道类别、管表号或管道规格（外径×壁厚）、介质、温度（流体状态）、上游压力、下游压力、黏度、液体或气体的最大正常及最小流量、液体比重或气体分子量、气体临界密度、气体临界压缩系数、气体绝缘指数、雷诺数是否有误，压差值和特殊要求是否正确。

(4) 编制人员在接受条件的基础上，尽可能填写出液体的膨胀系数、液体蒸气压，在计算介质为气体的控制阀时，根据实际需要尽可能填写出气体临界压力、气体临界压缩系数。由校核人员校核是否有误，压差值和特殊要求是否正确。

(5) 校核人员在校核时应注意在计算控制阀时，若是两相流体，需校核按液体全液相计算的流通系数 $C_{vc(l)}$ 和按气体全气相计算的流通系数 $C_{vc(v)}$，以及总流通系数 C_{vc} 压差值和特殊要求是否正确。

(6) 审核人员审核并签署"控制阀和流量计数据表"。

1.7.4.14 安全阀采购数据汇总表

(1) 本表按"安全阀采购数据汇总表编制说明"进行编制，经校核、审核后即可发表。

(2) 校核人员在检查接受条件的基础上，校核本表中的安全阀的需要数量、安装位置、安全阀编号（PI 图上的编号）、安全阀型号、流体介质、整定压力、初始背压、工作温度、安全阀规格、阀座喉部直径、吸入及排出法兰面和压力等级、阀体及阀芯材料等。

(3) 审核人员在校核人员校核的基础上，对本表中的关键性问题进行审核。

1.7.4.15 疏水阀采购数据汇总表

(1) 本表按"疏水阀采购数据汇总表编制说明"进行编制，经校核、审核后即可发表。

(2) 校核人员在检查接受条件的基础上，校核本表中的疏水阀编号（PI 图上的编号）、型号、数量、安装位置、冷凝液负荷、安全系数、连续流量（冷凝液负荷×安全系数）、最大入口压力、最大压差、最小压差、饱和温度、疏水阀孔径、阀的压力等级、壳体材料、疏水阀接管尺寸、压力等级及连接型式各项是否有误。

(3) 审核人员在校核人员校核的基础上，对本表中的各项进行审核。

1.7.4.16 爆破片采购数据汇总表

(1) 本表按"爆破片采购数据汇总表编制说明"进行编制，经校核及审核后即可发表。

(2) 校核人员在检查接受条件的基础上，校核本表中的爆破片编号（PI 图上的编号）、数量、厚度、材质、爆破压力、安装位置、用途、型号（产品）、说明或要求、备注等是否有误。

(3) 审核人员在校核人员校核的基础上，对本表中的各项应进行审核。

1.7.4.17 管道计算表

(1) 按照管道内物流状况，从单相流、两相流、真空系统的管道压力降计算方法中，选用相应的方法进行计算，编制"管道计算表"，经校核后即可供本专业设计使用。

(2) 校核人员在检查接受条件的基础上，根据所计算流体的流型及流体介质，对本表中的有关各项进行校核。

(3) 审核人员在校核人员校核的基础上，对关键计算中的管道水力计算，如循环管路和对管道压力降有一定要求的管道等类型管道的计算进行审核并签署最终计算。

1.7.5 设备布置文件校审（HG 20546.3）

1.7.5.1 校审所需的资料

(1) 规范、标准、设计规定和工程规定。

(2) 最新版的设备布置图。

(3) 有关设计条件。

（4）设备荷载平面图、设备荷载表。

（5）设备吊装方案。

（6）化工工艺的文件。

（7）最新版的管道仪表流程图和管道命名表。

（8）设备询价版或订货版图纸。

（9）设备一览表。

（10）全厂总平面图。

（11）建、构筑物形式和梁柱位置尺寸。

（12）界区条件（外管、水、电、蒸汽、仪表等）。

（13）设备标高和泵净正吸入压头（NPSH）表。

（14）管道研究图、应力分析管道空视图及计算结果。

（15）用户对装置设备布置图的意见和要求。

1.7.5.2　校审提纲

（1）对照设备表检查是否所有的设备均已表示在图纸上。

（2）检查所有尺寸的标注是否齐全、正确。

（3）设备布置是否满足工艺要求，如某些设备的最小位差、设备距离和配管的特殊要求。

（4）设备布置是否按规范、工程设计规定要求，操作和维修通道的净空高度是否满足要求。

（5）主要操作维修平台、梯子是否符合规范。

（6）安全通道是否符合规范。

（7）设备标高和泵的净正吸入压头（NPSH）是否满足系统专业所提的数据表。

（8）检查需抽出管束的换热器或需吊出内件的设备是否预留出足够的空地和空间。

（9）设备的零件拆装时，地面（或楼面）是否预留足够的堆放空地和空间、是否提供合适的吊装设备。

（10）对设备的吊装要求，特别是重要设备的吊装条件是否齐全，吊装方案是否可行。

（11）设备各管口是否会与楼面、梁和柱相碰或妨碍配管，检测仪表的拆装是否方便。设备的人孔、手孔是否进出方便。

（12）影响设备布置的关键管道应力分析是否通过。

（13）界区范围和坐标基准点是否与总图一致。

（14）界区内的区域划分是否合适。

（15）界区内铺砌范围和要求是否合适。

（16）界区内生活、辅助设施是否满足有关专业的要求。

（17）埋地的冷却水（上、下水）总管进出界区的方位与走向是否合适。

（18）埋地的电缆或电缆沟进入界区的方位和走向是否合适。

（19）进入界区的主要管道（或管廊）、机械输送的方位及走向是否合适。

（20）装置的工厂北向是否已标出。

（21）设备荷载数据是否已提全。

（22）各项图例符号和附注说明是否正确和完整。

（23）比例选用、线条粗细、注字是否正确、图面布置是否合适。

（24）图签的标注和签字是否完善。

1.7.6　管道布置文件校审 （HG/T 20549.3）

1.7.6.1　校审所需的资料

（1）规范、标准、设计规定和工程规定；

（2）最新版的管道布置图；

（3）有关设计条件；

（4）应力空视图及所有应力计算结果；

（5）化工工艺的文件（流程图、说明图）；

（6）最新版管道仪表流程图和管道数据及特殊件表；

（7）最新版设备平面图；

（8）设备和机泵询价版或订货版图纸；

(9) 设备表;

(10) 全厂总(平面)图;

(11) 建、构筑物平、剖面及模板图;

(12) 界区条件(外管、水、电、蒸汽、仪表、暖风等);

(13) 用户及各专业对管道布置图的意见和要求。

1.7.6.2　校审提纲

(1) 布置图主要原则的检查

① 管道布置是否符合管道设计的有关规范、工程规定的要求,操作和检修通道的净空与宽度是否满足要求;

② 检查配管是否符合 PID 管道流程图,有无漏项;

③ 管道配管布置图是否符合合同特殊的要求;

④ 管道布置图是否与相关专业的条件相协调;

⑤ 检查配管是否符合总图布置和设备布置。

(2) 图面质量检查

① 所有尺寸的标注是否齐全、正确;

② 比例选用、线条粗细、注字是否正确,图纸布置是否合适;

③ 各项图例、符号和附注说明是否正确和完整;

④ 特厚绝热层管道,其净距是否符合要求;

⑤ 检查管廊上管道的排列是否留有规定的合理裕度;

⑥ 图签的标注和签字是否完善。

(3) 阀门及管道附件的布置检查

① 阀门布置的位置是否便于操作、检修与安装,是否已考虑集中布置;

② 检查管道采用放空与排净是否合适,安全阀的放空是否安全;

③ 孔板流量计上下游,直管段长度是否满足要求;

④ 阀门管道附件及仪表的安装是否正确,与周围有无碰撞。

(4) 分区及管道连接的检查

① 检查相邻的两张管道布置图之间管道的连接(包括区域之间管道)是否合理、正确;

② 界区内的区域划分是否合适;

③ 检查管道布置图接续线、界区线及设计北(或工厂北)方向是否正确。

(5) 设备条件的检查

① 检查设备提供条件与本图是否符合;

② 设备位号与本图是否一致;

③ 设备管口方位是否正确与设计北方向是否协调一致;

④ 配管是否影响起重机的安全运行。

(6) 对建、构筑物条件的检查

① 建筑提供条件与管道布置图是否协调一致;

② 检查管道集中载荷、管道穿墙与楼板的开孔尺寸与位置;

③ 配管是否与楼面、梁和柱相碰,检查配管是否挡门窗和通道;

④ 主要操作维修平台、梯子是否符合规范。

(7) 对自控、电气专业条件的检查

① 根据仪表、电气专业的布置图等资料来校核仪表、电控盘/柜的位置;

② 检测仪表的拆装与观察是否方便;

③ 检查局部照明与静电接地位置是否正确。

(8) 对管道机械、热补偿的检查

① 应力轴测图的管道应力分析是否通过;

② 同管道机械专业共同检查压缩机进出口管道是否可能产生振动,支架型式选用是否合适;

③ 管道冷拉值是否标注清楚;

④ 热介质管道是否已充分考虑利用自然补偿,当采用补偿器时,其型式与规格尺寸是否满足热补偿器需要,支架是否符合规定。

（9）对公用工程专业条件检查

检查装置内管道与界外管道（包括外管、给排水管道等），其规格、标高、位置是否衔接一致。

1.7.6.3 轴测图的校审

轴测图上设备位号、支承点标高、设备管口编号、管道标高、管道走向、仪表、阀门及管道附件的数量及型号等与管道布置图是否相一致。

1.7.6.4 特殊管道的校审

（1）高压管件连接型式（焊接或法兰）选用是否合适；

（2）检查两种不同材质焊接的处理是否恰当；

（3）合金钢管道、高压钢管、不锈钢管除已校核外，还应检查是否经过第二个校核人检查。

1.7.7 管道机械文件校审（HG/T 20645.3）

1.7.7.1 校审所需的资料

（1）规范、标准、设计规定和工程规定。

（2）最新版的设备布置图。

（3）最新版的管道仪表流程图、管道命名表。

（4）最新版的管道材料等级表。

（5）最新版的管道平面布置图。

（6）最新版的设备图。

（7）最新版的土建模板图、钢平台结构图和建筑平、立、剖面图。

（8）管道应力计算轴测图和计算输出结果。

1.7.7.2 校审提纲

（1）对照管道平面布置图检查是否所有的管道都设计有管架。

（2）对照管道平面布置图、管道轴测图、应力计算输出结果检查管架设置是否正确。

（3）对照土建条件图，检查管架基础、预埋件、开孔设计是否完整，标高、定位尺寸和荷载是否标注清楚。

（4）对照设备图（总图）和预焊件条件图，检查支承构件是否设计完善和正确。

（5）对照应力计算条件图（表）、管道轴测图和计算输出结果，检查计算输入文件的正确性，以及应力、位移、荷载（对设备接管口处的力和力矩）是否在允许范围内。

（6）对照非标准管架图检查是否符合有关规定，其结构设计是否合理、安全可靠。

（7）图签的标准和签字是否完整。

（8）对照管架表检查表内所需数据是否填写完整和正确。

（9）对照管架材料表检查表内各类材料的完整性和数据的可靠性。

1.7.8 管道材料文件校审（HG/T 20646.3）

1.7.8.1 校审所需的资料

（1）规范、标准、设计规定和工程规定。

（2）开工报告。

（3）材料备忘录。

（4）相关版次的管道仪表流程图和管道命名表。

（5）有关专业的设计条件。

（6）设备一览表。

（7）相关版次的设备图纸。

（8）特殊管件、非标管件数据表和汇总表。

（9）按生产工序的管道材料汇总表。

（10）相关版次的管道布置图。

（11）管道轴测图。

（12）有关专业返回的意见。

（13）用户的意见和要求（包括返回意见）。

1.7.8.2　校审提纲

(1) 对照管道材料专业规定检查设计文件是否全面、准确及标准的时效性。

(2) 对照管道材料等级索引检查温度范围是否满足工艺要求,材质、腐蚀裕量选用是否合适,法兰型式是否正确,尺寸范围能否满足工艺要求等。

(3) 检查管道材料等级表中阀门选用是否合理,法兰、管件和垫片及紧固件的选材是否正确,选配是否适当等。

(4) 检查并核算管道壁厚表中的管道壁厚。

(5) 检查管道支管连接表中一次根部元件的选用是否正确。

(6) 对管道与仪表材料分界规定应重点核对各等级下的温度计、压力表、流量计的连接是否能满足自控专业的要求。

(7) 核对隔热设计规定中隔热材料的选用是否合理,核对隔热计算的条件是否正确。

(8) 核对防腐与涂漆设计规定中油漆的选用是否满足要求。

(9) 检查管道材料工程标准是否满足工艺要求,是否满足制造的要求。

1.7.9　配管与相关专业

1.7.9.1　图面的校核

配管图完成后要进行校核,校核的目的是检查配管设计是否符合 P&ID 及相关标准、规定的要求,能否满足施工、维修和操作,按图施工后装置能否安全、顺利、持久生产,与各有关专业的设计图是否统一等。图面校核的内容如下。

(1) 图面的划分是否合理,采用的比例是否统一。

(2) 检查剖面符号位置方向与平剖面是否统一。

(3) 图例、符号是否统一,指北针方向、设备编号与名称是否一致。

(4) 介质代号、管道编号、管道直径、管道等级、隔热代号是否正确、合理。

(5) 图签是否填对、签署是否符合规定。

(6) 图纸的边界线、相接图号是否正确。

(7) 文字说明是否交代清楚,特殊要求是否提出。

配管校核的内容如下。

(1) 平、立、剖是否符合 P&ID 的要求,管道编号、管径、管道等级是否与 P&ID 一致。

(2) 主管的布置是否合理,是否集中于同一管架上分层敷设。

(3) 管道穿楼板是否集中,与结构图的留孔是否一致,大小、位置能否满足要求。

(4) 当管道改变走向时,是否改变标高。

(5) 管道的标高、间距是否齐全,能否满足安装的需要。

(6) 沿墙敷设的水平管道和垂直管道与墙间距是否不同,以避免相交或绕弯。

(7) 高温和低温的管道是否采用波纹管或其他型式的补偿器来增加管道的柔性,使管系的热应力不超过允许值。

(8) 管道等级是否正确,重点检查高温、高压或特殊流体管道的等级及等级分隔符号左、右或上、下的等级号。

(9) 阀门选用是否符合 P&ID 的规定,安装位置或高度是否符合操作要求。

(10) 管道的固定支架、导向支架和活动支架的配置是否合适。

(11) 管架编号是否正确、管架间距是否超过极限。

(12) 管道保温、保冷要求与 P&ID 是否一致。

(13) 并排排列的管间距能否满足保温管需要的空间。

(14) 与振动设备相接的管道是否有减振支架或软接管隔振。

1.7.9.2　与建筑结构图的校核

(1) 与建筑平、立面图核对轴线号、轴间距、门、窗、梁宽高、柱宽、墙厚、地坪及楼层是否一致,防爆墙、沉降缝等特殊要求的位置、尺寸。

(2) 与结构图核对主、次梁宽、高和具体位置,吊装孔、预留孔的方位、尺寸及标高。

① 大型设备基础的坐标及基础具体尺寸与配管的埋地管道是否会碰撞。

② 梁柱上的预埋件(二次土建条件)的坐标标高及数量的核对,避免漏项(包括穿楼板预埋套管等)。

③ 定型及非定型设备的基础标高，及基础上的预埋钢板或两次灌浆，预留孔的坐标、尺寸是否符合。

④ 对有搅拌减速器的设备，其安装、维修高度能否满足要求。

⑤ 地漏及地面坡度一致否。

⑥ 室外垂直管道与屋面雨水管道是否互相碰撞，并注意坐标方位。

⑦ 有防霉、防尘等要求的墙面及地面是否符合要求。

1.7.9.3 与设备安装图的校核

(1) 核对设备管嘴的位置、尺寸是否统一。管口、人孔、平台、爬梯的位置与配管图是否一致。

(2) 核对定型设备或制造厂提供的设备管嘴的位置、尺寸与配管图是否一致。

(3) 定型设备如机泵类的基础与制造厂提供的尺寸是否统一。

(4) 与设备管嘴连接的阀门，其法兰与设备管嘴法兰的规格，密封垫型式是否一致。

(5) 与设备管嘴连接的管道有无合适的固定点和支架，要避免管道的自重和热胀推力作用在管道上面损坏设备，特别要注意泵的出入口和铸铁设备的管嘴。

1.7.9.4 与仪表专业的校核

(1) P&ID上的仪表接口在工艺配管图上是否表示出具体位置，这些位置是否正确。

(2) 是否满足仪表对配管的要求，如孔板前后室的直管段长度要求，调节阀组的阀芯检修距离等。

(3) 仪表变送器（保温箱）的布置，有否影响操作、维修和安全。

(4) 仪表管缆与工艺配管是否分层分区各行其道，有无碰撞配管的可能。

(5) 气体监测报警仪的设置位置、标高、数量是否符合工艺要求。

(6) 报警装置、安全阀等设置位置是否满足工艺要求。

(7) 仪表用气和保温用气的设置位置、标高、管径是否满足仪表要求。

1.7.9.5 与暖风专业的校核

(1) 配管有否遮挡送风口或回风口。

(2) 风管与配管有否分层分区，分支处有碰撞的可能否。

(3) 对有洁净要求的生产工序，其空调能否满足洁净级别的要求。

1.7.9.6 与电力专业的校核

(1) 电缆槽与配管是否分层、分区域各行其道，是否保持一定间距。

(2) 照明有否被配管挡光，局部照明方位、标高、开关是否符合操作要求。

(3) 核对电机型号及数量。

(4) 静电接地网、避雷装置是否符合规定。

(5) 电机开关、照明开关有否影响生产操作，或影响维修工作。

1.7.9.7 与给水排水的校核

(1) 地面明沟排水与室外窨井的标高符合否。

(2) 消防水系统的管道是否与工艺管道有碰撞。

(3) 各楼面的地漏排水管是否符合生产要求，洁净室的地漏与土建的地面坡向一致否。

2 管路安装设计

2.1 管路设计基础

2.1.1 常用管道选材和用途（表 2.1-1）

表 2.1-1 常用管道的类型、选材和用途

序号	管道类型		选用材料	一般用途	标 准 号
1	无缝钢管	中低压用	普通碳素钢、优质碳素钢、低合金钢、合金结构钢	输送对碳钢无腐蚀或腐蚀速度很小的各种流体	GB/T 8163—2008 GB 3087—2008 GB 9948—2006
		高温高压用	20G、15CrMoG、12Cr2MoG 等	合成氨、尿素、甲醇生产中大量使用	GB 5310—2008 GB/T 6179—1986
		不锈钢	1Cr18Ni9Ti 等	液碱、丁醛、丁醇、液氨、硝酸、硝铵溶液的输送	GB/T 14976—2002
2	焊接钢管	低压流体输送用焊接钢管	Q195、Q215A、Q215B、Q235A、Q235B、Q295A、Q295B、Q345A、Q345B	适用于输送水、压缩空气、煤气、冷凝水和采暖系统的管路	GB/T 3091—2008
		螺旋缝电焊钢管	Q235、16Mn 等		SY 5036—2008
		不锈钢焊接钢管	1Cr18Ni9Ti 等		HG 20537.3—1992 HG 20537.4—1992
3	金属软管	钎焊不锈钢软管	1Cr18Ni9Ti	一般适用于输送带有腐蚀性气体	
		P2 型耐压软管	低碳镀锌钢带	一般用于输送中性的液体、气体及混合物	
		P3 型吸尘管	低碳镀锌钢带	一般用于通风、吸尘的管道	
		PM1 型耐压管	低碳镀锌钢带	一般用于输送中性液体	
4	有色金属	铜及铜合金拉制管	T2、T3、TU1、TU2、TP1、TP2、H96、H68、H62	适用于一般工业部门，用作机器和真空设备上的管路及压力小于10MPa 时的氧气管道	GB 1527—2006
		铅及铅锑合金管	纯铅、铅锑合金（硬铅）、PbSb4、PbSb6、PbSb8	适用于化学、染料、制药及其他工业部门作耐酸材料的管道，如输送 15%～65% 的硫酸、干或湿的二氧化硫、60% 的氢氟酸、浓度小于80% 的乙醇，铅管的最高使用温度为 200℃，但温度高于 140℃时，不宜在压力下使用	GB/T 1472—2005
		铝及铝合金管	工业纯铝	铝管用于输送脂肪酸、硫化氢及二氧化碳，铝管最高使用温度200℃，温度高于 160℃时，不宜在压力下使用，铝管还可以用于输送浓硝酸、乙酸、蚁酸、硫的化合物及硫酸盐，不能用于盐酸、碱液，特别是含氯离子的化合物。铝管不可用对铝有腐蚀的碳酸镁、含碱玻璃棉保温	GB/T 6893—2000 GB/T 4436—1995

续表

序号	管道类型	选用材料	一般用途	标 准 号
5	玻璃钢管和管件	玻璃钢	低压接触成型直管使用压力小于等于0.6MPa，长丝缠绕直管用压力小于等于1.6MPa	HG/T 21633—1991
6	增强聚丙烯（FRPP）管和管件	聚丙烯	具有轻质高强、耐腐蚀性好、致密性好、价格低等特点，使用温度为120℃，使用压力为小于等于1.0MPa	HG 20539—1992
7	聚丙烯/玻璃钢（PP/FRP）复合管和管件	玻璃钢、聚丙烯	一般用于公称直径15～400mm，PN小于等于1.6MPa的管道上	HG/T 21579—1995
8	玻璃钢/聚氯乙烯复合管和管件	玻璃钢、聚氯乙烯	使用压力小于等于1.6MPa	HG/T 21636—1987 HG/T 20520—2005
9	钢衬改性聚丙烯管	钢、聚丙烯	使用压力可大于1.6MPa	
10	衬聚四氟乙烯管和管件	钢、聚四氟乙烯	使用压力可大于1.6MPa	HG/T 21562—1994
11	钢衬高性能聚乙烯管	钢、聚乙烯	具有耐腐蚀、耐磨损等特点	
12	钢喷涂聚乙烯管	钢、聚乙烯	使用压力小于等于0.6MPa	
13	衬胶钢管和管件	钢、橡胶	使用压力可大于1.6MPa	HG 21501—1993
14	钢衬玻璃管	钢、玻璃	使用压力可大于1.6MPa	
15	搪玻璃管	钢、瓷釉	使用压力小于0.6MPa	HG/T 2130—2009
16	工业用硬聚氯乙烯（PVC-U）管道	聚氯乙烯	使用压力小于等于1.6MPa	GB/T 4219—2008
17	ABS管	ABS	使用压力小于等于0.6MPa	
18	耐酸陶瓷管	陶瓷	使用压力小于等于0.6MPa	
19	聚丙烯管	聚丙烯	一般用于化工防腐蚀管道上	
20	氟塑料管	聚四氟乙烯	耐腐蚀，且耐负压	
21	夹布输气管	橡胶	一般适用输送压缩空气和惰性气体	
22	输油、吸油胶管	耐油橡胶	①夹布吸油胶管，适用于输送40℃以下的汽油、煤油、柴油、机油、润滑油及其他矿物油类。工作压力小于等于1.0MPa ②吸油胶管，适用于抽吸40℃以下的汽油、煤油、柴油以及其他矿物油类	
23	输酸、吸酸胶管	耐酸胶	①夹布输稀酸（碱）胶管，适用于输送浓度在40%以下的稀酸（碱）溶液（硝酸除外） ②吸稀酸（碱）胶管，适用于抽吸浓度在40%以下的稀酸（碱）溶液（硝酸除外） ③吸浓硫酸管，适用于抽吸浓度在95%以下的浓硫酸及40%以下的硝酸	
24	蒸汽胶管	合成胶	①夹布蒸汽胶管，适用于输送压力小于等于0.4MPa的饱和蒸汽或温度小于等于150℃的热水 ②钢丝编织蒸汽胶管，供输送压力小于等于1.0MPa的饱和蒸汽	
25	耐磨吸引胶管	合成胶	适用于输送含固体颗粒的液体和气体	
26	合成树脂复合排吸压力软管	合成树脂	适用于输送或抽吸燃料油、变压器油、润滑油以及化学药品、有机溶剂	

2.1.2 弯管与管道连接

2.1.2.1 弯管的弯曲半径

高压钢管的弯曲半径宜大于管子外径的 5 倍，其他管子的弯曲半径宜大于管子外径的 3.5 倍。

弯管宜采用壁厚为正公差的管子制作，当采用负公差的管子制作弯管时，管子弯曲半径与弯管前管子壁厚的关系宜符合表 2.1-2 的规定。

表 2.1-2 弯曲半径与管子壁厚的关系

弯曲半径 R	弯管前管子壁厚
$R \geqslant 6DN$	$1.06T_m$
$6DN > R \geqslant 5DN$	$1.08T_m$
$5DN > R \geqslant 4DN$	$1.14T_m$
$4DN > R \geqslant 3DN$	$1.25T_m$

注：1. DN——公称直径；T_m——设计壁厚。

2. 摘自 GB 50235—1997《工业金属管道工程施工及验收规范》，有关弯曲制作要求详见该规范第 4.2 节。

2.1.2.2 管道连接

(1) 焊接 所有压力管道，如煤气、蒸汽、空气、真空等管道尽量采用焊接。管径大于 32mm，厚度在 4mm 以上者采用电焊；厚度在 3.5mm 以下者采用气焊。补偿器不能采用电焊。

(2) 承插焊 密封性要求高的管道连接，应尽量用承插焊代替螺纹连接，该结构可靠，耐压高，施工方便。

(3) 法兰连接 适用于大管径、密封性要求高的管子连接，如真空管等；也适用于玻璃、塑料、阀件与管道或设备的连接。

(4) 螺纹连接 一般适用于管径≤50mm（室内明敷上水管道可采取≤150mm），工作压力低于 1.0MPa，介质温度≤100℃的焊接钢管、镀锌焊接钢管或硬聚氯乙烯塑料管与管或带螺纹的阀门、管件相连接。

(5) 承插连接 适用于埋地或沿墙敷设的给排水管，如铸铁管、陶瓷管、石棉水泥管与管或管件、阀门的连接。采用石棉水泥、沥青玛琋脂、水泥砂浆等作为封口，工作压力≤0.3MPa，介质温度≤60℃。

(6) 承插粘接 适用于各种塑料管（如 ABS 管、玻璃钢管等）与管子或阀门、管件的连接，采用胶黏剂涂敷于插入管的外表面，然后插入承口，经固化后即成一体，施工方便，密闭性好。

(7) 卡套连接 适用于管径≤42mm 的金属管与金属管件或与非金属管件、阀件的连接，中间加一垫片，施工方便，拆卸容易，一般用于仪表、控制系统等处。

(8) 卡箍连接 适用于洁净物料，具有装拆方便，安全可靠，经济耐用等优点。

2.1.3 地沟与埋地管道

2.1.3.1 热力管道地沟

热力管道地沟的敷设尺寸见图 2.1-1 和表 2.1-3。

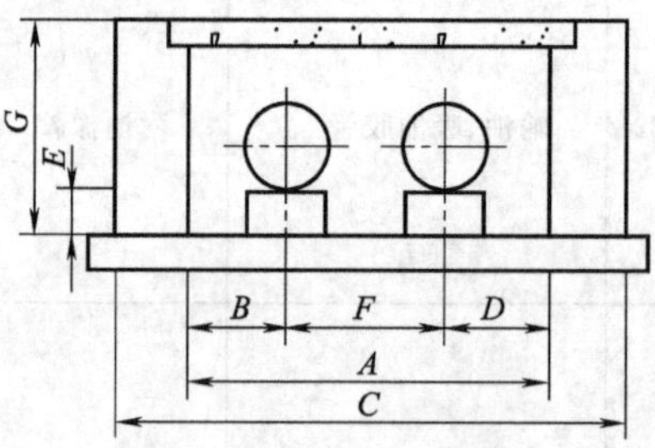

图 2.1-1 热力管道地沟

表 2.1-3 地沟敷设尺寸 单位：mm

地沟尺寸	管道直径										
	25	32	40	50	70	80	100	125	150	200	250
C	890	890	890	890	1040	1040	1040	1040	1040	1150	1600
A	650	650	650	650	800	800	800	800	800	950	1100
G	300	300	300	300	375	375	450	525	525	600	675
B、D	175	175	175	175	220	220	220	220	220	245	290
F	300	300	300	300	360	360	400	400	400	460	520
E	125	125	125	125	160	160	200	200	200	250	300

注：坡度：大于 0.002；最低部分距最高水位 500mm。

地沟材料：砌砖 75 号以上；砂浆 25 号以上。

混凝土：壁 100 号；底 50 号；基础 200 号。

钢筋混凝土：支架 150 号；固定结构 150 号；盖板、地板、基础 100 号。

2.1.3.2 埋地管道

禁止埋地敷设管道的地区：黄土类土壤；侵蚀性土壤、终年冻结区；八级地震区。

埋深：地沟——与地面最小距离 0.5m。

无沟埋地——与地面最小距离 0.7m（热力管道）。

半通行地沟内部最小尺寸：高 1.4m，通道宽度 0.4m。

通行地沟内部最小尺寸：高 1.8～2.0m，通道宽度 0.7m。

各种设施之间的间距见表 2.1-4

表 2.1-4 管道与各种设施之间的间距（最小净距） 单位：m

项 目	水平距离	空间距离
蒸汽管与轨道	4	1
蒸汽管与煤气上下水管道	2	0.15
蒸汽管与 3500V 电缆	2	0.15
管道之间	0.4	0.15
管道与沟壁	0.1～0.15	0.15～0.2(离地)

2.1.4 管道留孔与坡度

2.1.4.1 管道留孔

管道穿越楼板、屋顶、地基及其他混凝土构件，应在土建施工时预留管孔。管孔大小，对于螺纹连接的管道来说，一般是管外径加 10mm 即可；对于法兰和保温管道来说，一般应大于其外径加 10mm。现以 PN1.6MPa 法兰为例，其管孔尺寸见表 2.1-5 和图 2.1-2。

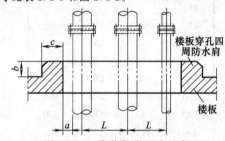

图 2.1-2 管道留孔尺寸示意

L—管道间距；

a—管边与孔边间距，一般取法兰外径的一半加 10mm（若位置有限，10mm 可以不加）；

b——一般车间取 50～80mm，防爆车间取 100～150mm；

c——一般为 60mm。

表 2.1-5 PN1.6MPa 法兰管孔尺寸表

公称直径 DN/mm	25	40	50	65	80	100	125	150	200
管孔尺寸/mm	130	160	175	195	210	230	260	300	350

2.1.4.2 管道坡度

管道敷设应有坡度，坡度方向一般均沿着介质流动方向，但亦有与介质流动方向相反者。坡度一般为 1/100～3/1000。输送黏度大的介质的管道，坡度则要求大些，可达 1/100。埋地管道及敷设在地沟中的管道，如在停止生产时其积存介质不考虑排尽，则不考虑敷设坡度。管道坡度一般采用如下：

蒸汽	5/1000	生产废水	4/1000
蒸汽冷凝水	3/1000	压缩空气、氮气	4/1000
清水	3/1000	真空	3/1000
冷冻水及冷冻回水	3/1000		

2.1.5 管道排列与间距

2.1.5.1 管道排列

管路排列得是否正确，直接影响到安装、操作、检修以及劳动保护、生产安全等问题。因此，将管路正确组合、排列，是管道安装设计中的一个重要环节。可根据下述基本原则进行综合考虑。

（1）垂直面排列

① 热介质的管路在上，冷介质的管路在下；

② 无腐蚀性介质的管路在上，有腐蚀性介质的管路在下；

③ 小管路应尽量支承在大管路上方或吊在大管路下面；

④ 气体管路在上，液体管路在下；

⑤ 不经常检修的管路在上，检修频繁的管路在下；

⑥ 高压介质的管路在上，低压介质的管路在下；

⑦ 保温管路在上，不保温管路在下；

⑧ 金属管路在上，非金属管路在下。

（2）水平面排列（室内沿墙敷设时）

① 大管路靠墙，小管路在外；

② 常温管路靠墙，热管路在外；

③ 支管少的靠墙，支管多的管路在外；

④ 不经常检修的管路靠墙，经常检修的在外；

⑤ 高压管路靠墙，低压管路在外。

2.1.5.2 管道间距

见图 2.1-3 和表 2.1-6、表 2.1-7。

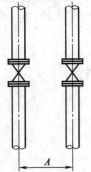

图 2.1-3　管道间距

表 2.1-6　管道并排且阀的位置对齐时的管道间距　　单位：mm

DN	25	40	50	80	100	150	200	250
25	250							
40	270	280						
50	280	290	300					
80	300	320	330	350				
100	320	330	340	360	375			
150	350	370	380	400	410	450		
200	400	420	430	450	460	500	550	
250	430	440	450	480	490	530	580	600

注：适用于 PN≤2.5MPa 的管道。

表 2.1-7　管道并排、法兰错排时的管道间距　　单位：mm

DN	25		40		50		65		80		100		125		150		200		250		300		d	
	A	B	A	B	A	B	A	B	A	B	A	B	A	B	A	B	A	B	A	B	A	B	A	B
25	120	200																					110	130
40	140	216	150	230																			120	140
50	150	220	150	230	160	240																	130	150
65	160	230	160	240	170	250	180	260															140	170
80	170	240	170	250	180	260	190	270	200	280													150	170
100	180	250	180	260	190	270	200	280	210	310	220	300											160	190
125	190	260	200	280	210	290	220	300	230	310	240	320	250	330									170	210
150	210	280	210	300	220	300	230	300	240	320	250	330	260	340	280	360							190	230
200	230	310	240	320	250	330	260	340	270	350	280	360	290	370	300	390	300	420					220	260
250	270	340	270	350	280	360	290	370	300	380	310	390	320	410	340	420	360	450	390	480			250	290
300	290	370	300	380	310	390	320	400	330	410	340	420	350	440	360	460	390	480	410	510	400	540	280	320
350	390	400	330	410	340	420	350	430	360	440	370	450	380	470	400	480	420	510	450	540	470	570	310	350

注：1. 不保温管与保温管相邻排列时，间距＝（不保温管间距＋保温管间距）/2。

2. 若系螺纹连接的管子，间距可按上表减去 20mm。

3. 管沟中管壁与管壁之间的净距为 160～180mm，管壁与沟壁之间的距离为 200mm 左右。

4. 表中 A 为不保温管，B 为保温管，d 为管子轴线离墙面的距离。

5. 本表适用于室内管道安装，不适用于室外长距离管道安装。

2.1.5.3 管道跨距

管道跨距包括装置内不保温管道基本跨距、装置内保温管道基本跨距、装置外不保温管道基本跨距、装置外保温管道基本跨距、垂直管道管架最大间距、水平管道的导向架间距、有脉动影响的管道的管架间距等情况，详见第9章"管道应力与支吊架"。

2.2 管道布置设计（HG／T 20549.2）

2.2.1 设计原则

（1）管道布置设计必须符合管道仪表流程图（PID）的设计要求，并应做到安全可靠、经济合理，并满足施工、操作、维修等方面的要求。

（2）管道布置必须遵守安全及环保的法规，对防火、防爆、安全防护、环保要求等条件进行检查，以便管道布置能满足安全生产的要求。

（3）管道布置应满足热胀冷缩所需的柔性。

（4）对于动设备的管道，应注意控制管道的固有频率，避免产生共振。

（5）管道布置应严格按照管道等级表和特殊件表选用管道组成件。

（6）管道布置应符合"化工装置设备布置设计工程规定"（HG 20546.2）的有关要求。

2.2.2 管道及阀门布置

2.2.2.1 管道一般要求

（1）管道布置的净空高度、通道宽度、基础标高应符合"化工装置设备布置设计工程规定"（HG 20546.2）第3章中的规定。

（2）应按国家现行标准中许用最大支架间距的规定进行管道布置设计。

（3）管道尽可能架空敷设，如必要时，也可埋地或管沟敷设。

（4）管道布置应考虑操作、安装及维护方便，不影响起重机的运行。在建筑物安装孔的区域不应布置管道。

（5）管道布置设计应考虑便于做支吊架的设计，使管道尽量靠近已有建筑物或构筑物，但应避免使柔性大的构件承受较大的荷载。

（6）在有条件的地方，管道应集中成排布置。裸管的管底与管托底面取齐，以便设计支架。

（7）无绝热层的管道不用管托或管座。大口径薄壁裸管及有绝热层的管道应采用管托或管座支承。

（8）在跨越通道或转动设备上方的输送腐蚀性介质的管道上，不应设置法兰或螺纹连接等可能产生泄漏的连接点。

（9）管道穿过为隔离剧毒或易爆介质的建筑物隔离墙时应加套管，套管内的空隙应采用非金属柔性材料充填。管道上的焊缝不应在套管内，并距套管端口不小于100mm。管道穿屋面处，应有防雨措施。

（10）消防水和冷却水总管以及下水管一般为埋地敷设，管外表面应按有关规定采取防腐措施。

（11）埋地管道应考虑车辆荷载的影响，管顶与路面的距离不小于0.6m，并应在冻土深度以下。

（12）对于"无袋形"、"带有坡度"及"带液封"等要求的管道，应严格按PID的要求配管。

（13）从水平的气体主管上引接支管时，应从主管的顶部接出。

2.2.2.2 平行管道的间距及安装空间

（1）平行管道间净距应满足管子焊接、隔热层及组成件安装维修的要求。管道上突出部之间的净距不应小于30mm。例如法兰外缘与相邻管道隔热层外壁间的净距或法兰与法兰间净距等。

（2）无法兰不隔热的管道间的距离应满足管道焊接及检验的要求，一般不小于50mm。

（3）有侧向位移的管道应适当加大管道间的净距。

（4）管道突出部或管道隔热层的外壁的最突出部分，距管架或框架的支柱、建筑物墙壁的净距不应小于100mm，并考虑拧紧法兰螺栓所需的空间。

2.2.2.3 管道排气及排液

（1）由于管道布置形成的高点或低点，应设置排气和排液口。

① 高点排气口最小管径为 DN15，低点排液口最小管径为 DN20（主管为 DN15 时，排液口为 DN15）。高黏度介质的排气、排液口最小管径为 DN25。

② 气体管的高点排气口可不设阀门，采用螺纹管帽或法兰盖封闭。除管廊上的管道外，DN 小于或等于 25 的管道可不设高点排气口。

③ 非工艺性的高点排气和低点排液口可不在 PID 上表示。

（2）工艺要求的排气和排液口（包括设备上连接的）应按 PID 上的要求设置。

（3）排气口的高度要求，应符合国家现行标准《石油化工企业设计防火规范》（GB 50160）的规定。

（4）有毒及易燃易爆液体管道的排放点不得接入下水道，应接入封闭系统。比空气重的气体的放空点应考虑对操作环境的影响及人身安全的防护。

2.2.2.4　管道焊缝的位置

（1）管道对接焊口的中心与弯管起弯点的距离不应小于管子外径，且不小于 100mm。

（2）管道上两相邻对接焊缝间的净距应不小于 3 倍管壁厚，短管净长度应不小于 5 倍管壁厚，且不小于 50mm；对于 DN 大于或等于 50mm 的管道，两焊缝间净距应不小于 100mm。

（3）管道的环焊缝不应在管托范围内。焊缝边缘与支架边缘间的净距离应大于焊缝宽度的 5 倍，且不小于 100mm。

（4）不宜在管道焊缝及其边缘上开孔与接管。

（5）钢板卷焊的管子纵向焊缝应置于易检修和观察位置，且不宜在水平管底部。

（6）对有加固环或支撑环的管子，加固环或支撑环的对接缝应与管子的纵向焊缝错开，且不小于 100mm。加固环或支撑环距管子环焊缝不小于 50mm。

2.2.2.5　管道冷热补偿

（1）管道由热胀或冷缩产生的位移、力和力矩，必须经过认真的计算，优先利用管道布置的自然几何形状来吸收。作用在设备或机泵接口上的力和力矩不得大于允许值。

（2）管道自补偿能力不能满足要求时，应在管系的适当位置安装补偿元件，如"Ⅱ"形弯管；当条件限制，必须选用波纹膨胀节或其他型式的补偿器时，应根据计算结果合理选型，并按标准要求考虑设置固定架和导向架。

（3）当要求减小力与力矩时，允许采用冷拉措施，但对重要的敏感机器和设备接管不宜采用冷拉。

2.2.2.6　阀门一般要求

（1）阀门应设在容易操作、便于安装、维修的地方。成排管道（如进出装置的管道）上的阀门应集中布置，有利于设置操作平台及梯子。

（2）有的阀门位置有工艺操作的要求及锁定的要求，应按 PID 的说明进行布置及标注。

（3）塔、反应器、立式容器等设备底部管道上的阀门，不应布置在群座内。

（4）需要根据就地仪表的指示操作的手动阀门，其位置应靠近就地仪表。

（5）调节阀和安全阀应布置在地面或平台上便于维修与调试的地方。疏水阀布置应符合《化工装置管道布置设计规定》（HG/T 20549.5）中第 15 章的规定。

（6）消火栓或消防用的阀门，应设在发生火灾时能安全接近的位置。

（7）埋地管道的阀门要设在阀门井内，并留有维修的空间。

（8）阀门应设在热位移小的地方。

（9）阀门上有旁路或偏置的传动部件时（如齿轮传动阀），应为旁路或偏置部件留有足够的安装和操作空间。

2.2.2.7　阀门位置要求

（1）立管上阀门的阀杆中心线的安装高度宜在地面或平台以上 0.7～1.6m 的范围，DN40 及以下阀门可布置在 2m 高度以下。位置过高或过低时应设平台或操纵装置，如链轮或伸长杆等以便于操作。

（2）极少数不经常操作的阀，且其操作高度离地面不大于 2.5m，又不便另设永久性平台时，应用便携梯或移动式平台使人能够操作。

（3）布置在操作平台周围的阀门手轮中心距操作平台边缘不宜大于 400mm，当阀杆和手轮伸入平台上方且高度小于 2m 时，应使其不影响操作人员的操作和通行安全。

（4）阀门相邻布置时，手轮间的净距不宜小于 100mm。

（5）阀门的阀杆不应向下垂直或倾斜安装。

（6）安装在管沟内或阀门井内经常操作的阀门，当手轮低于盖板以下 300mm 时，应加装伸长杆，使其在盖板下 100mm 以内。

2.2.3 非金属管道及非金属衬里管道

2.2.3.1 本规定仅适用于塑料管道和塑料衬里、橡胶衬里管道的设计。

2.2.3.2 根据非金属管道具有强度和刚度低、线胀系数大、易老化等弱点，管道的布置应满足下列要求：

① 管架的支承方式及管架的间距，应能满足管道对强度和刚度条件的要求，一般取二者中小者作为最大管架间距；

② 管道应有足够的柔性或有效的热补偿措施，以防因膨胀（或收缩）或管架和管端的位移造成泄漏或损坏；

③ 管道应采取有效的防静电措施；

④ 露天敷设的管道，应有防老化措施；

⑤ 在有火灾危险的区域内，应为其设置适当的安全防护措施。

2.2.3.3 非金属衬里管道的布置应满足下列要求：

① 应特别注意非金属材料的特性与金属材料之间的差异，使膨胀（或收缩）及其他位移产生的应力降到最小；

② 每一根管线都应在三维坐标系的至少一个方向上设置一个尺寸调整管段，以保证安装准确；

③ 非金属衬里管不宜用于真空管道。

2.2.4 安全措施

2.2.4.1 消防与防护

（1）对于直接排放到大气中去的温度高于物料自燃温度的烃类气体泄放阀出口管道，应设置灭火用的蒸汽或氮气管道，并由地面上控制。

（2）烃类液体储罐外应设置水喷淋的防火措施，阀门应设在火灾时可接近的地方。

2.2.4.2 事故应急设施

在输送酸性、碱性及有害介质的各种管道和设备附近应配备专用的洗眼和淋浴设施，该设施应布置在使用方便的地方，还要考虑淋浴器的安装高度，使水能从头上喷淋。在寒冷地区户外使用时，应对该设施采取防冻措施，以应急用。

2.2.4.3 防静电

对输送有静电危害的介质的管道，必须考虑静电接地措施。应符合国家现行标准《防止静电事故通用导则》（GB 12158）的规定。

2.3 管道布置要求

2.3.1 一般原则要求

（1）管道应成列平行敷设，尽量走直线少拐弯（因作自然补偿、方便安装、检修、操作除外），少交叉减少管架的数量，节省管架材料并做到整齐美观便于施工。整个装置（车间）的管道，纵向与横向的标高应错开，一般情况下改变方向同时改变标高。

（2）设备间的管道连接，应尽可能短而直，尤其用合金钢的管道和工艺要求压降小的管道，如泵的进口管道、加热炉的出口管道、真空管道等，又要有一定的柔性，以减少人工补偿和由热胀位移所产生的力和力矩。

（3）当管道改变标高或走向时，尽量做到"步步高"或"步步低"，避免管道形成积累气体的"气袋"或积聚液体的"液袋"和"盲肠"，如不可避免时应于高点设放空（气）阀，低点设放净（液）阀。

（4）不得在人行通道和机泵上方设置法兰，以免法兰渗漏时介质落于人身上而发生工伤事故。输送腐蚀介质的管道上的法兰应设安全防护罩。

（5）易燃易爆介质的管道，不得敷设在生活间、楼梯间和走廊等处。

（6）管道布置不应挡门、窗，应避免通过电动机、配电盘、仪表盘的上空，在有吊车的情况下，管道布置应不妨碍吊车工作。

（7）气体或蒸汽管道应从主管上部引出支管，以减少冷凝液的携带，管道要有坡向，以免管内或设备内积液。

（8）由于管法兰处易泄漏，故管道除与法兰连接的设备、阀门、特殊管件连接处必须采用法兰连接外，其他均应采用对焊连接（DN≤40mm用承插焊连接或卡套连接）。

公用系统管道 PN≤0.8MPa，DN≥50mm 的管道除法兰连接阀门和设备接口处采用法兰连接外，其他均采用对焊连接（包括焊接钢管）。但对镀锌焊接管除特别要求外，不允许用焊接，DN＜50mm 允许用螺纹连接（若阀门为法兰时除外），但在阀与设备连接之间，必须要加活接头以便检修。

（9）不保温、不保冷的常温管道除有坡度要求外，一般不设管托；金属或非金属衬管道，一般不用焊接管托而用卡箍型管托。对较长的直管要使用导向支架，以控制热胀时可能发生的横向位移。为避免管托与管子焊接处的应力集中，大口径和薄壁管常用鞍座，以利管壁上应力分布均与，鞍座也可用于管道移动时可能发生旋转之处，以阻管道旋转。

管托高度应能满足保温、保冷后，有 50mm 外漏的要求。

（10）采用成型无缝管件（弯头、异径管、三通）时，不宜直接与平焊法兰焊接（可与对焊法兰直接焊接），其间要加一段直管，直管长度一般不小于其公称直径，最小不得低于 100mm。

（11）设计装置（车间）内主管时应对装置内所有管道（工艺管道、公用系统管道）、仪表电缆、动力电缆、采暖通风管道统一规划，各就其位。

（12）在主管的末端或环状管的中间设置附带阀门的排净口，且加法兰盲板（供排净用，口径为 DN20）。

（13）当装置（车间）为多层结构时，进入每层的主管尽可能在同一个坐标方位和不同的高度（有利于安装维修和管理），且设置切断阀，以便各层维修时互不影响。在垂直管的最低点气、液相管均应设排净口（附 DN20 放净阀）。垂直管在每层楼板处设支撑管架或管箍，以支撑竖管重量。注意切勿设于屋顶排水管的位置（应与建筑专业协商解决）。

（14）绘制主管管道布置图时应将空间区域进行规划，与仪表、配电等专业划分空间或区域，以减少碰撞。如可将空间划分为几个标高，如 4.2m 以下、4.2m 以上和 4.8m 以上。可将 4.2m 以下划为工艺配管用，4.2m 以上划给电和仪表用，4.8m 以上可作公用管道用，这样可以减少碰撞。楼板面的排水是依靠地漏排水，所以 4.8m 以上可供公用管道专用，4.2m 以下，可以有 2m 的空间供工艺配管用，可设 2～4 层管子，其宽度控制在 2m 左右。

（15）配管设计时管路应尽量靠拢，管子间距取整数 200mm、250mm 或 300mm 等，也可参照管路间距表，但必须保证施工间距。物料管道应设置在管架的上层即第一层，对热介质除保温外还应与冷介质隔开，防止互相影响。一般热介质设在上层，冷介质设在下层，公用系统主管设在下层。

主管布置时大口径管道应靠在吊架处，小口径管道可设在吊架中间，对易堵介质可在转弯处采用三通、端头加法兰及盲板，可供清理用（　改　）。

（16）根据工艺要求设置公用工程站，每个站的管道均从主管引出，应尽量靠近服务对象布置，并以站为圆心，以 15m 为半径（软管长 15m）画圆，这些圆应覆盖装置（车间）内所有服务对象。每个站一般情况均设有低压蒸汽、压缩空气、氮气和水管道，并设 DN25 切断阀门，集中设置在＋1.00m 标高处，配 15m 带快速接头的软管，有特殊要求时应设置淋浴及洗眼器，在淋浴及洗眼器附近设地漏及时排除洗涤水。

（17）一般主管架沿梁敷设，管架可设在梁侧，在遇柱子时可在柱子侧面预埋钢板，设管架作吊帛架时可承受较大载荷。管架也可沿操作台铺设，一般在操作台旁或操作台下，管架与操作台可用螺栓连接或焊接。

2.3.2　地上管道布置（GB 50316）

2.3.2.1　设计一般规定

（1）管道布置应满足工艺及管道和仪表流程图的要求。

（2）管道布置应满足便于生产操作、安装及维修的要求。宜采用架空敷设，规划布局应整齐有序。在车间内或装置内不便维修的区域，不宜将输送强腐蚀性及 B 类流体的管道敷设在地下。

（3）具有热胀和冷缩的管道，布置中配合进行柔性计算的范围不应小于 GB 50316 和工程设计的规定。

（4）管道布置中应按 GB 50316 第 3.1.5 条的要求控制管道的振动。

2.3.2.2　净高与净距

（1）架空管道穿过道路、铁路及人行道等的净空高度，系指管道隔热层或支承构件最低点的高度，净空高度应符合下列规定：

① 电力机车的铁路，轨顶以上　　　　　　　　≥6.6m；

② 铁路轨顶以上　　　　　　　　　　　　　　≥5.5m；

③ 道路 推荐值≥5.0m；最小值 4.5m；

④ 装置内管廊横梁的底面 ≥4.0m；

⑤ 装置内管廊下面的管道，在通道上方 ≥3.2m；

⑥ 人行过道，在道路旁 ≥2.2m；

⑦ 人行过道，在装置小区内 ≥2.0m；

⑧ 管道与高压电力线路间交叉净距应符合架空电力线路现行国家标准的规定。

(2) 在外管架（廊）上敷设管道时，管架边缘至建筑物或其他设施的水平距离除按以下要求外，还应符合现行国家标准《石油化工企业设计防火规范》GB 50160、《工业企业总平面设计规范》GB 50187 及《建筑设计防火规范》GBJ 16 的规定。

管架边缘与以下设施的水平距离：

① 至铁路轨外侧 ≥3.0m；

② 至道路边缘 ≥1.0m；

③ 至人行道边缘 ≥0.5m；

④ 至厂区围墙中心 ≥1.0m；

⑤ 至有门窗的建筑物外墙 ≥3.0m；

⑥ 至无门窗的建筑物外墙 ≥1.5m。

(3) 布置管道时应合理规划操作人行通道及维修通道，操作人行通道的宽度不宜小于 0.8m。

(4) 两根平行布置的管道，任何突出部位至另一管子或突出部或隔热层外壁的净距，不宜小于 25mm。裸管的管壁与管壁间净距不宜小于 50mm，在热（冷）位移后隔热层外壁不应相碰。

2.3.2.3 一般布置要求

(1) 多层管廊的层间距离应满足管道安装要求，腐蚀性的液体管道应布置在管廊下层，高温管道不应布置在对电缆有热影响的下方位置。

(2) 沿地面敷设的管道，不可避免穿越人行通道时，应备有跨越桥。

(3) 在道路、铁路上方的管道不应安装阀门、法兰、螺纹接头及带有填料的补偿器等可能泄漏的组成件。

(4) 沿墙布置的管道，不应影响门窗的开闭。

(5) 腐蚀性液体的管道，不宜布置在转动设备的上方。

(6) 泵的管道应符合下列要求：

① 泵的入口管布置应满足净正吸入压头（汽蚀余量）的要求；

② 双吸离心泵的入口管应避免配管不当造成偏流；

③ 离心泵入口处水平的偏心异径管一般采用顶平布置，但在异径管与向上弯的弯头直接连接的情况下，可采用底平布置。异径管应靠近泵入口。

(7) 与容器连接的管道布置应符合下列规定：

① 对非定型设备的管口方位，应结合设备内部结构及工艺要求进行布置；

② 对大型储罐至泵的管道，确定罐的管口标高及第一个支架位置时，该管道应能适应储罐基础的沉降。

③ 卧式容器及换热器的固定侧支座及活动侧支座，应按管道布置要求明确规定，固定支座位置应有利于主要管道的柔性计算。

(8) 布置管道应留有转动设备维修、操作和设备内填充物装卸及消防车道等所需空间。

(9) 吊装孔范围内不应布置管道，在设备内件抽出区域及设备法兰拆卸区内不应布置管道。

(10) 仪表接口的设置应符合下列规定。

① 就地指示仪表接口的位置应设在操作人员看得清的高度。

② 管道上的仪表接口应按仪表专业的要求设置，并应满足元件装卸所需的空间。

③ 设计压力不大于 6.3MPa 或设计温度不大于 425℃的蒸汽管道，仪表接口公称直径不应小于 15mm；大于上述条件及有振动的管道，仪表接口公称直径不应小于 20mm；当主管公称直径小于 20mm 时，仪表接口不应小于主管径。

(11) 管道的结构应符合下列规定。

① 两条对接焊缝间的距离，不应小于 3 倍焊件的厚度，需焊后热处理时，不宜小于 6 倍焊件的厚度。且应符合下列要求：a. 公称直径小于 50mm 的管道，焊缝间距不宜小于 50mm；b. 公称直径大于或等于 50mm 的管道，焊缝间距不宜小于 100mm。

② 管道的环焊缝不宜在管托的范围内，需热处理的焊缝从外侧距支架边缘的净距宜大于焊缝宽度的 5 倍，

且不应小于 100mm。

③ 不宜在管道焊缝及边缘上开孔与接管，当不可避免时，应经强度校核。

④ 管道在现场弯管的弯曲半径不宜小于 3.5 倍管外径；焊缝距弯管的起弯点不宜小于 100mm，且不应小于管外径。

⑤ 螺纹连接的管道，每个分支应在阀门等维修件附近设置一个活接头；但阀门采用法兰连接时，可不设活接头。

⑥ 除端部带直管的对焊管件外，不应将标准的对焊管件与滑套法兰直连。

（12）蒸汽管道或可凝性气体管道的支管宜从主管的上方相接，蒸汽冷凝液支管应从回收总管的上方接入。

（13）管道布置时应留出试生产、施工、吹扫等所需的临时接口。

（14）管道穿过安全隔离墙时应加套管，在套管内的管段不应有焊缝，管子与套管间的间隙应以不燃烧的软质材料填满。

2.3.2.4 B 类流体管道布置要求

（1）B 类流体的管道，不得安装在通风不良的厂房内、室内的吊顶内及建（构）筑物封闭的夹层内。

（2）密度比环境空气大的室外 B 类气体管道，当有法兰、螺纹连接或有填料结构的管道组成件时，不应紧靠有门窗的建筑物敷设，可按 GB 50316 第 8.1.6 条处理。

（3）B 类流体的管道不得穿过与其无关的建筑物。

（4）B 类流体的管道不应在高温管道两侧相邻布置，也不应布置在高温管道上方有热影响的位置。

（5）B 类流体管道与仪表及电气的电缆相邻敷设时，平行净距不宜小于 1m。电缆在下方敷设时，交叉净距不应小于 0.5m。当管道采用焊接连接结构并无阀门时，其平行净距可取上述净距的 50%。

（6）B 类液体排放应符合 GB 50316 有关章节的规定。含油的水应先排入油水分离装置。

（7）B 类流体管道与氧气管道的平行净距不应小于 500mm。交叉净距不应小于 250mm。当管道采用焊接连接结构并无阀门时，其平行净距可取上述净距的 50%。

2.3.2.5 阀门的布置

（1）应按照阀门的结构、工作原理、正确流向及制造厂的要求采用水平或直立或阀杆向上方倾斜等安装方式。

（2）所有安全阀、减压阀及控制阀的位置，应便于调整及维修，并留有抽出阀芯的空间，当位置过高时，应设置平台。所有手动阀门应布置在便于操作的高度范围内。

（3）阀门宜布置在热位移小的位置。

（4）换热器等设备的可拆端盖上，设有管口并需接阀门时，应备有可拆管段，并将切断阀布置在端盖拆卸区的外侧。

（5）除管道和仪表流程图上指定的要求外，对于紧急处理及防火需要开或关的阀门，应位于安全和方便操作的地方。

（6）安全阀的管道布置应考虑开启时反力及其方向，其位置应便于出口管的支架设计。阀的接管承受弯矩时，应有足够的强度。

2.3.2.6 放空口的位置

（1）B 类气体的放空管管口及安全阀排放口与平台或建筑物的相对距离应符合现行国家标准《石油化工企业设计防火规范》GB 50160 第 4.4.9 条的规定。

（2）放空口位置除上述要求外，还应符合现行国家标准《制定地方大气污染物排放标准的技术方法》GB/T 13201 的规定。

2.3.3　地下管道布置（GB 50316）

2.3.3.1　沟内管道

（1）沟内管道布置应符合以下规定。

① 管道的布置应方便检修及更换管道组成件。为保证安全运行，沟内应有排水措施。对于地下水位高且沟内易积水的地区，地沟及管道又无可靠的防水措施时，不宜将管道布置在管沟内。

② 沟与铁路、道路、建筑物的距离应根据建筑物基础的结构、路基、管道敷设的深度、管径、流体压力及管道井的结构等条件来决定，并应符合 GB 50316 附录 F 的规定。

③ 避免将管沟平行布置在主通道的下面。

④ 2.3.2 节中有关管道排列、结构、排气、排液等条款也适用于沟内管道。

（2）可通行管沟的管道布置应符合以下规定。

① 在无可靠的通风条件及无安全措施时，不得在通行管沟内布置窒息性及 B 类流体的管道。

② 沟内过道净宽不宜小于 0.7m，净高不宜小于 1.8m。

③ 对于长的管沟应设安全出入口，每隔 100m 应设有人孔及直梯，必要时设安装孔。

（3）不可通行管沟的管道布置应符合下列规定。

① 当沟内布置经常操作的阀门时，阀门应布置在不影响通行的地方，必要时可增设阀门伸长杆，将手轮引伸至靠近活动沟盖背面的高度处。

② B 类流体的管道不宜设在密闭的沟内。在明沟中不宜敷设密度比环境空气大的 B 类气体管道。当不可避免时，应在沟内填满细砂，并应定期检查管道使用情况。

2.3.3.2 埋地管道

（1）埋地管道与铁路、道路及建筑物的最小水平距离应符合 GB 50316 附录 F 表 F 的规定。

（2）管道与管道及电缆间的最小水平间距应符合现行国家标准《工业企业总平面设计规范》GB 50187 的规定。

（3）大直径薄壁管道深埋时，应满足在土壤压力下的稳定性及刚度要求。

（4）从道路下面穿越的管道，其顶部至路面不宜小于 0.7m。

（5）从铁路下面穿越的管道应设套管，套管顶至铁轨底的距离不应小于 1.2m。

（6）管道与电缆间交叉净距不应小于 0.5m。电缆宜敷设在热管道下面，腐蚀性流体管道上面。

（7）B 类流体、氧气和热力管道与其他管道的交叉净距不应小于 0.25m；C 类及 D 类流体管道间的交叉净距不宜小于 0.15m。

（8）管道埋深应在冰冻线以下。当无法实现时，应有可靠的防冻保护措施。

（9）设有补偿器、阀门及其他需维修的管道组成件时，应将其布置在符合安全要求的井室中，井内应有宽度大于或等于 0.5m 的维修空间。

（10）有加热保护的（如伴热）管道不应直接埋地，可设在管沟内。

（11）挖土共沟敷设管道的要求应符合现行国家标准《工业企业总平面设计规范》GB 50187 的规定。

（12）带有隔热层及外套管的埋地管道，布置时应有足够的柔性，并在外套内有内管热胀的余地。无补偿直埋方法，可用于温度小于或等于 120℃ 的 D 类流体的管道，并应按国家现行直埋供热管道标准的规定进行设计与施工。

2.3.4 专业配合条件（HG/T 20549.4）

2.3.4.1 土建开孔条件

（1）在详细工程设计的管道布置图（研究版）阶段提出管道开孔条件，供土建及相关专业用。

（2）一般情况开孔条件分三次提出：

第一次是管径 DN≥300mm 的开孔条件，以便结构专业进行梁的布置设计；

第二次是管径 200≤DN≤300mm 的开孔；

第三次是管径 DN＜200mm 的开孔。

（3）开孔条件图一般采用设备布置图或土建结构的模板图及建筑的平立面图的复印图。在图上标注开孔的位置、形状、尺寸及其他要求。

（4）多层楼面应按各层标高分别提出开孔条件图。

（5）开孔的孔径应按下列情况确定：

① 无保温的管道，不通过法兰，按管外径加 40mm 计算；

② 无保温的管道，通过法兰，按法兰外径加 30mm 计算；

③ 保温的管道，不通过法兰，按保温层外径加 40mm 计算；

④ 保温的管道，通过法兰，按上述②、③取大者。

（6）对于多根管并排且相距很近，可合并开长方形大孔。

（7）穿过楼面、平台的孔一般为圆形，穿墙孔一般为方形。

（8）开孔不得损伤梁的结构，并不影响窗户、门、过梁等构件。

（9）孔边如需加钢板或角钢或螺栓孔等特殊要求，应加注明或附详图。

（10）楼面或平台、墙开孔举例

① 楼面开孔有翻边要求时，应画出翻边轮廓线，见图 2.3-1 带翻边的开孔（平面图）。

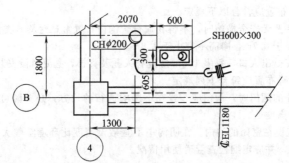

图 2.3-1　带翻边的开孔（平面图）

② 管道穿楼面的开孔见图 2.3-2 管道穿楼面的开孔。

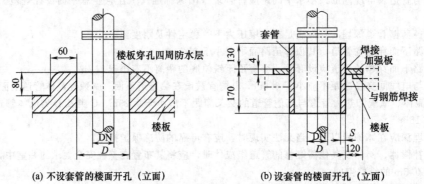

(a) 不设套管的楼面开孔（立面）　　　**(b) 设套管的楼面开孔（立面）**

图 2.3-2　管道穿楼面的开孔

③ 墙上开孔见图 2.3-3 墙上开孔。

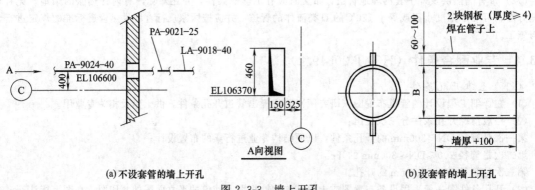

(a) 不设套管的墙上开孔　　　　　　　**(b) 设套管的墙上开孔**

图 2.3-3　墙上开孔

2.3.4.2 局部照明条件

（1）在详细工程设计的管道布置图（研究版）阶段提出局部照明条件，供电气专业开展照明设计。

（2）装置内某些装备在夜间采用一般照明方法进行操作或检查有困难时，应设局部照明，如就地操作岗位、就地仪表或电气仪表盘、就地液位计、重要操作或巡回频繁地区等。

（3）在管道布置图（研究版）上注出局部照明的灯照方向、被照部件的高、低范围、照度、对灯具的要求、坐标等。

（4）局部照明条件内容深度见表 2.3-1。

表 2.3-1　局部照明条件表

序号	需照明的设备		照明点坐标/mm		标高范围/mm	灯照方向（按制图北向 0°为基准）	备注
	设备号	附件名称	N	E			
1	T1301	液位计	××××××	××××××	＋800～＋1200	135°	

2.4　典型配管示例

本节简要介绍典型配管示例，更为详尽的要求可查阅 HG 20549.5。

2.4.1　塔设备的配管

（1）塔周围原则上分操作侧（或维修侧）和配管侧，操作侧主要有臂吊、人孔、梯子、平台；配管侧主要敷设管道用，不设平台，平台是作为人孔、液面计、阀门等操作用（图 2.4-1）。除最上层外，不需设全平台，平台宽度一般为 0.7～1.5m，每层平台间高度通常为 6～10m。

（2）进料、回流、出流等管口方位由塔内结构以及与塔有关的泵、冷凝器、回流罐、再沸器等设备的位置决定（图 2.4-2、图 2.4-3）。

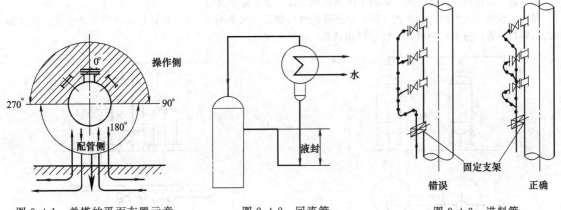

图 2.4-1　单塔的平面布置示意　　　　图 2.4-2　回流管　　　　图 2.4-3　进料管

（3）塔顶出气管道（或侧面进料管道）应从塔顶引出（或侧面引出）沿塔的侧面直线向下敷设。

（4）沿塔敷设管道时，垂直管道应在热应力最小处设固定管架，以减少管道作用在管口的荷载。当塔径较小而塔较高时，塔体一般置于钢架结构中，这时塔的管道就不沿塔敷设，而置于钢架的外侧为宜。

（5）塔底管道上的法兰接口和阀门，不应设在狭小的裙座内，以防操作人员在泄漏物料时躲不及而造成事故。回流罐往往要在开工前先装入物料，因此要考虑安装和相应的装料管道。

2.4.2　容器类的配管

2.4.2.1　立式容器的配管设计

（1）排出管道沿墙敷设离墙距离可以小些，以节省占地面积，设备间距要求大些，两设备出口管道对称排出，出口阀门在两设备间操作，以便操作人员能进入切换阀门（图 2.4-4）。

（2）排出管在设备前引出，设备间距离及设备离墙距离均可以小些，排出管道经阀门后，一般引至地面或地沟或平台下或楼板下（图 2.4-4）。

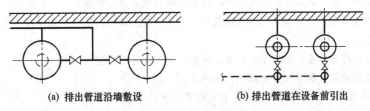

(a) 排出管道沿墙敷设　　　　　　(b) 排出管道在设备前引出

图 2.4-4　排出管道敷设

（3）排出管在设备底部中心引出，适用于设备底离地面较高，有足够距离安装与操作阀门。这样敷设管道短，占地面积小，布置紧凑，但限于设备直径不宜过大，否则开启阀门不方便，如图 2.4-5 所示。

（4）进入管道为对称安装（图 2.4-6），适用于需在操作台上安置启闭阀门的设备。

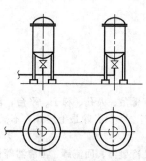

图 2.4-5　排出管在设备底部中心引出

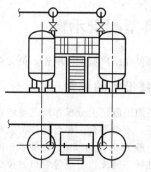

图 2.4-6　进入管道为对称安装

（5）进入管敷设在设备前部，适用于能站在地（楼）面上操作阀门（图 2.4-7）。

（6）站在地面上操作的较高进（出）料管道的阀门敷设方法见图 2.4-8。最低处必须设置排净阀，卧式槽的进出料口位置应分别在两端，一般进料在顶部，出料在底部。

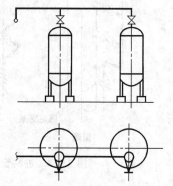

图 2.4-7　进入管敷设在设备前部

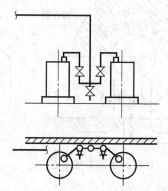

图 2.4-8　站在地面上操作的阀门的管道

2.4.2.2　卧式容器的配管设计

（1）重力流的管道，应有坡度，坡向顺流方向。

（2）当出口管道与泵连接时，出口管位置应尽量靠近泵，使其管道阻力降最小，并应满足管道的热补偿，符合 HG 20549.5—1998 第 7 章泵配管要求。

（3）卧式容器的安装标高除按泵的净正吸入压头"NPSH"确定外，带分离排污罐的还应按分离罐排污罐底部排出管所必需的高度来决定。

（4）在设备壳体上的液体入口和出口间距应尽量远，液体入口管应尽量远离容器液位计接口。

（5）液位计接口应布置在操作人员便于观察和方便维修的位置。有时为减少设备上的接管口，可将就地液位计、液位控制器、液位报警等测量装置安装在联箱上。液位计管口的方位，应与液位调节阀组布置在同一侧。

（6）铰链（或吊柱）连接的人孔盖，在打开时应不影响其他管口或管道等。

（7）卧式容器的液体出口与泵吸入口连接的管道，如在通道上架空配管时，最小净空高度为 2200mm，在通道处还应加跨越桥。

（8）与卧式容器底部管口连接的管道，其低点排液口距地坪最小净空为 150mm。

（9）储罐顶部管道的调节阀组应布置在操作平台上。

（10）应根据设备及管道布置的情况设置平台，要求如下：

① 卧式容器的中心标高高于 3m，且人孔设于封头中心线处时，需要设下部人孔平台，其标高便于对人孔、仪表和阀门的操作；

② 设上部平台时，容器上部所有管接口的法兰面应高出平台顶面最小 150mm，且人孔设于容器顶部。

（11）卧式容器的配管实例（图 2.4-9）

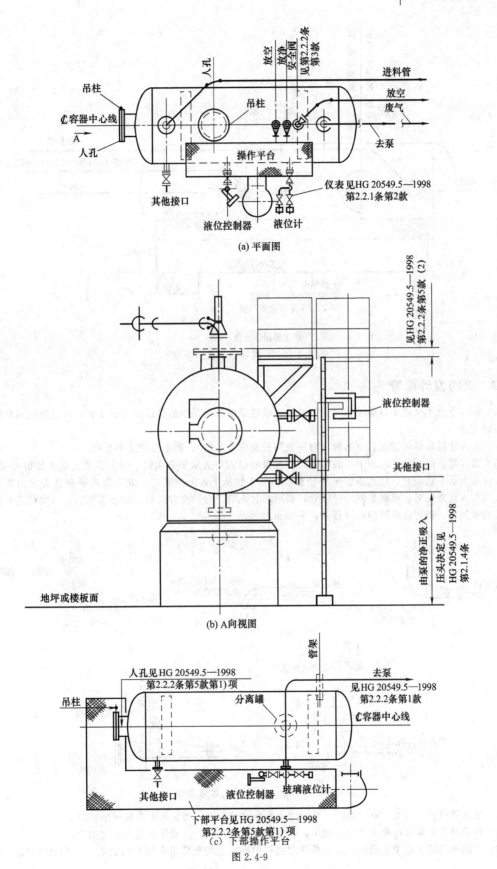

(a) 平面图

(b) A向视图

(c) 下部操作平台

图 2.4-9

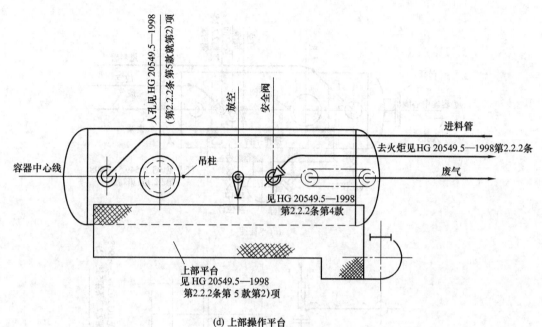

(d) 上部操作平台

图 2.4-9 卧式容器的配管实例

2.4.3 泵的设计配管

（1）泵体不宜承受进出口管道和阀门的重量，故进泵前和出泵后的管道必须设支架，尽可能做到泵移走时不设临时支架。

（2）吸入管道应尽可能短且少拐弯（弯头要用长曲率半径的），避免突然缩小管径。

（3）吸入管道的直径不应小于泵的吸入口。当泵的吸入口为水平方向时，吸入管道上应配置偏心异径管；当吸入管从上而下进泵时，宜选择底平异径管；当吸入管从下而上进泵时，宜选择顶平异径管（图 2.4-10）；当吸入口为垂直方向时，可配置同心异径管；当泵出、入口皆为垂直方向时，应校核泵出入口间距是否大于异径管后的管间距，否则宜采用偏心异径管，平端面对面。

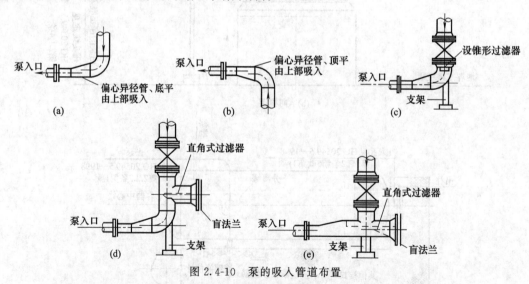

图 2.4-10 泵的吸入管道布置

（4）吸入管道要有约 2/100 的坡度，当泵比水源低时坡向泵，当泵比水源高时则相反。

（5）如果要在双吸泵的吸入口前装弯头，必须装在垂直方向，使流体均匀入泵（图 2.4-11）。

（6）泵的排出管上应设止回阀，防止泵停时物料倒冲。止回阀应设在切断阀之前，停车后将切断阀关闭，以免止回阀阀板长期受压损坏。往复泵、旋涡泵、齿轮泵一般在排出管上（切断阀前）设安全阀（齿轮泵一般随带安全阀），防止因超压发生事故。安全阀排出管与吸入管连通，如图 2.4-12 所示。

（7）悬臂式离心泵的吸入口配管应给予拆修叶轮的方便，如图 2.4-13 所示。

（8）蒸汽往复泵的排汽管应少拐弯，不设阀门，在可能积聚冷凝水的部位设排放管，放空量大的还要装设消声器，乏汽应排至户外安全地点，进汽管应在进汽阀前设冷凝水排放管，防止水击汽缸。

（9）蒸汽往复泵、计量泵、非金属泵、离心泵等泵吸入口须设过滤器，避免杂物进入泵内（图 2.4-10）。

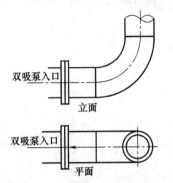
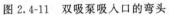

图 2.4-11　双吸泵吸入口的弯头

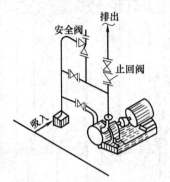

图 2.4-12　排出管上安全阀等

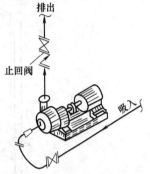

2.4-13　悬臂离心泵的吸入管

2.4.4　换热器的配管

（1）冷换设备管道的布置应方便操作和不妨碍设备的检修，不应影响设备抽出管束或内管，如图 2.4-14 所示。

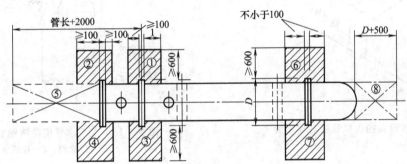

图 2.4-14　冷换设备管道的检修空间

（注：①～⑧是检修空间，对于 U 形管冷换设备不必考虑⑥～⑧）

（2）管道和阀门的布置，不应妨碍设备法兰和阀门自身法兰的拆卸和安装。通常在图 2.4-14 所示的检修范围内不得布置管道和阀门。

（3）冷换设备的基础标高，应满足冷换设备下部管道或管道上的导淋管距平台或地面的净空应大于等于 100mm，如图 2.4-15 所示。

（4）成组布置的冷换设备区域内，可在地面（或平台）上敷设管道，但不应妨碍通行和操作，如图 2.4-16 所示。

（5）两台或两台以上并联的冷换设备的入口管道宜对称布置，对气液两相流的冷换设备，则必须对称布置，典型的布置如图 2.4-17 所示。

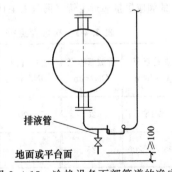

图 2.4-15　冷换设备下部管道的净空

（6）冷却器和冷凝器的冷却水，通常从管程下部管组接入，顶部管组接出，这样既符合逆流换热的原则又能使管程充满水。寒冷地区室外的水冷却器上、下水管道应设置排液阀和防冻连通线，如图 2.4-18 所示。

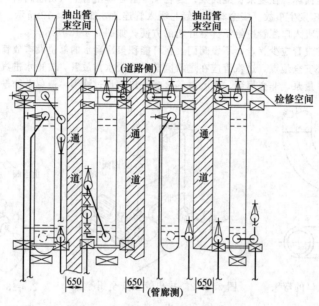

图 2.4-16　成组冷换设备的管道布置

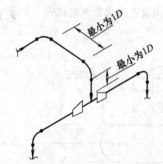

图 2.4-17　并联设备的入口管道对称布置

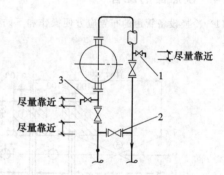

图 2.4-18　上下水管道排液阀和连通线
1、3—排液阀；2—连通管

2.4.5　排放管的配管

（1）管道最高点应设放气阀，最低点应设放净阀，在停车后可能积聚液体的部位也应设放净阀，所有排放管道上的阀应尽量靠近主管（见图 2.4-19），排放管直径见表 2.4-1。

表 2.4-1　排放管直径

主管直径 DN/mm	排放管直径 DN/mm	主管直径 DN/mm	排放管直径 DN/mm
≤150	20	>200	40
>150~200	25		

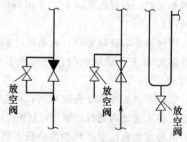

图 2.4-19　管道上的放净

（2）常温的空气和惰性气体可以就地排放；蒸汽和其他易燃、易爆、有毒的气体应根据气量大小等情况确定火炬排放，或高空排放，或采取其他措施。

（3）水的排放可以就近引入地漏或排水沟；其他液体介质的排放则必须引至规定的排放系统。

（4）设备的放净管应装在底部能将液体排放尽。排气管应在顶部能将气体放尽。放空排气阀最好与设备本体直接连接，如无可能，可装在与设备相连的管道上，但也以靠近设备为宜（图 2.4-20）。

（5）排放易燃、易爆气体的管道上应设置阻火器。室外容器的排气管上的阻火器宜放置在距排气管接口（与设备相接的口）500mm 处，室内容器的排气必须接出屋顶，阻火器放在屋面上或靠近屋面，便于固定及检修，阻火器至排放口之间距不宜超过 1m。

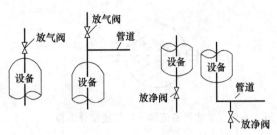

图 2.4-20 设备放净和放空排气的设置

2.4.6 取样管的配管

（1）在设备、管道上设置取样点时，应慎重选择便于操作、取出样品有代表性、真实性的位置。

（2）对于连续操作、体积又较大的设备，取样点应设在物料经常流动的管道上。在设备上设置取样点时，考虑出现非均相状态，因此找出相间分界线的位置后，方可设置取样点。

（3）管道上取样

① 气体取样：水平敷设管道上的取样点、取样管应由管顶引出。垂直敷设管道上的取样点应与管道成 45°倾斜向上引出。

② 液体取样：垂直敷设的物料管道如流向是由下向上，取样点可设在管道的任意侧；如流向是由上向下，除非能保持液体充满管道的条件时，否则管道上不宜放置取样点；水平敷设物料管道，在压力下输送时，取样点可设在管道的任意侧；如物料是自流时，取样点应设在管道的下侧。

③ 取样阀启闭频繁，容易损坏，因此取样管上一般装有两个阀，其中靠近设备的阀为切断阀，经常处于开放状态，另一个阀为取样阀，只在取样时开放，平时关闭。不经常取样的点和仅供取设计数据用的取样点，只需装一个阀；阀的大小，在靠近设备的阀，一般选用 DN15，第二个阀的大小是根据取样要求决定，可采用 DN15，也可采用 DN6，气体取样一般选用 DN6。

④ 取样阀宜选用针型阀，对于黏稠物料，可按其性质选用适当型式的阀门（如球阀）。

⑤ 就地取样点尽可能设在离地面较低的操作面上，但不应采取延伸取样管段的办法将高处的取样点引至低处来。设备管道与取样阀间的管段应尽量短，以减少取样时置换该管段内物料的损失和污染。

⑥ 高温物料取样应装设取样冷却设施。

2.4.7 双阀设计配管

（1）在需要严格切断设备或管道时可设置双阀，但应尽量少用，特别在采用合金钢阀或公称直径大于 150mm 的阀门时，更应慎重考虑。

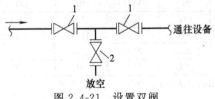

图 2.4-21 设置双阀

（2）在某些间断的生产过程，如果漏进某种介质，有可能引起爆炸、着火或严重的质量事故，则应在该介质的管道上设置双阀，并在两阀间的连接管上设放空阀，如图 2.4-21 所示。在生产时，阀 1 均关闭，阀 2 打开。当一批生产完毕，准备另一批生产进料时，关闭阀 2，打开阀 1。

2.4.8 设备管口方位

（1）一般设备的管口方位应结合平台、直梯及阀门、仪表位置协调考虑，以方便操作与维修。

（2）设备上安装有液位计时，应避免入口气体或液体直接冲击液位计接口而产生液位计测量不准、波动或假液位等情况。

立式设备在流体入口 60°角范围区内不应布置液位计，见图 2.4-22 流体入口与液位计方位的关系。

卧式设备的流体入口应距液位较远，并插入液体中，见图 2.4-23 流体入口与液位计位置关系。

（3）塔类设备一般按维修侧与操作侧决定管口方位，管道接口应尽量在操作侧（即靠近管廊一侧）布置。在有塔板的情况下，决定管口方位时，应考虑内件结构特点，使流体不至于偏流或流动分配不均匀或错位等。见 HG 20549.5—1998 第 1 章塔的配管。

在塔釜段要注意内部是否有隔板，管口不要与隔板或内部爬梯相碰。

（4）人孔一般位于维修侧。人孔附件外侧不要有管道、阀门、梯子，内侧不要有内件阻挡。裙座的人孔也

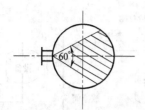

图 2.4-22　立式设备流体入口与液位计方位

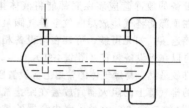

图 2.4-23　卧式设备流体入口与液位计方位

要标明方位，其内外侧也不要布置管道及直梯。

（5）当同时连续进出物料时，其单个立式储槽进出口管的位置最好相距约180°，以免液体走短路。

（6）立式再沸器放在钢结构支架上时，应注意管道、排液阀不要与钢支架相碰。

（7）对于小的仪表接口，如温度计、压力计等可以布置在直梯的两旁，便于安装维修，不需另设平台。但热电偶很长时宜设平台，其方位应满足热电偶拆装所需空间。

（8）吊柱的位置，应考虑在转动角度范围内吊装维修方便，所吊物件能达到所设置的平台区域。

（9）应按下面几点检查管口方位：

① 管口或连接管是否与设备地脚螺栓或支腿相碰，管口方位与设备上其他支架是否相碰；

② 管口是否与其他管件相碰（如液位计、取样装置等）；

③ 管口加强板是否相碰，或与平台及其他预焊件是否相碰；

④ 检查专利商设备数据表上是否对管口有特殊要求；

⑤ 管口与塔盘的方位是否满足工艺要求并已表示清楚；

⑥ 是否考虑接地板、铭牌与起重吊耳等的方位；

⑦ 检查大型塔和立式设备的裙座内侧是否有起重时支承点的加固构件，如有此加固件其方位也应表示出来；

⑧ 人孔吊柱位置是否表示，在人孔盖旋转、开启时，是否不受阻挡。

2.4.9　仪表安装配管

2.4.9.1　孔板

一般安装在水平管道上，其前后的直管段应满足表 2.4-2 的基本要求。为方便检修和安装，孔板亦可安装在垂直管道上。孔板测量引线的阀门，应尽量靠近孔板安装。

表 2.4-2　法兰取压孔板前后要求直管段长度

孔板前管件情况	孔板前 d/D						孔板后
	0.3	0.4	0.5	0.6	0.7	0.8	
弯头、三通、四通、分支	6D	6D	7D	9D	14D	20D	3D
两个转弯在一个平面上	8D	9D	10D	14D	18D	25D	3D
全开闸阀	5D	6D	7D	8D	9D	12D	2D
两个转弯不在一个平面上	16D	18D	20D	25D	31D	40D	3D
截止阀、调节阀、不全开闸阀	19D	22D	25D	30D	38D	50D	5D

注：d——孔板的锐孔直径；D——工艺管道的内径；粗定直管段时一般以 $d/D \approx 0.7$ 为准。

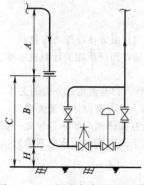

图 2.4-24　调节阀与孔板组装

表 2.4-3　调节阀与孔板组装尺寸　　单位：mm

DN	A	B	C	H
50	>700	1400	1800	400
80	>1200	1400	1800	400
100	>1400	1400	1800	400
150	>2000	1300	1800	500
200	>2000	1300	1800	500
250	>2500	1300	1800	500
300	>3000	1500	2000	500
350	>3500	1500	2000	500

当工艺管道 DN<50mm 时，宜将孔板前后直管段范围内的工艺管道扩径到 DN50。当调节阀与孔板组装时，为了便于操作一次阀和仪表引线，孔板与地面（或平台面）距离一般取 1.8～2m，安装尺寸参见图 2.4-24 和表 2.4-3 规定。

2.4.9.2　转子流量计

必须安装在垂直、无振动的管道上，介质流向从下往上，安装示意见图 2.4-25。为了在转子流量计拆下清洗或检修时，系统通道仍可继续运行，转子流量计要设旁路，同时为保证测量精度，安装时要保证流量计前有 5D 的直管段（D 为工艺管道的内径），且不小于 300mm。

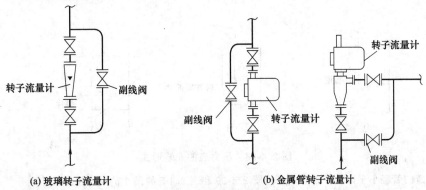

图 2.4-25　转子流量计的安装

2.4.9.3　靶式流量计

可以水平安装或垂直安装，当垂直安装时，介质流向应从下往上，为了提高测量精度，靶式流量计入口端前直管段不应小于 5D，出口端后直管段不应小于 3D，同时靶式流量计应设旁路，以便于调整校表及维修，见图 2.4-26。当靶式流量计与调节阀一起组装时，典型的安装见图 2.4-27，安装尺寸见表 2.4-4。

表 2.4-4　靶式流量计的安装尺寸　　　　单位：mm

工艺管道 DN	靶径 d	A	B	L	H_1	H_2	H_3	H_4	H_0
15	15	>300	100	1200	200	800	400	1000	1200
20	20	>300	150	1200	250	900	400	1100	1400
25	25	>300	150	1200	250	1000	400	1150	1400
40	40	>400	200	1500	300	1400	400	1500	1800

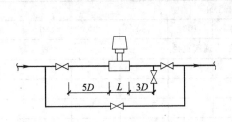

图 2.4-26　靶式流量计的安装要求

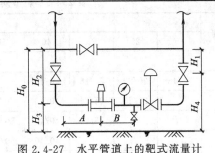

图 2.4-27　水平管道上的靶式流量计

2.4.9.4　常规压力表

应安装在直管段上，并设切断阀，如图 2.4-28(a)；使用腐蚀性介质和重油时，可在压力表和阀门间装隔离器；当工艺介质比隔离液重时采用图 2.4-28(b) 接法；当工艺介质比隔离液轻时采用图 2.4-28(c) 接法。高温管道的压力表要设管圈，见图 2.4-28(d)；介质脉动的地方，要设脉冲缓冲器，以免脉动传给压力表，见图 2.4-28(e)；对于腐蚀性介质应设置隔离膜片式压力表，以免介质进入压力表内，见图 2.4-28(f)。压力表的安装高度最好不高于操作面 1800mm。

2.4.9.5　温度计、热电偶

应安装在直管上，其安装的最小管径为：

工业水银温度计　　　　　　　　　　　　DN50

热电偶、热电阻、双金属温度计　　　　　DN80

压力式温度计　　　　　　　　　　　　　DN150

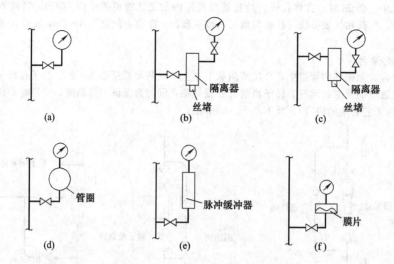

图 2.4-28　压力表的安装形式

当工艺管道的管径小于以上要求时，可按图 2.4-29 和表 2.4-5 的尺寸扩大管径。

表 2.4-5　温度计、热电偶的扩大管尺寸 L　　单位：mm

$\phi_外 \times \delta$	DN							
	10	15	20	25	32	40	50	65
$\phi 60 \times 3.5$	550	500	500	400	400	400		
$\phi 89 \times 4.5$	550	500	500	500	500	450	450	450

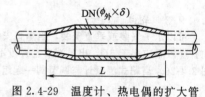

图 2.4-29　温度计、热电偶的扩大管

温度计可垂直安装和倾斜 45°水平安装；倾斜 45°安装时，应与管内流体流动方向逆向接触。

2.4.9.6　调节阀的切断阀和旁通阀

可比工艺管道小，如 P&ID 无要求，具体可按表 2.4-6 选用。

表 2.4-6　调节阀组隔断阀和旁通阀直径选用　　单位：mm

调节阀 DN	主管 DN										
	15	20	25	40	50	80	100	150	200	250	300
	隔断阀直径/旁通阀直径										
15	15/15	20/20	25/25	40/40							
20		20/20	25/25	40/40	50/50						
25			25/25	40/40	50/50	50/50					
32				40/40	50/50	50/50					
40				40/40	50/50	50/50	80/80				
50					50/50	80/50	80/80	100/100			
65						80/80	100/80	100/100			
80						80/80	100/80	100/100	150/150		
100							100/100	150/100	150/150	200/200	
125								150/150	200/150	200/200	
150								150/150	200/150	200/200	250/250
200									200/200	250/200	250/250
250										250/250	300/250
300											300/300

常规调节阀组的安装见图 2.4-30 和表 2.4-7，旁通阀应选用截止阀。

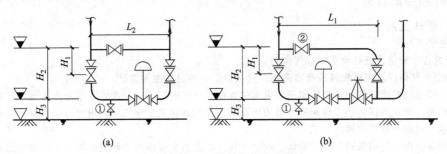

图 2.4-30　调节阀组的安装

注：①对于 HF 管道系统，排液阀应设在调节阀后，即出口侧；②易凝、有腐蚀性介质旁通阀应设在水平管道上。

表 2.4-7　调节阀组安装尺寸　　　　　　　　单位：mm

主管 DN	调节阀 DN	隔断阀 DN	副线阀 DN	$H_1$①	H_2 不带散热片	H_2 带散热片	H_3	$L_1$①	L_2
25	25	25	25	250	1000	1200	400	1000	600
40	25	40	40	250	1000	1200	400	1250	750
40	32	40	40	250	1000	1200	400	1250	750
40	40	40	40	250	1000	1200	400	1150	650
50	25	50	50	300	1000	1200	500	1350	750
50	32	50	50	300	1000	1200	500	1350	850
50	40	50	50	300	1000	1250	500	1350	850
50	50	50	50	300	1000	1250	500	1350	750
80	40	50	50	450	1000	1250	500	1450	850
80	50	80	50	400	1000	1250	500	1350	750
80	65	80	80	400	1250	1500	500	1600	1050
80	80	80	80	350	1250	1500	500	1400	850
100	50	80	80	450	1000	1250	500	1700	1050
100	65	100	80	450	1250	1500	500	1700～1750	1150
100	80	100	80	450	1250	1500	500	1700～1750	1150
100	100	100	100	400	1300	1550	500	1500～1550	950
150	80	100	100	600	1250	1500	500	1900～1950	1150
150	100	150	100	550	1300	1550	600	1950～2050	1500
150	125	150	150	650～700	1450	1700	600	2100～2200	1600
150	150	150	150	650～700	1450	1750	600	2050～2150	1400
200	100	150	150	650～700	1450	1550	600	2200～2300	1500
200	125	200	150	650～700	1700	1800	600	2250～2450	1800
200	150	200	150	650～700	1700	1800	600	2350～2550	1900
200	200	200	200	800～850	1800	1900	600	2250～2450	1600
250	125	200	200	800～850	1800	1900	600	2550～2750	1800
250	150	200	200	800～850	1800	1900	600	2700～2800	1900
250	200	250	200	900～1000	2200	2100	600	2800～3000	2300
250	250	250	250	900～1000	2200	2300	600	2600～2800	1900
300	150	250	250	900～1000	2200	2300	600	3000～3200	2200
300	200	250	250	900～1000	2200	2300	600	3100～3300	2300
300	250	300	250	1000～1150	2350	2450	600	3100～3400	2600
300	300	300	300	1000～1150	2500	2600	600	2850～3100	2200

①　H_1、L_1 数字，前面用于 PN1.6、2.5，后面用于 PN4.0 的阀门（调节阀均按 PN6.4 考虑）。

注：主管 DN≤100mm 推荐采用图 2.4-30(a) 形式；主管 DN≥150mm 推荐采用图 2.4-30(b) 形式。

2.4.10 防静电的设计

2.4.10.1 设计原则

(1) 静电的产生

① 生产过程中输送易燃易爆液体或气体的管道。

② 带粉尘的气体以及固体物料沿管道流动以及从管道中抽出或注入容器。

(2) 防止静电的措施是将设备和管道安装可靠的接地。在防爆厂房内,最好采用环形接地网,用金属丝或扁钢将各个设备、管道的接地线连接起来。接地可以采用专用的接地装置或利用电气设备的保护接地。

(3) 接地总电阻一般不应超过 10Ω。

(4) 安装在室内、外用来输送易燃液体或可燃气体、可燃粉尘等的各种管道应是一个连续电路和接地装置相连接。

(5) 法兰之间的接触电阻不应大于 0.03Ω,在法兰螺栓正常扭紧后即可满足此项要求。当有特殊要求时可加金属丝跨接。

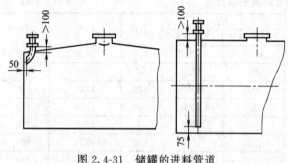

图 2.4-31　储罐的进料管道

(6) 非导电性材料制成的管道要用缠在管外或放在管内的铜丝或铝丝进行接地。

(7) 软管接头必须用在有冲击时不产生火花的金属（如青铜、铝等）制造,防止静电产生。

(8) 各种架空管道引入装置区时,应在架空管道引进防爆厂房前接地。输送易燃、易爆介质的大型管道在其始端、末端以及各个分岔处均应接地。

(9) 向储罐输送易燃液体的管道严禁采用自由降落的方式,应将管插到液面之下或使液体沿容器的内壁缓慢流下,以免产生静电,如图 2.4-31 所示。

(10) 有静电接地的情况下,苯及其同类性质的液体在管道内流动的速度不应超过 1m/s,汽油及共同类性质的液体在管道内流动的速度不应超过 2～3m/s。

2.4.10.2 设计分工

防静电设计工作的专业分工,各有关方面注意下列事项。

(1) 主体专业

① 对工程的静电危害情况要进行分析。

② 在进行初步设计时,应制定防静电措施的全面规划,吸取各方面意见并组织实施之。

③ 负责组织、协调各专业间的配合。

④ 负责设计各种工艺防静电措施,包括静电接地技术中的增泄措施,规定静置时间及缓和时间等。

⑤ 负责设计接地支线的平面,提出设备静电接地连接端头位置的要求,负责室外管网接地的设计。

(2) 设备专业

根据防静电措施的全面规划,负责设备用材的选择、静电接地端头和设备内部各部分静电连接的设计。

(3) 电气专业

① 协助主体专业制定工程的防静电措施的全面规划。

② 根据防静电措施的全面规划,负责装置区（车间）内静电接地干线及接地体的设计。

(4) 土建专业

根据防静电措施的全面规划,负责工作场所导电地坪和有关钢筋混凝土基础接地连接用预埋件的设计。

(5) 其他

根据防静电措施的全面规划,负责本专业的防静电措施的设计,如空调、有关管路的静电接地等。

2.4.11 蒸汽管道设计

(1) 一般从车间外部架空引进,经过或不经过减压计量后分送至各用户。

(2) 管道应根据热伸长量和具体位置选择补偿形式和固定点,首先考虑自然补偿,然后考虑各种类型的伸缩器。

(3) 从总管接出支管时,应选择总管热伸长的位移量小的地方,且支管应从总管的上面或侧面接出。

（4）蒸汽管道要适当设置疏水点。中途疏水点采用二通接头（图 2.4-32 和表 2.4-8），可防止冷凝水未经分离而直接过去。末端也要设疏水点，疏水管一般应设置疏水阀，过热蒸汽管道疏水可不设疏水点而设置双阀。

表 2.4-8　蒸汽管道中途疏水装置尺寸　　　　　　　　　　　单位：mm

DN	DN$_1$	DN$_2$	DN$_3$	L_1	L_2	L_3
25	25	15	25	200	150	40
32	32	15	25	200	150	40
40	40	15	25	200	150	40
50	50	15	25	200	150	40
65	65	15	25	250	150	40
80	80	15	25	250	150	40
100	100	20	25	300	150	40
125	100	20	25	300	200	40
150	100	20	25	350	200	40
200	100	20	40	350	200	40
250	150	25	40	400	200	50
300	150	25	40	400	200	50
350	150	25	40	450	200	50
400	150	25	40	450	200	50

（5）蒸汽冷凝水的支管与主管的连接，应倾斜接入主管的上侧或旁侧（图 2.4-33），切不要将不同压力的冷凝水接入同一个主管中。

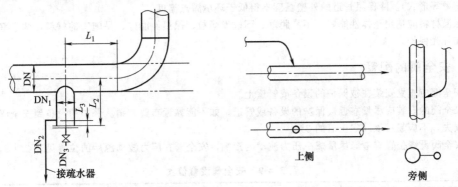

图 2.4-32　蒸汽管道中途疏水装置　　　　图 2.4-33　蒸汽冷凝水的支管与主管的连接

（6）当蒸汽冷凝产生负压时，为保证真空稳定，此蒸汽应由总管单独引出。

（7）灭火、吹洗及伴热蒸汽管道应由总管单独引出各自的分总管，以便停工检修时，这些管道仍能分别继续操作。在容易发生火灾的厂房内，一般设有灭火蒸汽管道。大的厂房一般只在门旁设立半固定式消防蒸汽管，其口径不得小于 DN50。小的厂房一般设有固定灭火蒸汽管，应尽量靠墙敷设，离地面不高于 300mm，在管道朝向室内空间侧，开有 4～5mm 孔，孔距为 50mm，阀门应安装在室外便于操作的地方。

2.4.12　洁净厂房设计

2.4.12.1　洁净厂房设计规定

除按化工生产一般规定外，尚需遵守下列规定。

（1）有洁净要求的区域，工艺配管中的公用系统主管应敷设在技术夹层、技术夹道或技术竖井中。这些主管上的阀门、法兰及螺纹接头不宜设在技术夹层、技术夹道或技术竖井内，这些地方的管道连接应采用焊接。对于这些主管的吹扫口、放净口和取样口均应设置在技术夹层、技术夹道或技术竖井之外。

（2）在满足工艺要求的前提下，工艺管道应尽量缩短。输送无菌介质的管道应设置灭菌措施，管道不得出现无法灭菌的"盲区"。

（3）输送纯水、注射用水的主管应采用环形布置，不应出现"盲管"等死角。

（4）洁净室内的管道应排列整齐、管道应少敷设，引入非无菌室的支管可明敷，引入无菌室的支管不可明敷。应尽量减少洁净室的内阀门、管件和管道支架。

（5）排水主管不应穿过洁净度要求高的房间，100 级的洁净室内不宜设置地漏，10000 级和 100000 级的洁净室也应根据工艺要求尽量少设或不设地漏，如干剂生产区内不设地漏和水嘴，采用局部吸尘器除尘后用湿净布揩擦墙面和地面（因干剂生产中湿度控制要求较高之故），湿剂生产工序如设地漏，必须使用带水封、带格栅和塞子的全不锈钢内抛光的洁净室地漏，此地漏供碎瓶后小范围冲洗用，宜设置于楼板上，楼板要留孔和设坡度，要与土建专业密切配合。

（6）洁净区的排水总管顶部设置排气罩，设备排水口应设水封装置，各层地漏均需带水封装置，防止室外窨井污气倒灌至洁净区，影响洁净要求。推荐选用 DL-B 标准系列地漏。

2.4.12.2　洁净厂房材料选用

（1）管道材料根据所输送的物料理化性质和使用工况选用，采用的管材应保证工艺要求，使用可靠，不吸附和污染介质，施工和维护方便，采用的阀门、管件除满足工艺要求外，应选用拆卸、清洗、检修均方便的卡箍连接形式的管配件。

（2）输送纯水、注射用水、无菌介质和半成品、成品的管材宜采用低碳优质不锈钢或其他不污染介质材料，引入洁净室的各支管应采用不锈钢管。

（3）对法兰、螺纹连接，其密封用的垫片或垫圈宜采用聚四氟乙烯垫片和聚四氟乙烯包覆垫或食品橡胶密封垫。

（4）穿越洁净室的墙、楼板或硬吊顶的管道，应敷设在预埋的金属套管中，套管内的管段不应有焊缝、螺纹和法兰，管道与套管之间应有可靠的密封措施。

（5）穿越软吊顶的管道，应在管道设计时与有关专业密切配合，定出管道穿软吊顶的方位和坐标，防止管道穿龙骨，影响吊顶的结构强度。

（6）洁净室内的管道应根据其表面温度、发热或吸热量及环境的温度和湿度确定保温形式（保热、保冷、防结露、防烫等形式）。冷保温管道的外壁温度不得低于环境露点温度。

（7）保温材料应选用整体性能好、不易脱落、不散发颗粒、保温性能好、易施工的材料，洁净室内的保温层应加金属外壳保护。

2.4.13　安全阀的配管

（1）安全阀应直立安装在被保护的设备或管道上。

（2）安全阀的安装应尽量靠近被保护的设备或管道，如不能靠近布置，则从保护的设备到安全阀入口的管道压头总损失，不应超过该阀定压值的 3%。

（3）安全阀设置位置应考虑尽量减少压力波动的影响，安全阀在压力波动源后的位置见表 2.4-9。

表 2.4-9　安全阀设置位置

	压力波动源	最小直管段长度 L
压力波动源	调节阀和截止阀	25 倍公称直径
	不在一个平面内的两个弯头	20 倍公称直径
	同一个平面内的两个弯头	15 倍公称直径
	一个弯头	10 倍公称直径
	脉动衰减器	10 倍公称直径

（4）安全阀不应安装在长的水平管段的死端，以免死端积聚固体或液体物料，影响安全阀正常工作。

（5）安全阀应安装在易于检修和调节之处，周围要有足够的工作空间。

（6）安全阀宜设置检修平台。布置重量大的安全阀要考虑安全阀拆卸后吊装的可能，必要时要设吊杆。

（7）安全阀的管道布置应考虑开启时反力及其方向，其位置应便于出口管的支架设计。阀的接管承受弯矩时，应有足够的强度。

（8）安全阀入口管道应采用长半径弯头。

（9）安全阀出口管道的设计应考虑背压不超过安全阀定压的一定值。对于普通型弹簧式安全阀，其背压不超过安全阀定压值的 10%。

（10）排入密闭系统的安全阀出口管道应顺介质流向 45°斜接在泄压总管的顶部，以免总管内的凝液倒流入支管，并且可减小安全阀背压。

(11) 安全阀出口管道不能出现袋形，安全阀出口管较长时，宜设一定坡度（干气系统除外）。

(12) 安全阀向大气排放时，要注意其排出口不能朝向设备、平台、梯子、电缆等。

(13) 对于排放烃类等可燃气体的安全阀出口管道，应在其底部接入灭火用的蒸汽管或氮气管，并在楼面上控制。重组分气体的安全阀出口管道应接火炬管道。

(14) 向大气排放的安全阀排放管管口朝上时应切成平口，并设置防雨水措施，注意避免泄放时冲击力过大，导致防雨设施脱落伤人。安全阀排放管水平安装时，应将管口切成 45°防雨水，要避免切口方向安装不合适，致使排出物喷向平台。对于气体安全阀出口管，应在弯头的最低处开一泪孔（$\phi6\sim10mm$），如图 2.4-34 所示，必要时接上小管道将凝液排往安全的地方。

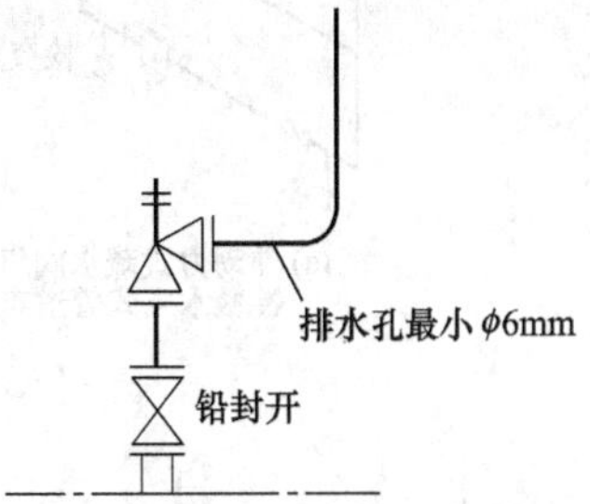

(15) 由于安全阀排放时的反力以及出口管的自重、振动和热膨胀等力的作用，安全阀出口应设置合理的支架，对于安全阀排放压差较大的管道必要时需设置减振支架（支架设置要根据安全阀反力计算确定）。

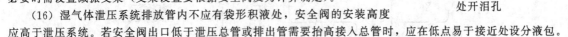

排水孔最小 $\phi6mm$

铅封开

图 2.4-34　在弯头的最低
处开泪孔

(16) 湿气体泄压系统排放管内不应有袋形积液处，安全阀的安装高度应高于泄压系统。若安全阀出口低于泄压总管或排出管需要抬高接入总管时，应在低点易于接近处分液包。

(17) 当安全阀进出口管道上设有切断阀时，应选用单闸板闸阀，并铅封开，阀杆宜水平安装，以免阀杆和阀板连接的销钉腐蚀或松动时，阀板下滑。当安全阀设有旁通阀时，该阀应铅封关。

2.4.14　疏水阀组配管

(1) 疏水阀的安装位置不应高于疏水点，并应便于操作和维修。

(2) 对于恒温型疏水阀为得到动作需要的温度差，应有一定的过冷度，应在疏水阀前留有 1m 长的不保温段。

(3) 当疏水阀本体没有过滤器时，应在疏水阀入口前安装过滤器。

(4) 布置疏水阀的出口管道时，应采取措施降低疏水阀的背压段，尽量减小背压。

(5) 疏水阀的安装应符合下列要求：

① 热动力式疏水阀应安装在水平管道上；

② 浮球式疏水阀必须水平安装，布置在室外时，应采取必要的防冻措施；

③ 双金属片式疏水阀可水平安装或直立安装；

④ 脉冲式疏水阀宜安装在水平管道上，阀盖朝上；

⑤ 倒吊桶式疏水阀应水平安装。

(6) 多个疏水阀同时使用时必须并联安装。

(7) 疏水阀组的管道布置设计如图 2.4-35 所示。

(8) 典型的疏水阀管线设计如下：

① 凝结水回收的疏水阀管线设计如图 2.4-36 所示。

② 凝结水不回收的疏水阀管线设计如图 2.4-37 所示。

③ 并联疏水阀的管线设计如图 2.4-38 所示。

2.4.15　罐区设计配管

2.4.15.1　配管原则

(1) 罐区的配管要做到不影响消防车辆从两侧到达罐区围堰外及考虑消防车的停放位置等要求。

(2) 应按防火规范要求设置消防水管网，包括消火栓和固定式水枪和接至常压储罐上的泡沫管道等。

(3) 储罐的配管要有足够的柔性，以满足储罐基础和泵及围堰之间不同沉降量的要求。必要时采用柔性软管。

(4) 根据罐区储存介质情况，若需设置洗眼器和安全淋浴器时，应将其设在操作人员易接近且靠近需防患的设备或管道的地方。

2.4.15.2　管口布置

(1) 常压立式储罐下部人孔也可设在靠近斜梯的起点，但宜在斜梯下面；顶部人孔宜与下部人孔成 180°方向布置并位于顶平台附近。高度较高的侧向人孔，其方位宜便于从斜梯接近人孔。

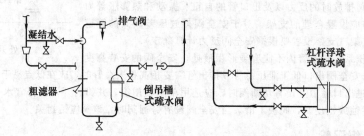

(a) 热动力式疏水阀组回收　　(b) 热动力式疏水阀组回收　(c) 双金属片式疏水阀组的管道布置
　　冷凝液立式管道布置　　　　　冷凝水卧式管道布置

(d) 倒吊桶式疏水阀组的管道布置　　(e) 杠杆浮球式疏水阀组的管道布置

图 2.4-35　疏水阀组的管道布置设计

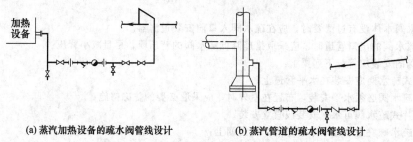

(a) 蒸汽加热设备的疏水阀管线设计　　　(b) 蒸汽管道的疏水阀管线设计

图 2.4-36　凝结水回收的疏水阀管线设计

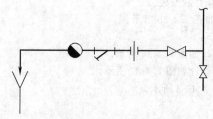

图 2.4-37　凝结水不回收的疏水阀管线设计

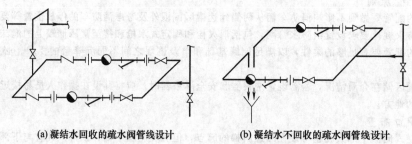

(a) 凝结水回收的疏水阀管线设计　　　(b) 凝结水不回收的疏水阀管线设计

图 2.4-38　并联疏水阀的管线设计

（2）对于卧式液化石油气储罐，按容积大小设一个或两个人孔。卧式储罐所有管口设置方位见 HG 20549.5—1998 第 2 章"卧式容器的配管"的规定。

（3）球形储罐顶、底各有一个人孔，其方位根据顶平台上的配管协调布置。

（4）斜梯的起点方位，应便于操作人员进出并注意美观。

（5）常压立式储罐用蒸汽或惰性气体吹扫或置换的接口，应位于有利连接操作的方位，并在靠近管廊侧的围堰外面设软管站。

（6）液位计管口的布置：常压立式储罐浮子式液位指示计接口应布置在顶部人孔附近，如需设置液位控制器、液位报警器或非浮子式液位计时，为减少设备上开口，宜设置液位计联箱管，与联箱管连接的设备接口，应布置在远离物料进出口处，并位于平台和梯子上能接近处，以便于仪表的安装及维修。

（7）泡沫消防的管口方位，应考虑分布均匀。

（8）立式储槽采用如图 2.4-39 结构时，应注意底部管口与地脚螺栓支承板是否相碰。

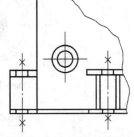

图 2.4-39 立式储槽的底部管口示意图

2.4.15.3 罐区管道

（1）储罐的管接口标高应是在储罐充水使基础完成初期沉降后的标高。应要求基础设计者注意控制基础的后期沉降量（一般宜在 25mm 以下）。

（2）罐区单层低管廊布置的管道，管道与地坪间的净高一般为 500mm。

（3）罐区多根管道并排布置时，不保温管道间净距离不得小于 50mm，法兰外线与相邻管道净距离不得小于 30mm，有侧向位移的管道适当加大管间净距离。

（4）各物料总管在进出界区处均应装设切断阀和插板，并应在围堰外易接近处集中设置。储罐上经常需要操作的阀门也应相对集中布置。

（5）与储罐接口连接的工艺物料管道上的切断阀应尽量靠近储罐布置。

（6）在罐区围堰外两列管廊成 T 形布置时，宜采用不同标高。

（7）管廊上多根管道的"Π"形膨胀弯管通常应集中布置，以便设置管架。

（8）储罐上有不同的辅助装置时（如：固定式喷淋器、惰性气密封层、空气泡沫发生器），与这些装置连接的水管道、惰性气体管道、泡沫混合液管道上的切断阀应设在围堰外。

（9）需喷淋降温的储罐，其上部及周围应设多喷头的环形管，圈数、喷头数量、喷水量及间距等应符合 PI 图和消防规范要求。

（10）泵的入口一般应低于储罐的出口。

（11）液化石油气储罐气相返回管道不得形成下凹的袋状，以免造成 U 形液封。

（12）当液化石油气储罐顶部安全阀出口允许直接排往大气时，排放口应垂直向上，并在排放管低点设置放净口，用管道引至收集槽或安全地点。对于重组分的气体应排入密闭系统或火炬。

2.4.15.4 管架和平台

（1）靠近储罐接口管的第一个管架的位置和型式应使管道有效地吸收储罐基础的沉降值。

（2）管廊的柱子/或管墩的间距为 6m 时，对于小口径管道宜集中布置，支架间距为 3m。为此，有时可用大口径不保温管道来支承小管道。

（3）两个或两个以上成组布置的液化石油气卧式储罐宜采用联合平台，平台离地面大于 4.5m 时，应设不大于 59°的斜梯，梯子数量应考虑联合平台无通行死点。

（4）在管廊上布置阀门的位置，应设直梯和平台以便操作和维修。

2.4.15.5 围堰和道路

（1）当管道穿过围堰和道路下方时，需设置套管，套管通常用钢管制作，外涂防腐层。套管在围堰墙或道路两边至少伸出 300mm。对于常温管道，其两端 100mm 长可用水泥砂浆密封套管内充填岩棉。如图 2.4-40 穿过围堰和道路下方的管道安装示意图所示。

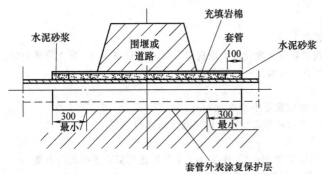

图 2.4-40 穿过围堰和道路下方的管道安装示意图

对于有膨胀的管道，可采用石棉水泥或沥青玛琋脂代替水泥砂浆。

(2) 在套管两端向内不大于 300mm 处，设置导向支架，导向支架焊在管道上，两导向架的中心距离不应大于水平管道的允许最大支架间距，如图 2.4-41 两导向架间距示意图。

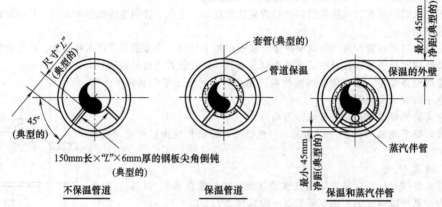

图 2.4-41　两导向架间距示意图

2.4.16　管廊上的配管

2.4.16.1　配管一般要求

(1) 应按有关装置（或建筑物）进、出管道交接点坐标、标高协调布置。

(2) 应利用管道走向的改变吸收管道的热膨胀，不能满足时可设置膨胀弯管或补偿器。

(3) 可利用大管道支吊小管道，以缩小管廊的宽度，并满足小管道的跨距要求。

(4) 对于分期建设的工厂，配管设计应能满足分期建设的要求。

(5) 布置管道时，应考虑仪表电缆及电气电缆槽或架所需的空间。

(6) 布置管道时，宜留有 10%～30% 的空位，并需考虑预留空位的荷载。

(7) 设计采用的支架间距，应小于规定的最大支架间距。

(8) 管道布置应合理规划，避免出现不必要的袋形或"盲肠"。

(9) 选用管道组成件应符合管道等级的规定。

(10) 管道的连接结构及焊缝位置要求应符合"化工设置管道布置设计工程规定"（HG/T 20549.2）第 1 章的规定。

(11) 成 T 形布置的两列管廊宜采用不同的标高。

2.4.16.2　管道排列

(1) 大直径管道尽量靠近柱子布置。

(2) 大直径需要热补偿的管道，宜布置在横梁端部，以便设"Π"形膨胀弯。

(3) 对设有阀门的管道及需要经常维修的管道，应在适当的位置设置操作平台。

(4) 冷介质及易燃介质管道布置在热介质管道的下方。

(5) 非金属及腐蚀性介质的管道宜布置在下层。

(6) 仪表电缆及电气电缆槽架宜布置在上层。

(7) 需要设操作平台或维修走道时，宜布置在上层。

(8) 管道排列要求的管间距应符合"化工装置管道布置设计工程规定"（HG/T 20549.2）第 1 章的规定。

(9) 要求无袋形并带有坡度的管道（如火炬管）应满足下列要求：

① 管道宜布置在管廊顶层；

② 管道应有坡度，坡向分液罐或其他设备，坡度宜不小于 0.003；

③ 该管上所有支管都应从该管的顶部连接，并且应顺着管内气体流动方向倾斜 45°。

2.4.16.3　阀门布置

(1) 应按"化工装置管道设计工程规定"（HG/T 20549.2）中第 1.4.4 条所述的要求进行阀门布置。

(2) 集中布置的阀门应错位布置，以保证管道布置紧凑，见图 2.4-42 阀门错位布置。

(3) 由总管引出的支管上的阀门应尽量靠近总管布置，并装在水平管道上，如图 2.4-43 支管上的阀门位

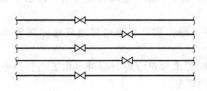

图 2.4-42　阀门错位布置

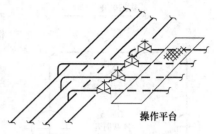

图 2.4-43　支管上的阀门位置

置所示。

(4) 管廊上布置阀门处，应设爬梯或操作平台。

(5) 管道及阀门采用螺纹连接时，活接头宜靠近阀门以便拆卸。

(6) 疏水阀的布置除应按 HG 20549.5—1998 第 15 章要求布置外，还必须符合下列要求：

① 一个疏水点有多个疏水阀同时使用时，必须并联布置；

② 疏水阀的位置应低于疏水点；

③ 疏水阀应布置在便于维修的位置；

④ 冷凝水回收系统的干管高于疏水阀时，除热动力式疏水阀外，应在疏水阀后设止回阀；

⑤ 就地排放的疏水阀出口管，应引至地面并采取防冻措施。

2.4.16.4　管道支承

(1) 水平布置的管道，一般应将裸管的管底或垫板底面及有隔热层管道的管托底面置于梁顶高度上。对于垂直管上述相应表面应取齐布置。

(2) 管托的选择宜按下列考虑：

① 对于隔热管道，应设管托支承。管托高度应按支架标准规定选取，并应大于隔热层厚度；

② 对于不隔热管道，一般不设管托，直接置于管廊的横梁上；

③ 对于奥氏体不锈钢裸管，宜在支点处的管道底部焊与管道材质相同的弧形垫板，如图 2.4-44 弧形垫板，弧形垫板的长度约为 250mm；

④ 对于 DN＞300mm 的碳钢裸管，当管壁厚与管道公称直径之比小于 0.015 时，应在支点处的管道底部焊与管道材质相同的弧形垫板或鞍形管托，以保护管道；

⑤ 焊接后需要进行热处理的管道宜采用可拆式管托；

⑥ 镀锌钢管、有色金属管道、塑料管、玻璃钢/玻璃钢增强塑料管、衬里管等管道，宜选用可拆式管托，并需在管子与卡箍之间加 3～5mm 厚的橡胶石棉板，加以保护；

⑦ 隔热的奥氏体不锈钢管道，采用碳钢的可拆管托时，管子与卡箍之间加垫 3～5mm 厚的橡胶石棉板隔离层；

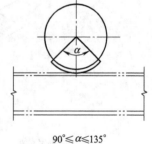

$90° \leqslant \alpha \leqslant 135°$

图 2.4-44　弧形垫板

⑧ 在不锈钢管道上焊接碳钢管托时，应先在管子上的管托位置处焊与管道材料相同的弧形垫板，再焊碳钢管托；

⑨ 要求热损失小的管道，应采用隔热型管托。

(3) 管道布置的位置，应尽量使支点靠近生根的构件，减小生根点所承受的力矩。

2.4.16.5　其他要求

(1) 管道吹扫口的配置

界外的工艺介质管道，一般不设停车或停输后的吹扫接头，而在装置内与其相接的管道上设吹扫和接收设施。但长度大于 2000m 的工艺介质管道及输送易凝性介质的管道应按照系统专业的条件，选择适当的位置设置固定式接力吹扫接头。

(2) 固定式接力吹扫接头应集中布置，以便于设置操作平台。

固定式接力吹扫接头连接方式，见图 2.4-45 固定式接力吹扫接头配管。

(3) 管道静电接地

① 凡输送易燃易爆介质的管道均应采取防静电接地措施，静电接地干线由电气专业统一规划设计。

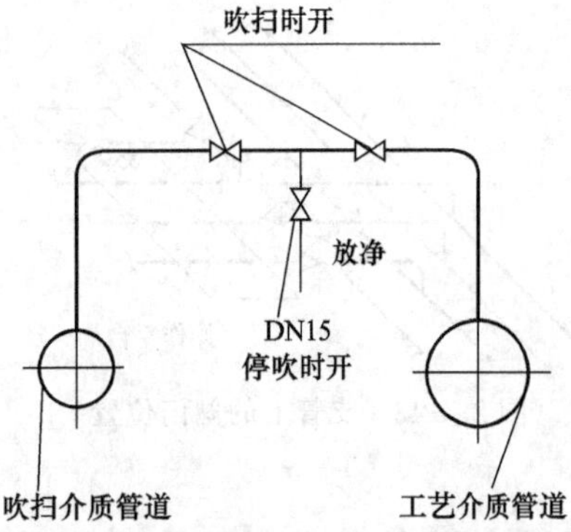

② 非导体管道上的金属管件应接地；复合管的非导体管段（如聚氯乙烯管）除需作屏蔽保护外，两端的金属管应分别与接地干线相接。

③ 有特殊规定的易燃易爆介质，其静电接地应遵守其特殊规定。

④ 其他管道静电接地的要求应符合现行标准《化工企业静电接地设计规程》（HG 28）的规定。

（4）管道的热补偿

① 应按"化工装置管道布置设计工程规定"（HG/T 20549.2）中的第 1.4.2 条所述的要求设置管道的热补偿。

② 采用"Π"形热膨胀弯管时，应为其留有足够的空间，还应便于它的支承。

③ 采用钢制套筒补偿器、宽波式波形膨胀节、波纹膨胀节时，应注意管内压力产生的推力、弹性力的作用及设置支架的可能性，并应按国家现行有关标准进行计算及选用。

2.4.16.6　装置内管廊

（1）装置内管廊的土建结构不宜做成纵向带坡度，而同层的梁应为相同标高，要求带坡度的管道宜采用不同高度的支架来调节。

（2）装置内管廊上，横向引出或引入的管道较多，因此不宜采用重叠布置。

（3）管廊上阀门布置见图 2.4-46 管廊上管道阀门及其操作平台的设置；安全阀出口管应坡向总管，以避免在安全阀出口积液。如图 2.4-47 安全阀配管。

图 2.4-45　固定式接力吹扫接头配管

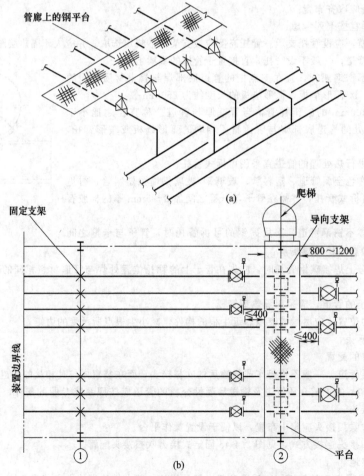

图 2.4-46　管廊上管道阀门及其操作平台的设置

2.4.17　地下管道配管

2.4.17.1　布置原则

（1）符合以下条件的管道，允许将管道直接埋地布置：

① 输送介质无腐蚀性、无毒和无爆炸危险的液体、气体管道，由于某种原因无法在地上敷设时；

② 与地下储槽或地下泵房有关的工艺介质管道，可不受上款的限制；

③ 冷却水及消防水或泡沫消防管道；

④ 操作温度小于150℃的热力管道。

上述管道还应满足无须经常检修，凝液可自动排出及停车时管道介质不会发生凝固及堵塞。

（2）在建筑物内的地下管应尽量采用管沟敷设的方式，如不可避免需直接埋地布置，则应设在允许挖开维修的区域，并使管道尽量短。

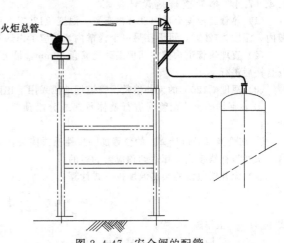

图 2.4-47　安全阀的配管

（3）露天埋设的上水和易冻介质管道的管顶距冰冻线以下不小于0.2m。

（4）埋地布置的管道在交叉中相碰时，除特殊情况外，宜按下列处理：

① 管径小的让管径大的，易弯曲的让不易弯曲的；

② 有压的让无压的；

③ 临时的让永久的；

④ 无坡度要求的让有坡度要求的；

⑤ 除已建的管允许修改外，新建的让已建的；

⑥ 施工检修方便的让施工检修不方便的；

⑦ 电缆除在热的管道下面外，应在其他管道上面；

⑧ 热的管道应在给水管道上面。

（5）易燃易爆介质管道在装置外，如为埋地敷设，则进入装置区界附近应转为地上管道。

2.4.17.2　建筑物内埋地管道布置要求

（1）管道与建筑物墙、柱边净距不小于1m，并要躲开基础。管道标高低于基础时，管道与基础外边缘的净距应不小于两者标高差及管道挖沟底宽一半之和。

（2）管道穿过承重墙或建筑物基础时应预留洞，且管顶上部净空不得小于建筑物的沉降量，一般净空为0.15m。

（3）管道在地梁下穿过时，管顶上部净空不得小于0.15m。

（4）两管道间的最小净距：平行时应为0.5m，交叉时应为0.15m。

（5）管道穿过地下室外墙或地下构筑物墙壁时应预埋防水套管。

（6）管道不得布置在可能受重物压坏的地方。

（7）管道不得穿过设备基础。

（8）管顶最小埋设深度：素土地坪不小于0.6m；水泥地面不小于0.4m。

（9）埋地管道不宜采用可能泄露的连接结构，如法兰或螺纹连接等；管材不宜采用易碎材料。

（10）埋地管道与地面上管道分界点一般在地面以上0.5m处。

2.4.17.3　露天装置区内埋地管道布置要求

（1）埋地管道之间、管道与构筑物之间以及管道与道路、铁路之间平行与交叉的净距规定，应符合现行标准《化工企业总图运输设计规定》（HG/T 20649）的规定。

（2）埋地管道的套管应伸出道路或管沟外缘两侧不小于1.0m，伸出铁路两侧不小于3.0m。以上套管内不准有法兰、螺纹等连接件，管道焊缝需要探伤。

（3）管道高点设排气，低点设排净，并设阀门井。

（4）铸铁管或非金属管道穿过车辆通过的通道时，需预埋套管。

（5）本章2.4.17.2条第（6）～（10）款也适用于室外埋地管道。

2.4.17.4 热管道埋地设计要求

(1) 热管道根据介质温度分槽布置。温度≤120℃，埋地段允许采用无补偿敷设，此类管道宜设在一个沟槽内。温度＞120℃，可设在另一个沟槽内，并应考虑热补偿。

(2) 直埋热管道沟槽中回填细砂至管顶50mm，最上面是夯实的回填土。回填土及预热应在管道试压及检查合格后进行。

(3) 温度≤120℃的无补偿敷设管道埋地段采用下述两种方法：

① 在回填砂土之前管网进行整体预热或分段预热，在预热温度下回填砂土，但此法不如下述方法可靠性高；

② 在恰当（经过计算）的位置加一次性补偿接头，可以先分段回填砂土后预热，当管网达到预热温度后将一次性被补偿接头焊死达到预应力的目的。

(4) 无补偿敷设的预热温度按下式计算：

$$t_\tau = \frac{t - t_0}{2} + t_0 = \frac{t + t_0}{2}$$

式中　t——工作温度，℃；

　　　t_0——环境温度，℃，通常采用20℃；

　　　t_τ——预热温度，℃，取值不宜低于65℃。

(5) 管道末端与设备或非埋地管道连接段应按有补偿敷设设计。

(6) 温度大于120℃且小于150℃的管道宜采用"Ⅱ"型膨胀弯管或其他形式弯管等补偿布置方式。

(7) 保温层结构

① 温度≤120℃宜采用闭孔型聚氨酯。

② 120℃＜温度＜150℃宜采用复合层：内层岩棉、外层闭孔型聚氨酯。

③ 保护层宜采用聚乙烯套管或其他有延展性材料。

④ 要求管子套入聚乙烯套管内整体发泡。

(8) 蒸汽管道需设坡度，一般为0.002～0.003，管道低点设凝液收集罐及排液阀，并应设在阀井内。

2.4.17.5 管沟内管道布置原则

(1) 管沟内布置管道必须符合以下条件：

① 输送介质无腐蚀、无毒以及非易燃易爆的管道；

② 不宜埋地、又不易架空布置的管道；

③ 正常地下水位低于沟底；

④ 防止重组分气体及有害气体在沟内聚集，必要时在沟内填砂。

(2) 管沟型式选用原则：

① 不通行管沟　管道根数不多，维修工作量不大、不需要人员通行时，宜采用不通行管沟；

② 通行管沟　管道根数很多，为了便于经常维修，需要人员通行时，宜采用通行管沟，但设计应符合安全要求。

2.4.17.6 管沟内管道一般要求

(1) 管沟基本尺寸

① 不通行管沟：净高一般采用0.5～0.8m，宽度一般为1.2m，不宜超过1.5m，当超过1.5m时采用双槽管沟。

② 通行管沟：净高按实际需要确定，但不小于通行要求的净高1.9m，管沟内通道宽度一般采用0.6～0.8m（根据局部需检修的内容确定）。

(2) 管沟中管道布置

① 管沟中管道排列要便于安装维修，其他与管廊上的配管相同，应符合 HG 20549.5—1998 第12章"管廊上的配管"规定。

② 不通行管沟中管道宜单层横排布置，便于安装及维修。

③ 通行管沟宜采用靠墙壁竖排布置，管子少采用单排，管子多采用双排，通道在中间。

④ 保温层距沟壁净距不小于100mm，距每层悬臂横梁净距80mm，距沟底120mm。

(3) 管沟中管道穿出沟盖板与地上管道相接，需加垂直向套管或捣制竖井至地面上0.5m，盖板处需密封，顶部需加防雨帽。见图2.4-48出管沟管处的示意图。

(4) 检查井中管道、阀门布置

① 人孔应布置在井的边缘四角位置，管道、阀门不应阻碍操作人员下井。

② 阀门宜立装、手轮朝上，如与盖板相碰时，可以斜安装或水平安装，手轮不宜朝下。

③ 配管应紧凑，如支管以斜45°与主管相接，阀门设在水平管上，见图2.4-49斜接支管。

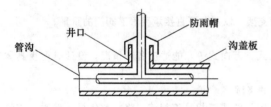

图 2.4-48　出管沟管处的示意图

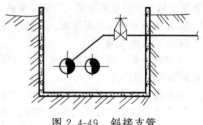

图 2.4-49　斜接支管

④ 管道上的低点排净应接至附近的排水系统污水井。

2.4.17.7　管沟要求

(1) 管沟坡度：各种管沟沟底应有不小于0.002的纵向坡度，管沟截面底部应有0.05的坡度。管沟最低处应设下水篦子和集水坑，以便将管道偶然泄漏或沟壁渗水排除。

(2) 管沟沟盖板应做成0.02的横向双落水坡度，当沟宽小于1.0m时可作单坡，以便地面渗水排至沟外。

(3) 管沟埋深：盖板至设计地面的覆土深不小于0.3m，车行道路不小于0.5m。

(4) 若管沟低于地下水位时，管沟应采取全防水结构。

(5) 需要设检查井的场合

① 对装有阀门或需要经常检修的管件；

② 直线部分相隔100～150m（最大不超过200m）；

③ 管沟纵向坡度最低点处。

(6) 检查井净高一般为2m，人孔盖直径为0.6m。大型检查井或有支线的检查井必要时设两个人孔，分别设固定直梯。

(7) 为防止通行管沟内保温受潮破坏和改善检修时的劳动条件，管沟应考虑自然通风措施，必要时通行管沟采用临时机械通风。

2.4.18　装卸站的配管

2.4.18.1　汽车槽车装卸站

(1) 装卸站的布置及水消防或泡沫消防系统应符合《石油化工企业设计防火规范》（GB 50160）的规定。

(2) 装卸站应设软管站，操作范围以软管长15m为半径，用于吹扫、冲洗、维修和防护。

(3) 在装卸酸、碱、氨等介质的区域，应在适当位置设置洗眼器和安全淋浴。

(4) 对于输送过程中易产生静电的易燃易爆介质的管道，应有完善的防静电措施（如法兰之间设导电金属跨接措施，管道系统及设备的静电接地等）。

(5) 对于高寒地区，要注意采用正确的防冻措施，如伴热保温等。

(6) 装车计量，可选用流量计就地计量或用地中衡称量。流量计应布置在槽车进出不会碰撞的地方。设防火围堤者，流量计应布置在围堤之外。

(7) 装卸站总管的布置

① 装卸站总管布置与汽车槽车的型式有关。槽车的装卸口在顶部时，宜采用高架布置管道；装卸口在车的低位时，宜采用低架布置型式。

② 鹤管阀门设在地面或装卸台上，应方便操作，不阻碍通道。对易燃可燃物料管道，如果PI图上有要求，应将切断阀安装在距装卸台10m以外的易接近处。

(8) 罐周围的配管

① 与罐接口相连的管道必要时采用柔性连接，如选用金属软管。

② 靠近罐的第一个管架应与储罐保持一定距离，并应是可调节的，或加弹簧支托以适应储罐基础可能的沉降。

③ 对输送沸点较低的物料管道，应与储罐的气相管连通，同时应考虑温度变化可能带来的物料热膨胀的影响，以及突然泄压时所产生的反力，故需要设置坚固的支架。

④ 不管物料流向如何，吹扫口的位置应设置在能使管道中物料吹向储罐的部位。

⑤ 罐的配管要求详见"2.4.15 罐区设计配管"规定。

(9) 泵的配管

① 对于装车场合，除利用自然地形将储罐设在高出自流装车外，均采用泵输送装车。通常将泵进口标高布置在能够自动灌泵的位置（应满足泵的 NPSH 的要求）。

② 泵的吸入管道尽可能短。当出口在泵上方时，要设支架，以避免泵直接承受管道阀门的重量。

(10) 鹤管的配置

① 鹤管种类很多，有固定式、气动升降式、重锤摆动式、万向式等，能适应各种情况，设计时可视具体的装卸要求选用产品。

② 在敞开式装车时，选用液下装车鹤管，以减少液体的飞溅。

③ 不允许放空的介质应采用密闭装车，鹤管的气相管应与储罐气相管道相连，将排放气排入储罐。该气相管避免出现下凹袋形，以防凝液聚集。当配管不可避免出现下凹袋形时，则必须在袋形最低点处设集液包及排液管，并按工艺要求收集处理，或对集液包局部伴热，使凝液蒸发，避免产生液封现象。无毒害、非易燃易爆的物料装车时，可将放空管引出顶棚排放。

④ 当采用上卸方式卸车时，一般是将压缩气体通入槽车，用气相加压法将物料通过鹤管压入储罐中。

汽车槽车装卸站配管的典型实例见图 2.4-50 和图 2.4-51。

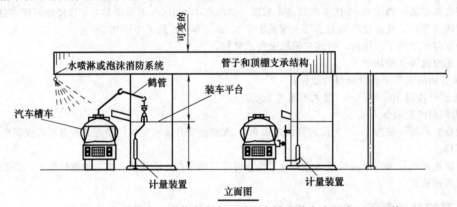

图 2.4-50 鹤管布置在装车台中心时汽车槽车装车台的布置和配管

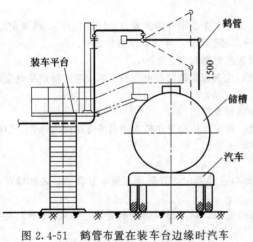

图 2.4-51 鹤管布置在装车台边缘时汽车槽车装车台的布置和配管

2.4.18.2 铁路槽车装卸站

(1) 铁路槽车装车的计量，可以在装车台上面或下面安装精度较高的流量计就地计量，也可以用"动态电子轨道衡"进行自动计量。就地安装的流量计应靠近鹤管切断阀。

(2) 装卸站总管的布置

① 铁路槽车装卸站管道有高架布置和低架布置两种型式。管架立柱边缘距铁路中心线应不小于 3m。管架跨越铁路时，铁轨顶至管架梁底的净高应不小于 6.6m，且跨越铁路的管段上不允许装阀门、法兰及其他机械接头等管道附件。

② 采用自流下卸的卸车站，管道采用埋地或管沟布置。当地下管道穿越铁路时，应加保护套管，详见 2.4.17 规定。

(3) 鹤管的配置

① 铁路槽车装车鹤管分大鹤管和小鹤管两种。

大鹤管有升降式、回转式和伸缩式。升降式鹤管通常布置在两股铁路专用线两侧；回转式鹤管布置在两专用线中间；而伸缩式鹤管则高架于每段专用线中间。鹤管的配置应确保其行程臂长，行车小车及各附件都不能与各种槽车的任何部位相碰，并能满足各种类型铁路槽车的对位灌装。

② 鹤管有平衡锤式、机械式和气动式等。为方便操作，两排小鹤管一般都布置在两股铁路专用线中间，可令整列车一次对位灌装。

③ 对易燃液体管道，如果 PI 图上有要求，应将切断阀安装在距装卸台 10m 以外的易接近处。

④ 对于密闭装车鹤管，应将其气相管与储罐的气相管相接，其具体要求应符合 2.4.18.1（10）③的规定。

⑤ 铁路槽车卸车分上卸和下卸两种方式。

上卸方式所采用的鹤管与密闭装车鹤管相同。一般采用压缩气体加压法卸车，也可以通过真空泵卸车。下卸方式一般用于原油、重油的卸车。该种铁路槽车有下卸口和保温夹套。

下卸鹤管是单回转套筒式，带快速接头，可以与铁路槽车下卸口连接。鹤管与汇油管用垂直连接或向下45°连接。汇油管或集油管安装坡度一般为 0.8%。为防止重质油品凝固，在汇油管的端部设 DN50 的蒸汽吹扫管，汇油管、集油管均需蒸汽伴管加热。零位罐要设通气管、阻火器、透光孔、人孔及液位指示器。

铁路槽车装卸站配管的典型实例见图 2.4-52 和图 2.4-53。

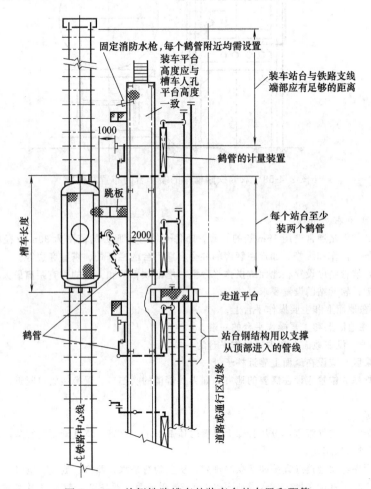

图 2.4-52　单侧铁路槽车的装车台的布置和配管

2.4.19　软管站的配管

2.4.19.1　软管站组成

以吹扫、置换或维修等需要而设置的软管站，一般是由管道、阀门和软管及其接头组成。使用介质通常为清洁水、蒸汽、氮气和压缩空气。根据需要软管站可由上述 1～4 种介质的管道组成。

2.4.19.2　软管站的布置图

软管站的布置图是在进行管道研究时，由配管专业负责人组织绘制的，一般可画在对应版次的设备布置图的复印二底图上。该图应附有各软管站的数据，标明每个软管站所需的管道根数、介质、标高及站号。软管站应尽量靠近服务对象布置，并以软管站为图圆心，以 15m 为半径画圆，这些圆应覆盖装置内所有的服务对象。软管站的表示方法及其布置图例图，参见"软管站布置图"（HG 20519.12）中第 3、9、11 条规定

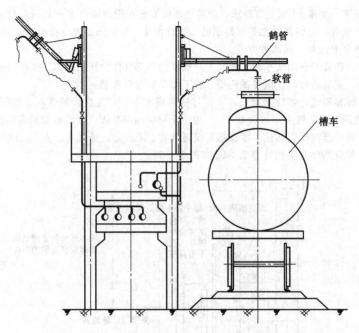

图 2.4-53　双侧铁路槽车的装车台的布置和配管

及例图。

2.4.19.3　软管站的布置位置

(1) 在装置内的软管站通常选用 15m 长的软管。即每个软管站服务的范围为 30m 直径的圆。软管站的位置不应影响正常通行、操作和维修。如设在管廊的柱旁、靠平台的栏杆处、塔壁旁边等。

(2) 在塔附近，软管站可设置在地面或操作平台上，塔的软管站和人孔的垂直距离最大不超过 9m。

(3) 在炉子附近，软管站的设置要求：

① 圆筒炉　设在地面上和主要操作平台上；

② 箱式炉　设在地面上和主要操作平台的一端；

③ 多室的箱式炉　设在地面上和主要操作平台的一端。

(4) 换热器和泵区，应设在地面上靠近柱子处。

(5) 界区外软管站的位置应设在需要的地方，如界外管道的吹扫口、置换接管口附近，必要时可设在物料管道低点排净口处。

2.4.19.4　配管要求

(1) 软管站的蒸汽、空气管道，应从管廊上总管的顶部引出；水管、氮气管则不宜从总管的与垂直方向直径成 30°夹角的管底部区域引出。

(2) 管道排列顺序：软管接点宜按如下顺序排列，从左到右是水、蒸汽、氮气、空气。

(3) 软管站的切断阀宜设在操作平台或地面以上 1.2m 的高度。见图 2.4-54 地面软管站。如软管站高于管廊上的总管时，可参照图 2.4-55 塔平台的软管站布置阀门。

(4) 立式容器的软管站接管口不宜布置在平台外侧。宜置在立式容器和它的平台之间的空隙内，如图 2.4-55 塔平台的软管站。但软管连接管不得妨碍人孔盖的开启。

(5) 软管站的管道均为 DN25，特殊要求除外，阀门及材料选用应符合管道等级规定。与软管相连接宜采用快速管接头，且各介质管道所用接头的型式或规格有所区别。

(6) 在氮气管的切断阀前应加装止回阀。升降式止回阀应安装在水平管道上，见图 2.4-54 地面软管站所示。

(7) 在寒冷地区为了防冻，宜将水管与蒸汽管一起保温，使蒸汽管起到伴管的作用，但应与水管保持适当间距，使水管不冻结即可。

(8) 布置位置低于蒸汽总管的软管站的蒸汽管，应在其切断阀前设疏水阀组，随时排放冷凝液，如图 2.4-54 地面软管站所示。

（9）软管站配管应有利于支架的设计。

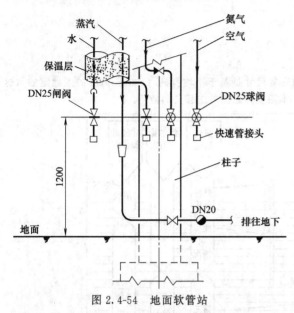

图 2.4-54　地面软管站

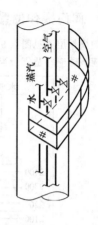

图 2.4-55　塔平台上的软管站

2.4.20　洗眼器与淋浴器的配管

2.4.20.1　布置位置

对强毒性物料及具有化学灼伤的腐蚀性介质危害的作业环境区域内，需要设置洗眼器、淋浴器，其服务半径小于或等于15m。通常洗眼器、淋浴器由制造厂成套供货。

洗眼器、淋浴器应布置在地面上或塔、泵附近，不应影响正常通行、操作和维修。洗眼器、淋浴器布置在管廊的柱子旁，应在软管站布置图上表示位号及定位尺寸。

2.4.20.2　一般要求

（1）洗眼器、淋浴器接入的生活饮用水，通常来自地下。如果来自管廊，应从总管顶部引出。

（2）在寒冷的地方或季节，接入洗眼器、淋浴器的生活饮用水管线必须采取防冻措施。常用方式：切断阀设在地下冰冻线以下，阀后管线加排放孔及沙坑以排净管内存水；洗眼淋浴器及管道系统采用电伴热；选购带电伴热的洗眼淋浴器。

（3）洗眼器、淋浴器经常被组合成一体，以便减少费用和节省占地空间。

2.4.20.3　工程实例

洗眼器和淋浴器的管道布置如图 2.4-56 所示。

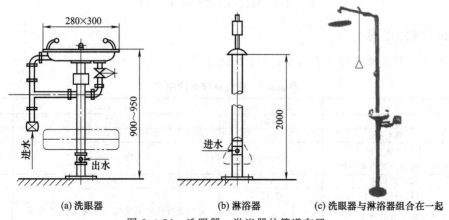

(a) 洗眼器　　　　　　(b) 淋浴器　　　　(c) 洗眼器与淋浴器组合在一起

图 2.4-56　洗眼器、淋浴器的管道布置

2.5 配管注意事项

2.5.1 阀门操作位置

阀门操作位置见图 2.5-1 和图 2.5-2，该图阀门的安装尺寸是基于平均身高（180±4）cm 的人确定的（这些尺寸应该适应并适宜于当地操作人员的平均身高），本图被多家国外工程公司使用。

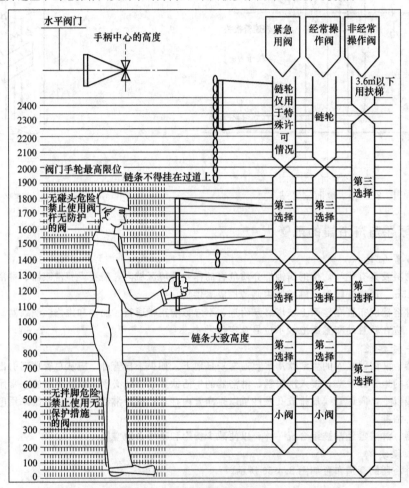

图 2.5-1　阀门操作适宜位置（一）

2.5.2 操作维修空间

2.5.2.1　站立操作维修空间（表 2.5-1、图 2.5-3）

表 2.5-1　站立操作维修空间

	项　目	最佳/mm	最小/mm	最大/mm
A	高度	2100	1900	—
B	宽度	900	750	—
C	上部自由空间 （对于重的部件要考虑吊装）	830～1140	720～1030	—
D	部件的高度	935～1015	900	1200
E	可以到达距离	270～300	—	500
F	使用工具的净空	—	取决于环境和所使用工具的尺寸，在很多 实例中最小需要200mm	—

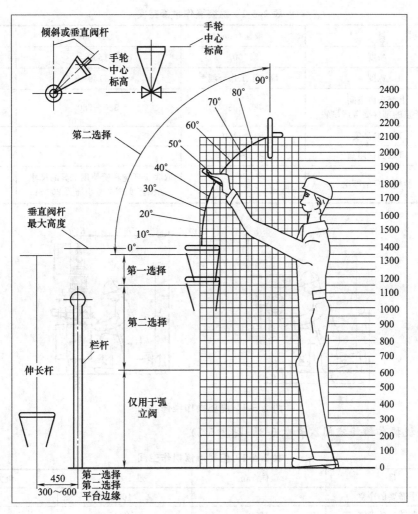

图 2.5-2 阀门操作适宜位置（二）

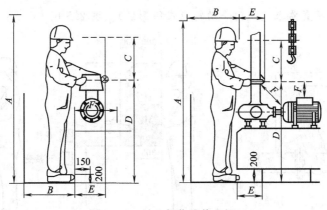

图 2.5-3 站立操作维修空间

2.5.2.2 跪姿操作维修空间（表2.5-2、图2.5-4）

表2.5-2　跪姿操作维修空间

	项　目	最佳/mm	最小/mm	最大/mm
G	高度	1700	1590	—
H	宽度	取决于工作环境	1150	—
I	上部自由空间 （对于重的部件要考虑吊装）	480～880	380～780	—
J	部件的高度	530～700	500	800
K	可以到达距离	270～300	—	500
L	使用工具的净空		取决于环境和所使用工具的尺寸， 在很多实例中最小需要200mm	—

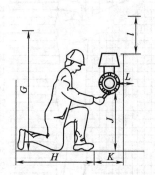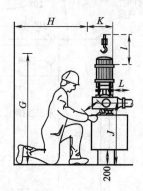

图 2.5-4　跪姿操作维修空间

2.5.2.3 俯视操作维修空间（表2.5-3、图2.5-5）

表2.5-3　俯视维修操作空间

	项　目	最佳/mm	最小/mm	最大/mm
M	手需要的净空	—	100	—
N	肘需要的净空	1350	1200	—
O	可以到达的净空 （例如为了维修）	2030	1780	—

2.5.2.4 手动阀门布置要求（阀门手动轮应在阴影区）（图2.5-6）

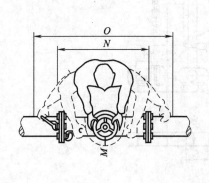

图 2.5-5　俯视维修操作空间

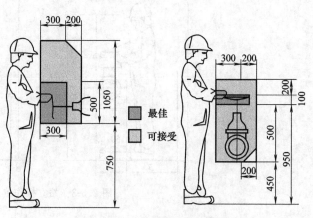

图 2.5-6　手动阀门布置要求

2.5.2.5　阀门操作适宜位置（图 2.5-7）

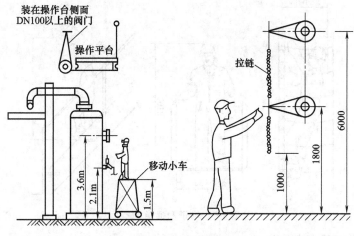

图 2.5-7　阀门操作适宜位置

2.5.2.6　不同姿态操作空间（图 2.5-8）

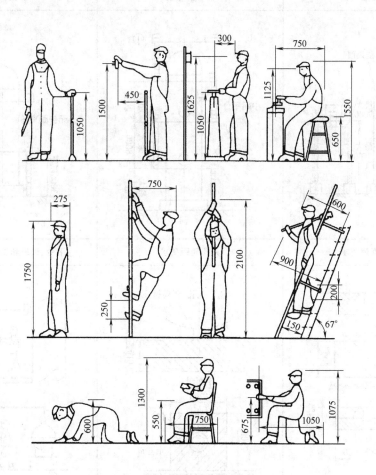

图 2.5-8　不同姿态操作空间

2.5.2.7 梯子和通道的空间（图 2.5-9）

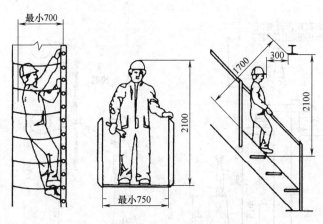

图 2.5-9 梯子和通道的空间

2.5.2.8 操作通道布置（表 2.5-4）

表 2.5-4 操作通道布置

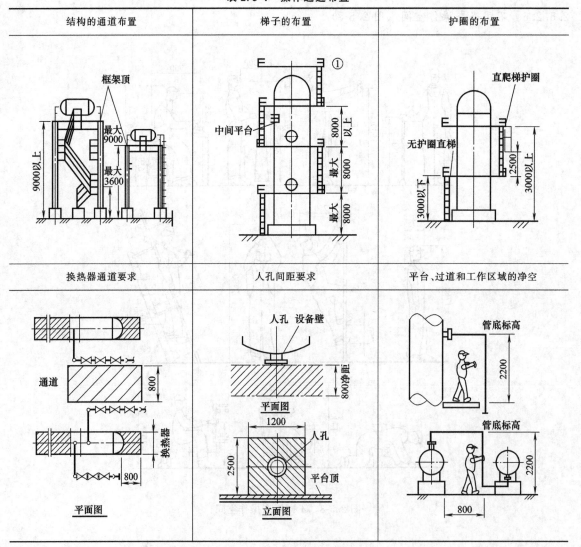

续表

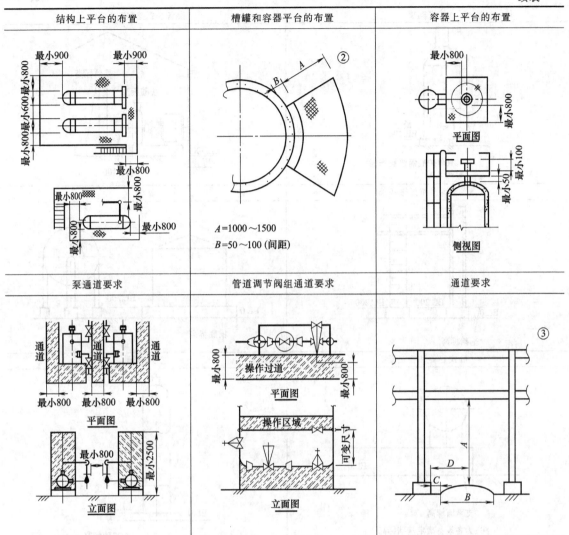

① 斜梯宜倾斜 45°，梯高不宜大于 5m，如大于 5m，应设梯间平台，设备上的直梯宜从侧面通向平台，攀登高度在 15m 以内时，梯间平台的间距应为 5~8m；超过 15m 时，每 5m 应设梯间平台。

② 如果有管子穿过平台，则需要保证平台的最小有效可通过宽度 800mm。

③ 通道要求：装置内（主要行车道、消防通道、检修通道）：$A \geqslant 4500$，$B \geqslant 4000$。

管廊下：泵区检修通道 $A \geqslant 3000$，$B \geqslant 2000$；操作通道 $A \geqslant 2200$，$B \geqslant 800$。

跨越厂区：跨越铁路 $A \geqslant 5500$，$D \geqslant 3000$；跨越厂内道路 $A \geqslant 5000$，$C \geqslant 1000$。

2.5.2.9 工厂标高基准（表 2.5-5）

表 2.5-5　工厂标高基准

道路和铺砌

续表

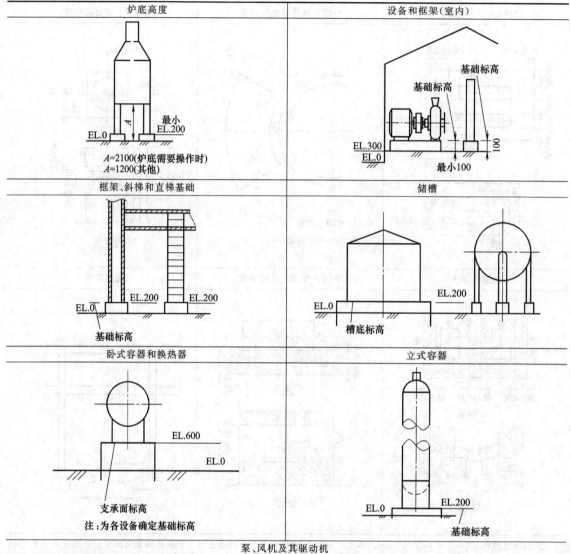

| 炉底高度 | 设备和框架(室内) |

EL.0 最小 EL.200
A=2100(炉底需要操作时)
A=1200(其他)

EL.300 EL.0 基础标高 基础标高 最小100 100

| 框架、斜梯和直梯基础 | 储槽 |

EL.200 EL.200 EL.0 基础标高

EL.0 槽底标高 EL.200

| 卧式容器和换热器 | 立式容器 |

EL.600 EL.0 支承面标高
注:为各设备确定基础标高

EL.0 EL.200 基础标高

| 泵、风机及其驱动机 |

EL.200 EL.0 支承面标高

HG 20546 规定离心泵的底板底面:大型泵高度 150mm,中、小型泵高度 300mm

SH 3011 规定泵的基础面宜高出地面 200mm,最小不得少于 100mm

2.5.3 常见配管错误 (表 2.5-6)

表 2.5-6 常见配管错误

错误设计	正确设计	工程实例说明
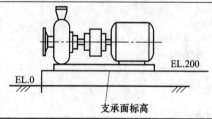	≥200mm	并排管线上的阀门宜错开布置,这样可适当减小管间距并便于检修(如果一定要阀门的中心线对齐布置,要保证阀门手轮的净距为 100mm)

续表

错 误 设 计	正 确 设 计	工程实例说明
		对于较大的阀门应在其附近设支架。阀门法兰与支架的距离应大于 300mm。该支架不应设在检修时需要拆卸的短管上,并考虑取下阀门时不应影响对管道的支承
吹扫线 工艺管线 (平面图)	吹扫线 工艺管线 (平面图)	氮气或蒸汽吹扫,应靠近主管设切断阀,且在水平管上安装
≤DN50	min	由于直接连接,法兰螺栓无法插入,宜加一小段直管
≤DN50		两个口径较小的法兰阀直接连接,没有插入螺栓的距离,中间应加一小段直管
		阀门宜设在水平管段上,防止积液
立面图	立面图	旋启式止回阀、转子流量计等,其介质流向只能由下而上
温度计 ≤DN80	温度计 ≤DN80	小口径管道(≤DN80)上的温度计管口应按自控专业要求扩径
温度计	温度计	斜插式温度计的插入方向应逆着介质流向
		压力表与安全阀应在同一侧

错 误 设 计	正 确 设 计	工程实例说明
法兰		高温管道法兰部分要保温,如这部分不保温,法兰和螺栓温度差就成为泄漏的原因。低温管道的法兰也同样需要绝热保冷,以减少泄漏。
等级分界 低压侧 高压侧 (低温侧) (高温侧)	①压力等级相同,材质不同: 低材质 高材质 ②材质相同 压力等级不同 低压侧 高压侧 低材质 高材质 ③压力等级和材质均不相同 低压侧 高压侧 低材质a 高材质b 材质为a的 高压等级的F、G	应按低压(低温)侧阀门关闭时考虑管道登记划分的界线,以确保管线器材材质可靠
		需要经常清扫的分配主管,管的一端不能封闭,应做成能拆卸的形式
		分支管线不应先变径后分支
	50～200m	分支管的弯头,不能直接与主管相接,应在主管上焊50～200mm短管,再与弯头相接
		平焊钢法兰不能直接与无缝弯头焊接,必须有一直管段
		平焊钢法兰不能直接与无缝大小头焊接,必须有一直管段
	≥2.2m	操作通道上的管道高度不得妨碍人的通行,不能让人弯腰通过
		避免让人跨过管线,必要时应设置踏步

续表

错误设计	正确设计	工程实例说明
		管线应集中敷设,力求美观整齐,不得任意敷设,杂乱无章
	扳手空间 ≥100mm	法兰连接的管线,不得过于靠近墙壁,应留有扳手空间,否则不易紧固法兰螺栓
操作通道	操作通道	腐蚀性介质管线上的阀门、法兰或螺栓管件不得敷设在操作通道的上方,以避免泄漏时伤人
		直径较大的管线宜布置在靠近管架柱,腐蚀介质不宜布置在上层,轻烃类管线不应布置在高温管线上方,长距离输送的公用工程管线布置在上层
B<2m L小于30倍公称直径	B≥2m L大于30倍公称直径	宽度 B 一般不宜小于2m。导向支架 L 应为30~40倍公称直径。 带Ⅱ形补偿器的管线,最热和最大直径的管线放在外侧,低温在内侧
		管线应"步步低"或"步步高",避免出现中间低的 U 形,以免积液
	尽可能远	不应在应力或位移量较大处连接支管

错误设计	正确设计	工程实例说明
		当管道与塔壁温差较大，相对伸长时，应由各支管吸收，L 的长度应足够吸收补偿相对伸长量
		防止阀门上部积液
		尽量减少可能积液的管段，阀门应设在根部
		防止积液堵塞
		消防蒸汽、冲洗水快速接头等不应朝向操作者，且布置位置应尽量靠近平台入口侧

续表

错误设计	正确设计	工程实例说明
		视镜、手孔、人孔盖的上面不得布置管线
		不应站在梯子上开关阀门,应设置平台
		塔底热油管,因管道向下、热胀,如需设支架时宜设弹簧支架
		两设备底部连接的管线,一般操作温度大于安装时温度,为防止管口受力过大,宜设弹簧管托
		塔回流线与塔壁的温差较大时,所产生的相对伸长量也大。在水平管段上的第一个支架有垂直位移,应设弹簧支架。如果L较长,足够吸收相对伸长量时,可设导向管卡(限制支架垂直位移)
		回流油罐进泵管线不得出现袋形,防止气阻和汽蚀,防止泵抽空
		初馏和常压塔顶回流罐的通往燃料气的管线,其切断阀应靠近设备管口,管线不得出现袋形,以免积液影响罐内压力,在管线的高点设DN20放空阀

续表

错　误　设　计	正　确　设　计	工程实例说明
		为了换热设备的检修，或避免在换热设备上焊支架时壳体变形影响换热设备抽芯检修，故换热设备顶部避免敷设管线
		由于热胀，支架不可直接布置在设备下部，防止管口产生过大应力
		管箱底部的管道布置要做成可拆卸式，否则会影响管箱侧管束抽出
		蒸汽吹扫管应分别从蒸汽主管顶部引出，且不应串联连接，吹扫蒸汽应有三阀组，检查阀应设在最低处兼作放凝阀
		换热器下部管线，如变径时应采用偏心大小头，放凝阀应设在主管管底，以利排凝
		一般塔顶油气管为两相流，各冷凝器支管应由主管底引出，或水平管管底一致，防止主管积液
		在孔板和调节阀前应避免袋形，防止汽阻
		防止气袋

错误设计	正确设计	工程实例说明
		双吸入泵入口管应有一定长度的直管段
		防止汽蚀产生,泵入口阀只能比泵入口管口直径大或相等,不得缩小
		单向阀与闸阀中间应有短管连接,否则安装困难
		泵的入口管支架,应是可调式,且入口管及阀门位置在泵的正前方
		对于外壳刚性小的鼓风机、透平机的吸入管,排出管为了防止外壳变形,安装时都必须设置弹簧支架,使管道的重量得到支承
		有腐蚀性介质或高凝固点介质调节阀的旁路和阀,宜水平安装,防止积液
		并排敷设的水平管线,如有变径处应使用偏心大小头,以保持管底标高一致和不积液

续表

错 误 设 计	正 确 设 计	工程实例说明
水平	$\Delta i=0.03\sim0.05$	产生凝液的较长距离的水平管线,应稍有坡度,并在低点排凝
		阀门手轮稍凸出平台,有绊倒人的危险,应使用延伸杆,以便使人能用站立的姿势操作
		真空管的合流管,应在同一方向合流
		如有两个支管的真空管合流应交错布置
DN15	≥DN20	放凝管不得过细,防止堵塞,最小 3/4″(DN20)
(竖面图)	(竖面图)	使用异径管(大小头)时应能排净凝液
蒸汽 工艺管线	蒸汽 工艺管线 150	扫线蒸汽的放凝(检查)阀后接管引至地沟或漏斗,否则易发生烫伤
吹扫蒸汽 常开 B A 工艺管线	吹扫蒸汽 常开 A B 工艺管线	为便于及时发现和判断泄漏,A、B工艺管线应分别连接蒸汽吹扫线

错 误 设 计	正 确 设 计	工程实例说明
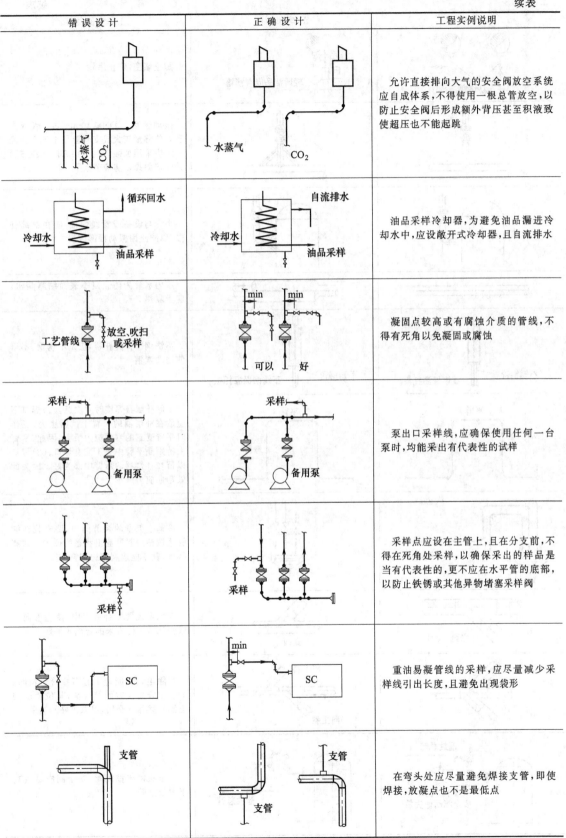		允许直接排向大气的安全阀放空系统应自成体系,不得使用一根总管放空,以防止安全阀后形成额外背压甚至积液致使超压也不能起跳
		油品采样冷却器,为避免油品漏进冷却水中,应设敞开式冷却器,且自流排水
		凝固点较高或有腐蚀介质的管线,不得有死角以免凝固或腐蚀
		泵出口采样线,应确保使用任何一台泵时,均能采出有代表性的试样
		采样点应设在主管上,且在分支前,不得在死角处采样,以确保采出的样品是当有代表性的,更不应在水平管的底部,以防止铁锈或其他异物堵塞采样阀
		重油易凝管线的采样,应尽量减少采样线引出长度,且避免出现袋形
		在弯头处应尽量避免焊接支管,即使焊接,放凝点也不是最低点

续表

错 误 设 计	正 确 设 计	工程实例说明
易堵塞	150 min 轻质油品应有管堵	防止堵塞,防止渗漏
		振动管系上 DN≤40mm 的支管或支管处位移量较大或支管管径小于主管径三级应采用加强管嘴(D-LET 和 BOSS)并焊接斜撑以防疲劳断裂
		小管与设备或管线焊接,应在根部补强,以防止因振动根部破损
		室内水管为防止夏季表面结露滴水,应予隔热
不锈钢管 碳钢保温托板	不锈钢管 不锈钢保温托板	不锈钢的保温托板,应是不锈钢,不得使用碳素钢
平臂 悬臂	平臂 悬臂	Ⅱ形补偿器焊接时应注意:(1)焊口不应放在补偿器的平臂上。因胀力,工作时平臂受到的弯曲应力最大,因此,平臂上特别是平臂中央不准有焊口;(2)焊口以留在补偿器的悬臂中部为好。因为此处弯曲应力最小
		冷却水流量的调节阀门,要安装在能够边调整边看见流出状态的位置。如离得远,就不能观察边调整
立面	立面	在除尘装置的合流管中,使主管向上倾斜比从下侧方来的合流效果好
	向上斜 向上斜	在除尘装置配管中有多根管合流时,如从主管的左右两侧合流,其位置应向上倾斜并相互交错,以取得好的效果
泄放总管 管内积水,安全阀动作失效	泄放总管	安全阀密闭排放时,安全阀应尽量高于泄放总管

续表

错 误 设 计	正 确 设 计	工程实例说明
		重污油管线设计时,应防止蒸汽与重污油管线互蹿(吹扫时),蒸汽管线应从上往下吹
		在生产运行中需要检查液体是否流到位,配管上要预先设置低压检查阀。在这些检查口的排放管下,要预先设置盛液的容器
		向上开口的室外排气管,常使管内积存雨水,必须做成不积水的向下弯曲形式
		止振架、支柱等,其自身应有一定的刚性,刚性不够的梁、柱不能作止振支架,否则可能更助长低频振动。如果支架设置不当,等于在振动的腹部加上砝码,使振动频率由低变高,所以,一定要有固定的支点来作支架
		热油泵进出口,因由垂直位移应设可变弹簧吊架,否则热态时泵口受力,其吊点越靠近垂直管越好。设计时按泵口不受垂直荷载计算
		防止电位腐蚀
		正确应用标准支吊架。管卡主要用于不保温管线,若用于保温的热管线上,由于热胀可使保温外壳被推坏
		保冷管道支吊架设置应考虑防止冷量损失

续表

错 误 设 计	正 确 设 计	工程实例说明
气体集聚		泵入口偏心异径管的设置 A
积存液体		泵入口偏心异径管的设置 B
气体集聚		泵入口偏心异径管的设置 C
气体集聚		泵入口偏心异径管的设置 D
气体集聚　错误	正确	泵入口偏心异径管的设置 E

3 管道绝热防腐

3.1 绝热范围及材料

3.1.1 绝热范围与分工（HG/T 20570.11—95）

3.1.1.1 绝热范围

设备、管路的隔热（亦称绝热）一般指隔热、隔冷、人身保护（防烫）、防冻等。保温一般指加热保护绝热，如伴热管、夹套管等。凡具有下列情况之一的设备、管道、管件、阀门等（以下对管道、管件、阀门等统称为管道）必须采取隔热措施。

(1) 表面温度大于50℃以及根据生产工艺需要外表面温度小于或等于50℃的设备和管道（工艺上不需要或不能隔热的设备、管道除外）。

(2) 介质凝固点高于环境温度的设备和管道。

(3) 表面温度超过60℃的不需要隔热的设备和管道，需要经常维护又无法采用其他措施防止烫伤的部位，应在下列范围内设置防烫伤隔热层：

① 距离地面或工作平台的高度小于2.1m；

② 靠近操作平台距离小于0.75m；

(4) 需阻止或减少冷介质及载冷介质在生产和输送过程中的冷损失。

(5) 需阻止或减少冷介质及载冷介质在生产和输送过程中的温度升高。

(6) 需阻止低温设备及管道外壁表面凝露。

(7) 因外界温度影响而产生冷凝液从而腐蚀设备管道。

(8) 设备和管道发出的噪声大于工程规定的允许噪声级时，需要用隔声材料（常采用隔热材料）包裹设备、管道来降低噪声。

3.1.1.2 专业分工

(1) 化工工艺专业

化工工艺专业在设备和管道的工艺数据表中提出隔热（冷）、保温（包括保温类型、保温热源介质）等要求。

(2) 管道材料专业

管道材料专业在隔热、保温的设计规定（或隔热、保温说明书）中提出：

① 在不同温度、直径下的设备、管道的隔热、隔冷、人身保护（防烫）的隔热（冷）层厚度，工艺有特殊隔热要求者除外；

② 设备、管道伴热保温的有关数据，如伴热管根数、伴热管直径、夹套管直径、电热带根数及规格等；

③ 隔热（冷）、保温所需的材料汇总清单。

3.1.2 绝热材料的选用（HG/T 20646.2—1999）

设计采用的各种隔热材料其性能必须符合现行国家、行业或地方产品标准的规定，对新产品必须按有关规定通过部、省、市级鉴定后方可采用。

3.1.2.1 绝热层的选用要求

(1) 隔热层材料应具有明确的随温度变化的导热系数方程式或图表。对于松散或可压缩的隔热材料，应提供在使用密度下的导热系数方程式或图表。

(2) 保温材料在平均温度低于350℃时，导热系数不得大于0.12W/(m·℃)，保冷材料平均温度低于27℃时，导热系数应不大于0.064W/(m·℃)。

（3）硬质保温材料密度一般不得大于 300kg/m³；软质材料及半硬质制品密度不得大于 200kg/m³；保冷材料密度不得大于 200kg/m³；对强度有特殊要求的用户除外。

（4）用于保温的硬质材料的抗压强度不得小于 0.4MPa，用于保冷的硬质材料的抗压强度不得小于 0.15MPa。

（5）保温材料的质量含水率不得大于 7.5%；保冷材料的质量含水率不得大于 1%。

（6）隔热层材料应具有安全使用温度的性能和燃烧性能（不燃性、难燃性、可燃性）资料；必要时还需提供防潮性能（吸水性、吸湿性、增水性）、线膨胀或收缩率、抗折强度、腐蚀或抗腐蚀性、化学稳定性、热稳定性、渣球含量等的测试报告。

（7）与奥氏体不锈钢表面接触的隔热材料应符合 GBJ 126《工业设备及管道绝热工程施工及验收规范》（已废止，被 GB 50126—2008 代替）中的第 2.1.1 条有关氯离子含量的规定。

（8）隔热层材料按被隔热对象外表面温度不同，其燃烧性能应符合下列要求：

① 外表面温度 $T_o > 100℃$ 时，隔热层材料应符合不燃类材料性能要求（按 GB/T 5464《建筑材料不燃性试验方法》检测）。

② 外表面温度 $50℃ < T_o \leqslant 100℃$ 时：隔热层材料最低应符合难燃类材料性能要求，其氧指数应大于或等于 32，平均燃烧时间小于或等于 30s，平均燃烧高度小于或等于 250mm，烟密度小于或等于 75（按 GB/T 2406《塑料　用氧指数法测定燃烧行为》、GB/T 8333《硬质泡沫塑料燃烧性能试验方法　垂直燃烧法》、GB/T 8627《建筑材料燃烧或分解的烟密度试验方法》检测）。

③ 外表面温度 $T_o \leqslant 50℃$ 时：隔热层材料最低应符合一般可燃性材料要求，其氧指数应大于或等于 26，平均燃烧时间小于或等于 90s，平均燃烧范围小于或等于 50mm。

3.1.2.2　防潮层的选用要求

（1）抗蒸汽渗透性好，防水防潮性强，吸水率不大于 1%。

（2）防潮层材料的防火性能也应符合 3.1.2.1（8）的规定。

（3）化学稳定性好，无毒，耐腐蚀，并不得对隔热层材料和保护层材料产生腐蚀或溶解作用。

（4）防潮层材料在夏季不软化，不起泡，不流淌；低温使用中不脆化，不开裂，不脱落。

（5）涂抹型防潮材料软化温度不低于 65℃，黏结强度不少于 0.15MPa，挥发物不大于 30%。

3.1.2.3　保护层的选用要求

（1）保护层材料应强度高。在使用环境下不软化、不脆裂、外表整齐美观、抗老化、使用寿命长，应达到经济使用年限，重要工程或难检修部位保护层材料的使用寿命应在 10 年以上，保冷时应大于 12 年。

（2）保护层材料应具有防水、防潮、抗大气腐蚀性能，且不燃或难燃，其氧指数应大于或等于 30，化学稳定性好，对与之接触的隔热层材料或防潮层材料不得产生腐蚀或溶解作用。

3.1.2.4　其他材料选用要求

（1）保冷用的黏结剂能在使用的低温范围内保持良好的黏结性，黏结强度在常温时大于 0.15MPa，软化温度不低于 65℃。泡沫玻璃用的黏结剂在 -196℃ 时的黏结强度应大于 0.05MPa。

（2）对金属壁不腐蚀，对保冷材料不溶解。

（3）固化时间短，密封性能好，长期使用不开裂。

（4）有明确的使用温度范围和有关性能数据。

（5）泡沫玻璃用耐磨剂在温度变化或机械振动情况下，能防止泡沫玻璃与金属外壁之间和保冷材料界面之间产生磨损。

3.1.3　绝热材料的性能 （GB 50264—97）

见表 3.1-1。

3.2　绝热与加热计算

3.2.1　保温计算数据的选取

保温设计和保温厚度的决定，受环境中各种因素的影响较大。因此，进行保温计算时，首先要按条件选取有关数据，本节介绍的计算方法可供参考。

表 3.1-1　常用绝热材料性能

序号	材料名称	使用密度/(kg/m³)	标准规定使用温度/℃	推荐使用温度/℃	70℃时导热系数 λ_0/[W/(m·℃)]	导热系数参考方程/[W/(m·℃)]	抗压强度/MPa	压缩回弹率/%	要求
1	硅酸钙制品	170	$T_a\sim650$	550	0.055	$\lambda=\lambda_0+0.00011(T_m-70)$	0.4		—
		220			0.062		0.5		
		240			0.064		0.5		
2	泡沫石棉	35	普通型 $T_a\sim500$	—	0.046	$\lambda=\lambda_0+0.00014(T_m-70)$	—	80	室外只能用憎水型产品，回弹率95%
		40	防水型 $-50\sim500$		0.053			50	
		50			0.059			30	
3	岩棉及矿渣棉制品	原棉≤150	650	600	≤0.044	$\lambda=\lambda_0+0.00018(T_m-70)$	—		—
		毡 60~80	400	400	≤0.049				
		毡 100~120	600	400	≤0.049				
		板 80	400	350	≤0.044				
		板 100~120	600	350	≤0.046				
		板 150~160	600	350	≤0.048				
		管≤200	600	350	≤0.044				
4	玻璃棉制品 纤维平均直径≤5μm	原棉40	400		0.041	$\lambda=\lambda_0+0.00023(T_m-70)$	—		—
	纤维平均直径≤8μm	原棉40	400	400	0.42				
		毡≥24	350		≤0.048				
		≥40	400		≤0.043				
		毡≥24	300	300	≤0.49	$\lambda=\lambda_0+0.00017(T_m-70)$			
		板毡 24			≤0.049				
		板毡 32			≤0.047				
		板毡 40	350		≤0.044				
		板毡 48	400		≤0.043				
		板毡 64~120	350		≤0.042				
		管≥45			≤0.043				
5	硅酸铝棉及其制品	原棉 1#	约800	800	0.056	$T_m\leq400$时：$\lambda_L=\lambda_0+0.0002(T_m-70)$；$T_m>400$时：$\lambda_H=\lambda_0+0.00036(T_m-400)$（下式中$\lambda_L$取上式 $T_m=400℃$时计算结果。下同）	—		$T_m=500℃$时导热系数 $\lambda_{500}\leq0.153$（国际送审稿容重为192kg/m³时数据）
		2#	约1000	1000					
		3#	约1100	1100					
		4#	约1200	1200					
		毡、板 64	—	—					$\lambda_{500}\leq0.176$
		毡 96							$\lambda_{500}\leq0.161$
		128							$\lambda_{500}\leq0.156$
		192							$\lambda_{500}\leq0.153$

续表

序号	材料名称	使用密度 /(kg/m³)	标准规定使用温度 /℃	推荐使用温度 /℃	70℃时导热系数 λ₀/ [W/(m·℃)]	导热系数参考方程 /[W/(m·℃)]	抗压强度 /MPa	要　求
6	膨胀珍珠岩散料	70	−200~800	—	0.047~0.051	—	—	—
		100~150			0.052~0.062			
		150~250			0.064~0.074			
7	硬质聚氨酯泡沫塑料	30~60	−180~100	−65~80	(25℃时) 0.0275	保温时：$\lambda=\lambda_0+0.00014(T_m-25)$ 保冷时：$\lambda=\lambda_0+0.00009T_m$	—	①材料的燃烧性能应符合《建筑材料燃烧性能分级方法》B₁级难燃性材料规定 ②用于−65℃以下的特级聚氨酯性能应与产品厂商协商
8	聚苯乙烯泡沫塑料	≥30	−65~70	—	(20℃时) 0.041	$\lambda=\lambda_0+0.000093(T_m-20)$	—	材料燃烧性能应符合《建筑材料燃烧性能分级方法》B₁级难燃性材料规定
9	泡沫玻璃	150	−200~400	—	(24℃时) 0.060	$T_m>24℃$时： $\lambda=\lambda_0+0.00022(T_m-24)$ $T_m\leq24℃$时： $\lambda=\lambda_0+0.00011(T_m-24)$	0.5	−101℃,λ=0.046 −46℃,λ=0.052 10℃,λ=0.058 24℃,λ=0.060 93℃,λ=0.073 204℃,λ=0.099
		180			(24℃时) 0.064		0.7	−101℃,λ=0.050 −46℃,λ=0.056 10℃,λ=0.062 24℃,λ=0.064 93℃,λ=0.077 204℃,λ=0.103

注：1. 设计计算采用的技术数据必须是产品生产厂提供的经国家法定检测机构核实的数据。

2. 设计采用的各种绝热材料的物理化学性能及数据应符合各自的产品标准规定。

3. 导热系数参考方程中 (T_m-70)、(T_m-400) 等表示该方程的常数项。如 λ_0、λ_L 等对应代入 T_m 为70℃，400℃时的数值。

4. T_a 为环境温度，T_m 为平均温度。

（1）保温层表面至周围空气之间的总给热系数 α_s

$$\alpha_s = \alpha_r + \alpha_k \tag{3.2-1}$$

式中　α_r——管道或保温层面的辐射传热系数，$W/(m^2 \cdot \text{℃})$；

　　　α_k——对流传热系数，$W/(m^2 \cdot \text{℃})$。

$$\alpha_r = \frac{C_r}{T_s - T_a}\left[\left(\frac{T_s+273}{100}\right)^4 - \left(\frac{T_a+273}{100}\right)^4\right] \tag{3.2-2}$$

式中　T_s——管道或保温层外表面温度，℃；

　　　T_a——周围环境温度，℃；

　　　C_r——辐射系数，见表3.2-1，$W/(m^2 \cdot \text{℃})$。

表 3.2-1　辐射系数 C_r 值　　　　单位：$W/(m^2 \cdot \text{℃})$

材　料	表面状态	C_r	材　料	表面状态	C_r
铝板	磨光	0.32	钢板	黑色光泽	3.95
铝漆		2.33	钢板	已氧化	4.65
油漆		5.23	黑漆	有光泽	5.00
薄铁皮		5.23	黑漆	无光泽	5.47

① 在密闭场合（如地沟）

$$\alpha_k = 1.28\sqrt[4]{\frac{T_s - T_a}{D_1}} \tag{3.2-3}$$

式中　D_1——管道或保温层外径，m。

② 在室内无风情况下

$$\alpha_k = \frac{26.33}{\sqrt{287+T_m}} \times \sqrt[4]{\frac{T_r - T_a}{D_1}} \tag{3.2-4}$$

$$T_m = (T_s + T_a)/2 \tag{3.2-5}$$

式中　T_m——保温层的平均温度，℃。

③ 当风速小于 5m/s 时，可按下式求 α_r 值。

平壁：

$$\alpha_r = (1.3 \sim 5.1)\frac{T_a}{100} \times \frac{w^{0.8}}{L^{0.2}} \tag{3.2-6}$$

式中　w——风速，应以当地气象资料为依据，m/s；

　　　L——沿风速向的平壁长度，m。

圆筒：

$$\alpha_r = 3.95\frac{w^{0.6}}{D_1^{0.4}} \tag{3.2-7}$$

④ 为了便于计算，也可用图 3.2-1、图 3.2-2 查出的简便方法，决定总给热系数。$T_a = 0 \sim 150$℃时，室内总给热系数可按式（3.2-8）、式（3.2-9）近似计算。

管道：
$$\alpha_s = 8.1 + 0.045(T_s - T_a) \tag{3.2-8}$$

平壁：
$$\alpha_s = 8.4 + 0.06(T_s - T_a) \tag{3.2-9}$$

室内保温可认为 $w=0$，取 $\alpha_s = 11.63 W/(m^2 \cdot \text{℃})$。

对室外保温，必须考虑受风的影响。风速 w 大于 5m/s 时，室外总的给热系数 α_s' 为：

$$\alpha_s' = (\alpha_s + 6\sqrt{w}) \times 1.163 W/(m^2 \cdot \text{℃}) \tag{3.2-10}$$

对保冷可取 $\alpha_s = 6 \sim 7$，对保温取 $\alpha_s = 11$。

（2）周围空气温度 T_a

① 室内一般采用 $T_a = 20$℃左右。

② 通行地沟，当介质温度为 80℃时取 $T_a = 20$℃，当介质温度为 81~110℃时，取 $T_a = 30$℃，当介质温度大于等于 110℃时，取 $T_a = 40$℃。

③ 室外保温常年运行采用历年年平均温度；季节运行采用历年运行期日平均温度。

④ 保冷可采用历年最热月平均温度。

⑤ 防冻取冬季历年极端平均最低温度。

⑥ 防烫伤取年最热平均温度值。

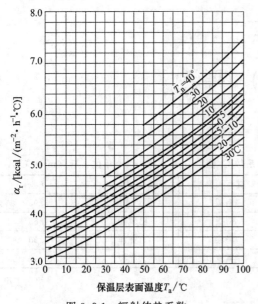

图 3.2-1　辐射传热系数

$\alpha_r[1kcal/(m^2 \cdot h \cdot ℃)=1.163W/(m^2 \cdot K)]$

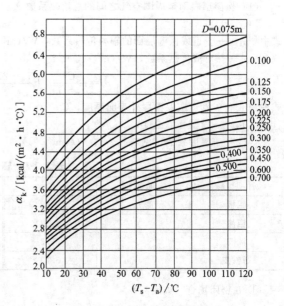

图 3.2-2　对流传热系数 α_k

(3) 相对湿度 ψ 和露点温度 T_d

保冷采用最热月相对湿度。露点温度 T_d 可根据选定的周围空气温度 T_b 及相对湿度 $\psi(\%)$ 从表 3.4-8 中查得。

(4) 室外风速 w

保温采用冬季风速，保冷采用夏季平均风速。

(5) 被绝热物体的外壁温度 T_o。

绝热计算中，对外壁的传热一般忽略不计，因此，外壁温度可采用载热介质温度 $T_1(℃)$。

(6) 保温层表面温度 T_s

① 保温层表面温度的确定，关系到热损失和经济厚度。为简便计算，在室内情况下，可按式（3.2-11）求得保温层表面温度；为方便起见也可按表 3.2-2 选用。

$$T_s = 32 + 0.028 T_f \qquad (3.2-11)$$

表 3.2-2　表面温度选用

介质温度 T_f/℃	100	150	200	250	300	350	400	450	500	540	555	600	650
表面温度 T_s/℃	34.8	36.2	37.6	39.0	40.4	41.8	43.2	44.6	46.0	47.1	47.5	48.8	50.2

② 保冷层表面温度一般取历年最热月平均相对湿度下的露点平均值加 0.5～1.5℃，计算时应是不结露的允许冷损量的经济厚度。

3.2.2　圆形管道的保温计算

3.2.2.1　计算说明

(1) 管道和设备的计算分界线为公称直径 DN＝1000mm。DN≤1000mm 的管道和设备，都视为按管道（即圆筒面）计算；DN＞1000mm 的管道可视为按设备（即平壁面）计算。

(2) 计算原则无特别工艺要求时，保温厚度应以"经济厚度"的方法计算厚度。当经济厚度偏小、以致放热损失超过最大允许热损失量标准时，应用最大允许热损失量下的厚度进行校核。而经济厚度太厚以致影响安装及管架费用剧增时，保温厚度可取此两者中间某一值。

(3) 防止烫伤的保温层厚度，按表面温度法计算。保温层外表面不得超过 60℃。保冷厚度计算用保证不结露下的"允许热（冷）损失下"绝热厚度计算。

3.2.2.2　保温层厚度计算

(1) 经济厚度计算

保温层经济厚度是指设备、管道采用保温结构后，年热损失值与保温工程投资费的年分摊率价值之和为最小值时的保温厚度。

① 外径 $D_o \leqslant 1000\text{mm}$ 的管道、圆筒型设备可按管道绝热层厚度计算经济厚度 δ，详见式 (3.2-12)。保冷计算时，式 (3.2-12) 中的 $(T_o - T_a)$ 改用为 $(T_a - T_d)$。保冷经济厚度必须用防结露厚度校核。

$$\left.\begin{array}{c} D_1 \ln\dfrac{D_1}{D_o} = 3.795 \times 10^{-3} \sqrt{\dfrac{P_R \lambda t (T_o - T_a)}{P_T S} - \dfrac{2\lambda}{\alpha_s}} \\[4mm] \delta = \dfrac{1}{2}(D_1 - D_o) \end{array}\right\} \tag{3.2-12}$$

式中 D_o ——管道或设备外径，m；

　　　D_1 ——绝热层外径，m；

　　　P_R ——能价，元/GJ，保温中，$P_R = P_H$，P_H 称"热价"；保冷中，$P_R = P_C$，P_C 称为"冷价"；

　　　P_T ——绝热结构单位造价，元/m³；

　　　λ ——绝热材料在平均温度下的热导率，W/(m·℃)；

　　　α_s ——绝热层（最）外表面周围空气的放热系数，W/(m²·℃)；

　　　t ——年运行时间，h，（常年运行的按8000h计，其余按实际情况计算）；

　　　T_o ——管道或设备的外表面温度，金属设备和管道外表温度，在无衬里时取介质的正常运行温度；保冷时取介质的最低操作温度；当要求用热介质吹扫管道时，取吹扫介质的最高温度，℃；

　　　T_a ——环境温度，室外保温，取 T_a 为历年的年平均值的平均值；室内保温，取 $T_a = 20℃$；地沟保温，外表温度为80℃时，取 $T_a = 20℃$，为81～110℃时取 $T_a = 30℃$，大于110℃时取 $T_a = 40℃$；

　　　S ——绝热投资年分摊率，$S = \dfrac{i(1+i)^n}{(1+i)^n - 1}$，%；

　　　i ——年利率（复利率），%；

　　　n ——计息年数，年；

　　　δ ——绝热层厚度，m。

求出 $D_1 \ln\dfrac{D_1}{D_o}$ 值后，查表 3.2-3 可得经济厚度 δ。

表 3.2-3 绝热层厚度 δ 速查表　　　　　　　　　　　单位：mm

$D_1\ln\dfrac{D_1}{D_o}$	D_o/mm											
	18	25	32	38	45	67	76	89	108	133	169	219
0	0	0	0	0	0	0	0	0	0	0	0	0
0.05	16	17	18	18	19	19	20	21	21	22	22	23
0.1	27	29	31	32	33	35	36	37	39	40	41	43
0.2	40	50	53	55	57	60	64	68	68	71	73	77
0.3	63	68	72	75	78	82	88	91	94	99	102	108
0.4	79	85	90	93	97	103	109	113	118	124	128	137
0.5	94	101	107	111	115	122	130	135	141	147	153	164
0.6	108	116	123	128	133	140	150	155	162	170	177	189
0.7	122	131	138	144	150	158	169	175	183	192	199	214
0.8	135	145	153	160	168	176	187	194	203	212	221	237
0.9	148	159	168	175	182	192	205	212	222	233	242	260
1.0	161	173	183	190	197	208	222	230	241	262	263	283
1.1	174	186	197	204	212	224	239	248	259	272	283	304
1.2	180	199	210	219	227	239	256	265	277	291	303	325
1.3	198	212	224	233	241	255	272	282	295	309	322	346
1.4	210	225	237	248	258	270	289	298	312	327	341	367
1.5	222	238	251	260	270	284	304	315	329	346	359	387
1.6	234	250	264	274	284	299	319	331	346	363	378	407
1.7	245	262	277	287	298	314	334	347	362	380	396	426
1.8	257	275	289	300	311	328	350	362	379	397	414	446
1.9	268	287	302	313	325	342	365	378	396	414	431	464
2.0	279	299	314	326	338	358	379	393	411	431	449	480

续表

$D_1\ln\dfrac{D_1}{D_o}$	D_o/mm												
	273	325	377	426	480	530	630	720	820	920	1020	2020	平壁
0	0	0	0	0	0	0	0	0	0	0	0	0	0
0.05	23	23	24	24	24	24	24	24	24	24	24	25	25
0.1	44	44	43	45	46	46	47	47	47	48	48	49	50
0.2	80	82	84	85	86	87	89	90	91	91	92	98	100
0.3	113	116	119	121	123	124	127	129	131	138	134	141	150
0.4	143	147	151	154	157	159	163	166	169	171	173	184	200
0.5	171	177	182	186	190	193	198	202	205	209	211	226	250
0.6	198	205	211	216	220	224	231	236	240	244	248	267	300
0.7	224	232	239	245	250	255	262	268	274	279	283	307	350
0.8	249	258	266	273	279	284	293	300	307	312	317	346	400
0.9	273	283	292	300	307	313	323	331	338	345	350	385	450
1.0	297	308	318	326	334	340	352	361	389	376	383	422	500
1.1	319	332	343	351	360	367	380	390	399	407	415	459	550
1.2	342	355	367	376	386	394	408	418	429	438	446	495	600
1.3	364	378	391	401	411	420	435	446	457	467	476	530	650
1.4	385	401	414	425	436	445	461	474	486	496	506	565	700
1.5	407	423	437	449	460	470	487	501	514	525	535	600	750
1.6	427	445	459	472	484	495	513	527	574	553	564	633	800
1.7	448	466	482	495	508	519	538	553	568	581	593	667	850
1.8	468	487	504	517	531	543	563	579	594	608	621	700	900
1.9	488	508	525	540	554	566	588	604	621	635	648	732	950
2.0	508	528	546	562	577	599	612	629	646	662	676	764	1000

注：D_o 为裸管外径，mm；D_1 为绝热层外径，mm；δ 为绝热层厚度，mm。

② 设备绝热层经济厚度按式（3.2-13）计算

$$\delta=1.8975\times10^{-3}\sqrt{\frac{P_H\lambda t(T_o-T_a)}{P_T S}}-\frac{\lambda}{\alpha_s} \tag{3.2-13}$$

式中各符号意义及有关说明和式（3.2-12）相同。

（2）允许热（冷）损失下的保温厚度计算

① 管道单层绝热层厚度

a. 按允许热（冷）损失量计算

$$\left.\begin{aligned}
D_1\ln\frac{D_1}{D_o}&=2\lambda\left(\frac{T_o-T_a}{[Q]}\right)-\frac{1}{\alpha_s}\\
\delta&=\frac{1}{2}(D_1-D_o)（保温时）\\
\delta&=\frac{\chi}{2}(D_1-D_o)（保冷时）
\end{aligned}\right\} \tag{3.2-14}$$

式中　χ——修正值，取 $\chi=1.1\sim1.4$；

$[Q]$——绝热层外表面单位面积的最大允许热（冷）损失量，W/m²。

保温时按表 3.4-12 取 $[Q]$ 值；保冷时，最大允许冷损失量分不同情况，按下列两式分别计算 $[Q]$：

当 $T_a-T_d\leqslant4.5$ 时，$[Q]=-(T_a-T_d)\alpha_s$

当 $T_a-T_d\geqslant4.5$ 时，$[Q]=-4.5\alpha_s$

式中　T_d——当地气象条件下（最热月的）的露点温度，℃；

其余符号意义同前。

b. 按每米管道长度的允许热（冷）损失量计算厚度

$$\left.\begin{aligned}
\ln\frac{D_1}{D_o}&=\frac{2\pi\lambda(T_o-T_a)}{[q]}-\frac{2\lambda}{D_1\alpha_s}\\
\delta&=\frac{1}{2}(D_1-D_o)　（保温时）\\
\delta&=\frac{1.1}{2}(D_1-D_o)　（保冷时）
\end{aligned}\right\} \tag{3.2-15}$$

式中 $[q]$——每米管道长度的最大允许放热损失量，其值以工艺计算为准，保温时，$[q]$ 为"＋"值，保冷时，$[q]$ 为"－"值，W/m；

其余符号意义同前。

手算时，可先设 $\dfrac{2\lambda}{D_1\alpha_s}=0$，代入式 (3.2-15) 求出 D_1 的初始值。再将初始 D_1 代入式 (3.2-15)，用逐次逼近法计算 1～2 次，即可得 D_1 精确值。

② 管道双层绝热层厚度计算

a. 按允许热（冷）损失量的规定值计算

绝热层总厚 δ，外层绝热层外径 D_2，双层绝热层总厚度 δ 计算中，应使外层绝热层外径 D_2 满足式 (3.2-16) 的要求：

$$\left.\begin{array}{l} D_2\ln\dfrac{D_2}{D_o}=2\left[\dfrac{\lambda_1(T_o-T_1)+\lambda_2(T_1-T_2)}{[Q]}-\dfrac{\lambda_2}{\alpha_s}\right] \\[3mm] \delta=\dfrac{1}{2}(D_2-D_o)\quad（保温时） \\[3mm] \delta=\dfrac{\chi}{2}(D_2-D_o)\quad（保冷时） \end{array}\right\} \qquad (3.2\text{-}16)$$

内层厚度 δ_1 计算中，应使内层绝热层外径 D_1 满足式 (3.2-17) 的要求。

$$\left.\begin{array}{l} \ln\dfrac{D_1}{D_o}=\dfrac{2\lambda_1}{D_2}\times\dfrac{T_o-T_1}{[Q]} \\[3mm] \delta=\dfrac{1}{2}(D_1-D_o)\quad（保温时） \\[3mm] \delta=\dfrac{\chi}{2}(D_1-D_o)\quad（保冷时） \end{array}\right\} \qquad (3.2\text{-}17)$$

式中 T_1——内层绝热层外表面温度，要求 $T_1<0.9[T_2]$，其正负号与 $[T_2]$ 的符号一致；

$[T_2]$——外层绝热材料的允许使用温度，℃；

T_2——外层绝热层外表面温度，℃；

λ_1——内层绝热材料热导率，W/(m·℃)；

λ_2——外层绝热材料热导率，W/(m·℃)；

$[Q]$ 的取值与式 (3.2-14) 相同。

b. 按每米管道长度的允许热、冷损失量计算厚度

双层总厚度 δ 计算中，应使外层绝热层外径 D_2 满足式 (3.2-18) 的要求。

$$\left.\begin{array}{l} \ln\dfrac{D_2}{D_o}=\dfrac{2\pi[\lambda_1(T_o-T_1)+\lambda_2(T_1-T_2)]}{[q]}-\dfrac{2\lambda_2}{D_2\alpha_s} \\[3mm] \delta=\dfrac{1}{2}(D_2-D_o)\quad（保温时） \\[3mm] \delta=\dfrac{\chi}{2}(D_2-D_o)\quad（保冷时） \end{array}\right\} \qquad (3.2\text{-}18)$$

上式中 $[q]$ 的取值与式 (3.2-15) 相同。

内层厚度 δ_1 计算中，应使内层绝热层的外径 D_1 满足式 (3.2-19) 的要求。

$$\left.\begin{array}{l} \ln\dfrac{D_1}{D_o}=2\pi\lambda_1\dfrac{T_o-T_1}{[q]} \\[3mm] \delta_2=\dfrac{1}{2}(D_2-D_1)（保温时） \\[3mm] \delta_2=\dfrac{\chi}{2}(D_2-D_1)（保冷时） \end{array}\right\} \qquad (3.2\text{-}19)$$

上式中 $[q]$ 的取值与式 (3.2-15) 相同。

③ 平面型单层绝热层，在最大允许热（冷）损失下，绝热层厚度应按式 (3.2-20) 计算。

$$\delta=\lambda\left(\dfrac{T_o-T_a}{[Q]}-\dfrac{1}{\alpha_s}\right) \qquad (3.2\text{-}20)$$

④ 平面型异材双层绝热层在最大允许热、冷损失下，绝热层厚度应按式 (3.2-21)、式 (3.2-22) 计算。

a. 内层厚度 δ_1：
$$\delta_1=\dfrac{\lambda_1(T_o-T_1)}{[Q]} \qquad (3.2\text{-}21)$$

b. 外层厚度 δ_2：
$$\delta_2 = \lambda_2 \left(\frac{T_o - T_a}{[Q]} - \frac{1}{\alpha_s} \right) \tag{3.2-22}$$

上式中 $[Q]$ 的取值与式 (3.2-14) 相同

(3) 防结露, 防烫伤厚度计算

① 圆筒型设备防止单层绝热层外表面结露的绝热层厚度计算中, 应使绝热层外径 D_1 满足式 (3.2-23) 的要求。

$$\left. \begin{array}{l} D_1 \ln \dfrac{D_1}{D_o} = \dfrac{2\lambda}{\alpha_s} \times \dfrac{T_d - T_o}{T_a - T_d} \\[3mm] \delta = \dfrac{\chi}{2}(D_1 - D_o) \end{array} \right\} \tag{3.2-23}$$

② 圆筒型设备防止异材双层结露绝热层厚度计算中, 应使绝热外径 D_2 满足如下要求。

a. 双绝热层总厚度 δ 的计算中, 应使外层绝热层外径 D_2 满足式 (3.2-24) 的要求。

$$D_2 \ln \frac{D_2}{D_o} = \frac{2}{\alpha_s} \times \frac{\lambda_1(T_1 - T_o) + \lambda_2(T_d - T_1)}{(T_a - T_d)} \tag{3.2-24}$$

b. 内层厚度 δ_1 的计算中, 应使内层绝热层外径 D_1 满足式 (3.2-25) 的要求。

$$\ln \frac{D_1}{D_o} = \frac{2\lambda_1}{D_2 \alpha_s} \times \frac{T_1 - T_o}{T_a - T_d} \tag{3.2-25}$$

c. 外层厚度 δ_2 的计算中, 应使内层绝热层外径 D_1 满足式 (3.2-26) 的要求。

$$\ln \frac{D_2}{D_1} = \frac{2\lambda_2}{D_2 \alpha_s} \times \frac{T_d - T_1}{T_a - T_d} \tag{3.2-26}$$

式中 T_d——当地气象条件下, 最热月份的露点温度, T_d 的取值可由表 3.4-8 查得, ℃。

③ 平面型设备单层防结露保冷层厚度, 应按式 (3.2-27) 计算。

$$\delta = \frac{K\lambda}{\alpha_s} \times \frac{T_d - T_o}{T_a - T_d} \tag{3.2-27}$$

④ 平面型设备异材双层防结露绝热层厚度, 应按如下要求计算。

a. 内层厚度 δ_1, 应按式 (3.2-28) 计算

$$\delta_1 = \frac{K\lambda_1}{\alpha_s} \times \frac{T_1 - T_o}{T_a - T_d} \tag{3.2-28}$$

b. 外层厚度 δ_2, 应按式 (3.2-29) 计算

$$\delta_2 = \frac{K\lambda_2}{\alpha_s} \times \frac{T_d - T_1}{T_a - T_d} \tag{3.2-29}$$

上式中, 界面温度 T_1 取值为第 2 层保冷材料安全使用温度 $[T_2]$ 的 0.9 倍。

⑤ 圆筒型设备防止人身烫伤的绝热层厚度计算中, 绝热层外径 D_1 应满足式 (3.2-30) 的要求。

$$D_1 \ln \frac{D_1}{D_o} = \frac{2\lambda}{\alpha_s} \times \frac{T_o - T_s}{T_s - T_a}$$

$$\delta = \frac{1}{2}(D_1 - D_o) \tag{3.2-30}$$

式中 T_s——绝热层外表面温度, 取 $T_s = 60℃$。

⑥ 平面型设备防烫伤绝热层厚度, 按式 (3.2-31) 计算。

$$\delta = \frac{\lambda}{\alpha_s} \times \frac{T_o - T_1}{T_s - T_a} \tag{3.2-31}$$

式中 $T_s = 60℃$。

(4) 延迟管道内介质冻结的保温厚度计算

延迟管道内介质冻结、凝固、结晶的保温厚度计算中, 绝热层外径 D_1 应满足式 (3.2-32) 的要求。

$$\left. \begin{array}{l} \ln \dfrac{D_1}{D_o} = \dfrac{7200 K_r \pi \lambda \left(\dfrac{T_o + T_{fr}}{2} - T_a \right) t_{fr}}{(T_o - T_{fr})(V\rho C + V_P \rho_P C_P)} - \dfrac{2\lambda}{D_1 \alpha_s} \\[5mm] \delta = \dfrac{1}{2}(D_1 - D_o) \end{array} \right\} \tag{3.2-32}$$

式中 K_r——管件及管道支吊架附加热损失系数, $K_r = 1.1 \sim 1.2$ (大管取值下限, 反之取值上限);

T_{fr}——介质凝固点, ℃;

T_a——环境温度, 室外管道应取冬季极端平均最低温度, ℃;

t_{fr}——介质在管道内不出现冻结的停留时间，h；

α_{s}——冬季最多风向平均风速下的放热系数，按式（3.2-10）计算；

V，V_{P}——介质体积和管壁体积，m^3；

ρ，ρ_{P}——介质密度和管壁密度，kg/m^3；

C，C_{P}——介质和管道壁材料的比热容，J/(kg·℃)。

其余符号意义同前。

（5）给定液体管道允许温度降时保温厚度计算

① 对于无分支（无结点）液体管道，在给定允许温度降条件下的保温厚度计算中，应使绝热层外径 D_1，满足式（3.2-33）的要求。

$$\ln \frac{D_1}{D_0} = \frac{8\lambda L_{\mathrm{AB}} K_{\mathrm{r}}}{D^2 \omega \rho C \ln \dfrac{T_{\mathrm{A}} - T_{\mathrm{a}}}{T_{\mathrm{B}} - T_{\mathrm{a}}}} \times \frac{2\lambda}{D_1 \alpha_{\mathrm{s}}} \tag{3.2-33}$$

式中　D——管道内径，m；

ω——介质流速，m/s；

T_{A}——介质在（上游）A 点处的温度，℃；

T_{B}——介质在（下游）B 点处的温度，℃；

L_{AB}——A、B 两点间管道实际长度，m；

T_{a}、α_{s}、K_{r} 的取值应符合式（3.2-32）规定。

② 对于有分支（有结点）的液体管道，在干管管径及干管首末绝热层厚度相等情况下。应先按下式计算出干管各结点处的介质温度，然后再将各结点处的介质温度作为各分支管道介质起点 T_{A}，按式（3.2-33）计算各支管保温层外径。干管各结点处温度应按式（3.2-34）计算。

$$T_{\mathrm{C}} = T_{\mathrm{C}-1} - (T_i - T_n) \frac{\dfrac{L_{(\mathrm{C}-1) \to \mathrm{C}}}{q_{\mathrm{m}(\mathrm{C}-1) \to \mathrm{C}}}}{\displaystyle\sum_{i=2}^{n} \dfrac{L_{(i-1) \to i}}{q_{\mathrm{m}(i-1) \to i}}} \tag{3.2-34}$$

$$q_{\mathrm{m}i} = 2827.4 D_i^2 \omega_i \rho \tag{3.2-35}$$

式中　T_{C}，$T_{\mathrm{C}-1}$——结点 C 与前一结点 C-1 处的温度，℃；

T_i——管道起点的温度，℃；

T_n——管道终点的温度，℃；

$L_{(\mathrm{C}-1) \to \mathrm{C}}$——结点 C 与前一结点 C-1 之间的管段长度，m；

$L_{(i-1) \to i}$——任意点 i 与前一结点 $i-1$ 之间的管段长度，m；

$q_{\mathrm{m}i}$——任意点 i 处管内介质质量流量，$q_{\mathrm{m}i}$ 按（3.2-35）公式计算，kg/h；

$q_{\mathrm{m}(\mathrm{C}-1) \to \mathrm{C}}$——C-1 与 C 两点之间管道介质质量流量，kg/h；

$q_{\mathrm{m}(i-1) \to i}$——任意点 i 与前一结点 $i-1$ 之间介质质量流量，kg/h；

D_i——任意点 i 处的管道内径，m；

ω_i——任意点 i 处的管内介质流速，m/s；

ρ——介质密度，kg/m^3。

3.2.2.3　热（冷）损失量计算

（1）最大允许热损失量

应符合表 3.4-12 的要求。

（2）最大允许冷损失量 $[Q]$ 计算

① 当 $T_{\mathrm{a}} - T_{\mathrm{d}} \leqslant 4.5$ 时

$$[Q] = -(T_{\mathrm{a}} - T_{\mathrm{d}}) \alpha_{\mathrm{s}}$$

② 当 $T_{\mathrm{a}} - T_{\mathrm{d}} > 4.5$ 时

$$[Q] = -4.5 \alpha_{\mathrm{s}}$$

式中　T_{d}——当地气象条件下（最热月份）的露点温度，℃。

③ 绝热层的热、冷损失量计算

a. 圆筒型单层绝热结构的热、冷损失量计算

$$Q = \frac{T_0 - T_{\mathrm{a}}}{\dfrac{D_1}{2\lambda} \ln \dfrac{D_1}{D_0} + \dfrac{1}{\alpha_{\mathrm{s}}}} \quad (\mathrm{W/m}^2) \tag{3.2-36}$$

两种不同热损失单位之间的数值，应采用下式换算。

$$q = \pi D_1 Q \quad (\text{W/m})$$

式中　Q——以每平方米绝热层外表面积表示的热损失量，Q 为负值时为冷损失量，W/m^2；

　　　q——以每米管道长度表示的热损失量，q 为负值时为冷损失量，W/m。

b. 圆筒型异材双层绝热结构的热、冷损失量计算

$$Q = \frac{T_o - T_a}{\frac{D_2}{2\lambda_1}\ln\frac{D_1}{D_o} - \frac{D_2}{2\lambda_2}\ln\frac{D_2}{D_1} + \frac{1}{\alpha_s}} \quad (\text{W/m}^2) \tag{3.2-37}$$

两种不同热损失单位之间的数值，应采用下式换算。

$$q = \pi D_2 Q \quad (\text{W/m})$$

c. 平面型单层绝热结构的热、冷损失量计算

$$Q = \frac{T_o - T_a}{\frac{\delta}{\lambda_1} + \frac{1}{\alpha_s}} \quad (\text{W/m}^2) \tag{3.2-38}$$

d. 平面型双层绝热结构的热、冷损失量计算

$$Q = \frac{T_o - T_a}{\frac{\delta_1}{\lambda_1} + \frac{\delta_2}{\lambda_2} + \frac{1}{\alpha_s}} \quad (\text{W/m}^2) \tag{3.2-39}$$

式中符号意义和单位同前。

3.2.2.4　绝热层外表面温度计算

对 Q 以 W/m^2 计的圆筒型、平面型单、双层绝热结构，其外表面温度应按式（3.2-40）计算。

$$T_s = \frac{Q}{\alpha_s} + T_a \tag{3.2-40}$$

对 q 以 W/m 计的圆筒型单、双层绝热结构的外表面温度应按下式计算：

$$T_s = \frac{q}{\pi D_2 \alpha_s} + T_a \tag{3.2-41}$$

式中　D_2——外层绝热层的外径，m，对单层绝热结构，$D_2 = D_1$。

(1) 圆筒型异材双层绝热结构，层间界面处温度 T_1 应按式（3.2-42）校核。

$$T_1 = \frac{\lambda_1 T_o \ln\frac{D_2}{D_1} + \lambda_2 T_s \ln\frac{D_1}{D_o}}{\lambda_1 \ln\frac{D_2}{D_1} + \lambda_2 \ln\frac{D_1}{D_o}} \tag{3.2-42}$$

(2) 平面型双层异材绝热结构，层间界面处温度 T_1 应按式（3.2-43）校核。

$$T_1 = \frac{\lambda_1 T_o \delta_2 + \lambda_2 T_s \delta_1}{\lambda_1 \delta_2 + \lambda_2 \delta_1} \tag{3.2-43}$$

式中，T_s 用式（3.2-40）或式（3.2-41）求取。

对双层异材绝热结构内外层界面处的温度 T_1，应校核其外层绝热材料对温度的承受能力。当 T_1 超出外层绝热材料的安全使用温度 $[T_2]$ 的 0.9 倍，即 $T_1 > 0.9[T_2]$ 时，必须重新调整内外层厚度比。

3.2.2.5　绝热层伸缩量计算

(1) 管道或设备的线膨胀量或收缩量的计算

$$\Delta L_0 = (\alpha_L)_0 L (T_o - T_a) \times 1000 \tag{3.2-44}$$

式中　ΔL_0——管道或设备的线膨胀或收缩（为负值时）量，mm；

　　　$(\alpha_L)_0$——管道或设备的线胀系数，$℃^{-1}$；

　　　L——伸缩缝间距，m；

其余符号意义同前。

(2) 绝热材料的线膨胀量或收缩量的计算

单层绝热结构：

$$\Delta L_1 = (\alpha_L)_0 L \left(\frac{T_o - T_s}{2} - T_a\right) \times 1000 \tag{3.2-45}$$

多层绝热结构：

$$\Delta L_1 = (\alpha_L)_i L \left(\frac{T_{i-1} + T_i}{2} - T_a\right) \times 1000 \tag{3.2-46}$$

式中　ΔL_1——绝热材料的线膨胀或收缩（为负值时）量，mm；

　　　ΔL_i——第 i 层绝热材料的线膨胀或收缩量，mm；

$(\alpha_L)0$——绝热材料的线胀系数，℃^{-1}；

$(\alpha_L)i$——第 i 层绝热材料的线胀系数，℃^{-1}；

其余符号意义同前。

（3）绝热层伸缩缝的膨胀或收缩量的计算。

$$\Delta L = \Delta L_0 - \Delta L_1 \tag{3.2-47}$$

$$\Delta L = \Delta L_{i-1} - \Delta L_i \tag{3.2-48}$$

式中　ΔL——绝热层伸缩缝的扩展或压缩（为负值时）量，mm；

3.2.2.6　地下敷设管道的保温计算

地下管道有三种敷设方法，其保温计算方法要视敷设情况不同而有所区别。在通行地沟中敷设的管道，可按前述室内架空管道的保温计算方法计算；无管沟直埋敷设的管道以及在不通行地沟敷设的管道，保温计算方法如下。

（1）无管沟直埋敷设的单根管道保温计算

① 保温厚度计算

按式（3.2-49）算出 $\ln\dfrac{D_1}{D_o}$ 值后，即可按式（3.2-50）求得保温层厚度。

$$\ln\frac{D_1}{D_o} = \frac{2\pi\lambda\lambda_{so}}{(\lambda_{so}-\lambda)}\left(\frac{T_f - T_{so}}{[q]} - \frac{\ln\dfrac{4h}{D_o}}{2\pi\lambda_{so}}\right) \tag{3.2-49}$$

$$\delta = -\frac{D_o}{2}\left(\frac{D_1}{D_o} - 1\right) \quad (\text{m}) \tag{3.2-50}$$

式中　$[q]$——允许热损失，W/m；

T_f——载热介质温度，℃；

h——管道埋设深度（由地表面至管中心），m；

T_{so}——管道敷设处的土壤温度，℃；

λ_{so}——土壤的热导率（见表 3.2-4），W/(m·K)。

表 3.2-4　土壤的热导率

土壤的情况	$\lambda_{so}/[\text{W/(m·K)}]$	土壤的情况	$\lambda_{so}/[\text{W/(m·K)}]$
干土壤	0.58	较湿的土壤	1.74
不太湿的土壤	1.163	很湿的土壤	2.33

实际计算时，对于潮湿土壤，因易使保温材料受潮，故材料的热导率 λ 应乘以系数 1.5；对于较干土壤，输送介质不中断，且温度较高的情况下，保温材料的热导率可乘以系数 1.2（当确定保温层平均温度 T_m 时，保温层表面温度 $T_s = 60\sim70\text{℃}$）。

② 热损失计算

$$q = \frac{T_f - t_{so}}{R} = \frac{T_f - t_{so}}{R_1 + R_o} = \frac{T_f - t_{so}}{\dfrac{1}{2\pi\lambda}\ln\dfrac{D_1}{D_o} + \dfrac{1}{2\pi\lambda_o}\ln\dfrac{4h}{D_1}} \tag{3.2-51}$$

$$R = R_1 + R_{so} \tag{3.2-52}$$

$$R_1 = \frac{1}{2\pi\lambda}\ln\frac{D_1}{D_o} \tag{3.2-53}$$

$$R_{so} = \frac{1}{2\pi\lambda_{so}}\ln\frac{4h}{D_1} \tag{3.2-54}$$

式中　R——总热阻，(m·℃)/W；

R_1——保温层热阻，(m·℃)/W；

R_{so}——土壤热阻，(m·℃)/W。

（2）无管沟敷设的多根管道保温计算

多根埋设管道的保温计算必须考虑到管道彼此间热损失的影响。计算时的已知数据除与单根管道相同外，还须知道管间中心距（b）。现以两根埋深相同的管道为例说明计算方法。多根管及埋深不同时可以此类推。

① 保温厚度计算

a. 对第一根管道

$$\ln \frac{D_{1\,\text{I}}}{D_{\text{o}\,\text{I}}} = \frac{2\pi\lambda_{\text{so}}\lambda_{\text{I}}}{\lambda_{\text{so}}+\lambda_{\text{I}}}\left(\frac{T_{f\text{I}}-t_{\text{so}}-q_{\text{II}}R_{\text{o}}}{q_{\text{I}}}-\frac{\ln\frac{4h}{D_{o\text{I}}}}{2\pi\lambda_{\text{so}}}\right) \tag{3.2-55}$$

b. 对第二根管道

$$\ln \frac{D_{1\,\text{II}}}{D_{\text{o}\,\text{II}}} = \frac{2\pi\lambda_{\text{so}}\lambda_{\text{II}}}{\lambda_{\text{so}}+\lambda_{\text{II}}}\left(\frac{T_{f\text{II}}-t_{\text{so}}-q_{\text{I}}R_{\text{o}}}{q_{\text{II}}}-\frac{\ln\frac{4h}{D_{o\text{II}}}}{2\pi\lambda_{\text{so}}}\right) \tag{3.2-56}$$

$$R_{\text{o}} = \frac{1}{2\pi\lambda_{\text{so}}}\ln\sqrt{1+\left(\frac{2h}{b}\right)^2} \tag{3.2-57}$$

式中　R_{o}——两根管道相互同影响的当量热阻;

　　　　b——两根管道的中心距离,m;

　　角标 I、II 表示第一、第二根管道,其他符号同前。

　　按式(3.2-55)、式(3.2-56)算出 $\ln\dfrac{D_{1\text{I}}}{D_{\text{o}\text{I}}}$ 及 $\ln\dfrac{D_{1\text{II}}}{D_{\text{o}\text{II}}}$ 值后,即可由式(3.2-50)确定保温层厚度 δ_{I} 及 δ_{II}。

　　② 热损失计算(以两根埋深相同的管道为例来说明)

　　a. 第一根管道:

$$q_{\text{I}} = \frac{(T_{f\text{I}}-t_{\text{so}})(R_{\text{II}}+R_{\text{so}})-(t_{f\text{II}}-t_{\text{so}})R_{\text{o}}}{(R_{\text{I}}+R_{\text{so}})(R_{\text{II}}+R_{\text{so}})-R^2} \tag{3.2-58}$$

　　b. 第二根管道:

$$q_{\text{II}} = \frac{(T_{f\text{I}}-t_{\text{so}})(R_{\text{I}}+R_{\text{so}})-(t_{f\text{I}}-t_{\text{so}})R_{\text{o}}}{(R_{\text{I}}+R_{\text{so}})(R_{\text{II}}+R_{\text{so}})-R_{\text{o}}^2} \tag{3.2-59}$$

式中　R_{I}——第一根管道热阻,$R_{\text{I}}=\dfrac{(T_{f\text{I}}-t_{\text{so}})q_{\text{II}}R_{\text{o}}}{q_{\text{I}}}$,$(\text{m}\cdot\text{℃})/\text{W}$;

　　　　R_{II}——第二根管道热阻,$R_{\text{II}}=\dfrac{(T_{f\text{II}}-t_{\text{so}})q_{\text{I}}R_{\text{o}}}{q_{\text{II}}}$,$(\text{m}\cdot\text{℃})/\text{W}$;

　　R_{so},R_{o} 分别同式(3.2-54)、式(3.2-57)。

　　(3)不通行地沟中的单根管道保温计算

　　已知数据:允许热损失 $[Q]$,$\text{W}/(\text{m}\cdot\text{h})$;载热介质温度 T_f,℃;管道外径 D_{o},m;管沟深度 h(由土壤表面至管沟水平对称轴心的距离),m;管沟的主要尺寸(横截面尺寸),m;土壤特性(包括土壤种类、温度);管沟埋设处的土壤温度 t_{so},℃。

　　① 保温层厚度计算

$$\ln\frac{D_1}{D_{\text{o}}} = 2\pi\lambda[R-(R_{\text{o}}+R_{\text{aw}}+R_{\text{so}})] = 2\pi\lambda\left[\frac{T_f-t_{\text{so}}}{q}-\left(\frac{1}{\alpha_1\pi D_1}+\frac{1}{\alpha_{\text{aw}}\pi D_{\text{ag}}}+\frac{1}{2\pi\lambda_{\text{so}}}\ln\frac{4h}{D_{\text{ag}}}\right)\right] \tag{3.2-60}$$

$$R = R_1+R_a+R_{\text{aw}}+R_{\text{so}}$$

$$R_a = \frac{1}{\alpha_1 D_1\pi}$$

$$R_{\text{aw}} = \frac{1}{\alpha_{\text{aw}}\pi D_{\text{ag}}}$$

式中　R——总热阻,$(\text{m}\cdot\text{h}\cdot\text{℃})/\text{kcal}$;

　　　　R_s——保温层表面放热阻,$(\text{m}\cdot\text{℃})/\text{W}$;

　　　　R_{aw}——管沟内空气至管沟内壁的热阻,$(\text{m}\cdot\text{℃})/\text{W}$;

　　R_1、R_{so}——分别为保温层及土壤热阻,计算同式(3.2-51),$(\text{m}\cdot\text{℃})/\text{W}$;

　　　　α_{aw}——管沟内空气至管沟壁的给热系数,取 $\alpha_{\text{aw}}=\alpha_1=9$,$(\text{m}\cdot\text{℃})/\text{W}$;

　　　　D_{ag}——管沟的当量直径,$D_{\text{ag}}=\dfrac{4F}{u}$($F$——管沟截面积,$\text{m}^2$;$u$——截面周边长,m),m。

　　实际计算时,管沟壁的热阻(R_{aw})可略去不计。因为管沟壁材料的热导率(λ_{aw})常与土壤的热导率(λ_{so})相同,所以大多数情况下就采用土壤的热导率值。

　　计算求得 $\ln\dfrac{D_1}{D_{\text{o}}}$ 值后,即可由式(3.2-50)确定保温层厚度 δ_0。

　　保温材料在管沟中可能受潮,实际计算时,保温材料的热导率应乘以系数 1.25。如土壤较干燥,输送介质温度高且不中断，保温材料热导率可乘以系数 1.1。计算平均温度下的热导率 λ 值时，$t_{\mathrm{cp}}=\frac{1}{2}(t_{\mathrm{f}}+t_{\mathrm{s}})$ 可近似取为 t_{s}，约为 $60\sim70\text{℃}$。

② 热损失计算

$$q=\frac{T_{\mathrm{f}}-t_{\mathrm{so}}}{R_1+R_{\mathrm{so}}+R_{\mathrm{aw}}+R_{\mathrm{so}}} \tag{3.2-61}$$

③ 管沟内空气温度 t_{aw} 计算

$$t_{\mathrm{aw}}=t_{\mathrm{so}}+K_{\mathrm{q}}(R_{\mathrm{aw}}+R_{\mathrm{so}}) \tag{3.2-62}$$

或

$$t_{\mathrm{aw}}=t_{\mathrm{so}}+\frac{K(T_{\mathrm{f}}-t_{\mathrm{so}})(R_{\mathrm{aw}}+R_{\mathrm{so}})}{R_1+R_{\mathrm{s}}+R_{\mathrm{aw}}+R_{\mathrm{so}}} \tag{3.2-63}$$

式中，K 为支吊架的热损失校正系数。

（4）不通行地沟中敷设两根管道的保温计算（多根管道类推）

① 管沟中空气温度 t_{aw} 计算

$$t_{\mathrm{aw}}=t_{\mathrm{so}}+K_{\mathrm{q}}(q_{\mathrm{I}}+q_{\mathrm{II}})(R_{\mathrm{aw}}+R_{\mathrm{so}}) \quad(\text{℃}) \tag{3.2-64}$$

式中，q_{I}、q_{II} 为第一、第二根管道的允许热损失

管沟中空气温度也可按式（3.2-65）计算。

$$t_{\mathrm{aw}}=\frac{\dfrac{T_{\mathrm{fI}}}{R_{1\mathrm{I}}+R_{\mathrm{sI}}}+\dfrac{T_{\mathrm{fII}}}{R_{1\mathrm{II}}+R_{\mathrm{sII}}}+\dfrac{T_{\mathrm{so}}}{K(R_{\mathrm{aw}}+R_{\mathrm{so}})}}{\dfrac{1}{R_{1\mathrm{I}}+R_{\mathrm{sI}}}+\dfrac{1}{R_{1\mathrm{II}}+R_{\mathrm{sII}}}+\dfrac{1}{K(R_{\mathrm{aw}}+R_{\mathrm{so}})}} \tag{3.2-65}$$

② 保温层厚度计算

a. 第一根管道

$$\ln\frac{D_{1\mathrm{I}}}{D_{\mathrm{oI}}}=2\pi\lambda_{\mathrm{I}}\left(\frac{T_{\mathrm{fI}}-t_{\mathrm{aw}}}{q_{\mathrm{I}}}-R_{\mathrm{sI}}\right)=2\pi\lambda\left(\frac{T_{\mathrm{fI}}-t_{\mathrm{aw}}}{q_{\mathrm{I}}}-\frac{1}{\alpha_1\pi D_{1\mathrm{I}}}\right) \tag{3.2-66}$$

b. 第二根管道

$$\ln\frac{D_{1\mathrm{II}}}{D_{\mathrm{oII}}}=2\pi\lambda_{\mathrm{II}}\left(\frac{T_{\mathrm{fII}}-t_{\mathrm{aw}}}{q_{\mathrm{II}}}-R_{\mathrm{sII}}\right)=2\pi\lambda\left(\frac{T_{\mathrm{fII}}-t_{\mathrm{aw}}}{q_{\mathrm{II}}}-\frac{1}{\alpha_1\pi D_{1\mathrm{II}}}\right) \tag{3.2-67}$$

R_{sI}、R_{sII} 可按表 3.4-9 取值，由式（3.2-66）、式（3.2-67）算出 $\ln\dfrac{D_{1\mathrm{I}}}{D_{\mathrm{oI}}}$ 及 $\ln\dfrac{D_{1\mathrm{II}}}{D_{\mathrm{oII}}}$ 值后，可由式（3.2-50）确定保温层厚度。

③ 热损失计算

由式（3.2-64），式（3.2-65）即可求得。

a. 第一根管道的热损失：　　$q_{\mathrm{I}}=\dfrac{T_{\mathrm{fI}}-t_{\mathrm{aw}}}{R_{1\mathrm{I}}+R_{\mathrm{sI}}}$　　$\mathrm{kcal/(m\cdot h)}$ \hfill(3.2-68)

b. 第二根管道的热损失：　　$q_{\mathrm{II}}=\dfrac{T_{\mathrm{fII}}-t_{\mathrm{aw}}}{R_{1\mathrm{II}}+R_{\mathrm{sII}}}$　　$\mathrm{kcal/(m\cdot h)}$ \hfill(3.2-69)

无管沟敷设管道或在不通行管沟敷设管道的保温计算公式（3.2-58）～式（3.2-69）仅适用于埋设较深的场合，即对无管沟敷设管道 $\dfrac{h}{D_{\mathrm{o}}}>2.5$；不通行管沟敷设管道 $\dfrac{h}{D_{\mathrm{ag}}}>2.5$。当埋设较浅时，即 $\dfrac{h}{D_{\mathrm{o}}}$ 或 $\dfrac{h}{D_{\mathrm{ag}}}<2.5$ 的情况下，式中 R_{so} 应按式（3.2-70）确定。

$$R_{\mathrm{so}}=\frac{1}{2\pi\lambda_{\mathrm{so}}}\ln\frac{2h_{\mathrm{m}}+\sqrt{4h_{\mathrm{m}}^2+D_{\mathrm{ag}}^2}}{D_{\mathrm{ag}}} \tag{3.2-70}$$

$$h_{\mathrm{m}}=h+\frac{\lambda_{\mathrm{so}}}{\alpha_{\mathrm{so}}} \tag{3.2-71}$$

式中　h_{m}——埋没深度计算值，m；

　　　h——管中心距地表面距离，m；

　　　λ_{so}——土壤的热导率，取 $\lambda_{\mathrm{so}}=1\sim2$，$\mathrm{W/(m\cdot ℃)}$；

　　　α_{so}——由土壤表面至周围空气的给热系数，一般取 $20\sim30$。

3.2.3　蒸汽伴管的加热计算

3.2.3.1　蒸汽伴管加热

为了防止易凝结物质在管道输送过程中产生凝固或黏度增大，可采用蒸汽伴管加热，以维持被加热物料的

原有温度。蒸汽伴管常以 0.3～1.0MPa 的饱和蒸汽作为加热介质，伴管直径一般为 15～76mm，但常用 18～25mm。

输送凝固点低于 50℃的物料，可采用压力为 0.3MPa 的蒸汽伴管保温。输送凝固点高于 50℃的物料，可采用压力为 0.3～1.0MPa 的单根或多根伴管保温。输送凝固点等于或高于 150℃的物料，应采用蒸汽夹套管加热。夹套管保温层厚度的计算，按夹套中蒸汽温度进行。

带蒸汽伴管的物料管道，常采面软质保温材料，将其一并包裹保温，如超细玻璃棉毡、矿渣棉席等。为提高加热效果，在伴管与物料管间应形成加热空间，使热空气易于产生对流传热。设计中采用铁丝网作骨架，使之构成加热空间。物料管的管壁与热空气接触面小于 180°的称为"自然加热角"，等于 180°的称为"半加热角"（图 3.2-3），管道的管壁完全被热空气包围的称为"全加热"。考虑安装方便和节约材料，通常采用前两种加热

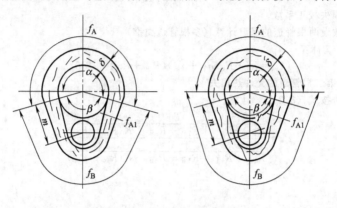

(a) 蒸汽伴管紧靠被加热管安装

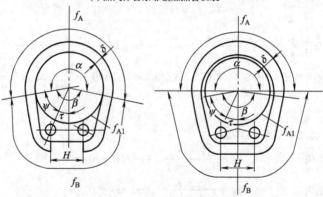

(b) 蒸汽伴管与被加热管位于同一切线上

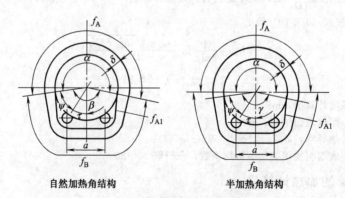

自然加热角结构　　　　　　　半加热角结构

(c) 蒸汽伴管紧靠被加热管安装

图 3.2-3　自然加热角和半加热角结构

方法，当介质温度不高（50～80℃）时，可采用"自然加热角"方式保温。温度较高时，最好采用"半加热角"结构，必要时，采用"全加热"或夹套管加热保温。

当输送物料为腐蚀性介质，或热敏性强、易分解的介质，不允许将伴热管紧贴于物料管管壁，应在伴管上焊一隔离板或在物料管和伴热管之间衬垫一绝热片。

3.2.3.2　蒸汽伴管的保温计算

（1）对于自然加热角结构

$$\ln\frac{D_1}{D_o}=2\pi\lambda\left[\frac{\alpha(T_f-T_a)\times1.25}{\beta\alpha_{Af}\pi D_o(T_{ca}-T_f)}-\frac{1}{\pi D_1\alpha_f}\right] \tag{3.2-72}$$

式中　α——管壁被保温层包裹的角度，（°）；

　　　β——管壁与热空气接触部分的角度，（°）；

　　　α_{Af}——保温结构内热空气至被加热管的给热系数；

　　　T_{ca}——保温结构内热空气温度，℃；

　　1.25——支吊架热损失校正系数。

实际计算时，式中 $\dfrac{1}{\pi D_1\alpha_o}$ 项可以省略不计。

（2）对于半加热角结构，（$\alpha=\beta=180°$）

$$\ln\frac{D_1}{D_o}=2\pi\lambda\left[\frac{(T_f-T_a)\times1.25}{\alpha_{Af}\pi D_o(T_{ca}-T_f)}-\frac{1}{\pi D_1\alpha_f}\right] \tag{3.2-73}$$

令式（3.2-72）、式（3.2-73）中的 $\dfrac{1}{\pi D\alpha_f}$ 等于 R_{so}，R_s 的近似值可查表 3.4-9。

$$t_{cp}=\frac{f_{st}\alpha_{st}t_{st}+f_{A1}\alpha_{A1}t_f+1.25\left(\dfrac{f_B}{\dfrac{1}{\alpha_B}+\dfrac{\delta}{\lambda}+\dfrac{1}{\alpha_1}}\right)^{t_a}}{f_{st}\alpha_{st}+f_{A1}\alpha_{A1}+1.25\left(\dfrac{f_B}{\dfrac{1}{\alpha_B}+\dfrac{\delta}{\lambda}+\dfrac{1}{\alpha_1}}\right)} \tag{3.2-74}$$

式中　f_{st}——每一直线米蒸汽伴管的表面积，m^2/m；

　　　f_{A1}——每一直线米被加热管的受热表面积，m^2/m；

　　　f_B——每一直线米被加热管保温层覆盖后的剩余保温面积，m^2/m；

　　　α_{st}——蒸汽伴管至保温层内空气的给热系数，$W/(m^2\cdot℃)$；

　　　α_B——保温层内空气至保温层的给热系数，取 $\alpha_B=121W/(m^2\cdot℃)$；

　　　α_{A1}——保温层内空气至被加热管的给热系数，$W/(m^2\cdot℃)$；

　　　t_{st}——伴管内蒸汽的温度，℃。

给热系数见表 3.2-5。

表 3.2-5　给热系数　　　　　单位：$W\cdot m^{-2}\cdot ℃^{-1}$

蒸汽温度 $t_{st}/℃$	α_{st}				α_{A1}
	伴管直径 d_{st}/mm				
	25	32	48	57	
138	19.8	19.1	18.4	18.0	13.4
151	20.8	20.4	19.5	19.1	14.0
164	22.1	21.5	20.6	20.4	14.5

角度 α、β、γ、ϕ 及 τ 的计算公式见表 3.2-6。

表 3.2-6　角度 α、β、γ、ϕ 和 τ 的计算公式

伴管数	伴管的位置	加热角结构	β	α	γ	τ	ϕ
单伴管	伴管紧靠被加热管安装[图3.2-3(a)]	自然加热角	$\cos\dfrac{\beta}{2}=\dfrac{D_o-d_{st}-0.02}{D_o+d_{st}}$	$\alpha=360°-\beta$	$\gamma=\beta$	—	—
		半加热角	$\beta=180°$	$\alpha=180°$	$\cos\dfrac{\gamma}{2}=\dfrac{D_o-d_{st}}{D_o+d_{st}}$	—	—

伴管数	伴管的位置	加热角结构	β	α	γ	τ	ϕ
双伴管	伴管与被加热管位于同一切线上［图3.2-3(b)］，伴管中心距 $H=D_0/2$，m	自然加热角	$\beta=2(\phi-\tau)$	$\alpha=360°-\beta$	$\gamma=\beta$	$\tan\tau=\dfrac{D_0}{2(D_0+d_{st})}$	$\tan\phi=\dfrac{\sqrt{D^2+16(D_0-0.01)(d_{st}+0.01)}}{2(D_0-d_{st}-0.02)}$
		半加热角	$\beta=180°$	$\alpha=180°$	$\gamma=2(\phi+\tau)$	$\tan\tau=\dfrac{D_0}{2(D_0+d_{st})}$	$\tan\phi=\dfrac{\sqrt{D_0^2+16D_0d_{st}}}{2(D_0-d_{st})}$
	伴管紧靠被加热管安装［图3.2-3(c)］，伴管中心距 a，m	自然加热角	$\beta=2(\phi+\tau)$	$\alpha=360°-\beta$	$\gamma=\beta$	$\sin\tau=\dfrac{a}{D_0+d_{st}}$	$\cos\phi=\dfrac{D_0-d_{st}-0.02}{D_0+d_{st}}$
		半加热角	$\beta=180°$	$\alpha=180°$	$\gamma=2(\phi+\tau)$	$\sin\tau=\dfrac{a}{D_0+d_{st}}$	$\cos\phi=\dfrac{D_0-d_{st}}{D_0+d_{st}}$

注：d_{st}—伴热管外径，mm。

m、f_{st}、f_{A1} 及 f_B 的计算公式见表3.2-7。

表 3.2-7　m、f_{st}、f_{A1} 和 f_B 的计算公式

伴管数	伴管的位置	加热角结构	m /m²·m⁻¹	F_{st} /m²·m⁻¹	f_{A1} /m²·m⁻¹	f_B /m²·m⁻¹
单伴管	伴管紧靠被加热管安装［图3.2-3(a)］	自然加热角	$\sqrt{(D_0-0.01)(d_{st}+0.01)}$	πd_{st}	$\dfrac{\beta}{360}\pi D_0$	$\dfrac{\beta}{360}\pi(d_{st}+2\delta+0.02)+2m$
		半加热角	$\sqrt{D_0 d_{st}}$	πd_{st}	$\dfrac{\pi D_0}{2}$	$\dfrac{\gamma}{360}\pi(d_{st}+2\delta+0.02)+2m+$ $\dfrac{180-\gamma}{360}\pi(D_0+2\delta+0.02)$
双伴管	伴管与被加热管位于同一切线上［图3.2-3(b)］，伴管中心距 $H=D_0/2$，m	自然加热角	$\dfrac{\sqrt{D_0^2+16(D_0-0.01)(d_{st}+0.01)}}{4}$	$2\pi d_{st}$	$\dfrac{\beta}{360}\pi D_0$	$\dfrac{\beta}{360}\pi(d_{st}+2\delta+0.02)+\dfrac{D_0}{2}+2m$
		半加热角	$\dfrac{\sqrt{D_0^2+16D_0d_{st}}}{4}$	$2\pi d_{st}$	$\dfrac{\pi D_0}{2}$	$\dfrac{\gamma}{360}\pi(d_{st}+2\delta+0.02)+\dfrac{D_0}{2}+2m+$ $\dfrac{180-\gamma}{360}\pi(D_0+2\delta+0.02)$
	伴管紧靠被加热管安装［图3.2-3(c)］，伴管中心距 a，m	自然加热角	$\sqrt{(D_0-0.01)(d_{st}+0.01)}$	$2\pi d_{st}$	$\dfrac{\beta}{360}\pi D_0$	$\dfrac{\beta}{360}\pi(d_{st}+2\delta+0.02)+a+2m$
		半加热角	$\sqrt{D_0 d_{st}}$	$2\pi d_{st}$	$\dfrac{\pi D_0}{2}$	$\dfrac{\gamma}{360}\pi(d_{st}+2\delta+0.02)+a+2m+$ $\dfrac{180-\gamma}{360}\pi(D_0+2\delta+0.02)$

按式（3.2-72）或式（3.2-72）算出 $\ln\dfrac{D_1}{D_0}$ 值后，即可由式（3.2-50）确定 δ。

3.2.4　非圆形管道的保温计算

非圆形管道和设备的保温计算，可按圆形管道和设备的保温计算公式计算，但须将非圆形管道与设备的定形尺寸按式（3.2-75）换算为圆形管道与设备的当量直径 D_e。

$$D_e=\frac{P}{\pi} \tag{3.2-75}$$

式中　D_e——当量直径，m；
　　　P——横截面外周长，m。

3.2.5　绝热计算举例

3.2.5.1　绝热计算举例（一）

设一架空蒸汽管道，管道 $D_0=108$mm，蒸汽温度 $T_0=200$℃，当地环境温度 $T_a=20$℃，室外风速 $w=3$m/s，能价为 $P_R=3.6$元/10^6kJ，投资计息年限数 $n=5$ 年，年利率 $i=10\%$（复利率）。绝热材料总造价 $P_r=640$ 元/m³；选用岩棉管壳作为保温材料。计算管道需要的保温厚度，热损失量以及表面温度。

解 ① 求导热系数：

$$T_m = \frac{200+20}{2} = 100$$

岩棉管壳的密度小于 $200kg/m^3$

$$\lambda = 0.044 + 0.00018(T_m - 70) = 0.044 + 0.00018(110 - 70) = 0.0512 W/(m \cdot ℃)$$

② 求总的表面给热系数 α_s：

取 $\alpha_0 = 7$，代入式（3.2-10）得：

$$\alpha_s = (\alpha_0 + 6\sqrt{w}) \times 1.163 = (7 + 6\sqrt{3}) \times 1.163 = 20.23$$

③ 保温工程投资偿还年分摊率 S 按下式计算：

$$S = \frac{i + (1+i)^n}{(1+i)^n - 1} = \frac{0.1 + (1+0.1)^5}{(1+0.1)^5 - 1} = 0.264$$

④ 由式（3.2-12）求保温厚度：

$$D_1 \ln \frac{D_1}{D_o} = 3.795 \times 10^{-3} \times \sqrt{\frac{P_R \lambda t (T_o - T_a)}{P_r S}} - \frac{2\lambda}{\alpha_s}$$

$$= 3.795 \times 10^{-3} \sqrt{\frac{3.6 \times 0.512 \times 8000(200-20)}{640 \times 0.264}} - \frac{2 \times 0.0512}{20.23} = 0.1454$$

查 3.2.2.2 绝热层厚度 δ 速查表得 $\delta = 57mm$，取 $60mm$

⑤ 由式（3.2-24）计算管道热损失：

$$D_1 = 108 + 60 \times 2 = 228mm$$

$$Q = \frac{T_o - T_a}{\dfrac{D_1}{2\lambda} \ln \dfrac{D_1}{D_o} + \dfrac{1}{\alpha_s}} = \frac{200-20}{\dfrac{0.228}{2 \times 0.0512} \ln \dfrac{0.228}{0.108} + \dfrac{1}{20.23}} = 105 W/m < [q]$$

⑥ 由式（3.2-28）求保温层外表面温度：

$$T_s = \frac{Q}{\alpha_s} + 20 = \frac{105}{20.23} + 20 = 25.2℃$$

3.2.5.2 绝热计算举例（二）

一容器内装热物料，$T_f = 300℃$；当地环境温度 $T_a = 22℃$，风速 3.5m/s，热价为 3.6 元/10^6 kJ，投资计息年限 $n = 6$，年利率 10%，保温材料采用水泥珍珠岩制品，保温工程总价为 400 元/m^3，常年生产使用，求需要的保温厚度，热损失及表面温度。

解 ① 求材料导热系数：

选用密度为 $220kg/m^3$ 的增水珍珠岩制品：$\lambda = \lambda_o + 0.00013(T_m - 25)$

保温表面温度按 3.2.1（6）表选用，$T_s = 40.4℃$

$$T_m = \frac{300+40.4}{2} = 170.2$$

$$\lambda = 0.07 + 0.00013(170.2 - 25) = 0.089$$

② 求总的表面给热系数 α_s。

取 $\alpha_0 = 7$，代入式（3.2-10）得：

$$\alpha_s = (\alpha_0 + 6\sqrt{w}) \times 1.163 = (7 + 6\sqrt{3.5}) \times 1.163 = 21.2$$

③ 计算保温工程投资偿还年分摊率 S：

$$S = \frac{i + (1+i)^n}{(1+i)^n - 1} = \frac{0.1 + (1+0.1)^5}{(1+0.1)^5 - 1} = \frac{0.1772}{0.772} = 0.229$$

④ 由式（3.2-13）计算保温厚度，取 $t = 8000h$：

$$\delta = 1.8975 \times 10^{-3} \sqrt{\frac{P_R \lambda t (T_o - T_a)}{P_r S}} - \frac{2\lambda}{\alpha_s}$$

$$= 1.8975 \times 10^{-3} \sqrt{\frac{3.6 \times 0.089 \times 8000(300-22)}{400 \times 0.229}} - \frac{0.089}{21.2} = 0.163m，取厚度 \delta = 70mm$$

⑤ 由式（3.2-38）求热损失：

$$Q = \frac{T_o - T_a}{\dfrac{\delta}{\lambda} + \dfrac{1}{\alpha_s}} = \frac{300-22}{\dfrac{0.17}{0.089} + \dfrac{1}{21.2}} = 142.05 W/m^2 < [q]$$

⑥ 由式（3.2-40）求保温层外表面温度：

$$T_a = \frac{Q}{\alpha_s} + T_a = \frac{142.05}{21.2} + 22 = 6.7 + 22 = 28.7℃$$

3.3　绝热结构的设计

3.3.1　设计原则（GB 50316—2000）

（1）有关管道保温和保冷的计算、材料选择及结构要求等可按现行国家标准《设备及管道保温技术通则》GB/T 4272、《设备及管道保温设计导则》GB/T 8175、《设备及管道保冷技术通则》GB/T 11790 及《工业设备及管道绝热工程设计规范》GB 50264 进行设计。

（2）严禁镀锌的隔热辅助材料与不锈钢管接触。

（3）有关伴热的隔热结构，应符合下列规定：

① 碳钢的伴热管与不锈钢管子之间应采用非金属材料隔开；

② 当流体或管道材料不允许产生局部过热时，在伴热管与被伴热管之间应采用隔热件隔开。

（4）奥氏体不锈钢管道用的吸水型（毛细作用）外隔热材料，应按 GB 50316—2000 附录 L 规定的要求进行试验，材料中溶于水的 Cl^- 及（$Na^+ + SO_3^{2-}$）的分析含量应在图 3.3-1 曲线右下方正域内。试产的产品试验还应证明隔热材料对不锈钢不产生表面腐蚀及应力腐蚀破裂。

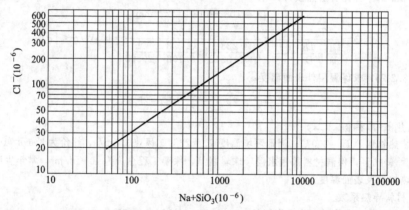

图 3.3-1　岩棉及矿棉等隔热材料中 Cl^- 含量与（$Na^+ + SO_3^{2-}$）含量的关系

（5）隔热结构的外保护层应能有效地防止雨水进入隔热层内。

3.3.2　结构要求及种类

3.3.2.1　设计要求

绝热结构是保冷和保温结构的统称。正确的选择绝热结构直接关系到绝热效果、投资费用、能量耗损、使用年限及外观整洁美观等问题。因此对绝热结构的设计有如下要求。

（1）保证热损失不超过国家规定的允许最大热损失值；热损失取决于保温材料的导热系数 λ，导热系数越小，保温厚度就越薄。

（2）绝热结构应有足够的机械强度，能承受自重及外力的冲击，在受风力、雪载荷、空气温度波动及雨水的影响下不致脱落，以保证结构的完整性。

（3）要有良好的保护层，使外部的水蒸气、雨水以及潮湿泥土的水分不能进入绝热材料内，否则会使绝热材料的导热系数增加，还会使其变软、腐烂、发霉，降低机械强度，破坏绝热结构的完整性，同时也增加了散热损失。

（4）绝热结构要简单，尽量减少材料的消耗量。

（5）绝热结构应符合使用寿命长的要求，起码在经济使用年限内绝热结构应能保持完整，在使用过程中不得有冻坏、烧坏、粉化、剥落等现象。

（6）绝热结构所需要材料应能就地取材，选用廉价的绝热材料以减少建设投资。

（7）绝热结构应考虑施工简单，如采用预制块材料，以减少施工时间和降低造价，并要便于检查和维修，损坏时易于补换。

（8）绝热结构外表应整齐美观，与周围布置协调，保证车间美观。

3.3.2.2 结构种类

化工、医药生产中所用的各类装置，其管道、容器、反应器、塔器、加热炉、泵和鼓风机等的绝热结构组成如下。

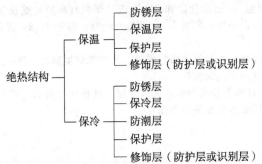

根据采用保温材料的性质、保温层的结构形式和安装方法不同，保温结构通常有下列几种。

（1）胶泥涂抹结构

这种结构已较少采用，只有小型设备外形较复杂的构件或临时性保温才使用。这种结构的施工方法是将管道、设备壁清扫干净，焊上保温钩（钩的间距为250～300mm），刷防腐漆后，再将已经拌好的保温胶泥分层进行涂抹。第一层可用较稀的胶泥散敷，厚度为3～5mm，待完全干后再敷第二层，厚度为10～15mm；第二层干后再敷第三层，厚度为20～25mm，以后分层涂抹，直到达到设计要求厚度为止。然后外包镀锌铁丝网一层，用镀锌铁丝绑在保温钩上；如果保温厚度为100mm以上或形状特殊、保温材料容易脱落的，可用二层铁丝网，外面再抹15～20mm保护层，保护层应光滑无裂缝。

（2）填充结构

一般采用圆钢或扁钢做支承环，将环套上或焊在管道或设备外壁，在支承环外包镀锌铁丝网或镀锌铁皮，在中间填充疏松散状的保温材料。这种结构常用于表面不规则的管道、阀门、设备的保温。由于施工时难于做到保证质量，因此填充时要注意填充材料应达到设计要求的容重，若填充不均匀会影响保温效果。这种结构由于使用散料填充，粉尘容易飞扬、影响工人的健康。现除局部异形部件保温及制冷装置采用外，也已很少采用。填充材料有矿渣棉、玻璃棉、超细玻璃棉及珍珠岩散料等。

（3）包扎结构

是利用毡、席、绳或带类的半成品保温材料，在现场剪成所需要的尺寸，然后包扎于管道或设备上，包扎一层材料达不到设计厚度时，可以包二层或三层。包扎时要求接缝严密，厚薄均匀，保温层外面用玻璃布缠绕扎紧。包扎结构材料有矿渣棉毡或席、玻璃棉毡、超细玻璃棉毡和石棉布等。

（4）复合结构

适用于较高温度（如650℃以上）的设备和管道的保温。施工时将耐热度高的材料作为里层，耐热度低的材料作为外层，组成双层或多层复合结构，既满足保温要求，又可以减轻保温层的重量。如温度高于450℃的管道，以膨胀珍珠岩作为第一层保温后，可使第一保温层外表面的温度降低到250℃左右，再用超细玻璃棉毡作为第二层保温层，这种结构对高温设备及管道特别适用。

（5）浇灌式结构

是将发泡材料在现场浇灌入被保温的管道、设备的模壳中，发泡成保温层结构。这种结构过去常用于地沟内的管道，即在现场浇灌泡沫混凝土保温层。近年来随着泡沫塑料工业的发展，对管道、阀门、管件、法兰及其他异形部件的保冷，常用聚氨酯泡沫塑料原料在现场发泡，以形成良好的保冷层。

（6）喷涂结构

喷涂为近年来发展起来的一种新的施工方法，化工厂制冷装置的保冷是将聚氨酯泡沫塑料原料在现场喷涂于管道、设备外壁，使其瞬时发泡，形成闭孔泡沫塑料保冷层。这种结构施工方便，但要注意生产安全。

（7）预制块结构

是将保温材料预制成硬质或半硬质的成型制品。如管壳、板、块、砖及特殊成型材料，施工时将成型预制块用钩钉或铁丝捆扎在管道或设备壁上构成保温层。如果设计厚度大于100mm时，可以分两层或多层捆扎。预制块的安装，上块、下块的接缝，内层接缝与外层的接缝要错开，每块预制块至少有两处用镀锌铁丝捆扎，每处铁丝至少要绕2圈。对热保温的预制块接缝间隙应不大于5mm；对保冷预制块的接缝间隙应不大

2mm，凡是保温层之间的缝隙（包括伸缩缝）必须要填密；对伸缩缝要采用柔质保温材料的散料进行填充，对保冷结构在填缝后，在缝隙上必须再用密封材料填密，保冷层的结构端部也应密封，密封剂的涂敷长度，从末端延至少再延长 50mm，涂敷厚度约为 1.5～3mm；多层保冷时，接头密封仅在外层。

对聚苯乙烯泡沫塑料的黏结剂采用 206 胶（白胶水）或用醋酸丁酯，对聚氨酯泡沫塑料及泡沫玻璃采用铁锚牌 104 超低温发泡型黏结剂黏合。

立式和倾角超过 45°、长度超过 6m 的管道和设备，应按保温材料的容重设置不同数量的支承环。对容重大于 200kg/m³ 时，每隔 3～5m 设一道；容重小于 200kg/m³ 时，每隔 6～8m 设计一道，支承环的宽度为保温层厚度的 1/2～3/4。

管道的弯头部分，采用珍珠岩、蛭石等硬质材料时，采用成型预制块，可将预制的管壳切割成虾米弯进行小块拼装，并在保温层外面用六角铁丝网包扎。

对公称直径大于 800mm 的椭圆形设备封头，其保温层要制作成放射状，使弯曲部分能够贴紧，并用浮动环上伸出的放射状镀锌铁丝或钢带将保温层加以固定。

3.3.3 结构设计规定

3.3.3.1 防锈层设计

对碳钢、铸铁、铁素体合金钢管道和设备，在清除其表面铁锈、油脂及污垢后，保温时应涂 1～2 道防锈底漆，保冷时应涂两道冷底子油。在使用非腐蚀性绝热材料和大气中不含腐蚀性气体的环境下，常年运行介质温度＞120℃时，可不涂防锈底漆（施工裸露期超过一年者例外）。

不锈钢、镀锌钢管、有色金属及非金属材料表面，不涂防锈漆。

3.3.3.2 绝热层设计

绝热层厚度一般按 10mm 为单位进行分档。硬质绝热材料制品最小厚度为 30mm，硬质泡沫塑料最小厚度可为 20mm。

（1）绝热层分层规定

除浇注型和填充型外，绝热层应按下列规定分层。

① 绝热层总厚度 δ＞80mm 时，应分层敷设（硬质保温材料暂可存留 δ＞100mm 的分层规定），当内外层采用同种绝热材料时，内外层厚度宜大致相等。

② 当内外层为不同绝热材料时，内外层厚度的比例应保证内外层界面处温度不超过外层材料安全使用温度的 0.9 倍（以℃计算）。

③ 需要蒸汽吹扫的保冷设备和管道的保冷层，其材料应在高温区及低温区内均能安全使用，在不能承受吹扫介质温度时，应在内层增设保温层，保温层与保冷层的界面温度应低于保冷材料的最高使用温度，在经济合理前提下，超高温和深冷介质管道及设备的绝热，可选用异材复合结构或异材复合制品。

④ 采用同层错缝，内外层压缝方式敷设。内外层接缝应错开 100～150mm；水平安装的管道和设备，最外层的纵缝拼缝位置应尽量远离垂直中心线上方，纵向单缝的缝口朝下。

⑤ 保冷管道和设备的支座等凸出物，应按上述分层规定进行保冷，其保冷层长度为保冷层厚度的 4 倍或至垫座底部。

（2）绝热结构支承件

对立式设备，管道和平壁面以及立卧式设备的底面上的绝热结构，应设支承件。支承件应符合下列规定。

① 支承件的支承面宽度，应控制在小于绝热层厚度 10～20mm 以内。

② 支承件的间距

立式设备和管道（包括水平夹角大于 45°的管道）支承件的间距，保温时，平壁为 1.5～2m；保温圆筒，在高温介质时为 2～3m，在中低温介质时为 3～5m；保冷时，均不得大于 5m。卧式设备应在水平中心线处设支承架，承受背部及兜挂腹部的绝热层。

③ 立式圆筒绝热层可用环形钢板、管卡顶焊半环钢板、角铁顶焊钢筋等作成的支承件支承。

④ 底部绝热层支承

底部封头可用封头与圆柱体相切处附近设置的固定环，或设备裙座周边线处焊上的螺母来支承绝热层；对有振动或大直径底部封头，可用在封头底部点阵式布置螺母或带环、销钉来兜贴绝热层。

⑤ 保冷层支承件应选冷桥断面小的结构形式。若管卡式支承环的螺孔端头伸出绝热层外，应把外露处的保冷层加厚，封住外露端头。

⑥ 支承件的位置应避开法兰、配件或阀门，对立管和设备支承件应设在阀门、法兰等的上方，其位置应不影响螺栓的拆卸。

⑦ 不锈钢及有色金属设备、管道上的支承件，应采用抱箍型结构。

⑧ 设备上的焊接型支承件，应在设备制造厂预焊好。

（3）绝热层用的钩钉和销钉设置

保温层用钩钉、销钉，用 $\phi 3\sim\phi 6$mm 的低碳圆钢制作（软质材料用下限），硬质材料保温钉的间距为 300～600mm，保温钉宜根据制品几何尺寸设在缝中，作攀系绝热层的柱桩用。软质材料保温钉的间距不得大于 350mm。每平方米面积上钉的个数：侧面不少于 6 个，底部不少于 8 个。

保冷层不宜使用钩钉结构。对有振动的情况，钩钉应适当加密。

（4）捆扎件结构

① 保温层捆扎

保温结构中一般采用镀锌铁丝、镀锌钢带作保温结构的捆扎材料。DN≤100mm 的管道，宜用 $\phi 0.8$mm 双股镀锌铁丝捆扎；100mm＜DN≤600mm 的管道，宜用 $\phi 1\sim\phi 1.2$mm 双股镀锌铁丝捆扎，600mm＜DN≤1000mm 的管道，宜用 12mm×0.5mm 镀锌钢带或 $\phi 1.6\sim\phi 2.5$mm 镀锌铁丝捆扎；DN＞1000mm 的管道和设备，宜用 20mm×0.5mm 镀锌钢带捆扎。

捆扎间距为 200～400mm（软质材料靠下限），每块绝热材料至少要捆扎两道。设备和管道双层、多层保温时应逐层捆扎，内层均宜采用镀锌铁丝捆扎。大管道外层宜用镀锌钢带捆扎，设备用双层和多层保温时，内外均宜采用镀锌钢带捆扎。

② 保冷层捆扎

保冷结构中最外层捆扎方法、材料与保温结构的捆扎方法相同；双层或多层保冷时，其内层应逐层捆扎，捆扎材料采用不锈钢。

③ 设备封头的各层捆扎

采用活动环和固定环，呈辐射型进行固定。

④ 设备和管道绝热层的捆扎

均严禁用螺旋缠绕法捆扎。对于有振动的设备和管道，绝热层捆扎时应适当加强。

（5）伸缩缝设置

① 绝热层为硬质制品时，按绝热材料膨胀量正、负值来决定是否应留设伸缩缝。一般硅酸钙、珍珠岩在受热后收缩，可用软质绝热材料将缝隙填平。材料的性能应满足（保冷用憎水型）介质温度要求。

② 伸缩缝宽度为 20～25mm。伸缩缝间距：直管或设备直段长，每隔 3.5～5m 应设一伸缩缝（中低温靠上限，高温和深冷靠下限）。

③ 伸缩缝宜留设在下列位置：立管、立式设备的支承件（环）下或法兰下；水平管道、卧式设备的法兰，加强筋板和固定环处或距封头 100～150mm 处；管束分支部位；弯头两端，高温管道弯头上需增设一个；采用浇注、喷涂、涂抹法的绝热层，伸缩缝数量宜适当增加；多层绝热层伸缩缝的留设，应符合下列规定：保冷层或高温保温层各层伸缩缝必须错开，错缝间距不宜大于 100mm，且在外层伸缩缝外进行再保冷或再保温。

3.3.3.3 防潮层设计

（1）保冷设备与管道的保冷层表面，埋地设备或管道的保温表面，以及地沟内敷设的保温管道，其保温层外表面应设防潮层。

（2）防潮层的材料应符合选材规定，防潮层在环境变化与振动情况下，应能保持其结构的完整性和密封性。

（3）防潮层外不得再设置铁丝钢带等硬质捆扎件，以免刺破防潮层。

3.3.3.4 保护层设计

绝热结构外层必须设置保护层。保护层的设计必须切实起到保护绝热层作用，以阻挡环境和外力对绝热材料的影响，延长绝热结构的寿命。保护层应使绝热结构外表整齐、美观，保护层结构应严密和牢固，在环境变化和振动情况下不渗雨、不裂纹、不散缝、不坠落。

（1）保护层选择

一般宜选用金属外壳保护层，腐蚀性严重的环境下宜采用非金属保护层。

（2）保护层厚度选择

见表 3.3-1。

（3）金属保护层接缝形式

可根据具体情况选用搭接、插接或咬接形式。

① 硬质绝热制品金属保护层纵缝，在不损坏里面制品及防潮层前提下可进行咬接。半硬质和软质绝热制品的金属保护层的纵缝可用插接或搭接。插接缝可用自攻螺钉或抽芯铆钉连接，而搭接缝只能用抽芯铆钉连接。钉的间距 200mm。

表 3.3-1　不同使用场合的保护层　　　　　　　　　　　单位：mm

材料类型	设备和平壁	管　道	DN≤100mm 管道	可拆卸结构
镀锌薄钢板	0.5~0.7	0.35~0.5	0.3~0.35	0.5~0.6
铝合金薄板	0.8~1.0	0.5~0.8	0.4~0.5	0.6~0.8
铝箔玻璃钢薄板	0.5~0.8	0.5	0.3	

注：需增加刚度的保护层可采用瓦楞板形式。

　　② 金属保护层的环缝，可采用搭接或插接（重叠宽度 30~50mm）。搭接或插接的环缝上，水平管道一般不应使用螺钉或铆钉固定（立式保护层有防坠落要求者除外）。

　　③ 保冷结构的金属保护层接缝宜用咬合或钢带捆扎结构。金属保护层应有整体防（雨）水功能。对水易渗进绝热层的部位应用玛瑞脂或胶泥严缝。

　　（4）铝箔玻璃钢薄板保护层

　　① 铝箔玻璃钢薄板保护层尽量用于少分支的直管、设备筒体部位。对封头、弯头等部位可用现贴玻璃钢或金属薄板作保护层。

　　② 缝隙搭接宽度不小于 50mm，搭接应顺水压盖，伸缩缝处搭接宽不小于 100mm。

　　③ 铝箔玻璃钢保护层的纵缝，不得使用自攻螺钉固定。可同时用带垫片抽芯铆钉（间距小于或等于 150mm）和玻璃钢打包带捆扎（间距小于或等于 500mm，且每块板上至少捆二道）进行固定。保冷结构的保护层，不得使用铆钉进行固定。

3.3.4　结构施工举例

3.3.4.1　地沟内管道常用保温结构（也用于 3.3.4.2）（图 3.3-2、图 3.3-3）

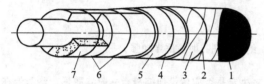

图 3.3-2　油毡玻璃布保护层结构
1—色漆二道；2—镀锌铁丝或钢带；3—玻璃布；
4—镀锌铁丝或钢带；5—油毡（室外使用）；
6—镀锌铁丝；7—保温瓦（或棉毡）

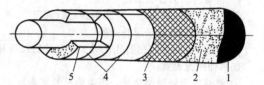

图 3.3-3　石棉水泥保护层结构（室内用）
1—油漆二道；2—石棉水泥；3—六角镀锌
铁丝网；4—镀锌铁丝；5—保温瓦

3.3.4.2　室内外架空管道保温结构（图 3.3-4~图 3.3-7）

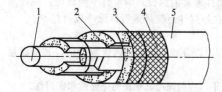

图 3.3-4　绑扎法分层保温结构
1—管道；2—保温毡或布；3—镀锌铁丝；
4—镀锌铁丝网；5—保护层

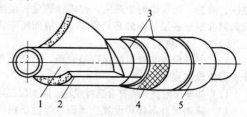

图 3.3-5　包扎结构
1—管道；2—保温毡或布；3—镀锌铁丝；
4—镀锌铁丝网；5—保护层

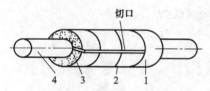

图 3.3-6　管壳式保温结构
1—金属护壳；2—镀锌铁丝；3—保温
层管壳；4—管道

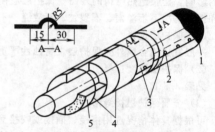

图 3.3-7　铁皮保护层结构
1—色漆二遍；2—自攻螺钉 4×10；3—0.3~
0.5mm；4—镀锌铁丝；5—保温瓦

3.3.4.3　管道弯头及立管保温结构（图3.3-8～图3.3-15）

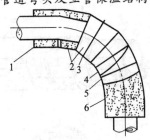

图 3.3-8　玻璃布保护层结构

1—保温瓦；2—梯形保温块；3—镀锌铁丝；4—玻璃布；
5—镀锌铁丝或钢带；6—油漆或冷底子油

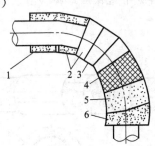

图 3.3-9　石棉水泥保护层结构

1—保温瓦；2—梯形保温瓦；3—镀锌铁丝；4—六角镀锌
铁丝网；5—石棉水泥；6—色漆或冷底子油

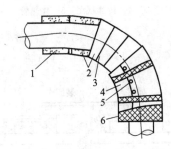

图 3.3-10　铁皮保护层结构

1—保温瓦；2—梯形保温块；3—镀锌铁丝；
4—镀锌铁皮；5—自攻螺钉4×10；6—油漆二遍

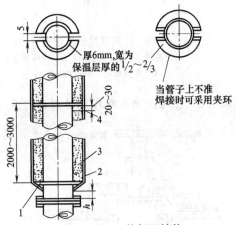

图 3.3-11　立管保温结构

1—托环；2—保护层；3—保温层；4—填充
石棉绳或其他软质材料

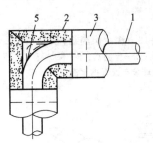
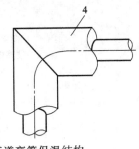

图 3.3-12　小直径管道弯管保温结构

1—管道；2—预制管壳；3—镀锌铁丝；
4—镀锌铁皮；5—填充保温材料

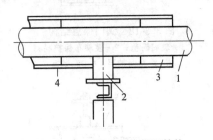

图 3.3-13　活动支架保温结构

1—管道；2—管托；3—保温层；4—保护层

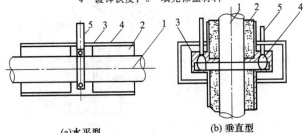

(a)水平型　　　(b)垂直型

图 3.3-14　吊架保温结构

1—管道；2—保温层；3—吊架处填充散状保
温材料；4—保护层；5—吊架

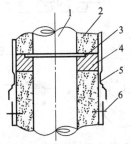

图 3.3-15　支承板处保温结构

1—管道；2—保温层；3—支承板；4—填充保
温材料；5—镀锌铁皮保护层；6—自攻螺钉

3.3.4.4 伴热管道保温结构（图 3.3-16、图 3.3-17）

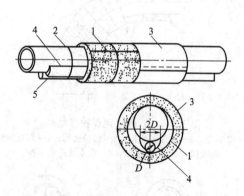

图 3.3-16 伴热管的保温结构（一）
1—保温瓦块；2—镀锌铁丝；3—镀锌铁皮；
4—传热胶泥；5—伴热管

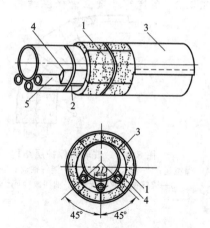

图 3.3-17 伴热管的保温结构（二）
1—保温瓦块；2—镀锌铁丝；3—镀锌铁皮；
4—传热胶泥；5—伴热管

3.3.4.5 管道法兰及阀门保温结构（图 3.3-18～图 3.3-21）

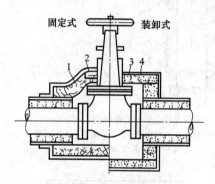

图 3.3-18 阀门保温结构
1—玻璃棉毡；2—玻璃布保护层；
3—铁壳保护层；4—保温板

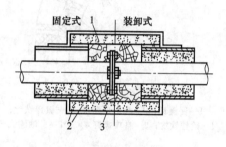

图 3.3-19 法兰保温结构
1—玻璃棉毡；2—保温瓦；3—保护层
（油毡玻璃布或石棉水泥）

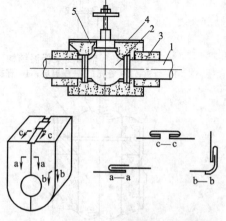

图 3.3-20 阀门缠绕保温的可卸式保温结构
1—管道；2—阀门；3—管道保温层；4—可拆
卸式金属外壳；5—矿物棉缠绕保温层

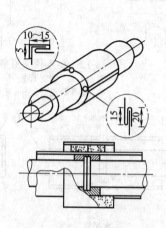

图 3.3-21 法兰保温罩
1—管道保温结构；2—绝热材料
填充层；3—保温罩

3.3.4.6 管道及阀门保冷结构（图 3.3-22～图 3.3-24）

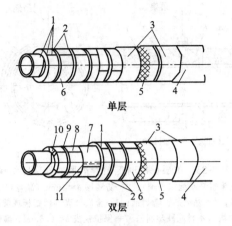

图 3.3-22 直管保冷结构

1—发泡性黏结剂；2—镀锌钢带（最大间距 200mm）；3—沥青玛琋脂 3mm；4—银粉漆；
5—防潮玻璃布；6—聚氨酯泡沫塑料管壳；7—油毡；8—泡沫玻璃管壳；
9—不锈钢带或丝（间距 225mm）；10—耐磨涂料；11—沥青油毡

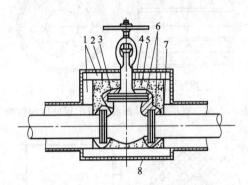

图 3.3-23 阀门单层保冷结构

1—聚氨酯泡沫塑料板；2—排气孔；3—塑料薄膜；4—发泡液注入口；5—现场发泡聚氨酯塑料；
6—玻璃棉毡；7—黏结剂（或发泡性黏结剂）；8—保护壳（沥青玛琋脂＋
防潮玻璃布＋沥青玛琋脂）

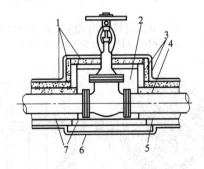

图 3.3-24 阀门双层保冷结构

1—聚氨酯泡沫塑料板；2—填充玻璃棉；3—黏结剂（或发泡性黏结剂）；
4—耐磨胶泥；5—油毡；6—保护壳（沥青玛琋脂＋防潮玻璃布＋
沥青玛琋脂）；7—泡沫玻璃管壳

3.3.4.7　低温管道支座及吊架结构（图3.3-25～图3.3-28）

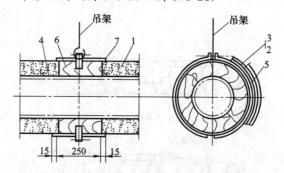

图 3.3-25　单层保冷时低温管道吊架处保冷结构

1—保冷层（硬质泡沫塑料或泡沫玻璃）；2—防潮层 δ＝3mm（沥青玛琋脂）；3—防潮层
（平纹玻璃布）；4—黏结剂、密封剂；5—金属外壳（薄铝板或镀锌薄钢板）；
6—支承块（木材或硬塑料）；7—保护铁皮 δ＝0.6mm（薄钢板）

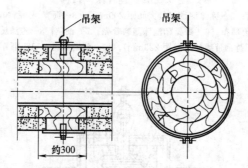

图 3.3-26　双层保冷时低温管道吊架处保冷结构

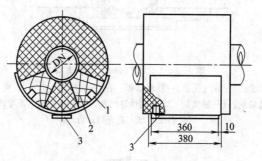

图 3.3-27　低温管道滑动支座及其保冷结构

1—支承板；2—木块；3—托板（与支承板焊接，但托板不可与支承物件焊死）

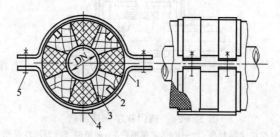

图 3.3-28　低温管道固定支座及其保冷结构

1—卡箍；2—支承；3—木块；4—托板（托板与支承物件焊死）；5—螺栓、螺母

3.3.4.8 设备保温常用结构（图3.3-29～图3.3-36）

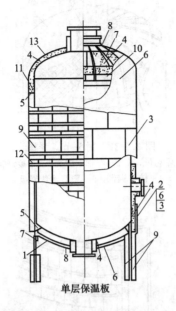

单层保温板

图3.3-29 直立圆筒形设备保温结构

1—镀锌钢带（最大间距200mm）；2—镀锌铁丝网；3—镀锌铁皮；4—膨胀珍珠岩板；5—填充石棉；

6—石棉水泥壳；7—螺母；8—浮动环ϕ10mm；9—耐火水泥；10—镀锌金属丝网；

11—支承板；12—镀锌钢带（最大间距200mm）；13—镀锌钢带

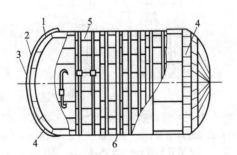

图3.3-30 不带法兰的卧式圆筒形设备保温结构

1—镀锌铁丝网；2—石棉水泥；3—浮动环ϕ10mm；4—镀锌铁皮；

5—弧形膨胀珍珠岩板；6—镀锌钢带（最大间距250mm）

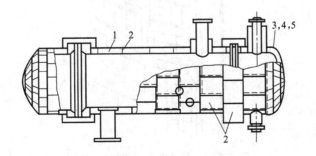

图3.3-31 带法兰的卧式圆筒形设备保温结构

1—弧形膨胀珍珠岩板；2—镀锌铁皮；3—镀锌铁丝网；4—石棉水泥；5—镀锌铁皮

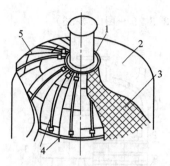

图 3.3-32 封头节点详图

1—浮动环 φ10mm；2—石棉水泥壳；3—镀锌铁丝网；
4—镀锌钢带；5—膨胀珍珠岩板

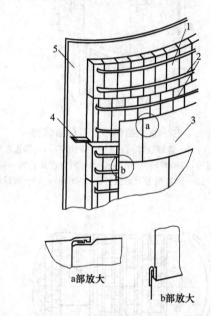

a部放大   b部放大

图 3.3-33 筒体节点（单层）详图

1—弧形膨胀珍珠岩板；2—镀锌钢带（最大间距250mm）；
3—镀锌铁皮；4—支承环；5—筒体

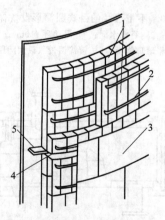

图 3.3-34 筒体节点（双层）详图

1—弧形膨胀珍珠岩板；2—镀锌钢带（最大间距250mm）；3—镀锌铁皮；
4—填充石棉；5—支承环

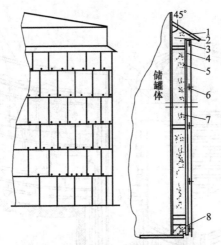

图 3.3-35 大型锥顶油罐保温结构

1—挡雨板 $\delta=5\sim6$mm；2—填充材料；3—抽芯铆钉；4—镀锌铁皮；5—支撑结构；
6—扁钢 40×4mm 或 50×4mm；7—保温层；8—防水填层

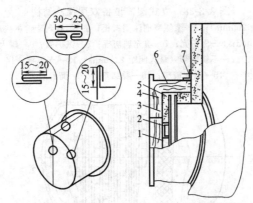

图 3.3-36 设备人孔门部位的可卸式保温结构

1—填充料；2—内衬铁丝网；3—柔性绝热材料；4—抽芯铆钉；5—支撑结构；6—金属罩壳；7—自攻螺钉

3.3.4.9 设备保冷常用结构（图 3.3-37～图 3.3-43）

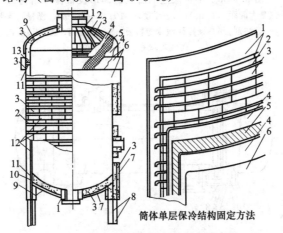

简体单层保冷结构固定方法

图 3.3-37 立式圆筒设备单层保冷结构

1—浮动环 ϕ10mm；2—镀锌钢带（最大间距 200mm）；3—聚氨酯泡沫塑料板；4—沥青玛琋脂 $\delta=3$mm；
5—防潮玻璃布；6—保护壳；7—保护壳（沥青玛琋脂 3mm＋防潮玻璃布＋沥青玛琋脂 3mm＋银粉漆）；
8—耐火水泥；9—镀锌钢带；10—螺母；11—填充玻璃棉；12—黏结剂；13—支承板

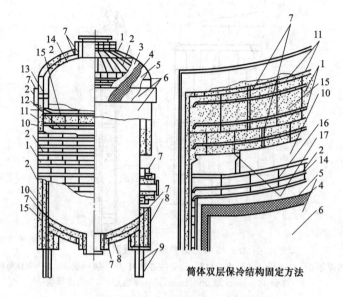

图 3.3-38　立式圆筒设备双层保冷结构

1—镀锌钢带（最大间距 200mm）；2—聚氨酯泡沫塑料板；3—沥青玛瑞脂 δ=3mm；4—防潮玻璃布；
5—沥青玛瑞脂 δ=3mm；6—保护壳；7—填充玻璃棉；8—保护壳；9—耐火水泥；10—油毡；
11—耐磨涂料；12—不锈钢带（最大间距 225mm）；13—支承板；14—镀锌钢带；
15—泡沫玻璃；16—黏结剂；17—沥青胶

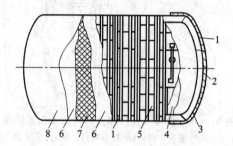

图 3.3-39　不带法兰的卧式圆筒形设备保冷结构

1—镀锌钢带（最大间距 200mm）；2—浮动环 φ10；3—保护壳（沥青玛瑞脂 δ=3mm）；
4—黏结剂；5—聚氨酯泡沫塑料板；6—沥青玛瑞脂 δ=3mm；
7—防潮玻璃布；8—保护壳

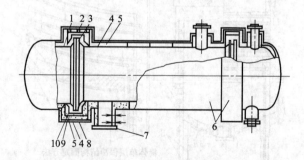

图 3.3-40　带法兰的卧式圆筒形设备保冷结构

1—黏结剂；2—发泡液注入口；3—排气孔；4—聚氨酯泡沫塑料板；5—保护壳（沥青玛瑞脂 3mm＋
防潮玻璃布＋沥青玛瑞脂 3mm）；6—保护壳；7—枕木；8—现场发泡聚氨酯塑料；
9—镀锌铁丝网；10—填充玻璃棉

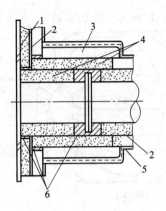

图 3.3-41 接管保冷结构

1—耐磨涂料；2—油毡；3—聚氨酯泡沫塑料管壳；4—泡沫玻璃管壳；5—保护壳（沥青
玛琋脂 3mm＋防潮玻璃布＋沥青玛琋脂 3mm）；6—填充玻璃棉

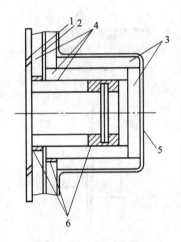

图 3.3-42 人孔保冷结构

1—耐磨涂料；2—油毡；3—聚氨酯泡沫塑料管壳；4—泡沫玻璃管壳；5—保护壳（沥青
玛琋脂 3mm＋防潮玻璃布＋沥青玛琋脂 3mm）；6—填充玻璃棉

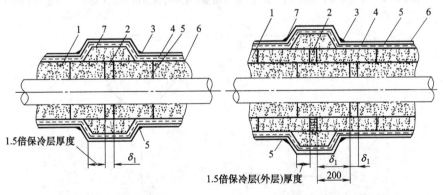

(a) 单层保冷收缩(膨胀)缝　　　　　　(b) 双层保冷收缩(膨胀)缝

图 3.3-43 低温管道保冷收缩（膨胀）缝

1—保冷层（硬质泡沫塑料或泡沫玻璃）；2—填充材料（超细玻璃棉）；3—防潮层 $\delta=3mm$（沥青玛琋脂）；
4—防潮层（平纹玻璃布）；5—黏结剂、密封剂；6—捆扎钢带或镀锌钢丝；
7—金属外壳（薄铝板或镀锌钢板）

3.3.4.10　设备保温金属结构（图 3.3-44～图 3.3-47）

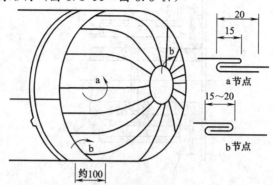

图 3.3-44　设备保温金属保护壳（封头）结构示意

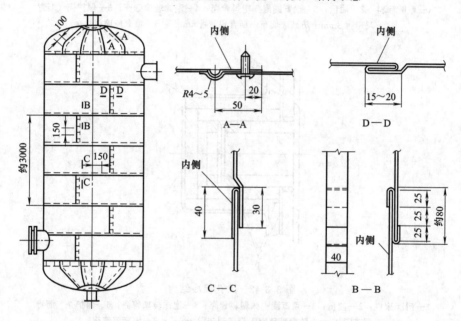

图 3.3-45　立式设备保温金属保护层结构示意

注：保护层 A—A 用 a 或 b 结构；B—B 用 c 或 d 结构；d 结构仅适用于立式设备；C—C 用 a 结构

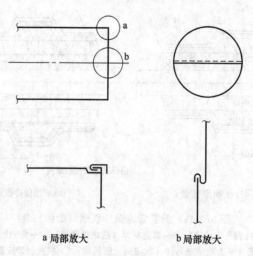

图 3.3-46　圆筒形平封头金属结构

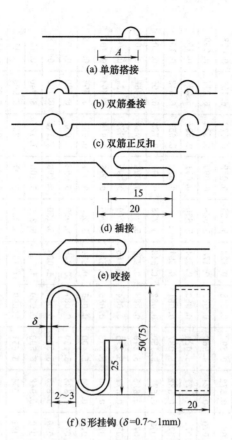

图 3.3-47　金属壳连接形式

注：1. 图（a）中，$A=50$mm（环向搭接），用高压蒸汽时，$A=75\sim100$mm。

2. 图（b）、（c）中鼓筋尺寸见表 3.3-2。

表 3.3-2

保温外径/mm	<100	<150	<300	>300(或平壁)
鼓筋直径/mm	3.2	4.5	6	9

3. 图（f）中 S 形挂钩，用于垂直部位管道、平壁面，每张金属薄板不应小于 2 个挂钩。

3.4　材料计算与附录

3.4.1　材料用量计算

设备保温层、保护层和保温面积的材料用量可以由计算求得。为简化计算，本节列出中型设备筒体部分和封头部分保温材料用量计算表可供参考。较大型设备可通过公式得出。

3.4.1.1　圆形设备筒体部分的计算

（1）保温层材料用量 V（表 3.4-1）

$$V=\pi D_2\delta\quad(\mathrm{m^3/m})$$
$$D_2=D_0+\delta$$

式中　D_0——设备外径，m；

　　　δ——保温层厚度，m。

（2）保护层材料用量 V_0（表 3.4-1）

$$V_0=\pi(D'+0.015)\times0.015\quad(\mathrm{m^3/m})$$
$$D'=D+2\delta$$

表 3.4-1　圆形设备筒体部分保温材料用量计算

单位：m³/m

保温厚度/mm	筒体外径/mm																	
	1000			1100			1200			1400			1600			1800		
	V	S	V_0	V	S	V_0	V	S	V_0	V	S	V_0	V	S	V_0	V	S	V_0
30	0.097	3.330	0.053	0.107	3.680	0.059	0.116	3.960	0.064	0.135	4.585	0.073	0.153	5.230	0.084	0.172	5.840	0.093
40	0.130	3.390	0.054	0.143	3.710	0.060	0.156	4.025	0.065	0.181	4.640	0.074	0.206	5.230	0.085	0.231	5.900	0.094
50	0.165	3.460	0.055	0.181	3.770	0.061	0.196	4.080	0.066	0.228	4.710	0.075	0.259	5.340	0.086	0.290	5.960	0.095
60	0.200	3.517	0.056	0.219	3.831	0.062	0.237	4.145	0.067	0.275	4.773	0.076	0.313	5.400	0.087	0.350	6.023	0.096
70	0.235	3.580	0.057	0.257	3.894	0.063	0.279	4.208	0.068	0.323	4.836	0.077	0.367	5.464	0.088	0.411	6.092	0.097
80	0.271	3.642	0.058	0.296	3.956	0.064	0.322	4.270	0.069	0.372	4.898	0.078	0.422	5.526	0.089	0.572	6.150	0.098
90	0.308	3.705	0.059	0.336	4.019	0.065	0.365	4.333	0.070	0.421	4.960	0.079	0.478	5.589	0.090	0.534	6.217	0.099
100	0.345	3.768	0.060	0.377	4.082	0.066	0.408	4.396	0.071	0.471	5.024	0.080	0.534	5.650	0.091	0.597	6.280	0.100
110	0.383	3.831	0.061	0.418	4.145	0.067	0.453	4.459	0.072	0.522	5.087	0.081	0.591	5.715	0.092	0.659	6.343	0.101
120	0.422	3.804	0.062	0.460	4.208	0.068	0.497	4.520	0.073	0.573	5.150	0.082	0.648	5.778	0.093	0.723	6.406	0.102
130	0.461	3.956	0.063	0.502	4.270	0.069	0.543	4.580	0.074	0.625	5.210	0.083	0.706	5.840	0.094	0.788	6.468	0.103
140	0.501	4.019	0.064	0.545	4.330	0.070	0.589	4.647	0.075	0.677	5.275	0.084	0.765	5.900	0.095	0.853	6.531	0.104
150	0.542	4.082	0.065	0.589	4.396	0.071	0.636	4.710	0.076	0.730	5.338	0.085	0.824	5.966	0.096	0.919	6.594	0.105
160	0.583	4.145	0.066	0.633	4.450	0.072	0.684	4.773	0.077	0.784	5.400	0.086	0.884	6.030	0.097	0.985	6.657	0.106
170	0.625	4.208	0.067	0.678	4.522	0.073	0.731	4.836	0.078	0.838	5.460	0.087	0.945	6.090	0.098	1.052	6.720	0.107
180	0.667	4.270	0.068	0.724	4.580	0.074	0.780	4.898	0.079	0.893	5.526	0.088	1.006	6.150	0.099	1.119	6.780	0.108
190	0.709	4.330	0.069	0.769	4.640	0.075	0.823	4.960	0.080	0.948	5.590	0.089	1.067	6.210	0.100	1.187	6.840	0.109
200	0.753	4.400	0.070	0.816	4.710	0.076	0.879	5.020	0.081	1.004	5.651	0.090	1.130	6.280	0.101	1.256	6.990	0.110
210	0.797	4.460	0.071	0.863	4.770	0.077	0.929	5.080	0.082	1.061	5.712	0.091	1.193	6.340	0.102	1.325	6.970	0.111
220	0.842	4.520	0.072	0.911	4.830	0.078	0.980	5.140	0.083	1.119	5.783	0.092	1.257	6.400	0.103	1.395	7.030	0.112
230	0.888	4.580	0.073	0.960	4.890	0.079	1.032	5.200	0.084	1.177	5.844	0.093	1.321	6.460	0.104	1.486	7.090	0.113
240	0.934	4.640	0.074	1.009	4.960	0.080	1.085	5.260	0.085	1.235	5.900	0.094	1.386	6.530	0.105	1.537	7.150	0.114
250	0.981	4.700	0.075	1.059	5.010	0.081	1.138	5.332	0.086	1.295	5.961	0.095	1.452	6.590	0.106	1.609	7.220	0.115
260	1.028	4.760	0.076	1.110	5.080	0.082	1.191	5.401	0.087	1.355	6.022	0.096	1.518	6.650	0.107	1.681	7.280	0.116
270	1.078	4.840	0.077	1.161	5.110	0.083	1.246	5.462	0.088	1.415	6.090	0.097	1.585	6.710	0.108	1.757	7.340	0.117
280	1.125	4.900	0.078	1.213	5.210	0.084	1.301	5.533	0.089	1.477	6.150	0.098	1.652	6.780	0.109	1.828	7.410	0.118
290	1.174	4.960	0.079	1.265	5.270	0.085	1.356	5.594	0.090	1.538	6.212	0.099	1.721	6.840	0.110	1.903	7.470	0.119
300	1.224	5.020	0.080	1.318	5.340	0.086	1.413	5.652	0.091	1.600	6.280	0.100	1.789	6.900	0.111	1.978	7.530	0.120

续表

保温厚度/mm	筒体外径/mm																	
	2000			2200			2400			2600			2800			3000		
	V	S	V_0	V	S	V_0	V	S	V_0	V	S	V_0	V	S	V_0	V	S	V_0
30	0.191	6.460	0.103	0.210	7.090	0.113	0.229	7.720	0.124	0.248	8.350	0.134	0.266	8.990	0.144	0.285	9.600	0.153
40	0.256	6.530	0.104	0.282	7.160	0.114	0.306	7.780	0.125	0.332	8.430	0.135	0.357	9.050	0.145	0.382	9.660	0.154
50	0.322	6.590	0.105	0.353	7.230	0.115	0.385	7.850	0.126	0.416	8.480	0.136	0.447	9.110	0.146	0.478	9.730	0.155
60	0.388	6.659	0.106	0.426	7.290	0.116	0.464	7.910	0.127	0.501	8.540	0.137	0.539	9.170	0.147	0.577	9.800	0.156
70	0.455	6.720	0.107	0.499	7.350	0.117	0.543	7.980	0.128	0.587	8.600	0.138	0.631	9.230	0.148	0.675	9.860	0.157
80	0.523	6.780	0.108	0.573	7.410	0.118	0.623	8.040	0.129	0.673	8.670	0.139	0.724	9.290	0.149	0.774	9.920	0.158
90	0.591	6.840	0.109	0.647	7.470	0.119	0.704	8.100	0.130	0.760	8.730	0.140	0.817	9.360	0.150	0.873	9.980	0.159
100	0.659	6.908	0.110	0.722	7.540	0.120	0.785	8.160	0.131	0.848	8.790	0.141	0.911	9.420	0.151	0.973	10.05	0.160
110	0.729	6.971	0.111	0.798	7.600	0.121	0.867	8.230	0.132	0.960	8.850	0.142	1.005	9.480	0.152	1.074	10.11	0.161
120	0.799	7.034	0.112	0.874	7.666	0.122	0.950	8.290	0.133	1.025	8.920	0.143	1.110	9.550	0.153	1.176	10.17	0.162
130	0.869	7.096	0.113	0.952	7.720	0.123	1.033	8.350	0.134	1.114	8.980	0.144	1.196	9.610	0.154	1.278	10.23	0.163
140	0.941	7.159	0.114	1.029	7.790	0.124	1.117	8.420	0.135	1.205	9.040	0.145	1.292	9.670	0.155	1.386	10.29	0.164
150	1.013	7.222	0.115	1.107	7.850	0.125	1.201	8.400	0.136	1.295	9.100	0.146	1.390	9.730	0.156	1.484	10.36	0.165
160	1.085	7.285	0.116	1.186	7.910	0.126	1.286	8.540	0.137	1.387	9.170	0.147	1.487	9.790	0.157	1.588	10.42	0.166
170	1.158	7.348	0.117	1.265	7.980	0.127	1.372	8.600	0.138	1.479	9.230	0.148	1.585	9.860	0.158	1.692	10.49	0.167
180	1.232	7.410	0.118	1.345	8.040	0.128	1.458	8.660	0.139	1.571	9.290	0.149	1.684	9.920	0.159	1.790	10.55	0.168
190	1.306	7.470	0.119	1.425	8.100	0.129	1.545	8.720	0.140	1.664	9.350	0.150	1.783	9.980	0.160	1.903	10.61	0.169
200	1.381	7.530	0.120	1.507	8.160	0.130	1.632	8.790	0.141	1.758	9.410	0.151	1.884	10.04	0.161	2.009	10.67	0.170
210	1.457	7.600	0.121	1.589	8.220	0.131	1.721	8.850	0.142	1.852	9.470	0.152	1.984	10.10	0.162	2.116	10.73	0.171
220	1.533	7.660	0.122	1.671	8.280	0.132	1.809	8.910	0.143	1.948	9.530	0.153	2.086	10.17	0.163	2.224	10.80	0.172
230	1.610	7.720	0.123	1.754	8.350	0.133	1.899	8.970	0.144	2.043	9.600	0.154	2.188	10.23	0.164	2.332	10.86	0.173
240	1.688	7.780	0.124	1.838	8.410	0.134	1.989	9.040	0.145	2.140	9.660	0.155	2.290	10.29	0.165	2.441	10.92	0.174
250	1.766	7.840	0.125	1.923	8.470	0.135	2.080	9.100	0.146	2.237	9.720	0.156	2.394	10.35	0.166	2.518	10.99	0.175
260	1.845	7.911	0.126	2.008	8.540	0.136	2.171	9.160	0.147	2.334	9.780	0.157	2.498	10.41	0.167	2.661	11.05	0.176
270	1.924	7.970	0.127	2.094	8.600	0.137	2.263	9.220	0.148	2.433	9.850	0.158	2.692	10.47	0.168	2.772	11.11	0.177
280	2.004	8.030	0.128	2.180	8.660	0.138	2.356	9.290	0.149	2.532	9.910	0.159	2.707	10.54	0.169	2.882	11.18	0.178
290	2.085	8.100	0.129	2.267	8.730	0.139	2.449	9.350	0.150	2.631	9.970	0.160	2.813	10.61	0.170	2.995	11.24	0.179
300	2.166	8.160	0.130	2.355	8.790	0.140	2.543	9.420	0.151	2.731	10.04	0.161	2.920	10.67	0.171	3.108	11.30	0.180

续表

保温厚度/mm	3200			3400			3600			3800			4000		
	V	S	V。	V	S	V。	V	S	V。	V	S	V。	V	S	V。
30	0.304	10.23	0.163	0.323	10.86	0.173	0.342	11.49	0.183	0.361	12.12	0.194	0.380	12.75	0.204
40	0.407	10.30	0.164	0.432	10.92	0.174	0.457	11.55	0.184	0.482	12.18	0.195	0.508	12.81	0.205
50	0.510	10.36	0.165	0.542	10.99	0.175	0.573	11.62	0.185	0.604	12.24	0.196	0.636	12.87	0.205
60	0.614	10.42	0.166	0.652	11.05	0.176	0.689	11.68	0.186	0.727	12.30	0.197	0.765	12.94	0.207
70	0.719	10.49	0.167	0.763	11.11	0.177	0.806	11.74	0.187	0.851	12.37	0.198	0.894	13.00	0.208
80	0.824	10.55	0.168	0.874	11.17	0.178	0.924	11.80	0.188	0.975	12.43	0.199	1.028	13.06	0.209
90	0.940	10.61	0.169	0.986	11.24	0.179	1.043	11.87	0.189	1.099	12.49	0.220	1.156	13.12	0.210
100	1.036	10.68	0.170	1.099	11.30	0.180	1.162	11.93	0.190	1.225	12.56	0.201	1.237	13.19	0.211
110	1.143	10.74	0.171	1.212	11.36	0.181	1.281	12.00	0.191	1.351	12.62	0.202	1.420	13.25	0.212
120	1.251	10.80	0.172	1.326	11.43	0.182	1.402	12.06	0.192	1.477	12.68	0.203	1.552	13.31	0.213
130	1.359	10.86	0.173	1.441	11.49	0.183	1.523	12.12	0.193	1.604	12.75	0.204	1.686	13.37	0.214
140	1.468	10.92	0.174	1.556	11.55	0.184	1.644	12.16	0.194	1.732	12.81	0.205	1.820	13.44	0.215
150	1.578	10.99	0.175	1.672	11.62	0.185	1.766	12.24	0.195	1.861	12.87	0.206	1.955	13.50	0.216
160	1.688	11.05	0.176	1.788	11.68	0.186	1.889	12.30	0.196	1.990	12.94	0.207	2.090	13.56	0.217
170	1.799	11.11	0.177	1.906	11.74	0.187	2.012	12.37	0.197	2.119	13.00	0.208	2.276	13.62	0.218
180	1.910	11.17	0.178	2.034	11.80	0.188	2.136	12.43	0.198	2.250	13.06	0.209	2.363	13.69	0.219
190	2.022	11.24	0.179	2.141	11.86	0.189	2.261	12.49	0.199	2.380	13.12	0.210	2.490	13.75	0.220
200	2.135	11.30	0.180	2.260	11.93	0.190	2.386	12.56	0.200	2.512	13.18	0.211	2.637	13.81	0.221
210	2.248	11.36	0.181	2.380	11.99	0.191	2.512	12.62	0.201	2.644	13.24	0.212	2.776	13.87	0.222
220	2.362	11.43	0.182	2.500	12.06	0.192	2.638	12.63	0.202	2.777	13.30	0.213	2.915	13.93	0.233
230	2.477	11.49	0.183	2.621	12.12	0.193	2.766	12.74	0.203	2.910	13.36	0.214	3.054	13.99	0.224
240	2.592	11.55	0.184	2.743	12.18	0.194	2.893	12.80	0.204	3.044	13.44	0.215	3.195	14.06	0.225
250	2.708	11.61	0.185	2.865	12.24	0.195	3.022	12.87	0.205	3.179	13.50	0.216	3.336	14.13	0.226
260	2.824	11.67	0.186	2.988	12.30	0.196	3.151	12.93	0.206	3.314	13.56	0.217	3.477	14.19	0.227
270	2.941	11.73	0.187	3.111	12.36	0.197	3.280	12.99	0.207	3.450	13.62	0.218	3.620	14.25	0.228
280	3.059	11.80	0.188	3.235	12.43	0.198	3.411	13.06	0.208	3.587	13.68	0.219	3.762	14.32	0.229
290	3.177	11.86	0.189	3.360	12.49	0.199	3.542	13.12	0.209	3.724	13.74	0.220	3.906	14.38	0.230
300	3.297	11.92	0.190	3.485	12.55	0.200	3.673	13.18	0.210	3.862	13.81	0.221	4.050	14.44	0.231

筒体外径/mm

表 3.4-2 圆形设备封头部分保温材料用量计算

单位：m³/m

| 保温厚度/mm | 筒体外径/mm | | | | | | | | | | | | | | | | | |
| | 1000 | | | 1100 | | | 1200 | | | 1400 | | | 1600 | | | 1800 | | |
	V	S	V_0	V	S	V_0	V	S	V_0	V	S	V_0	V	S	V_0	V	S	V_0
30	0.035	1.400	0.022	0.047	1.661	0.025	0.055	1.943	0.030	0.074	2.573	0.038	0.095	3.290	0.050	0.119	4.096	0.062
40	0.052	1.450	0.023	0.064	1.716	0.026	0.075	2.002	0.030	0.100	2.640	0.040	0.128	3.367	0.051	0.160	4.181	0.064
50	0.067	1.500	0.024	0.081	1.771	0.027	0.095	2.062	0.031	0.126	2.709	0.041	0.162	3.444	0.052	0.202	4.267	0.065
60	0.088	1.550	0.025	0.099	1.828	0.028	0.116	2.123	0.032	0.154	2.779	0.042	0.197	3.523	0.054	0.245	4.355	0.066
70	0.098	1.600	0.026	0.118	1.885	0.029	0.138	2.184	0.033	0.182	2.849	0.043	0.233	3.602	0.055	0.289	4.443	0.067
80	0.114	1.660	0.027	0.137	1.943	0.030	0.160	2.247	0.034	0.211	2.920	0.044	0.269	3.682	0.056	0.334	4.531	0.069
90	0.131	1.720	0.028	0.156	2.002	0.030	0.182	2.310	0.035	0.240	2.993	0.045	0.306	3.763	0.057	0.380	4.621	0.070
100	0.150	1.780	0.029	0.177	2.062	0.031	0.206	2.375	0.036	0.270	3.066	0.047	0.344	3.845	0.058	0.426	4.712	0.072
110	0.167	1.840	0.030	0.197	2.123	0.032	0.230	2.440	0.037	0.301	3.140	0.048	0.383	3.928	0.060	0.474	4.803	0.073
120	0.185	1.900	0.031	0.219	2.184	0.033	0.254	2.506	0.038	0.333	3.214	0.049	0.422	4.011	0.061	0.522	4.896	0.074
130	0.204	1.960	0.032	0.241	2.247	0.034	0.280	2.573	0.039	0.365	3.290	0.050	0.463	4.096	0.062	0.571	4.989	0.076
140	0.224	2.020	0.033	0.263	2.310	0.035	0.305	2.640	0.040	0.398	3.367	0.051	0.504	4.181	0.064	0.622	5.083	0.077
150	0.245	2.090	0.034	0.287	2.375	0.036	0.332	2.709	0.041	0.432	3.444	0.051	0.546	4.267	0.065	0.673	5.178	0.079
160	0.266	2.150	0.035	0.310	2.440	0.037	0.359	2.779	0.042	0.467	3.523	0.054	0.599	4.355	0.066	0.725	5.274	0.080
170	0.287	2.220	0.036	0.335	2.506	0.038	0.387	2.849	0.043	0.502	3.602	0.055	0.632	4.443	0.067	0.728	5.371	0.082
180	0.310	2.290	0.037	0.360	2.573	0.040	0.415	2.920	0.044	0.538	3.682	0.056	0.677	4.531	0.069	0.831	5.469	0.083
190	0.333	2.360	0.038	0.386	2.640	0.041	0.445	2.993	0.045	0.575	3.763	0.057	0.722	4.621	0.070	0.886	5.567	0.085
200	0.356	2.430	0.039	0.412	2.709	0.042	0.475	3.066	0.047	0.613	3.845	0.058	0.769	4.712	0.072	0.942	5.667	0.086
210	0.380	2.500	0.040	0.439	2.779	0.043	0.505	3.140	0.048	0.651	3.928	0.060	0.816	4.803	0.073	0.999	5.767	0.088
220	0.405	2.570	0.041	0.467	2.849	0.044	0.536	3.214	0.049	0.690	4.011	0.061	0.864	4.896	0.074	1.056	5.869	0.089
230	0.430	2.640	0.042	0.495	2.920	0.045	0.568	3.290	0.050	0.730	4.096	0.062	0.913	4.989	0.076	1.115	5.971	0.091
240	0.456	2.710	0.043	0.524	2.993	0.046	0.601	3.367	0.051	0.771	4.181	0.064	0.962	5.083	0.077	1.175	6.074	0.092
250	0.483	2.790	0.044	0.554	3.066	0.047	0.634	3.444	0.052	0.813	4.267	0.065	1.013	5.178	0.079	1.235	6.177	0.094
260	0.510	2.830	0.045	0.584	3.140	0.048	0.669	3.523	0.054	0.855	4.355	0.066	1.065	5.274	0.080	1.297	6.282	0.095
270	0.537	2.930	0.046	0.615	3.214	0.049	0.703	3.602	0.055	0.898	4.443	0.067	1.117	5.371	0.082	1.359	6.388	0.097
280	0.566	3.010	0.047	0.647	3.290	0.050	0.739	3.682	0.056	0.942	4.531	0.069	1.170	5.469	0.083	1.423	6.494	0.099
290	0.595	3.090	0.048	0.679	3.367	0.051	0.775	3.763	0.057	0.987	4.621	0.070	1.225	5.567	0.085	1.488	6.602	0.100
300	0.627	3.170	0.049	0.712	3.444	0.052	0.812	3.845	0.058	1.033	4.712	0.072	1.280	5.667	0.086	1.553	6.710	0.102

续表

保温厚度/mm	筒体外径/mm																
	2000			2200			2400			2600			2800			3000		
	V	s	V_0	V	s	V_0	V	s	V_0	V	s	V_0	V	s	V_0	V	s	V_0
30	0.145	4.989	0.076	0.174	5.971	0.091	0.206	7.040	0.107	0.240	8.197	0.124	0.277	9.443	0.143	0.317	10.776	0.163
40	0.195	5.083	0.077	0.234	6.074	0.092	0.277	7.152	0.108	0.323	8.318	0.126	0.372	9.572	0.145	0.425	10.914	0.165
50	0.247	5.178	0.079	0.300	6.177	0.094	0.349	7.264	0.110	0.406	8.439	0.128	0.468	9.702	0.147	0.535	11.053	0.167
60	0.299	5.274	0.080	0.358	6.282	0.095	0.422	7.378	0.112	0.497	8.562	0.130	0.556	9.833	0.149	0.646	11.193	0.170
70	0.352	5.371	0.082	0.421	6.388	0.097	0.496	7.492	0.114	0.578	8.685	0.132	0.665	9.965	0.151	0.759	11.334	0.172
80	0.406	5.469	0.083	0.485	6.494	0.099	0.572	7.608	0.115	0.665	8.809	0.134	0.765	10.098	0.153	0.873	11.476	0.174
90	0.461	5.567	0.085	0.551	6.602	0.100	0.648	7.724	0.117	0.754	8.934	0.135	0.867	10.232	0.155	0.988	11.618	0.176
100	0.517	5.667	0.086	0.617	6.710	0.102	0.726	7.841	0.119	0.843	9.060	0.137	0.970	10.367	0.157	1.105	11.762	0.178
110	0.574	5.767	0.088	0.685	6.819	0.103	0.805	7.959	0.121	0.935	9.187	0.139	1.074	10.502	0.159	1.223	11.906	0.180
120	0.632	5.869	0.089	0.753	6.929	0.105	0.855	8.079	0.122	1.027	9.314	0.141	1.180	10.639	0.161	1.343	12.051	0.182
130	0.692	5.971	0.091	0.823	7.040	0.107	0.966	8.197	0.124	1.121	9.443	0.143	1.286	10.776	0.163	1.464	12.197	0.185
140	0.752	6.074	0.092	0.804	7.152	0.108	1.049	8.318	0.126	1.215	9.572	0.145	1.395	10.914	0.165	1.586	12.344	0.187
150	0.813	6.177	0.094	0.966	7.264	0.110	1.132	8.439	0.128	1.312	9.702	0.147	1.504	11.053	0.167	1.710	12.492	0.189
160	0.875	6.282	0.095	1.039	7.378	0.112	1.217	8.562	0.130	1.409	9.833	0.149	1.615	11.193	0.170	1.836	12.641	0.191
170	0.938	6.388	0.097	1.113	7.492	0.114	1.303	8.685	0.132	1.508	9.965	0.151	1.728	11.334	0.172	1.963	12.790	0.194
180	1.002	6.494	0.099	1.188	7.608	0.115	1.390	8.809	0.134	1.608	10.098	0.153	1.841	11.476	0.174	2.091	12.941	0.196
190	1.067	6.602	0.100	1.264	7.724	0.117	1.478	8.934	0.135	1.709	10.232	0.155	1.956	11.618	0.176	2.221	13.092	0.198
200	1.133	6.710	0.102	1.342	7.841	0.119	1.568	9.060	0.137	1.812	10.367	0.157	2.073	11.762	0.178	2.352	13.244	0.200
210	1.200	6.819	0.103	1.420	7.959	0.121	1.659	9.187	0.139	1.915	10.502	0.159	2.191	11.906	0.180	2.485	13.398	0.203
220	1.268	6.929	0.105	1.500	8.078	0.122	1.751	9.314	0.141	2.021	10.639	0.161	2.310	12.051	0.182	2.619	13.552	0.205
230	1.338	7.040	0.107	1.581	8.197	0.124	1.844	9.443	0.143	2.127	10.776	0.163	2.431	12.197	0.185	2.755	13.706	0.207
240	1.408	7.152	0.108	1.663	8.318	0.126	1.938	9.572	0.145	2.235	10.914	0.165	2.553	12.344	0.187	2.892	13.862	0.210
250	1.479	7.264	0.110	1.746	8.439	0.128	2.034	9.702	0.147	2.344	11.053	0.167	2.676	12.492	0.189	3.031	14.019	0.212
260	1.552	7.378	0.112	1.830	8.562	0.130	2.131	9.833	0.149	2.455	11.193	0.170	2.801	12.641	0.191	3.171	14.176	0.215
270	1.626	7.492	0.114	1.915	8.685	0.132	2.229	9.965	0.151	2.567	11.334	0.172	2.928	12.790	0.194	3.313	14.335	0.217
280	1.700	7.608	0.115	2.002	8.809	0.134	2.329	10.098	0.153	2.680	11.476	0.174	3.056	12.941	0.196	3.456	14.494	0.219
290	1.776	7.724	0.117	2.090	8.934	0.135	2.429	10.232	0.155	2.794	11.618	0.176	3.185	13.092	0.198	3.601	14.654	0.222
300	1.853	7.841	0.119	2.179	9.060	0.137	2.531	10.367	0.157	2.910	11.762	0.178	3.316	13.244	0.200	3.747	14.815	0.224

续表

保温厚度/mm	筒体外径/mm														
	3200			3400			3600			3800			4000		
	V	S	V_0	V	S	V_0	V	S	V_0	V	S	V_0	V	S	V_0
30	0.359	12.197	0.185	0.401	13.706	0.207	0.451	15.304	0.232	0.501	16.989	0.257	0.554	18.762	0.284
40	0.482	12.344	0.187	0.542	13.862	0.210	0.605	15.468	0.234	0.672	17.162	0.260	0.743	18.944	0.286
50	0.606	12.492	0.189	0.681	14.019	0.212	0.761	15.634	0.237	0.845	17.336	0.262	0.933	19.127	0.289
60	0.731	12.641	0.191	0.822	14.176	0.215	0.818	15.800	0.239	1.019	17.512	0.265	1.125	19.311	0.292
70	0.858	12.790	0.194	0.964	14.335	0.217	1.077	15.967	0.242	1.195	17.688	0.267	1.319	19.496	0.295
80	0.987	12.941	0.196	1.109	14.494	0.219	1.237	16.135	0.244	1.373	17.864	0.270	1.515	19.681	0.298
90	1.117	13.092	0.198	1.254	14.654	0.222	1.399	16.304	0.247	1.552	18.042	0.273	1.713	19.868	0.300
100	1.129	13.244	0.200	1.401	14.815	0.224	1.563	16.474	0.249	1.733	18.221	0.276	1.912	20.055	0.303
110	1.382	13.398	0.203	1.550	14.977	0.227	1.728	16.645	0.252	1.916	18.400	0.278	2.114	20.244	0.306
120	1.516	13.552	0.205	1.701	15.140	0.229	1.896	16.816	0.254	2.101	18.581	0.281	2.317	20.433	0.309
130	1.653	13.706	0.207	1.853	15.304	0.232	2.064	16.989	0.257	2.287	18.762	0.284	2.522	20.623	0.312
140	1.790	13.862	0.210	2.106	15.468	0.234	2.235	17.162	0.260	2.476	18.944	0.286	2.729	20.814	0.315
150	1.929	14.019	0.212	2.262	15.634	0.237	2.407	17.335	0.262	2.666	19.127	0.289	2.938	21.006	0.317
160	2.070	14.176	0.215	2.319	15.800	0.239	2.581	17.512	0.265	2.858	19.311	0.292	3.149	21.199	0.320
170	2.212	14.335	0.217	2.477	15.967	0.242	2.757	17.688	0.267	3.052	19.496	0.295	3.361	21.392	0.323
180	2.356	14.494	0.219	2.637	16.135	0.244	2.934	17.864	0.270	3.247	19.681	0.389	3.567	21.587	0.326
190	2.502	14.654	0.222	2.799	16.304	0.247	3.114	18.042	0.273	3.445	19.868	0.300	3.792	21.782	0.329
200	2.648	14.815	0.224	2.963	16.474	0.249	3.294	18.221	0.276	3.644	20.055	0.303	4.011	21.978	0.332
210	2.797	14.977	0.227	3.128	16.645	0.252	3.477	18.400	0.278	3.845	20.244	0.306	4.231	22.175	0.335
220	2.947	15.140	0.229	3.295	16.816	0.254	3.661	18.581	0.281	4.048	20.433	0.309	4.453	22.373	0.338
230	3.099	15.304	0.232	3.463	16.989	0.257	3.848	18.762	0.284	4.252	20.623	0.312	4.677	22.572	0.341
240	3.252	15.468	0.234	3.633	17.162	0.260	4.036	18.944	0.286	4.459	20.814	0.315	4.904	22.772	0.344
250	3.407	15.634	0.237	3.805	17.336	0.262	4.225	19.127	0.289	4.667	21.006	0.317	5.132	22.972	0.347
260	3.563	15.800	0.239	3.979	17.512	0.265	4.417	19.311	0.292	4.878	21.199	0.320	5.362	23.174	0.350
270	3.721	15.967	0.242	4.154	17.688	0.267	4.610	19.496	0.295	5.090	21.392	0.323	5.594	23.376	0.353
280	3.881	16.135	0.244	4.331	17.864	0.270	4.805	19.681	0.298	5.304	21.587	0.326	5.828	23.580	0.356
290	4.042	16.304	0.247	4.509	18.042	0.273	5.002	19.868	0.300	5.520	21.782	0.329	6.063	23.784	0.359
300	4.205	16.474	0.249	4.690	18.221	0.276	5.201	20.055	0.303	5.738	21.978	0.332	6.301	23.989	0.362

（3）保护层表面积的材料用量 S（即六角镀锌铁丝网面积）

$$S=\pi D'' \quad (m^2/m)$$
$$D''=D+2\delta+0.015\times2$$

（4）圆形设备筒体部分保温材料用量计算见表 3.4-1。

3.4.1.2　圆形设备封头体部分的计算

（1）保温层材料用量 V（表 3.4-2）

$$V=\pi D_2(h+0.35D_2)\delta \quad (m^3)$$
$$D_2=D+\delta$$

式中　h——设备封头直边高度，m。

（2）保护层材料用量 V_o（表 3.4-2）

$$V_o=0.015\pi D'(h+0.35D') \quad (m^3)$$
$$D'=D+2\delta+0.015$$

（3）保护层表面积的材料用量 S（即六角镀锌铁丝网面积）

$$S=\pi D''(h+0.35D'') \quad (m^2)$$
$$D''=D+2\delta+0.015\times2 \quad (0.015m 为保护层厚度)$$

（4）圆形设备封头部分的用量计算见表 3.4-2。

3.4.1.3　保温材料和辅助材料工程用量（表 3.4-3～表 3.4-7）

表 3.4-3　辅助材料用量

项　　目	规格及型号	用　　量
石油沥青油毡	粉毡 350 号（GB 326—2007）	1.2m²/m² 保温层
玻璃布	中碱布-120C，130A，130B	1.4m²/m² 保温层
铁皮及镀锌铁皮	0.3～0.5mm	1.2m²/m² 保温层
自攻螺钉	4×10	0.72kg/100m 管长
六角镀锌铁丝网	网孔 25mm　线径 22G	1.1m²/m² 保温层
石棉水泥		0.02m³/m² 保温层
捆扎保温瓦用镀锌铁丝	18#（DN≤100mm）	1.5kg/m³ 保温层
	16#（DN=125～600mm）	2.5kg/m³ 保温层
	14#（DN>600mm）	4.5kg/m³ 保温层
捆扎棉毡用镀锌铁丝或钢带	18#（DN≤100mm）	2.0kg/m³ 保温层
	16#（DN=125～600mm）	3.3kg/m³ 保温层
	14#（DN>600mm）	6.0kg/m³ 保温层
捆扎油毡用镀锌铁丝或钢带	钢带宽 15mm	0.54kg/m² 保温层
	铁丝 18#（DN≤100mm）	0.05kg/m² 保温层
	铁丝 16#（DN=125～400mm）	0.08kg/m² 保温层
捆扎玻璃布用镀锌铁丝或钢带	钢带宽 15mm 厚 0.4mm	0.54kg/m² 保温层
	铁丝 18#	0.05kg/m² 保温层
立管托环	钢板厚 6mm（DN≤100mm）	0.7kg/m² 保温层
	钢板厚 6mm（DN=125～500mm）	2.1kg/m² 保温层
	钢板厚 6mm（DN>500mm）	2.9kg/m² 保温层
油漆（两遍）冷底子油（一遍）	表面刷调合漆	0.24kg/m² 保温层
	黑铁皮（内外表面）刷红丹漆	0.71kg/m² 保温层
	汽油	0.24kg/m² 保温层
	4 号沥青	1.0kg/m² 保温层

表 3. 4-4　管道保温材料工程量

d/mm	V,F	30	40	50	60	70	80	90	100	110	120	130	140	150	160	170	180	190	200	210	220	230	240	250	260	270	280
22	V_1	0.006	0.009	0.013	0.017	0.023	0.028	0.035	0.045	0.049	0.057	0.066	0.076	0.07													
	V_2	0.0052	0.0063	0.0070	0.0081	0.0090	0.0100	0.0110	0.0120	0.0128	0.0137	0.0147	0.0156	0.0166													
	F	0.350	0.420	0.470	0.540	0.603	0.670	0.729	0.792	0.855	0.927	0.980		1.105													
28	V_1	0.006	0.010	0.014	0.019	0.024	0.030	0.036	0.043	0.051	0.060	0.069	0.078	0.089													
	V_2	0.0056	0.0065	0.0074	0.0083	0.0093	0.0103	0.0112	0.0122	0.0131	0.0140	0.0150	0.0159	0.0168													
	F	0.370	0.434	0.496	0.559	0.622	0.685	0.748	0.811	0.872	0.936	0.998	1.062	1.124													
32	V_1	0.007	0.010	0.0145	0.019	0.025	0.031	0.037	0.045	0.053	0.061	0.070	0.080	0.091													
	V_2	0.0057	0.0066	0.0076	0.0085	0.0095	0.0104	0.0114	0.0123	0.0132	0.0142	0.0151	0.0161	0.0170													
	F	0.383	0.446	0.509	0.572	0.634	0.697	0.760	0.823	0.885	0.949	1.012	1.074	1.137													
38	V_1	0.0074	0.0110	0.0154	0.021	0.026	0.032	0.040	0.047	0.055	0.064	0.073	0.083	0.093													
	V_2	0.0060	0.0069	0.0079	0.0088	0.0098	0.0107	0.0116	0.0126	0.0135	0.0145	0.0154	0.0163	0.0173													
	F	0.402	0.464	0.527	0.590	0.653	0.716	0.779	0.841	0.904	0.967	1.030	1.093	1.156													
45	V_1	0.080	0.012	0.017	0.022	0.028	0.034	0.041	0.049	0.057	0.066	0.077	0.086	0.097													
	V_2	0.0063	0.0072	0.0082	0.0091	0.0101	0.0110	0.0120	0.0129	0.0138	0.0148	0.0157	0.0167	0.0176													
	F	0.424	0.486	0.549	0.612	0.675	0.738	0.801	0.863	0.926	0.989	1.052	1.115	1.178													
57	V_1	0.008	0.012	0.017	0.022	0.028	0.034	0.041	0.049	0.058	0.065																
	V_2	0.006	0.007	0.008	0.009	0.010	0.011	0.012	0.013	0.014	0.015																
	F	0.462	0.525	0.587	0.650	0.713	0.776	0.839	0.902	0.964	1.027																
76	V_1	0.010	0.015	0.020	0.026	0.032	0.039	0.047	0.055	0.064	0.074	0.084	0.095	0.107	0.119												
	V_2	0.007	0.008	0.009	0.010	0.011	0.012	0.013	0.014	0.015	0.016	0.017	0.017	0.018	0.019												
	F	0.522	0.584	0.647	0.710	0.773	0.836	0.892	0.961	1.024	1.087	1.150	1.213	1.275	1.339												
89	V_1	0.011	0.016	0.022	0.028	0.035	0.042	0.051	0.059	0.069	0.079	0.089	0.101	0.113	0.125	0.138											
	V_2	0.008	0.009	0.010	0.011	0.012	0.012	0.013	0.014	0.015	0.016	0.017	0.018	0.019	0.020	0.021											
	F	0.562	0.625	0.688	0.751	0.814	0.877	0.939	1.002	1.066	1.128	1.191	1.253	1.316	1.379	1.442											
108	V_1	0.014	0.022	0.026	0.036	0.045	0.054	0.063	0.073	0.084	0.095	0.096	0.109	0.122	0.135	0.148	0.163										
	V_2	0.012	0.013	0.014	0.016	0.018	0.020	0.021	0.023	0.024	0.026	0.027	0.028	0.027	0.028	0.029	0.031										
	F	0.653	0.716	0.779	0.842	0.905	0.968	1.030	1.093	1.156	1.219	1.282	1.345	1.407	1.470	1.533	1.596										
133	V_1	0.015	0.022	0.029	0.036	0.045	0.054	0.063	0.073	0.084	0.095	0.107	0.120	0.133	0.147	0.152	0.177	0.193	0.209								
	V_2	0.013	0.015	0.016	0.017	0.018	0.019	0.021	0.022	0.023	0.025	0.026	0.027	0.028	0.030	0.031	0.032	0.033	0.035								
	F	0.732	0.795	0.858	0.920	0.983	1.046	1.109	1.172	1.235	1.297	1.360	1.423	1.486	1.549	1.612	1.674	1.737	1.800								

续表

d/mm	V,F	30	40	50	60	70	80	90	100	110	120	130	140	150	160	170	180	190	200	210	220	230	240	250	260	270	280
159	V_1	0.018	0.025	0.033	0.041	0.050	0.060	0.070	0.081	0.093	0.105	0.118	0.132	0.146	0.160	0.176	0.192	0.208	0.226	0.243	0.261	0.281					
	V_2	0.015	0.016	0.018	0.019	0.020	0.021	0.023	0.024	0.025	0.026	0.028	0.029	0.030	0.031	0.033	0.034	0.035	0.036	0.038	0.039	0.040					
	F	0.814	0.877	0.939	1.002	1.065	1.128	1.191	1.253	1.316	1.379	1.442	1.505	1.568	1.630	1.693	1.756	1.819	1.882	1.945	2.007	2.070					
219	V_1		0.033	0.042	0.053	0.064	0.075	0.087	0.100	0.114	0.128	0.143	0.158	0.174	0.191	0.208	0.226	0.244	0.263	0.283	0.321	0.342	0.364	0.386			
	V_2		0.020	0.021	0.023	0.024	0.025	0.026	0.028	0.029	0.030	0.031	0.033	0.034	0.035	0.036	0.038	0.039	0.040	0.041	0.043	0.044	0.045	0.046			
	F		1.065	1.128	1.191	1.253	1.316	1.379	1.442	1.505	1.568	1.630	1.693	1.756	1.819	1.882	1.945	2.007	2.070	2.133	2.196	2.259	2.322	2.384			
273	V_1		0.039	0.051	0.063	0.075	0.089	0.103	0.117	0.132	0.148	0.165	0.182	0.199	0.218	0.237	0.256	0.276	0.297	0.319	0.341	0.363	0.387	0.411	0.435	0.461	0.486
	V_2		0.023	0.025	0.026	0.027	0.028	0.030	0.031	0.032	0.033	0.035	0.036	0.037	0.039	0.040	0.041	0.042	0.044	0.045	0.046	0.047	0.049	0.050	0.051	0.052	0.054
	F		1.235	1.297	1.360	1.423	1.486	1.549	1.612	1.674	1.737	1.800	1.853	1.926	1.989	2.051	2.114	2.177	2.240	2.303	2.366	2.428	2.491	2.554	2.617	2.680	2.743
325	V_1		0.046	0.059	0.073	0.087	0.102	0.117	0.134	0.150	0.168	0.186	0.205	0.224	0.244	0.264	0.286	0.307	0.330	0.353	0.377	0.401	0.426	0.452	0.478	0.505	0.532
	V_2		0.027	0.028	0.029	0.030	0.032	0.033	0.034	0.036	0.037	0.038	0.039	0.041	0.042	0.043	0.044	0.046	0.047	0.048	0.049	0.051	0.052	0.053	0.054	0.056	0.057
	F		1.398	1.461	1.524	1.587	1.649	1.712	1.775	1.838	1.901	1.953	2.026	2.089	2.152	2.215	2.278	2.340	2.403	2.466	2.529	2.592	2.655	2.717	2.780	2.843	2.906
377	V_1		0.052	0.067	0.082	0.098	0.115	0.132	0.150	0.168	0.187	0.207	0.225	0.248	0.270	0.292	0.315	0.338	0.363	0.387	0.413	0.439	0.465	0.492	0.520	0.549	0.578
	V_2		0.030	0.031	0.032	0.034	0.035	0.036	0.038	0.039	0.040	0.041	0.043	0.044	0.045	0.046	0.048	0.049	0.050	0.051	0.053	0.054	0.055	0.057	0.058	0.059	0.060
	F		1.561	1.624	1.687	1.750	1.813	1.876	1.938	2.001	2.064	2.127	2.190	2.253	2.315	2.378	2.441	2.504	2.567	2.630	2.692	2.755	2.818	2.881	2.944	3.007	3.069
426	V_1		0.059	0.075	0.092	0.109	0.127	0.146	0.165	0.185	0.206	0.227	0.249	0.271	0.295	0.318	0.343	0.368	0.393	0.420	0.446	0.474	0.502	0.531	0.560	0.590	0.621
	V_2		0.033	0.034	0.036	0.037	0.038	0.039	0.041	0.042	0.043	0.044	0.046	0.047	0.048	0.049	0.051	0.052	0.053	0.054	0.056	0.057	0.058	0.059	0.061	0.062	0.063
	F		1.715	1.778	1.841	1.904	1.967	2.029	2.092	2.155	2.218	2.281	2.344	2.406	2.459	2.532	2.595	2.658	2.721	2.783	2.846	2.909	2.972	3.035	3.098	3.160	3.223
478	V_1		0.065	0.083	0.101	0.121	0.140	0.161	0.182	0.203	0.225	0.248	0.272	0.296	0.321	0.346	0.372	0.399	0.426	0.454	0.480	0.512	0.541	0.572	0.603	0.634	0.667
	V_2		0.036	0.038	0.039	0.040	0.041	0.043	0.044	0.045	0.046	0.048	0.049	0.050	0.051	0.053	0.054	0.055	0.056	0.058	0.059	0.060	0.061	0.063	0.064	0.065	0.066
	F		1.879	1.942	2.004	2.067	2.130	2.193	2.256	2.318	2.381	2.444	2.507	2.570	2.633	2.695	2.758	2.821	2.884	2.947	3.010	3.072	3.135	3.198	3.261	3.324	3.387
529	V_1		0.072	0.091	0.111	0.132	0.153	0.175	0.198	0.221	0.245	0.269	0.294	0.320	0.346	0.373	0.401	0.429	0.458	0.488	0.518	0.548	0.580	0.612	0.644	0.678	0.712
	V_2		0.040	0.041	0.042	0.043	0.045	0.046	0.047	0.048	0.050	0.051	0.052	0.053	0.055	0.056	0.057	0.058	0.060	0.061	0.062	0.063	0.065	0.066	0.067	0.068	0.070
	F		2.039	2.102	2.165	2.227	2.290	2.353	2.416	2.479	2.542	2.604	2.667	2.730	2.793	2.856	2.919	2.981	3.044	3.107	3.170	3.233	3.290	3.358	3.421	3.484	3.547
630	V_1		0.084	0.107	0.130	0.154	0.178	0.204	0.229	0.256	0.283	0.310	0.339	0.368	0.397	0.427	0.458	0.489	0.522	0.554	0.587	0.621	0.656	0.691	0.727	0.763	0.800
	V_2		0.046	0.047	0.048	0.050	0.051	0.052	0.053	0.055	0.056	0.057	0.058	0.060	0.061	0.062	0.063	0.065	0.066	0.067	0.068	0.070	0.071	0.072	0.074	0.075	0.076
	F		2.356	2.419	2.482	2.545	2.608	2.670	2.733	2.796	2.859	2.922	2.985	3.047	3.110	3.173	3.236	3.299	3.362	3.424	3.487	3.550	3.613	3.676	3.738	3.801	3.864
720	V_1		0.096	0.121	0.147	0.174	0.201	0.229	0.258	0.287	0.317	0.347	0.378	0.410	0.442	0.475	0.509	0.543	0.578	0.614	0.650	0.686	0.724	0.762	0.800	0.840	0.880
	V_2		0.052	0.053	0.054	0.055	0.057	0.058	0.059	0.060	0.062	0.063	0.064	0.065	0.067	0.068	0.069	0.070	0.072	0.073	0.074	0.075	0.077	0.078	0.079	0.080	0.082
	F		2.639	2.702	2.765	2.827	2.890	2.953	3.016	3.079	3.142	3.204	3.267	3.330	3.393	3.456	3.519	3.581	3.644	3.707	3.770	3.833	3.896	3.958	4.021	4.084	4.147

续表

d/mm	V,F	30	40	50	60	70	80	90	100	110	120	130	140	150	160	170	180	190	200	210	220	230	240	250	260	270	280
820	V_1		0.108	0.137	0.166	0.196	0.226	0.257	0.289	0.321	0.354	0.388	0.422	0.457	0.493	0.528	0.565	0.603	0.641	0.680	0.719	0.759	0.799	0.840	0.882	0.925	0.968
	V_2		0.058	0.059	0.060	0.062	0.063	0.064	0.065	0.067	0.068	0.069	0.070	0.072	0.073	0.074	0.075	0.077	0.078	0.079	0.080	0.082	0.083	0.084	0.085	0.087	0.088
	F		2.953	3.016	3.079	3.142	3.204	3.267	3.330	3.393	3.456	3.519	3.581	3.644	3.707	3.770	3.833	3.896	3.958	4.021	4.084	4.147	4.210	4.273	4.335	4.398	4.461
920	V_1		0.121	0.152	0.185	0.213	0.251	0.286	0.320	0.356	0.392	0.429	0.466	0.504	0.543	0.582	0.622	0.663	0.704	0.746	0.788	0.831	0.875	0.919	0.964	1.009	1.056
	V_2		0.064	0.065	0.067	0.068	0.069	0.070	0.072	0.073	0.074	0.075	0.077	0.078	0.079	0.080	0.082	0.083	0.084	0.085	0.087	0.088	0.089	0.090	0.092	0.093	0.094
	F		3.267	3.330	3.393	3.456	3.519	3.581	3.644	3.707	3.770	3.833	3.896	3.958	4.021	4.084	4.147	4.210	4.273	4.335	4.398	4.461	4.524	4.587	4.650	4.712	4.475
1020	V_1		0.133	0.168	0.204	0.240	0.276	0.314	0.352	0.391	0.430	0.470	0.510	0.551	0.593	0.636	0.679	0.722	0.767	0.811	0.857	0.903	0.950	0.997	1.046	1.094	1.144
	V_2		0.070	0.072	0.073	0.074	0.075	0.077	0.078	0.079	0.080	0.082	0.083	0.084	0.085	0.087	0.088	0.089	0.090	0.092	0.093	0.094	0.096	0.097	0.098	0.099	0.100
	F		3.581	3.644	3.707	3.770	3.833	3.896	3.958	4.021	4.084	4.147	4.210	4.273	4.335	4.398	4.461	4.524	4.587	4.650	4.712	4.775	4.838	4.901	4.964	5.027	5.089
1220	V_1		0.153	0.199	0.241	0.284	0.327	0.370	0.415	0.460	0.505	0.551	0.598	0.646	0.694	0.742	0.792	0.842	0.892	0.943	0.995	1.048	1.101	1.155	1.209	1.264	1.319
	V_2		0.083	0.084	0.085	0.087	0.088	0.089	0.090	0.092	0.093	0.094	0.096	0.097	0.098	0.099	0.101	0.102	0.103	0.104	0.106	0.107	0.108	0.109	0.110	0.112	0.113
	F		4.210	4.273	4.335	4.398	4.461	4.524	4.587	4.650	4.712	4.775	4.838	4.901	4.964	5.027	5.089	5.152	5.215	5.278	5.341	5.404	5.456	5.529	5.592	5.655	5.718
1420	V_1		0.183	0.231	0.279	0.328	0.377	0.427	0.478	0.529	0.581	0.633	0.686	0.740	0.794	0.849	0.905	0.961	1.018	1.075	1.133	1.192	1.252	1.312	1.372	1.434	1.495
	V_2		0.096	0.097	0.098	0.099	0.101	0.102	0.103	0.104	0.106	0.107	0.108	0.109	0.111	0.112	0.113	0.114	0.116	0.117	0.118	0.119	0.121	0.122	0.123	0.125	0.126
	F		4.838	4.901	4.964	5.027	5.089	5.152	5.215	5.278	5.341	5.404	5.456	5.529	5.592	5.655	5.718	5.781	5.843	5.906	5.949	6.032	6.095	6.158	6.220	6.283	6.346
1820	V_1		0.234	0.294	0.354	0.416	0.478	0.540	0.603	0.667	0.731	0.796	0.862	0.928	0.995	1.063	1.131	1.200	1.269	1.339	1.410	1.481	1.553	1.626	1.699	1.773	1.847
	V_2		0.121	0.122	0.123	0.124	0.126	0.127	0.128	0.129	0.131	0.132	0.133	0.134	0.136	0.137	0.138	0.139	0.141	0.142	0.143	0.145	0.146	0.147	0.148	0.150	0.151
	F		6.095	6.158	6.220	6.283	6.346	6.409	6.472	6.535	6.597	6.660	6.723	6.786	6.849	6.911	6.974	7.037	7.100	7.163	7.226	7.288	7.351	7.414	7.477	7.540	7.603
2000	V_1		0.256	0.322	0.388	0.455	0.523	0.591	0.660	0.729	0.799	0.870	0.941	1.013													
	V_2		0.132	0.133	0.134	0.136	0.137	0.138	0.139	0.141	0.142	0.143	0.145	0.146													
	F		6.660	6.723	6.786	6.849	6.911	6.971	7.037	7.100	7.163	7.226	7.288	7.351													
平壁	V_1		0.04	0.05	0.06	0.07	0.08	0.09	0.10	0.11	0.12	0.13	0.14	0.15	0.16	0.17	0.18	0.19	0.20	0.21	0.22	0.23	0.24	0.25	0.26	0.27	0.28
	V_2		0.02	0.02	0.02	0.02	0.02	0.02	0.02	0.02	0.02	0.02	0.02	0.02	0.02	0.02	0.02	0.02	0.02	0.02	0.02	0.02	0.02	0.02	0.02	0.02	0.02
	F		0.02	0.02	0.02	0.02	0.02	0.02	0.02	0.02	0.02	0.02	0.02	0.02	0.02	0.02	0.02	0.02	0.02	0.02	0.02	0.02	0.02	0.02	0.02	0.02	0.02

注: V_1——主保温层体积, m³/m; V_2——主保护层体积, m³/m; F——保护层外表面积, m²/m; δ——主保温厚度, mm。

表 3.4-5 石棉水泥胶泥涂抹层厚度

管道或设备直径/mm	DN<100	100<DN<1000 及平面
涂抹厚度/mm	10	15

注：石棉胶泥常用配比有两种。第一种用于室外，其配比为水泥 37%，乙级石棉 60%，防水粉 3%；第二种配比见表 3.4-6。

表 3.4-6 石棉胶泥常用配比　　　　　单位：kg

使 用 场 合	500♯水泥	膨胀珍珠岩	五级石棉	碳酸钙	容重/kg·m⁻³
室内	200	192	70	100	700
室外	400	192	70	100	900

表 3.4-7 可拆管件保温铁皮、保护层铁皮（厚 0.3~0.5mm）用量　　单位：m³/个

公称直径/mm	管件名称			公称直径/mm	管件名称		
	阀门	法兰	波形伸缩器		阀门	法兰	波形伸缩器
15	0.25	0.16	—	200	1.2	0.68	2.0
20	0.25	0.16	—	250	1.8	0.81	2.2
25	0.25	0.16	—	300	2.2	0.96	2.5
40	0.39	0.22	—	350	2.7	1.2	2.7
50	0.39	0.22	—	400	3.0	1.3	2.9
80	0.57	0.41	—	450	—	1.4	3.1
100	0.57	0.41	—	500	—	1.6	3.3
150	0.88	0.41	1.6				

3.4.2　绝热设计附录

3.4.2.1　环境温度 T_a、相对湿度 ψ 和露点 T_d 对照（表 3.4-8）

表 3.4-8　环境温度 T_a、相对湿度 ψ 和露点 T_d 对照

环境温度 T_a/℃	相对湿度 ψ/%												
	95	90	85	80	75	70	65	60	55	50	45	40	35	30
	露点 T_d/℃												
10	9.2	8.4	7.6	6.7	5.8	4.8	3.6	2.5	1.5	0	−1.3	−0.3	−5.0	−7.0
11	10.2	9.4	8.6	7.7	6.7	5.8	4.8	3.5	2.5	1.0	−0.5	−2.0	−4.0	−6.5
12	11.2	10.9	9.5	8.7	7.7	6.7	5.5	4.4	3.3	2.0	0.5	−1.0	−3.0	−5.0
13	12.2	11.4	10.5	9.6	8.7	7.7	6.6	5.3	4.1	2.8	1.4	−0.2	−2.0	−4.5
14	13.2	12.4	11.5	10.6	9.6	8.6	7.5	6.4	5.1	3.5	2.2	0.7	−1.0	−3.2
15	14.2	13.4	12.5	11.6	10.6	9.6	8.4	7.3	6.0	4.6	3.1	1.5	−0.3	−2.3
16	15.2	14.3	13.4	12.6	11.6	10.6	9.5	8.3	7.0	5.6	4.0	2.4	0.5	−1.3
17	16.2	15.3	14.5	13.5	12.5	11.5	10.2	9.2	8.0	6.5	5.0	3.2	1.5	−0.5
18	17.2	16.4	15.4	14.5	13.5	12.5	11.3	10.2	9.0	7.4	5.8	4.0	2.3	0.2
19	18.2	17.3	16.5	15.4	14.5	13.4	12.2	11.0	9.8	8.4	6.8	5.0	3.2	1.0
20	19.2	18.3	17.4	16.5	15.4	14.4	13.2	12.0	10.7	9.4	7.8	6.0	4.0	2.0
21	20.2	19.3	18.4	17.4	16.4	15.3	14.2	12.9	11.7	10.2	8.6	7.0	5.0	2.8
22	21.2	20.3	79.4	18.4	17.3	16.3	15.2	13.8	12.5	11.0	9.5	7.8	5.8	3.5
23	22.2	21.3	20.4	19.4	18.4	17.3	16.2	14.8	13.5	12.0	10.4	8.7	6.8	4.4
24	23.1	22.3	21.4	20.4	19.3	18.2	17.0	15.8	14.5	13.0	11.4	9.7	7.7	5.3
25	23.9	23.2	22.3	21.3	20.3	19.1	18.0	16.8	15.4	14.0	12.3	10.5	8.6	6.2
26	25.1	24.2	23.3	22.3	21.2	20.1	19.0	17.7	16.3	14.8	13.2	11.4	9.4	7.0

环境温度 T_a/℃	相对湿度 ψ/%													
	95	90	85	80	75	70	65	60	55	50	45	40	35	30
	露点 T_d/℃													
27	26.1	25.2	24.3	23.2	22.2	21.1	19.9	18.7	17.3	15.8	14.0	12.2	10.3	8.0
28	27.1	26.2	25.2	24.2	23.1	22.0	20.9	19.6	18.1	16.7	15.0	13.2	11.2	8.8
29	28.1	27.2	26.2	25.2	24.1	23.0	21.3	20.5	19.2	17.6	15.9	14.0	12.0	9.7
30	29.1	28.2	27.2	26.2	25.1	23.9	22.8	21.4	20.0	18.5	16.8	15.0	12.9	10.5
31	30.1	29.2	28.2	26.9	26.0	24.8	23.7	22.4	20.9	19.4	17.8	15.9	13.7	11.4
32	31.1	30.1	29.2	28.1	27.0	25.8	24.6	23.2	21.9	20.3	18.6	16.8	14.7	12.2
33	32.1	31.1	30.1	29.0	28.0	26.8	25.6	24.2	22.9	21.3	19.6	17.6	15.6	13.0
34	33.1	32.1	31.1	29.5	29.0	27.7	26.5	25.2	23.8	21.2	20.5	18.6	16.5	13.9
35	34.1	33.1	32.1	31.0	29.9	28.7	27.5	26.2	24.6	23.1	21.4	19.5	17.4	14.9
36	35.18	34.05	33.1	32.0	30.9	29.7	28.4	27.0	25.7	24.0	22.2	20.3	18.1	15.7
37	36.20	35.2	34.05	33.0	31.8	30.7	29.5	27.9	26.5	24.9	23.2	21.2	19.2	16.6
38	36.95	36.0	35.06	33.9	32.7	31.5	30.3	28.9	27.4	25.8	23.9	22.0	19.9	17.5
39		36.8	36.2	34.9	33.8	32.5	31.2	29.8	28.3	26.6	24.9	23.0	20.8	18.1
40			36.8	35.8	34.7	33.5	32.1	30.7	29.2	27.6	25.8	23.8	21.6	19.2

注：表中保冷防结露环境温度（T_a）取夏季空调室外（干球）温度；相对湿度 ψ 取最热月平均相对湿度。

3.4.2.2　保温层外表面至周围空气的散热热阻（表3.4-9）

表3.4-9　管道和平壁保温层外表面至周围空气的散热热阻 R_s　单位：m² · ℃/W

公称直径	室内介质温度 T_0/℃					室外介质温度 T_0/℃				
	≤100	200	300	400	500	≤100	200	300	400	600
25	0.30	0.26	0.22	0.20	0.19	0.10	0.095	0.09	0.08	0.08
32	0.28	0.23	0.20	0.16	0.14	0.095	0.09	0.08	0.07	0.06
40	0.26	0.22	0.18	0.15	0.13	0.09	0.08	0.07	0.06	0.05
50	0.20	0.16	0.14	0.12	0.10	0.07	0.06	0.05	0.043	0.043
100	0.16	0.13	0.11	0.095	0.08	0.05	0.043	0.043	0.034	0.034
125	0.13	0.11	0.095	0.077	0.07	0.043	0.034	0.034	0.026	0.026
150	0.10	0.09	0.077	0.069	0.06	0.034	0.026	0.026	0.017	0.017
200	0.09	0.08	0.069	0.06	0.05	0.034	0.026	0.026	0.017	0.017
250	0.08	0.07	0.06	0.052	0.043	0.026	0.017	0.017	0.017	0.017
300	0.07	0.06	0.052	0.043	0.043	0.026	0.017	0.017	0.017	0.017
350	0.06	0.05	0.05	0.043	0.043	0.017	0.017	0.017	0.017	0.017
400	0.05	0.043	0.043	0.034	0.034	0.017	0.017	0.017	0.017	0.017
500	0.043	0.034	0.034	0.034	0.034	0.017	0.017	0.017	0.017	0.017
600	0.036	0.034	0.032	0.030	0.028	0.014	0.013	0.013	0.013	0.011
700	0.033	0.031	0.029	0.028	0.026	0.013	0.012	0.011	0.011	0.010
800	0.029	0.028	0.025	0.024	0.023	0.011	0.010	0.010	0.009	0.009
900	0.026	0.025	0.024	0.023	0.022	0.010	0.009	0.009	0.009	0.009
1000	0.023	0.022	0.022	0.021	0.021	0.009	0.009	0.008	0.008	0.008
2000	0.014	0.013	0.012	0.011	0.010	0.005	0.004	0.004	0.004	0.004
平壁的散热热阻 R_s'										
平壁	0.09	0.09	0.09	0.09	0.09	0.034	0.034	0.034	0.034	0.034

3.4.2.3 每米管道的 V_f、V_w 值（表3.4-10）

表3.4-10 每米管道的 V_f、V_w 值

公称直径		外径 D_o	内径 D_i	管内容积 V_f	管材体积 V_w
mm	in	/mm	/mm	/$m^3 \cdot m^{-1}$	/$m^3 \cdot m^{-1}$
15	—	20.0	16.0	0.00020	0.00011
—	½	21.25	15.75	0.00020	0.00015
25	—	32.0	28.0	0.00062	0.00019
—	1	33.5	27.0	0.00057	0.00031
32	—	40.0	35.0	0.00096	0.00030
—	1¼	42.25	35.75	0.00101	0.00039
50	—	57.0	52.0	0.00212	0.00043
—	2	60.0	53.0	0.00221	0.00062
80	—	89.0	84.0	0.00554	0.00068
—	3	88.5	80.0	0.00503	0.00112
100	—	108.0	100.0	0.00785	0.00131
—	4	114.0	106.0	0.00882	0.00139
125	—	133.0	125.0	0.01227	0.00163
—	5	140.0	131.0	0.01348	0.00192
150	—	159.0	150.0	0.01777	0.00220
—	6	165.0	156.0	0.01910	0.00228
200	—	219.0	207.0	0.03370	0.00400
250	—	273.0	259.0	0.05280	0.00573
300	—	325.0	309.0	0.07500	0.00785

注：$V_w = \dfrac{\pi}{4} H(D_o^2 - D_i^2)$，$H$ 为1m管长。

3.4.2.4 保温层平均温度 T_m（表3.4-11）

表3.4-11 保温层平均温度 T_m 值 单位：℃

周围空气温度	介质温度									
	100	150	200	250	300	350	400	450	500	540
25	70	95	125	150	175	205	230	255	280	300
15	65	90	120	145	170	200	225	250	275	295
0	60	80	110	135	160	190	215	240	270	290
−15	55	75	105	130	155	185	210	235	265	285
−30	45	65	95	120	145	175	200	225	255	275

3.4.2.5 季节运行工况允许最大热损失（表3.4-12）

表3.4-12 季节运行工况允许最大热损失

设备、管道及附件表面温度/℃	50	100	150	200	250	300
允许最大热损失/(W/m²)	116	163	203	244	279	308

3.4.2.6 常年运行工况允许最大热损失（表3.4-13）

表3.4-13 常年运行工况允许最大热损失

设备、管道及附件表面温度/℃	50	100	150	200	250	300	350	400	450	500	550	600	650
允许最大热损失/(W/m²)	58	93	116	140	163	186	209	227	244	262	279	296	314

3.4.2.7 室内保温层通用厚度（表3.4-14）

表3.4-14　室内保温层通用厚度

单位：mm

d / λ	57	76	89	108	133	159	219	273	325	377	426	478	529	630	720	820	920	1020	1220	1420	1820	2000	平壁
$t=150℃$																							
0.050	30	30	30	30	30	30	40	40	40	40	40	40	40	40	40	40	40	40	40	40	40	40	40
0.055	30	30	30	40	40	40	40	40	40	40	40	40	40	40	40	40	40	40	40	40	50	50	50
0.060	30	40	40	40	40	40	40	40	40	40	40	50	50	50	50	50	50	50	50	50	50	50	50
0.065	30	40	40	40	40	40	40	50	50	50	50	50	50	50	50	50	50	50	50	50	50	50	50
0.070	40	40	40	40	40	50	50	50	50	50	50	50	50	50	60	50	50	50	60	60	60	60	60
0.075	40	40	40	50	50	50	50	50	50	50	50	50	60	60	60	60	60	60	60	60	60	60	60
0.080	40	40	50	50	50	50	50	50	60	60	60	60	60	60	60	60	60	60	60	60	60	70	70
$t=150℃$																							
0.050	40	40	40	50	50	50	50	50	50	50	50	50	60	60	60	60	60	60	60	60	60	60	60
0.055	40	50	50	50	50	50	50	60	60	60	60	60	60	60	60	60	60	60	60	70	70	70	60
0.060	50	50	50	50	50	60	60	60	60	60	60	60	70	70	70	70	70	70	70	70	70	70	70
0.065	50	50	60	60	60	60	60	70	70	70	70	70	70	70	70	70	70	70	70	80	80	80	80
0.070	50	60	60	60	60	60	70	70	70	80	70	70	80	80	80	80	80	80	80	80	80	80	80
0.075	60	60	60	60	70	60	70	70	80	80	80	80	80	80	80	80	80	90	90	90	90	90	90
0.080	60	60	60	70	70	70	70	80	80	80	80	80	80	90	90	90	90	90	90	90	90	100	100
$t=200℃$																							
0.050	50	50	50	50	60	60	60	60	60	70	70	70	70	70	70	70	70	70	80	70	70	70	70
0.055	50	60	60	60	60	60	70	70	70	70	70	70	70	80	80	80	80	80	80	80	80	80	80
0.060	60	60	60	60	70	70	70	70	80	80	80	80	80	80	80	80	80	80	90	80	90	90	90
0.065	60	60	70	70	70	70	80	80	80	80	80	80	90	90	90	90	90	90	90	90	100	100	100
0.070	60	70	70	80	80	80	80	80	90	90	90	90	90	90	90	100	100	100	100	100	100	100	100
0.075	70	70	70	80	80	80	90	90	90	90	90	100	100	100	100	100	100	100	100	110	110	110	110
0.080	70	70	80	80	80	90	90	90	100	100	100	100	100	100	110	110	110	110	110	110	110	120	120

续表

t=250℃

d / λ	57	76	89	108	133	159	219	273	325	377	426	478	529	630	720	820	920	1020	1220	1420	1820	2000	平壁
0.050	50	60	60	60	60	70	70	70	70	80	80	80	80	80	80	80	80	80	80	90	90	90	90
0.055	60	60	60	70	60	70	80	80	80	80	80	80	80	80	90	90	90	90	90	90	90	100	100
0.060	60	70	70	70	70	80	80	80	90	90	90	90	90	90	90	100	100	100	100	100	100	100	100
0.065	70	70	70	80	70	80	90	90	90	90	100	100	100	90	100	100	100	110	110	110	110	110	110
0.070	70	70	80	80	80	90	90	100	100	100	100	100	100	110	110	110	110	110	110	110	120	120	120
0.075	70	80	80	80	80	90	100	100	110	110	110	110	110	110	110	120	120	120	120	120	120	130	130
0.080	80	80	90	90	90	100	100	110	110	110	110	120	120	120	120	120	130	130	130	130	130	140	140

t=300℃

d / λ	57	76	89	108	133	159	219	273	325	377	426	478	529	630	720	820	920	1020	1220	1420	1820	2000	平壁
0.050	60	60	60	70	70	70	70	80	80	80	80	80	90	90	90	90	90	90	90	90	100	100	100
0.055	60	70	70	70	70	70	80	80	80	80	80	80	90	90	100	100	100	100	100	100	110	110	110
0.060	70	70	70	80	80	80	80	90	90	100	100	100	100	100	100	110	110	110	110	110	110	110	110
0.065	70	80	80	80	80	90	90	100	100	100	100	100	110	110	110	110	110	120	120	120	120	120	120
0.070	80	80	80	90	90	90	100	110	110	110	110	110	110	120	120	120	120	120	130	130	130	130	130
0.075	80	90	90	90	100	100	110	110	110	120	120	120	120	120	130	130	130	130	130	140	140	140	140
0.080	80	90	90	100	100	110	110	120	120	120	120	130	130	130	130	140	140	140	140	140	150	150	150

t=350℃

d / λ	57	76	89	108	133	159	219	273	325	377	426	478	529	630	720	820	920	1020	1220	1420	1820	2000	平壁
0.050	60	70	70	70	70	80	80	80	90	90	90	90	90	90	90	100	100	100	100	100	100	100	100
0.055	70	70	70	80	80	80	90	90	90	100	100	100	100	100	100	100	100	110	110	110	110	110	110
0.060	70	80	80	80	90	90	90	90	100	100	100	100	110	110	110	110	110	120	120	120	120	120	120
0.065	80	80	80	90	90	90	100	100	110	110	110	110	110	120	120	120	120	120	130	130	130	130	130
0.070	80	90	90	90	100	100	110	110	110	120	120	120	120	130	130	130	130	130	140	140	140	140	140
0.075	90	90	90	100	100	110	110	110	120	120	130	130	130	140	140	140	140	140	140	150	150	150	150
0.080	90	100	100	100	110	110	120	120	130	130	130	130	140	140	140	140	150	150	150	150	160	160	160

t=400℃

d	57	76	89	108	133	159	219	273	325	377	426	478	529	630	720	820	920	1020	1220	1420	1820	2000	平壁
λ																							
0.050	70	70	70	70	80	80	90	90	90	90	90	100	100	100	100	100	100	100	100	100	110	110	110
0.055	70	80	80	80	80	90	90	100	100	100	100	100	100	110	110	110	110	110	110	110	110	120	120
0.060	80	80	80	90	90	90	100	100	100	110	110	110	110	120	120	120	120	120	120	130	130	130	130
0.065	80	90	90	90	100	100	110	110	110	120	120	120	120	120	130	130	130	130	130	140	140	140	140
0.070	80	90	90	100	100	110	110	120	120	120	120	130	130	130	130	140	140	140	140	140	150	150	150
0.075	90	100	100	100	110	110	120	120	130	130	130	130	140	140	140	140	150	150	150	150	160	160	160
0.080	90	100	100	110	110	120	120	130	130	140	140	140	140	150	150	150	160	160	160	160	160	170	170

t=450℃

d	57	76	89	108	133	159	219	273	325	377	426	478	529	630	720	820	920	1020	1220	1420	1820	2000	平壁
λ																							
0.050	70	70	70	80	80	80	90	90	90	100	100	100	100	100	100	110	110	110	110	110	110	110	110
0.055	70	80	80	80	90	90	100	100	100	100	110	110	110	110	110	110	120	120	120	120	120	120	120
0.060	80	80	90	90	90	100	100	110	110	110	110	120	120	120	120	120	130	130	130	130	130	140	140
0.065	80	90	90	100	100	100	110	110	120	120	120	120	130	130	130	130	130	140	140	140	140	150	150
0.070	90	90	100	100	110	110	120	120	120	130	130	130	130	140	140	140	140	150	150	150	150	150	160
0.075	90	100	100	110	110	120	120	130	130	130	140	140	140	140	150	150	150	150	160	160	160	160	170
0.080	100	100	110	110	120	120	130	130	140	140	140	150	150	150	160	160	160	170	170	170	170	180	180

t=500℃

d	57	76	89	108	133	159	219	273	325	377	426	478	529	630	720	820	920	1020	1220	1420	1820	2000	平壁
λ																							
0.050	70	70	80	80	80	90	90	90	100	100	100	100	100	110	110	110	110	110	110	110	110	110	120
0.055	80	80	80	90	90	90	100	100	100	110	110	110	110	110	120	120	120	120	120	130	130	130	130
0.060	80	90	90	100	100	100	110	110	110	120	120	120	120	120	130	130	130	130	140	140	140	140	140
0.065	90	90	90	100	100	110	110	120	120	120	130	130	130	130	140	140	140	140	140	150	150	150	150
0.070	90	100	100	100	110	110	120	120	130	130	130	140	140	140	140	150	150	150	150	150	160	160	160
0.075	100	100	110	110	110	120	130	130	140	140	140	140	150	150	150	150	160	160	160	160	170	170	170
0.080	100	110	110	120	120	130	130	140	140	150	150	150	160	160	160	160	170	170	170	170	180	180	180

$\lambda \backslash d$	57	76	89	108	133	159	219	273	325	377	426	478	529	630	720	820	920	1020	1220	1420	1820	2000	平壁
$t=540\ ^\circ\!C$																							
0.050	70	80	80	80	80	90	90	100	100	100	100	100	110	110	110	110	110	110	110	120	120	120	120
0.055	80	80	80	90	90	90	100	100	110	110	110	110	110	120	120	120	120	120	130	130	130	130	130
0.060	80	90	90	90	100	100	110	110	110	120	120	120	120	130	130	130	130	130	140	140	140	140	140
0.065	90	90	100	100	110	110	110	120	120	130	130	130	130	140	140	140	140	140	150	150	150	150	150
0.070	90	100	100	110	110	110	120	120	130	130	140	140	140	140	150	150	150	150	160	160	160	160	160
0.075	100	100	110	110	120	120	130	130	140	140	140	150	150	150	160	160	160	160	170	170	170	180	180
0.080	100	110	110	120	120	130	140	140	150	150	150	160	160	160	160	170	170	170	170	180	180	190	190
$t=555\ ^\circ\!C$																							
0.050	70	80	80	80	90	90	90	100	100	100	100	100	110	110	110	110	110	110	120	120	120	120	120
0.055	80	80	80	90	90	100	100	110	110	110	110	110	120	120	120	120	120	120	130	130	130	130	130
0.060	80	90	90	100	100	100	110	110	120	120	120	120	130	130	130	130	130	130	140	140	140	140	140
0.065	90	90	100	100	110	110	120	120	130	130	130	130	130	140	140	140	140	140	150	150	150	150	150
0.070	90	100	100	110	110	110	120	130	140	130	140	140	140	150	150	150	150	150	160	160	160	170	170
0.075	100	100	110	110	120	120	130	140	140	140	150	150	150	160	160	160	160	160	170	170	170	180	180
0.080	100	110	110	120	120	130	140	140	150	150	150	160	160	160	170	170	170	180	180	180	180	190	190
$t=570\ ^\circ\!C$																							
0.050	70	80	80	80	90	90	90	100	100	100	100	110	110	110	110	110	110	120	120	120	120	120	120
0.055	80	80	80	90	90	100	100	100	110	110	110	110	120	120	120	120	130	130	130	130	130	130	130
0.060	80	90	90	100	100	100	110	110	120	120	120	120	130	130	130	130	130	140	140	140	140	140	140
0.065	90	90	100	100	110	110	120	120	130	130	130	130	130	140	140	140	140	140	140	160	160	160	160
0.070	90	100	100	110	110	120	120	130	130	140	140	140	140	150	150	150	150	160	160	160	160	170	170
0.075	100	100	110	110	120	120	130	140	140	140	150	150	150	160	160	160	160	160	170	170	170	180	180
0.080	100	110	110	120	120	130	140	140	150	150	160	160	160	160	170	170	170	170	180	190	190	190	190

注：d——管道直径；t——管道的操作温度；λ——相应操作温度下的导热系数。

3.4.2.8 部分省市的环境温度、相对湿度（表 3.4-15）

表 3.4-15　中国部分省市的环境温度、相对湿度

序号	地名	大气压力/hPa		保温运行平均温度 T_a				保冷		室外风速 w			保温 防冻	极端最高温度平均值/℃	最大冻土深度/cm
		冬季	夏季	常年运行 年平均温度/℃	采暖运行季 日平均温度 ≤5℃	采暖运行季 日平均温度 ≤8℃	防冻伤 最热月 ≤8℃	防结露 夏季空调 T_a/℃	相对湿度 最热月平均 φ/%	冬季最多风向平均值 m·s⁻¹	冬季平均 m·s⁻¹	夏季平均 m·s⁻¹	极低温 T_a/℃		
1	2	3	4	5	6	7	8	9	10	11	12	13	14	15	
01	北京	1020.4	998.6	11.4	-1.6	-0.2	25.8	33.2	78	4.8	2.8	1.9	-17.1	37.1	15
02	天津	1026.6	1004.0	12.2	-0.9	0.3	26.4	33.4	78	6.0	3.4	2.6	-11.7	37.1	69
03	河北省														
03.1	承德	989.0	962.3	8.9	-4.2	-3.0	21.4	32.3	72	4.0	1.4	1.1	-21.3	36.0	126
03.2	唐山	1023.4	1002.2	11.1	-1.5	-0.6	25.5	32.7	79	3.0	2.6	2.3	-17.8	36.3	73
03.3	石家庄	1016.9	995.6	12.9	-0.2	1.0	26.6	35.1	75	2.3	1.8	1.5	-16.6	39.2	54
04	山西省														
04.1	大同	888.6	868.6	6.5	-5.0	-3.7	21.8	30.3	66	3.5	3.0	3.4	-25.1	34.5	186
04.2	太原	932.9	919.2	9.5	-2.1	-1.2	23.5	31.2	72	3.3	2.6	2.1	-21.4	35.2	77
04.3	运城	982.1	962.8	13.6	0.3	1.7	27.3	35.5	69	5.3	2.6	3.4	-14.7	39.2	43
05	内蒙古														
05.1	海拉尔	947.2	935.5	-2.1	-14.2	-12.3	19.6	28.1	71	2.4	3.0	3.2	-41.2	33.2	242
05.2	二连浩特	910.1	898.1	3.4	-9.0	-7.4	22.9	32.6	49	2.8	3.9	3.9	-33.7	37.0	337
05.3	呼和浩特	900.9	889.4	5.8	-5.9	-4.8	21.9	29.9	64	4.6	1.6	1.5	-27.0	34.1	143
06	辽宁省														
06.1	开原	1013.0	994.3	6.5	-6.9	-5.4	23.8	30.9	80	3.6	3.3	3.0	-30.3	33.5	143
06.2	沈阳	1020.8	1000.7	7.8	-5.7	-4.0	24.6	31.4	78	3.2	3.1	2.9	-26.8	34.0	118
06.3	锦州	1017.6	997.4	9.0	-3.9	-2.5	24.3	31.0	80	6.8	3.9	3.8	-21.4	31.6	113
06.4	鞍山	1117.5	997.1	8.8	-4.5	-2.9	24.8	31.2	76	4.7	3.5	3.1	-26.5	34.5	118
06.5	大连	1013.8	994.7	10.2	-1.5	-0.1	23.9	28.4	83	7.4	5.8	4.3	-16.2	31.5	93
07	吉林省														
07.1	吉林	1001.3	984.7	4.4	-9.0	-7.1	22.9	30.3	79	4.5	3.0	2.5	-35.0	33.7	190

续表

序号	地名	大气压力/hPa 冬季	大气压力/hPa 夏季	保温运行平均温度 T_a 常年运行 年平均温度/℃	采暖运行 日平均温度 ≤5℃	防疫伤 最热月 ≤8℃	保冷 防结露 夏季空调 T_a/℃	保冷 相对湿度 最热月平均 ψ/%	冬季最多风向平均值 m·s⁻¹	室外风速 w 冬季平均 m·s⁻¹	室外风速 w 夏季平均 m·s⁻¹	保温 防冻 极低温 T_a/℃	极端最高温度平均值/℃	最大冻土深度/cm
1	2	3	4	5	6	7	8	9	10	11	12	13	14	15
07.2	长春	994.0	977.0	4.9	-8.0	23.0	30.5	78	5.1	4.2	3.5	-30.2	33.8	180
07.3	通化	974.5	960.7	4.9	-7.4	22.2	29.4	80	3.3	1.3	1.7	-32.8	32.5	133
08	黑龙江省													
08.1	齐齐哈尔	1004.6	987.7	3.2	-9.8	22.8	30.6	73	3.0	2.8	3.2	-32.6	35.2	225
08.2	哈尔滨	1001.5	985.1	3.6	-9.5	22.8	30.3	77	4.7	3.8	3.5	-33.4	34.2	205
08.3	牡丹江	992.1	978.7	3.5	-9.1	22.0	30.3	76	2.5	2.3	2.1	-33.1	34.3	191
09	上海	1025.3	1005.3	15.7	4.1	27.8	34.0	83	3.8	3.1	3.2	-6.7	36.6	8
10	江苏省													
10.1	连云港	1023.3	1005.0	14.0	1.8	26.8	38.5	81	4.9	3.0	3.0	-12.3	36.9	25
10.2	南通	1025.4	1005.1	15.0	3.4	27.3	33.0	86	3.8	3.3	3.1	-7.5	35.5	12
10.3	南京	1026.2	1004.0	15.3	3.2	28.0	35.0	81	3.8	2.6	2.6	8.6	37.4	9
11	浙江省													
11.1	杭州	1020.9	1000.5	16.2	4.2	28.6	35.7	80	3.6	2.3	2.2	-6.0	37.8	—
11.2	衢州	1017.1	997.9	17.3	5.0	29.1	35.8	76	4.3	3.0	2.5	-5.5	37.6	—
11.3	温州	1023.3	1005.5	17.9	7.4	27.9	32.8	84	3.1	2.2	8.1	-2.4	36.4	—
12	安徽省													
12.1	合肥	1022.3	1000.9	15.7	3.1	28.3	35.0	81	3.5	2.5	2.6	-9.4	37.6	11
12.2	芜湖	1023.9	1002.8	16.0	3.5	28.7	35.0	80	3.1	2.4	2.3	-7.8	37.4	—
13	福建省													
13.1	福州	1012.6	996.4	19.6	—	28.8	35.2	78	3.7	2.7	2.9	0.9	37.7	—
13.2	厦门	1013.8	999.1	20.9	—	28.4	33.4	81	4.2	3.5	3.0	4.1	36.4	—
14	江西省													
14.1	九江	1021.9	1000.9	17.0	4.4	29.4	36.4	76	4.4	3.0	2.4	-5.6	38.2	—

续表

序号	地 名	大气压力/hPa 冬季	大气压力/hPa 夏季	保温运行平均温度 T_a 常年运行 年平均温度 ℃	保温运行平均温度 T_a 采暖运行季 日平均温度 ≤5℃	采暖运行季 日平均温度 ≤8℃	防烫伤 最热月 ≤8℃	保冷·防结露 夏季空调 T_a/℃	保冷 相对湿度 最热月平均 ψ/%	冬季最多风向平均值 m·s⁻¹	室外风速 w 冬季平均 m·s⁻¹	室外风速 w 夏季平均 m·s⁻¹	保温防冻 极低温 T_a/℃	极端最高温度平均值 /℃	最大冻土深度 /cm
1	2	3	4	5	6	6	7	8	9	10	11	12	13	14	15
14.2	南昌	1018.8	999.1	17.5	5.0	6.1	29.6	35.6	75	5.4	3.8	2.7	-5.0	38.1	—
14.3	赣州	1008.3	990.9	19.4	—	7.7	29.5	35.4	70	2.7	2.1	2.0	-2.5	38.2	—
15	山东省														
15.1	烟台	1021.0	1001.0	12.4	0.3	1.5	25.2	30.7	80	4.2	3.3	4.8	-10.4	35.2	43
15.2	济南	1020.2	998.5	14.2	0.9	1.8	27.4	34.8	73	4.3	3.2	2.8	-13.7	38.6	41
15.3	青岛	1016.9	997.2	12.2	0.9	2.2	25.1	29.0	85	6.5	5.7	4.9	-10.2	32.6	49
16	河南省														
16.1	新乡	1017.6	996.0	14.0	1.3	2.4	27.1	35.1	78	4.9	2.7	2.3	-12.4	39.0	28
16.2	郑州	1012.8	991.7	14.2	1.6	2.6	27.3	35.6	76	4.3	3.4	2.6	-12.5	39.7	27
16.3	南阳	1010.7	989.6	14.9	2.4	3.4	27.4	35.2	80	4.2	2.6	2.4	-10.4	38.6	12
17	湖北省														
17.1	宜昌	1010.0	989.1	16.8	4.7	6.1	28.2	35.8	80	2.6	1.6	1.7	-4.3	38.6	—
17.2	武汉	1023.3	1001.7	16.3	3.7	5.0	28.8	35.2	79	4.2	2.7	2.6	-9.1	37.4	10
17.3	黄石	1023.0	1002.2	17.0	4.1	5.7	29.2	35.7	78	3.3	2.1	2.2	-6.4	33.3	6
18	湖南省														
18.1	岳阳	1015.7	998.2	17.0	4.5	5.8	29.2	34.1	75	3.1	2.8	3.1	-6.0	36.6	—
18.2	长沙	1019.9	999.4	17.2	4.6	5.8	29.3	35.8	75	3.7	2.8	2.6	-5.4	38.2	5
18.3	衡阳	1012.4	992.8	17.9	5.0	6.4	29.8	36.0	71	2.9	1.7	2.3	-3.8	38.8	—
19	广东省														
19.1	韶关	1013.8	997.1	20.3	—	—	29.1	35.4	75	3.1	1.8	1.5	-1.2	38.3	—
19.2	广州	1019.5	1004.5	21.8	—	—	28.4	33.5	83	3.5	2.4	1.8	1.9	36.3	—
19.3	海口	1016.0	1002.4	23.8	—	—	28.4	34.5	83	3.6	3.4	2.8	7.0	36.4	—
20	广西壮族自治区														

续表

序号	地名	大气压力/hPa 冬季	夏季	保温运行平均温度 T_a 常年运行 年平均温度/℃	采暖运行季 日平均温度 ≤5℃	≤8℃	防烫伤 最热月 ≤8℃	保 防结露 夏季空调 T_a/℃	冷 相对湿度 最热月平均 ψ/%	室外风速 w 冬季最多风向平均值 m·s⁻¹	冬季平均 m·s⁻¹	夏季平均 m·s⁻¹	保温 防冻 极低温 T_a/℃	极端最高温度平均值/℃	最大冻土深度/cm
1	2	3	4	5	6	7	8	9	10	11	12	13	14	15	
20.1	桂林	1002.9	986.1	18.8	—	7.9	28.3	33.9	78	4.4	3.2	1.5	−1.8	37.0	15
20.2	梧州	1006.7	991.4	21.1	—	—	28.3	34.7	80	2.1	1.7	1.5	0.6	37.6	—
20.3	北海	1017.1	1002.4	22.6	—	—	28.7	32.1	83	4.8	3.6	2.8	4.3	34.9	—
21	四川省														
21.1	广元	965.3	949.2	16.1	4.9	6.2	26.1	33.3	76	3.2	1.7	1.4	−5.0	36.5	—
21.2	成都	963.2	947.7	16.2	—	6.5	25.6	31.6	85	1.8	0.9	1.1	−3.1	34.7	—
21.3	重庆	991.2	973.2	18.3	—	7.5	23.6	36.5	75	2.2	1.2	1.4	0.2	39.1	—
21.4	西昌	838.2	834.8	17.0	—	—	22.6	30.2	75	3.3	1.7	1.2	−2.0	33.8	—
22	贵州省														
22.1	遵义	923.5	911.5	15.2	4.4	5.7	25.3	31.7	77	2.4	1.0	1.1	−4.3	35.3	—
22.2	贵阳	897.5	887.0	15.3	4.9	6.2	24.0	30.0	77	2.6	2.2	2.0	−4.6	33.2	—
22.3	兴仁	864.0	857.2	15.2	4.9	6.8	22.1	28.6	82	2.5	2.1	1.7	−3.7	31.9	—
23	云南省														
23.1	腾冲	936.7	831.3	14.8	−4.5	7.7	19.8	25.4	90	2.9	1.6	1.6	−2.8	29.2	—
23.2	昆明	811.5	808.0	14.7	1.0	7.7	10.8	25.8	83	4.3	2.5	1.8	−2.9	29.5	—
24	西藏自治区														
24.1	拉萨	650.0	652.3	7.5	0.7	1.8	15.1	22.8	54	2.4	2.2	1.8	−14.8	26.0	26
24.2	日喀则	651.0	638.3	6.3	−0.4	0.9	14.1	22.2	53	4.8	1.9	1.5	−19.0	26.0	67
25	陕西省														
25.1	榆林	902.0	889.6	8.1	−4.5	−3.1	23.4	31.6	62	3.0	1.8	2.5	−25.0	35.5	148
25.2	西安	978.7	959.2	13.3	1.0	2.1	26.6	35.2	72	2.7	1.0	2.2	−11.8	39.4	15
25.3	汉中	964.1	947.4	14.3	3.2	4.2	25.6	32.4	81	3.2	0.9	1.1	−6.7	35.9	—

续表

序号	地名	大气压力/hPa 冬季	大气压力/hPa 夏季	保温运行平均温度 Ta 常年运行 年平均温度/℃	采暖运行季 日平均温度 ≤5℃/℃	采暖运行季 日平均温度 ≤8℃/℃	防凝伤 最热月 ≤8℃/℃	防结露 夏季空调 Ta/℃	相对湿度 最热月平均 ψ/%	冬季最多风向平均值/($m \cdot s^{-1}$)	室外风速 w 冬季平均/($m \cdot s^{-1}$)	室外风速 w 夏季平均/($m \cdot s^{-1}$)	保温 防冻 极低温 Ta/℃	极端最高温度平均值/℃	最大冻土深度/cm
1	2	3	4	5	6		7	8	9	10	11	12	13	14	15
26	甘肃省														
26.1	敦煌	893.3	879.6	9.3	-3.8	-2.6	24.7	34.1	48	4.0	2.1	2.2	-22.9	38.6	144
26.2	兰州	851.4	843.1	9.1	-2.5	-1.1	22.2	30.5	61	2.2	0.5	1.3	-18.0	35.2	103
26.3	天水	892.0	880.7	10.7	0.0	1.3	22.6	30.3	72	2.7	1.3	1.2	-13.4	34.1	61
27	青海省														
27.1	西宁	775.1	773.5	5.7	-3.2	-1.6	17.2	25.9	65	4.3	1.7	1.9	-20.5	30.6	134
27.2	格尔木	723.5	724.0	4.2	-4.6	-3.4	17.6	26.6	36	2.7	2.6	3.5	-25.7	31.4	88
27.3	玉树	647.0	651.0	2.9	-3.2	-1.0	12.5	21.5	69	4.0	1.2	0.9	-23.4	25.6	103
28	宁夏回族自治区														
28.1	银川	895.7	883.5	8.5	-3.4	-2.1	23.4	30.6	64	2.2	1.7	1.7	-22.5	35.1	103
28.2	盐池	869.2	859.9	7.7	-3.9	-2.4	22.3	31.1	57	5.3	2.7	2.7	-25.5	35.1	128
28.3	固原	826.5	821.1	6.2	-3.3	-2.0	18.9	27.2	71	4.1	2.8	2.7	-23.1	31.1	114
29	新疆维吾尔自治区														
29.1	克拉玛依	980.6	958.9	8.0	-8.8	-6.5	27.4	34.9	32	3.8	1.5	5.1	-30.0	40.4	197
29.2	乌鲁木齐	919.9	906.7	5.7	-8.5	-7.3	23.5	34.1	44	2.5	1.7	3.1	-29.7	38.4	133
29.3	吐鲁番	1028.4	997.7	13.9	-4.2	-2.6	32.7	40.7	31	2.2	1.0	2.3	-20.1	45.5	83
29.4	哈密	939.7	921.1	9.8	-5.6	-3.9	27.2	35.8	34	2.4	2.3	3.1	-24.7	40.8	127
29.5	和田	867.1	856.5	12.2	-1.8	-0.4	25.5	34.2	40	2.2	1.6	2.3	-16.3	38.5	67
30	台湾省														
30.1	台北	1019.7	1005.3	22.1	—	—	28.6	33.6	77	—	3.7	2.8	4.8	36.9	—
31	香港	1019.5	1005.6	22.8	—	—	28.6	32.4	81	3.7	6.5	5.3	5.6	34.4	—

3.4.2.9 保温厚度选用列线图（图 3.4-1）

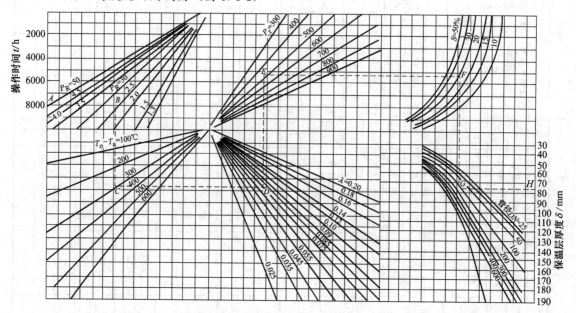

图 3.4-1 保温厚度选用列线图（按经济保温厚度计算方法绘制）

3.4.3 绝热厚度选用（表 3.4-16）

表 3.4-16 绝热厚度选用表（HG 20558.1—93 表 1.6.2.2）

绝热类别	介质温度	in	½	¾	1	1½	2	2½	3	4	6	8	10	12	14	16	18	20	24	平壁
		mm	15	20	25	40	50	65	80	100	150	200	250	300	350	400	450	500	600	（设备）
室外绝热	100		20	20	20	20	20	20	20	20	20	30	30	35	35	35	35	35	40	45
	150		25	25	25	25	25	25	25	30	35	40	40	45	45	45	50	50	55	65
	200		30	30	30	30	30	30	30	35	45	50	55	55	55	60	60	65	70	85
	250		35	35	35	35	35	35	40	40	50	55	60	65	70	70	75	75	80	100
	300		40	40	40	40	40	40	45	45	55	65	75	75	80	80	85	85	95	115
室内绝热	100		20	20	20	20	20	20	20	20	20	25	30	35	35	35	40	40	40	40
	150		25	25	25	25	25	25	25	30	40	45	45	45	50	55	55	55	55	65
	200		30	30	30	30	30	30	35	35	45	50	55	60	60	65	65	65	70	85
	250		35	35	35	35	35	35	40	45	50	60	65	70	70	75	80	80	85	110
	300		40	40	40	40	40	40	45	50	60	70	75	80	85	85	90	90	95	130
隔冷	0		25	25	25	25	25	25	30	30	35	35	35	35	35	35	35	35	35	35
	−10		30	30	30	35	35	35	40	40	40	45	45	45	45	45	45	45	45	50
	−20		35	35	40	40	45	45	50	50	55	55	55	55	55	55	60	60	60	65
人身保护（防烫）	100		20	20	20	20	20	20	20	20	20	20	20	20	20	20	20	20	20	20
	150		20	20	20	20	20	20	20	20	20	20	20	20	20	20	20	20	20	20
	200		20	20	20	20	20	20	20	20	20	20	20	20	20	20	20	20	20	20
	250		20	20	20	25	25	25	25	25	30	30	30	30	30	30	30	30	30	30
	350		25	25	30	30	30	30	30	35	35	35	35	35	40	40	40	40	40	40

3.5 防腐及涂漆

3.5.1 设计原则（GB 50316—2000）

(1) 埋地钢管道的外表面应制作防腐层，防腐层数应按所设计的管道及土壤情况决定。必要时，对长距离及不便检查维修的区域内的管道，可增加阴极保护措施。

(2) 地上管道的外表面防锈，一般采用涂漆，涂层类别应能耐环境大气的腐蚀。

(3) 涂层的底漆与面漆应配套使用。外有隔热层的管道，一般只涂底漆。不锈钢、有色金属及镀锌钢管道等，可不涂漆。

(4) 涂漆前管道外表面的清理，应符合涂料产品的相应要求。当有特殊的要求时，应在设计文件中规定。

(5) 涂漆颜色及标志可按现行国家标准《工业管路的基本识别色和识别符号》GB 7231 和有关标准执行，补充要求应在工程设计文件中规定。

3.5.2 涂料类别特点（GB/T 2705—2003）

3.5.2.1 按用途分类

主要是以涂料产品的用途为主线，并辅以主要成膜物的分类方法。将涂料产品划分为三个主要类别：建筑涂料、工业涂料和通用涂料及辅助材料，详见表 3.5-1。

表 3.5-1 涂料产品按用途分类

主要产品类型			主要成膜物类型
建筑涂料	墙面涂料	合成树脂乳液内墙涂料 合成树脂乳液外墙涂料 溶剂型外墙涂料 其他墙面涂料	丙烯酸酯类及其改性共聚乳液；醋酸乙烯及其改性共聚乳液；聚氨酯、氟碳等树脂；无机黏合剂等
	防水涂料	溶剂型树脂防水涂料 聚合物乳液防水涂料 其他防水涂料	EVA，丙烯酸酯类乳液；聚氨酯、沥青、PVC 泥或油膏、聚丁二烯等树脂
	地坪涂料	水泥基等非木质地面用涂料	聚氨酯、环氧等树脂
	功能性建筑涂料	防火涂料 防霉（藻）涂料 保温隔热涂料 其他功能性建筑涂料	聚氨酯、环氧、丙烯酸酯类、乙烯类、氟碳等树脂
工业涂料	汽车涂料（含摩托车涂料）	汽车底漆（电泳漆） 汽车中涂漆 汽车罩光漆 汽车修补漆 其他汽车专用漆	丙烯酸类、聚酯、聚氨酯、醇酸、环氧、氨基、硝基、PVC 等树脂
	木器涂料	溶剂型木器涂料 水性木器涂料 光固化木器涂料 其他木器涂料	聚氨酯、丙烯酸酯类、醇酸、硝基、氨基、酚醛、虫胶等树脂
	铁路、公路涂料	铁路车辆涂料 道路标志涂料 其他铁路、公路设施涂料	丙烯酸酯类、聚氨酯、环氧、醇酸、乙烯类等树脂
	轻工涂料	自行车涂料 家用电器涂料 仪器、仪表涂料 塑料涂料 纸张涂料 其他轻工专用涂料	聚氨酯、聚酯、醇酸、丙烯酸酯类、环氧、酚醛、氨基、乙烯类等树脂

主要产品类型			主要成膜物类型
工业涂料	船舶涂料	船壳及上层建筑物漆 船底防锈漆 船底防污漆 水线漆 甲板漆 其他船舶漆	聚氨酯、醇酸、丙烯酸酯类、环氧、乙烯类、酚醛、氯化橡胶、沥青等树脂
	防腐涂料	桥梁涂料 集装箱涂料 专用埋地管道及设施涂料 耐高温涂料 其他防腐涂料	聚氨酯、丙烯酸酯类、环氧、醇酸、酚醛、氯化橡胶、乙烯类、沥青、有机硅、氟碳等树脂
	其他专用涂料	卷材涂料 绝缘涂料 机床、农机、工程机械等涂料 航空、航空涂料 军用器械涂料 电子元器件涂料 以上未涂盖的其他专用涂料	聚酯、聚氨酯、环氧、丙烯酸酯类、醇酸、乙烯类、氨基、有机硅、氟碳、酚醛、硝基等树脂
通用涂料及辅助材料	调合漆 清漆 磁漆 底漆 腻子 稀释剂 防潮剂 催干剂 脱漆剂 固化剂 其他通用涂料及辅助材料	以上未涵盖的无明确应用	油脂;天然树脂、酚醛、沥青、醇酸等树脂

注：主要成膜物类型中树脂类型包括水性，溶剂型、无溶剂型、固体粉末。

3.5.2.2 按成膜分类

除建筑涂料外，主要以涂料产品的主要成膜物为主线，并适当辅以产品主要用途的分类方法。将涂料产品划分为两个主要类别：建筑涂料、其他涂料及辅助材料，详见表 3.5-2。

表 3.5-2 涂料产品按成膜分类

主要产品类型		主要成膜物类型
建筑涂料	墙面涂料	合成树脂乳液内墙涂料 合成树脂乳液外墙涂料 溶剂型外墙涂料 其他墙面涂料
		丙烯酸酯类及其改性共聚乳液;醋酸乙烯及其改性共聚乳液;聚氨酯;氟碳等树脂;无机黏合剂等
	防水涂料	溶剂型树脂防水涂料 聚合物乳液防水涂料 其他防水涂料
		EVA、丙烯酸酯类乳液;聚氨酯、沥青、PVC 胶泥或油膏、聚丁二烯等树脂
	地坪涂料	水泥基等非木质地面用涂料
		聚氨酯、环氧等树脂
	功能性建筑涂料	防火涂料 防霉(藻)涂料 保温隔热涂料 其他功能性建筑涂料
		聚氨酯、环氧、丙烯酸酯类、乙烯类、氟碳等树脂

注：主要成膜物类型中树脂类型包括水性、溶剂型、无溶剂型等

主要成膜物类型		主要产品类型
油脂漆类	天然植物油、动物油（脂）、合成油等	清油、厚漆、调合漆、防锈漆、其他油脂漆
天然树脂漆类	松香、虫胶、乳酪素、动物胶及其衍生物等	清漆、调合漆、磁漆、底漆、绝缘漆、生漆、其他天然树脂漆
酚醛树脂漆类	酚醛树脂、改性酚醛树脂等（包括直接来自天然资源的物质及其经过加工处理后的）	清漆、调合漆、磁漆、底漆、绝缘漆、船舶漆、防锈漆、耐热漆、黑板漆、防腐漆、其他酚醛树脂漆
沥青漆类	天然沥青、（煤）焦油沥青、石油沥青等	清漆、磁漆、底漆、绝缘漆、防污漆、船舶漆、耐酸漆、防腐漆、锅炉漆、其他沥青漆
醇酸树脂漆类	甘油醇酸树脂、季戊四醇醇酸树脂、其他醇类的醇酸树脂、改性醇酸树脂等	清漆、调合漆、磁漆、底漆、绝缘漆、船舶漆、防锈漆、汽车漆、木器漆、其他醇酸树脂漆
氨基树脂漆类	三聚氰胺甲醛树脂、脲（甲）醛树脂及其改性树脂等	清漆、磁漆、绝缘漆、美术漆、闪光漆、汽车漆、其他氨基树脂漆
硝基漆类	硝基纤维素（酯）等	清漆、磁漆、铅笔漆、木器漆、汽车修补漆、其他硝基漆
过氯乙烯树脂漆类	过氯乙烯树脂等	清漆、磁漆、机床漆、防腐漆、可剥漆、胶液、其他过氯乙烯树脂漆
烯类树脂漆类	聚二乙烯乙炔树脂、聚多烯树脂、氯乙烯醋酸乙烯共聚物、聚乙烯醇缩醛树脂、聚苯乙烯树脂、含氟树脂、氯化聚丙烯树脂、石油树脂等	聚乙烯醇缩醛树脂漆、氯化聚烯烃树脂漆、其他烯类树脂漆
丙烯酸酯类树脂漆类	热塑性丙烯酸酯类树脂、热固性丙烯酸酯类树脂等	清漆、透明漆、磁漆、汽车漆、工程机械漆、摩托车漆、家电漆、塑料漆、标志漆、电泳漆、乳胶漆、木器漆、汽车修补漆、粉末涂料、船舶漆、绝缘漆、其他丙烯酸酯类树脂漆
聚酯树脂漆类	饱和聚酯树脂、不饱和聚酯树脂等	粉末涂料、卷材涂料、木器漆、防锈漆、绝缘漆、其他聚酯树脂漆
环氧树脂漆类	环氧树脂、环氧酯、改性环氧树脂等	底漆、电泳漆、光固化漆、船舶漆、绝缘漆、划线漆、罐头漆、粉末涂料、其他环氧树脂漆
聚氨酯树脂漆类	聚氨（基甲酸）酯树脂等	清漆、磁漆、木器漆、汽车漆、防腐漆、飞机蒙皮漆、车皮漆、船舶漆、绝缘漆、其他聚氨酯树脂漆
元素有机漆类	有机硅、氟碳树脂等	耐热漆、绝缘漆、电阻漆、防腐漆、其他元素有机漆
橡胶漆类	氯化橡胶、环化橡胶、氯丁橡胶、氯化氯丁橡胶、丁苯橡胶、氯磺化聚乙烯橡胶等	清漆、磁漆、底漆、船舶漆、防腐漆、防火漆、划线漆、可剥漆、其他橡胶漆
其他成膜物类涂料	无机高分子材料、聚酰亚胺树脂、二甲苯树脂等以上未包括的主要成膜材料	

注：主要成膜物类型中树脂类型包括水性、溶剂型、无溶剂型、固体粉末等

	稀释剂
	防潮剂
辅助材料	催干剂
	脱漆剂
	固化剂
	其他辅助材料

3.5.2.3　涂料命名

（1）涂料全名一般是由颜色或颜料名称加上成膜物质名称，再加上基本名称（特性或专业用途）而组成。对于不含颜料的清漆，其全名一般是由成膜物质名称加上基本名称而组成。

（2）颜色名称通常由红、黄、蓝、白、黑、绿、紫、棕、灰等颜色，有时再加上深、中、浅（淡）等词构成。若颜料对漆膜性能起显著作用，则可用颜料的名称代替颜色的名称，例如铁红、锌黄、红丹等。

（3）成膜物质名称可做适当简化，例如聚氨基甲酸酯简化成聚氨酯；环氧树脂简化成环氧；硝酸纤维素（酯）简化为硝基等。漆基中含有多种成膜物质时，选取起主要作用的一种成膜物质命名。必要时也可选取两或三种成膜物质命名，主要成膜物质名称在前，次要成膜物质名称在后，例如红环氧硝基磁漆。成膜物名称可参见表 3.5-2 中的其他涂料。

（4）基本名称表示涂料的基本品种、特性和专业用途，例如清油、清漆、厚漆、调合漆、磁漆、粉末涂料、底漆、腻子、木漆、电泳漆、乳胶漆、水溶（性）漆、透明漆、斑纹漆、裂纹漆、橘纹漆、锤纹漆、皱纹漆、金属漆、闪光漆、防污漆、水线漆、甲板漆、甲板防滑漆、船壳漆、船底防锈漆、饮水舱漆、油舱漆、压载舱漆、化学品舱漆、车间（预涂）底漆、耐酸漆、耐碱漆、防腐漆、防锈漆、耐油漆、耐水漆、防火涂料、防霉（藻）涂料、耐热（高温）涂料、示湿涂料、涂布漆、桥梁漆、输电塔漆及其他（大型露天）钢结构漆、航空、航天用漆、铅笔漆、罐头漆、木器漆、家用电器涂料、自行车涂料、玩具涂料、塑料涂料、（浸渍）绝缘漆、（覆盖）绝缘漆、抗弧（磁）漆、互感器漆、（黏合）绝缘漆、漆包线漆、硅钢片漆、电容器漆、电阻漆、电位器漆、半导体漆、电缆漆、可剥漆、卷材涂料、光固化涂料、保温隔热涂料、机床漆、工程机械用漆、农机用漆、发电、输配电设备用漆、内墙涂料、外墙涂料、防水涂料、地板漆、地坪漆、锅炉漆、烟囱漆、黑板漆、标志漆、路标漆、马路划线漆、汽车底漆、汽车中涂漆、汽车面漆、汽车罩光漆、汽车修补漆、集装箱涂料、铁路车辆涂料、胶液、其他未列出的基本名称等。

（5）在成膜物质名称和基本名称之间，必要时可插入适当词语来标明专业用途和特性等，例如白硝基球台磁漆、绿硝基外用磁漆、红过氯乙烯静电磁漆等。

（6）需烘烤干燥的漆，名称中（成膜物质名称和基本名称之间）应有"烘干"字样，例如银灰氨基烘干磁漆、铁红环氧聚酯酚醛烘干绝缘漆。如名称中无"烘干"词，则表明该漆是自然干燥，或自然干燥、烘烤干燥均可。

（7）凡双（多）组分的涂料，在名称后应增加"（双组分）"或"（三组分）"等字样，例如聚氨酯木器漆（双组分）。

注：除稀释剂外，混合后产生化学反应或不产生化学反应的独立包装的产品，都可认为是涂料组分之一。

3.5.3　涂料配套选用

3.5.3.1　涂料选用

在化工防腐蚀中，涂料占有一定的地位，涂料可以防止工业大气、水、土壤和腐蚀性化学介质等对金属的腐蚀。合理地使用涂料是化工厂中管路防腐蚀的重要措施之一。

涂料的品种繁多，其性能也各有不同。正确选用涂料品种对延长防腐蚀涂层的使用寿命有密切的关系。在选择涂料品种时应考虑下列因素。

（1）考虑被涂物的使用条件与选用的涂料适用范围的一致性：如腐蚀性介质的种类、浓度和温度，使用中是否受摩擦、冲击或振动等。各种涂料都有一定的适用范围，应根据具体使用条件选用适当的品种，如酸性介质可选用酚醛清漆，碱性介质可选用环氧树脂漆。

（2）考虑被涂物表面的材料性质：应根据不同的材料选用不同的品种；有些品种在某些表面上是不宜使用的，如红丹不适用于铝表面，而必须采用锌黄防锈漆。如果在钢材等表面涂刷酸性固化剂涂料，则应先涂一层耐酸底漆作隔离层。

（3）考虑施工条件的可能性：如缺乏高温热处理的条件，就不宜采用烘干型涂料（如热固化环氧树脂漆），因为这种涂料若不经高温烘干就不能发挥其防腐蚀特性；此时应采用冷固型的。

（4）考虑经济效果：在选择涂料品种时，应本着节约的原则。在计算涂层费用时，应将表面处理和施工费用考虑在内，这项费用往往会超过涂料本身的价值。在一些重要的管路上采用价格较贵，但性能优良、使用期限长的涂料，从长远来看还是合理的。

（5）考虑涂料产品的正确配套，涂料产品的正确配套可充分发挥某种涂料的优点，而弥补其不足处。如过氯乙烯漆对金属表面附着力较差，可通过一与金属表面附着力好的磷化底漆或铁红醇酸底漆配套使用，就能适当改善。在配套中应注意底漆与面漆之间应有一定的附着力且无不良作用，如咬起等现象。

在选择涂料品种时，还应熟悉涂料的性能，在大面积施工或采用对其性能不熟悉的涂料品种时，应先做小型样板试验，以免使用不当而造成损失。

3.5.3.2 选用要点

（1）涂料的选择应根据介质的性质、环境条件，并结合工程中使用部位的重要性，及涂料性能在室温下固化成膜的要求综合选定。

（2）按腐蚀程度选择涂料的品种见表 3.5-3、表 3.5-4。

表 3.5-3 常温涂料的选用

腐蚀程度	涂 料 名 称
强腐蚀	过氯乙烯涂料、聚氯乙烯涂料、氯磺化聚乙烯涂料、氯化橡胶涂料、生漆、漆酚漆、环氧树脂涂料
中等腐蚀	环氧树脂涂料、聚氯乙烯涂料、氯磺化聚乙烯涂料、氯化橡胶涂料、聚氨酯涂料（催化固化型）、沥青漆、酚醛树脂涂料、环氧沥青漆
弱腐蚀	酚醛树脂涂料、醇酸树脂涂料、油基涂料、富锌涂料、沥青漆

表 3.5-4 耐高温涂料的选用

腐蚀程度	耐温度/℃	涂 料 名 称
中等腐蚀	≤250	氯磺化聚乙烯改性耐高温涂料
弱腐蚀	300～450	有机硅耐热涂料

（3）在碱性环境中，不应采用生漆、漆酚漆、酚醛漆和醇酸漆。

（4）富锌涂料适用于海洋大气；在酸碱环境中，只能作底漆。

（5）室外不宜采用生漆、漆酚漆、酚醛漆和沥青漆。

（6）应选用相互结合良好的涂料底漆、磁漆、清漆、面漆等配套使用。

（7）涂膜的厚度见表 3.5-5。

表 3.5-5 涂膜的厚度　　　　　　　　　　　　　单位：μm

腐蚀程度	室 内	室 外
强腐蚀	200～220	220～250
中等腐蚀	120～150	150～200
弱腐蚀	80～100	100～150

3.5.3.3 配套举例（表 3.5-6）

表 3.5-6

涂料名称	涂层配套结构		每层厚度/μm
过氯乙烯涂料	室内：Y06-1 磷化底漆	1 层	15～25
	G06-4 过氯乙烯铁红底漆	1～2 层	
	G06-4：G52-1＝1：1	1 层	
	G52-1 过氯乙烯磁漆	2～4 层	
	G52-1：G52-2＝1：1	1 层	

续表

涂料名称	涂层配套结构		每层厚度/μm
过氯乙烯涂料	G52-2 过氯乙烯清漆	2～4 层	15～25
	室外：X06-1 磷化底漆	1 层	
	G06-4 过氯乙烯铁红底漆	1～2 层	
	G06-4：G52-1＝1：1	1 层	
	G52-1 各色过氯乙烯漆	4～5 层	
环氧树脂涂料	室内：H06-2 铁红环氧酯底漆		20～40
	H06-14 各色环氧底漆	1～2 层	
	H52-3 各色环氧防腐漆	2～4 层	
	H01-1 环氧清漆	1～2 层	
	室外：H06-2 或 H06-14 底漆	1～2 层	
	H52-3 各色环氧防腐漆	2～4 层	
	掺铝粉的环氧防腐漆	2 层	
氯化橡胶涂料	J06-3 铁红氯化橡胶底漆	2 层	约 25
	J52-2 氯化橡胶防腐漆	4～5 层	
聚氯乙烯涂料	PF-01 聚氯乙烯铁红底漆	2 层	约 20
	PF-01 各色聚氯乙烯防腐涂料	4～5 层	
氯磺化聚乙烯涂料	J52-1(或 X52-1)氯磺化聚乙烯底漆	2 层	约 20
	J52-1(或 X52-1)各色氯磺化聚乙烯底漆	3～4 层	
生漆或漆酚漆	底漆[生漆或 T09-11：填料＝1：(0.5～1)]	1～2 层	25～30
	过渡漆[生漆或 T09-11：填料＝1：(0.3～0.5)]	1～2 层	
	面漆(生漆或 T09-11 漆酚清漆)	2～4 层	
沥青漆	室内：C06-1 铁红醇酸底漆或		25～50
	F53-9 硼钡酚醛防锈漆	1 层	
	L50-1 沥青耐酸漆	2～3 层	
	室外：C06-1 或 F52-9	1 层	
	L50-1 沥青耐酸漆	1～2 层	
	L04-1 铝粉沥青漆或 L05-1 掺铝粉	2 层	
环氧沥青漆	室内：环氧沥青底漆	1～2 层	30～35
	环氧沥青防腐漆	2～3 层	
	H01-4 环氧沥青清漆	1～2 层	
	室外：环氧沥青底漆	1～2 层	
	环氧沥青防腐漆	1～2 层	
	铝粉磁漆或掺铝粉的防腐漆	1～2 层	
聚氨酯涂料	S06-2 棕黄色聚氨酯底漆	1 层	约 30
	S06-2：S04-4＝1：1	1 层	
	S04-4 聚氨酯磁漆	2～3 层	
	S01-3 聚氨酯清漆	1～2 层	

涂 料 名 称	涂层配套结构		每层厚度/μm
有机硅耐热漆	室内:GT-5 有机硅铝粉漆	2 层	30～40
	GT-98 各色漆或 GT-102 半光各色漆	1～2 层	
	室外:GT-1 锌粉漆		
	GT-5 有机硅铝粉漆或 GT-98 或 GT-102	2 层	
酚醛树脂涂料	F53-9 硼钡酚醛防锈漆或 52-2 灰酚醛防锈漆或 F06-8 铁红(或灰)酚醛底漆	2 层	25～30
	G50-1 各色酚醛耐酸漆	2 层	
醇酸树脂涂料	C06-3 铁红醇酸底漆或 F53-8 硼钡酚醛防锈漆	2 层	25～30
	C50-3 醇酸耐酸漆	2～5 层	

注：1. 涂料配套结构中的各种配比均为质量比。

2. X52-1 为吉林化学工业公司研究院产品牌号；J52-1 为武进化工防腐材料厂产品牌号；PF-01 为浙江省临海市龙岭化工厂产品牌号；GT 系列为化工部涂料研究所产品牌号；其余涂料均为化工部统一产品牌号。

3.6　防腐的施工（HG/T 20679—1990）

3.6.1　表面处理

3.6.1.1　表面除锈方法

（1）喷射或抛射除锈的有 Sal、Sa2、Sa2½、Sa3 四个质量等级；

（2）手工和动力工具除锈的有 St2 和 St3 两个质量等级；

（3）火焰除锈的有 F1 质量等级；

（4）化学除锈的有 Be 质量等级。

3.6.1.2　喷射或抛射除锈

（1）Sal 级：设备、管道和钢结构表面应无可见的油脂和污垢，并且没有附着不牢的氧化皮、铁锈和油漆等附着物。

（2）Sa2 级：设备、管道和钢结构表面应无可见的油脂和污垢，并且氧化皮、铁锈和油漆涂层等附着物已基本清除，其残留物应是牢固附着的。

（3）Sa2½级：设备、管道和钢结构表面应无可见的油脂、污垢、氧化皮、铁锈和油漆涂层等附着物，任何残留的痕迹仅是点状或条纹状的轻微色斑。

（4）Sa3 级：设备、管道和钢结构表面应无可见的油脂、污垢、氧化皮，铁锈和油漆涂层等附着物，该表面应显示均匀的金属色泽。

3.6.1.3　手工和动力工具除锈

（1）St2 级：设备、管道和钢结构表面应无可见的油脂和污垢，并且没有附着不牢的氧化皮、铁锈和油漆涂层等附着物。

（2）St3 级：设备、管道和钢结构表面应无可见的油脂和污垢，并且没有附着不牢的氧化皮、铁锈和油漆涂层。除锈应比 St2 更彻底，底材的显露部分的表面应具有金属光泽。

3.6.1.4　火焰除锈

F1 级：设备、管道和钢结构表面应无氧化皮、铁锈和油漆涂层等附着物，任何残留的痕迹应仅为表面变色（不同颜色的暗影）。

3.6.1.5　化学除锈

Be 级：设备、管道和钢结构表面应无可见的油脂和油垢，酸洗未尽的氧化皮、铁锈和油漆漆层的个别残留点允许用手工或机械方法除去，但最终该表面应显露金属原貌，无再度锈蚀。

3.6.1.6　防腐涂料对表面处理的要求

设备、管道和钢结构的表面处理等级除与所用涂料、底漆有关外，还与它本身的重要程度及腐蚀环境有关，对于关键的，或检修较困难的，或受腐蚀较强的设备、管道和钢结构要按实际情况提高一级处理。常用防腐涂料要求的表面处理等级可按表 3.6-1 规定。

表 3.6-1 常用防腐涂料要求的表面处理等级

涂 料 类 别	防腐涂料底漆	表面处理等级
橡胶类	氯磺化聚乙烯底漆、氯化橡胶底漆	Sa2½级 或 Be 级
乙烯类	磷化底漆＋过氯乙烯底漆、聚氯乙烯涂料底漆	
聚氨酯类	聚氨酯涂料底漆、各种聚氨酯改性涂料底漆	
富锌类	富锌涂料底漆、各种富锌改性涂料底漆	
环氧类	各类环氧树脂底漆及其改性涂料底漆	
沥青类	耐酸沥青底漆	
生漆或漆酚类	现场配制底漆(见 HG/T 20679—1990 附录三)	
有机硅类	有机硅涂料底漆	
油基防锈漆	红丹、铁红、硼钡等防锈底漆	Sa1 级 或 St2 级
醇酸、酚醛类	醇酸、酚醛树脂底漆及其改性涂料底漆，油基防锈涂料底漆	

注：沥青涂料用油基防锈类涂料作底漆时，表面处理等级为 Sa1、F1 或 St3 级。

3.6.1.7 表面处理后的保护

表面处理后应及时涂刷一层底漆，一般不超过 6h。设备、管道、钢结构表面处理后，如不能立即涂底漆时要妥善保护，以防再度生锈和污染。如发现锈迹或污染，应重新进行表面处理。

3.6.2 管道涂色

3.6.2.1 表面颜色和标志

(1) 为区别管道内介质类别，对管道外表面的基本颜色作统一规定，见表 3.6-2。对同类介质的不同品种除用基本颜色外，还应加色环和流向标志。色环和流向标志(同色)的颜色应在工程设计中另行规定。色环不应过于复杂，只允许在重要的管道上加色环，见 3.6.2.2 和 3.6.2.3。

表 3.6-2 管道基本颜色的规定

介质类别	基本颜色	介质类别	基本颜色
水	绿色	气体(除空气和氧气外)	黄褐色
蒸汽	铝色	空气、氧气	浅蓝色
油类、易燃液体	棕色	酸、碱	紫色
其他液体	灰色	排污	黑色

(2) 碳钢、铸铁、低合金钢及隔热管道外护层需涂漆者，整个管道表面应涂基本色；对不锈钢、有色金属、非金属及隔热管道外护层不需涂漆者，应用基本色涂色环。对不同品种介质可再加色环和流向标志，见 3.6.2.2 和 3.6.2.3。

(3) 基本色的颜色范围和色样，除液体物料及排污管外，均按国家标准 GB 7231—2003《工业管路的基本识别色、识别符号和安全标识》的规定。

(4) 色环和流向标志的表示见图 3.6-1。

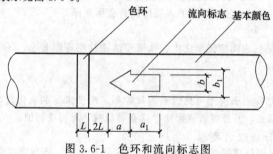

图 3.6-1 色环和流向标志图

（5）色环和流向标志的规格见表 3.6-3。

（6）平台、支架、支座、栏杆、扶梯等钢结构一般可涂深灰色。

表 3.6-3　色环和流向标志的规格　　　　　　　　　单位：mm

管 外 径	L	a	a_1	b	b_1	最后一组色环和流向标志 离墙或楼板距离
≤50	30	30	75	20	50	1000
50～150	50	50	125	35	85	1000
150～300	70	70	175	50	115	1500
>300	100	100	250	70	170	2000

注：1. 当管道有隔热时，管外径指隔热层的外径。

2. 当用二圈以上色环时，色环间距等于色环宽度。

3. 色环和流向标志的位置：除管廊交叉点需有色环和流向标志外，室外直线段每隔 6～10m 设一组，室内管道在弯头、阀门、法兰或分枝附近设一组。

4. 对一条管线输送多种介质的管道，应按经常输送的介质进行涂色。

5. 不属于烟囱的放空管道，应按排出的介质进行涂色。

3.6.2.2　颜色标志图例（HG/T 20679—1990 附录五　管道涂色、色环和流向标志图例）

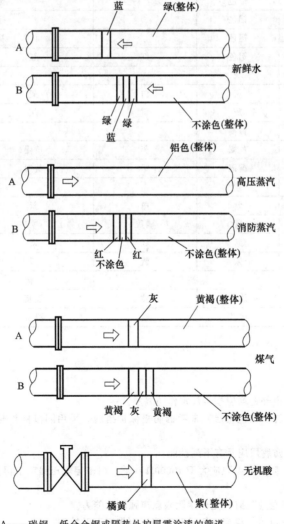

注：A——碳钢、低合金钢或隔热外护层需涂漆的管道。

B——不锈钢、有色金属或隔热外护层不需涂漆的管道。

3.6.2.3 颜色标志举例（HG/T 20679—1990 附表六 管道涂色、色环和流向标志举例）（表 3.6-4）

表 3.6-4 管道涂色、色环和流向标志举例

介质名称	裸管或隔热外护层需涂漆者		不锈钢、有色金属或隔热外护层不需涂漆者	
	整体基本色	色环、流向标志	外环色	中间环色
水	绿			
饮用水、新鲜水	绿	蓝	绿	蓝
热水	绿	褐	绿	褐
软水	绿	黄	绿	黄
冷凝水	绿	白	绿	白
冷冻盐水	绿	灰	绿	灰
消防水	绿	红	绿	红
锅炉给水	绿	浅黄	绿	浅黄
热力网水	绿	紫红	绿	紫红
蒸汽	铝色			
高压蒸汽[4～12MPa(绝)]	铝色		标志字母 HP	
中压蒸汽[1～4MPa(绝)]	铝色		标志字母 MP	
低压蒸汽[<1MPa(绝)]	铝色		标志字母 LP	
消防蒸汽	铝色	红	红	不涂色
液体	灰			
有机溶剂	灰	白	灰	白
无机盐溶液	灰	黄	灰	黄
气体	黄褐			
煤气	黄褐	灰	黄褐	灰
二氧化碳	黄褐	绿	黄褐	绿
酸或碱	紫			
有机酸	紫	白	紫	白
无机酸	紫	橘黄	紫	橘黄
烧碱	紫	红	紫	红
纯碱	紫	蓝	紫	蓝
压缩空气	浅蓝		浅蓝	不涂色
氧、氮	浅蓝	黄	浅蓝	黄
真空	浅蓝	红	浅蓝	红

3.6.3 埋地管道

3.6.3.1 一般规定

(1) 所有埋地设备及管道外壁均应按本规定作防腐层。

(2) 规定中采用的防腐层（或包覆层）未考虑阴极保护措施。采用阴极保护时应重新考虑防腐层类型和等级。

(3) 埋地设备及管道外防腐层应具有下列性能：

① 有良好的电绝缘性，防腐层电阻应大于 $10000\Omega \cdot m^2$，耐击穿电压强度不得低于电火花检测仪检测的电压标准；

② 有阴极保护时，防腐层应具有一定的耐阴极剥离强度的能力。

③ 有足够的机械强度，以确保涂层在搬运和土壤压力作用下无损伤。

④ 涂层与管道、涂层与涂层间应具有良好的黏结力，涂料对衬布有较好的浸透性。

⑤ 有良好的防渗性和化学稳定性。

⑥ 有足够的耐热性，确保在使用温度下不变形，耐低温性能好，能确保在低温下堆放、搬运和施工时不龟裂、不脱落。

(4) 涂覆后的管道应用草或布等编织品包托，以免涂层在运输中受损，在埋地前应将包扎物去除。

(5) 埋地设备及管道的敷设，应尽量避开或远离交流电接地体及其他地面电器设备，埋地设备和管道与交流电接地体的安全距离见 HG/T 20679—1990 附录七。

3.6.3.2 土壤腐蚀等级的划分

对一般地区，土壤腐蚀性按土壤电阻率或土壤中总酸度分级，非酸性土壤按土壤电阻率分级，酸性土壤按土壤总酸度分级（表 3.6-5）。

表 3.6-5 土壤腐蚀等级的划分

非酸性土壤腐蚀性分级标准			
腐蚀程度	强	中	弱
土壤电阻率/$(\Omega \cdot m)$	<20	20~50	>50

注：土壤电阻率采用年最小值。

酸性土壤腐蚀性分级标准			
腐蚀程度	强	中	弱
土壤总酸度(到 pH=7 止)/(mval/kg)	>5	2.5~5	<2.5

一般地区土壤是指土壤中或含较少的硫酸盐和其他硫化物，其土质均匀。当埋地管道穿越铁路、公路、江、河、湖泊时，不论土质如何，均应采用特加强防腐涂层等级。

对腐蚀因素较复杂地区的土壤，先按表 3.6-6 中表 1 确定腐蚀性评价指数，然后根据十二项指数的代数和，按表 3.6-7 进行分级。

表 3.6-6 腐蚀因素较复杂地区的土壤腐蚀性评价指数

序号	内容及指标		评价指数
1	土壤类型[1.01]		
	石灰质土		2
	石灰质泥灰土		
	砂质泥灰土(黄土)		
	砂土		
	壤土		0
	壤质泥灰土		
	壤质泥土(含砂量≤75%)		
	黏质砂土(含砂量≤75%)		
	黏土		−2
	黏质泥灰土		
	腐殖土		
	泥炭土		
	淤泥土		−4
	沼泽土		
2	土壤状况		
2-1	埋设物标高处的地下水		
		无	0
		有	−1
		时有时无	−2
2-2		非扰动(自然)土壤	0
		人工堆积的土壤	−2

序号	内容及指标		评价指数
2-3	埋设物地段土壤类型相同		0
	埋设物地段土壤类型不同		−3
3	土壤电阻率(用计量电池计量)[1.02.3]		
	>10000Ω·cm		0
	10000~5000Ω·cm		−1
	5000~2300Ω·cm		−2
	2300~1000Ω·cm		−3
	<1000Ω·cm		−4
4	含水率[1.05]		
	<20%		0
	>20%		−1
5	pH 值[1.03]		
	pH>6		0
	pH<6		−1
6	总酸度,到 pH=7 止[1.09.1]		
	<2.5mval/kg		0
	2.5~5mval/kg		−1
	>5mval/kg		−2
7	氧化还原电位,mV,在 pH=7 时[1.04]		
	>400 强透气		+2
	200~400 透气		0
	0~200 弱透气		−2
	<0 不透气		−4
8	碳酸钙和碳酸镁含量或总碱度,到 pH=4.8 止[1.07,1.09.2]		
	碳酸钙和碳酸镁	总碱度	
	>5%	>50000mg/kg >1000mval/kg	+2
	1%~5%	10000~50000mg/kg 200~1000mval/kg	+1
	<1%	<10000mg/kg <200mval/kg	0
9	硫化氢和硫化物[1.08]		
	无		0
	痕迹(<0.5mg/kgS²⁻)		−2
	有(>0.5mg/kgS²⁻)		−4
10	煤或焦炭[2.11]		
	无		0
	有		−4
11	氯离子[3.12]		
	<100mg/kg		0
	>100mg/kg		−1

序号	内容及指标		评价指数
12	硫酸盐[4.01]		
	<200mg/kg		0
	200～500mg/kg		−1
	500～1000mg/kg		−2
	>1000mg/kg		−3

注：1. 2-1、2-2、2-3 每项均应列入评价指数一次。

2. 方括号内为分析方法编号，见 H. Steinrath 著：Untersuchungsmethoden Zur Beurteilung der Aggressivitat Von Boden（有关土壤腐蚀性评价的分析方法）。

3. mval/kg—毫克当量/千克。

表 3.6-7　土壤腐蚀性分级

腐蚀性等级	强 腐 蚀	中 等 腐 蚀	弱腐蚀	实际不腐蚀
评价指数之和	<−10	−5～−10	0～−4	>0

注：取自原联邦德国 Baeckmann 编著的阴极保护手册。

3.6.3.3　防腐层的选择与结构

埋地设备和管道外防腐层分为普通、加强、特加强三级和相应的三种结构。根据土壤的腐蚀程度、防腐层（石油沥青、环氧煤沥青、聚乙烯胶带、氯磺化聚乙烯）性能及防腐件的重要程度选择防腐层结构，见表3.6-8。

表 3.6-8　防腐层结构的选择

防腐层名称	一般地区土壤腐蚀程度		
	强	中	弱
石油沥青	特加强	特加强、加强	普通
环氧煤沥青	特加强	加强	普通
聚乙烯胶带	特加强	加强	普通
氯磺化聚乙烯	—	特加强	加强、普通

3.6.3.4　石油沥青防腐层

(1) 防腐层所用的沥青型号根据管道或设备内温度确定：

当介质温度在 50～80℃时，应采用管道防腐沥青，其质量指标应符合 HG/T 20679—1990 附录九要求。当介质温度小于50℃时，可采用 10 号建筑石油沥青，其质量指标应符合 GB 494 的规定。

(2) 施工前石油沥青防腐层表面处理等应达到 S2 级的要求。

(3) 埋地设备及管道的防腐层等级与结构应符合表 3.6-9 规定。

表 3.6-9　防腐层等级与结构

防腐等级	防腐层结构	每层涂层厚度	涂层总厚度
普通防腐	沥青底漆-沥青-玻璃布-沥青-玻璃布-沥青-聚氯乙烯工业膜	约 1.5 mm	≥1.0mm
加强防腐	沥青底漆-沥青-玻璃布-沥青-玻璃布-沥青-玻璃布-沥青-聚氯乙烯工业膜	约 1.5 mm	≥5.5mm
特加强防腐	沥青底漆-沥青-玻璃布-沥青-玻璃布-沥青-玻璃布-沥青-玻璃布-沥青-聚乙烯工业膜	约 1.5 mm	≥7.0mm

(4) 沥青底漆应满足下列要求：

沥青底漆配比（体积比）为沥青：汽油（工业）=1：(2.5～3.5)。

沥青底漆涂层厚度为 0.1～0.15mm。

配制底漆用的沥青应与防腐层用的沥青牌号相同。

3.6.3.5 环氧煤沥青防腐层

(1) 环氧煤沥青防腐层在施工前，管道表面处理应达到 S2 级的要求。

(2) 环氧煤沥青防腐层与结构应符合表 3.6-10 规定。

表 3.6-10 防腐层等级与结构

防腐层等级	防腐层结构	涂层总厚度
普通防腐	底漆-面漆-玻璃布-面漆-玻璃布-两面漆	≥0.5mm
加强防腐	底漆-面漆-玻璃布-面漆-玻璃布-面漆-玻璃布-两层面漆	≥0.7mm
特加强防腐	底漆-面漆-玻璃布-面漆-玻璃布-面漆-玻璃布-面漆-玻璃布-两层面漆	≥0.9mm

3.6.3.6 聚乙烯胶带防腐层

(1) 聚乙烯胶带的使用温度为 −50～70℃。

(2) 根据不同的防腐要求和不同的施工方法，选用不同厚度、规格的胶带。

(3) 聚乙烯胶带分防腐带（内带）和保护带（外带）两种，内带是作防腐绝缘用，外带作保护内带用。

(4) 聚乙烯胶带防腐层等级与结构应符合表 3.6-11 规定。

表 3.6-11 防腐层等级与结构

防腐层等级	防腐层结构	总厚度/mm
普通防腐	底漆-内带(缠带间搭接宽度 10～20mm)[①] -外带(缠带间搭接宽度 10～20mm)	≥0.7
加强防腐	底漆-内带(缠带间搭接厚度为 50%胶带宽)[①] -外带(缠带间搭接宽度 10～20mm)	≥1.0
特加强防腐	底漆-内带(缠带间搭接厚度为 50%胶带宽)[①] -外带(缠带间搭接宽度为 50%胶带宽)	≥1.4

① 胶带宽度≤75mm 时，搭接宽度为 10mm；胶带宽度＝100mm 时，搭接宽度为 15mm；胶带宽度≥230mm 时，搭接宽度为 20mm。

3.6.3.7 氯磺化聚乙烯防腐层

(1) 氯磺化聚乙烯防腐层在施工前，设备、管道表面处理应达到 S1 级的要求。

(2) 氯磺化聚乙烯管道防腐涂层的性能应符合 HG/T 20679—1990 附录十五。

(3) 氯磺化聚乙烯防腐层等级和结构应符合表 3.6-12 的规定。

(4) 当设备、管道焊缝不平整时，必须在底漆层后嵌刮一层腻子（与防腐层同），并在其表面再涂一层底漆。

表 3.6-12 防腐层等级和结构

防腐层等级	防腐层结构	总厚度/mm
普通防腐	底漆-面漆-玻璃布-面漆-玻璃布-两层面漆	≥0.5
加强防腐	底漆-面漆-玻璃布-面漆-玻璃布-面漆-玻璃布-两层面漆	≥0.6
特加强防腐	底漆-面漆-玻璃布-面漆-玻璃布-面漆-玻璃布-面漆-玻璃布-两层面漆	≥0.7

3.7 防腐涂料及性能

3.7.1 常用防腐涂料（表 3.7-1）

表 3.7-1　管路防腐常用涂料

类别	型号	名称	代替旧名称	组成	化学稳定性	其他特性	使用温度/℃	主要用途	配套情况施工要点	干燥时间/h（表干）	干燥时间/h（实干）	粘度/s	每层厚度/μm	每层使用量/(g/m²)
油脂漆类	Y00-1 Y00-2 Y00-3	清油 清油 清油	熟亚麻籽油 熟桐油 混合熟油	用干性植物油或干性植物油加部分半干性植物油（分别为亚麻仁油、桐油、混合熟油）经熬炼并加入催干剂而成		色浅、酸值低，干燥漆膜能保持长期柔韧性；Y00-2调制白漆不易泛黄		用于调稀厚漆及配红丹防锈漆，也可单独涂刷于金属、木材、织物作防腐防锈用	单独用使用时刷涂1~2道	≤12 ≤8 ≤12	≤24 ≤20 ≤21	18~30		
	Y02-1	各色厚漆	甲、乙级各色厚漆	用颜料与植物油（干性或半干性）混合的较稠状物的颜料研磨成的较稠状物		漆膜较软，干燥慢，不耐热，是最低级的油性涂料		用于涂覆一些要求不高的建筑工程，金属或木材表面，也可作木质件打底	用前用清油调稀，清油∶厚漆=1∶(2~3)可加适量催干剂（G-4、G-8），刷涂时可用200号溶剂汽油或松节油作稀释剂	≤24				
	Y03-1	各色油性调合漆		用干性植物油同各色颜料、体质颜料研磨后，并用200号溶剂汽油或松节油与二甲苯的混合溶剂调配而成	耐候性较强，比酯胶调合漆及酚醛调和漆好，不易粉化、龟裂	干燥时间较长，漆膜较软，光泽，附着力较好	120	用于室内外一般金属物件及建筑物作保护装饰用	涂于金属、木或磷化底漆上。底漆1道，室外调和漆至少2道。用200号溶剂汽油或松节油作稀释剂	表干≤10	实干≤24	70~120 刷50~70		白、灰 ≤70 其他色 ≤60
	Y53-1	红丹油性防锈漆		用干性植物油熬炼后，再与红丹粉、体质颜料研磨，加入催干剂、溶剂（200号溶剂汽油或松节油）而成	防锈力强	干后附着力，柔韧性好，干燥较慢，不能用于铝板。不制漆和绘焊时易中铅毒	100	钢铁表面作防锈打底之用	配套面漆为酚醛磁漆、醇酸磁漆及各种磁漆作磁漆面性。耐候性不好，不能单独使用。稀释剂同上	表干≤10	实干≤48	30~100		≤100

续表

类别	型号	名称	被代替名称	组成	化学稳定性	其他特性	使用温度/℃	主要用途	配套情况施工要点	干燥时间/h	黏度/s	每层厚度/μm	每层使用量/(g/m²)
油脂漆类	Y53-2	铁红油性防锈漆		用干性植物油熬制后，再与氧化锌、氧化铁红及体质颜料研磨，加入催干剂，并以200号溶剂汽油作溶剂溶解调配而成	防锈力较好	附着力强，漆膜较软	100	室内外要求不高之钢铁表面防锈打底之用	配套面漆为酚醛磁漆及各种油性漆磁漆。该漆耐磁性较差，不作面漆使用，稀释剂同上	表干≤10 实干≤24	60~100		60
天然树脂漆类	T01-1	酯胶清漆	耐水漆，调凡立水	用干性植物油和甘油松香酯熬炼后，加入催干剂，并以200号溶剂汽油或松节油及溶剂调配而成		耐水性较好，胶膜光亮		木质表面保护装饰及金属表面罩光用	刷涂时用200号溶剂汽油或松节油作稀释剂	表干≤6 实干≤18	60~90		35
	T04-1	各色酯胶磁漆		由颜料研磨与体质颜料顺丁烯二酸酐改性甘油松香酯，与干性油熬制，并加入催干剂与溶剂调配而成	有一定的耐候性	干性良好，对金属附着力好，耐水性强，漆膜光亮		主要用于室内金属表面之涂饰，也可用于室外不经常曝晒之处		表干≤8 实干≤24	70~110		≤70
	T50-2	各色酯胶耐酸漆	各色耐酸漆	用甘油松香酯与精炼干性植物油熬制后，以200号溶剂汽油或松节油稀释，加入颜料、体质颜料研磨并加催干剂而成	耐酸性气体，不宜长期浸于酸液内		70~80	用于一般化工厂中需要防止酸性气体腐蚀的金属结构或木材表面，也可用于耐酸要求不高的工程	涂干防锈漆或金属漆、木材上，底漆1道，耐酸漆不少于2道，以200号溶剂汽油或松节油作稀释剂	表干≤4 实干≤24	60~90		129~200

续表

类别	型号	名称	被代替名称	组　成	化学稳定性	其他特性	使用温度/℃	主要用途	配套情况施工要点	干燥时间/h	黏度/s	每层厚度/μm	每层使用量/(g/m²)
天然树脂漆类	T09-11	漆酚树脂漆	1001自干型漆酚树脂漆	将生漆经常温脱水、缩聚，用有机溶剂稀释而成	耐酸，但不耐氧化的氢氧化钠	毒性低，耐水、耐磨，漆膜坚韧，与钢铁附着力强，快干防霉，施工方便	约200	化肥、氯碱生产系统的设备管道，防止工业大气酸性气体腐蚀，地下管道防潮防腐蚀用	用清漆加瓷粉或腻子、底漆、面漆等配套使用	含填料底漆 24~27 面漆 12~24	20~40		80~150
		生漆（大漆）		漆树分泌的汁液经细布过滤除去杂质，主要部分为漆酚	耐多种酸和1%氢氧化钠，不耐强碱及强氧化剂	毒性大，附着力强、耐水、耐磨、耐溶剂，漆膜坚硬耐久	约150	同上	同上	相对湿度大于80%：10~12 温度较低干燥时：24以上			80~125
酚醛树脂漆类	F01-1	酚醛树脂漆		用干性植物油和松香改性酚醛树脂熬炼后，加入200号溶剂汽油稀释剂，并以200号溶剂汽油或松节油作溶剂调配而成	耐酸，但不耐浓硫酸和浓硝酸及碱	耐水性比胶清漆好，光亮、坚硬、耐磨、性脆，干性快，易泛黄	120	用于木质、金属表面及各种油性磁面罩光	刷涂，用200号溶剂汽油或松节油作稀释剂	表干≤6 实干≤18	60~90 刷:50~70 喷:20~25 浸:~20		35
	F03-1	各色酚醛调合漆	各色磁性调合漆	用干性植物油和松香改性酚醛树脂熬炼后，并用200号溶剂汽油稀释，同各色颜料研磨加入催干剂调配而成	耐酸，但不耐浓硝酸和浓硫酸及碱	干燥较快，漆膜坚硬光亮	120	用于室内外木材、金属表面涂饰，以内用为宜	涂干金属、木材，磷化底漆或防锈底漆上，底漆1道，室外调合漆至少2道	表干≤4 实干≤21	75~105		60~70

续表

类别	型号	名称	被代替名称	组成	化学稳定性	其他特性	使用温度/℃	主要用途	配套情况施工要点	干燥时间/h	黏度/s	每层厚度/μm	每层使用用量/(g/m²)
酚醛树脂漆类	F04-1	各色酚醛磁漆		用干性植物油和松香改性酚醛树脂蒸炼后,与颜料质颜料研磨后,加入催干剂,以200号溶剂汽油及松节油溶剂调配而成	耐酸,但不耐硝酸和浓硫酸及碱	附着力强,光泽好,耐水,漆膜坚硬,耐候性比醇酸磁漆差		用于室内外金属、木质表面涂饰	涂于金属、木材、磷化底漆或防锈底漆上。底漆1道,至少外磁漆至少2道,稀释剂与清漆同	表干≤6 实干≤18	70~110		
	F06-8	锌黄、铁红、灰酚醛底漆		用松香改性酚醛树脂、聚合植物油炼成的漆基,与各色颜料研磨后加入催干剂,并以二甲苯或松节油作溶剂调配而成	防锈性能良好	附着力良好		锌黄酚醛底漆用于铝合金表面,铁红、灰酚醛底漆用于钢铁表面	2道底漆涂面漆后(醇酸磁漆、氨基烘漆、纯酚醛磁漆等)施工用二甲苯、松节油用松节油稀释	表干≤4 实干≤24 烘干(65℃±2℃)≤4	60~100	≤20	
	F06-9	锌黄、铁红纯酚醛底漆		用纯酚醛树脂与干性植物油炼成,同锌黄、铁红及各色颜料研磨后,并以二甲苯或松节油作溶剂调配而成	防锈性能好	附着力强,耐热、防潮、耐盐雾性能好		锌黄纯酚醛底漆用于铝合金表面,铁红纯酚醛底漆用于钢铁表面	同上 铁红纯酚醛底漆可配合过氯乙烯漆使用,效果良好	烘干(105℃±2℃)锌黄≤60分 铁红≤35分	60~80	≤20	

续表

类别	型号	名称	被代替名称	组　成	化学稳定性	其他特性	使用温度/℃	主要用途	配套情况施工要点	干燥时间/h	黏度/s	每层厚度/μm	每层使用用量/(g/m²)
酚醛树脂漆类	F50-1	各色酚醛耐酸漆		用酚醛树脂精炼干性油熬炼与有机溶剂酚醛稀释成短油性酚醛漆料,与钛白等耐酸颜料经研磨配制而成	有一定的耐稀酸性,抵御酸性气体的腐蚀(不宜长期浸在稀酸内)	施工方便,干性较快		用于有酸性气体侵蚀的场所金属、木材表面防腐用	钢铁表面:磷化底漆1道;耐酸漆4道以上;木材表面:耐酸漆4道	表干≤6 实干≤18	70~120		
		酚醛树脂漆(自配)		以酚醛树脂(如2130,2124,2127)溶于酒精中,加入适量增韧剂和填料配成	能耐盐酸、60%硫酸、一定浓度的醋酸和碳酸、多数盐类和有机溶剂,不耐强氧化剂和碱	有良好的耐油性和电绝缘性,漆膜较脆	120	防止酸性介质对钢铁的腐蚀		需加热固化			
	F53-1	红丹酚醛防锈漆		用松香改性酚醛树脂、甘油松香酯、干性植物油与红丹粉、体质颜料研磨,加入催干剂,200号溶剂汽油或松节油调配而成	防锈力强	干燥较快。不能用于铝板、锌板和制漆时易煤烧中铝基	100	钢铁表面防锈打底用	一般工程以涂2道为宜,配套面漆为酚醛磁漆、醇酸磁漆、耐候漆。该漆耐单性不好,不能单独使用	表干≤6 实干≤24	30~90 刷;50~70		≤100
	F53-2	灰酚醛防锈漆		用松香改性酚醛树脂、甘油松香酯与聚合植物油炼制后,与颜料研磨,加入催干剂,200号溶剂汽油或松节油调配而成	防锈性能较好,但稍次于红丹防锈漆			用于一般要求的钢铁表面作防锈打底用	刷涂,用200号溶剂汽油或松节油作稀释剂	表干≤4 实干≤24	55~85		120

续表

类别	型号	名称	被代替名称	组成	化学稳定性	其他特性	使用温度/℃	主要用途	配套情况及施工要点	干燥时间/h	黏度/s	每层厚度/μm	每层使用用量/(g/m²)
酚醛树脂漆类	F53-3	铁红酚醛防锈漆		用松香改性酚醛树脂与干性植物油炼制后，再与氧化铁红锌、氧化铁体质颜料研磨，加入催干剂，并以200号溶剂汽油及松节油调配而成	防锈性能较好，但次于红丹防锈漆	附着力强，漆膜也较软		用于一般要求不高的室内外钢铁结构表面作防锈打底应用	配套面漆为酚醛磁漆刷涂稀释剂同上，耐候性较差，不能作面漆用	表干≤10 实干≤24	30~90 刷:50~70		60
	F53-5	硼钡酚醛防锈漆		用偏硼酸钡和其他松香改性酚醛树脂、松香甘油酯、桐油、其他干性油等熬炼成的漆料混合研磨加入催干剂，200号溶剂汽油配制而成	防锈力强	对钢铁表面的附着力很强，施工方便，干性快，无毒，有一定防毒防火性		取代红丹防锈漆用于钢铁表面防锈底用	配套面漆为醇酸磁漆、酚醛磁漆、调合漆等底漆2道，面漆1~2道	表干≤2 实干≤24 低温烘干(75℃±5℃)≤5	70~100 刷:65±5 喷:42±2	第1道≤30 第2道30~50	80
		铝粉硼钡酚醛防锈漆		用铝粉、偏硼酸钡及体质颜料为主要颜料与酚醛树脂漆料经研磨后，以200号溶剂汽油及松节油稀释调配而成	防锈力强	对钢铁表面的附着力很强，干性快，无毒，有一定防毒、防霉、防火性		取代红丹防锈漆用于钢铁表面防锈底用	配套面漆为醇酸磁漆、酚醛磁漆调合漆等底漆2道，面漆1~2道	表干≤3 实干≤24	50~90		80

续表

类别	型号	名称	被代替名称	组成	化学稳定性	其他特性	使用温度/℃	主要用途	配套情况施工要点	干燥时间/h	黏度/s	每层厚度/μm	每层使用量/(g/m²)
酚醛树脂漆类		铝粉铁红酚醛醇酸防锈漆		用铝粉、氧化铁红及体质颜料为主要颜料，与酚醛树脂、季戊四醇醇酸树脂漆料经研磨后，以200号溶剂汽油及松节油稀释调配而成	防锈力强	同上，并适用于沿海地区		取代红丹防锈漆用于钢铁表面防锈打底用	配套面漆为醇酸磁漆、酚醛磁漆调合漆等底漆2道，面漆1~2道	表干≤3 实干≤24	50~90		80
		铝粉铁红酚醛防锈漆		用铝粉、氧化铁红及体质颜料与酚醛树脂漆料经研磨后，以200号溶剂汽油或松节油调配而成	防锈力强	同上，并适用于沿海地区		取代红丹防锈漆用于钢铁表面防锈打底用	配套面漆为醇酸磁漆、酚醛磁漆调合漆等底漆2道，面漆1~2道				
		云母氧化铁酚醛底漆		用云母氧化铁为防锈颜料、体质颜料，配以油基酚醛漆料和催干剂，以200号溶剂汽油稀释调配而成	防锈力强	同上。可用于沿海湿热地带		取代红丹防锈漆用于钢铁表面防锈打底用	配套面漆为醇酸磁漆、酚醛磁漆调合漆等底漆2道，面漆1~2道	表干2.5 实干24	刷:70 喷:25~40	80（两道总厚）	

续表

类别	型号	名称	被代替名称	组成	化学稳定性	其他特性	使用温度/℃	主要用途	配套情况施工要点	干燥时间/h	黏度/s	每层厚度/μm	每层使用用量/(g/m²)
酚醛树脂漆类	F83-1	酚醛烟囱漆		用酚醛树脂、精炼干性油经熬炼与石墨等颜料研磨，加入催干剂和200号溶剂汽油或松节油调合而成	防锈防腐	附着力及耐候性很强	300	用于烟囱及钢炉外表防腐用	除锈后一般只需均匀地涂1道，需要时也可在第一道涂装第2道后再涂装第2道，稀释剂用松节油或溶剂汽油	表干≤8 实干≤24	90~120		
沥青漆类	L01-6	沥青漆		用石油沥青，加热后，加入200好溶剂汽油或松节油再加入少量苯类溶剂稀释而成	耐腐蚀性能良好，次干耐酸漆	耐水、防潮性能良好，漆膜弹性好、干燥快、耐候性差、不耐阳光直射	-20~+70	金属表面作防潮、耐水、防腐用	刷涂、喷涂、浸涂均可。施工可用汽油，二甲苯、松节油稀释	表干≤20分 实干≤2小时	18~25		90
	L01-17	煤焦沥青漆	黑水罗松	由煤焦沥青和煤焦溶剂制而成	耐土壤腐蚀、防锈防腐	耐水性强，干性快速，涂刷方便、价廉、不耐油及日光曝晒		不受阳光直接照射的钢铁及地下管道与水接触部位防腐		表干≤2 实干≤18	25~40		
	L04-2	铝粉沥青磁漆	忻梁铝粉沥青漆	以植物油、沥青、树脂熬炼的漆料，配以铝粉颜料而成		有良好的耐水性、耐盐水性、耐候性。耐水性和耐水性比醇酸磁漆为好		户外钢铁结构作面漆用	磷化底漆1道，醇酸红丹防锈漆2道，面漆2~3道，漆膜总厚度不少于140μm	表干≤12 实干≤36	20~45		80
		铝粉沥青防锈漆		以铝粉为主要防锈颜料，加入沥青、煤焦溶剂配制而成	防锈能力较强，耐腐蚀性能较差	抗太阳紫外线侵蚀		用于腐蚀性不强的环气体中	以2道为宜，刷干1~2道防锈底漆上或直接涂刷2道	实干≤16			

续表

类别	型号	名称	被代替名称	组成	化学稳定性	其他特性	使用温度/℃	主要用途	配套情况施工要点	干燥时间/h	黏度/s	每层厚度/μm	每层使用量/(g/m²)
沥青漆类	L50-1	沥青耐酸漆	411耐酸漆	用干性植物油与石油沥青或天然沥青熬炼后,加入200号溶剂汽油或少量的二甲苯的混合溶剂调配而成	常温下耐氧化、二氧化硫、氨气、氯气及中等浓度以下的无机酸,<40%碱等,不耐石油类溶剂、丙酮、氧化剂	附着力良好,加入20%的铝粉可提高耐候性作用于室外,但耐腐蚀性降低	-20~+70	常用于蓄电池及其他需防止硫酸对金属的腐蚀	刷涂不少于2道(同隔12h),刷于金属上,或干于铁红防锈漆上或磷化底漆上	表干≤6 实干≤24	30~80		120~200
	L.82-1	沥青锅炉内用漆	锅炉内用漆	用沥青漆料、石墨粉经研磨,溶于有机溶剂稀释剂制而成		耐水、耐水蒸汽侵蚀,传热性较好,漆膜牢固严密、韧性强,附着力较强,润湿性大		用于锅炉内壁防止水垢附着引起生锈及腐蚀	初用时应涂2道,第二次使用只需加涂1道	表干≤1 实干≤6	90~120		
醇酸树脂漆类	C01-1	醇酸清漆		用干性油改性的中油度醇酸树脂,溶于200号溶剂汽油与二甲苯的混合溶剂中,加入适量催干剂调配而成		附着力,耐久性比酚醛清漆及酚醛清漆都好,耐水性稍差,干酚醛清漆,耐候性、耐汽油性比一般油基漆优良	<100	室内外金属、木材表面及作醇酸磁漆罩光用	施工可用松节油、200号溶剂汽油与二甲苯的混合溶剂调整黏度	表干≤8 实干≤18	刷:40~60 喷:40~60		35
	C04-2	各色醇酸磁漆		用中油度醇酸树脂与颜料研磨后,加入适量催干剂,并以有机溶剂调配而成	耐酸性能尚可,耐碱性较差	漆膜坚韧、光亮,机械强度较高,耐候性比调合漆及酚醛漆好,耐水性稍差,在60~70℃烘干,可提高耐水性		室内外金属和木材表面涂装	可刷涂或喷涂于有底漆的金属表面。前一层干后才能涂下一层,可用松节油及200号溶剂汽油与二甲苯的混合溶剂稀释	表干≤5 实干≤16 烘干(60~70℃)≤3	刷:60~90 喷:50~70 浸:约20	15~20	刷:50~100 喷:60~100

续表

类别	型号	名称	被代替名称	组成	化学稳定性	其他特性	使用温度/℃	主要用途	配套情况施工要点	干燥时间/h	黏度/s	每层厚度/μm	每层使用量/(g/m²)
醇酸树脂漆类	C04-42	各色醇酸磁漆		用干性植物油改性的季戊四醇醇酸树脂与颜料研磨后，加入催干剂，并以松节油、200号溶剂汽油与二甲苯调配而成		耐候性、耐水性及附着力比C04-2醇酸磁漆好，但干燥时间较长、能耐油耐汽油		室外金属表面涂装	稀释剂同上，先涂1~2道醇酸底漆，用腻子补平，再涂一道醇酸底漆，最后涂该磁漆2~3道	表干≤12 实干≤24 烘干(60~70℃)≤3	40~80	约20	100
	C06-1	铁红醇酸底漆		用干性植物油改性醇酸树脂(中油度或长油度)与氧化铁红、铅铬黄、体质颜料等研磨后，加入催干剂，并以松节油及二甲苯作溶剂调配而成	防锈力良好	附着力良好，与醇酸磁漆等多种面漆层间结合力好，耐油，漆膜坚硬，耐候性一般不错，但不宜用于湿热地带和潮湿地区	-40~+60	金属表面底用	喷或刷涂1~2道，配套面漆：醇酸磁漆、沥青漆、过氯乙烯漆等。稀释剂用二甲苯、刷涂用松节油	表干≤2 实干≤24 烘干(105℃±2℃)≤30min	60~120 刷:50~70 喷:20~50 浸:约20	约20	100
		7108稳化型带锈底漆		用合成树脂脂，加入化锈原料、稳锈颜料和有机溶剂等经研磨调制而成	防锈力强	可直接涂于已锈蚀的钢铁表面，能抑制锈蚀的发展并转化锈蚀为有益保护性物质，免去繁重的除锈工作，快干、附着力强、耐低温、耐热性较好、可对湿物面施工		化工设备、管道等已锈蚀的钢铁表面打底用，并可在未除锈的钢铁表面及旧漆之坚固上施工	带锈底漆2道，面漆：醇酸磁型、酚醛型或沥青型等，先除去疏松旧漆浮锈泥灰，使锈层在80μm以下	表干≤2 实干≤24 施工每层间隔24	50~100	≥60(两道计)	120

续表

类别	型号	名称	被代替者名称	组成	化学稳定性	其他特性	使用温度/℃	主要用途	配套情况施工要点	干燥时间/h	黏度/s	每层厚度/μm	每层使用用量/(g/m²)
醇酸树脂漆类	C61-1	铝色醇酸耐热漆		醇酸清漆与铝粉分别包装，使用前按7:3混合搅拌均匀。其中清漆是用半干性植物油改性的醇酸树脂溶于200号溶剂汽油或二甲苯松节油的混合溶剂中，并加入催干剂而成		对钢铁和钢制品表面有较强的附着力，漆膜受热后不易起泡，耐水性比醇酸磁漆好	不能在150℃以上长期使用	适用于要求耐高温的金属设备、管道表面	直接喷涂于已经处理过的金属表面，必须采用高温烘干。可用二甲苯作溶剂	烘干(150℃±2℃)≤1	15~30(清漆)		
过氯乙烯漆类	G01-5	过氯乙烯漆		由过氯乙烯树脂及增韧剂溶于有机物混合溶剂(如酯类、酮类及苯类)中的溶液	防腐性能优良，可耐酸、碱的侵蚀	耐盐类及煤油等的侵蚀		化工设备、管道等处防腐涂层	与G52-7及各色过氯乙烯漆配套，过氯乙烯底漆1~2道，过氯乙烯磁漆2~3道，过氯乙烯清漆3~4道	≤3	20~80		
	G04-11	各色过氯乙烯磁漆		过氯乙烯树脂溶于有机溶剂中，并加入有醇酸树脂、增韧剂、颜料等混合配制而成	耐酸、碱性较低，抗酸性气体	耐候性优良，耐油、汽油及防湿、盐、雾、热、霉菌	-30~+70 适宜-20~+60	适用于湿热带气候的机床及化工设备用	以过氯乙烯漆稀释剂稀释，喷涂在已涂过的底漆、腻子的表面	≤2 施工每层间隔3~4	25~75 喷:15~20 浸:20~40	20~30	120~175

续表

类别	型号	名称	被代替名称	组　　成	化学稳定性	其他特性	使用温度/℃	主要用途	配套情况施工要点	干燥时间/h	粘度/s	每层厚度/μm	每层使用量/(g/m²)
过氯乙烯漆类	G06-4	锌黄、铁红过氯乙烯底漆		过氯乙烯树脂、干性油改性醇酸树脂、增韧剂、颜料等经研磨后，溶于有机混合溶剂（苯、酯及酮类）制成	防锈性及耐化学性能比C06-1铁红醇酸底漆好	耐海洋性气候及潮湿热带气候，且有防霉性，有一定附着力，但比不上C06-1，尤其是在光滑面上。若在60~65℃加热2小时或涂先涂磷化底漆，均可提高附着力	-30~+70适宜 -20~+60	化工防腐及金属表面打底用，锌黄底漆适用于铝合金表面	涂于金属上或磷化底漆上，与过氯乙烯瓷器配套。施工时过氯乙烯涂稀释剂稀释，相对湿度大于70%时要加入适量过氯乙烯漆防腐剂	<1 施工每层间隔3~4	40~120 喷:16~18 刷:40~60	20~25	120~200
	G51-1	铁红、黑过氯乙烯耐氨漆	耐氨涂料	将石油树脂溶解于有机溶剂，并加入过氯乙烯基料、颜料、体质颜料、增塑剂、稳定剂等配制而成	耐氨性能优良，特别耐碳化氨水	快干，可底面两用，附着力强、耐候性好、耐汽油、耐火灾剂溶液	最好为常温	专用于木材、钢水泥等氨水的储槽和运输设备的防腐蚀	一般涂装2~4道，耐氨稀料一般采用中速干透后一道经6~7天再使用	表干<0.5 实干<8 施工间隔50分钟或干透后再	40~80		50~100
	G52-1	各色过氯乙烯防锈漆		用过氯乙烯树脂、干性油改性醇酸颜料研磨后，再以有机混合溶剂（苯类、酯类及酮类）调配而成	耐酸、碱等腐蚀，性能良好	具有良好的耐候性、防霉、防潮性，附着力较差，可通过施工中的配套和表面处理而得到改善	-30~+70适宜 -20~+60	化工防腐专用，用于防止化工大气及酸、碱等的侵蚀	须与G52-2配套及G06-4使用，介质腐蚀性较弱或在室外，可用罩清漆	<1 施工每层间隔3~4	20~75 喷:16~18 刷:40~60	20~30	125~175 最大为200

续表

类别	型号	名称	被代替名称	组成	化学稳定性	其他特性	使用温度/℃	主要用途	配套情况施工要点	干燥时间/h	黏度/s	每层厚度/μm	每层使用量/(g/m²)
过氯乙烯漆类	G52-2	过氯乙烯防腐清漆		系过氯乙烯树脂及增韧剂溶于有机混合溶剂(苯类、酯类及酮类)中的溶液	具有优良的防腐蚀性能,耐无机酸、碱、盐等的侵蚀	耐煤油的侵蚀,快干,但附着力较差,不耐阳光照射	−30~+70	化工防腐专用,用于化工设备,管道防止侵蚀性较强的介质和液体的侵蚀	须与G52-1及G06-4配套使用	≤1 施工每层间隔3~4	20~50 喷:14~16 刷:20~40	15~20	125~175 最大为200
	G52-3	铝粉过氯乙烯防腐漆		系过氯乙烯树脂及增韧剂,溶于有机溶剂中的溶液,并加有铝石粉及铝粉(使用前加入铝粉)	耐腐蚀性差,耐酸性气体的侵蚀	耐候性较好,具有良好的耐盐雾、耐湿热及防霉性能	−30~+70 适宜−20~+60	化工大气腐蚀室外工程及低浓度腐蚀性介质作用部位	配套底漆为:G06-4或F06-9金属应经喷砂清洗	≤2	20~150	20~30	
	G52-7	绿过氯乙烯防腐漆	511灰/520 军绿色过氯乙烯防腐磁漆	系过氯乙烯树脂溶于有机溶剂并加入增塑剂、颜料等经研磨配制而成	耐腐蚀性较好	耐候性较好	−30~+70 适宜−20~+60	化工防腐专用	与G01-5配套使用			20~30	
	G52-8	灰、军绿色过氯乙烯防腐漆		系过氯乙烯树脂溶于有机溶剂,并加有醇酸树脂、颜料、增塑剂及稳定剂配制而成	耐腐蚀性较好	耐候性较好	−30~+70 适宜−20~+60	室外化工防腐蚀专用	应与G52-2及G06-4配套使用	≤2 施工每层间隔3~4	20~70	20~30	145

续表

类别	型号	名称	被代替名称	组成	化学稳定性	其他特性	使用温度/℃	主要用途	配套情况施工要点	干燥时间/h	粘度/s	每层厚度/μm	每层使用量/(g/m²)
	X06-1	磷化底漆		是聚乙烯醇缩丁醛树脂溶解于有机溶剂中,并加防锈颜料研磨而成底漆;使用前混入分开包装的磷化液	有防止锈蚀的作用,不适用于碱性介质环境	对金属表面有极强的附着力,可省去金属的磷化处理,增加有机涂层与金属表面的附着力,防止有锈蚀层有机涂层延长的使用寿命		作为有色及黑色金属底层的防锈涂层,可代替钢铁的磷化处理,提高金属表面的附着力,但不能代替一般底漆用	使用前按树脂基料与磷化液以4:1混合,磷化液用量不能任意增减,稀释剂用3份乙醇(96%)与1份丁醇的混合液	≤0.5 2h后涂其他防锈漆、底漆、面漆	35~75 (未加磷化液前)	8~15	80
	X06-3	偏氯乙烯漆底漆	偏二氯乙烯氯乙烯共聚底漆		耐腐蚀性较好	附着力较好		化工防腐蚀漆打底,配合过氯乙烯磁漆用			40~120		
乙烯漆类	X52-1	各色乙烯防腐漆	耐晒抗腐蚀漆	用氯乙烯醋酸乙烯共聚树脂和增塑剂混合挥发性于有机溶剂中,并与颜料研磨而成	耐酸碱,常温下耐:(浓度<)25%硫酸;25%氢氧化钠;耐油及醇类溶剂	耐候性优良,耐海水、耐晒、抗湿热气候,可用于水下金属结构	70~100	室外化工防腐蚀用	成套使用,不能与其他油漆混用;耐酸碱用配套:X06-1 1道 X52-3 2~3道 X52-1 2~3道 或4~6道 X52-2 1~2道	≤3 施工每层间隔24	50~80		
	X52-2	乙烯防腐漆	耐晒抗腐蚀清漆	用氯乙烯醋酸乙烯共聚树脂和增塑剂混合挥发性于有机溶剂中调配而成	同上	同上		室外化工防腐蚀用		≤3 施工每层间隔24	50~80		
	X52-3	红丹、铁红、锌黄、铝粉乙烯防腐底漆	耐晒防腐蚀底漆	用氯乙烯醋酸乙烯共聚树脂和增塑剂混合挥发性于有机溶剂中,并与颜料、体质颜料研磨而成	同上	同上		室外化工防腐蚀用,铁红、红丹底漆用于黑色金属,锌黄底漆用于铝表面	用于耐酸碱化学腐蚀时,颜料中不用氯化锌而不用钛白粉	≤3 施工每层间隔24	50~80		

续表

类别	型号	名称	被代替名称	组成	化学稳定性	其他特性	使用温度/℃	主要用途	配套情况施工要点	干燥时间/h	黏度/s	每层厚度/μm	每层使用量/(g/m²)
环氧树脂漆类	H01-1	环氧清漆(分装)		由环氧树脂、有机溶剂、增塑剂调配而成，使用时混入一定量 H-2 环氧固化剂而成自干型涂料	常温下耐25%氢氧化钠、25%硫酸、25%盐酸，耐二甲苯	附着力强，能防潮、耐腐蚀性比热固型差，但施工比热固型方便	适宜用于-40~+110	用于不能烘烤的化工设备、储槽、管道等金属或混凝土表面防腐蚀	在金属表面上刷涂2道以上或涂干环氧底漆上	表干 4 实干 24 (55~60℃下 8 小时)	60~90	2道以上 总厚>500	60~70
	H01-2	环氧酚醛清漆		由环氧树脂、酚醛树脂溶于有机溶剂制成的烘干型涂料	耐化学腐蚀性能优良	漆膜坚韧耐磨，附着力强，耐水，须高温烘干	120	是适宜用于化工管道、箱、罐内壁防腐蚀	喷、浸、刷施工2道以上	185℃±5℃ 1.5	45~80		
	H01-4	环氧沥青清漆(分装)		由环氧树脂、煤焦沥青、有机溶剂制成，使用时混入一定量的胺固化剂而成的自干型涂料	耐化学腐蚀	有良好的物理机械性能，漆膜坚固，对金属、水泥附着力强，耐水性好		用作地下、水下管道、水闸、储槽等防腐蚀用	云铁环氧底漆2道、环氧沥青清漆2道或直接涂刷3道	表干<4 实干<24 完全固化 7天	90~120		100
	H04-1	各色环氧磁漆(分装)		由环氧树脂、颜料、填充剂、增塑剂、有机溶剂混合研磨而成，使用时混入一定量的 H-2 环氧固化剂而成自干型涂料	同 H01-1	同 H01-1 漆膜较 H52-3 防腐漆光滑	同 H01-1	同 H01-1 用于管道内壁	最好先以磷化底漆打底，然后可涂环氧底漆或该漆直接涂刷3道	表干<4 实干<24 (55~60℃下 8 小时)	100~150	总厚度>150	

续表

类别	型号	名称	被代替名称	组 成	化学稳定性	其他特性	使用温度/℃	主要用途	配套情况施工要点	干燥时间/h	黏度/s	每层厚度/μm	每层使用量/(g/m²)
环氧树脂漆类	H04-2	各色环氧硝基磁漆		是环氧树脂、醇酸研磨料研磨后,再与颜料硝化棉溶液混合而成,以苯二甲酸二丁酯做增韧剂,以混合有机溶剂作溶剂	耐油、耐水、耐候性好、耐海洋性和湿热带气候腐蚀	漆膜坚固,耐油大气腐蚀		涂于已涂有环氧底漆的金属表面,作既耐油又耐大气腐蚀涂层	配套底漆:环氧底漆,喷涂时同硝基漆稀释剂调稀	实干≤3 烘干(80℃±2℃) 1.5 烘1.5~3小时性能能更好	35~70		
	H04-3	棕色环氧沥青磁漆(分装)		由环氧树脂、煤焦沥青、颜料、填充料、有机溶剂等配制而成,使用时混入一定量的H-2环氧漆固化剂而成自干型涂料	有良好的防腐蚀性能	耐水、耐油	80	储槽、地下管道、水闸等金属、混凝土、木材表面耐水防腐用	在金属上涂刷3道,也可先涂云铁环氧底漆	表干≤4 实干≤24 施工间隔24 完全固化7天	90~120		
	H04-4	各色线型环氧磁漆		由高分子环氧树脂、颜料、填料及有机溶剂调配而成的自干型涂料	耐盐水等腐蚀	能耐高温、耐汽油 该漆为单组分、自干型,使用方便	150	化工防腐蚀用	用二甲苯调稀,刷涂或喷涂2道以上	表干≤4 实干≤24	100~150		
	H06-2	铁红、锌黄环氧磁漆		用植物油油脂酸酯和植物油油脂酸化后,与氧化铁红或锌铬黄等颜料研磨并加入少量氨基树脂、催干剂,再以有机溶剂调配而成	耐水性、防锈力比一般醇酸油基及醇酸底漆更优,与X06-1配套使用可提高漆膜防潮、防盐雾、防锈能力	漆膜坚韧耐久、与金属附着力良好	-40~+60	用于海洋性及湿热带气候金属表面防锈 黑色金属、锌黄用于有色金属	配套品种:磷化底漆、A05-9化磁漆、硝基漆外用磁漆、H05-2氨基烘漆、H05-6环氧烘漆	实干≤36 烘干(120℃±2℃)≤1 施工时60℃烘1小时或室温自干12小时再涂面漆	50~70		

续表

类别	型号	名称	被代替名称	组 成	化学稳定性	其他特性	使用温度/℃	主要用途	配套情况施工要点	干燥时间/h	黏度/s	每层厚度/μm	每层使用量/(g/m²)
环氧树脂漆类		云母氧化铁环氧底漆		由601环氧树脂液、煤焦沥青液加入云母氧化铁、锌黄、铝粉浆研磨而成成分一，用己二胺作固化剂成分二，使用时按比例混合		同H01-4		同H01-4	与H01-4配套使用各涂漆2道	表干≤2 实干≤24 烘干(70℃)≤4 完全固化7天			125
	H52-1	环氧酚醛防腐烘漆		以环氧树脂为主与部分溶剂配塑剂与环氧树脂经研磨配而成烘干型耐腐蚀漆	耐酸、耐碱、耐化学品腐蚀，常温下耐50%硫酸，耐25%氢氧化钠，耐5%氯化钠	耐汽油		化工防腐蚀用	施工涂层层数为4~7道	(180±2)℃≤40min，施工时每涂1道先静止35min后在160℃烘40min，最后一道在180℃烘50min	15~30	15~20	
	H52-3	各色环氧防腐漆(分装)		由颜料、填充料、有机溶剂、增塑剂与环氧树脂经研磨配制而成，在使用时再混入配好的H-1环氧固化剂	耐化学腐蚀性好、常温下耐25%氢氧化钠，耐25%盐酸、耐二甲苯、耐盐水、耐碱油	漆膜附着力好、坚韧耐久、耐腐蚀性比热固型稍差，但施工比热固型方便	适宜于-40~+110	金属结构和器材表面防化学腐蚀用	金属表面漆2道以上 配套底漆用铁红环氧底漆	表干≤3 实干≤24 60℃±2℃下实干 8小时	50~70	2道以上 总厚度>500	

续表

类别	型号	名称	被代替名称	组成	化学稳定性	其他特性	使用温度/℃	主要用途	配套情况施工要点	干燥时间/h	粘度/s	每层厚度/μm	每层使用量/(g/m²)
环氧树脂漆类	H52-6	各色环氧酚醛防腐烘漆		以环氧树脂为主制成的烘干型耐腐蚀涂料	耐酸、耐碱、耐化学品腐蚀,耐部分溶剂,常温下:耐50%硫酸,耐25%氢氧化钠,耐5%氧化钠	耐汽油		化工防腐蚀用	施工涂层数为3~5道	同H52-1	40~70	15~20	100
	H04-5	白环氧磁漆(分装)		由601号环氧树脂、钛白粉,其他研磨而得的成分一和由己二胺作为固化剂的成分二组成	与H53-3配合使用,有优异的耐油性、耐水的耐溶剂性及其他防腐蚀性能,对油的质量不影响			供油罐内壁防腐用,还可供其他石油化工设备防腐用	配套:H53-3 2道 H04-5 2道	表干≤5 实干≤24			200
	H53-3	红丹环氧防锈漆(分装)		由601号环氧树脂、红丹、填充料等研磨而得的成分一和由己二胺作为固化剂的成分二组成	有较佳的防腐蚀能力			供各种钢铁金属表面防锈用,专供作底漆		表干≤5 实干≤24			
	H61-1	环氧耐热漆(清漆)	环氧有机硅聚酯胺		耐腐蚀	耐热,自干型、烘干也可	180						
	H61-2	环氧耐热漆(瓷漆)	环氧有机硅聚酯胺		耐腐蚀	耐热,自干型、烘干也可	180						

续表

类别	型号	名称	被代替名称	组　成	化学稳定性	其他特性	使用温度/℃	主要用途	配套情况施工要点	干燥时间/h	黏度/s	每层厚度/μm	每层使用量/(g/m²)
环氧树脂漆类	H61-3	环氧耐热底漆	环氧有机硅聚酯胺		耐腐蚀	耐热、自干型、烘干也可	180						
	H61-4	各色环氧耐热烘漆		以有机硅单体改性高分子环氧及酚醛树脂为主,加入一定的颜料及有机溶剂配制而成	耐各种化工大气腐蚀及部分溶剂	耐高温、耐汽油		需耐高温抗腐蚀能烘烤的金属表面	施工涂层数为3~5道	180℃±2℃≤1 施工时每一道涂后先静置30min,再在160℃烘40min,最后一道在180℃烘80min	90~120	15~20	
聚氨酯漆类	S01-2	聚氨酯清漆(分装)	尿素造粒塔聚氨酯清漆	组分1为蓖麻油异氰酸酯预聚物。组分2为环氧树脂溶液,用时混合并加催干剂	有良好的耐化学腐蚀性	对混凝土金属、木材均有良好的附着力,漆膜坚硬耐磨		尿素造粒塔用漆,也可用作金属防腐涂料					
	S04-4	灰聚氨酯磁漆(分装)	尿素造粒塔聚氨酯面漆	组分1为蓖麻油异氰酸酯预聚物。组分2为环氧树脂脂液同防锈颜料及填料研磨而成。用时混合并加催干剂	有良好的耐化学腐蚀性	对混凝土金属、木材均有良好的附着力,漆膜坚硬耐磨		尿素造粒塔用漆,也可用作金属防腐涂料	在金属上:棕黄底漆1~2道中层漆(1:1)1道磁漆2~3道				

续表

类别	型号	名称	被代替名称	组 成	化学稳定性	其他特性	使用温度/℃	主要用途	配套情况施工要点	干燥时间/h	粘度/s	每层厚度/μm	每层使用用量/(g/m²)
聚氨酯漆类	S06-2	棕黄、铁红聚氨酯底漆(分装)	尿素造粒塔聚氨酯底漆	组分1为蓖麻油异氰酸酯预聚物。组分2为环氧树脂液同防锈颜料及填料研磨而成。用时混合并加催干剂	有良好的耐化学腐蚀性	对混凝土、金属、木材均有良好的附着力，漆膜坚硬耐磨		同上，金属上用棕黄底漆，混凝土上用铁红底漆					
	SQS01-8	聚氨基甲酸酯清漆		组分1为三羟甲基丙烷预聚物，组分2为环氧改性聚酯	抗酸、碱腐蚀，耐化学药品腐蚀较优越	漆膜柔韧、坚硬，耐水抗潮湿，耐各种油类，抗电性能优越		用于化工设备、建筑等防腐蚀	组分1:组分2=4:5	表干≤3 实干≤24 层间干燥0.5~1 对耐腐蚀介质要完全固化7天	混合后≤60 施工粘度15~30	20~39 施工2道	
	SQS52-1	聚氨基甲酸酯灰防腐漆		组分1三羟甲基丙烷预聚物，组分2为环氧改性聚酯同防腐颜料及填料一起研磨成的颜料浆	耐酸碱腐蚀及耐化学药品等性能优良	漆膜坚硬、耐水防潮性能优良		用于化工建筑、化工设备、地下管道等抗腐蚀防潮湿	组分1:组分2=5:8 与SQS01-8 SQS06-4配套使用	表干≤3 实干≤24 层间干燥0.5~1 对耐腐蚀介质要完全固化7天		20~30 用于耐腐蚀2~3道 总厚60±5	
	SQS06-4	聚氨基甲酸酯铁红底漆		组分1三羟甲基丙烷预聚物，组分2为环氧改性颜料和铁红防腐颜料及填料研磨成的颜料浆	耐酸碱腐蚀及耐化学药品等性能优良	漆膜坚硬、耐水防潮，耐油等性能优良		用于化工建筑、化工设备、地下管道等抗腐蚀防潮湿	组分1:组分2=1:2 SQS52-1配套使用	表干≤3 实干≤24 层间干燥0.5~1 对耐腐蚀介质要完全固化7天		20~30 用于耐腐蚀2~3道 总厚60±5	

续表

类别	型号	名称	被代替名称	组 成	化学稳定性	其他特性	使用温度/℃	主要用途	配套情况施工要点	干燥时间/h	黏度/s	每层厚度/μm	每层使用用量/(g/m²)
聚氨酯漆类	S01-3	聚氨酯清漆		组分1为醇酸树脂及溶剂。组分2为异氰酸酯加成物	耐酸碱腐蚀、耐溶剂	具有良好的耐水、防潮、耐磨、防霉等性能。漆膜光泽丰满，附着力好	-55~+155	用于耐酸碱及易受机械损伤之设备等处		表干5 实干12 烘干(105℃±2℃)1			
	S04-1	聚氨酯磁漆		组分1为醇酸树脂，加颜料溶剂研磨而成。组分2为异氰酸酯加成物	耐酸碱腐蚀、耐溶剂	漆膜坚硬光亮，附着力强，耐水、防潮、防霉、耐油	-55~+155	用于油罐内壁、储存航空用外的燃料油，及其他设备等的防油腐用	配套使用：S06-1 2道 S04-1 2道	表干4 固化7天 烘干(120℃)1		100	
	S06-1	棕黄、锌黄、聚氨酯底漆		组分1为醇酸树脂，防锈颜料、填充料、溶剂研磨而成。组分2为异氰酸酯加成物	配酸碱腐蚀、耐溶剂	附着力好，漆膜坚硬，耐水防潮、耐油、防霉	-55~+155	与S04-1配套使用		表干<3 实干<24 固化7天 烘干(120℃)1		150	
有机硅漆类	W61-1	铝色有机硅耐热漆		为有机硅树脂和含有羟基的丙烯酸树脂的溶于醋酸丁酯类、苯类溶剂中的清漆，使用时加入铝粉而成（分装）	有良好的保护作用	耐高温、常温干燥	300~350	高温设备、烟囱、排气管等表面上耐热防腐蚀涂层	清漆：铝粉=100:5 稀释剂用X-3过氯乙烯漆稀释剂	≤2（磁漆）	12~24（清漆）		
	W61-22	各色有机硅耐热漆		用有机硅树脂、乙基纤维颜料及体质颜料等研磨，用有机溶剂调配而成	有一定的耐油、耐水性	耐高温、有良好的机械性能，可常温干燥	300	耐高温设备等表面作耐热涂料		≤2			

续表

类别	型号	名称	被代替名称	组成	化学稳定性	其他特性	使用温度/℃	主要用途	配套情况施工要点	干燥时间/h	粘度/s	每层厚度/μm	每层使用量/(g/m²)
有机硅漆类	W61-23	黑色有机硅耐热漆		用有机硅树脂的甲苯溶液与颜料研磨,用有机溶剂调配而成的磁漆		具有好的耐热性和耐冲击性能	300	各种金属零件表面	可用甲苯稀释	200℃下≤3	≥15		
	W61-24	草绿有机硅耐热漆		用有机硅树脂、乙基(氧化铬绿)料等及固体质颜料等研磨后,加有机溶剂稀释而成	有良好的耐油、耐盐水性	耐高温(耐400℃),常温干燥,如烘干则效果更好	400	用于要常温干燥的耐高温的钢铁金属设备零件表面	最好喷漆,也可刷漆,待涂件应预先除油除污最好经喷砂处理,以甲苯作稀释剂	表干≤8 实干≤18	60~120		
	W61-25	银白色有机硅耐热漆	500℃铝粉高温漆	由分装的清漆和铝粉组成,清漆是聚酯有机硅树脂和有机甲苯稀释脂用得的胶体溶液	有防腐蚀作用	耐500℃高温	500	用于高温设备的钢铁零件:如发动机外壳、烟囱、排气管、烘箱、火炉、暖气管道外壳,作耐热防腐蚀涂料	清漆:铝粉=94:6 用二甲苯稀释,喷砂除锈后,喷漆或刷漆2道	(150+2)℃,≤2	15~30(清漆)	20~80	20~35
	W61-27	各色有机硅耐热烘漆	300~400℃各色高温漆	为有机硅树脂、甲基丙烯酸树脂稀浮液,其中的颜料色高温漆系按重量比100份与9份铝粉在临用前混合	对钢铁表面有保护、防腐蚀效能	耐热性好	300 短时400	作防护涂层之用	以甲苯与醋酸丁酯(或戊酮)重量1:1的混合溶剂稀释,喷涂2道	表干≤4	20~50	20~80	

续表

类别	型号	名称	被代替名称	组　成	化学稳定性	其他特性	使用温度/℃	主要用途	配套情况施工要点	干燥时间/h	黏度/s	每层厚度/μm	每层使用量/(g/m²)
有机硅漆类		800℃有机硅耐热漆		由有机硅树脂、耐高温颜料、填料经研磨后调配而成的色漆		耐800℃高温	800	涂覆在耐高温部件上	以二甲苯-丁醇混合溶剂(7:1)作稀释剂	180~200℃ 5~10	40~70	20~30	
		30号银白色耐高温漆		由环氧改性有机硅树脂和铝粉加入有机溶剂稀释而成(铝粉与清漆分装)施工时加入固化剂二乙烯三胺	耐汽油、煤油、润滑精油等	耐高温、常温干燥	500	用于涂覆高温部件表面作耐热防腐涂层	清漆:铝粉=100:10 固化剂为二乙烯三胺固化剂=100:(2~3),稀释剂为二甲苯-丁醇混合溶剂,二甲苯:丁醇=7:3	≤24			
其他漆类	E06-1	无机富锌底漆		由锌粉和硅酸盐等配成,涂刷后,涂膜需以固化剂固化	耐大气、耐曝晒、耐水、耐盐、耐油、耐溶剂,不耐酸碱,耐腐蚀性优于热浸镀锌层	耐热,漆膜坚韧,耐磨	400	用于黑色金属设备、管道等,作耐油、耐水、防大气腐蚀涂层及耐烟囱等热防腐涂层	配套面漆:环氧磁漆、乙烯磁漆刷1道即可,2道性能更优	涂后自干小时后刷固化剂,24小时候固化完全,用水冲洗表面的盐,待干透后涂刷第二层或涂覆面漆		50~80	

注:干燥时间为(25±1)℃下、相对湿度为65±5%的小时数;黏度为(25±1)℃时,涂-4黏度计的秒数。

3.7.2　涂料防腐性能（表3.7-2）

表3.7-2　涂料耐蚀性能表（浓度：%；温度：℃）

介质	生漆 浓度	生漆 温度	漆酚树脂漆 浓度	漆酚树脂漆 温度	酚醛树脂漆 浓度	酚醛树脂漆 温度	过氯乙烯漆 浓度	过氯乙烯漆 温度	601基料的冷固化环氧树脂涂料 浓度	601基料的冷固化环氧树脂涂料 温度	热固性环氧树脂涂料 浓度	热固性环氧树脂涂料 温度	H52-6各色环氧酚醛腐烘漆 浓度	H52-6各色环氧酚醛腐烘漆 温度	有机硅环氧酚醛耐温防腐涂料 浓度	有机硅环氧酚醛耐温防腐涂料 温度	胺固化环氧沥青漆 浓度	胺固化环氧沥青漆 温度	多羟基型聚氨基甲酸酯涂料 浓度	多羟基型聚氨基甲酸酯涂料 温度	催化剂型聚氨基甲酸酯涂料 浓度	催化剂型聚氨基甲酸酯涂料 温度	湿固化聚氨基甲酸酯涂料(7160) 浓度	湿固化聚氨基甲酸酯涂料(7160) 温度
酸类 硫酸	<70 <80	<100 常温	75	常温	5 60	<120 100	25 50 80	50 50 50	5 10 20 20~60 80	常温 70 沸腾 常温 常温	10 30~50 50 75 浓	20~100 20~60 100× 20 20×	50	常温	50 50	常温 130	40	常温	10 20 30 50	常温 常温 常温 常温	10 50	耐 耐	10 25	15~35 15~35
盐酸	任何	沸点	30	常温	任何	沸点	30 30	60 (70)	10	(常温)	20~35	20			38	常温	10	常温	10 20 37	常温 常温 常温	10	耐	5 15	15~35 15~35
硝酸			25	常温			50	50			5 20	(20) 20×							5 10 20	常温 常温 常温	10	(分解气体)		
磷酸	<40 <70	沸点 80	任何	常温	50 75	100 30	50	50	85	(常温)	30	20			68	常温	20 30 51	常温 30 90	10 20 35	常温 常温 常温				
磷酸酐 硫酸/硝酸 硫磷酸	<20	常温					20	耐	20	常温	×	20			耐	80					20			
硼酸 硼酸母液/氨 硼酸/氨 水混合液									过饱和（常温） pH~220~90 6/8	50	浓	60	20	20										
碳酸 钠酸							稀溶液 浓溶液	(25) <70			5 20	20 (20)												
亚硫酸																								

续表

类别	介质	生漆 浓度	生漆 温度	漆酚树脂漆 浓度	漆酚树脂漆 温度	酚醛树脂漆 浓度	酚醛树脂漆 温度	过氯乙烯漆 浓度	过氯乙烯漆 温度	601基料的冷固化环氧树脂涂料 浓度	601基料的冷固化环氧树脂涂料 温度	热固性环氧树脂涂料 浓度	热固性环氧树脂涂料 温度	H52-6各色环氧酚醛防腐烘漆 浓度	H52-6各色环氧酚醛防腐烘漆 温度	有机硅环氧酚醛耐温防腐涂料 浓度	有机硅环氧酚醛耐温防腐涂料 温度	胺固化环氧沥青漆 浓度	胺固化环氧沥青漆 温度	多羟基型聚氨基甲酸酯涂料 浓度	多羟基型聚氨基甲酸酯涂料 温度	催化剂型聚氨基甲酸酯涂料 浓度	催化剂型聚氨基甲酸酯涂料 温度	湿固化聚氨基甲酸酯涂料(7160) 浓度	湿固化聚氨基甲酸酯涂料(7160) 温度
酸类	亚硫酸酐							耐																	
	氯磺酸																								
	苯磺酸											耐	20												
	氢氟酸	<9	80			40	20					100	60			耐	80								
	氟硅酸	80	常温			25	100											20	90						
	甲酸		80			60	100	80	<45			5	(20)			99	(常温)								
	醋酸	15~80 / 15	常温 / 80	20	常温			(20)				10	20×							5 / 10 / 20	常温 / 常温 / 常温			耐	15~35
	油酸																								
	亚油酸																								
	蓖麻油酸																			耐	常温				
	脂肪酸			耐	常温							耐	60							耐	常温				
	草酸							任何	耐	25	(常温)	耐	20												
	乳酸											10 / 90	20 / 20												
	酒石酸							9	常温	47.5	常温	饱和	60							耐	常温				
	苯甲酸					耐		耐 潮湿气体	35			耐	60												
	氢氰酸																								
酸性气体	氯化氢气							水溶液	常温			50 / 50 / 100 / 100	20 / 100× / 20 / (60)							耐	常温				
	硫化氢							水溶液	常温			耐	60					20	常温						
	氧化氮			耐 3~5 水溶液	常温																				
	二氧化碳			水溶液	常温			水溶液	常温			干	60					20	常温						
	二氧化硫							耐	35			湿	20					20	常温						

续表

介质		生漆 浓度	生漆 温度	漆酚树脂漆 浓度	漆酚树脂漆 温度	酚醛树脂漆 浓度	酚醛树脂漆 温度	过氯乙烯漆 浓度	过氯乙烯漆 温度	601基料的冷固化环氧树脂涂料 浓度	601基料的冷固化环氧树脂涂料 温度	热固性环氧树脂涂料 浓度	热固性环氧树脂涂料 温度	H52-6各色环氧酚醛防腐烘漆 浓度	H52-6各色环氧酚醛防腐烘漆 温度	有机硅环氧酚醛耐温防腐涂料 浓度	有机硅环氧酚醛耐温防腐涂料 温度	胺固化环氧沥青漆 浓度	胺固化环氧沥青漆 温度	多羟基型聚氨基甲酸酯涂料 浓度	多羟基型聚氨基甲酸酯涂料 温度	催化剂型聚氨基甲酸酯涂料 浓度	催化剂型聚氨基甲酸酯涂料 温度	湿固化聚氨基甲酸酯涂料(7160) 浓度	湿固化聚氨基甲酸酯涂料(7160) 温度
碱类	氢氧化钾	<1	常温					饱和	<70	2~3 5 5 40~70	沸腾 沸腾 常温 常温														
	氢氧化钠			×		×	×	40 40 10	50 (70) 50	5 40~70 45	常温 常温 20~80	25 40	60 20	25	常温	10	常温	40	常温	10 20 50	常温 常温 常温	10 饱和	耐 耐		
	氢氧化钙							饱和	<70																
	氢氧化铵	<28 氨水	常温 <80			10氨水	60	浓氨水	耐	25~28 氨水 浓氨水	(20~) (20~) (30)									5 10 28	常温 常温 常温	10	耐		
	液氨 氨气			耐				低浓度	35			比重 0.88	耐							耐					
	氯化钾 硫酸钾 磷酸钾					任何 任何 饱和	20 <120 <120			25	常温														
	次氯酸钾 高锰酸钾																								
	氯化钠	饱和 饱和	常温 常温	饱和	常温	饱和	60	饱和	60	3	(常温)	10 50	20~70 20	5	常温			饱和	常温	溶液 溶液 2	常温 常温 常温	饱和	耐		
盐类	海水							×																	
	过氯化钠					任何	<70	耐	<70			20	20							20	20				
	硫酸钠 磷酸钠 碳酸钠	任何	100			任何 饱和	<120 (100)					20 20	20 20							20	20				
	醋酸钠 亚硫酸钠 次氯酸钠	任何				任何 任何	<120 <120	120g/L	(60)	25	常温														

续表

介质	生漆 浓度	生漆 温度	漆酚树脂漆 浓度	漆酚树脂漆 温度	酚醛树脂漆 浓度	酚醛树脂漆 温度	过氯乙烯漆 浓度	过氯乙烯漆 温度	601基料的冷固化环氧树脂涂料 浓度	601基料的冷固化环氧树脂涂料 温度	热固性环氧树脂涂料 浓度	热固性环氧树脂涂料 温度	H52-6各色环氧酚醛防腐烘漆 浓度	H52-6各色环氧酚醛防腐烘漆 温度	有机硅环氧酚醛耐温防腐涂料 浓度	有机硅环氧酚醛耐温防腐涂料 温度	胺固化环氧沥青漆 浓度	胺固化环氧沥青漆 温度	多羟基型聚氨基甲酸酯涂料 浓度	多羟基型聚氨基甲酸酯涂料 温度	催化剂型聚氨基甲酸酯涂料 浓度	催化剂型聚氨基甲酸酯涂料 温度	湿固化聚氨基甲酸酯涂料(7160) 浓度	湿固化聚氨基甲酸酯涂料(7160) 温度
亚硫酸氢钠									40	常温														
亚硫酸钠									53.4															
硫代硫酸钠									6.6															
亚硫酸氢钠									40	(常温)														
亚硫酸钠																								
重铬酸钾									100g/L	(常温)														
重铬酸钠									100g/L	(常温)														
苯磺酸钠																								
肥皂水	任何	80			50	100	耐	50			耐	60			耐	80								
氯化铵	饱和	常温			任何	<120			20	常温														
硝酸铵	15～50	15～50			任何	耐	耐	50	25	常温											饱和(结疤)	(80)		
硫酸铵	饱和	常温			饱和	常温					耐	20												
磷酸氢铵	饱和	常温			任何	<120			25	(常温)														
碳酸氢铵	饱和	常温																						
氯化钙	饱和	常温																						
硫酸钙																								
次氯酸钙																								
漂白粉																								
硝酸镁																								
氯化铝	饱和	常温					任何	<80			耐	60			耐	80								
硫酸铝					耐 10	(100)																		
硫酸锌																								
氯化铁																								
氯化镁					耐																			
硫酸锰					任何																			

盐类

续表

介质	生漆 浓度	生漆 温度	漆酚树脂漆 浓度	漆酚树脂漆 温度	酚醛树脂漆 浓度	酚醛树脂漆 温度	过氯乙烯漆 浓度	过氯乙烯漆 温度	601基料的冷固化环氧树脂涂料 浓度	601基料的冷固化环氧树脂涂料 温度	热固性环氧树脂涂料 浓度	热固性环氧树脂涂料 温度	H52-6各色环氧酚醛防腐烘漆 浓度	H52-6各色环氧酚醛防腐烘漆 温度	有机硅环氧酚醛耐温防腐涂料 浓度	有机硅环氧酚醛耐温防腐涂料 温度	胺固化环氧沥青漆 浓度	胺固化环氧沥青漆 温度	多羟基型聚氨基甲酸酯涂料 浓度	多羟基型聚氨基甲酸酯涂料 温度	催化剂型聚氨基甲酸酯涂料 浓度	催化剂型聚氨基甲酸酯涂料 温度	湿固化氨基甲酸酯涂料(7160) 浓度	湿固化氨基甲酸酯涂料(7160) 温度
盐类 硫酸铜					任何	<120							3	耐										
醋酸铜			25	常温	任何	<120	50	(20)									20	常温						
氯化亚铜	温,浓	常温			任何	<120	×	×																
卤素 氯气					湿	耐																		
氯水																								
其他 水		沸点					耐	50	Na 0.03	(常温)	×	20							蒸馏水	常温				
过氧化氢																								
钠汞齐																								
其他有机化合物 氯仿							×	×			耐	20							耐	常温				
四氯化碳							×	×			×	20												
二氯乙烷							×	×			100	60												
三氯乙烯											100	60							耐	常温				
甲醇	耐	常温					×	×			耐	20							耐	常温				
乙醇					50	25	98	50																
丁醇							100	50											耐	常温				
环己醇							耐	20			10	20												
苯甲醇											50	(20)												
丙酮							×	×			×	20							耐	常温				
环己酮								(20)											耐	常温	50			
甲基异丁基酮							40	25			100								耐	常温				
乙二醇-乙醚																	−37	90	耐	常温				
甲醛	耐	常温			100	60	×	×			耐	20			60	100							纯	15~35
乙醛							×	×			耐	20			纯	常温								
水扬醛 苯																								
甲苯																								

续表

介质	生漆		漆酚树脂漆		酚醛树脂漆		过氯乙烯漆		601基料的冷固化环氧树脂涂料		热固性环氧树脂涂料		H52-6各色环氧酚醛防腐烘漆		有机硅环氧酚醛耐温防腐涂料		胺固化环氧沥青漆		多羟基型聚氨基甲酸酯涂料		催化剂型聚氨基甲酸酯涂料		湿固化聚氨基甲酸酯涂料(7160)	
	浓度	温度	浓度	温度	浓度	温度	浓度	温度	浓度	温度	浓度	温度	浓度	温度	浓度	温度	浓度	温度	浓度	温度	浓度	温度	浓度	温度
二甲苯					含0.5%盐酸	40	×	20			×	20							耐	常温			耐	15～35
氯苯																			耐	常温			耐	15～35
五氯联苯																								
甲酚	耐	常温									×	20					99	90						
苯酚					耐	60					耐	60												
苯胺											耐×	20					耐		耐	常温			耐	15～35
醋酸乙酯							×	×			×	20							耐	常温				
醋酸丁酯							100	20×											耐	常温				
醋酸酯																								
萘	耐						耐				耐								耐					
松节油			耐	常温			耐	50			耐	60	耐	25					耐	常温				
汽油			耐	常温			耐	50			耐	80									耐			
120号溶剂油																			耐	常温		40		
汽油																								
机油			耐				耐	60											耐	常温				
润滑油							耐	60			耐	60												
亚麻仁油											耐	60	25											
植物油							耐	60			耐	60												
动物油							耐	60																
脂肪油							×	20			耐	60												
吡啶													25											
乐果液													耐											
波尔多液													耐											

注：符号"×"表示不腐蚀。带括弧者表示尚腐蚀。空白为无数据。条件与本表不同时，应按介质条件进行腐蚀试验。

3.7.3　不同选择比较

3.7.3.1　用途对涂料的选择（表3.7-3）

表3.7-3　不同用途对涂料的选择

涂料种类	油性漆	酯胶漆	大漆	酚醛漆	沥青漆	醇酸漆	过氯乙烯漆	乙烯漆	环氧漆	聚氨酯漆	有机硅漆	无机富锌漆
一般防护	✓	✓				✓						✓
防化工大气			✓		✓	✓						
耐酸			✓	✓	✓		✓	✓		✓		
耐碱			✓		✓		✓	✓	✓	✓		
耐盐类			✓		✓		✓	✓	✓	✓		
耐溶剂			✓				✓		✓	✓		✓
耐油			✓	✓		✓	✓		✓	✓		✓
耐水			✓	✓	✓				✓	✓	✓	✓
耐热										✓	✓	✓
耐磨				✓					✓	✓		✓
耐候性	✓			✓	✓	✓	✓		✓	✓	✓	✓

3.7.3.2　金属对涂料的选择（表3.7-4）

表3.7-4　不同金属对底漆的选择

金　属	底漆品种
黑色金属(铁、铸铁、钢)	铁红醇酸底漆,铁红纯酚醛底漆,硼钡酚醛底漆,铁红酚醛底漆,铁红环氧底漆,铁红油性底漆,红丹底漆,过氯乙烯底漆,沥青底漆,磷化底漆等
铝及铝镁合金	锌黄油性、醇酸或丙烯酸底漆,磷化底漆,环氧底漆
锌金属	锌黄底漆,纯酚醛底漆,磷化底漆,环氧底漆,锌粉底漆等
镉金属	锌黄底漆,环氧底漆
铜及其合金	氨基底漆,铁红醇酸底漆,磷化底漆,环氧底漆
铬金属	铁红醇酸底漆
铅金属	铁红醇酸底漆
锡金属	铁红醇酸底漆,磷化底漆,环氧底漆

3.7.3.3　涂料耐热性能比较（图3.7-1）

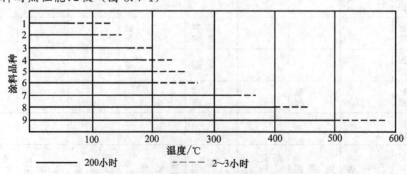

图3.7-1　各种涂料保护层的耐热性能比较

1—硝基漆,过氯乙烯漆等；2—油性调合漆,酚醛磁漆等；3—聚异氰酸酯漆；4—醇酸树脂漆；5—环氧树脂漆；6—聚乙烯醇缩丁醛漆；7—有机硅树脂漆；8—无机富锌漆；9—有机硅铝粉耐热漆

3.7.3.4　常用防腐涂料（表3.7-5）

表 3.7-5　常用防腐涂料

类别	名　称	型号	特　性	使用温度/℃	建议涂装道数	每道干膜厚度/μm	主要用途
酚醛树脂涂料	酚醛清漆	F01-15	漆膜干燥快,坚硬光亮,具有较好的耐水性	−20～120	1～2	20～26	用于室内外金属表面罩光
	各色纯酚醛磁漆	F04-11	漆膜坚硬,光泽较好,耐水性、耐候性一般		2	20～30	用于涂装耐潮湿、干湿交替的部位
	各色酚醛耐酸漆	F50-31	耐酸、耐水、耐油、耐溶剂,不耐碱		2～4	30～40	用于酸性气体环境作为面漆
	灰酚醛防锈漆	F53-32	具有良好的防锈性		2	30～40	用于室内钢材表面防锈打底
	铁红酚醛防锈漆	F53-33	耐碱性差,防锈性能良好				
	硼钡酚醛防锈漆	F53-39	具有良好的防锈性能				
	云铁酚醛防锈漆	F53-40	防锈性好,干燥快,附着力强,无铅毒		2	30～40	用于室外钢表面防锈打底
	各色硼钡酚醛防锈漆	F53-41	具有良好的防锈性能				
沥青涂料	沥青清漆	L01-13	耐水、防潮、耐腐蚀性好,漆膜光泽好,干燥快,但机械性能差,耐候性不好	−20～70	2	30	用于不受光线直接照射的金属表面防潮、耐水、防腐
	沥青磁漆	L04-1	漆膜黑亮平滑,耐水性较好		2	30	
	铝粉沥青底漆	L44-83	附着力好,防潮、耐水、耐热、耐润滑油		2	60	用于金属设备、管道的表面打底
	沥青耐酸漆	L50-1	耐硫酸腐蚀,附着力良好,常温下耐氧化氮、二氧化硫、氨气、氯气、盐酸气体以及中等浓度以下的无机酸		2	60	用于防止硫酸腐蚀的金属表面
醇酸树脂涂料	醇酸清漆	C01-12	干燥快,光泽好,附着力良好,耐候性、耐水性,耐汽油性良好	<100	2	30	用于金属表面罩光
	各色醇酸磁漆	C04-2	耐候性比酚醛漆好,耐水性稍差		2	30～40	用于室内外金属表面涂装
	灰云铁醇酸磁漆	C04-9	漆膜坚韧,具有良好的附着力,耐潮、耐候,能抵抗污气的侵蚀				室外石油化工设备、管道及附属钢结构外表面防护
	银色醇酸磁漆	C04-48	漆膜坚韧光亮,附着力好,耐机油和汽油,耐热和耐候性佳,具有一定的耐水性	<150	2	30～40	用于表面温度不太高的钢材表面防护
	铁红醇酸底漆	C06-1	附着力良好,与醇酸、硝基等多种面漆层间结合力好,耐油、漆膜坚韧	−40～100	2	35	金属表面打底用,不宜用在湿热地区

类别	名 称	型号	特 性	使用温度/℃	建议涂装道数	每道干膜厚度/μm	主要用途
醇酸树脂涂料	白醇酸二道底漆	C06-15	干燥快,易打磨,作为底层与面层的中间层具有良好的结合力		施工单位自定		用于涂面漆之前,填平腻子层的沙孔及纹道
	白醇酸耐酸漆	C50-31	具有一定的耐稀酸性能	<100	3	40~60	用于有酸性气体侵蚀的钢材表面
	云铁醇酸防锈漆	C53-34	漆膜坚韧,附着力强,防锈性能好		2	35	用于室外钢材表面作为防锈底漆
	铁红醇酸防锈漆	C53-36	漆膜坚韧,附着力强,防锈性能良好,易施工	<100	2	35	用于钢材表面防锈打底
	铝粉醇酸耐热漆	C61-32	漆膜附着力较好,有一定的防锈能力	<150	2	20	用于钢材表面作为防腐层
过氯乙烯树脂涂料	过氯乙烯清漆	G01-5	具有良好的机械强度和防腐蚀性能	−20~60	2	20~30	用于过氯乙烯磁漆的罩光
	锌黄过氯乙烯底漆	G06-3	附着力较好,耐盐水、盐雾,耐湿热				在沿海、湿地地区作为防腐底漆
	铁红过氯乙烯底漆	G06-4	具有一定的防锈性和耐化学性能				用于钢材表面打底
	各色过氯乙烯二道底漆	G06-5	干燥快,具有较好的打磨性		施工单位自定		用于填平针孔,增加面漆的附着力
	各色过氯乙烯耐氨漆	G51-32	耐酸碱、耐盐、耐化工大气,尤其耐氨性能佳		2	20~30	用于化工管道、设备的化工大气防腐
	过氯乙烯防腐漆	G52-2	干燥快,具有优良的耐煤油、耐酸碱和耐化学腐蚀性能				用于化工管道、设备外壁的防腐
	各色过氯乙烯防腐漆	G52-31	耐腐蚀,但附着力差				
	绿色过氯乙烯防腐漆	G52-37	具有优良的防腐蚀性能,与G01-5配套能够耐98%的硝酸气体				用于金属表面作为防化学腐蚀涂料
环氧树脂涂料	环氧酯清漆	H01-6	漆膜柔韧、附着力好,耐潮性、耐酸碱性比一般油性漆好	<110	2	20~30	用于不能烘烤的设备罩光
	各色环氧磁漆	H04-1	良好的附着力、耐碱、耐油、耐水性能良好		2	30~40	用于石油化工设备、管道外壁涂装
	云铁环氧底漆	H06-1	具有优良的耐盐雾和耐湿热性能,附着力良好		1~2	40~60	作优良的防锈底漆用
	铁红环氧酯底漆	H06-2	漆膜坚硬耐久,附着力良好,与磷化底漆配套使用,可提高漆膜的耐潮、耐盐雾和防锈性能	<120	2	30~40	用于沿海地区和潮热带气候的金属表面打底
	环氧富锌底漆	H06-4	有阴极保护作用,优异的防锈性能和耐久性,优异的附着力和耐冲击性能,耐磨、耐油、耐溶剂、耐潮湿,干燥快	<120	车间底漆1	20~30	用于环境恶劣,且防腐要求比较高的金属表面作底漆。用作车间底漆时,漆膜厚度为20μm

类别	名　称	型号	特　性	使用温度 /℃	建议涂装道数	每道干膜厚度/μm	主要用途
环氧树脂涂料	铁红环氧底漆	H06-14	具有良好的抗水性能和防腐蚀性能,漆膜干燥快,附着力好	<110	2	30～40	用于钢铁表面打底漆及地下管道、设备的防腐
	各色环氧防腐漆	H52-33	附着力、耐盐水性良好,有一定的耐强溶剂性能,耐碱液腐蚀,漆膜坚硬耐久		2	40～60	用于大型钢铁设备和管道的防化学腐蚀
	铝粉环氧防腐底漆	H52-81	自干,漆膜坚韧,附着力好,耐水、耐碱和耐一般化学品的腐蚀		2	30～40	用于水下及地下设备、机械防腐打底
	云铁环氧酯防锈漆	H52-33	干燥快、毒性小,防锈性能好		1～2	40～60	用于石油化工设备、管道及钢结构防锈打底或中间涂层
	铝色环氧有机硅耐热漆	H61-1	耐温变,耐热,自干型,有较好的物理力学性能	-40～400	1～2	20～25	用于表面温度较高的设备和管道防腐蚀
	各色环氧有机硅耐热漆	H61-32					
	铁红环氧有机硅耐热底漆	H61-83					
聚氨酯涂料	聚氨酯清漆	S01-3	具有良好的耐水、耐磨、耐腐蚀等性能	<120	2	30	可在自然条件比较恶劣的地区使用
	聚氨酯清漆	S01-11	对恶劣气候的抵抗力极佳,耐磨性极佳,抗化学性和溶剂性极佳,漆膜坚韧、附着力好		2	30	
	各色聚氨酯磁漆	S04-1			2～4	40	
	铁红聚氨酯底漆	S06-4	优良的附着力和良好的防锈性、防腐蚀性,耐油		2	30	用于钢表面防锈打底
	各色聚氨酯底漆	S06-5	漆膜坚韧,耐油,耐酸碱,耐各种化学药品				
	各色聚氨酯防腐漆	S52-31	漆膜光亮耐磨,附着力强,防腐性能突出		3～4	40	作为金属材料的外部防腐蚀保护层
	聚氨酯耐油清漆	S54-1	漆膜具有优良的耐油性和物理力学性能,附着力好		2	30～40	用于油槽、油罐等设备的防腐蚀涂装
	聚氨酯耐油磁漆	S54-31			2～3	40～50	
	白聚氨酯耐油漆	S54-33			2～3	40～50	
	聚氨酯耐油底漆	S54-80			2	40～50	
元素有机硅涂料	铝粉有机硅耐热漆	W61-31	具有良好的耐热和保护作用	300～350	2	20～25	用于钢铁设备表面,起耐热保护作用
		W61-32	具有良好的耐水、耐热性能				
	草绿有机硅耐热漆	W61-34	漆膜具有良好的耐热性、耐油性和耐盐水性	400	2	20～25	用于要求常温干燥的钢材表面

续表

类别	名　称	型号	特　性	使用温度/℃	建议涂装道数	每道干膜厚度/μm	主要用途
元素有机硅涂料	铝粉有机硅烘干耐热漆	W61-55	在150℃下烘干,能耐500℃高温	500	2～4	20～25	用于烟囱排气管、烘箱等高温设备
	铝色有机硅耐热漆	JW61-1	可在常温下自干,有一定的耐油性	350	2	20～25	发动机外壳、烟囱排气管、烘箱火炉等的外部防腐
		JW61-2	漆膜耐水、耐热性好				
橡胶涂料	氯化橡胶清漆	J01-1	具有较好的耐碱性、耐水性及良好的附着力	−30～80	1～2	20～25	用于氯化橡胶面漆罩光及设备防腐
	各色氯化橡胶磁漆	J04-2	漆膜干燥快,耐碱、耐水等性能良好		2	40	用于室内化工设备等的防腐蚀涂装
	各色氯化橡胶醇酸磁漆	J04-4	干燥快,光泽好,耐水性,耐候性和附着力较好,具有一定的耐化学气体腐蚀性				用于室内外化工设备等的装饰防护
	铝粉氯化橡胶底漆	J06-1	漆膜坚韧、干燥快,附着力好,耐磨、耐海水腐蚀,防锈性能优良		2	30	用于浸水部位或干湿交替部位的钢材表面防锈打底
	各色氯磺化聚乙烯防腐漆	J52-1	毒性小,干燥快,适于低温下施工,具有优异的耐酸、耐碱、耐盐水与盐雾性和耐水性,优良的耐臭氧,防天候老化的性能,物理力学性能良好,造价低	＜100	6～8	20～30	受化工大气腐蚀的设备、管道防腐
		J52-2					受酸、碱、盐腐蚀的设备防腐
		J52-3					接触水及污水的设备、管道防油
		J52-4					石油开采和炼油的设备、管道防油
		J52-90	具有优良的耐强酸、耐强碱、耐大气老化、耐臭氧、耐水性能,同时具有良好的力学性能				用于室外化工设备、管道及钢结构受化工大气腐蚀的表面防腐
其他涂料	无机富锌底漆	E06-1	漆膜坚固、耐磨,具有优良的耐油、耐水、耐热和耐候性,但与其他各类的面漆不易配套	＜450	车间底漆Ⅰ	20～30	用于环境恶劣(如沿海地区)或较重要的设备、管道防腐打底
					防腐底漆Ⅰ	50～80	
	乙烯磷化底漆	X06-1	干燥快,与大部分涂料的配套性佳,且不影响焊接和切割,可增加有机涂层与金属表面的附着力,延长其使用寿命	−20～60	1	8～15	用于钢铁表面防锈打底,能代替磷化处理,但不能代替底漆,该漆不适用于碱性介质环境
烯树脂涂料	高氯化聚乙烯通用型防腐底漆		漆膜干燥快、附着力好,耐强酸、强碱腐蚀,耐水、盐水及无机盐,耐油、耐老化、耐臭氧,毒性小,易施工、易配套	−30～100		45～50	用于化工设备、管道及钢结构的防腐
	高氯化乙烯云铁防锈底漆						
	高氯化聚乙烯各色防腐面漆						

类别	名　称	型号	特　性	使用温度/℃	建议涂装道数	每道干膜厚度/μm	主要用途
烯树脂涂料	高氯化聚乙烯铝粉面漆		漆膜干燥快、附着力好，耐强酸、强碱腐蚀、耐水、盐水及无机盐、耐油、耐老化、耐臭氧，毒性小，易施工、易配套	−30～100	2	45～50	用于化工设备、管道及钢结构的防腐
	高氯化聚乙烯特种防腐清漆						
	高氯化聚乙烯改性云铁面漆						
高温涂料	GT-1 有机硅锌粉耐高温底漆		常温干燥，漆膜附着力好，具有良好的耐水、耐油、耐候性和耐久性，具有一定的耐化工大气腐蚀性	450	2	20～25	涂覆于不易烘烤的钢铁设备表面，起耐热保护和防腐作用
	GT-5 铝粉耐高温面漆			500	2～4		
	GT-98 各色面漆			450～500	2		
其他防腐涂料	704 无机硅酸锌底漆		漆膜干燥快，具有优异的防锈性能和耐热性能，优良的耐磨性、耐溶剂性和低温固化性能，耐冲击性能优异，配套性好	<400	1	车间底漆 20 ／ 防锈底漆 50～80	用于重要设备、管道及钢结构作高性能防锈漆
	842 环氧云铁防锈漆		漆膜附着力好，耐久性、耐候性优异，耐水、耐磨、耐化工大气腐蚀，具有良好的层间附着力，易配套	<100	无气喷涂 1 ／ 刷涂或滚涂 2～3	100 ／ 30～50	用于防腐性能要求较高的钢材表面作防腐底漆
	624 氯化橡胶云铁防锈漆		漆膜干燥快、附着力好，具有优异的耐水性和层间附着力，耐候性和耐久性好，可低温施工	−30～80	1～2	60～80	用于码头、海水飞溅区的钢结构及化工设备、管道的防腐
	各色氯化橡胶面漆				2	35	
	各色脂肪族聚氨酯面漆		漆膜坚韧、耐久、光泽好，具有良好的耐冲击性、耐磨性、耐水性和耐化学药品性能，耐各种油类，耐候性优异	<120℃	2	30	用于防腐性能要求较高的钢材表面作防腐面漆

注：来自 SH 3022—1999。

4 金属管与管件

4.1 化工配管系列

4.1.1 压力等级

4.1.1.1 公称压力系列

GB/T 1048—2005《管道元件 公称压力的定义和选用》规定的公称压力 DIN 系列如下：PN2.5、PN6、PN10、PN16、PN25、PN40、PN63、PN100。机械行业的法兰标准 JB/T 74～90 属于欧洲标准体系，其公称压力等级共包括：PN0.25、PN0.6、PN1.0、PN1.6、PN2.5、PN4.0、PN6.3、PN10.0、PN16.0、PN20.0 十个压力等级。

化工行业标准 HG/T 20592～20605 属于欧式标准，共包括：PN2.5bar、PN6bar、PN10bar、PN16bar、PN25bar、PN40bar、PN63bar、PN100bar、PN160bar 九个压力等级；公称直径范围 DN10～2000，法兰形式有板式平焊、带颈平焊、带颈对焊、整体式、承插焊、螺纹、对焊环松套、平焊环松套、法兰盖、衬里法兰等十种，密封面形式有突面、凹凸面、榫槽面、环连接面、全平面五种。它可以与机械行业标准 JB 配套使用。

4.1.1.2 管道等级代号

管道材料等级代号是由字母和数码组成，一般是由三个单元组成。它表示了管道公称压力、顺序号、主要材质。

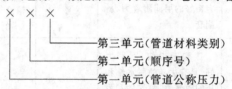

$\times\times\times$
第三单元(管道材料类别)
第二单元(顺序号)
第一单元(管道公称压力)

（1）第一单元：管道的公称压力（MPa）等级代号，用大写英文字母表示。A～K 用于 ASME B16.5 标准压力等级代号表示（其中 I、J 不用），L～Z 用于国内标准压力等级代号（其中 O、X 不用）。

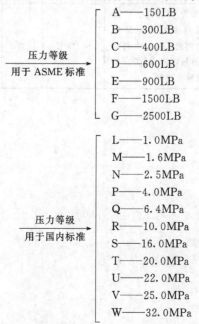

压力等级 用于 ASME 标准
A——150LB
B——300LB
C——400LB
D——600LB
E——900LB
F——1500LB
G——2500LB

压力等级 用于国内标准
L——1.0MPa
M——1.6MPa
N——2.5MPa
P——4.0MPa
Q——6.4MPa
R——10.0MPa
S——16.0MPa
T——20.0MPa
U——22.0MPa
V——25.0MPa
W——32.0MPa

（2）第二单元：顺序号，用阿拉伯数字表示，由 1 开始，表示一、三单元相同时，不同材质和（或）不同的管路连接形式。

（3）第三单元：管道材质类别，用大写英文字母表示：

A——铸铁；

B——碳钢；

C——普通低合金钢；

D——合金钢；

E——不锈钢；

F——有色金属；

G——非金属；

H——衬里及内防腐。

4.1.2 使用温度（HG 20553）

钢管类别、常用钢号、标准及使用温度范围详见表 4.1-1。

表 4.1-1 钢管类别、常用钢号、标准及使用温度范围

钢管类别	标准号	常用钢号	使用温度			备 注	
			正常	最高	最低		
碳素钢管	GB 3087 GB 8163 GB 9948	10	−40～425	475	−40	相当 ASTM	A53-A
							A106-A
		20	−20～425	475	−20	相当 ASTM	A53-B
							A106-B
低合金钢管	GB 8163	16Mn	−40～450	475	−40	相当 ASTM A333-1.6	
		09MnV	−70～100	100	−70	相当 ASTM A333-7.9	
合金钢管	GB 5310 GB 9948	12CrMo	上限 525			相当 ASTM A335-P1	
		15CrMo	上限 550			相当 ASTM A335-P11	
		12Cr1MoV	上限 575			相当 ASTM A335-P11	
		1Cr5Mo	上限 600			相当 ASTM A335-P5	
不锈钢管	GB 2270	0Cr18Ni9Ti	−196～600	700	−196	相当 ASTM A312-TP321	
		00Cr18Ni10	−196～425	425	−196	相当 ASTM A312-TP304L	
		0Cr18Ni12Mo2Ti	−196～700	700	−196	相当 ASTM A312-TP316	
		00Cr17Ni14Mo2	−196～450	450	−196	相当 ASTM A312-TP316L	

注：GB 2270 已被 GB/T 14975、GB/T 14976 代替。

4.1.3 管径系列（HG 20553）

HG 20533—93 系《化工配管用无缝及焊接钢管尺寸选用系列》，本标准适用于化工配管设计，内容包括无缝及焊接钢管尺寸系列，不包括 GB 3091《低压流体输送用焊接钢管》及高压管通用设计的系列。

Ia 系列为优先选用系列，作为今后化工配管用钢管的基本系列，钢管的外径等效采用 ISO 4200，壁厚采用"壁厚系列号"（英文为 Schedule Number，简写为 Sch. No.）表示。大直径焊接钢管的尺寸和理论重量见表4.1-2，钢管的尺寸和理论重量见表 4.1-3。

表 4.1-2 Ia 系列大直径焊接钢管的尺寸和理论重量

公称直径 DN		外径	壁厚/mm										
			6.3	7.1	8.0	8.8	10.0	11.0	12.5	14.2	16.0	17.5	20.0
A	B	mm	理论重量/(kg/m)										
(650)	26	660	101.56	114.31	128.63	141.32	160.29	176.05	199.59				
700	28	711	109.48	123.24	138.69	152.38	172.87	189.88	215.31				
(750)	30	762	117.40	132.17	148.75	163.45	185.44	203.72	231.03				
800	32	813	125.33	141.10	158.81	174.52	198.02	217.55	246.75	279.72			
(850)	34	864			168.87	185.59	210.60	231.38	262.47	297.58			

公称直径 DN		外径	壁厚/mm										
			6.3	7.1	8.0	8.8	10.0	11.0	12.5	14.2	16.0	17.5	20.0
A	B	mm	理论重量/(kg/m)										
900	36	914			178.74	196.44	222.93	244.95	277.89	315.08	354.31		
(950)	38	965			188.80	207.50	235.50	258.78	293.61	332.94	374.44		
1000	40	1016			198.86	218.57	248.06	272.62	309.33	350.80	394.56	430.90	491.23
(1050)	42	1067					260.66	286.45	325.05	368.66	414.68	452.91	516.38
1100	44	1118					273.23	300.28	340.77	386.52	434.81	474.92	541.53
(1150)	46	1168					285.56	313.85	356.18	404.03	454.53	496.50	566.19
1200	48	1219					298.39	327.68	371.90	421.89	474.66	518.51	591.35
(1250)	50	1270					310.72	341.52	387.62	439.75	494.78	540.52	616.50
1300	52	1321					323.05	355.08	403.04	457.25	514.51	562.09	641.16
(1350)	54	1372					335.87	369.18	419.07	475.46	535.02	584.53	666.81
1400	56	1422					348.20	382.75	434.48	492.97	554.75	606.11	691.47
(1450)	58	1473					360.78	396.58	450.20	510.83	574.87	628.12	716.62
1500	60	1524					373.35	410.42	465.92	528.69	595.00	650.13	741.77

注：尽可能不选括号内的规格。

表 4.1-3　Ia 系列钢管的尺寸和理论重量

公称直径		外径	壁厚和理论重量												
			Sch. 5S		Sch. 10S		Sch. 10		Sch. 20		Sch. 30		Sch. 40S		Sch. 40	
A	B	mm	mm	kg/m	mm	kg/m	mm	kg/m	mm	kg/m	mm	kg/m	mm	kg/m	mm	kg/m
6	1/8	10.2	1.0	0.23	1.2	0.27							1.8	0.37	1.8	0.37
8	1/4	13.5	1.2	0.36	1.6	0.47							1.8	0.52	2.3	0.64
10	3/8	17.2	1.2	0.47	1.6	0.62							2.3	0.85	2.3	0.85
15	1/2	21.3	1.6	0.78	2.0	0.95							2.9	1.32	2.9	1.32
20	3/4	26.9	1.6	1.00	2.0	1.23							2.9	1.72	2.9	1.72
25	1	33.7	1.6	1.27	2.9	2.20							3.2	2.41	3.2	2.41
(32)	11/4	42.4	1.6	1.61	2.9	2.82							3.6	3.44	3.6	3.44
40	11/2	48.3	1.6	1.84	2.9	3.25							3.6	3.97	3.6	3.97
50	2	60.3	1.6	2.32	2.9	4.10			3.2	4.51			4.0	5.55	4.0	5.55
(65)	21/2	76.1	2.0	3.65	3.2	5.75			4.5	7.95			5.0	8.77	5.0	8.77
80	3	88.9	2.0	4.29	3.2	6.76			4.5	9.37			5.6	11.50	5.6	11.50
100	4	114.3	2.0	5.54	3.2	8.76			5.0	13.48			6.3	16.78	6.3	16.78
(125)	5	139.7	2.9	9.78	3.6	12.08			5.0	16.61			6.3	20.72	6.3	20.72
150	6	168.3	2.9	11.83	3.6	14.62			5.6	22.47			7.1	28.22	7.1	28.22
200	8	219.1	2.9	15.46	4.0	21.22			6.3	33.06	7.1	37.12	8.0	41.65	8.0	41.65
250	10	273.0	3.6	23.92	4.0	26.53			6.3	41.43	8.0	52.28	8.8	57.33	8.8	57.33
300	12	323.9	4.0	31.55	4.5	35.44			6.3	49.34	8.8	68.38	10.0	77.41	10.0	77.41
350	14	355.6	4.0	34.68	5.0	43.23	6.3	54.27	8.0	68.57	10.0	85.22	10.0	85.22	11.0	93.48

续表

公称直径		外径	壁厚和理论重量												
			Sch. 5S		Sch. 10S		Sch. 10		Sch. 20		Sch. 30		Sch. 40S		Sch. 40	
A	B	mm	mm	kg/m	mm	kg/m	mm	kg/m	mm	kg/m	mm	kg/m	mm	kg/m	mm	kg/m
400	16	406.4	4.0	39.69	5.0	49.49	6.3	62.16	8.0	78.60	10.0	97.75	10.0	97.75	12.5	121.42
450	18	457.0	4.0	44.68	5.0	55.73	6.3	70.02	8.0	88.58	11.0	120.98	10.0	110.23	14.2	155.06
500	20	508.0	5.0	62.02	5.6	69.38	6.3	77.94	10.0	122.81	12.5	152.74	10.0	122.81	16.0	194.12
(550)	22	559.0	5.0	68.31	5.6	76.42	6.3	85.87	10.0	135.38	12.5	168.46	10.0	135.38	—	—
600	24	610.0	5.6	83.47	6.3	93.79	6.3	93.79	10.0	147.96	14.2	208.63	10.0	147.96	17.5	255.69

公称直径		外径	壁厚和理论重量												
			Sch. 60		Sch. 80S		Sch. 80		Sch. 100		Sch. 120		Sch. 140		Sch. 160	
A	B	mm	mm	kg/m	mm	kg/m	mm	kg/m	mm	kg/m	mm	kg/m	mm	kg/m	mm	kg/m
6	1/8	10.2			2.3	0.45	2.3	0.45								
8	1/4	13.5			2.9	0.76	2.9	0.76								
10	3/8	17.2			3.2	1.10	3.2	1.10								
15	1/2	21.3			3.6	1.57	3.6	1.57							4.5	1.86
20	3/4	26.9			4.0	2.26	4.0	2.26							5.6	2.94
25	1	33.7			4.5	3.24	4.5	3.24							6.3	4.26
(32)	11/4	42.4			5.0	4.61	5.0	4.61							6.3	5.61
40	11/2	48.3			5.0	5.34	5.0	5.34							7.1	7.21
50	2	60.3			5.6	7.55	5.6	7.55							8.8	11.18
(65)	21/2	76.1			7.1	12.08	7.1	12.08							10.0	16.30
80	3	88.9			8.0	15.96	8.0	15.56							11.0	21.13
100	4	114.3			8.8	22.89	8.8	22.89			11.0	28.02			14.2	35.05
(125)	5	139.7			10.0	31.98	10.0	31.98			12.5	39.21			16.0	48.81
150	6	168.3			11.0	42.67	11.0	42.67			14.2	53.96			17.5	65.08
200	8	219.1	10.0	51.56	12.5	63.68	12.5	63.68	16.0	80.14	17.5	87.00	20.0	98.20	22.2	107.79
250	10	273.0	12.5	80.30	12.5	80.30	16.0	101.40	17.5	110.26	22.2	137.30	25.0	137.48	28.0	169.17
300	12	323.9	14.2	108.45	12.5	95.99	17.5	132.23	22.2	165.17	25.0	184.27	28.0	204.31	32.0	230.34
350	14	355.6	16.0	135.99	12.5	105.76	20.0	165.52	25.0	203.81	28.0	226.20	32.0	255.36	36.0	283.73
400	16	406.4	17.5	167.83	12.5	121.42	22.2	210.33	28.0	261.28	30.0	278.45	36.0	328.83	40.0	361.42
450	18	457.0	20.0	215.53	12.5	137.02	25.0	266.33	30.0	315.89	36.0	373.75	40.0	411.33	45.0	457.20
500	20	508.0	20.0	240.68	12.5	152.74	28.0	331.43	32.0	375.62	40.0	461.64	45.0	513.79	50.0	564.71
(550)	22	559.0	25.0	329.21	12.5	168.46	28.0	366.64	36.0	464.30	40.0	511.94	50.0	627.60	55.0	683.58
600	24	610.0	25.0	360.65	12.5	184.18	32.0	456.11	40.0	562.25	45.0	626.98	55.0	752.75	60.0	813.78

注：1. 壁厚系列号（Sch. No.）后缀加 S 者，仅用于奥氏体不锈钢管。

2. 本表可用于无缝或焊接钢管。

3. 尽可能不选用括号内的规格。

Ib 系列是 Ia 系列的代用系列。钢管的外径是将 Ia 系列的外径圆整到正整数，并符合 GB 8163 和 GB 2270 钢管的外径和壁厚值。由于 DN250 以上的钢管外径圆整后与 GB 8163、GB 2270（注：GB 2270 已被 GB/T 14975、GB/T 14976 代替）的钢管外径差异较大，故 Ib 系列仅制定到 DN250 为止，DN250 以上的钢管仍按 Ia 系列选用。Ib 系列钢管的尺寸和理论重量见表 4.1-4。

Ⅱ系列是沿用系列，目前暂予以保留。钢管尺寸完全符合 GB 8163 和 GB 2270（已作废，见前注）规定。Ⅱ系列中，钢管与大直径钢管的尺寸和理论重量见表 4.1-5 和表 4.1-6。

表 4.1-4　Ib 系列钢管的尺寸和理论重量

壁厚/mm（表中数值为理论重量/(kg/m)）

公称直径 DN (A)	DN (B)	外径/mm	1.0	1.2	1.6	1.8	2.0	2.2	2.5	2.8	2.9	3.0	3.2	3.4	3.5	3.6	4.0	4.5	5.0	5.5	6.0	6.5	7.0	7.5	8.0	8.5	9.0	9.5	10	11	12	13	14	15	16	18	20	22	24	25	28
6	1/8	10	0.22	0.26	0.33	0.36	0.40	0.42	0.46																																
8	1/4	14		0.38	0.49	0.54	0.59	0.64	0.71	0.77																															
10	3/8	17		0.47	0.61	0.68	0.74	0.80	0.89	0.98		1.04	1.09																												
15	1/2	22			0.80	0.90	0.99	1.07	1.20	1.33		1.41	1.48		1.60		1.78																								
20	3/4	27			1.00	1.12	1.23	1.35	1.51	1.67		1.78	1.88		2.03		2.27	2.50																							
25	1	34			1.28	1.43	1.58	1.72	1.94	2.15		2.29	2.43		2.63		2.96	3.27	3.58																						
(32)	11/4	42			1.59	1.78	1.97	2.16	2.44	2.71		2.89	3.06		3.32		3.75	4.16	4.56	4.95																					
40	11/2	48			1.83	2.05	2.27	2.48	2.81	3.12		3.33	3.54		3.84		4.34	4.83	5.30	5.76	6.21																				
50	2	60			2.30	2.58	2.86	3.14	3.55	3.95		4.22	4.48		4.88		5.52	6.16	6.78	7.39	7.99	8.58																			
(65)	21/2	76							4.53	5.05		5.40	5.75		6.26		7.10	7.93	8.75	9.56	10.36	11.14	11.91																		
80	3	89							5.33	5.95		6.36	6.77		7.38		8.38	9.38	10.36	11.33	12.28	13.22	14.16	15.07	15.98																
100	4	114										8.21	8.74		9.54		10.85	12.15	13.44	14.72	15.98	17.23	18.47	19.70	20.91	22.11	23.30	24.48	25.65												
(125)	5	140													11.78		13.42	15.04	16.65	18.24	19.83	21.40	22.96	24.51	26.04	27.56	29.07	30.57	32.06	34.99	37.88	40.71	43.50	46.24	48.93						
150	6	168												13.80			16.18	18.14	20.10	22.04	23.97	25.88	27.79	29.68	31.56	33.43	35.29	37.13	38.97	42.59	46.17	49.69	53.17	56.59	59.97	66.58					
200	8	219																			31.52	34.06	36.60	39.12	41.63	44.12	46.61	49.08	51.54	56.42	61.26	66.04	70.77	75.46	80.10	89.22	98.15	106.88	115.41		
250	10	273																					45.92	49.10	52.28	55.44	58.59	61.73	64.86	71.07	77.24	83.35	89.42	95.43	101.40	113.19	124.78	136.17	147.37	152.89	169.17

注：1. 本表可用于无缝钢管和焊接钢管。
2. 尽可能不选用括号内的规格。
3. 粗线以下仅为不锈钢管，由成都供货。

表 4.1-5　II 系列钢管的尺寸和理论重量

壁厚/mm（表中数值为理论重量/(kg/m)）

公称直径 DN	外径/mm	2.0	2.5	3.0	3.5	4.0	4.5	5.0	5.5	6.0	6.5	7.0	7.5	8.0	8.5	9.0	9.5	10	11	12	13	14	15	16	17	18	19	20	22	24
10	14	0.59	0.71	0.81	0.91	0.99																								
15	18	0.79	0.96	1.11	1.25	1.38	1.50	1.60																						
20	25	1.13	1.39	1.63	1.86	2.07	2.28	2.47	2.64	2.81	2.97	3.11																		
25	32	1.48	1.82	2.15	2.46	2.76	3.05	3.33	3.59	3.85	4.09	4.32																		
32	38	1.78	2.19	2.59	2.98	3.35	3.72	4.07	4.41	4.73	5.05	5.35	5.64	5.92																
40	45	2.12	2.62	3.11	3.58	4.04	4.49	4.93	5.36	5.77	6.17	6.56	6.94	7.30																
50	57		3.36	4.00	4.62	5.23	5.83	6.41	6.98	7.55	8.09	8.63	9.16	9.67	10.17	10.66														
65	76			5.40	6.26	7.10	7.93	8.75	9.56	10.36	11.14	11.91	12.67	13.42	14.15	14.87	15.58	16.27												
80	89			6.36	7.38	8.38	9.38	10.36	11.33	12.28	13.22	14.15	15.07	15.98	16.87	17.76	18.63	19.48	21.16											
100	108				9.02	10.26	11.49	12.70	13.90	15.09	16.27	17.43	18.59	19.73	20.86	21.97	23.08	24.17	26.31	28.41										
125	133				11.18	12.72	14.26	15.78	17.29	18.79	20.28	21.75	23.21	24.66	26.10	27.52	28.93	30.33	33.10	35.81	38.47	41.08								
150	159					15.29	17.14	18.99	20.82	22.64	24.44	26.24	28.02	29.79	31.55	33.29	35.02	36.75	40.15	43.50	46.80	50.06	53.27	56.42						
200	219							26.39	28.96	31.52	34.06	36.60	39.12	41.63	44.12	46.61	49.08	51.54	56.42	61.26	66.04	70.77	75.46	80.10	84.68	89.22	93.71	98.15		
250	273							33.04	36.28	39.50	42.72	45.92	49.10	52.28	55.44	58.59	61.73	64.86	71.07	77.24	83.35	89.42	95.43	101.40	107.32	113.19	119.01	124.78	136.17	
300	325							39.46	43.34	47.20	51.03	54.89	58.72	62.54	66.34	70.13	73.92	77.68	85.18	92.63	100.02	107.37	114.67	121.92	129.12	136.27	143.37	150.43	164.38	178.14
350	377							45.87	50.39	54.89	59.36	63.87	68.34	72.80	77.24	81.67	86.10	90.51	99.28	108.02	116.72	125.32	133.90	142.44	150.92	159.35	167.74	176.07	192.59	208.92
400	426							51.91	57.03	62.14	67.23	72.33	77.40	82.46	87.51	92.55	97.57	102.59	112.58	122.51	132.40	142.24	152.03	161.77	171.46	181.10	190.70	200.24	219.18	237.92
450	480							58.57	64.35	70.13	75.90	81.65	87.39	93.12	98.80	104.53	110.22	115.90	127.22	138.50	149.71	160.88	172.00	183.08	194.10	205.07	215.99	226.87	248.47	269.88
500	530							64.73	71.14	77.53	83.91	90.28	96.64	102.98	109.30	115.63	121.94	128.23	140.78	153.29	165.74	178.14	190.50	202.80	215.06	227.27	239.42	251.53	275.60	299.47
600	630							77.06	84.69	92.33	99.92	107.54	115.13	122.71	130.27	137.82	145.36	152.89	167.91	182.88	197.80	212.67	227.49	242.26	256.78	271.65	286.28	300.85	329.85	358.66

注：1. 本表可用于无缝钢管和焊接钢管。
2. 粗线以下用于焊接钢管。（出版者注：本表摘自 HG 20553—1993，较古老，且原版也看不清尺寸粗线，故仅供参考）

表 4.1-6　Ⅱ系列大直径焊接钢管的尺寸和理论重量　　　　单位：kg/m

公称直径	外径/mm	壁厚										
		6	7	8	9	10	11	12	13	14	15	16
700	720	105.64	123.08	140.46	157.80	175.09	192.32	209.51	226.65	243.74	260.78	
800	820	120.44	140.34	160.19	180.00	199.75	219.45	239.10	258.71	278.26	297.77	317.23
900	920	135.24	157.60	179.92	202.19	224.41	246.58	268.70	290.77	312.79	334.76	356.68
1000	1020	150.03	174.86	199.65	224.38	249.07	273.70	298.29	322.82	347.31	371.75	396.14
1200	1220		209.39	239.10	268.77	298.89	327.95	357.47	386.94	416.36	445.73	475.05
1400	1420		243.91	278.56	313.16	347.71	382.21	416.66	451.00	485.41	519.71	553.96
1600	1620		278.44	318.02	357.55	397.03	436.46	475.84	515.17	554.46	593.69	632.87
1800	1820					446.35	490.71	535.02	579.29	623.50	667.67	711.79
2000	2020					495.67	544.96	594.21	643.40	692.55	741.65	790.70

4.1.4　腐蚀裕量

4.1.4.1　腐蚀性能分类（HG/T 20646.2）

金属材料耐腐蚀评定方法有重量法和线性极化法。对于均匀腐蚀，根据腐蚀速度不同，将材料的耐腐蚀性能分为Ⅵ大类，见表 4.1-7。

表 4.1-7　耐腐蚀性能分类

分类	耐腐蚀程度	腐蚀速度/(mm/a)	级别	可用性
Ⅰ	耐腐蚀性极强	<0.001	1	可充分使用
Ⅱ	耐腐蚀性很强	0.001～0.005	2	
		0.005～0.01	3	可使用
Ⅲ	耐腐蚀性强	0.01～0.05	4	
		0.05～0.10	5	尽量不用
Ⅳ	耐腐蚀性较弱	0.10～0.50	6	
		0.5～1.0	7	
Ⅴ	耐腐蚀性弱	1.0～5.0	8	不可用
		5.0～10	9	
Ⅵ	耐腐蚀性很弱	>10	10	

注：设计选材时应充分考虑材料的腐蚀裕量。腐蚀裕量＝腐蚀速度×使用寿命。

4.1.4.2　腐蚀裕量选取（HG/T 20646.5）

腐蚀裕量的值是按工艺装置生产厂的经验和实验室的实验数据确定。工程设计中一般是按材料在流体中年腐蚀速度（mm/a）乘以装置使用年限而定（一般为 8～15 年）。腐蚀速度与材料选用的关系见表 4.1-8。

表 4.1-8　腐蚀速度与材料选用的关系

选　用	可充分使用	可以使用	尽量不用	不用
年腐蚀速度/(mm/a)	<0.005	0.05～0.005	0.5～0.05	>0.5
腐蚀程度	不腐蚀	轻腐蚀	腐蚀	重腐蚀
腐蚀裕量/mm	0	>1.5	>3	>5～6

通常材料的非腐蚀性流体中的腐蚀裕量选取如下：

碳钢　　　　　　>1.0mm

低合金钢　　　　>1.0mm

不锈钢　　　　　　0

高合金钢　　　　　0

有色金属　　　　　0

流体为压缩空气、水蒸气和冷却水的碳钢和低合金钢管道，取腐蚀裕量最小为 1.27mm。

4.1.5　壁厚选用

4.1.5.1　管径使用限制（HG/T 20646.5）

管径的确定是由系统专业根据生产规模、流量、压力、流速等条件而定。通常所取得管道最小通径如下：

工艺管道（中、低压）	DN15	
（高压）	DN6	
公用物料管道	DN15	
管廊上管道	DN50	
地下管道	DN50	
地下排水管道	DN100	
黏度大易堵流体的管道	DN25	
排液管	DN20	（当主管为 DN15 时，可用 DN15 的排液管）
高点放空管	DN15	

蒸汽伴管和仪表管、高压设备检漏管根据需要选择。工艺装置管道避免使用 DN32、DN65、DN125、DN175、DN225、DN550、DN650、DN750、DN850、DN950 等规格的管子和管件。引进装置如采用英制标准时，应避免使用 1¼″、2½″、3½″、5″、9″ 等规格的管子和管件。当设备连接口的尺寸为上述规格时，应在设备口处使用异径管立即调整为标准规格（除工艺管道有特定的流速等原因外）。

4.1.5.2 壁厚表示方法

(1) 以管子表号表示壁厚

ANSI B36.10《焊接和无缝钢管》规定的以"Sch."表示。管子表号是管子设计压力与设计温度下材料许用应力的比值乘以 1000，并经圆整后的数值：即

$$Sch. = \frac{P}{[\sigma]^t} \times 1000$$

ANSI B36.10 和 JIS 标准中，管子表号有：Sch.10、20、30、40、60、80、100、120、140、160。

ANSI B36.19 中不锈钢管管子表号为 5S、10S、40S、80S。

化工行业标准 HG 20553 及石化标准 SH 3405 也采用 Sch. 号表示钢管壁厚系列。

(2) 以管子质量表示管壁厚度

美国 MSS 和 ANSI 也规定了以管子质量表示壁厚的方法，将管子壁厚分为三种。

① 标准质量管，以 STD 表示。

② 加厚管，以 XS 表示。

③ 特厚管，以 XXS 表示。

对于 DN≤250mm 的管子，Sch.40 相当于 STD；对于 DN<200mm 的管子，Sch.80 相当于 XS。

(3) 以钢管壁厚尺寸表示壁厚

中国、ISO 和日本部分钢管标准采用壁厚尺寸表示钢管壁厚。

4.1.5.3 压力壁厚选用（表 4.1-9～表 4.1-11）

表 4.1-9　无缝碳钢管壁厚　　单位：mm

材料	PN /MPa	DN																		
		10	15	20	25	32	40	50	65	80	100	125	150	200	250	300	350	400	450	500	600
20 12CrMo 15CrMo 12Cr1MoV	≤1.6	2.5	3	3	3	3	3.5	3.5	4		4	4	4.5	5	6	7	7	8	8	8	9
	2.5	2.5	3	3	3	3	3.5	3.5	4		4	4	4.5	5	6	7	7	8	8	9	10
	4.0	2.5	3	3	3	3	3.5	3.5	4		4	4.5	5	5.5	7	8	9	10	11	12	13	15
	6.4	3	3	3	3.5	3.5	3.5	4	4.5	5	6	7	8	9	11	12	14	16	17	19	22
	10.0	3	3.5	3.5	4	4.5	4.5	5	6	7	8	9	10	13	15	18	20	22			
	16.0	4	4.5	5	5	6	6	7	8	9	11	13	15	19	24	26	30	34			
	20.0	4	4.5	5	6	7	7	8	9	11	13	15	18	22	28	32	36				
	4.0T	3.5	4	4	4.5	5	5	5.5													
10Cr5Mo	≤1.6	2.5	3	3	3	3	3.5	3.5	4	4.5	4	4	4.5	5.5	7	7	8	8	8	8	9
	2.5	2.5	3	3	3	3	3.5	3.5	4	4.5	4	4	4.5	5.5	7	7	8	9	9	10	12
	4.0	2.5	3	3	3	3	3.5	3.5	4	4.5	5	5.5	6	8	9	10	11	12	14	15	18
	6.4	3	3	3	3.5	4	4	4.5	5	6	7	9	11	13	14	16	18	20	22	26	
	10.0	3	3.5	4	4	4.5	5	5.5	6	7	9	10	12	15	18	22	24	26			
	16.0	4	4.5	5	5	6	7	8	9	10	12	15	18	22	28	32	36	40			
	20.0	4	4.5	5	6	7	8	9	11	12	15	18	22	26	34	38					
	4.0T	3.5	4	4	4.5	5	5	5.5													

续表

材料	PN/MPa	DN																		
		10	15	20	25	32	40	50	65	80	100	125	150	200	250	300	350	400	450	500	600
16Mn 15MnV	≤1.6	2.5	2.5	2.5	3	3	3	3	3.5	3.5	3.5	3.5	4	4.5	5	5.5	6	6	6	6	7
	2.5	2.5	2.5	2.5	3	3	3	3	3.5	3.5	3.5	3.5	4	4.5	5	5.5	6	7	7	8	9
	4.0	2.5	2.5	2.5	3	3	3	3.5	3.5	4	4.5	5	6	7	8	8	9	10	11	12	
	6.4	2.5	3	3	3	3.5	3.5	3.5	4	4.5	5	6	7	8	9	11	12	13	14		
	10.0	3	3	3.5	3.5	4	4	4.5	5	6	7	8	9	11	13	15	17	19			
	16.0	3.5	3.5	4	4.5	5	5	6	7	8	9	11	13	15	19	22	25	28			
	20.0	3.5	4	4.5	5	5.5	6	7	8	9	11	13	15	19	24	26	30				

表 4.1-10　无缝不锈钢管壁厚　　单位：mm

材料	PN/MPa	DN																		
		10	15	20	25	32	40	50	65	80	100	125	150	200	250	300	350	400	450	500	600
1Cr18Ni9Ti（含 Mo 不锈钢）	≤1.0	2	2	2	2.5	2.5	2.5	2.5	2.5	2.5	3	3	3.5	3.5	3.5	4	4	4.5			
	1.6	2	2.5	2.5	2.5	2.5	2.5	3	3	3	3	3.5	3.5	4	4.5	5	5				
	2.5	2	2.5	2.5	2.5	2.5	2.5	3	3	3	3.5	3.5	4	4.5	5	6	7				
	4.0	2	2.5	2.5	2.5	2.5	2.5	3	3.5	4	4.5	5	6	7	8	10					
	6.4	2.5	2.5	2.5	3	3	3.5	4	4.5	5	6	7	8	10	11	13	14				
	4.0T	3	3.5	3.5	4	4	4.5	4.5													

表 4.1-11　焊接钢管壁厚　　单位：mm

材料	PN/MPa	DN															
		200	250	300	350	400	450	500	600	700	800	900	1000	1100	1200	1400	1600
焊接碳钢管	0.25	5	5	5	5	5	5	5	6	6	6	6	6	6	6	7	7
	0.6	5	5	6	6	6	6	6	7	7	8	8	8	8	9	9	10
	1.0	5	5	6	6	7	7	8	9	9	10	11	11	12			
	1.6	6	6	7	7	8	9	10	11	13	14	15	16				
	2.5	7	8	9	9	10	11	12	13	16							
焊接不锈钢管	0.25	3	3	3	3	3.5	3.5	3.5	4	4	4	4.5	4.5				
	0.6	3	3	3.5	3.5	3.5	4	4	4.5	5	5	6	6				
	1.0	3.5	3.5	4	4.5	4.5	5	5.5	6	6	8						
	1.6	4	4.5	5	6	6	7	8	10								
	2.5	5	6	7	8	10	12	13	15								

注：1. 表中"4.0T"表示外径加工螺纹的管道，适用于 PN≤4.0MPa 的阀体连接。

2. DN≥25 的"大腐蚀裕量"的碳钢管的壁厚应按表中数值再加 3mm。

3. 本数据表按承受内压计算。

4. 计算中采用以下许应力值：20、12CrMo、15CrMo、12Cr1MoV 无缝钢管取 120.0MPa；10Cr5Mo 无缝钢管取 100.0MPa；16Mn、15MnV 无缝碳钢管取 150.0MPa；无缝不锈钢管及焊接钢管取 120.0MPa。

5. 焊接钢管采用螺旋缝电焊钢管时，最小厚度为 6mm，系列应按产品标准。

6. 本表摘自化工工艺配管设计中心站编制的设计规定中的《管道等级及材料选用表》。

4.1.6　支管连接（HG/T 20646.1）

(1) 支管连接表应按各管道等级的要求分别编制，支管连接型式相同的管道等级也可合并编制。

(2) 支管连接应在保证管道安全运行和经济可行的前提下进行根部元件的选择。

(3) 凡标准规范中有三通时，宜选用三通。

(4) DN50 以下的主管，其支管连接一般宜优先选用三通（承插焊、螺纹、对焊）。

(5) DN50 以上的主管、DN50 以下的支管宜优先选用半管接头或支管台。

(6) DN50 以上的主管、DN50 以上的支管宜优先选用三通或支管台。

(7) 支管连接表见表 4.1-12。

表 4.1-12　管道支管连接表

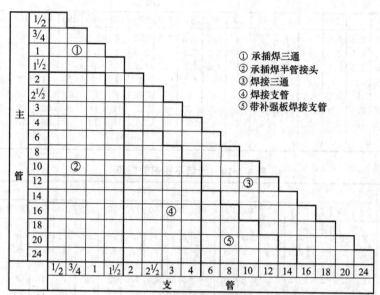

①	承插焊三通
②	承插焊半管接头
③	焊接三通
④	焊接支管
⑤	带补强板焊接支管

用于N1B,P1B 等级

4.1.7　端部连接（HG/T 20646.5）

4.1.7.1　连接形式

金属管道的端部连接可分为法兰、对焊、承插、螺纹、卡套、卡箍等连接型式。法兰的连接又可分为平焊、对焊、承插、螺纹等型式，非金属管子还有黏结连接。

对管件和阀门，连接方式不同其形状也不同，分为法兰、对焊、承插、螺纹等四种连接型式。

4.1.7.2　法兰连接

主要用于管子与设备、阀门和管件的连接。对于铸铁管和金属衬里管子，由于制造技术关系，必须用法兰连接。法兰也有不同连接方式，又有不同的密封型式。

4.1.7.3　对焊连接

对焊连接型管件、阀门一般用于 DN50 和 DN50 以上的管道。

端部坡口要求如下：

① 管子焊接接头的坡口型式、尺寸，按照 HG 20225《化工金属管道施工及验收规范》的规定；

② 带颈对焊法兰坡口按照 HG 20605 和 HG 20606《钢制管法兰、垫片、紧固件》中的规定；

③ 对焊管件的坡口、粗糙度按照 GB/T 12459《钢制对焊无缝管件》的规定；

④ 对焊阀门的坡口，在订货时提出要求"同管子坡口"的标准型式；

⑤ 工程设计如采用美国标准，则坡口的尺寸加工按照 ASME B16.25《对焊焊接端部》的规定。

特殊型式的坡口，必须要出图加以说明。

4.1.7.4　承插连接

通常用于 DN40 和 DN40 以下的管道。

承插端部要求如下：

① 承插端部为平口；

② 承插端部在安装时，管子应插到管件承口底部，再将管子拉出一些，使承口部有 2mm 的间隙，然后进行焊接；

③ 除注明外，其余加工表面为 $\sqrt{\dfrac{6.3}{}}$ 的粗糙度；

④ 承插端部要求按照 HG/T 21634《锻钢承插焊管件》；

⑤ 工程设计如采用美国标准，则按照 ASME B16.11《承插焊和螺纹锻钢管件》的规定。

4.1.7.5　螺纹连接

（1）范围

螺纹管件通常使用公称通径小于 DN50。锥管螺纹密封的接头，设计温度不宜大于 200℃，对于不可燃、无毒流体，当公称直径为 32～50mm 时，设计压力不应大于 4MPa；公称直径为 25mm 时，设计压力不应大于 8MPa；公称直径小于或等于 20mm 时，设计压力不应大于 10MPa，高于上述压力应采用密封焊。

（2）螺纹标准

我国 GB/T 12716《60°圆锥管螺纹》标准与美国标准《Pipe Threads General Purpose（INCH）"》ANSI/ASME B1.20.1 中 NPT 部分等同。对于铸铁管件和镀锌管件等则使用 GB 7306《用螺纹管密封的管螺纹》标准的锥管螺纹，其牙型角为 55°。这两种螺纹的角度和螺距不同，不可互配，在设计和采购时应提出对螺纹的要求。

（3）由于锥管螺纹的角度和螺距不同，对于不同国家的设备、机械选用连接时，必须引起注意。加工的螺纹必须与管件轴同心。

4.1.7.6　卡套连接

一般用于小于等于 25mm 管子，适用于蒸汽伴管、检漏管和仪表控制系统。

4.1.7.7　卡箍连接

用于金属管插入非金属管，在插口处用金属箍紧。适用于公用物料站，需临时和经常拆洗的洁净管，管与管之间用 O 形密封圈，凸缘外用金属箍扎紧。

4.1.8　锥管螺纹

（1）种类

工程管道常用的管螺纹有以下三种（图 4.1-1）。

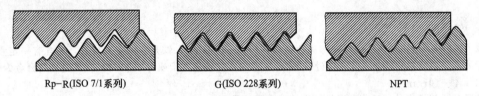

Rp-R(ISO 7/1系列)　　　　G(ISO 228系列)　　　　NPT

图 4.1-1　工程管道常用的管螺纹

① ISO 7/1　国际通用螺纹密封管螺纹，牙型角 55°，锥度 1:16。其中内螺纹有 Rp（平行）和 Rc（锥形）两种；外螺纹只有锥形 R，工程中常用为 Rp-R 相配，而 Rc-R 相配使用不普遍。

② ISO 228　国际通用的非螺纹密封管螺纹，牙型角 55°。内、外螺纹均为平行。

③ ANSI B1.20.1　美国螺纹密封螺纹，牙型角 60°（NPT），锥度 1:16，内、外螺纹均为锥形，是高温高压管道中常用的管螺纹。ASME B16.11 螺纹管件采用 NPT 螺纹，NPT 与 ISO 7/1（俗称 BSP），虽然牙型角不同，但 1/2 和 3/4 两档的螺距相同，可以互相连接。

（2）各国标准见表 4.1-13。

表 4.1-13　ISO 7/1 各国螺纹密封标准

螺纹种类	各国标准					
	ISO 7/1	中国 GB 7306	德国 DIN 2999	英国 BS 21	法国 NF E03-004	日本 JIS B0203
ISO 7/1 （55°螺纹密封）	Rp-R Rc-R	Rp-R Rc-R	R-R	Rp-R Rc-R Rp-R1	Rp-R Rc-R	PS PT PT-PT
ISO 228 （55°非螺纹密封）	228/1	7307	259	2779	E03-005	B0202
	G	G	R-K	G	G	PF
ANSI B.20.1 （60°螺纹密封）	美国 ANSI			中国 GB		
	B1.20.1(B2.1)			12716		
	NPT			NPT		

（3）基本尺寸见表 4.1-14。

表 4.1-14　管螺纹基本尺寸

螺纹尺寸/in	ISO 7/1 系列(牙型角 55°)				NPT 系列(牙型角 60°)			
	每英寸牙数	螺距/mm	基准长度/mm	装配余量/mm	每英寸牙数	螺距/mm	基准长度/mm	装配余量/mm
1/8	28	0.907	4.0	2.5	27	0.9408	4.1	2.8
1/4	19	1.337	6.0	3.7	18	1.4112	5.8	4.2
3/8	19	1.337	6.4	3.7	18	1.4112	6.1	4.2
1/2	14	1.814	8.2	5.0	14	1.814	8.1	5.4
3/4	14	1.814	9.5	5.0	14	1.814	8.6	5.4
1	11	2.309	10.4	6.4	11½	2.2088	10.2	6.6
1¼	11	2.309	12.7	6.4	11½	2.2088	10.7	6.6
1½	11	2.309	12.7	6.4	11½	2.2088	10.7	6.6
2	11	2.309	15.9	7.5	11½	2.2088	11.1	6.6
2½	11	2.309	17.5	9.2	8	3.175	17.3	6.4
3	11	2.309	20.5	9.2	8	3.175	19.5	6.4
4	11	2.309	25.4	10.4	8	3.175	21.4	6.4
6	11	2.309	28.6	11.5	8	3.175	24.3	6.4

注：1. ISO 228 系列的牙数、螺距、牙型角与 ISO 7/1 系列相同。
2. 装配总长度：ISO 7/1 系列为基准长度和装配余量之和，NPT 系列为手旋合长度与扳动拧紧长度之和。

4.2　材料选用依据

4.2.1　黑色金属材料

生铁（Pig Iron）和钢（Steel）统称黑色金属（Ferrous Metal），铁是它的主要成分，还含有一定量的碳及其他微量元素。含碳量小于 2.11%（质量）的合金为钢，含碳量大于或等于 2.11%（质量）的合金为生铁。

4.2.1.1　铁（Iron）

生铁可分为炼钢生铁（又称白口铁）和铸造生铁两类。

铸造用生铁简称铸铁，按照石墨的形状特征，铸铁可分为以下几类：灰口铸铁（Grey Cast Iron），代号 HT；球墨铸铁（Nodular Cast Iron），代号 QT；耐蚀铸铁（Anticorrosion Iron）；其他铸铁，如耐热铸铁（Heat Resistant Iron）和可锻铸铁（Malleable Iron），可锻铸铁代号 KT，又称玛钢。

铸铁压力管及管件在美国和其他国家已不大规模生产，球墨铸铁压力管已代替了铸铁压力管。有关的标准包括 ASMEB16.3、ASMEB 16.4、ASME B16.12、ASME B16.42、ASTM A74、AWWA C110、AWWA C111、AWWA C150、AWWA C153 等。

4.2.1.2　钢（Steel）

钢实质是一种合金，主要成分是铁和少量碳，还含有硅、锰、磷、硫、铬、镍、钼、钨和钒等微量元素。钢的分类如下所示。

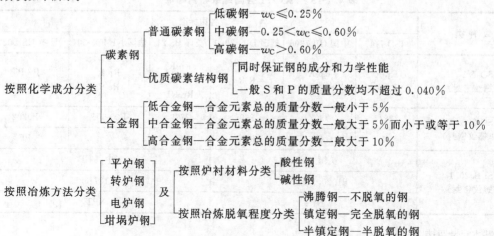

$$\text{按照品质分类}\begin{cases}\text{普通钢——}w_S\leqslant0.055\%\sim0.065\%,\ w_P\leqslant0.045\%\sim0.085\%\\\text{优质钢——}w_S\leqslant0.030\%\sim0.045\%,\ w_P\leqslant0.035\%\sim0.040\%\\\text{高级优质钢——}w_S\leqslant0.020\%\sim0.030\%,\ w_P\leqslant0.027\%\sim0.035\%,\ \text{钢号后加“高”或“A”}\end{cases}$$

$$\text{按照用途分类}\begin{cases}\text{建筑钢}\\\text{结构钢}\begin{cases}\text{碳素结构钢}\\\text{合金结构钢}\end{cases}\\\text{工具钢}\begin{cases}\text{碳素工具钢}\\\text{合金工具钢}\\\text{高速工具钢}\end{cases}\\\text{特殊性能钢：不锈钢、耐酸钢、耐热钢、磁钢等}\end{cases}$$

$$\text{按照赋予其形状的方法分类}\begin{cases}\text{铸钢}\\\text{锻钢}\\\text{轧压钢}\\\text{冷拔钢}\end{cases}$$

4.2.1.3　碳素钢（Carbon Steel）

碳素钢的钢号表示方法是：Q215CF

其中：Q——屈服点。

　　215——材料的屈服强度值（MPa），分别为 195、215、235、255、275 五个等级。

　　C——质量等级号，分别用 A、B、C、D 字母表示。A 级不做冲击试验，B 级做常温 V 形缺口试验；C、D 两级常用在重要场合下。

　　F——冶炼时的脱氧方法，分别为 F、Z、TZ 三个字母。F 为沸腾钢（Open Steel）；Z 为镇静钢（Killed Steel），TZ 为特殊镇定钢可省略不注。

常用的普通碳素结构钢牌号为 Q235A（F、b）、Q235B（F、b）、Q235C、Q235D 四种，这些牌号的质量要求是顺次提高的，材料标准为 GB 700。

4.2.1.4　优质碳素钢（High-quality Carbon Steel）

优质碳素钢的钢号前面数字表示钢中平均含碳量的万分之几，如 20 钢表示钢中平均含碳量为万分之二十。钢中渗有合金元素时，在钢号后面加上其元素符号，如 Q345（16Mn）、Q390（15MnTi）。特殊用途的优质碳素钢，在钢号后面注有汉语拼音字母，如 20g（20 锅炉钢）。

优质碳素钢的表示方法和代号按 GB 221 标准规定。GB 699 标准给出了优质碳素钢的化学成分和力学性能要求。该标准共列出了 08F、10F、15F、08、10、15、20、25…70Mn 共 31 种材料牌号，而压力管道中常用的牌号为 08、10、20 三种。08 和 10 钢因含碳量低、硬度低、塑性好，常用于金属垫片。20 钢则常用于管子和管件。

GB 8163、GB 9948、GB 6479、GB 3087、GB 5310 等标准给出了优质碳素钢钢管的材料制造要求，它们都是压力管道常用的钢管标准。GB 710、GB 711、GB 713、GB 5681、GB 6654 等标准给出了优质碳素钢钢板的材料制造要求，它们都是压力管道常用的钢板标准。选用时应根据其应用范围确定。GB 12225、GB 12228 等标准给出了优质碳素钢的铸件材料制造要求。

4.2.1.5　工具钢（Tool Steel）

碳素工具钢的常用钢号为 T7～T13，T 表示碳素工具钢，后面的数字表示平均含碳量的千分之几。T7、T8 常用于制造风镐、冲压模具冲头，T10、T11 用于制造铰刀等。

4.2.1.6　合金钢（Alloy Steel）

合金钢种类颇多，用途较广，在管道工程中，以不锈钢和低合金钢、调质钢、耐热钢和低温钢应用较多。

（1）不锈钢（Stainless Steel）

不锈钢含有大量的合金元素，故其耐热、耐蚀等性能大大优于碳素钢和低合金钢，但随之而来的是其价格也远远高于碳素钢和低合金钢。按不锈钢使用状态的金相组织，可分为奥氏体型、奥氏体-铁素体型、铁素体型、马氏体型和沉淀硬化型不锈钢五类。

① 奥氏体型不锈钢（Austenitic Stainless Steel）

奥氏体型不锈钢具有良好的综合力学性能，也具有良好的可焊性，故工程上应用很广泛，但其价格较高，故不是必须使用时就不要轻易选用。

不锈钢（包括奥氏体型、奥氏体-铁素体型、铁素体型、马氏体型和沉淀硬化型）的表示方法按 GB 221 标准规定如下：除含碳量的表示方法不同外，其他均与低合金钢相同。此时的含碳量以一位数字来表示，该数字为平均含碳量的千分之几。当平均含碳量小于千分之一时，用"0"表示；当平均含碳量小于 0.03% 时，用"00"表示。

GB 1220—2007 标准共给出了 34 种奥氏体型不锈钢的材料牌号。

② 奥氏体-铁素体型不锈钢

它与奥氏体型不锈钢一样，具有良好的综合力学性能，也具有良好的可焊性，故常代替奥氏体型不锈钢用于容易发生晶间腐蚀的工作环境，但该种材料制造工艺复杂，成本较高，价格约是奥氏体型不锈钢的 3~4 倍，故这种材料在工程上应用并不普遍。

GB 1220—2007 标准给出了 6 种奥氏体-铁素体型不锈钢的材料牌号。

③ 铁素体型不锈钢 （Ferrite Stainless Steel）。

其防腐性能不如奥氏体型不锈钢，焊接性能也较差，还容易出现 475℃ 回火脆性和 σ 相析出引起的脆性，因此，这种不锈钢在压力管道中应用不大，而在压力容器中常用于复合材料的复层。

GB 1220—2007 标准共给出了 7 种铁素体型不锈钢的材料牌号。

④ 马氏体型不锈钢 （Martenssitic Stainless Steel）

其具有较高的硬度和耐磨性，耐蚀性较弱，常用于医疗中的手术刀，而压力管道中则常用于碳素钢和铬钼钢阀门的阀杆和阀芯。

GB 1220 标准共给出了 19 种马氏体型不锈钢的材料牌号。

⑤ 沉淀硬化型不锈钢

沉淀硬化型不锈钢是指可以进行硬化处理的奥氏体或马氏体型不锈钢。这种不锈钢有很高的强度和硬度，其耐蚀性则接近于奥氏体型不锈钢，在压力管道中它常作为螺栓和螺母材料。

GB 1220—2007 标准给出了 4 种沉淀硬化型不锈钢的材料牌号。

（2）低合金钢 （Low Alloy Steel）

工程上常用的低合金钢有碳锰系、碳锰钒系、铬钼系和铬钼钒系等系列。GB/T 1591 标准给出了碳锰系和碳锰钒系低合金钢的化学成分和力学性能要求。GB 3077 标准给出了铬钼系或铬钼钒系低合金钢的化学成分和力学性能要求。

（3）调质钢 （Quenching and Tempering Steel）

调质钢含碳量较高，故强度高，可焊性差，常用于螺栓、螺母材料。

（4）耐热钢 （High Resisting Steel）

GB 1221—2007 标准共给出了耐热钢的材料牌号，大多数不锈钢都可作为耐热钢。工程上常用的耐热钢材料包括奥氏体型、铁素体型、马氏体型、沉淀硬化型等。

（5）低温钢 （Cryogenic Service Steel）

我国的低温钢有 16Mn、09Mn2V、06A1Cu、06MnNb 等，或者用奥氏体不锈钢，但前者一般适应的低温温度不宜太低，而奥氏体不锈钢又比较贵，故这里介绍 ASTM 中常用的低温钢，即镍（Ni）钢。常用镍钢的化学成分和力学性能见表 4.2-1。

表 4.2-1　常用镍钢的化学成分和力学性能

牌号	化学成分/%				强度及塑性			V 形缺口冲击韧性			适用温度/℃
	C	Mn	Si	Ni	σ_s/MPa	σ_b/MPa	δ/%	$T_{试}$/℃	a_k/J·cm⁻²		
2.5Ni	≤0.17	≤0.70	0.15~0.30	2.1~2.5	260	≥500	23	-50	20		-50
3.5Ni	≤0.17	≤0.70	0.15~0.30	3.25~3.75	260	≥500	23	-101	20		-101
5Ni	≤0.13	0.30~0.60	0.20~0.35	4.75~5.25	460	≥670	20	-170	34		-170
9Ni	≤0.13	≤0.90	0.15~0.30	8.5~9.5	530	≥700	20	-196	34		-196

4.2.2　有色金属材料

管道工程中常用的有色金属 （Non-ferrous Metal）有铜、铝、铅和锌等。

4.2.2.1　铜 （Copper）

铜又分为纯铜（俗称紫铜）、黄铜和青铜等。有关铜管的标准规范包括 ASTM B42、ASTM B43、ASTM B315、ASTM B466、ASTM B467，有关铜件的标准规范有 ASME B16.24、ASME B16.22、ASME B16.15、

ASME B16.18 等。

（1）纯铜（Copper）呈紫红色，有良好的导电性、导热性和耐大气腐蚀性，熔点为 1083℃。在管道工程中常用纯铜制成钢管和法兰垫片。因纯铜硬度较低，退火后变得更柔软，故常用来制作高压管道中的法兰垫片。纯铜管的低温性能比钢好，故纯铜管常用于空分设备管道、冷冻管道和仪表管道。纯铜的高温性能差，在 120℃ 以下，允许抗拉强度为 29.43MPa。温度若再升高，其机械强度则急剧下降，当温度上升至 250℃ 时，其允许抗拉强度只相当于 2/3，已不宜在压力下使用。常用的纯铜牌号为 T2、T3、T4，杂质含量 T2 最少，T4 最多。

（2）黄铜（Brass）是铜和锌的合金，其机械强度高，有较高的耐腐蚀性和浇铸性，可用来制作管子、管件和阀门等。化工上常用的有 H80、H68、H62（"H" 是黄铜代号，后面的数字表示合金中铜的平均含量），H80 比 H68 塑性好。进行强度计算时，在 120℃ 以下，黄铜允许抗拉强度为 29.43MPa。随着温度升高，其强度则急剧下降，当温度未超过 225℃ 时，黄铜阀件可用在压力不超过 1.6MPa 的管道中。

（3）青铜（Bronze）是铜和锡的合金，又称锡青铜。由于锡的价格价高，故制造青铜也常用其他元素代替，因而又有无锡青铜，如铝青铜、铅青铜、硅青铜等。青铜通常由浇铸而成，其强度、硬度及耐腐蚀性都比黄铜好。青铜常用于制造涡轮、齿轮、轮，以及管道工程中的阀件和管件等。

4.2.2.2　铝（Aluminum）

铝的熔点为 527℃，它具有良好的导热性和导电性，强度和硬度较低，可塑性好。铝容易氧化，在空气中，铝的表面能形成一层极薄的氧化铝保护膜，防止继续氧化。铝合金薄板常作为压力管道绝热工程的管子、塔、罐、换热器、阀门、法兰及其他平壁设备保护层材料。

纯铝的强度和硬度虽然很低，但若加入其他元素可以提高。铝合金分为铸造合金和可压迫变形的铝合金两大类。管道工程中，常用 L2 和 L3 牌号的铝管输送硝酸和醋酸等，但是铝不能抵抗碱性腐蚀。当温度高于 150℃ 时，铝管不宜用于压力管道，铝和铝合金管的标准规范有 ASTM B241、ASTM B26、ASTM B108、ASTM B209、ASTM B210、ASTM B211、ASTM B221、ASTM B234、ASTM B247 以及 ASME B31.3 "附录 L 铝合金管法兰"。

4.2.2.3　铅（Lead）

铅是一种暗灰色的金属，熔点为 327℃，它有很好的耐腐蚀性能，常用来制作硫酸设备和管道衬里。铅质软，可塑性好，管道工程中常用铅管。在安装铸铁管承插口时，常用铅作为接口堵塞材料，以牌号为 Pb-6 的铅较适宜。硬铅是铅和锑的合金，它的抗腐蚀性略低于纯铅，但机械强度较高，常用于制造耐酸设备。铅蒸气有毒，故熔化铅时，要防止烫伤和铅中毒。在化工行业中，铅主要用于在处理硫酸的设备上。Pb-4 用于设备内衬，Pb-6 用于管道接头，硬铅可制造硫酸工业用的泵、阀门、管道等。

4.2.2.4　锌（Zinc）

锌呈浅灰色，熔点为 419℃，它有较好的耐腐蚀性和力学性能。有些钢管和管件为增强耐腐蚀性能，常在表面镀一层锌，如室内给水工程中常用的镀锌管。

4.2.3　金属的热处理

（1）淬火（Quenching）

淬火是将钢加热到 800～900℃，保持一定的时间后，在水中或油中迅速冷却，可提高钢的硬度和耐磨性，但增加了钢的脆性。

冷却的速度对淬火效果起决定作用。冷却越快，钢的硬度与耐磨性越高，但脆性也越大。钢的淬火性能随其含量的增多而提高，含碳量在 0.2% 以下的钢，几乎不能淬火硬化。

当管道与法兰焊接时，焊缝附近受热，相当于淬火，可能引起硬化。但含碳量小于 0.2% 的低碳钢不会淬火硬化，这就是低碳钢具有良好的焊接性的原因之一。

（2）回火（Tempering）

淬火后的钢性质脆硬，而且还会产生内应力。为减少这种硬脆性和消除内应力，常常将淬火后的钢加热到 550℃ 以下，经过保温后冷却，就可以提高钢材的韧性和塑性，达到使用的要求。

（3）退火（Annealing）

为降低钢的硬度和提高塑性，便于加工，或为消除冷却与焊接时产生的硬脆性与内应力，可将钢材加热到 800～900℃，经过保温后缓慢冷却，可达到使用要求。例如，白口铁在 900～1100℃ 退火，可降低硬脆性，得到可锻性。

4.2.4 常见元素性能

4.2.4.1 碳 (C)

① 含碳量的增加，使得碳素钢的强度和硬度增加，而塑性、韧性和焊接性能下降。

② 一般情况下，当含碳量大于 0.25％时，碳钢的可焊性开始变差，故压力管道中一般采用含碳量小于 0.25％的碳钢。含碳量的增加，其球化和石墨化的倾向增加。

③ 作为高温下耐热用的高合金钢，含碳量应大于或等于 0.04％，但此时奥氏体不锈钢的抗晶间腐蚀性能下降。

4.2.4.2 硅 (Si)

① 硅固溶于铁素体和奥氏体中可起到提高它们的硬度和强度的作用。

② 含硅量若超过 3％时，将显著降低钢的塑性、韧性、延展性和可焊性，并易导致冷脆，中、高碳钢回火时易产生石墨化。

③ 各种奥氏体不锈钢中加入约 2％的硅，可以增强它们的高温不起皮性。在铬、铬铝、铬镍、铬钨等钢中加入硅，都将提高它们的高温抗氧化性。但含硅量太高时，材料的表面脱碳倾向增加。

④ 低含硅量对钢的耐腐蚀性能影响不大，只有当含硅量达到一定值时，它对钢的耐腐蚀性能才有显著的增强作用。含硅量为 15％～20％的硅铸铁是很好的耐酸材料，对不同温度和浓度的硫酸、硝酸都很稳定，但在盐酸和王水的作用下稳定性很小，在氢氟酸中则不稳定。高硅铁之所以耐腐蚀，是由于当开始腐蚀时，在其表面形成致密的 SiO_2 薄层，阻碍了酸的进一步向内侵蚀。

4.2.4.3 硫 (S) 和氧 (O)

硫和氧作为杂质元素常以非金属化合物 (如 FeS、FeO) 形式存在于碳素钢中，形成非金属夹杂，从而导致材料性能的劣化，尤其是硫的存在常引起材料的热脆 (由于 FeS 可与铁形成共晶，并沿晶界分布。Fe-FeS 共晶物的熔点为 985℃，当在 1000～1200℃温度下，对材料进行压力加工时，由于它已经熔化而导致晶粒开裂，使材料呈现脆性。这种现象常称为热脆)。硫和磷常是钢中要控制的元素，并以其含量的多少来评定碳素钢的优劣。

4.2.4.4 磷 (P)、砷 (As)、锑 (Sb)

① 磷、砷和锑作为杂质元素，它们对提高碳素钢的抗拉强度有一定的作用，但同时又都增加钢的脆性，尤其是低温脆性 (由于磷以固溶形式存在于铁素体中，影响铁素体的晶格变形，使碳素钢在常温下呈现脆性，这种现象称为冷脆)。磷和砷又都是造成碳素钢严重偏析的有害元素。磷对钢的焊接性不利，它能增加焊裂的敏感性。

② 由于低合金钢熔点较高，磷、砷、锑等杂质元素容易在高温下迁移聚集，从而导致低合金钢的高温回火脆性 (合金钢在进行高温回火热处理或长期在高温下工作时，其中的杂质元素磷、砷、锑等容易在高温下迁移聚集。由于这些元素的熔点一般比合金元素低，它将"割裂"材料基体而导致合金钢在高温下呈现脆性。因为合金钢的这种脆性发生在红热的温度下，故常称为红脆)。一般情况下，低合金钢均采用较高级的冶炼方法 (如电炉冶炼)，故其硫、磷等杂质元素含量较低。

4.2.4.5 钨 (W)

① 钢中含钨量高时有二次硬化作用，有红硬性，以及增加耐磨性。钨对钢的淬透性、回火稳定性、力学性能的影响与钼相似，但以质量计，其作用效果不如钼显著。钨提高钢在高温下的蠕变抗力和热强性，当与钼复合使用时，效果更佳。

② 钨能提高钢的抗氢作用的稳定性。钨通常加入低碳和中碳的高级优质合金结构钢中，钨能阻止热处理时晶粒的长大和粗化，降低其回火脆化倾向，并显著提高钢的强度和韧性。

4.2.4.6 锰 (Mn)

① 锰与铁形成固溶体，可提高钢中铁素体和奥氏体的硬度和强度。在碳锰钢中常利用锰来提高钢的强度，但它使材料的延性有所降低，而且增加了应力腐蚀开裂的敏感性。在一般碳锰钢和低合金钢中，其含量应在 1％～2％。

② 锰是良好的脱氧剂和脱硫剂。锰与硫形成 MnS，可防止因硫而导致的热脆现象，从而改善钢的热加工性能。因此，在工业钢中一般都含有一定数量的锰。

③ 锰在钢中由于能降低临界转变温度，故碳锰钢的低温冲击韧性比碳素钢好。

④ 锰能强烈增加碳锰钢的淬透性。含锰量均较高时，有使钢晶粒粗化并增加钢的回火脆性的不利倾向。

⑤ 锰对钢的焊接性有不利的影响。为改善钢的焊接性，应在许可的范围内，适当降低钢的含锰量。焊接

时也需采用优质低氢焊条和相应的焊接工艺。

4.2.4.7 铬（Cr）

① 随含铬量的增加，使铬钼钢和铬钼钒钢有良好的抗高温氧化性和耐氧化介质腐蚀作用，并增加钢的热强性。但含铬量太高时或处理不当，易发生 σ 相和 475℃回火脆化。

② 铬增加钢的淬透性并有二次硬化作用。

③ 铬是显著提高钢的催性转变温度的元素，随着含铬量的增加，钢的脆性转变温度也逐步提高，冲击值随含铬量增加而下降。

④ 在含钼的锅炉钢中，加入少量的铬，能防止钢在长期使用过程中的石墨化。

⑤ 在单一的铬钢中，材料的焊接性能随含铬量的增加而恶化。

4.2.4.8 铝（Al）

① 铝与氮及氧的亲和力很强，因此它也可作为炼钢时的脱氧定氮剂，并起到细化晶粒、阻抑碳钢的时效、提高钢在低温下韧性的作用。

② 铝作为合金元素加入钢中时能提高钢的抗氧化性，改善钢的电磁性能，提高渗氮钢的耐磨性和疲劳强度等。因此，铝在不起皮钢、电热合金、碳钢和渗氮钢中，得到了广泛的应用。

③ 铝在铁素体及珠光体钢中，当其含量较高时，材料的高温强度和韧性较低。

④ 当含铝量达到一定量时，可使钢产生钝化现象，使钢在氧化性酸中具有耐蚀性，但是钢的焊接性变坏。

⑤ 铝还能提高钢对硫化氢的耐蚀作用。含铝量在 4% 左右的钢，在温度不超过 600℃时有较好的抗硫化氢腐蚀作用。

⑥ 在钢铁材料表面镀铝和渗铝，可以提高其抗氧化性和在工业和海洋性气氛中的耐蚀性。

⑦ 含铝的钢渗氮后，在钢的表面形成一层牢固的薄而硬的弥散分布的氮化铝层，从而提高其硬度和疲劳强度，并改善其耐磨性。

⑧ 铝是高锰低温钢的主要合金元素。一定的铝有提高铁锰奥氏体的稳定度、抑制 β-Mn 相变的作用，从而使铝在低温钢中得到了应用。

4.2.4.9 钼（Mo）

① 钼属于强碳化物形成元素，当其含量较低时，与铁及碳形成复杂的渗碳体；当其含量较高时，则形成特殊碳化物。在较高回火温度下，由于钼的弥散分布，可使材料出现二次硬化。

② 钼对铁素体有固溶强化作用，同时也提高碳化物的稳定性，因此对钢的强度产生有利作用。钼是提高钢热强性最有效的合金元素。钼同样也能提高马氏体钢和奥氏体钢的热强性。

③ 钼在钢中，由于形成特殊碳化物，可以改善在高温高压下抗氢侵蚀的作用。

④ 钼常与其他元素如锰、铬等配合使用，可显著提高钢的淬透性；含钼量约 0.5% 时，能抑制或降低其他合金元素导致的回火脆性。

⑤ 钼在不锈耐热钢中，也能使钢表面钝化，但作用不如铬显著。钼与铬相反，它既能在还原性酸（HCl、H_2SO_4、H_2SO_3）中又能在强氧化性酸盐溶液（特别是含有氯离子时）中使钢材表面钝化。因此，钼可以普遍提高钢的耐蚀性能。

⑥ 钼加入奥氏体耐酸钢中，能显著地提高材料对醋酸、环烷酸的耐蚀性。在含有氯化物的溶液中，常会引起奥氏体耐酸钢的点腐蚀和晶间腐蚀。材料中加入钼后，这种倾向在很大程度上会被减缓或抑制。

4.2.4.10 镍（Ni）

① 镍是扩大 γ 相区，形成无限固溶体的元素，它是奥氏体不锈钢中的主加元素。

② 镍能细化铁素体晶粒，改善钢的低温性能。含镍量超过一定值的碳钢，其低温脆化转变温度显著减低，而低温冲击韧性显著提高，因此镍钢常用于低温材料。一般情况下，含镍量达到 3.5% 的镍钢可以在 −100℃ 低温下使用，含镍量达到 9% 的镍钢可在 −196℃ 超低温下使用。

③ 含镍的低合金钢还有较高的抗腐蚀疲劳的性能。镍钢不宜在含硫或一氧化碳的气氛中加热，因为镍易于硫化合，在晶界上形成低熔点的 NiS 网状组织而产生热脆。在高温时镍将与一氧化碳化合形成 $Ni(CO)_4$ 气体而由合金钢中逸出，从而在材料中留下孔洞。

④ 在不锈耐热钢中，镍与铬、钼等元素适当配合使材料在常温下为奥氏体组织，即得到奥氏体不锈钢或耐热钢。然而，目前镍在全世界范围内都是一种比较稀缺的元素，故作为一种合金元素，应该只有在其他元素不能获得所需要的性能时，才考虑使用它。

⑤ 由于镍可降低临界转变温度和降低钢中各元素的扩散速度，因而它可以提高钢的淬透性。

⑥ 镍不增加钢对蠕变的抗力，因此一般不作为热强钢中的强化元素。在奥氏体热强钢中，镍的作用只是使钢奥氏体化，钢的强度必须靠其他元素如钼、钨、钒、钛、铝来提高。

⑦ 镍是有一定耐腐蚀能力的元素，对酸、碱、盐以及大气均具有一定的耐腐蚀能力。

4.2.4.11　钛（Ti）

① 钛是最强的碳化物形成元素，与氮、氧的亲和力也极强，是良好的脱气剂和固定氮、碳的有效元素，正因为这样，含钛的高合金钢不宜用于铸件。

② 在奥氏体不锈钢中，由于钛能固定碳，有防止和减轻材料晶间腐蚀和应力腐蚀的作用。如果奥氏体不锈钢中的钛、碳含量之比超过 4.5 时，由于此时材料中的氧、氮和碳可以全部被固定，故使得材料对晶间腐蚀、应力腐蚀和碱脆有很好的抗力。

③ 当钛以碳化钛微粒存在时，由于它能细化钢的晶粒并成为奥氏体分解时的有效晶核，可使钢的淬透性降低，但也使材料的高温固溶强化效果降低。

④ 钛能提高耐热钢的抗氧化性和热强性。

⑤ 钛作为强碳化物形成元素，可以提高钢在高温、高压、氢气中的稳定性。当钢中的含钛量达到含碳量的 4 倍时，可使钢在高压下对氢的稳定性几乎高达 600℃以上。

4.2.5　材料应用限制

4.2.5.1　铸铁

常用的铸铁有可锻铸铁和球墨铸铁。限制条件如下：

① 使用在介质温度为 $-29\sim343℃$ 的受压或非受压管道；

② 不得用于输送介质温度高于 150℃ 或表压大于 2.5MPa 的可燃流体管道；

③ 不得用于输送任何温度压力下的有毒介质；

④ 不得用于温度和压力循环变化或管道有振动的条件下。

实际上，可锻铸铁经常被用于不受压的阀门手轮和地下管道；球墨铸铁经常被用于工业用管道中的阀门阀体。

4.2.5.2　普通碳素钢

（1）沸腾钢的限制条件如下：

① 应限用在设计压力不大于 0.6MPa，设计温度为 0～250℃ 的条件下；

② 不得用于易燃或有毒流体的管道；

③ 不得用于石油液化气介质和有应力腐蚀的环境中。

（2）镇静钢的限制条件如下：

① 限用在设计温度为 0～400℃ 范围内；

② 当用于有应力腐蚀开裂敏感的环境时，本体硬度及焊缝硬度应不大于 200HB，并对本体和焊缝进行 100％ 无损探伤。

（3）用于压力管道的沸腾钢和镇静钢的限制条件如下。

① 含碳量不得大于 0.24％。

② GB 700 标准给出了四种常用的普通碳素结构钢牌号，即 Q235A（F，b），Q235B（F，b）、Q235C、Q235D，其适应范围如下。

Q235AF 钢板：设计压力 $p\leqslant0.6MPa$；使用温度为 0～250℃；钢板厚度≤12mm；不得用于易燃，毒性程度为中度、高度或极度危害介质的管道。

Q235A 钢板：设计压力 $p\leqslant1.0MPa$；使用温度为 0～350℃；钢板厚度≤16mm；不得用于液化石油气、毒性程度为高度或极度危害介质的管道。

Q235B 钢板：设计压力 $p\leqslant1.6MPa$；使用温度为 0～350℃；钢板厚度≤20mm；不得用于高度和极度危害介质的管道。

Q235C 钢板：设计压力 $p\leqslant2.5MPa$；使用温度为 0～400℃；钢板厚度≤40mm

4.2.5.3　优质碳素钢

优质碳素钢是压力管道中应用最广的碳钢，对应的材料标准有 GB/T 699、GB/T 8163、GB 3087、GB 5310、GB 9948、GB 6479 等，这些标准根据不同的使用工况而提出了不同的质量要求。它们共性的使用限制条件如下。

① 输送碱性或苛性碱介质时应考虑有发生碱脆的可能，锰钢（如 16Mn）不得用于该环境。

② 在有应力腐蚀开裂倾向的环境中工作时，应进行焊后应力消除热处理，热处理后的焊缝硬度不得大于200HB。焊缝应进行100％无损探伤。锰钢（如16Mn）不宜用于有应力腐蚀开裂倾向的环境中。

③ 在均匀腐蚀介质环境下工作时，应根据腐蚀速率、使用寿命等进行经济核算，如果核算结果证明选用碳素钢是合适的，应给出足够的腐蚀余量，并采取相应的其他防腐蚀措施。

④ 碳素钢、碳锰钢和锰钒钢在425℃及以上温度下长期工作时，其碳化物有转化为石墨的可能性，因此限制其最高工作温度不得超过425℃（锅炉规范则规定该温度为450℃）。

⑤ 临氢操作时，应考虑发生氢损伤的可能性。

⑥ 含碳量大于0.24％的碳钢不宜用于焊连接的管子及其元件。

⑦ 用于−20℃及以下温度时，应进行低温冲击韧性试验。

⑧ 用于高压临氢、交变荷载情况下的碳素钢材宜是经过炉外精炼的材料。

4.2.5.4　铬钼合金钢

常用的铬钼合金钢材料标准有 GB 9948、GB 5310、GB 6479、GB 3077、GB 1221 等，其使用限制条件如下。

① 碳钼钢（C-0.5Mo）在468℃温度下长期工作时，其碳化物有转化为石墨的倾向，因此限制其最高长期工作温度不超过468℃。

② 在均匀腐蚀环境下工作时，应根据腐蚀速率、使用寿命等进行经济核算，同时给出足够的腐蚀余量。

③ 临氢操作时，应考虑发生氢损伤的可能性。

④ 在高温 $H_2 + H_2S$ 介质环境下工作时，应根据 Nelson 曲线和 Couper 曲线确定其使用条件。

⑤ 应避免在有应力腐蚀开裂的环境中使用。

⑥ 在400~550℃温度区间内长期使用时，应考虑防止回火脆性问题。

⑦ 铬钼合金钢一般应是电炉冶炼或经过炉外精炼的材料。

4.2.5.5　不锈耐热钢

压力管道中常用的不锈耐热钢材料标准主要有 GB/T 14976、GB 4237、GB 4238、GB 1220、GB 1221 等，其共性的使用限制条件如下。

① 含铬12％以上的铁素体和马氏体不锈钢在400~550℃温度区间长期工作时，应考虑防止475℃回火脆性破坏，这个脆性表现为室温下材料的脆化，因此，在应用上述不锈钢时，应将其弯曲应力、振动和冲击荷载降到敏感荷载下，或者不在400℃以上温度使用。

② 奥氏体不锈钢在加热冷却的过程中，经过540~900℃温度区间时，应考虑防止产生晶间腐蚀倾向。当有还原性较强的腐蚀介质存在时，应选用稳定型（含稳定元素 Ti 和 Nb）或超低碳型（含碳量小于0.03％）奥氏体不锈钢。

③ 不锈钢在接触湿的氯化物时，有应力腐蚀开裂和点蚀的可能，应避免接触湿的氯化物，或者控制物料和环境中的氯离子浓度不超过 25×10^{-6}。

④ 奥氏体不锈钢使用温度超过525℃时，其含碳量应大于0.04％，否则钢的强度会显著下降。

4.2.6　金属管的选用（表4.2-2）

表4.2-2　金属管常用的规格、材料及适用温度

名　称	标准号	常用规格/mm	常用材料	适用温度/℃
流体输送用无缝钢管	GB/T 8163—2008	按 GB/T 17395—2008	20 10 09MnD	−20~450 −40~450 −46~200
中、低压锅炉用无缝钢管	GB 3087—2008	按 GB/T 17395—2008	20、10	−20~450
高压锅炉管	GB 5310—2008	按 GB/T 17395—2008	20G 20MnG 10MoWVNb	−20~450 −46~450 −20~400（抗氢）
高压无缝管	GB 6479—2000		15CrMoG 12Cr2MoG	−20~560 −20~580
石油裂化管	GB 9948—2006		1Cr5Mo 12CrMoG	−20~600 −20~540

续表

名　称	标准号	常用规格/mm	常用材料	适用温度/℃
不锈无缝钢管	GB/T 14976—2002	按 GB/T 14976—2002	0Cr18Ni9 00Cr19Ni10 00Cr17Ni14Mo2 0Cr18Ni12Mo2Ti 0Cr18Ni10Ti	−196～700
不锈焊接钢管 (EFW)	HG/T 20537—1992	按 HG/T 20537		
低压流体输送用 焊接钢管(ERW) (镀锌)	GB/T 3091—2008	1/2″,3/4″,1″,1½″,2″,2½″,3″, 4″,5″,6″,按标准规定外径及壁厚	Q215A,Q215AF, Q235AF,Q235A	0～200
螺旋电焊钢管	SY 5036—2008	8″～24″	Q235AF、Q235A、 SS400、St52-3	0～300
低压流体输送用 大直径电焊钢管 (ERW)	GB/T 3091—2008	按 GB/T 17395—2008(ERW) 6″～20″	Q215A Q235A	0～300
石油天然气工业 输送钢管(大直径埋 弧焊直缝焊管)	GB/T 9711.1—1997	按 GB/T 9711.1—1997 中大直 径直缝埋弧焊钢管 18″～ 80″ (EFW)	L245	−20～450
铜及铜合金管	GB/T 1527—2006	5×1,7×1,10×1,15×1,18× 1.5,24×1.5,28×1.5,35×1.5, 45×1.5,55×1.5,72×2,85×2, 104×2,129×2,156×3	T2,T3,T4,TU1, TU2,TP1,TP2, H96,H68,H62	≤250 (受压时,≤200)
铅及铅锑合金管	GB/T 1472—2005	20×2,22×2,31×3,50×5, 62×6,94×7,118×9	纯铅,铅锑合金 (硬铅)PbSb4, PbSb6,PbSb8	≤200 (受压时,≤140)
铝和铝合金管	GB/T 6893—2000 挤压管	$\Phi 25×6～\Phi 155×40$ $\Phi 120×5～\Phi 200×7.5$	1050A、1060、 1200、3003、 5052、5A03、 5083、5086、 5454、6A02、 6061、6063	−269～200
	GB/T 4437 拉制管	$\Phi 6×0.5～\Phi 120×3$		
钛和钛合金管	GB/T 3624—95 无缝(冷拔、轧)焊接 焊接-轧制	$\Phi 3×0.2～\Phi 110×4.5$ $\Phi 16×0.5～\Phi 63×2.5$ $\Phi 6×0.5～\Phi 30×2.0$	TA0、TA1、TA2、 TA9、TA10	−269～300

4.3　金属管材

4.3.1　无缝钢管

4.3.1.1　无缝钢管尺寸重量 (GB/T 17395—2008)

(1) 分类

钢管的外径和壁厚分为三类；普通钢管的外径和壁厚、精密钢管的外径和壁厚和不锈钢管的外径和壁厚。

(2) 外径和壁厚

钢管的外径分三个系列：系列1、系列2和系列3。系列1是通用系列，属推荐选用系列；系列2是非通用系列；系列3是少数特殊、专用系列。

普通钢管的外径分为系列1、系列2和系列3，精密钢管的外径分为系列2和系列3，不锈钢管的外径分为系列1、系列2和系列3。

① 外径允许偏差见表4.3-1。

表 4.3-1　外径允许偏差表　　　　　　　单位：mm

标准化外径允许偏差		非标准化外径允许偏差	
偏差等级	标准化外径允许偏差	偏差等级	非标准化外径允许偏差
D1	±1.5%D 或±0.75,取其中的较大值	ND1	+1.25%D -1.5%D
D2	±1.0%D 或±0.50,取其中的较大值	ND2	±1.25%D
D3	±0.75%D 或±0.30,取其中的较大值	ND3	+1.25%D -1%D
D4	±0.50%D 或±0.10,取其中的较大值	ND4	±0.8%D

注：D 为钢管的公称外径。

② 优先选用的标准化壁厚允许偏差见表 4.3-2。

表 4.3-2　标准化壁厚允许偏差　　　　　　　单位：mm

偏差等级		壁厚允许偏差			
		$S/D>0.1$	$0.05<S/D\leqslant0.1$	$0.025<S/D\leqslant0.05$	$S/D\leqslant0.025$
S1		±15.0%S 或±0.60,取其中的较大值			
S2	A	±12.5%S 或±0.40,取其中的较大值			
	B	-12.5%S			
S3	A	±10.0%S 或±0.20,取其中的较大值			
	B	±10.0%S 或±0.40,取其中的较大值	±12.5%S 或±0.40,取其中的较大值	±15.0%S 或±0.40,取其中的较大值	±15.0%S 或±0.40,取其中的较大值
	C	-10%S			
S4	A	±7.5%S 或±0.15,取其中的较大值			
	B	±7.5%S 或±0.20,取其中的较大值	±10.0%S 或±0.20,取其中的较大值	±12.5%S 或±0.20,取其中的较大值	±15.0%S 或±0.20,取其中的较大值
S5		±5.0%S 或±0.10,取其中的较大值			

注：S 为钢管的公称壁厚，D 为钢管的公称外径。

③ 推荐选用的非标准化壁厚允许偏差见表 4.3-3。

表 4.3-3　非标准化壁厚允许偏差　　　　　　　单位：mm

偏差等级	非标准化外径允许偏差	偏差等级	非标准化外径允许偏差
NS1	+15.0%S -12.5%S	NS3	+12.5%S -10.0%S
NS2	+15.0%S -10.0%S	NS4	+12.5%S -7.5%S

注：S 为钢管的公称壁厚。

（3）通常长度

钢管的通常长度为 3000～12500mm。

（4）定尺长度和倍尺长度

定尺长度和倍尺长度应在通常长度范围内，全长允许偏差分为四级（见表 4.3-4）。每个倍尺长度按以下规定留出切口余量：①外径≤159mm，5mm～10mm；②外径>159mm，10mm～15mm。

表 4.3-4　全长允许偏差

偏差等级	全长允许偏差/mm	偏差等级	全长允许偏差/mm
L1	+20 0	L3	+10 0
L2	+15 0	L4	+5 0

（5）重量

① 钢管按实际重量交货，也可按理论量交货。实际重量交货可分为单根重量或每批重量。

② 钢管的理论重量按 $W=\pi\rho(D-S)/1000$ 计算，式中：

W——钢管中的理论重量，单位为千克每米（kg/m）；

ρ——钢的密度，单位为千克每立方分米（kg/dm³）；

D——钢管的公称外径，单位为毫米（mm）；

S——钢管的公称壁厚，单位为毫米（mm）。

③ 按理论重量交货的钢管，根据需方要求，可规定钢管实际重量与理论重量的允许偏差。单根钢管实际重量与理论重量的允许偏差分为五级。每批不小于 10t 钢管的理论重量与实际重量的允许偏差为 ±7.5% 或 ±5%。

4.3.1.2 流体输送用无缝钢管（GB/T 8163—2008）

适用于输送流体用一般无缝钢管。

（1）外径和壁厚

钢管的外径（D）和壁厚（S）应符合 GB/T 17395 的规定。根据需方要求，经双方协商可供应其他外径和壁厚的钢管。

（2）外径和壁厚的允许偏差

① 钢管的外径允许偏差应符合表 4.3-5 的规定。

表 4.3-5 钢管的外径允许偏差　　　　　　单位：mm

钢 管 种 类	允 许 偏 差
热轧（挤压、扩）钢管	±1%D 或 ±0.50，取其中较大者
冷拔（轧）钢管	±1%D 或 ±0.30，取其中较大者

② 热轧（挤压、扩）钢管壁厚允许偏差应符合表 4.3-6 的规定。

表 4.3-6 热轧（挤压、扩）钢管壁厚允许偏差　　　　　　单位：mm

钢管种类	钢管直径	S/D	允 许 偏 差
热轧（挤压）钢管	≤102	—	±12.5%S 或 ±0.40，取其中较大者
	>102	≤0.05	±15%S 或 ±0.40，取其中较大者
		>0.05～0.10	±12.5%S 或 ±0.40，取其中较大者
		>0.10	$+12.5\%S$ $-10\%S$
热扩钢管	—		±15%S

③ 冷拔（轧）钢管壁厚允许偏差应符合表 4.3-7 的规定。

表 4.3-7 冷拔（轧）钢管壁厚允许偏差　　　　　　单位：mm

钢 管 种 类	钢管公称壁厚	允 许 偏 差
冷拔（轧）	≤3	$+15\%S$ $-10\%S$ 或 ±0.15，取其中较大者
	>3	$+12.5\%S$ $-10\%S$

（3）通常长度

钢管的通常长度为 3000～12500mm。

（4）范围长度

根据需方要求，经双方协商可按范围长度交货。范围长度应在通常长度范围内。

（5）定尺和倍尺长度

① 根据需方要求，经双方协商钢管可按定尺长度或倍尺长度交货。

② 钢管的定尺长度应在通常范围内，全长允许偏差应符合以下规定：

a. 定尺长度不大于 6000mm，$^{+10}_{0}$ mm；

b. 定尺长度大于 6000mm，$^{+15}_{0}$ mm。

③ 钢管的倍尺长度应在通常长度范围内，全长允许偏差为 $^{+20}_{0}$ mm，每个倍尺长度应按下述规定留出切口余量：a. 外径不大于 159mm，5～10mm；b. 外径大于 159mm，10～15mm。

（6）端头外形

① 外形不大于 60mm 的钢管，管端切斜应不超过 1.5mm；外径大于 60mm 的钢管，管端切斜应不超过钢管外径的 2.5%，但最大应不超过 6mm。钢管的切斜见图 4.3-1 所示。

② 钢管的端头切口毛刺应予清除。

（7）钢管按实际重量交货，亦可按理论重量交货。钢管的理论重量的计算按 GB/T 17395 的规定，钢的密度取 7.85kg/dm³。

（8）钢管由 10、20、Q295、Q345、Q390、Q420、Q460 牌号的钢制造。

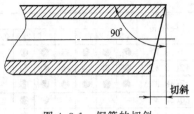

图 4.3-1　钢管的切斜

4.3.1.3　化肥用高压无缝钢管（GB 6479—2000）

化肥用高压无缝钢管的尺寸和重量可见 GB 17395，钢管适用于公称压力 10～32MPa，工作温度 −40～+400℃，输送介质为合成氨原料气（氢、氮气）、氨、甲醇、尿素等的管道。管子的尺寸公差、长度按 GB 8163 规定。钢管外径和壁厚的允许偏差见表 4.3-8。

表 4.3-8　外径和壁厚的允许偏差（GB 6479—2000）

钢管种类	钢管尺寸/mm		允　许　偏　差	
			普　通　级	高　级
热轧（挤压）钢管	外径 D	≤159	±1.0%（最小值为 −0.5mm）	±0.75%（最小值为 ±0.3mm）
		>159	±1.0%	±0.90%
	壁厚 S	≤20	+15% −10%	±10%
		>20	+12.5% −10%	±10%
冷拔（轧）钢管	外径 D	11～30	±0.20mm	±0.15mm
		>30～50	±0.30mm	±0.25mm
		>50	±0.75%	±0.6%
	壁厚 S	≤3.0	+12.5% −10%	±10%
		>3.0	±10%	±7.5%

注：1. 热扩钢管的外径允许偏差为 ±1.0%，壁厚允许偏差为 ±15%。

2. 当需方未在合同中注明钢管尺寸允许偏差级别时，钢管外径和壁厚的允许偏差应符合普通级的规定。根据需方要求，经供需双方协商，并在合同中注明，可生产本表规定以外尺寸允许偏差的钢管。

4.3.1.4　中低压锅炉用无缝钢管（GB 3087—2008）

中、低压锅炉用无缝钢管适用于低碳钢制造的各种结构低、中压锅炉用的过热蒸汽管、沸水管等。钢管的尺寸和质量可见 GB/T 17395，常用材料有 10、20 号钢。

4.3.1.5　高压锅炉用无缝钢管（GB 5310—2008）

适用于制造高压及其以上压力的管道用的无缝钢管。热轧（挤、扩）钢管外径为 22～530mm，壁厚从 2.0～70mm，冷拔（轧）钢管外径为 10～114mm，壁厚从 2.0～13mm，钢管长度同 GB 8163，钢号和化学成分和力学性能见原标准规定。

4.3.1.6　不锈无缝钢管（GB/T 14976—2002）

不锈钢热轧、热挤压和冷拔（冷轧）无缝钢管，适用于化工、石油工业中具有强腐蚀性介质的钢管。钢管质量同无缝钢管 GB 8163，钢管的尺寸应符合表 4.3-9 的规定。

表 4.3-9　不锈钢管尺寸

外径/mm	壁厚/mm																
	1.0	1.2	1.4	1.5	1.6	2.0	2.2(2.3)	2.5(2.6)	2.8(2.9)	3.0	3.2	3.5(3.6)	4.0	4.5	5.0	5.5(5.6)	6.0
10(10.2)	●	●	●	●	●	●											
13(13.5)	●	●	●	●	●	●		●		●	●						
17(17.2)	●	●	●	●	●	●		●		●		●	●				
21(21.3)	●	●	●	●	●	●		●		●		●	●	●	●		
27(26.9)			●	●	●	●		●		●		●	●	●	●	●	●

外径/mm	壁厚/mm																
	1.0	1.2	1.4	1.5	1.6	2.0	2.2(2.3)	2.5(2.6)	2.8(2.9)	3.0	3.2	3.5(3.6)	4.0	4.5	5.0	5.5(5.6)	6.0
34(33.7)	●	●	●	●	●	●	●	●	●	●	●	●	●	●	●	●	●
42(42.4)	●	●	●	●	●	●	●	●	●	●	●	●	●	●	●	●	
48(48.3)	●		●	●	●	●	●	●	●	●	●	●	●	●	●	●	
60(60.3)				●	●	●	●	●	●	●	●	●	●	●	●	●	
76(76.1)				●	●	●	●	●	●	●	●	●	●	●	●	●	
89(88.9)					●	●	●	●	●	●	●	●	●	●	●	●	
114(114.3)					●	●	●	●	●	●	●	●	●	●	●	●	
140(139.7)						●	●	●	●	●	●	●	●	●	●	●	
168(168.3)					●	●	●	●	●	●	●	●	●	●	●	●	
219(219.1)						●	●	●	●	●	●	●	●	●	●	●	
273						●	●	●	●	●	●	●	●	●	●	●	
325(323.9)							●	●	●	●	●	●	●	●	●	●	
356(355.6)							●	●	●	●	●	●	●	●	●	●	
406(406.4)							●	●	●	●	●	●	●	●	●	●	●

外径/mm	壁厚/mm																			
	6.5(6.3)	7.0(7.1)	7.5	8.0	8.5	9.0(8.8)	9.5	10	11	12(12.5)	14(14.2)	15	16	17(17.5)	18	20	22(22.2)	24	25	26
10(10.2)																				
13(13.5)																				
17(17.2)																				
21(21.3)																				
27(26.9)																				
34(33.7)	●																			
42(42.4)	●		●																	
48(48.3)	●		●	●	●															
60(60.3)	●		●	●	●	●	●	●												
76(76.1)	●	●	●	●	●	●	●													
89(88.9)	●	●	●	●	●		●	●			●									
114(114.3)	●	●	●	●	●		●	●			●									
140(139.7)	●	●	●	●	●		●	●			●	●								
168(168.3)	●	●	●	●	●		●	●			●	●	●							
219(219.1)	●	●	●	●	●	●	●	●	●	●	●	●	●	●			●	●	●	●
273	●	●	●	●	●	●	●	●	●	●	●	●	●	●			●	●	●	●
325(323.9)	●	●	●	●	●	●	●	●	●	●	●	●	●	●		●	●	●	●	●
356(355.6)	●	●	●	●	●	●	●	●	●	●	●	●	●	●		●	●	●	●	●
406(406.4)	●	●	●	●	●	●	●	●	●	●	●	●	●	●	●	●	●	●	●	●

注：1. 括号内尺寸表示相应的英制规格；

2. 本表摘自 GB/T 17395—1998 外径尺寸为标准化钢管的系列，此外还有非标准化为主的钢管和特殊用途钢管系列，且此标准有 2008 年版本，其中增加了一些壁厚尺寸，可参考使用。

4.3.2 焊接钢管

4.3.2.1 低压流体输送用焊接钢管（GB/T 3091—2008）

本标准适用于水、空气、采暖蒸汽、燃气等低压流体输送用焊接钢管。

本标准包括直缝高频电阻焊（ERW）钢管、直缝埋弧焊（SAWL）钢管和螺旋缝埋弧焊（SAWH）钢管，并对它们的不同要求分别做了标注，未注明的同时适用于直缝高频电阻焊钢管、直缝埋弧焊钢管和螺旋缝埋弧焊钢管。

钢管的外径（D）和壁厚（t）应符合 GB/T 21835 的规定，其中管端用螺纹和沟槽连接的钢管尺寸参见表 4.3-10。

表 4.3-10　钢管的公称口径与钢管的外径、壁厚对照表　　　　单位：mm

公称口径	钢管外径	普通钢管壁厚	加厚钢管壁厚	公称口径	钢管外径	普通钢管壁厚	加厚钢管壁厚
6	10.2	2.0	2.5	40	48.3	3.5	4.5
8	13.5	2.5	2.8	50	60.3	3.8	4.5
10	17.2	2.5	2.8	65	76.1	4.0	4.5
15	21.3	2.8	3.5	80	88.9	4.0	5.0
20	26.9	2.8	3.5	100	114.3	4.0	5.0
25	33.7	3.2	4.0	125	139.7	4.0	5.5
32	42.4	3.5	4.0	150	168.3	4.5	6.0

注：表中的公称口径系近似内径的名义尺寸，不表示外径减去两个壁厚所得的内径。

钢管外径和壁厚的允许偏差应符合表 4.3-11 的规定，根据需方要求，经供需双方协商可供应表规定以外允许偏差的钢管。

表 4.3-11　外径和壁厚的允许偏差　　　　单位：mm

外径	外径允许偏差		壁厚允许偏差
	管体	管端（距管端 100mm 范围内）	
$D{\leqslant}48.3$	±0.5	—	
$48.3{<}D{\leqslant}273.1$	$\pm1\%D$	—	
$273.1{<}D{\leqslant}508$	$\pm0.75\%D$	$+2.4$ -0.8	$\pm10\%t$
$D{>}508$	$\pm1\%D$ 或 ±10.0，两者取较小值	$+3.2$ -0.8	

（1）通常长度

钢管的通常长度为 3000～12000mm。

（2）定尺长度和倍尺长度

钢管的定尺长度应在通常长度范围内，直缝高频电阻焊钢管的定尺长度允许偏差为 $^{+20}_{0}$mm；螺旋缝埋弧焊钢管的定尺长度允许偏差为 $^{+50}_{0}$mm。

钢管的倍尺长度应在通常长度范围内，直缝高频电阻焊钢管的倍尺长度允许偏差为 $^{+20}_{0}$mm；螺旋缝埋弧焊钢管的倍尺长度允许偏差为 $^{+50}_{0}$mm，每个倍尺长度应留 5～15mm 的切口余量。

（3）根据需方要求，经供需双方协商可供应通常长度范围以外的定尺长度和倍尺长度的钢管。

（4）钢管的两端应与钢管的轴线垂直切割，且不应有切口毛刺。外径不小于 114.3mm 的钢管，管端切口斜度不大于 3mm，见图 4.3-2 所示。

根据需方要求，经供需双方协商，壁厚大于 4mm 的钢管端面可加工坡口，坡口角度 $30°^{+5°}_{0}$，钝边应为 1.6mm±0.8mm，见图 4.3-3 所示。

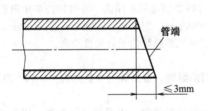

图 4.3-2　钢管的切斜

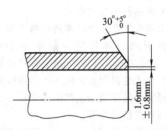

图 4.3-3　钢管端面加工坡口

（5）钢管按理论重量交货，也可按实际重量交货。

（6）钢管的理论重量按 $W=0.0246615(D-t)t$ 计算（钢的密度按 $7.85kg/dm^3$），

式中　W——钢管的单位长度理论重量，单位为千克每米（kg/m）；

　　　D——钢管的外径，单位为毫米（mm）；

　　　t——钢管的壁厚，单位为毫米（mm）。

（7）钢管镀锌后单位长度理论重量按 $W'=cW$ 式计算，

式中　W'——钢管镀锌后的单位长度理论重量，单位为千克每米（kg/m）；

　　　W——钢管镀锌前的单位长度理论重量，单位为千克每米（kg/m）；

　　　c——镀锌层的重量系数，见表 4.3-12。

表 4.3-12　镀锌层的理论重量

壁厚/mm	0.5	0.6	0.8	1.0	1.2	1.4	1.6	1.8	2.0	2.3
系数 c	1.255	1.112	1.159	1.127	1.106	1.091	1.080	1.071	1.064	1.055
壁厚/mm	2.6	2.9	3.2	3.6	4.0	4.5	5.0	5.4	5.6	6.3
系数 c	1.049	1.044	1.040	1.035	1.032	1.028	1.025	0.024	1.023	1.020
壁厚/mm	7.1	8.0	8.8	10	11	12.5	14.2	16	17.5	20
系数 c	1.018	1.016	1.014	1.013	1.012	1.010	1.009	1.008	1.009	1.006

（8）以理论重量交货的钢管，每批或单根钢管的理论重量与实际重量的允许偏差应为 $\pm7.5\%$。

（9）钢的牌号和化学成分（熔炼分析）应符合 GB/T 700 中牌号 Q195、Q215A、Q215B、Q235A、Q235B 和 GB/T 1591 中牌号 Q295A、Q295B、Q345A、Q345B 的规定。根据需方要求，经供需双方协商并在合同中说明，也可采用其他易焊接的钢牌号。

钢管按焊接状态交货，直缝高频电阻焊可按焊缝热处理状态交货。根据需方要求，经供需双方协商并在合同中说明，也可按整体热处理状态交货。

根据需方要求，经供需双方协商，并在合同中注明，外径不大于 508mm 的钢管可镀锌交货，也可按其他保护涂层交货。

4.3.2.2　奥氏体不锈钢焊接钢管（HG 20537—92）

本标准适用于换热器管束、容器壳体、接管和管道用奥氏体不锈钢（本标准所指的奥氏体不锈钢也包括奥氏体-铁素体双相不锈钢）焊接钢管。奥氏体不锈钢焊接管（以下简称焊管）的制造工艺按表 4.3-13 的规定。

表 4.3-13　不锈钢焊管制造工艺

名　称	制造工艺	技术要求
换热管用焊接钢管	自动电弧焊(不加焊丝)如必要应进行冷加工；电阻焊，必须清除内毛刺	HG 20537.2
化工装置用焊接钢管（如接管、壳体、管道等）	自动电弧焊(不加焊丝)如必要可进行冷加工；电阻焊，必须清除内毛刺	HG20537.3
化工装置用大口径焊管	电弧焊(加焊丝)	HG20537.4

注：自动电弧焊系指自动氩弧焊、等离子焊。

（1）换热管用焊接钢管

管壳式换热器用焊接管的规格按表 4.3-14 选用。由于特殊原因也可采用表以外规格的焊接钢管。

换热管的公称长度一般采用 1000mm、1500mm、2000mm、2500mm、3000mm、4500mm、6000mm、7500mm、9000mm、12000mm，焊接钢管的定尺或倍尺长度应按换热管的设计长度选定。

（2）化工装置用奥氏体不锈钢焊接钢管

外径符合国际通用系列的焊管和外径符合国内沿用系列的焊管，常用规格参数见表 4.3-15。经双方协议可生产表以外规格的焊管。

焊管的通常长度为 3～9m，经双方协商可产生上述长度以外的焊管。焊管的定尺长度一般为 6m，定尺长度的允许偏差为 +6mm。成型后的焊管在长度方向不得拼接。

表 4.3-14　换热管规格和重量　　　　　　　　　　　　　　　　单位：kg/m

外径	壁厚/mm											
	1.0	1.2	(1.4)	1.6	(1.8)	2.0	(2.3)	2.6	(2.9)	3.2	3.6	4.0
10	0.224	0.263	0.300	0.355	0.368							
14	0.324	0.383	0.439	0.494	0.547							
16	0.374	0.442	0.509	0.574	0.637							
19		0.532	0.614	0.693	0.771	0.847	0.567					
22		0.622	0.718	0.813	0.906	0.996	1.130					
25		0.711	0.823	0.933	1.040	1.150	1.300	1.45	1.60			
32		0.921	1.070	1.210	1.350	1.490	1.700	1.90	2.10	2.30		
38		1.100	1.280	1.450	1.620	1.790	2.050	2.29	2.54	2.77		
45				1.730	1.940	2.140	2.450	2.75	3.04	3.33		
51				1.970	2.210	2.440	2.790	3.13	3.47	3.81	4.25	4.68
57				2.210	2.480	2.740	3.130	3.52	3.91	4.29	4.79	5.28
63						3.040	3.480	3.91	4.34	4.77	5.33	5.88
76						3.690	4.220	4.75	5.28	5.80	6.49	7.17

注：1. 表列重量适用于 0Cr18Ni9、00Cr19Ni10、0Cr18Ni10Ti、1Cr18Ni9Ti 等奥氏体不锈钢。对于含钼奥氏体不锈钢，如 0Cr17Ni12Mo2、00Cr17Ni14Mo2，表列单位长度的重量应增加 0.63%。

2. 括号内规格为非常用规格。

表 4.3-15　系列焊接钢管规格和重量（壁厚单位 mm，重量单位 kg/m）

国际通用系列焊接钢管规格和重量											
公称直径 DN	焊管外径 /mm	壁厚系列号（Sch. No.）									
		5S		10S		20		40S		80S	
		壁厚	重量	壁厚	重量	壁厚	重量	壁厚	重量	壁厚	重量
10	17.2	1.2	0.478	1.6	0.622			2.3	0.854	3.2	1.12
15	21.3	1.6	0.785	2.0	0.962			2.9	1.33	3.6	1.59
20	26.9	1.6	1.01	2.0	1.24			2.9	1.73	4.0	2.28
25	33.7	1.6	1.28	2.9	2.22			3.2	2.43	4.5	3.27
32	42.4	1.6	1.63	2.9	2.85			3.6	3.48	5.0	4.66
40	48.3	1.6	1.86	2.9	3.28			3.6	4.01	5.0	5.39
50	60.3	1.6	2.34	2.9	4.15	3.2	4.55	4	5.61	5.6	7.63
65	76.1	2	3.69	3.2	5.81	4.5	8.03	5	8.86	7.1	12.20
	(73.0)	2	3.54	3.2	5.56	4.5	7.68	5	8.47	7.1	11.66
80	88.9	2	4.33	3.2	6.83	4.5	9.46	5.6	11.62	8.0	16.20
100	114.3	2	5.59	3.2	8.86	5	13.61	6.3	16.95	8.8	23.13
125	139.7	2.9	9.88	3.6	12.20	5	16.78	6.3	20.93	10.0	32.31
	(141.3)	2.9	10.00	3.6	12.35	5	16.98	6.3	21.19	10.0	32.71
150	168.3	2.9	11.95	3.6	14.77	5.6	22.70	7.1	28.51	11.0	43.10
200	219.1	2.9	15.62	4	21.43	6.3	33.40	8	42.07	12.5	64.33
250	273	3.6	24.16	4	26.80	6.3	41.85	8.8	57.91	12.5	81.11
300	323.9	4.0	31.87	4.5	35.80	6.3	49.84	10	78.19	12.5	96.96

注：括号内位符合美国 ANSI B36.19 的钢管外径。

国内沿用系列焊接钢管规格和重量											
公称直径 DN	焊管外径 /mm	壁厚系列号（Sch. No.）									
		5S		10S		20		40S		80S	
		壁厚	重量	壁厚	重量	壁厚	重量	壁厚	重量	壁厚	重量
10	14	1.2	0.383	1.6	0.494			2.3	0.670	3.2	0.86
15	18	1.6	0.654	2.0	0.797			2.9	1.09	3.6	1.29
20	25	1.6	0.933	2.0	1.15			2.9	1.60	4.0	2.09
25	32	1.6	1.21	2.9	2.10			3.2	2.30	4.5	3.08
32	38	1.6	1.45	2.9	2.54			3.6	3.08	5.0	4.11
40	45	1.6	1.73	2.9	3.04			3.6	3.71	5.0	4.98
50	57	1.6	2.21	2.9	3.91	3.2	4.29	4	5.28	5.6	7.17
65	76	2	3.69	3.2	5.81	4.5	8.01	5	8.84	7.1	12.19
80	89	2	4.33	3.2	6.84	4.5	9.47	5.6	11.63	8.0	16.14
100	108	2	5.28	3.2	8.35	5	12.83	6.3	15.96	8.8	21.75
125	133	2.9	9.40	3.6	11.60	5	15.94	6.3	19.88	10.0	30.64
150	159	2.9	11.28	3.6	13.94	5.6	21.40	7.1	26.87	11.0	40.55
200	219	2.9	15.61	4	21.42	6.3	33.38	8	42.05	12.5	64.30
250	273	3.6	24.16	4	26.80	6.3	41.85	8.8	57.91	12.5	81.11
300	325	4.0	31.98	4.5	35.93	6.3	50.01	10	78.47	12.5	97.30

注：表中部分壁厚较大的焊管，如采用添加填充金属的连续自动电弧焊工艺时，应符合 HG 20537.4 中关于焊接材料、焊接工艺评定、分级和焊缝无损检查的要求。

（3）化工装置用奥氏体不锈钢大口径焊接钢管

外径符合国际通用系列的大口径焊管，以及外径符合国内沿用系列的大口径焊管，常用规格见表 4.3-16。经供需双方协议可生产表以外规格的大口径焊管，但其技术要求仍应符合 HG 20537.4 的有关规定。

表 4.3-16　系列大口径焊管规格和质量（壁厚单位 mm，重量单位 kg/m）

国际通用系列大口径焊管规格和质量									
公称直径 DN	焊管外径 /mm	壁厚系列号（Sch. No.）							
		5S		10S		20		40S	
		壁厚	重量	壁厚	重量	壁厚	重量	壁厚	重量
350	355.6	4	35.03	5	43.67	8	69.27	12	102.71
400	406.4	4	40.10	5	49.99	8	79.39	12	117.89
450	457	4	45.14	5	56.30	8	89.48	14	154.49
500	508	5	62.65	6	75.03	10	124.05	16	196.09
600	610	6	90.27	6	90.27	10	149.46	18	265.44
700	711	6	105.37	9	140.29	12	208.95	20	344.26
800	813	7	160.62	8	160.42	12	239.43	22	433.48
900	914	8	180.55	9	202.89	14	313.87	25	553.62
1000	1016	9	225.76	10	250.59	14	349.44	28	689.11
国内沿用系列大口径焊管规格和质量									
公称直径 DN	焊管外径 /mm	壁厚系列号（Sch. No.）							
		5S		10S		20		40S	
		壁厚	重量	壁厚	重量	壁厚	重量	壁厚	重量
350	377	4	37.17	5	46.33	8	75.53	12	109.11
400	426	4	42.05	5	52.44	8	83.30	12	123.75
450	480	4	47.43	5	59.16	8	94.06	14	162.51
500	530	5	65.39	6	78.32	10	129.53	16	204.86
600	630	6	93.26	6	93.26	10	154.44	18	274.41
700	720	6	106.71	7	142.09	12	211.64	20	348.74
800	820	7	162.01	8	161.82	12	241.53	22	437.32
900	920	8	181.74	9	204.24	14	315.96	25	557.36
1000	1020	9	226.66	10	251.59	14	350.83	28	691.90

大口径焊管的供货长度应由需方提供。通常长度为 2～6m，短尺长度应不小于 1.5m。经供需双方协议，可生产上述长度以外的大口径焊管。经需方同意，大口径焊管可由两段或更多段数的焊管，由环焊缝对接而成，环焊缝应具有与纵焊缝相同的焊接质量要求。

（4）用作换热管、容器壳体、接管、盘管等的奥氏体不锈钢焊接钢管，其设计压力一般不宜大于 4.0MPa。用作流体输送管和管件的焊接钢管，其适用的管道压力等级一般宜不大于 PN5.0MPa（300 磅级）。

（5）操作条件同时满足下列要求时，可免除焊管的热处理和/或酸洗、钝化处理（大口径焊管除外）。但用于洁净场合时，焊管应作酸洗、钝化处理。

① 介质无毒、无爆炸危险，且对材料无腐蚀倾向；

② 操作压力不大于 1.0MPa；

③ 工作温度不大于 200℃。

（6）采用保护气氛热处理时，可免除酸洗、钝化处理。

（7）焊管按实际重量交货，也可按理论重量交货。表 4.3-17 所列为常用规格的理论重量。

表 4.3-17

钢　　种	公　　式	密度/(g/cm³)
铬镍（钛）奥氏体不锈钢	$W=0.02491t(D-t)$	7.93
铬镍钼奥氏体不锈钢	$W=0.02507t(D-t)$	7.98

式中：W——焊管理论重量，kg/m；D——焊管外径，mm；t——壁厚，mm。

（8）焊管所用钢带的化学成分（熔炼分析）应符合 YB/T 5090 和 GB/T 3280、GB/T 4238 的规定。焊管由表 4.3-18 所列常用钢号的热轧或冷轧带钢制造。经双方协议，也可采用其他牌号的奥氏体不锈钢带钢制造。

表 4.3-18 常用钢号

钢 号	相当于 AISI 代号	钢 号	相当于 AISI 代号
0Cr18Ni9	304	00Cr19Ni10	304L
0Cr18Ni10Ti	321	0Cr17Ni12Mo2	316
(1Cr18Ni9Ti)	—	00Cr17Ni14Mo2	316L

注：1Cr18Ni9Ti 为不推荐使用钢号。

4.3.3 铜和铜合金管

铜管和黄铜管大多用于制造换热设备上，也常用在深冷装置的管路、仪表的测压管线或传送有压力的流体中。当使用温度大于 250℃ 时，不宜在压力下使用。根据 (GB/T 1527—2006)，有关管材的牌号、状态、规格见表 4.3-19。

表 4.3-19 管材的牌号、状态、规格

牌 号	状 态	圆形外径/mm	圆形壁厚/mm	矩形对边距/mm	矩形壁厚/mm
T2、T3、TU1、TU2、TP1、TP2	软(M)、轻软(M2)、硬(Y)、特硬(T)	3～360	0.5～15	3～100	1～10
	半硬(Y2)	3～100	0.5～15		
H96、H90、H85、H80、H85A	软(M)、轻软(M2)、硬(Y)、半硬(Y2)	3～200	0.2～10	3～100	0.2～7
H70、H68、H59、HPb59-1、HSn62-1、HSn70-1、H70A、H68A		3～100			
H65、H63、H62、HPb55-0.5、H65A		3～200			
HPb63-0.1	半硬(Y2)	18～31	6.5～13	—	—
	1/3 硬(Y3)	8～31	3.0～13	—	—
BZn15-20	硬(Y)、半硬(Y2)、软(M)	4～40	0.5～8		
BFe10-1-1	硬(Y)、半硬(Y2)、软(M)	3～160	0.5～8	—	—
BFe30-1-1	半硬(Y2)、软(M)	8～80	0.5～8		

管材的化学成分应符合 GB 5231 标准中相应牌号的规定，尺寸及其允许偏差应符合 GB/T 16866，工艺性能如下。

① 管材的液压试验

用于压力下工作的 T2、T3、TP1 和 TP2 管材进行液压试验时，试验压力按下式计算，试验持续时间为 10～15s。但是，除特殊指定压力外，管材不必大于 6.86MPa 的压力下进行试验。

$$p = \frac{2St}{D - 0.8t}$$

式中　p——试验水压力，MPa；

　　　t——管材壁厚，mm；

　　　D——管材外径，mm；

　　　S——材料的允许应力，纯铜的允许应力为 41.2MPa。

HSn62-1 和 HSn70-1 管材的液压试验压力为 4.9MPa，试验持续时间为 10～15s。BZn15-20 管材的液压试验，需方无特殊要求时，最大压力不得大于 6.86MPa，试验持续时间为 10s。管材经液压试验后，应无渗漏和永久变形。供方可不进行此项试验，但必须保证。

② 管材的扩口试验

壁厚不大于 2.5mm 的 BZn15-20 软管在经受扩口试验时，应不产生裂纹。扩口率为 20%。顶心锥度规定如下：管材内径为 5～15mm 者，顶心锥度为 30°；管材内径大于 15mm 者，顶心锥度为 60°。根据需方要求并在合同中注明，方进行此项试验。

③ 管材的压扁试验

T2、T3 管材于退火后作压扁试验，压扁后内壁距离等于壁厚。半硬和硬态管的退火温度为 550～650℃，时间为 1～2h，供方可不进行此项试验，但必须保证。

　　TP1、TP2 的软管或硬态管在氢气中退火后作压扁试验，压扁后内壁距离等于壁厚，退火温度为 750～800℃，时间为 40min。供方可不进行此项试验，但必须保证。

　　壁厚不大于 2.5mm 的 HSn62-1 和 HSn70-1 管材进行压扁试验时，软管压扁后内壁距离等于壁厚，半硬管压扁后内壁距离等于 3 倍壁厚。

　　经压扁后的管材不应有肉眼可见得裂纹或裂口。

　　铜及铜合金挤制管常用规格参考表 4.3-20。

表 4.3-20　铜及铜合金挤制管常用规格

外径/mm	壁厚/mm	重量/(kg/m) 纯铜	黄铜	铝青铜	外径/mm	壁厚/mm	重量/(kg/m) 纯铜	黄铜	铝青铜	外径/mm	壁厚/mm	重量/(kg/m) 纯铜	黄铜	铝青铜
30	5	3.439	3.336	2.945	70	5	9.082	8.674		100	20	44.71	42.70	37.70
36	3		2.642	2.331		7.5	13.10	12.51	11.04		25	52.40	50.04	44.18
	5	4.331	4.137	3.650		10	16.77	16.01	14.13		30	58.68	56.04	49.48
	6	5.030	4.800			12.5	20.09	19.18	16.93	110	10	27.94	26.69	23.56
40	2.5		2.502			15	23.05	22.02	19.43		15	39.82	38.03	33.58
	5	4.890	4.670	4.126	75	5			9.34		20	50.30	48.04	42.41
	7	6.465				7.5	14.15	13.51	11.92		25	59.38	56.71	50.07
	7.5	6.811				10	18.16	17.35	15.31		30	67.07	64.05	56.55
	10	8.383				12.5	21.83	20.85	18.40	120	10	30.74	29.36	25.90
44	2.5		2.77			15	25.15		21.19		15	44.01	42.03	37.11
	5	5.45	5.20	4.59	80	7.5	15.2	14.51	12.80		20	55.89	53.38	47.12
	7.5	7.65		6.45		10		18.68	16.48		25	66.37	63.38	55.96
50	5	6.287	6.005	5.30		12.5	23.58	22.52	19.87		30	75.45	72.06	63.45
	7.5	8.907	8.507	7.40		15	27.25	26.02	22.96	130	10	33.53	32.29	
	10	11.18			85	7.5	16.24	15.69	13.69		15	48.20	46.04	40.64
55	5	6.986	6.672	5.89		10	20.90	20.20	17.67		20	61.48	58.71	51.84
	7.5	9.955	9.508	8.39		12.5	25.32	23.05	21.35		25	73.35	70.06	61.85
	10	12.58		10.6		15	29.34	26.68	24.74		30	83.83	80.06	70.69
	12.5	14.85	14.18	12.51		17.5	33.01	30.01	27.83	155	12.5	49.78	47.54	
60	5	7.685	7.339	6.48		20	36.33	33.00	30.63		17.5	67.24	64.22	56.69
	7.5	11.00	10.51	9.27	90	7.5	17.29	16.51	14.58		22.5	83.31	79.56	70.24
	10	13.97	13.34	11.77		10	22.36	21.35	18.85		27.5	97.98	93.58	82.57
	12.5	16.59	15.85	13.98		12.5	27.07	25.85	22.83	170	12.5	55.02	52.55	
	15	18.86	18.01	15.9		15	31.44	30.02	26.51		17.5	74.58	71.23	62.85
65	5	8.383	8.010			17.5	35.45	33.86	29.90		22.5	92.75	88.58	78.16
	7.5	12.05	11.51	10.16		20	39.12	37.36	33.00		27.5	109.51	104.59	92.29
	10	15.37	14.69	12.93	100	7.5	19.39	18.51		190	20	95.01	90.75	80.11
	12.5	18.34	17.52	15.45		10	25.15	24.02	21.21		25	115.3	110.1	97.20
	15	20.96	20.03	17.66		15	35.63	34.03	30.04		30	134.1	128.11	113.1

　　注：1. 表中重量纯铜以 $\rho=8.9t/m^3$、黄铜以 $\rho=8.5t/m^3$、铝青铜以 $\rho=7.5t/m^3$ 为基准。

　　2. 纯铜管的外径范围为 30～300mm，壁厚范围 5～30mm；黄铜管的外径范围 21～280mm，壁厚范围 1.5～42.5mm；铝青铜管的外径范围 20～250mm，壁厚范围 3～50mm。

4.3.4　铝和铝合金管

　　铝管常用于输送浓硝酸、醋酸、硫化氢及二氧化碳等介质，也常用作换热器。但铝管不能抗碱，不可用于盐酸、碱液，特别是含氯离子的化合物。铝管使用温度大于 160℃ 时，不宜在压力下操作，最高使用温度为 200℃。

4.3.4.1　冷拉铝及轧圆管

　　冷拉铝及轧圆管的规格见 GB/T 4436—1995，其部分规格重量参考表 4.3-21。

4.3.4.2　挤压圆管

　　挤压圆管的规格见 GB/T 4436—1995，其部分规格重量参考表 4.3-22。

表 4.3-21　常用冷拉铝及轧圆管的规格重量

公称外径/mm	壁厚/mm 0.5	0.75	1.0	1.5	2.0	2.5	3.0	3.5	4.0	4.5	5.0
	重量/(kg/m)										
6	0.024	0.035	0.044								
8	0.033	0.048	0.062	0.086	0.106						
10	0.042	0.061	0.079	0.112	0.141	0.165					
12	0.051	0.074	0.097	0.139	0.176	0.209	0.238				
14	0.059	0.087	0.114	0.165	0.211	0.253	0.290				
18	0.077	0.114	0.150	0.218	0.281	0.341	0.396	0.446			
25	0.108	0.160	0.211	0.310	0.405	0.495	0.581	0.662	0.739	0.811	0.880
32		0.206	0.273	0.402	0.528	0.649	0.765	0.877	0.985	1.083	1.188
38		0.246	0.325	0.482	0.633	0.780	0.924	1.062	1.196	1.325	1.451
45		0.292	0.387	0.574	0.756	0.935	1.108	1.278	1.442	1.602	1.759
55		0.358	0.475	0.706	0.932	1.155	1.372	1.586	1.794	1.998	2.199
75				0.970	1.284	1.594	1.900	2.201	2.498	2.777	3.079
90					1.548	1.924	2.296	2.663	3.026	3.380	3.738
110						2.364	2.824	3.279	3.730	4.174	4.618
115							2.956	3.433	3.906	4.372	4.838
120								3.587	4.082	4.570	5.058

注：1. 表中质量系以密度 2.8t/m³ 为准，其他密度的合金需要进行修正。

2. 冷拉、轧圆管的供货长度为 1000～5500mm。

表 4.3-22　常用挤压圆管的规格重量

公称外径/mm	壁厚/mm 6	7	7.5	8	9	10	12.5	15	17.5	20	22.5
	重量/(kg/m)										
32	1.372	1.539	1.616	1.705							
38	1.688	1.908	2.011	2.110	2.295	2.462					
45	2.057	2.339	2.473	2.602	2.849	3.077	3.572	3.956			
55	2.585	2.954	3.132	3.306	3.640	3.956	4.670	5.275			
75	3.676	4.226	4.450	4.758	5.274	5.715	6.869	7.913	8.8470	9.670	10.386
90			5.440			7.030	8.517	9.891	11.155	12.30	13.350
100			6.099			7.913	9.616	11.21	12.690	14.07	15.330

注：1. 本表仅摘录标准中部分规格。

2. 挤压圆管的定尺和不定尺长度范围 300～5800mm。

4.3.4.3　铝和铝合金化学成分（表 4.3-23）

表 4.3-23　铝和铝合金化学成分（GB/T 3190—2008）（部分摘录）

牌号	化学成分/% Si	Fe	Cu	Mn	Mg	Cr	Ni	Zn		Ti	Zr	其他单个	其他合计	Al
1050	0.25	0.40	0.05	0.05	0.05	—	—	0.05	V：0.05	0.03	—	0.03	—	99.50
1050A	0.25	0.40	0.05	0.05	0.05	—	—	0.07		0.05	—	0.03	—	99.50
1060	0.25	0.35	0.05	0.03	0.03	—	—	0.05	V：0.05	0.03	—	0.03	—	99.60
1200	Si+Fe：1.00		0.05	0.05	—	—	—	0.10		0.05	—	0.05	0.15	99.00
3003	0.6	0.7	0.05～0.2	1.0～1.5	—	—	—	0.10		—	—	0.05	0.15	余量
5052	0.25	0.40	0.10	0.10	2.2～2.8	0.15～0.35	—	0.10		—	—	0.05	0.15	余量
5754	0.40	0.40	0.10	0.50	2.6～3.6	0.30		0.20	Mn+Cr：0.1～0.5	0.15	—	0.05	0.15	余量
5083	0.40	0.40	0.10	0.40～1.0	4.0～4.9	0.05～0.25		0.25		0.15	—	0.05	0.15	余量
5086	0.40	0.50	0.10	0.20～0.7	3.5～4.5	0.05～0.25		0.25		0.15	—	0.05	0.15	余量
6061	0.40～0.8	0.7	0.15～0.4	0.15	0.8～1.2	0.04～0.35		0.25		0.15	—	0.05	0.15	余量
6063	0.20～0.6	0.35	0.10	0.10	0.45～0.9	0.10		0.10		0.10	—	0.05	0.15	余量

4.3.5 铅及铅锑合金管

铅及铅锑合金管（GB/T 1472—2005）适用于化学、染料、制药及其他工业部门作耐酸材料的管道，如输送 15%～65% 的硫酸、干的或湿的二氧化硫、60% 的氢氟酸、小于 80% 的醋酸。铅管的最高使用温度为 200℃，温度高于 140℃ 时不宜在压力下使用。硝酸、次氯酸盐及高锰酸类等介质，不可采用铅管。铅及铅锑合金管规格见表 4.3-24。

表 4.3-24 铅和铅合金管规格（GB/T 1472）

纯铅管（GB/T 1472）

管材内径/mm	管壁厚度/mm									
	2	3	4	5	6	7	8	9	10	12
	理论质量/(kg/m)（相对密度 11.34）									
5	0.5	0.9	1.3	1.8	2.3	3.0	3.7	4.7	5.3	7.3
6	0.6	1.0	1.4	1.9	2.6	3.2	4.1	4.8	5.7	7.7
8	0.7	1.2	1.7	2.3	3.0	3.7	4.5	5.4	6.4	8.5
10	0.8	1.4	2.0	2.7	3.4	4.2	5.1	6.3	7.1	9.4
13	1.1	1.7	2.4	3.2	4.1	5.0	6.0	7.0	8.2	10.7
16	1.3	2.0	2.8	3.7	4.7	6.7	6.8	8.0	9.3	12.0
20	1.6	2.5	3.4	4.4	5.5	6.7	8.0	9.3	10.7	13.7
25		3.0	4.1	5.4	6.6	8.0	9.4	10.9	12.5	15.8
30		3.5	4.9	6.2	7.7	9.2	10.8	12.5	14.2	17.9
35		4.1	5.6	7.1	8.8	10.5	12.3	14.1	16.0	20.1
(38)		4.4	6.0	7.6	9.4	11.2	13.1	15.1	17.1	21.4
40		4.6	6.3	8.0	9.8	11.7	13.7	15.7	17.8	22.2
45		5.1	7.0	8.9	10.9	13.0	15.1	17.3	19.6	21.3
50		5.7	7.7	9.8	12.0	14.2	16.5	18.9	21.4	26.5
55			8.4	10.7	13.1	15.5	18.0	20.5	23.1	28.6
60			9.1	11.6	14.1	16.7	19.4	22.1	24.9	30.8
65			9.8	12.4	15.2	18.8	20.8	24.6	26.9	32.9
70			10.5	13.3	16.2	19.1	22.2	25.3	28.5	35.0
75			11.3	14.2	17.3	20.4	23.6	27.1	30.3	37.2
80			12.0	15.1	18.3	21.7	26.0	28.5	32.0	39.3
90			13.4	16.9	20.5	24.2	27.9	31.8	35.6	43.6
100			14.8	18.7	22.6	26.7	30.8	35.0	39.2	47.9
110				20.5	24.8	29.2	33.6	38.2	42.7	52.1
125					28.0	32.9	37.9	42.9	48.1	58.6
150					33.3	39.1	45.0	50.9	57.1	69.3
180							53.6	60.5	67.7	82.2
200							59.3	67.0	74.8	90.7
230							67.8	76.5	85.5	103.5

铅锑合金管（GB/T 1472）

管材内径/mm	管壁厚度/mm									
	3	4	5	6	(7)	8	9	10	12	14
	理论质量/(kg/m)（相对密度 11.34）									
10	×	×	×	×	×	×	×	×	×	×
15	×	×	×	×	×	×	×	×	×	×
17	×	×	×	×	×	×	×	×	×	×
20	×	×	×	×	×	×	×	×	×	×
25	×	×	×	×	×	×	×	×	×	×
30	×	×	×	×	×	×	×	×	×	×
35	×	×	×	×	×	×	×	×	×	×
40	×	×	×	×	×	×	×	×	×	×

铅锑合金管(GB/T 1472)

管材内径/mm	管壁厚度/mm									
	3	4	5	6	(7)	8	9	10	12	14
	理论质量/(kg/m)(相对密度 11.34)									
45	×	×	×	×	×	×	×	×	×	×
50	×	×	×	×	×	×	×	×	×	×
55		×	×	×	×	×	×	×	×	×
60		×	×	×	×	×	×	×	×	×
65		×	×	×	×	×	×	×	×	×
70			×	×	×	×	×	×	×	×
75			×	×	×	×	×	×	×	×
80			×	×	×	×	×	×	×	×
90			×	×	×	×	×	×	×	×
100			×	×	×	×	×	×	×	×
110			×	×	×	×	×	×	×	×
125				×	×	×	×	×	×	×
150					×	×	×	×	×	×
180							×	×	×	×
200						×		×		×

注：1. 符号"×"表示有此规格产品。

2. 铅锑合金管的质量可用纯铅管质量乘以换算系数而得，换算系数见下表：

牌　号	相对密度	换算系数
Pb1、Pb2	11.34	1.0000
PbSb0.5	11.32	0.9982
PbSb2	11.25	0.9921
PbSb4	11.15	0.9850
PbSb6	11.06	0.9753
PbSb8	10.97	0.9674

　　铅和铅合金管的长度：内径等于或小于110mm的铅管，长度不小于2.5m；内径大于110mm的铅管，长度不小于1.5m。铅合金管长度不小于0.5m。管材以卷状供应时，长度由双方协议。

　　常用材料纯铅为Pb1、Pb2；铅锑合金（硬铅）为PbSb4、PbSb6、PbSb8。

4.3.6　钛和钛合金管（表4.3-25、表4.3-26）

表4.3-25　钛和钛合金管规格尺寸（GB/T 3624—1995）

牌号	供应状态	制造方法	外径/mm	壁厚/mm													
				0.2	0.3	0.5	0.6	0.8	1.0	1.25	1.5	2.0	2.5	3.0	3.5	4.0	4.5
TA0 TA1 TA2 TA9 TA10	退火状态(M)	冷轧或冷拔	3~5	○	○	○	○	—	—	—	—	—	—	—	—	—	—
			>5~10	—	○	○	○	○	○	○	○	—	—	—	—	—	—
			>10~15	—	—	○	○	○	○	○	○	○	—	—	—	—	—
			>15~20	—	—	—	○	○	○	○	○	○	○	—	—	—	—
			>20~30	—	—	—	—	○	○	○	○	○	○	○	—	—	—
			>30~40	—	—	—	—	—	○	○	○	○	○	○	○	—	—
			>40~50	—	—	—	—	—	—	○	○	○	○	○	○	○	—
			>50~60	—	—	—	—	—	—	—	○	○	○	○	○	○	○
			>60~80	—	—	—	—	—	—	—	—	○	○	○	○	○	○
			>80~110	—	—	—	—	—	—	—	—	—	○	○	○	○	○
		焊接	16	—	—	○	○	○	○	—	—	—	—	—	—	—	—
			19	—	—	○	○	○	○	—	—	—	—	—	—	—	—
			25、27	—	—	—	○	○	○	—	—	—	—	—	—	—	—
			31、32、33	—	—	—	—	—	○	○	○	—	—	—	—	—	—
			38	—	—	—	—	—	—	—	○	○	○	—	—	—	—
			50	—	—	—	—	—	—	—	—	—	○	○	—	—	—
			63	—	—	—	—	—	—	—	—	—	—	○	○	—	—

续表

牌号	供应状态	制造方法	外径/mm	壁厚/mm													
				0.2	0.3	0.5	0.6	0.8	1.0	1.25	1.5	2.0	2.5	3.0	3.5	4.0	4.5
TA0	退火状态（M）	焊接轧制	6～10	—	—	○	○	○	○	○	—	—	—	—	—	—	—
TA1			>10～15	—	—	○	○	○	○	○	○	—	—	—	—	—	—
TA2			>15～20	—	—	○	○	○	○	○	○	○	—	—	—	—	—
TA9			>20～30	—	—	○	○	○	○	○	○	○	—	—	—	—	—
TA10																	

注："○"表示可以生产的规格。

表 4.3-26　管材的不定尺长度

无缝管外径		焊接管壁厚			焊接-轧制管壁厚	
≤15	>15	0.5～1.25	>1.25～2.0	>2.0～2.5	0.5～0.8	>0.8～2.0
500～4000	500～9000	500～15000	500～6000	500～4000	500～8000	500～5000

注：管材的定尺或倍尺长度应在其不定尺长度范围内。定尺长度的允许偏差为+10mm，倍尺长度还应计入管材切断时切口量，每个切口量为5mm。

钛和钛合金管的工艺性能（GB/T 3624—1995）如下：

① 压扁试验

当需方要求并在合同中注明时，可进行压扁试验。焊接管的压扁方向和焊缝位置如图 4.3-4 所示。

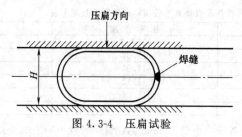

图 4.3-4　压扁试验

式样压扁后应完好，其板间距 H 值按 $H = \dfrac{(1+e)t}{e + \dfrac{t}{D}}$ 式计算，

式中　H——压板间距，mm；

　　　t——管材名义壁厚，mm；

　　　D——管材名义外径，mm；

　　　e——常数，其值对 TA0、TA1 取 0.07；TA2、TA9 取 0.06；对 TA10 当外径不大于 25mm 时取 0.04；当外径大于 25mm 时，取 0.06。

② 水（气）压试验

需方要求并在合同中注明时，管材可进行水压或气压试验。选择的实验方式和水压试验压力应在合同中注明。合同未注明时，供方可不进行试验，但必须保证其符合下式中最低水压或气压试验要求：

$$p = \frac{SEt}{\dfrac{D}{2} - 0.4t}$$

式中　p——试验压力，MPa；

　　　t——管材名义壁厚，mm；

　　　S——允许应力，对 TA0、TA1、TA2、TA9 其值取该牌号最小规定参与伸长应力的 50%，对 TA10 其值取最小抗拉强度的 40%，MPa；

　　　D——管材的名义外径，mm；

　　　E——常数，焊接管和焊接-轧制管取 $E=0.85$，无缝管取 $E=1.0$。

水压试验的压力值 p 值按上式计算，或由供需双方协商，选用 5MPa 或 1.15 倍工作压力或其他压力。实验时，压力保持时间为 5s，管材不应发生畸变或泄漏。对外径不大于 76mm 的管材，其水压试验的最大压力应不大于 17.2MPa；对外径大于 76mm 的管材，其水压试验的最大压力不大于 19.3MPa。

管材内部气压试验的压力为 0.7MPa，试验时压力保持时间为 5s，管材应不泄漏。

4.4 标准管件

4.4.1 钢制管件分类 (表 4.4-1)

表 4.4-1 钢制管件种类和代号

品　　种		代号	规格范围	标准号	适 应 范 围
钢制对焊无缝管件	45°弯头　长半径	45E(L)	DN15～DN800	GB/T 12459—2005	本标准适用于石油、化工、水、电、冶金、纺织等部门的管道工程用碳钢、合金钢和奥氏体不锈钢制对焊无缝管件
	90°弯头　长半径	90E(L)			
	短半径	90E(S)			
	长半径、异径	90E(L)R			
	180°弯头　长半径	180E(L)			
	短半径	180E(S)			
	异径接头（大小头）　同心	R(C)			
	偏心	R(E)			
	三通　等径	T(S)			
	异径	T(R)			
	四通　等径	CR(S)			
	异径	CR(R)			
	管帽　—	C			
	翻边短节　长型	SE(L)			
	短型	SE(S)			
钢板制对焊管件	45°弯头　长半径	45E(L)	DN150～DN1200	GB/T 13401—2005	本标准适用于石油、化工、水、电、冶金、纺织等部门的管道工程用碳钢、合金钢和奥氏体不锈钢板制对焊管件
	90°弯头　长半径	90E(L)			
	短半径	90E(S)			
	长半径异径	90E(L)R			
	异径接头（大小头）　同心	R(C)			
	偏心	R(E)			
	三通　等径	T(S)			
	异径	T(R)			
	四通　等径	CR(S)			
	异径	CR(R)			
	管帽　—	C			
锻制承插焊管件	45°弯头　—	S45E	≤DN100	GB/T 14383—2008	本标准适用于石油、化工、机械、电力、纺织、化纤、冶金等部门的管道工程用锻钢制螺纹管件
	90°弯头　—	S90E			
	45°三通　—	S45T			
	三通　—	ST			
	四通　—	SCR			
	双承口管箍　同心	SFC			
	双承口管箍　偏心	SFCR			
	单承口管箍　—	SHC			
	单承口管　带斜角	SHCB			
	承插焊管帽　—	SC			
锻制螺纹管件	45°弯头　—	T45E			
	90°弯头　—	T90E			
	90°弯头　内外螺纹	T90SE			
	三通　—	TT			
	四通　—	TCR(S)			
	双螺口管箍　同心	TFC			
	双螺口管箍　偏心	TFCR			
	单螺口管箍　—	THC			

续表

品	种	代号	规格范围	标准号	适 应 范 围
锻制螺纹管件	单螺口管箍　带斜角	THCB	≤DN100	GB/T 14383—2008	本标准适用于石油、化工、机械、电力、纺织、化纤、冶金等部门的管道工程用锻钢制螺纹管件
	螺纹管帽　—	TC			
	管塞　四方头	SHP			
	管塞　六角头	HHP			
	管塞　圆头	RHP			
	内外螺纹接头　六角头	HHB			
	内外螺纹接头　无头	FB			

4.4.2 钢制对焊无缝管件（GB/T 12459—2005）

4.4.2.1 等径弯头（表 4.4-2）

表 4.4-2　等径弯头

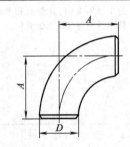
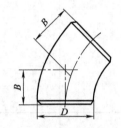
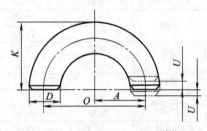

单位：mm

公称尺寸 DN	端部外径 D		45°弯头 B	90°弯头 A		180°弯头 O		长半径180°弯头 K		短半径180°弯头 K	
	Ⅰ系列	Ⅱ系列	长半径	长半径	短半径	长半径	短半径	Ⅰ系列	Ⅱ系列	Ⅰ系列	Ⅱ系列
15	21.3	18	16	38	—	76	—	48	47	—	—
20	26.9	25	19	38	—	76	—	51	51	—	—
25	33.7	32	22	38	25	76	51	56	54	41	41
32	42.4	38	25	48	32	95	64	70	67	52	51
40	48.3	45	29	57	38	114	76	83	80	62	61
50	60.3	57	35	76	51	152	102	106	105	81	79
65	73.0	76	44	95	64	190	127	132	133	100	102
80	88.9	89	51	114	76	229	152	159	159	121	121
90	101.6	—	57	133	89	267	178	184	—	140	—
100	114.3	108	64	152	102	305	203	210	206	159	156
125	141.3	133	79	190	127	381	254	262	257	197	194
150	168.3	159	95	229	152	457	305	313	308	237	232
200	219.1	219	127	305	203	610	406	414	414	313	313
250	273.0	273	159	381	254	762	508	518	518	391	391
300	323.9	325	190	457	305	914	610	619	620	467	467
350	355.6	377	222	533	356	1067	711	711	722	533	544
400	406.4	426	254	610	406	1219	813	813	823	610	619
450	457.0	480	286	686	457	1372	914	914	925	686	697
500	508.0	530	318	762	508	1524	1016	1016	1026	762	773
550	559.1	—	343	838	559	1676	1118	1118	—	838	—
600	610	630	381	914	610	1829	1219	1219	1229	914	925
650	660	—	406	991		—					
700	711	720	438	1067							
750	762	—	470	1143							
800	813	820	502	1219		—					

4.4.2.2　长半径90°异径弯头（表4.4-3）

表4.4-3　长半径90°异径弯头

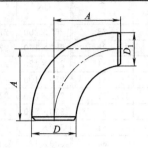

单位：mm

公称尺寸 DN	端部外径				中心至端面尺寸 A	公称尺寸 DN	端部外径				中心至端面尺寸 A
	Ⅰ系列 D	Ⅱ系列 D	Ⅰ系列 D₁	Ⅱ系列 D₁			Ⅰ系列 D	Ⅱ系列 D	Ⅰ系列 D₁	Ⅱ系列 D₁	
50×40	60.3	57	48.3	45	76	250×200	273.0	273	219.1	219	381
50×32	60.3	57	42.4	38	76	250×150	273.0	273	168.3	159	381
50×25	60.3	57	33.7	32	76	250×125	273.0	273	141.3	133	381
65×50	73.0	76	60.3	57	95	300×250	323.9	325	273.0	273	457
65×40	73.0	76	48.3	45	95	300×200	323.9	325	219.1	219	457
65×32	73.0	76	42.4	38	95	300×150	323.9	325	168.3	159	457
80×65	88.9	89	73.0	76	114	350×300	355.6	377	323.9	325	533
80×50	88.9	89	60.3	57	114	350×250	355.6	377	273.0	273	533
80×40	88.9	89	48.3	45	114	350×200	355.6	377	219.1	219	533
90×80	101.6	—	88.9	—	133	400×350	406.4	426	355.6	377	610
90×65	101.6	—	73.0	—	133	400×300	406.4	426	323.9	325	610
90×50	101.6	—	60.3	—	133	400×250	406.4	426	273.0	273	610
100×90	114.3	108	101.6	—	152	450×400	457.0	478	406.4	426	686
100×80	114.3	108	88.9	89	152	450×350	457.0	478	355.6	377	686
100×65	114.3	108	73.0	76	152	450×300	457.0	478	323.9	325	686
100×50	114.3	108	60.3	57	152	450×250	457.0	478	273.0	273	686
125×100	141.3	133	114.3	108	190	500×450	508.0	529	457.0	478	762
125×90	141.3	—	101.6	—	190	500×400	508.0	529	406.4	426	762
125×80	141.3	133	88.9	89	190	500×350	508.0	529	355.6	377	762
125×65	141.3	133	73.0	76	190	500×300	508.0	529	323.9	325	762
150×125	168.3	159	141.3	133	229	500×250	508.0	529	273.0	273	762
150×100	168.3	159	114.3	108	229	600×550	610.0	—	559.0	—	914
150×90	168.3	—	101.6	—	229	600×500	610.0	630	508.0	530	914
150×80	168.3	159	88.9	89	229	600×450	610.0	630	457.0	480	914
200×150	219.1	219	168.3	159	305	600×400	610.0	630	406.4	426	914
200×125	219.1	219	141.3	133	305	600×350	610.0	630	355.6	377	914
200×100	219.1	219	114.3	108	305	600×300	610.0	630	323.9	325	914

4.4.2.3　异径接头（表4.4-4）

表4.4-4　异径接头

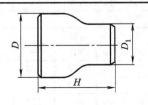
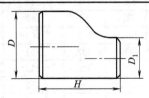

单位：mm

公称尺寸 DN	端部外径				长度 H	公称尺寸 DN	端部外径				长度 H
	Ⅰ系列 D	Ⅱ系列 D	Ⅰ系列 D_1	Ⅱ系列 D_1			Ⅰ系列 D	Ⅱ系列 D	Ⅰ系列 D_1	Ⅱ系列 D_1	
20×15	26.9	25	21.3	18	38	250×200	273.0	273	219.1	219	178
20×10	26.9	25	17.3	14	38	250×150	273.0	273	168.3	159	178
25×20	33.7	32	26.9	25	51	250×125	273.0	273	141.3	133	178
25×15	33.7	32	21.3	18	51	250×100	273.0	273	114.3	108	178
32×25	42.4	38	33.7	32	51	300×250	323.9	325	273.0	273	203
32×20	42.4	38	26.9	25	51	300×200	323.9	325	219.1	219	203
32×15	42.4	38	21.3	18	51	300×150	323.9	325	168.3	159	203
40×32	48.3	45	42.4	38	64	300×125	323.9	325	141.3	133	203
40×25	48.3	45	33.7	32	64	350×300	355.6	377	323.9	325	330
40×20	48.3	45	26.9	25	64	350×250	355.6	377	273.0	273	330
40×15	48.3	45	21.3	18	64	350×200	355.6	377	219.1	219	330
50×40	60.3	57	48.3	45	76	350×150	355.6	377	168.3	159	330
50×32	60.3	57	42.4	38	76	400×350	406.4	426	355.6	377	356
50×25	60.3	57	33.7	32	76	400×300	406.4	426	323.9	325	356
50×20	60.3	57	26.9	25	76	400×250	406.4	426	273.0	273	356
65×50	73.0	76	60.3	57	89	400×200	406.4	426	219.1	219	356
65×40	73.0	76	48.3	45	89	450×400	457.2	480	406.4	426	381
65×32	73.0	76	42.4	38	89	450×350	457.2	480	355.6	377	381
65×25	73.0	76	33.7	32	89	450×300	457.2	480	323.9	325	381
80×65	88.9	89	73.0	76	89	450×250	457.2	480	273.0	273	381
80×50	88.9	89	60.3	57	89	500×450	508.0	530	457.0	480	508
80×40	88.9	89	48.3	45	89	500×400	508.0	530	406.4	426	508
80×32	88.9	89	42.4	38	89	500×350	508.0	530	355.6	377	508
90×80	101.6	—	88.9	—	102	500×300	508.0	530	323.9	325	508
90×65	101.6	—	73.0	—	102	550×500	559	—	508	—	508
90×50	101.6	—	60.3	—	102	550×450	559	—	457	—	508
90×40	101.6	—	48.3	—	102	550×400	559	—	406.4	—	508
90×32	101.6	—	42.4	—	102	550×350	559	—	355.6	—	508
100×90	114.3	—	101.6	—	102	600×550	610	—	559	—	508
100×80	114.3	108	88.9	89	102	600×500	610	630	508	530	508
100×65	114.3	108	73.0	76	102	600×450	610	630	457.0	480	508
100×50	114.3	108	60.3	57	102	600×400	610	630	406.4	426	508
100×40	114.3	108	48.3	45	102	650×600	660	—	610	—	610
125×100	141.3	133	114.3	108	127	650×550	660	—	559	—	610
125×90	141.3	—	101.6	—	127	650×500	660	—	508	—	610
125×80	141.3	133	88.9	89	127	650×450	660	—	457	—	610
125×65	141.3	133	73.0	76	127	700×650	711	—	660	—	610
125×50	141.3	133	60.3	57	127	700×600	711	720	610	—	610
150×125	168.3	159	141.3	133	140	700×550	711	—	559	—	610
150×100	168.3	159	114.3	108	140	700×500	711	720	508	—	610
150×90	168.3	—	101.6	—	140	750×700	762	—	711	—	610
150×80	168.3	159	88.9	89	140	750×650	762	—	660	—	610
150×65	168.3	159	73.0	76	140	750×600	762	—	610	—	610
200×150	219.1	219	168.3	159	152	750×550	762	—	559	—	610
200×125	219.1	219	141.3	133	152	800×750	813	—	762	—	610
200×100	219.1	219	114.3	108	152	800×700	813	820	711	720	610
200×90	219.1	—	101.6	—	152	800×650	813	—	660	—	610
						800×600	813	820	610	720	610

4.4.2.4 等径三通和等径四通（表 4.4-5）

表 4.4-5 等径三通和等径四通

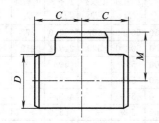 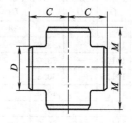

单位：mm

公称尺寸 DN	端部外径 D Ⅰ系列	端部外径 D Ⅱ系列	中心至端面尺寸 C,M	公称尺寸 DN	端部外径 D Ⅰ系列	端部外径 D Ⅱ系列	中心至端面尺寸 C,M
15	21.3	18	25	250	273.0	273	216
20	26.9	25	29	300	323.9	325	254
25	33.7	32	38	350	355.6	377	279
32	42.4	38	48	400	406.4	426	305
40	48.3	45	57	450	457.0	480	343
50	60.3	57	64	500	508.0	530	381
65	73.0	76	76	550	559	—	419
80	88.9	89	86	600	610	630	432
90	101.6	—	95	650	660	—	495
100	114.3	108	105	700	711	720	521
125	141.3	133	124	750	762	—	559
150	168.3	159	143	800	813	820	597
200	219.1	219	178				

4.4.2.5 异径三通和异径四通（表 4.4-6）

表 4.4-6 异径三通和异径四通

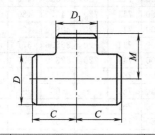 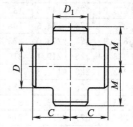

单位：mm

公称尺寸 DN	端部外径 Ⅰ系列 D	端部外径 Ⅱ系列 D	端部外径 Ⅰ系列 D_1	端部外径 Ⅱ系列 D_1	中心至端面尺寸 C	中心至端面尺寸 M	公称尺寸 DN	端部外径 Ⅰ系列 D	端部外径 Ⅱ系列 D	端部外径 Ⅰ系列 D_1	端部外径 Ⅱ系列 D_1	中心至端面尺寸 C	中心至端面尺寸 M
15×15×10	21.3	18	17.3	14	25	25	40×40×15	48.3	45	21.3	18	57	57
15×15×8	21.3	18	13.7	10	25	25	50×50×40	60.3	57	48.3	45	64	57
20×20×15	26.9	25	21.3	18	29	29	50×50×32	60.3	57	42.4	38	64	57
20×20×10	26.9	25	17.3	14	29	29	50×50×25	60.3	57	33.7	32	64	51
25×25×20	33.7	32	26.9	25	38	38	50×50×20	60.3	57	26.9	25	64	44
25×25×15	33.7	32	21.3	18	38	38	65×65×50	73.0	76	60.3	57	76	70
32×32×25	42.4	38	33.7	32	48	48	65×65×40	73.0	76	48.3	45	76	67
32×32×20	42.4	38	26.9	25	48	48	65×65×32	73.0	76	42.4	38	76	64
32×32×15	42.4	38	21.3	18	48	48	65×65×25	73.0	76	33.7	32	76	57
40×40×32	48.3	45	42.4	38	57	57	80×80×65	88.9	89	73.0	76	86	83
40×40×25	48.3	45	33.7	32	57	57	80×80×50	88.9	89	60.3	57	86	76
40×40×20	48.3	45	26.9	25	57	57	80×80×40	88.9	89	48.3	45	86	73

公称尺寸 DN	端部外径				中心至端面尺寸		公称尺寸 DN	端部外径				中心至端面尺寸	
	Ⅰ系列 D	Ⅱ系列 D	Ⅰ系列 D_1	Ⅱ系列 D_1	C	M		Ⅰ系列 D	Ⅱ系列 D	Ⅰ系列 D_1	Ⅱ系列 D_1	C	M
80×80×32	88.9	89	42.4	38	86	70	500×500×250	508.0	529	273.0	273	381	333
90×90×80	101.6	—	88.9	—	95	92	500×500×200	508.0	529	219.1	219	381	324
90×90×65	101.6	—	73.0	—	95	89	550×550×500	559	—	508	—	419	406
90×90×50	101.6	—	60.3	—	95	83	550×550×450	559	—	457	—	419	394
90×90×40	101.6	—	48.3	—	95	79	550×550×400	559	—	406.4	—	419	381
100×100×90	114.3	—	101.6	—	105	102	550×550×350	559	—	355.6	—	419	381
100×100×80	114.3	108	88.9	89	105	98	550×550×300	559	—	323.9	—	419	371
100×100×65	114.3	108	73.0	76	105	95	550×550×250	559	—	273.0	—	419	359
100×100×50	114.3	108	60.3	57	105	89	600×600×550	610	—	559	—	432	432
100×100×40	114.3	108	48.3	45	105	86	600×600×500	610	630	508	530	432	432
125×125×100	141.3	133	114.3	108	124	117	600×600×450	610	630	457	480	432	419
125×125×90	141.3	—	101.6	—	124	114	600×600×400	610	630	406.4	426	432	406
125×125×80	141.3	133	88.9	89	124	111	600×600×350	610	630	355.6	377	432	406
125×125×65	141.3	133	73.0	76	124	108	600×600×300	610	630	323.9	325	432	397
125×125×50	141.3	133	60.3	57	124	105	600×600×250	610	630	273.0	273	432	384
150×150×125	168.3	159	141.3	133	143	137	650×650×600	660	—	610	—	495	483
150×150×100	168.3	159	114.3	108	143	130	650×650×650	660	—	559	—	495	470
150×150×90	168.3	—	101.6	—	143	127	650×650×500	660	—	508	—	495	457
150×150×80	168.3	159	88.9	89	143	124	650×650×450	660	—	457	—	495	444
150×150×65	168.3	159	73.0	76	143	121	650×650×400	660	—	406.4	—	495	432
200×200×150	219.1	219	168.3	159	178	168	650×650×350	660	—	355.6	—	495	432
200×200×125	219.1	219	141.3	133	178	162	650×650×300	660	—	323.9	—	495	422
200×200×100	219.1	219	114.3	108	178	156	700×700×650	711	—	660	—	521	521
200×200×90	219.1	—	101.6	—	178	152	700×700×600	711	720	610	630	521	508
250×250×200	273.0	273	219.1	219	216	208	700×700×550	711	—	559	—	521	495
250×250×150	273.0	273	168.3	159	216	194	700×700×500	711	720	508	530	521	483
250×250×125	273.0	273	141.3	133	216	191	700×700×450	711	720	457	480	521	470
250×250×100	273.0	273	114.3	108	216	184	700×700×400	711	720	406.4	426	521	457
300×300×250	323.9	325	273.0	273	254	241	700×700×350	711	720	355.6	377	521	457
300×300×200	323.9	325	219.1	219	254	229	700×700×300	711	720	323.9	325	521	448
300×300×150	323.9	325	168.3	159	254	219	750×750×700	762	—	711	—	559	546
300×300×125	323.9	325	141.3	133	254	216	750×750×750	762	—	660	—	559	546
350×350×300	355.6	377	323.9	325	279	270	750×750×600	762	—	610	—	559	533
350×350×250	355.6	377	273.0	273	279	257	750×750×650	762	—	559	—	559	521
350×350×200	355.6	377	219.1	219	279	248	750×750×500	762	—	508	—	559	508
350×350×150	355.6	377	168.3	159	279	238	750×750×450	762	—	457	—	559	495
400×400×350	406.4	426	355.6	377	305	305	750×750×400	762	—	406.4	—	559	483
400×400×300	406.4	426	323.9	325	305	295	750×750×350	762	—	355.6	—	559	483
400×400×250	406.4	426	273.0	273	305	283	750×750×300	762	—	323.9	—	559	473
400×400×200	406.4	426	219.1	219	305	273	750×750×250	762	—	273.0	—	559	460
400×400×150	406.4	426	168.3	159	305	264	600×800×750	813	—	762	—	597	584
450×450×400	457.2	478	406.4	426	343	330	600×800×700	813	820	711	720	597	572
450×450×350	457.2	478	355.6	377	343	330	600×800×650	813	—	660	—	597	572
450×450×300	457.2	478	323.9	325	343	321	600×800×600	813	820	610	630	597	559
450×450×250	457.2	478	273.0	273	343	308	600×800×550	813	—	559	—	597	546
450×450×200	457.2	478	219.1	219	343	298	600×800×500	813	820	508	530	597	533
500×500×450	508.0	529	457.0	480	381	368	600×800×450	813	820	457	480	597	521
500×500×400	508.0	529	406.4	426	381	356	600×800×400	813	820	406.4	426	597	508
500×500×350	508.0	529	355.6	377	381	356	600×800×350	813	820	355.6	377	597	508
500×500×300	508.0	529	323.9	325	381	356							

4.4.2.6 管帽（表 4.4-7）

表 4.4-7 管帽

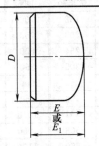

单位：mm

公称尺寸 DN	端部外径 D Ⅰ系列	端部外径 D Ⅱ系列	背面至端面尺寸 E	背面至端面尺寸 E_1	对 E 的限制厚度	公称尺寸 DN	端部外径 D Ⅰ系列	端部外径 D Ⅱ系列	背面至端面尺寸 E	背面至端面尺寸 E_1	对 E 的限制厚度
15	21.3	18	25	25	4.57	250	273.0	273	127	152	12.70
20	26.9	25	25	25	3.81	300	323.9	325	152	178	12.70
25	33.7	32	38	38	4.57	350	355.6	377	165	191	12.70
32	42.4	38	38	38	4.83	400	406.4	426	178	203	12.70
40	48.3	45	38	38	5.08	450	457	480	203	229	12.70
50	60.3	57	38	44	5.59	500	508	530	229	254	12.70
65	73.0	76	38	51	7.11	550	559	—	254	254	12.70
80	88.9	89	51	64	7.62	600	610	630	267	305	12.7
90	101.6	—	64	76	8.13	650	660	—	267		
100	114.3	108	64	76	8.64	700	711	720	267		
125	141.3	133	76	89	9.65	750	762	—	267		
150	168.3	159	89	102	10.92	800	813	820	267		
200	219.1	219	102	127	12.70						

4.4.2.7 管件材料（表 4.4-8）

表 4.4-8 管件材料

材料牌号	钢管标准号	材料牌号	钢管标准号
10、20	GB 3087、GB 6479、GB/T 8163、GB 6479	12Cr2Mo	GB 6479
Q295、Q345	GB/T 8163	20G、20MnG、12CrMoG、15CrMoG、12Cr2MoG、12Cr1MoVG	GB 5310
16Mn	GB 6479	1Cr19Ni11Nb	GB 5310、GB/T 9948
12CrMo、15CrMo、1Cr5Mo	GB 6479、GB/T 9948	0Cr18Ni9、00Cr19Ni10、0Cr18Ni10Ti、0Cr18Ni11Nb、0Cr17Ni12Mo2、00Cr17Ni14Mo2	GB/T 14976

4.4.3 钢板制对焊管件（GB/T 13401—2005）

4.4.3.1 弯头（表 4.4-9）

表 4.4-9 弯头

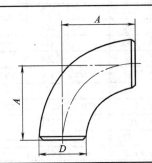
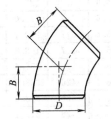

单位：mm

续表

公称尺寸 DN	端部外径 D Ⅰ系列	端部外径 D Ⅱ系列	45°弯头 B 长半径	90°弯头 A 长半径	90°弯头 A 短半径	公称尺寸 DN	端部外径 D Ⅰ系列	端部外径 D Ⅱ系列	45°弯头 B 长半径	90°弯头 A 长半径	90°弯头 A 短半径
150	168.3	159	95	229	152	700	711	720	438	1067	
200	219.1	219	127	305	203	750	762	—	470	1143	
250	273.0	273	159	381	254	800	813	820	502	1219	
300	323.9	325	190	457	305	850	864	—	533	1295	
350	355.6	377	222	533	356	900	914	920	565	1372	
400	406.4	426	254	610	406	950	965	—	600	1448	
450	457	480	286	686	457	1000	1016	1020	632	1524	
500	508	530	318	762	508	1050	1067	—	660	1600	
550	559	—	343	838	559	1100	1118	1120	695	1676	
600	610	630	381	914	610	1150	1168	—	727	1753	
650	660	—	405	991		1200	1219	1220	759	1829	

4.4.3.2 异径接头 (表4.4-10)

表4.4-10 异径接头

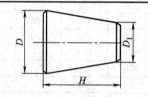 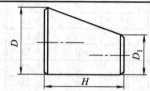

单位：mm

公称尺寸 DN	端部外径 Ⅰ系列 D	端部外径 Ⅱ系列 D	端部外径 Ⅰ系列 D_1	端部外径 Ⅱ系列 D_1	长度 H	公称尺寸 DN	端部外径 Ⅰ系列 D	端部外径 Ⅱ系列 D	端部外径 Ⅰ系列 D_1	端部外径 Ⅱ系列 D_1	长度 H
150×125	168.3	159	141.3	133	140	450×350	457	480	355.6	426	381
150×100	168.3	159	114.3	108	140	450×300	457	480	323.9	325	381
150×90	168.3	—	101.6	—	140	450×250	457	480	273.0	273	381
150×80	168.3	159	88.9	89	140	500×450	508	530	457	480	508
150×65	168.3	159	73.0	76	140	500×400	508	530	406.4	426	508
200×150	219.1	219	168.3	159	152	500×350	508	530	355.6	377	508
200×125	219.1	219	141.3	133	152	500×300	508	530	323.9	325	508
200×100	219.1	219	114.3	108	152	550×500	559	—	508	—	508
200×90	219.1	—	101.6	—	152	550×450	559	—	457	—	508
250×200	273.0	273	219.1	219	178	550×400	559	—	406.4	—	508
250×150	273.0	273	168.3	159	178	550×350	559	—	355.6	—	508
250×125	273.0	273	141.3	133	178	600×550	610	—	559	—	508
250×100	273.0	273	114.3	108	178	600×500	610	630	508	530	508
300×250	323.9	325	273.0	273	203	600×450	610	630	457	480	508
300×200	323.9	325	219.1	219	203	600×400	610	630	406.4	426	508
300×150	323.9	325	168.3	159	203	650×600	660	—	610	—	610
300×125	323.9	325	141.3	133	203	650×550	660	—	559	—	610
350×300	355.6	377	323.9	325	330	650×500	660	—	508	—	610
350×250	355.6	377	273.0	273	330	650×450	660	—	457	—	610
350×200	355.6	377	219.1	219	330	700×650	711	—	660	—	610
350×150	355.6	377	168.3	159	330	700×600	711	720	610	630	610
400×350	406.4	426	355.6	377	356	700×550	711	—	559	—	610
400×300	406.4	426	323.9	325	356	700×500	711	720	508	530	610
400×250	406.4	426	273.0	273	356	750×700	762	—	711	—	610
400×200	406.4	426	219.1	219	356	750×650	762	—	660	—	610
450×400	457	480	406.4	426	381	750×600	762	—	610	—	610

续表

公称尺寸 DN	端部外径 I系列 D	II系列 D	I系列 D_1	II系列 D_1	长度 H	公称尺寸 DN	端部外径 I系列 D	II系列 D	I系列 D_1	II系列 D_1	长度 H
750×550	762	—	559	—	610	1000×850	1016	—	864	—	610
800×750	813	—	762	—	610	1000×800	1016	1020	813	820	610
800×700	813	820	711	720	610	1000×750	1016	—	762	—	610
800×650	813	—	660	—	610	1050×1000	1067	—	1016	—	610
800×600	813	820	610	630	610	1050×950	1067	—	965	—	610
850×800	864	—	813	—	610	1050×900	1067	—	914	—	610
850×750	864	—	762	—	610	1050×850	1067	—	864	—	610
850×700	864	—	711	—	610	1050×800	1067	—	813	—	610
850×650	864	—	660	—	610	1050×750	1067	—	762	—	610
900×850	914	—	864	—	610	1100×1050	1118	—	1067	—	610
900×800	914	920	813	820	610	1100×1000	1118	1120	1016	1020	610
900×750	914	—	762	—	610	1100×950	1118	—	965	—	610
900×700	914	920	711	720	610	1100×900	1118	1120	914	920	610
900×650	914	—	660	—	610	1150×1100	1168	—	1118	—	711
950×900	965	—	914	—	610	1150×1050	1168	—	1067	—	711
950×850	965	—	864	—	610	1150×1000	1168	—	1016	—	711
950×800	965	—	813	—	610	1150×950	1168	—	965	—	711
950×750	965	—	762	—	610	1200×1150	1219	—	1168	—	711
950×700	965	—	711	—	610	1200×1100	1219	1220	1118	1120	711
950×650	965	—	660	—	610	1200×1050	1219	—	1067	—	711
1000×950	1016	—	965	—	610	1200×1000	1219	1220	1016	1020	711
1000×900	1016	1020	914	920	610						

4.4.3.3 等径三通和等径四通 (表 4.4-11)

表 4.4-11 等径三通和等径四通

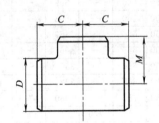 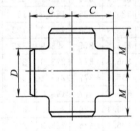

单位: mm

公称尺寸 DN	端部外径 D I系列	II系列	中心至端面 C	M	公称尺寸 DN	端部外径 D I系列	II系列	中心至端面 C	M
150	168.3	159	143	143	700	711	720	521	521
200	219.1	219	178	178	750	762	—	559	559
250	273.0	273	216	216	800	813	820	597	597
300	323.9	325	254	254	850	864	—	635	635
350	355.6	377	279	279	900	914	920	673	673
400	406.4	426	305	305	950	965	—	711	711
450	457	480	343	343	1000	1016	1020	749	749
500	508	530	381	381	1050	1067	—	762	711
550	559	—	419	419	1100	1118	1120	813	762
600	610	630	432	432	1150	1168	—	851	800
650	660	—	495	495	1200	1220	1220	889	838

4.4.3.4 异径三通和异径四通（表4.4-12）

表4.4-12 异径三通和异径四通

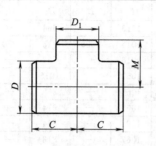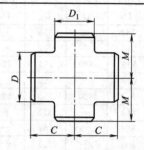

单位：mm

公称尺寸 DN	端部外径 Ⅰ系列 D	Ⅱ系列 D	Ⅰ系列 D₁	Ⅱ系列 D₁	中心至端面 C	M	公称尺寸 DN	端部外径 Ⅰ系列 D	Ⅱ系列 D	Ⅰ系列 D₁	Ⅱ系列 D₁	中心至端面 C	M
150×150×125	168.3	159	141.3	133	143	137	550×550×500	559	—	508.0	—	419	406
150×150×100	168.3	159	114.3	108	143	130	550×550×450	559	—	457.0	—	419	394
150×150×90	168.3	—	101.6	—	143	127	550×550×400	559	—	406.4	—	419	381
150×150×80	168.3	159	88.9	89	143	124	550×550×350	559	—	355.6	—	419	381
150×150×65	168.3	159	73.0	76	143	121	550×550×300	559	—	323.9	—	419	371
200×200×150	219.1	219	168.3	159	178	168	550×550×250	559	—	273.0	—	419	359
200×200×125	219.1	219	141.3	133	178	162	600×600×550	610	—	559	—	432	432
200×200×100	219.1	219	114.3	108	178	156	600×600×500	610	630	508	530	432	432
200×200×90	219.1	—	101.6	—	178	152	600×600×450	610	630	457	480	432	419
250×250×200	273.0	273	219.1	219	216	203	600×600×400	610	630	406.4	426	432	406
250×250×150	273.0	273	168.3	159	216	194	600×600×350	610	630	355.6	377	432	406
250×250×125	273.0	273	141.3	133	216	191	600×600×300	610	630	323.9	325	432	397
250×250×100	273.0	273	114.3	108	216	184	600×600×250	610	630	273.0	273	432	384
300×300×250	323.9	325	273.0	273	254	241	650×650×600	660	—	610	—	495	483
300×300×200	323.9	325	219.1	219	254	229	650×650×550	660	—	559	—	495	470
300×300×150	323.9	325	168.3	159	254	219	650×650×500	660	—	508	—	495	457
300×300×125	323.9	325	141.3	133	254	216	650×650×450	660	—	457	—	495	444
350×350×300	355.6	377	323.9	325	279	270	650×650×400	660	—	406.4	—	495	432
350×350×250	355.6	377	273.0	273	279	257	650×650×350	660	—	355.6	—	495	432
350×350×200	355.6	377	219.1	219	279	248	650×650×300	660	—	323.8	—	495	422
350×350×150	355.6	377	168.3	159	279	238	700×700×650	711	—	660	—	521	521
400×400×350	406.4	426	355.6	377	305	305	700×700×600	711	720	610	630	521	508
400×400×300	406.4	426	323.9	325	305	295	700×700×550	711	—	559	—	521	495
400×400×250	406.4	426	273.0	273	305	283	700×700×500	711	720	508	530	521	483
400×400×200	406.4	426	219.1	219	305	273	700×700×450	711	720	457	480	521	470
400×400×150	406.4	426	168.3	159	305	264	700×700×400	711	720	406.4	426	521	457
450×450×400	457	480	406.4	426	343	330	700×700×350	711	720	355.6	377	521	457
450×450×350	457	480	355.6	377	343	330	700×700×300	711	720	323.8	325	521	448
450×450×300	457	480	323.9	325	343	321	750×750×700	762	—	711	—	559	546
450×450×250	457	480	273.0	273	343	308	750×750×650	762	—	660	—	559	546
450×450×200	457	480	219.1	219	343	298	750×750×600	762	—	610	—	559	533
500×500×450	508	530	457	480	381	368	750×750×550	762	—	559	—	559	521
500×500×400	508	530	406.4	426	381	356	750×750×500	762	—	508	—	559	508
500×500×350	508	530	355.6	377	381	356	750×750×450	762	—	457	—	559	495
500×500×300	508	530	323.9	325	381	346	750×750×400	762	—	406.4	—	559	483
500×500×250	508	530	273.0	273	381	333	750×750×350	762	—	355.6	—	559	483
500×500×200	508	530	219.1	219	381	324	750×750×300	762	—	323.8	—	559	473

续表

公称尺寸 DN	端部外径 Ⅰ系列 D	端部外径 Ⅱ系列 D	端部外径 Ⅰ系列 D₁	端部外径 Ⅱ系列 D₁	中心至端面 C	中心至端面 M	公称尺寸 DN	端部外径 Ⅰ系列 D	端部外径 Ⅱ系列 D	端部外径 Ⅰ系列 D₁	端部外径 Ⅱ系列 D₁	中心至端面 C	中心至端面 M
750×750×250	762	—	273.0	—	559	460	1050×1050×1000	1067	—	1016	—	762	711
800×800×750	813	—	762	—	597	584	1050×1050×950	1067	—	965	—	762	711
800×800×700	813	820	711	720	597	572	1050×1050×900	1067	—	914	—	762	711
800×800×650	813	—	660	—	597	572	1050×1050×850	1067	—	864	—	762	711
800×800×600	813	820	610	630	597	559	1050×1050×800	1067	—	813	—	762	711
800×800×550	813	—	559	—	597	546	1050×1050×750	1067	—	762	—	762	711
800×800×500	813	820	508	530	597	533	1050×1050×700	1067	—	711	—	762	698
800×800×450	813	820	457	480	597	521	1050×1050×650	1067	—	660	—	762	698
800×800×400	813	820	406.4	426	597	508	1050×1050×600	1067	—	610	—	762	660
800×800×350	813	820	355.6	377	597	508	1050×1050×550	1067	—	559	—	762	660
850×850×800	864	—	813	—	635	622	1050×1050×500	1067	—	508	—	762	660
850×850×750	864	—	762	—	635	610	1050×1050×450	1067	—	457	—	762	648
850×850×700	864	—	711	—	635	597	1050×1050×400	1067	—	406.4	—	762	635
850×850×650	864	—	660	—	635	597	1100×1100×1050	1118	—	1067	—	813	762
850×850×600	864	—	610	—	635	584	1100×1100×1000	1118	1120	1016	1020	813	749
850×850×550	864	—	559	—	635	572	1100×1100×950	1118	—	965	—	813	737
850×850×500	864	—	508	—	635	559	1100×1100×900	1118	—	914	—	813	724
850×850×450	864	—	457	—	635	546	1100×1100×850	1118	—	864	—	813	724
850×850×400	864	—	406.4	—	635	533	1100×1100×800	1118	—	813	—	813	711
900×900×850	914	—	864	—	673	660	1100×1100×750	1118	—	762	—	813	711
900×900×800	914	920	813	820	673	648	1100×1100×700	1118	—	711	—	813	698
900×900×750	914	—	762	—	673	635	1100×1100×650	1118	—	660	—	813	698
900×900×700	914	—	711	—	673	622	1100×1100×600	1118	—	610	—	813	698
900×900×650	914	—	660	—	673	622	1100×1100×550	1118	—	559	—	813	686
900×900×600	914	—	610	—	673	610	1100×1100×500	1118	—	508	—	813	686
900×900×550	914	—	559	—	673	597	1150×1150×1100	1168	—	1118	—	851	800
900×900×500	914	—	508	—	673	584	1150×1150×1050	1168	—	1067	—	851	787
900×900×450	914	—	457	—	673	572	1150×1150×1000	1168	—	1016	—	851	775
900×900×400	914	—	406.4	—	673	559	1150×1150×950	1168	—	965	—	851	762
950×950×900	965	—	914	—	711	711	1150×1150×900	1168	—	914	—	851	762
950×950×850	965	—	864	—	711	698	1150×1150×850	1168	—	864	—	851	749
950×950×800	965	—	813	—	711	686	1150×1150×800	1168	—	813	—	851	749
950×950×750	965	—	762	—	711	673	1150×1150×750	1168	—	762	—	851	737
950×950×700	965	—	711	—	711	648	1150×1150×700	1168	—	711	—	851	737
950×950×650	965	—	660	—	711	648	1150×1150×650	1168	—	660	—	851	737
950×950×600	965	—	610	—	711	635	1150×1150×600	1168	—	610	—	851	724
950×950×550	965	—	559	—	711	622	1150×1150×550	1168	—	559	—	851	724
950×950×500	965	—	508	—	711	610	1200×1200×1150	1220	—	1168	—	889	838
950×950×450	965	—	457	—	711	597	1200×1200×1100	1220	1220	1118	1120	889	838
1000×1000×950	1016	—	965	—	749	749	1200×1200×1050	1220	—	1067	—	889	813
1000×1000×900	1016	1020	914	920	749	737	1200×1200×1000	1220	—	1016	—	889	813
1000×1000×850	1016	—	864	—	749	724	1200×1200×950	1220	—	965	—	889	813
1000×1000×800	1016	—	813	—	749	711	1200×1200×900	1220	—	914	—	889	787
1000×1000×750	1016	—	762	—	749	698	1200×1200×850	1220	—	864	—	889	787
1000×1000×700	1016	—	711	—	749	673	1200×1200×800	1220	—	813	—	889	787
1000×1000×650	1016	—	660	—	749	673	1200×1200×750	1220	—	762	—	889	762
1000×1000×600	1016	—	610	—	749	660	1200×1200×700	1220	—	711	—	889	762
1000×1000×550	1016	—	559	—	749	648	1200×1200×650	1220	—	660	—	889	762
1000×1000×500	1016	—	508	—	749	635	1200×1200×600	1220	—	510	—	889	737
1000×1000×450	1016	—	457	—	749	622	1200×1200×550	1220	—	559	—	889	737

4.4.3.5　管帽（表 4.4-13）

表 4.4-13　管帽

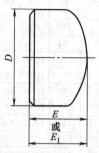

单位：mm

公称尺寸 DN	端部外径 D		背面至端面尺寸		对 E 的限制厚度	公称尺寸 DN	端部外径 D		背面至端面尺寸		对 E 的限制厚度
	Ⅰ系列	Ⅱ系列	E	E₁			Ⅰ系列	Ⅱ系列	E	E₁	
150	168.3	159	89	102	10.92	700	711	720	267		
200	219.1	219	102	127	12.70	750	762	—	267		
250	273.0	273	127	152	12.70	800	813	820	267		
300	323.9	325	152	178	12.70	850	864	—	267		
350	355.6	377	165	191	12.70	900	914	920	267		
400	406.4	426	178	203	12.70	950	965	—	305		
450	457	480	203	229	12.70	1000	1016	1020	305		
500	508	530	229	254	12.70	1050	1067	—	305		
550	559	—	254	254	12.70	1100	1118	1120	343		
600	610	630	267	305	12.70	1150	1168	—	343		
650	660	—	267			1200	1220	1220	343		

4.4.3.6　管件材料（表 4.4-14）

表 4.4-14　管件材料

材料牌号	钢管标准号	材料牌号	钢管标准号
10、20	GB/T 710、GB/T 711	16MnDR、09Mn2VDR	GB 3531
Q235、Q345	GB/T 3274、GB/T 912	0Cr18Ni9、0Cr17Ni12Mo2、0Cr18Ni10Ti、0Cr18Ni11Nb	GB/T 3280、GB/T 4237、GB/T 4238
20R、16MnR、15CrMoR	GB 6654	00Cr19Ni10、00Cr17Ni14Mo2	GB/T 3280、GB/T 4237
20G、16MnG、15CrMoG、12Cr1MoVG	GB/T 713		

4.4.4　锻制承插焊管件（GB/T 14383—2008）

4.4.4.1　弯头、三通和四通（表 4.4-15）

表 4.4-15　弯头、三通和四通

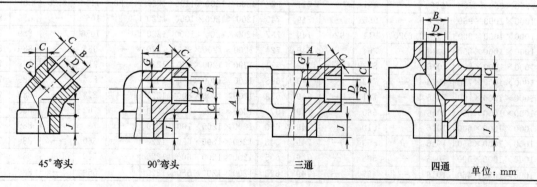

45°弯头　　　　　　　90°弯头　　　　　　　　三通　　　　　　　　四通　　单位：mm

续表

公称尺寸		承插孔径 B[a]	流通孔径 D①			承插孔壁厚 C②						本体壁厚 G_{min}			承插孔深度 J_{min}	中心至承插孔底 A 90°弯头、三通、四通			45°弯头		
DN	NPS		3000	6000	9000	3000 ave	3000 min	6000 ave	6000 min	9000 ave	9000 min	3000	6000	9000		3000	6000	9000	3000	6000	9000
6	1/8	10.9	6.1	3.2	—	3.18	3.18	3.96	3.43	—	—	2.41	3.15	—	9.5	11.0	11.0		8.0	8.0	
8	1/4	14.3	8.5	5.6	—	3.78	3.30	4.60	4.01	—	—	3.02	3.68	—	9.5	11.0	13.5		8.0	8.0	
10	3/8	17.7	11.8	8.4	—	4.01	3.50	5.03	4.37	—	—	3.20	4.01	—	9.5	13.5	15.5		8.0	11.0	
15	1/2	21.9	15.0	11.0	5.6	4.67	4.09	5.97	5.18	9.53	8.18	3.73	4.78	7.47	9.5	15.5	19.0	25.5	11.0	12.5	15.5
20	3/4	27.3	20.2	14.8	10.3	4.90	4.27	6.96	6.04	9.78	8.56	3.91	5.56	7.82	12.5	19.0	22.5	28.5	13.0	14.0	19.0
25	1	34.0	25.9	19.9	14.4	5.69	4.98	7.92	6.93	11.38	9.96	4.55	6.35	9.09	12.5	22.5	27.0	32.0	14.0	17.5	20.5
32	1¼	42.8	34.3	28.7	22.0	6.07	5.28	7.92	6.93	12.14	10.62	4.85	6.35	9.70	12.5	27.0	32.0	35.0	17.5	20.5	22.5
40	1½	48.9	40.1	33.2	27.2	6.35	5.54	8.92	7.80	12.70	11.12	5.08	7.14	10.15	12.5	32.0	38.0	38.0	20.5	25.5	25.5
50	2	61.2	51.7	42.1	37.4	6.93	6.04	10.92	9.50	13.84	12.12	5.54	8.74	11.07	16.0	38.0	41.0	54.0	25.5	28.5	28.5
65	2½	73.9	61.2					8.76	7.62			7.01			16.0	41.0			28.5		
80	3	89.9	76.4					9.52	8.30			7.62			16.0	57.0			32.0		
100	4	115.5	100.7					10.69	9.35			8.56			19.0	66.5			41.0		

①　当选用Ⅱ系列的管子时，其承插孔径和流通孔径应按Ⅱ系列管子尺寸配制，其余尺寸应符合 GB/T 14383 规定。

②　沿承插孔周边的平均壁厚不应小于平均值，局部允许达到最小值。

4.4.4.2　管箍、管帽和三通（表4.4-16）

表 4.4-16　管箍、管帽和三通

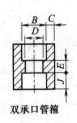
双承口管箍

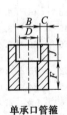
单承口管箍

管帽

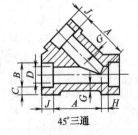
45°三通

单位：mm

公称尺寸		承插孔径 B[a]	流通孔径 D①			承插孔壁厚 C②						本体壁厚 G_{min}			承插孔深度 J_{min}	承插孔底距离 E	承插孔底至端面 F	顶部厚度 K_{min}			中心至承插孔底 A		H	
DN	NPS		3000	6000	9000	3000 ave	3000 min	6000 ave	6000 min	9000 ave	9000 min	3000	6000	9000				3000	6000	9000	3000	6000	3000	6000
6	1/8	10.9	6.1	3.2	—	3.18	3.18	3.96	3.43	—	—	2.41	3.15	—	9.5	6.5	16.0	4.8	6.4					
8	1/4	14.3	8.5	5.6	—	3.78	3.30	4.60	4.01	—	—	3.02	3.68	—	9.5	6.5	16.0	4.8	6.4					
10	3/8	17.7	11.8	8.4	—	4.01	3.50	5.03	4.37	—	—	3.20	4.01	—	9.5	6.5	17.5	4.8	6.4		37		9.5	
15	1/2	21.9	15.0	11.0	5.6	4.67	4.09	5.97	5.18	9.53	8.18	3.73	4.78	7.47	9.5	9.5	22.5	6.4	7.9	11.2	41	51	9.5	11
20	3/4	27.3	20.2	14.8	10.3	4.90	4.27	6.96	6.04	9.78	8.56	3.91	5.56	7.82	12.5	9.5	24.0	6.4	7.9	12.7	51	60	11	13
25	1	34.0	25.9	19.9	14.4	5.69	4.98	7.92	6.93	11.38	9.96	4.55	6.35	9.09	12.5	12.5	28.5	9.6	11.2	14.2	60	71	13	16
32	1¼	42.8	34.3	28.7	22.0	6.07	5.28	7.92	6.93	12.14	10.62	4.85	6.35	9.70	12.5	12.5	30.0	9.6	11.2	14.2	71	81	16	17
40	1½	48.9	40.1	33.2	27.2	6.35	5.54	8.92	7.80	12.70	11.12	5.08	7.14	10.15	12.5	12.5	32.0	11.2	12.7	15.7	81	98	17	21
50	2	61.2	51.7	42.1	37.4	6.93	6.04	10.92	9.50	13.84	12.12	5.54	8.74	11.07	16.0	19.0	41.0	12.7	15.7	19.0	98	151	21	30
65	2½	73.9	61.2					8.76	7.62			7.01			16.0	19.0	43.0	15.7	19.0		151		30	
80	3	89.9	76.4					9.52	8.30			7.62			16.0	19.0	44.5	19.0	22.4		184		57	
100	4	115.5	100.7					10.69	9.35			8.56			19.0	19.0	48.0	22.4	28.4		201		66	

①　当选用Ⅱ系列的管子时，其承插孔径和流通孔径应按Ⅱ系列管子尺寸配制，其余尺寸应符合 GB/T 14383 规定。

②　沿承插孔周边的平均壁厚不应小于平均值，局部允许达到最小值。

4.4.5　锻钢制螺纹管件（GB/T 14383—2008）

4.4.5.1　弯头、三通和四通（表 4.4-17）

表 4.4-17　弯头、三通和四通

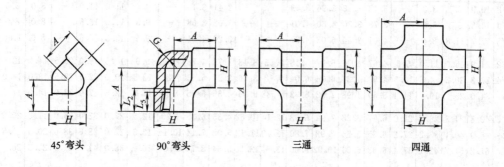

45°弯头　　　　90°弯头　　　　三通　　　　四通

单位：mm

公称尺寸 DN	螺纹尺寸代号 NPT	中心至端面 A						端部外径 $H^{①}$			本体壁厚 G_{min}			完整螺纹长度 L_{3min}	有效螺纹长度 L_{2min}
		90°弯头、三通和四通			45°弯头										
		2000	3000	6000	2000	3000	6000	2000	3000	6000	2000	3000	6000		
6	1/8	21	21	25	17	17	19	22	22	25	3.18	3.18	6.35	6.4	6.7
8	1/4	21	25	28	17	19	22	22	25	33	3.18	3.30	6.60	8.1	10.2
10	3/8	25	28	33	19	22	25	25	33	38	3.18	3.51	6.98	9.1	10.4
15	1/2	28	33	38	22	25	28	33	38	46	3.18	4.09	8.15	10.9	13.6
20	3/4	33	38	44	25	28	33	38	46	56	3.18	4.32	8.53	12.7	13.9
25	1	38	44	51	28	33	35	46	56	62	3.68	4.98	9.93	14.7	17.3
32	1¼	44	51	60	33	35	43	56	62	75	3.89	5.28	10.59	17.0	18.0
40	1½	51	60	64	35	43	44	62	75	84	4.01	5.56	11.07	17.8	18.4
50	2	60	64	83	43	44	52	75	84	102	4.27	7.14	12.05	19.0	19.2
65	2½	76	83	95	52	52	64	92	102	121	5.61	7.65	15.29	23.6	28.9
80	3	86	95	104	64	54	79	109	121	146	5.99	8.84	16.64	25.9	30.5
100	4	106	114	114	79	79	79	146	152	152	6.85	11.18	18.67	27.7	33.0

　①　当 DN65（NPS2½）的管件配管选用 Ⅱ 系列的管子时，管件的端部外径应大于表中规定尺寸，以满足端部凸缘处的壁厚要求，其余尺寸应符合本标准规定。

4.4.5.2　内外螺纹 90°弯头（表 4.4-18）

表 4.4-18　内外螺纹 90°弯头

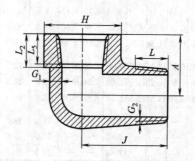

单位：mm

续表

公称尺寸 DN	螺纹尺寸代号 NPT	中心至内螺纹端面 $A^①$		中心至外螺纹端面 J		端部外径 $H^②$		本体壁厚 G_{1min}		本体壁厚 $G_{1min}^③$		内螺纹完整长度 L_{1min}	内螺纹有效长度 L_{1min}	外螺纹长度 L_{min}
		3000	6000	3000	6000	3000	6000	3000	6000	3000	6000			
6	1/8	19	22	25	32	19	25	3.18	5.08	2.74	4.22	6.4	6.7	10
8	1/4	22	25	32	38	25	32	3.30	5.66	3.22	5.28	8.1	10.2	11
10	3/8	25	28	38	41	32	38	3.51	6.98	3.50	5.59	9.1	10.4	13
15	1/2	28	35	41	48	38	44	4.09	8.15	4.16	6.53	10.9	13.6	14
20	3/4	35	44	48	57	44	51	4.32	8.53	4.88	6.86	12.7	13.9	16
25	1	44	51	57	66	51	62	4.98	9.93	5.56	7.95	14.7	17.3	19
32	1¼	51	54	66	71	62	70	5.28	10.59	5.56	8.48	17.0	18.0	21
40	1½	54	64	71	84	70	84	5.56	11.07	6.25	8.39	17.8	18.4	21
50	2	64	83	84	105	84	102	7.14	12.09	7.64	9.70	19.0	19.2	22

① 制造商也可以选择使用表 4.4-17 中 90°弯头的 A 尺寸。
② 制造商也可以选择使用表 4.4-17 中的 H 尺寸。
③ 为加工螺纹前的壁厚。

4.4.5.3 管箍和管帽（表 4.4-19）

表 4.4-19　管箍和管帽

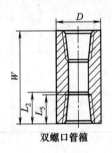
双螺口管箍

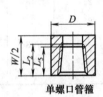
单螺口管箍

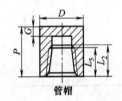
管帽

单位：mm

公称尺寸 DN	螺纹尺寸代号 NPT	端面至端面 W	端面至端面 P		外径 $D^①$		顶部厚度 G_{min}		完整螺纹长度 L_{5min}	有效螺纹长度 L_{2min}
		3000 和 6000	3000	6000	3000	6000	3000	6000		
6	1/8	32	19	—	16	22	4.8	—	6.4	6.7
8	1/4	35	25	27	19	25	4.8	6.4	8.1	10.2
10	3/8	38	25	27	22	32	4.8	6.4	9.1	10.4
15	1/2	48	32	33	28	38	6.4	7.9	10.9	13.6
20	3/4	51	37	38	35	44	6.4	7.9	12.7	13.9
25	1	60	41	43	44	57	9.7	11.2	14.7	17.3
32	1¼	67	44	46	57	64	9.7	11.2	17.0	18.0
40	1½	79	44	48	64	76	11.2	12.7	17.8	18.4
50	2	86	48	51	76	92	12.7	15.7	19.0	19.2
65	2½	92	60	64	92	108	15.7	19.0	23.6	28.9
80	3	108	65	68	108	127	19.0	22.4	25.9	30.5
100	4	121	68	75	140	159	22.4	28.4	27.7	33.0

① 当 DN65（NPS2½）的管件配管选用Ⅱ系列的管子时，管件的端部外径应大于表中规定尺寸，以满足端部凸缘处的壁厚要求，其余尺寸应符合 GB/T 14383 规定。
注1：螺纹端部以外的最小壁厚应符合表 4.4-17 中相应公称尺寸和级别的规定。
注2：2000 级别的双螺口管箍、单螺口管箍和管帽不包括在 GB/T 14383 中。

4.4.5.4 管塞和螺纹接头（表 4.4-20）

表 4.4-20 管塞和螺纹接头

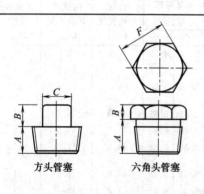

方头管塞　　六角头管塞　　圆头管塞　　六角头内外螺纹接头　　无头内外螺纹接头

单位：mm

公称尺寸 DN	螺纹尺寸代号 NPT	螺纹长度 A_{min}	方头高度 B_{min}	方头对边宽度 C_{min}	圆头直径 E	总长 D_{min}	六角头厚度 H_{min}	六角头厚度 G_{min}	六角头对边宽度 F
6	1/8	10	6	7	10	35	6	—	11
8	1/4	11	6	10	14	41	6	3	16
10	3/8	13	8	11	18	41	8	4	18
15	1/2	14	10	14	21	44	8	5	22
20	3/4	16	11	14	27	44	10	6	27
25	1	19	13	21	33	51	10	6	36
32	1¼	21	14	24	43	51	14	7	46
40	1½	21	16	21	48	51	16	7	50
50	2	22	18	32	60	64	18	9	65
65	2½	27	19	36	73	70	19	10	75
80	3	28	21	41	89	70	21	10	90
100	4	32	25	65	114	76	25	13	115

4.4.6 可锻铸铁管件（表 4.4-21）

表 4.4-21 可锻铸铁管件（GB/T 3287—2000）

型式	外形图和符号(代号)			
A 弯头	A1(90)	A1/45°(120)	A4(92)	A4/45°(121)
B 三通		B1(130)		
C 四通		C1(180)		

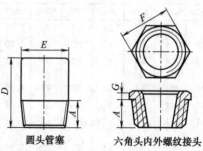

续表

型式	外形图和符号（代号）
D 短月弯	D1(2a) D4(1a)
E 单弯三通 及 双弯弯头	E1(131) E2(132)
G 长月弯	G1(2) G1/45°(41) G4(1) G4/45°(40) G8(3)
M 外接头	M2(270) M2R-L(271) M2(240) M4(529a) M4(246)
N 内外螺丝 内接头	N4(241) N8(280) N8R-L(281) N8(245)
P 锁紧螺母	P4(310)
T 管帽管堵	T1(300) T8(291) T9(290) T11(596)
U 活接头	U1(330) U2(331) U11(340) U12(341)

型式	外形图和符号（代号）			
UA 活接弯头	UA1(95)	UA2(97)	UA11(96)	UA12(98)
Za 侧孔弯头 侧孔三通	Za1(221)		Za2(223)	

注：管件规格详见 GB/T 3287—2000 附录 A。

4.4.7 支管台

支管台是用于支管连接的补强型管件，代替传统使用的异径三通、补强板、加强管段等支管连接型式，具有安全可靠、降低造价，施工简单，改善介质流道；系列化标准化，设计选用方便等突出优点，尤其在高温、高压、大口径、厚壁管道中使用日益广泛，取代了传统的支管连接方法。

支管台本体采用优质锻钢，用材与管道材料相同；支管台与主管均采用焊接，支管台与支管或其他管件（如短管、丝堵等）、仪表、阀门的连接有对焊、承插焊、螺纹等多种型式。支管台型式有标准型、短管型、斜接型、弯头型，详见表 4.4-22。

表 4.4-22　支管台与支管连接型式

型式	承插焊	管螺纹	对焊
标准型	SOL（MSS SP97、Q/DG11）	TOL（MSS SP97、Q/DG12 标准）	WOL（MSS SP97、Q/DG13）
短管型	SNL（Q/DG14）	TNL（Q/DG14、SHB-P01）	WNL（Q/DG14）
斜接型(15°)	SLL（Q/DG15）	TLL（Q/DG15、SHB-P01）	WLL（Q/DG15）
弯头型(1.5D)	SEL（Q/DG16）	TEL（Q/DG16、SHB-P01）	WEL（Q/DG16）

注：表中所列均为英制管的支管台产品系列，适用于公制管的支管台产品（管螺纹型除外），用户在订货时应予说明。

4.4.7.1　承插焊支管台（SOL 型）（表 4.4-23）

表 4.4-23　承插焊支管台尺寸　（MSS-SP97）

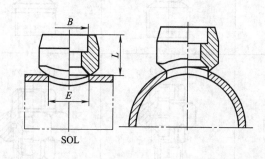

SOL

续表

支管公称直径		适用主管公称直径≥		L/mm		E/mm	
mm	in	mm	in	3000	6000	3000	6000
6	1/8	20	¾	19.1	—	15.9	—
8	1/4	20	¾	19.1	—	15.9	—
10	3/8	25	1	20.6	—	19.1	—
15	1/2	32	1¼	25.4	31.8	23.8	19.1
20	3/4	40	1½	27.0	36.5	30.2	25.4
25	1	50	2	33.3	39.7	36.5	33.3
32	1¼	65	2½	33.3	41.3	44.5	38.1
40	1½	65	2½	34.9	42.9	50.8	49.2
50	2	80	3	38.1	52.4	65.1	69.9
65	2½	100	4	39.7	—	76.2	—
80	3	125	5	44.5	—	93.7	—
100	4	150	6	47.6	—	120.7	—

注：1. 承插口尺寸 B 根据支管尺寸（英制管或公制管）的规定。

2. 表列"适用主管公称直径"指为一般用途，如需用于更小的主管尺寸应与制造厂协商。

3. 按下表选用支管台的压力等级，如用于公制管，用户应注明支管壁厚尺寸。

4. 表列 E 值适用于国际通用系列的钢管尺寸（英制管），如需用于国内沿用系列钢管（公制管）E 值将有所调整，但 L 值不变。

5. 订货时必须注明主管和支管公称尺寸、压力等级和材料牌号，如用于公制管，应注明主管及支管外径尺寸和壁厚。

支管台压力等级

压 力 等 级	适用支管壁厚等级
3000lb	Sch40、Sch80、STD、XS
6000lb	Sch160、XXS

4.4.7.2 螺纹支管台（TOL 型）（表 4.4-24）

表 4.4-24 螺纹支管台尺寸（MSS-SP97）

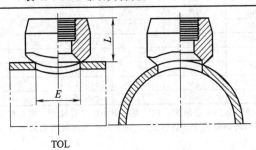

TOL

支管公称直径		适用主管直径≥		L/mm		E/mm		支管公称直径		适用主管直径≥		L/mm		E/mm	
DN	NPS	mm	in	3000	6000	3000	6000	DN	NPS	mm	in	3000	6000	3000	6000
6	⅛	20	¾	19.1	—	15.9	—	32	1¼	65	2½	33.3	41.3	44.5	38.1
8	¼	20	¾	19.1	—	15.9	—	40	1½	65	2½	34.9	42.9	50.8	49.2
10	⅜	25	1	20.6	—	19.1	—	50	2	80	3	38.1	52.4	65.1	69.9
15	½	32	1¼	25.4	31.8	23.8	19.1	65	2½	100	4	46.0	—	76.2	—
20	¾	40	1½	27.0	36.5	30.2	25.4	80	3	125	5	50.8	—	93.7	—
25	1	50	2	33.3	39.7	36.5	33.3	100	4	150	6	57.2	—	120.7	—

注：1. 锥管螺纹可按 ANSI B1.20.1 NPT 或 ISO7/1Rp 或 Rc 锥管螺纹，尺寸同支管公称直径（in）。

2. 表列"适用主管直径"指一般用途，如需用于更小的主管尺寸应与制造厂协商。

3. 按下表选用支管台的压力等级。

4. 螺纹支管台仅适用于国际通用系列的钢管（英制管）。

5. 订货时必须注明主管级支管公称尺寸、压力等级、材料牌号、螺纹代号。

支管台压力等级

压力等级	适用支管壁厚等级
3000♯	Sch40、Sch80、STD、XS
6000♯	Sch160、XXS

4.4.7.3 对焊支管台（WOL 型）（表 4.4-25）

表 4.4-25 对焊支管台尺寸（MSS-SP97）

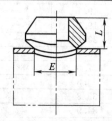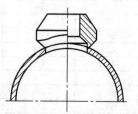

支管公称直径		适用主管公称直径≥		L/mm			E/mm		
DN	NPS	mm	in	STD	XS	XXS	STD	XS	XXS
6	1/8	20	3/4	15.9	—	—	15.9	—	—
8	1/4	20	3/4	15.9	—	—	15.9	—	—
10	3/8	25	1	19.1	—	—	19.1	—	—
15	1/2	32	1 1/4	19.1	19.1	28.6	23.8	23.8	14.3
20	3/4	40	1 1/2	22.2	22.2	31.8	30.2	30.2	19.1
25	1	50	1 1/2	27.0	27.0	38.1	36.5	36.5	25.4
32	1 1/4	65	2 1/2	31.8	31.8	44.5	44.5	44.5	33.3
40	1 1/2	65	2 1/2	33.3	33.3	50.8	50.8	50.8	38.1
50	2	80	3	38.1	38.1	55.6	65.1	65.1	42.9
65	2 1/2	100	4	41.3	41.3	61.9	76.2	76.2	54.0
80	3	125	5	44.5	44.5	73.0	93.7	93.7	73.0
90	3 1/2	150	6	47.0	47.0	—	101.6	101.6	—
100	4	150	6	50.8	50.8	84.1	120.7	120.7	98.4
125	5	200	8	57.2	57.2	93.7	141.3	141.3	122.2
150	6	200	8	60.3	77.8	104.8	169.9	169.9	146.1
200	8	250	10	69.9	98.4	—	220.7	220.7	
250	10	300	12	77.8	93.7	—	274.6	265.1	—
300	12	350	14	85.7	103.2	—	325.4	317.5	—
350	14	400	16	88.9	100.0	—	357.2	350.9	—
400	16	450	18	93.7	106.4	—	408.0	403.2	—
450	18	500	20	96.8	111.1	—	458.8	455.6	—
500	20	600	24	101.6	119.1	—	508.8	509.6	—
600	24	650	26	115.9	139.7	—	614.4	614.4	—

注：1. 表列"适用主管公称直径"指为一般用途，如需用于更小的主管尺寸，应与制造厂协商。

2. 表列 E 值适用于国际通用系列的钢管尺寸（英制管），如需用于国内沿用系列钢管（公制管）E 值将有所调整，但 L 值不变。

3. 表中所列队支管台有 STD、XS、XXS 三种等级，选用时必须将主管及支管的公称直径及壁厚等级注明，再根据上述参数确定符合用户需要的支管台等级及有关结构尺寸，如用于公制管，用户应注明主管及支管的外景和壁厚尺寸。

4. 订货时必须注明主管及支管尺寸、压力等级及材料牌号，如：

WOL 14″×4″ Sch40×STD 16Mn（用于英制管）

WOL 377×108 12×8 16Mn（用于公制管）

4.4.7.4 短管支管台（表 4.4-26）

表 4.4-26 短管支管台尺寸（Q/DG14）

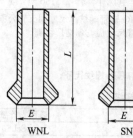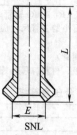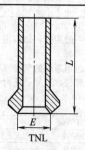

WNL　　　　SNL　　　　TNL

续表

支管公称直径		适用主管公称直径		E/mm		L/mm
DN	NPS	DN	NPS	3000	6000	
15	½	32	1¼	23.8	14.3	
20	¾	40	1½	30.2	19.1	
25	1	50	2	36.5	25.4	100
32	1¼	65	2½	44.5	33.3	150
40	1½	65	2½	50.8	38.1	
50	2	80	3	65.1	42.9	

注：1. 短管支管台长度 L 应在订货时说明。

2. 短管支管台上端的型式有：

SNL 平端　　　　　　　　用于承插焊

WNL 坡口端　　　　　　　用于对焊

TNL 锥管螺纹（外）　　　NPT 或 R（订货时应予说明）

3. 按下表选用支管台的压力等级（用于英制管）；

4. 表列 E 值适用于国际通用系列的钢管尺寸（英制管），如需用于国内沿用系列钢管（公制管）E 值将有所调整。

5. 订货时必须注明主管级支管公称尺寸、压力等级、长度及材料牌号，如用于公制管，应注明主管及支管外径和壁厚尺寸。

SNL　10″×1½″　　3000　L100　304（用于英制管）

TNL　159×25　　　8×3　L150　20（用于公制管）

支管台压力等级

压力等级	适用支管壁厚等级
3000lb	Sch40、Sch80、STD、XS
6000lb	Sch160、XXS

4.4.7.5 斜接支管台（表4.4-27）

表 4.4-27　斜接支管台尺寸（Q/DG15）

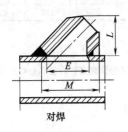
对焊

承插口

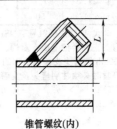
锥管螺纹(内)

支管公称直径		适用主管公称直径≥		L/mm	E/mm	M/mm
DN	NPS	DN	NPS	3000		
8	¼	32	1¼	40	37	59
10	⅜	32	1¼	40	37	59
15	½	32	1¼	40	37	59
20	¾	40	1½	46	44	70
25	1	50	2	54	54	83
32	1¼	65	2½	64	67	97
40	1½	80	3	70	78	108
50	2	100	4	86	105	137

注：1. 斜接支管台上端型式有三种型式，选用时应注明。

2. 3000lb 斜接支管台用于英制管，适用的支管壁厚等级为 Sch40、Sch80、STD、XS。

3. 订货时必须注明主管及支管公称尺寸、压力等级、材料牌号，如用于公制管，应注明主管及支管外径和壁厚尺寸。

SLL　4″×½″　　　3000　20（用于英制管）

WLL　108×18　　　6×3　20（用于公制管）

4.4.7.6 弯头支管台（表4.4-28）

表4.4-28 弯头支管台尺寸

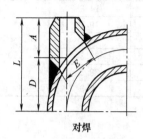

对焊

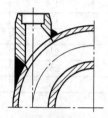

承插口

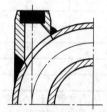

锥管螺纹(内)

弯头支管台尺寸(一)						
支管公称直径		适用主管公称直径≥			3000	
DN	NPS	DN	NPS	E/mm	A/mm	L/mm
8	¼	32	1¼	38	40	
10	⅜	32	1¼	38	40	
15	½	32	1¼	38	40	
20	¾	40	1½	44	48	
25	1	50	2	57	57	$A+D$
32	1¼	65	2½	73	64	
40	1½	80	3	79	68	
50	2	100	4	106	83	

弯头直径										
弯头支管台尺寸(二)										
弯头直径 DN	32	40	50	65	80	100	150	200	250	300
NPS	1¼	1½	2	2½	3	4	6	8	10	12
D/mm	50	54	72	93	108	144	218	290	362	434

注：1. 尺寸 D 用于符号 ANSI B16.9 的长半径 90°弯头。

2. 弯头支管台的上端有对焊、承插口和锥管螺纹等三种型式，选用时应注明。

3. 3000lb 级弯头支管台适用的支管壁厚等级为：Sch40、Sch80、STD、XS

4. 订货时必须注明弯头及支管公称尺寸、压力等级、材料编号，如用于公制管，应注明主管级支管外径和壁厚尺寸。

如：TEL   4″×½″   3000   20（用于英制管）

　　SEL   108×18   6×3   20（用于公制管）

4.4.8　其他管件

4.4.8.1　排污环（图4.4-1、表4.4-29、表4.4-30）

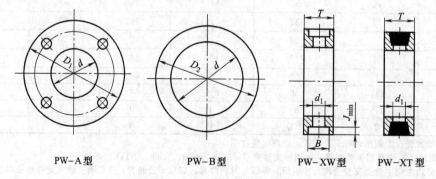

PW–A型　　　　PW–B型　　　　PW–XW型　　　PW–XT型

图 4.4-1　排污环结构型式

表 4.4-29 排污环尺寸

公称直径		d	D_1/mm							D_2/mm					
DN	NPS		Class	150	300	600	900	1500	2500	150	300	600	900	1500	2500
			PN	2MPa	5MPa	10MPa	15MPa	25MPa	42MPa	2MPa	5MPa	10MPa	15MPa	25MPa	42MPa
25	1	33		108	124	124	149	149	159	63.5	69	69	75.5	75.5	82
32	1¼	42		118	133	133	159	159	184	73	78.5	78.5	85	85	100
40	1½	48		127	156	156	178	178	203	82.5	92.5	92.5	94	94	113
50	2	60		152	165②	165②	216①	216①	235①	100.5	107	107	139	139	141.5
65	2½	73		178	191	191	245	245	267	119.5	127	127	160.5	160.5	164
80	3	89		191	210	210	241	267	305	132.5	146.5	146.5	164.5	170	192.5
100	4	114		229	251	273	292	311	356	170.5	178	190	202	205.5	231
125	5	141		254	279	330	349	375	394	191	213	237	243	250	276
150	6	168		279	318	356	381	394	483	219.5	248	262	284.5	278.5	313.5
200	8	219		343	381	419	470	483	553	276.5	304	316	354.5	348.5	383
250	10	273		406	445	508	546	584	673	336	357	396	431	430.5	471.5
300	12	324		483	521	559	610	673	762	406	418	453	494.5	515.5	543
350	14	355		533	584	603	641	749		446	481.5	488	517	575	
400	16	406		597	648	686	705	826		510	536.5	561	571	637	
450	18	457		635	711	743	787	914		545	592.5	609	634	698.5	
500	20	508		699	775	813	857	984		602	650	679	693.5	752	
600	24	609		813	914	940	1041	1168		713.5	771	786	833.5	896.5	

① 仅适用于排污口尺寸为1/2英寸和1英寸。②仅适用于排污口尺寸为1/2英寸。

表 4.4-30 排污口尺寸

排污口尺寸	类型	厚度 T	管螺纹 NPT 或 Rc	d_1	类型	厚度 T	B_{min}	d_1	J_{min}
½″	T-1	38	½″	15	W-1	38	21.8	15	10
¾″	T-2	38	¾″	15	W-2	38	27.2	15	13
1″	T-3	46	1″	25	W-3	45	34.2	25	13

注：1. 排污环夹持于两法兰之间型式有 AT、BT、AW、BW 四种。A 型外径较大带螺栓孔，B 型外径较小不带螺栓孔；T 型为管螺纹有 NPT Rc 及 G，订货时应注明；W 型为承插焊。型号示例：

AT-2 型　NPT　2.0MPa　DN150
BW-1 型　5.0MPa　DN300

2. 排污口一般用于 RF 法兰密封面，材料同法兰两侧密封面，加工粗糙度一般为 $Ra6.3$。

3. 排污环开孔为 180°分布两个：T 型应包括螺纹管塞两个，W 型应包括圆柱管塞一个。

4. 螺栓中心圆、螺栓孔按相应法兰要求。

4.4.8.2　盲板插环（图 4.4-2、表 4.4-31、表 4.4-32）

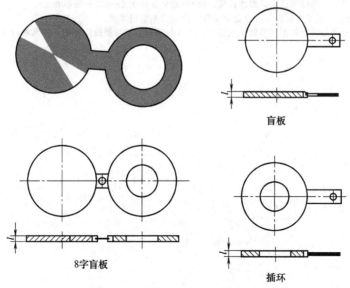

盲板

8字盲板

插环

图 4.4-2　盲板、插环、8字盲板

表 4.4-31　盲板、插环、8 字盲板尺寸（美国体系管法兰用）

公称直径		I/mm						公称直径		I/mm					
DN	NPS	Class	150	300	600	900	1500	2500	DN	NPS	Class	150	300	600	900	1500	2500
		PN	2MPa	5MPa	10MPa	15MPa	25MPa	42MPa			PN	2MPa	5MPa	10MPa	15MPa	25MPa	42MPa
15	½	3	6	6	6	6	10	125	5	10	16	19	22	28	35
20	¾	3	6	6	6	10	10	150	6	13	16	22	25	35	41
25	1	3	6	6	6	10	10	200	8	13	22	28	35	41	54
32	1¼	6	6	10	10	10	13	250	10	16	25	35	41	51	67
40	1½	6	6	10	10	13	16	300	12	19	28	41	48	60	79
50	2	6	10	10	13	13	16	350	14	19	32	44	54	67	—
65	2½	6	10	13	13	16	19	400	16	22	38	51	60	76	
80	3	6	10	13	16	19	22	450	18	25	41	54	67	86	—
90	3½	10	13	16	—	—	—	500	20	28	44	64	73	95	—
100	4	10	13	16	19	22	28	600	24	32	51	73	89	111	

注：1. 本系列产品符合 AP1590 要求，用于符合下列要求的突面法兰：ANSI B16.5, SH3406, ISO 7005 GB 9112～9124, HG 20615（美洲体系）。

2. 盲板、插环及 8 字盲板厚度均已包括腐蚀裕量：碳钢/低合金钢 1.3mm，不锈钢 0mm。

3. 本系列产品适用于平垫片，如用于其他型式垫片（如八角垫等）应与制造厂协商，并调整厚度。

表 4.4-32　盲板、插环、8 字盲板尺寸（欧洲体系管法兰用）

公称直径	I/mm					公称直径	I/mm				
DN	0.6MPa	1.0MPa	1.6MPa	2.5MPa	4.0MPa	DN	0.6MPa	1.0MPa	1.6MPa	2.5MPa	4.0MPa
15	8	8	8	8	8	150	12/10	10/8	15/13	17/15	21/19
20	8	8	8	8	8	200	14/12	12/10	17/15	21/19	27/25
25	8	8	8	8	9/8	250	17/15	13/11	20/18	25/23	32/30
32	8	8	8	8	10/8	300	19/17	15/13	23/21	29/27	37/35
40	8	8	8	9/8	10/8	350	21/19	17/15	26/24	33/31	42/40
50	8	8	9/8	10/8	12/10	400	23/21	18/16	29/27	36/34	48/46
65	8	8	10/8	11/9	13/11	450	25/23	20/18	32/30	39/37	50/48
80	8	8	10/8	12/10	14/12	500	28/26	22/20	35/33	43/41	54/52
100	10/8	8	12/10	14/13	16/14	600	32/30	25/23	41/39	51/49	65/62
125	11/9	9/8	13/11	16/14	19/17						

注：1. 本系列产品符合 HG 21547—1993 要求，用于符合下列要求的突面法兰：GB 9113～9122、HG 20592（欧洲体系）、ISO 7005—1、DIN、JB 管法兰。

2. 盲板、插环及 8 字盲板厚度均已包括腐蚀裕量：碳钢/低合金钢 2.0mm，不锈钢 0mm。

3. 表中有分子/分母者，分子为碳钢、低合金钢厚度；分母为不锈钢厚度。

4. 本系列产品适用于平垫片，如用于其他型式垫片（加八角垫等）应与制造厂协商，并调整厚度。

5 金属法兰与连接件

5.1 法兰选用依据

5.1.1 法兰选用

5.1.1.1 法兰选用原则（GB 50316—2000）

（1）标准法兰的公称压力的确定，应符合 GB 50316—2000 第 3.2.1 条第 3.2.1.1 款的规定。

（2）当采用非标准法兰时，必须按本规范的规定进行耐压强度计算。

（3）下列任一种情况的管道，应采用对焊法兰。不应采用平焊（滑套）法兰。

① 预计有频繁的大幅度温度循环条件下的管道；

② 剧烈循环条件下的管道。

（4）在刚性大，不便于拆装或公称直径大于或等于 400mm 的管道上设盲板时，宜在法兰上设顶开螺栓（顶丝）。

（5）配用非金属垫片的法兰，法兰密封面的粗糙度宜为 $3.2\sim6.4\mu m$。对于配用缠绕式垫片的法兰，应配光滑的密封面，粗糙度宜为 $1.6\sim3.2\mu m$，并应采用公称压力大于或等于 2.0MPa 的法兰。

（6）当金属法兰和非金属法兰连接或采用脆性材料的法兰时，两者宜为全平面（FF）型法兰。当必须采用突面（RF）型法兰时，应有防止螺栓过载而损坏法兰的措施。

（7）有频繁大幅度温度循环的情况下，承插焊法兰和螺纹法兰不宜用于高于 260℃ 及低于 −45℃。

5.1.1.2 法兰型式选用（表 5.1-1）

表 5.1-1 法兰型式选用

介质或用途	管道的公称压力/MPa	法兰的公称压力/MPa	法兰型式	密封面代号	介质或用途	管道的公称压力/MPa	法兰的公称压力/MPa	法兰型式	密封面代号
水、空气、PN≤0.3MPa 低压蒸汽等公用工程	≤0.6 1.0	0.6 1.0	板式平焊法兰	RF	一般易燃、易爆、中度危害（有毒）介质	≤1.0 1.6 2.5	1.0 1.6 2.5	带颈对焊法兰	RF
真空	绝压＞8kPa（＞60mmHg）	1.0	带颈平焊法兰	RF		4.0 6.3 10.0	4.0 6.3 10.0	带颈对焊法兰	凹面 FM 凸面 M
	绝压 0.1～8kPa（1～60mmHg）	1.6	带颈平焊法兰	RF	极度和高度危害（剧毒）介质	≤1.6 2.5	2.5 4.0	带颈对焊法兰	RF 凹面 FM 凸面 M
工艺介质、蒸汽	≤1.0 1.6 2.5	1.0 1.6 2.5	带颈平焊法兰	RF					
工艺介质、蒸汽	4.0 6.3 10.0	4.0 6.3 10.0	带颈对焊法兰	凹面 FM 凸面 M	不锈钢管道用	≤0.6 1.0 1.6 2.5	0.6 1.0 1.6 2.5	对焊环松套法兰（PJ/SE）	RF

5.1.1.3 钢制管法兰用材料（HG/T 20592—2009）（表 5.1-2）

表 5.1-2 钢制管法兰用材料

类别号	类　别	钢板		锻件		铸件	
		材料牌号	标准编号	材料编号	标准编号	材料编号	标准编号
1C1	碳素钢	—	—	A05 16Mn 16MnD	GB/T 12228 JB 4726 JB 4727	WCB	GB/T 12229
1C2	碳素钢	Q345R	GB 713	—	—	WCC LC3、LCC	GB/T 12229 JB/T 7248
1C3	碳素钢	16MnDR	GB 3531	08Ni3D 25	JB 4727 GB/T 12228	LCB	JB/T 7248
1C4	碳素钢	Q235A、Q235B 20 Q245R 09MnNiDR	GB 3274(GB 700) GB 711 GB 713 GB 3531	20 09MnNiD	JB 4726 JB 4727	WCA	GB/T 12229
1C9	铬钼钢 (1~1.25Cr-0.5Mo)	14Cr1MoR 15CrMoR	GB 713 GB 713	14Cr1Mo 15CrMo	JB 4726 JB 4726	WC6	JB/T 5263
1C10	铬钼钢 (2.25Cr-1Mo)	12Cr2Mo1R	GB 713	12Cr2Mo1	JB 4726	WC9	JB/T 5263
1C13	铬钼钢 (5Cr-0.5Mo)	—	—	15CrMo	JB 4726	ZG16Cr5MoG	GB/T 16253
1C14	铬钼钢 (9Cr-1Mo-V)					C12A	JB/T 5263
2C1	304	0Cr18Ni9	GB 4237	0Cr18Ni9	JB 4728	CF3/CF8	GB/T 12230
2C2	316	0Cr17Ni12Mo2	GB 4237	0Cr17Ni12Mo2	JB 4728	CF3M/CF8M	GB/T 12230
2C3	304L 316L	00Cr19Ni10 00Cr17Ni14Mo2	GB 4237 GB 4237	00Cr19Ni10 00Cr17Ni14Mo2	JB 4728 JB 4728	—	—
2C4	321	0Cr18Ni10Ti	GB 4237	0Cr18Ni10Ti	JB 4728	—	—
2C5	347	0Cr18Ni11Nb	GB 4237	—	—	—	—
12E0	CF8C	—	—	—	—	CF8C	GB/T 12230

　　注：1. 管法兰材料一般应采用锻制，不推荐用钢板或型钢制造，钢板仅可用于法兰盖、衬里法兰盖、板式平焊法兰、对焊环松套法兰和平焊环松套法兰。

　　2. 表列铸件仅适用于整体法兰。

　　3. 管法兰用对焊环可采用锻件或钢管仅制造（包括焊接）。

5.1.1.4 法兰钢印标志（HG/T 20592—2009）（表 5.1-3～表 5.1-5）

表 5.1-3 法兰类型代号

法 兰 类 型	法兰类型代号
板式平焊法兰	PL
带颈平焊法兰	SO
带颈对焊法兰	WN
整体法兰	IF
承插焊法兰	SW
螺纹法兰	Th
对焊环松套法兰	PJ/SE
平焊环松套法兰	PJ/RJ
法兰盖	BL
衬里法兰盖	BL(S)

　　螺纹法兰采用按 GB 7306 规定的锥管螺纹时，标记为"Th(Rc)"或"Th(Rp)"。

　　螺纹法兰采用按 GB/T 12716 规定的锥管螺纹时，标记为"Th(NPT)"。

　　螺纹法兰如未标记螺纹代号，则为 Rp。

表 5.1-4　密封面标志代号

密封面型式	突面	凸面	凹面	榫面	槽面	全平面	环连接面
代号	RF	M	FM	T	G	FF	RJ

表 5.1-5　材料代号

钢号	Q235A/Q235B	20/Q245R	25	A105	09Mn2VR	09MnNiD	16Mn/Q345R
代号	Q	20	25	A105	09MnD	09NiD	16Mn
钢号	16MnD 16MnDR	09MnNiD 09MnNiDR	14Cr1Mo 14Cr1MoR	15CrMo 15CrMoR	12Cr2Mo1 12Cr2Mo1R	1Cr5Mo	9Cr-1Mo-V
代号	16MnD	09MnNiD	14CM	15CM	C2M	C5M	C9MV
钢号	08Ni3D	0Cr18Ni9	00Cr19Ni10	0Cr18Ni10Ti	0Cr17Ni12Mo2	00Cr17Ni14Mo2	0Cr18Ni1Nb
代号	3.5Ni	304	304L	321	316	316L	347

5.1.1.5　温度-压力等级（HG/T 20592—2009）（表 5.1-6～表 5.1-14）

表 5.1-6　PN2.5 钢制管法兰用材料最大允许工作压力（表压）　　　单位：bar

材料类别	工作温度/℃																				
	20	50	100	150	200	250	300	350	375	400	425	450	475	500	510	520	530	540	550	575	600
1C1	2.5	2.5	2.5	2.4	2.3	2.2	2.0	2.0	1.9	1.6	1.4	0.9	0.6	0.4	—	—	—	—	—	—	—
1C2	2.5	2.5	2.5	2.5	2.5	2.5	2.2	2.1	2.1	1.6	1.4	0.9	0.6	0.4	—	—	—	—	—	—	—
1C3	2.5	2.5	2.4	2.3	2.3	2.1	2.0	1.9	1.8	1.5	1.3	0.9	0.6	0.4	—	—	—	—	—	—	—
1C4	2.3	2.2	2.0	2.0	1.9	1.8	1.7	1.6	1.6	1.4	1.2	0.9	0.6	0.4	—	—	—	—	—	—	—
1C9	2.5	2.5	2.5	2.5	2.5	2.5	2.4	2.3	2.3	2.2	2.2	2.1	1.7	1.2	1.0	0.9	0.8	0.7	0.6	0.4	0.2
1C10	2.5	2.5	2.5	2.5	2.5	2.5	2.5	2.5	2.5	2.5	1.8	1.8	1.4	1.2	1.1	0.9	0.8	0.7	0.6	0.5	0.3
1C13	2.5	2.5	2.5	2.5	2.5	2.5	2.5	2.5	2.5	2.5	2.2	1.8	1.5	1.0	0.9	0.8	0.7	0.6	0.5	0.4	0.3
1C14	2.5	2.5	2.5	2.5	2.5	2.5	2.5	2.5	2.5	2.5	2.5	2.1	1.4	1.0	1.0	0.9	0.8	0.7	0.6	0.5	0.3
2C1	2.3	2.2	1.8	1.7	1.6	1.5	1.4	1.3	1.3	1.3	1.2	1.2	1.2	1.2	1.2	1.2	1.2	1.1	1.1	1.0	0.8
2C2	2.3	2.2	1.9	1.7	1.6	1.5	1.4	1.4	1.3	1.3	1.3	1.3	1.3	1.3	1.3	1.3	1.3	1.3	1.2	1.2	0.9
2C3	1.9	1.8	1.6	1.4	1.3	1.2	1.1	1.1	1.0	1.0	1.0	1.0	—	—	—	—	—	—	—	—	—
2C4	2.3	2.2	2.0	2.0	1.7	1.6	1.5	1.5	1.4	1.4	1.4	1.4	1.4	1.3	1.3	1.3	1.3	1.3	1.3	1.3	0.9
2C5	2.3	2.2	2.0	2.0	1.8	1.7	1.6	1.6	1.5	1.5	1.5	1.5	1.5	1.5	1.5	1.5	1.5	1.5	1.4	1.4	0.9
12E0	2.2	2.1	2.0	2.0	1.8	1.7	1.6	1.5	1.4	—	1.4	—	1.4	—	1.3	—	—	—	1.3	—	1.0

表 5.1-7　PN6 钢制管法兰用材料最大允许工作压力（表压）　　　单位：bar

材料类别	工作温度/℃																				
	20	50	100	150	200	250	300	350	375	400	425	450	475	500	510	520	530	540	550	575	600
1C1	6.0	6.0	6.0	5.8	5.6	5.4	5.0	4.7	4.6	4.0	3.3	2.3	1.5	1.0	—	—	—	—	—	—	—
1C2	6.0	6.0	6.0	6.0	6.0	6.0	5.5	5.3	5.1	4.0	3.3	2.3	1.5	1.0	—	—	—	—	—	—	—
1C3	6.0	6.0	5.8	5.7	5.5	5.2	4.8	4.6	4.5	3.8	3.1	2.3	1.5	1.0	—	—	—	—	—	—	—
1C4	5.5	5.4	5.0	4.8	4.7	4.5	4.1	4.0	3.9	3.5	3.0	2.2	1.5	1.0	—	—	—	—	—	—	—
1C9	6.0	6.0	6.0	6.0	6.0	6.0	5.8	5.6	5.5	5.4	5.3	5.1	4.1	2.9	2.5	2.2	1.9	1.6	1.4	1.0	0.7
1C10	6.0	6.0	6.0	6.0	6.0	6.0	6.0	6.0	6.0	6.0	5.8	5.7	4.3	3.3	3.0	2.7	2.3	2.0	1.7	1.2	0.8
1C13	6.0	6.0	6.0	6.0	6.0	6.0	6.0	6.0	5.9	5.8	5.6	5.4	3.6	2.4	2.2	1.9	1.7	1.5	1.4	1.0	0.7
1C14	6.0	6.0	6.0	6.0	6.0	6.0	6.0	6.0	6.0	6.0	6.0	5.2	3.5	3.0	2.6	2.3	1.9	1.7	1.4	1.2	0.8
2C1	5.5	5.3	4.5	4.1	3.8	3.6	3.4	3.2	3.2	3.2	3.0	2.9	2.9	2.9	2.9	2.9	2.8	2.8	2.7	2.4	1.9
2C2	5.5	5.3	4.6	4.2	3.9	3.7	3.5	3.3	3.2	3.2	3.2	3.1	3.1	3.1	3.1	3.1	3.1	3.1	3.1	2.8	2.3
2C3	4.6	4.4	3.8	3.4	3.1	2.9	2.8	2.6	2.6	2.5	2.5	2.4	—	—	—	—	—	—	—	—	—
2C4	5.5	5.3	4.9	4.5	4.2	4.0	3.7	3.6	3.5	3.4	3.4	3.4	3.3	3.3	3.3	3.3	3.3	3.3	3.2	2.9	2.3
2C5	5.5	5.4	5.0	4.7	4.4	4.1	3.9	3.8	3.7	3.7	3.7	3.7	3.7	3.7	3.6	3.6	3.6	3.6	3.5	3.0	2.3
12E0	5.3	5.1	4.7	4.4	4.1	3.9	3.6	3.5	—	—	3.3	—	3.2	—	—	—	—	—	3.1	—	2.3

表 5.1-8　PN10 钢制管法兰用材料最大允许工作压力（表压）　　单位：bar

材料类别	工作温度/℃																				
	20	50	100	150	200	250	300	350	375	400	425	450	475	500	510	520	530	540	550	575	600
1C1	10	10	10	9.7	9.4	9.0	8.3	7.9	7.7	6.7	5.5	3.8	2.6	1.7	—	—	—	—	—	—	—
1C2	10	10	10	10	10	10	9.3	8.8	8.5	6.7	5.5	3.8	2.6	1.7	—	—	—	—	—	—	—
1C3	10	10	9.7	9.4	9.2	8.7	8.1	7.7	7.5	6.3	5.3	3.8	2.6	1.7	—	—	—	—	—	—	—
1C4	9.1	9.0	8.3	8.1	7.9	7.5	6.9	6.6	6.5	5.9	5.0	3.8	2.6	1.7	—	—	—	—	—	—	—
1C9	10	10	10	10	10	10	9.7	9.4	9.2	9.0	8.8	8.6	6.8	4.9	4.2	3.7	3.2	2.8	2.4	1.7	1.1
1C10	10	10	10	10	10	10	10	10	10	9.9	9.7	9.5	7.3	5.5	5.0	4.4	3.9	3.4	2.9	2.0	1.3
1C13	10	10	10	10	10	10	10	10	9.9	9.7	9.4	9.1	6.0	4.1	3.6	3.3	2.9	2.6	2.3	1.7	1.2
1C14	10	10	10	10	10	10	10	10	10	10	10	10	8.7	5.9	5.0	4.4	3.8	3.3	2.9	2.0	1.4
2C1	9.1	8.8	7.5	6.8	6.3	6.0	5.6	5.4	5.4	5.2	5.1	5.0	4.9	4.9	4.8	4.8	4.8	4.7	4.6	4.0	3.2
2C2	9.1	8.9	7.8	7.1	6.6	6.1	5.8	5.6	5.5	5.4	5.4	5.3	5.3	5.2	5.2	5.2	5.1	5.1	5.1	4.7	3.8
2C3	7.6	7.4	6.3	5.7	5.3	4.9	4.6	4.4	4.3	4.2	4.2	4.1	—	—	—	—	—	—	—	—	—
2C4	9.1	8.9	8.1	7.5	7.0	6.6	6.3	6.0	5.9	5.8	5.7	5.7	5.6	5.6	5.5	5.5	5.5	5.5	5.4	4.9	3.9
2C5	9.1	9.0	8.3	7.8	7.3	6.9	6.6	6.4	6.3	6.2	6.2	6.2	6.1	6.1	6.1	6.1	6.1	6.0	5.8	5.0	3.8
12E0	8.9	8.4	7.8	7.3	6.9	6.4	6.0	5.8	—	5.6	—	5.4	—	5.3	—	—	—	—	5.1	—	3.8

表 5.1-9　PN16 钢制管法兰用材料最大允许工作压力（表压）　　单位：bar

材料类别	工作温度/℃																				
	20	50	100	150	200	250	300	350	375	400	425	450	475	500	510	520	530	540	550	575	600
1C1	16.0	16.0	16.0	15.6	15.1	14.4	13.4	12.8	12.4	10.8	8.9	6.2	4.2	2.7	—	—	—	—	—	—	—
1C2	16.0	16.0	16.0	16.0	16.0	16.0	14.9	14.2	13.7	10.8	8.9	6.2	4.2	2.7	—	—	—	—	—	—	—
1C3	16.0	16.0	15.6	15.2	14.7	14.0	13.0	12.4	12.1	10.1	8.4	6.1	4.2	2.7	—	—	—	—	—	—	—
1C4	14.7	14.4	13.4	13.0	12.6	12.0	11.2	10.7	10.5	9.4	8.0	6.0	4.2	2.7	—	—	—	—	—	—	—
1C9	16.0	16.0	16.0	16.0	16.0	16.0	15.5	15.0	14.8	14.5	14.1	13.8	11.0	7.9	6.8	6.0	5.2	4.5	3.9	2.7	1.8
1C10	16.0	16.0	16.0	16.0	16.0	16.0	16.0	16.0	16.0	15.9	15.6	15.3	11.7	8.9	8.0	7.1	6.2	5.4	4.7	3.2	2.1
1C13	16.0	16.0	16.0	16.0	16.0	16.0	16.0	16.0	15.6	15.1	14.6	9.6	6.6	5.8	5.3	4.7	4.1	3.7	2.7	2.2	1.9
1C14	16.0	16.0	16.0	16.0	16.0	16.0	16.0	16.0	16.0	16.0	16.0	16.0	14.0	9.4	8.0	7.1	6.1	5.3	4.6	3.2	2.2
2C1	14.7	14.2	12.1	11.0	10.2	9.6	9.0	8.7	8.6	8.4	8.2	8.1	7.9	7.8	7.7	7.7	7.6	7.5	7.3	6.4	5.2
2C2	14.7	14.3	12.5	11.4	10.6	9.8	9.3	9.0	8.8	8.7	8.6	8.5	8.5	8.4	8.3	8.3	8.3	8.3	8.2	7.6	6.1
2C3	12.3	11.8	10.2	9.2	8.5	7.9	7.4	7.1	6.9	6.8	6.7	6.5	—	—	—	—	—	—	—	—	—
2C4	14.7	14.4	13.1	12.1	11.3	10.7	10.1	9.7	9.4	9.3	9.2	9.1	9.0	8.9	8.9	8.8	8.8	8.8	8.7	7.9	6.3
2C5	14.7	14.4	13.4	12.5	11.8	11.2	10.6	10.2	10.1	10.0	9.9	9.9	9.8	9.8	9.8	9.8	9.8	9.7	9.4	8.1	6.1
12E0	14.2	13.5	12.5	11.7	11.0	10.3	9.7	9.2	—	8.9	—	8.7	—	8.5	—	—	—	—	8.2	—	6.1

表 5.1-10　PN25 钢制管法兰用材料最大允许工作压力（表压）　　单位：bar

材料类别	工作温度/℃																				
	20	50	100	150	200	250	300	350	375	400	425	450	475	500	510	520	530	540	550	575	600
1C1	25.0	25.0	25.0	24.4	23.7	22.5	20.9	20.0	19.4	16.9	14.0	9.7	6.5	4.2	—	—	—	—	—	—	—
1C2	25.0	25.0	25.0	25.0	25.0	25.0	23.3	22.2	21.4	16.9	14.0	9.7	6.5	4.2	—	—	—	—	—	—	—
1C3	25.0	25.0	24.4	23.7	23.0	21.9	20.4	19.4	18.9	15.9	13.3	9.6	6.5	4.2	—	—	—	—	—	—	—
1C4	23.0	22.5	20.9	20.4	19.7	18.8	17.5	16.7	16.5	14.8	12.6	9.5	6.5	4.2	—	—	—	—	—	—	—
1C9	25.0	25.0	25.0	25.0	25.0	25.0	24.3	23.5	23.1	22.7	22.1	21.5	17.1	12.5	10.7	9.4	8.2	7.0	6.1	4.2	2.9
1C10	25.0	25.0	25.0	25.0	25.0	25.0	25.0	25.0	25.0	24.8	24.4	23.9	18.3	14.0	12.6	11.2	9.8	8.5	7.4	5.1	3.3
1C13	25.0	25.0	25.0	25.0	25.0	25.0	25.0	25.0	24.9	24.3	23.8	15.1	10.4	9.1	8.2	7.3	6.5	5.8	4.3	3.6	3.0
1C14	25.0	25.0	25.0	25.0	25.0	25.0	25.0	25.0	25.0	25.0	25.0	25.0	21.9	14.8	12.6	11.2	9.6	8.2	7.2	5.0	3.4
2C1	23.0	22.1	18.9	17.2	16.0	15.0	14.2	13.7	13.5	13.2	12.9	12.7	12.5	12.3	12.2	12.1	12.0	11.9	11.5	10.1	8.2
2C2	23.0	22.3	19.5	17.8	16.5	15.5	14.6	14.1	13.8	13.6	13.5	13.4	13.3	13.2	13.1	13.1	13.0	13.0	12.9	12.0	9.6
2C3	19.2	18.5	16.0	14.5	13.3	12.4	11.7	11.1	10.9	10.7	10.5	10.3	—	—	—	—	—	—	—	—	—
2C4	23.0	22.5	20.4	19.0	17.7	16.7	15.8	15.2	14.8	14.6	14.4	14.3	14.1	14.0	13.9	13.9	13.8	13.8	13.6	12.4	9.8
2C5	23.0	22.6	20.9	19.6	18.4	17.4	16.6	16.0	15.8	15.7	15.5	15.4	15.4	15.3	15.3	15.3	15.2	15.2	14.7	12.7	9.6
12E0	22.2	21.1	19.6	18.3	17.2	16.1	15.1	14.4	—	13.9	—	13.6	—	13.2	—	—	—	—	12.8	—	9.6

表 5.1-11　　PN40 钢制管法兰用材料最大允许工作压力（表压）　　　　　单位：bar

材料类别	工作温度/℃																				
	20	50	100	150	200	250	300	350	375	400	425	450	475	500	510	520	530	540	550	575	600
1C1	40.0	40.0	40.0	39.1	37.9	36.0	33.5	31.9	31.1	27.0	22.4	15.6	10.5	6.8	—	—	—	—	—	—	—
1C2	40.0	40.0	40.0	40.0	40.0	40.0	37.2	35.6	34.2	27.0	22.4	15.6	10.5	6.8	—	—	—	—	—	—	—
1C3	40.0	40.0	39.0	38.0	36.9	35.1	32.6	31.1	30.1	25.4	21.2	15.4	10.5	6.8	—	—	—	—	—	—	—
1C4	36.8	36.1	33.5	32.6	31.6	30.1	27.9	26.7	26.3	23.7	20.1	15.2	10.5	6.8	—	—	—	—	—	—	—
1C9	40.0	40.0	40.0	40.0	40.0	40.0	38.9	37.6	36.9	36.2	35.4	34.5	27.4	19.9	17.1	15.1	13.1	11.3	9.8	6.8	4.7
1C10	40.0	40.0	40.0	40.0	40.0	40.0	40.0	40.0	40.0	39.7	39.0	38.3	29.2	22.3	20.2	18.0	15.7	13.6	12.0	8.1	5.3
1C13	40.0	40.0	40.0	40.0	40.0	40.0	40.0	39.8	38.9	37.8	36.4	24.1	16.6	14.7	13.3	11.8	10.4	9.3	—	6.9	4.8
1C14	40.0	40.0	40.0	40.0	40.0	40.0	40.0	40.0	40.0	40.0	40.0	40.0	35.0	23.7	20.2	17.8	15.5	13.3	11.7	8.1	5.5
2C1	36.8	35.4	30.3	27.5	25.5	24.1	22.7	21.9	21.6	21.2	20.6	20.3	19.9	19.6	19.5	19.4	19.2	19.0	18.4	16.2	13.1
2C2	36.8	35.6	31.3	28.5	26.4	25.2	23.4	22.6	22.1	21.8	21.6	21.4	21.2	21.0	21.0	20.9	20.8	20.8	20.7	19.1	15.5
2C3	30.6	29.6	25.5	23.1	21.2	19.8	18.7	17.8	17.5	17.1	16.8	16.5	—	—	—	—	—	—	—	—	—
2C4	36.8	35.9	32.7	30.3	28.4	26.7	25.3	24.2	23.7	23.4	23.1	22.8	22.6	22.4	22.3	22.2	22.1	22.0	21.8	19.9	15.8
2C5	36.8	36.1	33.4	31.3	29.5	27.9	26.6	25.6	25.2	25.1	24.9	24.8	24.7	24.6	24.6	24.6	24.6	24.6	23.5	20.4	15.4
12E0	35.6	33.8	31.3	29.3	27.6	25.8	24.2	23.1	—	22.2	—	21.7	—	21.2	—	—	—	—	20.4	—	15.3

表 5.1-12　　PN63 钢制管法兰用材料最大允许工作压力（表压）　　　　　单位：bar

材料类别	工作温度/℃																				
	20	50	100	150	200	250	300	350	375	400	425	450	475	500	510	520	530	540	550	575	600
1C1	63.0	63.0	63.0	61.5	59.6	56.8	52.7	50.3	49.0	42.5	35.2	24.5	16.6	10.8	—	—	—	—	—	—	—
1C2	63.0	63.0	63.0	63.0	63.0	63.0	58.7	56.0	53.8	42.5	35.2	24.5	16.6	10.8	—	—	—	—	—	—	—
1C3	63.0	63.0	61.4	59.8	58.1	55.2	51.3	48.9	47.5	40.0	33.4	24.3	16.6	10.8	—	—	—	—	—	—	—
1C4	57.9	56.8	52.7	51.3	49.8	47.4	44.0	42.1	41.5	37.4	31.7	24.0	16.6	10.8	—	—	—	—	—	—	—
1C9	63.0	63.0	63.0	63.0	63.0	63.0	61.2	59.2	58.1	57.1	55.7	54.3	43.2	31.4	26.9	23.8	20.7	17.8	15.6	10.8	7.4
1C10	63.0	63.0	63.0	63.0	63.0	63.0	63.0	63.0	63.0	62.5	61.5	60.3	46.0	35.2	31.9	28.3	24.8	21.4	18.8	12.9	8.4
1C13	63.0	63.0	63.0	63.0	63.0	63.0	63.0	62.7	61.9	59.6	57.3	37.9	26.1	23.2	20.9	18.8	16.4	14.8	—	10.9	7.6
1C14	63.0	63.0	63.0	63.0	63.0	63.0	63.0	63.0	63.0	63.0	63.0	63.0	55.1	37.3	31.9	28.1	24.3	20.9	18.4	12.8	8.7
2C1	57.9	55.8	47.7	43.4	40.2	37.9	35.8	34.5	34.0	33.3	32.5	31.9	31.4	30.9	30.7	30.5	30.3	29.9	29.0	25.5	20.7
2C2	57.9	56.1	49.2	44.9	41.6	38.9	36.9	35.5	34.9	34.4	34.0	33.7	33.5	33.2	33.0	32.9	32.8	32.7	32.6	30.2	24.4
2C3	48.3	46.6	40.2	36.4	33.5	31.1	29.5	28.1	27.5	27.0	26.5	26.0	—	—	—	—	—	—	—	—	—
2C4	57.9	56.6	51.4	47.8	44.7	42.0	39.8	38.2	37.4	36.8	36.3	36.0	35.7	35.3	35.1	35.0	34.9	34.7	34.4	31.3	24.8
2C5	57.9	56.8	52.6	49.4	46.4	43.9	41.9	40.3	39.7	39.6	39.2	39.0	38.9	38.8	38.8	38.7	38.5	38.3	37.0	32.1	24.3
12E0	56.0	53.2	49.3	46.2	43.4	40.6	38.1	36.4	—	35.0	—	34.2	—	33.3	—	—	—	—	32.2	—	24.1

表 5.1-13　　PN100 钢制管法兰用材料最大允许工作压力（表压）　　　　　单位：bar

材料类别	工作温度/℃																				
	20	50	100	150	200	250	300	350	375	400	425	450	475	500	510	520	530	540	550	575	600
1C1	100	100	100	97.7	94.7	90.1	83.6	79.8	77.8	67.5	55.9	38.9	26.3	17.1	—	—	—	—	—	—	—
1C2	100	100	100	100	100	100	93.1	88.9	85.4	67.5	55.9	38.9	26.3	17.1	—	—	—	—	—	—	—
1C3	100	100	97.4	94.9	92.2	87.6	81.4	77.7	75.3	63.4	53.1	38.5	26.3	17.1	—	—	—	—	—	—	—
1C4	91.9	90.2	83.7	81.5	79.0	75.2	69.8	66.8	65.8	59.3	50.3	38.1	26.3	17.1	—	—	—	—	—	—	—
1C9	100	100	100	100	100	100	97.2	94.0	92.3	90.6	88.4	86.2	68.6	49.9	42.7	37.8	32.8	28.2	24.7	17.1	11.8
1C10	100	100	100	100	100	100	100	100	100	99.2	97.6	95.6	73.1	55.9	50.6	44.9	39.3	34.0	29.9	20.5	13.4
1C13	100	100	100	100	100	100	100	99.6	97.3	94.6	91.0	60.2	41.4	36.8	33.1	29.5	26.1	23.4	—	17.3	12.1
1C14	100	100	100	100	100	100	100	100	100	100	100	100	87.5	59.2	50.6	44.6	38.6	33.1	29.2	20.3	14.0
2C1	91.9	88.6	75.7	68.8	63.9	60.2	56.8	54.7	54.0	52.9	51.6	50.7	49.9	49.1	48.7	48.4	48.0	47.5	46.0	40.5	32.8
2C2	91.9	89.1	78.1	71.3	66.0	61.8	58.5	56.4	55.3	54.5	54.0	53.4	53.1	52.6	52.4	52.2	52.1	51.9	51.7	47.9	38.7
2C3	76.6	74.0	63.9	57.8	53.1	49.4	46.8	44.5	43.7	42.9	42.0	41.2	—	—	—	—	—	—	—	—	—
2C4	91.9	89.8	81.6	75.9	70.9	66.7	63.2	60.6	59.3	58.5	57.6	57.1	56.5	56.0	55.8	55.6	55.1	55.1	54.5	49.7	39.4
2C5	91.9	90.2	83.6	78.4	73.6	69.7	66.5	64.0	63.1	62.8	62.2	62.0	61.7	61.6	61.6	61.5	61.4	60.8	58.8	50.9	38.5
12E0	88.9	84.4	78.2	73.3	68.9	64.4	60.4	57.8	—	55.6	—	54.2	—	52.9	—	—	—	—	51.1	—	38.2

表 5.1-14　PN160 钢制管法兰用材料最大允许工作压力（表压）　　　　单位：bar

材料类别	工作温度/℃																				
	20	50	100	150	200	250	300	350	375	400	425	450	475	500	510	520	530	540	550	575	600
1C1	160.0	160.0	160.0	156.3	151.4	144.1	133.8	127.7	124.4	108.0	89.4	62.2	42.0	27.3	—	—	—	—	—	—	—
1C2	160.0	160.0	160.0	160.0	160.0	160.0	148.9	142.2	136.6	108.0	89.4	62.2	42.0	27.3	—	—	—	—	—	—	—
1C3	160.0	160.0	155.8	151.8	147.4	140.2	130.2	125.0	120.5	101.4	84.9	61.8	42.0	27.3	—	—	—	—	—	—	—
1C4	147.0	144.2	133.9	130.3	126.3	120.3	111.7	106.8	105.3	94.9	80.4	60.8	42.0	27.3	—	—	—	—	—	—	—
1C9	160.0	160.0	160.0	160.0	160.0	155.4	150.3	147.6	144.9	141.4	137.8	109.7	79.7	68.3	60.4	52.4	45.0	39.5	27.3	18.7	
1C10	160.0	160.0	160.0	160.0	160.0	160.0	160.0	158.7	156.0	153.0	116.9	89.3	80.9	71.8	62.8	54.4	47.7	32.7	21.4		
1C13	160.0	160.0	160.0	160.0	160.0	160.0	159.2	155.7	151.8	145.6	96.3	66.2	58.8	52.9	47.1	41.6	37.4	27.5	19.3		
1C14	160.0	160.0	160.0	160.0	160.0	160.0	160.0	160.0	160.0	160.0	140.0	94.7	81.0	71.4	61.8	53.0	46.7	32.5	22.4		
2C1	147.0	141.7	121.1	110.1	102.1	96.2	90.8	87.5	86.4	84.6	82.4	81.1	79.7	78.5	77.9	77.4	76.8	75.9	73.6	64.8	52.4
2C2	147.0	142.5	125.0	114.2	105.6	98.9	93.6	90.2	88.5	87.2	86.3	85.4	84.9	84.1	83.8	83.5	83.3	83.0	82.7	76.5	61.9
2C3	122.5	118.4	102.1	92.5	84.9	79.0	74.8	71.2	69.9	68.5	67.2	65.9	—	—	—	—	—	—	—	—	—
2C4	147.0	143.7	130.6	121.3	113.4	106.7	101.1	96.9	94.9	93.5	92.2	91.3	90.4	89.6	89.2	88.8	88.5	88.1	87.2	79.5	63.0
2C5	147.0	144.4	133.6	125.3	117.8	111.5	106.4	102.4	100.9	100.4	99.5	99.1	98.7	98.5	98.5	98.3	98.2	97.3	94.0	81.4	61.5
12E0	142.2	135.0	125.0	117.3	110.0	103.0	96.6	92.48	—	89.0	—	86.7	—	84.6	—	—	—	—	81.8	—	61.1

5.1.2　垫片选用

5.1.2.1　垫片选用原则（GB 50316—2000）

（1）选用的垫片应使所需的密封负荷与法兰的设计压力、密封面、法兰强度及其螺栓连接相适应，垫片的材料应适应流体性质及工作条件。

（2）缠绕式垫片用在凸凹面法兰上时宜带内环，用在突面（RF）型法兰上时宜带外定位环。

（3）用于全平面（FF）型法兰的垫片，应为全平面非金属垫片。

（4）非金属垫片的外径可超过突面（RF）型法兰密封面的外径，制成"自对中"式的垫片。

（5）用于不锈钢法兰的非金属垫片，其氯离子的含量不得超过 50×10^{-6}。

5.1.2.2　垫片适用条件（表 5.1-15）

表 5.1-15　各种垫片的适用条件

垫片形式			公称压力/MPa	使用温度/℃	公称尺寸/mm	适用密封面型式
非金属平垫片	天然橡胶		0.25～1.6	−50～90	10～2000	全平面 突面 凸凹面 榫槽面
	氯丁橡胶		0.25～1.6	−40～100		
	丁腈橡胶		0.25～1.6	−30～110		
	丁苯橡胶		0.25～1.6	−30～100		
	乙丙橡胶		0.25～1.6	−40～130		
	氟橡胶		0.25～1.6	−50～200		
	石棉橡胶板		0.25～2.5	≤300		
	耐油石棉橡胶板		0.25～2.5	≤300		
	合成纤维的橡胶压制板	无机	0.25～4.0	−40～290		
		有机		−40～200		
	改性或填充的聚四氟乙烯板		0.25～4.0	−196～+260		
聚四氟乙烯包覆垫			0.6～4.0	≤150(200)	10～600	突面
柔性石墨复合垫	低碳钢		1.0～6.3	450	10～2000	突面、凸凹面 榫槽面
	0Cr18Ni9			650		
金属包覆垫	纯铝板 L3		2.5～10.0	200	10～900	突面
	纯铜板 T3			300		
	低碳钢			400		
	不锈钢			500		
金属缠绕垫	特种石棉纸或非石棉纸		1.6～16.0	500	10～2000	突面 凸凹面 榫槽面
	柔性石墨			650		
	聚四氟乙烯			200		

续表

	垫片形式	公称压力/MPa	使用温度/℃	公称尺寸/mm	适用密封面型式
齿形组合垫	10 或 08/柔性石墨	1.6～25.0	450	10～2000	突面 凸凹面
	0Cr13/柔性石墨		540		
	不锈钢/柔性石墨		650		
	304、316/聚四氟乙烯		200		
金属环垫	10 或 08	6.3～25.0	450	10～400	环连接面
	0Cr13		540		
	304 或 316		650		

5.1.2.3 非金属平垫片（HG/T 20606—2009）

本标准适用于 HG/T 20592 所规定的公称压力 PN2.5～63 的钢制管法兰用非金属平垫片。

钢制管法兰用非金属平垫片的材料通常包括：

① 天然橡胶、氯丁橡胶、丁苯橡胶、丁腈橡胶、三元乙丙橡胶、氟橡胶等；

② 石棉橡胶板和耐油石棉橡胶板；

③ 非石棉纤维橡胶板；

④ 聚四氟乙烯板、膨胀聚四氟乙烯板或填充改性聚四氟乙烯板；

⑤ 增强柔性石墨板；

⑥ 高温云母复合板。

非金属平垫片的使用条件应符合表 5.1-16 的规定。

表 5.1-16 非金属平垫片的使用条件

类型	名 称	标 准	代号	公称压力 PN	工作温度/℃	最大($p\times t$)/(MPa×℃)
橡胶	天然橡胶	①	NR	≤16	−50～+80	60
	氯丁橡胶		CR	≤16	−20～+100	60
	丁腈橡胶		NBR	≤16	−20～+110	60
	丁苯橡胶		SBR	≤16	−20～+90	60
	三元乙丙橡胶		EPDM	≤16	−20～+140	90
	氟橡胶		FKM	≤16	−20～+200	90
石棉橡胶	石棉橡胶板	GB/T 3985	XB350 XB450	≤25	−40～+300	650
	耐油石棉橡胶板	GB/T 539	NY400			
非石棉纤维橡胶板	无机纤维	②	NAS	≤40	−40～+290④	960
	有机纤维				−40～+200④	
聚四氟乙烯	聚四氟乙烯板	QB/T 3625	PTFE	≤16	−50～+100	
	膨胀聚四氟乙烯板或带	②、③	ePTFE	≤40	−200～+200④	
	填充改性聚四氟乙烯板		RPTFE			
柔性石墨	增强柔性石墨板	JB/T 6628 JB/T 7758.2	RSB	10～63	−240～+650 （用于氧化性介质时，−240～+450）	1200
高温云母	高温云母复合板			10～63	−196～+900	

① 除本表的规定外，选用时还应符合 HG/T 20614 的相应规定。

② 非石棉纤维橡胶板、膨胀聚四氟乙烯板或带、填充改性聚四氟乙烯板选用时应注明公认的厂商牌号（详见 HG/T 20614 附录 A），按具体使用工况，确认具体产品的使用压力、适用温度范围及最大（$p\times T$）值。

③ 膨胀聚四氟乙烯带一般用于管法兰的维护和保养，尤其是应急场合，也用于异形管法兰。

④ 超过此温度范围或饱和蒸气压大于 1.0MPa（表压）使用时，应确认具体产品的适用条件。

不同密封面法兰用垫片的公称压力范围见表 5.1-17 的规定。

表 5.1-17 不同密封面法兰用垫片的公称压力范围

密封面形式（代号）	公称压力 PN/bar	密封面形式（代号）	公称压力 PN/bar
全平面（FF）	2.5～16	凹面/凸面（FM/M）	10～63
突面（RF）	2.5～63	榫面/槽面（T/G）	10～63

垫片按密封面形式分为 FF 型、RF 型、MFM 型和 TG 型，分别适用于全平面、突面、凹面/凸面和榫面/槽面法兰，如图 5.1-1 所示。

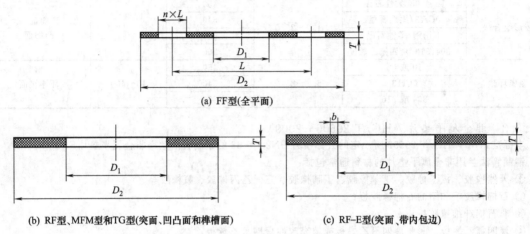

(a) FF型(全平面)

(b) RF型、MFM型和TG型(突面、凹凸面和榫槽面)　　　(c) RF–E型(突面、带内包边)

图 5.1-1　垫片的型式

5.1.2.4　聚四氟乙烯包覆垫片 (HG/T 20607—2009)

本标准适用于 HG/T 20592 所规定的公称压力 PN6～40、工作温度≤150℃的突面钢制管法兰用聚四氟乙烯包覆垫片。

垫片的型式按加工方法分为剖切型、机加工形和折包型，分别以 A 型、B 型和 C 型表示，如图 5.1-2 所示。

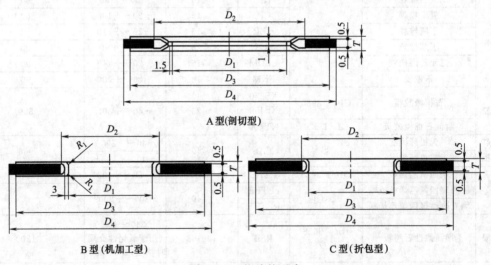

A型(剖切型)

B型(机加工型)　　　　　　C型(折包型)

图 5.1-2　垫片的型式

5.1.2.5　金属包覆垫片 (HG/T 20609—2009)

本标准适用于 HG/T 20592 所规定的公称压力 PN25～100 的突面钢制管法兰用金属包覆垫片。

垫片的型式和尺寸按图 5.1-3 规定，垫片的最高工作温度按表 5.1-18 和表 5.1-19。

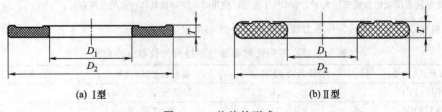

(a) Ⅰ型　　　　　　　　　　(b) Ⅱ型

图 5.1-3　垫片的型式

表 5.1-18 包覆金属材料的最高工作温度

包覆金属材料	标准	代号	最高工作温度/℃
纯铝板 L3	GB/T 3880	L3	200
纯铜板 T3	GB/T 2040	T3	300
镀锌钢板	GB/T 2518	St(Zn)	400
08F	GB/T 710	St	
0Cr13		405	500
0Cr18Ni9		304	
0Cr18Ni10Ti	GB/T 3280	321	600
00Cr17Ni14Mo2		316L	
00Cr19Ni13Mo3		317L	

注：也可采用其他材料，但应在订货时注明。

表 5.1-19 填充材料的最高工作温度

填 充 材 料		代 号	最高工作温度/℃
柔性石墨板		FG	650
石棉橡胶板		AS	300
非石棉纤维橡胶板	无机纤维	NAS	200
	有机纤维		290

注：1. 也可采用其他材料，但应在订货时注明。
2. 柔性石墨板用于氧化性介质时，最高使用温度为450℃。

5.1.2.6 缠绕式垫片（HG/T 20610—2009）

本标准适用于 HG/T 20592 所规定的公称压力 PN16～160 的钢制管法兰用缠绕式垫片。

垫片的最高工作温度及尺寸型式按表5.1-20 和表5.1-21 的规定。

表 5.1-20 垫片的最高工作温度

金属带材料		填充材料		最高工作温度 /℃
钢 号	标准	名称	标准	
0Cr18Ni9(304)		温石棉带	JC/T 69	−100～+300
00Cr19Ni10(304L)		柔性石墨带	JB/T 7758.2	−200～+650(用于氧化性介质时 最高使用温度为+450℃)
0Cr17Ni12Mo2(316)	GB/T 3280	聚四氟乙烯	QB/T 3628	−200～+200
00Cr17Ni14Mo2(316L)		非石棉带	—	−100～+250
0Cr18Ni10Ti(321)				
0Cr18Ni11Nb(347)				
0Cr25Ni20(310)				

表 5.1-21 垫片尺寸型式和代号

型 式	代 号	尺寸及断面形状	适用密封面型式
基本型	A	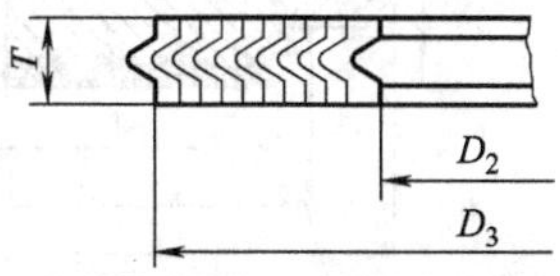	榫面/槽面
带内环型	B	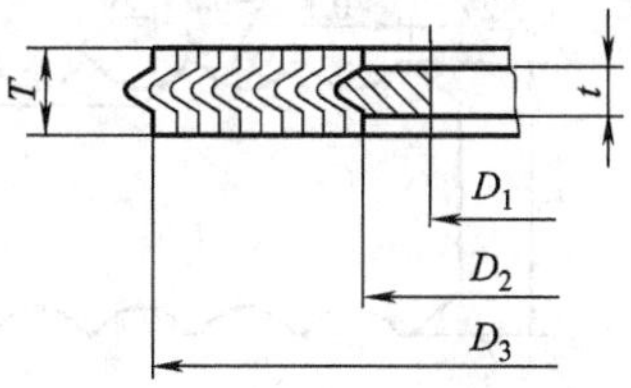	凹面/凸面

续表

型　式	代　号	尺寸及断面形状	适用密封面型式
带对中环型	C	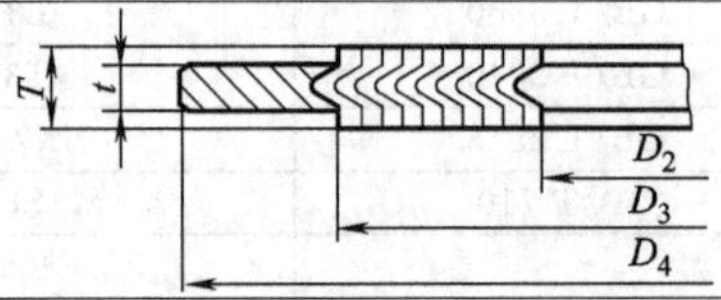 T t D_2 D_3 D_4	突面
带内环和对中型	D	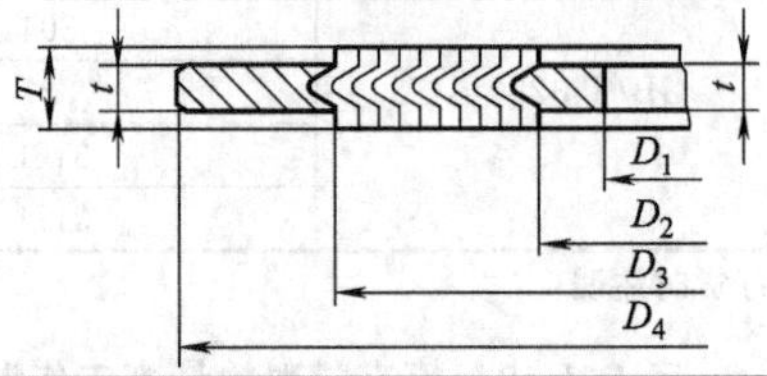 T t t D_1 D_2 D_3 D_4	突面

5.1.2.7　齿形组合垫片（HG/T 20611—2009）

本标准适用于 HG/T 20592 所规定的公称压力为 PN16～PN160 的具有覆盖层的齿形组合垫片。垫片的最高工作温度及尺寸型式按表 5.1-22 和表 5.1-23 的规定。

表 5.1-22　垫片的最高工作温度

金属齿形圆环材料		覆盖层材料		使用温度范围 /℃
钢　号	标准	名称	参考标准	
0Cr18Ni9(304)	GB/T 4237 GB/T 3280	柔性石墨带	JB/T 7758.2	−200～+650（用于氧化性介质时最高使用温度为+450℃）
00Cr19Ni10(304L) 0Cr17Ni12Mo2(316) 00Cr17Ni14Mo2(316L) 0Cr18Ni10Ti(321) 0Cr18Ni11Nb(347) 0Cr25Ni20(310)		聚四氟乙烯	QB/T 3625	−200～+200

表 5.1-23　垫片尺寸型式和代号

型　式	代　号	尺寸及断面形状	适用密封面型式
基本型	A	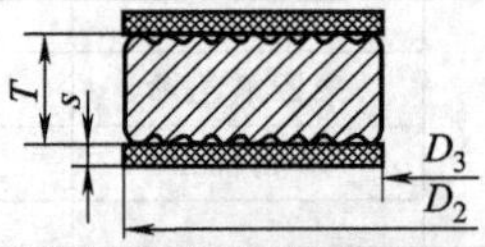 T s D_3 D_2	榫面/槽面 或 凹面/凸面
带整体对中环型	B	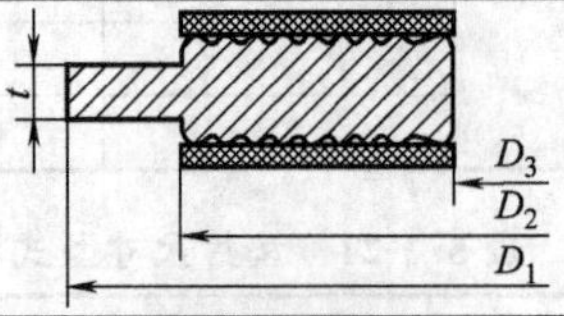 t D_3 D_2 D_1	突面
带活动对中环型	C	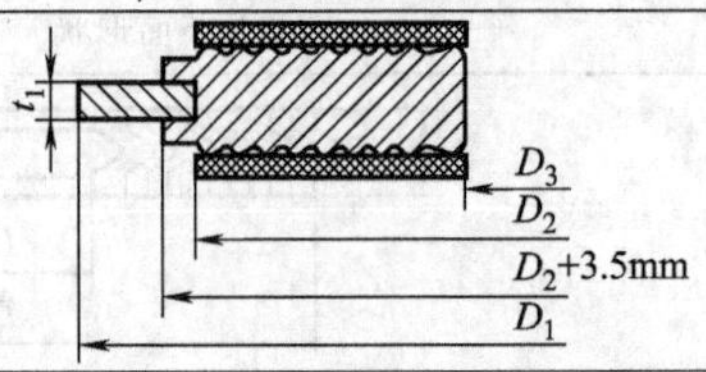 t_1 D_3 D_2 D_2+3.5mm D_1	突面
齿形放大图		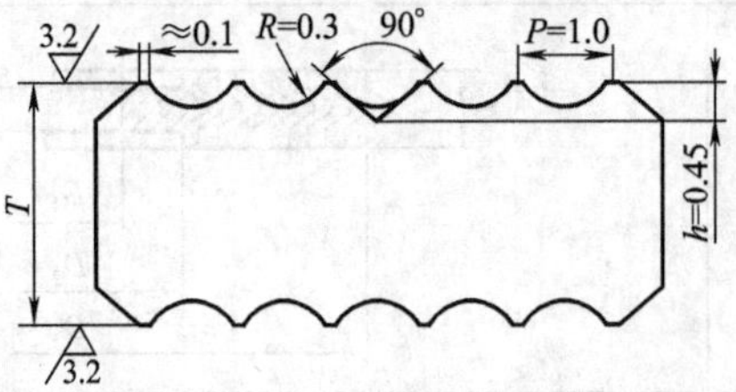 3.2　≈0.1　$R=0.3$　90°　$P=1.0$　T　$h=0.45$　3.2	

5.1.2.8　金属环形垫（HG/T 20612—2009）

本标准适用于 HG/T 20592 所规定的公称压力 PN63～PN160 的钢制管法兰用金属环形垫。垫片的最高工作温度按表 5.1-24 的规定。

表 5.1-24　垫片的最高工作温度

| 金属环形垫材料 | | 最高硬度 | | 代号 | 最高使用温度 /℃ |
钢　　号	标准	HBS	HRB		
纯铁	GB/T 6983	90	56	D	540
10	GB/T 699	120	68	S	540
1Cr15Mo	JB 4726	130	72	F5	650
0Cr13	JB 4728 GB/T 1220	170	86	410S	650
0Cr18Ni9		160	83	304	700
00Cr19Ni10		150	80	304L	450
0Cr17Ni12Mo2		160	83	316	700
00Cr17Ni14Mo2		150	80	316L	450
0Cr18Ni10Ti		160	83	321	700
0Cr18Ni11Nb		160	83	347	700

金属环形垫按截面形状分为八角型和椭圆型，如图 5.1-4 所示。

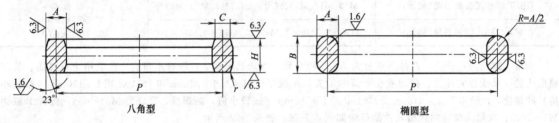

八角型　　　　　　　　　　　　　　　　椭圆型

图 5.1-4　金属环形垫的型式

5.1.3　紧固件选用

5.1.3.1　紧固件选用原则（GB 50316—2000）

（1）管道用紧固件，包括六角头螺栓、双头螺栓、螺母和垫圈等零件。

（2）应选用国家现行标准中的标准紧固件，并在 GB 50316—2000 附录 A 所规定材料的范围内选用。

（3）用于法兰连接的紧固件材料，应符合国家现行的法兰标准的规定，并与垫片类型相适应。

（4）法兰连接用紧固件螺纹的螺距不宜大于 3mm。直径 M30 以上的紧固件可采用细牙螺纹。

（5）碳钢紧固件应符合国家现行法兰标准中规定的使用温度。

（6）用于各种不同法兰的紧固件应符合下列规定。

① 在一对法兰中有一个是铸铁、青铜或其他铸造法兰，则紧固件要使用较低强度的法兰所配的紧固件材料。但符合下列条件时，可按所述任一个法兰选紧固件材料。

a. 两个法兰均为全平面，并采用全平面的垫片；

b. 考虑到持续荷载、位移应变、临时荷载以及法兰强度各方的因素，对拧紧螺栓的顺序和扭矩已作了规定。

② 当不同等级的法兰以螺栓紧固在一起时，拧紧螺栓的扭矩应符合低等级法兰的要求。

（7）在剧烈循环条件下，法兰连接用的螺栓或双头螺柱，应采用合金钢的材料。

（8）金属管道组成件上采用直接拧入螺柱的螺纹孔时，应有足够的螺孔深度，对于钢制件其深度至少应等于工程螺纹直径，对于铸铁件不应小于 1.5 倍的公称螺纹直径。

5.1.3.2　材料级别（HG/T 20646.2—1999）

螺柱（柱）的材料级别分为：5.6、5.9、6.6、6.9、8.8、10.9、12.9 共七个级别。它是按螺柱（柱）的机械性能分级表示的，第一位数值表示材料的抗拉强度值的 1/10，第二位数值表示材料的屈服比即屈服极限/

抗拉强度。材料为 35 钢、45 钢、1Cr5Mo、40Cr、35CrMoA、25Cr2MoA、0Cr18Ni9、0Cr17Ni12Mo2 等材料。当机械性能分级规定不能满足使用要求时，可写出材料的具体牌号等。

螺母的材料级别是按材料的机械性能分级表示的（即材料的抗拉强度的 1/10），分为 5、6、8、10、12 共五个级别。材料为 25 钢、45 钢、1CrMo、30CrMo、0Cr18Ni9、0Cr17Ni12Mo2 等材料。当机械性能分级规定不能满足使用要求时，可写出材料的具体牌号。

5.1.3.3 六角头螺栓（HG/T 20613—2009）

管法兰用六角头螺栓的型式和尺寸应符合 GB/T 5782（粗牙）和 GB/T 5785（细牙）的要求，如图 5.1-5 所示，螺栓的端部应采用倒角端。

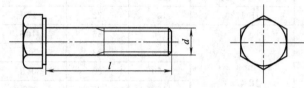

图 5.1-5 六角头螺栓

六角头螺栓的规格及性能等级见表 5.1-25。

表 5.1-25 六角头螺栓的螺纹规格和性能等级

标　准	规　格	性能等级（商品级）
GB/T 5782A 级和 B 级（粗牙）	M10、M12、M16、M20、M24、M27、M30、M33	5.6　8.8
GB/T 5785A 级和 B 级（细牙）	M36×3、M39×3、M45×3、M52×3、M56×3	A2-50　A4-50 A2-70　A4-70

六角头螺栓应用普遍，产品等级分为 A、B 和 C 级，A 级最精确，C 级最不精确，A 级用于重要的、装配精度高的以及受较大冲击、振动或变载荷的地方。A 级用于 $d=1.6\sim24$mm 和 $l\leqslant10d$ 或 $l\leqslant150$mm（按较小值）的螺栓，B 级用于 $d>24$mm 或 $l>10d$ 或 $l\geqslant150$mm（按较小值）的螺栓，C 级为 M5～M64，细杆 B 级为 M3～M20。六角头螺栓的规格及性能等级如表 5.1-26、表 5.1-27 所示。

GB/T 5782—2000 粗牙六角螺栓用于法兰紧固多选 M10～M27，产品等级采用 A 级或 B 级，性能等级较多采用 8.8 级。

GB/T 5785—2000 细牙六角螺栓用于法兰紧固多选 M30×2～M56×4，产品等级采用 A 级或 B 级，性能等级较多采用 8.8 级。

5.1.3.4 等长双头螺柱（HG/T 20613—2009）

管法兰用等长双头螺柱的型式和尺寸应符合 GB/T 901 的要求，但螺柱的两端应采用倒角端，如图 5.1-6

图 5.1-6 等长双头螺柱

所示。螺纹尺寸和公差应符合 GB/T 196 和 GB/T 197 的要求，螺柱两端按 GB/T 2 倒角端的要求。

等长双头螺柱的规格及性能等级见表 5.1-28、表 5.1-29。

等长双头螺柱多用于被连接件太厚而不便使用螺栓连接或因拆卸频繁不宜使用螺钉连接的地方，或使用在结构要求

比较紧凑的地方。一般双头螺柱用于一端需拧入螺孔固定死的地方，等长双头螺柱则两端都佩带螺母来连接零件。

GB/T 901—1988 商品级等长双头螺柱用于法兰紧固，产品等级为 B 级，性能等级较多采用 8.8 级。螺纹直径 $d=12$mm、长度 $l=100$mm、性能等级为 4.8 级、不经表面处理的等长双头螺柱标记示例：螺柱 GB/T 901 M12×100

5.1.3.5 全螺纹螺柱（HG/T 20613—2009）

管法兰用全螺纹螺柱的型式和尺寸如图 5.1-7 所示。螺纹尺寸和公差以及两端部倒角等要求按 GB/T 901 的规定。

全螺纹螺柱的规格及材料按表 5.1-30 的规定。

全螺纹螺柱用于法兰紧固，产品等级采用 B 级，性能等级较多采用 8.8 级。

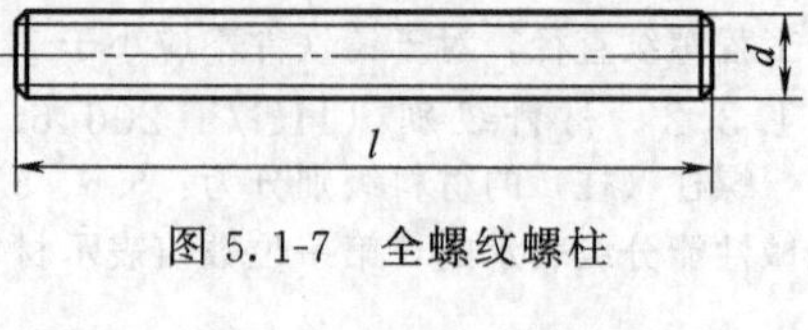

图 5.1-7 全螺纹螺柱

表 5.1-26　六角头螺栓 (GB/T 5782—2000)

螺纹规格 d		M1.6	M2	M2.5	M3	M4	M5	M6	M8	M10	M12	M14	M16	M18	M20	M22	M24	M27	M30	M36	M42	M48	M56	M64
s	公称	3.2	4	5	5.5	7	8	10	13	16	18	21	24	27	30	34	36	41	46	55	65	75	85	95
k	公称	1.1	1.4	1.7	2	2.8	3.5	4	5.3	6.4	7.5	8.8	10	11.5	12.5	14	15	17	18.7	22.5	26	30	35	40
r min		0.1	0.1	0.1	0.1	0.2	0.2	0.25	0.4	0.4	0.6	0.6	0.6	0.6	0.8	0.8	0.8	1	1	1	1.2	1.6	2	2
e min	A	3.41	4.32	5.45	6.01	7.66	8.79	11.05	14.38	17.77	20.03	23.36	26.75	30.14	33.53	37.72	39.98	—	—	—	—	—	—	—
	B	3.28	4.18	5.31	5.88	7.50	8.63	10.89	14.20	17.59	19.85	22.78	26.17	29.58	32.95	37.29	39.55	45.2	50.85	60.79	71.3	82.6	93.56	104.86
$d_{\rm w}$ min	A	2.27	3.07	4.07	4.57	5.88	6.88	8.88	11.63	14.63	16.63	19.64	22.49	25.34	28.19	31.71	33.61	—	—	—	—	—	—	—
	B	2.3	2.95	3.95	4.45	5.74	6.74	8.74	11.47	14.47	16.47	19.15	22	24.85	27.7	31.35	33.25	38	42.75	51.11	59.95	69.45	78.86	88.16
b 参考	l≤125	9	10	11	12	14	16	18	22	26	30	34	38	42	46	50	54	60	66	—	—	—	—	—
	125<l≤200	15	16	17	18	20	22	24	28	32	36	40	44	48	52	56	60	66	72	84	96	108	—	—
	l>200	28	29	30	31	33	35	37	41	45	49	53	57	61	65	69	73	79	85	97	109	121	137	153
全螺纹 长度 l		2~16	4~20	5~25	6~30	8~40	10~50	12~60	16~80	20~100	25~120	30~140	30~150	35~180	40~150	45~200	50~150	55~200	60~200	70~200	80~200	100~200	110~200	120~200

l 系列：2,3,4,5,6,8,10,12,16,20,25,30,35,40,45,50,55,60,65,70,80,90,100,110,120,130,140,150,160,180,200,220,240,260,280,300,320,340,360,380,400,420,440,460,480,500

技术条件	材料	钢	不锈钢	有色金属
	性能等级	3≤d≤39:5.6、8.8、10.9 3≤d≤16:9.8 d<3,d>39:按协议	d≤24:A2-70,A4-70 24<d≤39:A2-50,A4-50 d>39:按协议	CU2,CU3,AL4
	表面处理	氧化	简单处理	简单处理
	公差等级	6g		
	产品等级	A,B		

注：1. 产品等级 A 级用于 d≤24mm 和 l≤10d 或 l≤150mm 的螺栓，B 级用于 d>24mm 和 l>10d 或 l>150mm 的螺栓（按较小值，A 级比 B 级精确）。

2. 非优选螺纹的规格（除表列外）还有 M33、M39、M45、M52 和 M60。

3. 螺纹末端按 GB/T 2 规定。l_b 随 l 变化，相同螺纹直径变量相等。l_b 的公差按 IT14。

表 5.1-27　六角头螺栓（GB/T 5785—2000）

螺纹规格 d×P	M8×1	M10×1	M12×1.5	M14×1.5	M16×1.5	M18×1.5	M20×1.5	M22×1.5	M24×2	M27×2	M30×2	M36×3	M42×3	M48×3	M56×4	M64×4
		M10×1.25	M12×1.25				M20×2									
s 公称	13	16	18	21	24	27	30	34	36	41	46	55	65	75	85	95
k 公称	5.3	6.4	7.5	8.8	10	11.5	12.5	14	15	17	18.7	22.5	26	30	35	40
r min	0.4	0.4	0.6	0.6	0.6	0.6	0.8	0.8	0.8	1	1	1	1.2	1.6	2	2
E min A	14.38	17.77	20.03	23.36	26.75	30.14	33.53	37.72	39.88	—	—	—	—	—	—	—
E min B	14.20	17.59	19.85	22.78	26.17	29.56	32.95	37.29	39.55	45.2	50.85	60.79	71.30	82.6	93.56	104.86
d_w min A	11.63	14.63	16.63	19.64	22.49	25.34	28.19	31.71	33.61	—	—	—	—	—	—	—
d_w min B	11.47	14.47	16.47	19.15	22.00	24.85	27.70	31.35	33.25	38	42.75	51.11	59.95	69.45	78.66	88.16
b 参考 l≤125	22	26	30	34	38	42	46	50	54	60	66	78	—	—	—	—
b 参考 125<l≤200	28	32	36	40	44	48	52	56	60	66	72	84	96	108	124	140
b 参考 >200	41	45	49	53	57	61	65	69	73	79	85	97	109	121	137	153
l_b	31～76	36～96	40～115	45～135	49～154	54～174	59～194	63～213	73～233	82～252	81～291	100～290	118～288	128～288	—	—
l	40～80	45～100	50～120	60～140	65～160	70～180	80～200	90～220	100～240	110～260	120～300	140～360	160～440	200～480	220～500	260～500
全螺栓长度 l	16～80	20～100	25～120	30～140	35～160	40～180	40～200	45～220	40～200	55～260	40～200	40～200	90～420	100～480	120～500	130～500
100mm长重 /kg ≈	0.039	0.067	0.096	0.125	0.181	0.237	0.295	0.372	0.445	0.586	0.753	1.131	1.652	1.898	3.295	4.534

l 系列：16,20,25,30,35,40,45,50,55,60,65,70,80,90,100,110,120,130,140,150,160,180,200,220,240,260,280,300,320,340,360,380,400,420,440,460,480,500

技术条件

材料	钢	不锈钢	有色金属
性能等级	d≤39:5.6、8.8、10.9；3≤d≤16:6、9.8；d>39:按协议	d≤24:A2-70、A4-70；24<d≤39:A2-50、A4-50；d>39:按协议	CU2,CU3,AL4
	公差等级:6g	公差等级:6g	产品等级:A,B
表面处理	氧化	简单处理	简单处理

注：1. A级用于 d=8～24mm 和 l≤10d 或 l≤150mm（按较小值）；B级用于 d=24mm 和 l>10d 或 l>150mm（按较小值）的螺栓。

2. GB/T 5785 除表中所列的非优选螺纹规格外，还有 M33×2、M39×3、M45×3、M52×4、M60×4。

3. 螺纹末端按 GB/T 2 规定。l_b 随 l 变化。相同螺纹直径变量重量相等。l_b 的公差按 IT14。

表 5.1-28 等长双头螺柱的规格和性能等级

标　准	规　格	性能等级(商品级)
GB/T 901	M10、M12、M16、M20、M24、M27、M30、M33、M36×3、M39×3、M45×3、M52×4、M56×4	8.8、A2-50、A2-70、A4-50、A4-70

表 5.1-29 等长双头螺柱 (GB/T 901—1988)

螺纹规格 d	M2	M2.5	M3	M4	M5	M6	M8	M10	M12	M14	M16	M18
b	10	11	12	14	16	18	28	32	36	40	44	48
l	10~60	10~80	12~250	16~300	20~300	25~300	32~300	40~300	50~300	60~300	60~300	60~300

螺纹规格 d	M20	M22	M24	M27	M30	M33	M36	M39	M42	M48	M56
b	52	56	60	66	72	78	84	89	96	108	124
l	70~300	80~300	90~300	100~300	120~400	140~400	140~500			150~500	190~500

| L系列 | 10,12,(14),16,(18),20,(22),25,(28),30,(32),35,(38),40,45,45,50,(55),60,(65),70,(75),80,(85),90,(95),100,110,120,130,140,150,160,170,180,190,200,(210),220,(230),(240),250,(260),280,300,320,350,380,400,420,450,480,500 | | | |

技术条件	材料	钢	不锈钢	
	性能等级	4.8、5.8、6.8、8.8、10.9、12.9	A2-50、A2-70	普通螺纹公差:6g
	表面处理	不经处理/镀锌钝化	不经处理	产品级:B

注：根据使用要求，可采用 30Cr、40Cr、30CrMoSi、35CrMoA、40MnA 及 40B 等材料制造螺柱，其性能按供需双方协议。

表 5.1-30 全螺纹螺柱的规格及材料

标　准	规　格	材料牌号(专用级)
HG/T 20613（全螺纹螺柱）	M10、M12、M16、M20、M24、M27、M30、M33、M36×3、M39×3、M45×3、M52×4、M56×4	35CrMo、42CrMo、25Cr2MoV、0Cr18Ni9、0Cr17Ni12Mo2、A193，B8 C1.2，A193，B8M C1.2，A320，L7，A453，660

5.1.3.6　螺母（HG/T 20613—2009）

与六角头螺栓、双头螺柱配合使用的螺母型式和尺寸应符合 GB/T 6170、GB/T 6171 的要求，如图 5.1-8 所示（Ⅰ型六角螺母高度约为 0.8d，Ⅱ型六角螺母高度约为 1.0d）。

与全螺纹螺柱配合使用的螺母型式和尺寸应符合 GB/T 6175、GB/T 6176 的要求，如图 5.1-8 所示。当螺纹规格大于或等于 M39 时，螺母按图 5.1-9 和表 5.1-31 选用。

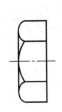
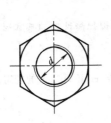

图 5.1-8　六角螺母

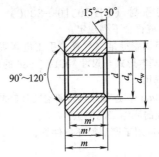
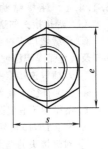

图 5.1-9　管法兰专用螺母

表 5.1-31　管法兰专用螺母尺寸表　　　　　单位：mm

d		M39×3	M45×3	M52×4	M56×4
d_s	max	42.1	48.6	56.2	60.5
	min	39	45	52	56
d_w	min	60.1	65.1	75.1	79.3
e	min	70.67	76.27	87.47	92.74
m	max	39.5	45.5	52.5	56.5
	min	37.9	43.92	50.6	54.6
m'	min	30.3	35.2	45.3	48.7
s	max	65	70	80	85
	min	63.1	68.1	78.1	82.8

螺母的规格及性能等级（商品级）和材料牌号（专用级）按表 5.1-32 的规定。

表 5.1-32　螺母的规格及性能等级、材料牌号

标　准	规　格	商品级性能等级	专用级材料牌号
GB/T 6170	M10、M12、M16、M20、M24、M27、M30、M33	6、8、A2-50、A2-70	—
GB/T 6171	M36×3、M39×3、M45×3、M52×4、M56×4	A4-50、A4-70	—
GB/T 6175	M10、M12、M16、M20、M24、M27、M30、M33	—	30CrMo、0Cr18Ni9、
GB/T 6176	M36×3、M39×3、M45×3、M52×4、M56×4	—	35CrMo、0Cr17Ni12Mo2、A194,8、8M、A194,7

GB/T 6170—2000 商品级 1 型六角螺母（表 5.1-33）为粗牙 M10～27，用于法兰紧固的产品等级为 A 级和 B 级，性能等级较多采用 8 级。螺纹规格 D＝M12、性能等级为 8 级、不经表面处理、A 级的 1 型六角螺母的标记示例：螺母 GB/T 6170 M12

GB/T 6171—2000 商品级 1 型六角螺母（表 5.1-34），用于法兰紧固的产品等级为 A 级和 B 级，性能等级较-34 多采用 8 级。螺纹规格 M16×1.5、性能等级为 04 级、不经表面处理、A 级的六角薄螺母的标记示例：螺母 GB/T 6171 M16×1.5

5.1.3.7　材料代号（HG/T 20613—2009）

性能等级标志代号和材料牌号标志代号按表 5.1-35 和表 5.1-36 的规定。

5.1.3.8　使用规定（HG/T 20613—2009）

(1) 商品级六角螺栓及Ⅰ型六角螺母的使用条件应符合下列要求：

① 公称压力等级小于或等于 PN16；

② 非有毒、非可燃介质以及非剧烈循环场合；

③ 配用非金属软垫片。

(2) 商品级双头螺柱及Ⅰ型六角螺母的使用条件应符合下列各项要求：

① 公称压力等级小于或者等于 PN40；

② 非有毒、非可燃介质以及非剧烈循环场合。

(3) 除上述 (1)、(2) 外，应选用专用级全螺栓螺柱和Ⅱ型六角螺母。

(4) 紧固件的使用压力和温度范围应符合表 5.1-37 的规定。

(5) 螺母和螺栓、螺柱的配用应符合表 5.1-38 的规定。

5.1.4　连接选配

5.1.4.1　连接结构选用原则（GB 50316—2000）

(1) 焊接接头的选用，应符合下列规定。

① 焊缝坡口应符合现行国家标准《气焊、手工电弧焊及气体保护焊焊缝坡口的基本形式与尺寸》GB/T 985 及《埋弧焊焊缝坡口的基本形式与尺寸》GB/T 986 的规定。

② 承插焊连接接头的选用

a. 公称直径不宜大于 50mm，连接结构应符合 GB 50316—2000 附录 H 第 H.1 节的规定。

b. 不得用于有缝隙腐蚀的流体工况中。

c. 大于 DN40 的管径不应用于剧烈循环条件下。

③ 对焊接头的选用

a. 在钢管道中除有维修拆卸要求外，应采用对焊接头。

b. 当材料强度相同而不同厚度的管道组成件组对对接，而厚度较厚一端内壁或外壁形成错边量大于 2mm 或超过设计规定的数值时，应符合 GB 50316—2000 附录 H 第 H.2 节的规定。

④ 平焊（滑套）法兰的焊接应符合 GB 50316—2000 附录 H 第 H.1.4 条的规定。

(2) 螺纹连接（螺纹密封）接头的选用，应符合下列规定。

① 不得用于焊缝腐蚀的流体工况中。

② 需密封焊的螺纹连接的接头，不得使用密封材料。

③ 不应使用于扭矩大的或有振动的管道上。在热膨胀可能使螺纹松开时，应采取预防措施。

④ 在剧烈循环条件下，螺纹连接仅限用于温度计套管上（与测温元件的连接）。

⑤ 直螺纹管接头与锥管螺纹相接的结构仅用于 D 类流体管道。

表 5.1-33 六角螺母（GB/T 6170—2000）

螺纹规格 d	M1.6	M2	M2.5	M3	(M3.5)	M4	M5	M6	M8	M10	M12	(M14)	M16	(M18)	M20	(M22)	M24	(M27)	M30	M36	M42	M48	M56	M64
e min	3.4	4.3	5.5	6	6.6	7.7	8.8	11	14.4	17.8	20	23.4	26.8	29.6	33	37.3	39.6	45.2	50.9	60.8	71.3	82.6	93.6	104.9
s 公称	3.2	4	5	5.5	6	7	8	10	13	16	18	21	24	27	30	34	36	41	46	55	65	75	85	95
d_w min	2.4	3.1	4.1	4.6	5.1	5.9	6.9	8.9	11.6	14.6	16.6	19.6	22.5	24.9	27.7	31.4	33.3	38	42.8	51.1	60	69.5	78.7	88.2
m max	1.3	1.6	2	2.4	2.8	3.2	4.7	5.2	6.8	8.4	10.8	12.8	14.8	15.8	18	19.4	21.5	23.8	25.6	31	34	38	45	51

技术条件

性能等级	钢	不锈钢	有色金属	产品等级
	D≤M3：按协议 M3<D≤M39：6、8、10 D>M39：按协议	D≤M24：A2-70，A4-70 M24<D≤M39：A2-50，A4-50 D>M39：按协议	CU2、CU3、AL4	A/B
公差等级		6H		
表面处理	不经处理	简单处理		

注：1. 为各种规格的表面处理要求，详细要求（如电镀及锌粉覆盖等）请查阅国标。
2. 尽量不采用括号中的尺寸，除表中所列外，还有 M33、M39、M45、M52 和 M60。

表 5.1-34 六角螺母（GB/T 6171—2000）

螺纹规格 d×P	M8×1	M10×1 (M10×1.25)	M12×1.5 (M12×1.25)	(M14×1.5)	M16×1.5	(M18×1.5)	M20×1.5 (M20×2)	(M22×1.5)	M24×2	(M27×2)	M30×2	(M33×2)	M36×3	M42×3	M48×3	M56×4	M64×4
e min	14.4	17.8	20	23.4	26.8	29.6	33	37.3	39.6	45.2	50.9	55.4	60.8	72.3	82.6	93.6	104.9
s 公称	13	16	18	21	24	27	30	34	36	41	46	50	55	65	75	85	95
d_w min	11.6	14.6	16.6	19.6	22.5	24.9	27.7	31.4	33.3	38	42.8	46.6	51.1	60	69.5	78.7	88.2
m max	6.8	8.4	10.8	12.8	14.8	15.8	18	19.4	21.5	23.8	25.6	28.7	31	34	38	45	51

技术条件

材料	钢	不锈钢	有色金属
性能等级	D≤M16：10 D≤M39：6、8 D>M39：按协议	M24≤D：A2-70，A4-70 M24<D≤M39：A2-50，A4-50 D>M39：按协议	CU2、CU3、AL4
		螺纹公差：6H	
表面处理	不经处理	简单处理	

注：1. ≤M36×3 的为商品规格，>M36×3 的为通用规格。
2. 非优选的螺纹规格除表中括号内标出外，还有 M39×3、M45×3、M52×4 及 M60×4。

表 5.1-35 性能等级标志代号

性能等级	5.6	8.8	A2-50	A2-70	A4-50	A4-70	6	8
代号	5.6	8.8	A2-50	A2-70	A4-50	A4-70	6	8

表 5.1-36 材料牌号标志代号

材料牌号	30CrMo	35CrMo	42CrMo	25Cr2MoV	0Cr18Ni9	0Cr17Ni12Mo2
代号	30CM	35CM	42CM	25CMV	304	316
材料牌号	A193,B8-2	A193,B8M-2	A320,L7	A453,660	A194,8	A194,8M
代号	B8	B8M	L7	660	8	8M

表 5.1-37 紧固件使用压力和温度范围

型 式	标准号	规 格	性 能 等 级	公称压力	使用温度/℃
六角头螺栓 等长双头螺栓	GB 5782 粗牙 GB 5785 细牙 GB/T 901	M10～M33 M36×3～M56×4	5.6、8.8	≤PN16	＞−20～+300
			A2-50、A2-70 A4-50、A4-70		−196～+400
等长双头螺栓	GB/T 901	M10～M33 M36×3～M56×4	8.8	≤PN40	＞−20～+300
			A2-50、A2-70 A4-50、A4-70		−196～+400
全螺纹螺柱	HG/T 20613	M10～M33 M36×3～M56×4	35CrMo	≤PN160	−100～+525
			25Cr2MoV		＞−20～+575
			42CrMo		−100～+525
			0Cr18Ni9		−196～+800
			0Cr17Ni12Mo2		−196～+800
			A193,B8 C1.2		−196～+525
			A193,B8M C1.2		
			A320,L7		−196～+525
			A453,660		−29～+525
1 型六角螺母	GB/T 6170 GB/T 6171	M10～M33 M36×3～M56×4	6,8	≤PN16	＞−20～+300
			A2-70,A2-50 A4-70,A4-50	≤PN40	−196～+400
2 型六角螺母	GB/T 6175 GB/T 6176	M10～M33 M36×3～M56×4	30CrMo	≤PN160	−100～+525
			35CrMo		−100～+525
			0Cr18Ni9		＞−20～+800
			0Cr17Ni12Mo2		−196～+800
			A194,8,8M		−196～+525
			A194,7		−100～+575

表 5.1-38 六角螺栓、螺柱与螺母的配用

六角螺栓、螺柱		螺 母	
型式（标准编号）	性能等级或材料牌号	型式（标准编号）	性能等级或材料牌号
六角头螺栓 （GB/T 5782、GB/T 5785） 双头螺柱（GB/T 901）B级	5.6、8.8	1 型六角螺母 （GB/T 6170、GB/T 6171）	6,8
	A2-50、A4-50		A2-50、A4-50
	A2-70、A4-70		A2-70、A4-70
全螺纹螺柱（HG/20613）	42CrMo	2 型六角螺母 （GB/T 6175、GB/T 6176）	35CrMo
	35CrMo		
	25Cr2MoV		30CrMo
	0Cr18Ni9		0Cr18Ni9
	0Cr17Ni12Mo2		0Cr17Ni12Mo2
	A193,B8 C1.2		A194,8
	A193,B8M C1.2		A194,8M
	A453,660		A194,7
	A320,L7		

⑥ 除了《低压流体输送用焊接钢管》GB/T 3091 标准中按普通和加厚两种厚度的钢管可用于外螺纹连接外，其他外螺纹的钢管及管件的厚度（最小值）应符合 GB 50316—2000 附录 D 表 D.0.2 的规定。

⑦ B 类流体的管道用锥管螺纹连接时，公称直径不应大于 20mm，当有严格防泄漏的要求时，应采用密封焊。

⑧ 锥管螺纹密封的接头，设计温度不宜大于 200℃；对于 C 类流体管道，当公称直径为 32~50mm 时，设计压力不应大于 4MPa；公称直径为 25mm 时，设计压力不应大于 8MPa；公称直径小于或等于 20mm 时，设计压力不应大于 10MPa。高于上述压力应采用密封焊。

（3）其他型式连接接头的使用，应符合下列规定。

① 用水泥填充的铸铁管承插接头仅限用于 D 类流体。这种管道应有防止接头松开的合理支承的措施。

② 在剧烈循环条件下及 B 类流体管道中不应使用钎焊接头。

③ 粘接接头不应使用于金属的压力管道中。

④ 除管端用透镜垫密封外，管端作为密封面伸出螺纹法兰面以压紧垫片的结构（图 5.1-10）仅限用于 D 类流体的管道。

⑤ 用端面的垫片密封而不是用螺纹密封的直螺纹接头（图 5.1-11）与主管焊接时，应防止密封面发生变形。图 5.1-11(a) 的结构不得用于 B 类流体。

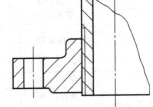

图 5.1-10　管端作为密封面伸出螺纹法兰面的结构

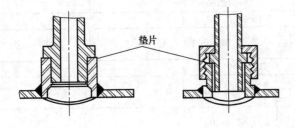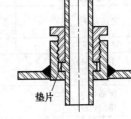

(a) 垫片密封面会产生变形　　(b) 垫片密封面不会产生变形　　(c) 垫片密封面不会产生变形

图 5.1-11　典型的直螺纹接头

5.1.4.2　欧洲体系连接选配（HG/T 20614—2009）

（1）板式平焊法兰、螺纹法兰、对焊环松套法兰和平焊环松套法兰不应使用于剧烈循环工况。在剧烈循环工况下，应选用带颈对焊法兰或整体法兰。

（2）螺纹法兰和承插焊法兰不应用于可能发生缝隙腐蚀或严重腐蚀的场合。

（3）公称压力小于或等于 PN40 钢法兰与铸铁法兰连接的密封面宜采用全平面（FF）型式，垫片应为全平面非金属垫片，如采用突面密封面和突面非金属平垫片，应控制上紧扭矩，防止过紧。PN 系列各种类型法兰的密封面型式及其适用范围按表 5.1-39 的规定。

表 5.1-39　PN 系列各种类型法兰的密封面型式及其适用范围

法兰类型	密封面型式	PN2.5	PN6	PN10	PN16	PN25	PN40	PN63	PN100	PN160
板式平焊法兰(PL)	突面(RF)	DN10~2000	DN10~600						—	
	全平面(FF)		DN10~600				—			
带颈平焊法兰(SO)	突面(RF)	—	DN10~300	DN10~600				—		
	全平面(FF)			DN10~600						
	凹面(FM)凸面(M)	—		DN10~600						
	榫面(T)槽面(G)			DN10~600						
带颈对焊法兰(WN)	突面(RF)			DN10~2000		DN10~600				
	凹面(FM)凸面(M)	—		DN10~600				DN10~400	DN10~350	DN10~300
	榫面(T)槽面(G)			DN10~600						
	环连接面(RJ)			—				DN15~400		DN15~300
	全平面(FF)	—		DN10~2000						

续表

法兰类型	密封面型式	PN2.5	PN6	PN10	PN16	PN25	PN40	PN63	PN100	PN160
整体法兰 (IF)	突面(RF)	—	DN10~2000			DN10~ 1200	DN10~ 600	DN10~400		DN10~ 300
	凹面(FM) 凸面(M)		—		DN10~600			DN10~400		
	榫面(T) 槽面(G)		—		DN10~600			DN10~400		
	环连接面(RJ)							DN15~400		DN15~ 300
	全平面(FF)	—	DN10~2000							
承插焊 法兰(SW)	突面(RF)					DN10~50				
	凹面(FM) 凸面(M)					DN10~50				
	榫面(T) 槽面(G)					DN10~50				
螺纹法兰 (Th)	突面(RF)	—		DN10~150						
	全平面(FF)	—	DN10~150				—			
对焊环松套 法兰(PJ/SE)	突面(RF)			DN10~150						
平焊环 松套法兰 (PJ/RJ)	突面(RF)		DN10~600							
	凹面(FM) 凸面(M)		—	DN10~600						
	榫面(T) 槽面(G)		—	DN10~600						
法兰盖 (BL)	突面(RF)	DN10~2000		DN10~1200		DN10~600		DN10~400		DN10~ 300
	凹面(FM) 凸面(M)		—		DN10~600			DN10~400		
	榫面(T) 槽面(G)				DN10~600			DN10~400		
	环连接面(RJ)							DN15~400		DN15~ 300
	全平面(FF)	DN10~2000		DN10~1200						
衬里法兰 盖[BL(S)]	突面(RF)	—		DN40~600				—		
	凸面(M)			DN40~600				—		
	槽面(G)			DN40~600				—		

(4) 聚四氟乙烯包覆垫片不应用于真空或其嵌入层材料易被介质腐蚀的场合。一般采用 A 型，B 型对减少管内液体滞留有利，C 型用于公称尺寸大于或等于 DN350 的场合。

(5) 石棉和柔性石墨垫片用于不锈钢和镍基合金法兰时，垫片材料中的氯离子含量不得超过 50×10^{-6}。

(6) 柔性石墨材料用于氧化性介质时，最高使用温度应不超过 450℃。

(7) 石棉和非石棉垫片不应用于极度或高度危险介质和高真空密封场合。表 5.1-40 为垫片型式选配表。

(8) 六角头螺栓仅适用于公称压力小于或等于 PN16 的场合。螺栓和螺母选配使用规定按表 5.1-41 的规定。

表 5.1-40　垫片类型选配表

垫片型式		公称压力 PN	公称尺寸 DN(A,B)	最高使用 温度/℃	密封面 型式	密封面表面 粗糙度 Ra/μm	法兰型式
非 金 属	橡胶垫片	≤16	10~2000	200	突面 凹面/凸面 榫面/槽面 全平面	3.2~12.5	各种型式
	石棉橡胶板	≤25		300			各种型式
	非石棉纤维橡胶板	≤40		290			各种型式
	聚四氟乙烯板	≤16		100			各种型式
	膨胀或填充改性聚 四氟乙烯板或带	≤40		200			各种型式

续表

垫片型式		公称压力 PN	公称尺寸 DN(A,B)	最高使用 温度/℃	密封面 型式	密封面表面 粗糙度 $Ra/\mu m$	法兰型式
非金属	增强柔性石墨板	10～63	10～2000	650(450)	突面 凹面/凸面 榫面/槽面	3.2～6.3	各种型式
	高温云母复合板	10～63		900	突面 凹面/凸面 榫面/槽面		各种型式
	聚四氟乙烯包覆垫	6～40	10～600	150	突面		各种型式
半金属	缠绕垫	16～160	10～2000	见 HG/T 20609	突面 凹面/凸面 榫面/槽面	3.2～6.3	带颈平焊法兰 带颈对焊法兰 整体法兰 承插焊法兰 法兰盖
	齿形组合垫	16～160		见 HG/T 20611	突面 凹面/凸面 榫面/槽面	3.2～6.3	带颈平焊法兰 带颈对焊法兰 整体法兰 承插焊法兰 法兰盖
半金属/金属	金属包覆垫	25～100	10～900	见 HG/T 20609	突面	1.6～3.2 (碳钢、有色金属) 0.8～1.6(不锈钢、镍基合金)	带颈对焊法兰 整体法兰 法兰盖
金属	金属环垫	63～160	15～400	700	环连接面	0.8～1.6 (碳钢、铬钢) 0.4～0.8 (不锈钢)	带颈对焊法兰 整体法兰 法兰盖

表 5.1-41 螺栓和螺母选配和使用范围

螺栓/螺母				紧固件 强度	公称 压力	使用温度 /℃	使用限制
型式	标准	规格	材料或性能等级				
六角头螺栓 1 型六角螺母 (粗牙、细牙)	GB/T 5782 GB/T 6170 GB/T 6171	M10～M33 M36×3～ M56×4	5.6/6	低	≤PN16	＞-20～+300	非有毒、非可燃介质以及非剧烈循环场合；配用非金属平垫片
			8.8/8	高			
			A2-50/A4-50	低		-196～+400	
			A2-70/A4-70	中			
双头螺柱 1 型六角螺母 (粗牙、细牙)	GB/T 901 GB/T 6170 GB/T 6171	M10～M33 M36×3～ M56×4	5.6/6	低	≤PN40	＞-20～+300	非有毒、非可燃介质以及非剧烈循环场合
			8.8/8	高			
			A2-50/A4-50	低		-196～+400	
			A2-70/A4-70	中			
全螺纹螺柱 2 型六角螺母 (粗牙、细牙)	GB/T 20634 GB/T 6175 GB/T 6176	M10～M33 M36×3～ M56×4	35CrMo/30CrMo	高	≤PN160	-100～+525	
			25Cr2MoV/30CrMo	高		＞-20～+575	
			42CrMo/30CrMo	高		-100～+525	
			0Cr19Ni9	低		-196～+800	
			0Cr17Ni12Mo2	低		-196～+800	
			A193,B8 C1.2/A194-8	中		-196～+525	
			A193,B8M C1.2/A194-8M	中			
			A320,L7/A194,7	高		-100～+340	
			A453,660/A194-8,8M	中		-29～+525	

5.1.4.3 美洲体系连接选配 (HG/T 20635—2009)

(1) 螺纹法兰、对焊环松套法兰不应使用于剧烈循环工况。在剧烈循环工况下，应选用带颈对焊法兰或整体法兰。

(2) 螺纹法兰和承插焊法兰不应用于可能发生缝隙腐蚀或严重腐蚀的场合。

(3) 公称压力 Class150 钢法兰与铸铁法兰连接的密封面宜采用全平面（FF）型式，垫片应为全平面非金属垫片，如采用突面密封面和突面非金属平垫片，应控制上紧扭矩，防止过紧。

(4) 聚四氟乙烯包覆垫片不应用于真空或其嵌入层材料易被介质腐蚀的场合。一般采用 A 型，B 型对减少管内液体滞留有利，C 型用于公称尺寸大于或等于 DN350 的场合。

(5) 石棉和柔性石墨垫片用于不锈钢和镍基合金法兰时，垫片材料中的氯离子含量不得超过 50×10^{-6}。

(6) 柔性石墨材料用于氧化性介质时，最高使用温度应不超过 450℃。

(7) 石棉和非石棉垫片不应用于极度或高度危险介质和高真空密封场合。表 5.1-43 为垫片型式选用表。

(8) 六角头螺栓仅适用于公称压力小于或等于 Class150 的场合。螺栓和螺母选配使用规定按表 5.1-44 的规定。

Class 系列各种类型法兰和型式和常用范围参见表 5.1-42。

表 5.1-42　Class 系列各种类型法兰的密封面型式及其常用范围

法兰类型	密封面形式	公称尺寸	公称压力	使用场合
带颈平焊法兰（SO）	突面（RF）	DN15～DN600	Class150 Class300	公用工程及非易燃易爆介质；密封要求不高；工作温度 −45～+200℃
螺纹法兰（Th）	突面（RF）	DN15～DN150	Class150	≤DN150，公用工程、仪表等习惯使用锥管螺纹连接的场合；使用压力较高时，推荐采用 NPT 螺纹
对焊环松套法兰（LF/SE）	突面（RF）	DN15～DN600	Class150 Class300	不锈钢、镍基合金、钛等配管的法兰连接
承插焊法兰（SW）	突面（RF）	DN15～DN50	Class150～Class900	≤DN50，非剧烈循环场合（温度、压力交变荷载）经常使用
带颈对焊法兰（WN）	突面（RF）	DN15～DN1500（>600 A、B）	Class150～Class900	经常使用
整体法兰（IF）	环连接面（RJ）	DN15～DN1500（>600 A、B）	Class600～Class2500	高温或高压，≥Class600
各种法兰类型	全平面（FF）	DN15～DN600	Class150	与铸铁法兰、管件、阀门（Class125）配合使用的场合
各种法兰类型	凹面/凸面榫面/槽面	DN15～DN600	≥Class300	仅用于阀盖与阀体连接等构件内部连接的场合，极少用于与外部配管、阀门的连接

注：法兰盖的密封面型式及其适用范围与法兰相同。

表 5.1-43　垫片型式选用表

垫片型式		公称压力 Class	公称尺寸 DN	最高使用温度/℃	密封面型式	密封面的表面粗糙度 Ra/μm	法兰型式
非金属	橡胶垫片	150		200	突面 凹面/凸面 榫面/槽面 全平面	3.2～12.5	各种型式
	石棉橡胶板	150		300			各种型式
	非石棉纤维橡胶板	150～300		290			各种型式
	聚四氟乙烯板	150	15～1500	100			各种型式
	膨胀或填充改性聚四氟乙烯板或带	150～300		200			各种型式
	增强柔性石墨板	150～600		650（450）	突面 凹面/凸面 榫面/槽面		各种型式
	高温云母复合板	150～600		900	突面 凹面/凸面 榫面/槽面	3.2～6.3	各种型式
	聚四氟乙烯包覆垫	150～300	15～600	150	突面		各种型式

续表

垫片型式	公称压力 Class		公称尺寸 DN	最高使用温度/℃	密封面型式	密封面的表面粗糙度 $Ra/\mu m$	法兰型式
半金属	缠绕垫	150~2500	15~1500	见 HG/T 20631	突面 凹面/凸面 榫面/槽面	3.2~6.3	带颈平焊法兰 带颈对焊法兰 长高颈法兰 整体法兰 承插焊法兰 对焊环松套法兰 法兰盖
	齿形组合垫	150~2500		见 HG/T 20632	突面 凹面/凸面 榫面/槽面	3.2~6.3	带颈平焊法兰 带颈对焊法兰 长高颈法兰 整体法兰 承插焊法兰 法兰盖
	金属包覆垫	300~900		见 HG/T 20630	突面	1.6~3.2 (碳钢、有色金属) 0.8~1.6(不锈钢、镍基合金)	带颈对焊法兰 长高颈法兰 整体法兰 法兰盖
金属	金属环垫	150~2500		700	环连接面	0.8~1.6 (碳钢、铬钢) 0.4~0.8(不锈钢)	带颈对焊法兰 长高颈法兰 整体法兰 法兰盖

表 5.1-44 螺栓和螺母选配

螺栓/螺母				紧固件强度	公称压力等级	使用温度/℃	使用限制
型式	标准	规格	材料或性能等级				
六角头螺栓 I 型六角螺母(粗牙)	GB/T 5782 GB/T 6170	M14~M33	5.6/6	低	≤Class150 (PN20)	>-20~+300	非有毒、非可燃介质以及非剧烈循环场合;配用非金属平垫片
			8.8/8	高			
			A2-50/A4-50	低		-196~+400	
			A2-70/A4-70	中			
全螺纹螺柱 专用重型 六角螺母 (粗牙、细牙)	HG/T 20634	M14~M33 M36×3~ M90×3	35CrMo/30CrMo	高	≤Class2500 (PN420)	-100~+525	—
			25Cr2MoV/30CrMo	高		>-20~+575	
			42CrMo/30CrMo	高		-100~+525	
			0Cr18Ni9	低		-196~+800	
			0Cr17Ni12Mo2	低		-196~+800	
			A193,B8 Cl.2/A194-8	中		-196~+525	
			A193,B8M Cl.2/A194-8M	中			
			A320,L7/A194,7	高		-100~+340	
			A453,660/A194-8,8M	中		-29~+525	

5.2 化工标准法兰（欧洲体系 PN 系列）

5.2.1 基本参数（HG/T 20592—2009）

5.2.1.1 公称直径与压力

本标准适用的钢管外径包括 A、B 两个系列，A 系列为国际通用系列（俗称英制管）、B 系列为国内沿用系列（俗称公制管）。其公称通径 DN 和钢管外径按表 5.2-1 规定。

法兰的公称压力采用 PN 表示，包括下列九个等级：PN2.5，PN6，PN10，PN16，PN25，PN40，PN63，PN100，PN160。

表 5.2-1　公称尺寸和钢管外径　　　　　　　　　　　单位：mm

公称尺寸 DN		10	15	20	25	32	40	50	65	80	100
钢管外径	A	17.2	21.3	26.9	33.7	42.4	48.3	60.3	76.1	88.9	114.3
	B	14	18	25	32	38	45	57	76	89	108
公称尺寸 DN		125	150	200	250	300	350	400	450	500	600
钢管外径	A	139.7	168.3	219.1	273	323.9	355.6	406.4	457	508	610
	B	133	159	219	273	325	377	426	480	530	630
公称尺寸 DN		700	800	900	1000	1200	1400	1600	1800	2000	
钢管外径	A	711	813	914	1016	1219	1422	1626	1829	2032	
	B	720	820	920	1020	1220	1420	1620	1820	2020	

5.2.1.2　法兰类型

法兰类型及其代号按图 5.2-1 和表 5.2-2 的规定。

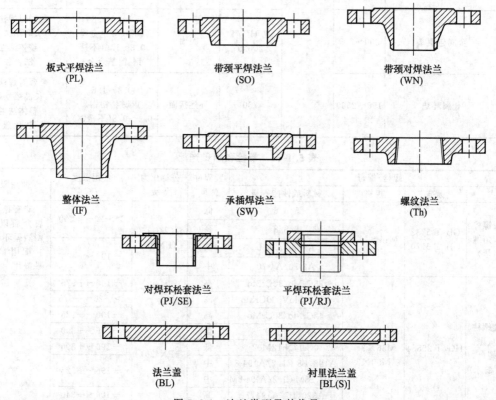

板式平焊法兰
(PL)

带颈平焊法兰
(SO)

带颈对焊法兰
(WN)

整体法兰
(IF)

承插焊法兰
(SW)

螺纹法兰
(Th)

对焊环松套法兰
(PJ/SE)

平焊环松套法兰
(PJ/RJ)

法兰盖
(BL)

衬里法兰盖
[BL(S)]

图 5.2-1　法兰类型及其代号

表 5.2-2　法兰类型代号

法兰类型代号	法 兰 类 型	法兰类型代号	法 兰 类 型
PL	板式平焊法兰	Th	螺纹法兰
SO	带颈平焊法兰	PJ/SE	对焊环松套法兰
WN	带颈对焊法兰	PJ/RJ	平焊环松套法兰
IF	整体法兰	BL	法兰盖
SW	承插焊法兰	BL(S)	衬里法兰盖

5.2.1.3　密封面型式

法兰的密封面型式及其代号按图 5.2-2 的规定。

各种类型法兰密封面型式的适用范围按表 5.2-3 的规定。

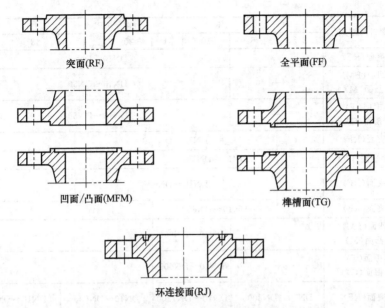

图 5.2-2 密封面型式及其代号

表 5.2-3 各种类型法兰的密封面型式及其适用范围

法兰类型	密封面型式	公称压力 PN								
		2.5	6	10	16	25	40	63	100	160
板式平焊法兰 (PL)	突面(RF)	DN10~ DN2000	DN10~DN600					—		
	全平面(FF)	DN10~ DN2000	DN10~DN600				—			
带颈平焊法兰 (SO)	突面(RF)	—	DN10~ DN300	DN10~DN600				—		
	凹面(FM) 凸面(M)	—		DN10~DN600				—		
	榫面(T) 槽面(G)	—		DN10~DN600				—		
	全平面(FF)	—	DN10~ DN300	DN10~DN600			—			
带颈对焊法兰 (WN)	突面(RF)	—		DN10~DN2000		DN10~DN600		DN10~ DN400	DN10~ DN350	DN10~ DN300
	凹面(FM) 凸面(M)	—		DN10~DN600				DN10~ DN400	DN10~ DN350	DN10~ DN300
	榫面(T) 槽面(G)	—		DN10~DN600				DN10~ DN400	DN10~ DN350	DN10~ DN300
	全平面(FF)	—	DN10~DN2000			—				
	环连接面(RJ)							DN15~DN400		DN15~ DN300
整体法兰 (IF)	突面(RF)	—	DN10~DN2000			DN10~ DN1200	DN10~ DN600	DN10~DN400		DN10~ DN300
	凹面(FM) 凸面(M)	—		DN10~DN600				DN10~DN400		DN10~ DN300
	榫面(T) 槽面(G)	—		DN10~DN600				DN10~DN400		DN10~ DN300
	全平面(FF)	—	DN10~DN2000							
	环连接面(RJ)	—						DN15~DN400		DN15~ DN300

续表

法兰类型	密封面型式	公称压力 PN								
		2.5	6	10	16	25	40	63	100	160
承插焊法兰 (SW)	突面(RF)	—				DN10～DN50				—
	凹面(FM) 凸面(M)	—				DN10～DN50				
	榫面(T) 槽面(G)					DN10～DN50				
螺纹法兰 (Th)	突面(RF)	—		DN10～DN150				—		
	全平面(FF)	—		DN10～DN150						
对焊环松套 法兰(PJ/SE)	突面(RF)	—		DN10～DN600				—		
平焊环松套 法兰(PJ/RJ)	突面(RF)			DN10～DN600				—		
	凹面(FM) 凸面(M)	—		DN10～DN600						
	榫面(T) 槽面(G)			DN10～DN600						
法兰盖 (BL)	突面(RF)	DN10～DN2000		DN10～DN1200		DN10～DN600		DN10～DN400		DN10～ DN300
	凹面(FM) 凸面(M)			DN10～DN600				DN10～DN400		DN10～ DN300
	榫面(T) 槽面(G)			DN10～DN600				DN10～DN400		DN10～ DN300
	全平面(FF)	DN10～DN2000		DN10～DN1200		—				
	环连接面 (RJ)			—				DN15～DN400		DN15～ DN300
衬里法兰盖 [BL(S)]	突面(RF)	—		DN40～DN600				—		
	凸面(M)	—		DN40～DN600				—		
	槽面(T)	—		DN40～DN600				—		

5.2.1.4 连接尺寸

法兰的连接尺寸按图 5.2-3 和表 5.2-4 的规定（表中黑线框内为不同压力等级，但具有相同连接尺寸的法兰）。

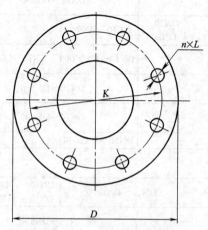

图 5.2-3 法兰的连接尺寸

5.2.1.5 密封面尺寸

突面、凹凸面、榫槽面法兰的密封面尺寸（f_1、f_2 包括在法兰厚度 C 内）按图 5.2-4 和表 5.2-5 的规定。

表 5.2-4 法兰的连接尺寸 单位：mm

公称尺寸 DN	PN2.5bar					PN6bar					PN10bar					PN16bar				
	D	K	L	Th	n/个	D	K	L	Th	n/个	D	K	L	Th	n/个	D	K	L	Th	n/个
10	75	50	11	M10	4	75	50	11	M10	4	90	60	14	M12	4	90	60	14	M12	4
15	80	55	11	M10	4	80	55	11	M10	4	95	65	14	M12	4	95	65	14	M12	4
20	90	65	11	M10	4	90	65	11	M10	4	105	75	14	M12	4	105	75	14	M12	4
25	100	75	11	M10	4	100	75	11	M10	4	115	85	14	M12	4	115	85	14	M12	4
32	120	90	14	M12	4	120	90	14	M12	4	140	100	18	M16	4	140	100	18	M16	4
40	130	100	14	M12	4	130	100	14	M12	4	150	110	18	M16	4	150	110	18	M16	4
50	140	110	14	M12	4	110	110	14	M12	4	165	125	18	M16	4	165	125	18	M16	4
65	160	130	14	M12	4	160	130	14	M12	4	185	145	18	M16	8(4)①	185	145	18	M16	8(4)①
80②	190	150	18	M16	4	190	150	18	M16	4	200	160	18	M16	8	200	160	18	M16	8
100	210	170	18	M16	4	210	170	18	M16	4	220	180	18	M16	8	220	180	18	M16	8
125	240	200	18	M16	8	240	200	18	M16	8	250	210	18	M16	8	250	210	18	M16	8
150	265	225	18	M16	8	265	225	18	M16	8	285	240	22	M20	8	285	240	22	M20	8
200	320	280	18	M16	8	320	280	18	M16	8	340	295	22	M20	8	340	295	22	M20	12
250	375	335	18	M16	12	375	335	18	M16	12	395	350	22	M20	12	405	355	26	M24	12
300	440	395	22	M20	12	440	395	22	M20	12	445	400	22	M20	12	460	410	26	M24	12
350	490	445	22	M20	12	490	445	22	M20	12	505	460	22	M20	16	520	470	26	M24	16
400	540	495	22	M20	16	540	495	22	M20	16	565	515	26	M24	16	580	525	30	M27	16
450	595	550	22	M20	16	595	550	22	M20	16	615	565	26	M24	20	640	585	30	M27	20
500	645	600	22	M20	20	645	600	22	M20	20	670	620	26	M24	20	715	650	33	M30×2	20
600	755	705	26	M24	20	755	705	26	M24	20	780	725	30	M27	20	840	770	36	M33×2	20
700	860	810	26	M24	24	860	810	26	M24	24	895	840	30	M27	24	910	840	36	M33×2	24
800	975	920	30	M27	24	975	920	30	M27	24	1015	950	33	M30×2	24	1025	950	39	M36×3	24
900	1075	1020	30	M27	24	1075	1020	30	M27	24	1115	1050	33	M30×2	28	1125	1050	39	M36×3	28
1000	1175	1120	30	M27	28	1175	1120	30	M27	28	1230	1160	36	M33×2	28	1255	1170	42	M39×3	28
1200	1375	1320	30	M27	32	1405	1340	33	M30×2	32	1455	1380	39	M36×3	32	1485	1390	48	M45×3	32
1400	1575	1520	30	M27	36	1630	1560	36	M33×2	36	1675	1590	42	M39×3	36	1685	1590	48	M45×3	36
1600	1790	1730	30	M27	40	1830	1760	36	M33×2	40	1915	1820	48	M45×3	40	1930	1820	55	M52×4	40
1800	1990	1930	30	M27	44	2045	1970	39	M36×3	44	2115	2020	48	M45×3	44	2130	2020	55	M52×4	44
2000	2190	2130	30	M27	48	2265	2180	42	M39×3	48	2325	2230	48	M45×3	48	2345	2230	60	M56×4	48

公称尺寸 DN	PN25bar					PN40bar					PN63bar				
	D	K	L	Th	n/个	D	K	L	Th	n/个	D	K	L	Th	n/个
10	90	60	14	M12	4	90	60	14	M12	4	100	70	14	M12	4
15	95	65	14	M12	4	95	65	14	M12	4	105	75	14	M12	4
20	105	75	14	M12	4	105	75	14	M12	4	130	90	18	M16	4
25	115	85	14	M12	4	115	85	14	M12	4	140	100	18	M16	4
32	140	100	18	M16	4	140	100	18	M16	4	155	110	22	M20	4
40	150	110	18	M16	4	150	110	18	M16	4	170	125	22	M20	4
50	165	125	18	M16	4	165	125	18	M16	4	180	135	22	M20	4
65	185	145	18	M16	8	185	145	18	M16	8	205	160	22	M20	8
80②	200	160	18	M16	8	200	160	18	M16	8	215	170	22	M20	8
100	235	190	22	M20	8	235	190	22	M20	8	250	200	26	M24	8
125	270	220	26	M24	8	270	220	26	M24	8	295	240	30	M27	8
150	300	250	26	M24	8	300	250	26	M24	8	345	280	33	M30×2	8
200	360	310	26	M24	12	375	320	30	M27	12	415	345	36	M33×2	12
250	425	370	30	M27	12	450	385	33	M30×2	12	470	400	36	M33×2	12
300	485	430	30	M27	16	515	450	33	M30×2	16	530	460	36	M33×2	16
350	555	490	33	M30×2	16	580	510	36	M33×2	16	600	525	39	M36×3	16
400	620	550	36	M33×2	16	660	585	39	M36×3	16	670	585	42	M39×3	16

续表

公称尺寸 DN	PN25bar					PN40bar					PN63bar				
	D	K	L	Th	n/个	D	K	L	Th	n/个	D	K	L	Th	n/个
450	670	600	36	M33×2	20	685	610	39	M36×3	20					
500	730	660	36	M33×2	20	755	670	42	M39×3	20					
600	845	770	39	M36×3	20	890	795	48	M45×3	20					
700	960	875	42	M39×3	24										
800	1085	990	48	M45×3	24										
900	1185	1090	48	M45×3	28										
1000	1320	1210	55	M52×4	28										
1200	1530	1420	55	M52×4	32										

公称尺寸 DN	PN100bar					PN160bar				
	D	K	L	Th	n/个	D	K	L	Th	n/个
10	100	70	14	M12	4	100	70	14	M12	4
15	105	75	14	M12	4	105	75	14	M12	4
20	130	90	18	M16	4	130	90	18	M16	4
25	140	100	18	M16	4	140	85	18	M16	4
32	155	110	22	M20	4	155	110	22	M20	4
40	170	125	22	M20	4	170	125	22	M20	4
50	195	145	26	M24	4	195	145	26	M24	4
65	220	170	26	M24	8	220	170	26	M24	8
80	230	180	26	M24	8	230	180	26	M24	8
100	265	210	30	M27	8	265	210	30	M27	8
125	315	250	33	M30×2	8	315	250	33	M30×2	8
150	355	290	33	M30×2	12	355	290	33	M30×2	12
200	430	360	36	M33×2	12	430	360	36	M33×2	12
250	505	430	39	M36×3	12	515	430	42	M39×3	12
300	585	500	42	M39×3	16	585	500	42	M39×3	16
350	655	560	48	M45×3	16					
400	715	620	48	M45×3	16					

① 也可采用 4 个螺栓孔；
② PN10～40，DN80 法兰的连接尺寸相同。

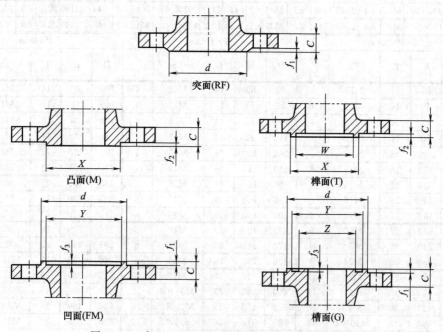

图 5.2-4　突面、凹凸面、榫槽面法兰的密封面尺寸

表 5.2-5　（突面、凹凸面、榫槽面）密封面尺寸　　　　　单位：mm

公称尺寸 DN	d						f_1	f_2	f_3	W	X	Y	Z
	公称压力 PN/bar												
	2.5	6	10	16	25	≥40							
10	35	35	40	40	40	40				24	34	35	23
15	40	40	45	45	45	45				29	39	40	28
20	50	50	58	58	58	58				36	50	51	35
25	60	60	68	68	68	68				43	57	58	42
32	70	70	78	78	78	78	2	4.5	4.0	51	65	66	50
40	80	80	88	88	88	88				61	75	76	60
50	90	90	102	102	102	102				73	87	88	72
65	110	110	122	122	122	122				95	109	110	91
80	128	128	138	138	138	138				106	120	121	105
100	148	148	158	158	162	162				129	149	150	128
125	178	178	188	188	188	188				155	175	176	154
150	202	202	212	212	218	218	2	5.0	4.5	183	203	204	182
200	258	258	268	268	278	285				239	259	260	238
250	312	312	320	320	335	345				292	312	313	291
300	365	365	370	378	395	410				343	363	364	342
350	415	415	430	428	450	465				395	421	422	394
400	465	465	482	490	505	535				447	473	474	446
450	520	520	532	550	555	560	2	5.5	5.0	497	523	524	496
500	570	570	585	610	615	615				549	575	576	548
600	670	670	685	725	720	735				649	675	676	648
700	775	775	800	795	820								
800	880	880	905	900	930								
900	980	980	1005	1000	1030								
1000	1080	1080	1110	1115	1140								
1200	1280	1295	1330	1330	1350		2						
1400	1480	1510	1535	1530									
1600	1690	1710	1760	1750									
1800	1890	1920	1960	1950									
2000	2090	2125	2170	2150									

环连接面法兰的密封面尺寸（突台高度 E 未包括在法兰厚度 C 内）按图 5.2-5 和表 5.2-6 的规定。

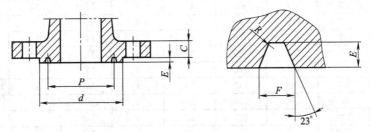

图 5.2-5　环连接面法兰的密封面尺寸

5.2.2　板式平焊钢制管法兰（HG/T 20592—2009）

板式平焊法兰的尺寸按图 5.2-6 和表 5.2-7 的规定。

表 5.2-6　环连接面尺寸　　　　　　　　　　　　　　　　　单位：mm

公称尺寸 DN	PN63bar					PN100bar					PN160bar				
	d	P	E	F	R_{max}	d	P	E	F	R_{max}	d	P	E	F	R_{max}
15	55	35	6.5	9	0.8	55	35	6.5	9	0.8	58	35	6.5	9	0.8
20	68	45	6.5	9	0.8	68	45	6.5	9	0.8	70	45	6.5	9	0.8
25	78	50	6.5	9	0.8	78	50	6.5	9	0.8	80	50	6.5	9	0.8
32	86	65	6.5	9	0.8	86	65	6.5	9	0.8	86	65	6.5	9	0.8
40	102	75	6.5	9	0.8	102	75	6.5	9	0.8	102	75	6.5	9	0.8
50	112	85	8	12	0.8	116	85	8	12	0.8	118	95	8	12	0.8
65	136	110	8	12	0.8	140	110	8	12	0.8	142	110	8	12	0.8
80	146	115	8	12	0.8	150	115	8	12	0.8	152	130	8	12	0.8
100	172	145	8	12	0.8	176	145	8	12	0.8	178	160	8	12	0.8
125	208	175	8	12	0.8	212	175	8	12	0.8	215	190	8	12	0.8
150	245	205	8	12	0.8	250	205	8	12	0.8	255	205	10	14	0.8
200	306	265	8	12	0.8	312	265	8	12	0.8	322	275	11	17	0.8
250	362	320	8	12	0.8	376	320	8	12	0.8	388	330	11	17	0.8
300	422	375	8	12	0.8	448	375	8	12	0.8	456	380	14	23	0.8
350	475	420	8	12	0.8	505	420	11	17	0.8					
400	540	480	8	12	0.8	565	480	11	17	0.8					

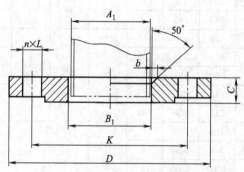

图 5.2-6　板式平焊钢制管法兰

表 5.2-7　板式平焊钢制管法兰　　　　　　　　　　　　　　单位：mm

公称尺寸 DN	管子外径 A_1		连接尺寸					法兰厚度 C	法兰内径 B_1	
	A	B	法兰外径 D	螺栓孔中心圆直径 K	螺栓孔直径 L	螺栓孔数量 n/个	螺栓 Th		A	B
10	17.2	14	75	50	11	4	M10	12	18	15
15	21.3	18	80	55	11	4	M10	12	22	19
20	26.9	25	90	65	11	4	M10	14	27.5	26
25	33.7	32	100	75	11	4	M10	14	34.5	33
32	42.4	38	120	90	14	4	M12	16	43.5	39
40	48.3	45	130	100	14	4	M12	16	49.5	46
50	60.3	57	140	110	14	4	M12	16	61.5	59
65	76.1	76	160	130	14	4	M12	16	77.5	78
80	88.9	89	190	150	18	4	M16	18	90.5	91
100	114.3	108	210	170	18	4	M16	18	116	110
125	139.7	133	240	200	18	8	M16	20	141.5	135
150	168.3	159	265	225	18	8	M16	20	170.5	161
200	219.1	219	320	280	18	8	M16	22	221.5	222
250	273	273	375	335	18	12	M16	24	276.5	276
300	323.9	325	440	395	22	12	M20	24	327.5	328

PN2.5bar

续表

PN2.5bar

公称尺寸 DN	管子外径 A_1		连接尺寸				螺栓 Th	法兰厚度 C	法兰内径 B_1	
	A	B	法兰外径 D	螺栓孔中心圆直径 K	螺栓孔直径 L	螺栓孔数量 n/个			A	B
350	355.6	377	490	445	22	12	M20	26	359.5	381
400	406.4	426	540	495	22	16	M20	28	411	430
450	457	480	595	550	22	16	M20	30	462	485
500	508	530	645	600	22	20	M20	32	513.5	535
600	610	630	755	705	26	20	M24	36	616.5	636
700	711	720	860	810	26	24	M24	36	715	724
800	813	820	975	920	30	24	M27	38	817	824
900	914	920	1075	1020	30	24	M27	40	918	924
1000	1016	1020	1175	1120	30	28	M27	42	1020	1024
1200	1219	1220	1375	1320	30	32	M27	44	1223	1224
1400	1422	1420	1575	1520	30	36	M27	48	1426	1424
1600	1626	1620	1790	1730	30	40	M27	51	1630	1624
1800	1829	1820	1990	1930	30	44	M27	54	1833	1824
2000	2032	2020	2190	2130	30	48	M27	58	2036	2024

PN6bar

公称尺寸 DN	管子外径 A_1		连接尺寸				螺栓 Th	法兰厚度 C	法兰内径 B_1	
	A	B	法兰外径 D	螺栓孔中心圆直径 K	螺栓孔直径 L	螺栓孔数量 n/个			A	B
10	17.2	14	75	50	11	4	M10	12	18	15
15	21.3	18	80	55	11	4	M10	12	22	19
20	26.9	25	90	65	11	4	M10	14	27.5	26
25	33.7	32	100	75	11	4	M10	14	34.5	33
32	42.4	38	120	90	14	4	M12	16	43.5	39
40	48.3	45	130	100	14	4	M12	16	49.5	46
50	60.3	57	140	110	14	4	M12	16	61.5	59
65	76.1	76	160	130	14	4	M12	16	77.5	78
80	88.9	89	190	150	18	4	M16	18	90.5	91
100	114.3	108	210	170	18	4	M16	18	116	110
125	139.7	133	240	200	18	8	M16	20	141.5	135
150	168.3	159	265	225	18	8	M16	20	170.5	161
200	219.1	219	320	280	18	8	M16	22	221.5	222
250	273	273	375	335	18	12	M16	24	276.5	276
300	323.9	325	440	395	22	12	M20	24	327.5	328
350	355.6	377	490	445	22	12	M20	26	359.5	381
400	406.4	426	540	495	22	16	M20	28	411	430
450	457	480	595	550	22	16	M20	30	462	485
500	508	530	645	600	22	20	M20	30	513.5	535
600	610	630	755	705	26	20	M24	32	616.5	636

PN10bar

公称尺寸 DN	管子外径 A_1		连接尺寸				螺栓 Th	法兰厚度 C	法兰内径 B_1	
	A	B	法兰外径 D	螺栓孔中心圆直径 K	螺栓孔直径 L	螺栓孔数量 n/个			A	B
10	17.2	14	90	60	14	4	M12	14	18	15
15	21.3	18	95	65	14	4	M12	14	22	19
20	26.9	25	105	75	14	4	M12	16	27.5	26
25	33.7	32	115	85	14	4	M12	16	34.5	33
32	42.4	38	140	100	18	4	M16	18	43.5	39
40	48.3	45	150	110	18	4	M16	18	49.5	46
50	60.3	57	165	125	18	4	M16	19	61.5	59

续表

PN10bar

公称尺寸 DN	管子外径 A_1		连接尺寸					法兰厚度 C	法兰内径 B_1	
	A	B	法兰外径 D	螺栓孔中心圆直径 K	螺栓孔直径 L	螺栓孔数量 n/个	螺栓 Th		A	B
65	76.1	76	185	145	18	4	M16	20	77.5	78
80	88.9	89	200	160	18	8	M16	20	90.5	91
100	114.3	108	220	180	18	8	M16	22	116	110
125	139.7	133	250	210	18	8	M16	22	141.5	135
150	168.3	159	285	240	22	8	M20	24	170.5	161
200	219.1	219	340	295	22	8	M20	24	221.5	222
250	273	273	395	350	22	12	M20	26	276.5	276
300	323.9	325	445	400	22	12	M20	26	327.5	328
350	355.6	377	505	460	22	16	M20	28	359.5	381
400	406.4	426	565	515	26	16	M24	32	411	430
450	457	480	615	565	26	20	M24	36	462	485
500	508	530	670	620	26	20	M24	38	513.5	535
600	610	630	780	725	30	20	M27	42	616.5	636

PN16bar

公称尺寸 DN	管子外径 A_1		连接尺寸					法兰厚度 C	法兰内径 B_1		坡口宽度 b
	A	B	法兰外径 D	螺栓孔中心圆直径 K	螺栓孔直径 L	螺栓孔数量 n/个	螺栓 Th		A	B	
10	17.2	14	90	60	14	4	M12	14	18	15	4
15	21.3	18	95	65	14	4	M12	14	22	19	4
20	26.9	25	105	75	14	4	M12	16	27.5	26	4
25	33.7	32	115	85	14	4	M12	16	34.5	33	5
32	42.4	38	140	100	18	4	M16	18	43.5	39	5
40	48.3	45	150	110	18	4	M16	18	49.5	46	5
50	60.3	57	165	125	18	4	M16	19	61.5	59	5
65	76.1	76	185	145	18	4	M16	20	77.5	78	6
80	88.9	89	200	160	18	8	M16	20	90.5	91	6
100	114.3	108	220	180	18	8	M16	22	116	110	6
125	139.7	133	250	210	18	8	M16	22	141.5	135	6
150	168.3	159	285	240	22	8	M20	24	170.5	161	6
200	219.1	219	340	295	22	12	M20	26	221.5	222	8
250	273	273	405	355	26	12	M24	29	276.5	276	10
300	323.9	325	460	410	26	12	M24	32	327.5	328	11
350	355.6	377	520	470	26	16	M24	35	359.5	381	12
400	406.4	426	580	525	30	16	M27	38	411	430	12
450	457	480	640	585	30	20	M27	42	462	485	12
500	508	530	715	650	33	20	M30	46	513.5	535	12
600	610	630	840	770	33	20	M33	52	616.5	636	12

PN25bar

公称尺寸 DN	管子外径 A_1		连接尺寸					法兰厚度 C	法兰内径 B_1		坡口宽度 b
	A	B	法兰外径 D	螺栓孔中心圆直径 K	螺栓孔直径 L	螺栓孔数量 n/个	螺栓 Th		A	B	
10	17.2	14	90	60	14	4	M12	14	18	15	4
15	21.3	18	95	65	14	4	M12	14	22	19	4
20	26.9	25	105	75	14	4	M12	16	27.5	26	4
25	33.7	32	115	85	14	4	M12	16	34.5	33	5
32	42.4	38	140	100	18	4	M16	18	43.5	39	5
40	48.3	45	150	110	18	4	M16	18	49.5	46	5
50	60.3	57	165	125	18	4	M16	20	61.5	59	5
65	76.1	76	185	145	18	8	M16	22	77.5	78	6

续表

PN25bar

公称尺寸 DN	管子外径 A1		连接尺寸					法兰厚度 C	法兰内径 B1		坡口宽度 b
	A	B	法兰外径 D	螺栓孔中心圆直径 K	螺栓孔直径 L	螺栓孔数量 n/个	螺栓 Th		A	B	
80	88.9	89	200	160	18	8	M16	24	90.5	91	6
100	114.3	108	235	190	22	8	M20	26	116	110	6
125	139.7	133	270	220	26	8	M24	28	141.5	135	6
150	168.3	159	300	250	26	8	M24	30	170.5	161	6
200	219.1	219	360	310	26	12	M24	32	221.5	222	8
250	273	273	425	370	30	12	M27	35	276.5	276	10
300	323.9	325	485	430	30	16	M27	38	327.5	328	11
350	355.6	377	555	490	33	16	M30	42	359.5	381	12
400	406.4	426	620	550	36	16	M33	46	411	430	12
450	457	480	670	600	36	20	M33	50	462	485	12
500	508	530	730	660	36	20	M33	56	513.5	535	12
600	610	630	845	770	39	20	M36×3	68	616.5	636	12

PN40bar

公称尺寸 DN	管子外径 A1		连接尺寸					法兰厚度 C	法兰内径 B1		坡口宽度 b
	A	B	法兰外径 D	螺栓孔中心圆直径 K	螺栓孔直径 L	螺栓孔数量 n/个	螺栓 Th		A	B	
10	17.2	14	90	60	14	4	M12	14	18	15	4
15	21.3	18	95	65	14	4	M12	14	22	19	4
20	26.9	25	105	75	14	4	M12	16	27.5	26	4
25	33.7	32	115	85	14	4	M12	16	34.5	33	5
32	42.4	38	140	100	18	4	M16	18	43.5	39	5
40	48.3	45	150	110	18	4	M16	18	49.5	46	5
50	60.3	57	165	125	18	4	M16	20	61.5	59	5
65	76.1	76	185	145	18	8	M16	22	77.5	78	6
80	88.9	89	200	160	18	8	M16	24	90.5	91	6
100	114.3	108	235	190	22	8	M20	26	116	110	6
125	139.7	133	270	220	26	8	M24	28	141.5	135	6
150	168.3	159	300	250	26	8	M24	30	170.5	161	6
200	219.1	219	360	310	26	12	M27	36	221.5	222	8
250	273	273	425	370	30	12	M30	42	276.5	276	10
300	323.9	325	485	430	30	16	M30	48	327.5	328	11
350	355.6	377	555	490	33	16	M33	54	359.5	381	12
400	406.4	426	620	550	36	16	M36×3	60	411	430	12
450	457	480	670	600	36	20	M36×3	66	462	485	12
500	508	530	730	660	36	20	M39×3	72	513.5	535	12
600	610	630	845	770	39	20	M45×3	84	616.5	636	12

5.2.3　带颈平焊钢制管法兰（HG/T 20592—2009）

带颈平焊法兰的尺寸按图 5.2-7 和表 5.2-8 的规定。

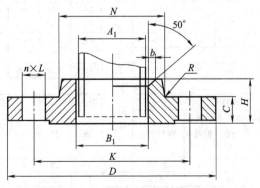

图 5.2-7　带颈平焊钢制管法兰

表 5.2-8　带颈平焊钢制管法兰　　　　　　　　　　　　　　单位：mm

PN6bar

公称尺寸 DN	钢管外径 A_1		连接尺寸					法兰厚度 C	法兰内径 B_1		法兰颈			法兰高度 H	重量 /kg
	A	B	法兰外径 D	螺栓孔中心圆直径 K	螺栓孔直径 L	螺栓孔数量 n /个	螺栓 Th		A	B	N A	N B	R		
10	17.2	14	75	50	11	4	M10	12	18	15	25	25	4	20	0.38
15	21.3	18	80	55	11	4	M10	12	22	19	30	30	4	20	0.44
20	26.9	25	90	65	11	4	M10	14	27.5	26	40	40	4	24	0.66
25	33.7	32	100	75	11	4	M10	14	34.5	33	50	50	4	24	0.81
32	42.4	38	120	90	14	4	M12	14	43.5	39	60	60	6	26	1.32
40	48.3	45	130	100	14	4	M12	14	49.5	46	70	70	6	26	1.55
50	60.3	57	140	110	14	4	M12	14	61.5	59	80	80	6	28	1.73
65	76.1	76	160	130	14	4	M12	14	77.5	78	100	100	6	32	2.23
80	88.9	89	190	150	18	4	M16	16	90.5	91	110	110	6	34	3.32
100	114.3	108	170	170	18	4	M16	16	116	110	130	130	8	40	4.06
125	139.7	133	240	200	18	4	M16	18	143.5	135	160	160	8	44	5.26
150	168.3	159	265	225	18	4	M16	18	170.5	161	185	185	10	44	6.37
200	219.1	219	320	280	18	8	M16	20	221.5	222	240	240	10	44	7.98
250	273	273	375	335	18	12	M16	22	276.5	276	295	295	12	44	10.3
300	323.9	325	440	395	22	12	M20	22	328	328	355	355	12	44	14.1

PN10bar

公称尺寸 DN	钢管外径 A_1		连接尺寸					法兰厚度 C	法兰内径 B_1		法兰颈			法兰高度 H	重量 /kg	坡口高度 b
	A	B	法兰外径 D	螺栓孔中心圆直径 K	螺栓孔直径 L	螺栓孔数量 n /个	螺栓 Th		A	B	N A	N B	R			
10	17.2	14	90	60	14	4	M12	16	18	15	30	30	4	22	0.65	—
15	21.3	18	95	65	14	4	M12	16	22	19	35	35	4	22	0.72	—
20	26.9	25	105	75	14	4	M12	18	27.5	26	45	45	4	26	1.03	—
25	33.7	32	115	85	14	4	M12	18	34.5	33	52	52	4	28	1.24	—
32	42.4	38	140	100	18	4	M16	18	43.5	39	60	60	6	30	2.02	—
40	48.3	45	150	110	18	4	M16	18	49.5	46	70	70	6	32	2.36	—
50	60.3	57	165	125	18	4	M16	18	61.5	59	84	84	5	28	3.08	—
65	76.1	76	185	145	18	4	M16	18	77.5	78	104	104	6	32	3.66	—
80	88.9	89	200	160	18	8	M16	20	90.5	91	118	118	6	34	4.08	—
100	114.3	108	220	180	18	8	M16	20	116	110	140	140	8	40	5.40	—
125	139.7	133	250	210	18	8	M16	22	143.5	135	168	168	8	44	7.01	—
150	168.3	159	285	240	22	8	M20	22	170.5	161	195	195	10	44	9.10	—
200	219.1	219	340	295	22	8	M20	24	221.5	222	246	246	10	44	10.6	—
250	273	273	395	350	22	12	M20	26	276.5	276	298	298	12	46	13.4	—
300	323.9	325	445	400	22	12	M20	26	328	328	350	350	12	46	15.4	—
350	355.6	377	505	460	22	16	M20	26	360	381	400	412	12	53	20.5	—
400	406.4	426	565	515	26	16	M24	26	411	430	456	475	12	57	27.6	—
450	457	480	615	565	26	20	M24	28	462	485	502	525	12	63	31.1	12
500	508	530	670	620	26	20	M24	28	513.5	535	559	581	12	67	38.1	12
600	610	630	780	725	30	20	M27	28	616.5	636	658	678	12	75	48.1	12

PN16bar

公称尺寸 DN	钢管外径 A_1		连接尺寸					法兰厚度 C	法兰内径 B_1		法兰颈			法兰高度 H	重量 /kg	坡口高度 b
	A	B	法兰外径 D	螺栓孔中心圆直径 K	螺栓孔直径 L	螺栓孔数量 n /个	螺栓 Th		A	B	N A	N B	R			
10	17.2	14	90	60	14	4	M12	16	18	15	30	30	4	22	0.65	4
15	21.3	18	95	65	14	4	M12	16	22	19	35	35	4	22	0.72	4
20	26.9	25	105	75	14	4	M12	18	27.5	26	45	45	4	26	1.03	4

续表

PN16bar

公称尺寸DN	钢管外径A₁		连接尺寸					法兰厚度C	法兰内径B₁		法兰颈 N		R	法兰高度H	重量/kg	坡口高度b
	A	B	法兰外径D	螺栓孔中心圆直径K	螺栓孔直径L	螺栓孔数量n/个	螺栓Th		A	B	A	B				
25	33.7	32	115	85	14	4	M12	18	34.5	33	52	52	4	28	1.24	5
32	42.4	38	140	100	18	4	M16	18	43.5	39	60	60	6	30	2.02	5
40	48.3	45	150	110	18	4	M16	18	49.5	46	70	70	6	32	2.36	5
50	60.3	57	165	125	18	4	M16	18	61.5	59	84	84	5	28	3.08	5
65	76.1	76	185	145	18	4	M16	18	77.5	78	104	104	6	32	3.66	6
80	88.9	89	200	160	18	8	M16	20	90.5	91	118	118	6	34	4.08	6
100	114.3	108	220	180	18	8	M16	20	116	110	140	140	8	40	5.40	6
125	139.7	133	250	210	18	8	M16	22	143.5	135	168	168	8	44	7.01	6
150	168.3	159	285	240	22	8	M20	22	170.5	161	195	195	10	44	9.10	6
200	219.1	219	340	295	22	8	M20	24	221.5	222	246	246	10	44	10.3	8
250	273	273	405	355	26	12	M24	26	276.5	276	298	298	12	46	14.3	10
300	323.9	325	460	410	26	12	M24	28	328	328	350	350	12	46	18.8	11
350	355.6	377	520	470	26	16	M24	30	360	381	400	412	12	57	25.2	12
400	406.4	426	580	525	30	16	M27	32	411	430	456	475	12	63	34.8	12
450	457	480	640	585	30	20	M27	40	462	485	502	525	12	68	41.2	12
500	508	530	715	650	33	20	M30×2	44	513.5	535	559	581	12	73	54.9	12
600	610	630	840	770	36	20	M33×2	54	616.5	636	658	678	12	83	77.0	12

PN25bar

公称尺寸DN	钢管外径A₁		连接尺寸					法兰厚度C	法兰内径B₁		法兰颈 N		R	法兰高度H	重量/kg	坡口高度b
	A	B	法兰外径D	螺栓孔中心圆直径K	螺栓孔直径L	螺栓孔数量n/个	螺栓Th		A	B	A	B				
10	17.2	14	90	60	14	4	M12	16	18	15	30	30	4	22	0.65	4
15	21.3	18	95	65	14	4	M12	16	22	19	35	35	4	22	0.72	4
20	26.9	25	105	75	14	4	M12	18	27.5	26	45	45	4	26	1.03	4
25	33.7	32	115	85	14	4	M12	18	34.5	33	52	52	4	28	1.24	5
32	42.4	38	140	100	18	4	M16	18	43.5	39	60	60	6	30	2.02	5
40	48.3	45	150	110	18	4	M16	18	49.5	46	70	70	6	32	2.36	5
50	60.3	57	165	125	18	4	M16	20	61.5	59	84	84	6	34	3.08	5
65	76.1	76	185	145	18	8	M16	22	77.5	78	104	104	6	38	3.93	6
80	88.9	89	200	160	18	8	M16	24	90.5	91	118	118	8	40	4.86	6
100	114.3	108	235	190	22	8	M20	24	116	110	145	145	8	44	6.91	6
125	139.7	133	270	220	26	8	M24	26	143.5	135	170	170	8	48	9.34	6
150	168.3	159	300	250	26	8	M24	28	170.5	161	200	200	10	52	12.2	6
200	219.1	219	360	310	26	12	M24	30	221.5	222	256	256	10	52	15.6	8
250	273	273	425	370	30	12	M27	32	276.5	276	310	310	12	60	21.9	10
300	323.9	325	485	430	30	16	M27	34	328	328	364	364	12	67	28.8	11
350	355.6	377	555	490	33	16	M30×2	38	360	381	418	430	12	72	42.4	12
400	406.4	426	620	550	36	16	M33×2	40	411	430	472	492	12	78	57.4	12
450	457	480	670	600	36	20	M33×2	46	462	485	520	542	12	84	63.7	12
500	508	530	730	660	36	20	M33×2	48	513.5	535	580	602	12	90	81.4	12
600	610	630	845	770	39	20	M36×3	58	616.5	636	684	704	12	100	109.4	12

续表

PN40bar

公称尺寸DN	钢管外径A1		连接尺寸					法兰厚度C	法兰内径B1		法兰颈			法兰高度H	重量/kg	坡口高度b
	A	B	法兰外径D	螺栓孔中心圆直径K	螺栓孔直径L	螺栓孔数量n/个	螺栓Th		A	B	N		R			
											A	B				
10	17.2	14	90	60	14	4	M12	16	18	15	30	30	4	22	0.65	4
15	21.3	18	95	65	14	4	M12	16	22	19	35	35	4	22	0.72	4
20	26.9	25	105	75	14	4	M12	18	27.5	26	45	45	4	26	1.03	4
25	33.7	32	115	85	14	4	M12	18	34.5	33	52	52	4	28	1.24	5
32	42.4	38	140	100	18	4	M16	18	43.5	39	60	60	6	30	2.02	5
40	48.3	45	150	110	18	4	M16	18	49.5	46	70	70	6	32	2.36	5
50	60.3	57	165	125	18	4	M16	20	61.5	59	84	84	6	34	3.08	5
65	76.1	76	185	145	18	8	M16	22	77.5	78	104	104	6	38	3.93	6
80	88.9	89	200	160	18	8	M16	24	90.5	91	118	118	8	40	4.86	6
100	114.3	108	235	190	22	8	M20	24	116	110	145	145	8	44	6.91	6
125	139.7	133	270	220	26	8	M24	26	143.5	135	170	170	8	48	9.34	7
150	168.3	159	300	250	26	8	M24	28	170.5	161	200	200	10	52	12.2	8
200	219.1	219	375	320	30	12	M27	34	221.5	222	260	260	10	52	19.4	10
250	273	273	450	385	33	12	M30×2	38	276.5	276	318	318	12	60	30.5	11
300	323.9	325	515	450	33	16	M30×2	42	328	328	380	380	12	67	42.9	12
350	355.6	377	580	510	36	16	M33×2	46	360	381	432	444	12	72	58.6	13
400	406.4	426	660	585	39	16	M36×3	50	411	430	498	518	12	78	68.3	14
450	457	480	685	610	39	20	M36×3	57	462	485	522	545	12	84	85.6	16
500	508	530	755	670	42	20	M39×3	57	513.5	535	576	598	12	90	106.2	17
600	610	630	890	795	48	20	M45×3	72	616.5	636	686	706	12	100	171.2	18

注：所有重量仅供参考。

5.2.4　带颈对焊钢制管法兰（HG/T 20592—2009）

带颈对焊钢法兰的尺寸按图 5.2-8 和表 5.2-9 的规定。

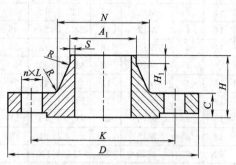

图 5.2-8　带颈对焊钢制管法兰

表 5.2-9　带颈对焊钢制管法兰　　　　单位：mm

PN10bar

公称尺寸DN	钢管外径A1		连接尺寸					厚度C	法兰颈					高度H	重量/kg
	A	B	法兰外径D	螺栓孔中心圆直径K	螺栓孔直径L	螺栓孔数量n/个	螺栓Th		N		S	H1≈	R		
									A	B					
10	17.2	14	90	60	14	4	M12	16	28	28	1.8	6	4	35	0.66
15	21.3	18	95	65	14	4	M12	16	32	32	2.0	6	4	38	0.75
20	26.9	25	105	75	14	4	M12	18	40	40	2.3	6	4	40	1.05
25	33.7	32	115	85	14	4	M12	18	46	46	2.6	6	4	40	1.26

PN10bar

公称尺寸 DN	钢管外径 A_1		连接尺寸					厚度 C	法兰颈		S	$H_1\approx$	R	高度 H	重量 /kg
	A	B	法兰外径 D	螺栓孔中心圆直径 K	螺栓孔直径 L	螺栓孔数量 n /个	螺栓 Th		N A	B					
32	42.4	38	140	100	18	4	M16	18	56	56	2.6	6	6	42	2.05
40	48.3	45	150	110	18	4	M16	18	64	64	2.6	7	6	45	2.37
50	60.3	57	165	125	18	4	M16	18	74	74	2.9	8	5	45	3.11
65	76.1	76	185	145	18	4	M16	18	92	92	2.9	10	6	45	3.74
80	88.9	89	200	160	18	8	M16	20	105	105	3.2	10	6	50	4.22
100	114.3	108	220	180	18	8	M16	20	131	131	3.6	12	8	52	5.39
125	139.7	133	250	210	18	8	M16	22	156	156	4	12	8	55	6.88
150	168.3	159	285	240	22	8	M20	22	184	184	4.5	12	10	55	9.13
200	219.1	219	340	295	22	8	M20	24	234	234	6.3	16	10	62	11.8
250	273	273	395	350	22	12	M20	26	292	292	6.3	16	12	70	15.6
300	323.9	325	445	400	22	12	M20	26	342	342	7.1	16	12	78	18.6
350	355.6	377	505	460	22	16	M20	26	390	402	7.1	16	12	82	22.8
400	406.4	426	565	515	22	16	M24	26	440	458	7.1	16	12	85	28.2
450	457	480	615	565	26	20	M24	28	488	510	7.1	16	12	87	31.7
500	508	530	670	620	26	20	M24	28	542	562	7.1	16	12	90	36.8
600	610	630	780	725	30	20	M27	28	642	660	7.1	18	12	95	52.6
700	711	720	895	840	30	24	M27	30	746	755	8	18	12	100	64.5
800	813	820	1015	950	33	24	M30×2	32	850	855	8	18	12	105	87.0
900	914	920	1115	1050	33	28	M30×2	34	950	954	10	20	12	110	106.1
1000	1016	1020	1230	1160	36	28	M33×2	34	1052	1054	10	20	16	120	123.9
1200	1219	1220	1455	1380	39	32	M36×Th	38	1256	1256	11	25	16	130	187.7
1400	1422	1420	1675	1590	42	36	M39×3	42	1460	1460	12	25	16	145	256.5
1600	1626	1620	1915	1820	48	40	M45×3	46	1666	1666	14	25	16	160	368.9
1800	1829	1820	2115	2020	48	44	M45×3	50	1868	1866	15	30	16	170	451.1
2000	2032	2020	2325	2230	48	48	M45×3	54	2072	2070	16	30	16	180	564.2

PN16bar

公称尺寸 DN	钢管外径 A_1		连接尺寸					厚度 C	法兰颈		S	$H_1\approx$	R	高度 H	重量 /kg
	A	B	法兰外径 D	螺栓孔中心圆直径 K	螺栓孔直径 L	螺栓孔数量 n /个	螺栓 Th		N A	B					
10	17.2	14	90	60	14	4	M12	16	28	28	1.8	6	4	35	0.66
15	21.3	18	95	65	14	4	M12	16	32	32	2.0	6	4	38	0.75
20	26.9	25	105	75	14	4	M12	18	40	40	2.3	6	4	40	1.05
25	33.7	32	115	85	14	4	M12	18	46	46	2.6	6	4	40	1.26
32	42.4	38	140	100	18	4	M16	18	56	56	2.6	6	6	42	2.05
40	48.3	45	150	110	18	4	M16	18	64	64	2.6	7	6	45	2.37
50	60.3	57	165	125	18	4	M16	18	74	74	2.9	8	5	45	3.11
65	76.1	76	185	145	18	4	M16	18	92	92	2.9	10	6	45	3.74
80	88.9	89	200	160	18	8	M16	20	105	105	3.2	10	6	50	4.22
100	114.3	108	220	180	18	8	M16	20	131	131	3.6	12	8	52	5.39
125	139.7	133	250	210	18	8	M16	22	156	156	4.0	12	8	55	6.88
150	168.3	159	285	240	22	8	M20	22	184	184	4.5	12	10	55	9.13
200	219.1	219	340	295	22	12	M20	24	235	235	6.3	16	10	62	11.5
250	273	273	405	355	26	12	M24	26	292	292	6.3	16	12	70	16.7
300	323.9	325	460	410	26	12	M24	28	344	344	7.1	16	12	78	22.4
350	355.6	377	520	470	26	16	M24	30	390	410	8.0	16	12	82	30.5
400	406.4	426	580	525	30	16	M27	32	445	464	8.0	16	12	85	38.5

PN16bar

| 公称尺寸 DN | 钢管外径 A_1 | | 连接尺寸 | | | | | 厚度 C | 法兰颈 | | | | | 高度 H | 重量 /kg |
| | A | B | 法兰外径 D | 螺栓孔中心圆直径 K | 螺栓孔直径 L | 螺栓孔数量 n/个 | 螺栓 Th | | N | | S | $H_1\approx$ | R | | |
									A	B					
450	457	480	640	585	30	20	M27	40	490	512	8.0	16	12	87	50.8
500	508	530	715	650	33	20	M30×2	44	548	578	8.0	16	12	90	70.7
600	610	630	840	770	36	20	M33×2	54	652	670	8.8	18	12	95	85.3
700	711	720	910	840	36	24	M33×2	36	755	759	8.8	18	12	100	94.8
800	813	820	1025	950	39	24	M36×3	38	855	855	10	20	12	105	109.4
900	914	920	1125	1050	39	28	M36×3	40	955	954	10	20	16	110	127.3
1000	1016	1020	1255	1170	42	28	M39×3	42	1058	1060	10	22	16	120	169.7
1200	1219	1220	1485	1390	48	32	M45×3	48	1262	1260	12.5	30	16	130	254.4
1400	1422	1420	1685	1590	48	36	M45×3	52	1465	1465	14.2	30	16	145	333.5
1600	1626	1620	1930	1820	55	40	M52×4	58	1668	1668	16	35	16	160	483.7
1800	1829	1820	2130	2020	55	44	M52×4	62	1870	1870	17.5	35	16	170	590.5
2000	2032	2020	2345	2230	62	48	M56×4	66	2072	2070	20	40	16	180	748.9

PN25bar

| 公称尺寸 DN | 钢管外径 A_1 | | 连接尺寸 | | | | | 厚度 C | 法兰颈 | | | | | 高度 H | 重量 /kg |
| | A | B | 法兰外径 D | 螺栓孔中心圆直径 K | 螺栓孔直径 L | 螺栓孔数量 n/个 | 螺栓 Th | | N | | S | $H_1\approx$ | R | | |
									A	B					
10	17.2	14	90	60	14	4	M12	16	28	28	1.8	6	4	35	0.66
15	21.3	18	95	65	14	4	M12	16	32	32	2.2	6	4	38	0.75
20	26.9	25	105	75	14	4	M12	18	40	40	2.3	6	4	40	1.05
25	33.7	32	115	85	14	4	M12	18	46	46	2.6	6	4	40	1.26
32	42.4	38	140	100	14	4	M16	18	56	56	2.6	6	6	42	2.05
40	48.3	45	150	110	18	4	M16	18	64	64	2.6	7	6	45	2.37
50	60.3	57	165	125	18	4	M16	20	75	75	2.9	8	6	48	3.11
65	76.1	76	185	145	18	8	M16	22	90	90	2.9	10	6	52	3.94
80	88.9	89	200	160	18	8	M16	24	105	105	3.2	12	8	58	5.03
100	114.3	108	235	190	22	8	M20	24	134	134	3.6	12	8	65	7.01
125	139.7	133	270	220	26	8	M24	26	162	162	4.0	12	8	68	9.61
150	168.3	159	300	250	26	8	M24	28	190	190	4.5	12	10	75	12.7
200	219.1	219	360	310	26	12	M24	30	244	244	6.3	16	10	80	17.4
250	273	273	425	370	30	12	M27	32	296	296	7.1	18	12	88	24.4
300	323.9	325	485	430	30	16	M27	34	350	350	8.0	18	12	92	31.9
350	355.6	377	555	490	33	16	M30×2	38	398	420	8.0	20	12	100	48.5
400	406.4	426	620	550	36	16	M33×2	40	452	472	8.8	20	12	110	61.1
450	457	480	670	600	36	20	M33×2	46	500	522	8.8	20	12	110	71.5
500	508	530	730	660	36	20	M33×2	48	558	580	10	20	12	125	92.5
600	610	630	845	770	39	20	M36×2	58	660	680	11	20	12	125	132.8

PN40bar

| 公称尺寸 DN | 钢管外径 A_1 | | 连接尺寸 | | | | | 厚度 C | 法兰颈 | | | | | 高度 H | 重量 /kg |
| | A | B | 法兰外径 D | 螺栓孔中心圆直径 K | 螺栓孔直径 L | 螺栓孔数量 n/个 | 螺栓 Th | | N | | S | $H_1\approx$ | R | | |
									A	B					
10	17.2	14	90	60	14	4	M12	16	28	28	1.8	6	4	35	0.66
15	21.3	18	95	65	14	4	M12	16	32	32	2.0	6	4	38	0.75
20	26.9	25	105	75	14	4	M12	18	40	40	2.3	6	4	40	1.05
25	33.7	32	115	85	14	4	M12	18	46	46	2.6	6	4	40	1.26
32	42.4	38	140	100	18	4	M16	18	56	56	2.6	6	6	42	2.05

续表

PN40bar

公称尺寸 DN	钢管外径 A_1		连接尺寸					厚度 C	法兰颈					高度 H	重量 /kg
	A	B	法兰外径 D	螺栓孔中心圆直径 K	螺栓孔直径 L	螺栓孔数量 n /个	螺栓 Th		N		S	$H_1 \approx$	R		
									A	B					
40	48.3	45	150	110	18	4	M16	18	64	64	2.6	7	6	45	2.37
50	60.3	57	165	125	18	4	M16	20	75	75	2.9	8	6	48	3.11
65	76.1	76	185	145	18	8	M16	22	90	90	2.9	10	6	52	3.94
80	88.9	89	200	160	18	8	M16	24	105	105	3.2	12	8	58	5.03
100	114.3	108	235	190	22	8	M20	24	134	134	3.6	12	8	65	7.01
125	139.7	133	270	220	26	8	M24	26	162	162	4.0	12	8	68	9.61
150	168.3	159	300	250	26	8	M24	28	192	192	4.5	12	10	75	12.7
200	219.1	219	375	320	30	12	M27	34	244	244	6.3	16	10	88	21.4
250	273	273	450	385	33	12	M30×2	38	306	306	7.1	18	12	105	34.6
300	323.9	325	515	450	33	16	M30×2	42	362	362	8.0	18	12	115	48.2
350	355.6	377	580	510	36	16	M33×2	46	408	430	8.8	20	12	125	66.8
400	406.4	426	660	585	39	16	M36×3	50	462	482	11.0	20	12	135	96.0
450	457	480	685	610	39	20	M36×3	57	500	522	12.5	20	12	135	100.1
500	508	530	755	670	42	20	M39×3	57	562	584	14.2	20	12	140	125.9
600	610	630	890	795	48	20	M45×3	72	666	686	16.0	20	12	150	204.2

PN63bar

公称尺寸 DN	钢管外径 A_1		连接尺寸					厚度 C	法兰颈					高度 H	重量 /kg
	A	B	法兰外径 D	螺栓孔中心圆直径 K	螺栓孔直径 L	螺栓孔数量 n /个	螺栓 Th		N		S	$H_1 \approx$	R		
									A	B					
10	17.2	14	100	70	14	4	M12	20	32	32	1.8	6	4	45	1.18
15	21.3	18	105	75	14	4	M12	20	34	34	2.0	6	4	45	1.30
20	26.9	25	130	90	18	4	M16	22	42	42	2.6	8	4	48	2.00
25	33.7	32	140	100	18	4	M16	24	52	52	2.6	8	4	58	2.79
32	42.4	38	155	110	22	4	M20	24	62	62	2.9	8	6	60	3.38
40	48.3	45	170	125	22	4	M20	26	70	70	2.9	10	6	62	4.40
50	60.3	57	180	135	22	4	M20	26	82	82	2.9	10	6	62	4.86
65	76.1	76	205	160	22	8	M20	26	98	98	3.2	12	6	68	5.92
80	88.9	89	215	170	22	8	M20	28	112	112	3.6	12	8	72	6.93
100	114.3	108	250	200	26	8	M24	30	138	138	4.0	12	8	78	9.98
125	139.7	133	295	240	30	8	M27	34	168	168	4.5	12	10	88	15.6
150	168.3	159	345	280	33	8	M30×2	36	202	202	5.6	12	10	95	23.0
200	219.1	219	415	345	36	12	M33×2	42	256	256	7.1	16	12	110	35.0
250	273	273	470	400	36	12	M33×2	46	316	316	8.8	18	12	125	48.9
300	323.9	325	530	460	36	16	M33×2	52	372	372	11.0	18	12	140	68.3
350	355.6	377	600	525	39	16	M36×3	56	420	442	12.5	20	12	150	95.4
400	406.4	426	670	585	42	16	M39×3	60	475	495	14.2	20	12	160	141.3

PN100bar

公称尺寸 DN	钢管外径 A_1		连接尺寸					厚度 C	法兰颈					高度 H	重量 /kg
	A	B	法兰外径 D	螺栓孔中心圆直径 K	螺栓孔直径 L	螺栓孔数量 n /个	螺栓 Th		N		S	$H_1 \approx$	R		
									A	B					
10	17.2	14	100	70	14	4	M12	20	32	32	1.8	6	4	45	1.18
15	21.3	18	105	75	14	4	M12	20	34	34	2.0	6	4	45	1.30
20	26.9	25	130	90	18	4	M16	22	42	42	2.6	8	4	48	2.00
25	33.7	32	140	100	18	4	M16	24	52	52	2.6	8	4	58	2.79
32	42.4	38	155	110	22	4	M20	24	62	62	2.9	8	6	60	3.38

PN100bar

公称尺寸 DN	钢管外径 A_1		连接尺寸					厚度 C	法兰颈					高度 H	重量 /kg
	A	B	法兰外径 D	螺栓孔中心圆直径 K	螺栓孔直径 L	螺栓孔数量 n /个	螺栓 Th		N		S	$H_1\approx$	R		
									A	B					
40	48.3	45	170	125	22	4	M20	26	70	70	2.9	10	6	62	4.40
50	60.3	57	195	145	26	4	M24	28	90	90	3.2	10	6	68	6.24
65	76.1	76	220	170	26	8	M24	30	108	108	3.6	12	6	76	7.95
80	88.9	89	230	180	26	8	M24	32	120	120	4.0	12	8	78	9.10
100	114.3	108	265	210	30	8	M27	36	150	150	5.0	12	8	90	13.9
125	139.7	133	315	250	33	8	M30×2	40	180	180	6.3	12	8	105	22.3
150	168.3	159	355	290	33	12	M30×2	44	210	210	7.1	12	10	115	30.1
200	219.1	219	430	360	36	12	M33×2	52	278	278	10.0	16	10	130	51.0
250	273	273	505	430	39	12	M36×3	60	340	340	12.5	18	12	157	82.2
300	323.9	325	585	500	42	16	M39×3	68	400	400	14.2	18	12	170	119.4
350	355.6	377	655	560	48	16	M45×3	74	460	482	16.0	20	12	189	166.2

PN160bar

公称尺寸 DN	钢管外径 A_1		连接尺寸					厚度 C	法兰颈					高度 H	重量 /kg
	A	B	法兰外径 D	螺栓孔中心圆直径 K	螺栓孔直径 L	螺栓孔数量 n /个	螺栓 Th		N		S	$H_1\approx$	R		
									A	B					
10	17.2	14	100	70	14	4	M12	20	32	32	2.0	6	4	45	1.39
15	21.3	18	105	75	14	4	M12	20	34	34	2.0	6	4	45	1.65
20	26.9	25	130	90	18	4	M16	24	42	42	2.9	6	4	52	2.90
25	33.7	32	140	100	18	4	M16	24	52	52	2.9	8	4	58	3.61
32	42.4	38	155	110	22	4	M20	28	60	60	3.6	8	5	60	4.60
40	48.3	45	170	125	22	4	M20	28	70	70	3.6	10	6	64	5.92
50	60.3	57	195	145	26	4	M24	30	90	90	4.0	10	6	75	8.28
65	76.1	76	220	170	26	8	M24	34	108	108	5.0	12	6	82	10.8
80	88.9	89	230	180	26	8	M24	36	120	120	6.3	12	8	86	12.9
100	114.3	108	265	210	30	8	M27	40	150	150	8.0	12	8	100	19.6
125	139.7	133	315	250	33	8	M30×2	44	180	180	10.0	14	8	115	30.6
150	168.3	159	355	290	33	12	M30×2	50	210	210	12.5	14	10	128	42.2
200	219.1	219	430	360	36	12	M33×2	60	278	278	16.0	16	10	140	65.6
250	273	273	515	430	42	12	M39×3	68	340	340	20.0	18	12	155	106.4
300	323.9	325	585	500	42	16	M39×3	78	400	400	22.2	18	12	175	153.2

注：钢管外径 A_1 即法兰焊端外径；所有重量仅供参考。

5.2.5 整体钢制管法兰 （HG/T 20592—2009）

整体钢法兰的尺寸按图 5.2-9 和表 5.2-10 的规定。

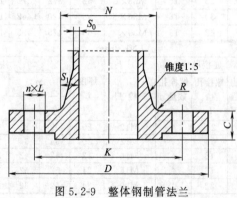

图 5.2-9 整体钢制管法兰

表 5.2-10　整体钢制管法兰　　　　　　　　　　　　　单位：mm

PN6bar

公称尺寸 DN	连接尺寸					法兰厚度 C	法兰颈			
	法兰外径 D	螺栓孔中心圆直径 K	螺栓孔直径 L	螺栓孔数量 n/个	螺栓 Th		N	R	S_0	S_1
10	75	50	11	4	M10	12	20	4	3	5
15	80	55	11	4	M10	12	26	4	3	5.5
20	90	65	11	4	M10	14	34	4	3.5	7
25	100	75	11	4	M10	14	44	4	4	9.5
32	120	90	14	4	M12	14	54	6	4	11
40	130	100	14	4	M12	14	64	6	4.5	12
50	140	110	14	4	M12	14	74	6	5	12
65	160	130	14	4	M12	14	94	6	6	14.5
80	190	150	18	4	M16	16	110	8	7	15
100	210	170	18	4	M16	16	130	8	8	15
125	240	200	18	8	M16	18	160	8	9	17.5
150	265	225	18	8	M16	18	182	10	10	16
200	320	280	18	8	M16	20	238	10	11	19
250	375	335	18	12	M16	22	284	12	11	17
300	440	395	22	12	M20	22	342	12	12	21
350	490	445	22	12	M20	22	392	12	14	21
400	540	495	22	16	M20	22	442	12	15	21
450	595	550	22	16	M20	22	494	12	16	22
500	645	600	22	20	M20	24	544	12	16	22
600	755	705	26	20	M24	30	642	12	17	21
700	860	810	26	24	M24	24	746	12	17	23
800	975	920	30	24	M27	24	850	12	18	25
900	1075	1020	30	24	M27	26	950	12	18	25
1000	1175	1120	30	28	M27	26	1050	16	19	25
1200	1405	1340	33	32	M30×2	28	1264	16	20	32
1400	1630	1560	36	36	M33×2	32	1480	16	22	40
1600	1830	1760	36	40	M33×2	34	1680	16	24	40
1800	2045	1970	39	44	M36×3	36	1878	16	26	39
2000	2265	2180	42	48	M39×3	38	2082	16	28	41

PN10bar

公称尺寸 DN	连接尺寸					法兰厚度 C	法兰颈			
	法兰外径 D	螺栓孔中心圆直径 K	螺栓孔直径 L	螺栓孔数量 n/个	螺栓 Th		N	R	S_0	S_1
10	90	60	14	4	M12	16	28	4	6	10
15	95	65	14	4	M12	16	32	4	6	11
20	105	75	14	4	M12	18	40	4	6.5	12
25	115	85	14	4	M12	18	50	4	7	14
32	140	100	18	4	M16	18	60	6	7	14
40	150	110	18	4	M16	18	70	6	7.5	14
50	165	125	18	4	M16	18	84	5	8	15
65	185	145	18	4	M16	18	104	6	8	14
80	200	160	18	8	M16	20	120	6	8.5	15
100	220	180	18	8	M16	20	140	8	9.5	15
125	250	210	18	8	M16	22	170	8	10	17
150	285	240	22	8	M20	22	190	10	11	17
200	340	295	22	8	M20	24	246	10	12	23
250	395	350	22	12	M20	26	298	12	14	24
300	445	400	22	12	M20	26	348	12	15	24

公称尺寸 DN	连接尺寸					法兰厚度 C	法兰颈			
	法兰外径 D	螺栓孔中心圆直径 K	螺栓孔直径 L	螺栓孔数量 n/个	螺栓 Th		N	R	S_0	S_1
					PN10bar					
350	505	460	22	16	M20	26	408	12	16	29
400	565	515	26	16	M24	26	456	12	18	28
450	615	565	26	20	M24	28	502	12	20	26
500	670	620	26	20	M24	28	559	12	21	29.5
600	780	725	30	20	M27	34	658	12	23	29
700	895	840	30	24	M27	34	772	12	24	36
800	1015	950	33	24	M30×2	36	876	12	26	38
900	1115	1050	33	28	M30×2	38	976	12	27	38
1000	1230	1160	36	28	M33×2	38	1080	16	29	40
1200	1455	1380	39	32	M36×3	44	1292	16	32	46
1400	1675	1590	42	36	M39×3	48	1496	16	34	48
1600	1915	1820	48	40	M45×3	52	1712	16	36	56
1800	2115	2020	48	44	M45×3	56	1910	16	39	55
2000	2325	2230	48	48	M45×3	60	2120	16	41	60

公称尺寸 DN	连接尺寸					法兰厚度 C	法兰颈			
	法兰外径 D	螺栓孔中心圆直径 K	螺栓孔直径 L	螺栓孔数量 n/个	螺栓 Th		N	R	S_0	S_1
					PN16bar					
10	90	60	14	4	M12	16	28	4	6	10
15	95	65	14	4	M12	16	32	4	6	11
20	105	75	14	4	M12	18	40	4	6.5	12
25	115	85	14	4	M12	18	50	4	7	14
32	140	100	18	4	M16	18	60	6	7	14
40	150	110	18	4	M16	18	70	6	7.5	14
50	165	125	18	4	M16	18	84	5	8	15
65	185	145	18	4	M16	18	104	6	8	14
80	200	160	18	8	M16	20	120	6	8.5	15
100	220	180	18	8	M16	20	140	8	9.5	15
125	250	210	18	8	M16	22	170	8	10	17
150	285	240	22	8	M20	22	190	10	11	17
200	340	295	22	12	M20	24	246	10	12	18
250	405	355	26	12	M24	26	296	12	14	20
300	460	410	26	12	M24	28	350	12	15	21
350	520	470	26	16	M24	30	410	12	16	23
400	580	525	30	16	M27	32	458	12	18	24
450	640	585	30	20	M27	40	516	12	20	27
500	715	650	33	20	M30×2	44	576	12	21	30
600	840	770	36	20	M33×2	54	690	12	23	30
700	910	840	36	24	M33×2	42	760	12	24	32
800	1025	950	39	24	M36×3	42	862	12	26	33
900	1125	1050	39	28	M36×3	44	962	12	27	35
1000	1255	1170	42	28	M39×3	46	1076	16	29	39
1200	1485	1390	48	32	M45×3	52	1282	16	32	44
1400	1685	1590	48	36	M45×3	58	1482	16	34	48
1600	1930	1820	55	40	M52×4	64	1696	16	36	51
1800	2130	2020	55	44	M52×4	68	1896	16	39	53
2000	2345	2230	60	48	M56×4	70	2100	16	41	56

续表

公称尺寸 DN	法兰外径 D	螺栓孔中心圆直径 K	螺栓孔直径 L	螺栓孔数量 $n/$个	螺栓 Th	法兰厚度 C	N	R	S_0	S_1
		连接尺寸						法兰颈		
10	90	60	14	4	M12	16	28	4	6	10
15	95	65	14	4	M12	16	32	4	6	11
20	105	75	14	4	M12	18	40	4	6.5	12
25	115	85	14	4	M12	18	50	4	7	14
32	140	100	18	4	M16	18	60	6	7	14
40	150	110	18	4	M16	18	70	6	7.5	14
50	165	125	18	4	M16	20	84	6	8	15
65	185	145	18	8	M16	22	104	6	8.5	17
80	200	160	18	8	M16	24	120	8	9	18
100	235	190	22	8	M20	24	142	8	10	18
125	270	220	26	8	M24	26	162	8	11	20
150	300	250	26	8	M24	28	192	10	12	21
200	360	310	26	12	M24	30	252	10	12	23
250	425	370	30	12	M27	32	304	12	14	24
300	485	430	30	16	M27	34	364	12	15	26
350	555	490	33	16	M30×2	38	418	12	16	29
400	620	550	36	16	M33×2	40	472	12	18	30
450	670	600	36	20	M33×2	46	520	12	19	31
500	730	660	36	20	M33×2	48	580	12	21	33
600	845	770	39	20	M36×3	58	684	12	23	35
700	960	875	42	24	M39×3	50	780	12	24	38
800	1085	990	48	24	M45×3	54	882	12	26	41
900	1185	1090	48	28	M45×3	58	982	12	27	44
1000	1320	1210	55	28	M52×4	62	1086	16	29	47
1200	1530	1420	55	32	M52×4	70	1296	18	32	53

PN25bar 表头（公称尺寸 DN / 法兰外径 D / 螺栓孔中心圆直径 K / 螺栓孔直径 L / 螺栓孔数量 n/个 / 螺栓 Th / 法兰厚度 C / N / R / S_0 / S_1）

PN40bar

公称尺寸 DN	法兰外径 D	螺栓孔中心圆直径 K	螺栓孔直径 L	螺栓孔数量 $n/$个	螺栓 Th	法兰厚度 C	N	R	S_0	S_1
		连接尺寸						法兰颈		
10	90	60	14	4	M12	16	28	4	6	10
15	95	65	14	4	M12	16	32	4	6	11
20	105	75	14	4	M12	18	40	4	6.5	12
25	115	85	14	4	M12	18	50	4	7	14
32	140	100	18	4	M16	18	60	6	7	14
40	150	110	18	4	M16	18	70	6	7.5	14
50	165	125	18	4	M16	20	84	6	8	15
65	185	145	18	8	M16	22	104	6	8.5	17
80	200	160	18	8	M16	24	120	8	9	18
100	235	190	22	8	M20	24	142	8	10	18
125	270	220	26	8	M24	26	162	8	11	20
150	300	250	26	8	M24	28	192	10	12	21
200	375	320	30	12	M27	34	254	10	14	26
250	450	385	33	12	M30×2	38	312	12	16	29
300	515	450	33	16	M30×2	42	378	12	17	32
350	580	510	36	16	M33×2	46	432	12	19	35
400	660	585	39	16	M36×3	50	498	12	21	38
450	685	610	39	20	M36×3	57	522	12	21	38
500	755	670	42	20	M39×3	57	576	12	21	39
600	890	795	48	20	M45×3	72	686	12	24	45

公称尺寸 DN	连接尺寸					法兰厚度 C	法兰颈			
	法兰外径 D	螺栓孔中心圆直径 K	螺栓孔直径 L	螺栓孔数量 n/个	螺栓 Th		N	R	S_0	S_1

PN63bar

公称尺寸 DN	法兰外径 D	螺栓孔中心圆直径 K	螺栓孔直径 L	螺栓孔数量 n/个	螺栓 Th	法兰厚度 C	N	R	S_0	S_1
10	100	70	14	4	M12	20	40	4	10	15
15	105	75	14	4	M12	20	45	4	10	15
20	130	90	18	4	M16	22	50	4	10	15
25	140	100	18	4	M16	24	61	4	10	18
32	155	110	22	4	M20	26	68	6	10	18
40	170	125	22	4	M20	28	82	6	10	21
50	180	135	22	4	M20	26	90	6	10	20
65	205	160	22	8	M20	26	105	6	10	20
80	215	170	22	8	M20	28	122	8	11	21
100	250	200	26	8	M24	30	146	8	12	23
125	295	240	30	8	M27	34	177	8	13	26
150	345	280	33	8	M30×2	36	204	10	14	27
200	415	345	36	12	M33×2	42	264	10	16	32
250	470	400	36	12	M33×2	46	320	12	19	35
300	530	460	36	16	M33×2	52	378	12	21	39
350	600	525	39	16	M36×3	56	434	12	23	42
400	670	585	42	16	M39×3	60	490	12	26	45

PN100bar

公称尺寸 DN	法兰外径 D	螺栓孔中心圆直径 K	螺栓孔直径 L	螺栓孔数量 n/个	螺栓 Th	法兰厚度 C	N	R	S_0	S_1
10	100	70	14	4	M12	20	40	4	10	15
15	105	75	14	4	M12	20	45	4	10	15
20	130	90	18	4	M16	22	50	4	10	15
25	140	100	18	4	M16	24	61	4	10	18
32	155	110	22	4	M20	26	68	6	10	18
40	170	125	22	4	M20	28	82	6	10	21
50	195	145	26	4	M24	30	96	6	10	23
65	220	170	26	8	M24	34	118	6	11	24
80	230	180	26	8	M24	36	128	8	12	24
100	265	210	30	8	M27	40	150	8	14	25
125	315	250	33	8	M30×2	40	185	8	16	30
150	355	290	33	12	M30×2	44	216	10	18	33
200	430	360	36	12	M33×2	52	278	10	21	39
250	505	430	39	12	M36×3	60	340	12	25	45
300	585	500	42	16	M39×3	68	407	12	29	51
350	655	560	48	16	M45×3	74	460	12	32	55
400	715	620	48	16	M45×3	78	518	12	36	59

PN160bar

公称尺寸 DN	法兰外径 D	螺栓孔中心圆直径 K	螺栓孔直径 L	螺栓孔数量 n/个	螺栓 Th	法兰厚度 C	N	R	S_0	S_1
10	100	70	14	4	M12	20	40	4	10	15
15	105	75	14	4	M12	20	45	4	10	15
20	130	90	18	4	M16	24	50	4	10	15
25	140	100	18	4	M16	24	61	4	10	18
32	155	110	22	4	M20	28	68	4	10	18
40	170	125	22	4	M20	28	82	4	10	21

续表

		连接尺寸				法兰厚度		法兰颈		

PN160bar

公称尺寸 DN	法兰外径 D	螺栓孔中心圆直径 K	螺栓孔直径 L	螺栓孔数量 n/个	螺栓 Th	法兰厚度 C	N	R	S_0	S_1
50	195	145	26	4	M24	30	96	4	10	23
65	220	170	26	8	M24	34	118	5	11	24
80	230	180	26	8	M24	36	128	5	12	24
100	265	210	30	8	M27	40	150	5	14	25
125	315	250	33	8	M30×2	44	184	6	16	29.5
150	355	290	33	12	M30×2	50	224	6	18	37
200	430	360	36	12	M33×2	60	288	8	21	44
250	515	430	42	12	M39×3	68	346	8	31	48
300	585	500	42	16	M39×3	78	414	10	46	57

5.2.6 承插焊钢制管法兰（HG/T 20592—2009）

承插焊钢法兰的尺寸按图 5.2-10 和表 5.2-11 的规定。

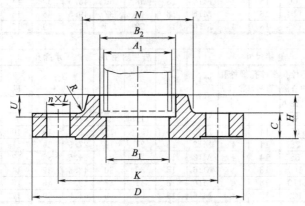

图 5.2-10 承插焊钢制管法兰

表 5.2-11 承插焊钢制管法兰　　　　　　　　　单位：mm

PN10bar

公称尺寸 DN	钢管外径 A_1		连接尺寸				法兰厚度 C	法兰内径 B_1		承插孔			法兰颈		法兰高度 H	重量 /kg
	A	B	法兰外径 D	螺栓孔中心圆直径 K	螺栓孔直径 L	螺栓孔数量 n/个	螺栓 Th		A	B	B_2		U	N	R		
											A	B					
10	17.2	14	90	60	14	4	M12	16	11.5	9	18	15	9	30	4	22	0.65
15	21.3	18	95	65	14	4	M12	16	15.5	12	22.5	19	10	35	4	22	0.72
20	26.9	25	105	75	14	4	M12	18	21	19	27.5	26	11	45	4	26	1.03
25	33.7	32	115	85	14	4	M12	18	27	26	34.5	33	13	52	4	28	1.24
32	42.5	38	140	100	18	4	M16	18	35	30	43.5	39	14	60	6	30	2.02
40	48.3	45	150	110	18	4	M16	18	41	37	49.5	46	16	70	6	32	2.36
50	60.3	57	165	125	18	4	M16	18	52	49	61.5	59	17	84	5	28	3.08

PN16bar

公称尺寸 DN	钢管外径 A_1		连接尺寸				法兰厚度 C	法兰内径 B_1		承插孔			法兰颈		法兰高度 H	重量 /kg
	A	B	法兰外径 D	螺栓孔中心圆直径 K	螺栓孔直径 L	螺栓孔数量 n/个	螺栓 Th		A	B	B_2		U	N	R		
											A	B					
10	17.2	14	90	60	14	4	M12	16	11.5	9	18	15	9	30	4	22	0.65
15	21.3	18	95	65	14	4	M12	16	15.5	12	22.5	19	10	35	4	22	0.72
20	26.9	25	105	75	14	4	M12	18	21	19	27.5	26	11	45	4	26	1.03

PN16bar

公称尺寸 DN	钢管外径 A_1		连接尺寸					法兰厚度 C	法兰内径 B_1		承插孔			法兰颈		法兰高度 H	重量 /kg
			法兰外径 D	螺栓孔中心圆直径 K	螺栓孔直径 L	螺栓孔数量 n/个	螺栓 Th				B_2		U	N	R		
	A	B							A	B	A	B					
25	33.7	32	115	85	14	4	M12	18	27	26	34.5	33	13	52	4	28	1.24
32	42.5	38	140	100	18	4	M16	18	35	30	43.5	39	14	60	6	30	2.02
40	48.3	45	150	110	18	4	M16	18	41	37	49.5	46	16	70	6	32	2.36
50	60.3	57	165	125	18	4	M16	18	52	49	61.5	59	17	84	5	28	3.08

PN25bar

公称尺寸 DN	钢管外径 A_1		连接尺寸					法兰厚度 C	法兰内径 B_1		承插孔			法兰颈		法兰高度 H	重量 /kg
			法兰外径 D	螺栓孔中心圆直径 K	螺栓孔直径 L	螺栓孔数量 n/个	螺栓 Th				B_2		U	N	R		
	A	B							A	B	A	B					
10	17.2	14	90	60	14	4	M12	16	11.5	9	18	15	9	30	4	22	0.65
15	21.3	18	95	65	14	4	M12	16	15.5	12	22.5	19	10	35	4	22	0.72
20	26.9	25	105	75	14	4	M12	18	21	19	27.5	26	11	45	4	26	1.03
25	33.7	32	115	85	14	4	M12	18	27	26	34.5	33	13	52	4	28	1.24
32	42.5	38	140	100	18	4	M16	18	35	30	43.5	39	14	60	6	30	2.02
40	48.3	45	150	110	18	4	M16	18	41	37	49.5	46	16	70	6	32	2.36
50	60.3	57	165	125	18	4	M16	18	52	49	61.5	59	17	84	6	34	3.08

PN40bar

公称尺寸 DN	钢管外径 A_1		连接尺寸					法兰厚度 C	法兰内径 B_1		承插孔			法兰颈		法兰高度 H	重量 /kg
			法兰外径 D	螺栓孔中心圆直径 K	螺栓孔直径 L	螺栓孔数量 n/个	螺栓 Th				B_2		U	N	R		
	A	B							A	B	A	B					
10	17.2	14	90	60	14	4	M12	16	11.5	9	18	15	9	30	4	22	0.65
15	21.3	18	95	65	14	4	M12	16	15.5	12	22.5	19	10	35	4	22	0.72
20	26.9	25	105	75	14	4	M12	18	21	19	27.5	26	11	45	4	26	1.03
25	33.7	32	115	85	14	4	M12	18	27	26	34.5	33	13	52	4	28	1.24
32	42.5	38	140	100	18	4	M16	18	35	30	43.5	39	14	60	6	30	2.02
40	48.3	45	150	110	18	4	M16	18	41	37	49.5	46	16	70	6	32	2.36
50	60.3	57	165	125	18	4	M16	18	52	49	61.5	59	17	84	6	34	3.08

PN63bar

公称尺寸 DN	钢管外径 A_1		连接尺寸					法兰厚度 C	法兰内径 B_1		承插孔			法兰颈		法兰高度 H	重量 /kg
			法兰外径 D	螺栓孔中心圆直径 K	螺栓孔直径 L	螺栓孔数量 n/个	螺栓 Th				B_2		U	N	R		
	A	B							A	B	A	B					
10	17.2	14	100	70	14	4	M12	20	11.5	9	18	15	9	40	4	28	1.14
15	21.3	18	105	75	14	4	M12	20	15.5	12	22.5	19	10	43	4	28	1.26
20	26.9	25	130	90	18	4	M16	22	21	19	27.5	26	11	52	4	30	1.93
25	33.7	32	140	100	18	4	M16	24	27	26	34.5	33	13	60	4	32	2.43
32	42.5	38	155	110	22	4	M20	24	35	30	43.5	39	14	68	6	32	3.17
40	48.3	45	170	125	22	4	M20	26	41	37	49.5	46	16	80	6	34	3.88
50	60.3	57	180	135	22	4	M20	26	52	49	61.5	59	17	90	6	36	4.60

PN100bar

公称尺寸 DN	钢管外径 A_1		连接尺寸					法兰厚度 C	法兰内径 B_1		承插孔			法兰颈		法兰高度 H	重量 /kg
			法兰外径 D	螺栓孔中心圆直径 K	螺栓孔直径 L	螺栓孔数量 n/个	螺栓 Th				B_2		U	N	R		
	A	B							A	B	A	B					
10	17.2	14	100	70	14	4	M12	20	11.5	9	18	15	9	40	4	28	1.14
15	21.3	18	105	75	14	4	M12	20	15.5	12	22.5	19	10	43	4	28	1.27
20	26.9	25	130	90	18	4	M16	22	21	19	27.5	26	11	52	4	30	2.11
25	33.7	32	140	100	18	4	M16	24	27	26	34.5	33	13	60	4	32	2.65
32	42.5	38	155	110	22	4	M20	24	35	30	43.5	39	14	68	6	32	3.20
40	48.3	45	170	125	22	4	M20	26	41	37	49.5	46	16	80	6	34	4.21
50	60.3	57	195	145	26	4	M24	28	52	49	61.5	59	17	90	6	36	5.78

注：所有重量仅供参考。

5.2.7　螺纹钢制管法兰（HG/T 20592—2009）

螺纹钢法兰的尺寸按图 5.2-11 和表 5.2-12 的规定。

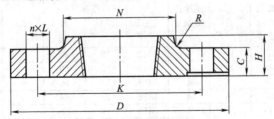

图 5.2-11　螺纹钢制管法兰

表 5.2-12　螺纹钢制管法兰　　　　　　　　　　　　　　　单位：mm

			连接尺寸					**法兰颈**				
公称 尺寸 DN	钢管 外径 A	法兰 外径 D	螺栓孔 中心圆 直径 K	螺栓孔 直径 L	螺栓孔 数量 n /个	螺栓 Th	法兰厚 度 C	N	R	法兰高 度 H	重量 /kg	管螺纹 Rc、Rp 或 NPT/in

PN6bar

公称尺寸 DN	钢管外径 A	法兰外径 D	螺栓孔中心圆直径 K	螺栓孔直径 L	螺栓孔数量 n/个	螺栓 Th	法兰厚度 C	N	R	法兰高度 H	重量/kg	管螺纹 Rc、Rp 或 NPT/in
10	17.2	75	50	11	4	M10	12	25	4	20	0.37	3/8
15	21.3	80	55	11	4	M10	12	30	4	20	0.43	1/2
20	26.9	90	65	11	4	M10	14	40	4	24	0.65	3/4
25	33.7	100	75	11	4	M10	14	50	4	24	0.81	1
32	42.4	120	90	14	4	M12	14	60	6	26	1.28	1¼
40	48.3	130	100	14	4	M12	14	70	6	26	1.52	1½
50	60.3	140	110	14	4	M12	14	80	6	28	1.70	2
65	76.1	160	130	14	4	M12	14	100	6	32	2.29	2½
80	88.9	190	150	18	4	M16	16	110	8	34	3.40	3
100	114.3	210	170	18	4	M16	16	130	8	40	3.82	4
125	139.7	240	200	18	8	M16	18	160	8	44	4.91	5
150	168.3	265	225	18	8	M16	18	185	10	44	5.72	6

PN10bar

公称尺寸 DN	钢管外径 A	法兰外径 D	螺栓孔中心圆直径 K	螺栓孔直径 L	螺栓孔数量 n/个	螺栓 Th	法兰厚度 C	N	R	法兰高度 H	重量/kg	管螺纹 Rc、Rp 或 NPT/in
10	17.2	90	60	14	4	M12	16	30	4	22	0.64	3/8
15	21.3	95	65	14	4	M12	16	35	4	22	0.71	1/2
20	26.9	105	75	14	4	M12	18	45	4	26	1.02	3/4
25	33.7	115	85	14	4	M12	18	52	4	28	1.23	1
32	42.4	140	100	18	4	M16	18	60	6	30	1.96	1¼
40	48.3	150	110	18	4	M16	18	70	6	32	2.31	1½
50	60.3	165	125	18	4	M16	18	84	5	34	3.04	2
65	76.1	185	145	18	4	M16	18	104	6	34	3.72	2½
80	88.9	200	160	18	4	M16	20	118	6	34	4.16	3
100	114.3	220	180	18	4	M16	20	140	8	40	5.16	4
125	139.7	250	210	18	8	M16	22	168	8	44	6.66	5
150	168.3	285	240	22	8	M20	22	195	10	44	8.45	6

PN16bar

公称尺寸 DN	钢管外径 A	法兰外径 D	螺栓孔中心圆直径 K	螺栓孔直径 L	螺栓孔数量 n/个	螺栓 Th	法兰厚度 C	N	R	法兰高度 H	重量/kg	管螺纹 Rc、Rp 或 NPT/in
10	17.2	90	60	14	4	M12	16	30	4	22	0.64	3/8
15	21.3	95	65	14	4	M12	16	35	4	22	0.71	1/2
20	26.9	105	75	14	4	M12	18	45	4	26	1.02	3/4

PN16bar

公称尺寸 DN	钢管外径 A	连接尺寸					法兰厚度 C	法兰颈		法兰高度 H	重量 /kg	管螺纹 Rc、Rp 或 NPT/in
		法兰外径 D	螺栓孔中心圆直径 K	螺栓孔直径 L	螺栓孔数量 n /个	螺栓 Th		N	R			
25	33.7	115	85	14	4	M12	18	52	4	28	1.23	1
32	42.4	140	100	18	4	M16	18	60	6	30	1.96	1¼
40	48.3	150	110	18	4	M16	18	70	6	32	2.31	1½
50	60.3	165	125	18	4	M16	18	84	5	34	3.04	2
65	76.1	185	145	18	4	M16	18	104	6	34	3.72	2½
80	88.9	200	160	18	8	M16	20	118	6	34	4.16	3
100	114.3	220	180	18	8	M16	20	140	8	40	5.16	4
125	139.7	250	210	18	8	M16	22	168	8	44	6.66	5
150	168.3	285	240	22	8	M20	22	195	10	44	8.45	6

PN25bar

公称尺寸 DN	钢管外径 A	连接尺寸					法兰厚度 C	法兰颈		法兰高度 H	重量 /kg	管螺纹 Rc、Rp 或 NPT/in
		法兰外径 D	螺栓孔中心圆直径 K	螺栓孔直径 L	螺栓孔数量 n /个	螺栓 Th		N	R			
10	17.2	90	60	14	4	M12	16	30	4	22	0.64	3/8
15	21.3	95	65	14	4	M12	16	35	4	22	0.71	1/2
20	26.9	105	75	14	4	M12	18	45	4	26	1.02	3/4
25	33.7	115	85	14	4	M12	18	52	4	28	1.23	1
32	42.4	140	100	18	4	M16	18	60	6	30	1.96	1¼
40	48.3	150	110	18	4	M16	18	70	6	32	2.31	1½
50	60.3	165	125	18	4	M16	20	84	6	34	3.04	2
65	76.1	185	145	18	8	M16	22	104	6	38	4.00	2½
80	88.9	200	160	18	8	M16	24	118	8	40	4.96	3
100	114.3	235	190	22	4	M20	24	145	8	44	6.64	4
125	139.7	270	220	26	8	M24	26	170	8	48	8.96	5
150	168.3	300	250	26	8	M24	28	200	10	52	11.4	6

PN40bar

公称尺寸 DN	钢管外径 A	连接尺寸					法兰厚度 C	法兰颈		法兰高度 H	重量 /kg	管螺纹 Rc、Rp 或 NPT/in
		法兰外径 D	螺栓孔中心圆直径 K	螺栓孔直径 L	螺栓孔数量 n /个	螺栓 Th		N	R			
10	17.2	90	60	14	4	M12	16	30	4	22	0.64	3/8
15	21.3	95	65	14	4	M12	16	35	4	22	0.71	1/2
20	26.9	105	75	14	4	M12	18	45	4	26	1.02	3/4
25	33.7	115	85	14	4	M12	18	52	4	28	1.23	1
32	42.4	140	100	18	4	M16	18	60	6	30	1.96	1¼
40	48.3	150	110	18	4	M16	18	70	6	32	2.31	1½
50	60.3	165	125	18	4	M16	20	84	6	34	3.04	2
65	76.1	185	145	18	8	M16	22	104	6	38	4.00	2½
80	88.9	200	160	18	8	M16	24	118	8	40	4.96	3
100	114.3	235	190	22	8	M20	24	145	8	44	6.64	4
125	139.7	270	220	26	8	M24	26	170	8	48	8.96	5
150	168.3	300	250	26	8	M24	28	200	10	52	11.4	6

注：所有重量仅供参考；配套管螺纹要求如下：

(1) 螺纹法兰采用的管螺纹分为三种情况：

① 采用按 GB 7306 规定的 55°圆锥内螺纹（Rc）；

② 采用按 GB 7306 规定的 55°圆柱内螺纹（Rp）；

③ 采用按 GB/T 12716 规定的 60°圆锥管螺纹（NPT）。

(2) 采用 55°管螺纹时，DN150 法兰配用的钢管外径应为 165.1mm。采用 60°圆锥管螺纹时 DN65 法兰配用的钢管外径应为 73mm；DN125 法兰配用的钢管外径应为 141.3mm。

(3) 法兰的内孔管螺纹加工，应使钢管拧紧后的端部靠近但不超出法兰密封面。

5.2.8 对焊环松套钢制管法兰（HG/T 20592—2009）

对焊环松套钢法兰的尺寸按图 5.2-12 和表 5.2-13 的规定。

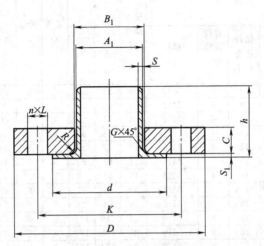

图 5.2-12 对焊环松套钢制管法兰

表 5.2-13 对焊环松套钢制管法兰 单位：mm

PN6bar

公称尺寸 DN	钢管外径（对焊环颈部外径）A_1		连接尺寸					法兰厚度 C	法兰内径 B_1		圆角 R_1	倒角 G	对焊环				重量/kg	
	A	B	法兰外径 D	螺栓孔中心圆直径 K	螺栓孔直径 L	螺栓孔数量 n /个	螺栓 Th	C	A	B	R_1	G	高度 h	外径 d	S	S_1	对焊环	法兰
10	17.2	14	75	50	11	4	M10	12	21	18	3	3	28	35	1.8	1.8	0.03	0.36
15	21.3	18	80	55	11	4	M10	12	25	22	3	3	30	40	2.0	2.0	0.04	0.40
20	26.9	25	90	65	11	4	M10	14	31	29	4	4	32	50	2.3	2.3	0.08	0.58
25	33.7	32	100	75	11	4	M10	14	38	36	4	4	35	60	2.6	2.6	0.11	0.71
32	42.4	38	120	90	14	4	M12	16	46	42	5	5	35	70	2.6	2.6	0.16	1.17
40	48.3	45	130	100	14	4	M12	16	53	50	5	5	38	80	2.6	2.6	0.19	1.34
50	60.3	57	140	110	14	4	M12	16	65	62	5	5	38	90	2.9	2.9	0.27	1.48
65	76.1	76	160	130	14	4	M12	16	81	81	6	6	38	110	2.9	2.9	0.37	1.80
80	88.9	89	190	150	18	4	M16	18	94	94	6	6	42	128	3.2	3.2	0.52	2.88
100	114.3	108	210	170	18	4	M16	18	120	114	6	6	45	148	3.6	3.6	0.71	3.31
125	139.7	133	240	200	18	8	M16	20	145	139	6	6	48	178	4.0	4.0	1.07	3.96
150	168.3	159	265	225	18	8	M16	20	174	165	6	6	48	202	4.5	4.5	1.43	4.98
200	219.1	219	320	280	18	8	M16	22	226	226	6	6	55	258	6.3	6.3	2.62	6.61
250	273	273	375	335	18	12	M16	24	281	281	8	8	60	312	6.3	6.3	3.71	8.54
300	323.9	325	440	395	22	12	M20	24	333	334	8	8	62	365	7.1	7.1	5.04	11.3
350	355.6	377	490	445	22	12	M20	26	365	386	8	8	62	415	7.1	7.1	6.75	13.7
400	406.4	426	540	495	22	16	M20	28	416	435	8	8	65	465	7.1	7.1	8.04	16.3
450	457	480	595	550	22	16	M20	30	467	490	8	8	65	520	7.1	7.1	9.52	19.6
500	508	530	645	600	22	20	M20	30	519	541	8	8	68	570	7.1	7.1	11.4	22.4
600	610	630	755	705	26	20	M24	32	622	642	8	8	70	670	7.1	7.1	14.6	32.0

续表

PN10bar

公称尺寸 DN	钢管外径(对焊环颈部外径)A_1		连接尺寸					法兰厚度 C	法兰内径 B_1		圆角 R_1	倒角 G	对焊环				重量/kg	
	A	B	法兰外径 D	螺栓孔中心圆直径 K	螺栓孔直径 L	螺栓孔数量 n/个	螺栓 Th		A	B			高度 h	外径 d	S	S_1	对焊环	法兰
10	17.2	14	90	60	14	4	M12	14	21	18	3	3	35	40	1.8	1.8	0.04	0.60
15	21.3	18	95	65	14	4	M12	14	25	22	3	3	38	45	2.0	2.0	0.05	0.67
20	26.9	25	105	75	14	4	M12	16	31	29	4	4	40	58	2.3	2.3	0.09	0.93
25	33.7	32	115	85	14	4	M12	16	38	36	4	4	40	68	2.6	2.6	0.13	1.10
32	42.4	38	140	100	18	4	M16	18	47	42	5	5	42	78	2.6	2.6	0.17	1.83
40	48.3	45	150	110	18	4	M16	18	53	50	5	5	45	88	2.6	2.6	0.20	2.07
50	60.3	57	165	125	18	4	M16	19	65	62	5	5	45	102	2.9	2.9	0.31	2.72
65	76.1	76	185	145	18	4	M16	20	81	81	6	6	45	122	2.9	2.9	0.41	3.25
80	88.9	89	200	160	18	8	M16	20	94	94	6	6	50	138	3.2	3.2	0.56	3.52
100	114.3	108	220	180	18	8	M16	22	120	114	6	6	52	158	3.6	3.6	0.79	4.45
125	139.7	133	250	210	18	8	M16	22	145	139	6	6	55	188	4.0	4.0	1.16	5.50
150	168.3	159	285	240	22	8	M20	24	174	165	6	6	55	212	4.5	4.5	1.56	7.41
200	219.1	219	340	295	22	8	M20	24	226	226	6	6	62	268	6.3	6.3	2.84	8.97
250	273	273	395	350	22	12	M20	26	281	281	8	8	68	320	6.3	6.3	3.96	11.4
300	323.9	325	445	400	22	12	M20	26	333	334	8	8	68	370	7.1	7.1	5.26	13.9
350	355.6	377	505	460	22	16	M20	28	365	386	8	8	68	430	7.1	7.1	7.34	18.2
400	406.4	426	565	515	26	16	M24	32	416	435	8	8	72	482	7.1	7.1	8.74	23.5
450	457	480	615	565	26	20	M24	36	467	490	8	8	72	532	7.1	7.1	10.1	26.9
500	508	530	670	620	26	20	M24	38	519	541	8	8	75	585	7.1	7.1	12.1	33.4
600	610	630	780	725	30	20	M27	42	622	642	8	8	80	685	7.1	7.1	15.5	46.1

PN16bar

公称尺寸 DN	钢管外径(对焊环颈部外径)A_1		连接尺寸					法兰厚度 C	法兰内径 B_1		圆角 R_1	倒角 G	对焊环				重量/kg	
	A	B	法兰外径 D	螺栓孔中心圆直径 K	螺栓孔直径 L	螺栓孔数量 n/个	螺栓 Th		A	B			高度 h	外径 d	S	S_1	对焊环	法兰
10	17.2	14	90	60	14	4	M12	14	21	18	3	3	35	40	1.8	1.8	0.04	0.60
15	21.3	18	95	65	14	4	M12	14	25	22	3	3	38	45	2.0	2.0	0.05	0.67
20	26.9	25	105	75	14	4	M12	16	31	29	4	4	40	58	2.3	2.3	0.09	0.93
25	33.7	32	115	85	14	4	M12	16	38	36	4	4	40	68	2.6	2.6	0.13	1.10
32	42.4	38	140	100	18	4	M16	18	47	42	5	5	42	78	2.6	2.6	0.17	1.83
40	48.3	45	150	110	18	4	M16	18	53	50	5	5	45	88	2.6	2.6	0.20	2.07
50	60.3	57	165	125	18	4	M16	19	65	62	5	5	45	102	2.9	2.9	0.31	2.72
65	76.1	76	185	145	18	4	M16	20	81	81	6	6	45	122	2.9	2.9	0.41	3.25
80	88.9	89	200	160	18	8	M16	20	94	94	6	6	50	138	3.2	3.2	0.56	3.52
100	114.3	108	220	180	18	8	M16	22	120	114	6	6	52	158	3.6	3.6	0.79	4.45
125	139.7	133	250	210	18	8	M16	22	145	139	6	6	55	188	4.0	4.0	1.16	5.50
150	168.3	159	285	240	22	8	M20	24	174	165	6	6	55	212	4.5	4.5	1.56	7.41
200	219.1	219	340	295	22	12	M20	26	226	226	6	6	62	268	6.3	6.3	2.84	9.41
250	273	273	405	355	26	12	M24	29	281	281	8	8	70	320	6.3	6.3	3.96	13.3
300	323.9	325	460	410	26	12	M24	32	333	334	8	8	68	378	7.1	7.1	5.26	18.1
350	355.6	377	520	470	26	16	M24	35	365	386	8	8	82	428	8.0	8.0	8.25	23.9
400	406.4	426	580	525	30	16	M27	38	416	435	8	8	85	490	8.0	8.0	9.83	31.1
450	457	480	640	585	30	20	M27	42	467	490	8	8	87	550	8.0	8.0	12.3	39.2
500	508	530	715	650	33	20	M30×2	46	519	541	8	8	90	610	8.0	8.0	15.2	55.8
600	610	630	840	770	36	20	M33×2	52	622	642	8	8	95	725	8.8	8.8	22.1	85.7

PN25bar

公称尺寸 DN	钢管外径(对焊环颈部外径)A_1		连接尺寸					法兰厚度 C	法兰内径 B_1		圆角 R_1	倒角 G	对焊环				重量/kg	
	A	B	法兰外径 D	螺栓孔中心圆直径 K	螺栓孔直径 L	螺栓孔数量 n/个	螺栓 Th		A	B			高度 h	外径 d	S	S_1	对焊环	法兰
10	17.2	14	90	60	14	4	M12	14	21	18	3	3	35	40	1.8	1.8	0.04	0.60
15	21.3	18	95	65	14	4	M12	14	25	22	3	3	38	45	2.0	2.0	0.05	0.67
20	26.9	25	105	75	14	4	M12	16	31	29	4	4	40	58	2.3	2.3	0.09	0.93
25	33.7	32	115	85	14	4	M12	16	38	36	4	4	40	68	2.6	2.6	0.14	1.10
32	42.4	38	140	100	18	4	M16	18	47	42	5	5	42	78	2.6	2.6	0.17	1.83
40	48.3	45	150	110	18	4	M16	18	53	50	5	5	45	88	2.6	2.6	0.22	2.07
50	60.3	57	165	125	18	4	M16	20	65	62	5	5	48	102	2.9	2.9	0.31	2.72
65	76.1	76	185	145	18	8	M16	22	81	81	6	6	52	122	2.9	2.9	0.46	3.40
80	88.9	89	200	160	18	8	M16	24	94	94	6	6	58	138	3.2	3.2	0.59	4.23
100	114.3	108	235	190	22	8	M20	26	120	114	6	6	65	162	3.6	3.6	0.93	6.15
125	139.7	133	270	220	26	8	M24	28	145	139	6	6	68	188	4.0	4.0	1.29	8.31
150	168.3	159	300	250	26	8	M24	30	174	165	6	6	75	218	4.5	4.5	1.90	10.6
200	219.1	219	360	310	26	12	M24	32	226	226	6	6	80	278	6.3	6.3	3.70	13.9
250	273	273	425	370	30	12	M27	35	281	281	8	8	88	335	7.1	7.1	5.69	19.6
300	323.9	325	485	430	30	16	M27	38	333	334	8	8	92	395	8.0	8.0	8.50	25.6
350	355.6	377	555	490	33	16	M30×2	42	365	386	8	8	100	450	8.0	8.0	10.9	36.6
400	406.4	426	620	550	36	16	M33×2	46	416	435	8	8	110	505	8.8	8.8	14.7	49.4
450	457	480	670	600	36	20	M33×2	50	467	490	8	8	110	555	8.8	8.8	17.1	56.3
500	508	530	730	660	36	20	M33×2	56	519	541	8	8	125	615	10.0	10.0	24.8	74.0
600	610	630	845	770	39	20	M36×3	68	622	642	8	8	125	720	11.0	11.0	33.4	113.7

PN40bar

公称尺寸 DN	钢管外径(对焊环颈部外径)A_1		连接尺寸					法兰厚度 C	法兰内径 B_1		圆角 R_1	倒角 G	对焊环				重量/kg	
	A	B	法兰外径 D	螺栓孔中心圆直径 K	螺栓孔直径 L	螺栓孔数量 n/个	螺栓 Th		A	B			高度 h	外径 d	S	S_1	对焊环	法兰
10	17.2	14	90	60	14	4	M12	14	21	18	3	3	35	40	1.8	1.8	0.04	0.60
15	21.3	18	95	65	14	4	M12	14	25	22	3	3	38	45	2.0	2.0	0.05	0.67
20	26.9	25	105	75	14	4	M12	16	31	29	4	4	40	58	2.3	2.3	0.09	0.93
25	33.7	32	115	85	14	4	M12	16	38	36	4	4	40	68	2.6	2.6	0.14	1.10
32	42.4	38	140	100	18	4	M16	18	47	42	5	5	42	78	2.6	2.6	0.17	1.83
40	48.3	45	150	110	18	4	M16	18	53	50	5	5	45	88	2.6	2.6	0.22	2.07
50	60.3	57	165	125	18	4	M16	20	65	62	5	5	48	102	2.9	2.9	0.31	2.72
65	76.1	76	185	145	18	8	M16	22	81	81	6	6	52	122	2.9	2.9	0.46	3.40
80	88.9	89	200	160	18	8	M16	24	94	94	6	6	58	138	3.2	3.2	0.59	4.23
100	114.3	108	235	190	22	8	M20	26	120	114	6	6	65	162	3.6	3.6	0.93	6.15
125	139.7	133	270	220	26	8	M24	28	145	139	6	6	68	188	4.0	4.0	1.29	8.31
150	168.3	159	300	250	26	8	M24	30	174	165	6	6	75	218	4.5	4.5	1.90	10.6
200	219.1	219	375	320	30	12	M27	36	226	226	6	6	88	285	6.3	6.3	3.91	17.5
250	273	273	450	385	33	12	M30×2	42	281	281	8	8	105	345	7.1	7.1	6.13	28.6
300	323.9	325	515	450	33	16	M30×2	48	333	334	8	8	115	410	8.0	8.0	9.29	40.3
350	355.6	377	580	510	36	16	M33×2	54	365	386	8	8	125	465	8.8	8.8	12.8	56.5
400	406.4	426	660	585	39	16	M36×3	60	416	435	8	8	135	535	11.0	11.0	20.6	82.1
450	457	480	685	610	39	20	M36×3	66	467	490	8	8	135	560	12.5	12.5	25.1	80.8
500	508	530	755	670	42	20	M39×3	72	519	541	8	8	140	615	14.2	14.2	35.6	107.4
600	610	630	890	795	48	20	M45×3	84	622	642	8	8	150	735	16.0	16.0	50.5	172.8

注：钢管外径 A_1 即对焊环颈部外径；所有重量仅供参考。

5.2.9 平焊环松套钢制管法兰 （HG/T 20592—2009）

平焊环松套钢法兰的尺寸按图 5.2-13 和表 5.2-14 的规定。

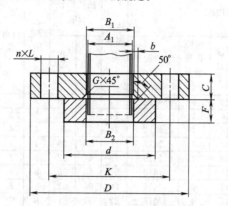

图 5.2-13 平焊环松套钢制管法兰

表 5.2-14 平焊环松套钢制管法兰　　　　　　　　单位：mm

PN6bar

公称尺寸 DN	钢管外径 A_1		连接尺寸					法兰厚度 C	法兰内径			焊环				重量/kg	
			法兰外径 D	螺栓孔中心圆直径 K	螺栓孔直径 L	螺栓孔数量 n /个	螺栓 Th		B_1		E	外径 d	B_2		厚度 F	法兰	焊环
	A	B							A	B			A	B			
10	17.2	14	75	50	11	4	M10	12	21	18	3	35	18	15	10	0.36	0.05
15	21.3	18	80	55	11	4	M10	12	25	22	3	40	22	19	10	0.40	0.07
20	26.9	25	90	65	11	4	M10	14	31	29	4	50	27.5	26	10	0.58	0.10
25	33.7	32	100	75	11	4	M10	14	38	36	4	60	34.5	33	10	0.71	0.14
32	42.4	38	120	90	14	4	M12	16	47	42	5	70	43.5	39	10	1.17	0.20
40	48.3	45	130	100	14	4	M12	16	53	50	5	80	49.5	46	10	1.34	0.24
50	60.3	57	140	110	14	4	M12	16	65	62	5	90	61.5	59	12	1.48	0.32
65	76.1	76	160	130	14	4	M12	16	81	81	6	110	77.5	78	12	1.80	0.41
80	88.9	89	190	150	18	4	M16	18	94	94	6	128	90.5	91	12	2.88	0.52
100	114.3	108	210	170	18	4	M16	18	120	114	6	148	116	110	14	3.31	0.75
125	139.7	133	240	200	18	8	M16	20	145	139	6	178	143.5	135	14	4.40	1.04
150	168.3	159	265	225	18	8	M16	20	174	165	6	202	170.5	161	14	4.98	1.18
200	219.1	219	320	280	18	8	M16	22	226	226	6	258	221.5	222	16	6.61	1.50
250	273	273	375	335	18	12	M16	24	281	281	8	312	276.5	276	18	8.54	2.14
300	323.9	325	440	395	22	12	M20	24	333	334	8	365	328	328	18	11.3	2.68
350	355.6	377	490	445	22	12	M20	26	365	386	8	415	360	381	18	13.7	2.82
400	406.4	426	540	495	22	16	M20	28	416	435	8	465	411	430	20	16.3	3.63
450	457	480	595	550	22	16	M20	30	467	490	8	520	462	485	20	19.6	4.08
500	508	530	645	600	22	20	M20	30	519	541	8	570	513.5	535	22	22.4	4.93
600	610	630	755	705	26	20	M24	32	622	642	8	670	616.5	636	22	32.0	5.48

PN10bar

公称尺寸 DN	钢管外径 A_1		连接尺寸					法兰厚度 C	法兰内径			焊环				重量/kg	
			法兰外径 D	螺栓孔中心圆直径 K	螺栓孔直径 L	螺栓孔数量 n /个	螺栓 Th		B_1		E	外径 d	B_2		厚度 F	法兰	焊环
	A	B							A	B			A	B			
10	17.2	14	90	60	14	4	M12	14	21	18	3	41	18	15	12	0.60	0.11
15	21.3	18	95	65	14	4	M12	14	25	22	3	46	22	19	12	0.67	0.13
20	26.9	25	105	75	14	4	M12	16	31	29	4	56	27.5	26	14	0.93	0.21
25	33.7	32	115	85	14	4	M12	16	38	36	4	65	34.5	33	14	1.10	0.27

PN10bar

公称尺寸 DN	钢管外径 A_1		连接尺寸					法兰厚度 C	法兰内径 B_1		E	焊环			厚度 F	重量/kg	
	A	B	法兰外径 D	螺栓孔中心圆直径 K	螺栓孔直径 L	螺栓孔数量 n /个	螺栓 Th		A	B		外径 d	B_2			法兰	焊环
													A	B			
32	42.4	38	140	100	18	4	M16	18	47	42	5	76	43.5	39	14	1.83	0.37
40	48.3	45	150	110	18	4	M16	18	53	50	5	84	49.5	46	14	2.07	0.43
50	60.3	57	165	125	18	4	M16	19	65	62	5	99	61.5	59	16	2.72	0.62
65	76.1	76	185	145	18	4	M16	20	81	81	6	118	77.5	78	16	3.25	0.77
80	88.9	89	200	160	18	8	M16	20	94	94	6	132	90.5	91	16	3.52	0.90
100	114.3	108	220	180	18	8	M16	22	120	114	6	156	116	110	18	4.45	1.36
125	139.7	133	250	210	18	8	M16	22	145	139	6	184	143.5	135	18	5.50	1.73
150	168.3	159	285	240	22	8	M20	24	174	165	6	211	170.5	161	20	7.41	2.29
200	219.1	219	340	295	22	8	M20	24	226	226	6	266	221.5	222	20	8.97	2.65
250	273	273	395	350	22	12	M20	26	281	281	8	319	276.5	276	22	11.4	3.47
300	323.9	325	445	400	22	12	M20	26	333	334	8	370	328	328	22	13.9	3.97
350	355.6	377	505	460	22	16	M20	28	365	386	8	429	360	381	22	18.2	5.27
400	406.4	426	565	515	26	16	M24	32	416	435	8	480	411	430	24	23.5	6.73
450	457	480	615	565	26	20	M24	36	467	490	8	530	462	485	24	26.9	6.76
500	508	530	670	620	26	20	M24	38	519	541	8	582	513.5	535	24	33.4	8.41
600	610	630	780	725	30	20	M27	42	622	642	8	682	616.5	636	26	46.1	9.71

PN16bar

公称尺寸 DN	钢管外径 A_1		连接尺寸					法兰厚度 C	法兰内径 B_1		E	焊环			厚度 F	重量/kg	
	A	B	法兰外径 D	螺栓孔中心圆直径 K	螺栓孔直径 L	螺栓孔数量 n /个	螺栓 Th		A	B		外径 d	B_2			法兰	焊环
													A	B			
10	17.2	14	90	60	14	4	M12	14	21	18	3	41	18	15	12	0.60	0.11
15	21.3	18	95	65	14	4	M12	14	25	22	3	46	22	19	12	0.67	0.13
20	26.9	25	105	75	14	4	M12	16	31	29	4	56	27.5	26	14	0.93	0.21
25	33.7	32	115	85	14	4	M12	16	38	36	4	65	34.5	33	14	1.10	0.27
32	42.4	38	140	100	18	4	M16	18	47	42	5	76	43.5	39	14	1.83	0.37
40	48.3	45	150	110	18	4	M16	18	53	50	5	84	49.5	46	16	2.07	0.43
50	60.3	57	165	125	18	4	M16	19	65	62	5	99	61.5	59	16	2.72	0.62
65	76.1	76	185	145	18	4	M16	20	81	81	6	118	77.5	78	16	3.25	0.77
80	88.9	89	200	160	18	8	M16	20	94	94	6	132	90.5	91	16	3.52	0.90
100	114.3	108	220	180	18	8	M16	22	120	114	6	156	116	110	18	4.45	1.36
125	139.7	133	250	210	18	8	M16	22	145	139	6	184	143.5	135	18	5.50	1.73
150	168.3	159	285	240	22	8	M20	24	174	165	6	211	170.5	161	20	7.41	2.29
200	219.1	219	340	295	22	12	M20	26	226	226	6	266	221.5	222	20	9.41	2.65
250	273	273	405	355	26	12	M24	29	281	281	8	319	276.5	276	22	13.3	3.47
300	323.9	325	460	410	26	12	M24	32	333	334	8	370	328	328	24	18.1	4.34
350	355.6	377	520	470	26	16	M24	35	365	386	8	429	360	381	26	23.9	6.23
400	406.4	426	580	525	30	16	M27	38	416	435	8	480	411	430	28	31.1	7.85
450	457	480	640	585	30	20	M27	42	467	490	8	548	462	485	30	39.2	12.0
500	508	530	715	650	33	20	M30×2	46	519	541	8	609	513.5	535	32	55.8	16.7
600	610	630	840	770	36	20	M33×2	52	622	642	8	720	616.5	636	32	85.7	22.5

注：所有重量仅供参考。

5.2.10 钢制管法兰盖（HG/T 20592—2009）

钢法兰盖的尺寸按图 5.2-14 和表 5.2-15 的规定。

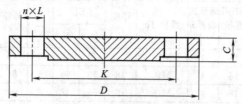

图 5.2-14 钢制管法兰盖

表 5.2-15 钢制管法兰盖   单位：mm

PN2.5bar

| 公称尺寸 DN | 连接尺寸 | | | | | 法兰厚度 C | 重量 /kg |
	法兰外径 D	螺栓孔中心圆直径 K	螺栓孔直径 L	螺栓孔数量 n/个	螺栓 Th		
10	75	50	11	4	M10	12	0.38
15	80	55	11	4	M10	12	0.44
20	90	65	11	4	M10	14	0.66
25	100	75	11	4	M10	14	0.82
32	120	90	14	4	M12	14	1.34
40	130	100	14	4	M12	14	1.59
50	140	110	14	4	M12	14	1.86
65	160	130	14	4	M12	14	2.45
80	190	150	18	4	M16	16	3.86
100	210	170	18	4	M16	16	4.75
125	240	200	18	8	M16	18	6.78
150	265	225	18	8	M16	18	8.34
200	320	280	18	8	M16	20	13.5
250	375	335	18	12	M16	22	20.2
300	440	395	22	12	M20	22	27.8
350	490	445	22	12	M20	22	34.7
400	540	495	22	16	M20	22	42.0
450	595	550	22	16	M20	24	51.2
500	645	600	22	20	M20	24	65.1
600	755	705	26	20	M24	30	102.9
700	860	810	26	24	M24	40	160.5
800	975	920	30	24	M27	44	217.5
900	1075	1020	30	24	M27	48	279.5
1000	1175	1120	30	28	M27	52	350.8
1200	1375	1320	30	32	M27	44	504.8
1400	1575	1520	30	36	M27	48	724.2
1600	1790	1730	30	40	M27	51	995.7
1800	1990	1930	30	44	M27	54	1304.6
2000	2190	2130	30	48	M27	58	1698.7

PN6bar

| 公称尺寸 DN | 连接尺寸 | | | | | 法兰厚度 C | 重量 /kg |
	法兰外径 D	螺栓孔中心圆直径 K	螺栓孔直径 L	螺栓孔数量 n/个	螺栓 Th		
10	75	50	11	4	M10	12	0.38
15	80	55	11	4	M10	12	0.44
20	90	65	11	4	M10	14	0.66

PN6bar

公称尺寸 DN	连接尺寸					法兰厚度 C	重量 /kg
	法兰外径 D	螺栓孔中心圆直径 K	螺栓孔直径 L	螺栓孔数量 n/个	螺栓 Th		
25	100	75	11	4	M10	14	0.82
32	120	90	14	4	M12	14	1.34
40	130	100	14	4	M12	14	1.59
50	140	110	14	4	M12	14	1.86
65	160	130	14	4	M12	14	2.45
80	190	150	18	4	M16	16	3.86
100	210	170	18	4	M16	16	4.75
125	240	200	18	8	M16	18	6.10
150	265	225	18	8	M16	18	8.34
200	320	280	18	8	M16	20	13.5
250	375	335	18	12	M16	22	20.2
300	440	395	22	12	M20	22	27.8
350	490	445	22	12	M20	22	34.7
400	540	495	22	16	M20	22	42.0
450	595	550	22	16	M20	24	51.2
500	645	600	22	20	M20	24	65.1
600	755	705	26	20	M24	30	102.9
700	860	810	26	24	M24	40	178.3
800	975	920	30	24	M27	44	251.9
900	1075	1020	30	24	M27	48	335.4
1000	1175	1120	30	28	M27	52	434.3
1200	1405	1340	33	32	M30×2	60	717.0
1400	1630	1560	36	36	M33×2	68	1093.8
1600	1830	1760	36	40	M33×2	76	1544.1
1800	2045	1970	39	44	M36×3	84	2130.1
2000	2265	2180	42	48	M39×3	92	2860.5

PN10bar

公称尺寸 DN	连接尺寸					法兰厚度 C	重量 /kg
	法兰外径 D	螺栓孔中心圆直径 K	螺栓孔直径 L	螺栓孔数量 n/个	螺栓 Th		
10	90	60	14	4	M12	16	0.63
15	95	65	14	4	M12	16	0.71
20	105	75	14	4	M12	18	1.01
25	115	85	14	4	M12	18	1.23
32	140	100	18	4	M16	18	2.03
40	150	110	18	4	M16	18	2.35
50	165	125	18	4	M16	18	3.20
65	185	145	18	4	M16	18	4.06
80	200	160	18	8	M16	20	4.61
100	220	180	18	8	M16	20	6.21
125	250	210	18	8	M16	22	8.12
150	285	240	22	8	M20	22	11.4
200	340	295	22	8	M20	24	16.5
250	395	350	22	12	M20	26	24.1
300	445	400	22	12	M20	26	30.8
350	505	460	22	16	M20	26	39.6
400	565	515	26	16	M24	26	49.4

PN10bar

公称尺寸 DN	连接尺寸					法兰厚度 C	重量 /kg
	法兰外径 D	螺栓孔中心 圆直径 K	螺栓孔直径 L	螺栓孔数量 n/个	螺栓 Th		
450	615	565	26	20	M24	28	62.9
500	670	620	26	20	M24	28	75.1
600	780	725	30	20	M27	34	123.7
700	895	840	30	24	M27	38	182.5
800	1015	950	33	24	M30×2	42	259.9
900	1115	1050	33	28	M30×2	46	343.8
1000	1230	1160	36	28	M33×2	52	473.2
1200	1455	1380	39	32	M36×3	60	764.7

PN16bar

公称尺寸 DN	连接尺寸					法兰厚度 C	重量 /kg
	法兰外径 D	螺栓孔中心 圆直径 K	螺栓孔直径 L	螺栓孔数量 n/个	螺栓 Th		
10	90	60	14	4	M12	16	0.63
15	95	65	14	4	M12	16	0.71
20	105	75	14	4	M12	18	1.01
25	115	85	14	4	M12	18	1.23
32	140	100	18	4	M16	18	2.03
40	150	110	18	4	M16	18	2.35
50	165	125	18	4	M16	18	3.20
65	185	145	18	4	M16	18	4.06
80	200	160	18	8	M16	20	4.61
100	220	180	18	8	M16	20	6.21
125	250	210	18	8	M16	22	8.12
150	285	240	22	8	M20	22	11.4
200	340	295	22	12	M20	24	16.2
250	405	355	26	12	M24	26	25.0
300	460	410	26	12	M24	28	35.1
350	520	470	26	16	M24	30	48.0
400	580	525	30	16	M27	32	63.5
450	640	585	30	20	M27	40	86.9
500	715	650	33	20	M30×2	44	108.6
600	840	770	36	20	M33×2	54	184.3
700	910	840	36	24	M33×2	48	235.7
800	1025	950	39	24	M36×3	52	325.0
900	1125	1050	39	28	M36×3	58	437.1
1000	1255	1170	42	28	M39×3	64	601.7
1200	1485	1390	48	32	M45×3	76	998.2

PN25bar

公称尺寸 DN	连接尺寸					法兰厚度 C	重量 /kg
	法兰外径 D	螺栓孔中心 圆直径 K	螺栓孔直径 L	螺栓孔数量 n/个	螺栓 Th		
10	90	60	14	4	M12	16	0.63
15	95	65	14	4	M12	16	0.71
20	105	75	14	4	M12	18	1.01
25	115	85	14	4	M12	18	1.23
32	140	100	18	4	M16	18	2.03
40	150	110	18	4	M16	18	2.35

公称尺寸 DN	连接尺寸					法兰厚度 C	重量 /kg
	法兰外径 D	螺栓孔中心圆直径 K	螺栓孔直径 L	螺栓孔数量 n/个	螺栓 Th		

PN25bar

公称尺寸 DN	法兰外径 D	螺栓孔中心圆直径 K	螺栓孔直径 L	螺栓孔数量 n/个	螺栓 Th	法兰厚度 C	重量 /kg
50	165	125	18	4	M16	20	3.20
65	185	145	18	8	M16	22	4.29
80	200	160	18	8	M16	24	5.53
100	235	190	22	8	M20	24	7.59
125	270	220	26	8	M24	26	10.8
150	300	250	26	8	M24	28	14.6
200	360	310	26	12	M24	30	22.5
250	425	370	30	12	M27	32	33.5
300	485	430	30	16	M27	34	46.3
350	555	490	33	16	M30×2	38	68.0
400	620	550	36	16	M33×2	40	89.6
450	670	600	36	20	M33×2	46	119.9
500	730	660	36	20	M33×2	48	150.0
600	845	770	39	20	M36×3	58	244.3

PN40bar

公称尺寸 DN	连接尺寸					法兰厚度 C	重量 /kg
	法兰外径 D	螺栓孔中心圆直径 K	螺栓孔直径 L	螺栓孔数量 n/个	螺栓 Th		
10	90	60	14	4	M12	16	0.63
15	95	65	14	4	M12	16	0.71
20	105	75	14	4	M12	18	1.01
25	115	85	14	4	M12	18	1.23
32	140	100	18	4	M16	18	2.03
40	150	110	18	4	M16	18	2.35
50	165	125	18	4	M16	20	3.20
65	185	145	18	8	M16	22	4.29
80	200	160	18	8	M16	24	5.53
100	235	190	22	8	M20	24	7.59
125	270	220	26	8	M24	26	10.8
150	300	250	26	8	M24	28	14.6
200	375	320	30	12	M27	34	27.2
250	450	385	33	12	M30×2	38	44.4
300	515	450	33	16	M30×2	42	64.1
350	580	510	36	16	M33×2	46	89.5
400	660	585	39	16	M36×3	50	126.7
450	685	610	39	20	M36×3	57	154.1
500	755	670	42	20	M39×3	57	187.8
600	890	795	48	20	M45×3	72	331.0

PN63bar

公称尺寸 DN	连接尺寸					法兰厚度 C	重量 /kg
	法兰外径 D	螺栓孔中心圆直径 K	螺栓孔直径 L	螺栓孔数量 n/个	螺栓 Th		
10	100	70	14	4	M12	20	1.14
15	105	75	14	4	M12	20	1.26
20	130	90	18	4	M16	22	1.92
25	140	100	18	4	M16	24	2.71
32	155	110	22	4	M20	24	3.27

续表

公称尺寸 DN	PN63bar							
	连接尺寸					法兰厚度 C	重量 /kg
	法兰外径 D	螺栓孔中心圆直径 K	螺栓孔直径 L	螺栓孔数量 n/个	螺栓 Th		
40	170	125	22	4	M20	26	4.32
50	180	135	22	4	M20	26	4.88
65	205	160	22	8	M20	26	6.11
80	215	170	22	8	M20	28	7.31
100	250	200	26	8	M24	30	10.6
125	295	240	30	8	M27	34	16.7
150	345	280	33	8	M30×2	36	24.5
200	415	345	36	12	M33×2	42	40.5
250	470	400	36	12	M33×2	46	58.2
300	530	460	36	16	M33×2	52	83.4
350	600	525	39	16	M36×3	56	115.8
400	670	585	42	16	M36×3	60	155.5

公称尺寸 DN	PN100bar							
	连接尺寸					法兰厚度 C	重量 /kg
	法兰外径 D	螺栓孔中心圆直径 K	螺栓孔直径 L	螺栓孔数量 n/个	螺栓 Th		
10	100	70	14	4	M12	20	1.14
15	105	75	14	4	M12	20	1.26
20	130	90	18	4	M16	22	1.92
25	140	100	18	4	M16	24	2.71
32	155	110	22	4	M20	24	3.27
40	170	125	22	4	M20	26	4.32
50	195	145	26	4	M24	28	6.09
65	220	170	26	8	M24	30	7.95
80	230	180	26	8	M24	32	9.37
100	265	210	30	8	M27	36	14.0
125	315	250	33	8	M30×2	40	22.3
150	355	290	33	12	M30×2	44	30.6
200	430	360	36	12	M33×2	52	54.3
250	505	430	39	12	M36×3	60	87.5
300	585	500	42	16	M39×3	68	131.6
350	655	560	48	16	M45×3	74	178.8
400	715	620	48	16	M45×3	82	239.7

公称尺寸 DN	PN160bar							
	连接尺寸					法兰厚度 C	重量 /kg
	法兰外径 D	螺栓孔中心圆直径 K	螺栓孔直径 L	螺栓孔数量 n/个	螺栓 Th		
10	100	70	14	4	M12	24	1.36
15	105	75	14	4	M12	26	1.64
20	130	90	18	4	M16	30	2.88
25	140	100	18	4	M16	32	3.61
32	155	110	22	4	M20	34	4.63
40	170	125	22	4	M20	36	5.98
50	195	145	26	4	M24	38	8.27
65	220	170	26	8	M24	42	11.1
80	230	180	26	8	M24	46	13.5
100	265	210	30	8	M27	52	20.2

| 公称尺寸 DN | 连接尺寸 | | | | | 法兰厚度 C | 重量 /kg |
	法兰外径 D	螺栓孔中心圆直径 K	螺栓孔直径 L	螺栓孔数量 n/个	螺栓 Th		
PN160bar							
125	315	250	33	8	M30×2	56	31.2
150	355	290	33	12	M30×2	62	43.2
200	430	360	36	12	M33×2	66	68.9
250	515	430	42	12	M39×3	76	114.3
300	585	500	42	16	M39×3	88	170.3

注：所有重量仅供参考。

5.2.11　不锈钢衬里管法兰盖（HG/T 20592—2009）

不锈钢衬里管法兰盖的尺寸按图 5.2-15 和表 5.2-16 的规定。

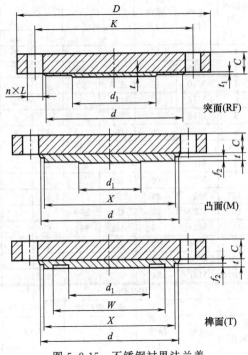

图 5.2-15　不锈钢衬里法兰盖

表 5.2-16　不锈钢衬里法兰盖　　　　　　　　　单位：mm

| 公称尺寸 DN | 连接尺寸 | | | | | 法兰厚度 C | 密封面尺寸 | | 衬里厚度 突面 | | 塞焊孔（突面） | | |
	法兰外径 D	螺栓孔中心圆直径 K	螺栓孔直径 L	螺栓孔数量 n/个	螺栓 Th		d	d₁	t	t₁	中心圆直径 P	孔径 φ	数量 n/个
PN6bar													
40	130	100	14	4	M12	14	80	30	3	2	—	—	—
50	140	110	14	4	M12	14	90	45	3	2	—	—	—
65	160	130	14	4	M12	14	110	60	3	2	—	—	—
80	190	150	18	4	M16	16	128	75	3	2	—	—	—
100	210	170	18	4	M16	16	148	95	3	2	—	—	—
125	240	200	18	8	M16	18	178	110	3	2	—	—	—
150	265	225	18	8	M16	18	202	130	3	2	—	15	1
200	320	280	18	8	M16	20	258	190	4	2	—	15	1

续表

PN6bar

公称尺寸 DN	连接尺寸					法兰厚度 C	密封面尺寸		衬里厚度		塞焊孔（突面）		
	法兰外径 D	螺栓孔中心圆直径 K	螺栓孔直径 L	螺栓孔数量 n/个	螺栓 Th		d	d₁	突面		中心圆直径 P	孔径 φ	数量 n/个
									t	t₁			
250	375	335	18	12	M16	22	312	235	4	2	—	15	1
300	440	395	22	12	M20	22	365	285	5	3	170	15	4
350	490	445	22	12	M20	22	415	330	5	3	220	15	4
400	540	495	22	16	M20	22	465	380	5	3	230	15	4
450	595	550	22	16	M20	24	520	430	5	3	250	15	4
500	645	600	22	20	M20	24	570	475	6	4	260	15	7
600	755	705	26	20	M24	30	670	570	6	4	320	15	7

PN10bar

公称尺寸 DN	连接尺寸					法兰厚度 C	密封面尺寸		衬里厚度			塞焊孔（突面）		
	法兰外径 D	螺栓孔中心圆直径 K	螺栓孔直径 L	螺栓孔数量 n/个	螺栓 Th		d	d₁	突面		凸面榫面	中心圆直径 P	孔径 φ	数量 n/个
									t	t₁	t			
40	150	110	18	4	M16	18	88	30	3	2	10	—	—	—
50	165	125	18	4	M16	18	102	45	3	2	10	—	—	—
65	185	145	18	4	M16	18	122	60	3	2	10	—	—	—
80	200	160	18	8	M16	20	138	75	3	2	10	—	—	—
100	220	180	18	8	M16	20	158	95	3	2	10	—	—	—
125	250	210	18	8	M16	22	188	110	3	2	10	—	—	—
150	285	240	22	8	M20	22	212	130	3	2	10	—	15	1
200	340	295	22	8	M20	24	268	190	4	2	10	—	15	1
250	395	350	22	12	M20	26	320	235	4	2	10	—	15	1
300	445	400	22	12	M20	26	370	285	5	3	10	170	15	4
350	505	460	22	16	M20	26	430	330	5	3	10	220	15	4
400	565	515	26	16	M24	26	482	380	5	3	10	230	15	4
450	615	565	26	20	M24	28	532	430	5	3	10	250	15	4
500	670	620	26	20	M24	28	585	475	6	4	10	260	15	7
600	780	725	30	20	M27	34	685	570	6	4	10	320	15	7

PN16bar

公称尺寸 DN	连接尺寸					法兰厚度 C	密封面尺寸		衬里厚度			塞焊孔（突面）		
	法兰外径 D	螺栓孔中心圆直径 K	螺栓孔直径 L	螺栓孔数量 n/个	螺栓 Th		d	d₁	突面		凸面榫面	中心圆直径 P	孔径 φ	数量 n/个
									t	t₁	t			
40	150	110	18	4	M16	18	88	30	3	2	10	—	—	—
50	165	125	18	4	M16	18	102	45	3	2	10	—	—	—
65	185	145	18	4	M16	18	122	60	3	2	10	—	—	—
80	200	160	18	8	M16	20	138	75	3	2	10	—	—	—
100	220	180	18	8	M16	20	158	95	3	2	10	—	—	—
125	250	210	18	8	M16	22	188	110	3	2	10	—	—	—
150	285	240	22	8	M20	22	212	130	3	2	10	—	15	1
200	340	295	22	12	M20	24	268	190	4	2	10	—	15	1
250	405	355	26	12	M24	26	320	235	4	2	10	—	15	1
300	460	410	26	12	M24	28	378	285	5	3	10	170	15	4
350	520	470	26	16	M24	30	428	330	5	3	10	220	15	4
400	580	525	30	16	M27	32	490	380	5	3	10	230	15	4
450	640	585	30	20	M27	40	550	430	5	3	10	250	15	4
500	715	650	33	20	M30×2	44	610	475	6	4	10	260	15	7
600	840	770	36	20	M33×2	54	725	570	6	4	10	320	15	7

续表

PN25bar

公称尺寸 DN	连接尺寸					法兰厚度 C	密封面尺寸		衬里厚度			塞焊孔(突面)		
	法兰外径 D	螺栓孔中心圆直径 K	螺栓孔直径 L	螺栓孔数量 n/个	螺栓 Th		d	d₁	突面		凸面榫面	中心圆直径 P	孔径 φ	数量 n/个
									t	t₁	t			
40	150	110	18	4	M16	18	88	30	3	2	10	—	—	—
50	165	125	18	4	M16	20	102	45	3	2	10	—	—	—
65	185	145	18	8	M16	22	122	60	3	2	10	—	—	—
80	200	160	18	8	M16	24	138	75	3	2	10	—	—	—
100	235	190	22	8	M20	24	162	95	3	2	10	—	—	—
125	270	220	26	8	M24	26	188	110	3	2	10	—	—	—
150	300	250	26	8	M24	28	218	130	3	2	10	—	15	1
200	360	310	26	12	M24	30	278	190	4	2	10	—	15	1
250	425	370	30	12	M27	32	335	235	4	2	10	—	15	1
300	485	430	30	16	M27	34	395	285	5	2	10	170	15	4
350	555	490	33	16	M30×2	38	450	330	5	3	10	220	15	4
400	620	550	36	16	M33×2	40	505	380	5	3	10	230	15	4
450	670	600	36	20	M33×2	46	555	430	5	3	10	250	15	4
500	730	660	36	20	M33×2	48	615	475	6	4	10	260	15	7
600	845	770	39	20	M36×3	58	720	570	6	4	10	320	15	7

PN40bar

公称尺寸 DN	连接尺寸					法兰厚度 C	密封面尺寸		衬里厚度			塞焊孔(突面)		
	法兰外径 D	螺栓孔中心圆直径 K	螺栓孔直径 L	螺栓孔数量 n/个	螺栓 Th		d	d₁	突面		凸面榫面	中心圆直径 P	孔径 φ	数量 n/个
									t	t₁	t			
40	150	110	18	4	M16	18	88	30	3	2	10	—	—	—
50	165	125	18	4	M16	20	102	45	3	2	10	—	—	—
65	185	145	18	8	M16	22	122	60	3	2	10	—	—	—
80	200	160	18	8	M16	24	138	75	3	2	10	—	—	—
100	235	190	22	8	M20	24	162	95	3	2	10	—	—	—
125	270	220	26	8	M24	26	188	110	3	2	10	—	—	—
150	300	250	26	8	M24	28	218	130	3	2	10	—	15	1
200	375	320	30	12	M27	34	285	190	4	2	10	—	15	1
250	450	385	33	12	M30×2	38	345	235	4	2	10	—	15	1
300	515	450	33	16	M30×2	42	410	285	5	2	10	170	15	4
350	580	510	36	16	M33×2	46	465	330	5	3	10	220	15	4
400	660	585	39	16	M36×3	50	535	380	5	3	10	230	15	4
450	685	610	39	20	M36×3	57	560	430	5	3	10	250	15	4
500	755	670	42	20	M39×3	57	615	475	6	4	10	260	15	7
600	890	795	48	20	M45×3	72	735	570	6	4	10	320	15	7

5.3 化工标准法兰(美洲体系 Class 系列)

5.3.1 基本参数(HG/T 20615—2009)

5.3.1.1 公称直径与压力

本标准适用于的法兰公称压力包括下列六个等级:Class150(PN20)、Class300(PN50)、Class600(PN110)、Class900(PN150)、Class1500(PN260)、Class2500(PN420)。钢管的公称尺寸 DN 和钢管外径按表 5.3-1 规定。

表 5.3-1　公称通径和钢管外径　　　　　单位：mm

公称尺寸	NPS	1/2	3/4	1	1¼	1½	2	2½	3	4	5
	DN	15	20	25	32	40	50	65	80	100	125
钢管外径		21.3	26.9	33.7	42.4	48.3	60.3	76.1	88.9	114.3	139.7
公称尺寸	NPS	6	8	10	12	14	16	18	20	24	
	DN	150	200	250	300	350	400	450	500	600	
钢管外径		168.3	219.1	273.0	323.9	355.6	406.4	457	508	610	

5.3.1.2　法兰类型

法兰类型及其代号按图 5.3-1 和表 5.3-2 的规定。

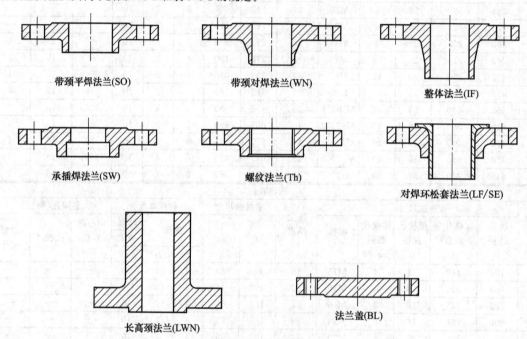

带颈平焊法兰(SO)　　　带颈对焊法兰(WN)　　　整体法兰(IF)

承插焊法兰(SW)　　　螺纹法兰(Th)　　　对焊环松套法兰(LF/SE)

长高颈法兰(LWN)　　　法兰盖(BL)

图 5.3-1　法兰类型

表 5.3-2　法兰类型代号

法兰类型代号	法兰类型	法兰类型代号	法兰类型
SO	带颈平焊法兰	SW	承插焊法兰
WN	带颈对焊法兰	Th	螺纹法兰
LWN	长高颈法兰	LF/SE	对焊环松套法兰
IF	整体法兰	BL	法兰盖

5.3.1.3　密封面型式

法兰的密封面型式及其代号按图 5.2-2 的规定。各种类型法兰密封面型式的适用范围按表 5.3-3 的规定。

表 5.3-3　各种类型法兰的密封面型式及其适用范围

法兰类型	密封面型式	Class150 (PN20)	Class300 (PN50)	Class600 (PN110)	Class900 (PN150)	Class1500 (PN260)	Class2500 (PN420)
带颈平焊法兰 (SO)	突面(RF)		DN15～600			DN15～65	—
	凹面(FM) 凸面(M)	—		DN15～600		DN15～65	—
	榫面(T) 槽面(G)			DN15～600		DN15～65	
	全平面(FF)	DN15～600			—		

续表

法兰类型	密封面型式	Class150 (PN20)	Class300 (PN50)	Class600 (PN110)	Class900 (PN150)	Class1500 (PN260)	Class2500 (PN420)
带颈对焊法兰 (WN) 长高颈法兰 (WN)	突面(RF)	DN15～600					DN15～300
	凹面(FM) 凸面(M)	—	DN15～600				DN15～300
	榫面(T) 槽面(G)		DN15～600				DN15～300
	全平面(FF)	DN15～600	—				
	环连接面(RJ)	DN25～600	DN15～600				DN15～300
整体法兰(IF)	突面(RF)	DN15～600					DN15～300
	凹面(FM) 凸面(M)	—	DN15～600				DN15～300
	榫面(T) 槽面(G)		DN15～600				DN15～300
	全平面(FF)	DN15～600	—				
	环连接面(RJ)	DN25～600	DN15～600				DN15～300
承插焊法兰 (SW)	突面(RF)	DN15～80		DN15～65			—
	凹面(FM) 凸面(M)	—	DN15～80		DN15～65		
	榫面(T) 槽面(G)	—	DN15～80		DN15～65		
	环连接面(RJ)	DN25～80	DN15～80		DN15～65		
螺纹法兰(Th)	突面(RF)	DN15～150	—				
	全平面(FF)	DN15～150					
对焊环松套法兰(LF/SE)	突面(RF)	DN15～600		—			
法兰盖(BL)	突面(RF)	DN15～600					DN15～300
	凹面(FM) 凸面(M)	—	DN15～600				DN15～300
	榫面(T) 槽面(G)	—	DN15～600				DN15～300
	全平面(FF)	DN15～600	—				
	环连接面(RJ)	DN25～600	DN15～600				DN15～300

5.3.1.4 法兰用材料（HG/T 20615—2009）

钢制管法兰用材料按表 5.3-4 的规定，其化学成分、力学性能和其他技术要求应符合表中所列有关标准的规定。

表 5.3-4 钢制管法兰用材料

类别号	类别	钢板		锻件		铸件	
		材料编号	标准编号	材料编号	标准编号	材料编号	标准编号
1.0	碳素钢	Q235A、Q235B 20 Q245R	GB 3274 (GB 700) GB/T 711 GB 713	20	JB 4726	WCA	GB/T 12229
1.1	碳素钢	—	—	A105 16Mn 16MnD	GB/T 12228 JB 4726 JB 4727	WCB	GB/T 12229
1.2	碳素钢	Q345R	GB 713			WCC LC3、LCC	GB/T 12229 JB/T 7248
1.3	碳素钢	16MnDR	GB 3531	08Ni3D 25	JB 4727 GB/T 12228	LCB	JB/T 7248
1.4	碳素钢	09MnNiDR	GB 3531	09MnNiD	JB 4727	—	

续表

类别号	类别	钢 板		锻 件		铸 件	
		材料编号	标准编号	材料编号	标准编号	材料编号	标准编号
1.9	铬钼钢 (1.25Cr-0.5Mo)	14Cr1MoR	GB 713	14Cr1Mo	JB 4726	—	—
1.10	铬钼钢 (2.25Cr-1Mo)	12Cr2Mo1R	GB 713	12Cr2Mo1	JB 4726	WC9	JB/T 5263
1.13	铬钼钢 (5Cr-0.5Mo)	—		15CrMo	JB 4726	ZG16Cr5MoG	GB/T 16253
1.15	铬钼钢 (9Cr-1Mo-V)	—		—		C12A	JB/T 5263
1.17	铬钼钢 (1-0.5Mo)	15CrMoR	GB 713	15CrMo	JB 4726	—	—
2.1	304	0Cr18Ni9	GB/T 4237	0Cr18Ni9	JB 4728	CF3/CF8	GB/T 12230
2.2	316	0Cr17Ni12Mo2	GB/T 4237	0Cr17Ni12Mo2	JB 4728	CF3M/CF8M	GB/T 12230
2.3	304L 316L	00Cr19Ni10 00Cr17Ni14Mo2	GB/T 4237 GB/T 4237	00Cr19Ni10 00Cr17Ni14Mo2	JB4728 JB4728	— —	
2.4	321	0Cr18Ni10Ti	GB/T 4237	0Cr18Ni10Ti	JB4728	—	
2.5	347	0Cr18Ni11Nb	GB/T 4237	—		—	
2.11	CF8C	—		—		CF8C	GB/T 12230

注：1. 管法兰材料一般应采用锻制或铸件，带颈法兰不得用钢板制造，钢板仅可用于法兰盖。

2. 表列铸件仅适用于整体法兰。

3. 管法兰用对焊环可采用锻件或钢管制造（包括焊接）。

5.3.1.5　连接尺寸

管法兰的连接尺寸按图 5.3-2 和表 5.3-5 的规定。

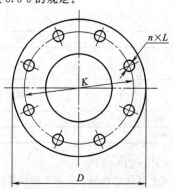

图 5.3-2　法兰的连接尺寸

表 5.3-5　管法兰连接尺寸　　　　　　　　单位：mm

公称尺寸		Class150（PN2.0MPa）					Class300（PN5.0MPa）					Class600（PN11.0MPa）				
NPS	DN	D	K	L	Th	n/个	D	K	L	Th	n/个	D	K	L	Th	n/个
1/2	15	90	60.5	16	M14	4	95	66.7	16	M14	4	95	66.7	16	M14	4
3/4	20	100	69.9	16	M14	4	115	82.6	18	M16	4	115	82.6	18	M16	4
1	25	110	79.4	16	M14	4	125	88.9	18	M16	4	125	88.9	18	M16	4
1¼	32	115	88.9	16	M14	4	135	98.4	18	M16	4	135	98.4	18	M16	4
1½	40	125	98.4	16	M14	4	155	114.3	22	M20	4	155	114.3	22	M20	4
2	50	150	120.7	18	M16	4	165	127.0	18	M16	8	165	127.0	18	M16	8
2½	65	180	139.7	18	M16	4	190	149.2	22	M20	8	190	149.2	22	M20	8
3	80	190	152.4	18	M16	4	210	168.3	22	M20	8	210	168.3	22	M20	8
4	100	230	190.5	18	M16	8	255	200	22	M20	8	275	216	26	M24	8
5	125	255	215.9	22	M20	8	280	235	22	M20	8	330	267	29.5	M27	8
6	150	280	241.3	22	M20	8	320	269.9	22	M20	12	355	292.1	30	M27	12

续表

公称尺寸		Class150（PN2.0MPa）					Class300（PN5.0MPa）					Class600（PN11.0MPa）				
NPS	DN	D	K	L	Th	n/个	D	K	L	Th	n/个	D	K	L	Th	n/个
8	200	345	298.5	22	M20	8	380	330.2	26	M24	12	420	349.2	33	M30	12
10	250	405	362.0	26	M24	12	445	387.4	30	M27	16	510	431.8	36	M33	16
12	300	485	431.8	26	M24	12	520	450.8	33	M30	16	560	489.0	36	M33	20
14	350	535	476.3	30	M27	12	585	514.4	33	M30	20	605	527.0	39	M36×3	20
16	400	595	539.8	30	M27	16	650	571.5	36	M33	20	685	603.2	42	M39×3	20
18	450	635	577.9	33	M30	16	710	628.6	36	M33	24	745	654.0	45	M42×3	20
20	500	700	635.0	33	M30	20	775	685.8	36	M33	24	815	723.9	45	M42×3	24
24	600	815	749.3	36	M33	20	915	812.8	42	M39×3	24	940	838.2	51	M48×2	24

公称尺寸		Class900（PN15.0MPa）					Class1500（PN26.0MPa）					Class2500（PN42.0MPa）				
NPS	DN	D	K	L	Th	n/个	D	K	L	Th	n/个	D	K	L	Th	n/个
1/2	15	120	82.6	22	M20	4	120	82.6	22	M20	4	135	88.9	22	M20	4
3/4	20	130	88.9	22	M20	4	130	88.9	22	M20	4	140	95.2	22	M20	4
1	25	150	101.6	26	M24	4	150	101.6	26	M24	4	160	108.0	26	M24	4
1¼	32	160	111.1	26	M24	4	160	111.1	26	M24	4	185	130.2	30	M27	4
1½	40	180	123.8	30	M27	4	180	123.8	30	M27	4	205	146.0	33	M30	4
2	50	215	165.1	26	M24	8	215	165.1	26	M24	8	235	171.4	30	M27	8
2½	65	245	190.5	30	M27	8	245	190.5	30	M27	8	265	196.8	33	M30	8
3	80	240	190.5	26	M24	8	265	203.2	33	M30	8	305	228.6	36	M33	8
4	100	290	235.0	33	M30	8	310	241.3	36	M33	8	355	273.0	42	M39×3	8
5	125	350	279.4	36	M33	8	375	292.1	42	M39×3	8	420	323.8	48	M45×3	8
6	150	380	317.5	33	M30	12	395	317.5	39	M36×3	12	485	368.3	55	M52×3	8
8	200	470	393.7	39	M36×3	12	485	393.7	45	M42×3	12	550	438.2	55	M52×3	12
10	250	545	469.9	39	M36×3	16	585	482.6	51	M48×3	12	675	593.8	68	M64×3	12
12	300	610	533.4	39	M36×3	20	675	571.5	55	M52×3	16	760	619.1	74	M70×3	12
14	350	640	558.8	42	M39×3	20	750	635.0	60	M56×3	16					
16	400	705	616.0	45	M42×3	20	825	704.8	68	M64×3	16					
18	450	785	685.8	51	M48×3	20	915	774.7	74	M70×3	16					
20	500	855	749.5	55	M52×3	20	985	831.8	80	M76×3	16					
24	600	1040	901.5	68	M64×3	20	1170	990.6	94	M90×3	16					

5.3.1.6 密封面尺寸

突面法兰的密封面尺寸按图 5.3-3 和表 5.3-6 的规定。突台高度 f_1、f_2 及 E 未包括在法兰厚度 C 内；Class150 的全平面法兰的厚度与突面法兰相同（$f_1=0$）。

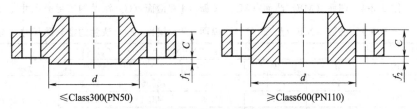

≤Class300(PN50)　　　≥Class600(PN110)

图 5.3-3 突面（RF）法兰的密封面尺寸

表 5.3-6 突面法兰的密封面尺寸　　　　单位：mm

公称尺寸		突台外径 d	突台高度 f_1 ≤Class300（PN50）	突台高度 f_2 ≥Class600（PN110）
NPS	DN			
1/2	15	34.9		
3/4	20	42.9	2	7
1	25	50.8		
1¼	32	63.5		

公称尺寸		突台外径	突台高度 f_1	突台高度 f_2
NPS	DN	d	≤Class300 （PN50）	≥Class600 （PN110）
1½	40	73.0		
2	50	92.1		
2½	65	104.8		
3	80	127.0		
4	100	157.2		
5	125	185.7		
6	150	215.9		
8	200	269.9	2	7
10	250	323.8		
12	300	381.0		
14	350	412.8		
16	400	469.9		
18	450	533.4		
20	500	584.2		
24	600	692.2		

　　Class300～Class2500 的凹面（FM）或凸面（M）、榫面（T）或槽面（G）法兰的密封面尺寸按图 5.3-4 和表 5.3-7 的规定。突台高度 f_2 未包括在法兰厚度 C 内。

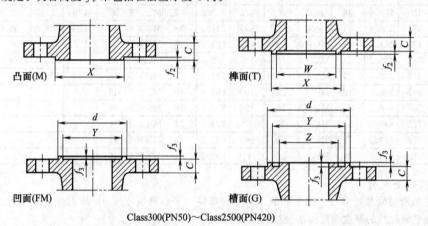

凸面(M)　　榫面(T)

凹面(FM)　　槽面(G)

Class300(PN50)～Class2500(PN420)

图 5.3-4　凹面（MF）/凸面（M）、榫面（T）/槽面（G）法兰的密封面尺寸

表 5.3-7　凹面（MF）/凸面（M）、榫面（T）/槽面（G）法兰的密封面尺寸　单位：mm

公称尺寸		Class300(PN50)～Class2500(PN420)						
NPS	DN	d	W	X	Y	Z	f_2	f_3
1/2	15	46	25.4	34.9	36.5	23.8		
3/4	20	54	33.3	42.9	44.4	31.8		
1	25	62	38.1	50.8	52.4	36.5		
1¼	32	75	47.6	63.5	65.1	46.0		
1½	40	84	54.0	73.0	74.6	52.4		
2	50	103	73.0	92.1	93.7	71.4	7	5
2½	65	116	85.7	104.8	106.4	84.1		
3	80	138	108.0	127.0	128.6	106.4		
4	100	168	131.8	157.2	158.8	130.2		
5	125	197	160.3	185.7	187.3	158.8		
6	150	227	190.5	215.9	217.5	188.9		
8	200	281	238.1	269.9	271.5	236.5		

续表

公称尺寸		Class300（PN50）～Class2500（PN420）						
NPS	DN	d	W	X	Y	Z	f_2	f_3
10	250	335	285.8	323.8	325.4	284.2		
12	300	392	342.9	381.0	382.6	341.3		
14	350	424	374.6	412.8	414.3	373.1		
16	400	481	425.4	469.9	471.5	423.9	7	5
18	450	544	489.0	533.4	535.0	487.4		
20	500	595	533.4	584.2	585.8	531.8		
24	600	703	641.4	692.2	693.7	639.8		

　　环连接面法兰的密封面尺寸按图 5.3-5 和表 5.3-8 的规定。环连接面法兰的突台高度 E 未包括在法兰厚度 C 内。

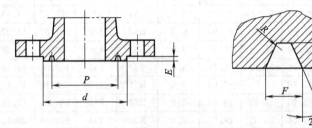

图 5.3-5　环连接面（RJ）法兰的密封面尺寸

表 5.3-8　环连接面尺寸　　　　　单位：mm

公称尺寸		Class150（PN20）					Class300（PN50）和 Class600（PN110）				
NPS	DN	环号	d_{min}	P	E	F	R_{max}	环号	d_{min}	P	E	F	R_{max}
1/2	15							R11	51	34.14	5.56	7.14	0.8
3/4	20							R13	63.5	42.88	6.35	8.74	0.8
1	25	R15	63.5	47.63	6.35	8.74	0.8	R16	70.0	50.80	6.35	8.74	0.8
1¼	32	R17	73.0	57.15	6.35	8.74	0.8	R18	79.5	60.33	6.35	8.74	0.8
1½	40	R19	82.5	65.07	6.35	8.74	0.8	R20	90.5	68.27	6.35	8.74	0.8
2	50	R22	102	82.55	6.35	8.74	0.8	R23	108	82.55	7.92	11.91	0.8
2½	65	R25	121	101.60	6.35	8.74	0.8	R26	127	101.60	7.92	11.91	0.8
3	80	R29	133	114.30	6.35	8.74	0.8	R31	146	123.83	7.92	11.91	0.8
4	100	R36	171	149.23	6.35	8.74	0.8	R37	175	149.23	7.92	11.91	0.8
5	125	R40	194	171.45	6.35	8.74	0.8	R41	210	180.98	7.92	11.91	0.8
6	150	R43	219	193.68	6.35	8.74	0.8	R45	241	211.12	7.92	11.91	0.8
8	200	R48	273	247.65	6.35	8.74	0.8	R49	302	269.88	7.92	11.91	0.8
10	250	R52	330	304.80	6.35	8.74	0.8	R53	356	323.85	7.92	11.91	0.8
12	300	R56	406	381.00	6.35	8.74	0.8	R57	413	381.0	7.92	11.91	0.8
14	350	R59	425	396.88	6.35	8.74	0.8	R61	457	419.10	7.92	11.91	0.8
16	400	R64	483	454.03	6.35	8.74	0.8	R65	508	469.90	7.92	11.91	0.8
18	450	R68	546	517.53	6.35	8.74	0.8	R69	575	533.40	7.92	11.91	0.8
20	500	R72	597	558.80	6.35	8.74	0.8	R73	635	584.20	9.52	13.49	1.5
24	600	R76	711	673.10	6.35	8.74	0.8	R77	749	692.15	11.13	16.66	1.5

公称尺寸		Class900（PN150）					Class1500（PN260）				
NPS	DN	环号	d_{min}	P	E	F	R_{max}	环号	d_{min}	P	E	F	R_{max}
1/2	15	R12	60.5	39.67	6.35	8.74	0.8	R12	60.5	39.67	6.35	8.74	0.8
3/4	20	R14	66.5	44.45	6.35	8.74	0.8	R14	66.5	44.45	6.35	8.74	0.8
1	25	R16	71.5	50.80	6.35	8.74	0.8	R16	71.5	50.80	6.35	8.74	0.8

公称尺寸		Class900(PN150)						Class1500(PN260)					
NPS	DN	环号	d_{min}	P	E	F	R_{max}	环号	d_{min}	P	E	F	R_{max}
1¼	32	R18	81.0	60.33	6.35	8.74	0.8	R18	81.0	60.33	6.35	8.74	0.8
1½	40	R20	92.0	68.27	6.35	8.74	0.8	R20	92.0	68.27	6.35	8.74	0.8
2	50	R24	124	95.25	7.92	11.91	0.8	R24	124	95.25	7.92	11.91	0.8
2½	65	R27	137	107.95	7.92	11.91	0.8	R27	137	107.95	7.92	11.91	0.8
3	80	R31	156	123.83	7.92	11.91	0.8	R35	168	136.53	7.92	11.91	0.8
4	100	R37	181	149.23	7.92	11.91	0.8	R39	194	161.93	7.92	11.91	0.8
5	125	R41	216	180.98	7.92	11.91	0.8	R44	229	193.68	7.92	11.91	0.8
6	150	R45	241	211.12	7.92	11.91	0.8	R46	248	211.14	9.52	13.49	1.5
8	200	R49	308	269.88	7.92	11.91	0.8	R50	318	269.88	11.13	16.66	1.5
10	250	R53	362	323.85	7.92	11.91	0.8	R54	371	323.85	11.13	16.66	1.5
12	300	R57	419	381.00	7.92	11.91	0.8	R58	438	381.00	14.27	23.01	1.5
14	350	R62	467	419.10	11.13	16.66	1.5	R63	489	419.10	15.88	26.97	2.4
16	400	R66	524	469.90	11.13	16.66	1.5	R67	546	469.90	17.48	30.18	2.4
18	450	R70	594	533.40	12.70	19.84	1.5	R71	613	533.40	17.48	30.18	2.4
20	500	R74	648	584.20	12.70	19.84	1.5	R75	673	584.20	17.48	33.32	2.4
24	600	R78	772	692.15	15.88	26.97	2.4	R79	794	692.15	20.62	36.53	2.4

公称尺寸		Class2500(PN420)					
NPS	DN	环号	d_{min}	P	E	F	R_{max}
1/2	15	R13	65.0	42.88	6.35	8.74	0.8
3/4	20	R16	73.0	50.80	6.35	8.74	0.8
1	25	R18	82.5	60.33	6.35	8.74	0.8
1¼	32	R21	102	72.23	7.92	11.91	0.8
1½	40	R23	114	82.55	7.92	11.91	0.8
2	50	R26	133	101.60	7.92	11.91	0.8
2½	65	R28	149	111.13	9.52	13.49	1.5
3	80	R32	168	127.00	9.52	13.49	1.5
4	100	R38	203	157.18	11.13	16.66	1.5
5	125	R42	241	190.50	12.70	19.84	1.5
6	150	R47	279	228.60	12.70	19.84	1.5
8	200	R51	340	279.40	14.27	23.01	1.5
10	250	R55	425	342.90	17.48	30.18	2.4
12	300	R60	495	406.40	17.48	33.32	2.4

5.3.2 带颈平焊钢制管法兰（HG/T 20615—2009）

带颈平焊法兰的尺寸按图 5.3-6 和表 5.3-9 的规定。

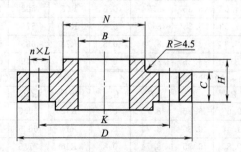

图 5.3-6 带颈平焊钢制管法兰（SO）

表 5.3-9 带颈平焊钢制管法兰 单位：mm

Class150（PN20）

| 公称通径 | | 钢管外径 A | 连接尺寸 | | | | | 法兰厚度 C | 法兰内径 B | 法兰颈大端 N | 法兰高度 H | 重量 /kg |
NPS	DN		法兰外径 D	螺栓孔中心圆直径 K	螺栓孔直径 L	螺栓孔数量 n/个	螺栓 Th					
1/2	15	21.3	90	60.3	16	4	M14	9.6	22.5	30	14	0.41
3/4	20	26.9	100	69.9	16	4	M14	11.2	27.5	38	14	0.58
1	25	33.7	110	79.4	16	4	M14	12.7	34.5	49	16	0.80
1¼	32	42.4	115	88.9	16	4	M14	14.3	43.5	59	19	1.07
1½	40	48.3	1255	98.4	16	4	M14	15.9	49.5	65	21	1.37
2	50	60.3	150	120.7	18	4	M16	17.5	61.5	78	24	2.01
2½	65	76.1	180	139.7	18	4	M16	20.7	77.6	90	27	3.32
3	80	88.9	190	152.4	18	4	M16	22.3	90.5	108	29	3.83
4	100	114.3	230	190.5	18	8	M16	22.3	116.0	135	32	5.40
5	125	139.7	255	215.9	22	8	M20	22.3	143.5	164	35	6.26
6	150	168.3	280	241.3	22	8	M20	23.9	170.5	192	38	7.50
8	200	219.1	345	298.5	22	8	M20	27.0	221.5	246	43	12.3
10	250	273	405	362.0	26	12	M24	28.6	276.5	305	48	16.2
12	300	323.9	485	431.8	26	12	M24	30.2	328.0	365	54	26.5
14	350	355.6	535	476.3	30	12	M27	33.4	360.0	400	56	34.5
16	400	406.4	595	539.8	30	16	M27	35.0	411.0	457	62	45.5
18	450	457	635	577.9	33	16	M30	38.1	462.0	505	67	48.5
20	500	508	700	635.0	33	20	M30	41.3	513.5	559	71	61.8
24	600	610	815	749.3	36	20	M33	46.1	616.5	664	81	87.7

Class300（PN50）

| 公称通径 | | 钢管外径 A | 连接尺寸 | | | | | 法兰厚度 C | 法兰内径 B | 法兰颈大端 N | 法兰高度 H | 重量 /kg |
NPS	DN		法兰外径 D	螺栓孔中心圆直径 K	螺栓孔直径 L	螺栓孔数量 n/个	螺栓 Th					
1/2	15	21.3	95	66.7	16	4	M14	12.7	22.5	38	21	0.63
3/4	20	26.9	115	82.6	18	4	M16	14.3	27.5	48	24	1.16
1	25	33.7	125	88.9	18	4	M16	15.9	34.5	54	25	1.37
1¼	32	42.4	135	98.4	18	4	M16	17.5	43.5	64	25	1.75
1½	40	48.3	155	114.3	22	4	M20	19.1	49.5	70	29	2.47
2	50	60.3	165	127.0	18	8	M16	20.7	61.5	84	32	2.90
2½	65	76.1	190	149.2	22	8	M20	23.9	77.6	100	37	4.17
3	80	88.9	210	168.3	22	8	M20	27.0	90.5	118	41	5.92
4	100	114.3	255	200.0	22	8	M20	30.2	116.0	146	46	9.73
5	125	139.7	280	235.0	22	8	M20	33.4	143.5	178	49	12.4
6	150	168.3	320	269.9	22	12	M20	35.0	170.5	206	51	16.0
8	200	219.1	380	330.2	26	12	M24	39.7	221.5	260	60	23.9
10	250	273	445	387.4	30	16	M27	46.1	276.5	321	65	34.0
12	300	323.9	520	450.8	33	16	M30	49.3	328.0	375	71	49.1
14	350	355.6	585	514.4	33	20	M30	52.4	360.0	426	75	69.1
16	400	406.4	650	571.5	36	20	M33	55.6	411.0	483	81	88.9
18	450	457	710	628.6	36	24	M33	58.8	462.0	533	87	107.2
20	500	508	775	685.8	36	24	M33	62.0	513.5	587	94	132.9
24	600	610	915	812.8	42	24	M39×3	68.3	616.5	702	105	198.7

Class600(PN110)

| 公称通径 | | 钢管外径 A | 连接尺寸 | | | | | 法兰厚度 C | 法兰内径 B | 法兰颈大端 N | 法兰高度 H | 重量/kg |
NPS	DN		法兰外径 D	螺栓孔中心圆直径 K	螺栓孔直径 L	螺栓孔数量 n/个	螺栓 Th					
1/2	15	21.3	95	66.7	16	4	M14	14.3	22.5	38	22	0.75
3/4	20	26.9	115	82.6	18	4	M16	15.9	27.5	48	25	1.35
1	25	33.7	125	88.9	18	4	M16	17.5	34.5	54	27	1.58
1¼	32	42.4	135	98.5	18	4	M16	20.7	43.5	64	29	2.15
1½	40	48.3	155	114.3	22	4	M20	22.3	49.5	70	32	2.99
2	50	60.3	165	127.0	18	8	M16	25.4	61.5	84	37	3.71
2½	65	76.1	190	149.2	22	8	M20	28.6	77.6	100	41	5.20
3	80	88.9	210	168.3	22	8	M20	31.8	90.5	117	46	7.13
4	100	114.3	275	215.9	26	8	M24	38.1	116.0	152	54	14.9
5	125	139.7	330	266.7	30	8	M27	44.5	143.5	189	60	24.6
6	150	168.3	355	292.1	30	12	M27	47.7	170.5	222	67	28.7
8	200	219.1	420	349.2	33	12	M30	55.6	221.5	273	76	43.5
10	250	273	510	431.8	36	16	M33	63.5	276.5	343	86	70.9
12	300	323.9	560	489.0	36	20	M33	66.7	328.0	400	92	84.5
14	350	355.6	605	527.0	39	20	M36×3	69.9	360.0	432	94	99.3
16	400	406.4	685	603.2	42	20	M39×3	76.2	411.0	495	106	141.0
18	450	457	745	654.0	45	20	M42×3	82.6	462.0	546	117	174.8
20	500	508	815	723.9	45	24	M42×3	88.9	513.5	610	127	221.8
24	600	610	940	838.2	51	24	M48×3	101.6	616.5	718	140	313.3

Class900(PN150)

| 公称通径 | | 钢管外径 A | 连接尺寸 | | | | | 法兰厚度 C | 法兰内径 B | 法兰颈大端 N | 法兰高度 H | 重量/kg |
NPS	DN		法兰外径 D	螺栓孔中心圆直径 K	螺栓孔直径 L	螺栓孔数量 n/个	螺栓 Th					
1/2	15	21.3	120	82.6	22	4	M20	22.3	22.5	38	32	1.75
3/4	20	26.9	130	88.9	22	4	M20	25.4	27.5	44	35	2.35
1	25	33.7	150	101.6	26	4	M24	28.6	34.5	52	41	3.50
1¼	32	42.4	160	111.1	26	4	M24	28.6	43.5	64	41	4.01
1½	40	48.3	180	123.8	30	4	M27	31.8	49.5	70	44	5.52
2	50	60.3	215	165.1	26	8	M24	38.1	61.5	105	57	9.81
2½	65	76.1	245	190.5	30	8	M27	41.3	77.5	124	64	13.5
3	80	88.9	240	190.5	26	8	M24	38.1	90.5	127	54	11.5
4	100	114.3	290	235.0	33	8	M30	44.5	116.0	159	70	19.4
5	125	139.7	350	279.4	36	8	M33	50.8	143.5	190	79	32.4
6	150	168.3	380	317.5	33	12	M30	55.6	170.5	235	86	41.0
8	200	219.1	470	393.7	39	12	M36×3	63.5	221.5	298	102	70.6
10	250	273	545	469.9	39	16	M36×3	69.9	276.5	368	108	99.7
12	300	323.9	610	533.4	39	20	M36×3	79.4	328.0	419	117	132.3
14	350	355.6	640	558.8	42	20	M39×3	85.8	360.0	451	130	151.8
16	400	406.4	705	616.0	45	20	M42×3	88.9	411.0	508	133	184.1
18	450	457	785	685.8	51	20	M48×3	101.6	462.0	565	152	256.1
20	500	508	855	749.3	55	20	M52×3	108.0	513.5	672	159	333.2
24	600	610	1040	901.7	68	20	M64×3	139.7	616.5	749	203	600.0

公称通径		连接尺寸						法兰厚度 C	法兰内径 B	法兰颈大端 N	法兰高度 H	重量 /kg
		钢管外径 A	法兰外径 D	螺栓孔中心圆直径 K	螺栓孔直径 L	螺栓孔数量 n/个	螺栓 Th					
NPS	DN											
1/2	15	21.3	120	82.6	22	4	M20	22.3	22.5	38	32	1.75
3/4	20	26.9	130	88.9	22	4	M20	25.4	27.5	44	35	2.35
1	25	33.7	150	101.5	26	4	M24	28.6	34.5	52	41	3.50
1¼	32	42.4	160	111.1	26	4	M24	28.6	43.5	64	41	4.01
1½	40	48.3	180	123.8	30	4	M27	31.8	49.5	70	44	5.52
2	50	60.3	215	165.1	26	8	M24	38.1	61.5	105	57	9.81
2½	65	76.1	245	190.5	30	8	M27	41.3	77.6	124	64	13.5

Class1500(PN260)

注：所有重量仅供参考。

5.3.3 带颈对焊钢制管法兰（HG/T 20615—2009）

带颈对焊法兰的尺寸按图 5.3-7 和表 5.3-10 的规定。

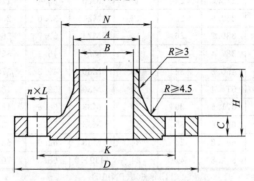

图 5.3-7 带颈对焊钢制管法兰（WN）尺寸

表 5.3-10 带颈对焊钢制管法兰 单位：mm

公称尺寸		连接尺寸						法兰厚度 C	法兰颈大端 N	法兰内径 B	法兰高度 H	重量 /kg
		钢管外径 A	法兰外径 D	螺栓孔中心圆直径 K	螺栓孔直径 L	螺栓孔数量 n/个	螺栓 Th					
NPS	DN											
1/2	15	21.3	90	60.3	16	4	M14	9.6	30	15.5	46	0.91
3/4	20	26.9	100	69.9	16	4	M14	11.2	38	21	51	0.91
1	25	33.7	110	79.4	16	4	M14	12.7	49	27	54	1.14
1¼	32	42.4	115	88.9	16	4	M14	14.3	59	35	56	1.14
1½	40	48.3	125	98.4	16	4	M14	15.9	65	41	60	1.81
2	50	60.3	150	120.7	18	4	M16	17.5	78	52	62	2.72
2½	65	76.1	180	139.7	18	4	M16	20.7	90	66	68	4.45
3	80	88.9	190	152.4	18	4	M16	22.3	108	77.5	68	5.22
4	100	114.3	230	190.5	18	8	M16	22.3	135	101.5	75	7.49
5	125	139.7	255	215.9	22	8	M20	22.3	164	127	87	9.53
6	150	168.3	280	241.3	22	8	M20	23.9	192	154	87	11.8
8	200	219.1	345	298.5	22	8	M20	27.0	246	203	100	19.1
10	250	273	405	362.0	26	12	M24	28.6	305	255	100	24.5
12	300	323.9	485	431.8	26	12	M24	30.2	365	303.5	113	39.9
14	350	355.6	535	476.3	30	12	M27	33.4	400	—	125	51.8
16	400	406.4	595	539.8	30	16	M27	35.0	457	—	125	64.5
18	450	457	635	577.9	33	16	M30	38.1	505	—	138	74.9
20	500	508	700	635.0	33	20	M30	41.3	559	—	143	89.4
24	600	610	815	749.3	36	20	M33	46.1	663	—	151	121.7

Class150(PN20)

续表

Class300(PN50)

公称尺寸		钢管外径 A	连接尺寸					法兰厚度 C	法兰颈大端 N	法兰内径 B	法兰高度 H	重量 /kg
NPS	DN		法兰外径 D	螺栓孔中心圆直径 K	螺栓孔直径 L	螺栓孔数量 n/个	螺栓 Th					
1/2	15	21.3	95	66.7	16	4	M14	12.7	38	15.5	51	0.91
3/4	20	26.9	115	82.6	18	4	M16	14.3	48	21	56	1.36
1	25	33.7	125	88.9	18	4	M16	15.9	54	27	60	1.82
1¼	32	42.4	135	98.4	18	4	M16	17.5	64	35	64	2.27
1½	40	48.3	155	114.3	22	4	M20	19.1	70	41	67	3.18
2	50	60.3	165	127.0	18	8	M16	20.7	84	52	68	3.36
2½	65	76.1	190	149.2	22	8	M20	23.9	100	66	75	5.45
3	80	88.9	210	168.3	22	8	M20	27.0	118	77.5	78	8.17
4	100	114.3	255	200.0	22	8	M20	30.2	146	101.5	84	12.1
5	125	139.7	280	235.0	22	8	M20	33.4	178	127	97	16.3
6	150	168.3	320	269.9	22	12	M20	35.0	206	154	97	20.4
8	200	219.1	380	330.2	26	12	M24	39.7	260	203	110	31.3
10	250	273	445	387.4	30	16	M27	46.1	321	255	116	45.4
12	300	323.9	520	450.8	33	16	M30	49.3	375	303.5	129	64.5
14	350	355.6	585	514.4	33	20	M30	52.4	425	—	141	93.5
16	400	406.4	650	571.5	36	20	M33	55.6	483	—	144	113.1
18	450	457	710	628.6	36	24	M33	58.8	533	—	157	138.9
20	500	508	775	685.8	36	24	M33	62.0	587	—	160	167.5
24	600	610	915	812.8	42	24	M39×3	68.3	702	—	167	235.6

Class600(PN110)

公称尺寸		钢管外径 A	连接尺寸					法兰厚度 C	法兰颈大端 N	法兰内径 B	法兰高度 H	重量 /kg
NPS	DN		法兰外径 D	螺栓孔中心圆直径 K	螺栓孔直径 L	螺栓孔数量 n/个	螺栓 Th					
1/2	15	21.3	95	66.7	16	4	M14	14.3	38	—	52	1.36
3/4	20	26.9	115	82.6	18	4	M16	15.9	48	—	57	1.59
1	25	33.7	125	88.9	18	4	M16	17.5	54	—	62	1.82
1¼	32	42.4	135	98.4	18	4	M16	20.7	64	—	67	2.50
1½	40	48.3	155	114.3	22	4	M20	22.3	70	—	70	3.63
2	50	60.3	165	127.0	18	8	M16	25.4	84	—	73	4.54
2½	65	76.1	190	149.2	22	8	M20	28.6	100	—	79	6.36
3	80	88.9	210	168.3	22	8	M20	31.8	117	—	83	8.17
4	100	114.3	275	215.9	26	8	M24	38.1	152	—	102	16.8
5	125	139.7	330	266.7	30	8	M27	44.5	189	—	114	30.9
6	150	168.3	355	292.1	30	12	M27	47.7	222	—	117	33.1
8	200	219.1	420	349.2	33	12	M30	55.6	273	—	133	50.9
10	250	273	510	431.8	36	16	M33	63.5	343	—	152	85.8
12	300	323.9	560	489.0	36	20	M33	66.7	400	—	156	102.6
14	350	355.6	605	527.0	39	20	M36×3	69.9	432	—	165	157.5
16	400	406.4	685	603.2	42	20	M39×3	76.2	495	—	178	218.4
18	450	457	745	654.0	45	20	M42×3	82.6	546	—	184	252.0
20	500	508	815	723.9	45	24	M42×3	88.9	610	—	190	313.3
24	600	610	940	838.2	51	24	M48×3	101.6	718	—	203	443.6

续表

Class900(PN150)

公称尺寸		钢管外径 A	连接尺寸					法兰厚度 C	法兰颈大端 N	法兰内径 B	法兰高度 H	重量/kg
NPS	DN		法兰外径 D	螺栓孔中心圆直径 K	螺栓孔直径 L	螺栓孔数量 n/个	螺栓 Th					
1/2	15	21.3	120	82.6	22	4	M20	22.3	38	—	60	3.18
3/4	20	26.9	130	88.9	22	4	M20	25.4	44	—	70	3.18
1	25	33.7	150	101.6	26	4	M24	28.6	52	—	73	3.86
1¼	32	42.4	160	111.1	26	4	M24	28.6	64	—	73	4.54
1½	40	48.3	180	123.8	30	4	M27	31.8	70	—	83	6.36
2	50	60.3	215	165.1	26	8	M24	38.1	105	—	102	10.9
2½	65	76.1	245	190.5	30	8	M27	41.3	124	—	105	16.3
3	80	88.9	240	190.5	26	8	M24	38.1	127	—	102	13.2
4	100	114.3	290	235.0	33	8	M30	44.5	159	—	114	23.2
5	125	139.7	350	279.4	36	8	M33	50.8	190	—	127	39.1
6	150	168.3	380	317.5	33	12	M30	55.6	235	—	140	49.9
8	200	219.1	470	393.7	39	12	M36×3	63.5	298	—	162	84.9
10	250	273	545	469.9	39	16	M36×3	69.9	368	—	184	121.7
12	300	323.9	610	533.4	39	20	M36×3	79.4	419	—	200	168.9
14	350	355.6	640	558.8	42	20	M39×3	85.8	451	—	213	255.2
16	400	406.4	705	616.0	45	20	M42×3	88.9	508	—	216	311.0
18	450	457	785	685.8	51	20	M48×3	101.6	565	—	229	419.5
20	500	508	855	749.3	55	20	M52×3	108.0	672	—	248	528.5
24	600	610	1040	901.7	68	20	M64×3	139.7	749	—	292	956.6

Class1500(PN260)

公称尺寸		钢管外径 A	连接尺寸					法兰厚度 C	法兰颈大端 N	法兰内径 B	法兰高度 H	重量/kg
NPS	DN		法兰外径 D	螺栓孔中心圆直径 K	螺栓孔直径 L	螺栓孔数量 n/个	螺栓 Th					
1/2	15	21.3	120	82.6	22	4	M20	22.3	38	—	60	3.18
3/4	20	26.9	130	88.9	22	4	M20	25.4	44	—	70	3.18
1	25	33.7	150	101.6	26	4	M24	28.6	52	—	73	3.86
1¼	32	42.4	160	111.1	26	4	M24	28.6	64	—	73	4.54
1½	40	48.3	180	123.8	30	4	M27	31.8	70	—	83	6.36
2	50	60.3	215	165.1	26	8	M24	38.1	105	—	102	10.9
2½	65	76.1	245	190.5	30	8	M27	41.3	124	—	105	16.34
3	80	88.9	265	203.2	33	8	M30	47.7	133	—	117	21.8
4	100	114.3	310	241.3	36	8	M33	54.0	162	—	124	31.3
5	125	139.7	375	292.1	42	8	M39×3	73.1	197	—	156	59.9
6	150	168.3	395	317.5	39	12	M36×3	82.6	229	—	171	74.5
8	200	219.1	485	393.7	45	12	M42×3	92.1	292	—	213	123.9
10	250	273	585	482.6	51	12	M48×3	108.0	368	—	254	206.1
12	300	323.9	675	571.5	55	16	M52×3	123.9	451	—	283	313.3
14	350	355.6	750	635.0	60	16	M56×3	133.4	495	—	298	406.5
16	400	406.4	825	704.8	68	16	M64×3	146.1	552	—	311	525.0
18	450	457	915	774.7	74	16	M70×3	162.0	597	—	327	687.2
20	500	508	985	831.8	80	16	M76×3	177.8	641	—	356	852.6
24	600	610	1170	990.6	94	16	M90×3	203.2	762	—	406	1366.8

Class2500（PN420）

| 公称尺寸 | | 钢管外径 A | 连接尺寸 | | | | | 法兰厚度 C | 法兰颈大端 N | 法兰内径 B | 法兰高度 H | 重量/kg |
NPS	DN		法兰外径 D	螺栓孔中心圆直径 K	螺栓孔直径 L	螺栓孔数量 n/个	螺栓 Th					
1/2	15	21.3	135	88.9	22	4	M20	30.2	43	—	73	3.63
3/4	20	26.9	140	95.2	22	4	M20	31.8	51	—	79	4.09
1	25	33.7	160	108.0	26	4	M24	35.0	57	—	89	5.90
1¼	32	42.4	185	130.2	30	4	M27	38.1	73	—	95	9.08
1½	40	48.3	205	146.0	33	4	M30	44.5	79	—	111	12.7
2	50	60.3	235	171.4	30	8	M27	50.9	95	—	127	19.1
2½	65	76.1	265	196.8	33	8	M30	57.2	114	—	143	23.6
3	80	88.9	305	228.6	36	8	M33	66.7	133	—	168	42.7
4	100	114.3	355	273.0	42	8	M39×3	76.2	165	—	190	66.3
5	125	139.7	420	323.8	48	8	M45×3	92.1	203	—	229	110.8
6	150	168.3	485	368.3	55	8	M52×3	108.0	235	—	273	171.6
8	200	219.1	550	438.2	55	12	M52×3	127.0	305	—	318	261.5
10	250	273	675	539.8	68	12	M64×3	165.1	375	—	419	484.9
12	300	323.9	760	619.1	74	12	M70×3	184.2	441	—	464	730.1

注：所有重量仅供参考。

5.3.4　长高颈钢制管法兰（HG/T 20615—2009）

长高颈法兰的尺寸按图 5.3-8 和表 5.3-11 的规定。

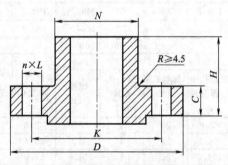

图 5.3-8　长高颈钢制管法兰（WN）尺寸

表 5.3-11　长高颈钢制管法兰　　　　单位：mm

Class150（PN20）

| 公称尺寸 | | 钢管外径 A | 连接尺寸 | | | | | 法兰厚度 C | 法兰颈大端 N | 法兰内径 B | 法兰高度 H |
NPS	DN		法兰外径 D	螺栓孔中心圆直径 K	螺栓孔直径 L	螺栓孔数量 n/个	螺栓 Th				
1/2	15	21.3	90	60.3	16	4	M14	9.6	30	15.5	229
3/4	20	26.9	100	69.9	16	4	M14	11.2	38	21	229
1	25	33.7	110	79.4	16	4	M14	12.7	49	27	229
1¼	32	42.4	115	88.9	16	4	M14	14.3	59	35	229
1½	40	48.3	125	98.4	16	4	M14	15.9	65	41	229
2	50	60.3	150	120.7	18	4	M16	17.5	78	52	229
2½	65	76.1	180	139.7	18	4	M16	20.7	90	66	229
3	80	88.9	190	152.4	18	4	M16	22.3	108	77.5	229
4	100	114.3	230	190.5	18	8	M16	22.3	135	101.5	229
5	125	139.7	255	215.9	22	8	M20	22.3	164	127	305

Class150（PN20）

公称尺寸		钢管外径 A	连接尺寸					法兰厚度 C	法兰颈大端 N	法兰内径 B	法兰高度 H
NPS	DN		法兰外径 D	螺栓孔中心圆直径 K	螺栓孔直径 L	螺栓孔数量 n/个	螺栓 Th				
6	150	168.3	280	241.3	22	8	M20	23.9	192	154	305
8	200	219.1	345	298.5	22	8	M20	27.0	246	203	305
10	250	273	405	362.0	26	12	M24	28.6	305	255	305
12	300	323.9	485	431.8	26	12	M24	30.2	365	303.5	305
14	350	355.6	535	476.3	30	12	M27	33.4	400	—	305
16	400	406.4	595	539.8	30	16	M27	35.0	457	—	305
18	450	457	635	577.9	33	16	M30	38.1	505	—	305
20	500	508	700	635.0	33	20	M30	41.3	559	—	305
24	600	610	815	749.3	36	20	M33	46.1	663	—	305

Class300（PN50）

公称尺寸		钢管外径 A	连接尺寸					法兰厚度 C	法兰颈大端 N	法兰内径 B	法兰高度 H
NPS	DN		法兰外径 D	螺栓孔中心圆直径 K	螺栓孔直径 L	螺栓孔数量 n/个	螺栓 Th				
1/2	15	21.3	95	66.7	16	4	M14	12.7	38	15.5	229
3/4	20	26.9	115	82.6	18	4	M16	14.3	48	21	229
1	25	33.7	125	88.9	18	4	M16	15.9	54	27	229
1¼	32	42.4	135	98.4	18	4	M16	17.5	64	35	229
1½	40	48.3	155	114.3	22	4	M20	19.1	70	41	229
2	50	60.3	165	127.0	18	8	M16	20.7	84	52	229
2½	65	76.1	190	149.2	22	8	M20	23.9	100	66	229
3	80	88.9	210	168.3	22	8	M20	27.0	118	77.5	229
4	100	114.3	255	200.0	22	8	M20	30.2	146	101.5	229
5	125	139.7	280	235.0	22	8	M20	33.4	178	127	305
6	150	168.3	320	269.9	22	12	M20	35.0	206	154	305
8	200	219.1	380	330.2	26	12	M24	39.7	260	203	305
10	250	273	445	387.4	30	16	M27	46.1	321	255	305
12	300	323.9	520	450.8	33	16	M30	49.3	375	303.5	305
14	350	355.6	585	514.4	33	20	M30	52.4	425	—	305
16	400	406.4	650	571.5	36	20	M33	55.6	483	—	305
18	450	457	710	628.6	36	24	M33	58.8	533	—	305
20	500	508	775	685.8	36	24	M33	62.0	587	—	305
24	600	610	915	812.8	42	24	M39×3	68.3	702	—	305

Class600（PN110）

公称尺寸		钢管外径 A	连接尺寸					法兰厚度 C	法兰颈大端 N	法兰内径 B	法兰高度 H
NPS	DN		法兰外径 D	螺栓孔中心圆直径 K	螺栓孔直径 L	螺栓孔数量 n/个	螺栓 Th				
1/2	15	21.3	95	66.7	16	4	M14	14.3	38	—	229
3/4	20	26.9	115	82.6	18	4	M16	15.9	48	—	229
1	25	33.7	125	88.9	18	4	M16	17.5	54	—	229
1¼	32	42.4	135	98.4	18	4	M16	20.7	64	—	229
1½	40	48.3	155	114.3	22	4	M20	22.3	70	—	229
2	50	60.3	165	127.0	18	8	M16	25.4	84	—	229
2½	65	76.1	190	149.2	22	8	M20	28.6	100	—	229
3	80	88.9	210	168.3	22	8	M20	31.8	117	—	229

Class600（PN110）

公称尺寸		钢管外径 A	连接尺寸					法兰厚度 C	法兰颈大端 N	法兰内径 B	法兰高度 H
NPS	DN		法兰外径 D	螺栓孔中心圆直径 K	螺栓孔直径 L	螺栓孔数量 n/个	螺栓 Th				
4	100	114.3	275	215.9	26	8	M24	38.1	152	—	229
5	125	139.7	330	266.7	30	8	M27	44.5	189	—	305
6	150	168.3	355	292.1	30	12	M27	47.7	222	—	305
8	200	219.1	420	349.2	33	12	M30	55.6	273	—	305
10	250	273	510	431.8	36	16	M33	63.5	343	—	305
12	300	323.9	560	489.0	36	20	M33	66.7	400	—	305
14	350	355.6	605	527.0	39	20	M36×3	69.9	432	—	305
16	400	406.4	685	603.2	42	20	M39×3	76.2	495	—	305
18	450	457	745	654.0	45	20	M42×3	82.6	546	—	305
20	500	508	815	723.9	45	24	M42×3	88.9	610	—	305
24	600	610	940	838.2	51	24	M48×3	101.6	718	—	305

Class900（PN150）

公称尺寸		钢管外径 A	连接尺寸					法兰厚度 C	法兰颈大端 N	法兰内径 B	法兰高度 H
NPS	DN		法兰外径 D	螺栓孔中心圆直径 K	螺栓孔直径 L	螺栓孔数量 n/个	螺栓 Th				
1/2	15	21.3	120	82.6	22	4	M20	22.3	38	—	229
3/4	20	26.9	130	88.9	22	4	M20	25.4	44	—	229
1	25	33.7	150	101.6	26	4	M24	28.6	52	—	229
1¼	32	42.4	160	111.1	26	4	M24	28.6	64	—	229
1½	40	48.3	180	123.8	30	4	M27	31.8	70	—	229
2	50	60.3	215	165.1	26	8	M24	38.1	105	—	229
2½	65	76.1	245	190.5	30	8	M27	41.3	124	—	229
3	80	88.9	240	190.5	26	8	M24	38.1	127	—	229
4	100	114.3	290	235.0	33	8	M30	44.5	159	—	229
5	125	139.7	350	279.4	36	8	M33	50.8	190	—	305
6	150	168.3	380	317.5	33	12	M30	55.6	235	—	305
8	200	219.1	470	393.7	39	12	M36×3	63.5	298	—	305
10	250	273	545	469.9	39	16	M36×3	69.9	368	—	305
12	300	323.9	610	533.4	39	20	M36×3	79.4	419	—	305
14	350	355.6	640	558.8	42	20	M39×3	85.8	451	—	305
16	400	406.4	705	616.0	45	20	M42×3	88.9	508	—	305
18	450	457	785	685.8	51	20	M48×3	101.6	565	—	305
20	500	508	855	749.3	55	20	M52×3	108.0	672	—	305
24	600	610	1040	901.7	68	20	M64×3	139.7	749	—	305

Class1500（PN260）

公称尺寸		钢管外径 A	连接尺寸					法兰厚度 C	法兰颈大端 N	法兰内径 B	法兰高度 H
NPS	DN		法兰外径 D	螺栓孔中心圆直径 K	螺栓孔直径 L	螺栓孔数量 n/个	螺栓 Th				
1/2	15	21.3	120	82.6	22	4	M20	22.3	38	—	229
3/4	20	26.9	130	88.9	22	4	M20	25.4	44	—	229
1	25	33.7	150	101.6	26	4	M24	28.6	52	—	229
1¼	32	42.4	160	111.1	26	4	M24	28.6	64	—	229
1½	40	48.3	180	123.8	30	4	M27	31.8	70	—	229
2	50	60.3	215	165.1	26	8	M24	38.1	105	—	229

Class1500（PN260）											
公称尺寸		钢管外径 A	连接尺寸					法兰厚度 C	法兰颈大端 N	法兰内径 B	法兰高度 H
NPS	DN		法兰外径 D	螺栓孔中心圆直径 K	螺栓孔直径 L	螺栓孔数量 n/个	螺栓 Th				
2½	65	76.1	245	190.5	30	8	M27	41.3	124	—	229
3	80	88.9	265	203.2	33	8	M30	47.7	133	—	229
4	100	114.3	310	241.3	36	8	M33	54.0	162	—	229
5	125	139.7	375	292.1	42	8	M39×3	73.1	197	—	305
6	150	168.3	395	317.5	39	12	M36×3	82.6	229	—	305
8	200	219.1	485	393.7	45	12	M42×3	92.1	292	—	305
10	250	273	585	482.6	51	12	M48×3	108.0	368	—	305
12	300	323.9	675	571.5	55	16	M52×3	123.9	451	—	305
14	350	355.6	750	635.0	60	16	M56×3	133.4	495	—	305
16	400	406.4	825	704.8	68	16	M64×3	146.1	552	—	305
18	450	457	915	774.7	74	16	M70×3	162.0	597	—	305
20	500	508	985	831.8	80	16	M76×3	177.8	641	—	305
24	600	610	1170	990.6	94	16	M90×3	203.2	762	—	305
Class2500（PN420）											
公称尺寸		钢管外径 A	连接尺寸					法兰厚度 C	法兰颈大端 N	法兰内径 B	法兰高度 H
NPS	DN		法兰外径 D	螺栓孔中心圆直径 K	螺栓孔直径 L	螺栓孔数量 n/个	螺栓 Th				
1/2	15	21.3	135	88.9	22	4	M20	30.2	43	—	229
3/4	20	26.9	140	95.2	22	4	M20	31.8	51	—	229
1	25	33.7	160	108.0	26	4	M24	35.0	57	—	229
1¼	32	42.4	185	130.2	30	4	M27	38.1	73	—	229
1½	40	48.3	205	146.0	33	4	M30	44.5	79	—	229
2	50	60.3	235	171.4	30	8	M27	50.9	95	—	229
2½	65	76.1	265	196.8	33	8	M30	57.2	114	—	229
3	80	88.9	305	228.6	36	8	M33	66.7	133	—	229
4	100	114.3	355	273.0	42	8	M39×3	76.2	165	—	229
5	125	139.7	420	323.8	48	8	M45×3	92.1	203	—	305
6	150	168.3	485	368.3	55	8	M52×3	108.0	235	—	305
8	200	219.1	550	438.2	55	12	M52×3	127.0	305	—	305
10	250	273	675	539.8	68	12	M64×3	165.1	375	—	305
12	300	323.9	760	619.1	74	12	M70×3	184.2	441	—	305

5.3.5　整体钢制管法兰（HG/T 20615—2009）

整体钢制管法兰的尺寸按图 5.3-9 和表 5.3-12 的规定。

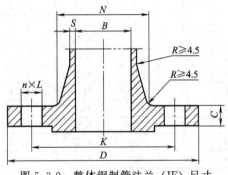

图 5.3-9　整体钢制管法兰（IF）尺寸

表 5.3-12　整体钢制管法兰　　　　　　　　　　　　　　单位：mm

Class150(PN20)

公称尺寸		连接尺寸					法兰厚度 C	法兰颈大端 N	颈部最小壁厚 S	法兰内径 B
NPS	DN	法兰外径 D	螺栓孔中心圆直径 K	螺栓孔直径 L	螺栓孔数量 n/个	螺栓 Th				
1/2	15	90	60.3	16	4	M14	9.6(8.0)	30	2.8	13
3/4	20	100	69.9	16	4	M14	11.2(8.9)	38	3.2	19
1	25	110	79.4	16	4	M14	12.7(9.6)	49	4.0	25
1¼	32	115	88.9	16	4	M14	14.3(11.2)	59	4.8	32
1½	40	125	98.4	16	4	M14	15.9(12.7)	65	4.8	38
2	50	150	120.7	18	4	M16	17.5(14.3)	78	5.6	51
2½	65	180	139.7	18	4	M16	20.7(15.9)	90	5.6	64
3	80	190	152.4	18	4	M16	22.3	108	5.6	76
4	100	230	190.5	18	8	M16	22.3	135	6.4	102
5	125	255	215.9	22	8	M20	22.3	164	7.1	127
6	150	280	241.3	22	8	M20	23.9	192	7.1	152
8	200	345	298.5	22	8	M20	27.0	246	7.9	203
10	250	405	362.0	26	12	M24	28.6	305	8.7	254
12	300	485	431.8	26	12	M24	30.2	365	9.5	305
14	350	535	476.3	30	12	M27	33.4	400	10.3	337
16	400	595	539.8	30	16	M27	35.0	457	11.1	387
18	450	635	577.9	33	16	M30	38.1	505	11.9	438
20	500	700	635.0	33	20	M30	41.3	559	12.7	489
24	600	815	749.3	36	20	M33	46.1	664	14.5	591

注：带括号的尺寸为整体法兰允许的最小厚度，适用于阀门的两端法兰。

Class300(PN50)

公称尺寸		连接尺寸					法兰厚度 C	法兰颈大端 N	颈部最小壁厚 S	法兰内径 B
NPS	DN	法兰外径 D	螺栓孔中心圆直径 K	螺栓孔直径 L	螺栓孔数量 n/个	螺栓 Th				
1/2	15	95	66.7	16	4	M14	12.7	38	3.2	13
3/4	20	115	82.6	18	4	M16	14.3	48	4.0	19
1	25	125	88.9	18	4	M16	15.9	54	4.8	25
1¼	32	135	98.4	18	4	M16	17.5	64	4.8	32
1½	40	155	114.3	22	4	M20	19.1	70	4.8	38
2	50	165	127.0	18	8	M16	20.7	84	6.4	51
2½	65	190	149.2	22	8	M20	23.9	100	6.4	64
3	80	210	168.3	22	8	M20	27.0	117	7.1	76
4	100	255	200.0	22	8	M20	30.2	146	7.9	102
5	125	280	235.0	22	8	M20	33.4	178	9.5	127
6	150	320	269.9	22	12	M20	35.0	206	9.5	152
8	200	380	330.2	26	12	M24	39.7	260	11.1	203
10	250	445	387.4	30	16	M27	46.1	321	12.7	254
12	300	520	450.8	33	16	M30	49.3	375	14.3	305
14	350	585	514.4	33	20	M30	52.4	425	15.9	337
16	400	650	571.5	36	20	M33	55.6	483	17.5	387
18	450	710	628.6	36	24	M33	58.8	533	19.0	432
20	500	775	685.8	36	24	M33	62.0	587	20.6	483
24	600	915	812.8	42	24	M39×3	68.3	702	23.8	584

续表

Class600(PN110)

公称尺寸		连接尺寸					法兰厚度 C	法兰颈大端 N	颈部最小壁厚 S	法兰内径 B
NPS	DN	法兰外径 D	螺栓孔中心圆直径 K	螺栓孔直径 L	螺栓孔数量 n/个	螺栓 Th				
1/2	15	95	66.7	16	4	M14	14.3	38	4.1	13
3/4	20	115	82.6	18	4	M16	15.9	48	4.1	19
1	25	125	88.9	18	4	M16	17.5	54	4.8	25
1¼	32	135	98.4	18	4	M16	20.7	64	4.8	32
1½	40	155	114.3	22	4	M20	22.3	70	5.6	38
2	50	165	127.0	18	8	M16	25.4	84	6.4	51
2½	65	190	149.2	22	8	M20	28.6	100	7.1	64
3	80	210	168.3	22	8	M20	31.8	117	7.9	76
4	100	275	215.9	26	8	M24	38.1	152	9.7	102
5	125	330	266.7	30	8	M27	44.5	189	11.2	127
6	150	355	292.1	30	12	M27	47.7	222	12.7	152
8	200	420	349.2	33	12	M30	55.6	273	15.7	200
10	250	510	431.8	36	16	M33	63.5	343	19.1	248
12	300	560	489.0	36	20	M33	66.7	400	23.1	298
14	350	605	527.0	39	20	M36×3	69.9	432	24.6	327
16	400	685	603.2	42	20	M39×3	76.2	495	27.7	375
18	450	745	654.0	45	20	M42×3	82.6	546	31.0	419
20	500	815	723.9	45	24	M42×3	88.9	610	34.0	464
24	600	940	838.2	51	24	M48×3	101.6	718	40.4	559

Class900(PN150)

公称尺寸		连接尺寸					法兰厚度 C	法兰颈大端 N	颈部最小壁厚 S	法兰内径 B
NPS	DN	法兰外径 D	螺栓孔中心圆直径 K	螺栓孔直径 L	螺栓孔数量 n/个	螺栓 Th				
1/2	15	120	82.6	22	4	M20	22.3	38	4.1	13
3/4	20	130	88.9	22	4	M20	25.4	44	4.8	17
1	25	150	101.6	26	4	M24	28.6	52	5.6	22
1¼	32	160	111.1	26	4	M24	28.6	64	6.3	29
1½	40	180	123.8	30	4	M27	31.8	70	7.1	35
2	50	215	165.1	26	8	M24	38.1	105	7.9	48
2½	65	245	190.5	30	8	M27	41.3	124	8.6	57
3	80	240	190.5	26	8	M24	38.1	127	10.4	73
4	100	290	235.0	33	8	M30	44.5	159	12.7	98
5	125	350	279.4	36	8	M33	50.8	190	15.0	121
6	150	380	317.5	33	12	M30	55.6	235	18.3	146
8	200	470	393.7	39	12	M36×3	63.5	298	22.4	191
10	250	545	469.9	39	16	M36×3	69.9	368	26.9	238
12	300	610	533.4	39	20	M36×3	79.4	419	31.8	282
14	350	640	558.8	42	20	M39×3	85.8	451	35.1	311
16	400	705	616.0	45	20	M42×3	88.9	508	39.6	356
18	450	785	685.8	51	20	M48×3	101.6	565	44.5	400
20	500	855	749.3	55	20	M52×3	108.0	622	48.5	445
24	600	1040	901.7	68	20	M64×3	139.7	749	57.9	533

Class1500(PN260)

公称尺寸		连接尺寸					法兰厚度 C	法兰颈大端 N	颈部最小壁厚 S	法兰内径 B
NPS	DN	法兰外径 D	螺栓孔中心圆直径 K	螺栓孔直径 L	螺栓孔数量 n/个	螺栓 Th				
1/2	15	120	82.6	22	4	M20	22.3	38	4.8	13
3/4	20	130	88.9	22	4	M20	25.4	44	5.8	17
1	25	150	101.6	26	4	M24	28.6	52	6.6	22
1¼	32	160	111.1	26	4	M24	28.6	64	7.9	29
1½	40	180	123.8	30	4	M27	31.8	70	9.7	35
2	50	215	165.1	26	8	M24	38.1	105	11.2	48
2½	65	245	190.5	30	8	M27	41.3	124	12.7	57
3	80	265	203.2	33	8	M30	47.7	133	15.7	70
4	100	310	241.3	36	8	M33	54.0	162	19.1	92
5	125	375	292.1	42	8	M39×3	73.1	197	23.1	111
6	150	395	317.5	39	12	M36×3	82.6	229	27.7	136
8	200	485	393.7	45	12	M42×3	92.1	292	35.8	178
10	250	585	482.6	51	12	M48×3	108.0	368	43.7	222
12	300	675	571.5	55	16	M52×3	123.9	451	50.8	264
14	350	750	635.0	60	16	M56×3	133.4	495	55.6	289
16	400	825	704.8	68	16	M64×3	146.1	552	63.5	330
18	450	915	774.7	74	16	M70×3	162.0	597	71.2	371
20	500	985	831.8	80	16	M76×3	177.8	641	79.4	416
24	600	1170	990.6	94	16	M90×3	203.2	762	94.5	498

Class2500(PN420)

公称尺寸		连接尺寸					法兰厚度 C	法兰颈大端 N	颈部最小壁厚 S	法兰内径 B
NPS	DN	法兰外径 D	螺栓孔中心圆直径 K	螺栓孔直径 L	螺栓孔数量 n/个	螺栓 Th				
1/2	15	135	88.9	22	4	M20	30.2	43	6.4	11
3/4	20	140	95.2	22	4	M20	31.8	51	7.1	14
1	25	160	108.0	26	4	M24	35.0	57	8.6	19
1¼	32	185	130.2	30	4	M27	38.1	73	11.2	25
1½	40	205	146.0	33	4	M30	44.5	79	12.7	28
2	50	235	171.4	30	8	M27	50.9	95	15.7	38
2½	65	265	196.8	33	8	M30	57.2	114	19.1	47
3	80	305	228.6	36	8	M33	66.7	133	22.4	57
4	100	355	273.0	42	8	M39×3	76.2	165	27.7	73
5	125	420	323.8	48	8	M45×3	92.1	203	34.0	92
6	150	485	368.3	55	8	M52×3	108.0	235	40.4	111
8	200	550	438.2	55	12	M52×3	127.0	305	52.3	146
10	250	675	539.8	68	12	M64×3	165.1	375	65.8	184
12	300	760	619.1	74	12	M70×3	184.2	441	77.0	219

5.3.6　承插焊钢制管法兰（HG/T 20615—2009）

承插焊法兰的尺寸按图 5.3-10 和表 5.3-13 的规定。

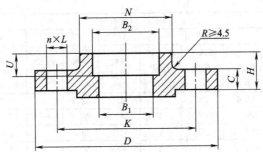

图 5.3-10　承插焊钢制管法兰（SW）尺寸

表 5.3-13　承插焊钢制管法兰　　　　　　　　　　单位：mm

Class150（PN20）

| 公称尺寸 | | | 连接尺寸 | | | | | 法兰厚度 C | 法兰内径 B₁ | 承插孔 | | 法兰颈大端 N | 法兰高度 H | 重量/kg |
NPS	DN	钢管外径 A	法兰外径 D	螺栓孔中心圆直径 K	螺栓孔直径 L	螺栓孔数量 n/个	螺栓 Th	法兰厚度 C	法兰内径 B₁	B₂	U	法兰颈大端 N	法兰高度 H	重量/kg
1/2	15	21.3	90	60.3	16	4	M14	9.6	15.5	22.5	10	30	14	0.41
3/4	20	26.9	100	69.9	16	4	M14	11.2	21	27.5	11	38	14	0.58
1	25	33.7	110	79.4	16	4	M14	12.7	27	34.5	13	49	16	0.80
1¼	32	42.4	115	88.9	16	4	M14	14.3	35	43.5	14	59	19	1.07
1½	40	48.3	125	98.4	16	4	M14	15.9	41	49.5	16	65	21	1.37
2	50	60.3	150	120.7	18	4	M16	17.5	52	61.5	17	78	24	2.01
2½	65	76.1	180	139.7	18	4	M16	20.7	66	77.6	19	90	27	3.32
3	80	88.9	190	152.4	18	4	M16	22.3	77.5	90.5	21	108	29	3.83

Class300（PN50）

| 公称尺寸 | | | 连接尺寸 | | | | | 法兰厚度 C | 法兰内径 B₁ | 承插孔 | | 法兰颈大端 N | 法兰高度 H | 重量/kg |
NPS	DN	钢管外径 A	法兰外径 D	螺栓孔中心圆直径 K	螺栓孔直径 L	螺栓孔数量 n/个	螺栓 Th	法兰厚度 C	法兰内径 B₁	B₂	U	法兰颈大端 N	法兰高度 H	重量/kg
1/2	15	21.3	95	66.7	16	4	M14	12.7	15.5	22.5	10	38	21	0.63
3/4	20	26.9	115	82.6	18	4	M16	14.3	21	27.5	11	48	24	1.16
1	25	33.7	125	88.9	18	4	M16	15.9	27	34.5	13	54	25	1.37
1¼	32	42.4	135	98.4	18	4	M16	17.5	35	43.5	14	64	25	1.75
1½	40	48.3	155	114.3	22	4	M20	19.1	41	49.5	16	70	29	2.47
2	50	60.3	165	127.0	18	8	M16	20.7	52	61.5	17	84	32	2.90
2½	65	76.1	190	149.2	22	8	M20	23.9	66	77.5	19	100	37	4.17
3	80	88.9	210	168.3	22	8	M20	27.0	77.5	90.5	21	117	41	5.92

Class600（PN110）

| 公称尺寸 | | | 连接尺寸 | | | | | 法兰厚度 C | 法兰内径 B₁ | 承插孔 | | 法兰颈大端 N | 法兰高度 H | 重量/kg |
NPS	DN	钢管外径 A	法兰外径 D	螺栓孔中心圆直径 K	螺栓孔直径 L	螺栓孔数量 n/个	螺栓 Th	法兰厚度 C	法兰内径 B₁	B₂	U	法兰颈大端 N	法兰高度 H	重量/kg
1/2	15	21.3	95	66.7	16	4	M14	14.3	—	22.5	10	38	22	0.75
3/4	20	26.9	115	82.6	18	4	M16	15.9	—	27.5	11	48	25	1.35
1	25	33.7	125	88.9	18	4	M16	17.5	—	34.5	13	54	27	1.58
1¼	32	42.4	135	98.4	18	4	M16	20.7	—	43.5	14	64	29	2.15
1½	40	48.3	155	114.3	22	4	M20	22.3	—	49.5	16	70	32	2.99
2	50	60.3	165	127.0	18	8	M16	25.4	—	61.5	17	84	37	3.71
2½	65	76.1	190	149.2	22	8	M20	28.6	—	77.6	19	100	41	5.20
3	80	88.9	210	168.3	22	8	M20	31.8	—	90.5	21	117	46	7.13

Class900（PN150）

公称尺寸		钢管外径 A	连接尺寸					法兰厚度 C	法兰内径 B₁	承插孔		法兰颈大端 N	法兰高度 H	重量/kg
NPS	DN		法兰外径 D	螺栓孔中心圆直径 K	螺栓孔直径 L	螺栓孔数量 n/个	螺栓 Th			B₂	U			
1/2	15	21.3	120	82.6	22	4	M20	22.3	—	22.5	10	38	32	1.75
3/4	20	26.9	130	88.9	22	4	M20	25.4	—	27.5	11	44	35	2.35
1	25	33.7	150	101.6	26	4	M24	28.6	—	34.5	13	52	41	3.50
1¼	32	42.4	160	111.1	26	4	M24	28.6	—	43.5	14	64	41	4.01
1½	40	48.3	180	123.8	30	4	M27	31.8	—	49.5	16	70	44	5.52
2	50	60.3	215	165.1	26	8	M24	38.1	—	61.5	17	105	57	9.81
2½	65	76.1	245	190.5	30	8	M27	41.3	—	77.5	19	124	64	13.5

Class1500（PN260）

公称尺寸		钢管外径 A	连接尺寸					法兰厚度 C	法兰内径 B₁	承插孔		法兰颈大端 N	法兰高度 H	重量/kg
NPS	DN		法兰外径 D	螺栓孔中心圆直径 K	螺栓孔直径 L	螺栓孔数量 n/个	螺栓 Th			B₂	U			
1/2	15	21.3	120	82.6	22	4	M20	22.3	—	22.5	10	38	32	1.75
3/4	20	26.9	130	88.9	22	4	M20	25.4	—	27.5	11	44	35	2.35
1	25	33.7	150	101.6	26	4	M24	28.6	—	34.5	13	52	41	3.50
1¼	32	42.4	160	111.1	26	4	M24	28.6	—	43.5	14	64	41	4.01
1½	40	48.3	180	123.8	30	4	M27	31.8	—	49.5	16	70	44	5.52
2	50	60.3	215	165.1	26	8	M24	38.1	—	61.5	17	105	57	9.81
2½	65	76.1	245	190.5	30	8	M27	41.3	—	77.6	19	124	64	13.5

注：所有重量仅供参考。

5.3.7　螺纹钢制管法兰（HG/T 20615—2009）

螺纹法兰的尺寸按图 5.3-11 和表 5.3-14 的规定。

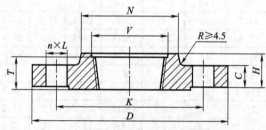

图 5.3-11　螺纹钢制管法兰（Th）尺寸

表 5.3-14　螺纹钢制管法兰　　　　　　　　　　　　　　　　　　　　单位：mm

Class150（PN20）

公称尺寸		钢管外径 A	连接尺寸					法兰厚度 C	法兰颈大端 N	法兰高度 H	管螺纹规格 Rc 或 NPT/in
NPS	DN		法兰外径 D	螺栓孔中心圆直径 K	螺栓孔直径 L	螺栓孔数量 n/个	螺栓 Th				
1/2	15	21.3	90	60.3	16	4	M14	9.6	30	14	1/2
3/4	20	26.9	100	69.9	16	4	M14	11.2	38	14	3/4
1	25	33.7	110	79.4	16	4	M14	12.7	49	16	1
1¼	32	42.4	115	88.9	16	4	M14	14.3	59	19	1¼
1½	40	48.3	125	98.4	16	4	M14	15.9	65	21	1½
2	50	60.3	150	120.7	18	4	M16	17.5	78	24	2
2½	65	76.1	180	139.7	18	4	M16	20.7	90	27	2½

续表

	Class150(PN20)

Class150(PN20)

公称尺寸		钢管外径 A	连接尺寸				螺栓 Th	法兰厚度 C	法兰颈大端 N	法兰高度 H	管螺纹规格 Rc 或 NPT/in
NPS	DN		法兰外径 D	螺栓孔中心圆直径 K	螺栓孔直径 L	螺栓孔数量 n/个					
3	80	88.9	190	152.4	18	4	M16	22.3	108	29	3
4	100	114.3	230	190.5	18	8	M16	22.3	135	32	4
5	125	139.7	255	215.9	22	8	M20	22.3	164	35	5
6	150	168.3	280	241.3	22	8	M20	23.9	192	38	6

Class300(PN50)

公称尺寸		钢管外径 A	连接尺寸				螺栓 Th	法兰厚度 C	法兰颈大端 N	法兰高度 H	最小螺纹长度 T	定位孔直径 V	管螺纹规格 Rc 或 NPT/in
NPS	DN		法兰外径 D	螺栓孔中心圆直径 K	螺栓孔直径 L	螺栓孔数量 n/个							
1/2	15	21.3	95	66.7	16	4	M14	12.7	38	21	16	23.6	1/2
3/4	20	26.9	115	82.6	18	4	M16	14.3	48	24	16	29.0	3/4
1	25	33.7	125	88.9	18	4	M16	15.9	54	25	18	35.8	1
1¼	32	42.4	135	98.4	18	4	M16	17.5	64	25	21	44.4	1¼
1½	40	48.3	155	114.3	22	4	M20	19.1	70	29	23	50.3	1½
2	50	60.3	165	127.0	18	8	M16	20.7	84	32	29	63.5	2
2½	65	76.1	190	149.2	22	8	M20	23.9	100	37	32	76.2	2½
3	80	88.9	210	168.3	22	8	M20	27.0	117	41	32	92.2	3
4	100	114.3	255	200.0	22	8	M20	30.2	146	46	37	117.6	4
5	125	139.7	280	235.0	22	8	M20	33.4	178	49	43	144.4	5
6	150	168.3	320	269.9	22	12	M20	35.0	206	51	47	171.4	6

螺纹法兰采用的管螺纹分为两种情况：

(1) 采用按 GB/T 7306.2 规定的 55°圆锥内螺纹（Rc）；

(2) 采用按 GB/T 12716 规定的 60°圆锥管螺纹（NPT）。

采用 55°管螺纹时，DN150 法兰配用的钢管外径应为 165.1mm。采用 60°圆锥管螺纹，DN65 法兰配用的钢管外径应为 73mm；DN125 法兰配用的钢管外径应为 141.3mm。

5.3.8 对焊环松套钢制管法兰（HG/T 20615—2009）

对焊环松套法兰的尺寸按图 5.3-12 和表 5.3-15 的规定。

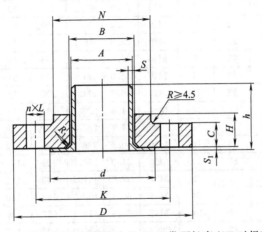

图 5.3-12 对焊环松套钢制管法兰（LF 带颈松套/SE 对焊环）尺寸

表 5.3-15 对焊环松套钢制管法兰 单位：mm

Class150（PN20）

NPS	DN	钢管外径 A	法兰外径 D	螺栓孔中心圆直径 K	螺栓孔直径 L	螺栓孔数量 n/个	螺栓 Th	法兰厚度 C	法兰内径 B	法兰颈大端 N	法兰高度 H	圆角 R_1	高度 h	外径 d	重量/kg
1/2	15	21.3	90	60.3	16	4	M14	11.2	22.9	30	16	3	51	34.9	0.40
3/4	20	26.9	100	69.9	16	4	M14	12.7	28.2	38	16	3	51	42.9	0.58
1	25	33.7	110	79.4	16	4	M14	14.3	34.9	49	17	3	51	50.8	0.79
1¼	32	42.4	115	88.9	16	4	M14	15.9	43.7	59	21	5	51	63.5	1.07
1½	40	48.3	125	98.4	16	4	M14	17.5	50.0	65	22	6	51	73.0	1.36
2	50	60.3	150	120.7	18	4	M16	19.1	62.5	78	25	8	64	92.1	2.00
2½	65	76.1	180	139.7	18	4	M16	22.3	78.5	90	29	8	64	104.8	3.34
3	80	88.9	190	152.4	18	4	M16	23.9	91.4	108	30	10	64	127.0	3.80
4	100	114.3	230	190.5	18	8	M16	23.9	116.8	135	33	11	76	157.2	5.35
5	125	139.7	255	215.9	22	8	M20	23.9	144.4	164	36	11	76	185.7	6.07
6	150	168.3	280	241.3	22	8	M20	25.4	171.4	192	40	13	89	215.9	7.41
8	200	219.1	345	298.6	22	8	M20	28.6	222.2	246	44	13	102	269.9	12.4
10	250	273	405	362.0	26	12	M24	30.2	277.4	305	49	13	127	323.8	16.0
12	300	323.9	485	431.8	26	12	M24	31.8	328.2	365	56	13	152	381.0	26.4
14	350	355.6	535	476.3	30	12	M27	35.0	360.2	400	79	13	152	412.8	38.5
16	400	406.4	595	539.8	30	16	M27	36.6	411.2	457	87	13	152	469.9	51.2
18	450	457	635	577.9	33	16	M30	39.7	462.3	505	97	13	152	533.4	55.7
20	500	508	700	635.0	33	20	M30	42.9	514.4	559	103	13	152	584.2	70.2
24	600	610	815	749.3	36	20	M33	47.7	616.0	663	111	13	152	692.2	98.7

Class300（PN50）

NPS	DN	钢管外径 A	法兰外径 D	螺栓孔中心圆直径 K	螺栓孔直径 L	螺栓孔数量 n/个	螺栓 Th	法兰厚度 C	法兰内径 B	法兰颈大端 N	法兰高度 H	圆角 R_1	高度 h	外径 d	重量/kg
1/2	15	21.3	95	66.7	16	4	M14	14.3	22.9	38	22	3	51	34.9	0.63
3/4	20	26.9	115	82.6	18	4	M16	15.9	28.2	48	25	3	51	42.9	1.16
1	25	33.7	125	88.9	18	4	M16	17.5	34.9	54	27	3	51	50.8	1.37
1¼	32	42.4	135	98.4	18	4	M16	19.1	43.7	64	27	5	51	63.5	1.75
1½	40	48.3	155	114.3	22	4	M20	20.7	50.0	70	30	6	51	73.0	2.46
2	50	60.3	165	127.0	18	8	M16	22.3	62.5	84	33	8	64	92.1	2.88
2½	65	76.1	190	149.2	22	8	M20	25.4	78.5	100	38	8	64	104.8	4.20
3	80	88.9	210	168.3	22	8	M20	28.6	91.4	117	43	10	64	127.0	5.87
4	100	114.3	255	200.0	22	8	M20	31.8	116.8	146	48	11	76	157.2	9.66
5	125	139.7	280	235.0	22	8	M20	35.0	144.4	178	51	11	76	185.7	12.1
6	150	168.3	320	269.9	22	12	M20	36.6	171.4	206	52	13	89	215.9	15.9
8	200	219.1	380	330.2	26	12	M24	41.3	222.2	260	62	13	102	269.9	23.8
10	250	273	445	387.4	30	16	M27	47.7	277.4	321	95	13	254	323.8	38.2
12	300	323.9	520	450.8	33	16	M30	50.8	328.2	375	102	13	254	381.0	54.9
14	350	355.6	585	514.4	33	20	M30	54.0	360.2	425	111	13	305	412.8	80.1
16	400	406.4	650	571.5	36	20	M33	57.2	411.2	483	121	13	305	469.9	103.9
18	450	457	710	628.6	36	24	M33	60.4	462.3	533	130	13	305	533.4	124.6
20	500	508	775	685.8	36	24	M33	63.5	514.4	587	140	13	305	584.2	154.4
24	600	610	915	812.8	42	24	M39×3	69.9	616.0	702	152	13	305	692.2	232.6

续表

Class600(PN110)

公称尺寸		连接尺寸						法兰厚度 C	法兰内径 B	法兰颈大端 N	法兰高度 H	圆角 R₁	对焊环		重量/kg
NPS	DN	钢管外径 A	法兰外径 D	螺栓孔中心圆直径 K	螺栓孔直径 L	螺栓孔数量 n/个	螺栓 Th						高度 h	外径 d	
1/2	15	21.3	95	66.7	16	4	M14	14.3	22.9	38	22	3	76	34.9	0.76
3/4	20	26.9	115	82.6	18	4	M16	15.9	28.2	48	25	3	76	42.9	1.38
1	25	33.7	125	88.9	18	4	M16	17.5	34.9	54	27	3	102	50.8	1.62
1¼	32	42.4	135	98.4	18	4	M16	20.7	43.7	64	29	5	102	63.5	2.23
1½	40	48.3	155	114.3	22	4	M20	22.3	50.0	70	32	6	102	73.0	3.09
2	50	60.3	165	127.0	18	8	M16	25.4	62.5	84	37	8	152	92.1	3.85
2½	65	76.1	190	149.2	22	8	M20	28.6	78.5	100	41	8	152	104.8	5.50
3	80	88.9	210	168.3	22	8	M20	31.8	91.4	117	46	10	152	127.0	7.44
4	100	114.3	275	215.9	26	8	M24	38.1	116.8	152	54	11	152	157.2	15.4
5	125	139.7	330	266.7	30	8	M27	44.5	144.4	189	60	11	203	185.7	25.1
6	150	168.3	355	292.1	30	12	M27	47.7	171.4	222	67	13	203	215.9	29.8
8	200	219.1	420	349.2	33	12	M30	55.6	222.2	273	74	13	203	269.9	45.2
10	250	273	510	431.8	36	16	M33	63.5	277.4	343	111	13	254	323.8	80.2
12	300	323.9	560	489.0	36	20	M33	66.7	328.2	400	117	13	254	381.0	97.1
14	350	355.6	605	527.0	39	20	M36×3	69.9	360.2	432	127	13	305	412.8	116.2
16	400	406.4	685	603.2	42	20	M39×3	76.2	411.2	495	140	13	305	469.9	164.2
18	450	457	745	654.0	45	20	M42×3	82.6	462.3	546	152	13	305	533.4	201.8
20	500	508	815	723.9	45	24	M42×3	88.9	514.4	610	165	13	305	584.2	257.5
24	600	610	940	838.2	51	24	M48×3	101.6	616.0	718	184	13	305	692.2	367.1

注：所有重量仅供参考。

5.3.9 钢制管法兰盖（HG/T 20615—2009）

法兰盖的尺寸按图 5.3-13 和表 5.3-16 的规定。

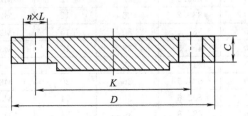

图 5.3-13 钢制管法兰盖（BL）尺寸

表 5.3-16 钢制管法兰盖 单位：mm

Class150(PN20)

公称尺寸		连接尺寸					法兰盖厚度 C	重量/kg
NPS	DN	法兰外径 D	螺栓孔中心圆直径 K	螺栓孔直径 L	螺栓孔数量 n/个	螺栓 Th		
1/2	15	90	60.3	16	4	M14	9.6	0.43
3/4	20	100	69.9	16	4	M14	11.2	0.63
1	25	110	79.4	16	4	M14	12.7	0.89
1¼	32	115	88.9	16	4	M14	14.3	1.20
1½	40	125	98.4	16	4	M14	15.9	1.58
2	50	150	120.7	18	4	M16	17.5	2.39
2½	65	180	139.7	18	4	M16	20.7	4.07
3	80	190	152.4	18	4	M16	22.3	4.92
4	100	230	190.5	18	8	M16	22.3	7.13

Class150（PN20）								
公称尺寸		连接尺寸					法兰盖厚度 C	重量 /kg
NPS	DN	法兰外径 D	螺栓孔中心圆直径 K	螺栓孔直径 L	螺栓孔数量 n/个	螺栓 Th		
5	125	255	215.9	22	8	M20	22.3	8.72
6	150	280	241.3	22	8	M20	23.9	11.4
8	200	345	298.6	22	8	M20	27.0	20.1
10	250	405	362.0	26	12	M24	28.6	28.7
12	300	485	431.8	26	12	M24	30.2	43.8
14	350	535	476.3	30	12	M27	33.4	58.2
16	400	595	539.8	30	16	M27	35.0	77.4
18	450	635	577.9	33	16	M30	38.1	94.0
20	500	700	635.0	33	20	M30	41.3	122.7
24	600	815	749.3	36	20	M33	46.1	187.0
Class300（PN50）								
公称尺寸		连接尺寸					法兰盖厚度 C	重量 /kg
NPS	DN	法兰外径 D	螺栓孔中心圆直径 K	螺栓孔直径 L	螺栓孔数量 n/个	螺栓 Th		
1/2	15	95	66.7	16	4	M14	12.7	0.63
3/4	20	115	82.6	18	4	M16	14.3	1.15
1	25	125	88.9	18	4	M16	15.9	1.40
1¼	32	135	98.4	18	4	M16	17.5	1.88
1½	40	155	114.3	22	4	M20	19.1	2.65
2	50	165	127.0	18	8	M16	20.7	3.22
2½	65	190	149.2	22	8	M20	23.9	4.80
3	80	210	168.3	22	8	M20	27.0	6.89
4	100	255	200.0	22	8	M20	30.2	11.6
5	125	280	235.0	22	8	M20	33.4	15.6
6	150	320	269.9	22	12	M20	35.0	21.4
8	200	380	330.2	26	12	M24	39.7	34.1
10	250	445	387.4	30	16	M27	46.1	53.5
12	300	520	450.8	33	16	M30	49.3	78.3
14	350	585	514.4	33	20	M30	52.4	105.0
16	400	650	571.5	36	20	M33	55.6	138.6
18	450	710	628.6	36	24	M33	58.8	174.3
20	500	775	685.8	36	24	M33	62.0	220.4
24	600	915	812.8	42	24	M39×3	68.3	339.0
Class600（PN110）								
公称尺寸		连接尺寸					法兰盖厚度 C	重量 /kg
NPS	DN	法兰外径 D	螺栓孔中心圆直径 K	螺栓孔直径 L	螺栓孔数量 n/个	螺栓 Th		
1/2	15	95	66.7	16	4	M14	14.3	0.77
3/4	20	115	82.6	18	4	M16	15.9	1.37
1	25	125	88.9	18	4	M16	17.5	1.66
1¼	32	135	98.4	18	4	M16	20.7	2.36
1½	40	155	114.3	22	4	M20	22.3	3.29
2	50	165	127.0	18	8	M16	25.4	4.24
2½	65	190	149.2	22	8	M20	28.6	6.23
3	80	210	168.3	22	8	M20	31.8	8.63
4	100	275	215.9	26	8	M24	38.1	17.7
5	125	330	266.7	30	8	M27	44.5	29.4

续表

Class600(PN110)

公称尺寸		连接尺寸					法兰盖厚度	重量
NPS	DN	法兰外径 D	螺栓孔中心圆直径 K	螺栓孔直径 L	螺栓孔数量 n/个	螺栓 Th	C	/kg
6	150	355	292.1	30	12	M27	47.7	36.2
8	200	420	349.2	33	12	M30	55.6	59.4
10	250	510	431.8	36	16	M33	63.5	98.4
12	300	560	489.0	36	20	M33	66.7	125.3
14	350	605	527.0	39	20	M36×3	69.9	152.4
16	400	685	603.2	42	20	M39×3	76.2	214.4
18	450	745	654.0	45	20	M42×3	82.6	275.4
20	500	815	723.9	45	24	M42×3	88.9	352.4
24	600	940	838.2	51	24	M48×3	101.6	536.8

Class900(PN150)

公称尺寸		连接尺寸					法兰盖厚度	重量
NPS	DN	法兰外径 D	螺栓孔中心圆直径 K	螺栓孔直径 L	螺栓孔数量 n/个	螺栓 Th	C	/kg
1/2	15	120	82.6	22	4	M20	22.3	1.78
3/4	20	130	88.9	22	4	M20	25.4	2.43
1	25	150	101.6	26	4	M24	28.6	3.65
1¼	32	160	111.1	26	4	M24	28.6	4.27
1½	40	180	123.8	30	4	M27	31.8	5.93
2	50	215	165.1	26	8	M24	38.1	10.0
2½	65	245	190.5	30	8	M27	41.3	11.0
3	80	240	190.5	26	8	M24	38.1	13.4
4	100	290	235.0	33	8	M30	44.5	21.8
5	125	350	279.4	36	8	M33	50.8	36.8
6	150	380	317.5	33	12	M30	55.6	47.5
8	200	470	393.7	39	12	M36×3	63.5	82.4
10	250	545	469.9	39	16	M36×3	69.9	132.2
12	300	610	533.4	39	20	M36×3	79.4	173.7
14	350	640	558.8	42	20	M39×3	85.8	205.7
16	400	705	616.0	45	20	M42×3	88.9	259.9
18	450	785	685.8	51	20	M48×3	101.6	366.9
20	500	855	749.3	55	20	M52×3	108.0	464.0
24	600	1040	901.7	68	20	M64×3	139.7	874.0

Class1500(PN260)

公称尺寸		连接尺寸					法兰盖厚度	重量
NPS	DN	法兰外径 D	螺栓孔中心圆直径 K	螺栓孔直径 L	螺栓孔数量 n/个	螺栓 Th	C	/kg
1/2	15	120	82.6	22	4	M20	22.3	1.78
3/4	20	130	88.9	22	4	M20	25.4	2.43
1	25	150	101.6	26	4	M24	28.6	3.65
1¼	32	160	111.1	26	4	M24	28.6	4.27
1½	40	180	123.8	30	4	M27	31.8	5.93
2	50	215	165.1	26	8	M24	38.1	10.0
2½	65	245	190.5	30	8	M27	41.3	14.0
3	80	265	203.2	33	8	M30	47.7	19.0
4	100	310	241.3	36	8	M33	54.0	29.7
5	125	375	292.1	42	8	M39×3	73.1	58.8
6	150	395	317.5	39	12	M36×3	82.6	72.5

Class1500(PN260)								
公称尺寸		连接尺寸					法兰盖厚度	重量
NPS	DN	法兰外径 D	螺栓孔中心圆直径 K	螺栓孔直径 L	螺栓孔数量 n/个	螺栓 Th	C	/kg
8	200	485	393.7	45	12	M42×3	92.1	122.7
10	250	585	482.6	51	12	M48×3	108.0	211.5
12	300	675	571.5	55	16	M52×3	123.9	317.4
14	350	750	635.0	60	16	M56×3	133.4	422.7
16	400	825	704.8	68	16	M64×3	146.1	557.2
18	450	915	774.7	74	16	M70×3	162.0	760.6
20	500	985	831.8	80	16	M76×3	177.8	966.6
24	600	1170	990.6	94	16	M90×3	203.2	1560.0

Class2500(PN420)								
公称尺寸		连接尺寸					法兰盖厚度	重量
NPS	DN	法兰外径 D	螺栓孔中心圆直径 K	螺栓孔直径 L	螺栓孔数量 n/个	螺栓 Th	C	/kg
1/2	15	135	88.9	22	4	M20	30.2	3.11
3/4	20	140	95.2	22	4	M20	31.8	3.56
1	25	160	108.0	26	4	M24	35.0	5.05
1¼	32	185	130.2	30	4	M27	38.1	7.47
1½	40	205	146.0	33	4	M30	44.5	10.6
2	50	235	171.4	30	8	M27	50.9	15.5
2½	65	265	196.8	33	8	M30	57.2	22.4
3	80	305	228.6	36	8	M33	66.7	34.9
4	100	355	273.0	42	8	M39×3	76.2	53.8
5	125	420	323.8	48	8	M45×3	92.1	91.5
6	150	485	368.3	55	8	M52×3	108.0	142.5
8	200	550	438.2	55	12	M52×3	127.0	211.5
10	250	675	593.8	68	12	M64×3	165.1	412.6
12	300	760	619.1	74	12	M70×3	184.2	588.2

注：所有重量仅供参考。

5.3.10　大直径钢制管法兰（HG/T 20623—2009）

5.3.10.1　公称直径与压力

本标准适用于的法兰公称压力包括下列四个等级：Class150（PN20）、Class300（PN50）、Class600（PN110）、Class900（PN150）。钢管的公称通径 DN 和钢管外径按表 5.3-17 规定。

表 5.3-17　公称通径和钢管外径

公称尺寸	NPS	26	28	30	32	34	36	38	40	42
	DN	650	700	750	800	850	900	950	1000	1050
钢管外径/mm		660	711	762	813	864	914	965	1016	1067
公称尺寸	NPS	44	46	48	50	52	54	56	58	60
	DN	1000	1150	1200	1250	1300	1350	1400	1450	1500
钢管外径/mm		1118	1168	1219	1270	1321	1372	1422	1473	1524

5.3.10.2　密封面尺寸

突面法兰的密封面尺寸按图 5.3-14 和表 5.3-18、表 5.3-19 的规定。突台高度 f_1、f_2 未包括在法兰厚度 C 内。

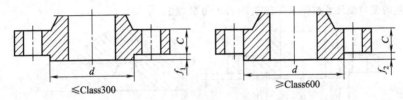

图 5.3-14　突面法兰的密封面尺寸

表 5.3-18　A 系列大直径突面法兰的密封面尺寸〔突面（RF）〕　　　单位：mm

公称尺寸		突台外径 d				f_1	f_2
NPS	DN	Class150 (2.0MPa)	Class300 (5.0MPa)	Class600 (11.0MPa)	Class900 (15.0MPa)	≤Class300 (PN50)	≥Class600 (PN50)
26	650	749	749	749	749		
28	700	800	800	800	800		
30	750	857	857	857	857		
32	800	914	914	914	914		
34	850	965	965	965	965		
36	900	1022	1022	1022	1022		
38	950	1073	1029	1054	1099		
40	1000	1124	1086	1111	1162		
42	1050	1194	1137	1168	—	2	7
44	1100	1245	1194	1226	—		
46	1150	1295	1245	1276	—		
48	1200	1359	1302	1334	—		
50	1250	1410	1359	1384	—		
52	1300	1461	1410	1435	—		
54	1350	1511	1467	1492	—		
56	1400	1575	1518	1543	—		
58	1450	1626	1575	1600	—		
60	1500	1676	1626	1657	—		

表 5.3-19　B 系列大直径突面法兰的密封面尺寸〔突面（RF）〕　　　单位：mm

公称尺寸		突台外径 d				f_1	f_2
NPS	DN	Class150 (2.0MPa)	Class300 (5.0MPa)	Class600 (11.0MPa)	Class900 (15.0MPa)	≤Class300 (PN50)	≥Class600 (PN110)
26	650	711	737	727	726		
28	700	762	787	784	819		
30	750	813	845	841	876		
32	800	864	902	895	927		
34	850	921	953	953	991		
36	900	972	1010	1010	1029		
38	950	1022	1060	—	—		
40	1000	1080	1114	—	—		
42	1050	1130	1168	—	—		
44	1100	1181	1219	—	—	2	7
46	1150	1235	1270	—	—		
48	1200	1289	1327	—	—		
50	1250	1340	1378	—	—		
52	1300	1391	1429	—	—		
54	1350	1441	1480	—	—		
56	1400	1492	1537	—	—		
58	1450	1543	1594	—	—		
60	1500	1600	1651	—	—		

环连接面法兰的密封面尺寸按图 5.3-15 表和 5.3-20 的规定。

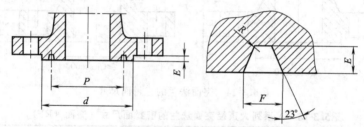

图 5.3-15　环连接面（RJ）法兰的密封面尺寸

表 5.3-20　环连接面尺寸　　　　　　　　　　　　　　　　单位：mm

| 公称尺寸 | | Class300(PN50)和 Class600(PN110) | | | | | Class900(PN150) | | | | |
NPS	DN	环号	d_{min}	P	E	F	R_{max}	环号	d_{min}	P	E	F	R_{max}
26	650	R93	810	749.30	12.70	19.84	1.5	R100	832	749.30	17.48	30.18	2.3
28	700	R94	861	800.10	12.70	19.84	1.5	R101	889	800.10	17.48	33.32	2.3
30	750	R95	917	857.25	12.70	19.84	1.5	R102	946	857.25	17.48	33.32	2.3
32	800	R96	984	914.40	14.27	23.01	1.5	R103	1003	914.40	17.48	33.32	2.3
34	850	R97	1035	965.20	14.27	23.01	1.5	R104	1067	965.20	20.62	36.53	2.3
36	900	R98	1092	1022.35	14.27	23.01	1.5	R105	1124	1022.35	20.62	36.53	2.3

5.3.10.3　法兰尺寸

管法兰和法兰盖的尺寸按图 5.3-16 和表 5.3-21、表 5.3-22 的规定，螺栓孔应等距分布，成对跨骑布置。

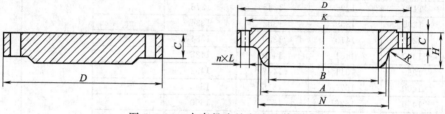

图 5.3-16　大直径法兰和法兰盖尺寸

表 5.3-21　A 系列大直径钢制管法兰和法兰盖　　　　　　单位：mm

| 公称尺寸 | | Class150(PN20) | | | | | | | | | | |
| | | | 连接尺寸 | | | | | 厚度 | | 法兰颈 | | |
NPS	DN	法兰焊端外径 A	法兰外径 D	螺栓孔中心圆直径 K	螺栓孔直径 L	螺栓孔数量 n/个	螺栓 Th	法兰 C	法兰盖 C	N	R	法兰高度 H
26	650	660.4	870	806.4	36	24	M33	66.7	66.7	676	10	119
28	700	711.2	925	863.6	36	28	M33	69.9	69.9	727	11	124
30	750	762.0	985	914.4	36	28	M33	73.1	73.1	781	11	135
32	800	812.8	1060	977.9	42	28	M39	79.4	79.4	832	11	143
34	850	863.6	1110	1028.7	42	32	M39	81.0	81.0	883	13	148
36	900	914.4	1170	1085.8	42	32	M39	88.9	88.9	933	13	156
38	950	965.2	1240	1149.4	42	32	M39	85.8	85.8	991	13	156
40	1000	1016.0	1290	1200.2	42	36	M39	88.9	88.9	1041	13	162
42	1050	1066.8	1345	1257.3	42	36	M39	95.3	95.3	1092	13	170
44	1100	1117.6	1405	1314.4	42	40	M39	100.1	100.1	1143	13	176
46	1150	1168.4	1455	1365.2	42	40	M39	101.6	101.6	1197	13	184
48	1200	1219.2	1510	1422.4	42	44	M39	106.4	106.4	1248	13	191
50	1250	1270.0	1570	1479.6	48	44	M45	109.6	109.6	1302	13	202
52	1300	1320.8	1625	1536.7	48	44	M45	114.3	114.3	1353	13	208
54	1350	1371.6	1685	1593.8	48	44	M45	119.1	119.1	1403	13	214
56	1400	1422.4	1745	1651.0	48	48	M45	122.3	122.3	1457	13	227
58	1450	1473.2	1805	1708.2	48	48	M45	127.0	127.0	1508	13	233
60	1500	1524.0	1855	1759.0	48	48	M45	130.2	130.2	1559	13	238

Class300（PN50）

公称尺寸		法兰焊端外径 A	连接尺寸					厚度		法兰颈		法兰高度 H
NPS	DN		法兰外径 D	螺栓孔中心圆直径 K	螺栓孔直径 L	螺栓孔数量 n/个	螺栓 Th	法兰 C	法兰盖 C	N	R	
26	650	660.4	970	876.3	45	28	M42	77.8	82.6	721	10	183
28	700	711.2	1035	939.8	45	28	M42	84.2	88.9	775	11	195
30	750	762.0	1090	997.0	48	28	M45	90.5	93.7	827	11	208
32	800	812.8	1150	1054.1	51	28	M48	96.9	98.5	881	11	221
34	850	863.6	1205	1104.9	51	28	M48	100.1	103.2	937	13	230
36	900	914.4	1270	1168.4	55	32	M52	103.2	109.6	991	13	240
38	950	965.2	1170	1092.2	42	32	M39	106.4	106.4	994	13	179
40	1000	1016.0	1240	1155.7	45	32	M42	112.8	112.8	1048	13	192
42	1050	1066.8	1290	1206.5	45	32	M42	117.5	117.5	1099	13	198
44	1100	1117.6	1355	1263.6	48	32	M45	122.3	122.3	1149	13	205
46	1150	1168.4	1415	1320.8	51	28	M48	127.0	127.0	1203	13	214
48	1200	1219.2	1465	1371.6	51	32	M48	131.8	131.8	1254	13	222
50	1250	1270.0	1530	1428.8	55	32	M52	138.2	138.2	1305	13	230
52	1300	1320.8	1580	1479.6	55	32	M52	142.9	142.9	1356	13	237
54	1350	1371.6	1660	1549.4	60	28	M56	150.9	150.9	1410	13	251
56	1400	1422.4	1710	1600.2	60	28	M56	152.4	152.4	1464	13	259
58	1450	1473.2	1760	1651.0	60	32	M56	157.2	157.2	1514	13	265
60	1500	1524.0	1810	1701.8	60	32	M56	162.0	162.0	1565	13	271

Class600（PN110）

公称尺寸		法兰焊端外径 A	连接尺寸					厚度		法兰颈		法兰高度 H
NPS	DN		法兰外径 D	螺栓孔中心圆直径 K	螺栓孔直径 L	螺栓孔数量 n/个	螺栓 Th	法兰 C	法兰盖 C	N	R	
26	650	660.4	1015	914.4	51	28	M48	108.0	125.5	748	13	222
28	700	711.2	1075	965.2	55	28	M52	111.2	131.8	803	13	235
30	750	762.0	1130	1022.4	55	28	M52	114.3	139.7	862	13	248
32	800	812.8	1195	1079.5	60	28	M56	117.5	147.7	918	13	260
34	850	863.6	1245	1130.3	60	28	M56	120.7	154.0	973	14	270
36	900	914.4	1315	1193.8	68	28	M64	123.9	162.0	1032	14	283
38	950	965.2	1270	1162.0	60	28	M56	152.4	155.0	1022	14	254
40	1000	1016.0	1320	1212.8	60	32	M56	158.8	162.0	1073	14	264
42	1050	1066.8	1405	1282.7	68	28	M64	168.3	171.5	1127	14	279
44	1100	1117.6	1455	1333.5	68	32	M64	173.1	177.8	1181	14	289
46	1150	1168.4	1510	1390.6	68	32	M64	179.4	185.8	1235	14	300
48	1200	1219.2	1595	1460.5	74	32	M70	189.0	195.3	1289	14	316
50	1250	1270.0	1670	1524.0	80	28	M76	196.9	203.2	1343	14	329
52	1300	1320.8	1720	1574.8	80	32	M76	203.2	209.6	1394	14	337
54	1350	1371.6	1780	1632.0	80	32	M76	209.6	217.5	1448	14	349
56	1400	1422.4	1855	1695.4	86	32	M82	217.5	225.5	1502	16	362
58	1450	1473.2	1905	1746.2	86	32	M82	222.3	231.8	1553	16	370
60	1500	1524.0	1995	1822.4	94	28	M90	233.4	242.9	1610	17	389

Class900(PN150)

公称尺寸		法兰焊端外径A	连接尺寸					厚度		法兰颈		法兰高度H
NPS	DN		法兰外径D	螺栓孔中心圆直径K	螺栓孔直径L	螺栓孔数量n/个	螺栓Th	法兰C	法兰盖C	N	R	
26	650	660.4	1085	952.5	74	20	M70	139.7	160.4	775	11	286
28	700	711.2	1170	1022.4	80	20	M76	142.9	171.5	832	13	298
30	750	762.0	1230	1085.9	80	20	M76	149.3	182.6	889	13	311
32	800	812.8	1315	1155.7	86	20	M82	158.8	193.7	946	13	330
34	850	863.6	1395	1225.6	94	20	M90	165.1	204.8	1006	14	349
36	900	914.4	1460	1289.1	94	20	M90	171.5	214.4	1064	14	362
38	950	965.2	1460	1289.1	94	20	M90	190.5	215.9	1073	19	352
40	1000	1016.0	1510	1339.9	94	24	M90	196.9	223.9	1127	21	364

注：法兰内径按订货要求，与钢管内径一致

表 5.3-22　B 系列大直径钢制管法兰和法兰盖　　　　单位：mm

Class150(PN20)

公称尺寸		法兰焊端外径A	连接尺寸					厚度		法兰颈		法兰高度H
NPS	DN		法兰外径D	螺栓孔中心圆直径K	螺栓孔直径L	螺栓孔数量n/个	螺栓Th	法兰C	法兰盖C	N	R	
26	650	661.9	785	744.5	22	36	M20	39.8	43.0	684	10	87
28	700	712.7	835	795.3	22	40	M20	43.0	46.2	735	10	94
30	750	763.5	885	846.1	22	44	M20	43.0	49.3	787	10	98
32	800	814.3	940	900.1	22	48	M20	44.6	52.5	840	10	106
34	850	865.1	1005	957.3	26	40	M24	47.7	55.7	892	10	109
36	900	915.9	1055	1009.6	26	44	M24	50.9	57.3	945	10	116
38	950	968.2	1125	1070.0	30	40	M27	52.5	62.0	997	10	122
40	1000	1019.0	1175	1120.8	30	44	M27	54.1	65.2	1049	10	127
42	1050	1069.8	1225	1171.6	30	48	M27	57.3	66.8	1102	11	132
44	1100	1120.6	1275	1222.4	30	52	M27	58.9	70.0	1153	11	135
46	1150	1171.4	1340	1284.3	33	40	M30	60.4	73.1	1205	11	143
48	1200	1222.2	1390	1335.1	33	44	M30	63.6	76.3	1257	11	148
50	1250	1273.0	1445	1385.9	33	48	M30	66.8	79.5	1308	11	152
52	1300	1323.8	1495	1436.7	33	52	M30	68.4	82.7	1360	11	156
54	1350	1374.6	1550	1492.2	33	56	M30	70.0	85.8	1413	11	160
56	1400	1425.4	1600	1543.0	33	60	M30	71.6	89.0	1465	14	165
58	1450	1476.2	1675	1611.3	36	48	M33	73.1	91.9	1516	14	173
60	1500	1527.0	1725	1662.1	36	52	M33	74.7	95.4	1570	14	178

Class300(PN50)

公称尺寸		法兰焊端外径A	连接尺寸					厚度		法兰颈		法兰高度H
NPS	DN		法兰外径D	螺栓孔中心圆直径K	螺栓孔直径L	螺栓孔数量n/个	螺栓Th	法兰C	法兰盖C	N	R	
26	650	665.2	865	803.3	36	32	M33	87.4	87.4	702	14	143
28	700	716.0	920	857.2	36	36	M33	87.4	87.4	756	14	148
30	750	768.4	990	920.8	39	36	M36×3	92.1	92.1	813	14	156
32	800	819.2	1055	977.9	42	32	M39×3	101.6	101.6	864	16	167
34	850	870.0	1110	1031.9	42	36	M39×3	101.6	101.6	918	16	171
36	900	920.8	1170	1089.0	45	32	M42×3	101.6	101.6	965	16	179
38	950	971.6	1220	1139.8	45	36	M42×3	109.6	109.6	1016	16	191
40	1000	1022.4	1275	1190.6	45	40	M42×3	114.3	114.3	1067	16	197

Class300(PN50)

公称尺寸		连接尺寸						厚度		法兰颈		法兰高度 H
NPS	DN	法兰焊端外径 A	法兰外径 D	螺栓孔中心圆直径 K	螺栓孔直径 L	螺栓孔数量 n/个	螺栓 Th	法兰 C	法兰盖 C	N	R	
42	1050	1074.7	1335	1244.6	48	36	M45×3	117.5	117.5	1118	16	203
44	1100	1125.5	1385	1395.4	48	40	M45×3	125.5	125.5	1173	16	213
46	1150	1176.3	1460	1365.2	51	36	M48×3	127.0	128.6	1229	16	221
48	1200	1227.1	1510	1416.0	51	40	M48×3	127.0	133.4	1278	16	222
50	1250	1277.9	1560	1466.8	51	44	M48×3	136.6	138.2	1330	16	233
52	1300	1328.7	1615	1517.6	51	48	M48×3	141.3	142.6	1383	16	241
54	1350	1379.5	1675	1578.0	51	48	M48×3	145.0	147.7	1435	16	238
56	1400	1430.3	1765	1651.0	60	36	M56×3	152.4	155.4	1494	17	267
58	1450	1481.1	1825	1712.9	60	40	M56×3	152.4	160.4	1548	17	273
60	1500	1557.3	1880	1763.7	60	40	M56×3	149.3	165.1	1599	17	270

Class600(PN110)

公称尺寸		连接尺寸						厚度		法兰颈		法兰高度 H
NPS	DN	法兰焊端外径 A	法兰外径 D	螺栓孔中心圆直径 K	螺栓孔直径 L	螺栓孔数量 n/个	螺栓 Th	法兰 C	法兰盖 C	N	R	
26	650	660.4	890	806.4	45	28	M42×3	111.2	111.3	698	13	181
28	700	711.2	950	863.6	48	28	M45×3	115.9	115.9	752	13	190
30	750	762.0	1020	927.1	51	28	M48×3	125.5	127.0	806	13	205
32	800	812.8	1085	984.2	55	28	M52×3	130.2	134.9	860	13	216
34	850	863.6	1160	1054.1	60	24	M56×3	141.3	144.2	914	14	233
36	900	914.4	1215	1104.9	60	28	M56×3	146.1	150.9	968	14	243

Class900(PN150)

公称尺寸		连接尺寸						厚度		法兰颈		法兰高度 H
NPS	DN	法兰焊端外径 A	法兰外径 D	螺栓孔中心圆直径 K	螺栓孔直径 L	螺栓孔数量 n/个	螺栓 Th	法兰 C	法兰盖 C	N	R	
26	650	660.4	1020	901.7	68	20	M64×3	135.0	154.0	743	11	259
28	700	711.2	1105	971.6	74	20	M70×3	147.7	166.7	797	13	276
30	750	762.0	1180	1035.0	80	20	M76×3	155.6	176.1	851	13	289
32	800	812.8	1240	1092.2	80	20	M76×3	160.4	186.0	908	13	303
34	850	863.6	1315	1155.7	86	20	M82×3	171.5	195.0	962	14	319
36	900	914.4	1345	1200.2	80	24	M76×3	173.1	201.7	1016	14	325

注：法兰内径按订货要求，与钢管内径一致

5.4 机械标准法兰

本节内容参照机械标准 JB/T 74～86—1994。因为是 1994 年修订的标准，可能存在一些不适应现代形势的旧内容，使用时应注意。

5.4.1 法兰技术条件（JB/T 74—1994）

5.4.1.1 法兰材料（表 5.4-1）

表 5.4-1 法兰材料

组号	种类	材料牌号	标准	公称压力 PN/MPa(bar)	最高使用温度 /℃
1	板材	Q235-A、Q235-B、Q235-C	GB 3274	≤2.5(25)	300
	锻件		GB 700		

续表

组号	种类	材料牌号	标准	公称压力 PN/MPa(bar)	最高使用温度 /℃
2	板材	20、25	GB 711		450
	锻件		JB 755		
	铸件	ZG230-450	GB/T 7659		
3	板材	16MnR、16Mn、15MnV	GB 150		475
	锻件		JB 755		
4	锻件	12CrMo、15CrMo	JB 755		550
	铸件	ZG20CrMo	JB 2640		
5	锻件	12Cr2Mo1	JB 755	≤20.0(200)	575
	铸件	ZG20CrMoV	JB 2640		
6	锻件	12Cr1MoV	JB 755		575
	铸件	ZG15Cr1Mo1V	JB 2640		
7	锻件	1Cr5Mo	JB 755		600
8	板材	0Cr18Ni9(1Cr18Ni9Ti)、0Cr18Ni11Nb、1Cr18Ni9	GB 4237 GB 4238		650
	锻件	0Cr18Ni9(1Cr18Ni9Ti)、0Cr18Ni11Nb、1Cr18Ni9	GB 1221(JB 755)		
	铸件	ZG1Cr18Ni9、ZG1Cr18Ni9Ti	GB 2100		

注：公称压力栏括号内数值的单位为 bar。

5.4.1.2 连接件材料

法兰用螺栓、螺母材料可参考表 5.4-2 选取。

表 5.4-2 法兰用螺栓螺母材料选取参考表

材料牌号	公称压力 PN/MPa	最高使用温度/℃
Q235-A	≤2.5(25)	300
35	≤6.3(63)	
35CrMo		500
25Cr2MoVA		550
25Cr2Mo1VA	≤20.0(200)	
20CrMo1VNbB		570
20Cr1Mo1VTiB		
2Cr12WMoVNbB		600

注：螺母的硬度应低于螺栓的硬度。括号内数值的单位为 bar。

5.4.1.3 压力-温度等级

不同材料的钢制管法兰在不同温度下的最大允许工作压力可参考表 5.4-3～表 5.4-8 确定。工作温度位于表中所列温度的中间值时，其最大允许工作压力可采用线性插值法确定。

表 5.4-3 Q235-(A、B、C)、20、25、ZG230-450、16Mn 和 15MnV 法兰压力-温度等级

公称压力 PN /MPa(bar)	最大允许工作压力/MPa(bar)								
	≤200℃	250℃	300℃	350℃	400℃	425℃	435℃	445℃	455℃
0.25 (2.5)	0.25 (2.5)	0.23 (2.3)	0.19 (1.9)	0.17 (1.7)	0.15 (1.5)	0.13 (1.3)	0.11 (1.1)	0.10 (1.0)	0.09 (0.9)
0.6 (6.0)	0.60 (6.0)	0.54 (5.4)	0.48 (4.8)	0.40 (4.0)	0.37 (3.7)	0.32 (3.2)	0.28 (2.8)	0.25 (2.5)	0.23 (2.3)
1.0 (10)	1.00 (10.0)	0.90 (9.0)	0.75 (7.5)	0.66 (6.6)	0.58 (5.8)	0.50 (5.0)	0.45 (4.5)	0.42 (4.2)	0.36 (3.6)
1.6 (16)	1.60 (16.0)	1.40 (14.0)	1.20 (12.0)	1.10 (11.0)	0.90 (9.0)	0.80 (8.0)	0.70 (7.0)	0.62 (6.2)	0.57 (5.7)
2.5 (25)	2.50 (25.0)	2.30 (23.0)	1.90 (19.0)	1.70 (17.0)	1.50 (15.0)	1.30 (13.0)	1.10 (11.0)	1.00 (10.0)	0.90 (9.0)

续表

公称压力 PN /MPa(bar)	最大允许工作压力/MPa(bar)								
	≤200℃	250℃	300℃	350℃	400℃	425℃	435℃	445℃	455℃
4.0 (40)	4.00 (40.0)	3.5 (35.0)	3.00 (30.0)	2.60 (26.0)	2.30 (23.0)	2.00 (20.0)	1.80 (18.0)	1.60 (16.0)	1.40 (14.0)
6.3 (63)	6.30 (63.0)	5.40 (54.0)	4.80 (48.0)	4.00 (40.0)	3.70 (37.0)	3.20 (32.0)	2.80 (28.0)	2.50 (25.0)	2.30 (23.0)
10.0 (100)	10.00 (100.0)	9.00 (90.0)	7.50 (75.0)	6.60 (66.0)	5.80 (58.0)	5.00 (50.0)	4.50 (45.0)	4.20 (42.0)	3.60 (36.0)
16.0 (160)	16.00 (160)	14.00 (140)	12.00 (120)	11.00 (110)	9.00 (90)	8.00 (80)	7.00 (70)	6.20 (62)	5.70 (57)
20.0 (200)	20.00 (200)	18.00 (180)	15.00 (150)	13.00 (130)	11.50 (115)	10.00 (100)	9.00 (90)	8.40 (84)	7.20 (72)

表 5.4-4 12CrMo 法兰压力-温度等级

公称压力 PN /MPa(bar)	最大允许工作压力/MPa(bar)								
	≤200℃	320℃	450℃	490℃	500℃	510℃	515℃	520℃	530℃
0.25 (2.5)	0.25 (2.5)	0.23 (2.3)	0.19 (1.9)	0.17 (1.7)	0.15 (1.5)	0.13 (1.3)	0.11 (1.1)	0.10 (1.0)	0.09 (0.9)
0.6 (6.0)	0.60 (6.0)	0.54 (5.4)	0.48 (4.8)	0.40 (4.0)	0.37 (3.7)	0.32 (3.2)	0.28 (2.8)	0.25 (2.5)	0.23 (2.3)
1.0 (10)	1.00 (10.0)	0.90 (9.0)	0.75 (7.5)	0.66 (6.6)	0.58 (5.8)	0.50 (5.0)	0.45 (4.5)	0.42 (4.2)	0.36 (3.6)
1.6 (16)	1.60 (16.0)	1.40 (14.0)	1.20 (12.0)	1.10 (11.0)	0.90 (9.0)	0.80 (8.0)	0.70 (7.0)	0.62 (6.2)	0.57 (5.7)
2.5 (25)	2.50 (25.0)	2.30 (23.0)	1.90 (19.0)	1.70 (17.0)	1.50 (15.0)	1.30 (13.0)	1.10 (11.0)	1.00 (10.0)	0.90 (9.0)
4.0 (40)	4.00 (40.0)	3.5 (35.0)	3.00 (30.0)	2.60 (26.0)	2.30 (23.0)	2.00 (20.0)	1.80 (18.0)	1.60 (16.0)	1.40 (14.0)
6.3 (63)	6.30 (63.0)	5.40 (54.0)	4.80 (48.0)	4.00 (40.0)	3.70 (37.0)	3.20 (32.0)	2.80 (28.0)	2.50 (25.0)	2.30 (23.0)
10.0 (100)	10.00 (100.0)	9.00 (90.0)	7.50 (75.0)	6.60 (66.0)	5.80 (58.0)	5.00 (50.0)	4.50 (45.0)	4.20 (42.0)	3.60 (36.0)
16.0 (160)	16.00 (160)	14.00 (140)	12.00 (120)	11.00 (110)	9.00 (90)	8.00 (80)	7.00 (70)	6.20 (62)	5.70 (57)
20.0 (200)	20.00 (200)	18.00 (180)	15.00 (150)	13.00 (130)	11.50 (115)	10.00 (100)	9.00 (90)	8.40 (84)	7.20 (72)

表 5.4-5 15CrMo、ZG20CrMo 法兰压力-温度等级

公称压力 PN /MPa(bar)	最大允许工作压力/MPa(bar)								
	≤200℃	320℃	450℃	490℃	500℃	510℃	515℃	525℃	535℃	545℃
0.25 (2.5)	0.25 (2.5)	0.23 (2.3)	0.19 (1.9)	0.17 (1.7)	0.15 (1.5)	0.13 (1.3)	0.11 (1.1)	0.10 (1.0)	0.08 (0.8)	0.08 (0.8)
0.6 (6.0)	0.60 (6.0)	0.54 (5.4)	0.48 (4.8)	0.40 (4.0)	0.37 (3.7)	0.32 (3.2)	0.28 (2.8)	0.25 (2.5)	0.21 (2.1)	0.17 (1.7)
1.0 (10)	1.00 (10.0)	0.90 (9.0)	0.75 (7.5)	0.66 (6.6)	0.58 (5.8)	0.50 (5.0)	0.45 (4.5)	0.42 (4.2)	0.33 (3.3)	0.27 (2.7)
1.6 (16)	1.60 (16.0)	1.40 (14.0)	1.20 (12.0)	1.10 (11.0)	0.90 (9.0)	0.80 (8.0)	0.70 (7.0)	0.62 (6.2)	0.52 (5.2)	0.43 (4.3)
2.5 (25)	2.50 (25.0)	2.30 (23.0)	1.90 (19.0)	1.70 (17.0)	1.50 (15.0)	1.30 (13.0)	1.10 (11.0)	1.00 (10.0)	0.82 (8.2)	0.64 (6.4)
4.0 (40)	4.00 (40.0)	3.5 (35.0)	3.00 (30.0)	2.60 (26.0)	2.30 (23.0)	2.00 (20.0)	1.80 (18.0)	1.60 (16.0)	1.30 (13.0)	1.04 (10.4)
6.3 (63)	6.30 (63.0)	5.40 (54.0)	4.80 (48.0)	4.00 (40.0)	3.70 (37.0)	3.20 (32.0)	2.80 (28.0)	2.50 (25.0)	2.10 (21.0)	1.70 (17.0)

续表

公称压力 PN /MPa(bar)	最大允许工作压力/MPa(bar)									
	≤200℃	320℃	450℃	490℃	500℃	510℃	515℃	525℃	535℃	545℃
10.0 (100)	10.00 (100.0)	9.00 (90.0)	7.50 (75.0)	6.60 (66.0)	5.80 (58.0)	5.00 (50.0)	4.50 (45.0)	4.20 (42.0)	3.30 (33.0)	2.70 (27.0)
16.0 (160)	16.00 (160)	14.00 (140)	12.00 (120)	11.00 (110)	9.00 (90)	8.00 (80)	7.00 (70)	6.20 (62)	5.20 (52)	4.30 (43)
20.0 (200)	20.00 (200)	18.00 (180)	15.00 (150)	13.00 (130)	11.50 (115)	10.00 (100)	9.00 (90)	8.40 (84)	6.50 (65)	5.40 (54)

表 5.4-6 12Cr2Mo1、12Cr1MoV、15Cr1MoV、ZG20CrMoV、15Cr1MoV 法兰压力-温度等级

公称压力 PN /MPa(bar)	最大允许工作压力/MPa(bar)									
	≤200℃	320℃	450℃	510℃	520℃	530℃	540℃	550℃	560℃	570℃
0.25 (2.5)	0.25 (2.5)	0.23 (2.3)	0.19 (1.9)	0.15 (1.5)	0.13 (1.3)	0.11 (1.1)	0.10 (1.0)	0.09 (0.9)	0.08 (0.8)	0.07 (0.7)
0.6 (6.0)	0.60 (6.0)	0.54 (5.4)	0.48 (4.8)	0.37 (3.7)	0.32 (3.2)	0.28 (2.8)	0.25 (2.5)	0.23 (2.3)	0.21 (2.1)	0.19 (1.9)
1.0 (10)	1.00 (10.0)	0.90 (9.0)	0.75 (7.5)	0.58 (5.8)	0.50 (5.0)	0.45 (4.5)	0.42 (4.2)	0.36 (3.6)	0.33 (3.3)	0.30 (3.0)
1.6 (16)	1.60 (16.0)	1.40 (14.0)	1.20 (12.0)	0.90 (9.0)	0.80 (8.0)	0.70 (7.0)	0.62 (6.2)	0.57 (5.7)	0.52 (5.2)	0.50 (5.0)
2.5 (25)	2.50 (25.0)	2.30 (23.0)	1.90 (19.0)	1.50 (15.0)	1.30 (13.0)	1.10 (11.0)	1.00 (10.0)	0.90 (9.0)	0.82 (8.2)	0.74 (7.4)
4.0 (40)	4.00 (40.0)	3.5 (35.0)	3.00 (30.0)	2.30 (23.0)	2.00 (20.0)	1.80 (18.0)	1.60 (16.0)	1.40 (14.0)	1.30 (13.0)	1.20 (12.0)
6.3 (63)	6.30 (63.0)	5.40 (54.0)	4.80 (48.0)	3.70 (37.0)	3.20 (32.0)	2.80 (28.0)	2.50 (25.0)	2.30 (23.0)	2.10 (21.0)	1.90 (19.0)
10.0 (100)	10.00 (100.0)	9.00 (90.0)	7.50 (75.0)	5.80 (58.0)	5.00 (50.0)	4.50 (45.0)	4.20 (42.0)	3.60 (36.0)	3.30 (33.0)	3.00 (30.0)
16.0 (160)	16.00 (160)	14.00 (140)	12.00 (120)	9.00 (90)	8.00 (80)	7.00 (70)	6.20 (62)	5.70 (57)	5.20 (52)	5.00 (50)
20.0 (200)	20.00 (200)	18.00 (180)	15.00 (150)	11.50 (115)	10.00 (100)	9.00 (90)	8.40 (84)	7.20 (72)	6.50 (65)	6.00 (60)

表 5.4-7 1Cr5Mo 法兰压力-温度等级

公称压力 PN /MPa(bar)	最大允许工作压力/MPa(bar)											
	≤200℃	325℃	390℃	450℃	470℃	490℃	500℃	510℃	520℃	530℃	540℃	550℃
0.25 (2.5)	0.25 (2.5)	0.23 (2.3)	0.19 (1.9)	0.15 (1.5)	0.13 (1.3)	0.11 (1.1)	0.10 (1.0)	0.09 (0.9)	0.08 (0.8)	0.07 (0.7)	0.06 (0.6)	0.06 (0.6)
0.6 (6.0)	0.60 (6.0)	0.54 (5.4)	0.48 (4.8)	0.37 (3.7)	0.32 (3.2)	0.28 (2.8)	0.25 (2.5)	0.23 (2.3)	0.21 (2.1)	0.19 (1.9)	0.17 (1.7)	0.15 (1.5)
1.0 (10)	1.00 (10)	0.90 (9.0)	0.75 (7.5)	0.58 (5.8)	0.50 (5.0)	0.45 (4.5)	0.42 (4.2)	0.36 (3.6)	0.33 (3.3)	0.30 (3.0)	0.27 (2.7)	0.23 (2.3)
1.6 (16)	1.60 (16)	1.40 (14)	1.20 (12)	0.90 (9.0)	0.80 (8.0)	0.70 (7.0)	0.62 (6.2)	0.57 (5.7)	0.52 (5.2)	0.50 (5.0)	0.43 (4.3)	0.37 (3.7)
2.5 (25)	2.50 (25)	2.30 (23)	1.90 (19)	1.50 (15)	1.30 (13)	1.10 (11)	1.00 (10)	0.90 (9.0)	0.82 (8.2)	0.74 (7.4)	0.64 (6.4)	0.60 (6.0)
4.0 (40)	4.00 (40)	3.5 (35)	3.00 (30)	2.30 (23)	2.00 (20)	1.80 (18)	1.60 (16)	1.40 (14)	1.30 (13)	1.20 (12)	1.04 (10.4)	0.90 (9.0)
6.3 (63)	6.30 (63)	5.40 (54)	4.80 (48)	3.70 (37)	3.20 (32)	2.80 (28)	2.50 (25)	2.30 (23)	2.10 (21)	1.90 (19)	1.70 (17)	1.50 (15)
10.0 (100)	10.00 (100)	9.00 (90)	7.50 (75)	5.80 (58)	5.00 (50)	4.50 (45)	4.20 (42)	3.60 (36)	3.30 (33)	3.00 (30)	2.70 (27)	2.30 (23)
16.0 (160)	16.00 (160)	14.00 (140)	12.00 (120)	9.00 (90)	8.00 (80)	7.00 (70)	6.20 (62)	5.70 (57)	5.20 (52)	5.00 (50)	4.30 (43)	3.70 (37)
20.0 (200)	20.00 (200)	18.00 (180)	15.00 (150)	11.50 (115)	10.00 (100)	9.00 (90)	8.40 (84)	7.20 (72)	6.50 (65)	6.00 (60)	5.40 (54)	4.60 (46)

表 5.4-8　0Cr19Ni9（1Cr18Ni9Ti）、1Cr18Ni9、0Cr18Ni11Nb、
ZG1Cr18Ni9、ZG1Cr18Ni9Ti 法兰压力-温度等级

公称压力 PN /MPa(bar)	最大允许工作压力/MPa(bar)							
	≤200℃	300℃	400℃	480℃	520℃	560℃	590℃	610℃
0.25 (2.5)	0.25 (2.5)	0.23 (2.3)	0.19 (1.9)	0.17 (1.7)	0.15 (1.5)	0.13 (1.3)	0.11 (1.1)	0.10 (1.0)
0.6 (6.0)	0.60 (6.0)	0.54 (5.4)	0.48 (4.8)	0.40 (4.0)	0.37 (3.7)	0.32 (3.2)	0.28 (2.8)	0.25 (2.5)
1.0 (10)	1.00 (10.0)	0.90 (9.0)	0.75 (7.5)	0.66 (6.6)	0.58 (5.8)	0.50 (5.0)	0.45 (4.5)	0.42 (4.2)
1.6 (16)	1.60 (16.0)	1.40 (14.0)	1.20 (12.0)	1.10 (11.0)	0.90 (9.0)	0.80 (8.0)	0.70 (7.0)	0.62 (6.2)
2.5 (25)	2.50 (25.0)	2.30 (23.0)	1.90 (19.0)	1.70 (17.0)	1.50 (15.0)	1.30 (13.0)	1.10 (11.0)	1.00 (10.0)
4.0 (40)	4.00 (40.0)	3.5 (35.0)	3.00 (30.0)	2.60 (26.0)	2.30 (23.0)	2.00 (20.0)	1.80 (18.0)	1.60 (16.0)
6.3 (63)	6.30 (63.0)	5.40 (54.0)	4.80 (48.0)	4.00 (40.0)	3.70 (37.0)	3.20 (32.0)	2.80 (28.0)	2.50 (25.0)
10.0 (100)	10.00 (100.0)	9.00 (90.0)	7.50 (75.0)	6.60 (66.0)	5.80 (58.0)	5.00 (50.0)	4.50 (45.0)	4.20 (42.0)
16.0 (160)	16.00 (160)	14.00 (140)	12.00 (120)	11.00 (110)	9.00 (90)	8.00 (80)	7.00 (70)	6.20 (62)
20.0 (200)	20.00 (200)	18.00 (180)	15.00 (150)	13.00 (130)	11.50 (115)	10.00 (100)	9.00 (90)	8.40 (84)

5.4.2　机械标准法兰类型（JB/T 75—1994）（表 5.4-9）

表 5.4-9　法兰的型式、尺寸

结构型式	简　图	密封面型式 （标准号）	公称压力 PN/MPa	管径范围 DN/mm
整体法兰		凸面(JB/T 79.1)	1.6 2.5 4.0	15～1600 15～1400 15～800
		凹凸面(JB/T 79.2)	4.0 6.3 10.0 16.0 20.0	15～800 15～600 15～400 15～300 15～250
		榫槽面(JB/T 79.3)	4.0 6.3 10.0	15～800 15～600 15～400
		环连接面(JB/T 79.4)	6.3 10.0 16.0 20.0	15～500 15～400 15～300 15～250

结构型式	简　图	密封面型式 （标准号）	公称压力 PN/MPa	管径范围 DN/mm
板式平焊法兰		凸面(JB/T 81)	0.25 0.6 1.0 1.6 2.5	10～1600 10～1000 10～600 10～600 10～500
对焊法兰		凸面(JB/T 82.1)	0.25 0.6 1.0 1.6 2.5 4.0	10～1600 10～1400 10～1200 10～1200 10～800 10～500
		凹凸面(JB/T 82.2)	4.0 6.3 10.0 16.0 20.0	10～500 10～400 10～400 15～300 15～250
		榫槽面(JB/T 82.3)	4.0 6.3 10.0	10～500 10～400 10～400
		环连接面(JB/T 82.4)	6.3 10.0 16.0 20.0	10～400 10～400 15～300 15～250
平焊环板式 松套法兰		凸面(JB/T 83)	0.25 0.6 1.0 1.6 2.5	10～500 10～500 10～500 10～500 10～500
对焊环板式 松套法兰		凹凸面(JB/T 84)	4.0 6.3 10.0	10～400 10～400 10～300
翻边板式 松套法兰		凸面(JB/T 85)	0.25 0.6	10～300 10～300
法兰盖		凸面(JB/T 86.1)	0.6 1.0 1.6 2.5 4.0	10～1000 10～1000 10～600 10～400 10～400
		凹凸面(JB/T 86.2)	4.0 6.3 10.0	10～400 10～400 10～300

5.4.3 整体铸钢管法兰（JB/T 79—1994）

5.4.3.1 凸面整体铸钢管法兰（JB/T 79.1—1994）

本标准规定了公称压力 PN 为 1.6、2.5、4.0MPa 的凸面整体铸钢管法兰的型式和尺寸。法兰的型式和尺寸应符合图 5.4-1 和表 5.4-10 的规定。

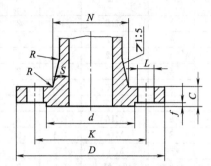

图 5.4-1 凸面整体铸钢管法兰

表 5.4-10 凸面整体铸钢管法兰尺寸 单位：mm

公称尺寸 DN	连接尺寸			螺栓、螺柱		密封面尺寸		法兰厚度 C	法兰颈		
	法兰外径 D	螺栓孔中心圆直径 K	螺栓孔直径 L	数量 n/个	螺纹 Th	d	f		N_{max}	S_{max}	R
					PN1.6MPa						
15	95	65	14	4	M12	45	2	14	39	12	4
20	105	75	14	4	M12	55	2	14	44	12	4
25	115	85	14	4	M12	65	2	14	49	12	4
32	140/130	100	18	4	M16	78	2	16	56	12	4
40	150/145	110	18	4	M16	85	3	16	64	12	4
50	165/160	125	18	4	M16	100	3	16	74	12	5
65	185/180	145	18	4	M16	120	3	18	95	15	5
80	200/195	160	18	8	M16	135	3	20	110	15	5
100	220/215	180	18	8	M16	155	3	20	130	15	5
125	250/245	210	18	8	M16	185	3	22	161	18	6
150	285/280	240	23	8	M20	210	3	24	186	18	6
(175)	310	270	23	8	M20	240	3	26	215	20	6
200	340/335	295	23	12	M20	265	3	26	240	20	6
(225)	365	325	23	12	M20	295	3	26	269	22	6
250	405	355	26/25	12	M24/M22	320	3	30	298	24	8
300	460	410	26/25	12	M24/M22	375	4	30	348	24	8
350	520	470	26/25	16	M24/M22	435	4	34	402	26	8
400	580	525	30	16	M27	485	4	36	456	28	10
450	640	585	30	20	M27	545	4	40	510	30	10
500	715/705	650	34	20	M30	608	4	44	564	32	10
600	840	770	36/41	20	M33/M36	718	5	48	672	36	10
700	910	840	36/41	24	M33/M36	788	5	50	776	38	12
800	1025/1020	950	41	24	M36	898	5	52	880	40	12
900	1125/1120	1050	41	28	M36	998	5	54	984	42	12
1000	1255	1170	42/48	28	M39/M42	1110	5	56	1084	42	12
1200	1485	1390	48/54	32	M45/M48	1325	5	58	1288	44	15
1400	1685	1590	48/54	36	M45/M48	1525	5	60	1492	46	15
1600	1930	1820	58	40	M52	1750	5	68	1704	52	18

PN2.5MPa

公称尺寸 DN	连接尺寸			螺栓、螺柱		密封面尺寸		法兰厚度 C	法兰颈		
	法兰外径 D	螺栓孔中心圆直径 K	螺栓孔直径 L	数量 n/个	螺纹 Th	d	f		N_{max}	S_{max}	R
15	95	65	14	4	M12	45	2	16	39	12	4
20	105	75	14	4	M12	55	2	16	44	12	5
25	115	85	14	4	M12	65	2	16	49	12	5
32	140/135	100	18	4	M16	78	2	18	62	15	5
40	150/145	110	18	4	M16	85	3	18	70	15	5
50	165/160	125	18	4	M16	100	3	20	80	15	5
65	185/180	145	18	8	M16	120	3	22	101	18	6
80	200/195	160	18	8	M16	135	3	22	116	18	6
100	230	190	23	8	M20	160	3	24	136	18	6
125	270	220	26/25	8	M24/M22	188	3	28	169	22	8
150	300	250	26/25	8	M24/M22	218	3	30	198	24	8
(175)	330	280	26/25	12	M24/M22	248	3	32	223	24	8
200	360	310	26/25	12	M24/M22	278	3	34	252	26	8
(225)	395	340	30	12	M27	302	3	36	281	28	8
250	425	370	30	12	M27	332	3	36	306	28	10
300	485	430	30	16	M27	390	4	40	360	30	10
350	555/550	490	34	16	M30	448	4	44	418	34	10
400	620/610	550	36/34	16	M33/M30	505	4	48	472	36	10
450	670/660	600	36/34	20	M33/M30	555	4	50	522	38	12
500	730	660	36/41	20	M33/M36	610	4	52	580	40	12
600	845/840	770	41	20	M36	718	5	56	684	42	12
700	960/955	875	42/48	24	M39/M42	815	5	60	792	46	12
800	1085/1070	990	48	24	M45/M42	930	5	64	896	48	15
900	1185/1180	1090	48/54	28	M45/M48	1025	5	66	1000	50	15
1000	1320/1305	1210	58	28	M52	1140	5	68	1104	52	18
1200	1520/1525	1420	58	32	M52	1350	5	72	1308	54	18
1400	1755/1750	1640	65	36	M56	1560	5	78	1516	58	18

PN4.0MPa

公称尺寸 DN	连接尺寸			螺栓、螺柱		密封面尺寸		法兰厚度 C	法兰颈		
	法兰外径 D	螺栓孔中心圆直径 K	螺栓孔直径 L	数量 n/个	螺纹 Th	d	f		N_{max}	S_{max}	R
15	95	65	14	4	M12	45	2	16	39	12	4
20	105	75	14	4	M12	55	2	16	44	12	5
25	115	85	14	4	M12	65	2	16	49	12	5
32	140/135	100	18	4	M16	78	2	18	62	15	5
40	150/145	110	18	4	M16	85	3	18	70	15	5
50	165/160	125	18	4	M16	100	3	20	80	15	5
65	185/180	145	18	8	M16	120	3	22	101	18	6
80	200/195	160	18	8	M16	135	3	22	116	18	6
100	235/230	190	23	8	M20	160	3	24	140	20	6
125	270	220	26/25	8	M24/M22	188	3	28	169	22	8
150	300	250	26/25	8	M24/M22	218	3	30	198	24	8
(175)	350	295	30	12	M27	258	3	34	231	28	10
200	375	320	30	12	M27	282	3	38	256	28	10
(225)	415	355	34	12	M30	315	3	40	285	30	10

续表

| 公称尺寸 DN | 连接尺寸 | | | 螺栓、螺柱 | | 密封面尺寸 | | 法兰厚度 C | 法兰颈 | | |
	法兰外径 D	螺栓孔中心圆直径 K	螺栓孔直径 L	数量 n/个	螺纹 Th	d	f		N_{max}	S_{max}	R
250	450/445	385	34	12	M30	345	3	42	314	32	10
300	515/510	450	34	16	M30	408	4	46	368	34	12
350	580/570	510	36/34	16	M33/M30	465	4	52	430	40	12
400	660/655	585	41	16	M36	535	4	58	488	44	12
450	685/680	610	41	20	M36	560	4	60	542	46	14
500	755	670	42/48	20	M39/M42	612	4	62	592	46	15
600	890	795	48/54	20	M45/M48	730	5	62	696	48	15
700	995	900	48/54	24	M45/M48	835	5	68	804	52	18
800	1140/1035	1030	58	24	M52	960	5	76	920	60	18

注：所有带"/"的分为系列1/系列2；系列1法兰连接尺寸与国标及德国法兰标准尺寸互换，系列2与原机标法兰尺寸互换；新产品设计应优先采用系列1尺寸。

5.4.3.2 凹凸面整体铸钢管法兰（JB/T 79.2—1994）

本标准规定了公称压力 PN 为 4.0、6.3、10.0、16.0、20.0MPa 的凹凸面整体铸钢管法兰的型式和尺寸。法兰的型式和尺寸应符合图 5.4-2 和表 5.4-11 的规定。

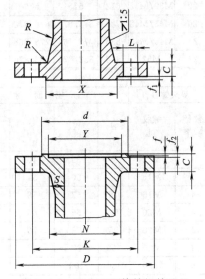

图 5.4-2 凹凸面整体铸钢管法兰

表 5.4-11 凹凸面整体铸钢管法兰尺寸 单位：mm

| 公称尺寸 DN | 连接尺寸 | | | 双头螺柱 | | 密封面尺寸 | | | | | 法兰厚度 C | 法兰颈 | | |
	法兰外径 D	螺栓孔中心圆直径 K	螺栓孔直径 L	数量 n/个	螺纹 Th	d	X	Y	f	f_1、f_2		N_{max}	S_{max}	R
15	95	65	14	4	M12	45	39	40	2	4	16	39	12	4
20	105	75	14	4	M12	55	50	51	2	4	16	44	12	5
25	115	85	14	4	M12	65	57	58	2	4	16	49	12	5
32	140/135	100	18	4	M16	78	65	66	2	4	18	62	15	5
40	150/145	110	18	4	M16	85	75	76	3	4	18	70	15	5
50	165/160	125	18	4	M16	100	87	88	3	4	20	80	15	5

PN4.0MPa

公称尺寸 DN	连接尺寸			双头螺柱		密封面尺寸					法兰厚度 C	法兰颈		
	法兰外径 D	螺栓孔中心圆直径 K	螺栓孔直径 L	数量 n/个	螺纹 Th	d	X	Y	f	f_1、f_2		N_{max}	S_{max}	R
65	185/180	145	18	8	M16	120	109	110	3	4	22	101	18	6
80	200/195	160	18	8	M16	135	120	121	3	4	22	116	18	6
100	235/230	190	23	8	M20	160	149	150	3	4.5	24	140	20	6
125	270	220	26/25	8	M24	188	175	176	3	4.5	28	169	22	8
150	300	250	26/25	8	M24/M22	218	203	204	3	4.5	30	198	24	8
(175)	350	295	30	12	M27	258	233	234	3	4.5	34	231	28	10
200	375	320	30	12	M27	282	259	260	3	4.5	38	256	28	10
(225)	415	355	34	12	M30	315	286	287	3	4.5	40	285	30	10
250	450/445	385	34	12	M30	345	312	313	3	4.5	42	314	32	10
300	515/510	450	34	16	M30	408	363	364	4	4.5	46	368	34	12
350	580/570	510	36/34	16	M33/M30	465	421	422	4	5	52	430	40	12
400	660/655	585	41	16	M36	535	473	474	4	5	58	488	44	12
450	685/680	610	41	20	M36	560	523	524	4	5	60	542	46	14
500	755	670	42/48	20	M39/M42	612	575	576	4	5	62	592	46	15
600	890	795	48/54	20	M45/M48	730	675/677	676/678	5	6	62	696	48	15
700	995	900	48/54	24	M45/M48	835	777/767	778/768	5	6	68	804	52	18
800	1140/1135	1030	58	24	M52	960	882/875	883/876	5	6	76	920	60	18

PN6.3MPa

公称尺寸 DN	连接尺寸			双头螺柱		密封面尺寸					法兰厚度 C	法兰颈		
	法兰外径 D	螺栓孔中心圆直径 K	螺栓孔直径 L	数量 n/个	螺纹 Th	d	X	Y	f	f_1、f_2		N_{max}	S_{max}	R
15	105	75	14	4	M12	55	39	40	2	4	18	45	15	4
20	130/125	90	18	4	M16	68	50	51	2	4	20	52	16	5
25	140/135	100	18	4	M16	78	57	58	2	4	22	61	18	5
32	155/150	110	23	4	M20	82	65	66	2	4	24	68	18	5
40	170/165	125	23	4	M20	95	75	76	3	4	24	80	20	5
50	180/175	135	23	4	M20	105	87	88	3	4	26	90	20	5
65	205/200	160	23	8	M20	130	109	110	3	4	28	111	23	6
80	215/210	170	23	8	M20	140	120	121	3	4	30	128	24	6
100	250	200	26/25	8	M24/M20	168	149	150	3	4.5	32	152	26	6
125	295	240	30	8	M27	202	175	176	3	4.5	36	181	28	8
150	345/340	280	34	8	M30	240	203	204	3	4.5	38	210	30	8
(175)	370	310	34	12	M30	270	233	234	3	4.5	42	239	32	10
200	405	345	36/34	12	M33/M30	300	259	260	3	4.5	44	268	34	10
(225)	430	370	36/34	12	M33/M30	325	286	287	3	4.5	46	301	38	10
250	470	400	36/41	12	M33/M36	352	312	313	3	4.5	48	326	38	10
300	530	460	36/41	16	M33/M36	412	363	364	4	4.5	54	384	42	12
350	600/595	525	41	16	M36	475	421	422	4	5	60	442	46	12
400	670	585	42/48	16	M39/M42	525	473	474	4	5	66	500	50	12
500	800	705	48/54	20	M45/M48	640	575	576	4	5	70	610	55	18
600	930	820	58	20	M52	750	675/677	676/678	5	6	76	720	60	18

续表

PN10.0MPa

公称尺寸 DN	连接尺寸			双头螺柱		密封面尺寸					法兰厚度 C	法兰颈		
	法兰外径 D	螺栓孔中心圆直径 K	螺栓孔直径 L	数量 n/个	螺纹 Th	d	X	Y	f	f_1、f_2		N_{max}	S_{max}	R
15	105	75	14	4	M12	55	39	40	2	4	20	45	15	4
20	130/125	90	18	4	M16	68	50	51	2	4	22	54	17	4
25	140/135	100	18	4	M16	78	57	58	2	4	24	61	18	4
32	155/150	110	23	4	M20	82	65	66	2	4	24	68	18	4
40	170/165	125	23	4	M20	95	75	76	3	4	26	80	20	4
50	195	145	26/25	4	M24/M22	112	87	88	3	4	28	94	22	4
65	220	170	26/25	8	M24/M22	138	109	110	3	4	32	115	25	5
80	230	180	26/25	8	M24/M22	148	120	121	3	4	34	132	26	5
100	265	210	30	8	M27	172	149	150	3	4.5	38	160	30	5
125	315/310	250	34	8	M30	210	175	176	3	4.5	42	189	32	6
150	355/350	290	34	12	M30	250	203	204	3	4.5	46	222	36	6
(175)	380	320	34	12	M30	280	233	234	3	4.5	48	251	38	8
200	430	360	36/41	12	M33/M36	312	259	260	3	4.5	54	284	42	8
(225)	470	400	41	12	M36	352	286	287	3	4.5	56	313	44	8
250	505/500	430	41	12	M36	382	312	313	3	4.5	60	346	48	8
300	585	500	42/48	16	M39/M42	442	363	364	4	4.5	70	408	54	10
350	655	560	48/54	16	M45/M48	498	421	422	4	5	76	466	58	12
400	715	620	48/54	16	M45/M48	558	473	474	4	5	80	520	60	12

PN16.0MPa

公称尺寸 DN	连接尺寸			双头螺柱		密封面尺寸					法兰厚度 C	法兰颈		
	法兰外径 D	螺栓孔中心圆直径 K	螺栓孔直径 L	数量 n/个	螺纹 Th	d	X	Y	f	f_1、f_2		N_{max}	S_{max}	R
15	110	75	18	4	M16	52	39	40	2	4	24	49	17	4
20	130	90	23	4	M20	62	50	51	2	4	26	58	19	4
25	140	100	23	4	M20	72	57	58	2	4	28	65	20	4
32	165	115	25	4	M22	85	65	66	2	4	30	76	22	5
40	175	125	27	4	M24	92	75	76	3	4	32	88	24	5
50	215	165	25	8	M22	132	87	88	3	4	36	102	26	5
65	245	190	30	8	M27	152	109	110	3	4	44	131	33	8
80	260	205	30	8	M27	168	120	121	3	4	46	148	34	8
100	300	240	34	8	M30	200	149	150	3	4.5	48	172	36	8
125	355	285	41	8	M36	238	175	176	3	4.5	60	213	44	10
150	390	318	41	12	M36	270	203	204	3	4.5	66	246	48	10
(175)	460	380	48	12	M42	325	233	234	3	4.5	74	287	56	10
200	480	400	48	12	M42	345	259	260	3	4.5	78	316	58	10
(225)	545	450	54	12	M48	390	286	287	3	4.5	82	345	60	10
250	580	485	54	12	M48	425	312	313	3	4.5	88	378	64	10
300	665	570	54	16	M48	510	363	364	4	4.5	100	452	76	10

PN20.0MPa

公称尺寸 DN	连接尺寸			双头螺柱		密封面尺寸					法兰厚度 C	法兰颈		
	法兰外径 D	螺栓孔中心圆直径 K	螺栓孔直径 L	数量 n/个	螺纹 Th	d	X	Y	f	f_1、f_2		N_{max}	S_{max}	R
15	120	82	23	4	M20	55	27	28	2	5	26	51	18	5
20	130	90	23	4	M20	62	34	35	2	5	28	60	20	5

PN20.0MPa

公称尺寸 DN	连接尺寸			双头螺柱		密封面尺寸					法兰厚度 C	法兰颈		
	法兰外径 D	螺栓孔中心圆直径 K	螺栓孔直径 L	数量 n/个	螺纹 Th	d	X	Y	f	f_1、f_2		N_{max}	S_{max}	R
25	150	102	25	4	M22	72	41	42	2	5	30	67	21	4
32	160	115	25	4	M22	85	49	50	2	5	32	78	23	5
40	170	124	27	4	M24	90	55	56	3	5	34	90	25	5
50	210	160	25	8	M22	128	69	70	3	5	40	108	29	5
65	260	203	30	8	M27	165	96	97	3	5	48	137	36	8
80	290	230	34	8	M30	190	115	116	3	5	54	160	40	8
100	360	292	41	8	M36	245	137	138	3	6	66	204	52	8
125	385	318	41	12	M36	270	169	170	3	6	76	237	56	10
150	440	360	48	12	M42	305	189	190	3	6	82	270	60	10
(175)	475	394	48	12	M42	340	213	214	3	6	84	301	63	10
200	535	440	54	12	M48	380	244	245	3	6	92	340	70	10
(225)	580	483	58	12	M52	418	267	268	3	6	100	377	76	10
250	670	572	58	16	M52	508	318	319	3	6	110	448	94	10

注：所有带"/"的分为系列1/系列2；系列1法兰连接尺寸与国标及德国法兰标准尺寸互换，系列2与原机标法兰尺寸互换；新产品设计应优先采用系列1尺寸。

5.4.3.3 榫槽面整体铸钢管法兰（JB/T 79.3—1994）

本标准规定了公称压力 PN 为 4.0，6.3，10.0MPa 的榫槽面整体铸钢管法兰的型式和尺寸。法兰型式和尺寸按图 5.4-3 和表 5.4-12 的规定。

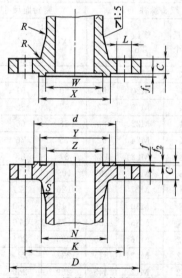

图 5.4-3 榫槽面整体铸钢管法兰

表 5.4-12 榫槽面整体铸钢管法兰尺寸   单位：mm

PN4.0MPa

公称尺寸 DN	连接尺寸			双头螺柱		密封面尺寸							法兰厚度 C	法兰颈		
	法兰外径 D	螺栓孔中心圆直径 K	螺栓孔直径 L	数量 n/个	螺纹 Th	d	W	X	Y	Z	f	f_1、f_2		N_{max}	S_{max}	R
15	95	65	14	4	M12	45	29	39	40	28	2	4	16	39	12	4
20	105	75	14	4	M12	55	36	50	51	35	2	4	16	44	12	5
25	115	85	14	4	M12	65	43	57	58	42	2	4	16	49	12	5

PN4.0MPa

公称尺寸 DN	连接尺寸			双头螺柱		密封面尺寸							法兰厚度 C	法兰颈		
	法兰外径 D	螺栓孔中心圆直径 K	螺栓孔直径 L	数量 n/个	螺纹 Th	d	W	X	Y	Z	f	f_1、f_2		N_{max}	S_{max}	R
32	140/135	100	18	4	M16	78	51	65	66	50	2	4	18	62	15	5
40	150/145	110	18	4	M16	85	61	75	76	60	3	4	18	70	15	5
50	165/160	125	18	4	M16	100	73	87	88	72	3	4	20	80	15	5
65	185/180	145	18	8	M16	120	95	109	110	94	3	4	22	101	18	6
80	200/195	160	18	8	M16	135	106	120	121	105	3	4	22	116	18	6
100	235/230	190	23	8	M20	160	129	149	150	128	3	4.5	24	140	18	6
125	270	220	26/25	8	M24/M22	188	155	175	176	154	3	4.5	28	169	22	8
150	300	250	26/25	8	M24/M22	218	183	203	204	182	3	4.5	30	198	24	8
(175)	350	295	30	12	M27	258	213	233	234	212	3	4.5	34	231	28	10
200	375	320	30	12	M27	282	239	259	260	238	3	4.5	38	256	28	10
(225)	415	355	34	12	M30	315	266	286	287	265	3	4.5	40	285	30	10
250	450/445	385	34	12	M30	345	292	312	313	291	3	4.5	42	314	32	10
300	515/510	450	34	16	M30	408	343	363	364	342	4	4.5	46	368	34	12
350	580/570	510	36/34	16	M33/M30	465	395	421	422	394	4	5	52	430	40	12
400	660/655	585	41	16	M36	535	447	473	474	446	4	5	58	488	44	12
450	685/680	610	41	20	M36	560	497	523	524	496	4	5	60	542	46	14
500	755	670	42/48	20	M39/M42	612	549	575	576	548	5	6	62	592	46	15
600	890	795	48/54	20	M45/M48	730	649/651	675/677	676/678	648/650	5	6	62	696	48	15
700	995	900	48/54	24	M45/M48	835	751/741	777/767	778/768	750/740	5	6	68	804	52	18
800	1140/1135	1030	58	24	M52	960	856/849	882/875	883/876	855/848	5	6	76	920	60	18

PN6.3MPa

公称尺寸 DN	连接尺寸			双头螺柱		密封面尺寸							法兰厚度 C	法兰颈		
	法兰外径 D	螺栓孔中心圆直径 K	螺栓孔直径 L	数量 n/个	螺纹 Th	d	W	X	Y	Z	f	f_1、f_2		N_{max}	S_{max}	R
15	105	75	14	4	M12	55	29	39	40	28	2	4	18	45	15	4
20	130/125	90	18	4	M16	68	36	50	51	35	2	4	20	52	16	5
25	140/135	100	18	4	M16	78	43	57	58	42	2	4	22	61	18	5
32	155/150	110	23	4	M20	82	51	65	66	50	2	4	24	68	18	5
40	170/165	125	23	4	M20	95	61	75	76	60	3	4	24	80	18	5
50	180/175	135	23	4	M20	105	73	87	88	72	3	4	26	90	20	5
65	205/200	160	23	8	M20	130	95	109	110	94	3	4	28	111	23	6
80	215/210	170	23	8	M20	140	106	120	121	105	3	4	30	128	24	6
100	250	200	26/25	8	M24/M20	168	129	149	150	128	3	4.5	32	152	26	6
125	295	240	30	8	M27	202	155	175	176	154	3	4.5	36	181	28	8
150	345/340	280	34	8	M30	240	183	203	204	182	3	4.5	38	210	30	8
(175)	370	310	34	12	M30	270	213	233	234	212	3	4.5	42	239	32	10
200	405	345	36/34	12	M33/M30	300	239	259	260	238	3	4.5	44	268	34	10
(225)	430	370	36/34	12	M33/M30	325	266	286	287	265	3	4.5	46	301	38	10
250	470	400	36/41	12	M33/M36	352	292	312	313	291	3	4.5	48	326	38	10
300	530	460	36/41	16	M33/M36	412	343	363	364	342	4	4.5	54	384	40	12
350	600/595	525	41	16	M36	475	395	421	422	394	4	5	60	442	46	12
400	670	585	42/48	16	M39/M42	525	447	473	474	446	4	5	66	500	50	12
500	800	705	48/54	20	M45/M48	640	549	575	576	548	4	5	70	610	55	18
600	930	820	58	20	M52	750	649/651	675/677	676/678	648/650	5	6	76	720	60	18

续表

		PN10.0MPa													
公称尺寸 DN	连接尺寸			双头螺柱		密封面尺寸							法兰厚度 C	法兰颈		
	法兰外径 D	螺栓孔中心圆直径 K	螺栓孔直径 L	数量 n/个	螺纹 Th	d	W	X	Y	Z	f	f_1、f_2		N_{max}	S_{max}	R
15	105	75	14	4	M12	55	29	39	40	28	2	4	20	45	15	4
20	130/125	90	18	4	M16	68	36	50	51	35	2	4	22	54	17	4
25	140/135	100	18	4	M16	78	43	57	58	42	2	4	24	61	18	4
32	155/150	110	23	4	M20	82	51	65	66	50	2	4	24	68	18	4
40	170/165	125	23	4	M20	95	61	75	76	60	3	4	26	80	20	4
50	195	145	26/25	4	M24/M22	112	73	87	88	72	3	4	28	94	22	4
65	220	170	26/25	8	M24/M22	138	95	109	110	94	3	4	32	115	25	5
80	230	180	26/25	8	M24/M22	148	106	120	121	105	3	4	34	132	26	5
100	265	210	30	8	M27	172	129	149	150	128	3	4.5	38	160	30	5
125	315/310	250	34	8	M30	210	155	175	176	154	3	4.5	42	189	32	6
150	355/350	290	34	12	M30	250	183	203	204	182	3	4.5	46	222	36	6
(175)	380	320	34	12	M30	280	213	233	234	212	3	4.5	48	251	38	8
200	430	360	36/41	12	M33/M36	312	239	259	260	238	3	4.5	54	284	42	8
(225)	470	400	41	12	M36	352	266	286	287	265	3	4.5	56	313	44	8
250	505/500	430	41	12	M36	382	292	312	313	291	3	4.5	60	346	48	8
300	585	500	42/48	16	M39/M42	442	343	363	364	342	4	4.5	70	408	54	10
350	655	560	48/54	16	M45/M48	498	395	421	422	394	4	5	76	466	58	12
400	715	620	48/54	16	M45/M48	558	447	473	474	446	4	5	80	520	60	12

注：所有带"/"的分为系列1/系列2；系列1法兰连接尺寸与国标及德国法兰标准尺寸互换，系列2与原机标法兰尺寸互换；新产品设计应优先采用系列1尺寸。

5.4.3.4 环连接面整体铸钢管法兰（JB/T 79.4—1994）

本标准规定了公称压力 PN 为 6.3，10.0，16.0，20.0MPa 的环连接面整体铸钢管法兰的型式和尺寸。法兰型式和尺寸按图 5.4-4 和表 5.4-13 的规定。

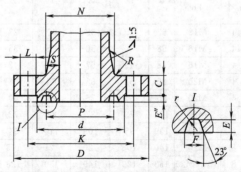

图 5.4-4 环连接面整体铸钢管法兰

注：突出部分高度与梯形槽深度 E 相等，但不受尺寸 E 公差的限制。允许采用如虚线所示轮廓的全平面形式

表 5.4-13 环连接面整体铸钢管法兰尺寸　　　　单位：mm

		PN6.3MPa											
公称尺寸 DN	连接尺寸			双头螺柱		密封面尺寸					法兰厚度 C	法兰颈		
	法兰外径 D	螺栓孔中心圆直径 K	螺栓孔直径 L	数量 n	螺纹 Th	d	P	F	E	r_{max}		N_{max}	S_{max}	R
15	105	75	14	4	M12	55	35	9	6.5	0.8	18	45	15	4
20	130/125	90	18	4	M16	68	45	9	6.5	0.8	20	52	16	5
25	140/135	100	18	4	M16	78	50	9	6.5	0.8	22	61	18	5

续表

PN6.3MPa

公称尺寸 DN	连接尺寸			双头螺柱		密封面尺寸					法兰厚度 C	法兰颈		
	法兰外径 D	螺栓孔中心圆直径 K	螺栓孔直径 L	数量 n	螺纹 Th	d	P	F	E	r_{max}		N_{max}	S_{max}	R
32	155/150	110	23	4	M20	82	65	9	6.5	0.8	24	68	18	5
40	170/165	125	23	4	M20	95	75	9	6.5	0.8	24	80	20	5
50	180/175	135	23	4	M20	105	85	12	8	0.8	26	90	20	5
65	205/200	160	23	8	M20	130	110	12	8	0.8	28	111	23	6
80	215/210	170	23	8	M20	140	115	12	8	0.8	30	128	24	6
100	250	200	26/25	8	M24/M22	168	145	12	8	0.8	32	152	26	6
125	295	240	30	8	M27	202	175	12	8	0.8	36	181	28	8
150	345/340	280	34	8	M30	240	205	12	8	0.8	38	210	30	8
(175)	375/370	310	34	12	M30	270	235	12	8	0.8	42	239	32	10
200	415/405	345	36/34	12	M33/M30	300	265	12	8	0.8	44	268	34	10
(225)	440/430	370	36/34	12	M33/M30	325	280	12	8	0.8	46	301	38	10
250	470	400	36/41	12	M33/M36	352	320	12	8	0.8	48	326	38	10
300	530	460	36/41	16	M33/M36	412	375	12	8	0.8	54	384	42	12
350	600/595	525	41	16	M36	475	420	12	8	0.8	60	442	46	12
400	670	585	42/48	16	M39/M42	525	480	12	8	0.8	66	500	50	12
500	800	705	48/54	20	M45/M48	640	590	14	10	0.8	70	610	55	18

PN10.0MPa

公称尺寸 DN	连接尺寸			双头螺柱		密封面尺寸					法兰厚度 C	法兰颈		
	法兰外径 D	螺栓孔中心圆直径 K	螺栓孔直径 L	数量 n	螺纹 Th	d	P	F	E	r_{max}		N_{max}	S_{max}	R
15	105	75	14	4	M12	55	35	9	6.5	0.8	20	45	15	4
20	130/125	90	18	4	M16	68	45	9	6.5	0.8	22	54	17	4
25	140/135	100	18	4	M16	78	50	9	6.5	0.8	24	61	18	4
32	155/150	110	23	4	M20	82	65	9	6.5	0.8	24	68	18	4
40	170/165	125	23	4	M20	95	75	9	6.5	0.8	26	80	20	4
50	195	145	26/25	4	M24/M22	112	85	12	8	0.8	28	94	22	4
65	220	170	26/25	8	M24/M22	138	110	12	8	0.8	32	115	25	5
80	230	180	26/25	8	M24/M22	148	115	12	8	0.8	34	132	26	5
100	265	210	30	8	M27	172	145	12	8	0.8	38	160	30	5
125	315/310	250	34	8	M30	210	175	12	8	0.8	42	189	32	6
150	355/350	290	34	12	M30	250	205	12	8	0.8	46	222	36	6
(175)	380	320	34	12	M30	280	235	12	8	0.8	48	251	38	8
200	430	360	36/41	12	M33/M36	312	265	12	8	0.8	54	284	42	8
(225)	470	400	41	12	M36	352	280	12	8	0.8	56	313	44	8
250	505/500	430	41	12	M36	382	320	12	8	0.8	60	346	48	8
300	585	500	42/48	16	M39/M42	442	375	12	8	0.8	70	408	54	10
350	655	560	48/54	16	M45/M48	498	420	17	11	0.8	76	466	58	12
400	715	620	48/54	16	M45/M48	558	480	17	11	0.8	80	520	60	12

PN16.0MPa

公称尺寸 DN	连接尺寸			双头螺柱		密封面尺寸					法兰厚度 C	法兰颈		
	法兰外径 D	螺栓孔中心圆直径 K	螺栓孔直径 L	数量 n	螺纹 Th	d	P	F	E	r_{max}		N_{max}	S_{max}	R
15	110	75	18	4	M16	52	35	9	6.5	0.8	24	49	17	4
20	130	90	23	4	M20	62	45	9	6.5	0.8	26	58	19	4
25	140	100	23	4	M20	72	50	9	6.5	0.8	28	65	20	4

PN16.0MPa

公称尺寸 DN	连接尺寸			双头螺柱		密封面尺寸					法兰厚度 C	法兰颈		
	法兰外径 D	螺栓孔中心圆直径 K	螺栓孔直径 L	数量 n	螺纹 Th	d	P	F	E	r_{max}		N_{max}	S_{max}	R
32	165	115	25	4	M22	85	65	9	6.5	0.8	30	76	22	5
40	175	125	27	4	M24	92	75	9	6.5	0.8	32	88	24	5
50	215	165	25	8	M22	132	95	12	8	0.8	36	102	26	5
65	245	190	30	8	M27	152	110	12	8	0.8	44	131	33	8
80	260	205	30	8	M27	168	130	12	8	0.8	46	148	34	8
100	300	240	34	8	M30	200	160	12	8	0.8	48	172	36	8
125	355	285	41	8	M36	238	190	12	8	0.8	60	213	44	10
150	390	318	41	12	M36	270	205	14	10	0.8	66	246	48	10
(175)	460	380	48	12	M42	325	255	17	11	0.8	74	287	56	10
200	480	400	48	12	M42	345	275	17	11	0.8	78	316	58	10
(225)	545	450	54	12	M48	390	305	17	11	0.8	82	345	60	10
250	580	485	54	12	M48	425	330	17	11	0.8	88	378	64	10
300	665	570	54	16	M48	510	380	23	14	0.8	100	452	76	10

PN20.0MPa

公称尺寸 DN	连接尺寸			双头螺柱		密封面尺寸					法兰厚度 C	法兰颈		
	法兰外径 D	螺栓孔中心圆直径 K	螺栓孔直径 L	数量 n	螺纹 Th	d	P	F	E	r_{max}		N_{max}	S_{max}	R
15	120	82	23	4	M20	55	40	9	6.5	0.8	26	51	18	5
20	130	90	23	4	M20	62	45	9	6.5	0.8	28	60	20	5
25	150	102	25	4	M22	72	50	9	6.5	0.8	30	67	21	5
32	160	115	25	4	M22	85	65	9	6.5	0.8	32	78	23	5
40	170	124	27	4	M24	90	75	9	6.5	0.8	34	90	25	5
50	210	160	25	8	M22	128	95	12	8	0.8	40	108	29	5
65	260	203	30	8	M27	165	110	12	8	0.8	48	137	36	8
80	290	230	34	8	M30	190	160	12	8	0.8	54	160	40	8
100	360	292	41	8	M36	245	190	12	8	0.8	66	204	52	8
125	385	318	41	12	M36	270	205	14	10	0.8	76	237	56	10
150	440	360	48	12	M42	305	240	17	11	0.8	82	270	60	10
(175)	475	394	48	12	M42	340	275	17	11	0.8	84	301	63	10
200	535	440	54	12	M48	380	305	17	11	0.8	92	340	70	10
(225)	580	483	58	12	M52	418	330	17	11	0.8	100	377	76	10
250	670	572	58	12	M52	508	380	23	14	0.8	110	448	94	10

注：所有带"/"的分为系列1/系列2；系列1法兰连接尺寸与国标及德国法兰标准尺寸互换，系列2与原机标法兰尺寸互换；新产品设计应优先采用系列1尺寸。

5.4.4　凸面板式平焊钢制管法兰（JB/T 81—1994）

本标准规定了公称压力 PN 为 0.25、0.6、1.0、1.6、2.5MPa 的凸面板式平焊钢制管法兰的型式和尺寸。法兰的型式和尺寸按图 5.4-5 和表 5.4-14 的规定。

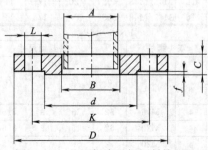

图 5.4-5　凸面板式平焊钢制管法兰

表 5.4-14　凸面板式平焊钢制管法兰尺寸　　　　　　　单位：mm

PN0.25MPa

| 公称尺寸 DN | 管子外径 A | 连接尺寸 | | | 螺栓、螺柱 | | 密封面尺寸 | | 法兰厚度 C | 法兰内径 B | 重量 /kg |
		法兰外径 D	螺栓孔中心圆直径 K	螺栓孔直径 L	数量 n	螺纹 Th	d	f			
10	14	75	50	12	4	M10	32	2	10	15	0.25
15	18	80	55	12	4	M10	40	2	10	19	0.29
20	25	90	65	12	4	M10	50	2	12	26	0.45
25	32	100	75	12	4	M10	60	2	12	33	0.55
32	38	120	90	14	4	M12	70	2	12	39	0.80
40	45	130	100	14	4	M12	80	3	12	46	0.95
50	57	140	110	14	4	M12	90	3	12	59	1.04
65	73	160	130	14	4	M12	110	3	14	75	1.43
80	89	190/185	150	18	4	M16	125	3	14	91	1.95
100	108	210/205	170	18	4	M16	145	3	14	110	2.20
125	133	240/235	200	18	8	M16	175	3	14	135	2.78
150	159	265/260	225	18	8	M16	200	3	16	161	3.49
(175)	194	290	255	18	8	M16	230	3	16	196	3.86
200	219	320/315	280	18	8	M16	255	3	18	222	4.88
(225)	245	340	305	18	8	M16	280	3	20	248	5.93
250	273	375/370	335	18	12	M16	310	3	22	276	7.32
300	325	440/435	395	23	12	M20	362	4	22	328	9.40
350	377	490/485	445	23	12	M20	412	4	22	380	10.5
400	426	540/535	495	23	16	M20	462	4	22	430	11.7
450	480	595/590	550	23	16	M20	518	4	24	484	14.9
500	530	645/640	600	23	16	M20	568	4	24	534	16.2
600	630	755	705	26/25	20	M24/M22	670	5	24	634	21.3
700	720	860	810	26/25	24	M24/M22	775	5	26	724	29.9
800	820	975	920	30	24	M27	880	5	26	824	36.7
900	920	1075	1020	30	24	M27	980	5	28	924	44.2
1000	1020	1175	1120	30	28	M27	1080	5	30	1024	52.7
1200	1220	1375	1320	30	32	M27	1280	5	30	1224	65.9
1400	1420	1575	1520	30	36	M27	1480	5	32	1424	78.3
1600	1620	1790/1785	1730	30	40	M27	1690	5	32	1624	94.3

PN0.60MPa

| 公称尺寸 DN | 管子外径 A | 连接尺寸 | | | 螺栓、螺柱 | | 密封面尺寸 | | 法兰厚度 C | 法兰内径 B | 重量 /kg |
		法兰外径 D	螺栓孔中心圆直径 K	螺栓孔直径 L	数量 n	螺纹 Th	d	f			
10	14	75	50	12	4	M10	32	2	12	15	0.31
15	18	80	55	12	4	M10	40	2	12	19	0.34
20	25	90	65	12	4	M10	50	2	14	26	0.54
25	32	100	75	12	4	M10	60	2	14	33	0.64
32	38	120	90	14	4	M12	70	2	16	39	1.10
40	45	130	100	14	4	M12	80	3	16	46	1.22
50	57	140	110	14	4	M12	90	3	16	59	1.35
65	73	160	130	14	4	M12	110	3	16	75	1.67
80	89	190/185	150	18	4	M16	125	3	18	91	2.48
100	108	210/205	170	18	4	M16	145	3	18	110	2.89
125	133	240/235	200	18	8	M16	175	3	20	135	3.94

PN0.60MPa

公称尺寸 DN	管子外径 A	连接尺寸			螺栓、螺柱		密封面尺寸		法兰厚度 C	法兰内径 B	重量 /kg
		法兰外径 D	螺栓孔中心圆直径 K	螺栓孔直径 L	数量 n	螺纹 Th	d	f			
150	159	265/260	225	18	8	M16	200	3	20	161	4.47
(175)	194	290	255	18	8	M16	230	3	22	196	5.54
200	219	320/315	280	18	8	M16	255	3	22	222	6.07
(225)	245	340	305	18	8	M16	280	3	22	248	6.60
250	273	375/370	335	18	12	M16	310	3	24	276	8.03
300	325	440/435	395	23	12	M20	362	4	24	328	10.30
350	377	490/485	445	23	12	M20	412	4	26	380	12.59
400	426	540/535	495	23	16	M20	462	4	28	430	15.20
450	480	595/590	550	23	16	M20	518	4	28	484	17.59
500	530	645/640	600	23	16	M20	568	4	30	534	20.67
600	630	755	705	26/25	20	M24/M22	670	5	30	634	26.57
700	720	860	810	26/25	24	M24/M22	775	5	32	724	37.10
800	820	975	920	30	24	M27	880	5	32	824	46.20
900	920	1075	1020	30	24	M27	980	5	34	924	55.10
1000	1020	1175	1120	30	28	M27	1080	5	36	1024	64.36

PN1.0MPa

公称尺寸 DN	管子外径 A	连接尺寸			螺栓、螺柱		密封面尺寸		法兰厚度 C	法兰内径 B	重量 /kg
		法兰外径 D	螺栓孔中心圆直径 K	螺栓孔直径 L	数量 n	螺纹 Th	d	f			
10	14	90	60	14	4	M12	40	2	12	15	0.46
15	18	95	65	14	4	M12	45	2	12	19	0.51
20	25	105	75	14	4	M12	55	2	14	26	0.75
25	32	115	85	14	4	M12	65	2	14	33	0.89
32	38	140/135	100	18	4	M16	78	2	16	39	1.40
40	45	150/145	110	18	4	M16	85	3	18	46	1.71
50	57	165/160	125	18	4	M16	100	3	18	59	2.09
65	73	185/180	145	18	4	M16	120	3	20	75	2.84
80	89	200/195	160	18	4	M16	135	3	20	91	3.24
100	108	220/215	180	18	8	M16	155	3	22	110	4.01
125	133	250/245	210	18	8	M16	185	3	24	135	5.40
150	159	285/280	240	23	8	M20	210	3	24	161	6.67
(175)	194	310	270	23	8	M20	240	3	24	196	7.44
200	219	340/335	295	23	8	M20	265	3	24	222	8.24
(225)	245	365	325	23	8	M20	295	3	24	248	9.30
250	273	395/390	350	23	12	M20	320	3	26	276	10.70
300	325	445/440	400	23	12	M20	368	4	28	328	12.90
350	377	505/500	460	23	16	M20	428	4	28	380	16.90
400	426	565	510	26/25	16	M24/M22	482	4	30	430	21.80
450	480	615	560	26/25	20	M24/M22	532	4	30	484	24.40
500	530	670	620	26/25	20	M24/M22	585	4	32	534	27.70
600	630	780	725	30	20	M27	685	5	36	634	39.40

续表

<table>
<tr><td colspan="14" align="center">PN1.6MPa</td></tr>
<tr>
<td rowspan="2">公称
尺寸
DN</td>
<td rowspan="2">管子
外径
A</td>
<td colspan="3">连接尺寸</td>
<td colspan="2">螺栓、螺柱</td>
<td colspan="2">密封面尺寸</td>
<td rowspan="2">法兰
厚度
C</td>
<td rowspan="2">法兰
内径
B</td>
<td rowspan="2">重量
/kg</td>
</tr>
<tr>
<td>法兰外径
D</td>
<td>螺栓孔中
心圆直径
K</td>
<td>螺栓孔
直径
L</td>
<td>数量
n</td>
<td>螺纹
Th</td>
<td>d</td>
<td>f</td>
</tr>
<tr><td>10</td><td>14</td><td>90</td><td>60</td><td>14</td><td>4</td><td>M12</td><td>40</td><td>2</td><td>14</td><td>15</td><td>0.55</td></tr>
<tr><td>15</td><td>18</td><td>95</td><td>65</td><td>14</td><td>4</td><td>M12</td><td>45</td><td>2</td><td>14</td><td>19</td><td>0.71</td></tr>
<tr><td>20</td><td>25</td><td>105</td><td>75</td><td>14</td><td>4</td><td>M12</td><td>55</td><td>2</td><td>16</td><td>26</td><td>0.87</td></tr>
<tr><td>25</td><td>32</td><td>115</td><td>85</td><td>14</td><td>4</td><td>M12</td><td>65</td><td>2</td><td>18</td><td>33</td><td>1.18</td></tr>
<tr><td>32</td><td>38</td><td>140/135</td><td>100</td><td>18</td><td>4</td><td>M16</td><td>78</td><td>2</td><td>18</td><td>39</td><td>1.60</td></tr>
<tr><td>40</td><td>45</td><td>150/145</td><td>110</td><td>18</td><td>4</td><td>M16</td><td>85</td><td>3</td><td>20</td><td>46</td><td>2.00</td></tr>
<tr><td>50</td><td>57</td><td>165/160</td><td>125</td><td>18</td><td>4</td><td>M16</td><td>100</td><td>3</td><td>22</td><td>59</td><td>2.61</td></tr>
<tr><td>65</td><td>73</td><td>185/180</td><td>145</td><td>18</td><td>4</td><td>M16</td><td>120</td><td>3</td><td>24</td><td>75</td><td>3.45</td></tr>
<tr><td>80</td><td>89</td><td>200/195</td><td>160</td><td>18</td><td>8</td><td>M16</td><td>135</td><td>3</td><td>24</td><td>91</td><td>3.71</td></tr>
<tr><td>100</td><td>108</td><td>220/215</td><td>180</td><td>18</td><td>8</td><td>M16</td><td>155</td><td>3</td><td>26</td><td>110</td><td>4.80</td></tr>
<tr><td>125</td><td>133</td><td>250/245</td><td>210</td><td>18</td><td>8</td><td>M16</td><td>185</td><td>3</td><td>28</td><td>135</td><td>6.47</td></tr>
<tr><td>150</td><td>159</td><td>285/280</td><td>240</td><td>23</td><td>8</td><td>M20</td><td>210</td><td>3</td><td>28</td><td>161</td><td>7.92</td></tr>
<tr><td>(175)</td><td>194</td><td>310</td><td>270</td><td>23</td><td>8</td><td>M20</td><td>240</td><td>3</td><td>28</td><td>196</td><td>8.81</td></tr>
<tr><td>200</td><td>219</td><td>340/335</td><td>295</td><td>23</td><td>12</td><td>M20</td><td>265</td><td>3</td><td>30</td><td>222</td><td>10.10</td></tr>
<tr><td>(225)</td><td>245</td><td>365</td><td>325</td><td>23</td><td>12</td><td>M20</td><td>295</td><td>3</td><td>30</td><td>248</td><td>11.70</td></tr>
<tr><td>250</td><td>273</td><td>405</td><td>355</td><td>26/25</td><td>12</td><td>M24/M22</td><td>320</td><td>3</td><td>32</td><td>276</td><td>15.70</td></tr>
<tr><td>300</td><td>325</td><td>460</td><td>410</td><td>26/25</td><td>12</td><td>M24/M22</td><td>375</td><td>4</td><td>32</td><td>328</td><td>18.10</td></tr>
<tr><td>350</td><td>377</td><td>520</td><td>470</td><td>26/25</td><td>16</td><td>M24/M22</td><td>435</td><td>4</td><td>34</td><td>380</td><td>23.30</td></tr>
<tr><td>400</td><td>426</td><td>580</td><td>525</td><td>30</td><td>16</td><td>M27</td><td>485</td><td>4</td><td>38</td><td>430</td><td>31.00</td></tr>
<tr><td>450</td><td>480</td><td>640</td><td>585</td><td>30</td><td>20</td><td>M27</td><td>545</td><td>4</td><td>42</td><td>484</td><td>40.20</td></tr>
<tr><td>500</td><td>530</td><td>715/705</td><td>650</td><td>34</td><td>20</td><td>M30</td><td>608</td><td>4</td><td>48</td><td>534</td><td>55.70</td></tr>
<tr><td>600</td><td>630</td><td>840</td><td>770</td><td>36/41</td><td>20</td><td>M33/M36</td><td>718</td><td>5</td><td>50</td><td>634</td><td>80.80</td></tr>
<tr><td colspan="14" align="center">PN2.5MPa</td></tr>
<tr>
<td rowspan="2">公称
尺寸
DN</td>
<td rowspan="2">管子
外径
A</td>
<td colspan="3">连接尺寸</td>
<td colspan="2">螺栓、螺柱</td>
<td colspan="2">密封面尺寸</td>
<td rowspan="2">法兰
厚度
C</td>
<td rowspan="2">法兰
内径
B</td>
<td rowspan="2">重量
/kg</td>
</tr>
<tr>
<td>法兰外径
D</td>
<td>螺栓孔中
心圆直径
K</td>
<td>螺栓孔
直径
L</td>
<td>数量
n</td>
<td>螺纹
Th</td>
<td>d</td>
<td>f</td>
</tr>
<tr><td>10</td><td>14</td><td>90</td><td>60</td><td>14</td><td>4</td><td>M12</td><td>40</td><td>2</td><td>16</td><td>15</td><td>0.64</td></tr>
<tr><td>15</td><td>18</td><td>95</td><td>65</td><td>14</td><td>4</td><td>M12</td><td>45</td><td>2</td><td>16</td><td>19</td><td>0.80</td></tr>
<tr><td>20</td><td>25</td><td>105</td><td>75</td><td>14</td><td>4</td><td>M12</td><td>55</td><td>2</td><td>18</td><td>26</td><td>0.99</td></tr>
<tr><td>25</td><td>32</td><td>115</td><td>85</td><td>14</td><td>4</td><td>M12</td><td>65</td><td>2</td><td>18</td><td>33</td><td>1.18</td></tr>
<tr><td>32</td><td>38</td><td>140/135</td><td>100</td><td>18</td><td>4</td><td>M16</td><td>78</td><td>2</td><td>20</td><td>39</td><td>1.96</td></tr>
<tr><td>40</td><td>45</td><td>150/145</td><td>110</td><td>18</td><td>4</td><td>M16</td><td>85</td><td>3</td><td>22</td><td>46</td><td>2.60</td></tr>
<tr><td>50</td><td>57</td><td>165/160</td><td>125</td><td>18</td><td>4</td><td>M16</td><td>100</td><td>3</td><td>24</td><td>59</td><td>2.71</td></tr>
<tr><td>65</td><td>73</td><td>185/180</td><td>145</td><td>18</td><td>8</td><td>M16</td><td>120</td><td>3</td><td>24</td><td>75</td><td>3.22</td></tr>
<tr><td>80</td><td>89</td><td>200/195</td><td>160</td><td>18</td><td>8</td><td>M16</td><td>135</td><td>3</td><td>26</td><td>91</td><td>4.06</td></tr>
<tr><td>100</td><td>108</td><td>235/230</td><td>190</td><td>23</td><td>8</td><td>M20</td><td>160</td><td>3</td><td>28</td><td>110</td><td>6.00</td></tr>
<tr><td>125</td><td>133</td><td>270</td><td>220</td><td>26/25</td><td>8</td><td>M24/M22</td><td>188</td><td>3</td><td>30</td><td>135</td><td>8.26</td></tr>
<tr><td>150</td><td>159</td><td>300</td><td>250</td><td>26/25</td><td>8</td><td>M24/M22</td><td>218</td><td>3</td><td>30</td><td>161</td><td>10.40</td></tr>
<tr><td>(175)</td><td>194</td><td>330</td><td>280</td><td>26/25</td><td>12</td><td>M24/M22</td><td>248</td><td>3</td><td>32</td><td>196</td><td>11.90</td></tr>
<tr><td>200</td><td>219</td><td>360</td><td>310</td><td>26/25</td><td>12</td><td>M24/M22</td><td>278</td><td>3</td><td>32</td><td>222</td><td>14.50</td></tr>
<tr><td>(225)</td><td>245</td><td>395</td><td>340</td><td>30</td><td>12</td><td>M27</td><td>302</td><td>3</td><td>34</td><td>248</td><td>17.00</td></tr>
<tr><td>250</td><td>273</td><td>425</td><td>370</td><td>30</td><td>12</td><td>M27</td><td>332</td><td>3</td><td>34</td><td>276</td><td>18.90</td></tr>
<tr><td>300</td><td>325</td><td>485</td><td>430</td><td>30</td><td>16</td><td>M27</td><td>390</td><td>4</td><td>36</td><td>328</td><td>26.80</td></tr>
<tr><td>350</td><td>377</td><td>555/550</td><td>490</td><td>34</td><td>16</td><td>M30</td><td>448</td><td>4</td><td>42</td><td>380</td><td>34.35</td></tr>
<tr><td>400</td><td>426</td><td>620/610</td><td>550</td><td>36/34</td><td>16</td><td>M33/M30</td><td>505</td><td>4</td><td>44</td><td>430</td><td>44.90</td></tr>
<tr><td>450</td><td>480</td><td>670/660</td><td>600</td><td>36/34</td><td>20</td><td>M33/M30</td><td>555</td><td>4</td><td>48</td><td>484</td><td>51.92</td></tr>
<tr><td>500</td><td>530</td><td>730</td><td>660</td><td>36/34</td><td>20</td><td>M33/M36</td><td>610</td><td>4</td><td>52</td><td>534</td><td>67.30</td></tr>
</table>

注：所有带"/"的分为系列1/系列2；系列1法兰连接尺寸与国标及德国法兰标准尺寸互换，系列2与原机标法兰尺寸互换；新产品设计应优先采用系列1尺寸。表中列出的法兰重量是指系列2法兰。

5.4.5 对焊钢制管法兰（JB/T 82—1994）

5.4.5.1 凸面对焊钢制管法兰（JB/T 82.1—1994）

本标准规定了公称压力 PN 为 0.25，0.6，1.0，1.6，2.5，4.0MPa 的凸面对焊钢制管法兰的型式和尺寸。法兰型式和尺寸按图 5.4-6 和表 5.4-15 的规定。

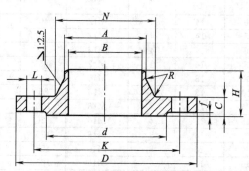

图 5.4-6 凸面对焊钢制管法兰

表 5.4-15 凸面对焊钢制管法兰尺寸 单位：mm

PN0.25MPa

公称尺寸 DN	管子外径 A	连接尺寸			螺栓、螺柱		密封面尺寸		法兰厚度 C	法兰高度 H	法兰内径 B	颈部 N_{max}	圆角半径 R	重量 /kg
		法兰外径 D	螺栓孔中心圆直径 K	螺栓孔直径 L	数量 n	螺纹 Th	d	f						
10	14	75	50	12	4	M10	32	2	10	25	8	22	4	0.28
15	18	80	55	12	4	M10	40	2	10	28	12	28	4	0.34
20	25	90	65	12	4	M10	50	2	10	30	18	36	4	0.47
25	32	100	75	12	4	M10	60	2	10	30	25	42	4	0.62
32	38	120	90	14	4	M12	70	2	10	30	31	50	4	0.84
40	45	130	100	14	4	M12	80	3	12	36	38	60	4	1.04
50	57	140	110	14	4	M12	90	3	12	36	49	70	4	1.27
65	73	160	130	14	4	M12	110	3	12	36	66	88	4	1.67
80	89	190/185	150	18	4	M16	125	3	14	38	78	102	5	2.50
100	108	210/205	170	18	4	M16	145	3	14	40	96	122	5	3.04
125	133	240/235	200	18	8	M16	175	3	14	40	121	148	5	3.74
150	159	265/260	225	18	8	M16	200	3	14	42	146	172	5	4.37
(175)	194	290	255	18	8	M16	230	3	16	46	177	210	5	5.94
200	219	320/315	280	18	8	M16	255	3	16	55	202	235	5	7.29
(225)	245	340	305	18	8	M16	280	3	18	55	226	260	6	8.65
250	273	375/370	335	18	12	M16	310	3	20	55	254	288	6	10.73
300	325	440/435	395	23	12	M20	362	4	20	58	303	340	6	14.10
350	377	490/485	445	23	12	M20	412	4	20	58	351	390	6	16.88
400	426	540/535	495	23	16	M20	462	4	20	60	398	440	6	19.87
450	480	595/590	550	23	16	M20	518	4	20	60	450	494	6	23.20
500	530	645/640	600	23	16	M20	568	4	24	62	501	545	6	28.82
600	630	755	705	26/25	20	M24/M22	670	5	24	74	602	650	8	37.76
700	720	860	810	26/25	24	M24/M22	775	5	24	74	692	740	10	46.53
800	820	975	920	30	24	M27	880	5	24	85	792	844	12	60.15
900	920	1075	1020	30	24	M27	980	5	26	88	892	944	12	71.94
1000	1020	1175	1120	30	28	M27	1080	5	26	88	992	1044	12	79.29
1200	1220	1375	1320	30	32	M27	1280	5	28	90	1192	1244	12	99.86
1400	1420	1575	1520	30	36	M27	1480	5	28	90	1392	1445	14	116.42
1600	1620	1790/1785	1730	30	40	M27	1690	5	28	90	1592	1646	14	141.72

PN0.60MPa

公称尺寸 DN	管子外径 A	连接尺寸			螺栓、螺柱		密封面尺寸		法兰厚度 C	法兰高度 H	法兰内径 B	颈部 N_{max}	圆角半径 R	重量 /kg
		法兰外径 D	螺栓孔中心圆直径 K	螺栓孔直径 L	数量 n	螺纹 Th	d	f						
10	14	75	50	12	4	M10	32	2	12	25	8	22	4	0.35
15	18	80	55	12	4	M10	40	2	12	30	12	28	4	0.40
20	25	90	65	12	4	M10	50	2	12	32	18	36	4	0.54
25	32	100	75	12	4	M10	60	2	14	32	25	42	4	0.78
32	38	120	90	14	4	M12	70	2	14	35	31	50	4	1.08
40	45	130	100	14	4	M12	80	3	14	38	38	60	4	1.25
50	57	140	110	14	4	M12	90	3	14	38	49	70	4	1.42
65	73	160	130	14	4	M12	110	3	14	38	66	88	4	1.80
80	89	190/185	150	18	4	M16	125	3	16	40	78	102	5	2.85
100	108	210/205	170	18	4	M16	145	3	16	42	96	122	5	3.45
125	133	240/235	200	18	8	M16	175	3	18	44	121	148	5	4.73
150	159	265/260	225	18	8	M16	200	3	18	46	146	172	5	5.49
(175)	194	290	255	18	8	M16	230	3	20	50	177	210	5	7.17
200	219	320/315	280	18	8	M16	255	3	20	55	202	235	5	8.56
(225)	245	340	305	18	8	M16	280	3	20	55	226	260	5	9.30
250	273	375/370	335	18	12	M16	310	3	22	60	254	288	6	11.80
300	325	440/435	395	23	12	M20	362	4	22	60	303	340	6	15.27
350	377	490/485	445	23	12	M20	412	4	22	60	351	390	6	18.23
400	426	540/535	495	23	16	M20	462	4	22	62	398	440	6	21.40
450	480	595/590	550	23	16	M20	518	4	22	62	450	494	6	24.95
500	530	645/640	600	23	16	M20	568	4	24	62	501	545	6	28.82
600	630	755	705	26/25	20	M24/M22	670	5	24	74	602	650	8	37.76
700	720	860	810	26/25	24	M24/M22	775	5	24	74	692	740	10	46.53
800	820	975	920	30	24	M27	880	5	24	85	792	844	12	60.15
900	920	1075	1020	30	24	M27	980	5	26	88	892	944	12	71.94
1000	1020	1175	1120	30	28	M27	1080	5	26	88	992	1044	12	79.29
1200	1220	1405/1400	1340	34	32	M30	1295	5	28	90	1192	1248	12	113.61
1400	1420	1630/1620	1560	34	36	M30	1510	5	32	106	1392	1456	14	172.47

PN1.0MPa

公称尺寸 DN	管子外径 A	连接尺寸			螺栓、螺柱		密封面尺寸		法兰厚度 C	法兰高度 H	法兰内径 B	颈部 N_{max}	圆角半径 R	重量 /kg
		法兰外径 D	螺栓孔中心圆直径 K	螺栓孔直径 L	数量 n	螺纹 Th	d	f						
10	14	90	60	14	4	M12	40	2	12	35	8	25	4	0.52
15	18	95	65	14	4	M12	45	2	12	35	12	30	4	0.59
20	25	105	75	14	4	M12	55	2	14	38	18	38	4	0.88
25	32	115	85	14	4	M12	65	2	14	40	25	45	4	1.06
32	38	140/135	100	18	4	M16	78	2	16	42	31	55	4	1.72
40	45	150/145	110	18	4	M16	85	3	16	45	38	62	4	1.90
50	57	165/160	125	18	4	M16	100	3	16	45	49	76	4	2.35
65	73	185/180	145	18	4	M16	120	3	18	48	66	94	5	3.26
80	89	200/195	160	18	4	M16	135	3	18	50	78	105	5	3.77
100	108	220/215	180	18	8	M16	155	3	20	52	96	128	5	4.91
125	133	250/245	210	18	8	M16	185	3	22	60	121	156	6	6.91
150	159	285/280	240	23	8	M20	210	3	22	60	146	180	6	8.38
(175)	194	310	270	23	8	M20	240	3	22	60	177	210	6	9.39

PN1.0MPa

公称尺寸 DN	管子外径 A	连接尺寸			螺栓、螺柱		密封面尺寸		法兰厚度 C	法兰高度 H	法兰内径 B	颈部 N_{max}	圆角半径 R	重量 /kg
		法兰外径 D	螺栓孔中心圆直径 K	螺栓孔直径 L	数量 n	螺纹 Th	d	f						
200	219	340/335	295	23	8	M20	265	3	22	62	202	240	6	11.27
(225)	245	365	325	23	8	M20	295	3	22	65	226	268	6	13.11
250	273	395/390	350	23	12	M20	320	3	24	65	254	290	8	14.78
300	325	445/440	400	23	12	M20	368	4	26	65	303	345	8	18.85
350	377	505/500	460	23	16	M20	428	4	26	65	351	400	8	24.18
400	426	565	515	26/25	16	M24/M22	482	4	26	65	398	445	10	28.74
450	480	615	565	26/25	20	M24/M22	532	4	26	70	450	500	12	34.21
500	530	670	620	26/25	20	M24/M22	585	4	28	78	501	550	12	40.15
600	630	780	725	30	20	M27	685	5	28	90	602	650	12	50.45
700	720	895	840	30	24	M27	800	5	30	90	692	744	14	68.71
800	820	1015/1010	950	34	24	M30	905	5	32	106	792	850	14	94.12
900	920	1115/1110	1050	34	28	M30	1005	5	34	108	892	950	14	109.74
1000	1020	1230/1220	1160	36/34	28	M33/M30	1115	5	34	108	992	1050	14	128.08
1200	1220	1455/1450	1380	41	32	M36	1325	5	38	112	1192	1256	18	182.96

PN1.6MPa

公称尺寸 DN	管子外径 A	连接尺寸			螺栓、螺柱		密封面尺寸		法兰厚度 C	法兰高度 H	法兰内径 B	颈部 N_{max}	圆角半径 R	重量 /kg
		法兰外径 D	螺栓孔中心圆直径 K	螺栓孔直径 L	数量 n	螺纹 Th	d	f						
10	14	90	60	14	4	M12	40	2	14	35	8	26	4	0.61
15	18	95	65	14	4	M12	45	2	14	35	12	30	4	0.69
20	25	105	75	14	4	M12	55	2	14	38	18	38	4	0.88
25	32	115	85	14	4	M12	65	2	14	40	25	45	4	1.06
32	38	140/135	100	18	4	M16	78	2	16	42	31	55	4	1.72
40	45	150/145	110	18	4	M16	85	3	16	45	38	64	4	1.93
50	57	165/160	125	18	4	M16	100	3	16	48	49	76	5	2.36
65	73	185/180	145	18	4	M16	120	3	18	50	66	94	5	3.28
80	89	200/195	160	18	8	M16	135	3	20	52	78	110	5	4.17
100	108	220/215	180	18	8	M16	155	3	20	52	96	130	5	4.99
125	133	250/245	210	18	8	M16	185	3	22	60	121	156	6	6.91
150	159	285/280	240	23	8	M20	210	3	22	60	146	180	6	8.38
(175)	194	310	270	23	8	M20	240	3	24	60	177	210	6	10.05
200	219	340/335	295	23	12	M20	265	3	24	62	202	240	6	11.78
(225)	245	365	325	23	12	M20	295	3	24	68	226	268	6	13.85
250	273	405	355	26/25	12	M24/M22	320	3	26	68	254	292	8	16.92
300	325	460	410	26/25	12	M24/M22	375	4	28	70	303	346	8	22.29
350	377	520	470	26/25	16	M24/M22	435	4	32	78	351	400	8	31.90
400	426	580	525	30	16	M27	485	4	36	90	398	450	10	43.50
450	480	640	585	30	20	M27	545	4	38	95	450	506	10	53.90
500	530	715/705	650	34	20	M30	608	4	42	98	501	559	10	71.84
600	630	840	770	36/41	20	M33/M36	718	5	46	105	602	660	10	101.26
700	720	910	840	36/41	24	M33/M36	788	5	48	110	692	750	12	108.20
800	820	1025/1020	950	41	24	M36	898	5	50	115	792	850	12	134.77
900	920	1125/1120	1050	41	28	M36	998	5	52	122	892	958	12	159.97
1000	1020	1255	1170	42/48	28	M39/M42	1110	5	54	125	992	1060	12	207.33
1200	1220	1485	1390	48/54	32	M45/M48	1325	5	56	135	1192	1268	15	286.77

PN2.5MPa

公称尺寸 DN	管子外径 A	连接尺寸			螺栓、螺柱		密封面尺寸		法兰厚度 C	法兰高度 H	法兰内径 B	颈部 N_{max}	圆角半径 R	重量 /kg
		法兰外径 D	螺栓孔中心圆直径 K	螺栓孔直径 L	数量 n	螺纹 Th	d	f						
10	14	90	60	14	4	M12	40	2	16	35	8	26	4	0.70
15	18	95	65	14	4	M12	45	2	16	35	12	30	5	0.77
20	25	105	75	14	4	M12	55	2	16	36	18	38	5	0.97
25	32	115	85	14	4	M12	65	2	16	38	25	45	5	1.18
32	38	140/135	100	18	4	M16	78	2	18	45	31	56	5	1.95
40	45	150/145	110	18	4	M16	85	3	18	48	38	64	5	2.17
50	57	165/160	125	18	4	M16	100	3	20	48	49	76	6	2.91
65	73	185/180	145	18	8	M16	120	3	22	52	66	96	6	3.87
80	89	200/195	160	18	8	M16	135	3	22	55	78	110	6	4.57
100	108	230	190	23	8	M20	160	3	24	62	96	132	6	6.46
125	133	270	220	26/25	8	M24/M22	188	3	26	68	121	160	8	9.40
150	159	300	250	26/25	8	M24/M22	218	3	28	72	146	186	8	12.18
(175)	194	330	280	26/25	12	M24/M22	248	3	28	75	177	216	8	13.75
200	219	360	310	26/25	12	M24/M22	278	3	30	80	202	245	8	17.39
(225)	245	395	340	30	12	M27	302	3	32	80	226	270	8	21.45
250	273	425	370	30	12	M27	332	3	32	85	254	300	10	24.37
300	325	485	430	30	16	M27	390	4	36	92	303	352	10	33.37
350	377	555/550	490	34	16	M30	448	4	40	98	351	406	10	47.80
400	426	620/610	550	36/34	16	M33/M30	505	4	44	115	398	464	10	67.55
450	480	670/660	600	36/34	20	M33/M30	555	4	46	115	450	514	12	75.46
500	530	730	660	36/41	20	M33/M36	610	4	48	120	500	570	12	92.55
600	630	845/840	770	41	20	M36	718	5	54	130	600	670	12	126.00
700	720	960/955	875	42/48	24	M39/M42	815	5	58	140	690	766	12	169.82
800	820	1085/1070	990	42/48	24	M45/M42	930	5	60	150	790	874	15	220.45

PN4.0MPa

公称尺寸 DN	管子外径 A	连接尺寸			螺栓、螺柱		密封面尺寸		法兰厚度 C	法兰高度 H	法兰内径 B	颈部 N_{max}	圆角半径 R	重量 /kg
		法兰外径 D	螺栓孔中心圆直径 K	螺栓孔直径 L	数量 n	螺纹 Th	d	f						
10	14	90	60	14	4	M12	40	2	16	35	8	26	4	0.70
15	18	95	65	14	4	M12	45	2	16	35	12	30	5	0.77
20	25	105	75	14	4	M12	55	2	16	36	18	38	5	0.97
25	32	115	85	14	4	M12	65	2	16	38	25	45	5	1.18
32	38	140/135	100	18	4	M16	78	2	18	45	31	56	5	1.95
40	45	150/145	110	18	4	M16	85	3	18	48	38	64	5	2.17
50	57	165/160	125	18	4	M16	100	3	20	48	48	76	5	2.94
65	73	185/180	145	18	8	M16	120	3	22	52	66	96	6	3.87
80	89	200/195	160	18	8	M16	135	3	24	58	78	112	6	5.02
100	108	235/230	190	23	8	M20	160	3	26	68	96	138	6	7.63
125	133	270	220	26/25	8	M24/M22	188	3	28	68	120	160	8	10.12
150	159	300	250	26/25	8	M24/M22	218	3	30	72	145	186	8	13.03
(175)	194	350	295	30	12	M27	258	3	36	88	177	226	10	20.51
200	219	375	320	30	12	M27	282	3	38	88	200	250	10	24.11
(225)	245	415	355	34	12	M30	315	3	40	98	226	280	10	30.79
250	273	450/445	385	34	12	M30	345	3	42	102	252	310	10	37.96
300	325	515/510	450	34	16	M30	408	4	46	116	301	368	10	53.30
350	377	580/570	510	36/34	16	M33/M30	465	4	52	120	351	418	12	71.79
400	426	660/655	585	41	16	M36	535	4	58	142	398	480	12	107.72
450	480	685/680	610	41	20	M36	560	4	60	146	448	530	14	108.50
500	530	755	670	42/48	20	M39/M42	612	4	62	156	495	580	15	137.30

注：法兰焊端外径 A 即管子外径。所有带"/"的分为系列 1/系列 2；系列 1 法兰连接尺寸与国标及德国法兰标准尺寸互换，系列 2 与原机标法兰尺寸互换；新产品设计应优先采用系列 1 尺寸。表中列出的法兰重量是指系列 2 法兰。

5.4.5.2 凹凸面对焊钢制管法兰（JB/T 82.2—1994）

本标准规定了公称压力 PN 为 4.0，6.3，10.0，16.0，20.0MPa 的凹凸面对焊钢制管法兰的型式和尺寸。法兰型式和尺寸按图 5.4-7 和表 5.4-16 的规定。

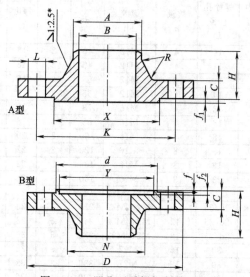

图 5.4-7　凹凸面对焊钢制管法兰

注：PN16.0 和 PN20.0MPa 法兰的颈部斜度为 1：2

表 5.4-16　凹凸面对焊钢制管法兰尺寸　　　　　　　　　　　　　　　　单位：mm

PN4.0MPa

公称尺寸 DN	管子外径 A	连接尺寸			螺栓、螺柱		密封面尺寸					法兰厚度 C	法兰高度 H	法兰内径 B	颈部直径 N_max	圆角半径 R	重量/kg	
		法兰外径 D	螺栓孔中心圆直径 K	螺栓孔直径 L	数量 n	螺纹 Th	d	X	Y	f	f_1、f_2						A型	B型
10	14	90	60	14	4	M12	40	34	35	2	4	16	35	8	26	4	0.77	0.67
15	18	95	65	14	4	M12	45	39	40	2	4	16	35	12	30	5	0.87	0.77
20	25	105	75	14	4	M12	55	50	51	2	4	16	36	18	38	5	1.09	0.97
25	32	115	85	14	4	M12	65	57	58	2	4	16	38	25	45	5	1.31	1.18
32	38	140/135	100	18	4	M16	78	67	66	2	4	18	45	31	56	5	2.17	1.98
40	45	150/145	110	18	4	M16	85	75	76	3	4	18	48	38	64	5	2.51	2.14
50	57	165/160	125	18	4	M16	100	87	88	3	4	20	48	48	76	5	3.34	2.92
65	73	185/180	145	18	8	M16	120	109	110	3	4	22	52	66	96	6	4.34	3.85
80	89	200/195	160	18	8	M16	135	120	121	3	4	24	58	78	112	6	5.52	5.03
100	108	235/230	190	23	8	M20	160	149	150	3	4.5	26	68	96	138	6	8.39	7.71
125	133	270	220	26/25	8	M24/M22	188	175	176	3	4.5	28	68	120	160	8	11.06	10.27
150	159	300	250	26/25	8	M24/M22	218	203	204	3	4.5	30	72	145	186	8	14.16	13.30
(175)	194	350	295	30	12	M27	258	233	234	3	4.5	36	88	177	226	10	21.80	20.97
200	219	375	320	30	12	M27	282	259	260	3	4.5	38	88	200	250	10	25.56	24.72
(225)	245	415	355	34	12	M30	315	286	287	3	4.5	40	98	226	280	10	32.48	31.60
250	273	450/445	385	34	12	M30	345	312	313	3	4.5	42	102	252	310	10	39.87	39.00
300	325	515/510	450	34	16	M30	408	363	364	4	4.5	46	116	301	368	12	55.97	53.21
350	377	580/570	510	36/34	16	M33/M30	465	421	422	5	5	52	120	351	418	12	75.30	72.29
400	426	660/655	585	41	16	M36	535	473	474	4	5	58	142	398	480	12	112.02	108.44
450	480	685/680	610	41	20	M36	560	523	524	4	5	60	146	448	530	14	112.82	109.70
500	530	755	670	42/48	20	M39/M42	612	575	576	4	5	62	156	495	580	15	142.70	138.60

续表

PN6.3MPa

公称尺寸 DN	管子外径 A	连接尺寸			螺栓、螺柱		密封面尺寸					法兰厚度 C	法兰高度 H	法兰内径 B	颈部直径 N_max	圆角半径 R	重量/kg	
		法兰外径 D	螺栓孔中心圆直径 K	螺栓孔直径 L	数量 n	螺纹 Th	d	X	Y	f	f₁、f₂						A型	B型
10	14	100	70	14	4	M12	50	34	35	2	4	18	48	8	34	4	1.12	1.02
15	18	105	75	14	4	M12	55	39	40	2	4	18	48	12	38	5	1.25	1.14
20	25	130/125	90	18	4	M16	68	50	51	2	4	20	56	18	48	5	2.12	1.95
25	32	140/135	100	18	4	M16	78	57	58	2	4	22	58	25	52	5	2.64	2.46
32	38	155/150	110	23	4	M20	82	65	66	2	4	24	62	31	64	5	3.50	3.28
40	45	170/165	125	23	4	M20	95	75	76	3	4	24	68	37	74	5	4.35	3.91
50	57	180/175	135	23	4	M20	105	87	88	3	4	26	70	47	86	5	5.29	4.80
65	73	205/200	160	23	8	M20	130	109	110	3	4	28	75	64	106	6	7.00	6.43
80	89	215/210	170	23	8	M20	140	120	121	3	4	30	75	77	120	6	8.07	7.50
100	108	250	200	26/25	8	M24/M22	168	149	150	3	4.5	32	80	94	140	6	11.51	10.80
125	133	295	240	30	8	M27	202	175	176	3	4.5	36	98	118	172	8	18.02	17.09
150	159	345/340	280	34	8	M30	240	203	204	3	4.5	38	108	142	206	8	26.45	25.29
(175)	194	375/370	310	34	12	M30	270	233	234	3	4.5	42	110	174	232	10	30.63	29.61
200	219	415/405	345	36/34	12	M33/M30	300	259	260	3	4.5	44	116	198	264	10	39.68	38.51
(225)	245	430	370	36/34	12	M33/M30	325	286	287	3	4.5	46	120	222	290	10	43.34	42.32
250	273	470	400	36/41	12	M33/M36	352	312	313	3	4.5	48	122	246	316	10	53.64	52.47
300	325	530	460	36/41	16	M33/M36	412	363	364	4	4.5	54	136	294	370	12	73.10	69.97
350	377	600/595	525	41	16	M36	475	421	422	4	5	60	154	342	430	12	103.50	100.10
400	426	670	585	42/48	16	M39/M42	525	473	474	4	5	66	170	386	484	12	143.30	138.90

PN10.0MPa

公称尺寸 DN	管子外径 A	连接尺寸			螺栓、螺柱		密封面尺寸					法兰厚度 C	法兰高度 H	法兰内径 B	颈部直径 N_max	圆角半径 R	重量/kg	
		法兰外径 D	螺栓孔中心圆直径 K	螺栓孔直径 L	数量 n	螺纹 Th	d	X	Y	f	f₁、f₂						A型	B型
10	14	100	70	14	4	M12	50	34	35	2	4	18	45	8	34	4	1.12	1.01
15	18	105	75	14	4	M12	55	39	40	2	4	20	48	12	38	4	1.37	1.26
20	25	130/125	90	18	4	M16	68	50	51	2	4	22	56	18	48	5	2.30	2.13
25	32	140/135	100	18	4	M16	78	57	58	2	4	24	58	25	52	5	2.86	2.67
32	38	155/150	110	23	4	M20	82	65	66	2	4	24	62	31	64	5	3.50	3.28
40	45	170/165	125	23	4	M20	95	75	76	3	4	26	70	37	76	5	4.72	4.28
50	57	195	145	26/25	4	M24/M22	112	87	88	3	4	28	72	45	86	5	6.58	6.02
65	73	220	170	26/25	8	M24/M22	138	109	110	3	4	32	84	62	110	6	9.20	8.60
80	89	230	180	26/25	8	M24/M22	148	120	121	3	4	34	90	75	124	6	10.61	9.97
100	108	265	210	30	8	M27	172	149	150	3	4.5	38	100	92	146	6	15.54	14.70
125	133	315/310	250	34	8	M30	210	175	176	3	4.5	42	115	112	180	8	25.10	24.00
150	159	355/350	290	34	12	M30	250	203	204	3	4.5	46	130	136	214	8	34.43	33.26
(175)	194	385/380	320	34	12	M30	280	233	234	3	4.5	48	135	166	246	10	41.60	40.47
200	219	430	360	36/41	12	M33/M36	312	259	260	3	4.5	54	145	190	276	10	57.14	55.80
(225)	245	470	400	41	12	M36	352	286	287	3	4.5	56	165	212	312	10	73.30	71.90
250	273	505/500	430	41	12	M36	382	312	313	3	4.5	60	170	236	340	10	89.30	87.90
300	325	585	500	42/48	16	M39/M42	442	363	364	4	4.5	70	195	284	400	12	107.45	130.10
350	377	665	560	48/54	16	M45/M48	498	421	422	4	5	76	210	332	460	12	186.00	175.20
400	426	715	620	48/54	16	M45/M48	558	473	474	4	5	80	220	376	510	12	223.50	218.50

PN16.0MPa

公称尺寸 DN	管子外径 A	连接尺寸			螺栓、螺柱		密封面尺寸					法兰厚度 C	法兰高度 H	法兰内径 B	颈部直径 N_{max}	圆角半径 R	重量/kg	
		法兰外径 D	螺栓孔中心圆直径 K	螺栓孔直径 L	数量 n	螺纹 Th	d	X	Y	f	f_1、f_2						A型	B型
15	18	110	75	18	4	M16	55	39	40	2	4	24	50	11	40	4	1.73	1.60
20	25	130	90	23	4	M20	62	50	51	2	4	26	55	18	45	4	2.50	2.33
25	32	140	100	23	4	M20	72	57	58	2	4	28	55	23	52	4	3.16	2.97
32	42	165	115	25	4	M22	85	65	66	2	4	30	60	32	62	5	4.70	4.46
40	48	175	125	27	4	M24	92	75	76	3	4	32	65	37	74	5	5.73	5.26
50	60	215	165	25	8	M22	132	87	88	3	4	36	90	48	106	5	10.33	9.76
65	73	245	190	30	8	M27	152	109	110	3	4	44	105	62	128	8	16.03	15.29
80	89	260	205	30	8	M27	168	120	121	3	4	46	110	70	138	8	18.92	18.13
100	114	300	240	34	8	M30	200	149	150	3	4.5	48	120	90	170	8	26.96	25.98
125	146	355	285	41	8	M36	238	175	176	3	4.5	60	140	118	206	8	44.72	43.55
150	168	390	318	41	12	M36	270	203	204	3	4.5	66	155	136	234	8	56.86	56.55
(175)	194	460	380	48	12	M42	325	233	234	3	4.5	76	180	158	270	10	92.26	90.54
200	219	480	400	48	12	M42	345	259	260	3	4.5	78	185	178	298	10	104.66	102.85
(225)	245	545	450	54	12	M48	390	286	287	3	4.5	82	215	200	346	10	150.22	147.95
250	273	580	485	54	12	M48	425	312	313	3	4.5	88	230	224	380	10	184.30	182.00
300	325	665	570	54	16	M48	510	363	364	4	4.5	100	275	268	460	12	287.00	282.00

PN20.0MPa

公称尺寸 DN	管子外径 A	连接尺寸			螺栓、螺柱		密封面尺寸					法兰厚度 C	法兰高度 H	法兰内径 B	颈部直径 N_{max}	圆角半径 R	重量/kg	
		法兰外径 D	螺栓孔中心圆直径 K	螺栓孔直径 L	数量 n	螺纹 Th	d	X	Y	f	f_1、f_2						A型	B型
15	22	120	82	23	4	M20	55	27	28	2	5	26	50	14	40	5	2.05	1.94
20	28	130	90	23	4	M20	62	34	35	2	5	28	55	19	46	5	2.64	2.52
25	35	150	102	23	4	M22	72	41	42	2	5	30	55	25	54	5	3.78	3.62
32	42	160	115	25	4	M22	85	49	50	2	5	32	60	31	64	5	4.68	4.52
40	48	170	124	27	4	M24	90	55	56	3	5	34	70	36	74	5	5.68	5.36
50	60	210	160	25	8	M22	128	69	70	3	5	40	95	46	105	8	10.76	10.36
65	89	260	203	30	8	M27	165	96	97	3	5	48	110	68	138	8	19.63	19.09
80	108	290	230	34	8	M30	190	115	116	3	5	54	125	80	162	8	27.80	27.19
100	133	360	292	41	8	M36	245	137	138	3	6	66	165	102	208	8	54.02	53.33
125	168	385	318	41	12	M36	270	169	170	3	6	76	170	130	234	8	64.62	64.22
150	194	440	360	48	12	M42	305	189	190	3	6	82	180	150	266	8	89.73	89.30
(175)	219	475	394	48	12	M42	340	213	214	3	6	84	190	170	294	10	109.80	109.50
200	245	535	440	54	12	M48	380	244	245	3	6	92	210	192	340	10	156.70	156.00
(225)	273	580	483	58	12	M52	418	267	268	3	6	100	240	212	374	10	203.00	202.60
250	325	670	572	58	16	M52	508	318	319	3	6	110	290	254	460	10	319.60	319.60

注：管子外径 A 即法兰焊端外径。所有带"/"的分为系列 1/系列 2；系列 1 法兰连接尺寸与国际及德国法兰标准尺寸互换；系列 2 与原机标法兰尺寸互换；新产品设计应优先采用系列 1 尺寸。表中列出的法兰重量是指系列 2 法兰。

5.4.5.3　榫槽面对焊钢制管法兰（JB/T 82.3—1994）

本标准规定了公称压力 PN 为 4.0MPa，6.3MPa，10.0MPa 的榫槽面对焊钢制管法兰的型式和尺寸。法兰型式和尺寸按图 5.4-8 和表 5.4-17 的规定。

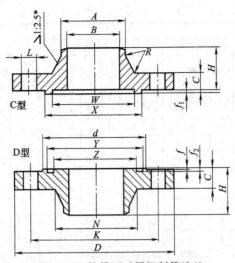

图 5.4-8　榫槽面对焊钢制管法兰

注：PN16.0 和 PN20.0MPa 法兰的颈部斜度为 1 : 2

表 5.4-17　榫槽面对焊钢制管法兰尺寸　　　　　　　　　　单位：mm

公称尺寸 DN	管子外径 A	连接尺寸			螺栓、螺柱		密封面尺寸								法兰厚度 C	法兰高度 H	法兰内径 B	颈部直径 N_{max}	圆角半径 R	重量/kg	
		法兰外径 D	螺栓孔中心圆直径 K	螺栓孔直径 L	数量 n	螺纹 Th	d	W	X	Y	Z	f	f_1、f_2						C 型	D 型
PN4.0MPa																				
10	14	90	60	14	4	M12	40	24	34	35	23	2	4	16	35	8	26	4	0.76	0.67
15	18	95	65	14	4	M12	45	29	39	40	28	2	4	16	35	12	30	5	0.85	0.78
20	25	105	75	14	4	M12	55	36	50	51	35	2	4	16	36	18	38	5	1.07	0.95
25	32	115	85	14	4	M12	65	43	57	58	42	2	4	16	38	25	45	5	1.28	1.15
32	38	140/135	100	18	4	M16	78	51	65	66	50	2	4	18	45	31	56	5	2.13	1.91
40	45	150/145	110	18	4	M16	85	61	75	76	60	2	4	18	45	38	64	5	2.46	2.12
50	57	165/160	125	18	4	M16	100	73	87	88	72	2	4	20	48	48	76	5	3.26	2.88
65	73	185/180	145	18	8	M16	120	95	109	110	94	3	4	22	52	66	96	5	4.23	3.79
80	89	200/195	160	18	8	M16	135	106	120	121	105	3	4	24	58	78	112	5	5.41	4.94
100	108	235/230	190	23	8	M20	160	129	149	150	128	3	4.5	26	68	96	138	6	8.18	7.46
125	133	270	220	26/25	8	M24/M22	188	155	175	176	154	3	4.5	28	68	120	160	8	10.80	9.91
150	159	300	250	26/25	8	M24/M22	218	183	203	204	182	3	4.5	30	72	145	186	8	13.82	12.80
(175)	194	350	295	30	12	M27	258	213	233	234	212	3	4.5	36	88	177	226	10	21.41	20.24
200	219	375	320	30	12	M27	282	239	259	260	238	3	4.5	38	88	200	250	10	25.09	23.81
(225)	245	415	355	34	12	M30	315	266	286	287	265	3	4.5	40	98	226	280	10	31.93	30.45
250	273	450/445	385	34	12	M30	345	292	312	313	291	3	4.5	42	102	252	310	10	39.27	37.60
300	325	515/510	450	34	16	M30	408	343	363	364	342	4	4.5	46	116	301	368	12	55.22	52.85
350	377	580/570	510	36/34	16	M33/M30	465	395	421	422	394	4	5	52	120	351	418	12	74.29	71.10
400	426	660/655	585	41	16	M36	535	447	473	474	446	4	5	58	142	398	480	12	110.75	106.95
450	480	685/680	610	41	20	M36	560	497	523	524	496	4	5	60	146	448	530	14	111.40	107.65
500	530	755	670	42/48	20	M39/M42	612	549	575	576	548	4	5	62	156	495	580	15	141.00	136.30
PN6.3MPa																				
10	14	100	70	14	4	M12	50	24	34	35	23	2	4	18	48	8	34	4	1.11	1.00
15	18	105	75	14	4	M12	55	29	39	40	28	2	4	18	48	12	38	5	1.23	1.11

PN6.3MPa

公称尺寸 DN	管子外径 A	连接尺寸			螺栓、螺柱		密封面尺寸							法兰厚度 C	法兰高度 H	法兰内径 B	颈部直径 N_{max}	圆角半径 R	重量/kg	
		法兰外径 D	螺栓孔中心圆直径 K	螺栓孔直径 L	数量 n	螺纹 Th	d	W	X	Y	Z	f	f_1、f_2						C 型	D 型
20	25	130/125	90	18	4	M16	68	36	50	51	35	2	4	20	56	18	48	5	2.10	1.90
25	32	140/135	100	18	4	M16	78	43	57	58	42	2	4	22	58	25	52	5	2.61	2.40
32	38	155/150	110	23	4	M20	82	51	65	66	50	2	4	24	62	31	64	5	3.46	3.20
40	45	170/165	125	23	4	M20	95	61	75	76	60	3	4	24	68	37	74	5	4.30	3.90
50	57	180/175	135	23	4	M20	105	73	87	88	72	3	4	26	70	47	86	5	5.21	4.77
65	73	205/200	160	23	8	M20	130	95	109	110	94	3	4	28	75	64	106	5	6.88	6.37
80	89	215/210	170	23	8	M20	140	106	120	121	105	3	4	30	75	77	120	5	7.94	7.41
100	108	250	200	26/25	8	M24/M22	168	129	149	150	128	3	4.5	32	80	94	140	6	11.30	10.52
125	133	295	240	30	8	M27	202	155	175	176	154	3	4.5	36	98	118	172	8	17.74	16.75
150	159	345/340	280	34	8	M30	240	183	203	204	182	3	4.5	38	108	142	206	8	26.08	24.90
(175)	194	375/370	310	34	12	M30	270	213	233	234	212	3	4.5	42	110	174	232	10	30.22	28.90
200	219	415/405	345	36/34	12	M33/M30	300	239	259	260	238	3	4.5	44	116	198	264	10	39.19	37.70
(225)	245	430	370	36/34	12	M33/M30	325	266	286	287	265	3	4.5	46	120	222	290	10	42.74	41.25
250	273	470	400	36/41	12	M33/M36	352	292	312	313	291	3	4.5	48	122	246	316	10	52.96	51.20
300	325	530	460	36/41	16	M33/M36	412	343	363	364	342	3	4.5	54	136	294	370	10	72.24	69.80
350	377	600/595	525	41	16	M36	475	395	421	422	394	4	5	60	154	342	430	12	102.3	99.10
400	426	670	585	42/48	16	M39/M42	525	447	473	474	446	4	5	66	170	386	484	12	141.75	137.70

PN10.0MPa

公称尺寸 DN	管子外径 A	连接尺寸			螺栓、螺柱		密封面尺寸							法兰厚度 C	法兰高度 H	法兰内径 B	颈部直径 N_{max}	圆角半径 R	重量/kg	
		法兰外径 D	螺栓孔中心圆直径 K	螺栓孔直径 L	数量 n	螺纹 Th	d	W	X	Y	Z	f	f_1、f_2						C 型	D 型
10	14	100	70	14	4	M12	50	24	34	35	23	2	4	18	45	8	34	4	1.11	1.00
15	18	105	75	14	4	M12	55	29	39	40	28	2	4	20	48	12	38	5	1.36	1.24
20	25	130/125	90	18	4	M16	68	36	50	51	35	2	4	22	56	18	48	5	2.28	2.09
25	32	140/135	100	18	4	M16	78	43	57	58	42	2	4	24	58	25	52	5	2.83	2.61
32	38	155/150	110	23	4	M20	82	51	65	66	50	2	4	24	62	31	64	5	3.46	3.20
40	45	170/165	125	23	4	M20	95	61	75	76	60	3	4	26	70	37	76	5	4.66	4.25
50	57	195	145	26/25	4	M24/M22	112	73	87	88	72	3	4	28	72	45	86	5	6.50	6.00
65	73	220	170	26/25	8	M24/M22	138	95	109	110	94	3	4	32	84	62	110	6	9.10	8.52
80	89	230	180	26/25	8	M24/M22	148	106	120	121	105	3	4	34	90	75	124	6	10.47	9.90
100	108	265	210	30	8	M27	172	129	149	150	128	3	4.5	38	100	92	146	6	15.32	14.50
125	133	315/310	250	34	8	M30	210	155	175	176	154	3	4.5	42	115	112	180	8	24.78	23.70
150	159	355/350	290	34	12	M30	250	183	203	204	182	3	4.5	46	130	136	214	8	34.02	32.90
(175)	194	385/380	320	34	12	M30	280	213	233	234	212	3	4.5	48	135	166	246	10	41.12	39.90
200	219	430	360	36/41	12	M33/M36	312	239	259	260	238	3	4.5	54	145	190	276	10	56.56	55.00
(225)	245	470	400	41	12	M36	352	266	286	287	265	3	4.5	56	165	212	312	10	72.60	71.00
250	273	505/500	430	41	12	M36	382	292	312	313	291	3	4.5	60	170	236	340	10	88.50	86.70
300	325	585	500	42/48	16	M39/M42	442	343	363	364	342	3	4.5	70	195	284	400	12	134.00	140.00
350	377	655	560	48/54	16	M45/M48	498	395	421	422	394	4	5	76	210	332	460	12	178.50	168.55
400	426	715	620	48/54	16	M45/M48	558	447	473	474	446	4	5	80	220	376	510	12	221.60	217.40

注：管子外径 A 即法兰焊端外径。所有带"/"的分为系列1/系列2；系列1法兰连接尺寸与国标及德国法兰标准尺寸互换，系列2与原机标法兰尺寸互换；新产品设计应优先采用系列1尺寸。表中列出的法兰重量是指系列2法兰。

5.4.5.4 环连接面对焊钢制管法兰（JB/T 82.4—1994）

本标准规定了公称压力 PN 为 6.3，10.0，16.0，20.0MPa 的环连接面对焊钢制管法兰的型式和尺寸。法兰型式和尺寸按图 5.4-9 和表 5.4-18 的规定。

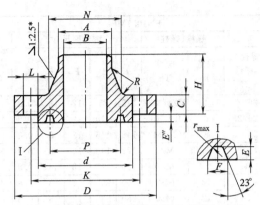

图 5.4-9 环连接面对焊钢制管法兰

注：PN16.0 和 PN20.0MPa 法兰的颈部斜度为 1：2。

凸出部分高度与梯形槽深度 E 相等，但不受尺寸 E 公差的限制；允许采用如虚线所示轮廓的全平面形式。

表 5.4-18 环连接面对焊钢制管法兰尺寸 单位：mm

公称尺寸 DN	管子外径 A	连接尺寸			螺栓、螺柱		密封面尺寸					法兰厚度 C	法兰高度 H	法兰内径 B	颈部直径 N_{max}	圆角半径 R	重量 /kg
		法兰外径 D	螺栓孔中心圆直径 K	螺栓孔直径 L	数量 n	螺纹 Th	d	P	F	E	r_{max}						
						PN6.3MPa											
10	14	100	70	14	4	M12	50	35	9	6.5	0.8	18	48	8	34	4	1.17
15	18	105	75	14	4	M12	55	35	9	6.5	0.8	18	48	12	38	5	1.31
20	25	130/125	90	18	4	M16	68	45	9	6.5	0.8	20	56	18	48	5	2.22
25	32	140/135	100	18	4	M16	78	50	9	6.5	0.8	22	58	25	52	5	2.79
32	38	155/150	110	23	4	M20	82	65	9	6.5	0.8	24	62	31	64	5	3.61
40	45	170/165	125	23	4	M20	95	75	9	6.5	0.8	24	68	37	74	5	4.51
50	57	180/175	135	23	4	M20	105	85	12	8	0.8	26	70	47	86	5	5.50
65	73	205/200	160	23	8	M20	130	110	12	8	0.8	28	75	64	106	6	7.32
80	89	215/210	170	23	8	M20	140	115	12	8	0.8	30	75	77	120	6	8.43
100	108	250	200	26/25	8	M24/M22	168	145	12	8	0.8	32	80	94	140	6	11.98
125	133	295	240	30	8	M27	202	175	12	8	0.8	36	98	118	172	8	18.75
150	159	345/340	280	34	8	M30	240	205	12	8	0.8	38	108	142	206	8	27.57
(175)	194	375/370	310	34	12	M30	270	235	12	8	0.8	42	111	174	232	10	32.00
200	219	415/405	345	36/34	12	M33/M30	300	265	12	8	0.8	44	116	198	264	10	41.30
(225)	245	430	370	36/34	12	M33/M30	325	280	12	8	0.8	46	120	222	290	10	45.13
250	273	470	400	36/41	12	M33/M36	352	320	12	8	0.8	48	122	246	316	10	55.70
300	325	530	460	36/41	16	M33/M36	412	375	12	8	0.8	54	136	294	370	12	76.00
350	377	600/595	525	41	16	M36	475	420	12	8	0.8	60	154	342	430	12	107.20
400	426	670	585	42/48	16	M39/M42	525	480	12	8	0.8	66	170	386	484	12	147.60
						PN10.0MPa											
10	14	100	70	14	4	M12	50	35	9	6.5	0.8	18	45	8	34	4	1.15
15	18	105	75	14	4	M12	55	35	9	6.5	0.8	20	48	12	38	5	1.44
20	25	130/125	90	18	4	M16	68	45	9	6.5	0.8	22	56	18	48	5	2.40
25	32	140/135	100	18	4	M16	78	50	9	6.5	0.8	24	58	25	52	5	3.00
32	38	155/150	110	23	4	M20	82	65	9	6.5	0.8	24	62	31	64	5	3.61
40	45	170/165	125	23	4	M20	95	75	9	6.5	0.8	26	70	37	76	5	4.88

PN10.0MPa

公称尺寸 DN	管子外径 A	连接尺寸 法兰外径 D	螺栓孔中心圆直径 K	螺栓孔直径 L	螺栓、螺柱 数量 n	螺纹 Th	密封面尺寸 d	P	F	E	r_{max}	法兰厚度 C	法兰高度 H	法兰内径 B	颈部直径 N_{max}	圆角半径 R	重量 /kg
50	57	195	145	26/25	4	M24/M22	112	85	12	8	0.8	28	72	45	86	5	6.87
65	73	220	170	26/25	8	M24/M22	138	110	12	8	0.8	32	84	62	110	6	9.64
80	89	230	180	26/25	8	M24/M22	148	115	12	8	0.8	34	90	75	124	6	11.10
100	108	265	210	30	8	M27	172	145	12	8	0.8	38	100	92	146	6	16.10
125	133	315/310	250	34	8	M30	210	175	12	8	0.8	42	115	112	180	8	26.05
150	159	355/350	290	34	12	M30	250	205	12	8	0.8	46	130	136	214	8	35.90
(175)	194	385/380	320	34	12	M30	280	235	12	8	0.8	48	135	166	246	10	43.33
200	219	430	360	36/41	12	M33/M36	312	265	12	8	0.8	54	145	190	276	10	59.30
(225)	245	470	400	41	12	M36	352	280	12	8	0.8	56	165	212	312	10	76.20
250	273	505/500	430	41	12	M36	382	320	12	8	0.8	60	170	236	340	10	92.70
300	325	585	500	42/48	16	M39/M42	442	375	12	8	0.8	70	195	284	400	12	139.50
350	377	665	560	48/54	16	M45/M48	498	420	17	11	0.8	76	210	332	460	12	193.20
400	426	715	620	48/54	16	M45/M48	558	480	17	11	0.8	80	220	376	510	12	232.30

PN16.0MPa

公称尺寸 DN	管子外径 A	连接尺寸 法兰外径 D	螺栓孔中心圆直径 K	螺栓孔直径 L	螺栓、螺柱 数量 n	螺纹 Th	密封面尺寸 d	P	F	E	r_{max}	法兰厚度 C	法兰高度 H	法兰内径 B	颈部直径 N_{max}	圆角半径 R	重量 /kg
15	18	110	75	18	4	M16	52	35	9	6.5	0.8	24	50	11	40	4	1.77
20	25	130	90	23	4	M20	62	45	9	6.5	0.8	26	55	18	45	4	2.56
25	32	140	100	23	4	M20	72	50	9	6.5	0.8	28	55	23	52	4	3.26
32	42	165	115	25	4	M22	85	65	9	6.5	0.8	30	60	32	62	5	4.84
40	48	175	125	27	4	M24	92	75	9	6.5	0.8	32	65	37	74	5	5.87
50	60	215	165	25	8	M22	132	95	12	8	0.8	36	90	48	106	5	10.84
65	73	245	190	30	8	M27	152	110	12	8	0.8	44	105	62	128	8	16.67
80	89	260	205	30	8	M27	168	130	12	8	0.8	46	110	70	138	8	19.73
100	114	300	240	34	8	M30	200	160	12	8	0.8	48	120	90	170	8	28.06
125	146	355	285	41	8	M36	238	190	12	8	0.8	60	140	118	206	10	46.30
150	168	390	318	41	12	M36	270	205	14	10	0.8	66	155	136	234	10	60.45
(175)	194	460	380	48	12	M42	325	255	17	11	0.8	76	180	158	270	10	96.57
200	219	480	400	48	12	M42	345	275	17	11	0.8	78	185	178	298	10	109.30
(225)	245	545	450	54	12	M48	390	305	17	11	0.8	82	215	200	346	10	156.40
250	273	580	485	54	12	M48	425	330	17	11	0.8	88	230	224	380	10	191.60
300	325	665	570	54	16	M48	510	380	23	14	0.8	100	275	268	460	10	300.60

PN20.0MPa

公称尺寸 DN	管子外径 A	连接尺寸 法兰外径 D	螺栓孔中心圆直径 K	螺栓孔直径 L	螺栓、螺柱 数量 n	螺纹 Th	密封面尺寸 d	P	F	E	r_{max}	法兰厚度 C	法兰高度 H	法兰内径 B	颈部直径 N_{max}	圆角半径 R	重量 /kg
15	22	120	82	23	4	M20	55	40	9	6.5	0.8	26	50	14	40	5	2.12
20	28	130	90	23	4	M20	62	45	9	6.5	0.8	28	55	19	46	5	2.73
25	35	150	102	25	4	M22	72	50	9	6.5	0.8	30	55	25	54	5	3.91
32	42	160	115	25	4	M22	85	65	9	6.5	0.8	32	60	31	64	5	4.86
40	48	170	124	27	4	M24	90	75	9	6.5	0.8	34	70	36	74	5	5.55
50	60	210	160	25	8	M22	128	95	12	8	0.8	40	95	46	105	5	11.30
65	89	260	203	30	8	M27	165	110	12	8	0.8	48	110	68	138	8	20.55

续表

PN20.0MPa

公称尺寸 DN	管子外径 A	连接尺寸			螺栓、螺柱		密封面尺寸					法兰厚度 C	法兰高度 H	法兰内径 B	颈部直径 N_{max}	圆角半径 R	重量/kg
		法兰外径 D	螺栓孔中心圆直径 K	螺栓孔直径 L	数量 n	螺纹 Th	d	P	F	E	r_{max}						
80	108	290	230	34	8	M30	190	160	12	8	0.8	54	125	80	162	8	27.23
100	133	360	292	41	8	M36	245	190	12	8	0.8	66	165	102	208	8	56.16
125	168	385	318	41	12	M36	270	205	14	10	0.8	76	170	130	234	10	67.65
150	194	440	360	48	12	M42	305	240	17	11	0.8	82	180	150	266	10	93.95
(175)	219	475	394	48	12	M42	340	275	17	11	0.8	84	190	170	294	10	115.00
200	245	535	440	54	12	M48	380	305	17	11	0.8	92	210	192	340	10	163.15
(225)	273	580	483	58	12	M52	418	330	17	11	0.8	100	240	212	374	10	211.00
250	325	670	572	58	16	M52	508	380	23	14	0.8	110	290	254	460	10	335.60

注：管子外径 A 即法兰焊端外径。所有带"/"的分为系列 1/系列 2；系列 1 法兰连接尺寸与国标及德国法兰标准尺寸互换，系列 2 与原机标法兰尺寸互换；新产品设计应优先采用系列 1 尺寸。表中列出的法兰重量是指系列 2 法兰。

5.4.6　平焊环板式松套钢制管法兰（JB/T 83—1994）

本标准规定了公称压力 PN 为 0.25，0.6，1.0，1.6，2.5MPa 的平焊环板式松套钢制管法兰的型式和尺寸。法兰型式和尺寸按图 5.4-10 和表 5.4-19 的规定。

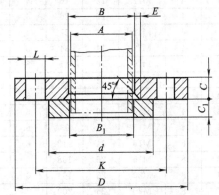

图 5.4-10　平焊环板式松套钢制管法兰

表 5.4-19　平焊环板式松套钢制管法兰尺寸　　　　单位：mm

PN0.25MPa、PN0.6MPa

公称尺寸 DN	管子外径 A	连接尺寸			螺栓、螺柱		法兰厚度 C	法兰内径		平焊环			重量/kg	
		法兰外径 D	螺栓孔中心圆直径 K	螺栓孔直径 L	数量 n	螺纹 Th		B	E	外径 d	内径 B_1	厚度 C_1	法兰	焊环
10	14	75	50	12	4	M10	10	16	4	32	15	8	0.30	0.05
15	18	80	55	12	4	M10	10	20	4	40	19	8	0.33	0.06
20	25	90	65	12	4	M10	10	27	4	50	26	10	0.42	0.12
25	32	100	75	12	4	M10	12	34	5	60	33	10	0.61	0.16
32	38	120	90	14	4	M12	12	41	5	70	39	10	0.88	0.21
40	45	130	100	14	4	M12	12	48	5	80	46	10	1.02	0.27
50	57	140	110	14	4	M12	12	60	5	90	59	12	1.13	0.36
65	73	160	130	14	4	M12	14	80	6	110	75	14	1.59	0.55
80	89	190/185	150	18	4	M16	14	93	6	125	91	14	2.10	0.73
100	108	210/205	170	18	4	M16	14	112	6	145	110	14	2.66	0.88
125	133	240/235	200	18	8	M16	14	138	6	175	135	14	2.90	1.21
150	159	265/260	225	18	8	M16	16	164	6	200	161	16	3.76	1.53

PN0.25MPa，PN0.6MPa

公称尺寸 DN	管子外径 A	连接尺寸			螺栓、螺柱		法兰厚度 C	法兰内径		平焊环			重量/kg	
		法兰外径 D	螺栓孔中心圆直径 K	螺栓孔直径 L	数量 n	螺纹 Th		B	E	外径 d	内径 B_1	厚度 C_1	法兰	焊环
(175)	194	290	255	18	8	M16	18	200	7	230	196	18	4.61	1.80
200	219	320/315	280	18	8	M16	18	225	8	255	222	18	5.11	2.06
(225)	245	340	305	18	8	M16	20	251	9	280	248	18	6.17	2.16
250	273	375/370	335	18	12	M16	20	279	11	310	276	18	6.80	2.53
300	325	440/435	395	23	12	M20	24	331	11	362	328	20	10.85	3.40
350	377	490/485	445	23	12	M20	28	383	12	412	380	20	14.19	3.71
400	426	540/535	495	23	16	M20	32	433	12	462	430	24	17.81	5.14
450	480	595/590	550	23	16	M20	34	485	12	518	484	24	21.89	5.50
500	530	645/640	600	23	16	M20	38	536	12	568	534	26	26.70	7.22

PN1.0MPa

公称尺寸 DN	管子外径 A	连接尺寸			螺栓、螺柱		法兰厚度 C	法兰内径		平焊环			重量/kg	
		法兰外径 D	螺栓孔中心圆直径 K	螺栓孔直径 L	数量 n	螺纹 Th		B	E	外径 d	内径 B_1	厚度 C_1	法兰	焊环
10	14	90	60	14	4	M12	12	16	4	40	15	10	0.52	0.09
15	18	95	65	14	4	M12	12	20	4	45	19	10	0.58	0.11
20	25	105	75	14	4	M12	14	27	4	55	26	12	0.82	0.20
25	32	115	85	14	4	M12	14	34	5	65	33	12	0.97	0.27
32	38	140/135	100	18	4	M16	16	41	5	78	39	12	1.51	0.34
40	45	150/145	110	18	4	M16	18	48	5	85	46	12	1.93	0.42
50	57	165/160	125	18	4	M16	18	60	5	100	59	14	2.31	0.62
65	73	185/180	145	18	4	M16	20	80	6	120	75	16	3.05	0.90
80	89	200/195	160	18	4	M16	22	93	6	135	91	16	3.81	1.10
100	108	220/215	180	18	8	M16	24	112	6	155	110	16	4.61	1.31
125	133	250/245	210	18	8	M16	26	138	6	185	135	18	6.15	1.96
150	159	285/280	240	23	8	M20	26	164	6	210	161	18	7.58	2.22
(175)	194	310	270	23	8	M20	26	200	7	240	196	20	8.32	2.58
200	219	340/335	295	23	8	M20	26	225	8	265	222	20	9.20	2.94
(225)	245	365	325	23	8	M20	28	251	9	295	248	22	11.40	3.66
250	273	395/390	350	23	12	M20	28	279	11	320	276	22	11.70	3.78
300	325	445/440	400	23	12	M20	30	331	11	368	328	22	14.40	4.24
350	377	505/500	460	23	16	M20	32	383	12	428	380	24	18.70	6.33
400	426	565	515	26/25	16	M24/M22	34	433	12	482	430	26	26.50	8.15
450	480	615	565	26/25	20	M24/M22	34	485	12	532	484	26	27.30	8.74
500	530	670	620	26/25	20	M24/M22	38	536	12	585	534	28	34.90	10.60

PN1.6MPa

公称尺寸 DN	管子外径 A	连接尺寸			螺栓、螺柱		法兰厚度 C	法兰内径		平焊环			重量/kg	
		法兰外径 D	螺栓孔中心圆直径 K	螺栓孔直径 L	数量 n	螺纹 Th		B	E	外径 d	内径 B_1	厚度 C_1	法兰	焊环
10	14	90	60	14	4	M12	14	16	4	40	15	12	0.60	0.10
15	18	95	65	14	4	M12	14	20	4	45	19	12	0.67	0.13
20	25	105	75	14	4	M12	16	27	4	55	26	14	0.93	0.24
25	32	115	85	14	4	M12	16	34	5	65	33	14	1.11	0.31
32	38	140/135	100	18	4	M16	18	41	5	78	39	16	1.67	0.45
40	45	150/145	110	18	4	M16	20	48	5	85	46	16	2.15	0.57

PN1.6MPa

公称尺寸 DN	管子外径 A	连接尺寸			螺栓、螺柱		法兰厚度 C	法兰内径		平焊环			重量/kg	
		法兰外径 D	螺栓孔中心圆直径 K	螺栓孔直径 L	数量 n	螺纹 Th		B	E	外径 d	内径 B₁	厚度 C₁	法兰	焊环
50	57	165/160	125	18	4	M16	20	60	5	100	59	16	2.55	0.71
65	73	185/180	145	18	4	M16	22	80	6	120	75	18	3.35	1.01
80	89	200/195	160	18	8	M16	24	93	6	135	91	18	3.96	1.23
100	108	220/215	180	18	8	M16	26	112	6	155	110	20	4.98	1.64
125	133	250/245	210	18	8	M16	28	138	6	185	135	20	6.63	2.18
150	159	285/280	240	23	8	M20	28	164	6	210	161	22	8.16	2.67
(175)	194	310	270	23	8	M20	28	200	7	240	196	22	8.96	2.84
200	219	340/335	295	23	12	M20	28	225	8	265	222	22	9.54	3.42
(225)	245	365	325	23	12	M20	28	251	9	295	248	22	11.10	3.99
250	273	405	355	26/25	12	M24/M22	30	279	11	320	276	24	13.40	4.22
300	325	460	410	26/25	12	M24/M22	32	331	11	375	328	24	18.60	6.41
350	377	520	470	26/25	16	M24/M22	34	383	12	435	380	26	22.70	9.07
400	426	580	525	30	16	M27	36	433	12	485	430	28	29.90	10.10
450	480	640	585	30	20	M27	38	485	12	545	484	28	36.60	12.80
500	530	715/705	650	34	20	M30	42	536	12	608	534	30	48.30	17.10

PN2.5MPa

公称尺寸 DN	管子外径 A	连接尺寸			螺栓、螺柱		法兰厚度 C	法兰内径		平焊环			重量/kg	
		法兰外径 D	螺栓孔中心圆直径 K	螺栓孔直径 L	数量 n	螺纹 Th		B	E	外径 d	内径 B₁	厚度 C₁	法兰	焊环
10	14	90	60	14	4	M12	16	16	4	40	15	14	0.70	0.12
15	18	95	65	14	4	M12	16	20	4	45	19	14	0.77	0.15
20	25	105	75	14	4	M12	18	27	4	55	26	16	1.06	0.27
25	32	115	85	14	4	M12	18	34	5	65	33	16	1.25	0.36
32	38	140/135	100	18	4.	M16	20	41	5	78	39	16	1.88	0.51
40	45	150/145	110	18	4	M16	22	48	5	85	46	18	2.36	0.64
50	57	165/160	125	18	4	M16	22	66	5	100	59	18	2.81	0.79
65	73	185/180	145	18	8	M16	24	80	6	120	75	20	3.46	1.12
80	89	200/195	160	18	8	M16	26	93	6	135	91	20	4.29	1.37
100	108	235/230	190	23	8	M20	28	112	6	160	110	22	6.24	1.98
125	133	270	220	26/25	8	M24/M22	30	138	6	188	135	24	8.54	2.64
150	159	300	250	26/25	8	M24/M22	30	164	6	218	161	24	10.90	3.29
(175)	194	330	280	26/25	12	M24/M22	30	200	7	248	196	24	11.40	3.53
200	219	360	310	26/25	12	M24/M22	30	225	8	278	222	24	13.20	4.34
(225)	245	395	340	30	12	M27	32	251	9	302	248	26	16.20	5.29
250	273	425	370	30	12	M27	32	279	11	332	276	26	18.10	6.04
300	325	485	430	30	16	M27	34	331	11	390	328	26	23.30	7.45
350	377	555/550	490	34	16	M30	38	383	12	448	380	28	31.70	10.43
400	426	620/610	550	36/34	16	M33/M30	42	433	12	505	430	30	42.51	13.60
450	480	670/660	600	36/34	20	M33/M30	46	485	12	555	484	30	48.15	14.36
500	530	730	660	36/41	20	M33/M36	50	536	12	610	534	32	61.57	19.20

注：所有带"/"的分为系列1/系列2；系列1法兰连接尺寸与国标及德国法兰标准尺寸互换，系列2与原机标法兰尺寸互换；新产品设计应优先采用系列1尺寸。表中列出的法兰重量是指系列2法兰。

5.4.7　对焊环板式松套钢制管法兰（JB/T 84—1994）

本标准规定了公称压力 PN 为 4.0，6.3，10.0 MPa 的凹凸面对焊环板式松套钢制管法兰的型式和尺寸。

法兰型式和尺寸按图 5.4-11 和表 5.4-20 的规定。

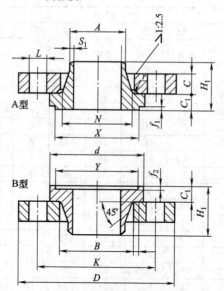

图 5.4-11 凹凸面对焊环板式松套钢制管法兰

表 5.4-20 凹凸面对焊环板式松套钢制管法兰尺寸 单位：mm

PN4.0MPa																				
公称尺寸 DN	管子外径 A	连接尺寸			螺栓、螺柱		法兰厚度 C	法兰内径 B	对焊环										重量/kg		
		法兰外径 D	螺栓孔中心圆直径 K	螺栓孔直径 L	数量 n	螺纹 Th			外径 d	内径 B₁	厚度 C₁	高度 H₁	X	Y	f₁、f₂	Nmax	r	法兰	A型焊环	B型焊环
10	14	90	60	14	4	M12	12	32	40	8	10	35	34	35	4	28	2	0.47	0.14	0.12
15	18	95	65	14	4	M12	14	32	45	12	10	35	39	40	4	28	2	0.59	0.17	0.14
20	25	105	75	14	4	M12	14	42	55	18	10	40	50	51	4	38	2	0.74	0.28	0.24
25	32	115	85	14	4	M12	16	48	65	25	12	45	57	58	4	44	2	1.00	0.38	0.35
32	38	140/135	100	18	4	M16	16	54	78	31	12	45	65	66	4	50	2	1.38	0.48	0.44
40	45	150/145	110	18	4	M16	16	62	85	14	40	40	75	76	4	58	2	1.76	0.80	0.64
50	57	165/160	125	18	4	M16	18	76	100	48	14	40	87	88	4	72	2	2.02	0.93	0.88
65	73	185/180	145	18	8	M16	20	96	120	66	16	45	109	110	4	92	2	2.54	1.45	1.34
80	89	200/195	160	18	8	M16	22	108	135	78	18	45	120	121	4	104	2	3.13	1.90	1.84
100	108	235/230	190	23	8	M20	24	132	160	96	18	55	149	150	4.5	128	2	4.50	2.25	2.03
125	133	270	220	26/25	8	M24/M22	28	158	188	120	22	55	175	176	4.5	152	3	6.94	3.57	3.30
150	159	300	250	26/25	8	M24/M22	30	184	218	145	24	55	203	204	4.5	178	3	9.50	4.66	4.44
(175)	194	350	295	30	12	M27	34	226	258	177	26	65	233	234	4.5	220	3	12.50	7.00	6.75
200	219	375	320	30	12	M27	36	246	282	200	26	65	259	260	4.5	240	3	15.20	8.65	8.40
(225)	245	415	355	34	12	M30	40	270	315	226	28	70	286	287	4.5	264	3	20.80	9.57	9.29
250	273	450/445	385	34	12	M30	42	298	345	252	30	75	312	313	4.5	292	3	24.00	13.5	13.2
300	325	515/510	450	34	16	M30	46	360	408	301	34	85	363	364	4.5	354	3	31.70	18.4	18.3
350	377	580/570	510	36/34	16	M33/M30	52	415	465	351	38	90	421	422	5	408	3	43.50	28.3	27.8
400	426	660/655	585	41	16	M36	58	471	535	398	44	105	473	474	5	465	5	89.00	44.3	44.3
PN6.3MPa																				
公称尺寸 DN	管子外径 A	连接尺寸			螺栓、螺柱		法兰厚度 C	法兰内径 B	对焊环										重量/kg		
		法兰外径 D	螺栓孔中心圆直径 K	螺栓孔直径 L	数量 n	螺纹 Th			外径 d	内径 B₁	厚度 C₁	高度 H₁	X	Y	f₁、f₂	Nmax	r	法兰	A型焊环	B型焊环
10	14	100	70	14	4	M12	14	32	50	8	12	35	34	35	4	28	2	0.71	0.20	0.19
15	18	105	75	14	4	M12	16	38	55	12	12	40	39	40	4	34	2	0.87	0.31	0.26
20	25	130/125	90	18	4	M16	18	44	68	18	14	40	50	51	4	40	2	1.39	0.45	0.40
25	32	140/135	100	18	4	M16	18	52	78	25	16	45	57	58	4	48	2	1.58	0.63	0.60
32	38	155/150	110	23	4	M20	20	60	82	31	16	50	65	66	4	56	3	2.06	0.72	0.70
40	45	170/165	125	23	4	M20	24	70	95	37	18	50	75	76	4	66	3	2.94	1.11	1.05

续表

PN6.3MPa

| 公称尺寸 DN | 管子外径 A | 连接尺寸 | | | 螺栓、螺柱 | | 法兰厚度 C | 法兰内径 B | 对焊环 | | | | | | | | | 重量/kg | | |
		法兰外径 D	螺栓孔中心圆直径 K	螺栓孔直径 L	数量 n	螺纹 Th			外径 d	内径 B_1	厚度 C_1	高度 H_1	X	Y	f_1、f_2	N_{max}	r	法兰	A型焊环	B型焊环
50	57	180/175	135	23	4	M20	24	82	105	47	18	50	87	88	4	78	3	3.23	1.38	1.36
65	73	205/200	160	23	8	M20	28	102	130	64	20	60	109	110	4	98	3	4.37	2.37	2.33
80	89	215/210	170	23	8	M20	30	116	140	77	20	60	120	121	4	112	3	4.87	2.53	2.44
100	108	250	200	26/25	8	M24/M22	36	142	168	94	24	70	149	150	4.5	136	3	8.25	4.50	4.33
125	133	295	240	30	8	M27	40	174	202	118	28	80	175	176	4.5	168	4	12.20	7.40	7.01
150	159	345/340	280	34	8	M30	46	204	240	142	32	95	203	204	4.5	198	4	18.80	10.5	10.1
(175)	194	375/370	310	34	12	M30	52	236	270	174	34	95	233	234	4.5	230	4	21.50	13.5	13.3
200	219	415/405	345	36/34	12	M33/M30	56	262	300	198	38	100	259	260	4.5	256	4	28.10	17.7	17.5
(225)	245	430	370	36/34	12	M33/M30	58	290	325	222	40	115	286	287	4.5	284	4	32.10	21.5	21.3
250	273	470	400	36/41	12	M33/M36	64	318	352	246	44	115	312	313	4.5	312	4	39.40	29.3	29.1
300	325	530	460	36/41	16	M33/M36	70	372	412	294	48	120	363	364	4.5	366	4	50.60	38.5	38.4
350	377	600/595	525	41	16	M36	78	432	475	342	52	135	421	422	5	424	5	67.40	59.0	58.3
400	426	670	585	42/48	16	M39/M42	90	486	525	386	60	155	473	474	5	478	5	97.20	76.3	75.7

PN10.0MPa

| 公称尺寸 DN | 管子外径 A | 连接尺寸 | | | 螺栓、螺柱 | | 法兰厚度 C | 法兰内径 B | 对焊环 | | | | | | | | | 重量/kg | | |
		法兰外径 D	螺栓孔中心圆直径 K	螺栓孔直径 L	数量 n	螺纹 Th			外径 d	内径 B_1	厚度 C_1	高度 H_1	X	Y	f_1、f_2	N_{max}	r	法兰	A型焊环	B型焊环
10	14	100	70	14	4	M12	18	32	50	8	14	35	34	35	4	28	2	1.02	0.26	0.24
15	18	105	75	14	4	M12	20	38	55	12	16	40	39	40	4	34	2	1.21	0.38	0.33
20	25	130/125	90	18	4	M16	20	46	68	18	16	40	50	51	4	42	2	1.50	0.49	0.44
25	32	140/135	100	18	4	M16	22	58	78	25	18	45	57	58	4	48	2	1.92	0.86	0.83
32	38	155/150	110	23	4	M20	24	60	82	31	18	45	66	66	4	56	2	2.48	0.93	0.91
40	45	170/165	125	23	4	M20	26	70	95	37	20	50	75	76	4	66	2	3.39	1.20	1.14
50	57	195	145	26/25	4	M24/M22	28	82	112	45	22	55	87	88	4	78	3	4.96	1.90	1.84
65	73	220	170	26/25	8	M24/M22	36	110	138	62	24	70	109	110	4	106	3	6.83	3.40	3.34
80	89	230	180	26/25	8	M24/M22	40	122	148	75	26	75	120	121	4	118	3	7.75	4.00	3.97
100	108	265	210	30	8	M27	46	150	172	92	30	85	149	150	4.5	144	3	11.30	5.80	5.60
125	133	315/310	250	34	8	M30	52	178	210	112	36	100	175	176	4.5	172	4	17.80	10.8	10.6
150	159	355/350	290	34	12	M30	60	210	250	136	44	115	203	204	4.5	204	4	23.30	16.8	16.6
(175)	194	385/380	320	34	12	M30	64	240	280	166	44	115	233	234	4.5	234	4	27.70	20.7	20.6
200	219	430	360	36/41	12	M33/M36	70	270	312	190	48	130	259	260	4.5	266	4	38.60	28.8	28.7
(225)	245	470	400	41	12	M36	76	304	352	212	52	140	286	287	4.5	298	4	50.00	39.2	39.1
250	273	505/500	430	41	12	M36	82	336	382	236	56	150	312	313	4.5	328	4	58.20	49.3	49.2
300	325	585	500	42/48	16	M39/M42	88	396	442	284	60	170	363	364	4.5	388	4	81.00	72.8	72.7

注：所有带"/"的分为系列1/系列2；系列1法兰连接尺寸与国标及德国法兰标准尺寸互换，系列2与原机标法兰尺寸互换；新产品设计应优先采用系列1尺寸。表中列出的法兰重量是指系列2法兰。

5.4.8　翻边板式松套钢制管法兰（JB/T 85—1994）

本标准规定了公称压力 PN 为 0.25，0.6MPa 的翻边板式松套钢制管法兰的型式和尺寸。法兰型式和尺寸按图 5.4-12 和表 5.4-21 的规定。

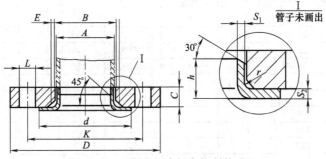

图 5.4-12　翻边板式松套钢制管法兰

表 5.4-21　PN0.25MPa 和 PN0.6MPa 翻边板式松套钢制管法兰尺寸　　　单位：mm

公称尺寸 DN	管子外径 A	连接尺寸			螺栓、螺柱		法兰厚度 C	法兰内径 B	翻边环					重量/kg	
		法兰外径 D	螺栓孔中心圆直径 K	螺栓孔直径 L	数量 n	螺纹 Th			d	S_{1min}	S_{2min}	h_{min}	r	法兰	翻边环
10	14	75	50	12	4	M10	10	16	32	1.8	3	9	2	0.30	0.02
15	18	80	55	12	4	M10	10	20	40	2	3	9	2	0.34	0.03
20	25	90	65	12	4	M10	10	27	50	2	3	12	2	0.42	0.05
25	32	100	75	12	4	M10	12	34	60	2	3	15	3	0.61	0.07
32	38	120	90	14	4	M12	12	41	70	2.6	3.5	15	3	0.88	0.11
40	45	130	100	14	4	M12	12	48	80	2.6	3.5	17	3	1.02	0.14
50	57	140	110	14	4	M12	12	60	90	2.6	3.5	23	3	1.13	0.18
65	73	160	130	14	4	M12	14	80	110	2.6	3.5	23	3	1.59	0.24
80	89	190/185	150	18	4	M16	14	93	125	3.2	4	23	4	2.10	0.36
100	108	210/205	170	18	4	M16	14	112	145	3.2	4	28	4	2.66	0.48
125	133	240/235	200	18	8	M16	14	138	175	3.2	4	30	4	2.90	0.65
150	159	265/260	225	18	8	M16	16	164	200	3.2	4	30	4	3.76	0.75
(175)	194	290	255	18	8	M16	18	200	230	3.2	4	30	5	4.61	0.85
200	219	320/315	280	18	8	M16	18	225	255	3.2	4	30	5	5.11	0.97
(225)	245	340	305	18	8	M16	20	251	280	4	5	30	5	6.17	1.30
250	273	375/370	335	18	12	M16	20	279	310	4	5	30	5	6.80	1.50
300	325	440/435	395	23	12	M20	24	331	362	4	5	35	5	10.85	1.96

注：所有带"/"的分为系列1/系列2；系列1法兰连接尺寸与国标及德国法兰标准尺寸互换，系列2与原机标法兰尺寸互换；新产品设计应优先采用系列1尺寸。表中列出的法兰重量是指系列2法兰。

5.4.9　钢制管法兰盖（JB/T 86—1994）

5.4.9.1　凸面钢制管法兰盖（JB/T 86.1—1994）

本标准规定了公称压力 PN 为 0.6，1.0，1.6，2.5，4.0MPa 的凸面钢制管法兰的型式和尺寸。其型式和尺寸按图 5.4-13 和表 5.4-22 的规定。

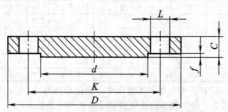

图 5.4-13　凸面钢制管法兰盖

表 5.4-22　凸面钢制管法兰盖尺寸　　　单位：mm

公称尺寸 DN	连接尺寸			螺栓、螺柱		密封面尺寸		法兰厚度 C	重量/kg
	法兰外径 D	螺栓孔中心圆直径 K	螺栓孔直径 L	数量 n	螺纹 Th	d	f		
				PN0.6MPa					
10	75	50	12	4	M10	32	2	12	0.30
15	80	55	12	4	M10	40	2	12	0.40
20	90	65	12	4	M10	50	2	12	0.50
25	100	75	12	4	M10	60	2	12	0.60
32	120	90	14	4	M12	70	2	12	0.90
40	130	100	14	4	M12	80	3	14	1.20
50	140	110	14	4	M12	90	3	14	1.40
65	160	130	14	4	M12	110	3	14	1.90
80	190/185	150	18	4	M16	125	3	14	2.70

PN0.6MPa

公称尺寸 DN	连接尺寸			螺栓、螺柱		密封面尺寸		法兰厚度 C	重量 /kg
	法兰外径 D	螺栓孔中心圆直径 K	螺栓孔直径 L	数量 n	螺纹 Th	d	f		
100	210/205	170	18	4	M16	145	3	14	3.30
125	240/235	200	18	8	M16	175	3	16	5.10
150	265/260	225	18	8	M16	200	3	16	6.20
(175)	290	255	18	8	M16	230	3	16	8.00
200	320/315	280	18	8	M16	255	3	16	9.20
(225)	340	305	18	8	M16	280	3	16	11.10
250	375/370	335	18	12	M16	310	3	16	12.80
300	440/435	395	23	12	M20	362	4	18	19.40
350	490/485	445	23	12	M20	412	4	18	24.00
400	540/535	495	23	16	M20	462	4	20	34.00
450	595/590	550	23	16	M20	518	4	22	46.00
500	645/640	600	23	16	M20	568	4	24	58.00
600	755	705	26/25	20	M24/M22	670	5	28	92.00
700	860	810	26/25	24	M24/M22	775	5	32	141.00
800	975	920	30	24	M27	880	5	36	202.00
900	1075	1020	30	24	M27	980	5	40	273.00
1000	1175	1120	30	28	M27	1080	5	44	315.00

PN1.0MPa

公称尺寸 DN	连接尺寸			螺栓、螺柱		密封面尺寸		法兰厚度 C	重量 /kg
	法兰外径 D	螺栓孔中心圆直径 K	螺栓孔直径 L	数量 n	螺纹 Th	d	f		
10	90	60	14	4	M12	40	2	12	0.50
15	95	65	14	4	M12	45	2	12	0.60
20	105	75	14	4	M12	55	2	12	0.70
25	115	85	14	4	M12	65	2	12	0.80
32	140/135	100	18	4	M16	78	2	12	1.10
40	150/145	110	18	4	M16	85	3	14	1.50
50	165/160	125	18	4	M16	100	3	14	2.00
65	185/180	145	18	4	M16	120	3	14	2.50
80	200/195	160	18	4	M16	135	3	14	3.00
100	220/215	180	18	8	M16	155	3	14	3.60
125	250/245	210	18	8	M16	185	3	16	5.50
150	285/280	240	23	8	M20	210	3	16	7.00
(175)	310	270	23	8	M20	240	3	16	9.10
200	340/335	295	23	8	M20	265	3	16	10.20
(225)	365	325	23	8	M20	295	3	18	14.00
250	395/390	350	23	12	M20	320	3	18	15.70
300	445/440	400	23	12	M20	368	4	20	22.00
350	505/500	460	23	16	M20	428	4	24	34.00
400	565	515	26/25	16	M24/M22	482	4	26	47.00
450	615	565	26/25	20	M24/M22	532	4	28	61.00
500	670	620	26/25	20	M24/M22	585	4	32	85.00
600	780	725	30	20	M27	685	5	36	127.00
700	895	840	30	24	M27	800	5	42	199.00
800	1015/1010	950	34	24	M30	905	5	48	290.00
900	1115/1110	1050	34	24	M30	1005	5	54	395.00
1000	1230/1220	1160	36/34	28	M33/M30	1115	5	58	525.00

PN1.6MPa

公称尺寸 DN	连接尺寸			螺栓、螺柱		密封面尺寸		法兰厚度 C	重量 /kg
	法兰外径 D	螺栓孔中心 圆直径 K	螺栓孔直径 L	数量 n	螺纹 Th	d	f		
10	90	60	14	4	M12	40	2	12	0.50
15	95	65	14	4	M12	45	2	12	0.60
20	105	75	14	4	M12	55	2	12	0.70
25	115	85	14	4	M12	65	2	12	0.80
32	140/135	100	18	4	M16	78	2	12	1.20
40	150/145	110	18	4	M16	85	3	14	1.60
50	165/160	125	18	4	M16	100	3	14	2.00
65	185/180	145	18	4	M16	120	3	14	2.50
80	200/195	160	18	8	M16	135	3	14	2.90
100	220/215	180	18	8	M16	155	3	16	4.10
125	250/245	210	18	8	M16	185	3	16	5.50
150	285/280	240	23	8	M20	210	3	18	8.00
(175)	310	270	23	8	M20	240	3	18	10.20
200	340/335	295	23	12	M20	265	3	20	12.80
(225)	365	325	23	12	M20	295	3	22	17.50
250	405	355	26/25	12	M24/M22	320	3	24	22.00
300	460	410	26/25	12	M24/M22	375	4	28	34.00
350	520	470	26/25	16	M24/M22	435	4	32	49.00
400	580	525	30	16	M27	485	4	36	70.00
450	640	585	30	20	M27	545	4	42	99.60
500	715/705	650	34	20	M30	608	4	46	133.00
600	840	770	36/41	20	M33/M36	718	5	54	220.00

PN2.5MPa

公称尺寸 DN	连接尺寸			螺栓、螺柱		密封面尺寸		法兰厚度 C	重量 /kg
	法兰外径 D	螺栓孔中心 圆直径 K	螺栓孔直径 L	数量 n	螺纹 Th	d	f		
10	90	60	14	4	M12	40	2	12	0.50
15	95	65	14	4	M12	45	2	12	0.60
20	105	75	14	4	M12	55	2	12	0.70
25	115	85	14	4	M12	65	2	12	0.80
32	140/135	100	18	4	M16	78	2	12	1.10
40	150/145	110	18	4	M16	85	3	14	1.50
50	165/160	125	18	4	M16	100	3	14	2.00
65	185/180	145	18	8	M16	120	3	16	2.80
80	200/195	160	18	8	M16	135	3	18	3.80
100	235/230	190	23	8	M20	160	3	20	5.80
125	270	220	26/25	8	M24/M22	188	3	22	8.60
150	300	250	26/25	8	M24/M22	218	3	24	11.90
(175)	330	280	26/25	12	M24/M22	248	3	24	15.00
200	360	310	26/25	12	M24/M22	278	3	26	18.70
(225)	395	340	30	12	M27	302	3	28	25.10
250	425	370	30	12	M27	332	3	30	30.00
300	485	430	30	16	M27	390	4	34	45.00
350	555/550	490	34	16	M30	448	4	38	66.00
400	620/610	550	36/34	16	M33/M30	505	4	42	92.00

续表

| 公称尺寸 DN | 连接尺寸 | | | 螺栓、螺柱 | | 密封面尺寸 | | 法兰厚度 C | 重量 /kg |
	法兰外径 D	螺栓孔中心圆直径 K	螺栓孔直径 L	数量 n	螺纹 Th	d	f		
						PN4.0MPa			
10	90	60	14	4	M12	40	2	16	0.70
15	95	65	14	4	M12	45	2	16	0.80
20	105	75	14	4	M12	55	2	16	0.90
25	115	85	14	4	M12	65	2	16	1.00
32	140/135	100	18	4	M16	78	2	16	1.60
40	150/145	110	18	4	M16	85	3	16	1.80
50	165/160	125	18	4	M16	100	3	18	2.60
65	185/180	145	18	8	M16	120	3	20	3.60
80	200/195	160	18	8	M16	135	3	22	4.70
100	235/230	190	23	8	M20	160	3	24	7.10
125	270	220	26/25	8	M24/M22	188	3	28	10.50
150	300	250	26/25	8	M24/M22	218	3	30	15.00
(175)	350	295	30	12	M27	258	3	34	23.40
200	375	320	30	12	M27	282	3	38	29.00
(225)	415	355	34	12	M30	315	3	40	39.00
250	450/445	385	34	12	M30	345	3	44	46.00
300	515/510	450	34	16	M30	408	4	50	50.00
350	580/570	510	36/34	16	M33/M30	465	4	56	74.00
400	660/655	585	41	16	M36	535	4	64	158.00

注：所有带"/"的分为系列1/系列2；系列1法兰连接尺寸与国标及德国法兰标准尺寸互换，系列2与原机标法兰尺寸互换；新产品设计应优先采用系列1尺寸。表中列出的法兰重量是指系列2法兰。

5.4.9.2　凹凸面钢制管法兰盖（JB/T 86.2—1994）

本标准规定了公称压力 PN 为 4.0，6.3，10.0MPa 的凹凸面钢制管法兰盖的型式和尺寸。其型式和尺寸按图 5.4-14 和表 5.4-23 的规定。

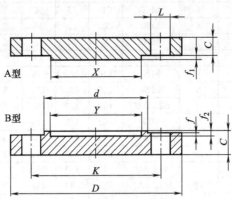

图 5.4-14　凹凸面钢制管法兰盖

表 5-4-23　凹凸面钢制管法兰盖尺寸　　　　　　　　　　　　　单位：mm

| 公称尺寸 DN | 连接尺寸 | | | 螺栓 | | 密封面尺寸 | | | | | 法兰厚度 C | 重量/kg | |
	法兰外径 D	螺栓孔中心圆直径 K	螺栓孔直径 L	数量 n	螺纹 Th	d	X	Y	f	f_1、f_2		A 型	B 型
						PN4.0MPa							
10	90	60	14	4	M12	40	34	35	2	4	16	0.48	0.53
15	95	65	14	4	M12	45	39	40	2	4	16	0.55	0.60
20	105	75	14	4	M12	55	50	51	2	4	16	0.82	0.86

PN4.0MPa

公称尺寸 DN	连接尺寸			螺栓		密封面尺寸					法兰厚度 C	重量/kg	
	法兰外径 D	螺栓孔中心圆直径 K	螺栓孔直径 L	数量 n	螺纹 Th	d	X	Y	f	f_1、f_2		A 型	B 型
25	115	85	14	4	M12	65	57	58	2	4	16	1.00	1.05
32	140/135	100	18	4	M16	78	65	66	2	4	16	1.68	1.77
40	150/145	110	18	4	M16	85	75	76	3	4	16	1.97	1.96
50	165/160	125	18	4	M16	100	87	88	3	4	18	2.74	2.72
65	185/180	145	18	8	M16	120	109	110	3	4	20	3.80	3.68
80	200/195	160	18	8	M16	135	120	121	3	4	22	4.97	4.83
100	235/230	190	23	8	M20	160	149	150	3	4.5	24	7.42	7.14
125	270	220	26/25	8	M24/M22	188	175	176	3	4.5	28	10.60	10.20
150	300	250	26/25	8	M24/M22	218	203	204	3	4.5	30	14.40	13.80
(175)	350	295	30	12	M27	258	233	234	3	4.5	34	27.10	26.00
200	375	320	30	12	M27	282	259	260	3	4.5	38	41.80	40.40
(225)	415	355	34	12	M30	315	286	287	3	4.5	40	60.90	58.50
250	450/445	385	34	12	M30	345	312	313	3	4.5	44	85.30	81.60
300	515/510	450	34	16	M30	408	363	364	4	4.5	50	121.00	116.80
350	580/570	510	36/34	16	M33/M30	465	421	422	4	5	56	141.00	134.50
400	660/655	585	41	16	M36	535	473	474	4	5	64	191.50	183.70

PN6.3MPa

公称尺寸 DN	连接尺寸			螺栓		密封面尺寸					法兰厚度 C	重量/kg	
	法兰外径 D	螺栓孔中心圆直径 K	螺栓孔直径 L	数量 n	螺纹 Th	d	X	Y	f	f_1、f_2		A 型	B 型
10	100	70	14	4	M12	50	34	35	2	4	18	1.00	0.90
15	105	75	14	4	M12	55	39	40	2	4	18	1.10	1.00
20	130/125	90	18	4	M16	68	50	51	2	4	20	1.80	1.70
25	140/135	100	18	4	M16	78	57	58	2	4	22	2.40	2.30
32	155/150	110	23	4	M20	82	65	66	2	4	24	3.20	3.00
40	170/165	125	23	4	M20	95	75	76	3	4	24	3.70	3.40
50	180/175	135	23	4	M20	105	87	88	3	4	26	4.70	4.30
65	205/200	160	23	8	M20	130	109	110	3	4	28	6.50	5.90
80	215/210	170	23	8	M20	140	120	121	3	4	30	7.80	7.00
100	250	200	26/25	8	M24/M22	168	149	150	3	4.5	34	11.80	10.80
125	295	240	30	8	M27	202	175	176	3	4.5	40	20.00	18.00
150	345/340	280	34	8	M30	240	203	204	3	4.5	48	32.00	30.00
(175)	375/370	310	34	12	M30	270	233	234	3	4.5	52	40.00	39.00
200	415/405	345	36/34	12	M33/M30	300	259	260	3	4.5	56	53.00	49.00
(225)	430	370	36/34	12	M33/M30	325	286	287	3	4.5	60	64.00	61.00
250	470	400	36/41	12	M33/M36	352	312	313	3	4.5	64	83.00	77.00
300	530	460	36/41	16	M33/M36	412	363	364	4	4.5	72	116.00	109.00
350	600/595	525	41	16	M36	475	421	422	4	5	80	170.00	159.00
400	670	585	42/48	16	M39/M42	525	473	474	4	5	88	232.00	218.00

PN10.0MPa

公称尺寸 DN	连接尺寸			螺栓		密封面尺寸					法兰厚度 C	重量/kg	
	法兰外径 D	螺栓孔中心圆直径 K	螺栓孔直径 L	数量 n	螺纹 Th	d	X	Y	f	f_1、f_2		A 型	B 型
10	100	70	14	4	M12	50	34	35	2	4	18	1.00	0.90
15	105	75	14	4	M12	55	39	40	2	4	20	1.20	1.10

续表

	连接尺寸			螺栓		密封面尺寸						重量/kg	
公称尺寸 DN	法兰外径 D	螺栓孔中心圆直径 K	螺栓孔直径 L	数量 n	螺纹 Th	d	X	Y	f	f_1、f_2	法兰厚度 C	A型	B型
20	130/125	90	18	4	M16	68	50	51	2	4	24	2.20	2.10
25	140/135	100	18	4	M16	78	57	58	2	4	26	2.90	2.70
32	155/150	110	23	4	M20	82	65	66	2	4	30	4.00	3.80
40	170/165	125	23	4	M20	95	75	76	3	4	32	5.10	4.80
50	195	145	26/25	4	M24/M22	112	87	88	3	4	34	7.20	6.90
65	220	170	26/25	8	M24/M22	138	109	110	3	4	38	10.00	9.40
80	230	180	26/25	8	M24/M22	148	120	121	3	4	40	11.70	11.00
100	265	210	30	8	M27	172	149	150	3	4.5	46	17.90	16.70
125	315/310	250	34	8	M30	210	175	176	3	4.5	54	30.00	28.00
150	355/350	290	34	12	M30	250	203	204	3	4.5	62	43.00	41.00
(175)	380	320	34	12	M30	280	233	234	3	4.5	70	56.50	51.00
200	430	360	36/41	12	M33/M36	312	259	260	3	4.5	76	78.00	74.00
(225)	470	400	41	12	M36	352	286	287	3	4.5	84	104.00	101.00
250	505/500	430	41	12	M36	382	312	313	3	4.5	90	130.00	125.00
300	585	500	42/48	16	M39/M42	442	363	364	4	4.5	104	197.00	189.00

注：所有带"/"的分为系列1/系列2；系列1法兰连接尺寸与国标及德国法兰标准尺寸互换，系列2与原机标法兰尺寸互换；新产品设计应优先采用系列1尺寸。表中列出的法兰重量是指系列2法兰。

5.4.10 管法兰垫片

5.4.10.1 管路法兰用石棉橡胶垫片 (JB/T 87—1994)

本标准适用于 JB/T 79～86 中规定的公称压力 PN 为 0.25～6.3MPa 密封面型式为凸面、凹凸面、榫槽面的钢制管法兰用石棉橡胶垫片。

垫片表面应平整、无翘曲变形，不允许有疙瘩、裂缝、气泡、外来杂质及其他可能影响使用的缺陷。边缘切割应整齐。标记示例：公称尺寸 100mm，公称压力 2.5MPa 的凸面型管法兰用石棉橡胶垫片标记为凸面用石棉橡胶垫片 100-25 JB/T 87—1994。

5.4.10.2 管路法兰用金属齿形垫片 (JB/T 88—1994)

本标准适用于 JB/T 79、JB/T 82 中规定的公称压力 PN 为 4.0～16.0MPa 的凹凸面整体铸钢管法兰和对焊钢制管法兰用金属齿形垫片。金属齿形垫应由整块钢板制成，不允许拼焊。标记示例：公称尺寸 100mm、公称压力 6.3MPa、材料为 0Cr19Ni9 的凹凸面管法兰用金属齿形垫片标记为齿形垫 100-63 0Cr19Ni9 JB/T 88—1994。

5.4.10.3 管路法兰用金属环垫 (JB/T 89—1994)

本标准适用于 JB/T 79、JB/T 82 中规定的公称压力 PN 为 6.3、10.0、16.0、20.0MPa 的环连接面整体铸钢管法兰和对焊钢制管法兰用金属环垫。金属环垫应采用锻件并经适当热处理和机械加工制成，锻件应符合 JB 755 的 I 级要求，金属环垫不允许拼焊。金属环垫导电密封面（八角形垫斜面）不得有划痕、磕痕、裂纹和疵点，表面粗糙度 Ra 为 1.6μm。采用 08 或 10 钢制成的金属环垫，检验后表面应涂上防锈油。标记示例：公称尺寸 150mm、公称压力 10.0MPa、材料为 0Cr13 的八角形金属环垫标记为八角垫 150-100 0Cr13 JB/T 89—1994。

5.4.10.4 管路法兰用缠绕式垫片 (JB/T 90—1994)

本标准适用于公称压力 PN 为 2.5～10.0 MPa 的管路法兰用缠绕式垫片。其型式按表 5.4-24 的规定。

表 5.4-24 管路法兰用缠绕式垫片型式

垫片型式	代 号	适用密封面型式
基本型	A	榫槽面
带内环型	B	凹凸面
带外环型	C	凸面
带内外环型	D	

5.5　国家标准法兰

5.5.1　板式平焊钢制管法兰（GB/T 9119—2000）

本标准规定了公称压力 PN 为 0.25、0.6、1.0、1.6、2.5 和 4.0MPa 的平面、突面板式平焊钢制管法兰的型式和尺寸。平面板式平焊钢制管法兰的型式应符合图 5.5-1 的规定，尺寸应符合表 5.5-1 的规定。突面板式平焊钢制管法兰的型式应符合图 5.5-2 的规定，尺寸应符合表 5.5-1 的规定。

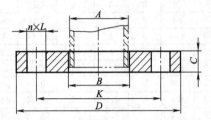

图 5.5-1　平面（FF）板式平焊钢制管法兰

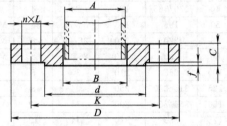

图 5.5-2　突面（RF）板式平焊钢制管法兰

表 5.5-1　平面、突面板式平焊钢制管法兰　　　　　　　单位：mm

公称尺寸 DN	钢管外径 A		连接尺寸			螺栓		密封面尺寸		法兰厚度 C	法兰内径 B	
	系列Ⅰ	系列Ⅱ	法兰外径 D	螺栓孔中心圆直径 K	螺栓孔直径 L	数量 n	螺纹 Th	d	f		系列Ⅰ	系列Ⅱ
PN0.25MPa(2.5bar)												
10～600	DN10、15、20、25、32、40、50、65、80、100、125、150、200、250、300、350、400、450、500、600　使用 PN0.6MPa 法兰尺寸											
700	711	720	860	810	26	24	M24	772	5	36	715	724
800	813	820	975	920	30	24	M27	878	5	38	817	824
900	914	920	1075	1020	30	24	M27	978	5	40	918	924
1000	1016	1020	1175	1120	30	28	M27	1078	5	42	1020	1024
1200	1220		1375	1320	30	32	M27	1295	5	44	1224	
1400	1420		1575	1520	30	36	M27	1510	5	48	1424	
1600	1620		1790	1730	30	40	M27	1710	5	51	1624	
1800	1820		1990	1930	30	44	M27	1918	5	54	1824	
2000	2020		2190	2130	30	48	M27	2125	5	58	2024	
PN0.6MPa(6bar)												
10	17.2	14	75	50	11	4	M10	33	2	12	18	15
15	21.3	18	80	55	11	4	M10	38	2	12	22	19
20	26.9	25	90	65	11	4	M10	48	2	14	27.5	26
25	33.7	32	100	75	11	4	M10	58	2	14	34.5	33
32	42.4	38	120	90	14	4	M12	69	2	16	43.5	39
40	48.3	45	130	100	14	4	M12	78	2	16	49.5	46
50	60.3	57	140	110	14	4	M12	88	2	16	61.5	59
65	76.1	76	160	130	14	4	M12	108	2	16	77.5	78
80	88.9	89	190	150	18	4	M16	124	2	18	90.5	91
100	114.3	108	210	170	18	4	M16	144	2	18	116	110
125	139.7	133	240	200	18	8	M16	174	2	20	141.5	135
150	168.3	159	265	225	18	8	M16	199	2	20	170.5	161
200	219.1	219	320	280	18	8	M16	254	2	22	221.5	222
250	273	273	375	335	18	12	M16	309	2	24	276.5	276
300	323.9	325	440	395	22	12	M20	363	2	24	327.5	328

PN0.6MPa(6bar)

公称尺寸 DN	钢管外径 A		连接尺寸			螺栓		密封面尺寸		法兰厚度 C	法兰内径 B	
	系列Ⅰ	系列Ⅱ	法兰外径 D	螺栓孔中心圆直径 K	螺栓孔直径 L	数量 n	螺纹 Th	d	f		系列Ⅰ	系列Ⅱ
350	355.6	377	490	445	22	12	M20	413	2	26	359.5	380
400	406.4	426	540	495	22	16	M20	463	2	28	411	430
450	457	480	595	550	22	16	M20	518	2	30	462	484
500	508	530	645	600	22	20	M20	568	2	32	513.5	534
600	610	630	755	705	26	20	M24	667	2	36	616.5	634
700	711	720	860	810	26	24	M24	772	5	40	715	724
800	813	820	975	920	30	24	M27	878	5	44	817	824
900	914	920	1075	1020	30	24	M27	978	5	48	918	924
1000	1016	1020	1175	1120	30	28	M27	1078	5	52	1020	1024
1200	1220		1405	1340	33	32	M30	1295	5	60	1224	
1400	1420		1630	1560	36	36	M33	1510	5	68	1424	
1600	1620		1830	1760	36	40	M33	1710	5	76	1624	
1800	1820		2045	1970	39	44	M36	1918	5	84	1824	
2000	2020		2265	2180	42	48	M39	2125	5	92	2024	

PN1.0MPa(10bar)

公称尺寸 DN	钢管外径 A		连接尺寸			螺栓		密封面尺寸		法兰厚度 C	法兰内径 B	
	系列Ⅰ	系列Ⅱ	法兰外径 D	螺栓孔中心圆直径 K	螺栓孔直径 L	数量 n	螺纹 Th	d	f		系列Ⅰ	系列Ⅱ
10～50	DN10、15、20、25、32、40、50 使用 PN4.0MPa 法兰尺寸											
65～150	DN65、80、100、125、150 使用 PN1.6MPa 法兰尺寸											
200	219.1	219	340	295	22	8	M20	266	2	24	221.5	222
250	273	273	395	350	22	12	M20	319	2	26	276.5	276
300	323.9	325	445	400	22	12	M20	370	2	28	327.5	328
350	355.6	377	505	460	22	16	M20	429	2	30	359.5	380
400	406.4	426	565	515	26	16	M24	480	2	32	411	430
450	457	480	615	565	26	20	M24	530	2	35	462	484
500	508	530	670	620	26	20	M24	582	2	38	513.5	534
600	610	630	780	725	30	20	M27	682	2	42	616.5	634

PN1.6MPa(16bar)

公称尺寸 DN	钢管外径 A		连接尺寸			螺栓		密封面尺寸		法兰厚度 C	法兰内径 B	
	系列Ⅰ	系列Ⅱ	法兰外径 D	螺栓孔中心圆直径 K	螺栓孔直径 L	数量 n	螺纹 Th	d	f		系列Ⅰ	系列Ⅱ
10～50	DN10、15、20、25、32、40、50 使用 PN4.0MPa 法兰尺寸											
65	76.1	76	185	145	18	4	M16	118	2	20	77.5	78
80	88.9	89	200	160	18	8	M16	132	2	20	90.5	91
100	114.3	108	220	180	18	8	M16	156	2	22	116	110
125	139.7	133	250	210	18	8	M16	184	2	22	141.5	135
150	168.3	159	285	240	22	8	M20	211	2	24	170.5	161
200	219.1	219	340	295	22	12	M20	266	2	26	221.5	222
250	273	273	405	355	26	12	M24	319	2	28	276.5	276
300	323.9	325	460	410	26	12	M24	370	2	32	327.5	328
350	355.6	377	520	470	26	16	M24	429	2	35	359.5	380
400	406.4	426	580	525	30	16	M27	480	2	38	411	430
450	457	480	640	585	30	20	M27	548	2	42	462	484
500	508	530	715	650	33	20	M30	609	2	46	513.5	534
600	610	630	840	770	36	20	M33	720	2	52	616.5	634

PN2.5MPa(25bar)

公称尺寸 DN	钢管外径A 系列Ⅰ	系列Ⅱ	连接尺寸 法兰外径 D	螺栓孔中心圆直径 K	螺栓孔直径 L	螺栓 数量 n	螺纹 Th	密封面尺寸 d	f	法兰厚度 C	法兰内径B 系列Ⅰ	系列Ⅱ
10~150	DN10、15、20、25、32、40、50、65、80、100、125、150 使用 PN4.0MPa 法兰尺寸											
200	219.1	219	360	310	26	12	M24	274	2	32	221.5	222
250	273	273	425	370	30	12	M27	330	2	35	276.5	276
300	323.9	325	485	430	30	16	M27	389	2	38	327.5	328
350	355.6	377	555	490	33	16	M30	448	2	42	359.5	384
400	406.4	426	620	550	36	16	M33	503	2	46	411	430
450	457	480	670	600	36	20	M33	548	2	50	462	484
500	508	530	730	660	36	20	M33	609	2	56	513.5	534
600	610	630	845	770	39	20	M36	720	2	68	616.5	634

PN4.0MPa(40bar)

公称尺寸 DN	钢管外径A 系列Ⅰ	系列Ⅱ	连接尺寸 法兰外径 D	螺栓孔中心圆直径 K	螺栓孔直径 L	螺栓 数量 n	螺纹 Th	密封面尺寸 d	f	法兰厚度 C	法兰内径B 系列Ⅰ	系列Ⅱ
10	17.2	14	90	60	14	4	M12	41	2	14	18	15
15	21.3	18	95	65	14	4	M12	46	2	14	22	19
20	26.9	25	105	75	14	4	M12	56	2	16	27.5	26
25	33.7	32	115	85	14	4	M12	65	2	16	34.5	33
32	42.4	38	140	100	18	4	M16	76	2	18	43.5	39
40	48.3	45	150	110	18	4	M16	84	2	18	49.5	46
50	60.3	57	165	125	18	4	M16	99	2	20	61.5	59
65	76.1	76	185	145	18	8	M16	118	2	22	77.5	78
80	88.9	89	200	160	18	8	M16	132	2	24	90.5	91
100	114.3	108	235	190	22	8	M20	156	2	26	116	110
125	139.7	133	270	220	26	8	M24	184	2	28	141.5	135
150	168.3	159	300	250	26	8	M24	211	2	30	170.5	161
200	219.1	219	375	320	30	12	M27	284	2	36	221.5	222
250	273	273	450	385	33	12	M30	345	2	42	276.5	276
300	323.9	325	515	450	33	16	M30	409	2	48	327.5	328
350	355.6	377	580	510	36	16	M33	465	2	55	359.5	380
400	406.4	426	660	585	39	16	M36	535	2	60	411	430
450	457	480	685	610	39	20	M36	560	2	66	462	484
500	508	530	755	670	42	20	M39	615	2	72	513.5	534
600	610	630	890	795	48	20	M45	735	2	84	616.5	634

5.5.2 部分法兰基本参数（GB/T 9114～9118—2000）（表 5.5-2）

表 5.5-2 部分法兰基本参数

类型	对焊					平焊					承插焊				环松套		螺纹
标准号	GB/T 9115					GB/T 9116					GB/T 9117				GB/T 9118		GB/T 9114
密封面形式	平面(FF)	突面(RF)	凹凸面(MF)	榫槽面(TG)	环连接面(RJ)	平面(FF)	突面(RF)	凹凸面(MF)	榫槽面(TG)	环连接面(RJ)	突面(RF)	凹凸面(MF)	榫槽面(TG)	环连接面(RJ)	突面(RF)	环连接面(RJ)	突面(RF)
1.0MPa	10~2000					10~600											10~150
标准尾号	.1	.1				.1	.1										
2.0MPa	15~600		25~600	15~600		15~600		25~600	15~80		25~600	15~80	25~600	15~600			

续表

类型	对焊				平焊					承插焊				环松套		螺纹
标准号	GB/T 9115				GB/T 9116					GB/T 9117				GB/T 9118		GB/T 9114
密封面形式	平面(FF)	突面(RF)	凹凸面(MF)	榫槽面(TG)	环连接面(RJ)	平面(FF)	突面(RF)	凹凸面(MF)	榫槽面(TG)	环连接面(RJ)	突面(RF)	凹凸面(MF)	榫槽面(TG)	环连接面(RJ)	突面(RF)	环连接面(RJ)	突面(RF)
标准尾号	.1	.1			.4	.1	.1			.4	.1			.4	.1	.2	
5.0MPa	15～600					15～600					15～80				15～600		15～600
标准尾号	.1	.2	.3	.4		.1	.2	.3	.4		.1	.2	.3	.4	.1	.2	
10MPa	10～400																
标准尾号	.1	.2	.3														
15MPa	15～600					15～600					15～80				15～600		15～600
标准尾号	.1	.2	.3	.4		.1	.2	.3	.4		.1	.2	.3	.4	.1	.2	

注：对焊法兰中的标准号尾号.1是指其标准号为GB/T 9155.1—2000，其他与此类同。

5.5.3 部分法兰结构尺寸（DN≤600/PN≤150）

5.5.3.1 法兰结构（图5.5-3）

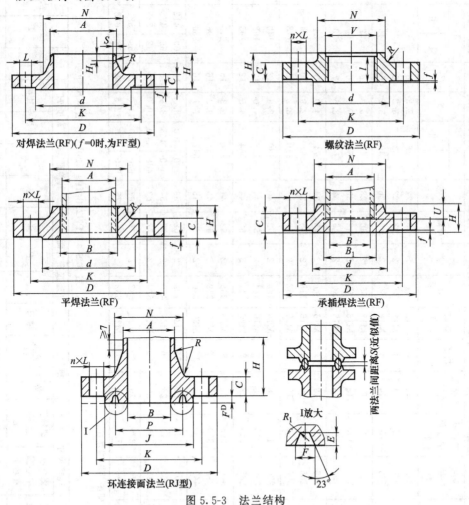

图 5.5-3 法兰结构

标记示例：

公称尺寸80mm、公称压力1.0MPa（10bar）的突面对焊钢制管法兰（配用米制管）：

法兰 DN80-PN10RF（系列Ⅱ）GB/T 9115.1—2000

公称尺寸80mm、公称压力10.0MPa（100bar）的突面对焊钢制管法兰（配用英制管）：

法兰 DN80-PN100RF GB/T 9115.1—2000

5.5.3.2 法兰尺寸（表 5.5-3～表 5.5-7）

表 5.5-3 PN1.0MPa（10bar）法兰尺寸

单位：mm

公称尺寸 DN	管子外径 A I	管子外径 A II	法兰外径 D	螺栓孔中心圆直径 K	螺栓孔直径 L	螺栓 数量 n	螺栓 螺纹 Th	密封面 d	密封面 f	法兰高度 H 对焊	法兰高度 H 其他	对焊法兰颈 N I	对焊法兰颈 N II	对焊法兰颈 S	对焊法兰颈 H₁	其他法兰颈 N I	其他法兰颈 N II	法兰厚度 C	R	法兰内径 B I	法兰内径 B II	重量 对焊	重量 平焊	重量 螺纹
10	17.2	14	90	60	14	4	M12	41	2	35	22	28		2.3	6	30		14	3	18	15	0.59	0.56	0.57
15	21.3	18	95	65	14	4	M12	46	2	38	22	32		3.2	6	35		14	3	22	19	0.68	0.63	0.64
20	26.9	25	105	75	14	4	M12	56	2	40	26	40		3.2	6	45		16	4	27.5	26	0.97	0.93	0.94
25	33.7	32	115	85	14	4	M12	65	2	40	28	46		3.2	6	52		16	4	34.5	33	1.16	1.12	1.15
32	42.7	38	140	100	18	4	M16	76	2	42	30	56		3.6	6	60		18	5	43.5	39	1.89	1.79	1.84
40	48.3	45	150	110	18	4	M16	84	2	45	32	64		3.6	7	70		18	5	49.5	46	2.20	2.12	2.18
50	60.3	57	165	125	18	4	M16	99	2	45	34	74		4.0	8	84		20	5	61.5	59	2.93	2.82	2.90
65	76.1	76	185	145	18	4	M16	118	2	45	32	92		2.9	10	104		20	6	77.5	78	3.32	3.30	3.41
80	88.9	89	200	160	18	8	M16	132	2	50	34	110		3.2	10	118		20	6	90.5	91	3.98	3.85	4.00
100	114.3	108	220	180	18	8	M16	156	2	52	40	130		3.6	12	140		22	6	116	110	4.89	4.81	5.05
125	139.7	133	250	210	18	8	M16	184	2	55	44	158		4.0	12	168		22	6	141.5	135	6.24	6.20	6.55
150	168.3	159	285	240	22	8	M20	211	2	55	44	184		4.5	12	195		24	8	170.5	161	8.17	7.84	8.58
200	219.1	219	340	295	22	8	M20	266	2	62	44	234		6.3	16	246		24	8	221.5	222	11.42	10.18	
250	273	273	395	350	22	12	M20	319	2	68	46	288		6.3	16	298		26	10	276.5	276	15.01	12.75	
300	323.9	325	445	400	22	12	M20	370	2	68	46	342		7.1	16	350		26	10	327.5	328	18.03	14.82	
350	355.6	377	505	460	22	16	M20	429	2	68	53	390		8.0	16	400		26	10	359.5	381	25.26	23.26	
400	406.4	426	565	515	26	16	M24	480	2	72	57	440		8.8	16	456		26	10	411	430	30.79	28.85	
450	457	480	615	565	26	20	M24	530	2	72	63	488		10.0	16	502		28	12	462	485	36.29	33.40	
500	508	530	670	620	26	20	M24	582	2	75	67	540		11.0	16	559		28	12	513.5	535	42.68	40.18	
600	610	630	780	725	30	20	M27	682	2	80	75	640		12.5	18	658		30	12	616.5	636	62.25	56.03	

注：管子外径 A 即法兰焊端外径。

表 5.5-4 PN2.0MPa（20bar）法兰尺寸

单位：mm

公称尺寸 DN	管子外径 A	连接尺寸 法兰外径 D	连接尺寸 螺栓孔中心圆直径 K	连接尺寸 螺栓孔直径 L	螺栓 数量 n	螺栓 螺纹 Th	环连接密封面 槽号	环连接密封面 J min	环连接密封面 P	环连接密封面 S≈	其他面 d	其他面 f	高度 H 其他	高度 H 对焊	其他 法兰 C	其他 法兰 N	其他 法兰 B	其他 管孔 B₁	U	R	重量 对焊	重量 平焊	重量 承插	重量 螺纹
15	21.3	90	60.5	16	4	M14	R15	63.5	47.62	4	35.0	2	16	48	11.5	30	16.0	22.0	10	—	0.54	0.41	0.42	0.42
20	26.9	100	70.0	16	4	M14					43.0	2	16	52	13.5	38	21.0	28.0	11	—	0.78	0.58	0.60	0.60
25	33.7	110	79.5	16	4	M14					51.0	2	17	56	14.5	49	26.5	34.5	13	—	1.12	0.798	0.83	0.82

续表

单位：mm

公称尺寸 DN	管子外径 A	法兰外径 D	螺栓孔中心圆直径 K	螺栓孔直径 L	数量 n	螺纹 Th	槽号	J_{min}	P	S≈	d	f	高度 H 对焊	高度 H 其他	法兰 C	法兰 N	法兰 B	管孔 B1	U	R	重量 对焊	重量 平焊	重量 承插	重量 螺纹
32	42.4	120	89.0	16	4	M14	R17	73.0	57.15	4	63.5	2	57	21	16.0	59	35.0	43.5	14	—	1.46	1.07	1.12	1.10
40	48.3	130	98.5	16	4	M14	R19	82.5	65.07	4	73.0	2	62	22	17.5	65	41.0	49.5	16	—	1.86	1.37	1.43	1.41
50	60.3	150	120.5	18	4	M16	R22	102.0	82.55	4	92.0	2	64	25	19.5	78	52.5	62.5	17	—	2.69	2.01	2.07	2.07
65	73.0	180	139.5	18	4	M16	R25	121.0	101.60	4	105.0	2	70	29	22.5	90	62.5	74.5	19	—	4.40	3.40	3.53	3.51
80	88.9	190	152.5	18	4	M16	R29	133.0	114.30	4	127.0	2	70	33	24.0	108	78.0	90.5	21	—	5.11	3.84	4.04	3.98
100	114.3	230	190.5	18	8	M16	R36	171.0	149.22	4	157.5	2	76	36	24.0	135	102.5	116.0		—	7.29	5.40	5.40	5.61
125	141.3	255	216.0	22	8	M20	R40	194.0	171.45	4	186.0	2	89	40	24.0	164	128.5	143.5		—	9.43	6.24		6.60
150	168.3	280	241.5	22	8	M20	R43	219.0	193.68	4	216.0	2	89	44	25.5	192	154.0	170.5		—	11.59	7.82		8.25
200	219.1	345	298.5	22	8	M20	R48	273.0	247.65	4	270.0	2	102	49	29.0	246	202.5	221.5		—	19.17	12.75		13.41
250	273.0	405	362.0	26	12	M24	R52	330.0	304.80	4	324.0	2	102	56	30.5	305	254.5	276.0		—	25.67	16.78		17.80
300	323.9	485	432.0	26	12	M24	R56	406.0	381.00	4	381.0	2	114	57	32.0	365	305.0	327.0		10	38.99	26.91		28.35
350	355.6	535	476.0	29.5	12	M27	R59	425.0	396.88	3	413.0	2	127	64	35.0	400		359.0		10	53.30	35.24		36.88
400	406.4	600	540.0	29.5	16	M27	R64	483.0	454.02	3	470.0	2	127	68	37.0	457	由用户规定	410.5		10	68.50	46.46		48.77
450	457.0	635	578.0	32.5	16	M30	R68	546.0	517.52	3	533.5	2	140	73	40.0	505	由用户规定	462.0		10	79.99	49.26		52.30
500	508.0	700	635.0	32.5	20	M30	R72	597.0	558.80	3	584.5	2	145	78	43.0	559		513.0		10	101.0	62.94		66.67
600	610.0	815	749.5	35.5	20	M33	R76	711.0	673.10	3	692.5	2	152	83	48.0	664		616.0		10	139.0	88.11		92.67

注：管子外径 A 即法兰焊端外径。环连接密封面 $E=6.35$，$F=8.74$，$R_{1max}=0.8$。

表 5.5-5　PN5.0MPa（50bar）法兰尺寸

单位：mm

公称尺寸 DN	管子外径 A	法兰外径 D	螺栓孔中心圆直径 K	螺栓孔直径 L	数量 n	螺纹 Th	槽号	J_{min}	P	E	F	S≈	其他面 d	高度 H 对焊	高度 H 其他	法兰 C	法兰 N	法兰 B	管孔 B1	U	R	螺纹 T_{max}	埋孔 V_{min}	重量 对焊	重量 平焊	重量 承插	重量 螺纹
15	21.3	95	66.5	16	4	M14	R11	51.0	34.14	5.56	7.14	3	35.0	52	22	14.5	38	16.0	22.0	10	—	16	24	0.80	0.63	0.64	0.65
20	26.9	120	82.5	18	4	M14	R13	63.5	42.88	6.35	8.74	4	43.0	57	25	16.0	48	21.0	28.0	11	—	16	29	1.41	1.16	1.15	1.18
25	33.7	125	89.0	18	4	M16	R16	70.0	50.80	6.35	8.74	4	51.0	62	27	17.5	54	26.5	34.5	13	—	18	36	1.72	1.37	1.37	1.41
32	42.4	135	98.5	18	4	M16	R18	79.5	60.32	6.35	8.74	4	63.5	65	27	19.5	64	35.0	43.5	14	—	21	45	2.25	1.75	1.76	1.80
40	48.3	155	114.5	22	4	M20	R20	90.5	68.28	6.35	8.74	4	73.0	68	30	21.0	70	41.0	49.5	16	—	22	51	3.11	2.47	2.53	2.53
50	60.3	165	127.0	18	8	M16	R23	108	82.55	7.92	11.91	4	92.0	70	33	22.5	84	52.5	62.0	17	—	29	64	3.79	3.06	2.91	3.15
65	73.0	190	149.0	22	8	M20	R26	127	101.60	7.92	11.91	6	105	76	38	25.5	100	62.5	74.5	19	—	32	76	5.74	4.56	4.43	4.70
80	88.9	210	168.5	22	8	M20	R31	146	123.82	7.92	11.91	6	127	79	43	29.0	118	78.0	90.5	21	—	32	92	7.74	6.25	6.16	6.45
100	114.3	255	200.0	22	8	M20	R37	175	149.22	7.92	11.91	6	157.5	86	48	32.0	146	102.5	116.0		—	37	118	12.0	9.74	9.74	10.04

续表

公称尺寸 DN	管子外径 A	连接尺寸 法兰外径 D	连接尺寸 螺栓孔中心圆直径 K	连接尺寸 螺栓孔直径 L	螺栓 数量 n	螺栓 螺纹 Th	环连接密封面 槽号	J_{min}	P	E	F	S≈	其他面 d	高度 H 对焊	高度 H 其他	法兰 C	法兰 N	法兰 B	管孔 B_1	U	R	螺纹 T_{max}	埋孔 V_{min}	重量/kg≈ 对焊	平焊	承插	螺纹
125	141.3	280	235.0	22	8	M20	R41	210	180.98	7.92	11.91	6	186	98	51	35.0	178	128.0	143.5		—	43	146.5	16.05	12.39	12.83	12.83
150	168.3	320	270.0	22	12	M20	R45	241	211.12	7.92	11.91	6	216	98	52	37.0	206	154.0	170.5		—	46	176.5	21.29	16.76	17.32	17.32
200	219.1	380	330.0	26	12	M24	R49	302	269.88	7.92	11.91	6	270	111	62	41.5	260	202.5	221.5		—	51	222.5	32.20	24.93	25.86	25.86
250	273.0	445	387.5	29.5	16	M27	R53	356	323.85	7.92	11.91	6	324	117	67	48.0	321	254.5	276.0		—	56	276.5	47.01	35.59	36.98	36.98
300	323.9	520	451.0	32.5	16	M30	R57	413	381.00	7.92	11.91	6	381	130	73	51.0	375	305.0	327.0		10	61	329	66.64	50.91	52.78	52.78
350	355.6	585	514.5	32.5	20	M30	R61	457	419.10	7.92	11.91	6	413	143	76	54.0	426	由用户规定	359.0		10	64	360.5	95.69	72.60	74.78	74.78
400	406.4	650	571.5	35.5	20	M33	R65	508	469.90	7.92	11.91	6	470	146	83	57.5	483	由用户规定	410.5		10	68	411	121.0	91.63	94.60	94.60
450	457.0	710	628.5	35.5	24	M33	R69	575	533.40	7.92	11.91	6	533.5	159	89	60.5	533	由用户规定	462.0		10	70	462	150.2	111.6	由用户规定	115.5
500	508.0	775	686.0	35.5	24	M33	R73	635	584.20	9.52	13.49	6	584	162	95	63.5	587	由用户规定	513.0		10	73	513	181.6	136.0	由用户规定	140.9
600	610.0	915	813.0	42	24	M39	R77	749	692.15	11.13	16.66	6	692.5	168	104	70.0	702	由用户规定	616.0		10	83	614.5	265.0	202.1	由用户规定	209.8

注：管子外径 A 即法兰焊端外径。环连接密封面除 DN500/DN600 的 $R_{1max}=1.5$ 外，其余 $R_{1max}=0.8$；其他连接面的 $f=2$。

表 5.5-6　PN10.0MPa（100bar）法兰尺寸　　　　　　　　　单位：mm

公称尺寸 DN	管子外径 A I	管子外径 A II	连接尺寸 法兰外径 D	连接尺寸 螺栓孔中心圆直径 K	连接尺寸 螺栓孔直径 L	螺栓 数量 n	螺栓 螺纹 Th	密封面 d	密封面 f	法兰厚度 C	法兰高度 H	法兰颈 N I	法兰颈 N II	法兰颈 S	法兰颈 H_1	法兰颈 R	重量/kg≈
10	17.2	14	100	70	14	4	M12	41	2	20	45	32		3	6	3	1.09
15	21.3	18	105	75	14	4	M12	46	2	20	45	34		3.2	6	3	1.19
20	26.9	25	130	90	18	4	M16	56	2	20	52	42		3.6	6	4	2.00
25	33.7	32	140	100	18	4	M16	65	2	24	58	52		3.6	8	4	2.66
32	42.4	38	155	110	22	4	M20	76	2	24	60	60		3.6	8	5	3.38
40	48.3	45	170	125	22	4	M20	84	2	26	62	70		4	10	5	4.09
50	60.3	57	195	145	26	8	M24	99	2	28	68	90		6	10	5	5.98
65	76.1	76	220	170	26	8	M24	118	2	30	76	108		7	12	6	7.91
80	88.9	89	230	180	26	8	M24	132	2	32	78	120		7	12	6	8.95
100	114.3	108	265	210	30	8	M27	156	2	36	90	150		8	12	6	13.70
125	139.7	133	315	250	33	8	M30	184	2	40	105	180		10.5	12	6	22.70
150	158.3	159	355	290	33	12	M30	211	2	44	115	210		11.5	12	8	30.20
200	219.1	219	430	360	36	12	M33	284	2	52	130	278		14.5	16	8	52.80
250	273	273	505	430	39	12	M36	345	2	60	157	340		18.5	18	10	81.40
300	323.9	325	585	500	42	16	M39	409	2	68	170	400		20.5	18	10	122.0
350	355.6	377	655	560	48	16	M45	465	2	74	189	460		22.5	20	10	165.0
400	406.4	426	715	620	48	16	M45	535	2	82	205	510		25	20	10	214.5

注：管子外径 A 即法兰焊端外径。

单位：mm

表 5.5-7　PN15.0MPa（150bar）法兰尺寸

公称尺寸 DN	管子外径 A	连接尺寸 法兰外径 D	连接尺寸 螺栓孔中心圆直径 K	连接尺寸 螺栓孔直径 L	螺栓 数量 n	螺栓 螺纹 Th	环连接密封面 槽号	环连接密封面 J_{min}	环连接密封面 P	环连接密封面 E	环连接密封面 F	环连接密封面 S≈	环连接密封面 其他面 d	高度 H 对焊	高度 H 其他	法兰 C	法兰 N	管孔 B_1	U	螺纹 T_{max}	埋孔 V_{min}	重量/kg≈ 对焊	重量/kg≈ 平焊	重量/kg≈ 承插	螺纹
15	21.3	120	82.5	22	4	M20	R12	60.5	39.67	6.35	8.74	4	35.0	60	32	22.5	38	22.0	10	23	24	1.87	1.75	—	1.87
20	26.9	130	89.0	22	4	M20	R14	66.5	44.45	6.35	8.74	4	43.0	70	35	25.5	44	28.0	11	26	29	2.55	2.34	—	2.55
25	33.7	150	101.5	26	4	M24	R16	71.5	50.80	6.35	8.74	4	51.0	73	41	29.0	52	34.5	13	29	36	3.78	3.50	—	3.85
32	42.4	160	111.0	26	4	M24	R18	81.0	60.32	6.35	8.74	4	63.5	73	41	29.0	64	43.5	14	31	44.5	4.39	4.01	—	4.57
40	48.3	180	124.0	29.5	4	M27	R20	92.0	68.28	6.35	8.74	4	73.0	83	44	32.0	70	49.5	16	32	50.5	6.06	5.53	—	6.29
50	60.3	215	165.0	26	8	M24	R24	124	95.25	7.92	11.91	3	92.0	102	57	38.5	105	62.0	17	38	64	10.80	9.80	—	11.31
65	73.0	245	190.5	29.5	8	M27	R27	137	107.95	7.92	11.91	3	105.0	105	64	41.5	124	74.5	19	48	76.5	14.07	13.76	—	16.18
80	88.9	240	190.5	26	8	M24	R31	156	123.82	7.92	11.91	4	127.0	102	54	38.5	127	90.5	21	42	92	13.44	11.55	—	14.62
100	114.3	290	235.0	32.5	8	M30	R37	181	149.22	7.92	11.91	4	157.5	114	70	44.5	159	116		48	118	21.81	29.41	—	25.79
125	141.3	350	279.5	35.5	8	M33	R41	216	180.98	7.92	11.91	4	186.0	127	79	51.0	190	143.5		54	144.5	35.92	32.68	—	43.57
150	168.3	380	317.5	32.5	12	M30	R45	241	211.12	7.92	11.91	4	216.0	140	86	56.0	235	170.5		57	171.5	46.70	42.17	—	58.81
200	219.1	470	393.5	39	12	M36	R49	308	269.88	7.92	11.91	4	270.0	162	102	63.5	298	221.5		64	222.5	86.91	79.12	—	112.0
250	273.0	545	470.0	39	16	M36	R53	362	323.85	7.92	16.66	4	324.0	184	108	70.0	368	276.0		71	276.5	117.4	101.7	—	155.6
300	323.9	610	533.5	39	20	M36	R57	419	381.00	12.70	19.84	4	381.0	200	117	79.5	419	327.0		76	329	156.6	133.7	—	215.3
350	355.6	640	559.0	42	20	M39	R62	467	419.10	11.13	16.66	4	413.0	213	130	86.0	451	359.0		83	360.5	181.2	154.3	—	263.1
400	406.4	705	616.0	45	20	M42	R66	524	469.90	11.13	16.66	5	470.0	216	133	89	508	410.5		86	411.5	223.3	187.3	—	332.6
450	457.0	785	686.0	51	20	M48	R70	594	533.40	12.70	19.84	5	533.5	229	152	102	565	462.0		89	462	302.7	258.7	—	467.7
500	508.0	855	749.5	55	20	M52	R74	648	584.20	12.70	19.84	5	584.5	248	159	103	672	513.0		92	513	378.6	336.9	—	605.9
600	610.0	1040	901.5	68	20	M64	R78	772	692.15	15.88	26.97	6	692.5	267	203	140	749	616.0		102	614.5	674.2	601.1	—	1091.8

注：1. 平面密封面法兰，尺寸 f、d 均为零，其他尺寸按表上规定；法兰凹凸面及榫槽面尺寸见 5.5.4.2。

2. 螺纹法兰：PN1.0MPa 的螺纹法兰应采用 GB/T 7306.1 规定的 55°圆锥管螺纹或 GB/T 7306.2 的 55°圆柱管螺纹；PN2.0MPa、PN5.0MPa、PN15.0MPa 的螺纹法兰应采用 GB/T 12716 的 60°锥管螺纹。

3. 环连接面法兰突出部分的高度等于环槽深度 E，但不受 E 尺寸公差的限制，允许采用如虚线所示轮廓的全平面。

4. 环连接面法兰两法兰间的距离（近似值）为两法兰装配后尺寸。

5. 管子外径 A 即法兰焊端外径。平焊法兰 PN2.0MPa、PN5.0MPa、PN15.0MPa 的法兰内径为 B_1 数值。

6. 环连接密封面除 DN350～500 的 $R_{1max}=1.5$ 和 DN600 的 $R_{1max}=2.4$ 外，其余 $R_{1max}=0.8$；其他连接面 $f=7$。

5.5.4 凹凸面与榫槽面结构尺寸（DN≤600）

5.5.4.1 法兰结构

公称通径 DN≤600mm、PN≥5.0MPa（美洲体系）、PN＝10.0MPa（欧洲体系）的凹凸面、榫槽面法兰密封面尺寸（见图 5.5-4）。

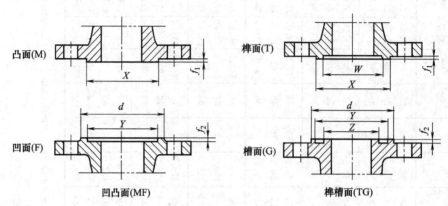

图 5.5-4 法兰结构

标记示例：

公称尺寸 100mm、公称压力 5.0MPa（50bar）的凸面对焊钢制管法兰：

法兰 DN100-PN50M GB/T 9115.2—2000

公称尺寸 100mm、公称压力 5.0MPa（50bar）的凹面对焊钢制管法兰：

法兰 DN100-PN50F GB/T 9115.2—2000

5.5.4.2 法兰尺寸（表 5.5-8）

表 5.5-8 凹凸面榫槽面法兰尺寸　　　　　　　　　　　单位：mm

公称尺寸 DN	PN≥5.0MPa（美洲体系）							PN＝10.0MPa（欧洲体系）						
	d	X	Y	Z	W	f_1	f_2	d	X	Y	Z	W	f_1	f_2
10								41	34	35	23	24	4	3
15	46	35	36.5	24	25.5	7	5	46	39	40	28	29	4	3
20	54	43	44.5	32	33.5	7	5	56	50	51	35	36	4	3
25	62	51	52.5	36.5	38.0	7	5	65	57	58	42	43	4	3
32	73	63.5	65.0	46.0	47.5	7	5	76	65	66	50	51	4	3
40	84	73	74.5	52.5	54.0	7	5	84	75	76	60	61	4	3
50	103	92	93.5	71.5	73.0	7	5	99	87	88	72	73	4	3
65	116	105	106.5	84.0	85.5	7	5	118	109	110	94	95	4	3
80	138	127	128.5	106.5	108	7	5	132	120	121	105	106	4	3
100	168	157.5	159.0	130.5	132	7	5	156	149	150	128	129	4.5	3.5
125	197	186	187.5	159	160.5	7	5	184	175	176	154	155	4.5	3.5
150	227	216	217.5	189	190.5	7	5	211	203	204	182	183	4.5	3.5
200	281	270	271.5	236.5	238	7	5	284	259	260	238	239	4.5	3.5
250	335	324	325.5	284.5	286	7	5	345	312	313	291	292	4.5	3.5
300	392	381	382.5	341.5	343	7	5	409	363	364	342	343	4.5	3.5
350	424	413	414.5	373	374.5	7	5	465	421	422	394	395	5	4
400	481	470	471.5	424	425.5	7	5	535	473	474	446	447	5	4
450	544	533.5	535	487.5	489	7	5							
500	595	584.5	586	532	533.5	7	5							
600	703.5	692.5	694	640	641.5	7	5							

5.5.5 环松套法兰结构尺寸（DN≤600/PN≤150）

5.5.5.1 法兰结构（图5.5-5）

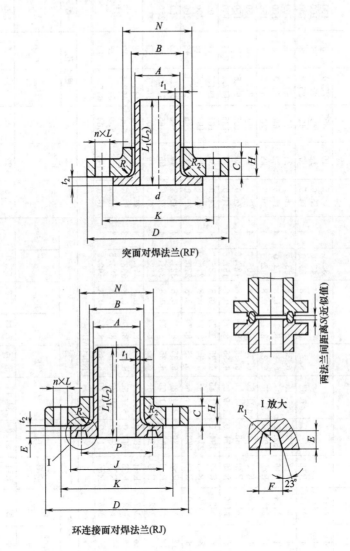

突面对焊法兰(RF)

环连接面对焊法兰(RJ)

图 5.5-5 法兰结构

注：t_1 为短节壁厚，一般为钢管壁厚；t_2 应不小于钢管最小壁厚。

标记示例：

公称尺寸 100mm、公称压力 2.0MPa（20bar）的突面对焊环带颈松套钢制管法兰：

法兰 DN100-PN20RF GB/T 9118.1—2000

公称尺寸 80mm、公称压力 5.0MPa（50bar）的环连接面对焊环带颈松套钢制管法兰：

法兰 DN80-PN50RJ GB/T 9118.2—2000

5.5.5.2 法兰尺寸 (表 5.5-9)

表 5.5-9 环松套法兰尺寸

单位：mm

PN2.0MPa(20bar)

公称尺寸 DN	管子外径 A	法兰外径 D	螺栓孔中心圆直径 K	螺栓孔直径 L	数量 n	螺纹 Th	槽号	J_{min}	P	E	F	R_{1max}	d	$S\approx$	法兰 C	法兰 H	颈部 N	B_{min}	R、R_2	L_1	L_2	重量/kg
15	21.3	90	60.5	16	4	M14							35.0	4	11.5	16	30	23.0	3	100	50	0.53
20	26.9	100	70.0	16	4	M14							43.0	4	13.0	16	38	28.0	3	100	50	0.73
25	33.7	110	79.5	16	4	M14	R15	63.5	47.62	6.35	8.74	0.8	51.0	4	14.5	17	49	35.0	3	100	50	0.89
32	42.4	120	89.0	16	4	M14	R17	73.0	57.15	6.35	8.74	0.8	63.5	4	16.0	21	59	43.5	5	100	50	1.17
40	48.3	130	98.5	16	4	M14	R19	82.5	65.07	6.35	8.74	0.8	73.0	4	17.5	22	65	50.0	6	100	50	1.48
50	60.3	150	120.5	18	4	M16	R22	102.0	82.55	6.35	8.74	0.8	92.0	4	19.5	25	78	62.5	8	150	65	2.10
65	73.0	180	139.5	18	4	M16	R25	121.0	101.60	6.35	8.74	0.8	105.0	4	22.5	29	90	75.5	8	150	65	3.56
80	88.9	190	152.5	18	8	M16	R29	133.0	114.30	6.35	8.74	0.8	127.0	4	24.0	30	108	91.5	10	150	75	3.96
100	114.3	230	190.5	18	8	M16	R36	171.0	149.22	6.35	8.74	0.8	157.5	4	24.0	33	135	117.0	11	200	75	5.57
125	141.3	255	216.0	22	8	M20	R40	194.0	171.45	6.35	8.74	0.8	186.0	4	24.0	36	164	144.5	11	200	90	6.33
150	168.3	280	241.5	22	8	M20	R43	219.0	193.68	6.35	8.74	0.8	216.0	4	25.5	40	192	171.5	13	200	100	7.67
200	219.1	345	298.5	22	8	M20	R48	273.0	247.65	6.35	8.74	0.8	270.0	4	29.0	45	246	222.0	13	250	125	12.67
250	273.0	405	362.0	26	12	M24	R52	330.0	304.80	6.35	8.74	0.8	324.0	4	30.5	49	305	277.5	13	250	150	16.56
300	323.9	485	432.0	26	12	M24	R56	406.0	381.00	6.35	8.74	0.8	381.0	4	32.0	56	365	328.0	13	由用户规定		27.20
350	355.6	535	476.0	29.5	12	M27	R59	425.0	396.88	6.35	8.74	0.8	413.0	3	35.0	79	400	360.0	13	由用户规定		39.29
400	406.4	600	540.0	29.5	16	M27	R64	483.0	454.02	6.35	8.74	0.8	470.0	3	37.0	87	457	411.0	13	由用户规定		52.06
450	457.0	635	578.0	32.5	16	M30	R68	546.0	517.52	6.35	8.74	0.8	533.5	3	40.0	97	505	462.5	13	由用户规定		56.21
500	508.0	700	635.0	32.5	20	M30	R72	597.0	558.80	6.35	8.74	0.8	584.5	3	43.0	103	559	514.5	13	由用户规定		73.40
600	610.0	815	749.5	35.5	20	M33	R76	711.0	673.10	6.35	8.74	0.8	692.5	3	48.0	111	664	616.0	13	由用户规定		99.83

PN5.0MPa(50bar)

公称尺寸 DN	管子外径 A	法兰外径 D	螺栓孔中心圆直径 K	螺栓孔直径 L	数量 n	螺纹 Th	槽号	J_{min}	P	E	F	R_{1max}	d	$S\approx$	法兰 C	法兰 H	颈部 N	B_{min}	R、R_2	L_1	L_2	重量/kg
15	21.3	95	66.5	16	4	M14	R11	51.0	34.14	5.56	7.14	0.8	35.0	3	14.5	22	38	23	3	100	50	0.71
20	26.9	120	82.5	18	4	M16	R13	63.5	42.88	6.35	8.74	0.8	43.0	4	16.0	25	48	28	3	100	50	1.26
25	33.7	125	89.0	18	4	M16	R16	70.0	50.80	6.35	8.74	0.8	51.0	4	17.5	27	54	35	3	100	50	1.47
32	42.4	135	98.5	18	4	M16	R18	79.5	60.32	6.35	8.74	0.8	63.5	4	19.5	27	64	43.5	5	100	50	1.86
40	48.3	155	114.5	22	4	M20	R20	90.5	68.28	6.35	8.74	0.8	73.0	4	21.0	30	70	50.0	6	100	50	2.65
50	60.3	165	127.0	18	8	M16	R23	108.0	82.55	7.92	11.91	0.8	92.0	6	22.5	33	84	62.5	8	150	65	2.98
65	73.0	190	149.0	22	8	M20	R26	127.0	101.60	7.92	11.91	0.8	105.0	6	25.5	38	100	75.5	8	150	65	4.47
80	88.9	210	168.5	22	8	M20	R31	146.0	117.48	7.92	11.91	0.8	127.0	6	29.0	43	118	91.5	10	150	65	6.14
100	114.3	255	200.0	22	8	M20	R37	175.0	149.22	7.92	11.91	0.8	157.5	6	32.0	48	146	117.0	11	150	75	10.05

续表

PN5.0MPa(50bar)

公称尺寸 DN	管子外径 A	连接尺寸 法兰外径 D	螺栓孔中心圆直径 K	螺栓孔直径 L	螺栓 数量 n	螺纹 Th	槽号	J_{min}	P	E	F	R_{1max}	d	S≈	法兰 C	法兰 H	颈部 N	法兰孔 B_{min}	法兰孔 R,R_2	焊环长度 L_1	焊环长度 L_2	重量 /kg
125	141.3	280	235.0	22	8	M20	R41	210.0	180.98	7.92	11.91	0.8	186.0	6	35.0	51	178	144.5	11	200	75	12.56
150	168.3	320	270.0	22	12	M20	R45	241.0	211.12	7.92	11.91	0.8	216.0	6	37.0	52	206	171.5	13	200	90	16.42
200	219.1	380	330.0	26	12	M24	R49	302.0	269.88	7.92	11.91	0.8	270.0	6	41.5	62	260	222.0	13	200	100	24.42
250	273.0	445	387.5	29.5	16	M27	R53	356.0	323.85	7.92	11.91	0.8	324.0	6	48.0	95	321	277.5	13	250	125	38.85
300	323.9	520	451.0	32.5	16	M30	R57	413.0	381.00	7.92	11.91	0.8	381.0	6	51.0	102	375	328.0	13	250	150	55.75
350	355.6	585	514.5	32.5	20	M30	R61	457.0	419.10	7.92	11.91	0.8	413.0	6	54.0	111	426	360.0	13			81.00
400	406.4	650	571.5	35.5	20	M33	R65	508.0	469.90	7.91	11.91	0.8	470.0	6	57.5	121	483	411.0	13			104.90
450	457.0	710	628.5	35.5	24	M33	R69	575.0	533.40	7.92	11.91	0.8	533.5	6	60.5	130	533	462.5	13	由用户规定		128.60
500	508.0	775	686.0	35.5	24	M33	R73	635.0	584.20	9.52	13.49	1.5	584.5	6	63.5	140	587	514.5	13			156.00
600	610.0	915	813.0	42	24	M39	R77	749.0	692.15	11.13	16.66	1.5	692.0	6	70.0	152	702	616.0	13			235.10

PN15.0MPa(150bar)

公称尺寸 DN	管子外径 A	连接尺寸 法兰外径 D	螺栓孔中心圆直径 K	螺栓孔直径 L	螺栓 数量 n	螺纹 Th	槽号	J_{min}	P	E	F	R_{1max}	d	S≈	法兰 C	法兰 H	颈部 N	法兰孔 B_{min}	法兰孔 R,R_2	焊环长度 L_1	焊环长度 L_2	重量 /kg
15	21.3	120	82.5	22	4	M20	R12	60.5	39.67	6.35	8.74	0.8	35.0	4	22.5	32	38	23	3	150	75	1.65
20	26.9	130	89.0	22	4	M20	R14	66.5	44.45	6.35	8.74	0.8	43.0	4	25.5	35	44	28	3	150	75	2.23
25	33.7	150	101.5	26	4	M24	R16	71.5	50.80	6.35	8.74	0.8	51.0	4	29.0	41	52	35	3	200	90	3.30
32	42.4	160	111.0	26	4	M24	R18	81.0	60.32	6.35	8.74	0.8	63.5	4	29.0	41	64	43.5	5	200	90	3.76
40	48.3	180	124.0	29.5	4	M27	R20	92.0	68.28	6.35	8.74	0.8	73.0	4	32.0	44	70	50.0	6	200	90	5.21
50	60.3	215	165.0	26	8	M24	R27	124.0	95.25	7.92	11.91	0.8	92.0	3	38.5	57	105	62.5	8	250	125	8.70
65	73.0	245	190.5	29.5	8	M27	R35	137.0	107.95	7.92	11.91	0.8	105.0	3	41.5	64	124	75.5	8	250	150	12.09
80	88.9	240	190.5	26	8	M24	R31	156.0	123.82	7.92	11.91	0.8	138.0	4	38.5	54	127	91.5	10	250	175	10.76
100	114.3	290	235.0	32.5	8	M30	R37	181.0	149.22	7.92	11.91	0.8	168.0	4	44.5	70	159	117.0	11	300	175	18.82
125	141.3	350	279.5	35.5	8	M33	R41	216.0	180.98	7.92	11.91	0.8	197.0	4	51.0	79	190	144.5	11	300	200	31.34
150	168.3	380	317.5	32.5	12	M30	R45	241.0	211.12	7.92	11.91	0.8	227.0	4	56.0	86	235	171.5	13	300	200	41.10
200	219.1	470	393.5	39	12	M36	R49	308.0	269.88	7.92	11.91	0.8	281.0	4	63.5	114	298	222.0	13	300	200	79.49
250	273.0	545	470.0	39	16	M36	R53	362.0	323.85	7.92	11.91	0.8	335.0	4	70.0	127	368	277.5	13	350	250	105.0
300	323.9	610	533.5	39	20	M36	R57	419.0	381.00	7.92	11.91	0.8	392.0	4	79.5	143	419	328.0	13	350	250	141.4
350	355.6	640	559.0	42	20	M39	R62	467.0	419.10	11.13	16.66	1.5	424.0	4	86.0	156	451	360.0	13			161.6
400	406.4	705	616.0	45	20	M42	R66	524.0	469.90	11.13	16.66	1.5	481	4	89.0	165	508	411.0	13	由用户规定		199.6
450	457.0	785	686.0	51	20	M48	R70	594.0	533.40	12.70	19.84	1.5	544	5	102.0	191	565	462.5	13			278.1
500	508.0	855	749.5	55	20	M52	R74	648.0	584.20	12.70	19.84	1.5	595	5	108.0	210	622	514.5	13			387.7
600	610.0	1040	901.5	68	20	M64	R78	772.0	692.15	15.88	26.97	1.5	703.5	6	140.0	292	749	616.0	13			696.4

注：管子外径 A 即焊环端部直径。

5.5.6　法兰盖结构尺寸（GB/T 9123.1～9123.4—2000）

5.5.6.1　平面突面钢制管法兰盖（DN≤600/PN≤150）

其结构和尺寸按图 5.5-6 和表 5.5-10 规定。

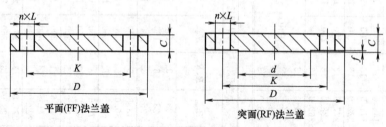

图 5.5-6　法兰结构

标记示例：

公称尺寸 80mm、公称压力 2.0MPa（20bar）的平面钢制管法兰盖：

法兰盖 DN80-PN20FF GB/T 9123.1—2000

公称尺寸 80mm、公称压力 5.0MPa（50bar）的突面钢制管法兰盖：

法兰盖 DN80-PN50RF GB/T 9123.1—2000

表 5.5-10　平面突面钢制管法兰盖尺寸　　　　　　　　　　单位：mm

公称尺寸 DN	连接尺寸			螺栓		密封面		法兰厚度 C
	法兰外径 D	螺栓孔中心圆直径 K	螺栓孔直径 L	数量 n	螺纹 Th	d	f	
PN1.0MPa（10bar）								
10	90	60	14	4	M12	41	2	14
15	95	65	14	4	M12	46	2	14
20	105	75	14	4	M12	56	2	16
25	115	85	14	4	M12	65	2	16
32	140	100	18	4	M16	76	2	18
40	150	110	18	4	M16	84	2	18
50	165	125	18	4	M16	99	2	20
65	185	145	18	4	M16	118	2	20
80	200	160	18	8	M16	132	2	20
100	220	180	18	8	M16	156	2	22
125	250	210	18	8	M16	184	2	22
150	285	240	22	8	M20	211	2	24
200	340	295	22	8	M20	266	2	24
250	395	350	22	12	M20	319	2	26
300	445	400	22	12	M20	370	2	26
350	505	460	22	16	M20	429	2	26
400	565	515	26	16	M24	480	2	28
450	615	565	26	20	M24	530	2	28
500	670	620	26	20	M24	582	2	28
600	780	725	30	20	M27	682	2	34
PN2.0MPa（20bar）								
15	90	60.5	16	4	M14	35	2	11.5
20	100	70	16	4	M14	43	2	13
25	110	79.5	16	4	M14	51	2	14.5
32	120	89	16	4	M14	63.5	2	16

PN2.0MPa(20bar)

公称尺寸 DN	连接尺寸			螺栓		密封面		法兰厚度 C
	法兰外径 D	螺栓孔中心圆直径 K	螺栓孔直径 L	数量 n	螺纹 Th	d	f	
40	130	98.5	16	4	M14	731	2	17.5
50	150	120.2	18	4	M16	92	2	19.5
65	180	139.5	18	4	M16	105	2	22.5
80	190	152.5	18	4	M16	127	2	24
100	230	190.5	18	8	M16	157.5	2	24
125	255	216	22	8	M20	186	2	24
150	280	241.5	22	8	M20	216	2	25.5
200	345	298.5	22	8	M20	270	2	29
250	405	362	26	12	M24	324	2	30.5
300	485	432	26	12	M24	381	2	32
350	535	476	29.5	12	M27	413	2	35
400	600	540	29.5	16	M27	470	2	37
450	635	578	32.5	16	M30	533.5	2	40
500	700	635	32.5	20	M30	584.5	2	43
600	815	749.5	35.5	20	M33	692.5	2	48

PN5.0MPa(50bar)

公称尺寸 DN	连接尺寸			螺栓		密封面		法兰厚度 C
	法兰外径 D	螺栓孔中心圆直径 K	螺栓孔直径 L	数量 n	螺纹 Th	d	f	
15	95	66.5	16	4	M14	35	2	14.5
20	120	82.5	18	4	M16	43	2	16.0
25	125	89.0	18	4	M16	51	2	17.5
32	135	98.5	18	4	M16	63.5	2	19.5
40	155	114.5	22	4	M20	73	2	21.0
50	165	127.0	18	8	M16	92	2	22.5
65	190	149.0	22	8	M20	105	2	25.5
80	210	168.5	22	8	M20	127	2	29.0
100	255	200.0	22	8	M20	157.5	2	32.0
125	280	235.0	22	8	M20	186	2	35.0
150	320	270.0	22	12	M20	216	2	37.0
200	380	330.0	26	12	M24	270	2	41.5
250	445	387.5	29.5	16	M27	324	2	48.0
300	520	451.0	32.5	16	M30	381	2	51.0
350	585	514.0	32.5	20	M30	413	2	54.0
400	650	571.5	35.5	20	M33	470	2	57.5
450	710	628.5	35.5	24	M33	533.5	2	60.5
500	775	686.0	35.5	24	M33	584.5	2	63.5
600	915	813.0	42	24	M39	692.5	2	70.0

PN10.0MPa(100bar)

公称尺寸 DN	连接尺寸			螺栓		密封面		法兰厚度 C
	法兰外径 D	螺栓孔中心圆直径 K	螺栓孔直径 L	数量 n	螺纹 Th	d	f	
10	100	70	14	4	M12	41	2	20
15	105	75	14	4	M12	46	2	20
20	130	90	18	4	M16	56	2	20
25	140	100	18	4	M16	65	2	24
32	155	110	22	4	M20	76	2	24
40	170	125	22	4	M20	84	2	26

续表

公称尺寸 DN	连接尺寸			螺栓		密封面		法兰厚度 C
	法兰外径 D	螺栓孔中心圆直径 K	螺栓孔直径 L	数量 n	螺纹 Th	d	f	
				PN10.0MPa(100bar)				

PN10.0MPa(100bar)

公称尺寸 DN	连接尺寸			螺栓		密封面		法兰厚度 C
	法兰外径 D	螺栓孔中心圆直径 K	螺栓孔直径 L	数量 n	螺纹 Th	d	f	
50	195	145	26	4	M24	99	2	28
65	220	170	26	8	M24	118	2	30
80	230	180	26	8	M24	132	2	32
100	265	210	30	8	M27	156	2	36
125	315	250	33	8	M30	184	2	40
150	355	290	33	12	M30	211	2	44
200	430	360	36	12	M33	284	2	52
250	505	430	39	12	M36	345	2	60
300	585	500	42	16	M39	409	2	68
350	655	560	48	16	M45	465	2	74
400	715	620	48	16	M45	535	2	82

PN15.0MPa(150bar)

公称尺寸 DN	连接尺寸			螺栓		密封面		法兰厚度 C
	法兰外径 D	螺栓孔中心圆直径 K	螺栓孔直径 L	数量 n	螺纹 Th	d	f	
15	120	82.5	22	4	M20	35	7	22.5
20	130	89.0	22	4	M20	43	7	22.5
25	150	101.5	26	4	M24	51	7	29
32	160	111.0	26	4	M24	63.5	7	29
40	180	124.0	29.5	4	M27	73	7	32
50	215	165.0	26	8	M24	92	7	38.5
65	245	190.5	29.5	8	M27	105	7	41.5
80	240	190.5	26	8	M24	127	7	38.5
100	290	235.0	32.5	8	M30	157.5	7	44.5
125	350	279.5	35.5	8	M33	186	7	51.0
150	380	317.5	32.5	12	M30	216	7	56.0
200	470	393.5	39	12	M36	270	7	63.5
250	545	470.0	39	16	M36	324	7	70.0
300	610	533.5	39	20	M36	381	7	79.5
350	640	559.0	42	20	M39	413	7	86.0
400	705	616.0	45	20	M42	470	7	89.0
450	785	686.0	51	20	M48	533.5	7	102.0
500	855	749.5	55	20	M52	584.5	7	108.0
600	1040	901.5	68	20	M64	692.5	7	140.0

5.5.6.2 凹凸面榫槽面钢制管法兰盖（DN≤600/PN50～150）

其结构和尺寸按图 5.5-7 和表 5.5-11 的规定。

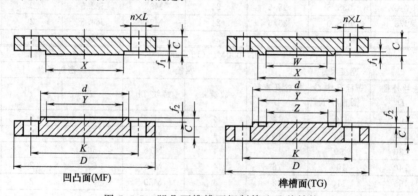

图 5.5-7 凹凸面榫槽面钢制管法兰盖结构

标记示例：

公称尺寸 80mm、公称压力 5.0MPa（50bar）的凸面钢制管法兰盖：

法兰盖 DN80-PN50M GB/T 9123.2—2000

公称尺寸 80mm、公称压力 10.0MPa（100bar）的榫面钢制管法兰盖：

法兰盖 DN80-PN100T GB/T 9123.2—2000

表 5.5-11　凹凸面榫槽面钢制管法兰盖尺寸　　　　单位：mm

公称尺寸 DN	连接尺寸			螺栓		密封面							法兰厚度 C
	法兰外径 D	螺栓孔中心圆直径 K	螺栓孔直径 L	数量 n	螺纹 Th	d	X	Y	Z	W	f_1	f_2	
						PN5.0MPa(50bar)							
15	95	66.5	16	4	M14	46	35	36.5	24	25.5	7	5	14.5
20	120	82.5	18	4	M16	54	43	44.5	32	33.5	7	5	16.0
25	125	89.0	18	4	M16	62	51	52.5	36.5	38.0	7	5	17.5
32	135	98.5	18	4	M16	73	63.5	65.0	46.0	47.5	7	5	19.5
40	155	114.5	22	4	M20	84	73	74.5	52.5	54.0	7	5	21.0
50	165	127.0	18	8	M16	103	92	93.5	71.5	73.0	7	5	22.5
65	190	149.0	22	8	M20	116	105	106.5	84.0	85.5	7	5	25.5
80	210	168.5	22	8	M20	138	127	128.5	106.5	108	7	5	29.0
100	255	200.0	22	8	M20	168	157.5	159.0	130.5	132	7	5	32.0
125	280	235.0	22	8	M20	197	186	187.5	159	160.5	7	5	35.0
150	320	270.0	22	12	M20	227	216	217.5	189	190.5	7	5	37.0
200	380	330.0	26	12	M24	281	270	271.5	236.5	238	7	5	41.5
250	445	387.5	29.5	16	M27	335	324	325.5	284.5	286	7	5	48.0
300	520	451.0	32.5	16	M30	392	381	382.5	341.5	343	7	5	51.0
350	585	514.5	32.5	20	M30	424	413	414.5	373	374.5	7	5	54.0
400	650	571.5	35.5	20	M33	481	470	471.5	424	425.5	7	5	57.5
450	710	628.5	35.5	24	M33	544	533.5	535	487.5	489	7	5	60.5
500	775	686.0	35.5	24	M33	595	584.5	586	532	533.5	7	5	63.5
600	915	813.0	42	24	M39	703.5	692.5	694	640	641.5	7	5	70.0
						PN10.0MPa(100bar)							
10	100	70	14	4	M12	41	34	35	23	24	4	3	20
15	105	75	14	4	M12	46	39	40	28	29	4	3	20
20	130	90	18	4	M16	56	50	51	35	36	4	3	20
25	140	100	18	4	M16	65	57	58	42	43	4	3	24
32	155	110	22	4	M20	76	65	66	50	51	4	3	24
40	170	125	22	4	M20	84	75	76	60	61	4	3	26
50	195	145	26	4	M24	99	87	88	72	73	4	3	28
65	220	170	26	8	M24	118	109	110	94	95	4	3	30
80	230	180	26	8	M24	132	120	121	105	106	4	3	32
100	265	210	30	8	M27	156	149	150	128	129	4.5	3.5	36
125	315	250	33	8	M30	184	175	176	154	155	4.5	3.5	40
150	355	290	33	12	M30	211	203	204	182	183	4.5	3.5	44
200	430	360	36	12	M33	284	259	260	238	239	4.5	3.5	52
250	505	430	39	12	M36	345	312	313	291	292	4.5	3.5	60
300	585	500	42	16	M39	409	363	364	342	343	4.5	3.5	68
350	505	560	48	16	M45	465	421	422	394	395	5	4	74
400	715	620	48	16	M45	535	473	474	446	447	5	4	82

公称尺寸 DN	连接尺寸			螺栓		密封面							法兰厚度 C
	法兰外径 D	螺栓孔中心圆直径 K	螺栓孔直径 L	数量 n	螺纹 Th	d	X	Y	Z	W	f_1	f_2	

PN15.0MPa(150bar)

公称尺寸 DN	法兰外径 D	螺栓孔中心圆直径 K	螺栓孔直径 L	数量 n	螺纹 Th	d	X	Y	Z	W	f_1	f_2	法兰厚度 C
15	120	82.5	22	4	M20	46	35	36.5	24	25.5	7	5	22.5
20	130	89.0	22	4	M20	54	43	44.5	32	33.5	7	5	25.5
25	150	101.5	26	4	M24	62	51	52.5	36.5	38.0	7	5	29.0
32	160	111.0	26	4	M24	73	63.5	65.5	46.0	47.5	7	5	29.0
40	180	124.0	29.5	8	M27	84	73	74.5	52.5	54.0	7	5	32.0
50	215	165.0	26	8	M24	103	92	93.5	71.5	73.0	7	5	38.5
65	245	190.5	29.5	8	M27	116	105	106.5	84.0	85.5	7	5	41.5
80	240	190.5	26	8	M24	138	127	128.5	106.5	108	7	5	38.5
100	290	235.0	32.5	8	M30	168	157.5	159.0	130.5	132	7	5	44.5
125	350	279.5	35.5	8	M33	197	186	187.5	159	160.5	7	5	51.0
150	380	317.5	32.5	12	M30	227	216	217.5	189	190.5	7	5	56.0
200	470	393.5	39	12	M36	281	270	271.5	236.5	238	7	5	63.5
250	545	470.0	39	16	M36	335	324	325.5	284.5	286	7	5	70.0
300	610	533.5	39	20	M36	392	381	382.5	341.5	343	7	5	79.5
350	640	559.0	42	20	M39	424	413	414.5	373	374.5	7	5	86.0
400	705	616.0	45	20	M42	481	470	471.5	424	425.5	7	5	89.0
450	785	686.0	51	20	M48	544	533.5	535	487.5	489	7	5	102.0
500	855	749.5	55	20	M52	595	584.5	586	532	533.5	7	5	108.0
600	1040	901.5	68	20	M64	703.5	692.5	694	640	641.5	7	5	140.0

5.5.6.3 环连接面钢制管法兰盖（DN≤600/PN≤150）

其结构和尺寸按图 5.5-8 和表 5.5-12 的规定。

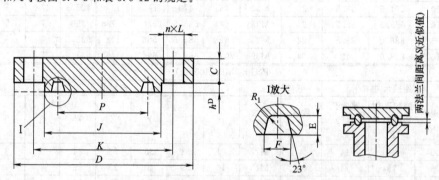

图 5.5-8 环连接面（RJ）钢制管法兰盖结构

注：突出部分高度 E^D 与梯形槽深度尺寸 E 相同，但不受 E 公差的限制。允许采用如虚线所示轮廓的全平面式。

标记示例：

公称尺寸 80mm、公称压力 5.0MPa（50bar）的环接面钢制管法兰盖：

法兰盖 DN80-PN50RJ GB/T 9123.4—2000

表 5.5-12　环连接面钢制管法兰盖尺寸　　　　　　单位：mm

PN2.0MPa(20bar)

公称尺寸 DN	连接尺寸			螺栓		密封面						法兰厚度 C	近似值 S
	法兰外径 D	螺栓孔中心圆直径 K	螺栓孔直径 L	数量 n	螺纹 Th	槽号	I_{min}	P	E	F	R_{1max}		
25	110	79.5	16	4	M14	R15	63.5	47.62	6.35	8.74	0.8	14.5	4
32	120	89.0	16	4	M14	R17	73.0	57.15	6.35	8.74	0.8	16.0	4

续表

PN2.0MPa(20bar)

公称尺寸 DN	连接尺寸			螺栓		密封面						法兰厚度 C	近似值 S
	法兰外径 D	螺栓孔中心圆直径 K	螺栓孔直径 L	数量 n	螺纹 Th	槽号	I_{min}	P	E	F	R_{1max}		
40	130	98.5	16	4	M14	R19	82.5	65.07	6.35	8.74	0.8	17.5	4
50	150	120.5	18	4	M16	R22	102.0	82.55	6.35	8.74	0.8	19.5	4
65	180	139.5	18	4	M16	R22	121.0	101.60	6.35	8.74	0.8	22.5	4
80	190	152.5	18	4	M16	R29	133.0	114.30	6.35	8.74	0.8	24.0	4
100	230	190.5	18	8	M16	R36	171.0	149.22	6.35	8.74	0.8	24.0	4
125	255	216.0	22	8	M20	R40	194.0	171.45	6.35	8.74	0.8	24.0	4
150	280	241.5	22	8	M20	R43	219.0	193.68	6.35	8.74	0.8	25.5	4
200	345	298.5	22	8	M20	R48	273.0	247.65	6.35	8.74	0.8	29.0	4
250	405	362.0	26	12	M24	R52	330.0	304.80	6.35	8.74	0.8	30.5	4
300	485	432.0	26	12	M24	R56	406.0	381.00	6.35	8.74	0.8	32.0	4
350	535	476.0	29.5	12	M27	R59	425.0	396.88	6.35	8.74	0.8	35.0	3
400	600	540.0	29.5	16	M27	R64	483.0	454.02	6.35	8.74	0.8	37.0	3
450	635	578.0	32.5	16	M30	R68	546.0	517.52	6.35	8.74	0.8	40.0	3
500	700	635.0	32.5	20	M30	R72	597.0	558.80	6.35	8.74	0.8	43.0	3
600	815	749.5	35.5	20	M33	R76	711.0	673.10	6.35	8.74	0.8	48.0	3

PN5.0MPa(50bar)

公称尺寸 DN	连接尺寸			螺栓		密封面						法兰厚度 C	近似值 S
	法兰外径 D	螺栓孔中心圆直径 K	螺栓孔直径 L	数量 n	螺纹 Th	槽号	I_{min}	P	E	F	R_{1max}		
15	95	66.5	16	4	M14	R11	51.0	34.14	5.56	7.14	0.8	14.5	3
20	120	82.5	18	4	M16	R13	63.5	42.88	6.35	8.74	0.8	16.0	4
25	125	89.0	18	4	M16	R16	70.0	50.80	6.35	8.74	0.8	17.5	4
32	135	98.5	18	4	M16	R18	79.5	60.32	6.35	8.74	0.8	19.5	4
40	155	114.5	22	4	M20	R20	90.5	68.28	6.35	8.74	0.8	21.0	4
50	165	127.0	18	8	M16	R23	108.0	82.55	7.92	11.91	0.8	22.5	6
65	190	149.0	22	8	M20	R26	127.0	101.60	7.92	11.91	0.8	25.5	6
80	210	168.5	22	8	M20	R31	146.0	123.82	7.92	11.91	0.8	29.0	6
100	255	200.0	22	8	M20	R37	175.0	149.22	7.92	11.91	0.8	32.0	6
125	280	235.0	22	8	M20	R41	210.0	180.98	7.92	11.91	0.8	35.0	6
150	320	270.0	22	12	M20	R45	241.0	211.12	7.92	11.91	0.8	37.0	6
200	380	330.0	26	12	M24	R49	302.0	269.88	7.92	11.91	0.8	41.5	6
250	445	387.5	29.5	16	M27	R53	356.0	323.85	7.92	11.91	0.8	48.0	6
300	520	451.0	32.5	16	M30	R57	413.0	381.00	7.92	11.91	0.8	51.0	6
350	585	514.5	32.5	20	M30	R61	457.0	419.10	7.92	11.91	0.8	54.0	6
400	650	571.5	35.5	20	M33	R65	508.0	469.90	7.92	11.91	0.8	57.5	6
450	710	628.5	35.5	24	M33	R69	575.0	533.40	7.92	11.91	0.8	60.5	6
500	775	686.0	35.5	24	M33	R73	635.0	584.20	9.52	13.49	1.5	63.5	6
600	915	813.0	42	24	M39	R77	749.0	692.15	11.13	16.66	1.5	70.0	6

PN15.0MPa(150bar)

公称尺寸 DN	连接尺寸			螺栓		密封面						法兰厚度 C	近似值 S
	法兰外径 D	螺栓孔中心圆直径 K	螺栓孔直径 L	数量 n	螺纹 Th	槽号	I_{min}	P	E	F	R_{1max}		
15	120	82.5	22	4	M20	R12	60.5	39.67	6.35	8.74	0.8	22.5	4
20	130	89.0	22	4	M20	R14	66.5	44.45	6.35	8.74	0.8	25.5	4
25	150	101.5	26	4	M24	R16	71.5	50.80	6.35	8.74	0.8	29.0	4

PN15.0MPa(150bar)

公称尺寸 DN	连接尺寸			螺栓		密封面						法兰厚度 C	近似值 S
	法兰外径 D	螺栓孔中心圆直径 K	螺栓孔直径 L	数量 n	螺纹 Th	槽号	I_{min}	P	E	F	R_{1max}		
32	160	111.0	26	4	M24	R18	81.5	60.32	6.35	8.74	0.8	29.0	4
40	180	124.0	29.5	4	M27	R20	92.0	68.28	6.35	8.74	0.8	32.0	4
50	215	165.0	26	8	M24	R24	124.0	95.25	7.92	11.91	0.8	38.5	3
65	245	190.5	29.5	8	M27	R27	137.0	107.95	7.92	11.91	0.8	41.5	3
80	240	190.5	26	8	M24	R31	156.0	123.82	7.92	11.91	0.8	38.5	4
100	290	235.0	32.5	8	M30	R37	181.0	149.22	7.92	11.91	0.8	44.5	4
125	350	279.5	35.5	8	M33	R41	216.0	180.98	7.92	11.91	0.8	51.0	4
150	380	317.5	32.5	12	M30	R45	241.0	211.12	7.92	11.91	0.8	56.0	4
200	470	393.5	39	12	M36	R49	308.0	269.88	7.92	11.91	0.8	63.5	4
250	545	470	39	12	M36	R53	362.0	323.85	7.92	11.91	0.8	70.0	4
300	610	533.5	39	20	M36	R57	419.0	381.00	7.92	11.91	0.8	79.5	4
350	640	559.0	42	20	M39	R62	467.0	419.10	11.13	16.66	1.5	86.0	4
400	705	616.0	45	20	M42	R66	524.0	469.90	11.13	16.66	1.5	89.0	4
450	785	686.0	51	20	M48	R70	594.0	533.40	12.70	19.84	1.5	102.0	5
500	855	749.5	55	20	M52	R74	648.0	584.20	12.70	19.84	1.5	108.0	5
600	1040	901.5	68	20	M64	R78	772.0	692.15	15.88	26.97	2.4	140.0	6

5.5.6.4 钢制管法兰盖重量近似计算（表5.5-13）

表 5.5-13 钢制管法兰盖重量近似计算　　　　　　单位：kg

公称通径 DN/mm	公称压力 PN/MPa					公称通径 DN/mm	公称压力 PN/MPa				
	1.0 (10)	2.0 (20)	5.0 (50)	10.0 (100)	15.0 (150)		1.0 (10)	2.0 (20)	5.0 (50)	10.0 (100)	15.0 (150)
10	0.56			1.00		125	7.80	3.31	15.76	22.60	37.36
15	0.64	0.43	0.63	1.22	1.78	150	11.04	11.70	22.16	31.80	48.63
20	0.92	0.63	1.15	1.92	2.43	200	16.03	20.46	35.14	56.10	91.00
25	1.13	0.89	1.40	2.65	3.65	250	23.48	29.19	54.99	89.60	124.0
32	1.88	1.20	1.88	3.24	4.27	300	30.13	44.11	79.96	119.0	174.8
40	2.18	1.58	2.65	4.09	5.94	350	38.86	58.83	108.4	175.0	208.0
50	3.00	2.39	3.38	5.84	10.05	400	52.28	78.19	141.2	239.7	262.8
65	3.68	4.07	5.09	8.03	14.05	450	61.93	94.72	178.8		369.6
80	4.37	4.92	7.22	9.43	18.09	500	73.87	123.6	223.3		464.2
100	5.94	7.13	11.62	14.3	21.83	600	122.3	187.1	342.1		874.5

5.5.7 法兰技术条件（GB/T 9124—2000）

5.5.7.1 欧洲体系材料（表5.5-14）

表 5.5-14 公称压力等级属于欧洲体系的钢制管法兰用材料

材料组号	材料类别	钢 板		锻 件		铸 件		钢 管	
		钢号	标准号	钢号	标准号	钢号	标准号	钢号	标准号
1.0	Q235	Q235-A Q235-B	GB/T 3274 (GB/T 700)	—	—	—	—	—	—
2.0	20	20	GB/T 711	20	JB 4726	WCA	GB/T 12229	—	—
		20R	GB 6654						
		09Mn2VDR	GB 3531	09Mn2VD	JB 4727	—	—	—	—
		09MnNiDR		09MnNiD					

续表

材料组号	材料类别	钢　板		锻　件		铸　件		钢　管	
		钢号	标准号	钢号	标准号	钢号	标准号	钢号	标准号
3.0	16Mn 15MnV	16MnR	GB 6654	16Mn	JB 4726	ZG240/450AC	GB/T 16253		
		16MnDR	GB 3531	16MnD	JB 4727	LCB	JB/T 7248		
		15MnVR	GB 6654	15MnV	JB 4726	WCB	GB/T 12229		
		—	—	—	—	WCG	GB/T 12229		
5.0	1Cr-0.5Mo	15CrMnR	GB 6654	15CrMo	JB 4726	ZG15Cr1Mo	GB/T 16253		
6.0	2¼Cr-1Mo	12Cr2Mo1R	GB 150 (GB 6654)	12Cr2Mo1	JB 4726	ZG12Cr2 Mo1G	GB/T 16253		
6.1	5Cr-0.5Mo	—	—	1Cr5Mo	JB 4726	ZG16Cr5MoG	GB/T 16253		
10.0	304L	00Cr19Ni10	GB 4237	00Cr19Ni10	JB 4728	ZG03Cr18 Ni10	GB/T 16253	00Cr19Ni10	GB/T 14976 HG 20537
						CF3	GB/T 12230		
11.0	304	0Cr18Ni9	GB 4237	0Cr18Ni9	JB 4728	ZG07Cr20 Ni10	GB/T 16253	0Cr18Ni9	
						CF8	GB/T 12230		
12.0	321	0Cr18Ni10Ti (1Cr18Ni9Ti)	GB 4237	0Cr18Ni10Ti (1Cr18Ni9Ti)	JB 4728	ZG08Cr20 Ni10Nb	GB/T 16253	0Cr18Ni10Ti (1Cr18Ni9Ti)	
						CF8C	GB/T 12230		
13.0	316L	00Cr17Ni 14Mo2	GB 4237	00Cr17Ni 14Mo2	JB 4728	ZG03Cr19 Ni11Mo2	GB/T 16253	00Cr17Ni14 Mo2	GB/T 14976 HG 20537
						CF3M	GB/T 12230		
14.0	316	0Cr17Ni 12Mo2		0Cr17Ni 12Mo2		ZG07Cr19 Ni11Mo2	GB/T 16253	0Cr17Ni12 Mo2	
						CF8M	GB/T 12230		

注：1. 表列钢板仅适用于法兰盖和板式法兰。

2. 表列铸件仅适用于整体法兰。

3. 表列钢管仅适用于采用钢管制造的奥氏体不锈钢翻边环。

4. Q235-A 仅适用于 PN≤1.0MPa 的法兰和法兰盖。

5.5.7.2　美洲体系材料（表 5.5-15）

表 5.5-15　公称压力等级属于美洲体系的钢制管法兰用材料

材料组号	材料类别	钢　板		锻　件		铸　件		钢　管	
		钢号	标准号	钢号	标准号	钢号	标准号	钢号	标准号
1.0	Q235	Q235-B	GB/T 3274 (GB/T 700)	—	—	—	—		
	20	20	GB/T 711	20	JB 4726	WCA	GB/T 12229		
		20R	GB/T 6654						
1.1	WCB	—	—	—	—	WCB	GB/T 12229		
1.2	WCC	—	—	—	—	WCC	GB/T 12229		
1.3	16Mn	16MnR	GB 6654	16Mn	JB 4726	ZG240/ 450AG	GB/T 16253		
		16MnDR	GB 3531	16MnD	JB 4727	LCB	JB/T7248		
1.4	09Mn	09Mn2VDR	GB 3531	09Mn2VD	JB 4727	—	—		
		09MnNiDR	GB 3531	09MnNiD	JB 4727	—	—		
1.9a	1Cr-0.5Mo	15CrMoR	GB 6654	15GrMo	JB 4726	ZG15Cr1Mo	GB/T 16253		
1.10	2¼Cr-1Mo	12Cr2Mo1R	GB 150 (GB 6654)	12Cr2Mo1	JB 4726	ZG12Cr2 Mo1G	GB/T 16253		
1.13	5Cr-0.5Mo	—	—	1Cr5Mo	JB 4726	ZG16Cr5 MoG	GB/T 16253		

续表

材料组号	材料类别	钢板 钢号	钢板 标准号	锻件 钢号	锻件 标准号	铸件 钢号	铸件 标准号	钢管 钢号	钢管 标准号
2.1	304	0Cr18Ni9		0Cr18Ni9		ZG07Cr20Ni10	GB/T 16253	0Cr18Ni9	
						CF8	GB/T 12230		
2.2	316	0Cr17Ni12Mo2		0Cr17Ni12Mo2		ZG07Cr19Ni11Mo2	GB/T 16253	0Cr17Ni12Mo2	
						CF8M	GB/T 12230		
	304L	00Cr19Ni10	GB 4237	00Cr19Ni10	JB 4728	ZG03Cr18Ni10	GB/T 16253	00Cr19Ni10	GB/T 14976 HG 20537
						CF3	GB/T 12230		
2.3	316L	00Cr17Ni14Mo2		00Cr17Ni14Mo2		ZG03Cr19Ni11Mo2	GB/T 16253	00Cr17Ni14Mo2	
						CF3M	GB/T 12230		
2.4	321	0Cr18Ni10Ti (1Cr18Ni9Ti)		0Cr18Ni10Ti (1Cr18Ni9Ti)		ZG08Cr20Ni10Nb	GB/T 16253	0Cr18Ni10Ti (1Cr18Ni9Ti)	
						CF8C	GB/T 12230		

注：1. 表列钢板仅适用于法兰盖和板式法兰。

2. 表列铸件仅适用于整体法兰。

3. 表列钢管仅适用于采用钢管制造的奥氏体不锈钢翻边环。

5.5.7.3　温度-压力等级（表 5.5-16，表 5.5-17）

表 5.5-16　允许最高无冲击工作压力　　　　单位：MPa

材料组号	≤20℃	100℃	150℃	200℃	250℃	300℃	350℃	400℃	425℃	450℃	475℃	500℃	510℃	520℃	530℃
PN1.0															
1.0	1.0	1.0	0.90	0.80	0.70	0.60									
2.0	1.0	1.0	0.90	0.80	0.70	0.60	0.50	0.35							
3.0	1.0	1.0	0.98	0.95	0.90	0.80	0.70	0.55	0.45						
5.0	1.0	1.0	1.0	1.0	1.0	1.0	0.95	0.91	0.89	0.87	0.82	0.74	0.62	0.49	0.38
6.0	1.0	1.0	1.0	1.0	1.0	1.0	1.0	0.91	0.89	0.87	0.80	0.55	0.50	0.44	0.38
6.1	1.0	1.0	1.0	1.0	1.0	1.0	1.0	1.0	—	—	—	—	—	—	—
10.0	0.89	0.80	0.72	0.65	0.61	0.56	0.54	0.52	—	0.50	—	0.48			
11.0	0.94	0.85	0.76	0.70	0.64	0.60	0.57	0.56	—	0.54	—	0.53			
12.0	0.99	0.92	0.87	0.82	0.78	0.74	0.72	0.69	—	0.68	—	0.66			
13.0	0.96	0.88	0.80	0.74	0.70	0.64	0.62	0.60	—	0.58	—	0.57			
14.0	1.0	0.94	0.85	0.79	0.74	0.69	0.67	0.64	—	0.63	—	0.62			
PN10.0															
2.0	8.4	8.1	7.7	7.1	6.5	5.9	5.0	3.5							
3.0	10.0	10.0	9.8	9.5	9.0	8.0	7.0	5.5	4.5						
5.0	10.0	10.0	10.0	10.0	10.0	10.0	9.5	9.1	8.9	8.7	8.2	7.4	6.2	4.9	3.8
6.0	10.0	10.0	10.0	10.0	10.0	10.0	10.0	9.1	8.9	8.7	8.0	5.5	5.0	4.4	3.8
6.1	10.0	10.0	10.0	10.0	10.0	10.0	10.0	10.0	—	—	—	—	—	—	—
10.0	8.9	8.0	7.2	6.5	6.1	5.6	5.4	5.2	—	5.0	—	4.8			
11.0	9.4	8.5	7.6	7.0	6.4	6.0	5.7	5.6	—	5.4	—	5.3			
12.0	9.9	9.2	8.7	8.2	7.8	7.4	7.2	6.9	—	6.8	—	6.6			
13.0	9.6	8.8	8.0	7.4	7.0	6.4	6.2	6.0	—	5.8	—	5.7			
14.0	10.0	9.4	8.5	7.9	7.4	6.9	6.7	6.4	—	6.3	—	6.2			

表 5.5-17　允许最高无冲击工作压力　　　　　单位：MPa

材料组号	≤38℃	50℃	100℃	150℃	200℃	250℃	300℃	350℃	375℃	400℃	425℃	450℃	475℃	500℃	525℃	555℃	575℃	600℃
PN2.0																		
1.0	1.58	1.53	1.42	1.35	1.27	1.15	1.02	0.84	0.74	0.65	0.56	0.47	0.37					
1.1	1.96	1.92	1.77	1.58	1.40	1.21	1.02	0.84	0.74	0.65	0.56	0.47	0.37					
1.2	2.0	1.92	1.77	1.58	1.40	1.21	1.02	0.84	0.74	0.65	0.56	0.47	0.37					
1.3	1.84	1.81	1.73	1.58	1.40	1.21	1.02	0.84	0.74	0.65	0.56	0.47	0.37					
1.4	1.63	1.60	1.48	1.45	1.40	1.21	1.02	0.84	0.74	0.65	0.56	0.47	0.37					
1.9a	1.83	1.76	1.67	1.58	1.40	1.21	1.02	0.84	0.74	0.65	0.56	0.47	0.37	0.28	0.19	0.13①		
1.10	2.0	1.92	1.77	1.58	1.40	1.21	1.02	0.84	0.74	0.65	0.56	0.47	0.37	0.28	0.19	0.13①		
1.13	2.0	1.92	1.77	1.58	1.40	1.21	1.02	0.84	0.74	0.65	0.56	0.47	0.37	0.28	0.19	0.13①		
2.1	1.90	1.84	1.57	1.39	1.26	1.17	1.02	0.84	0.74	0.65	0.56	0.47	0.37	0.28	0.19	0.13①		
2.2	1.90	1.84	1.62	1.48	1.37	1.21	1.02	0.84	0.74	0.65	0.56	0.47	0.37	0.28	0.19	0.13①		
2.3	1.59	1.53	1.32	1.20	1.10	1.02	0.97	0.84	0.74	0.65	0.56	0.47						
2.4	1.90	1.84	1.59	1.44	1.32	1.21	1.02	0.84	0.74	0.65	0.56	0.47	0.37	0.28	0.19	0.13①		
PN5.0																		
1.0	3.95	3.85	3.56	3.39	3.18	2.88	2.57	2.39	2.29	2.19	2.12	1.96	1.35					
1.1	5.11	5.01	4.46	4.52	4.38	4.17	3.87	3.70	3.65	3.45	2.88	2.00	1.35					
1.2	5.17	5.17	5.15	5.02	4.88	4.63	4.24	4.02	3.88	3.45	2.88	2.00	1.35					
1.3	4.79	4.73	4.51	4.4	4.27	4.06	3.77	3.60	3.53	3.24	2.73	1.98	1.35					
1.4	4.25	4.17	3.86	3.77	3.66	3.47	3.23	3.09	3.09	3.03	2.58	1.96	1.35					
1.9a	4.74	4.68	4.66	4.64	4.55	4.45	4.24	4.02	3.88	3.66	3.51	3.38	3.17	2.78	2.03	1.28	0.85	0.59
1.10	5.17	5.12	4.90	4.66	4.48	4.42	4.24	4.02	3.88	3.66	3.51	3.38	3.17	2.78	2.19	1.64	1.17	0.76
1.13	5.17	5.17	5.15	5.02	4.88	4.63	4.24	4.02	3.88	3.66	3.45	3.09	2.59	2.03	1.54	1.17	0.88	0.65
2.1	4.96	4.78	4.09	3.63	3.28	3.05	2.91	2.81	2.78	2.75	2.72	2.69	2.66	2.61	2.39	2.18	2.01	1.67
2.2	4.96	4.81	4.22	3.85	3.57	3.34	3.16	3.04	2.97	2.91	2.87	2.81	2.74	2.68	2.58	2.5	2.41	2.14
2.3	4.14	4.0	3.45	3.12	2.87	2.67	2.52	2.40	2.36	2.32	2.27	2.23						
2.4	4.96	4.8	4.15	3.75	3.44	3.21	3.05	2.93	2.89	2.86	2.85	2.82	2.80	2.78	2.58	2.50	2.28	1.98
PN15.0																		
1.0	11.85	11.60	10.68	10.17	9.54	8.64	7.71	7.17	6.87	6.57	6.36	5.87	4.06					
1.1	15.32	15.02	13.91	13.57	13.15	12.52	11.62	11.09	10.94	10.35	8.63	6.01	4.06					
1.2	15.52	15.52	15.46	15.06	14.64	13.90	12.73	12.07	11.64	10.35	8.63	6.01	4.06					
1.3	14.36	14.19	13.53	13.19	12.80	12.18	11.31	10.79	10.59	9.72	8.19	5.94	4.06					
1.4	12.76	12.52	11.58	11.31	10.97	10.41	9.69	9.28	9.26	9.09	7.74	5.87	4.06					
1.9a	14.23	14.06	13.99	13.91	13.64	13.34	12.73	12.07	11.64	10.98	10.53	10.14	9.50	8.34	6.08	3.83	2.55	1.76
1.10	15.52	15.36	14.71	13.99	13.34	13.27	12.73	12.07	11.64	10.98	10.53	10.14	9.50	8.34	6.58	4.91	3.51	2.29
1.13	15.52	15.52	15.46	15.06	14.64	13.90	12.73	12.07	11.64	10.98	10.35	9.27	7.77	6.08	4.63	3.50	2.64	1.96
2.1	14.89	14.35	12.26	10.90	9.83	9.16	8.72	8.42	8.33	8.24	8.15	8.06	7.97	7.82	7.16	6.54	6.02	5.01
2.2	14.89	14.44	12.66	11.55	10.70	10.02	9.49	9.13	8.91	8.73	8.60	8.42	8.21	8.05	7.74	7.49	7.23	6.43
2.3	12.41	11.99	10.35	9.37	8.61	8.01	7.57	7.21	7.08	6.95	6.81	6.68						
2.4	14.89	14.39	12.45	11.25	10.31	9.62	9.16	8.80	8.68	8.59	8.54	8.46	8.40	8.34	7.74	7.49	6.84	5.94

注：1. 为 PN2.0MPa 下的最高额定工作压力值在 540℃时的值。

2. PN2.0MPa 的法兰工作温度超过 200℃和 PN≥5.0MPa 的法兰工作温度超过 400℃时，应避免法兰承受急剧的温度变化和外加载荷，否则可能降低法兰的密封性能。

3. 相应压力等级所示的工作温度，可认为是所容纳介质的温度；工作温度高于表中所列温度范围时，缺乏确切的数值。

6 非金属与衬里管路

6.1 橡胶制品

6.1.1 橡胶性能特点

6.1.1.1 常用橡胶特点（表 6.1-1）

表 6.1-1 常用橡胶特点

品种/代号	组 成	特 点	主要用途
天然橡胶（NR）	以橡胶烃(聚异戊二烯)为主,另含少量蛋白质、水分、树脂酸、糖类和无机盐等	弹性大、拉伸强度高、抗撕裂性和电绝缘性优良,耐磨性和耐寒性良好,加工性佳,易与其他材料黏合,在综合性能方面优于多数合成橡胶。缺点是耐氧及耐臭氧性差,容易老化变质;耐油和耐溶剂性不好,抵抗酸碱的腐蚀能力低;耐热性及热稳定性差	制作轮胎、减振制品、胶辊、胶鞋、胶管、胶带、电线电缆的绝缘层和护套以及其他通用制品
丁苯橡胶（SBR）	丁二烯和苯乙烯的共聚体	性能接近天然橡胶,其特点是耐磨性、耐老化和耐热性超过天然橡胶,质地也较天然橡胶均匀。缺点是弹性较低,抗屈挠,抗撕裂性能较差;加工性能差,特别是自粘性差、生胶强度低	主要用以代替天然橡胶制作轮胎、胶板、胶管、胶鞋及其他通用制品
顺丁橡胶（BR）	顺式 1,4-聚丁二烯橡胶由丁二烯聚合而成的顺式结构橡胶	结构与天然橡胶基本一致,它突出的优点是弹性与耐磨性优良,耐老化性佳,耐低温优越,在动负荷下发热量小,易与金属黏合。缺点是强力较低,抗撕裂性差,加工性能与自粘性差	一般多和天然或丁苯橡胶混用,主要制作轮胎胎面、减振制品、输送带和特殊耐寒制品
异戊橡胶（IR）	是以异戊二烯为单体,聚合而成的一种顺式结构橡胶	性能接近天然橡胶,故有合成天然橡胶之称。它具有天然橡胶的大部分优点,耐老化性优于天然橡胶,但弹性和强力比天然橡胶稍低,加工性能差,成本较高	制作轮胎、胶鞋、胶管、胶带以及其他通用制品
氯丁橡胶（CR）	是由氯丁二烯作单体,乳液聚合而成的聚合体	具有优良的抗氧、抗臭氧性,不易燃、着火后能自熄,耐油、耐溶剂、耐酸碱以及耐老化、气密性好等特点;其物理机械性能亦不次于天然橡胶,故可作通用橡胶,又可用作特种橡胶。主要缺点是耐寒性较差、比重较大、相对成本高、电绝缘性不好,加工时易粘辊、易焦烧及易粘模。此外,生胶稳定性差,不易保存	主要用于制造要求抗臭氧、耐老化性高的重型电缆护套;耐油、耐化学腐蚀的胶管、胶带和化工设备衬里;耐燃的地下采矿橡胶制品(如输送带、电缆胶皮),以及各种垫圈、模型制品、密封圈、黏结剂等
丁基橡胶（HR）	异丁烯和少量异戊二烯或丁二烯的共聚体	特点是气密性小,耐臭氧,耐老化性能好,耐热性较高,长期工作温度130℃以下;能耐无机强酸(如硫酸、硝酸等)和一般有机溶剂,吸振和阻尼特性良好,电绝缘性也非常好。缺点是弹性不好(是现有品种中最差的),加工性能、黏着性和耐油性差、硫化速度慢	主要用作内胎、水胎、气球、电线电缆绝缘层、化工设备衬里及防振制品、耐热输送带、耐热耐老化的胶布制品等
丁腈橡胶（NBR）	丁二烯和丙烯腈的共聚体	耐汽油及脂肪烃油类的性能特别好,仅次于聚硫橡胶、丙烯酸酯橡胶和氟橡胶,而优于其他通用橡胶。耐热性好,气密性、耐磨及耐水性等均较好,黏结力强。缺点是耐寒性和耐臭氧性较差,强力及弹性较低,耐酸性差,电绝缘性不好,耐极性溶剂性能也较差	主要用于制作各种耐油制品,如耐油的胶管、密封圈、储油槽衬里等,也可用作耐热输送带
乙丙橡胶（EPM）	乙烯和丙烯的共聚体,一般分为二元乙丙橡胶和三元乙丙橡胶两类	密度小(0.865)、颜色最浅、成本较低,特点是耐化学稳定性很好(仅不耐浓硝酸),耐臭氧、耐老化性能优异,电绝缘性能突出,耐热可达 150℃左右,耐极性溶剂——酮、酯等,但不耐脂肪烃及芳香烃,容易着色,且色泽稳定。缺点是黏着性差,硫化缓慢	主要用作化工设备衬里、电线电缆包皮、蒸汽胶管、耐热输送带、汽车配件、车辆密封条

续表

品种/代号	组 成	特 点	主要用途
硅橡胶 (Si)	含硅、氧原子的特种橡胶,其中起主要作用的是硅元素,故名硅橡胶	既耐高温(最高 300℃),又耐低温(最低−100℃),是目前最好的耐寒、耐高温橡胶;同时电绝缘性优良,对热氧化和臭氧的稳定性很高,化学惰性大。缺点是机械强度较低,耐油、耐溶剂和耐酸碱性差,较难硫化,价格较贵	主要用于制作耐高低温制品(如胶管、密封件等)、耐高温电缆电线绝缘层。由于其无毒无味,还用于食品及医疗工业
氟橡胶 (FPM)	含氟单体共聚而得的有机弹性体	耐高温可达 300℃,不怕酸碱,耐油性是耐油橡胶中最好的,抗辐射及高真空性优良,其他如电绝缘性、机械性能、耐化学药品腐蚀、耐臭氧、耐大气老化作用等都很好,是性能全面的特种合成橡胶。缺点是加工性差,价格昂贵,耐寒性差,弹性和透气性较低	主要用于耐真空、耐高温、耐化学腐蚀的密封材料、胶管及化工设备衬里
聚氨酯橡胶 (UR)	聚酯(或聚醚)与二异氰酸酯类化合物聚合而成	耐磨性能高,强度高,弹性好,耐油性优良;其他如耐臭氧、耐老化、气密性等也都很好。缺点是耐温性能较差,耐水和耐酸碱性不好,耐芳香族、氯化烃及酮、酯、醇类等溶剂性较差	制作轮胎及耐油、耐苯零件、垫圈、防振制品等以及其他需要高耐磨、高强度和耐油的场合,如胶辊、齿形同步带、实心轮胎等
聚丙烯酸酯橡胶 (AR)	丙烯酸酯与丙烯腈乳液共聚而成	良好的耐热、耐油性能,可在 180℃以下热油中使用;还耐老化、耐氧与臭氧、耐紫外光线,气密性也较好。缺点是耐寒性较差,在水中会膨胀,耐乙二醇及高芳香族类溶剂性差,弹性和耐磨、电绝缘性差,加工性能不好	主要用于耐油、耐热、耐老化的制品,如密封件、耐热油软管、化工衬里等
氯磺化聚乙烯橡胶 (CSM)	用氯和二氧化硫处理(即氯磺化)聚乙烯后再经硫化而成	耐臭氧及耐老化优良,耐候性高于其他橡胶。不易燃、耐热、耐溶剂及耐大多数化学试剂和耐酸碱性能也都较好;电绝缘性尚可,耐磨性与丁苯橡胶相似。缺点是抗撕裂性差,加工性能不好,价格较贵	用于制作臭氧发生器上的密封材料,耐油垫圈、电线电缆包皮以及耐腐蚀件和化工衬里
氯醇橡胶 (均聚型 CHR 共聚型 CHC)	环氧氯丙烷均聚或由环氧氯丙烷与环氧乙烷共聚而成	耐脂肪烃及氯化烃溶剂、耐碱、耐水、耐老化性能极好,耐臭氧性及耐候性和耐热性、气密性高,抗压缩变形好,黏结性也很好,容易加工,原料便宜易得。缺点是拉伸强度较低、弹性差、电绝缘性不良	作胶管、密封件、薄膜和容器衬里、油箱、胶辊,是制作油封、水封的理想材料
氯化聚乙烯橡胶	乙烯、氯乙烯与二氯乙烯的三元聚合体	性能与氯磺化聚乙烯近似,其特点是流动性好,容易加工;有优良的耐大气老化性,耐臭氧性和耐电晕性,耐热、耐酸碱、耐油性良好。缺点是弹性差,压缩变形较大,电绝缘性较低	电线电缆护套、胶管、胶带、胶辊、化工衬里等。与聚乙烯掺合可作电线电缆绝缘层
聚硫橡胶 (T)	脂肪族烃类或醚类的二卤衍生物(如三氯乙烷)与多硫化钠的缩聚物	耐油性突出,仅略逊于氟橡胶而优于丁腈橡胶,化学稳定性也很好,能耐臭氧、日光、各种氧化剂、碱与弱酸等,不透水,透气性小。缺点是耐热、耐寒性不好,机械性能很差,压缩变形大,黏着性小,冷流现象严重	由于易燃烧、有催泪性气味,故在工业上很少用作耐油制品,多用于制作密封腻子或油库覆盖层

6.1.1.2　橡胶综合性能(表 6.1-2、表 6.1-3)

表 6.1-2　通用橡胶的综合性能

项 目		天然橡胶	异戊橡胶	丁苯橡胶	顺丁橡胶	氯丁橡胶	丁基橡胶	丁腈橡胶
生胶密度/g·m⁻³		$0.90\sim0.95$	$0.92\sim0.94$	$0.92\sim0.94$	$0.91\sim0.94$	$1.15\sim1.30$	$0.91\sim0.93$	$0.96\sim1.20$
拉伸强度 /MPa	未补强硫化胶	$17\sim29$	$20\sim30$	$2\sim3$	$1\sim10$	$15\sim20$	$14\sim21$	$2\sim4$
	补强硫化胶	$25\sim35$	$20\sim30$	$15\sim20$	$18\sim25$	$25\sim27$	$17\sim21$	$15\sim30$
伸长率 /%	未补强硫化胶	$650\sim900$	$800\sim1200$	$500\sim800$	$200\sim900$	$800\sim1000$	$650\sim850$	$300\sim800$
	补强硫化胶	$650\sim900$	$600\sim900$	$500\sim800$	$450\sim800$	$800\sim1000$	$650\sim800$	$300\sim800$
耐溶剂性膨胀率 (体积分数)/%	汽油	$+80\sim+300$	$+80\sim+300$	$+75\sim+200$	$+75\sim+200$	$+10\sim+45$	$+150\sim+400$	$-5\sim+5$
	苯	$+200\sim+500$	$+200\sim+500$	$+150\sim+400$	$+150\sim+500$	$+100\sim+300$	$+30\sim+350$	$+50\sim+100$
	丙酮	$0\sim+10$	$0\sim+10$	$+10\sim+30$	$+10\sim+30$	$+15\sim+50$	$0\sim+10$	$+100\sim+300$
	乙醇	$-5\sim+5$	$-5\sim+5$	$-5\sim+10$	$-5\sim+10$	$+5\sim+20$	$-5\sim+5$	$+2\sim+12$
耐矿物油		劣	劣	劣	劣	良	劣	可~优
耐动植物油		次	次	可~良	次	良	优	优
耐碱性		可~良	可~良	可~良	可~良	良	优	良
耐酸性	强酸	次	次	次	劣	可~良	良	良
	弱酸	可~良	可~良	可~良	次~劣	优	优	良

表 6.1-3 特种橡胶的综合性能

项　目			乙丙橡胶	氯磺化聚乙烯橡胶	丙烯酸酯橡胶	聚氨酯橡胶	硅橡胶	氟橡胶	聚硫橡胶	氯化聚乙烯橡胶
生胶密度/g·m⁻³			0.86~0.87	1.11~1.13	1.09~1.10	1.09~1.30	0.95~1.40	1.80~1.82	1.35~1.41	1.16~1.32
拉伸强度 /MPa	未补强硫化胶		3~6	8.5~24.5	—	—	2~5	10~20	0.7~1.4	—
	补强硫化胶		15~25	7~20	7~12	20~35	4~10	20~22	9~15	>15
伸长率 /%	未补强硫化胶		—	—	—	—	40~300	500~700	300~700	400~500
	补强硫化胶		400~800	100~500	400~600	300~800	50~500	100~500	100~700	—
耐溶剂性膨胀率（体积分数)/%		汽油	+100~ +300	+50~ +150	+5~+15	-1~+5	+90~ +175	+1~+3	-2~+3	—
		苯	+200~ +600	+250~ +350	+350~+450	+30~ +60	+100~ +400	+10~ +25	-2~+50	—
		丙酮	—	+10~+30	+250~ +350	~+40	-2~+15	+150~ +300	-2~+25	—
		乙醇	—	-1~+2	-1~+1	-5~+20	-1~+1	-1~+2	-2~+20	—
耐矿物油			劣	良	良	良	劣	优	优	良
耐动植物油			良~优	良	优	优	良	优	优	良
耐碱性			优	可~良	可	可	次~良	优	优	良
耐强酸性			良	可~良	可~次	劣	次	优	可~良	良
耐弱酸性			优	良	可	劣	次	优	可~良	优

6.1.2 常用橡胶软管

6.1.2.1 压缩空气用橡胶软管（表 6.1-4）

表 6.1-4 压缩空气用橡胶软管（GB/T 1186—2007）

公称内径/mm		5	6.3	8	10	12.5	16	20(19)	25	31.5	40(38)	50	63	80(76)	100(102)
内径偏差/mm		±0.5			±0.75				±1.25			±1.5		±2	
类别		A 类软管工作温度范围为 -25~+70℃ B 类软管工作温度范围为 -40~+70℃													
型别	1 型	1 型用于最大工作压力为 1.0MPa 的一般工业用空气软管;													
	2 型	2 型用于最大工作压力为 1.0MPa 的重型建筑用空气软管;													
	3 型	3 型用于最大工作压力为 1.0MPa 的具有良好耐油性能的重型建筑用空气软管;													
	4 型	4 型用于最大工作压力为 1.6MPa 的重型建筑用空气软管;													
	5 型	5 型用于最大工作压力为 1.6MPa 的具有良好耐油性能的重型建筑用空气软管;													
	6 型	6 型用于最大工作压力为 2.5MPa 的重型建筑用空气软管;													
	7 型	7 型用于最大工作压力为 2.5MPa 的具有良好耐油性能的重型建筑用空气软管													

6.1.2.2 输水通用橡胶软管（表 6.1-5）

表 6.1-5 输水通用橡胶软管（HG/T 2184—2008）

公称内径/mm		10	12.5	16	19	20	22	25	27	32	38	40	50	63	76	80	100
内径偏差/mm		±0.75					±1.25					±1.5				±2	
胶层厚度 /mm	内胶层 ≥	1.5				2.0				2.5				3.0			
	外胶层 ≥	1.5				1.5				1.5				2.0			
工作压力 /MPa	1 型(低压型)	a 级:工作压力≤0.3MPa															
		b 级:0.3MPa<工作压力≤0.5MPa										—					
		c 级:0.5MPa<工作压力≤0.7MPa															
	2 型(中压型)	d 级:0.7MPa<工作压力≤1.0MPa															
	3 型(高压型)	e 级:1.0MPa<工作压力≤2.5MPa									—						
适用范围		适用工作温度范围为 -25~+70℃,最大工作压力为 2.5MPa;不适用于输送饮用水等															

6.1.2.3 耐稀酸碱橡胶软管 (HG/T 2183—1991)（表 6.1-6）

表 6.1-6 耐稀酸碱橡胶软管

公称内径/mm		12.5	16	20	22	25	31.5	40	45	50	63	80
内径偏差/mm		±0.75			±1.25				±1.5			±2
胶层厚度/mm	内胶层≥	2.2						2.5			2.8	
	外胶层≥	1.2						1.5				
型号		A 型										
		—					B 型、C 型					
使用压力/MPa	A 型	0.3、0.5、0.7,胶管有增强层,用于输送酸碱液体										
	B 型	负压∗,胶管有增强层和钢丝螺旋线,用于吸引酸碱液体										
	C 型	负压∗、0.3、0.5、0.7,用于排吸酸碱液体										
适用范围		适用于−20～45℃环境中,输送浓度不高于40%的硫酸溶液和浓度不高于15%氢氧化钠溶液,以及与上述浓度相当的酸碱液(硝酸除外)的橡胶软管										

注：1. "∗"表示软管在 80kPa（−600mmHg）的压力下,经真空试验后,内胶层应无剥离,中间细等异常现象。

2. 软管长度由需方提出。10m 以上的软管长度公差为软管全长的±1%,≤10m 的软管长度公差为软管全长的 1.5%。

3. 标记为耐稀酸碱胶管 A-16-0.3 HG/T 2183 表示 A 型胶管,公称内径 16mm,工作压力为 0.3MPa。

6.1.2.4 液化石油气（LPG）橡胶软管（GB/T 10546—2003）（表 6.1-7）

表 6.1-7 液化石油气（LPG）橡胶软管

公称内径/mm	8	10	12.5	16	20	25	31.5	40	50	63	80	100	160	200
内径偏差/mm	±0.75					±1.25			±1.5			±2		
工作压力/MPa	2.0(试验压力 6.3,最小爆破压力 12.6)													
结构	软管由内胶层、纤维(钢丝)增强层和外胶层组成													
适用范围	适用于−40～60℃范围内,供铁路油罐车、汽车油槽车、输送"液态"液化石油气使用的橡胶软管													

6.1.2.5 燃油用橡胶软管（表 6.1-8）

表 6.1-8 燃油用橡胶软管 (HG/T 3037—2008)

公称内径/mm		12	16	19	21	25	32	38	40
内径偏差/mm		±0.8			±1.25				
最大工作压力		1.6MPa							
等级	常温等级	环境工作温度:−30～+55℃							
	低温等级	环境工作温度:−40～+55℃							
型号	1 型	织物增强							
	2 型	织物和螺旋金属丝增强							
	3 型	细金属丝增强							

6.1.2.6 焊接胶管（表 6.1-9）

表 6.1-9 焊接胶管 (GB/T 2550—2007)

公称内径/mm		4	5	6.3	8	10	12.5	16	20	25	32	40	50
内径公差/mm		±0.55		±0.65		±0.70		±0.75		±1.00		±1.25	
性能													
项目		内衬层指标						外覆层指标					
拉伸强度/MPa	≥	5.0						7.0					
扯断伸长率/%	≥	200						250					
最大工作压力		正常负荷 2.0MPa/轻负荷 1.0MPa											
适用温度		−20～+60℃											

6.1.2.7　蒸汽橡胶软管（HG/T 3036—2009）

标准规定了两种型别的用于输送饱和蒸汽和热冷凝水的软管和（或）软管组合件。

1 型：低压蒸汽软管，最大工作压力 0.6MPa，对应温度为 164℃。

2 型：高压蒸汽软管，最大工作压力 1.8MPa，对应温度为 210℃。

每个型别的软管分别为 A 级（外覆层不耐油）和 B 级（外覆层耐油）。

当按 GB/T 9573 的规定测量时，直径、内衬层和外覆层的厚度以及软管的弯曲半径应该符合表 6.1-10 给出的值。

表 6.1-10　蒸汽橡胶软管

内径/mm	数值	9.5	13	16	19	25	32	38	45	50	51	63	75	76	100	102
	偏差范围		±0.5						±0.7				±0.8			
外径/mm	数值	21.5	25	30	33	40	48	54	61	68	69	81	93	94	120	122
	偏差范围		±1.0					±1.2		±1.4				±1.6		
厚度（最小）/mm	内衬层	2.0					2.5									
	外覆层						1.5									
弯曲半径（最小）/mm		120	130	160	190	250	320	380	450	500	500	630	750	750	1000	1000

6.2　塑料制品

6.2.1　常用塑料特点（表 6.2-1）

表 6.2-1　常用塑料特点

塑料名称（代号）	特　点	用　途
硬聚氯乙烯（PVC）	1. 耐腐蚀性能好，除强氧化性酸（浓硝酸、发烟硫酸）、芳香族及含氟的烃类化合物和有机溶剂外，对一般的酸、碱介质都稳定 2. 机械强度高，特别是抗冲击强度均优于酚醛塑料 3. 电性能好 4. 软化点低，使用温度－10～+55℃	1. 可代替铜、铝、铅、不锈钢等金属材料作耐腐蚀设备与零件 2. 可作灯头、插座、开关等
低压聚乙烯（HDPE）	1. 耐寒性良好，在－70℃时仍柔软 2. 摩擦系数低，为 0.21 3. 除浓硝酸、汽油、氯化烃及芳香烃外，可耐强酸、强碱及有机溶剂的腐蚀 4. 吸水性小，有良好的电绝缘性能和耐辐射性能 5. 注射成型工艺性好，可用火焰，静电喷涂法涂于金属表面，作为耐磨、减摩及防腐涂层 6. 机械强度不高，热变形温度低，故不能承受较高的载荷，否则会产生蠕变及应力松弛。使用温度可达 80～100℃	1. 作一般结构零件 2. 作减摩自润滑零件，如低速、轻载的衬套等 3. 作耐腐蚀的设备与零件 4. 作电器绝缘材料，如高频、水底和一般电缆的包皮等
改性有机玻璃（372）（PMMA）	1. 有极好的透光性，可透过 90% 以上的太阳光，紫外线光达 73.5% 2. 综合性能超过聚苯乙烯等一般塑料，机械强度较高，有一定耐热耐寒性 3. 耐腐蚀、绝缘性能良好 4. 尺寸稳定，易于成型 5. 质较脆，易溶于有机溶剂中，作为通光材料，表面硬度不够，易擦毛	可作要求有一定强度的透明结构零件
聚丙烯（PP）	1. 是最轻的塑料之一，屈服、拉伸和压缩强度以及硬度均优于低压聚乙烯，有很突出的刚性，高温（90℃）抗应力松弛性能良好 2. 耐热性能较好，可在 100℃ 以上使用，如无外力，在 150℃ 也不变形 3. 除浓硫酸、浓硝酸外，在许多介质中，几乎都很稳定。但低分子量的脂肪烃、芳香烃、氯化烃对它有软化和溶胀作用 4. 几乎不吸水，高频电性能好，成型容易，但成型收缩率大 5. 低温呈脆性，耐磨性不高	1. 作一般结构零件 2. 作耐腐蚀化工设备与零件 3. 作受热的电气绝缘零件

续表

塑料名称(代号)		特　点	用　途
聚酰胺 (PA)	尼龙6 (PA-6)	疲劳强度、刚性、耐热性稍不及尼龙66,但弹性好,有较好的消震,降低噪声能力;其余同尼龙66	在轻负荷,中等温度(最高80～100℃)、无润滑或少润滑、要求噪声低的条件下工作的耐磨受力传动零件
	尼龙610 (PA-610)	强度、刚性、耐热性略低于尼龙66,但吸湿性较小,耐磨性好	同尼龙6。如作要求比较精密的齿轮,并适用于湿度波动较大的条件下工作的零件
	尼龙1010 (PA-1010)	强度、刚性、耐热性均与尼龙6、尼龙610相似,而吸湿性低于尼龙610;成型工艺性较好,耐磨性亦好	轻载荷,温度不高、湿度变化较大且无润滑或少润滑的情况下工作的零件
聚四氟乙烯 (F-4) (PTFE)		1. 聚四氟乙烯素称"塑料王",具有高度的化学稳定性,对强酸、强碱、强氧化剂、有机溶剂均耐腐蚀,只有对熔融状态的碱金属及高温下的氟元素才不耐蚀 2. 有异常好的润滑性,具有极低的动、静摩擦因数,对金属的摩擦因数为0.07～0.14,自摩擦因数接近冰,pV极限值为$0.64×10^5$ Pa·m/s 3. 可在260℃长期连续使用,也可在-250℃的低温下满意地使用 4. 优异的电绝缘性,耐大气老化性能好 5. 突出的表面不黏性,几乎所有的黏性物质都不能附在它的表面上 6. 缺点是强度低、刚性差,冷流性大,必须用冷压烧结法成型,工艺较麻烦	1. 作耐腐蚀化工设备及其衬里与零件 2. 作减摩自润滑零件,如轴承、活塞环、密封圈等 3. 作电绝缘材料与零件
填充F-4		用玻璃纤维末、二硫化钼、石墨、氧化镉、硫化钨、青铜粉、铅粉等填充的聚四氟乙烯,在承载能力、刚性、pV极限值等方面都有不同程度的提高	用于高温或腐蚀性介质中工作的摩擦零件,如活塞环等
聚三氟氯乙烯 (F-3) (PCTFE)		1. 耐热性、电性能和化学稳定性仅次于F-4,在180℃的酸、碱和盐的溶液中亦不溶胀或侵蚀 2. 机械强度、抗蠕变性能,硬度都比F-4好些 3. 长期使用温度为-195～190℃,但要求长期保持弹性时,则最高使用温度为120℃ 4. 涂层与金属有一定的附着力,其表面坚韧、耐磨,有较高的强度	1. 作耐腐蚀化工设备与零件 2. 悬浮液涂于金属表面可作防腐、电绝缘防潮等涂层 3. 制作密封零件、电绝缘件、机械零件,如润滑齿轮、轴承 4. 制作透明件
聚全氟乙丙烯 (F46) (FEP)		1. 力学、电性能和化学稳定性基本与F-4相同,但突出的优点是冲击韧性高,即使带缺口的试样也冲不断 2. 能在-85～205℃温度范围内长期使用 3. 可用注射法成型 4. 摩擦因数为0.08,pV极限值为$(0.6～0.9)×10^5$ Pa·m/s	1. 同F-4 2. 用于制造要求大批量生产或外形复杂的零件,并用注射成型代替F-4的冷压烧结成型
酚醛塑料 (PF)		1. 具有良好的耐腐蚀性能,能耐大部分酸类、有机溶剂,特别能耐盐酸、氯化氢、硫化氢、二氧化硫、三氧化硫、低及中等浓度硫酸的腐蚀,但不耐强氧化性酸(如硝酸、铬酸等)及碱、碘、溴、苯胺嘧啶等的腐蚀 2. 热稳定性好,一般使用温度为-30～130℃ 3. 与一般热塑性塑料相比,它的刚性大,弹性模数均为60～150MPa;用布质和玻璃纤维层压塑料,力学性能更高,具有良好的耐油性 4. 在水润滑条件下,只有很低的摩擦因数,约为0.01～0.03,宜做摩擦磨损零件 5. 电绝缘性能良好 6. 冲击韧性不高,质脆,故不宜在机械冲击,剧烈震动、温度变化大的情况下使用	1. 作耐腐蚀化工设备与零件 2. 作耐磨受力传动零件,如齿轮、轴承等 3. 作电器绝缘零件

6.2.2　聚氯乙烯管

6.2.2.1　硬聚氯乙烯管的性能(表6.2-2～表6.2-5)

表 6.2-2　硬聚氯乙烯管耐腐蚀性能

介　质	浓度/%	温度/℃			介　质	浓度/%	温度/℃		
		20	40	60			20	40	60
硝酸	50	耐	耐	耐	汽油		耐	耐	耐
	95	不耐	不耐	不耐	甲酚水溶液	5	耐	尚耐	不耐
硫酸	60	耐	耐	耐	酮类		不耐		
	98	耐	尚耐	不耐	甲醇		耐	耐	尚耐
盐酸	35	耐	耐	耐	二氯甲烷	100	不耐	不耐	不耐
磷酸		耐	耐	耐	甲苯	100	不耐	不耐	不耐
次氯酸	10	耐	耐	耐	三氯乙烯	100	不耐	不耐	不耐
醋酸	<90	耐	耐	耐	丙酮		不耐	不耐	
	>90	耐	不耐	不耐	油酸		耐	耐	耐
铬酸		耐	耐		脂肪酸		耐	耐	耐
苯磺酸		耐	耐	耐	顺丁烯二酸		耐	耐	耐
苯甲酸		耐	耐		甲基吡啶		不耐	不耐	不耐
草酸		耐	耐		氯水		耐	尚耐	
蚁酸	50	耐	耐	耐	氢氟酸	10	耐	耐	耐
	100	耐	耐	不耐	硫酸/硝酸	50~10/20~40	耐	耐	耐
氢氰酸		耐	耐	耐		50/50	耐	不耐	不耐
乳酸		耐	耐		氧化铬/硫酸	25/20	耐	耐	耐
氯乙酸		耐	耐		氢氧化钠		耐	耐	耐
过氧化氢溶液	30	耐	耐		氢氧化钾		耐	耐	耐
重铬酸钾		耐	耐		氨水		耐	耐	耐
高氯酸钾	1	耐	耐		石灰乳		耐	耐	耐
高锰酸钾		耐	耐		硝酸盐		耐	耐	耐
二硫化碳,硫化氢		耐	耐		硫酸盐		耐	耐	耐
乙醛		耐			氯气(湿)	5	耐	耐	尚耐
氯乙烯		不耐			氨气		耐	耐	耐
甲醛		耐	耐	耐	天然气		耐	耐	
苯酚	6	耐	耐	不耐	焦炉气		耐	耐	
照相感光乳剂		耐	耐		葡萄酒		耐	耐	
照相显影液、定影液		耐	耐		石灰、硫磺合剂		耐	耐	耐
海水		耐	耐	耐	漂白液		耐	耐	
盐水		耐	耐		乙醚		不耐		
发酵酒精		耐	耐		乙醇		耐	耐	耐
淀粉糖溶液		耐	耐	耐	丁醇		耐	耐	耐
甘油		耐	耐	耐	苯胺		不耐	不耐	
氯气(干)	100	耐	耐	尚耐					

注：此表为实验室数据，仅供参考。

表 6.2-3　管材不宜输送的流体

化学药物名称	浓度/%	化学药物名称	浓度/%	化学药物名称	浓度/%
乙醛	40	苯胺	Sat. sol	高氯酸	70
乙醛	100	盐酸化苯胺	Sat. sol	汽油(链烃/苯)	80/20
乙酸	冰	苯甲醛	0.1	苯酚	90
乙酸酐	100	苯	100	苯肼	100
丙酮	100	苯甲酸	Sat. sol	甲酚	Sat. sol
二硫化碳	100	溴水	100	甲苯基甲酸	Sat. sol
四氯化碳	100	乙酸丁酯	100	巴豆醛	100
氯气(干)	100	丁基苯酚	100	环己醇	100
液氯	Sat. sol	丁酸	98	环己酮	100
氯磺酸	100	氢氟酸(气)	100	二氯乙烷	100
丙烯醇	96	乳酸	10~90	二氯甲烷	100
氨水	100	甲基丙烯酸甲酯	100	乙醚	100
戊乙酸	100	硝酸	50~98	乙酸乙酯	100
苯胺	100	发烟硫酸	10%SO₃	丙烯酸乙酯	100

续表

化学药物名称	浓度/%	化学药物名称	浓度/%	化学药物名称	浓度/%
糖醇树脂	100	氯化磷（三价）	100	甲苯	100
氢氟酸	40	吡啶	100	二氯乙烯	100
氢氟酸	60	二氧化硫	100	乙酸乙烯	100
盐酸苯肼	97	硫酸	96	混合二甲苯	100

注：1. 化工硬聚氯乙烯管材适用于输送温度在45℃以下的某些腐蚀性化学流体，但不宜输送表中所列的流体，也可用于输送非饮用水等压力流体。

2. 对 $e/d_e<0.035$ 的管材，不考核任何部位外径极限偏差。

3. 管长为4m±0.02m；6m±0.02m两种，或按用户要求。

4. 管材内外壁应光滑、平整、无凹陷，分解变色或其他影响性能的表面缺陷。管材不应含有可见杂质。管端应切割平整，并与管的轴线垂直。

5. 管材同一截面的壁厚偏差不得超过14%。

6. 管材弯曲度：$d_e\leqslant32mm$，弯曲度不规定；$d_e=40\sim200mm$，弯曲度≤1%；$d_e\geqslant225mm$，弯曲度≤0.5%。

7. Sat. sol 系指20℃的饱和水溶液。

表 6.2-4　UPVC管的物理化学性能

项　目	指　标	项　目	指　标
密度/g·cm^{-3}	≤1.55	纵向回缩率/%	≤5
腐蚀度（盐酸、硝酸、硫酸、氢氧化钠）/g·m^{-1}	≤1.50	丙酮浸泡	无脱层、无碎裂
维卡软化温度/℃	≥80	扁平	无裂纹、无破裂
液压试验	不破裂、不渗漏	拉伸屈服应力/MPa	≥45

表 6.2-5　温度-压力校正系数

温度 t/℃	校正系数	温度 t/℃	校正系数
$0<t\leqslant25$	1	$35<t\leqslant45$	0.63
$25<t\leqslant35$	0.8		

6.2.2.2　化工用硬聚氯乙烯（PVC-U）管材（表6.2-6）

表 6.2-6　化工用硬聚氯乙烯管材（GB/T 4219—2008）　　　单位：mm

公称外径 d_e	\multicolumn{14}{壁厚 e 及其偏差 / 管系列 S 和标准尺寸比 SDR}													
	S20 SDR41		S16 SDR33		S12.5 SDR26		S10 SDR21		S8 SDR17		S6.3 SDR13.6		S5 SDR11	
	e_{min}	偏差	e_{min}	偏差	e_{min}	偏差	e_{min}	偏差	e_{min}	偏差	e_{min}	偏差	e_{min}	偏差
16	—	—	—	—	—	—	—	—	—	—	—	—	2.0	+0.4
20	—	—	—	—	—	—	—	—	—	—	—	—	2.0	+0.4
25	—	—	—	—	—	—	—	—	—	—	2.0	+0.4	2.3	+0.5
32	—	—	—	—	—	—	—	—	2.0	+0.4	2.4	+0.5	2.9	+0.5
40	—	—	—	—	—	—	2.0	+0.4	2.4	+0.5	3.0	+0.5	3.7	+0.6
50	—	—	—	—	2.0	+0.4	2.4	+0.5	3.0	+0.5	3.7	+0.6	4.6	+0.7
63	—	—	2.0	+0.4	2.5	+0.5	3.0	+0.5	3.8	+0.6	4.7	+0.7	5.8	+0.8
75	—	—	2.3	+0.5	2.9	+0.5	3.6	+0.6	4.5	+0.7	5.6	+0.8	6.8	+0.9
90	—	—	2.8	+0.5	3.5	+0.6	4.3	+0.7	5.4	+0.8	6.7	+0.9	8.2	+1.1
110	—	—	3.4	+0.6	4.2	+0.7	5.3	+0.8	6.6	+0.9	8.1	+1.1	10.0	+1.2
125	—	—	3.9	+0.6	4.8	+0.7	6.0	+0.8	7.4	+1.0	9.2	+1.2	11.4	+1.4
140	—	—	4.3	+0.7	5.4	+0.8	6.7	+0.9	8.3	+1.1	10.3	+1.3	12.7	+1.5
160	4.0	+0.6	4.9	+0.7	6.2	+0.9	7.7	+1.0	9.5	+1.2	11.8	+1.4	14.6	+1.7
180	4.4	+0.7	5.5	+0.8	6.9	+0.9	8.6	+1.1	10.7	+1.3	13.3	+1.6	16.4	+1.9
200	4.9	+0.7	6.2	+0.9	7.7	+1.0	9.6	+1.2	11.9	+1.4	14.7	+1.7	18.2	+2.1

公称外径 d_e	壁厚 e 及其偏差												
	管系列 S 和标准尺寸比 SDR												
	S20		S16		S12.5		S10		S8		S6.3		S5	
	SDR41		SDR33		SDR26		SDR21		SDR17		SDR13.6		SDR11	
	e_{min}	偏差	e_{min}	偏差	e_{min}	偏差	e_{min}	偏差	e_{min}	偏差	e_{min}	偏差	e_{min}	偏差
225	5.5	+0.8	6.9	+0.9	8.6	+1.1	10.8	+1.3	13.4	+1.6	16.6	+1.9	—	—
250	6.2	+0.9	7.7	+1.0	9.6	+1.2	11.9	+1.4	14.8	+1.7	18.4	+2.1	—	—
280	6.9	+0.9	8.6	+1.1	10.7	+1.3	13.4	+1.6	16.6	+1.9	20.6	+2.3	—	—
315	7.7	+1.0	9.7	+1.2	12.1	+1.5	15.0	+1.7	18.7	+2.1	23.2	+2.6	—	—
355	8.7	+1.1	10.9	+1.3	13.6	+1.6	16.9	+1.9	21.1	+2.4	26.1	+2.9	—	—
400	9.8	+1.2	12.3	+1.5	15.3	+1.8	19.1	+2.2	23.7	+2.6	29.4	+3.2	—	—

注：1. 考虑到安全性，最小壁厚应不小于 2.0mm。

2. 除了有其他规定之外，尺寸应与 GB/T 10798 一致。

6.2.2.3 化工用硬聚氯乙烯管件 (表 6.2-7)

表 6.2-7 化工用硬聚氯乙烯管件性能 (QB/T 3802—1999)

(1)许用工作压力

公称直径 DN/mm	10～90	110～140	160
工作压力 p/(kgf/cm²)	16	10	6

(2)用于输送 0～40℃酸碱等腐蚀性液体

(3)D_e、D'_e 代表管材公称直径

(1) 阴接头 (表 6.2-8)

表 6.2-8 阴接头

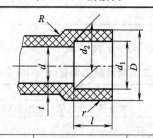

单位：mm

D_e	d_1		d_2		l		d	D_{min}	t_{min}	$r=\dfrac{t}{2}$
	基本尺寸	偏差	基本尺寸	偏差	基本尺寸	偏差	基本尺寸			
10	10.3	±0.10	10.1	±0.10	12	±0.5	6.1	14.1	2	1
12	12.3	±0.12	12.1	±0.12	12	±0.5	8.1	16.1	2	1
16	16.3	±0.12	16.1	±0.12	14	±0.5	12.1	20.1	2	1
20	20.4	±0.14	20.2	±0.14	16	±0.8	15.6	24.8	2.3	1.16
25	25.5	±0.16	25.2	±0.16	19	±0.8	19.6	30.8	2.8	1.4
32	32.5	±0.18	32.2	±0.18	22	±0.8	25	39.4	3.6	1.8
40	40.7	±0.20	40.2	±0.20	26	±1	31.2	49.2	4.5	2.26
50	50.7	±0.22	50.2	±0.22	31	±1	39	61.4	5.6	2.8
63	63.9	±0.24	63.3	±0.24	38	±1	49.1	77.5	7.1	3.56
75	76	±0.26	75.3	±0.26	44	±1	58.5	92	8.4	4.2
90	91.2	±0.30	90.4	±0.30	51	±2	70	110.6	10.1	5.06
110	111.3	±0.34	110.4	±0.34	61	±2	94.2	127	8.1	4.06
125	126.5	±0.38	125.5	±0.38	69	±2	107.1	143.9	9.2	4.6
140	141.6	±0.42	140.5	±0.42	77	±2	119.3	162	10.6	5.3
160	161.8	±0.46	160.6	±0.46	86	±2.5	145.2	176	7.7	3.86

（2）弯头（表6.2-9）

表6.2-9　弯头

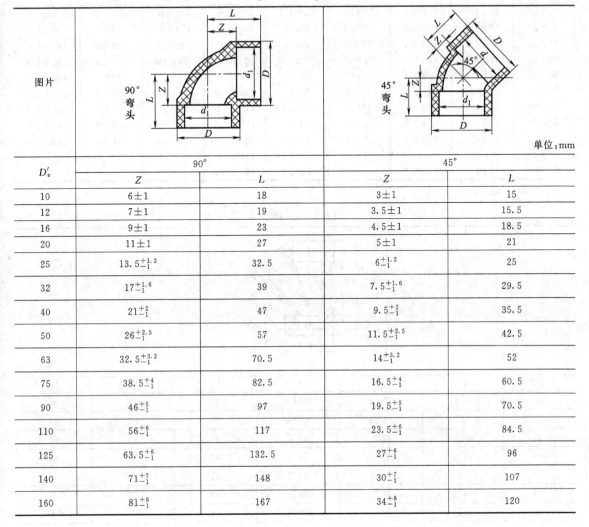

单位：mm

D'_e	90°		45°	
	Z	L	Z	L
10	6 ± 1	18	3 ± 1	15
12	7 ± 1	19	3.5 ± 1	15.5
16	9 ± 1	23	4.5 ± 1	18.5
20	11 ± 1	27	5 ± 1	21
25	$13.5^{+1.2}_{-1}$	32.5	$6^{+1.2}_{-1}$	25
32	$17^{+1.6}_{-1}$	39	$7.5^{+1.6}_{-1}$	29.5
40	21^{+2}_{-1}	47	9.5^{+2}_{-1}	35.5
50	$26^{+2.5}_{-1}$	57	$11.5^{+2.5}_{-1}$	42.5
63	$32.5^{+3.2}_{-1}$	70.5	$14^{+3.2}_{-1}$	52
75	38.5^{+4}_{-1}	82.5	16.5^{+4}_{-1}	60.5
90	46^{+5}_{-1}	97	19.5^{+5}_{-1}	70.5
110	56^{+6}_{-1}	117	23.5^{+6}_{-1}	84.5
125	63.5^{+6}_{-1}	132.5	27^{+6}_{-1}	96
140	71^{+7}_{-1}	148	30^{+7}_{-1}	107
160	81^{+8}_{-1}	167	34^{+8}_{-1}	120

（3）异径管（表6.2-10）

表6.2-10　异径管

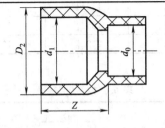

单位：mm

$D_e\times D'_e$	Z	D_2	$D_e\times D'_e$	Z	D_2	$D_e\times D'_e$	Z	D_2
12×10	15 ± 1	16 ± 0.2	25×12	25 ± 1	32 ± 0.3	25×20	25 ± 1	32 ± 0.3
16×10	18 ± 1	20 ± 0.3	32×12	30 ± 1	40 ± 0.4	32×20	30 ± 1	40 ± 0.4
20×10	21 ± 1	25 ± 0.3	20×16	21 ± 1	25 ± 0.3	40×20	36 ± 1.5	50 ± 0.4
25×10	25 ± 1	32 ± 0.3	25×16	25 ± 1	32 ± 0.3	50×20	44 ± 1.5	63 ± 0.5
16×12	18 ± 1	20 ± 0.3	32×16	30 ± 1	40 ± 0.4	32×25	30 ± 1	40 ± 0.4
20×12	21 ± 1	25 ± 0.3	40×16	30 ± 1.5	50 ± 0.4	40×25	36 ± 1.5	50 ± 0.4

$D_e \times D_e'$	Z	D_2	$D_e \times D_e'$	Z	D_2	$D_e \times D_e'$	Z	D_2
50×25	44±1.5	63±0.5	75×50	62±1.5	90±0.7	125×90	100±2	140±1.0
63×25	54±1.5	75±0.5	90×50	74±2	110±0.8	140×90	111±2	160±1.2
40×32	36±1.5	50±0.4	110×50	88±2	125±1.0	160×90	126±2	180±1.4
50×32	44±1.5	63±0.5	75×63	62±1.5	90±0.7	125×110	100±2	140±1.0
63×32	54±1.5	75±0.5	90×63	74±2	110±0.8	140×110	111±2	160±1.2
75×32	62±1.5	90±0.7	110×63	88±2	125±1.0	160×110	126±2	180±1.4
50×40	44±1.5	63±0.5	125×63	100±2	140±1.0	140×125	111±2	160±1.2
63×40	54±1.5	75±0.5	90×75	74±2	110±0.8	160×125	126±2	180±1.4
75×40	62±1.5	90±0.7	110×75	88±2	125±1.0	160×140	126±2	180±1.4
90×40	74±2	110±0.8	125×75	100±2	140±1.0			
63×50	54±1.5	75±0.5	140×75	111±2	160±1.2			

（4）45°三通（表 6.2-11）

表 6.2-11　45°三通

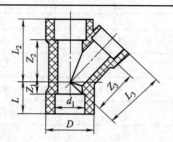

单位：mm

D_e	Z_1	Z_2	Z_3	L_1	L_2	L_3
20	6^{+2}_{-1}	27±3	29±3	22	43	51
25	7^{+2}_{-1}	33±3	35±3	26	52	54
32	8^{+2}_{-1}	42^{+4}_{-3}	45^{+5}_{-3}	30	64	67
40	10^{+2}_{-1}	51^{+5}_{-3}	54^{+5}_{-3}	36	77	80
50	12^{+2}_{-1}	63^{+6}_{-3}	67^{+6}_{-3}	43	94	98
63	14^{+2}_{-1}	79^{+7}_{-3}	84^{+8}_{-3}	52	117	122
75	17^{+2}_{-1}	94^{+9}_{-3}	100^{+10}_{-3}	61	138	144
90	20^{+3}_{-1}	112^{+11}_{-3}	119^{+12}_{-3}	71	163	170
110	24^{+3}_{-1}	137^{+13}_{-4}	145^{+14}_{-4}	85	198	206
125	27^{+3}_{-1}	157^{+15}_{-4}	166^{+16}_{-4}	96	226	236
140	30^{+4}_{-1}	175^{+17}_{-5}	185^{+18}_{-5}	107	252	262
160	35^{+4}_{-1}	200^{+20}_{-6}	212^{+21}_{-6}	121	286	298

（5）90°三通（表 6.2-12）

表 6.2-12　90°三通

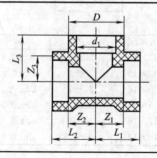

单位：mm

续表

D_e	Z	L	D_e	Z	L
10	6 ± 1	18	63	$32.5^{+3.2}_{-1}$	70.5
12	7 ± 1	19	75	38.5^{+4}_{-1}	82.5
16	9 ± 1	23	90	46^{+5}_{-1}	97
20	11 ± 1	27	110	56^{+6}_{-1}	117
25	$13.5^{+1.2}_{-1}$	32.5	125	63.5^{+6}_{-1}	132.5
30	$17^{+1.6}_{-1}$	39	140	71^{+7}_{-1}	148
40	21^{+2}_{-1}	47	160	81^{+8}_{-1}	167
50	$26^{+2.5}_{-1}$	57			

（6）法兰变接头（表 6.2-13）

表 6.2-13　法兰变接头

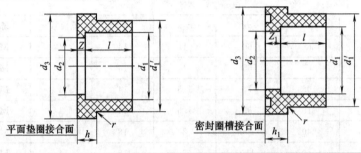

平面垫圈接合面　　　密封圈槽接合面

单位：mm

D_e	d'_1	d_2	d_3	l	r_{max}	平面结合面		带槽结合面	
						h	Z	h_1	Z_1
16	22 ± 0.1	13	29	14	1	6	3	9	6
20	27 ± 0.16	16	34	16	1	6	3	9	6
25	33 ± 0.16	21	41	19	1.5	7	3	10	6
32	41 ± 0.2	28	50	22	1.5	7	3	10	6
40	50 ± 0.2	36	61	26	2	8	3	13	8
50	61 ± 0.2	45	73	31	2	8	3	13	8
63	76 ± 0.3	57	90	38	2.5	9	3	14	8
75	90 ± 0.3	69	106	44	2.5	10	3	15	8
90	108 ± 0.3	82	125	51	3	11	5	16	10
110	131 ± 0.3	102	150	61	3	12	5	18	11
125	148 ± 0.4	117	170	69	3	13	5	19	11
140	165 ± 0.4	132	188	77	4	14	5	20	11
160	188 ± 0.4	162	213	86	4	16	5	22	11

（7）管套（表 6.2-14）

表 6.2-14　管套

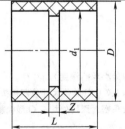

单位：mm

D_e	Z	L	D_e	Z	L	D_e	Z	L
10	3 ± 1	27	32	$3^{+1.6}_{-1}$	47	90	5^{+2}_{-1}	107
12	3 ± 1	27	40	3^{+2}_{-1}	55	110	6^{+3}_{-1}	128
16	3 ± 1	31	50	3^{+2}_{-1}	65	125	6^{+3}_{-1}	144
20	3 ± 1	35	63	3^{+2}_{-1}	79	140	8^{+3}_{-1}	152
25	$3^{+1.2}_{-1}$	41	75	4^{+2}_{-1}	92	160	8^{+4}_{-1}	180

（8）法兰（表 6.2-15）

表 6.2-15　法兰

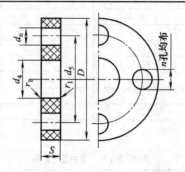

单位:mm

D_e	d_4	D	d_5	r_{min}	d_n	螺栓数 n	螺栓	厚 S
16	$23_{-0.15}^{0}$	90	60	1	14	4	M12	
20	$28_{-0.5}^{0}$	95	65	1	14	4	M12	
25	$34_{-0.5}^{0}$	105	75	1.5	14	4	M12	
32	$42_{-0.5}^{0}$	115	85	1.5	14	4	M12	
40	$51_{-0.5}^{0}$	140	100	2	18	4	M16	
50	$62_{-0.5}^{0}$	150	110	2	18	4	M16	
63	78_{-1}^{0}	165	125	2.5	18	4	M16	根据材料
75	92_{-1}^{0}	185	145	2.5	18	8	M16	而定
90	110_{-1}^{0}	200	160	3	18	8	M16	
110	133_{-1}^{0}	220	180	3	18	8	M16	
125	150_{-1}^{0}	250	210	3	18	8	M16	
140	167_{-1}^{0}	250	210	4	18	8	M16	
160	190_{-1}^{0}	285	240	4	22	8	M20	

（9）配合使用实例（表 6.2-16）

表 6.2-16　配合实例

图　片	说　明
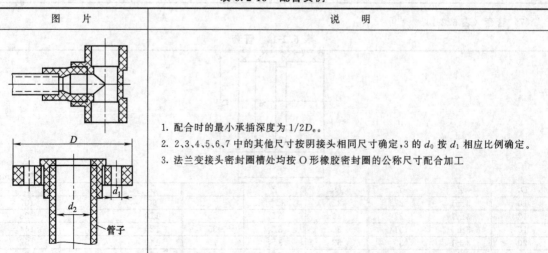	1. 配合时的最小承插深度为 $1/2D_e$。 2. 2、3、4、5、6、7 中的其他尺寸按阴接头相同尺寸确定，3 的 d_0 按 d_1 相应比例确定。 3. 法兰变接头密封圈槽处均按 O 形橡胶密封圈的公称尺寸配合加工

6.2.3 聚乙烯管材

6.2.3.1 氯乙烯管的规格（表 6.2-17）

表 6.2-17 氯乙烯管的规格

公称外径	壁厚/mm															
2.5	0.5															
3	0.5	0.5														
4	0.7	0.6	0.5													
5	0.9	0.7	0.6	0.5												
6	1.0	0.9	0.7	0.6	0.5											
8	1.4	1.1	0.9	0.8	0.6	0.5										
10	1.7	1.4	1.2	1.0	0.8	0.6	0.5									
12	2.0	1.7	1.4	1.1	0.9	0.8	0.6	0.5								
16	2.7	2.2	1.8	1.5	1.2	1.0	0.8	0.7	0.5							
20	3.4	2.8	2.3	1.9	1.5	1.2	1.0	0.8	0.7	0.5						
25	4.2	3.5	2.8	2.3	1.9	1.5	1.2	1.0	0.8	0.7	0.5					
32	5.4	4.4	3.6	2.9	2.4	1.9	1.6	1.3	1.0	0.8	0.7	0.5				
40	6.7	5.5	4.5	3.7	3.0	2.4	1.9	1.6	1.3	1.0	0.8	0.7	0.5			
50	8.3	6.9	5.6	4.6	3.7	3.0	2.4	2.0	1.6	1.3	1.0	0.8	0.7	0.5		
63	10.5	8.6	7.1	5.8	4.7	3.8	3.0	2.4	2.0	1.6	1.0	0.8	0.7	0.5		
75	12.5	10.3	8.4	6.8	5.5	4.5	3.6	2.9	2.3	1.9	1.5	1.2	1.0	0.8	0.6	
90	15.0	12.3	10.1	8.2	6.6	5.4	4.3	3.5	2.8	2.2	1.8	1.4	1.2	0.9	0.8	
110	18.3	15.1	12.3	10.0	8.1	6.6	5.3	4.2	3.4	2.7	2.2	1.8	1.4	1.1	0.9	
125	20.8	17.1	14.0	11.4	9.2	7.4	6.0	4.8	3.9	3.1	2.5	2.0	1.6	1.3	1.0	
140	23.3	19.2	15.7	12.7	10.3	8.3	6.7	5.4	4.3	3.5	2.8	2.2	1.8	1.4	1.1	
160	26.6	21.9	17.9	14.6	11.8	9.5	7.7	6.2	4.9	4.0	3.2	2.5	2.0	1.6	1.3	
180	29.9	24.6	20.1	16.4	13.3	10.7	8.6	6.9	5.5	4.4	3.6	2.8	2.3	1.8	1.5	
200		27.3	22.4	18.2	14.7	11.9	9.6	7.7	6.2	4.9	3.9	3.2	2.5	2.0	1.6	
225			25.1	20.5	16.6	13.4	10.8	8.6	6.9	5.5	4.4	3.5	2.8	2.3	1.8	
250			27.9	22.7	18.4	14.8	11.9	9.6	7.7	6.2	4.9	3.9	3.1	2.5	2.0	
280					25.4	20.6	16.6	13.4	10.7	8.6	6.9	5.5	4.4	3.5	2.8	2.2
315					28.6	23.2	18.7	15.0	12.1	9.7	7.7	6.2	4.9	3.9	3.2	2.5
355						26.1	21.1	16.9	13.6	10.9	8.7	7.0	5.6	4.4	3.5	2.8
400						29.4	23.7	19.1	15.3	12.3	9.8	7.8	6.3	5.0	4.0	3.2
450							26.7	21.5	17.2	13.8	11.0	8.8	7.0	5.6	4.5	3.6

注：1. 公称外径 500、560、630、710、800、900、1000、1200mm 的壁厚见 GB/T 10798—1989。

2. 管材承受压力的壁厚计算见 GB/T 4217—1984。

3. 管材外径、壁厚极限偏差见 GB/T 13018—1991。

4. 本表摘自 GB/T 13018—1991，该标准已作废，且无替代标准，故本表数据仅供参考。

6.2.3.2 高密度聚乙烯直管

高密度聚乙烯直管（见图 6.2-1）应符合 ISO 4427—1996 标准（注：此标准有 2007 年新版）。

（1）特点

具有优异的慢速裂纹增长抵抗能力，长期强度高（MRS 为 10MPa）；卓越的快速裂纹扩展抵抗能力；较好的改善刮痕敏感度；和较高的刚度等。可广泛应用于各种领域，特别是作为大口径、高压力或寒冷地区使用的输气管和给水管，以及作为穿插更新管道等，具有独特的性能。

（2）规格尺寸（表 6.2-18）

（3）性能参数（表 6.2-19）

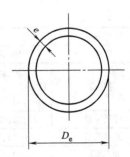

图 6.2-1 高密度聚乙烯直管

表 6.2-18　高密度聚乙烯直管尺寸

标准尺寸	SDR17		SDR13.6		SDR11	
公称压力	1.00MPa		1.25MPa		1.60MPa	
公称外径 D_e/mm	壁厚 e/mm	单重/(kg/m)	壁厚 e/mm	单重/(kg/m)	壁厚 e/mm	单重/(kg/m)
32					3.0	0.282
40					3.7	0.434
50					4.6	0.672
63			4.7	0.89	5.8	1.07
75	1.5	1.03	5.6	1.26	6.8	1.50
90	5.4	1.48	6.7	1.81	8.2	2.17
110	6.6	2.20	8.1	2.67	10.0	3.22
125	7.4	2.82	9.2	3.43	11.4	4.18
140	8.3	3.53	10.3	4.31	12.7	5.22
160	9.5	4.63	11.8	5.64	14.6	6.83
180	10.7	5.86	13.3	7.14	16.4	8.79
200	11.9	7.22	14.7	8.80	18.2	10.85
225	13.4	9.17	16.6	11.37	20.5	13.73
250	14.8	11.25	18.4	13.99	22.7	16.92
315	18.7	18.23	23.2	22.25	28.6	26.88
355	21.1	23.19	26.1	28.22	32.2	34.10
400	23.7	29.35	29.4	35.79	36.3	43.30
450	26.7	37.20	33.1	45.37	40.9	54.87
500	29.7	45.98	36.8	56.02	45.4	67.69
560	33.2	57.57	41.2	70.26	50.8	84.78
630	37.1	72.93	46.2	88.67	57.2	108.0

注：1. 平均密度为 0.955g/cm³。

2. 管件连接采用热熔焊接或电热熔焊接。

表 6.2-19　性能参数

项目			指标
断裂伸长率/%			≥350
纵向回缩率/%			≤3
液压试验	温度	20℃	不破裂
	时间	1h	
	环向应力	11.8MPa	不渗漏
	温度	80℃	
	时间	170h(60h)	不破裂
	环向应力	13.9MPa(4.9MPa)	不渗漏

6.2.3.3　高密度聚乙烯管件

（1）热熔管件（表 6.2-20、表 6.2-21）

表 6.2-20　注塑管件尺寸

管件名称	公称直径 DN
凸缘	32、40、50、63、75、90、110、125、140、160、180、200、225、250、315
异径管	25/20、32/25、40/32、50/25、50/32、50/40、63/32、63/40、63/50、75/63、90/50、90/63、90/75、110/50、110/63、110/90、125/63、125/90、125/110、140/125、160/90、160/110、160/125、160/140、180/160、200/160、200/180、225/160、225/200、250/160、250/200、250/225、315/220、315/250
等径三通	25、32、40、50、63、75、90、110、125、160
异径三通	110/63、110/32
90°弯头	32、40、50、63、75、90、110、125、160
管帽	63、110、160、200、250

表 6.2-21　焊制管件尺寸

管件名称	公称直径 DN
90°弯头	
45°弯头	90、110、125、140、160、180、200、225、250、315、355、400、450、500、560、630
22.5°弯头	
三通	
四通	90、110、125、140、160、180、200、225、250、315

（2）高密度聚乙烯内埋丝专用电热熔管件

内埋的隐蔽螺旋电热丝能抗氧化及受潮锈蚀，保证焊接性能稳定，插入深度大，焊接带宽，两端和中间有足够阻挡熔化材料流动的冷却带，使其在无固定装置时亦可焊接操作。

① 内埋丝电热熔套管（高密度聚乙烯内埋丝专用电热熔管件适用于燃气管）（表 6.2-22）

表 6.2-22　内埋丝电热熔套管尺寸

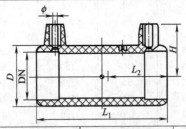

单位：mm

公称直径 DN	插入深度 L_2	最大外径 D	管件总长 L_1	电极距中心高 H	电极直径 ϕ
20	40	33	89	31.5	4
25	40	38	89	33.5	4
32	45	44	93	36.5	4
40	50	54	105	41.5	4
50	52	68	109	48.5	4
63	54	84	112	56.5	4
75	61	100	126	64.5	4
90	73	117	154	73.5	4
110	83	142	172	85.5	4
125	89	162	182	95.5	4
160	112	208	230	118.5	4
200	137	250	280	140.5	4
250	137	312	290	170.5	4

② 内埋丝电热熔 90°弯头（表 6.2-23）

表 6.2-23　内埋丝电热熔 90°弯头尺寸

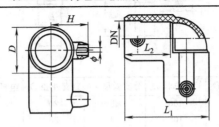

单位：mm

公称直径 DN	插入深度 L_2	最大外径 D	管件总长 L_1	电极距中心高 H	电极直径 ϕ
20	40	33	76.5	31.5	4
25	42	38	79	33.5	4
32	45	44	84	36.5	4
40	50	54	105	41.5	4
50	52	68	120	48.5	4
63	54	84	140	56.5	4
75	61	100	160	64.5	4
90	73	117	193	73.5	4
110	83	142	236	85.5	4

③ 内埋丝电热熔异径管（表 6.2-24）

表 6.2-24　内埋丝电热熔异径管尺寸

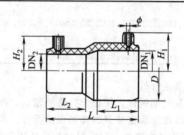

单位：mm

公称直径 DN₁×DN₂	插入深度 L_1	插入深度 L_2	最大外径 D	管件总长 L	电极距中心高 H_1	电极距中心高 H_2	电极直径 ϕ
25×20	42	40	38	90	33.5	31.5	4
32×25	45	40	44	95	36.5	33.5	4
40×32	50	45	54	110	41.5	36.5	4
50×40	50	45	68	110	48.5	41.5	4
63×32	60	45	84	130	56.5	36.5	4
63×40	60	45	84	130	56.5	41.5	4
63×50	60	50	84	130	56.5	48.5	4
75×63	70	50	100	150	64.5	56.5	4
90×63	70	50	117	155	73.5	56.5	4
90×75	70	60	117	155	73.5	64.5	4
110×63	100	50	142	210	85.5	56.5	4
110×75	100	60	142	210	85.5	64.5	4
110×90	100	70	142	210	85.5	73.5	4
125×110	100	90	162	220	95.5	85.5	4
160×125	112	85	208	230	118.5	95.5	4

④ 内埋丝电热熔同径三通（表 6.2-25）

表 6.2-25　内埋丝电热熔同径三通尺寸

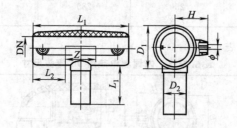

单位：mm

公称直径 DN	插入深度 L_2	最大外径 D_1	管件总长 L_1	分支长度 L_3	分支外径 D_2	电极距中心高 H	电极直径 ϕ	中心挡距 Z
20	40	33	100	45	20	31.5	4	18
25	40	38	105	46	25	33.5	4	21
32	45	44	125	49	32	36.5	4	27
40	50	54	145	50	40	41.5	4	35
50	52	68	149	60	50	48.5	4	44
63	54	84	176	60	63	56.5	4	53
75	61	100	189	64	75	64.5	4	65
90	73	117	245	81	90	73.5	4	78
110	83	142	258	95	110	85.5	4	94

⑤ 内埋丝电热熔旁通鞍型管座（表 6.2-26）

表 6.2-26　内埋丝电热熔旁通鞍型管座尺寸

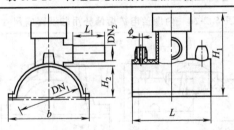

单位：mm

公称直径 $DN_1 \times DN_2$	管件长度 L	管件高度 H_1	管件宽度 b	骑入深度 H_2	分支长度 L_1	电极直径 ϕ
63×32	111	130	80	80	50	4
90×63	182	175	145	145	80	4
110×63	182	187	170	170	115	4
110×40	182	187	170	170	90	4
160×63	190	209	220	220	115	4

⑥ 内埋丝电热熔异径三通（表 6.2-27）

表 6.2-27　内埋丝电热熔异径三通尺寸

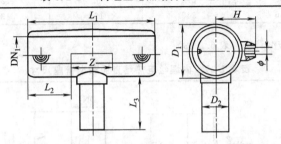

单位：mm

公称直径 $DN_1 \times DN_2 \times DN_1$	分支外径 D_2	插入深度 L_2	最大外径 D_1	管件总长 L_1	分支长度 L_3	电极距中心高 H	电极直径 ϕ	中心挡距 Z
25×20×25	20	40	38	105	46	33.5	4	21
32×20×25	20	45	44	125	49	36.5	4	27
32×25×32	25	45	44	125	49	36.5	4	27
40×20×40	20	50	54	145	50	41.5	4	35
40×25×40	25	50	54	145	50	41.5	4	35
50×25×50	25	52	68	149	60	48.5	4	44
50×32×50	32	52	68	149	60	48.5	4	44
50×40×50	40	52	68	149	60	48.5	4	44
63×32×63	32	54	84	176	60	56.5	4	53
63×40×63	40	54	84	176	60	56.5	4	53
63×50×63	50	54	84	176	60	56.5	4	53
75×32×75	32	61	100	187	64	64.5	4	65
75×40×75	40	61	100	187	64	64.5	4	53
75×50×75	50	61	100	187	64	64.5	4	53
75×63×75	63	61	100	187	64	64.5	4	53
90×32×90	32	73	117	244	81	73	4	56
90×40×90	40	73	117	244	81	73	4	56
90×50×90	50	73	117	244	81	73	4	56
90×63×90	63	73	117	244	81	73	4	56
90×75×90	75	73	117	244	81	73	4	73
110×32×110	32	83	142	244	84	85.5	4	56
110×40×110	40	83	142	244	84	85.5	4	56
110×50×110	50	83	142	244	84	85.5	4	56
110×63×110	63	83	142	244	84	85.5	4	56
110×75×110	75	83	142	244	84	85.5	4	78
110×90×110	90	83	142	244	84	85.5	4	78

⑦ 内埋丝电热熔修补用鞍型管座（表 6.2-28）

表 6.2-28　内埋丝电热熔修补用鞍型管座尺寸

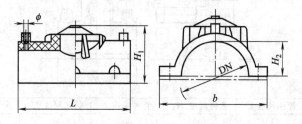

单位：mm

公称直径 DN	管件长度 L	管件宽度 b	骑入深度 H_2	管件高度 H_1	电极直径 ϕ
90	182	145	39	61	4
110	182	170	51	83	4
125	190	189	56	87	4
160	200	220	73	100	4
200	246	272	92	123	4
250	246	340	105	135	4

⑧ 内埋丝电热熔直通鞍型管座（表 6.2-29）

表 6.2-29　内埋丝电热熔直通鞍型管座尺寸

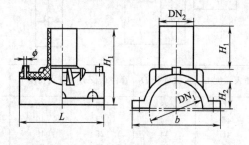

单位：mm

公称直径 $DN_1 \times DN_2$	管件长度 L	管件高度 H_1	管件宽度 b	骑入深度 H_2	分支长度 H_3	电极直径 ϕ
90×63	170	143.5	147	39	83	4
110×63	182	159	170	51	83	4
125×63	182	170	189	56	83	4
160×63	200	183	220	73	83	4
200×63	246	211	272	92	88	4
200×90	246	211	272	92	88	4
250×63	246	225	340	105	90	4
250×90	246	225	340	105	90	4

⑨ 热熔注塑三通（表 6.2-30）

表 6.2-30　热熔注塑三通尺寸

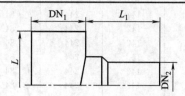

单位：mm

续表

公称直径 $DN_1 \times DN_2 \times DN_1$	管件总长 L	支管长度 L_1	公称直径 $DN_1 \times DN_2 \times DN_1$	管件总长 L	支管长度 L_1
$110 \times 110 \times 110$	320	160	$125 \times 75 \times 125$	336	168
$110 \times 90 \times 110$	320	160	$125 \times 63 \times 125$	336	168
$110 \times 75 \times 110$	320	160	$125 \times 50 \times 125$	336	168
$110 \times 63 \times 110$	320	160	$160 \times 160 \times 160$	420	210
$110 \times 50 \times 110$	320	160	$160 \times 125 \times 160$	420	210
$110 \times 40 \times 110$	320	160	$160 \times 110 \times 160$	420	210
$125 \times 125 \times 125$	336	168	$160 \times 90 \times 160$	420	210
$125 \times 110 \times 125$	336	168	$160 \times 75 \times 160$	420	210
$125 \times 90 \times 125$	336	168	$160 \times 63 \times 160$	420	210

⑩ 热熔注塑异径管（表 6.2-31）

表 6.2-31 热熔注塑异径管尺寸

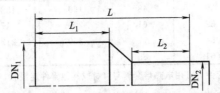

单位：mm

公称直径 $DN_1 \times DN_2$	管件总长 L	大头长度 L_1	小头长度 L_2	公称直径 $DN_1 \times DN_2$	管件总长 L	大头长度 L_1	小头长度 L_2
110×40	198	96	65	160×125	225	115	92.5
110×50	198	96	72	200×63	270	135	74
110×63	198	96	75	200×75	270	135	80
110×75	198	96	79	200×90	270	135	92
110×90	198	96	83	200×110	270	135	95
125×50	200	100	66	200×125	270	135	100
125×63	200	100	74	200×160	270	135	115
125×75	200	100	80	250×63	300	145	85
125×90	200	100	82	250×75	300	145	90
125×110	200	100	88	250×90	300	145	92
160×63	225	115	70	250×110	300	145	95
160×75	225	115	74.5	250×125	300	145	100
160×90	225	115	78	250×160	300	145	115
160×110	225	115	82	250×200	300	145	130

注：进口燃气管专用聚乙烯注塑管件，可用电热熔套管与管材或其他管件连接。

⑪ 热熔注塑 90°弯头（表 6.2-32）

表 6.2-32 热熔注塑 90°弯头尺寸

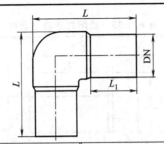

单位：mm

公称直径 DN	管件总长 L	直管长度 L_1	公称直径 DN	管件总长 L	直管长度 L_1
20	76	50	75	156	75
25	78	50	90	176	78
32	89	50	110	208	87
40	102	55	125	226	93
50	117	60	160	260	98
63	136	65			

注：进口燃气管专用聚乙烯注塑管件，可用电热熔套管与管材或其他管件连接。

⑫ 管堵（表 6.2-33）

表 6.2-33　管堵尺寸

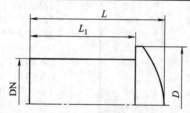

单位：mm

公称直径 DN	管件总长 L	管段长度 L_1	最大外径 D	公称直径 DN	管件总长 L	管段长度 L_1	最大外径 D
20	48	40	25	90	96.1	73	107
25	50	42	31	110	111	83	130
32	54.5	45	38	125	127	89	150
40	61.5	50	48	160	152.4	112	190
50	65.5	52	61	200	178	137	237
63	72	54	77	250	212.5	164	297
75	79.2	61	89				

注：进口燃气管专用聚乙烯注塑管件，可用电热熔套管与管材或其他管件连接。

⑬ 无缝直管式钢塑过渡接头（表 6.2-34）

表 6.2-34　无缝直管式钢塑过渡接头尺寸

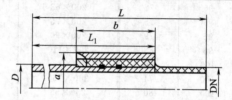

单位：mm

公称直径 DN×D	管件总长 L	管段长度 L_1	钢管外径 D	钢套规格 a×b	公称直径 DN×D	管件总长 L	管段长度 L_1	钢管外径 D	钢套规格 a×b
25×¾″	385	285	27	$\phi40×53$	60×2″	412	285	60	$\phi80.5×53$
32×1″	412	285	34	$\phi46.5×53$	90×2½″	440	320	76	$\phi103×90$
40×1¼″	412	285	42	$\phi55.5×53$	110×3″	445	320	90	$\phi121$
50×1½″	412	285	48	$\phi67×53$					

注：整体成型管件，可用电热熔套管与聚乙烯管道连接。无缝钢管与聚乙烯一端牢固连接，具有抗传动措施及加强套防护。

⑭ 热熔注塑法兰（表 6.2-35）

表 6.2-35　热熔注塑法兰尺寸

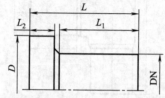

单位：mm

公称直径 DN	管件总长 L	管段总长 L_1	垫环厚度 L_2	垫环外径 D	公称直径 DN	管件总长 L	管段总长 L_1	垫环厚度 L_2	垫环外径 D
63	100	65	8.5	85	125	160	85	21	158
75	118	78	10	104	160	182	115	25	212
90	125	80	13	115	200	203	128	32	264
110	135	85	18	136	250	220	150	32	313

注：进口燃气管专用聚乙烯注塑管件，可用电热熔套管与管材或其他管件连接；注意焊接前将法兰盘装在法兰头上。

⑮ 内埋丝电热熔丝扣式钢塑过渡接头（表 6.2-36）

表 6.2-36 内埋丝电热熔丝扣式钢塑过渡接头尺寸

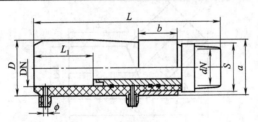

单位：mm

公称直径 DN×dN	管件总长 L	管件外径 D	插入深度 L_1	钢套规格 a×b	对边 S	电极直径 φ
32×1″	128	45	47	φ46×38	36	4
40×1¼″	185	54	53	φ55×45	46	4
50×1½″	199	68	55	φ63×47	52	4
63×2″	208	84	59	φ81×51	64	4

注：整体注塑管件。聚乙烯一端内埋的隐蔽螺旋电热丝能抗氧化及受潮锈蚀，保证焊接性能稳定，插入深度大，焊接带宽，端口和过渡区有足够阻挡熔化材料流动的冷却带，并能使用户减少管网的管件用量。独特的设计使钢管一端与聚乙烯牢固连接在一起，具有抗传动措施及加强套防护。

⑯ 热熔焊制三通（表 6.2-37）

表 6.2-37 热熔焊制三通尺寸

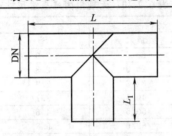

单位：mm

公称直径 DN	管件总长 L	支管长度 L_1	公称直径 DN	管件总长 L	支管长度 L_1
110	610	250	200	700	250
125	625	250	250	750	250
160	660	250			

⑰ 热熔焊制 90°弯头（表 6.2-38）

表 6.2-38 热熔焊制 90°弯头尺寸

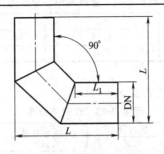

单位：mm

公称直径 DN	管件总长 L	直管长度 L_1
110	334	215
125	374.5	224
160	414	244
200	550	268
250	600	297

⑱ 热熔焊制 45°弯头（表 6.2-39）

表 6.2-39　热熔焊制 45°弯头尺寸

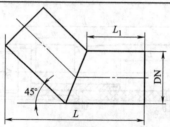

单位：mm

公称直径 DN	管件总长 L	直管长度 L_1
110	445	216
125	470	225
160	530	245
200	600	267
250	683	296

6.2.4　无规聚丙烯（PPR）管材

6.2.4.1　无规聚丙烯直管

（1）规格尺寸（表 6.2-40）

表 6.2-40　无规聚丙烯直管尺寸　　单位：mm

公称外径 DN	平均外径		公称壁厚 δ		
	最小	最大	S5	S4	S3.2
20	20.0	20.3	2.0	2.3	2.8
25	25.0	25.3	2.3	2.8	3.5
32	32.0	32.3	2.9	3.6	4.4
40	40.0	40.4	3.7	4.5	5.5
50	50.0	50.5	4.6	5.6	6.9
63	63.0	63.6	5.8	7.1	8.6
75	75.0	75.7	6.8	8.4	10.3
90	90.0	90.9	8.2	10.1	12.3
110	110.0	111.0	10.0	12.3	15.1

注：1. 管材长度亦可根据需方要求而定。

2. 冷热水管在管道明敷及管井、管沟中暗设时，应对温差引起的轴向伸缩进行补偿，优先采用自然补偿，当不能自然补偿时，应设置补偿器。其温差引起的轴向伸缩量应进行计算。

（2）管系列 S 和公称压力 PN（表 6.2-41）

表 6.2-41　管系列和公称压力

管系列		S5	S4	S3.2
公称压力 PN/MPa	$C=1.25$	1.25	1.6	2.0
	$C=1.5$	1.0	1.25	1.6

注：C——管道系统总使用（设计）系数。

（3）管道温差引起的轴向伸缩量（表 6.2-42）

表 6.2-42　轴向伸缩量　　单位：mm

管道长度	冷水管	热水管	管道长度	冷水管	热水管
500	1.5	4.9	1400	4.2	13.7
600	1.8	5.9	1600	4.8	15.6
700	2.1	6.8	1800	5.4	17.6
800	2.4	7.8	2000	6.0	19.5
900	2.7	8.8	2500	7.5	24.4
1000	3.0	9.8	3000	9.0	29.3
1200	3.6	11.7	3500	10.5	34.1

注：表中冷水管计算温差 ΔT 取 20℃，热水管取 65℃，线膨胀系数 α 取 0.15mm/(m·℃)。

6.2.4.2　无规聚丙烯管件

（1）熔接操作技术参数（表6.2-43）

表6.2-43　熔接操作技术参数

公称外径 DN/mm	熔接深度/mm	加热时间/s	插接时间/s	冷却时间/min
20	14	5	4	3
25	15	7	4	3
32	17	8	6	4
40	19	12	6	4
50	21	18	6	5
63	25	24	8	6
75	28	30	10	8
90	32	40	12	9
110	38	50	15	10

注：若环境温度低于5℃，加热时间延长50%。

（2）热熔连接操作要点

①用切管刀将管材切成所需长度，在管材上标出焊接深度，确保焊接工具上的指示灯指示焊具已足够热（260℃）且处于待用状态。

②将管材和管件压入焊接头中，在两端同时加压力。加压时不要将管材和管件扭曲或折弯，保持压力直至加热过程完成。

③当加热过程完成后，同时取下管材和管件，注意不要扭曲、折弯。

④取出后，立即将管材和管件压紧直至所标的结合深度。在此期间，可以在小范围内调整连接处的角度。

（3）规格尺寸（表6.2-44）

表6.2-44　无规聚丙烯管件尺寸

管件名称	公称直径 DN/mm
直通	20、25、32、40、50、63、75、90、110
异径直通	25/20、32/20、32/25、40/20、40/25、40/32、50/20、50/25、50/32、50/40、63/20、63/25、63/32、63/40、63/50、75/25、75/32、75/40、75/50、75/63、90/75、110/90
90°弯头	20、25、32、40、50、63、75、90、110
45°弯头	20、25、32、40、50、63、75
等径三通	20、25、32、40、50、63、75、90、110
异径三通	25/20、32/20、32/25、40/20、40/25、40/32、50/20、50/25、50/32、50/40、63/25、63/32、63/40、63/50、75/32、75/40、75/50、75/63、90/75、110/75、110/90
管帽	20、25、32、40、50、63、75
法兰连接件	40、50、63、75、90、110
外螺纹直通	20、25、32、40、50、63、75（½″、¾″、1″、1¼″、1½″、2″、2½″）
内螺纹直通	20、25、32、40、50、63（½″、¾″、1″、1¼″、1½″、2″、2½″）
外螺纹90°弯头	20、25、32
内螺纹90°弯头	20、25、32
外螺纹三通	20、25、32
内螺纹三通	20、25、32
外螺纹活接头	20、25、32、40、50、63（½″、¾″、1″、1¼″、1½″、2″）
内螺纹活接头	20、25、32、40、50、63（½″、¾″、1″、1¼″、1½″、2″）
截止阀	20、25、32、40、50、63（½″、¾″、1″、1¼″、1½″、2″）
双活接头铜球阀	20、25、32、40、50、63（½″、¾″、1″、1¼″、1½″、2″）
过桥弯	20、25、32
管卡	20、25、32

（4）冷水管支吊架最大间距（表6.2-45）

表6.2-45　冷水管支吊架最大间距　　　　　单位：mm

公称外径 DN	20	25	32	40	50	63	75	90	110
横管	600	750	900	1000	1200	1400	1600	1600	1800
立管	1000	1200	1500	1700	1800	2000	2000	2100	2500

（5）热水管支吊架最大间距（表 6.2-46）

表 6.2-46　热水管最大间距　　　　　　　　　单位：mm

公称外径 DN	20	25	32	40	50	63	75	90	110
横管	500	600	700	800	900	1000	1100	1200	1500
立管	900	1000	1200	1400	1600	1700	1700	1800	2000

注：冷、热管共用支、吊架时应根据热水管支吊架间距确定。暗敷直埋管道的支架间距可采用 1000～1500mm。

6.2.5　增强聚丙烯（FRPP）管材

6.2.5.1　基本参数（HG 20539—92）

适用于玻璃纤维（含量 20%±2%）增强聚丙烯（FRPP）的颗粒料挤出成型的管子和模压成型的管件，能在温度－20～120℃输送酸、碱和盐类等腐蚀性介质。

增强聚丙烯（FRPP）管和管件的连接型式：公称外径 D75～D500 采用热熔挤压焊接和法兰（突面带颈对焊法兰和松套法兰）连接两种，公称外径 D17～D60 采用螺纹连接型式。

增强聚丙烯管（FRPP）在各种温度下的允许使用压力见表 6.2-47。

表 6.2-47　增强聚丙烯管在各种温度下的允许使用压力

公称外径/mm	壁厚/mm	在下列温度下允许的使用压力/MPa					
		20℃	40℃	60℃	80℃	100℃	120℃
17～60	2.0～3.3	0.6	0.47	0.40	0.36	0.29	0.19
75～200	3.9～10.3	0.6	0.46	0.39	0.35	0.29	0.18
225～500	11.6～25.7	0.6	0.45	0.39	0.35	0.28	0.18
公称外径/mm	壁厚/mm	20℃	40℃	60℃	80℃	100℃	120℃
17～60	2.0～5.3	1.0	0.77	0.67	0.60	0.49	0.31
75～200	6.2～16.6	1.0	0.76	0.66	0.58	0.48	0.30
225～400	18.7～33.2	1.0	0.75	0.65	0.58	0.48	0.30

6.2.5.2　增强聚丙烯直管及连接（HG 20539—92）

（1）直管（表 6.2-48）

表 6.2-48　管尺寸和公差

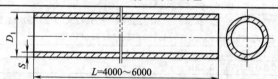

单位：mm

公称外径 D_1	外径公差	公称压力 0.6MPa			公称压力 1.0MPa		
		壁厚 S	公差	近似重量/(kg/m)	壁厚 S	公差	近似重量/(kg/m)
17	±0.3	3.0	+0.5	0.13	3.0	+0.5	0.13
21	±0.3	3.0	+0.5	0.16	3.0	+0.5	0.16
27	±0.3	3.0	+0.5	0.22	3.5	+0.6	0.32
34	±0.3	3.5	+0.6	0.32	4.5	+0.7	0.52
48	±0.4	3.5	+0.6	0.47	5.5	+0.8	0.89
60	±0.5	3.5	+0.6	0.60	6.0	+0.8	1.19
75	±0.7	3.9	+0.6	0.88	6.2	+0.9	1.35
90	±0.9	4.7	+0.7	1.27	7.5	+1.0	1.96
110	±1.0	5.7	+0.8	1.89	9.1	+1.2	2.91
125	±1.2	6.5	+0.9	2.44	10.4	+1.3	3.78
140	±1.3	7.2	+1.0	3.03	11.6	+1.4	4.73
160	±1.5	8.3	+1.1	4.00	13.3	+1.6	6.19
180	±1.7	9.3	+1.2	5.04	14.9	+1.7	7.81
200	±1.8	10.3	+1.3	6.20	16.6	+1.9	9.66

续表

公称外径 D_1	外径公差	公称压力 0.6MPa			公称压力 1.0MPa		
		壁厚 S	公差	近似重量/(kg/m)	壁厚 S	公差	近似重量/(kg/m)
225	±2.1	11.6	+1.4	7.85	18.7	+2.1	12.24
250	±2.3	12.9	+1.5	9.70	20.7	+2.3	15.06
280	±2.6	14.4	+1.7	12.14	23.2	+2.6	18.90
315	±2.9	16.2	+1.9	15.36	26.1	+2.9	23.93
355	±3.2	18.3	+2.1	19.55	29.4	+3.2	30.37
400	±3.6	20.6	+2.3	24.80	33.2	+3.6	38.64
450	±4.1	23.2	+3.7	31.42			
500	±4.5	25.7	+4.1	38.68			

（2）突面带颈对焊法兰接头（表 6.2-49）

表 6.2-49　1.0MPa 突面带颈对焊法兰接头尺寸

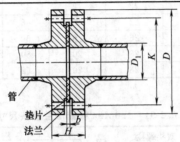

单位:mm

公称直径 DN	接管外径 D_1	法兰外径 D	螺栓孔中心圆直径 K	垫片厚度 b	H	双头螺栓		
						直径	长度	个数
65	75	185	145	3	47	M16	85	4
80	90	200	160	3	51	M16	90	8
100	110	220	180	3	51	M16	90	8
100	125	220	180	3	51	M16	90	8
125	140	250	210	3	55	M16	100	8
150	160	285	240	3	59	M20	110	8
150	180	285	240	3	59	M20	110	8
200	200	340	295	3	71	M20	120	8
200	225	340	295	3	71	M20	120	12
250	250	395	350	3	79	M20	130	12
250	280	395	350	3	79	M20	130	12
300	315	445	400	3	87	M20	140	12
350	355	505	460	3	95	M20	140	12
400	400	565	515	3	103	M24	160	16
450	450	615	565	3	103	M24	160	20
500	500	670	620	3	107	M24	170	20

（3）突面带颈对焊法兰（表 6.2-50）

表 6.2-50　1.0MPa 突面带颈对焊法兰尺寸

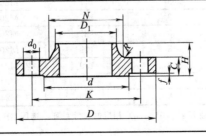

单位:mm

公称直径 DN	接管外径 D_1	法兰外径 D	螺栓孔中心圆直径 K	螺栓孔直径 d_0	螺栓孔数量 n	法兰厚度 C	法兰高度 H	密封面 d	f	法兰颈 N	R
65	75	185	145	18	4	22	80	122	3	104	6
80	90	200	160	18	8	24	80	138	3	118	6
100	110	220	180	18	8	24	80	158	3	140	6
100	125	220	180	18	8	24	80	158	3	140	6
125	140	250	210	18	8	26	80	188	3	168	6
150	160	285	240	22	8	28	80	212	3	195	8
150	180	285	240	22	8	28	80	212	3	195	8
200	200	340	295	22	8	34	100	268	3	246	8
200	225	340	295	22	8	34	100	268	3	246	8
250	250	395	350	22	12	38	100	320	3	298	10
250	280	395	350	22	12	38	100	320	4	298	10
300	315	445	400	22	12	42	100	370	4	350	10
350	355	505	460	22	16	46	120	430	4	400	10
400	400	565	515	26	16	50	120	482	4	456	10
450	450	615	565	26	20	50	120	530	4	502	12
500	500	670	620	26	20	52	120	585	4	559	12

（4）松套法兰接头（表 6.2-51）

表 6.2-51　1.0MPa 松套法兰接头尺寸

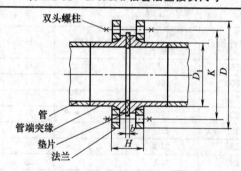

单位：mm

公称直径 DN	接管外径 D_1	垫片厚度 b	H	双头螺柱 直径	双头螺柱 长度	双头螺柱 个数
65	75	3	71	M16	120	4
80	90	3	73	M16	120	8
100	110	3	75	M16	120	8
100	125	3	89	M16	130	8
125	140	3	89	M16	130	8
150	160	3	89	M20	130	8
150	180	3	99	M20	140	8
200	200	3	107	M20	150	8
200	225	3	107	M20	150	8
250	250	3	117	M20	160	12
250	280	3	117	M20	160	12
300	315	3	125	M20	170	12
350	355	3	139	M20	180	16
400	400	3	159	M24	210	16
450	450	3	195	M24	250	20
500	500	3	199	M24	260	20

注：法兰外径 D 和螺栓孔中心圆直径 K 按（5）、（6）相应的尺寸系列。选用 GB 法兰或 ANSI 法兰由用户定。

（5）松套法兰（表 6.2-52）

表 6.2-52　松套法兰尺寸（GB 9121.1）

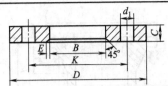

单位：mm

公称直径 DN	接管外径 d_1	法兰外径 D	法兰内径 B	法兰厚度 C	螺栓孔中心圆 直径 K	E	螺栓孔	
							孔径 d_0	数量 n
65	75	185	92	18	145	6	18	4
80	90	200	108	18	160	6	18	8
100	110	220	128	18	180	6	18	8
100	125	220	135	18	180	6	18	8
125	140	250	158	18	210	6	18	8
150	160	285	178	18	240	6	22	8
150	180	285	188	18	240	8	22	8
200	200	340	235	20	295	8	22	8
200	225	340	238	20	295	8	22	8
250	250	395	288	22	350	11	22	12
250	280	395	294	22	350	11	22	12
300	315	445	338	26	400	11	22	16
350	355	505	376	28	460	12	22	16
400	400	565	430	32	515	12	26	16
450	450	615	517	36	565	12	26	20
500	500	670	533	38	620	12	26	20

注：1. 材料为 20 钢。

2. 公称压力为 1.0MPa。

3. 本表所依据 GB 9121 为 1988 年旧版，若有需要可参考 2000 年新版。

（6）松套法兰（表 6.2-53）

表 6.2-53　松套法兰尺寸（连接尺寸按 ANSI B16.5 150lb）

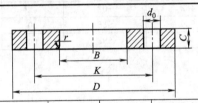

单位：mm

公称直径 DN		接管外径	法兰外径	法兰内径	法兰厚度	螺栓孔中心圆	r	螺栓孔	
毫米	英寸	D_1	D	B	C	直径 K		孔径 d_0	数量 n
65	$2\frac{1}{2}$	75	178	92	18	139.5	8	20	4
80	3	90	190	108	18	152.5	10	20	4
100	4	110	230	128	18	190.5	11	20	8
100	4	125	230	135	18	190.5	11	20	8
125	5	140	255	158	18	216	11	22	8
150	6	160	280	178	18	241.5	13	22	8
150	6	180	280	188	18	241.5	13	22	8
200	8	200	345	235	20	298.5	13	22	8
200	8	225	345	238	20	298.5	13	22	8
250	10	250	405	288	22	362	13	26	12
250	10	280	405	294	22	362	13	26	12
300	12	315	485	338	26	432	13	26	12
350	14	355	535	376	28	476	13	30	12
400	16	400	600	430	32	540	13	30	16
450	18	450	635	517	36	578	13	33	16
500	20	500	700	533	38	635	13	33	20

注：1. 材料为 20。

2. 公称压力为 150lb。

（7）管端突缘（表 6.2-54）

表 6.2-54　管端突缘尺寸

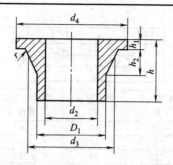

单位：mm

接管外径 D_1	接管内径 d_2	d_3	突缘直径 d_4		突缘厚度 h_1	h_2	r	总长 h 最小
			配 GB 松套法兰	配 ANSI 松套法兰				
75	62.6	89	122	110	16	21	3	80
90	75	105	138	128	17	20	4	80
110	91.8	125	158	166	18	25	4	85
125	104.2	132	158	166	25	20	4	85
140	116.8	155	188	190	25	28	4	100
160	133.4	175	212	214	25	28	4	100
180	150.2	192	212	214	30	30	4	100
200	166.8	232	268	272	32	40	4	120
225	187.6	235	268	272	32	30	4	120
250	208.6	285	320	328	35	40	4	120
280	233.6	291	320	328	35	30	4	120
315	262.8	335	370	398	35	40	4	120
355	296.2	373	430	438	40	40	6	150
400	333.6	427	482	502	46	45	6	150
450		514	530	536	60	60	6	180
500		530	585	593	60	50	6	180

注：1. 材料为增强聚丙烯。

2. 公称压力为 1.0MPa。

3. 接管外径 D_1 和公称外径 D_1 等同。

6.2.5.3　增强聚丙烯管件（HG 20539—92）

（1）弯头、三通（表 6.2-55）

表 6.2-55　弯头、三通尺寸

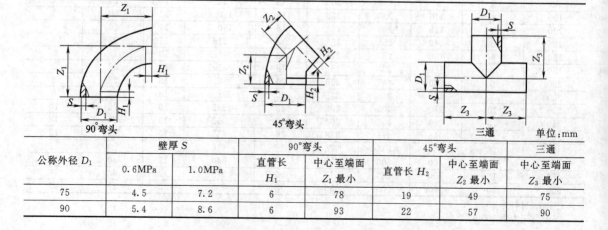

单位：mm

公称外径 D_1	壁厚 S		90°弯头		45°弯头		三通
	0.6MPa	1.0MPa	直管长 H_1	中心至端面 Z_1 最小	直管长 H_2	中心至端面 Z_2 最小	中心至端面 Z_3 最小
75	4.5	7.2	6	78	19	49	75
90	5.4	8.6	6	93	22	57	90

公称外径 D_1	壁厚 S		90°弯头		45°弯头		三通
	0.6MPa	1.0MPa	直管长 H_1	中心至端面 Z_1 最小	直管长 H_2	中心至端面 Z_2 最小	中心至端面 Z_3 最小
110	6.6	10.5	8	115	28	70	110
125	7.5	11.9	8	130	32	79	125
140	8.3	13.3	8	145	35	88	140
160	9.5	15.2	8	165	40	95	145
180	10.7	17.2	8	184	45	100	155
200	11.9	19.0	8	204	50	110	170
225	13.4	21.4	10	231	55	140	220
250	14.9	23.8	10	256	60	156	220
280	16.6	26.7	10	286	70	175	250
315	18.7	30.0	10	320	80	198	275
355	21.1	33.8	10	360	80	221	300
400	23.8	38.1	12	405	90	249	325
450	26.7		12	455	100	280	350
500	29.7		12	505	100	311	400

（2）虾米腰焊接弯头（表 6.2-56）

表 6.2-56　虾米腰焊接弯头尺寸

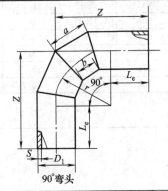

90°弯头

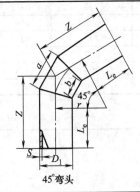

45°弯头

单位：mm

公称外径 D_1	直管长 L_e	弯曲半径 r	90°			45°			壁厚 S	
			$Z_{最小}$	a	b	$Z_{最小}$	a	b	0.6MPa	1.0MPa
110		165	315	118	59	218	88	44	6.6	10.5
125		188	338	134	67	228	100	50	7.5	11.9
140		210	360	150	75	237	112	56	8.3	13.3
160	150	240	390	172	86	249	128	64	9.5	15.2
180		270	420	193	97	262	143	72	10.7	17.2
200		300	450	214	107	274	159	80	11.9	19.0
225		338	488	242	121	290	179	90	13.4	21.4
250	250	375	625	268	134	412	199	99	14.9	23.8
280		420	670	300	150	424	223	112	16.6	26.7
315		473	773	338	169	498	251	126	18.7	30.0
355	300	533	833	381	191	520	283	141	21.1	33.8
400		600	900	429	214	548	318	159	23.8	38.1
450		675	975	482	241	580	358	179	26.7	
500	350	750	1100	536	268	665	406	203	29.7	

（3）焊接三通（表 6.2-57）

（4）异径管（表 6.2-58）

表 6. 2-57　焊接三通尺寸

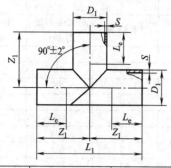 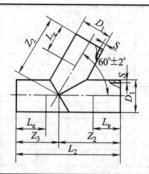

单位:mm

公称外径 D_1	直管长 L_e	90°三通		60°斜接三通			壁厚 S	
		Z_1 最小	L_1 最小	Z_2 最小	Z_3 最小	L_2 最小	0.6MPa	1.0MPa
110	150	205	410	325	175	500	6.6	10.5
125	150	215	430	355	190	545	7.5	11.9
140	150	220	440	375	206	581	8.3	13.3
160	150	230	460	412	230	642	9.5	15.2
180	150	240	480	450	250	700	10.7	17.2
200	150	250	500	487	272	759	11.9	19.0
225	150	265	530	530	300	830	13.4	21.4
250	250	375	750	580	325	905	14.9	23.8
280	250	390	780	630	365	995	16.6	26.7
315	300	460	920	690	400	1090	18.7	30.0
355	300	480	960	730	425	1155	21.1	33.8
400	300	500	1000	800	450	1250	23.8	38.1
450	300	525	1050	850	475	1325	26.7	
500	350	600	1200	900	500	1400	29.7	

表 6. 2-58　异径管尺寸

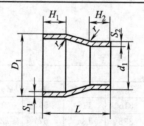

单位:mm

公称外径 $D_1 \times d_1$	大　端			小　端			转角半径 r	总长 L
	直管长 H_1	壁厚 S_1		直管长 H_2	壁厚 S_2			
		0.6MPa	1.0MPa		0.6MPa	1.0MPa		
110×75	28	6.6	10.5	19	4.5	7.2	10	90
110×90	28	6.6	10.5	22	5.4	8.6	10	90
125×75	32	7.5	11.9	19	4.5	7.2	10	100
125×90	32	7.5	11.9	22	5.4	8.6	10	100
125×110	32	7.5	11.9	28	6.6	10.5	10	100
140×90	35	8.3	13.3	22	5.4	8.6	10	110
140×110	35	8.3	13.3	28	6.6	10.5	10	110
140×125	35	8.3	13.3	32	7.5	11.9	10	110
160×110	40	9.5	15.2	28	6.6	10.5	10	120
160×125	40	9.5	15.2	32	7.5	11.9	10	120
160×140	40	9.5	15.2	35	8.3	13.3	10	120

续表

公称外径 $D_1 \times d_1$	大　端			小　端			转角半径 r	总长 L
	直管长 H_1	壁厚 S_1		直管长 H_2	壁厚 S_2			
		0.6MPa	1.0MPa		0.6MPa	1.0MPa		
180×125	45	10.7	17.2	32	7.5	11.9	15	130
180×140	45	10.7	17.2	35	8.3	13.3	15	130
180×160	45	10.7	17.2	40	9.5	15.2	15	130
200×140	50	11.9	19.0	35	8.3	13.3	15	135
200×160	50	11.9	19.0	40	9.5	15.2	15	135
200×180	50	11.9	19.0	45	10.7	17.2	15	135
225×160	55	13.4	21.4	40	9.5	15.2	20	160
225×180	55	13.4	21.4	45	10.7	17.2	20	160
225×200	55	13.4	21.4	50	11.9	19.0	20	160
250×180	60	14.9	23.8	45	10.7	17.2	20	175
250×200	60	14.9	23.8	50	11.9	19.0	20	175
250×225	60	14.9	23.8	55	13.4	21.4	20	175
280×200	70	16.6	26.7	50	11.9	19.0	20	200
280×225	70	16.6	26.7	55	13.4	21.4	20	200
280×250	70	16.6	26.7	60	14.9	23.8	20	200
315×225	80	18.7	30	55	13.4	21.4	20	225
315×250	80	18.7	30	60	14.9	23.8	20	225
315×280	80	18.7	30	70	16.6	26.7	20	225
355×250	90	21.1	33.8	60	14.9	23.8	20	250
355×280	90	21.1	33.8	70	16.9	26.7	20	250
355×315	90	21.1	33.8	80	18.7	30	20	250
400×280	100	23.8	38.1	70	16.6	26.7	20	275
400×315	100	23.8	38.1	80	18.7	30	20	275
400×355	100	23.8	38.1	90	21.1	33.8	20	275
450×315	110	26.7		80	18.7		20	300
450×355	110	26.7		90	21.1		20	300
450×400	110	26.7		100	23.8		20	300
500×355	120	29.7		90	21.1		20	325
500×400	120	29.7		100	23.8		20	325
500×450	120	29.7		110	26.7		20	325

6.2.5.4　法兰管件（HG 20539—92）（表6.2-59）

表6.2-59　法兰管件尺寸　　　　　　单位：mm

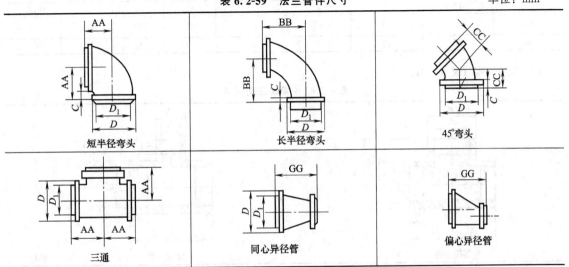

短半径弯头　　　长半径弯头　　　45°弯头

三通　　　同心异径管　　　偏心异径管

续表

管件外径 D_1	法兰外径 D	法兰厚度 C	壁厚 S 0.6MPa	壁厚 S 1.0MPa	短半径弯头、三通的中心至端面 AA	长半径弯头的中心至端面 BB	45°弯头的中心至端面 CC	异径管的端面至端面 GG
75	185	22	4.5	7.2	132	183	81	149
90	200	24	5.4	8.6	145	202	81	161
110	220	24	6.6	10.5	165	229	102	178
125	220	24	7.5	11.9	165	229	102	178
140	250	26	8.3	13.3	192	262	116	207
160	285	28	9.5	15.2	206	295	130	234
180	285	28	10.7	17.2	206	295	130	234
200	340	34	11.9	19.0	234	361	145	289
225	340	34	13.4	21.4	234	361	145	289
250	395	38	14.9	23.8	287	427	173	320
280	395	38	16.6	26.7	287	427	173	320
315	445	42	18.7	30.0	315	493	200	376
355	505	46	21.1	33.8	367	557	201	428
400	565	50	23.8	38.1	394	623	216	483
450	615	50	26.7		429	683	226	503
500	670	52	29.7		466	746	250	526

6.2.5.5 螺纹管件（HG 20539—92）

（1）螺纹弯头（表 6.2-60）

表 6.2-60 螺纹弯头尺寸

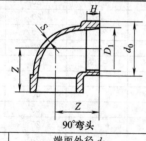
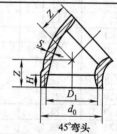

90°弯头　　　　　　　　　45°弯头　　　　　单位：mm

公称外径 D_1	端面外径 d_0 0.6MPa	端面外径 d_0 1.0MPa	锥管螺纹 ZG/in	直管长 H	中心至端面 Z 90°	中心至端面 Z 45°	壁厚 S 最小 0.6MPa	壁厚 S 最小 1.0MPa
17	23	23	3/8	18	28	22	3.0	3.0
21	27	27	1/2	18	33	25	3.0	3.0
27	33	34	3/4	20	38	28	3.0	3.5
34	41	43	1	21	42	30	3.5	4.5
48	55	59	$1\frac{1}{2}$	25	56	37	3.5	5.5
60	67	72	2	26	61	41	3.5	6.0

（2）螺纹三通（表 6.2-61）

表 6.2-61 螺纹三通尺寸

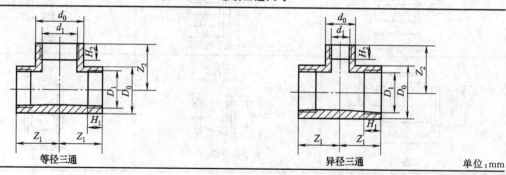

等径三通　　　　　　　　　异径三通　　　　　单位：mm

续表

公称外径	端面外径 D_0		主　管		支　管		中心至端面	
$D_1 \times d_1$	0.6MPa	1.0MPa	锥管螺纹 ZG_1/in	直管长 H_1	锥管螺纹 ZG_2/in	直管长/H_2	Z_1/最小	Z_2/最小
17×17	23×23	23×23	3/8	18	3/8	18	31	31
21×21	27×27	27×27	1/2	18	1/2	18	33	33
21×17	27×23	27×23	1/2	18	3/8	18	31	33
27×27	33×33	34×34	3/4	20	3/4	20	38	38
27×21	33×27	34×27	3/4	20	1/2	18	36	36
34×34	41×41	43×43	1	21	1	21	42	42
34×27	41×33	43×34	1	21	3/4	20	39	41
34×21	41×27	43×27	1	21	1/2	18	36	39
48×48	55×55	59×59	$1\frac{1}{2}$	25	$1\frac{1}{2}$	25	54	54
48×34	55×41	59×43	$1\frac{1}{2}$	25	1	21	46	50
48×27	55×33	59×34	$1\frac{1}{2}$	25	3/4	20	43	50
60×60	67×67	72×72	2	26	2	26	61	61
60×48	67×55	72×59	2	26	$1\frac{1}{2}$	25	55	60
60×34	67×41	72×43	2	26	1	21	47	56

（3）螺纹异径管（表 6.2-62）

表 6.2-62　螺纹异径管尺寸

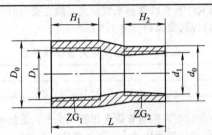

单位：mm

公称外径	大　端				小　端				总长 L
$D_1 \times d_1$	外径 D_0		锥管螺纹 ZG_1/in	直管长 H_1	外径 d_0		锥管螺纹 ZG_2/in	直管长 H_2	
	0.6MPa	1.0MPa			0.6MPa	1.0MPa			
27×21	33	34	3/4	20	27	27	1/2	20	55
34×21	41	43	1	25	27	27	1/2	20	60
34×27	41	43	1	25	33	34	3/4	20	60
48×27	55	59	$1\frac{1}{2}$	30	33	34	3/4	20	70
48×34	55	59	$1\frac{1}{2}$	30	41	43	1	25	70
60×34	67	72	2	30	41	43	1	25	80
60×48	67	72	2	30	55	59	$1\frac{1}{2}$	30	80

（4）螺纹管接头（表 6.2-63）

表 6.2-63　螺纹管接头尺寸

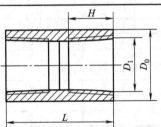

单位：mm

| 公称外径 D_1 | 端面外径 D_0 | | 锥管螺纹 | 直管长 | 总长 |
	0.6MPa	1.0MPa	ZG/in	H_1	L
17	23	23	3/8	18	46
21	27	27	1/2	19	48
27	33	34	3/4	21	52
34	41	43	1	23	58
48	55	59	$1\frac{1}{2}$	27	66
60	67	72	2	29	70

6.2.5.6 技术要求 (HG 20539—92)

增强聚丙烯 (FRPP) 的物理机械性能应符合表 6.2-64 的规定。

表 6.2-64 增强聚丙烯 (FRPP) 的物理机械性能

指 标 性 能	指 标	指 标 性 能	指 标
密度/(g/cm³)	0.92~1.00	断裂伸长率/%	≥90
吸水率/%	0.03~0.04	成型收缩率/%	1~2
拉伸强度/MPa	≥35	热变形温度/℃	>130
弯曲强度/MPa	≥45	线膨胀系数/(10⁻⁵/℃)	9~11
冲击强度(无缺口)IZod 法/(J/m)	≥90		

安装增强聚丙烯 (FRPP) 管时, 应考虑环境温度对安装质量的影响, 一般气温高于 40℃ 或低于 0℃ 时, 不宜施工安装。由于增强聚丙烯 (FRPP) 管线膨胀系数较大, 故在安装时要考虑热补偿, 一般以自然补偿为主, 如采用方形伸缩器。增强聚丙烯线膨胀系数见表 6.2-65。

表 6.2-65 增强聚丙烯线膨胀系数

温度/℃	40	55	70	85
线膨胀系数/(10⁻⁵/℃)	10	14	14	15

增强聚丙烯 (FRPP) 管在架空敷设时, 应对管道采用管托支承, 管托可用角钢、对剖的钢管等材料, 使增强聚丙烯在管托上可以自由伸缩。增强聚丙烯管线支架距离见表 6.2-66。

表 6.2-66 增强聚丙烯管线支架距离

| 公称外径 | 不同温度下支架距离/m | | | | |
	常温	40℃	60℃	80℃	100℃以上
17	1.0	0.8	0.7	0.7	0.6
21	1.0	0.8	0.8	0.7	0.6
27	1.0	0.9	0.8	0.8	0.7
34	1.3	1.0	1.0	0.9	0.8
42	1.4	1.2	1.1	1.0	0.8
48	1.4	1.3	1.2	1.1	0.8
60	1.5	1.4	1.3	1.2	0.9
75	1.7	1.5	1.4	1.3	1.0
90	1.8	1.6	1.5	1.4	1.1
110	2.0	1.8	1.7	1.6	1.3
125	2.0	1.8	1.7	1.6	1.3
140	2.5	1.9	1.9	1.7	1.4
160	2.5	2.1	2.0	1.8	1.6
180	2.5	2.1	2.0	1.8	1.6
200	2.9	2.4	2.1	2.0	1.8
225	2.9	2.4	2.1	2.0	1.8
250	3.0	2.5	2.2	2.1	1.9
280	3.0	2.5	2.2	2.1	1.9
315	3.6	2.8	2.5	2.3	2.2

增强聚丙烯（FRPP）管需要暗设时，建议采用管沟敷设，管子一般采用焊接连接型式，若因特殊原因需要埋地时，应采用套管形式直埋，以避免回填土内混有硬杂物，损坏管子。

6.2.6 聚四氟乙烯（PTFE）管材

6.2.6.1 聚四氟乙烯波纹软管（表6.2-67）

表 6.2-67　聚四氟乙烯波纹管尺寸　　　　　　　　　单位：mm

公称直径 DN	连接口内径	连接部长度	波纹管内径	波纹管外径	厚度	耐负压 /MPa	最小挠曲半径	工作温度 /℃	管长度	试验压力 /MPa
12	13		8	15	1.0		50			0.80
15	15	40～60	10	17		−0.092		<180		
20	20		15	22						
25	25		15	28						0.75
32	32		20	35			60		200～10000	0.72
35	34	50～70	25	36						0.68
40	38		30	41		−0.086	70	<150		0.64
50	51		40	54			80			0.60
65	63	60～80	50	66	1.2～2.2		90			0.54
73	73		60	76		−0.079	95			0.50
76	76		65	79			100			
90	86	70～90	75	92			110	<120	200～8000	0.45
100	100		85	103			120			0.40
114	114		100	117		−0.074	130			0.38
125	125		105	128						

6.2.6.2 聚四氟乙烯膨胀节

聚四氟乙烯膨胀节可用于消除管道、设备因变形引起的伸缩或热膨胀位移等，也可作为缓冲器，如安装在泵的进出口，以减轻或消除振动，提高管道的使用寿命与密封性能。此外，还可以吸收安装偏差，其结构和规格尺寸见图6.2-2和表6.2-68。

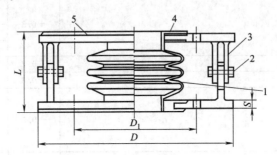

图 6.2-2　聚四氟乙烯膨胀节

1—不锈钢加强圈；2—铰接轴；3—铰接板；4—聚四氟乙烯膨胀节；5—橡胶石棉板

表 6.2-68　聚四氟乙烯膨胀节尺寸　　　　　　　　　单位：mm

公称直径 DN	标准长度 L	伸缩范围 轴向（±）	伸缩范围 径向（±）	伸缩范围 角向/（°）	波纹数 /个	膨胀节厚度	加强圈直径	承受真空度 /mmHg	法兰 D	法兰 D₁	法兰 S	螺栓孔直径	螺栓孔数量/个
25	65	12	8	20	3	1.5	3.0	440	115	85	10	14	4
32	70	14	12	20	3	1.5	3.0	400	135	100	10	16	4
40	75	17	16	25	3	1.7	4.0	360	145	110	10	16	4
50	82	20	20	25	3	1.7	4.0	330	160	125	12	16	4
65	88	22	20	30	3	1.7	4.0	290	180	145	12	16	4
80	92	24	20	30	3	1.7	5.0	257	195	160	14	16	8
100	95	26	20	30	3	2.0	5.0	220	215	180	14	16	8
125	105	29	20	30	3	2.0	5.0	184	245	210	16	16	8
150	115	32	20	25	3	2.0	6.0	140	280	240	16	20	8

公称直径	标准长度	伸缩范围			波纹数	膨胀节厚度	加强圈直径	承受真空度	法 兰			螺栓孔	
DN	L	轴向(±)	径向(±)	角向/(°)	/个			/mmHg	D	D_1	S	直径	数量/个
200	125	34	20	25	3	2.0	6.0	130	335	295	18	20	8
250	135	36	12	15	3	2.3	7.0	110	405	335	20	20	12
300	145	38	10	10	3	2.3	7.0	100	460	400	22	20	12
350	150	40	5	10	3	2.5	7.0	100	500	460	22	20	16
400	160	40	5	10	3	2.5	8.0	90	565	515	22	22	16
450	180	42	5	10	3	3.0	8.0	90	615	565	28	26	20
500	200	42	5	10	3	3.0	8.0	90	670	620	30	26	20
600	220	44	5	10	3	3.0	8.0	80	780	685	30	30	20
700	240	44	5	10	3	3.0	8.0	80	860	810	32	30	24
800	260	46	5	10	3	3.0	8.0	80	975	920	32	30	24
900	280	46	5	10	3	3.0	8.0	70	1075	1020	34	30	24
1000	300	48	5	5	3	3.0	10	70	1175	1120	34	30	28
1200	320	48	5	5	3	3.0	10	60	1375	1320	36	30	32
1400	340	50	5	5	3	3.0	10	60	1575	1520	36	30	36
1600	360	50	5	5	3	3.0	10	60	1785	1730	36	30	40

6.2.6.3 聚四氟乙烯管（表6.2-69和表6.2-70）

表6.2-69 聚四氟乙烯管（QB/T 3624—1999）

牌号	内径	偏差	壁厚	偏差	长度
SFG-1	0.5、0.6、0.7、0.8、0.9、1.0	±0.1	0.2	±0.06	≥200
			0.3	±0.08	
	1.2、1.4、1.6、1.8、2.0、2.2、2.4、2.6、2.8	±0.2	0.2	±0.06	
			0.3	±0.08	
			0.4	±0.10	
	3.0、3.2、3.4、3.6、3.8、4.0	±0.3	0.2	±0.06	
			0.3	±0.08	
			0.4	±0.10	
			0.5	±0.16	
SFG-2	2.0	±0.2	1.0	±0.30	
	3.0、4.0	±0.3	1.0		
	5.0、6.0、7.0、8.0	±0.5	0.5		
			1.0		
			1.5		
			2.0		
	9.0、10.0、11.0、12.0	±0.5	1.0		
			1.5		
			2.0		
	13.0、14.0、15.0、16.0、17.0、18.0、19.0、20.0	±1.0	1.5		
			2.0		
	25.0、30.0	±1.0	1.5		
			2.0		
		±1.5	2.5		
用途	用作绝缘及输送腐蚀流体导管				

表6.2-70 聚四氟乙烯管的物理力学性能（QB/T 3624—1999）

项 目	SFG-1 指标	SFG-2 指标
密度/g·cm⁻³	—	2.1～2.3
拉伸强度/MPa	≥25	≥15
断裂伸长率/%	≥100	≥150

续表

项　目			SFG-1 指标	SFG-2 指标
交流击穿电压/kV	壁厚/mm	0.2	≥6	—
		0.3	≥8	
		0.4	≥10	
		0.5	≥12	
		1.0	≥18	

6.2.7　有机玻璃管

6.2.7.1　浇铸型工业有机玻璃管材（表 6.2-71）

表 6.2-71　浇铸型工业有机玻璃管材

外径/mm	尺寸	20	25	30	35	40	45	50	55	60	65	70	75	80	85	90	95	100	110	120	130	140	150	160	170
	偏差	±1.0			±1.2				±1.5											±1.8				±2.0	
壁厚/mm		2～5			3～5							4～10									5～15				
管长/mm		300～1300																							

					管壁厚偏差（一等品）									
壁厚/mm	2	3	4	5	6	7	8	9	10	11	12	13	14	15
偏差/mm	±0.4	±0.5	±0.6	±0.6	±0.7	±0.7	±0.8	±0.8	±1.0	±1.1	±1.2	±1.3	±1.4	±1.5

6.2.7.2　有机玻璃管材物理性能（表 6.2-72）

表 6.2-72　管材性能（一等品）

指标名称	指标	指标名称		指标
抗拉强度（外径不小于 200mm）/MPa	≥53	透光率	外径不大于 200mm	≥90
抗溶剂银纹性，浸泡 1h	无银纹出现	（凸面入射）/%	外径大于 200mm	≥89

6.2.8　尼龙 1010 管材

6.2.8.1　尼龙 1010 管材规格（表 6.2-73）

表 6.2-73　尼龙 1010 管材规格（JB/ZQ 4196—2006）

外径×壁厚/mm		4×1	6×1	8×1	8×2	9×2	10×1	12×1	12×2	14×2	16×2	18×2	20×2
偏差/mm	外径	±0.10			±0.5		±0.10		±0.15				
	壁厚	±0.10			±0.15		±0.10		±0.15				

6.2.8.2　尼龙 1010 特性用途（JB/ZQ 4196—2006）

　　尼龙 1010 是我国独创的一种新型聚酰胺品种，它具有优良的减摩、耐磨和自润滑性，且抗霉、抗菌、无毒、半透明，吸水性较其他尼龙品种小，有较好的刚性、力学强度和介电稳定性，耐寒性也很好，可在 −60～80℃下长期使用；作成零件有良好的消声性，运转时噪声小；耐油性优良，能耐弱酸、弱碱及醇、酯、酮类溶剂，但不耐苯酚、浓硫酸及低分子有机酸的腐蚀。

　　尼龙 1010 管材主要用作机床输油管（代替铜管），也可输送弱酸、弱碱及一般腐蚀性介质；但不宜与酚类、强酸、强碱及低分子有机酸接触。可用管件连接，也可用黏结剂粘接；其弯曲可用弯卡弯成 90°，也可用热空气或热油加热至 120℃弯成任意弧度，使用温度为 −60～80℃，使用压力为 9.8～14.7MPa。

6.3　玻璃钢管

6.3.1　玻璃纤维增强热固性塑料（玻璃钢）

6.3.1.1　常用玻璃钢的性能（表 6.3-1）
6.3.1.2　玻璃钢的防腐性能（表 6.3-2）
6.3.1.3　玻璃钢的主要组成

　　玻璃钢（玻璃纤维增强热固性塑料）是由合成树脂作为基体材料及其辅助材料和经过表面处理的玻璃纤维

表 6.3-1　四种玻璃钢性能比较

项　目	环氧玻璃钢	酚醛玻璃钢	呋喃玻璃钢	聚酯玻璃钢
制品性能	机械强度高,耐酸、碱性好,吸水性低,耐热性较差,固化后收缩率小,黏结力强,成本较高	机械强度较差,耐酸性好,吸水性低,耐热性较高,固化后收缩率大,成本较低,性脆	机械强度较差,耐酸、碱性较好,吸水性低,耐热性高,固化收缩率大,性脆,与壳体黏结力较差,成本较低	机械强度较高,耐酸、耐碱性较好,吸水性低,耐热性低,固化收缩率大,成本较低,韧性好
工艺性能	有良好的工艺性,固化时无挥发物,可常压亦可加压成型,随所用固化剂的不同,可室温或加温固化。易于改性,黏结性大,脱模较困难	工艺性比环氧树脂差,固化时有挥发物放出,一般适合于干法成型,一般的常压成型品性能差得多	工艺性比酚醛树脂还差,固化反应较猛烈,对光滑无孔底板黏附力差,养护期较长	工艺性能优越,胶液黏度低,对玻璃纤维渗透性好,固化时无挥发物放出,能常温常压成型,适于制大型构件
参考使用温度	<100℃	<120℃	<180℃	<90℃
毒性	胺类和酸类固化剂均有毒性及刺激性			常用的交联剂苯乙烯有毒
应用情况	使用广泛,一般用于酸碱性介质中高强度制品或作加强用	使用一般,用于酸性较强的腐蚀介质中	用于酸或碱性较强的,以及酸、碱交变腐蚀介质中,或者使用于温度较高的腐蚀介质中	用于腐蚀性较弱的酸性介质中

表 6.3-2　四种玻璃钢的耐腐蚀性能

介质	浓度/%	环氧玻璃钢 25℃	环氧玻璃钢 95℃	酚醛玻璃钢 25℃	酚醛玻璃钢 95℃	呋喃玻璃钢 25℃	呋喃玻璃钢 120℃	聚酯玻璃钢 306# 20℃	聚酯玻璃钢 306# 50℃
硝酸	5	尚耐	不耐	耐	不耐	尚耐	不耐	耐	不耐
	20	不耐	不耐	不耐	不耐	不耐	不耐	不耐	不耐
	40	不耐	不耐	不耐	不耐	不耐	不耐	不耐	不耐
硫酸	5							耐	耐
	10							耐	尚耐
	30							耐	不耐
	50	耐	耐	耐	耐	耐	耐		
	70	耐	尚耐	耐	耐	耐	耐		
	93	不耐	不耐	耐	不耐	耐	耐		
发烟硫酸		不耐	不耐	耐	不耐	耐	耐		
盐酸	浓	耐	耐	耐	耐	耐	耐	不耐	不耐
	5							耐	不耐
醋酸	浓							不耐	不耐
	5	不耐	不耐	耐	耐	耐	耐	耐	不耐
磷酸	浓	耐	耐	耐	耐	耐	耐		
氢氧化钾	10	耐		不耐	不耐	耐	耐		
氯化钠		耐		耐		耐			
氢氧化钠	10	耐	不耐	不耐	不耐	耐	耐	耐	不耐
	30	尚耐	尚耐	不耐	不耐	耐	耐	耐	不耐
	50	尚耐	不耐	不耐		耐	耐		
氨水		尚耐	不耐	耐		耐			
氯仿		尚耐	不耐	耐		耐	不耐		
四氯化碳		耐	不耐	耐		耐	耐	耐	
丙酮		耐	不耐	耐		耐	不耐		

注: 1. 浓度栏中的"浓"字系指介质浓度很高。

　　2. 在硫酸工厂中,以双酚 A 不饱和树脂为基体的玻璃钢设备和管道,对高温稀硫酸的耐腐蚀性能更优。

增强材料所组成。合成树脂种类很多,常用的有酚醛树脂、环氧树脂、呋喃树脂、聚酯树脂等。它们所制的玻璃钢分别为酚醛玻璃钢、环氧玻璃钢、呋喃玻璃钢和聚酯玻璃钢。为了适应某种需要,例如为了改良性能、降低成本，采用第二种合成树脂进行改性，如环氧-酚醛玻璃钢、环氧-呋喃玻璃钢，基体材料分别由环氧-酚醛树脂、环氧-呋喃合成树脂构成。加入合成树脂中的固化剂、增塑剂、填充剂、稀释剂等辅助材料，都在不同程度上影响玻璃钢的性能。

玻璃钢另一个重要成分是玻璃纤维及其制品。玻璃钢的物理，机械性能与玻璃纤维的性能、品种、规格等有直接关系。由于玻璃纤维耐腐蚀性能优于合成树脂，所以除个别情况外（例如氢氟酸、浓碱），玻璃钢的耐腐蚀性能主要取决于树脂的耐蚀性。

玻璃钢层的结构随不同成型方法和用途而异，主要凭经验和试验确定。图 6.3-1 表示用手糊法制作耐腐蚀玻璃钢设备的层典型结构。各层情况大致如下。

(1) 耐蚀层。由表层和中间层组成，表层是接触介质的最内层，是玻璃纤维毡增强的富树脂层。

(2) 中间层。由短玻璃纤维毡增强，厚约 2mm，能在介质浸透表层后，不会再浸透外层。

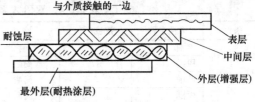

图 6.3-1 耐腐蚀玻璃钢设备的典型结构

(3) 外层（增强层）。满足强度要求的一层，由无捻粗纱布、短纤维增强。

(4) 最外层。它的组成与表层相同，其目的是使增强层不露在腐蚀的环境中。

6.3.1.4 玻璃钢的成型方法（表 6.3-3）

表 6.3-3 玻璃钢成型方法

成型方法	基本原理	特点	应用
手糊法	边铺覆玻璃布、边涂刷树脂胶料，固化后而成。固化条件为低压、室温，压力一般在 35～680kPa 范围内，为使制品外表面光滑，可利用真空或压缩空气使浸润过树脂的纤维布紧贴模具	1. 操作简便，专用设备少，成本低，不受制品形状和尺寸限制 2. 质量不稳定，劳动条件差，效率低 3. 制品机械强度较低 4. 适用树脂主要是聚酯和环氧树脂	广泛用于整体制品和机械强度要求不高的大型制品，如汽车车身、船舶外壳等
模压法	将已干燥的浸渍玻璃纤维布叠后放入金属模具内，加热加压，经过一定时间成型	1. 产品质量稳定、尺寸准确、表面光滑 2. 制品机械强度高 3. 生产效率高，适合成批生产	用于压制泵、阀门壳体、小型零件等
缠绕法	将连续纤维束通过浸胶槽浸上树脂胶液后缠绕在芯模上，常温或加热固化、脱模即成制品	1. 制品机械强度较高 2. 制品质量稳定，可得到内表面尺寸准确、表面光滑的制品 3. 可采用机械式、数控式和计算机控制的缠绕机 4. 轴向增强较困难	用于制造管道、储槽、槽车等圆截面制品、也可制作飞机横梁、风车翼梁等不同截面的制品
拉挤成型法	玻璃纤维通过浸树脂槽，再经模管拉挤，加热固化后即成制品	1. 工艺简单，效率高 2. 能最佳地发挥纤维的增强作用 3. 质量稳定、工艺自动化程度高 4. 制品长度不受限制 5. 原材料利用率高 6. 保持良好的耐腐蚀性能 7. 生产速度受树脂加热和固化速度限制 8. 制品轴向强度大、环向强度小	用于制作电线杆、电工用脚手架、汇流线管、导线管、无线电天线杆、光学纤维电缆，以及石油化工用管、储槽，还有汽车保险杠、车辆和机床驱动轴、车身骨架、体育用品中的单杠、双杠
树脂传递成型法	这是一种闭模模塑成型法。首先在模具成型面上涂脱模剂或胶衣层，然后铺覆增强材料，锁紧闭合的模具，再用注射机注入树脂，固化后开模即得制品	1. 生产周期短，效率高 2. 材料损耗少 3. 制品两面光洁，允许埋入嵌件和加强筋	用于制作小型零件

6.3.2 纤维缠绕玻璃钢（FRP-FW）管和管件

6.3.2.1 玻璃钢性能参数（HG/T 21633—1991）

(1) 本标准是以玻璃纤维、不饱和聚酯树脂组合为基准，但也可以使用其他材料。

(2) 玻璃钢管子、管件的设计压力和设计温度（注：超出此范围，订货请时与制造厂协商）。

设计压力：低压接触成型管子　　≤0.6MPa

　　　　　长丝缠绕成型管子　　≤1.6MPa

　　　　　管件　　　　　　　　≤1.6MPa

　　　　设计温度　　　　　　　≤80℃

双酚 A 聚酯玻璃钢的耐腐蚀性能见表 6.3-4。

表 6.3-4　双酚 A 聚酯玻璃钢的耐腐蚀性性能

条件	介质名称	浓度/%	评定	条件	介质名称	浓度/%	评定
常 温	汽油		耐	常 温	醋酸	5	耐
	甲醛	37	尚耐		自来水		耐
	苯酚	5	尚耐		氯化钠	饱和溶液	耐
	丙酮		尚耐		碳酸钠	饱和溶液	耐
	乙醇	96	尚耐		氢氧化钠	30	尚耐
	二氯乙烷		不耐		氢氧化钠	25	尚耐
	苯		尚耐		氢氧化铵	10	不耐
	硫酸	80	不耐	高 温	硫酸	30	耐
	硫酸	30	尚耐		硫酸	5	耐
	硫酸	5	尚耐		盐酸	30	尚耐
	硝酸	5	耐		盐酸	5	耐
	硝酸	20	尚耐		硝酸	5	尚耐
	副产盐酸		尚耐		磷酸	85	耐
	浓盐酸	>30	尚耐		磷酸	30	耐
	盐酸	5	尚耐		草酸	饱和溶液	耐
	铬酸	30	不耐		氯化钠	饱和溶液	耐
	铜电解液		尚耐		碳酸钠	饱和溶液	耐
	磷酸	85	耐		铜电解液		耐
	磷酸	30	尚耐		氢氧化钠	30	不耐
	草酸	饱和溶液	尚耐		乙醇	96	尚耐
	冰醋酸		不耐		自来水		尚耐
	醋酸	80	不耐				

试验条件：常温——常温浸泡一年后；高温——在 80±2℃下浸泡 672 小时

6.3.2.2　玻璃钢直管（HG/T 21633—1991）

（1）公称通径

管子的公称通径以内径表示，分为 50、80、100、150、200、250、350、400、450、500、600、700、800、900 及 1000mm。

（2）长度

管子的长度为 4000mm、6000mm、12000mm 三种。

（3）厚度

管子的厚度，低压接触成型见表 6.3-5，长丝缠绕成型见表 6.3-6。管子制品应满足 HG/T 21633—1991 第 3.2.7 条机械性能的规定，若不满足时，表 6.3-5、表 6.3-6 不再适用。

表 6.3-5　低压接触成型管子最小壁厚　　　　　　　　单位：mm

公称尺寸 DN	受内压条件下的厚度			公称尺寸 DN	受内压条件下的厚度		
	0.25MPa	0.4MPa	0.6MPa		0.25MPa	0.4MPa	0.6MPa
50	5.0	5.0	5.0	300	6.5	8.0	10.0
80	5.0	5.0	5.0	350	6.5	8.0	10.0
100	5.0	5.0	5.0	400	6.5	10.0	12.0
150	5.0	5.0	6.5	450	8.0	10.0	14.0
200	5.0	6.5	8.0	500	8.0	10.0	14.0
250	6.5	6.5	8.0	600	10.0	12.0	17.0

表 6.3-6 长丝缠绕管子最小壁厚 单位：mm

公称通径 DN	受内压条件下的厚度			公称通径 DN	受内压条件下的厚度		
	0.6MPa	1.0MPa	1.6MPa		0.6MPa	1.0MPa	1.6MPa
50	4.5	4.5	4.5	400	4.5	7.5	12.0
80	4.5	4.5	4.5	450	6.0	9.0	13.5
100	4.5	4.5	4.5	500	6.0	9.0	13.5
150	4.5	4.5	4.5	600	7.5	10.5	16.5
200	4.5	4.5	6.0	700	7.5	12.0	
250	4.5	4.5	7.5	800	9.0	13.5	
300	4.5	6.0	9.0	900	10.5	16.5	
350	4.5	6.0	10.5	1000	10.5	18.0	

6.3.2.3 玻璃钢管件（HG/T 21633—1991）

管件的公称通径与相应的管子公称通径相一致，管件应至少与相连接的管子等强度。管件种类有90°弯头、45°弯头、三通及异径管。其图形及尺寸见表6.3-7和表6.3-8。

表 6.3-7 玻璃钢90°弯头、45°弯头、三通尺寸 单位：mm

公称通径 DN	中心至端面距离			各种压力下最小壁厚		
	A	R	G	0.6MPa	1.0MPa	1.6MPa
50	150	150	65	6	6	6
80	175	150	95	6	6	6
100	200	150	95	6	6	8
150	250	225	125	6	6	10
200	300	300	125	6	8	14
250	350	375	155	8	10	16
300	400	450	185	8	12	19
350	450	525	215	10	14	22
400	500	600	250	10	16	25
450	525	675	280	12	18	28
500	550	750	310	12	20	31
600	600	900	375	15	24	38
700	700	1050	435	18	27	
800	750	1200	500	20	31	
900	825	1350	560	22	34	
1000	900	1500	625	24	38	

注：1. 设计压力0.25MPa、0.4MPa的管件最小壁厚可参照相应的管子壁厚。
2. 表中是低压接触成型法制品的厚度。

表 6.3-8　玻璃钢异径管尺寸　　　　　　　　　　　　　　　　单位：mm

| 同心异径管 | |
| 偏心异径管 | |

公称通径 $D_2 \times D_1$	端面至端面长度 L	直管段长度 H	公称通径 $D_2 \times D_1$	端面至端面长度 L	直管段长度 H
80×50	150	150	450×350	500	300
100×50	150	150	450×400	500	300
100×80	150	150	500×400	550	300
150×80	200	150	500×450	550	300
150×100	200	150	600×450	600	300
200×100	250	200	600×500	600	300
200×150	250	200	700×500	650	370
250×150	300	250	700×600	650	370
250×200	300	250	800×600	700	370
300×200	350	250	800×700	700	370
300×250	350	250	900×700	750	370
350×250	400	300	900×800	750	370
350×300	400	300	1000×800	800	370
400×300	450	300	1000×900	800	370
400×350	450	300			

注：异径管的壁厚可参照与大端相应的弯头或三通厚度。

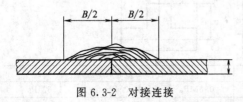

图 6.3-2　对接连接

6.3.2.4　玻璃钢管道连接（HG/T 21633—1991）

（1）对接

对接的方法按 HG/T 21633—1991 标准 3.2.5 规定。公称通径 500mm 以上（包括 500mm）的管子内外面都必须多层贴合。公称尺寸小于 500mm 的管子，一般只贴外面。内部贴层为耐蚀层，不作为强度层，见图 6.3-2；对于多层贴合的最终最小宽度，应符合表 6.3-9 的规定。

表 6.3-9　对接时最终最小接合宽度　　　　　　　　　　　　　单位：mm

公称通径 DN	内压下最终最小接合宽度 B			公称通径 DN	内压下最终最小接合宽度 B		
	0.6MPa	1.0MPa	1.6MPa		0.6MPa	1.0MPa	1.6MPa
50	75	100	125	400	225	350	555
80	75	125	150	450	250	390	620
100	100	125	200	500	275	430	685
150	100	150	250	600	325	510	810
200	125	190	295	700	375	590	
250	150	230	360	800	425	670	
300	175	270	425	900	475	750	
350	200	310	490	1000	525	830	

注：0.25MPa、0.4MPa 对接时最终最小接合宽度可参照 0.6MPa 的尺寸。

（2）承插式连接

直管插入承口内的深度取管周长的 1/6 或 100mm 两者中小者，且承口至少与本体等强度。承口与插管之间的间隙用树脂胶泥密封，见图 6.3-3。

（3）法兰连接

管子间、管子与管件间的连接，应尽量少用法兰连接。法兰的连接尺寸按 HG/T 20592～20635（原 HGJ 49～91）的规定，法兰的最小厚度按表 6.3-10 规定。

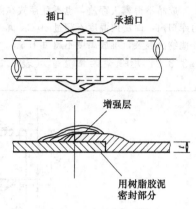

图 6.3-3　承插式连接

6.3.3　玻璃钢增强聚丙烯（FRP/PP）复合管（HG/T 21579—1995）

6.3.3.1　增强聚丙烯性能参数

（1）HG/T 21579—1995 标准适用于以聚丙烯管（以下简称 PP 管）为内衬、外缠玻璃纤维或其织物的增强塑料玻璃钢为加强层（以下简称 FRP）的复合管道及管件。使用介质范围与聚丙烯管相同，主要用于输送酸、碱、盐等腐蚀性介质，也可用于输送饮用水。

（2）公称压力：PN0.6、1.0 及 1.6MPa。

（3）公称尺寸：DN15、20、25、(32)、40、50、65、80、100、(125)、150、200、250、300、350、400、450、500 及 600mm。

（4）使用温度：-15～100℃。

（5）在各种温度下的允许使用压力见表 6.3-11。如有特别要求时，供需双方协商解决。

表 6.3-10　内压下法兰的最小厚度　　　　　　　　　　　　　　单位：mm

公称通径 DN	0.25MPa	0.4MPa	0.6MPa	1.0MPa	1.6MPa
50	14	14	14	20	28
80	14	14	17	24	28
100	14	17	17	24	31
150	14	17	20	26	34
200	17	20	24	31	37
250	20	24	28	34	43
300	22	26	34	40	48
350	24	28	37	43	52
400	26	31	40	46	54
450	28	34	43	48	57
500	31	37	46	52	60
600	33	42	52	58	70
700	42	43	58	64	
800	48	54	64	70	
900	54	60	70	76	
1000	60	66	76	82	

表 6.3-11　聚丙烯/玻璃钢复合管在各种温度下的允许使用压力

公称压力 PN/MPa	公称尺寸 DN/mm	在下列温度下的允许使用压力/MPa				
		20℃	40℃	60℃	80℃	100℃
0.6	15～50	0.60	0.60	0.60	0.60	0.60
	65～150	0.60	0.58	0.49	0.42	0.38
	200～300	0.60	0.56	0.45	0.38	0.34
	350～600	0.60	0.38	0.30	0.26	0.23
1.0	15～50	1.00	1.00	1.00	1.00	1.00
	65～150	1.00	0.97	0.81	0.69	0.63
	200～300	1.00	0.94	0.75	0.62	0.56
	350～600	1.00	0.63	0.50	0.44	0.38
1.6	15～50	1.60	1.60	1.60	1.60	1.60
	65～150	1.60	1.55	1.30	1.10	1.00
	200～300	1.60	1.50	1.20	1.00	0.90
	350～600	1.60	1.00	0.80	0.70	0.60

　　成品不得露天存放，也不宜存放在敞棚内，避免日晒雨淋，以防老化和变形。应存放在通风、干燥、防火的库房内，库房内温度不超过40℃。堆放应远离热源地1m以外，并应垫实、平整，成品应水平堆放，不与其他物品混杂，堆放高度不超过1.5m。规定产品自出厂之日起储存期为两年。

6.3.3.2　增强聚丙烯直管（表6.3-12）

表6.3-12　直管的规格、尺寸

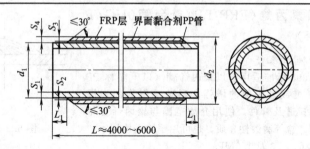

单位：mm

公称尺寸 DN	PP管		黏合剂厚度 S_2	PN0.6MPa					PN1.0MPa					PN1.6MPa					预留 PP 管长 L_1
	外径 d_1	壁厚 S_1		PP/FRP 管外径 d_2	FRP 层厚度 S_3	$S_2+S_1 \approx S_4$		PP/FRP 管重量 /(kg/m)	PP/FRP 管外径 d_2	FRP 层厚度 S_3	$S_2+S_1 \approx S_4$		PP/FRP 管重量 /(kg/m)	PP/FRP 管外径 d_2	FRP 层厚度 S_3	$S_2+S_1 \approx S_4$		PP/FRP 管重量 /(kg/m)	
						S_4	允许偏差				S_4	允许偏差				S_4	允许偏差		
15	20	2.0	0.5	25	2.0	2.5	+0.3		同 PN0.6MPa 的尺寸					同 PN0.6MPa 的尺寸					10
20	25	2.0		30															
25	32	2.2		37															
(32)	40	2.1		45															
40	50	2.6		55															
50	63	3.3		68															
65	75	2.7	0.5	80	2.0	2.5	+0.4		同 PN0.6MPa 的尺寸					同 PN1.0MPa 的尺寸					15
80	90	3.2		95															
100	110	3.9		115										116	2.5	3.0	+0.4		
(125)	140	5.0		145										147	3.0	3.5			
150	160	5.7		165					167	3.0	3.5	+0.4		168	3.5	4.0			
200	225	7.9	0.5	230	2.0	2.5			232	3.0	3.5			236	5.0	5.5			20
250	280	9.9		286	2.5	3.0	+0.6		289	4.0	4.5	+0.6		293	6.0	6.5	+0.7		
300	315	11.1		321	2.5	3.0			325	5.0				330	7.0	7.5			
350	355	12.5	0.5	362	3.0	3.5			366	5.0	5.5			372	8.0	8.5			20
400	400	14.1		408	3.5	4.0			412	5.5	6.0			419	9.0	9.5			
450	450	15.8		459	4.0	4.5	+0.7		463	6.0	6.5	+0.7		471	10.0	10.5	+0.9		
500	500	17.6		509	4.0	4.5			515	7.0	7.5			523	11.0	11.5			
600	630	20.0		641	5.0	5.5			649	9.0	9.5			659	14.0	14.5			

6.3.3.3　直管对接焊的增强（表6.3-13）

表6.3-13　对接焊处用FRP增强结构尺寸

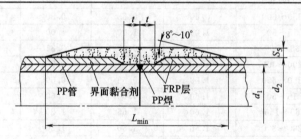

单位：mm

续表

公称尺寸 DN	PP管外径 d_1	PN0.6MPa			PN1.0MPa			PN1.6MPa			焊接间隙 t	备注
		PP/FRP 管外径 d_2	PP管对接焊处FRP厚度 S_5	对接焊处FRP增强长度 L_{min}	PP/FRP 管外径 d_2	PP管对接焊处FRP厚度 S_5	对接焊处FRP增强长度 L_{min}	PP/FRP 管外径 d_2	PP管对接焊处FRP厚度 S_5	对接焊处FRP增强长度 L_{min}		
15	20	25										
20	25	30										
25	32	37	4	110	同 PN0.6MPa 的尺寸			同 PN1.0MPa 的尺寸			10	
(32)	40	45										
40	50	55										
50	63	68										
65	75	80			同 PN0.6MPa 的尺寸			80	4	120		
80	90	95						95		140		
100	110	115	4	110				116	5	160	15	
(125)	140	145						147	6	200		
150	160	165			167	4	150	168	7	230		
200	225	230	4	130	232	6	200	236	9.5	310		
250	280	286		150	289	7	240	293	12	380	20	
300	315	321	5	170	325	8	270	330	13	420		
350	355	362	5.5	190	366	9	300	372	15	470		
400	400	408	6	210	412	10	340	419	17	530		
450	450	459	7	230	463	12	370	471	19	590	20	
500	500	509	8	260	515	13	410	523	21	650		
600	630	641	10	310	649	16	510	659	27	820		

6.3.3.4 增强聚丙烯承插管 (表 6.3-14)

表 6.3-14 承插管的规格、尺寸

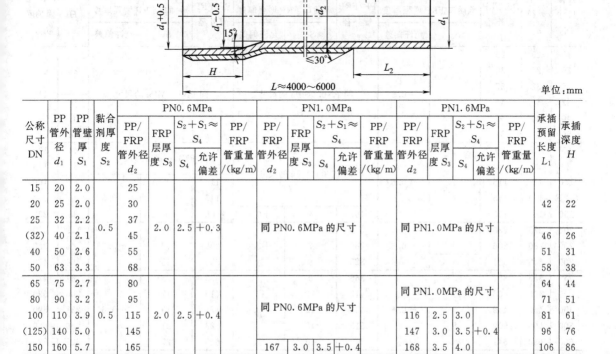

单位：mm

公称尺寸 DN	PP管外径 d_1	PP管壁厚 S_1	黏合剂厚度 S_2	PN0.6MPa				PP/FRP 管重量/(kg/m)	PN1.0MPa				PP/FRP 管重量/(kg/m)	PN1.6MPa				PP/FRP 管重量/(kg/m)	承插预留长度 L_1	承插深度 H
				PP/FRP 管外径 d_2	FRP层厚度 S_3	$S_2+S_1 \approx S_4$	允许偏差		PP/FRP 管外径 d_2	FRP层厚度 S_3	$S_2+S_1 \approx S_4$	允许偏差		PP/FRP 管外径 d_2	FRP层厚度 S_3	$S_2+S_1 \approx S_4$	允许偏差			
15	20	2.0		25																
20	25	2.0		30															42	22
25	32	2.2	0.5	37	2.0	2.5	+0.3	同 PN1.0MPa 的尺寸					同 PN1.0MPa 的尺寸							
(32)	40	2.1		45															46	26
40	50	2.6		55															51	31
50	63	3.3		68															58	38
65	75	2.7		80									同 PN1.0MPa 的尺寸						64	44
80	90	3.2		95															71	51
100	110	3.9	0.5	115	2.0	2.5	+0.4	同 PN0.6MPa 的尺寸					116	2.5	3.0			81	61
(125)	140	5.0		145									147	3.0	3.5	+0.4		96	76
150	160	5.7		165					167	3.0	3.5	+0.4	168	3.5	4.0			106	86

续表

公称尺寸 DN	PP管外径 d_1	PP管壁厚 S_1	黏合剂厚度 S_2	PN0.6MPa PP/FRP管外径 d_2	FRP层厚度 S_3	$S_2+S_1\approx S_4$ S_4	允许偏差	PP/FRP管重量/(kg/m)	PN1.0MPa PP/FRP管外径 d_2	FRP层厚度 S_3	$S_2+S_1\approx S_4$ S_4	允许偏差	PP/FRP管重量/(kg/m)	PN1.6MPa PP/FRP管外径 d_2	FRP层厚度 S_3	$S_2+S_1\approx S_4$ S_4	允许偏差	PP/FRP管重量/(kg/m)	承插预留长度 L_1	承插深度 H
200	225	7.9		230	2.0	2.5			232	3.0	3.5			236	5.0	5.5			139	119
250	280	9.9	0.5	286	2.5	3.0	+0.6		289	4.0	4.5	+0.6		293	6.0	6.5	+0.7		166	146
300	315	11.1		321	2.5	3.0			325	4.5	5.0			330	7.0	7.5			184	164
350	355	12.5		362	3.0	3.5			366	5.0	5.5			372	8.0	8.5			204	184
400	400	14.1		408	3.5	4.0			412	5.5	6.0			419	9.0	9.5			226	206
450	450	15.8	0.5	459	4.0	4.5	+0.7		463	6.0	6.5	+0.7		471	10.0	10.5	+0.9		251	231
500	500	17.6		509	4.0	4.5			515	7.0	7.5			523	11.0	11.5			276	256
600	630	20.0		641	5.0	5.5			649	9.0	9.5			659	14.0	14.5			341	321

6.3.3.5　承插管连接的增强（表6.3-15）

表6.3-15　承插管连接处用 FRP 增强结构尺寸

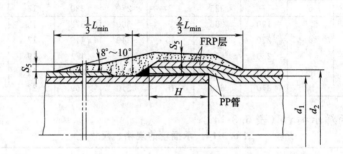

单位:mm

公称尺寸 DN	PP管外径 d_1	PN0.6MPa PP/FRP管外径 d_2	承插口 FRP 增强厚度 S_5	允许偏差	PN1.0MPa PP/FRP管外径 d_2	承插口 FRP 增强厚度 S_5	允许偏差	PN1.6MPa PP/FRP管外径 d_2	承插口 FRP 增强厚度 S_5	允许偏差	H	FRP 增强长度 L_{min}
15	20	25									22	
20	25	30									22	
25	32	37	4	+0.6	同 PN0.6MPa 的尺寸			同 PN1.0MPa 的尺寸			22	110
(32)	40	45									26	
40	50	55									31	
50	63	68									38	
65	75	80			同 PN0.6MPa 的尺寸			同 PN1.0MPa 的尺寸			44	120
80	90	95	4	+0.6							51	140
100	110	115						116	5		61	160
(125)	140	145						147	6	+0.6	76	200
150	160	165			167	4	+0.6	168	7		86	230
200	225	230	4		232	6		236	9.5		119	310
250	280	286	4	+0.6	289	7	+0.6	293	12	+0.6	146	380
300	315	321	5		325	8		330	13		164	420
350	355	362	5.5		366	9		372	15		184	470
400	400	408	6		412	10		419	17		206	530
450	450	459	7	+0.6	463	12	+0.6	471	19	+0.6	231	590
500	500	509	8		515	13		523	21		256	650
600	630	641	10		649	16		659	27		321	820

6.3.3.6 钢制松套法兰连接（表6.3-16）

表6.3-16 钢制松套法兰连接尺寸

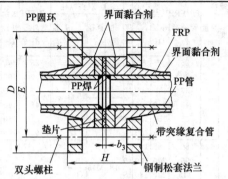

单位：mm

公称尺寸 DN	PN0.6MPa				双头螺柱			PN1.0MPa				双头螺柱			PN1.6MPa				双头螺柱		
	法兰外径 D	中心圆直径 K	垫片厚度 b3	H	直径 d	长度	数量 n	法兰外径 D	中心圆直径 K	垫片厚度 b3	H	直径 d	长度	数量 n	法兰外径 D	中心圆直径 K	垫片厚度 b3	H	直径 d	长度	数量 n
15								95	65	3	63	M12	110	4	95	65	3	63	M12	110	4
20								105	75		67	M12	120		105	75		67	M12	120	
25								115	85		71				115	85		73			
(32)								140	100		79				140	100		81	M16	130	
40								150	110			M16	130		150	110					
50								165	125		83				165	125		85			
65								185	145		85	M16	130	4							
80								200	160		91		130								
100								220	180	3	99		140	8							
(125)								250	210		103		140								
150								285	240		111	M20	150								
200	320	280		113	M16	160	8	340	295		117	M20	160	8							
250	375	335	3	123	M16	170	12	395	350	3	127	M20	170	12							
300	440	395		127	M20	170	12	445	400		135		180								
350	490	445		141		180	12	505	460		149	M20	200	16							
400	540	495		151	M20	200	16	565	515		159		210								
450	595	550	5	157		210	16	615	565	5	167	M24	220								
500	645	600		165		220	20	670	620		177		240	20							
600	755	705		187	M24	250		780	725		199	M27	260								

6.3.3.7 玻璃钢法兰连接（表6.3-17）

表6.3-17 玻璃钢法兰连接

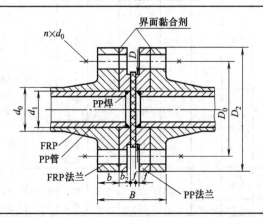

单位：mm

续表

公称尺寸 DN	PP管径 d_1	PN0.6 PP/FRP管外径 d_2	法兰外径 D_2	中心圆直径 D_0	厚度 b	螺栓孔 d_0	直径 d	长度	数量 n	PN1.0 PP/FRP管外径 d_2	法兰外径 D_2	中心圆直径 D_0	厚度 b	螺栓孔 d_0	直径 d	长度	数量 n	PN1.6 PP/FRP管外径 d_2	法兰外径 D_2	中心圆直径 D_0	厚度 b	螺栓孔 d_0	直径 d	长度	数量 n	D	f	b_2	$B\approx$
15	20	25								25	95	65	10	14	M12	80	4	25	95	65	10	14	M12	80	4	45	2	6	39
20	25	30								30	105	75	10	14	M12	80		30	105	75	10	14	M12	80		55			39
25	32	37								37	115	85	12					37	115	85	12					64			43
(32)	40	45								45	140	100					4	45	140	100				85	4	76			
40	50	55								55	150	110	14	18	M16	85		55	150	110	14	18	M16			86			47
50	63	68								68	165	125						68	165	125						102			
65	75	80								80	185	145	15			85	4									120		6	49
80	90	95								95	200	160	16	18	M16	100										136			55
100	110	115								115	220	180	18			110	8									156	2	8	59
(125)	140	145								145	250	210	20			120										186			63
150	160	165								167	285	240	22	22	M20											212			67
200	225	230	320	280	25	18	M16	120	8	232	340	295	25			120	8									265			73
250	280	286	375	335	28			130	12	289	395	350	28	22	M20	130	12									320	2	8	79
300	315	321	440	395	30	22	M20	130		325	445	400	30													370			83
350	355	362	490	445	32			140	12	366	505	460	32	22	M20	140	16									430			93
400	400	408	540	495	35	22	M20	150	16	412	565	515	35			150										482			99
450	450	459	595	550	36			160		463	615	565	36	26	M24	160	20									530	3	10	101
500	500	509	645	600	38			160	20	515	670	620	38			160										585			105
600	630	641	755	705	40	26	M24	170		649	780	725	40	30	M27	170										685			109

6.3.3.8　增强聚丙烯三通（表 6.3-18）

表 6.3-18　等径三通的规格尺寸　　　　　　　　单位：mm

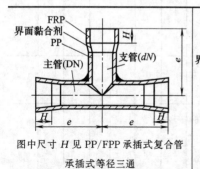

图中尺寸 H 见 PP/FPP 承插式复合管

承插式等径三通

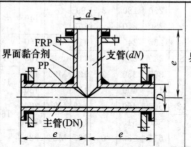

钢松套法兰式等径三通

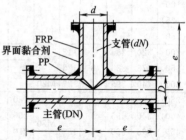

FRP 法兰式等径三通

公称尺寸 DN	PP管外径 d_1	PP管壁厚 S_1	黏合剂厚度 S_2	PN0.6MPa PP/FRP管外径 d_2	FRP层厚度 S_6	S_8	允差	PN1.0MPa PP/FRP管外径 d_2	FRP层厚度 S_6	S_8	允差	PN1.6MPa PP/FRP管外径 d_2	FRP层厚度 S_6	S_8	允差	R	e
15	20	2.0		25				25				25					
20	25	2.0		30				30				30					120
25	32	2.2		37				37				37				15	130
(32)	40	2.1	0.5	45	2.0	2.8	+0.3	45	2.0	2.8	+0.3	45	2.0	2.8	+0.3		130
40	50	2.6		55				55				55					150
50	63	3.3		68				68				68				18	180
65	75	2.7		80				80	2.0	2.8		81	2.5	3.5		20	180
80	90	3.2		95				95				97	3.0	4.2		22	
100	110	3.9	0.5	115	2.0	2.8	+0.4	116	2.5	3.5	+0.4	118	3.5	4.9	+0.4	25	205
(125)	140	5.0		145				147	3.0	4.2		150	4.5	6.3		28	250
150	160	5.7		165				168	3.5	4.9		171	5.0	7.0		30	285
200	225	7.9		232	3.0	4.2		235	4.5	6.3		240	7.0	9.8		32	365
250	280	9.9	0.5	287			+0.6	292	5.5	7.7	+0.6	297	8.0	11.2	+0.7	35	480
300	315	11.1		323	3.5	4.9		328	6.0	8.4		336	10.0	14.0		38	540

续表

公称尺寸 DN	PP管外径 d1	PP管壁厚 S1	黏合剂厚度 S2	PN0.6MPa PP/FRP管外径 d2	S6	S8	允差	PN1.0MPa PP/FRP管外径 d2	S6	S8	允差	PN1.6MPa PP/FRP管外径 d2	S6	S8	允差	R	e
350	355	12.5		364	4.0	5.6		370	7.0	9.8		378	11.0	15.4		40	610
400	400	14.1		410	4.5	6.3		417	8.0	11.2		426	12.5	17.5		42	690
450	450	15.8	0.5	462	5.5	7.7	+0.7	468	8.5	11.9	+0.7	479	14.0	19.6	+0.9	44	800
500	500	17.6		513	6.0	8.4		520	9.5	13.7		532	15.5	21.7		45	880
600	630	20.0		646	7.5	10.5		655	12.0	16.8		670	19.5	27.3		50	1100

6.3.3.9 增强聚丙烯弯头（表6.3-19、表6.3-20）

表6.3-19　承插式等径90°弯头规格尺寸

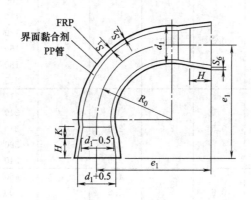

单位：mm

公称尺寸 DN	PP管外径 d1	PP管壁厚 S1	黏合剂厚度 S2	PN0.6MPa FRP层厚度 S6	S7	允差	PN1.0MPa FRP层厚度 S6	S7	允差	PN1.6MPa FRP层厚度 S6	S7	允差	e1	允差	H	R0
15	20	2.0											100		22	45
20	25	2.0											110			60
25	32	2.2		2.0	2.5	+0.3	2.0	2.5	+0.3	2.0	2.5	+0.3	130		26	75
(32)	40	2.1	0.5										150	-2	31	96
40	50	2.6											180		38	120
50	63	3.3											215			150
65	75	2.7					2.0	2.5		2.5	3.0		215		44	195
80	90	3.2					2.5	3.0		3.0	3.5		250		51	240
100	110	3.9	0.5	2.0	2.5	+0.4	3.0	3.5	+0.4	3.5	4.0	+0.4	250	-2	61	300
(125)	140	5.0					3.0	3.5		4.5	5.0		320		76	188
150	160	5.7					3.5	4.0		5.0	5.5		380		86	225
200	225	7.9		3.0	3.5		4.5	5.0		7.0	7.5		500		119	300
250	280	9.9	0.5	3.5	4.0	+0.6	5.5	6.0	+0.5	8.0	8.5	+0.6	600	-3	146	375
300	315	11.1					6.0	6.5		10.0	10.5		700		164	450
350	355	12.5		4.0	4.5		7.0	7.5		11.0	11.5		800		184	525
400	400	14.1		4.5	5.0		8.0	8.5		12.5	13.0		900		206	600
450	450	15.8	0.5	5.5	6.0	+0.7	8.5	9.0	+0.7	14.0	14.5	+0.7	1000	-3	231	675
500	500	17.6		6.0	6.5		9.5	10.0		15.0	15.5		1100		256	750
600	630	20.0		7.5	8.0		12.0	12.5		19.5	20.0		1400		321	900

表 6.3-20　法兰式 90°弯头尺寸

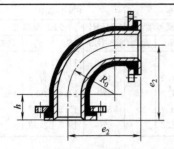

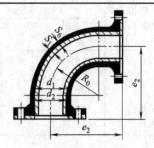

钢松套法兰式弯头　　　　　　　　　　　　FRP 法兰式弯头　　　　单位:mm

公称尺寸 DN	PP 管 外径 d_1	PP 管 壁厚 S_1	黏合剂 厚度 S_2	FRP 层厚度 S_6			e_2		R_0
				0.6MPa	1.0MPa	1.6MPa	e_2	允差	
15	20	2.0					100		45
20	25	2.0					110		60
25	32	2.2	0.5	2.0	2.0	2.0	130	−2	75
(32)	40	2.1					150		96
40	50	2.6					180		120
50	63	3.3					215		150
65	75	2.7			2.0		215		195
80	90	3.2					240		240
100	110	3.9	0.5	2.0	2.5		240	−2	300
(125)	140	5.0			3.0		290		188
150	160	5.7			3.5		340		225
200	225	7.9		3.0	4.5		450		300
250	280	9.9	0.5		5.5		500	−3	375
300	315	11.1		3.5	6.0		600		450
350	355	12.5		4.0	7.0		700		525
400	400	14.1		4.5	8.0		750		600
450	450	15.8	0.5	5.5	8.5		800	−3	675
500	500	17.6		6.0	9.5		900		750
600	630	20.0		7.5	12.0		1050		900

6.3.3.10　增强聚丙烯异径管（表 6.3-21）

表 6.3-21　异径管的规格尺寸　　　　　　单位：mm

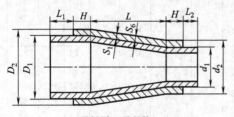

承插同心异径管

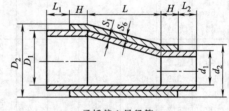

承插偏心异径管

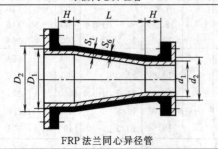

FRP 法兰同心异径管

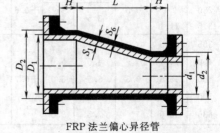

FRP 法兰偏心异径管

续表

公称尺寸 DN×dN	PP管外径 D1×d1	PP管壁厚 S1	黏合剂厚度 S2	FRP层厚度 S6 0.6MPa	1.0MPa	1.6MPa	L1	L2	L	H	PP/FRP管外径 D2×d2 0.6MPa	1.0MPa	1.6MPa
20×15	25×20	2.0					42	42	50	50	30×25		
25×20	32×25	2.2									37×30		
(32)×20	40×25	2.1					46	42			45×30		
(32)×25	40×32										45×37		
40×25	50×32	2.6					51	42	60	60	55×37		同 PN 1.0MPa 的尺寸
40×(32)	50×40							46			55×45		
50×(32)	63×40	3.3			2.0		58	46	80	50	68×45	同 PN 0.6MPa 的尺寸	
50×40	63×50							51			68×55		
65×40	75×50	2.7		2.0			64	51	90	50	80×55		
65×50	75×63							58			80×68		
80×50	90×63	3.2					71	58	105	50	95×68		
80×65	90×75			2.0				64			95×80		
100×65	110×75	3.9			2.5		81	64	130	50	115×80		116×81
100×80	110×90							71			115×95		116×96
(125)×80	140×90	5.0			3.0		96	71	150	50	145×95		147×97
(125)×100	140×110							81			145×115		147×117
150×100	160×110	5.7	0.5	3.0	3.5		106	81	180	50	165×115	167×117	168×118
150×(125)	160×140							96		100	165×145	167×147	168×148
200×(125)	225×140	7.9		3.0	5.0		139	96	230	100	231×145	232×147	236×151
200×150	225×160							106			231×165	232×167	236×171
250×150	280×160	9.9		2.5	4.0	6.0	166	106	320	100	286×166	289×169	293×173
250×200	280×225							139			286×231	289×234	293×238
300×200	315×225	11.1		2.5	4.5	7.0	184	139	360	100	321×231	325×235	330×240
300×250	315×280							166			321×286	325×290	330×295
350×200	355×225	12.5		3.0	5.0	8.0	204	139	400	100	362×232	366×236	372×242
350×250	355×280							166			362×287	366×291	372×297
350×300	355×315							184			362×322	366×326	372×332
400×250	400×280	14.1		3.5	5.5	9.0	226	166	480	100	408×288	412×292	419×299
400×300	400×315							184			408×323	412×327	419×334
400×350	400×355							204			408×363	412×367	419×374
450×300	450×315	15.8		4.0	6.0	10.0	251	184	520	100	459×324	463×328	471×336
450×350	450×355							204			459×364	463×368	471×376
450×400	450×400							226			459×409	463×413	471×421
500×350	500×355	17.6		4.0	7.0	11.0	276	204	550	100	509×364	515×370	523×378
500×400	500×400							226			509×409	515×415	523×423
500×450	500×450							251			509×459	515×465	523×425
600×400	630×400	20.0		5.0	9.0	14.0	341	226	650	100	641×410	649×417	659×425
600×450	630×450							251			641×460	649×467	659×475
600×500	630×500							276			641×510	649×517	659×525

6.3.4 玻璃钢增强聚氯乙烯（FRP/PVC）复合管（HG/T 3731—2004）

6.3.4.1 增强聚氯乙烯

HG/T 3731—2004 标准适用于以硬质聚乙烯为内衬，不饱和聚酯树脂为基体，玻璃纤维纱及其织物为增强材料，公称尺寸不大于800mm，使用温度在 −20℃～85℃，当 DN≤400mm 时最高工作压力为 1.0MPa，DN＞400mm 时最高工作压力为 0.6MPa 的玻璃纤维增强聚氯乙烯复合管和管件（以下简称复合管和管件）。复合管和管件符合如下要求：

① 聚氯乙烯内衬管和管件要求焊接平整牢固，且 0.2MPa 水压试验不渗漏；

② 复合管和管件的外观要求色泽均匀，无露丝，无树脂结聚、斑点；

③ 复合管和管件应能承受 1.5 倍最高工作压力的压力检验；

④ 复合管和管件应能承受 4 倍最高工作压力的短时失效检验；

⑤ 复合管和管件的耐腐蚀度（盐酸、硝酸、硫酸、氢氧化钠）小于等于 1.5g/m²；

⑥ 复合管和管件的物理力学性能应符合表 6.3-22 的规定。

表 6.3-22　物理力学性能

名　　称		性能指标	名　　称		性能指标
密度/(g/cm³)		1.55～1.65	压缩强度/MPa	≥	56
吸水性/%	≤	0.2	弯曲强度/MPa	≥	28
树脂不可溶分含量/%	≥	80	短时失效压力/MPa		DN400 以下（含 DN400）＞4
复合管含胶量/%		45±5			DN400 以上＞2.4
管件含胶量/%		55±5	黏接强度/MPa	＞	4
拉伸强度/MPa	≥	35			

复合管和管件应单独包装，在运输途中不得受到强烈颠簸，不得抛摔和踩踏。产品不宜露天存放，存放的仓库应干燥通风，存放时应排列整齐，高度不得超过 2m。

6.3.4.2　承插式复合管和管件（表 6.3-23）

表 6.3-23　复合管和管件规格尺寸

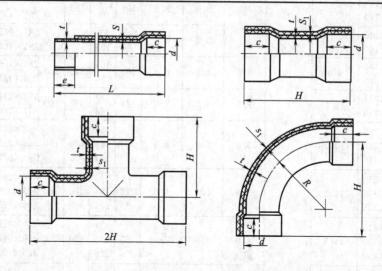

单位：mm

DN	t	d	c	e	s	s₁	R	H
25	4	33	25	30	3	6	40	120
32	5	41	30	35	3	6	60	140
40	6	51	40	45	3	7	80	155
50	7	61	50	55	3	7	95	240
65	5	71	50	55	3	8	110	280
80	6	91	50	55	3	7	120	150
100	7	115	60	65	3	7	160	200
125	7.5	141	70	75	3	9	185	225
150	8	168	80	85	4	9	210	250
200	8	218	110	115	4	9	260	300
250	7.5	267	130	135	4	11	260	300
300	7.5	317	150	155	5.5	12	260	300
350	8.5	357	180	185	5.5	12	260	350

续表

DN	t	d	c	e	s	s_1	R	H
400	10	402	210	215	5.5	12	350	400
450	11	452	240	245	6.5	14	400	450
500	12.5	502	260	265	6.5	16	450	500
600	15	632	310	315	6.5	16	550	600
700	17.5	712	320	325	7	18	600	700
800	20	802	330	335	7	20	700	800

注：$L \leqslant 6000$。

6.3.4.3　法兰式复合直管（表 6.3-24）

表 6.3-24　复合法兰和法兰式复合直管规格尺寸

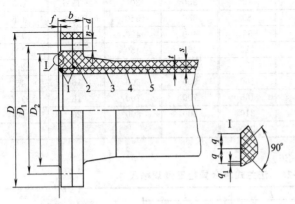

1—塑焊处；
2—聚氯乙烯法兰；
3—聚氯乙烯管；
4—增强层；
5—偶联层

单位：mm

DN	D	D_1	D_2	b	f	s	t	$n\text{-}d$	法兰密封线 q	法兰密封线 q_1	法兰密封线 数目
25	115	85	68	30	2	3	4	4-ϕ14	4	1	2
32	135	100	78	30	2	3	5	4-ϕ16	4	1	2
40	145	110	88	30	3	3	6	4-ϕ16	4	1	2
50	160	125	102	32	3	3	7	4-ϕ18	4	1	2
65	180	145	120	32	3	3	5	4-ϕ18	4	1	2
80	195	160	138	33	3	3	6	4-ϕ18	5	1	3
100	215	180	158	35	3	3	7	8-ϕ18	5	1	3
125	245	210	188	40	3	3	7.5	8-ϕ18	5	1	3
150	280	240	212	42	3	4	8	8-ϕ23	5	1	3
200	335	295	268	45	3	4	8	8-ϕ23	5	1	3
250	390	350	320	45	3	4	7.5	12-ϕ23	5	1	3
300	440	400	370	52	4	5.5	7.5	12-ϕ23	5	1	3
350	500	460	430	55	4	5.5	8.5	16-ϕ25	5	1	3
400	565	515	482	60	4	5.5	10	16-ϕ25	5	1	3
450	615	565	532	64	4	6.5	11	20-ϕ25	5	1	3
500	670	620	585	67	4	6.5	12.5	20-ϕ25	5	1	3
600	780	725	685	72	5	6.5	15	20-ϕ30	10	1.5	3
700	895	840	800	77	5	7	17.5	24-ϕ30	10	1.5	3
800	1010	950	905	82	5	7	20	24-ϕ34	10	1.5	3

注：$L \leqslant 6000$。

6.3.4.4　法兰式复合三通弯头（表6.3-25）

表 6.3-25　法兰式复合正三通和法兰式复合弯头规格尺寸

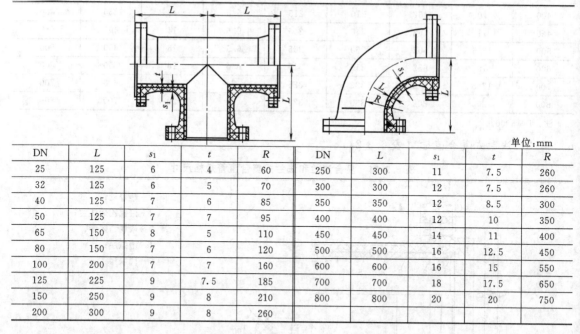

单位：mm

DN	L	s_1	t	R	DN	L	s_1	t	R
25	125	6	4	60	250	300	11	7.5	260
32	125	6	5	70	300	300	12	7.5	260
40	125	7	6	85	350	350	12	8.5	300
50	125	7	7	95	400	400	12	10	350
65	150	8	5	110	450	450	14	11	400
80	150	7	6	120	500	500	16	12.5	450
100	200	7	7	160	600	600	16	15	550
125	225	9	7.5	185	700	700	18	17.5	650
150	250	9	8	210	800	800	20	20	750
200	300	9	8	260					

6.3.4.5　法兰式异径三通（表6.3-26）

表 6.3-26　法兰式复合异径三通规格尺寸

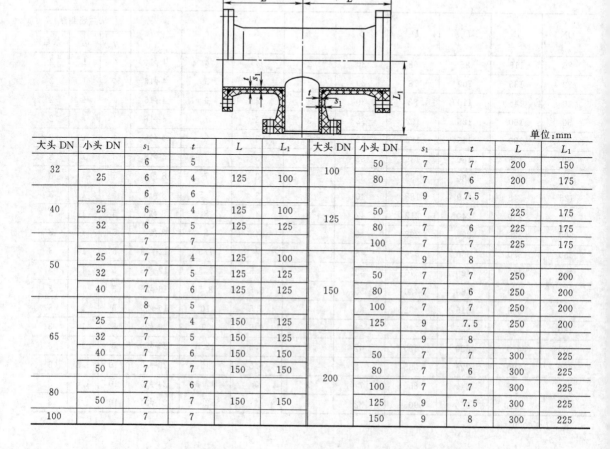

单位：mm

大头DN	小头DN	s_1	t	L	L_1	大头DN	小头DN	s_1	t	L	L_1
32		6	5			100	50	7	7	200	150
	25	6	4	125	100		80	7	6	200	175
40		6	6			125		9	7.5		
	25	6	4	125	100		50	7	7	225	175
	32	6	5	125	125		80	7	6	225	175
50		7	7				100	7	7	225	175
	25	7	4	125	100	150		9	8		
	32	7	5	125	125		50	7	7	250	200
	40	7	6	125	125		80	7	6	250	200
65		8	5				100	7	7	250	200
	25	7	4	150	125		125	9	7.5	250	200
	32	7	5	150	125	200		9	8		
	40	7	6	150	150		50	7	7	300	225
	50	7	7	150	150		80	7	6	300	225
80		7	6				100	7	7	300	225
	50	7	7	150	150		125	9	7.5	300	225
100		7	7				150	9	8	300	225

续表

大头DN	小头DN	s_1	t	L	L_1	大头DN	小头DN	s_1	t	L	L_1
250		11	7.5			500	150	9	8	300	375
	80	7	6	300	250		200	9	8	300	400
	100	7	7	300	250		250	11	7.5	400	400
	125	9	7.5	300	250		300	12	7.5	400	425
	150	9	8	300	250		350	12	8.5	400	425
	200	9	8	300	275		400	12	10	400	425
300		12	7.5				450	14	11	400	450
	80	7	6	300	275	600		16	15		
	100	7	7	300	275		125	9	7.5	300	400
	125	9	7.5	300	275		150	9	8	300	400
	150	9	8	300	275		200	9	8	300	400
	200	9	8	300	300		250	11	7.5	300	425
	250	11	7.5	300	300		300	12	7.5	400	425
350		12	8.5				350	12	8.5	400	450
	100	7	7	300	300		400	12	10	450	450
	125	9	7.5	300	300		450	14	11	450	450
	150	9	8	300	300		500	16	12.5	450	500
	200	9	8	300	300	700		18	17.5		
	250	11	7.5	300	325		125	9	7.5	400	425
	300	12	7.5	300	325		150	9	8	400	425
400		12	10				200	9	8	400	425
	100	7	7	300	325		250	11	7.5	400	450
	125	9	7.5	300	325		300	12	7.5	400	450
	150	9	8	300	325		350	12	8.5	450	475
	200	9	8	300	350		400	12	10	450	475
	250	11	7.5	300	350		450	14	11	450	550
	300	12	7.5	400	350		500	16	12.5	450	550
	350	12	8.5	400	375		600	16	15	500	575
450		14	11			800		20	20		
	100	7	7	300	350		125	9	7.5	400	450
	125	9	7.5	300	350		150	9	8	400	450
	150	9	8	300	350		200	9	8	400	450
	200	9	8	300	375		250	11	7.5	400	475
	250	11	7.5	300	375		300	12	7.5	450	475
	300	12	7.5	400	400		350	12	8.5	450	500
	350	12	8.5	400	400		400	12	10	450	500
	400	12	10	400	400		450	14	11	500	500
500		16	12.5				500	16	12.5	500	550
	100	7	7	300	375		600	16	15	550	600
	125	9	7.5	300	375		700	18	17.5	650	650

6.3.4.6　法兰式复合异径管（表6.3-27）

表6.3-27　法兰式复合大小头规格尺寸

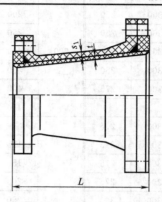

单位:mm

大头DN	小头DN	s_1	t	L
32	25	6	5	150
40	25	6	6	200
40	32			150
50	25	7	7	200
50	32			200
50	40			150
65	25	7	5	200
65	32			200
65	40			200
65	50			150
80	50	7	6	200
100	50	7	7	250
100	80			200
125	50	9	7.5	300
125	80			250
125	100			200
150	80	9	8	300
150	100			250
150	125			200
200	80	9	8	400
200	100			350
200	125			300
200	150			250
250	100	11	7.5	450
250	125			400
250	150			350
250	200			250
300	125	12	7.5	300
300	150			350
300	200			350
300	250			300
350	150	12	8.5	400
350	200			350
350	250			350
350	300			300

大头DN	小头DN	s_1	t	L
400	200	12	10	450
400	250			400
400	300			350
400	350			300
450	200	14	11	650
450	250			550
450	300			450
450	350			350
450	400			250
500	250	15.5	13	650
500	300			550
500	350			450
500	400			350
500	450			250
600	250	16	15	650
600	300			550
600	350			400
600	400			350
600	450			300
600	500			250
700	300	17.5	18	650
700	350			550
700	400			450
700	450			400
700	500			350
700	600			300
800	300	20	20	650
800	350			550
800	400			500
800	450			450
800	500			400
800	600			350
800	700			300

6.4 玻璃管材

6.4.1 玻璃管和管件（HG/T 2435—93）

6.4.1.1 玻璃管材性能参数

HG/T 2435—93标准适用于输送腐蚀性气、液体的硼硅酸盐玻璃管和管件（以下简称管和管件）。

（1）管和管件按密封结构形式分为球型端面和平型端面两大类。

（2）管件按使用功能又可分为下述几类：调整垫、异径管、弯管、三通、四通和阀门。

（3）材质理化性能

① 玻璃在20～300℃的范围内的平均线热膨胀系数：$(3.3\pm0.1)\times10^{-6}K^{-1}$。

② 玻璃的密度：$(2.23\pm0.02)g/cm^3$。

（4）管和管件的耐热冲击温度：

DN<100mm的耐热冲击的温度差应不小于120℃。

DN>100mm的耐热冲击的温度差应不小于110℃。

（5）管和管件的许用工作压力应符合表6.4-1的规定。

（6）试验压力：玻璃管的试验压力为设计压力的2倍；玻璃管件和阀门的试验压力为设计压力的1.5倍，具体见表6.4-2。

表 6.4-1 管和管件的许用工作压力

DN/mm	管和管件/MPa	阀门/MPa
15		
20		
25	0.40	0.30
32		
40		
50		0.20
65	0.30	0.15
80		
100		
125	0.20	0.10
150		

表 6.4-2 管和管件的试验压力（HG/T 2436—1993）

公称通径 DN	(石棉橡胶垫)每个螺栓上扭矩/(N·m)	(硬四氟乙烯垫片)每个螺栓上扭矩/(N·m)	设计压力/MPa	管的试验压力/MPa	管件试验压力/MPa	阀门的设计压力/MPa	阀门的试验压力/MPa
15	2.70	2.70	0.40	0.80	0.60	0.30	0.45
20							
25	2.70～4.10	2.70～4.10					
32		4.10～4.70					
40	4.10～4.70	4.10～5.40				0.20	0.30
50							
65	4.10～5.40	5.40～6.80	0.30	0.60	0.45	0.15	0.22
80							
100		6.80～9.50	0.20	0.40	0.30	0.10	0.15
125	5.40～6.80						
150	6.90～8.10	9.50～13.6					

注：以不大于20kPa/s的速度加压至试验压力，保压不少于5min。

（7）耐腐蚀性能：玻璃除氢氟酸、氟硅酸、热磷酸及强碱外，能耐大多数无机酸、有机酸及有机溶剂等介质的腐蚀。

6.4.1.2 玻璃管材规格

（1）玻璃管的长度及其偏差应符合表6.4-3规定。

表 6.4-3 玻璃管的长度与偏差

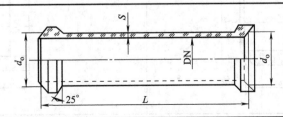

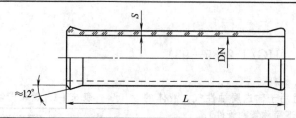

单位：mm

L 偏差 DN	100	125	150	175	200	300	400	500	700	1000	1500	2000	2500	3000		
	极　限　偏　差										极 限 偏 差			极 限 偏 差		
	优等品		一等品				合格品				优等品	一等品	合格品	优等品	一等品	合格品
15	±1		±2				±3				±2	±3	±5			
20	±1		±2				±4				±2	±3	±6	±3	±4	±8
25	±1		±2				±4				±2	±3	±6	±3	±4	±8
32	±1		±2				±4				±2	±3	±6	±3	±4	±8
40	±1		±2				±4				±2	±3	±6	±3	±4	±8
50	±2		±3				±6				±2	±3	±6	±3	±4	±8
65	±2		±3				±6				±3	±4	±8	±4	±5	±10
80	±2		±3				±6				±3	±4	±8	±4	±5	±10
100	±2		±3				±6				±3	±4	±8	±4	±5	±10
125	±2		±3				±6				±3	±4	±8	±4	±5	±10
150	±2		±3				±6				±3	±4	±8	±4	±5	±10

（2）管和管件（弯管除外）的外径和壁厚及其偏差应符合表 6.4-4 规定。

表 6.4-4　玻璃管管件的外径和壁厚

DN	玻璃管外径偏差/mm				玻璃管壁厚偏差/mm			
	尺寸	优等品	一等品	合格品	尺寸	优等品	一等品	合格品
15	22.0	±0.3	±0.5	±0.8	3.0	±0.3	±0.4	±0.7
20	27.0				3.5			
25	33.0	±0.5	±0.8	±1.0	4.0	±0.4	±0.5	±0.8
32	40.0	±0.8	±1.0	±1.5	4.5			
40	50.0				5.0			
50	60.0							
65	75.0	±1.0	±1.5	±2.0	5.5	±0.7	±1.0 −0.5	±1.2
80	90.0				6.0			
100	110.0							
125	135.0	±1.5	±2.0	±2.5	6.5	±0.8	±1.0	±1.5
150	165.0				7.5			

注：端头与管的过渡区（约 60～80mm）的厚度可大于表中的规定。

（3）玻璃管的直线度不得大于 4‰。

6.4.1.3　玻璃调整垫（表 6.4-5）

表 6.4-5　玻璃调整垫　　　　　　　　　单位：mm

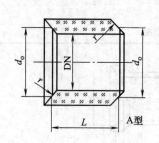

A型

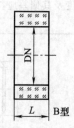

B型

续表

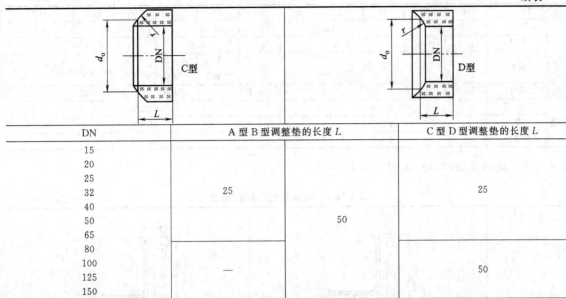

DN	A型B型调整垫的长度L	C型D型调整垫的长度L
15		
20		
25		
32	25	25
40		
50	50	
65		
80		
100	—	50
125		
150		

6.4.1.4 玻璃异径管（表 6.4-6）

表 6.4-6 玻璃异径管

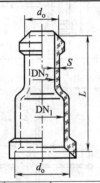

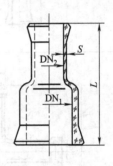

单位：mm

DN₁	DN₂	尺寸L	尺寸L偏差			DN₁	DN₂	尺寸L	尺寸L偏差		
			优等品	一等品	合格品				优等品	一等品	合格品
150	25～125	200				50	15～40				
125	20～100					40	15～32		±2	±3	±6
100	15～80	150	±2	±3	±6	32	15～25	100			
80	15～65	125				25	15～20		±1	±2	±4
65	15～50					20	15				

DN_1 ... DN_2 单位：mm

6.4.1.5 玻璃弯管（表 6.4-7）

表 6.4-7 玻璃弯管

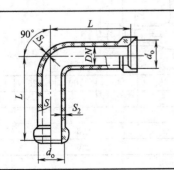

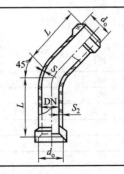

单位：mm

续表

	DN	15	20	25	32	40	50	65	80	100	125	150
	$S_1 >$	2.2		3.0				3.5		4.0		4.5
S_2	尺寸	3.5	4.0	5.5			6.0	6.5		7.0		
	偏差	±0.5						+1.0 −0.5	+1.0 −0.5	±1.0		
L	尺寸	50.0	75.0	100.0			150.0		200.0	250.0		
偏差	优等品	±1.0								±2.0		
	一等品	±2.0								±3.0		
	合格品	±4.0								±6.0		

6.4.1.6 玻璃三通/四通/角阀（表 6.4-8）

表 6.4-8　玻璃三通/四通/角阀　　　　　　　　　　单位：mm

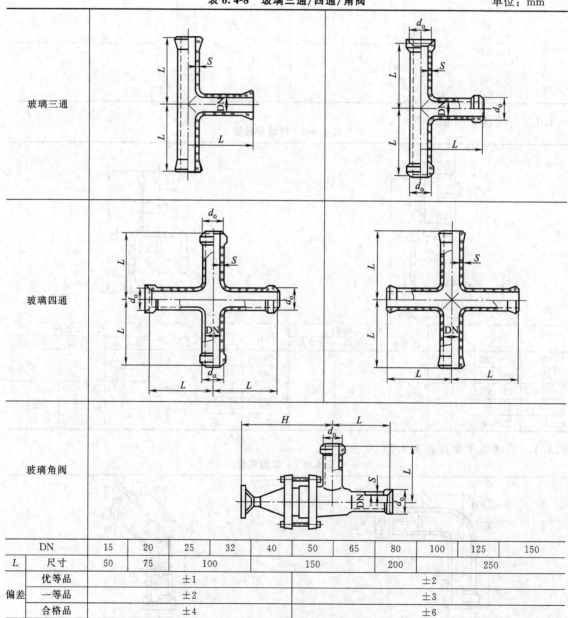

玻璃三通

玻璃四通

玻璃角阀

	DN	15	20	25	32	40	50	65	80	100	125	150
L	尺寸	50	75	100			150		200	250		
偏差	优等品	±1							±2			
	一等品	±2							±3			
	合格品	±4							±6			

6.4.1.7 玻璃直通阀 (表6.4-9)

表6.4-9 玻璃直通阀

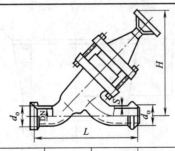

单位:mm

DN	15	20	25	32	40	50	65	80	100	125	150
L 尺寸	125	150	200			300		400		500	
偏差 优等品	±2					±3				±4	
偏差 一等品	±3					±4				±5	
偏差 合格品	±6					±8				±10	

注: H 的值由生产厂决定。

6.4.1.8 玻璃球面端头 (表6.4-10)

表6.4-10 玻璃面端头

单位: mm

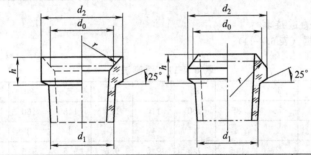

DN	d_0	d_1	d_2	r	h	DN	d_0	d_1	d_2	r	h
15	21.0	22.0	30.0±1.0	18.0	12.0	65	77.0	75.0	95.0±2.0	65.0	24.0
20	26.0	27.0	37.0±1.0	20.0	14.0	80	90.0	90.0	110.0±2.0	80.0	28.0
25	34.0	33.0	44.0±1.0	25.0	15.0	100	118.0	110.0	130.0±2.0	100.0	29.0
32	40.0	40.0	52.0±1.0	32.0	17.0	125	138.0	135.0	155.0±2.0	125.0	29.0
40	50.0	50.0	62.0±1.5	40.0	18.0	150	170.0	165.0	185.0±2.0	150.0	30.0
50	62.0	60.0	76.0±1.5	50.0	20.0						

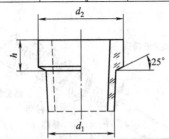

DN	d_1	d_2	h	DN	d_1	d_2	h
15	22.0	30.0±1.0	12.0	65	75.0	95.0±2.0	24.0
20	27.0	37.0±1.0	14.0	80	90.0	110.0±2.0	28.0
25	33.0	44.0±1.0	15.0	100	110.0	130.0±2.0	29.0
32	40.0	52.0±1.0	17.0	125	135.0	155.0±2.0	29.0
40	50.0	62.0±1.5	18.0	150	165.0	185.0±2.0	30.0
50	60.0	76.0±1.5	20.0				

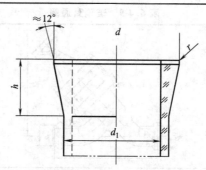

DN	d_1	d_2	h	r	DN	d_1	d_2	h	r
15	22.0	30.0±1.0	20.0	1.0	65	75.0	89.0±2.0	30.0	1.5
20	27.0	37.0±1.0	24.0	1.0	80	90.0	103.0±2.0	32.0	1.5
25	33.0	43.0±1.0	25.0	1.0	100	110.0	127.0±2.0	42.0	2.0
32	40.0	51.0±1.0	27.0	1.0	125	135.0	152.0±2.0	42.0	2.0
40	50.0	61.0±1.0	27.0	1.0	150	165.0	182.0±2.0	42.0	2.0
50	60.0	72.0±1.5	30.0	1.5					

6.4.1.9　活套法兰及管道连接

（1）活套法兰主要数据（表6.4-11）

表 6.4-11　活套法兰　　　　　　　单位：mm

DN	15	20	25	32	40	50	65	80	100	125	150
螺孔中心圆直径	65	75	85	100	110	125	145	160	180	204	240
螺孔数量	4	4	4	4	4	4	6	8	8	8	8
螺孔直径	7	7	9.5	9.5	9.5	9.5	9.5	9.5	9.5	9.5	10.5

（2）玻璃管道连接（图6.4-1）

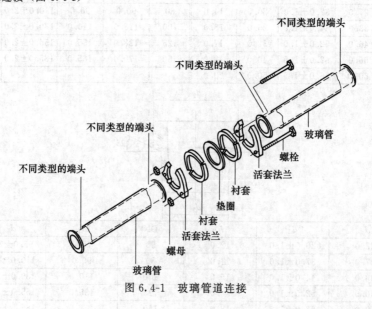

图 6.4-1　玻璃管道连接

6.4.2 液位计玻璃

6.4.2.1 水位计玻璃板（表 6.4-12）

表 6.4-12 水位计玻璃板（QB 2112—95）

简 图	L/mm	B/mm	S/mm
	115 140 165 190 220 250 280 320 340	34	17

材料	耐压/10^5Pa	耐温/℃	急变温度/℃	抗弯强度/10^5Pa	抗水性/mg·dm²	抗碱性/mg·dm²
硼硅玻璃	≤50	≥320	≥260	≥800	≤0.15	≤60

6.4.2.2 液位计用透明石英玻璃管（JC/T 225—1997）（表 6.4-13）

表 6.4-13 液位计用透明石英玻璃管　　　　　　　　单位：mm

低压型多色液位管（未注圆角为 R1~2）

中/高压型多色液位管（未注圆角为 R1~2）

产品类型	名　称	内孔形状	外径及偏差	内　径	长　度	椭圆度	偏壁度	适用范围
低压型	单色液位管	圆形	$\phi20^{-0.2}_{-0.4}$	$\phi8\sim\phi10$	260~1700	≤0.1	≤0.3	工作压力<2.5MPa 工作温度−40~450℃
		圆形	$\phi40^{-0.2}_{-0.4}$	$\phi27\sim\phi30$	260~1700	≤0.1	≤0.3	
	多色液位管	三角形 （等腰直角）	$\phi29^{-0.2}_{-0.4}$	7.5~9.2 （直角边长）	260~1700	≤0.1	—	
中、高压型	单色液位管	圆形	$\phi24^{-0.2}_{-0.4}$	$\phi8\sim\phi10$	260~1000	≤0.1	≤0.3	工作压力2.5~6.4MPa 工作温度−40~450℃
	多色液位管	正方形 （直角）	$\phi24^{-0.2}_{-0.4}$	8~9 （边长）	260~1700	≤0.1	—	
		扇形 （直角）	$\phi24^{-0.2}_{-0.4}$	8~9 （边长）	260~1700	≤0.1	—	
		三角形 （等腰直角）	$\phi29^{-0.2}_{-0.4}$	6.3~7.8 （直角边长）	260~1300	≤0.1	—	
		正方形	$\phi24^{-0.2}_{-0.4}$	8~10 （边长）	260~1300	≤0.1	—	
		扇形 （直角）	$\phi29^{-0.2}_{-0.4}$	8~10 （边长）	260~1300	≤0.1	—	

注：1. 单色液位管的内孔为圆形，只能显示液位，多色液位管的内孔为异形，利用边、角成像，气液界面显示清楚。

2. 表中所规定外径偏差及椭圆度是指管子两端长度为 100mm 以内的密封端，管子其他部位的外径上偏差定为 −0.2mm，下偏差定为 −0.7mm，椭圆度定为 ≤0.3mm。

3. 管弯曲度不得超过管长的 1/1000。

6.4.3 不透明石英玻璃（JC/T 182—1997）

6.4.3.1 不透明石英玻璃直管（表 6.4-14）

表 6.4-14 直管规格　　　　　　　　　　　　　　　　　单位：mm

外径	外径偏差	壁厚范围	壁厚偏差	壁厚偏差	外径	外径偏差	壁厚范围	壁厚偏差	壁厚偏差
75~99	±1.0	2.5~10	±1.0	1.0	300~349	±3.0	10~25	±3.0	3.0
100~149	±1.5	5~25	±1.0	1.0	350~399	±3.5	25~50	±4.0	4.0
150~199	±2.0	5~25	±2.0	2.0	400~424	±3.5	25~50	±4.0	4.0
200~249	±2.5	10~25	±3.0	3.0	425~459	±4.0	25~50	±5.0	5.0
250~299	±3.0	10~25	±3.0	3.0	460~500	±5.0	25~50	±5.0	5.0

注：壁厚偏差为同一横截面处；长度由供需双方商定。

6.4.3.2 不透明石英玻璃锥形管（表 6.4-15）

表 6.4-15 不透明石英玻璃锥形管

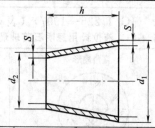

单位：mm

高度 h	大端外径 d_1	小端外径 d_2	壁厚 S	高度 h	大端外径 d_1	小端外径 d_2	壁厚 S
500±5	300±3	270±3	20±5	660±5	380±3	270±3	20±5
610±5	370±3	270±3	20±5				

6.4.3.3 不透明石英玻璃弯管（表 6.4-16）

表 6.4-16 不透明石英玻璃弯管

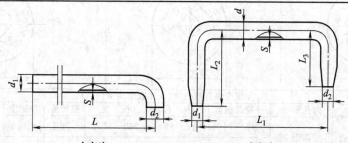

大弯头　　　　　　　　　　小弯头　　　　　　　　单位：mm

型式	外径 d_1	外径 d_2	L_1	L_2	L_3	壁厚 S
大弯头	75±1.5	80±1.5				5±1.5
小弯头	75±1.5	50±1.5	570±3	350±5	240±5	5±1.5

6.5 陶瓷管材

6.5.1 耐酸陶瓷性能

6.5.1.1 普通陶瓷耐腐蚀性能（表 6.5-1）

表 6.5-1 普通陶瓷耐腐蚀性能

介质	浓度(质量分数)/%	温度/℃	耐腐蚀性能	介质	浓度(质量分数)/%	温度/℃	耐腐蚀性能
亚硝酸	任何浓度	—	耐	硝酸铅	任何浓度	沸腾	耐
硝酸	任何浓度	低于沸腾	耐	硝酸铵	任何浓度		耐

续表

介质	浓度(质量分数)/%	温度/℃	耐腐蚀性能	介质	浓度(质量分数)/%	温度/℃	耐腐蚀性能
亚硫酸	任何浓度	低于沸腾	耐	硫酸铅	任何浓度	沸腾	耐
盐酸	任何浓度	低于沸腾	耐	硫酸铵	任何浓度	沸腾	耐
醋酸	任何浓度	低于沸腾	耐	硫化氢	任何浓度	沸腾	耐
蚁酸	任何浓度	沸腾	耐	氟硅酸	—	高温	不耐
乳酸	任何浓度	沸腾	耐	氨	任何浓度	沸腾	耐
柠檬酸	任何浓度	低于沸腾	耐	丙酮	100 以下	—	耐
硼酸	任何浓度	沸腾	耐	苯	100	—	耐(不使用陶制品)
脂肪酸	任何浓度	沸腾	耐	氢氟酸	—	—	不耐
铬酸	任何浓度	沸腾	耐	碳酸钠	稀溶液	20	较耐
草酸	任何浓度	低于沸腾	耐	氢氧化钠	稀溶液	25	较耐
硫酸	96	沸腾	耐	氢氧化钠	20	60	较耐
硫酸钠	任何浓度	沸腾	耐	氢氧化钠	浓溶液	沸腾	不耐

6.5.1.2 新型耐酸陶瓷耐腐蚀性能（表 6.5-2）

表 6.5-2 新型耐酸陶瓷耐腐蚀性能

介质	浓度(质量分数)/%	温度/℃	莫来石瓷		97%氧化铝瓷	
			失重/%	腐蚀深度/mm·a⁻¹	失重/%	腐蚀深度/mm·a⁻¹
硫酸	40	沸腾	0.05	0.04	0.13	0.09
	95~98	沸腾	0.16	0.12	0.01	0.01
硝酸	65~68	沸腾	0.03	0.03	0.01	0.01
盐酸	10	沸腾	0.04	0.04	0.02	0.01
	36~38	沸腾	0.05	0.04	0.02	0.01
氢氟酸	40	不耐			0.47	0.06
醋酸	99	沸腾	0.01	0.00	0.01	0.00
氢氧化钠	20	沸腾	0.21	0.16	0.02	0.01
	50	沸腾	2.03	0.63	0.07	0.05
氨	25~28	常温	0.01	0.00	0.00	0.00

注：75%氧化铝瓷（含铬）对 95%~98%沸腾硫酸的失重为 1%，对 50%沸腾氢氧化钠的失重为 0.8%。

6.5.2 化工陶瓷及配件（JC 705—1998）

6.5.2.1 化工陶瓷直管（表 6.5-3）

表 6.5-3 直管的规格和形状

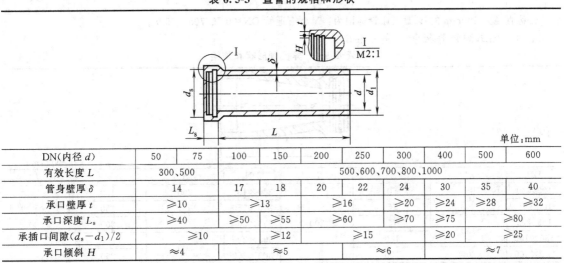

单位：mm

DN(内径 d)	50	75	100	150	200	250	300	400	500	600
有效长度 L	300、500		500、600、700、800、1000							
管身壁厚 δ	14		17	18	20	22	24	30	35	40
承口壁厚 t	≥10		≥13		≥16		≥20	≥24	≥28	≥32
承口深度 L_s	≥40		≥50	≥55	≥60		≥70	≥75		≥80
承插口间隙$(d_s-d_1)/2$	≥10			≥12		≥15		≥20		≥25
承口倾斜 H	≈4			≈5			≈6		≈7	

公称直径为 100mm、长为 1000mm 直管标记为：直管 DN100×1000 JC 705—1998。

6.5.2.2 化工陶瓷弯管 (表 6.5-4)

表 6.5-4 弯管的形状和规格

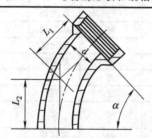

单位:mm

DN(内径 d)		50	75	100	150	200	250	300	400
$\alpha=30°$	L_1	120	130	140	150	160	180		200
	L_2	140	150	160	180	200	220		250
$\alpha=45°$	L_1	150			200	220	240		300
	L_2	150	220		260	280	300		400
$\alpha=60°$	L_1	150	200		220	300	330		350
	L_2	150	200		220	300	330		350
$\alpha=90°$	L_1	150	220			330	350	380	400
	L_2	150	220			330	350	380	400

公称直径为 100mm 的 90°弯管标记为:弯管 DN100×90°JC 705—1998

6.5.2.3 化工陶瓷 Y 型三通管 (表 6.5-5)

表 6.5-5 Y 型三通管形状和规格

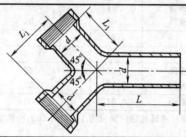

单位:mm

DN	d	L	L_1	DN	d	L	L_1
50	50		110	150	150	200	230
75	75	200	140	200	200	400	380
100	100		160				

公称直径为 100mm 的 Y 型三通管标记为:Y 型三通管 DN100 JC 705—1998。

6.5.2.4 化工陶瓷异径管 (表 6.5-6)

表 6.5-6 异径管形状和规格

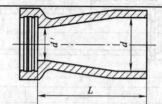

单位:mm

DN	d	d'	L	DN	d	d'	L
100×50	100	50		200×150	200	150	
100×75		75		250×150	250	150	
150×75	150	75	300	250×200		200	300
150×100		100		300×200	300	200	
200×100	200	100		300×250		250	

公称直径从 100mm 至 50mm 的异径管标记为:异径管 DN100×50 JC 705—1998。

6.5.2.5 化工陶瓷三通/四通（表6.5-7）

表6.5-7 三通/四通形状和规格　　　　　　　　单位：mm

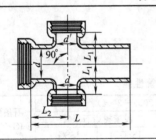 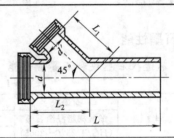

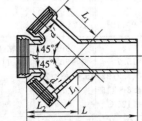 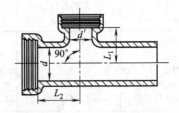

DN	主管 d	支管 d'	45°三通和四通 L	45°三通和四通 L1	45°三通和四通 L2	90°三通和四通 L	90°三通和四通 L1	90°三通和四通 L2
50×50	50	50	400	150	180	400	75	250
75×50	75			165	190		85	
75×75		75		180	210		90	
100×50	100	50	500	200	220		100	300
100×75		75			230		105	
100×100		100					110	
150×50	150	50		220	250	500	120	
150×75		75		235	270			
150×100		100		250	290		130	
150×150		150		280	320			
200×50	200	50		280	290		170	
200×75		75		300	310			
200×100		100		320	340			
200×150		150		340	375		180	
200×200		200		410	440			
250×75	250	75		280	290	600	170	
250×100		100		300	310			
250×150		150		320	340			
250×200		200		340	375		180	
250×250		250		410	440			
300×95	300	75	800	360	370		220	
300×100		100		390	410			
300×150		150		410	430			
300×200		200		480	500		230	
300×300		300		520	570		240	
400×75	400	75		420	420	800	250	
400×100		100		450	450		260	
400×200		200		480	480			
400×300		300		530	550		270	
400×400		400		580	620		290	

主管内径为100mm，支管内径为50mm的45°四通管标记为：四通管 DN100×50×45° JC 705—1998。

6.6 石墨管材

6.6.1 石墨性能

6.6.1.1 不透性石墨块和石墨管性能（表6.6-1）

表6.6-1 不透性石墨块和石墨管性能

项　　目	石墨块 酚醛树脂浸渍石墨 （HG/T 2370—2005）	石墨管（HG/T 2059—2004）				石墨酚醛黏结剂 （HG/T 2370—2005）
		压型酚醛石墨管		浸渍树脂石墨管		
		YFSG1	YFSG2	JSSG1	JSSG2	
真密度/kg·m^{-3} ≥	2.03×10^3					
体积密度/kg·m^{-3} ≥	1.8×10^3	1.8×10^3	1.8×10^3	1.9×10^3	1.74×10^3	
抗压强度/MPa ≥	60	88.2	73.5	75	90	12（粘接后抗剪强度）
抗拉强度/MPa ≥	14	19.6	16.7	15.7	30	11（粘接后）
抗弯强度/MPa ≥	27	55.0(ϕ32/22)	50.0(ϕ32/22)	50.0(ϕ32/22)	45.0(ϕ32/22)	
热导率/W·m^{-1}·K^{-1}	100	31.4~40.7	31.4~40.7	104.6~116	49.0	—
线胀系数/10^{-6}℃$^{-1}$	≤5.7(130℃)	24.7(129℃)	8.2(129℃)	2.4(129℃)	—	≤2.7
抗渗透性	最大工作压力2.4MPa	ϕ32/22×100mm的试样在1MPa压力下进行水压试验10min不渗漏				—

6.6.1.2 树脂浸渍石墨的耐腐蚀性能（表6.6-2、表6.6-3）

表6.6-2 酚醛树脂浸渍石墨及压型酚醛石墨的耐腐蚀性能

类别	介质	浓度/%	温度/℃	耐蚀性	类别	介质	浓度/%	温度/℃	耐蚀性
酸类	盐酸、亚硫酸 草酸、乙酸酐 油酸、脂肪酸 蚁酸、柠檬酸 乳酸、酒石酸 亚硝酸、硼酸	任意	<沸点	耐	卤素	氟气	100	常温	不耐
						干氯	100	常温	耐
						湿氯			不耐
						溴、碘	100	20	不耐
						溴水	饱和	50	不耐
	硝酸	5	常温	尚耐	有机化合物	甲醇、异丙醇 戊醇、丙酮 丁酮、苯胺 苯、二氯甲烷 氯化苯、二氯乙烷 汽油、四氯乙烷 三氯甲烷、四氯化碳 二氧杂环己烷	100	<沸点	耐
	硫酸	<75	<120	耐					
	硫酸	80	120	不耐					
	磷酸	<80	<沸点	耐					
	氢氟酸	<48	<沸点	耐					
	氢氟酸	48~60	<85	耐					
	氢溴酸	10		耐		乙醇、丙三醇	95	<沸点	耐
	铬酸	任意	<沸点	耐		三氯乙醛	33	20	耐
	铬酐	10	常温	尚耐		二氯乙醚		20~100	耐
	铬酐	10	<沸点	耐		丙烯腈		20~60	耐
	乙酸	40	常温	耐		苯乙烯、乙基苯		20	耐
	乙酸	<50	沸点	耐		乙醛	100	20	耐
	乙酸	100	20	耐					
碱类	NaOH	10	<20	不耐	其他	尿素	70	常温	耐
	KOH	10	常温	不耐		硫酸乙酯	50	<沸点	耐
	氨水、一乙醇胺	任意	<沸点	耐	使用实例	合成橡胶生产{二氯苯+二氯乙烷+聚氯化物		100	耐
盐类	硫酸钠、硫酸氢钠 硫酸镍、硫酸锌 硫酸铝、硫氢化铵 氯化铝、氯化铵 氯化铜、氯化亚铜 氯化铁、氯化亚铁 氯化锡、氯化钠	任意	<沸点	耐		醛醚凝氯		20	耐
						扩散剂H		20~60	耐
						拉开粉	20	20	耐
						拉开粉	20	100	不耐
						发泡粉	20	100	不耐
	碳酸钠、硝酸钠 硫代硫酸钠	任意	<沸点	耐		氯乙烷+盐酸+乙醇		140→25	耐
						氯油+氯气+乙醇+水		60	不耐
	磷酸铵	任意	<沸点	耐		湿二氧化硫		80→40	耐
	硫酸锌	27	<沸点	耐		硫酸镍+氯化镍		50~70	耐
	硫酸锌	饱和	60	耐		硫酸锌+硫酸		40~60	耐
	硫酸锌	任意	<100	耐		苯+二氯乙烷+氯气+盐酸		120→130	耐
	三氯化砷	100	<100	耐		季戊四醇+盐酸		180	耐
	高锰酸钾	20	60	尚耐		烷基磺酰氯		80→40	耐
						硫酸+萘	含H$_2$SO$_4$90		耐
						蛋白质水解液	70	70→120	耐

表 6.6-3 呋喃树脂浸渍石墨的耐腐蚀性能

介质	质量浓度/10g·L⁻¹	温度/℃	耐蚀性	介质	质量浓度/10g·L⁻¹	温度/℃	耐蚀性
硫酸	90	50	耐	次氯酸钙	20	60	耐
铬酸	10	50	耐	高锰酸钾	20	60	耐
氢氧化钠	<50	沸点	耐	重铬酸钾	20	60	耐
氢氧化钾	20	40	耐				

6.6.2 石墨管件

石墨使用温度：170℃，许用应力：0.3MPa，螺纹按 GB/T 15054.2—1994 加工。

6.6.2.1 不透性石墨管 （表 6.6-4）

表 6.6-4 不透性石墨管 （HG/T 2059—2004）

公称直径 DN/mm	内径/mm	外径/mm	壁厚/mm	壁厚偏差/mm	直线度/(mm/m)	设计压力/MPa	重量/(kg/m)
22	22	32	5	±0.5	≤2.5	≤0.3	0.76
25	25	38	6.5	±0.5	≤2.5	≤0.3	1.16
30	30	43	6.5	±0.5	≤2.5	≤0.3	1.22
36	36	50	7	±0.5	≤2.5	≤0.3	1.69
40	40	55	7.5	±0.5	≤2.0	≤0.2	2.04
50	50	67	8.5	±0.5	≤2.0	≤0.2	2.81
65	65	85	10	±1.0	≤2.0	≤0.2	4.25
75	75	100	12.5	±1.0	≤2.0	≤0.2	6.17
102	102	133	15.5	±1.0	≤2.0	≤0.2	9.95
127	127	159	16	±1.0	≤2.0	≤0.2	12.9
152	152	190	19	±1.0	≤1.5	≤0.2	18.7
203	203	254	25.5	±1.2	≤1.5	≤0.2	33.0
254	254	330	38	±1.2	≤1.5	≤0.2	62.0

注：重量数据取自 HG/T 2059—2004 所代替的 HG/T 3191—1980。

6.6.2.2 石墨直角弯头 （表 6.6-5）

表 6.6-5 石墨直角弯头 （HG/T 3192—2009）

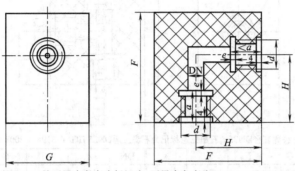

公称直径 DN25 的石墨直角弯头标记为：石墨直角弯头 DN25 HG/T 3192—2008

单位：mm

续表

公称直径 DN	d	a	F	G	e	H
25	M38×2	25	75	50	4	50±0.5
36	M50×3	25	90	70	4	55±0.5
50	M67×3	32	115	90	4	70±0.5
65	M85×4	32	130	110	4	75±0.5
75	M100×4	38	155	130	4	90±0.5
102	M133×6	38	195	170	5	110±0.5
127	M159×6	44	230	200	5	130±0.5
152	M190×6	44	260	230	5	145±0.5

6.6.2.3 石墨45°弯头（表6.6-6）

表6.6-6 石墨45°弯头（HG/T 3193—2009）

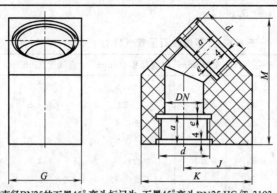

公称直径DN25的石墨45°弯头标记为 石墨45°弯头DN25 HG/T 3193—2008

单位:mm

公称直径 DN	d	a	G	J	K	e	M
25	M38×2	25	50	46±0.5	75	4	84
36	M50×3	25	70	52±0.5	85	4	92
50	M67×3	32	90	70±0.5	113	4	126
65	M85×4	32	110	82±0.5	137	4	141
75	M100×4	38	130	98±0.5	161	4	172
102	M133×6	38	170	117±0.5	201	5	198
127	M159×6	44	200	137±0.5	234	5	234
152	M190×6	44	230	153±0.5	269	5	256

6.6.2.4 石墨三通（表6.6-7）

表6.6-7 石墨三通（HG/T 3194—2009）

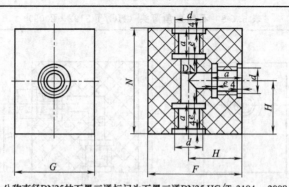

公称直径DN25的石墨三通标记为石墨三通DN25 HG/T 3194— 2008

单位:mm

DN	d	a	G	F	H	N	DN	d	a	G	F	H	N
25	38	25	50	75	50	100	75	100	38	130	155	90	180
36	50	25	70	90	55	110	102	133	38	170	195	110	220
50	67	32	90	115	70	140	127	159	44	200	230	130	260
65	85	32	110	130	75	150	152	190	44	230	260	145	290

6.6.2.5 石墨四通（表6.6-8）

表6.6-8 石墨四通（HG/T 3195—2009）

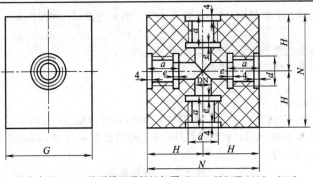

公称直径 DN25 的石墨四通标记如下：DN25 HG/T 3195—2008

单位：mm

公称直径 DN	d	a	G	H	e	N
25	38×2	25	50	50±0.5	4	100
36	50×3	25	70	55±0.5	4	110
50	67×3	32	90	70±0.5	4	140
65	85×4	32	110	75±0.5	4	150
75	100×4	38	130	90±0.5	4	180
102	133×6	38	170	110±0.5	5	220
127	159×6	44	200	130±0.5	5	260
152	190×6	44	230	145±0.5	5	290

6.6.2.6 石墨温度计套管（表6.6-9）

表6.6-9 石墨温度计套管（HG/T 3202—2009）

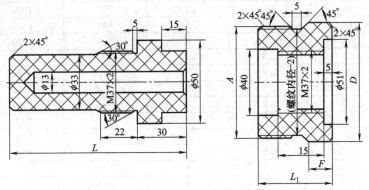

公称直径 DN25 的石墨温度计套管标记如下：石墨温度计套管 DN25 HG/T 3202—2008

单位：mm

公称直径 DN	A	D	L_1	L	F
36	50	54	38	100	15
50	67	72	45	150	15
65	85	90	45	200	15
75	100	106	50	250	15
102	133	138	54	300	18

6.7 钢衬复合管和管件

6.7.1 衬胶钢管和管件（HG 21501—93）

6.7.1.1 衬胶管材基本参数

（1）压力范围

公称压力：PN≤1.0MPa（表压）；

真空度：≤0.08MPa。

（2）温度范围

硬橡胶板：使用温度应大于等于 0℃，小于等于 85℃；当真空度≤0.08MPa 时，使用温度大于等于 0℃，小于等于 65℃。

半硬橡胶板：使用温度应大于等于 -25℃，小于等于 75℃。

合成橡胶板：使用温度应按产品牌号确定。

（3）尺寸

公称通径：DN25～500mm。

外层材料为：10#、20# 碳钢或 Q235-A；铸钢件为 ZG25 或性能相当的材料。

衬里材料为：硬橡胶为 8501 或其他相当的牌号；半硬橡胶板为 8502 或其他相当的牌号。

6.7.1.2 衬胶直管（表 6.7-1）

表 6.7-1 衬胶直管

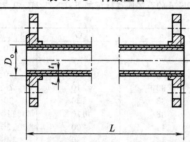

单位：mm

公称通径 DN	外径 D_o	钢管壁厚 t	衬胶壁厚 t_1	长度 L		
25	33.7	2.9	3	150	500	1000
32	42.4	2.9	3	150	500	1000
40	48.3	2.9	3	500	1000	1500
50	60.3	3.2	3	500	1000	1500
65	76.1	4.5	3	500	1000	2000
80	88.9	4.5	3	500	1000	2000
100	114.3	5.0	3	1000	2000	2500
125	139.7	5.0	3	1000	2000	2500
150	168.3	5.6	3	1000	2000	2500
200	219.1	6.3	3	1000	2000	3000
250	273.0	6.3	3	1000	2000	3000
300	323.9	6.3	3	2000	3000	4000
350	355.6	6.3	3	2000	3000	4000
400	406.4	6.3	3	2000	3000	5000
450	457.0	6.3	3	2000	3000	5000
500	508.0	6.3	3	2000	3000	5000

6.7.1.3 衬胶弯头（表 6.7-2）

表 6.7-2 衬胶弯头

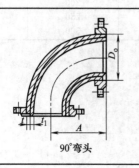

90°弯头

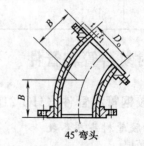

45°弯头

单位：mm

续表

公称通径 DN	外径 D_o	钢管件壁厚 t	衬胶壁厚 t_1	90°弯头 A	45°弯头 B
25	33.7	2.9	3	88	50
32	42.4	2.9	3	98	55
40	48.3	2.9	3	107	60
50	60.3	3.2	3	126	65
65	76.1	4.5	3	145	76
80	88.9	4.5	3	164	80
100	114.3	5.0	3	202	105
125	139.7	5.0	3	250	114
150	168.3	5.6	3	289	130
200	219.1	6.3	3	375	155
250	273.0	6.3	3	451	188
300	323.9	6.3	3	537	223
350	355.6	6.3	3	613	255
400	406.4	6.3	3	700	291
450	457.0	6.3	3	776	322
500	508.0	6.3	3	862	358

6.7.1.4 衬胶三通/异径管（表 6.7-3）

表 6.7-3 衬胶三通/异径管

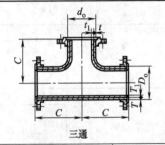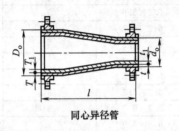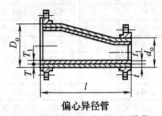

三通　　　　同心异径管　　　　偏心异径管

单位:mm

公称通径 DN×dN	外径 $D_o×d_o$	钢管件壁厚 $T×t$	衬胶壁厚 $t_1(T_1)$	三通 C	异径管 l
25×25	33.7×33.7	2.9×2.9	3	88	—
32×32	42.4×42.4	2.9×2.9	3	98	—
32×25	42.4×33.7	2.9×2.9	3		151
40×40	48.3×48.3	2.9×2.9	3	107	—
40×32	48.3×42.4	2.9×2.9	3		164
40×25	48.3×33.7	2.9×2.9	3		
50×50	60.3×60.3	3.2×3.2	3	114	—
50×40	60.3×48.3	3.2×2.9	3		176
50×32	60.3×42.4	3.2×2.9	3		
50×25	60.3×33.7	3.2×2.9	3		
65×65	76.1×76.1	4.5×4.5	3	126	—
65×50	76.1×60.3	4.5×3.2	3		189
65×40	76.1×48.3	4.5×2.9	3		
65×32	76.1×42.4	4.5×2.9	3		
80×80	88.9×88.9	4.5×4.5	3	136	—
80×65	88.9×76.1	4.5×4.5	3		189
80×50	88.9×60.3	4.5×3.2	3		
80×40	88.9×48.3	4.5×2.9	3		
100×100	114.3×114.3	5.0×5.0	3	155	—
100×80	114.3×88.9	5.0×4.5	3		202
100×65	114.3×76.1	5.0×4.5	3		
100×50	114.3×60.3	5.0×3.2	3		

公称通径 DN×dN	外径 $D_o \times d_o$	钢管件壁厚 $T \times t$	衬胶壁厚 $t_1(T_1)$	三通 C	异径管 l
125×125	139.7×139.7	5.0×5.0	3		—
125×100	139.7×114.3	5.0×5.0	3	184	247
125×80	139.7×88.9	5.0×4.5	3		
125×65	139.7×76.1	5.0×4.5	3		
150×150	168.3×168.3	5.6×5.6	3		
150×125	168.3×139.7	5.6×5.0	3	203	260
150×100	168.3×114.3	5.6×5.0	3		
150×80	168.3×88.9	5.6×4.5	3		
200×200	219.1×219.1	6.3×6.3	3		
200×150	219.1×168.3	6.3×5.6	3	248	292
200×125	219.1×139.7	6.3×5.0	3		
200×100	219.1×114.3	6.3×5.0	3		
250×250	273.0×273.0	6.3×6.3	3		
250×200	273.0×219.1	6.3×6.3	3	286	318
250×150	273.0×168.3	6.3×5.6	3		
250×125	273.0×139.7	6.3×5.0	3		
300×300	323.9×323.9	6.3×6.3	3		—
300×250	323.9×273.0	6.3×6.3	3	334	363
300×200	323.9×219.1	6.3×6.3	3		
300×150	323.9×168.3	6.3×5.6	3		
350×350	355.6×355.6	6.3×6.3	3		—
350×300	355.6×323.9	6.3×6.3	3	359	490
350×250	355.6×273.0	6.3×6.3	3		
350×200	355.6×219.1	6.3×6.3	3		
400×400	406.4×406.4	6.3×6.3	3		—
400×350	406.4×355.6	6.3×6.3	3		
400×300	406.4×323.9	6.3×6.3	3	395	536
400×250	406.4×273.0	6.3×6.3	3		
400×200	406.4×219.1	6.3×6.3	3		
450×450	457.0×457.0	6.3×6.3	3		—
450×400	457.0×406.4	6.3×6.3	3		
450×350	457.0×355.6	6.3×6.3	3	433	561
450×300	457.0×323.9	6.3×6.3	3		
450×250	457.0×273.0	6.3×6.3	3		
500×500	508.0×508.0	6.3×6.3	3		—
500×400	508.0×457.0	6.3×6.3	3		
500×400	508.0×406.4	6.3×6.3	3		
500×350	508.0×355.6	6.3×6.3	3	481	708
500×300	508.0×323.9	6.3×6.3	3		
500×250	508.0×273.0	6.3×6.3	3		

6.7.1.5 衬胶铸钢弯头（表 6.7-4）

表 6.7-4 衬胶铸钢弯头

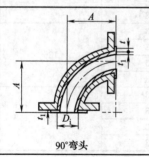

90°弯头

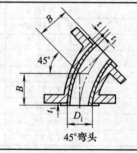

45°弯头

单位：mm

续表

公称通径 DN	铸钢管件内径 D_i	铸钢管件壁厚 t	衬胶壁厚 t_1	90°弯头 A	45°弯头 B
25	25	4.0	3	89	44
32	32	4.8	3	95	51
40	38	4.8	3	102	57
50	51	5.6	3	114	64
65	64	5.6	3	127	76
80	76	5.6	3	140	76
100	102	6.3	3	165	102
125	127	7.1	3	190	114
150	152	7.1	3	203	127
200	203	7.9	3	229	140
250	254	8.6	3	279	165
300	305	9.5	3	305	190
350	337	10.3	3	356	190
400	387	11.1	3	381	203
450	438	11.9	3	419	216
500	489	12.7	3	457	241

6.7.1.6 衬胶铸钢三通、异径管（表 6.7-5）

表 6.7-5 衬胶铸钢三通、异径管尺寸

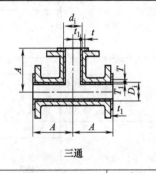
三通

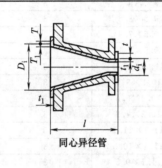
同心异径管

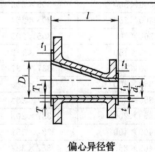
偏心异径管

单位：mm

公称通径 DN×dN	内径 D_i×d_i	铸钢管件壁厚 T×t	衬胶壁厚 $t_1(T_1)$	三通 A	异径管 l
25×25	25×25	4.0×4.0	3	89	—
32×32	32×32	4.8×4.8	3	95	—
32×25	32×25	4.8×4.0	3		114
40×40	38×38	4.8×4.8	3	102	
40×32	38×32	4.8×4.8	3		114
40×25	38×25	4.8×4.0	3		
50×50	51×51	5.6×5.6	3	114	
50×40	51×38	5.6×4.8	3		127
50×32	51×32	5.6×4.8	3		
50×25	51×25	5.6×4.0	3		
65×65	64×64	5.6×5.6	3	127	—
65×50	64×51	5.6×5.6	3		140
65×40	64×38	5.6×4.8	3		
65×32	64×32	5.6×4.8	3		
80×80	76×76	5.6×5.6	3	140	—
80×65	76×64	5.6×5.6	3		152
80×50	76×51	5.6×5.6	3		
80×40	76×38	5.6×4.8	3		

续表

公称通径 DN×dN	内径 D_i×d_i	铸钢管件壁厚 T×t	衬胶壁厚 t_1(T_1)	三通 A	异径管 l
100×100	102×102	6.3×6.3	3		—
100×80	102×76	6.3×5.6	3	165	
100×65	102×64	6.3×5.6	3		178
100×50	102×51	6.3×5.6	3		
125×125	127×127	7.1×7.1	3		—
125×100	127×102	7.1×6.3	3	190	
125×80	127×76	7.1×5.6	3		203
125×65	127×64	7.1×5.6	3		
150×150	152×152	7.1×7.1	3		—
150×125	152×127	7.1×7.1	3	203	
150×100	152×102	7.1×6.3	3		229
150×80	152×75	7.1×5.6	3		
200×200	203×203	7.9×7.9	3		—
200×150	203×152	7.9×7.1	3	229	
200×125	203×127	7.9×7.1	3		279
200×100	203×102	7.9×6.3	3		
250×250	254×254	8.6×8.6	3		—
250×200	254×203	8.6×7.9	3	279	
250×150	254×152	8.6×7.1	3		305
250×125	254×127	8.6×7.1	3		
300×300	305×305	9.5×9.5	3		—
300×250	305×254	9.5×8.6	3	305	
300×200	305×203	9.5×7.9	3		356
300×150	305×152	9.5×7.1	3		
350×350	337×337	10.3×10.3	3		—
350×300	337×305	10.3×9.5	3	356	
350×250	337×254	10.3×8.6	3		406
350×200	337×203	10.3×7.9	3		
400×400	387×387	11.1×11.1	3		—
400×350	387×337	11.1×10.3	3		
400×300	387×305	11.1×9.5	3	381	
400×250	387×254	11.1×8.6	3		457
400×200	387×203	11.1×7.9	3		
450×450	438×438	11.9×11.9	3		—
450×400	438×387	11.9×11.1	3		
450×350	438×337	11.9×10.3	3	419	
450×300	438×305	11.9×9.5	3		483
450×250	438×254	11.9×8.6	3		
500×500	489×489	12.7×12.7	3		—
500×450	489×438	12.7×11.9	3		
500×400	489×387	12.7×11.1	3		
500×350	489×337	12.7×10.3	3	457	
500×300	489×305	12.7×9.5	3		508
500×250	489×254	12.7×8.6	3		

6.7.2　钢衬塑料复合管（HG/T 2437—2006）

6.7.2.1　材料及性能

　　HG/T 2437—2006 标准适用于以钢管、钢管件为基体，采用聚四氟乙烯（PTFE）、聚全氟乙丙烯（FEP）、无规共聚聚丙烯（PP-R）、交联聚乙烯（PE-D）、可溶性聚四氟乙烯（PFA）、聚氯乙烯（PVC）衬里的复合钢管和管件（以下简称衬里产品）。其公称尺寸（DN）为 25～1000mm、公称压力 0.1～1.6MPa。

（1）管子及管件

管子材料应符合 GB 150、GB/T 8163 的规定；管件材料应符合 GB/T 12459、GB/T 13401 或 GB/T 17185 的有关规定。

（2）低温产品

当衬里产品使用于 −20℃ 以下时，管子、管件及法兰材料应采用耐低温钢，应符合 GB 150—1998 附录 C 的有关规定。

（3）聚四氟乙烯

聚四氟乙烯树脂应符合 HG/T 2902—1997 的规定，衬里层表观密度应不低于 $2.16g/cm^3$，且不允许有气泡、微孔、裂纹和杂质存在。

（4）聚全氟乙丙烯

聚全氟乙丙烯树脂应符合 HG/T 2904—1997 的规定，采用 M3 型，衬里层表观密度应不低于 $2.14g/cm^3$，且不允许有气泡、微孔、裂纹和杂质存在。

（5）交联聚乙烯

交联聚乙烯应符合 CJ/T 159—2002 中表 1 的规定，其密度 $\geqslant 0.94g/cm^3$。

（6）可溶性聚四氟乙烯

可溶性聚四氟乙烯应符合表 6.7-6 的规定。

表 6.7-6 可溶性聚四氟乙烯树脂性能指标

名称/项目	连续使用温度	密度/(g/cm^{-3})	拉伸强度/MPa	熔融指数/(g/min)	伸长率/%
PFA	250℃	2.16	722.0	1~17	≥280

（7）无规共聚聚丙烯

无规共聚聚丙烯的性能应符合 GB/T 18742.1—2002 中第五章给出的要求。

（8）聚氯乙烯

聚氯乙烯的物理化学性能应符合 GB/T 4219—1996 中表 4 的规定。

（9）分类及性能（表 6.7-7～表 6.7-9）

表 6.7-7 产品分类与标记

产品类型		代号	产品类型		代号
直管	二端平焊法兰	ZG	三通	平焊法兰	ST
	一端平焊法兰、一端松套法兰	ZGS		平焊法兰和松套法兰结合	STS
弯头	90° 二端平焊法兰	WT	四通	平焊法兰	FT
	90° 一端平焊法兰、一端松套法兰	WTS		平焊法兰和松套法兰结合	FTS
	45° 二端平焊法兰	WT2	异径管	平焊法兰	YJ
	45° 一端平焊法兰、一端松套法兰	WT2S		平焊法兰和松套法兰结合	YJS

表 6.7-8 衬里材料的分类和代号

材料名称	代号	材料名称	代号
聚四氟乙烯	PTFE	可溶性聚四氟乙烯	PFA
聚全氟乙丙烯	FEP	无规共聚聚丙烯	PP-R
交联聚乙烯	PE-D	聚氯乙烯	PVC

表 6.7-9 衬里产品的适用环境温度和介质

衬里材料	环境温度		适用介质
	正压下	真空运行下	
PTFE	−80～200℃	−18～180℃	除熔融金属钠和钾、三氟化氯和气态氟外的任何浓度的硫酸、盐酸、氢氟酸、苯、碱、王水、有机溶剂和还原剂等强腐蚀性介质
FEP	−80～149℃	−18～149℃	
PFA	−80～250℃	−18～180℃	
PE-D	−30～90℃	−30～90℃	冷热水、牛奶、矿泉水、N_2、乙二酸、石蜡油、苯肼、80%磷酸、50%醋酸、40%重铬酸钾、60%氢氧化钾、丙醇、乙烯醇、皂液、36%苯甲酸钠、氯化钠、氟化钠、氢氧化钠、过氧化钠、动物脂肪、防冻液、芳香族酸、CO_2、CO
PP-R	−15～90℃	−15～90℃	建筑冷、热水系统、饮用水系统。pH 值在 1～14 范围内的高浓度酸和碱
PVC	−15～60℃	−15～60℃	水

6.7.2.2 钢衬塑料直管（表 6.7-10）

直管采用平焊法兰时，衬里产品的公称尺寸（DN）应符合 GB/T 1047—2005 的规定，公称压力应符合 GB/T 1048—2005 的规定，当直管一端为焊接法兰、另一端为松套法兰时，法兰标准栏中除焊接法兰仍采用 GB/T 9113.1 外，松套法兰应采用 GB/T 9120.1。

表 6.7-10　直管结构参数　　　　　　　　　　单位：mm

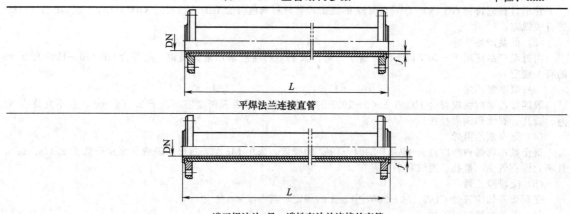

平焊法兰连接直管

一端平焊法兰，另一端松套法兰连接的直管

公称尺寸 DN	衬层厚度 f		钢管规格	法兰标准	长度 L
	PTFE、FEP、PFA	PP-R、PE-D、PVC			
25			$\phi35\times3.5$		
32	2.5		$\phi38\times3$		
40		3	$\phi48\times4$		
50			$\phi57\times3.5$		
65	3		$\phi76\times4$		
80	3.5	4	$\phi89\times4$		
100			$\phi108\times4$		
125			$\phi133\times4$		
150	4		$\phi159\times4.5$		
200		5	$\phi219\times6$	GB/T 9113.1	
250			$\phi273\times8$	或	3000
300	4.5		$\phi325\times9$	GB/T 9120.1	
350			$\phi377\times9$		
400			$\phi426\times9$		
450			$\phi480\times9$		
500			$\phi530\times10$		
600		6	$\phi618\times10$		
700			$\phi718\times11$		
800	5		$\phi818\times11$		
900			$\phi918\times12$		
1000			$\phi1018\times12$		

注：当 DN≥500 时钢外壳可采用钢板卷制。采用名义管道尺寸（NPS、英寸制）时，应采用 ANSI B36.10 中 40 系列的钢管尺寸，法兰采用 ASTM A105 标准。

6.7.2.3　钢衬塑料弯头（表 6.7-11）

表 6.7-11　弯头结构参数　　　　　　　　　　单位：mm

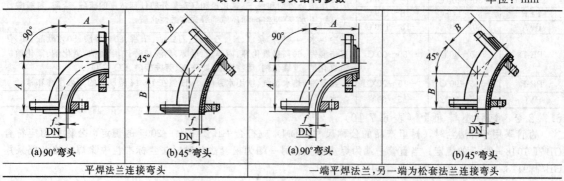

(a)90°弯头	(b)45°弯头	(a)90°弯头	(b)45°弯头
平焊法兰连接弯头		一端平焊法兰，另一端为松套法兰连接弯头	

续表

公称尺寸DN	衬层厚度 f		弯头结构参数		管件最小壁厚	法兰标准
	PTFE、FEP、PFA	PP-R、PE-D、PVC	90°弯头 A	45°弯头 B		
25			89	44	3.0	
32	2.5	3	95	51	4.8	
40			102	57		
50			114	64	5.6	
65	3		127	76		
80	3.5	4	140			
100			165	102	6.3	
125		5	190	114	7.1	
150			203	127		
200	4		229	140	7.9	GB/T 9113.1
250			279	165	8.6	或
300			305	190	9.5	GB/T 9120.1
350			356	221	10	
400			406	253	11	
450			457	284	13	
500		6	508	316	14	
600	5		610	374	16	
700			710	430	18	
800			810	488	20	
900			910	548	20	
1000			1010	608	22	

注：采用名义管道尺寸（NPS、英寸制）时，弯头、三通、四通、异径管应采用 ASTM A587 或 ASTM A53 的 B 级标准，且都应是 40 系列。法兰采用 ASTM A105 标准。

6.7.2.4 钢衬塑料三通（表 6.7-12）

表 6.7-12 三通结构参数

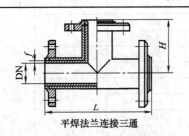

平焊法兰连接三通

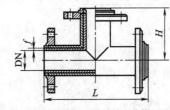

平焊法兰和松套法兰结合连接三通

单位:mm

公称尺寸DN	衬层厚度 f		三通结构参数		管件最小壁厚	法兰标准
	PTFE、FEP、PFA	PP-R、PE-D、PVC	横长 L	垂直高 H		
25						
32		3	200	100	4	
40						
50	3					
65						
80		4	300	150		
100					5	
125						
150		5	400	200		
200	4					GB/T 9113.1
250			500	250	6	或
300			600	300		GB/T 9120.1
350			700	350	8	
400			800	400		
450			900	450	10	
500		6	1000	500		
600	5		1200	600	12	
700			1400	700		
800			1600	800		
900			1800	900	14	
1000			2000	1000		

6.7.2.5 钢衬塑料四通（表 6.7-13）

表 6.7-13 四通结构参数

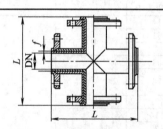

平焊法兰连接四通

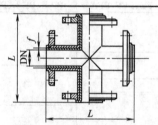

平焊法兰和松套法兰结合连接四通 单位:mm

公称尺寸 DN	衬层厚度 f		四通结构参数 L	管件最小壁厚	法兰标准
	PTFE、FEP、PFA	PP-R、PE-D、PVC			
25	3	3	200	4	
32					
40					
50					
65					
80		4	300	5	
100					
125					
150	4	5	400		
200					
250			500	6	GB/T 9113.1 或 GB/T 9120.1
300			600		
350			700	8	
400			800		
450			900	10	
500		6	1000		
600	5		1200	12	
700			1400		
800			1600	14	
900			1800		
1000			2000		

6.7.2.6 钢衬塑料异径管（表 6.7-14）

表 6.7-14 异径管材料参数

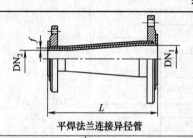

平焊法兰连接异径管

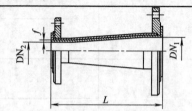

一端平焊法兰,另一端松套法兰连接异径管 单位:mm

公称尺寸 DN		衬层厚度 f		长度 L	管件最小壁厚	法兰标准
DN₁	DN₂	PTFE、FEP、PFA	PP-R、PE-D、PVC			
40	25	3	3	150	3	GB/T 9113.1 或 GB/T 9120.1
50	25					
50	40					
65	40					
65	50					
80	50					

续表

公称尺寸 DN		衬层厚度 f		长度 L	管件最小壁厚	法兰标准
DN₁	DN₂	PTFE、FEP、PFA	PP-R、PE-D、PVC			
80	65		3			
100	50	3			3	
100	65					
100	80					
125	65					
125	80		5			
125	100					
150	80			150		
150	100					
150	125	4			4	
200	100					
200	150					
250	150					
250	200					
300	200					
300	250					GB/T 9113.1
350	300				8	或
400	300					GB/T 9120.1
400	350					
450	350			250		
450	400				10	
500	400		6			
500	450					
600	450					
600	500	5				
700	500				12	
700	600					
800	600					
800	700			300		
900	700					
900	800				15	
1000	800					
1000	900					

6.7.3 钢衬玻璃管和管件

6.7.3.1 钢衬玻璃性能

钢衬玻璃是将熔融状态的硼硅玻璃采用特殊方法，衬入经过预热的碳钢制成的直管、管件、设备或阀门的内表面，使玻璃牢固地粘附在其内壁上，并处于压应力状态，构成钢和玻璃的复合体——钢衬玻璃产品。

钢衬玻璃产品已广泛应用于化工、石化、制药、化肥、食品、冶金、造纸、电厂和污水处理等工业中。适用于酸及各类有机/无机化学物质（但氢氟酸、氟化物、热浓磷酸和 pH 值≥12 的强碱介质除外）。其理化性能见表 6.7-15。

表 6.7-15 钢衬玻璃性能

介质名称		浓度	温度	玻璃失重	搪玻璃失重	备注
盐酸	HCl	15%	≤100℃	0.0077mg/cm²	0.165mg/cm²	煮沸 4 小时
硫酸	H₂SO₄	10%	≤100℃	0.0085mg/cm²	0.170mg/cm²	煮沸 4 小时
硝酸	HNO₃	15%	≤100℃	0.0053mg/cm²		煮沸 4 小时
氢氧化钠	NaOH	5%	≤50℃	0.0295mg/cm²		加热 4 小时
氢氧化钾	KOH	15%	≤50℃			

钢衬玻璃产品具有化学稳定性高、耐腐蚀、内壁光滑、阻力小、耐磨和不易结垢的特点。在相当程度上起到稳定生产工艺，减少检修时间和降低维修费用，提高产品质量等作用。其使用范围如下。

公称压力：PN≤0.6MPa

公称直径：DN25～300

使用温度：0～150℃

冷冲击：≤80℃

热冲击：≤120℃

急变温度：max 120℃

6.7.3.2　钢衬玻璃直管（表6.7-16）

表6.7-16　钢衬玻璃直管形状和规格

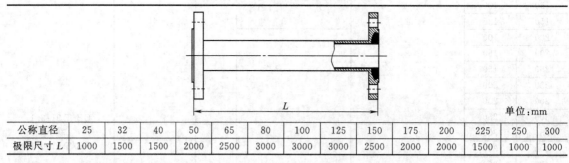

单位：mm

公称直径	25	32	40	50	65	80	100	125	150	175	200	225	250	300
极限尺寸L	1000	1500	1500	2000	2500	3000	3000	3000	2500	2000	2000	1500	1000	1000

6.7.3.3　钢衬玻璃夹套管（表6.7-17）

表6.7-17　钢衬玻璃夹套管形状和规格

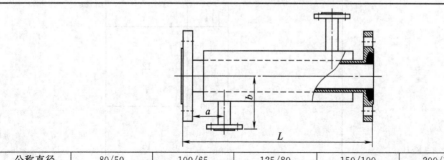

单位：mm

公称直径	80/50	100/65	125/80	150/100	200/150	250/150
极限尺寸L	1500	1500	2000	2000	1500	1500
连接尺寸a	80	80	80	100	100	100
连接尺寸b	120	120	150	150	200	200

6.7.3.4　钢衬玻璃弯头（表6.7-18）

表6.7-18　钢衬玻璃弯头形状和规格

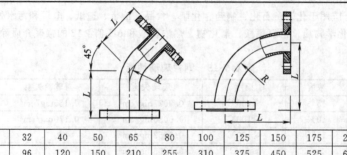

单位：mm

公称直径	25	32	40	50	65	80	100	125	150	175	200	225	250	300
弯曲半径R	75	96	120	150	210	255	310	375	450	525	600	675	750	900
长度尺寸L	55	65	75	85	105	120	155	190	210	240	270	300	330	360

6.7.3.5　钢衬玻璃三通/四通（表 6.7-19）

表 6.7-19　钢衬玻璃三通/四通形状和规格

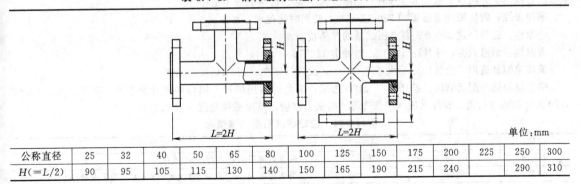

单位：mm

公称直径	25	32	40	50	65	80	100	125	150	175	200	225	250	300
$H(=L/2)$	90	95	105	115	130	140	150	165	190	215	240		290	310

6.7.3.6　钢衬玻璃异径管（表 6.7-20）

表 6.7-20　钢衬玻璃异径管形状和规格

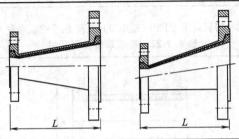

单位：mm

$L=150$	50/25	65/40	80/50	100/50	100/65	125/50	125/80
$L=200$	150/50	150/80	150/100	200/80	200/100	200/150	
$L=250$	250/100	250/150	250/200	300/150	300/200	300/250	

6.7.3.7　钢衬玻璃阀门型号规格

　　公称压力：PN≤0.6MPa

　　使用温度：0～180℃

6.7.3.8　法兰加工形式

　　钢衬玻璃法兰是按 HG/T 20592～20635—2009 PN10 标准设计制造，也可根据用户的实际需要，采用各种法兰标准和活动法兰等方法连接，但必须保证钢衬玻璃工艺要求的法兰尺寸和厚度（PN16）。

6.7.3.9　钢衬玻璃的安装

　　除遵守一般化工管路安装和使用要求外，应注意下列各项。

　　(1) 安装时虽不必担心强度，但对钢衬玻璃产品过大集中载荷和冲击，不适当夹持和装卸，法兰密封面相撞，都会造成内衬玻璃的损坏。

　　(2) 加压升温或降压降温应缓慢进行，不允许在钢衬玻璃产品上焊接、切割或火焰局部加热，防止玻璃炸裂。

　　(3) 安装时应放正垫片，如法兰的间隙较大，可增加垫片厚度弥补，连接螺栓时受力要求均匀，严防单侧受力损坏密封面。

　　(4) 密封垫片应选择橡胶垫、石棉垫、聚四氟垫或其他半硬质材料，厚度≥4mm。

　　(5) 安装试压后，要用压缩空气和水进行吹洗，清除其中灰渣和残留的其他物质。

6.7.4　搪玻璃管和管件

6.7.4.1　搪玻璃制品的性能

　　搪玻璃设备是将含硅量高的瓷釉喷涂于金属铁胎表面，通过 900℃左右的高温焙烧，使瓷釉密着于金属铁胎表面而制成。因此，它具有类似玻璃的化学稳定性和金属强度的双重优点。

　　搪玻璃设备广泛适用于化工、医药、染料、农药、有机合成、石油、食品制造和国防工业等工业生产和科学研究中的反应、蒸发、浓缩、合成、聚合、皂化、磺化、氯化、硝化等，以代替不锈钢和有色金属设备。

耐腐蚀性：对于各种浓度的无机酸、有机酸、有机溶剂及弱碱等介质均有极强的抗腐性。但对于强碱、氢氟酸及含氟离子介质以及温度大于180℃，浓度大于30%的磷酸等不适用。

耐冲击性：耐机械冲击指标为 220×10^{-3} J，使用时避免硬物冲击。

绝缘性：瓷面经过20000V高电压试验的严格检验。

耐温性：耐温急变，冷冲击110℃，热冲击120℃。

搪玻璃制品适用于公称压力不大于1.0MPa，设计温度在 $-20 \sim 200$ ℃ 的介质。

搪玻璃制品所配活套法兰按 HG/T 2105 选用；法兰连接用螺栓、螺母和垫片分别按 GB/T 5782、GB/T 6170 和有关标准选用。管件水压试验按1.5MPa进行试验。其耐酸碱情况见表6.7-21。

表 6.7-21　搪玻璃制品耐酸碱情况

介质	浓度/%	温度/℃	耐腐蚀情况
氢氟酸	任何	任何	凡含氟离子的物料都不能使用
磷酸	任何	＞180	当浓度在30%以上时，腐蚀更剧烈（主要指工业磷酸）
盐酸	任何	＞150	当浓度10~20%时，腐蚀尤为严重
硫酸	10~30	≥200	浓硫酸可使用至沸点
碱液	pH≥12	≥100	pH<12时，可正常使用于60℃以下

6.7.4.2　搪玻璃直管的规格（HG/T 2130—2009）（表 6.7-22、表 6.7-23）

表 6.7-22　搪玻璃管主要尺寸

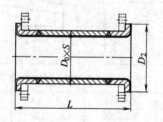

单位：mm

DN	$D_0 \times S$	D_2	L_{max}	DN	$D_0 \times S$	D_2	L_{max}
25	34×3.5	68	500	125	140×6	184	1500
32	42×3.5	78	500	150	168×7	212	2000
40	48×3.5	88	500	200	219×8	268	2000
50	60×4	102	500	250	273×10	320	2000
65	76×4	122	1000	300	325×11	370	3000
80	89×4	133	1000	400	426×12	482	3000
100	114×6	158	1500				

注：搪玻璃管的最大长度（L_{max}）可根据企业的实际生产能力确定。表中的 S 指搪玻璃前壁厚。L 系列尺寸见表6.7-24。

表 6.7-23　搪玻璃管参考质量

| 管子长度 L/mm | 管子规格 DN/mm | | | | | | | | | | | | |
| | 25 | 32 | 40 | 50 | 65 | 80 | 100 | 125 | 150 | 200 | 250 | 300 | 400 |
	管子质量/kg												
100	1.0	1.4	1.7	2.3	3.1	3.8	—	—	—	—	—	—	—
200	1.3	1.7	2.1	2.9	3.9	4.6	6.8	9.0	11.4	16.8	23.2	29.2	45.6
300	1.6	2.0	2.5	3.4	4.6	5.5	8.4	11.0	14.2	21.0	29.7	37.7	57.9
400	1.9	2.4	2.8	4.0	5.3	6.3	10.0	13.0	17.0	25.2	36.2	46.2	70.2
500	2.1	2.7	3.2	4.5	6.0	7.1	11.6	15.0	19.8	29.4	42.7	54.7	82.5
600	—	—	—	—	6.7	8.0	13.2	17.0	22.6	33.6	49.2	63.2	94.8
700	—	—	—	—	7.4	8.8	14.8	19.0	25.4	37.8	55.7	71.7	107.1
800	—	—	—	—	8.1	9.7	16.4	21.0	28.2	42.0	62.2	80.2	119.4
900	—	—	—	—	8.8	10.5	18.0	23.0	31.0	46.2	67.7	88.7	131.7
1000	—	—	—	—	9.5	11.3	19.6	25.0	33.8	50.4	74.2	97.2	144

续表

管子长度 L/mm	管子规格 DN/mm												
	25	32	40	50	65	80	100	125	150	200	250	300	400
	管子质量/kg												
1100	—	—	—	—	—	—	21.2	27.0	34.6	54.6	80.7	105.2	156.3
1200	—	—	—	—	—	—	22.8	29.0	37.4	58.8	87.2	114.2	168.6
1300	—	—	—	—	—	—	24.4	31.0	40.2	63.0	93.7	122.7	180.9
1400	—	—	—	—	—	—	26.0	33.0	43.0	67.2	100.2	131.2	193.2
1500	—	—	—	—	—	—	27.6	35.0	45.8	71.4	106.7	139.7	205.5
1600	—	—	—	—	—	—	—	—	48.6	75.6	113.2	148.2	217.8
1700	—	—	—	—	—	—	—	—	51.4	79.8	119.7	156.7	230.1
1800	—	—	—	—	—	—	—	—	54.2	84.0	126.2	165.2	242.4
1900	—	—	—	—	—	—	—	—	57.0	88.2	132.7	173.7	254.7
2000	—	—	—	—	—	—	—	—	59.8	92.4	139.2	182.2	267
2500	—	—	—	—	—	—	—	—	—	—	—	225.1	327.4
3000	—	—	—	—	—	—	—	—	—	—	—	267.7	388.6

注：表中参考质量不包括活套法兰质量。

6.7.4.3 搪玻璃30°弯头的规格（HG/T 2131—2009）（表6.7-24）

表6.7-24 搪玻璃30°弯头的规格

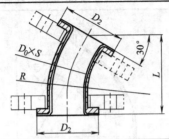

单位：mm

公称压力 PN/MPa	公称直径 DN/mm	$D_0 \times S$/mm	R/mm	L/mm	D_2/mm	参考质量/kg
	25	34×3.5	55	105	68	1.1
	32	42×3.5	65	110	78	1.4
	40	48×3.5	70	110	88	1.7
	50	60×4	85	115	102	2.5
	65	76×4	95	120	122	3.4
	80	89×4	105	130	138	4.1
1.0	100	114×6	110	140	158	5.9
	125	140×6	130	150	188	8.2
	150	168×7	150	170	212	10.8
	200	219×8	210	200	268	17.2
	250	273×10	255	230	320	26.0
	300	325×11	305	270	370	36.0
	400	426×12	405	325	482	63.0

注：表中的S指搪玻璃前壁厚；参考质量不包括活套法兰质量。

6.7.4.4 搪玻璃45°弯头的规格（HG/T 2132—2009）（表6.7-25）

表6.7-25 搪玻璃45°弯头的规格

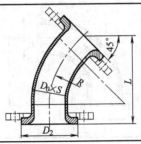

单位：mm

续表

公称压力 PN/MPa	公称直径 DN/mm	$D_0 \times S$/mm	R/mm	L/mm	D_2/mm	参考质量/kg
	25	34×3.5	55	107	68	1.11
	32	42×3.5	65	114	78	1.47
	40	48×3.5	70	118	88	1.81
	50	60×4	85	128	102	2.57
	65	76×4	95	135	122	3.53
	80	89×4	105	143	138	4.29
1.0	100	114×6	110	155	158	6.37
	125	140×6	130	169	188	8.82
	150	168×7	150	191	212	11.92
	200	219×8	210	235	268	19.50
	250	273×10	255	274	320	30.41
	300	325×11	305	318	370	42.85
	400	426×12	405	397	482	75.96

注：表中的 S 指搪玻璃前壁厚；参考质量不包括活套法兰质量。

6.7.4.5 搪玻璃60°弯头的规格（HG/T 2133—2009）（表6.7-26）

表 6.7-26 搪玻璃60°弯头的规格

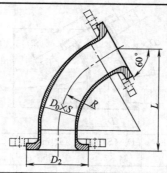

单位：mm

公称压力 PN/MPa	公称直径 DN/mm	$D_0 \times S$/mm	R/mm	L/mm	D_2/mm	参考质量/kg
	25	34×3.5	55	108	68	1.15
	32	42×3.5	65	116	78	1.53
	40	48×3.5	70	121	88	1.88
	50	60×4	85	134	102	2.69
	65	76×4	95	142	122	3.71
	80	89×4	105	151	138	4.52
1.0	100	114×6	110	163	158	6.83
	125	140×6	130	180	188	9.50
	150	168×7	150	205	212	12.96
	200	219×8	210	257	268	21.75
	250	273×10	255	303	320	34.71
	300	325×11	305	354	370	49.7
	400	426×12	405	448	482	88.95

注：表中的 S 指搪玻璃前壁厚；参考质量不包括活套法兰质量。

6.7.4.6 搪玻璃90°弯头的规格（HG/T 2134—2009）（表6.7-27）

表 6.7-27 搪玻璃90°弯头的规格

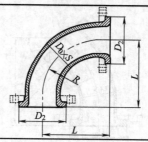

单位：mm

续表

公称压力 PN/MPa	公称直径 DN/mm	$D_0 \times S$/mm	R/mm	L/mm	D_2/mm	参考质量/kg
	25	34×3.5	55	95	68	1.24
	32	42×3.5	65	105	78	1.64
	40	48×3.5	70	110	88	2.02
	50	60×4	85	125	102	2.94
	65	76×4	95	135	122	4.06
	80	89×4	105	145	138	4.98
1.0	100	114×6	110	155	158	7.76
	125	140×6	130	175	188	10.85
	150	168×7	150	200	212	15.14
	200	219×8	210	260	268	26.32
	250	273×10	255	310	320	43.35
	300	325×11	305	365	370	63.17
	400	426×12	405	470	482	114.87

注：表中的 S 指搪玻璃前壁厚；参考质量不包括活套法兰质量。

6.7.4.7 搪玻璃180°弯头的规格（HG/T 2135—2009）（表6.7-28）

表 6.7-28 搪玻璃180°弯头的规格

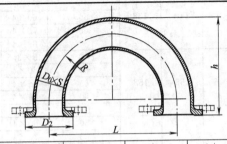

单位：mm

公称压力 PN/MPa	公称直径 DN/mm	$D_0 \times S$/mm	L/mm	h/mm	D_2/mm	参考质量/kg
	25	34×3.5	130	122	68	1.54
	32	42×3.5	150	136	78	2.08
	40	48×3.5	160	144	88	2.56
	50	60×4	180	160	102	3.76
	65	76×4	200	178	122	5.23
	80	89×4	220	195	138	6.76
1.0	100	114×6	240	222	158	11.5
	125	140×6	260	245	188	14.9
	150	168×7	305	284	212	21.7
	200	219×8	406	370	268	40.1
	250	273×10	508	447	320	69.3
	300	325×11	610	528	370	104.2
	400	426×12	813	683	482	192.8

注：表中的 S 指搪玻璃前壁厚；参考质量不包括活套法兰质量。

6.7.4.8 搪玻璃三通的规格（HG/T 2136—2009）（表6.7-29）

表 6.7-29 搪玻璃三通的规格

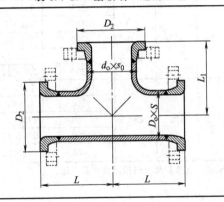

单位：mm

公称压力 PN /MPa	公称直径 DN₁ /mm	$D_0 \times S$ /mm	L/mm	D_2/mm	公称直径 DN₂ /mm	$d_0 \times s_0$ /mm	L_1/mm	D_2'/mm	参考质量/kg
1.0	25	34×3.5	90	68	25	34×3.5	90	68	1.98
	32	42×3.5	105	78	25	34×3.5	90	68	2.54
					32	42×3.5	105	78	2.74
	40	48×3.5	110	88	25	34×3.5	95	68	3
					32	42×3.5	95	78	3.18
					40	48×3.5	110	88	3.39
	50	60×4	120	102	25	34×3.5	95	68	4.08
					32	42×3.5	100	78	4.26
					40	48×3.5	105	88	4.46
					50	60×4	120	102	4.85
	65	76×4	130	122	25	34×3.5	100	68	5.43
					32	42×3.5	105	78	5.63
					40	48×3.5	110	88	5.82
					50	60×4	115	102	6.19
					65	76×4	130	122	6.72
	80	89×4	140	138	32	42×3.5	110	78	6.76
					40	48×3.5	115	88	6.97
					50	60×4	120	102	7.33
					65	76×4	125	122	7.82
					80	89×4	140	138	8.29
	100	114×6	155	158	40	48×3.5	125	88	10.48
					50	60×4	130	102	10.89
					65	76×4	135	122	11.40
					80	89×4	140	138	11.86
					100	114×6	155	158	12.88
	125	140×6	170	188	50	60×4	145	102	14.40
					65	76×4	150	122	14.95
					80	89×4	155	138	15.40
					100	114×6	160	158	16.32
					125	140×6	170	188	17.67
	150	168×7	195	212	65	76×4	160	122	20.31
					80	89×4	165	138	20.84
					100	114×6	175	158	21.77
					125	140×6	180	188	23.03
					150	168×7	195	212	24.63
	200	219×8	230	268	80	89×4	190	138	32.52
					100	114×6	200	158	33.64
					125	140×6	210	188	34.96
					150	168×7	220	212	36.45
					200	219×8	230	268	39.73
	250	273×10	270	320	100	114×6	230	158	52.87
					125	140×6	235	188	54.53
					150	168×7	245	212	56.19
					200	219×8	250	268	59.33
					250	273×10	270	320	64
	300	325×11	315	370	125	140×6	260	188	76
					150	168×7	270	212	78.5
					200	219×8	280	268	81.21
					250	273×10	295	320	85.34
					300	325×11	315	370	91.3
	400	426×12	370	482	150	168×7	315	212	125.17
					200	219×8	325	268	129.10
					250	273×10	340	320	133.42
					300	325×11	355	370	138.82
					400	426×12	370	482	151.90

注：表中的 S 和 s_0 均指搪玻璃前壁厚；参考质量不包括活套法兰质量。

6.7.4.9 搪玻璃四通的规格（HG/T 2137—2009）（表 6.7-30）

表 6.7-30 搪玻璃四通的规格

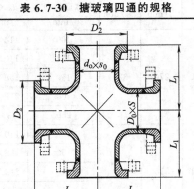

单位：mm

公称压力 PN /MPa	公称直径 DN_1 /mm	$D_0 \times S$ /mm	L/mm	D_2/mm	公称直径 DN_2 /mm	$d_0 \times s_0$ /mm	L_1/mm	D_2'/mm	参考质量/kg
	25	34×3.5	90	68	25	34×3.5	90	68	2.64
	32	42×3.5	105	78	25	34×3.5	90	68	3.25
					32	42×3.5	105	78	3.65
	40	48×3.5	110	88	25	34×3.5	95	68	3.74
					32	42×3.5	95	78	4.10
					40	48×3.5	110	88	4.52
	50	60×4	120	102	25	34×3.5	95	68	4.93
					32	42×3.5	100	78	5.29
					40	48×3.5	105	88	5.69
					50	60×4	120	102	6.47
	65	76×4	130	122	25	34×3.5	100	68	6.38
					32	42×3.5	105	78	6.78
					40	48×3.5	110	88	7.16
					50	60×4	115	102	7.90
					65	76×4	130	122	8.96
	80	89×4	140	138	32	42×3.5	110	78	8.00
					40	48×3.5	115	88	8.42
					50	60×4	120	102	9.14
					65	76×4	125	122	10.12
					80	89×4	140	138	11.05
1.0	100	114×6	155	158	40	48×3.5	125	88	12.38
					50	60×4	130	102	13.20
					65	76×4	135	122	14.22
					80	89×4	140	138	15.14
					100	114×6	155	158	17.17
	125	140×6	170	188	50	60×4	145	102	17.02
					65	76×4	150	122	18.12
					80	89×4	155	138	19.02
					100	114×6	160	158	20.86
					125	140×6	170	188	23.56
	150	168×7	195	212	65	76×4	160	122	24.20
					80	89×4	165	138	25.26
					100	114×6	175	158	27.12
					125	140×6	180	188	29.64
					150	168×7	195	212	32.84
	200	219×8	230	268	80	89×4	190	138	38.56
					100	114×6	200	158	40.80
					125	140×6	210	188	43.44
					150	168×7	220	212	46.42
					200	219×8	230	268	52.97

公称压力 PN /MPa	公称直径 DN$_1$ /mm	$D_0 \times S$ /mm	L/mm	D_2/mm	公称直径 DN$_2$ /mm	$d_0 \times s_0$ /mm	L_1/mm	D'_2/mm	参考质量/kg
					100	114×6	230	158	63.08
					125	140×6	235	188	66.40
	250	273×10	270	320	150	168×7	245	212	69.72
					200	219×8	250	268	76.00
					250	273×10	270	320	85.33
1.0					125	140×6	260	188	91.14
					150	168×7	270	212	96.14
	300	325×11	315	370	200	219×8	280	268	101.16
					250	273×10	295	320	109.82
					300	325×11	315	370	121.73
					150	168×7	315	212	149.08
					200	219×8	325	268	156.94
	400	426×12	370	482	250	273×10	340	320	165.58
					300	325×11	355	370	176.38
					400	426×12	370	482	202.53

注：表中的 S 和 s_0 均指搪玻璃前壁厚；参考质量不包括活套法兰质量。

6.7.4.10 搪玻璃同心异径管的规格（HG/T 2138—2009）（表6.7-31）

表6.7-31 搪玻璃同心异径管的规格

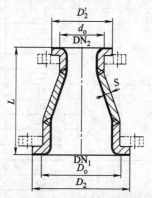

单位：mm

DN$_1$	D_0	S	L	D_2	DN$_2$	d_0	D'_2	参考质量/kg
32	42	3.5	130	78	25	34	68	1.3
40	48	3.5	145	88	25	34	68	1.6
					32	42	78	1.7
50	60	4	155	102	25	34	68	2.0
					32	42	78	2.2
					40	48	88	2.3
65	76	4	170	122	25	34	68	2.5
					32	42	78	2.7
					40	48	88	2.9
					50	60	102	3.2
80	89	4	170	138	32	42	78	3.1
					40	48	88	3.3
					50	60	102	3.6
					65	76	122	4.1

续表

DN$_1$	D$_o$	S	L	D$_2$	DN$_2$	d$_o$	D'$_2$	参考质量/kg
					40	48	88	4.6
100	114	6	190	158	50	60	102	5.0
					65	76	122	5.5
					80	89	138	5.9
					50	60	102	6.5
125	140	6	210	188	65	76	122	7.0
					80	89	138	7.4
					100	114	158	8.4
			230		65	76	122	8.9
150	168	7		212	80	89	138	9.4
			235		100	114	158	10.3
					125	140	188	11.5
					100	114	158	14.1
200	219	8	250	268	125	140	188	15.3
					150	168	212	16.5
					100	114	158	20.5
250	273	10	280	320	125	140	188	21.8
					150	168	212	23.1
					200	219	268	26.0
					125	140	188	28.7
			310		150	168	212	30.1
300	325	11		370	200	219	268	33.0
			320		250	273	320	36.5
			470		200	219	268	60.2
400	426	12		482	250	273	320	65.0
			480		300	325	370	70.0

注：表中的 S 指搪玻璃前壁厚；参考质量不包括活套法兰质量。

6.7.4.11 搪玻璃偏心异径管的规格（HG/T 2139—2009）（表 6.7-32）

表 6.7-32 搪玻璃偏心异径管的规格

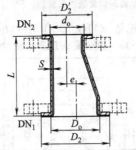

单位：mm

DN$_1$	D$_o$	S	L	D$_2$	DN$_2$	d$_o$	D'$_2$	e≈	参考质量/kg
32	42	3.5	130	78	25	34	68	4	1.3
40	48	3.5	145	88	25	34	68	7	1.6
					32	42	78	3	1.7
					25	34	68	13	2.0
50	60	4	155	102	32	42	78	9	2.2
					40	48	88	6	2.3
					25	34	68	21	2.5
65	76	4	170	122	32	42	78	17	2.7
					40	48	88	14	2.9
					50	60	102	8	3.2

DN$_1$	D$_o$	S	L	D$_2$	DN$_2$	d$_o$	D$_2'$	e≈	参考质量/kg
80	89	4	170	138	32	42	78	23	3.1
					40	48	88	20	3.3
					50	60	102	14	3.6
					65	76	122	6	4.1
100	114	6	190	158	40	48	88	33	4.6
					50	60	102	27	5.0
					65	76	122	19	5.5
					80	89	138	13	5.9
125	140	6	210	188	50	60	102	40	6.5
					65	76	122	32	7.0
					80	89	138	25	7.4
					100	114	158	13	8.4
150	168	7	230	212	65	76	122	46	8.9
			235		80	89	138	40	9.4
					100	114	158	27	10.3
					125	140	188	14	11.5
200	219	8	250	268	100	114	158	52	14.1
					125	140	188	40	15.3
					150	168	212	25	16.5
250	273	10	280	320	100	114	158	79	20.5
					125	140	188	67	21.8
					150	168	212	52	23.1
					200	219	268	27	26.0
300	325	11	310	370	125	140	188	92	28.7
					150	168	212	78	30.1
					200	219	268	53	33.0
			320		250	273	320	26	36.5
400	426	12	470	482	200	219	268	103	60.2
			480		250	273	320	76	65.0
					300	325	370	50	70.0

注：表中的 S 指搪玻璃前壁厚；参考质量不包括活套法兰质量。

6.7.4.12　搪玻璃 A 型异径法兰的规格（HG/T 2140—2009）（表 6.7-33）

表 6.7-33　搪玻璃 A 型异径法兰的规格

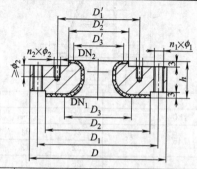

单位：mm

DN$_1$	h	D	D$_1$	D$_2$	D$_3$	n$_1$×φ$_1$	DN$_2$	D$_1'$	D$_2'$	D$_3'$	n$_2$×φ$_2$	参考质量/kg
40	35	150	110	88	68	4×M16	25	85	68	50	4×M12	4.0
							32	100	78	60	4×M12	3.7
50	35	165	125	102	82	4×M16	25	85	68	50	4×M12	4.6
							32	100	78	60	4×M12	4.5
							40	110	88	68	4×M16	4.4

续表

DN₁	h	D	D₁	D₂	D₃	n₁×φ₁	DN₂	D′₁	D′₂	D′₃	n₂×φ₂	参考质量/kg
65	35	185	145	122	102	4×M16	32	100	78	60	4×M16	5.7
							40	110	88	48	4×M16	5.6
							50	125	102	62	4×M16	5.5
80	35	200	160	138	83	8×M16	50	125	102	62	4×M16	6.7
							65	145	122	82	4×M16	6.6
100	45	220	180	158	108	8×M16	50	125	102	62	4×M16	10.3
							65	145	122	82	4×M16	9.9
							80	160	138	83	8×M16	9.5
125	45	250	210	188	134	8×M16	50	125	102	62	4×M16	13.6
							65	145	122	82	4×M16	13.0
							80	160	138	83	8×M16	12.4
							100	180	158	108	8×M16	11.7
150	45	285	240	212	162	8×M20	65	145	122	82	4×M16	17.5
							80	160	138	83	4×M16	17.0
							100	180	158	108	8×M16	16.0
							125	210	188	134	8×M16	15.0
200	45	340	295	268	218	8×M20	80	160	138	83	4×M16	24.0
							100	180	158	108	8×M16	23.0
							125	210	188	134	8×M16	22.0
							150	240	212	162	8×M16	21.0
250	45	395	350	320	270	12×M20	100	180	158	108	8×M16	34.0
							125	210	188	134	8×M16	32.0
							150	240	212	162	8×M20	30.0
							200	295	268	218	8×M20	35.0
300	45	445	400	370	344	12×M20	125	210	188	138	8×M16	36.9
							150	240	212	162	8×M20	35.3
							200	295	268	218	8×M20	32.5
							250	350	320	272	12×M20	29.2
400	45	565	515	482	450	16×M24	150	240	212	162	8×M20	58.2
							200	295	268	218	8×M20	54.7
							250	350	320	272	12×M20	50.8
							300	400	370	322	12×M20	46.7

注：表中 h 为搪玻璃前厚度。

6.7.4.13 搪玻璃 B 型异径法兰的规格 （HG/T 2140—2009）（表 6.7-34）

表 6.7-34 搪玻璃 B 型异径法兰的规格

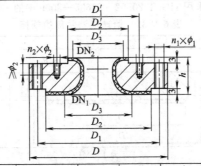

单位：mm

DN₁	h	D	D₁	D₂	D₃	n₁×φ₁	DN₂	D′₁	D′₂	D′₃	n₂×φ₂	参考质量/kg
40	35	150	110	88	68	4×18	25	85	68	50	4×M12	4.0
							32	100	78	60	4×M12	3.7
50	35	165	125	102	82	4×18	25	85	68	50	4×M12	4.6
							32	100	78	60	4×M12	4.5
							40	110	88	68	4×M16	4.4

DN_1	h	D	D_1	D_2	D_3	$n_1 \times \phi_1$	DN_2	D'_1	D'_2	D'_3	$n_2 \times \phi_2$	参考质量/kg
65	35	185	145	122	102	4×18	32	100	78	60	$4 \times M16$	5.7
							40	110	88	48	$4 \times M16$	5.6
							50	125	102	62	$4 \times M16$	5.5
80	35	200	160	138	83	8×18	50	125	102	62	$4 \times M16$	6.7
							65	145	122	82	$4 \times M16$	6.6
100	45	220	180	158	108	8×18	50	125	102	62	$4 \times M16$	10.3
							65	145	122	82	$4 \times M16$	9.9
							80	160	138	83	$8 \times M16$	9.5
125	45	250	210	188	134	8×18	50	125	102	62	$4 \times M16$	13.6
							65	145	122	82	$4 \times M16$	13.0
							80	160	138	83	$8 \times M16$	12.4
							100	180	158	108	$8 \times M16$	11.7
150	45	285	240	212	162	8×22	65	145	122	82	$4 \times M16$	17.5
							80	160	138	83	$8 \times M16$	17.0
							100	180	158	108	$8 \times M16$	16.0
							125	210	188	134	$8 \times M16$	15.0
200	45	340	295	268	218	8×22	80	160	138	83	$8 \times M16$	24.0
							100	180	158	108	$8 \times M16$	23.0
							125	210	188	134	$8 \times M16$	22.0
							150	240	212	162	$8 \times M16$	21.0
250	45	395	350	320	270	12×22	100	180	158	108	$8 \times M16$	34.0
							125	210	188	134	$8 \times M16$	32.0
							150	240	212	162	$8 \times M20$	30.0
							200	295	268	218	$8 \times M20$	25.0
300	45	445	400	370	344	12×22	125	210	188	138	$8 \times M16$	36.9
							150	240	212	162	$8 \times M20$	35.4
							200	295	268	218	$8 \times M20$	32.6
							250	350	320	272	$12 \times M20$	29.3
400	45	565	515	482	450	16×26	150	240	212	162	$8 \times M20$	58.3
							200	295	268	218	$8 \times M20$	54.8
							250	350	320	272	$12 \times M20$	50.8
							300	400	370	322	$12 \times M20$	46.8

注：表中 h 为搪玻璃前厚度。

6.7.4.14　搪玻璃法兰盖的规格（HG/T 2141—2009）（表 6.7-35）

搪玻璃法兰盖厚度及质量直接采用 HG/T 20592～20635—2009 中的相应数据。

表 6.7-35　搪玻璃法兰盖的规格

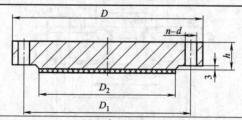

DN/mm	PN 为 1.0MPa						参考质量/kg
	D/mm	D_1/mm	D_2/mm	n	d/mm	h/mm	
25	115	85	68	4	14	16	1.23
32	140	100	78	4	18	18	2.03
40	150	110	88	4	18	18	2.35
50	165	125	102	4	18	20	3.20
65	185	145	122	4	18	20	4.06

DN/mm	PN 为 1.0MPa						参考质量/kg
	D/mm	D_1/mm	D_2/mm	n	d/mm	h/mm	
80	200	160	138	8	18	20	4.61
100	220	180	158	8	18	22	6.21
125	250	210	188	8	18	22	8.12
150	285	240	212	8	22	24	11.4
200	340	295	268	8	22	24	16.5
250	395	350	320	12	22	26	24.1
300	445	400	370	12	22	26	30.8
400	565	515	482	16	26	26	49.4

6.7.4.15 搪玻璃定距件（板/管）制品的规格（HG/T 2142—2009）（表6.7-36、表6.7-37）

表 6.7-36 定距板和定距管尺寸

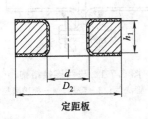

定距板

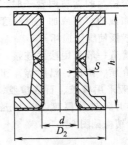

定距管

单位：mm

DN	h	h_1	D_2	d	S_{min}
25			68	27	6
32			78	35	6
40			88	43	6
50			102	53	8
65			122	68	8
80	70~90	10~60	138	83	8
100			158	103	10
125			188	128	10
150			212	153	10
200			268	203	10
250			320	253	10
300		15~60	370	303	12
400		25~60	482	403	14

注：表中的 S 为搪玻璃前壁厚。

表 6.7-37 定距板和定距管参考质量

公称压力 PN/MPa	DN/mm	定距板厚度 h_1/mm										定距管长度 h/mm		
		10	15	20	25	30	35	40	45	50	60	70	80	90
		参考质量/kg												
1.0	25	0.24	0.36	0.48	0.60	0.72	0.84	0.96	1.08	1.20	1.44	0.95	1.00	1.05
	32	0.30	0.45	0.60	0.75	0.90	1.05	1.20	1.35	1.50	1.80	1.24	1.30	1.36
	40	0.36	0.54	0.72	0.90	1.08	1.26	1.44	1.62	1.80	2.16	1.52	1.60	1.68
	50	0.47	0.71	0.94	1.18	1.41	1.65	1.88	2.12	2.35	2.82	2.08	2.20	2.32
	65	0.63	0.95	1.26	1.58	1.89	2.21	2.52	2.84	3.15	3.78	2.84	3.00	3.16
	80	0.75	1.13	1.50	1.88	2.25	2.63	3.00	3.34	3.75	4.50	3.41	3.60	3.79
	100	0.88	1.32	1.76	2.20	2.64	3.08	3.52	3.96	4.40	5.28	4.44	4.72	5.00
	125	1.17	1.78	2.34	2.93	3.51	4.10	4.68	5.27	5.85	7.02	6.10	6.45	6.80
	150	1.33	2.00	2.66	3.30	3.99	4.67	5.32	5.99	6.65	7.98	7.37	7.78	8.19

续表

公称压力 PN/MPa	DN/mm	定距板厚度 h_1/mm										定距管长度 h/mm		
		10	15	20	25	30	35	40	45	50	60	70	80	90
		参考质量/kg												
1.0	200	1.88	2.82	3.76	4.70	5.64	6.58	7.52	8.46	9.40	11.28	10.98	11.52	12.06
	250	2.37	3.56	4.74	5.93	7.11	8.30	9.48	10.67	11.85	14.22	14.76	15.42	16.08
	300	—	4.17	5.56	6.95	8.34	9.73	11.12	12.51	13.90	16.68	17.70	18.64	19.58
	400	—	—	—	10.78	12.93	15.09	17.24	19.40	21.55	25.86	28.30	29.75	31.20

6.7.4.16　搪玻璃制品的安装

（1）搬运管道时，应防止过度震动而损坏瓷面。

（2）管路架空时，每隔 2~3m 处设一支架或其他固定装置，以防搪玻璃管因受重力而破坏瓷层。

（3）安装管道时，不应扭曲或敲打对正。

（4）安装不带法兰的搪玻璃管子时，在管子两端的瓷层上应涂上耐腐蚀的材料或加上保护套，以免因端部瓷层损坏面向内扩展使管子损坏。

（5）搪玻璃管道一般采用法兰连接，其垫片根据操作条件（如腐蚀介质、浓度、温度等）和不损坏瓷面的原则来选用。一般采用橡胶、石棉橡胶、软聚氯乙烯、聚四氟乙烯等垫片，垫片厚度 8~10mm，宽度 10~20mm，法兰连接结构见图 6.7-1。

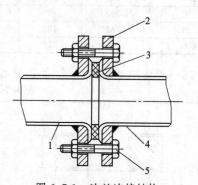

图 6.7-1　法兰连接结构

1—管体；2—管法兰；3—垫片；4—搪玻璃层；5—螺栓

6.8　其他复合管材和方法

6.8.1　金属网聚四氟乙烯复合管材（HG/T 3705—2003）

6.8.1.1　复合管材的性能

HG/T 3705—2003 标准适用于由钢质外壳与带金属网聚四氟乙烯衬里管复合而成的复合管与管件产品。其公称直径为 DN25~300mm，使用温度为 −20~250℃。其品种规格代号与标记见表 6.8-1。

表 6.8-1　品种规格代号与标记

序号	品　种	规格代号与标记
1	金属网聚四氟乙烯衬里直管	PTFE/CS-(V)-SP-公称通径 DN×L-法兰标准号
2	金属网聚四氟乙烯衬里 90°弯头	PTFE/CS-(V)-EL-公称通径 DN×90°-法兰标准号
3	金属网聚四氟乙烯衬里 45°弯头	PTFE/CS-(V)-EL-公称通径 DN×45°-法兰标准号
4	金属网聚四氟乙烯衬里等径三通	PTFE/CS-(V)-ET-公称通径 DN-法兰标准号
5	金属网聚四氟乙烯衬里异径三通	PTFE/CS-(V)-RT-公称通径 DN×小端公称通径 DN1-法兰标准号
6	金属网聚四氟乙烯衬里等径四通	PTFE/CS-(V)-EC-公称通径 DN-法兰标准号
7	金属网聚四氟乙烯衬里异径四通	PTFE/CS-(V)-RC-公称通径 DN×小端公称通径 DN1-法兰标准号
8	金属网聚四氟乙烯衬里同心异径管	PTFE/CS-(V)-CR-公称通径 DN×小端公称通径 DN1-法兰标准号
9	金属网聚四氟乙烯衬里偏心异径管	PTFE/CS-(V)-ER-公称通径 DN×小端公称通径 DN1-法兰标准号
10	金属网聚四氟乙烯衬里法兰盖	PTFE/CS-(V)-BF-公称通径 DN-法兰标准号

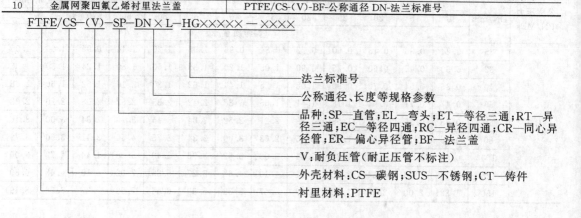

　　直管与直管、直管与管件、管件与管件之间采用法兰连接；钢制外壳和法兰连接处的转角应圆弧过渡，其圆角 3mm≤R≤6mm。

　　产品应平直储存在干净的室内。法兰翻边面保护材料在未安装时不得取下，破损或脱落。公称通径100mm 以下的产品，堆放高度不宜超过十层。公称通径 125～200mm 的产品，堆放高度不宜超过五层。公称通径 250mm 以上产品，堆放高度不宜超过三层。金属网聚四氟乙烯复合管与管件的衬里壁厚、翻边面尺寸见表 6.8-2。

表 6.8-2　复合管与管件的衬里壁厚、翻边面厚度、翻边面外圆最小直径　　单位：mm

示　意　图	DN	t	t_1	D_1
	25	≥1.4	≥1.2	≥50
	32			≥60
	40	≥1.6	≥1.4	≥70
	50			≥85
	65	≥1.8	≥1.6	≥105
	80			≥120
	100	≥2.0	≥1.8	≥145
	125	≥2.2	≥2.0	≥175
	150	≥2.5	≥2.3	≥200
	200			≥255
	250	≥2.8	≥2.6	≥310
	300	≥3.0	≥2.8	≥360

6.8.1.2　复合直管（表 6.8-3）

表 6.8-3　直管的结构形式和主要尺寸　　单位：mm

示　意　图	公称通径 DN	常用碳钢管径 D	L
两端固定法兰的直管　　一端固定，一端活动法兰的直管	25	32	优选定尺长度：$L=2000$，或者 $L=3000$
	32	38	
	40	45	
	50	57	
	65	73	
	80	89	
	100	108	
	125	133	
	150	159	
	200	219	
	250	273	
	300	325	

　　注：常用碳钢钢管的外径 D 和壁厚 T 是碳钢钢管的常用规格，特殊尺寸可协商确定。

6.8.1.3　复合异径管（表 6.8-4）

表 6.8-4　同心异径管、偏心异径管的结构形式和主要尺寸　　单位：mm

示　意　图	公称通径 DN	小端公称通径 DN₁	衬里壁厚 t	同心异径管 L	偏心异径管 L	偏心异径管 a
（图见下页）	25	—	见表 6.8-2	—	—	—
	32	25		150	150	3.5
	40	25		150	150	7.5
	40	32		150	150	4
	50	25		150	150	12.5
	50	32		150	150	9
	50	40		150	150	5
	65	32		150	150	16.5
	65	40		150	150	12.5
	65	50		150	150	7.5

续表

示意图	公称通径 DN	小端公称通径 DN₁	衬里壁厚 t	同心异径管 L	偏心异径管	
					L	a
	80	40		150	150	20
	80	50		150	150	15
	80	65		150	150	7.5
	100	50		150	150	25
	100	65		150	150	17.5
	100	80		150	150	10
	125	65		300	300	30
	125	80		150	150	22.5
	125	100		150	150	12.5
	150	80		300	300	35
	150	100	见表 6.8-2	150	150	25
	150	125		150	150	12.5
	200	100		300	300	50
	200	125		150	150	37.5
	200	150		150	150	25
	250	125		300	300	62.5
	250	150		150	150	50
	250	200		150	150	25
	300	150		300	300	75
	300	200		150	150	50
	300	250		150	150	25

同心异径管

偏心异径管

6.8.1.4 复合弯头（表 6.8-5）

表 6.8-5 90°弯头、45°弯头的结构形式和主要尺寸　　　　单位：mm

示意图	公称通径 DN	衬里壁厚 t	90°弯头	45°弯头	
			R	L	R
	25		98	44	109
	32		108	51	123
	40		115	57	138
	50		125	64	155
	65		137	76	183
90°弯头	80		144	76	183
	100	见表 6.8-2	156	102	246
	125		173	114	275
	150		191	127	307
	200		220	140	338
	250		257	165	398
45°弯头	300		285	190	459

6.8.1.5　复合三通（表6.8-6）

表6.8-6　等径三通、异径三通的结构形式和主要尺寸　　　　单位：mm

示意图	公称通径DN	衬里壁厚t	等径三通		异径三通		
			L	H	L	H	小端公称直径DN₁
	25		—	—	—	—	—
	32		216	108	216	108	25
	40		230	115	230	115	25,32
	50		250	125	250	125	25,32,40
	65		274	137	274	137	25,32,40,50
	80	见表6.8-2	288	144	288	144	25,32,40,50,65
	100		312	156	312	156	25,32,40,50,65,80
	125		346	173	346	173	32,40,50,65,80,100
	150		382	191	382	191	40,50,65,80,100,125
	200		440	220	440	220	50,65,80,100,125,150
	250		514	257	514	257	65,80,100,125,150,200
	300		570	285	570	285	80,100,125,150,200,250

（示意图：等径三通、异径三通，标注 DN、DN₁、L、H、t）

6.8.1.6　复合四通（表6.8-7）

表6.8-7　等径四通、异径四通的结构形式和主要尺寸　　　　单位：mm

示意图	公称通径DN	衬里壁厚t	等径四通		异径四通		
			L	H	L	H	小端公称直径DN₁
	25		—	—	—	—	—
	32		216	108	216	108	25
	40		230	115	230	115	25,32
	50		250	125	250	125	25,32,40
	65		274	137	274	137	25,32,40,50
	80	见表6.8-2	288	144	288	144	25,32,40,50,65
	100		312	156	312	156	25,32,40,50,65,80
	125		346	173	346	173	32,40,50,65,80,100
	150		382	191	382	191	40,50,65,80,100,125
	200		440	220	440	220	50,65,80,100,125,150
	250		514	257	514	257	65,80,100,125,150,200
	300		570	285	570	285	80,100,125,150,200,250

（示意图：等径四通、异径四通，标注 DN、DN₁、L、H、t）

6.8.1.7　复合法兰盖（表6.8-8）

表6.8-8　法兰盖的结构形式和主要尺寸　　　　单位：mm

示意图	公称通径DN	衬里壁厚t	连接尺寸
（示意图：法兰盖，标注DN、t）	25,32,40,50,65,80,100,125,150,200,250,300	见表6.8-2	见相应标准

6.8.2　孔网钢骨架聚乙烯复合管材（HG/T 3707—2003）

6.8.2.1　复合管材的性能

　　HG/T 3707—2003标准规定了用均匀冲孔薄钢板卷制而成一定形状的钢骨架，经与热塑性塑料注射成型的孔网钢骨架聚乙烯复合管件（以下简称：复合管件）的分类、要求、检验与试验、检验规则、标志、包装、运输、储存。适用于输送介质温度 0~70℃ 的石油、化工、冶金、制药、造纸、船舶及采矿、食品等行业。

　　基体材料为聚乙烯树脂时，聚乙烯混配料应为聚乙烯基础树脂，仅加入必要的添加剂，如抗氧剂、紫外线稳定剂和着色剂等制造而成的粒料，加入的添加剂应分散均匀。

　　复合管在输送 20℃ 以上介质时，其公称压力应进行校正，公称压力的校正系数表 6.8-9，校正方法以公称压力乘以表中的校正系数。

表 6.8-9　公称压力校正系数

温度 t/℃	$0 < t \leqslant 20$	$20 < t \leqslant 30$	$30 < t \leqslant 40$	$40 < t \leqslant 50$	$50 < t \leqslant 60$	$60 < t \leqslant 70$
校正系数	1	0.95	0.90	0.86	0.81	0.76

　　复合管件的规格尺寸及偏差应符合表 6.8-10 的规定。

表 6.8-10　规格尺寸及偏差

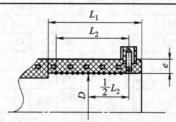

D—规格尺寸；e—复合管件壁厚；L_1—承口深度；L_2—加热区长度

规格尺寸/mm	公称压力 PN/MPa	平均内径及公差/mm	最小壁厚 e/mm	承口深度 L_1/mm	加热长度 L_2/mm	不圆度/%
50	2.0	$50^{+0.9}_{+0.1}$	8	≥55	≥25	
63	2.0	$63^{+1.0}_{+0.1}$	8.5	≥55	≥25	
75	2.0	$75^{+1.1}_{+0.15}$	11.5	≥65	≥45	
90	2.0	$90^{+1.2}_{+0.15}$	13	≥70	≥45	
110	2.0	$110^{+1.4}_{+0.15}$	14	≥80	≥50	
140	1.6	$140^{+1.4}_{+0.2}$	15	≥90	≥60	<2
160	1.6	$160^{+1.5}_{+0.2}$	16	≥90	≥60	
200	1.6	$200^{+1.6}_{+0.25}$	17	≥90	≥65	
250	1.25	$250^{+2}_{+0.25}$	18	≥110	≥90	
315	1.25	$315^{+2.2}_{+0.3}$	19	≥120	≥90	
400	1.25	$400^{+2.3}_{+0.3}$	19	≥130	≥95	

6.8.2.2　复合管件套筒（表 6.8-11）

表 6.8-11　复合管件套筒基本参数

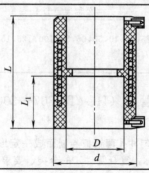

单位：mm

续表

D	d	L₁	L	D	d	L₁	L
50	68	55	120	160	192	90	210
63	80	55	130	200	236	90	220
75	98	65	140	250	286	110	260
90	116	70	160	315	353	120	290
110	138	80	180	400	438	130	300
140	170	90	200				

6.8.2.3　复合管件90°弯头（表6.8-12）

表 6.8-12　复合管件90°弯头基本参数

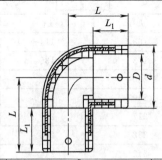

单位:mm

D	d	L	L₁	D	d	L	L₁
50	68	94	55	160	192	190	90
63	80	100	55	200	236	220	90
75	98	120	65	250	286	265	110
90	116	137	70	315	353	323	120
110	138	148	80	400	438	380	130
140	170	180	90				

6.8.2.4　复合管件45°弯头（表6.8-13）

表 6.8-13　复合管件45°弯头基本参数

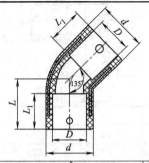

单位:mm

D	d	L	L₁	D	d	L	L₁
50	68	92	70	110	142	114	93
63	82	98	70	140	176	130	91
75	100	91	70	160	192	155	106
90	118	91	70	200	240	207	117

6.8.2.5　复合管件等径三通（表6.8-14）

表6.8-14　复合管件等径三通基本参数

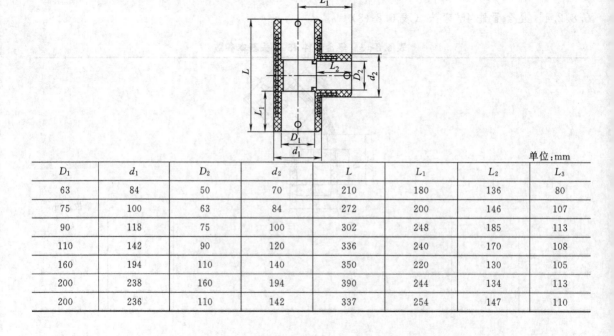

单位：mm

D	d	L	L_1	L_2	L_3
50	68	168	114	103	60
63	82	178	136	110	60
75	100	216	158	138	70
90	120	240	165	125	80
110	140	317	227	167	105
140	176	332	248	165	91
160	192	342	244	165	96
200	234	378	296	174	96
250	290	540	345	200	125
315	357	550	520	206	143
400	440	700	430	215	150

6.8.2.6　复合管件异径三通（表6.8-15）

表6.8-15　复合管件异径三通基本参数

单位：mm

D_1	d_1	D_2	d_2	L	L_1	L_2	L_3
63	84	50	70	210	180	136	80
75	100	63	84	272	200	146	107
90	118	75	100	302	248	185	113
110	142	90	120	336	240	170	108
160	194	110	140	350	220	130	105
200	238	160	194	390	244	134	113
200	236	110	142	337	254	147	110

6.8.2.7 复合异径管件（表6.8-16）

表6.8-16 复合管件异径基本参数

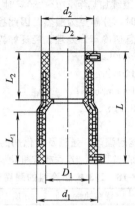

单位：mm

D_1	d_1	D_2	d_2	L	L_1	L_2
63	80	50	67	152	72	67
75	100	63	83	167	80	72
90	118	75	100	176	80	82
110	138	90	116	208	90	96
140	176	110	144	253	115	110
160	190	140	170	216	98	96
200	233	160	190	252	105	106
250	285	200	237	305	127	130
315	354	250	287	367	156	145

6.8.2.8 复合管件法兰连接（表6.8-17）

表6.8-17 复合管件法兰连接件基本参数

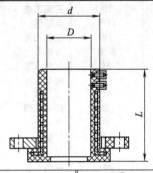

单位：mm

D	d	L	D	d	L
50	69	115	160	192	197
63	84	120	200	234	208
75	100	135	250	287	230
90	118	162	315	353	255
110	140	142	400	420	180
140	170	187			

6.8.3 塑料涂料

6.8.3.1 聚三氟氯乙烯涂料

（1）物理机械性能

聚三氟氯乙烯（简称F-3）树脂是一种结晶体聚合物，其制品的结晶度是影响物理机械性能的决定因素。如结晶度低的对金属有良好的附着力，不易碎裂，表面较坚韧，耐磨性能尚好，冲击韧性好，可达100kg·

cm/cm^2，而结晶度高的则较硬而脆，容易剥落，抗冲击强度也较低。

F-3 树脂的结晶速度与温度有关，100℃以下结晶速度较小，高于 150℃迅速增长，195℃达最高点。F-3 树脂在温度超过 208～210℃时为高弹性态，继续加热至 270～280℃时为黏流态，当温度达 310℃以上时，开始激烈地分解，特别是与金属铁、铜、铬接触时，分解更为激烈。因此控制涂层的结晶度是十分重要的，降低结晶度的方法是涂层在施工中必须经过淬火（急速冷却）处理。经良好淬火处理的机械性能如下：

抗拉强度	$300～400kgf/cm^2$；
相对伸长率	$70～100\%$；
正面冲击韧性	$50kgf \cdot cm/cm^2$；
与碳钢附着力	$50～80kgf/cm^2$。

（2）耐腐蚀性能

F-3 树脂具有优良的耐腐蚀性能，它能耐强酸、强碱及氧化剂的腐蚀，在室温下能耐一般的有机溶剂。但在较高温度下能被含有氟、氯等卤素原子的脂肪族、芳香族有机化合物溶胀或溶解。耐腐蚀性能见表 6.8-18。

表 6.8-18　F-3 树脂涂料的耐腐蚀性能

介质	浓度/%	温度/℃	耐腐蚀性	介质	浓度/%	温度/℃	耐腐蚀性
硫酸	10～50	常温	耐	丙烯腈		常温	耐
硫酸	50	70	尚耐	氢氧化铵	30	常温	耐
硫酸	75	常温	尚耐	氯化铵	27	常温	耐
硫酸	75	70	尚耐	硫酸铵	27	常温	耐
硫酸	92	常温	耐	苯胺	100	常温	尚耐
硫酸	92	50～100	耐	苯	100	常温	尚耐
硫酸	98	常温	耐	甲苯	100	常温	尚耐
硝酸	5～10	常温	耐	二甲苯	100	100	尚耐
硝酸	10	70	耐	硝基苯	100	常温	尚耐
硝酸	25～50	常温	耐	氯苯		100	尚耐
硝酸	50	70	尚耐	醋酸丁酯	100	常温	尚耐
硝酸	60	常温	尚耐	二氧化碳	100	常温	耐
盐酸	10～38	常温	耐	二硫化碳	100	常温	尚耐
盐酸	35～38	50	耐	四氯化碳	100	常温	不耐
盐酸	35～38	100	耐	三氯甲烷	100	常温	不耐
醋酸	10～50	常温	耐	三氯乙烷		10～25	耐
醋酸	50	70	尚耐	硫酸铜	15	常温	尚耐
醋酸	100	常温	耐	三氟乙烯	100	常温	不耐
醋酸	100	71	尚耐	异丙醇气体		40	耐
磷酸	50	常温	耐	三氯乙醛		30～45	耐
磷酸	75	常温	耐	糠醛	100	常温	耐
磷酸	85	常温	耐	二乙醚	100	常温	尚耐
磷酸	85	50～100	耐	醋酸乙酯	100	常温	尚耐
铬酸	25～50	常温	耐	汽油		常温	耐
铬酸	50	70	尚耐	煤油		常温	耐
铬酸	100	常温	耐	过氧化氢	3～10	常温	尚耐
王水		常温	耐	过氧化氢	30	常温	耐
草酸	9	常温	尚耐	糠醇	100	常温	耐
甲酸	25～50	常温	耐	铬酸钾	5	常温	耐
甲酸	90	常温	耐	铬酸钾	10	常温	耐
油酸	100	常温	尚耐	高锰酸钾	5	常温	耐
次氯酸	30	常温	耐	氢氧化钾	40	100	耐
氢氟酸	10～20	常温	耐	食盐溶液	26	常温	耐
氢氟酸	40	常温	尚耐	氢氧化钠	10	常温	耐
氢氟酸	99	10～30	耐	氢氧化钠	25	常温	耐
亚硫酸	10	常温	尚耐	氢氧化钠	50	70	尚耐
氟硅酸	34	常温	尚耐	次氯酸钠		70	尚耐
烟道气（SO_2）		110	耐	亚硝酸钠	40	常温	耐
发烟硫酸		常温	耐	硫化钠	16	常温	尚耐
甲醛	36	常温	耐	亚氯酸钠	10～16	100	耐
乙醛	100	常温	尚耐	五氧化磷		常温	耐
丙酮	100	常温	耐				

(3) 耐热耐寒性

F-3 树脂的耐热、耐寒性都较好，涂层的使用温度范围一般为 −100～+130℃，只有在高于 150℃ 时，涂层才会出现逐步变软现象。随着温度的提高，涂层结晶度也逐步提高，因而引起涂层有开裂，发脆等现象。又由于其相对伸长率较好，因而能耐急冷急热的变化。加之涂层总厚度较薄（0.4～0.5mm），所以可作各种冷却器、冷凝器、管道等防腐材料。此外，经淬火后的 F-3 树脂涂层，尚具有不黏性，可避免设备、管路内表面粘结污物，也可用为密封衬垫。经淬火后的 F-3 树脂薄膜透明度也很好，可用为设备、管路上的窥视镜或腐蚀介质的隔离膜。

(4) F-3 树脂涂层的优缺点

优点是低于 130℃ 时，可长期抵抗无机酸及盐类腐蚀；耐碱、氟化氢、氢氟酸的腐蚀优于耐酸搪瓷；耐盐酸、氯化氢气、氯气和稀硫酸的腐蚀优于搪铅、不锈钢；涂层不怕湿度的急剧变化，低温可耐 −100℃（还有可耐 −195℃ 的报道）。

缺点是 F-3 树脂涂层虽是无孔致密涂层，但难于喷涂，并要在高温下长期操作，较其他涂层成本高，故仅限于特殊应用；温度高于 130℃ 时使用寿命不长，140℃ 时对氯磺酸长期作用，对氢氟酸、高浓度发烟硫酸都是不稳定的。在较高温度下能被有机溶剂（首先是苯及苯的同系物）溶胀或溶解；硬度低，被尖硬物撞击易破裂，且破损后不易修复。

6.8.3.2 氟-46 涂料

(1) 性能

氟-46 为四氟乙烯和六氟丙烯的共聚物，它具有优良的耐腐蚀性能，对强酸、强碱及强氧化剂，即使是在高温下也不发生任何作用。它除对某些卤化物、芳香族烃类化合物有轻微的膨胀现象外，对酮类、醚类、醇类等有机溶剂都不起作用。能对它起作用的仅有元素氟和三氟化氯以及熔融的碱金属，但只能在高温、高压下作用才显著。它的耐热性稍次于聚四氟乙烯涂料（简称 F-4，可耐 250℃ 左右），耐寒性较好。

氟-46 是一种比 F-4 融体黏度小，易于加工成型，流动性较大的热塑性氟塑料。用其粉料或分散液制的涂层，很少发现有微小针孔，在耐腐蚀上比 F-4 涂料优越。

(2) 使用情况

氟-46 涂料的涂层造价较贵，喷涂工艺比较繁杂，操作时有毒性。目前，氟-46 涂料应用在管路上较少，主要用于零部件上的喷涂，且效果较好，使用情况见表 6.8-19。

表 6.8-19 氟-46 涂料使用情况

名称	温度/℃	介 质	涂层使用情况
出料管（φ100）	135～140	98%硫酸、98%硝酸、碘化钾	原用酚醛树脂只能用半个月左右，现用 11 个月，情况良好
球阀（φ50）	30～50	氯苯、氯化氢、氯气	原用不锈钢 1 星期换 1 个，现能用 3 个月以上。也可用 F-3 球阀
球阀（φ50）	30～40	98%硫酸、30%盐酸、氯气、氯苯	原用铸铁 8 小时，不锈钢 7 天，现能用 90 天以上
球阀（φ50）	40	50%溴氢酸	原用不锈钢 1 个月，现能用 1 年多
弯头	−40～30	30%硫酸、30%盐酸、氯气、氯苯	能用 2 年多

6.8.3.3 聚氯乙烯涂料

(1) 性能

聚氯乙烯涂料具有良好的耐腐蚀性能，特别是耐中等浓度的酸、碱腐蚀。使用温度一般为 50℃ 左右。涂层光洁，但施工要消耗大量的溶剂，刺激性较大，故使用受到一定条件的限制。

(2) 优缺点和使用情况

优点是价格较低，施工方法简易，对被涂物的表面处理要求不高，可供大型设备、管路的防腐，涂层不需作热处理。在气候干燥和通风好的条件下，每层涂料自干 4 小时便可；涂层的更新或局部修补较方便；涂层在甲醛及某些有机酸的介质中，防腐蚀效果较好，一般甲醛储槽涂覆后，最长时间已用 7～8 年，最短可用 2～3 年。

缺点是消耗溶剂量大，刺激性大，施工较艰苦（特别在夏季），一定要加强劳动保护措施；耐热性差，超过 70℃ 长期使用，涂层表面就会起小泡脱落。

6.8.3.4 氯化聚氯乙烯涂料

氯化聚氯乙烯涂料的防腐蚀性能比聚氯乙烯涂料好。它的优点是涂覆成膜后，可耐温度 110℃；在溶剂中的溶解度比聚氯乙烯树脂高 50％，可降低溶剂的消耗量和材料成本；涂料的底层用异氰酸酯作助粘剂，面层只用氯化聚氯乙烯树脂溶液涂覆便可，仍保持氯化聚氯乙烯涂料原有的耐腐蚀性能；可作木材和大气的防腐蚀涂料，使用效果较好。

　　上海溶剂厂使用 φ200 钢管内壁涂覆氯化聚氯乙烯涂料，介质为甲醛废气，常温下能用 3 年以上，可节约大量铝材。

7 常用阀门

7.1 阀门的选用

7.1.1 阀门的设置

7.1.1.1 阀门的设置原则（HG/T 20570.18—1995）

(1) 本要求适用于化工工艺系统专业。所提及的阀门不包括安全阀、蒸汽疏水阀、取样阀和减压阀等，但包括限流孔板、盲板等与阀门有类似作用的管件的设置，以切断阀作为这些阀件的总称。切断阀的作用是用来隔断流体或使流体改变流向，要根据生产（包括正常生产、开停工及特殊工况）、维修和安全的要求而设置，同时也要考虑经济上的合理性。

(2) 工艺物料和公用物料管道在装置边界处（通常在装置界区内侧）应设切断阀，下列几种情况例外：

① 排气系统；

② 紧急排放槽设于边界外时的泄放管；①、②两种情况如必须设阀门时，亦需铅封开启（C.S.O）；

③ 不会引起串料和事故的物料管；

④ 不需计量的物料管。

(3) 一种介质需输送至多个用户时，为了便于检修或节能、防冻，除在设备附近装有切断阀外，在分支管上紧靠总管处加装一个切断阀叫根部阀。通常用于公用物料系统（如蒸汽、压缩空气、氮气等）。当一种工艺物料通向多个用户时（例如溶剂），需作同样设置。在有节能防冻等要求时，根部阀与主管的距离应尽量小。

(4) 化工装置内所有的公用物料管道分支管上都应装根部阀，以免由于个别阀门损坏引起装置或全厂停车。

(5) 蒸汽和架空的水管道，即使只通向一个装置或一台设备，当支管超过一定长度时也需加根部阀以减少死区，降低能耗，防止冻结。

(6) 液化石油气、其他可燃、有毒、贵重液体、有强腐蚀性（如浓酸、烧碱）和有特殊要求的（如有恶臭的介质等对环境造成严重污染的）介质的储罐，在其底部通向其他设备的管道上，不论靠近其他设备处有无阀门，都应安装串联的两个阀（双阀），其中一个应紧贴储罐接管口。当储罐容量较大或距离较远时，此阀最好是遥控阀。为了减少阀门数量，在操作允许的情况下，可以将数根管道合并接到一个管口上。装有上述介质的容器的排净阀，也应是双阀。

(7) 在装置运行中需切断检修清扫或进行再生的设备，应设双阀，并在两阀之间设检查阀。设备从系统切断时，双阀关闭，检查阀打开。

(8) 公用物料管道尽可能不与工艺物料管道固定连接，应通过软管站以快速接头方式连接。当操作需要直连时则应以双阀连接，中间设检查阀，检查阀在停止进料时打开，或加铅封开（C.S.O）；在压力可能有波动的场合再加止回阀。为避免液体物料对水系统的污染，在需经常加入水时，应将水管接至设备的气相空间，这种情况下亦可不设双阀。

(9) 对于烃类和有毒、有害化学药剂等物料与其他工艺物料连接处的上游和放空、放净管上设置双阀，可参照表 7.1-1。

表 7.1-1 应用双阀的温度和压力条件

介 质 名 称	工作温度/℃	工作压力(表)/10^5Pa
重烃类(灯油、润滑油、沥青等)	≥200	≥20
雷特蒸气压于 $1.05×10^5$Pa(表)、闪点低于 37.8℃ 的烃类(粗汽油等)	≥180	≥20

续表

介 质 名 称	工作温度/℃	工作压力(表)10^5Pa
雷特蒸气压高于 1.05×10^5Pa(表)、低于 4.57×10^5Pa(表)的烃类(丁烷、轻质粗汽油等)	≥150	≥18
雷特蒸气压高于 4.57×10^5Pa(表)的烃类(丙烷等)	≥120	≥18
H_2、液化石油气	任意	任意
任何可燃气体	≥120	≥25
有毒气体及有害化学药剂	任意	≥3.5

(10) 公用物料管道可能由于工艺流体倒流而遭到污染时，则在公用物料管切断阀下游设止回阀。

7.1.1.2　阀门的选用依据 (HG/T 20570.18—95)

选择阀门是根据操作和安全及经济的合理性，综合平衡比较的经验结果。在选择阀门之前必须提出下述原始条件。

(1) 物性

① 物料状态

a. 气体物料的物料状态包括有关物性数据，纯气体还是混合物，是否有液滴或固体微粒，是否有易凝结的成分。

b. 液体物料的物料状态包括有关物性数据，纯组分或混合物是否含易挥发组分或溶解有气体（压力降低时可析出形成二相流），是否含固体悬浮物，以及液体的黏稠度、凝固点或倾点等。

② 其他性质

包括腐蚀性、毒性、对阀门结构材料的溶解性，是否易燃易爆等性能。这些性能有时不只影响材质，还会引起结构上的特殊要求，或需要提高管道等级。

(2) 操作状态下的工作条件

① 按正常工作条件下的温度和压力，还需结合开停工或再生时的工作条件。

a. 泵出口阀应考虑泵的最大关闭压力等。

b. 当系统再生温度高出正常温度很多，而压力却有所降低，对这种类型的系统，要考虑温度和压力综合的影响。

c. 操作的连续程度，即阀门开闭的频率，也影响到对耐磨损程度的要求，开关较频繁的系统，应考虑是否安装双阀。

② 系统允许的压力降

a. 系统允许压力降较小，或允许压力降不小但不需要进行流量调节时，则应选用压力降较小的阀型如闸阀、直通的球阀等。

b. 需要调节流量，则应选择调节性能较好，具有一定压力降的阀型（压力降占整个管道压力降的比例与调节的灵敏度有关）。

③ 阀门所处的环境，在寒冷地区的室外，特别是对化学物料，阀体材质一般不可用铸铁而应选用铸钢（或不锈钢）。

(3) 阀门功能

① 切断：几乎所有的阀门都具有切断功能。单纯用于切断而不需调节流量则可选用闸阀、球阀等，要求迅速切断时，则以旋塞、球阀、蝶阀等较为适宜。截止阀则既可调节流量又可切断，蝶阀也可适于大流量的调节。

② 改变流向：选用两通（通道为 L 形）或三通（通道为 T 形）球阀或旋塞，可以迅速改变物料流向，且由于一个阀门起到两个以上直通阀门的作用，可简化操作，使切换准确无误，并能减少所占空间。

③ 调控：截止阀、柱塞阀可满足一般的流量调节，针形阀可用于微量的细调；在较大流量范围进行稳定（压力、流量）的调节，则以节流阀为宜。

④ 止回：需防止物料倒流时可选用止回阀。

⑤ 不同生产过程可以选择有附加功能的阀门，如有带夹套、带排净口和带旁路的阀门，有用于防止固体微粒沉降的带吹气口阀门等。

(4) 开关阀门的动力

就地操作的阀门绝大多数用手轮，对与操作带有一定距离的，可采用链轮或加长杆。一些大口径的阀门因启动力矩过大在阀门设计时已带有电机。在防爆区内要采用相应等级的防爆电机。

遥控阀采取的动力种类有气动、液压、电动等，其中电动又可分为电磁阀与电机带动的阀。应根据需要和所能提供的能源来选择。

7.1.1.3　阀门的适用范围（HG/T 20570.18—95）

（1）闸阀

① 流体流经闸阀时不改变流向，当闸阀全开时阻力系数几乎是所有阀门中最小的，而且适用的口径范围、压力温度范围都很宽。与同口径的截止阀相比，其安装尺寸较小，因而是化工生产装置中用得最多的一种类型。

② 闸阀手柄分明杆、暗杆两种。明杆闸阀用于两套以上相同设备的交替切换时，特别有利，其明杆可明显标示出阀门的开关情况。

③ 当闸阀半开时，阀芯易产生振动，所以闸阀只适用于全开或全闭的情况，不适于需要调节流量的场合。

④ 闸阀阀体内有刻槽，所以不适用于含固体微粒的流体。近年来有带吹气口的闸阀可适用于这种情况。

（2）截止阀

① 截止阀是化工装置广泛应用的阀型。它的密封性能可靠，也适于调节流量，一般多装在泵出口、调节阀旁路流量计上游等需调节流量之处。

② 流体流经阀芯时改变流向，因而压力降大，同时易在阀座上沉积固形物，故不适用于悬浮液。

③ 截止阀与同口径的闸阀相比，体积较大，因而限制了它的最大口径（最大DN150～200）。

④ Y型截止阀和角式截止阀与普通直通阀相比，压力降较小，且角式阀兼有改变流向功能。

⑤ 针形阀也是截止阀的一种，其阀芯为锥形，可用于小流量微调或用作取样阀。

（3）旋塞、柱塞阀、球阀

① 三者功能相似，都是可以迅速启闭的阀门。阀芯有横向开孔，液体直流通过，压力降小，适用于悬浮液或黏稠液。阀芯又可作成L形或T形通道而成为三通、四通阀。外形规整，易于作成夹套阀用于需保温的情况，这几类阀可较方便地制成气动或电动阀进行遥控。

② 三者的不同在于柱塞阀、球阀的工作压力略高。

（4）蝶阀

有一定的调节功能，特别适用于大流量调节，使用温度受密封材料的限制。

（5）止回阀

① 止回阀是用以防止流体逆向流动的阀，用于防止由于流体倒流造成的污染、温升或机械损坏。

② 常用的有旋启式、升降式和球式三类。旋启式直径比后两种较大，可安装在水平管或垂直管上，安装在垂直管上时流体应自下而上流动。升降式和球式口径较小，且只能安装在水平管路上。

③ 止回阀只能用以防止突然倒流但密封性能欠佳，因此对严格禁止混合的物料，还应采取其他措施。

④ 离心泵进口为吸上状态时，为保持泵内液体在进口管端装设的底阀也是一种止回阀。当容器为敞口时，底阀可带滤网。

（6）隔膜阀及管夹阀

这两种阀在使用时，流体只与隔膜或软管接触而不触及阀体其他部位，特别适用于腐蚀性流体或黏稠液、悬浮液等。但使用范围受隔膜或软管的材质所限。

7.1.1.4　阀门的型式选择（表7.1-2）

表7.1-2　阀门的型式

流体名称	管道材料	操作压力/MPa	连接方式	阀门型式		推荐阀门型号	保温方式
				支管	主管		
上水	焊接钢管	0.1～0.4	≤2″螺纹连接；≥2½″法兰连接	≤2″球阀；≥2½″蝶阀	蝶阀	Q11F 1.6C DTD71F-1.6C	
清下水	焊接钢管	0.1～0.3			闸阀	Q41F-1.6C	
生产污水	焊接钢管，铸铁管	常压	承插，法兰，焊接			根据污水性质定	
热水	焊接钢管	0.1～0.3	法兰，焊接，螺纹	球阀	球阀	Q11F-1.6 Q11F 1.6	岩棉、矿物棉，硅酸铝纤维玻璃棉
热回水	焊接钢管	0.1～0.3					
自来水	镀锌钢管	0.1～0.3	螺纹				

续表

流体名称	管道材料	操作压力/MPa	连接方式	阀门型式 支管	阀门型式 主管	推荐阀门型号	保温方式
冷凝水	焊接钢管	0.1~0.8	法兰,焊接	截止阀 柱塞阀		J21T-1.6 U41S 1.6C	
蒸馏水	无毒 PVC、PE、ABS 管,玻璃管,不锈钢管(有保温要求)	0.1~0.8	法兰,卡箍	球阀		Q4IF 1.6C	
蒸汽	3″以下,焊接钢管;3″以上,无缝钢管	0.1~0.6	法兰,焊接	柱塞阀	柱塞阀	U41S-1.6(C)	岩棉、矿物棉,硅酸铝纤维玻璃棉
压缩空气	<1.0MPa 焊接钢管;>1.0MPa 无缝钢管	0.1~1.5	法兰,焊接				
惰性气体	焊接钢管	0.1~1.0	法兰,焊接			Q4IF-1.6C	
真空	无缝钢管或硬聚氯乙烯管	真空	法兰,焊接				
排气		常压	法兰,焊接	球阀	球阀		
盐水	无缝钢管	0.3~0.5	法兰,焊接				软木、矿渣棉,泡沫聚苯乙烯,聚氨酯
回盐水		0.3~0.5	法兰,焊接				
酸性下水	陶瓷管、衬胶管、硬聚氯乙烯管	常压	承插,法兰			PVC、衬胶	
碱性下水	无缝钢管	常压	法兰,焊接			Q41F-1.6C	
生产物料	按生产性质选择管材						
气体(暂时通过)	橡胶管	<1.0					
液体(暂时通过)	橡胶管	<0.25					

注:1. "焊接钢管"系 GB/T 3091—2008《低压流体输送用焊接钢管》的简称。

2. 截止阀将逐步由球阀取代。操作温度在100℃以下的蒸馏水、盐水(回盐水)及碱液尽量选用 Q11F-1.6 或 Q41F-1.6,蒸汽尽量选用 U4IS1.6 (C)。

7.1.2　阀门结构长度

GB 12221—2005 规定了法兰连接金属阀门(直通式和角式)的结构长度。适用于公称压力≤PN42.0MPa,公称尺寸 DN3~4000mm 的闸阀、截止阀、球阀、蝶阀、旋塞阀,隔膜阀、止回阀的结构长度。法兰连接阀门结构长度基本系列见表 7.1-3。

表 7.1-3　结构长度基本系列　　　单位:mm

公称直径 DN	基本系列代号 1	2	3	4	5	7	8①	9①	10	11①	12	13	14	15	18	19	21	22	23	24①
10	130	210	102	—	—	108	85	105	—	—	130			80			—		—	—
15	130	210	108	140	165	108	90	105	108	57	130		—	80		152		170	83
20	150	230	117	152	190	117	95	115	117	64	130			90		178		190	95
25	160	230	127	165	216	127	100	115	127	70	140	—	120	100		216		210	108
32	180	260	140	178	229	146	105	130	140	76	165		140	110		229		230	114
40	200	260	165	190	241	159	115	130	165	82	165	106	140	240	120		241		260	121
50	230	300	178	216	292	190	125	150	203	102	203	108	150	250	135	216	267	250	300	146

续表

公称直径 DN	1	2	3	4	5	7	8①	9①	10	11①	12	13	14	15	18	19	21	22	23	24①
	基本系列代号																			
	结构长度																			
65	290	340	190	241	330	216	145	170	216	108	222	112	170	270	165	241	292	280	340	165
80	310	380	203	283	356	254	155	190	241	121	241	114	180	280	185	283	318	310	390	178
100	350	430	229	305	432	305	175	215	292	146	305	127	190	300		305	356	350	450	216
125	400	500	254	381	508	356	200	250	330	178	356	140	200	325		381	400	400	525	254
150	480	550	267	403	559	406	225	275	356	203	394	140	210	350		403	444	450	600	279
200	600	650	292	419	660	521	275	325	495	248	457	152	230	400		419	533	550	750	330
250	730	775	330	457	787	635	325		622	311	533	165	250	450		457	622	650		394
300	850	900	356	502	838	749	375		698	350	610	178	270	500		502	711	750		419
350	980	1025	381	762	889		425		787	394	686	190	290	550		572	838	850		
400	1100	1150	406	838	991		475		914	457	762	216	310	600		610	864	950		
450	1200	1275	432	914	1092				978		864	222	330	650		660	978	1050		
500	1250	1400	457	991	1194				978		914	229	350	700		711	1016	1150		
600	1450	1650	508	1143	1397				1295		1067	267	390	800		787	1346	1350		
700	1650		610	1346	1549				1448			292	4730	900			1499	1450		
800	1850		660						1956			316	470	1000			1778	1650		
900	2050		711						1956			330	510	1100			2083			
1000	2250		811									410	550	1200						
1200												470	630							
1400												530	710							
1600												600	790							
1800												670	870							
2000												760	950							
2200												800	1000							
2400												850	1100							
2600												900	1200							
2800												950	1300							
3000												1000	1400							
3200												1100								
3400												1200								
3600												1200								
3800												1200								
4000												1300								

① 角式阀门结构长度。

7.1.3　材料与组合 (GB/T 9124—2000)

7.1.3.1　欧洲体系钢制管法兰材料 (表7.1-4)

表7.1-4　欧洲体系的钢制管法兰用材料 (PN0.25、0.6、1.0、1.6、2.5、4.0、6.4、10.0、16.0MPa)

材料组号	材料类别	锻件		铸件	
		钢号	标准号	钢号	标准号
2.0	20 (低碳钢)	20	JB 4726	WCA	GB/T 12229
		09Mn2VD	JB 4727	—	—
		09MnNiD			
3.0	16Mn 15MnV	16Mn	JB 4726	ZG240/450AG	GB/T 16253
		16MnD	JB 4727	LCB	JB/T 7248
		15MnV	JB 4726	WCB	GB/T 12229
		—		WCC	GB/T 12229

材料组号	材料类别	锻件		铸件	
		钢号	标准号	钢号	标准号
5.0	1Cr-0.5Mo	15CrMo	JB 4726	ZG15Cr1Mo	GB/T 16253
6.0	2¼Cr-1Mo	12Cr2Mo1	JB 4726	ZG12Cr2Mo1G	GB/T 16253
6.1	5Cr-0.5Mo	1Cr5Mo	JB 4726	ZG16Cr5MoG	GB/T 16253
10.0	304L	00Cr19Ni10	JB 4728	ZG03Cr18Ni10	GB/T 16253
				CF3	GB/T 12230
11.0	304	0Cr18Ni9		ZG07Cr20Ni10	GB/T 16253
				CF8	GB/T 12230
12.0	321	0Cr18Ni10Ti(1Cr18Ni9Ti)		ZG08Cr20Ni10Nb	GB/T 16253
				CF8C	GB/T 12230
13.0	316L	00Cr17Ni14Mo2	JB 4728	ZG03Cr19Ni11Mo2	GB/T 16253
				CF3M	GB/T 12230
14.0	316	0Cr17Ni12Mo2		ZG07Cr19Ni11Mo2	GB/T 16253
				CF8M	GB/T 12230

7.1.3.2 美洲体系阀门材料（表7.1-5）

表7.1-5 美洲体系阀门用材料（Class150、300、600、900、1500、2500）

材料组号	材料类别	锻件		铸件	
		钢号	标准号	钢号	标准号
1.0	20	20	JB 4726	WCA	GB/T 12229
1.1	WCB	—	—	WCB	GB/T 12229
1.2	WCC	—	—	WCC	GB/T 12229
1.3	16Mn	16Mn	JB 4726	ZG240/450AG	GB/T 16253
		16MnD	JB 4727	LCB	JB/T 7248
1.4	09Mn	09Mn2VD	JB 4727	—	—
		09MnNiD			
1.9a	1Cr-0.5Mo	15CrMo	JB 4726	ZG15Cr1Mo	GB/T 16253
1.10	2¼Cr-1Mo	12Cr2Mo1	JB 4726	ZG12Cr2Mo1G	GB/T 16253
1.13	5Cr-0.5Mo	1Cr5Mo	JB 4726	ZG16Cr5MoG	GB/T 16253
2.1	304	0Cr18Ni9		ZG07Cr20Ni10	GB/T 16253
				CF8	GB/T 12230
2.2	316	0Cr17Ni12Mo2	JB 4728	ZG07Cr19Ni11Mo2	GB/T 16253
				CF8M	GB/T 12230
	304L	00Cr19Ni10		ZG03Cr18Ni10	GB/T 16253
				CF3	GB/T 12230
2.3	316L	00Cr17Ni14Mo2		ZG03Cr19Ni11Mo2	GB/T 16253
				CF3M	GB/T 12230
2.4	321	0Cr18Ni10Ti(1Cr18Ni9Ti)		ZG08Cr20Ni10Nb	GB/T 16253
				CF8C	GB/T 12230

7.1.3.3 欧洲体系阀门温度-压力等级（表7.1-6～表7.1-14）

表7.1-6 PN0.25MPa法兰最高无冲击工作压力　　　　单位：MPa

材料组号	工作温度/℃													
	≤20	100	150	200	250	300	350	400	425	450	475	500	510	520	530
2.0	0.25	0.25	0.225	0.200	0.175	0.150	0.125	0.088						
3.0	0.25	0.25	0.245	0.238	0.225	0.200	0.175	0.138	0.113					
5.0	0.25	0.25	0.250	0.250	0.250	0.250	0.238	0.228	0.223	0.218	0.205	0.185	0.155	0.123	0.095
6.0	0.25	0.25	0.250	0.250	0.250	0.250	0.228	0.223	0.218	0.200	0.138	0.125	0.110	0.095
6.1	0.25	0.25	0.250	0.250	0.250	0.250	0.250	0.250	—	—	—	—	—	—

续表

材料组号	工作温度/℃														
	≤20	100	150	200	250	300	350	400	425	450	475	500	510	520	530
10.0	0.223	0.201	0.180	0.163	0.152	0.141	0.134	0.129	—	0.124	—	0.210	—	—	—
11.0	0.234	0.212	0.191	0.174	0.161	0.150	0.143	0.139	—	0.136	—	0.133	—	—	—
12.0	0.247	0.231	0.217	0.206	0.194	0.186	0.179	0.173	—	0.169	—	0.166	—	—	—
13.0	0.241	0.221	0.201	0.186	0.174	0.161	0.154	0.150	—	0.144	—	0.142	—	—	—
14.0	0.250	0.234	0.212	0.197	0.186	0.173	0.167	0.160	—	0.157	—	0.154	—	—	—

注：工作温度高于表列温度时，缺乏确切的数值。

表 7.1-7　PN0.6MPa 法兰最高无冲击工作压力　　　　单位：MPa

材料组号	工作温度/℃														
	≤20	100	150	200	250	300	350	400	425	450	475	500	510	520	530
2.0	0.60	0.60	0.54	0.48	0.42	0.36	0.30	0.210							
3.0	0.60	0.60	0.59	0.57	0.54	0.48	0.42	0.330	0.270						
5.0	0.60	0.60	0.60	0.60	0.60	0.60	0.57	0.546	0.534	0.522	0.492	0.444	0.372	0.294	0.228
6.0	0.60	0.60	0.60	0.60	0.60	0.60	0.60	0.546	0.534	0.522	0.480	0.330	0.300	0.264	0.228
6.1	0.60	0.60	0.60	0.60	0.60	0.60	0.60	0.600	—	—	—	—	—	—	—
10.0	0.54	0.48	0.43	0.39	0.37	0.34	0.32	0.310	—	0.30	—	0.29	—	—	—
11.0	0.56	0.51	0.46	0.42	0.39	0.36	0.34	0.330	—	0.33	—	0.32	—	—	—
12.0	0.59	0.55	0.52	0.49	0.47	0.45	0.43	0.420	—	0.41	—	0.40	—	—	—
13.0	0.58	0.53	0.48	0.45	0.42	0.39	0.37	0.360	—	0.35	—	0.34	—	—	—
14.0	0.60	0.56	0.51	0.47	0.45	0.42	0.40	0.380	—	0.38	—	0.37	—	—	—

注：工作温度高于表列温度时，缺乏确切的数值。

表 7.1-8　PN1.0MPa 法兰最高无冲击工作压力　　　　单位：MPa

材料组号	工作温度/℃														
	≤20	100	150	200	250	300	350	400	425	450	475	500	510	520	530
2.0	1.00	1.00	0.90	0.80	0.70	0.60	0.50	0.35							
3.0	1.00	1.00	0.98	0.95	0.90	0.80	0.70	0.55	0.45						
5.0	1.00	1.00	1.00	1.00	1.00	1.00	0.95	0.91	0.89	0.87	0.82	0.74	0.62	0.49	0.38
6.0	1.00	1.00	1.00	1.00	1.00	1.00	1.00	0.91	0.89	0.87	0.80	0.55	0.50	0.44	0.38
6.1	1.00	1.00	1.00	1.00	1.00	1.00	1.00	1.00	—	—	—	—	—	—	—
10.0	0.89	0.80	0.72	0.65	0.61	0.56	0.54	0.52	—	0.50	—	0.48	—	—	—
11.0	0.94	0.85	0.76	0.70	0.64	0.60	0.57	0.56	—	0.54	—	0.53	—	—	—
12.0	0.99	0.92	0.87	0.82	0.78	0.74	0.72	0.69	—	0.68	—	0.66	—	—	—
13.0	0.96	0.88	0.80	0.74	0.70	0.64	0.62	0.60	—	0.58	—	0.57	—	—	—
14.0	1.00	0.94	0.85	0.79	0.74	0.69	0.67	0.64	—	0.63	—	0.62	—	—	—

注：工作温度高于表列温度时，缺乏确切的数值。

表 7.1-9　PN1.6MPa 法兰最高无冲击工作压力　　　　单位：MPa

材料组号	工作温度/℃														
	≤20	100	150	200	250	300	350	400	425	450	475	500	510	520	530
2.0	1.60	1.60	1.44	1.28	1.12	0.96	0.80	0.56							
3.0	1.60	1.60	1.57	1.52	1.44	1.28	1.12	0.88	0.720						
5.0	1.60	1.60	1.60	1.60	1.60	1.60	1.52	1.456	1.424	1.392	1.312	1.184	0.992	0.784	0.608
6.0	1.60	1.60	1.60	1.60	1.60	1.60	1.60	1.456	1.424	1.392	1.280	0.880	0.800	0.704	0.608
6.1	1.60	1.60	1.60	1.60	1.60	1.60	1.60	1.60	—	—	—	—	—	—	—
10.0	1.43	1.29	1.15	1.05	0.97	0.90	0.86	0.82	—	0.80	—	0.78	—	—	—
11.0	1.50	1.36	1.22	1.12	1.03	0.96	0.92	0.89	—	0.87	—	0.85	—	—	—
12.0	1.58	1.48	1.39	1.32	1.24	1.19	1.14	1.11	—	1.08	—	1.06	—	—	—
13.0	1.54	1.42	1.29	1.19	1.12	1.03	0.99	0.96	—	0.92	—	0.91	—	—	—
14.0	1.60	1.50	1.36	1.26	1.19	1.11	1.07	1.02	—	1.00	—	0.99	—	—	—

注：工作温度高于表列温度时，缺乏确切的数值。

表 7.1-10 PN2.5MPa 法兰最高无冲击工作压力　　　　单位：MPa

材料组号	工作温度/℃														
	≤20	100	150	200	250	300	350	400	425	450	475	500	510	520	530
2.0	2.50	2.50	2.25	2.00	1.75	1.50	1.25	0.88							
3.0	2.50	2.50	2.45	2.38	2.25	2.00	1.75	1.38	1.13						
5.0	2.50	2.50	2.50	2.50	2.50	2.50	2.38	2.28	2.23	2.18	2.05	1.85	1.55	1.23	0.95
6.0	2.50	2.50	2.50	2.50	2.50	2.50	2.50	2.28	2.23	2.18	2.00	1.38	1.25	1.10	0.95
6.1	2.50	2.50	2.50	2.50	2.50	2.50	2.50	2.50	—	—	—	—	—	—	—
10.0	2.23	2.01	1.80	1.63	1.52	1.41	1.34	1.29		1.24		1.21	—	—	—
11.0	2.34	2.12	1.91	1.74	1.61	1.50	1.43	1.39		1.36		1.33	—	—	—
12.0	2.47	2.31	2.17	2.06	1.94	1.86	1.79	1.73		1.69		1.66	—	—	—
13.0	2.41	2.21	2.01	1.86	1.74	1.61	1.54	1.50		1.44		1.42	—	—	—
14.0	2.50	2.34	2.12	1.97	1.86	1.73	1.67	1.60	—	1.57		1.54	—	—	—

注：工作温度高于表列温度时，缺乏确切的数值。

表 7.1-11 PN4.0MPa 法兰最高无冲击工作压力　　　　单位：MPa

材料组号	工作温度/℃														
	≤20	100	150	200	250	300	350	400	425	450	475	500	510	520	530
2.0	4.00	4.00	3.60	3.20	2.80	2.40	2.00	1.40							
3.0	4.00	4.00	3.92	3.80	3.60	3.20	2.80	2.20	1.80						
5.0	4.00	4.00	4.00	4.00	4.00	4.00	3.80	3.64	3.56	3.48	3.28	2.96	2.48	1.96	1.52
6.0	4.00	4.00	4.00	4.00	4.00	4.00	4.00	3.64	3.56	3.48	3.20	2.20	2.00	1.76	1.52
6.1	4.00	4.00	4.00	4.00	4.00	4.00	4.00	4.00	—	—	—	—	—	—	—
10.0	3.57	3.22	2.88	2.61	2.44	2.26	2.15	2.06	—	1.99	—	1.94	—	—	—
11.0	3.75	3.40	3.06	2.79	2.58	2.40	2.29	2.22	—	2.17	—	2.13	—	—	—
12.0	3.95	3.70	3.47	3.29	3.11	2.97	2.86	2.77	—	2.70	—	2.65	—	—	—
13.0	3.86	3.54	3.22	2.97	2.79	2.58	2.47	2.40	—	2.31	—	2.28	—	—	—
14.0	4.00	3.75	3.40	3.15	2.97	2.77	2.67	2.56		2.51		2.47	—	—	—

注：工作温度高于表列温度时，缺乏确切的数值。

表 7.1-12 PN6.3MPa 法兰最高无冲击工作压力　　　　单位：MPa

材料组号	工作温度/℃														
	≤20	100	150	200	250	300	350	400	425	450	475	500	510	520	530
2.0	5.28	5.10	4.85	4.47	4.10	3.72	3.15	2.21							
3.0	6.30	6.30	6.17	5.99	5.67	5.04	4.41	3.47	2.84						
5.0	6.30	6.30	6.30	6.30	6.30	6.30	5.99	5.73	5.61	5.48	5.17	4.66	3.91	3.09	2.39
6.0	6.30	6.30	6.30	6.30	6.30	6.30	6.30	5.73	5.61	5.48	5.04	3.47	3.15	2.77	2.39
6.1	6.30	6.30	6.30	6.30	6.30	6.30	6.30	6.30	—	—	—	—	—	—	—
10.0	5.61	5.04	4.54	4.10	3.84	3.53	3.40	3.28	—	3.15	—	3.13	—	—	—
11.0	5.92	5.36	4.79	4.41	4.03	3.78	3.59	3.53	—	3.40	—	3.34	—	—	—
12.0	6.24	5.80	5.48	5.17	4.91	4.66	4.54	4.35	—	4.28	—	4.16	—	—	—
13.0	6.05	5.54	5.04	4.66	4.41	4.03	3.91	3.78	—	3.65	—	3.59	—	—	—
14.0	6.30	6.11	5.80	5.48	5.23	4.90	4.73	4.60		4.47		4.41	—	—	—

注：工作温度高于表列温度时，缺乏确切的数值。

表 7.1-13 PN10.0MPa 法兰最高无冲击工作压力　　　　单位：MPa

材料组号	工作温度/℃														
	≤20	100	150	200	250	300	350	400	425	450	475	500	510	520	530
2.0	8.40	8.10	7.70	7.10	6.50	5.90	5.00	3.50							
3.0	10.0	10.0	9.80	9.50	9.00	8.00	7.00	5.50	4.5						
5.0	10.0	10.0	10.0	10.0	10.0	10.0	9.50	9.10	8.9	8.7	8.0	7.4	6.2	4.9	3.8
6.0	10.0	10.0	10.0	10.0	10.0	10.0	9.50	9.10	8.9	8.7	8.0	5.5	5.0	4.4	3.8
6.1	10.0	10.0	10.0	10.0	10.0	10.0	10.0	10.0	—	—					

续表

材料组号	工作温度/℃														
	≤20	100	150	200	250	300	350	400	425	450	475	500	510	520	530
10.0	8.90	8.00	7.20	6.50	6.10	5.60	5.40	5.20	—	5.0	—	4.8	—	—	—
11.0	9.40	8.50	7.60	7.00	6.40	6.00	5.70	5.60		5.4		5.3			
12.0	9.90	9.20	8.70	8.20	7.80	7.40	7.20	6.90		6.8		6.6			
13.0	9.60	8.80	8.00	7.40	7.00	6.40	6.20	6.00		5.8		5.7			
14.0	10.0	9.40	8.50	7.90	7.40	6.90	6.70	6.40		6.3		6.2	—	—	—

注：工作温度高于表列温度时，缺乏确切的数值。

表7.1-14 PN16.0MPa法兰最高无冲击工作压力 单位：MPa

材料组号	工作温度/℃														
	≤20	100	150	200	250	300	350	400	425	450	475	500	510	520	530
2.0	13.4	13.0	12.3	11.4	10.4	9.40	8.00	5.60							
3.0	16.0	16.0	15.7	15.2	14.4	12.8	11.2	8.80	7.20						
5.0	16.0	16.0	16.0	16.0	16.0	16.0	15.2	14.6	14.2	13.9	13.1	11.8	9.9	7.8	6.1
6.0	16.0	16.0	16.0	16.0	16.0	16.0	14.6	14.2	13.9	12.8	8.80	8.0	7.0	6.1	
6.1	16.0	16.0	16.0	16.0	16.0	16.0	16.0	16.0	—	—	—	—	—	—	—
10.0	14.3	12.9	11.5	10.5	9.70	9.00	8.60	8.20	—	8.00	—	7.80	—	—	—
11.0	15.0	13.6	12.2	11.2	10.3	9.60	9.20	8.90		8.70		8.50	—	—	—
12.0	15.8	14.8	13.9	13.2	12.4	11.9	11.4	11.1		10.8		10.6			
13.0	15.4	14.2	12.9	11.9	11.2	10.3	9.90	9.60		9.20		9.10			
14.0	16.0	15.0	13.6	12.6	11.9	11.1	10.7	10.2		10.0		9.90	—	—	—

注：工作温度高于表列温度时，缺乏确切的数值。

7.1.3.4 美洲体系阀门温度-压力等级（表7.1-15～表7.1-21）

表7.1-15 PN2.0MPa（Class 150）法兰最高无冲击工作压力 单位：MPa

工作温度 /℃	材料组号											
	1.0	1.1	1.2	1.3	1.4	1.9a	1.10	1.13	2.1	2.2	2.3	2.4
≤38	1.58	1.96	2.00	1.84	1.63	1.83	2.00	2.00	1.90	1.90	1.59	1.90
50	1.53	1.92	1.92	1.81	1.60	1.76	1.92	1.92	1.84	1.84	1.53	1.84
100	1.42	1.77	1.77	1.73	1.48	1.67	1.77	1.77	1.57	1.62	1.32	1.59
150	1.35	1.58	1.58	1.58	1.45	1.58	1.58	1.58	1.39	1.48	1.20	1.44
200	1.27	1.40	1.40	1.40	1.40	1.40	1.40	1.40	1.26	1.37	1.10	1.32
250	1.15	1.21	1.21	1.21	1.21	1.21	1.21	1.21	1.17	1.21	1.02	1.21
300	1.02	1.02	1.02	1.02	1.02	1.02	1.02	1.02	1.02	1.02	0.97	1.02
350	0.84	0.84	0.84	0.84	0.84	0.84	0.84	0.84	0.84	0.84	0.84	0.84
375	0.74	0.74	0.74	0.74	0.74	0.74	0.74	0.74	0.74	0.74	0.74	0.74
400	0.65	0.65	0.65	0.65	0.65	0.65	0.65	0.65	0.65	0.65	0.65	0.65
425	0.56	0.56	0.56	0.56	0.56	0.56	0.56	0.56	0.56	0.56	0.56	0.56
450	0.47	0.47	0.47	0.47	0.47	0.47	0.47	0.47	0.47	0.47	0.47	0.47
475	0.37	0.37	0.37	0.37	0.37	0.37	0.37	0.37	0.37	0.37		0.37
500						0.28	0.28	0.28	0.28	0.28		0.28
525						0.19	0.19	0.19	0.19	0.19		0.19
540						0.13	0.13	0.13	0.13	0.13		0.13

表7.1-16 PN5.0MPa（Class 300）法兰最高无冲击工作压力 单位：MPa

工作温度 /℃	材料组号											
	1.0	1.1	1.2	1.3	1.4	1.9a	1.10	1.13	2.1	2.2	2.3	2.4
≤38	3.95	5.11	5.17	4.79	4.25	4.74	5.17	5.17	4.95	4.96	4.14	4.96
50	3.85	5.01	5.17	4.73	4.17	4.68	5.12	5.17	4.78	4.81	4.00	4.80
100	3.56	4.64	5.15	4.51	3.86	4.66	4.90	5.15	4.09	4.22	3.45	4.15

续表

工作温度/℃	材料组号											
	1.0	1.1	1.2	1.3	1.4	1.9a	1.10	1.13	2.1	2.2	2.3	2.4
150	3.39	4.52	5.02	4.40	3.77	4.64	4.66	5.02	3.63	3.85	3.12	3.75
200	3.18	4.38	4.88	4.27	3.66	4.55	4.48	4.88	3.28	3.57	2.87	3.44
250	2.88	4.17	4.63	4.06	3.47	4.45	4.42	4.63	3.05	3.34	2.67	3.21
300	2.57	3.87	4.24	3.77	3.23	4.24	4.24	4.24	2.91	3.16	2.52	3.05
350	2.39	3.70	4.02	3.60	3.09	4.02	4.02	4.02	2.81	3.04	2.40	2.93
375	2.29	3.65	3.88	3.53	3.09	3.88	3.88	3.88	2.78	2.97	2.36	2.89
400	2.19	3.45	3.45	3.24	3.03	3.66	3.66	3.66	2.75	2.91	2.32	2.86
425	2.12	2.88	2.88	2.73	2.58	3.51	3.51	3.45	2.72	2.87	2.27	2.85
450	1.96	2.0	2.0	1.98	1.96	3.38	3.38	3.09	2.69	2.81	2.23	2.82
475	1.35	1.35	1.35	1.35	1.35	3.17	3.17	2.59	2.66	2.74		2.80
500						2.78	2.78	2.03	2.61	2.68		2.78
525						2.03	2.19	1.54	2.39	2.58		2.58
550						1.28	1.64	1.17	2.18	2.5		2.50
575						0.85	1.17	0.88	2.01	2.41		2.28
600						0.59	0.76	0.65	1.67	2.14		1.98
625									1.31	1.83		1.58
650									1.05	1.41		1.25
675									0.78	1.26		0.98
700									0.60	0.99		0.77
725									0.46	0.77		0.62
750									0.37	0.59		0.48
775									0.28	0.46		0.38
800									0.21	0.35		0.30

表 7.1-17　PN12.0MPa（Class 600）法兰最高无冲击工作压力　　　单位：MPa

工作温度/℃	材料组号											
	1.0	1.1	1.2	1.3	1.4	1.9a	1.10	1.13	2.1	2.2	2.3	2.4
≤38	7.90	10.21	10.34	9.57	8.51	9.48	10.34	10.34	9.93	9.93	8.27	9.93
50	7.75	10.02	10.34	9.46	8.34	9.38	10.24	10.34	9.57	9.63	7.99	9.60
100	7.12	9.28	10.31	9.02	7.72	9.32	9.81	10.31	8.18	8.44	6.90	8.30
150	6.78	9.05	10.04	8.79	7.54	9.27	9.33	10.04	7.27	7.70	6.25	7.50
200	6.36	8.76	9.76	8.54	7.31	9.10	8.97	9.76	6.55	7.13	5.74	6.87
250	5.76	8.34	9.27	8.12	6.94	8.89	8.84	9.27	6.11	6.68	5.34	6.41
300	5.14	7.75	8.49	7.54	6.46	8.49	8.49	8.49	5.81	6.33	5.05	6.11
350	4.78	7.39	8.05	7.19	6.19	8.05	8.05	8.05	5.61	6.08	4.81	5.87
375	4.58	7.29	7.76	7.06	6.17	7.76	7.76	7.76	5.55	5.94	4.72	5.78
400	4.38	6.90	6.90	6.48	6.06	7.32	7.32	7.32	5.49	4.82	4.63	5.73
425	4.24	5.75	5.75	5.46	5.16	7.02	7.02	6.90	5.43	5.73	4.54	5.70
450	3.92	4.01	4.01	3.96	3.92	6.76	6.76	6.18	5.37	5.62	4.45	5.64
475	2.71	2.71	2.71	2.71	2.71	6.33	6.33	5.18	5.31	5.47		5.60
500						5.56	5.56	4.05	5.21	5.37		5.56
525						4.05	4.38	3.08	4.78	5.16		5.16
550						2.55	3.27	2.34	4.36	4.99		4.99
575						1.70	2.34	1.76	4.01	4.82		4.56
600						1.18	1.53	1.31	3.34	4.29		3.96
625									2.62	3.65		3.16
650									2.10	2.82		2.50
675									1.55	2.53		1.97
700									1.20	1.99		1.54
725									0.93	1.54		1.24
750									0.73	1.10		0.96
775									0.56	0.91		0.75
800									0.41	0.70		0.61

表 7.1-18　PN15.0MPa（Class 900）法兰最高无冲击工作压力　　　　单位：MPa

工作温度 /℃	材料组号											
	1.0	1.1	1.2	1.3	1.4	1.9a	1.10	1.13	2.1	2.2	2.3	2.4
≤38	11.85	15.32	15.52	14.36	12.76	14.23	15.52	15.52	14.89	14.89	12.41	14.89
50	11.60	15.02	15.52	14.19	12.52	14.06	15.36	15.52	14.35	14.44	11.99	14.39
100	10.68	13.91	15.46	13.53	11.58	13.99	14.71	15.46	12.26	12.66	10.35	12.45
150	10.17	13.57	15.06	13.19	11.31	13.91	13.99	15.06	10.90	11.55	9.37	11.25
200	9.54	13.15	14.64	12.80	10.97	13.64	13.45	14.64	9.83	10.70	8.61	10.31
250	8.64	12.52	13.90	12.18	10.41	13.34	13.27	13.90	9.16	10.02	8.01	9.62
300	7.71	11.62	12.73	11.31	9.69	12.73	12.73	12.73	8.72	9.49	7.57	9.16
350	7.17	11.09	12.07	10.79	9.28	12.07	12.07	12.07	8.42	9.13	7.21	8.80
375	6.87	10.94	11.64	10.59	9.26	11.64	11.64	11.64	8.33	8.91	7.08	8.68
400	6.57	10.35	10.35	9.72	9.09	10.98	10.98	10.98	8.24	8.73	6.95	8.59
425	6.36	8.63	8.63	8.19	7.74	10.53	10.53	10.35	8.15	8.60	6.81	8.54
450	5.87	6.01	6.01	5.94	5.87	10.14	10.14	9.27	8.06	8.42	6.68	8.46
475	4.06	4.06	4.06	4.06	4.06	9.50	9.50	7.77	7.97	8.21		8.40
500						8.34	8.34	6.08	7.82	8.05		8.34
525						6.08	6.58	4.63	7.16	7.74		7.74
550						3.83	4.91	3.5	6.54	7.49		7.49
575						2.55	3.51	2.64	6.02	7.23		6.84
600						1.76	2.29	1.96	5.01	6.43		5.94
625									3.92	5.48		4.74
650									3.16	4.24		3.74
675									2.33	3.79		2.95
700									1.79	2.98		2.30
725									1.39	2.31		1.86
750									1.10	1.76		1.44
775									0.84	1.37		1.13
800									0.62	1.05		0.91

表 7.1-19　PN26.0MPa（Class 1500）法兰最高无冲击工作压力　　　　单位：MPa

工作温度 /℃	材料组号											
	1.0	1.1	1.2	1.3	1.4	1.9a	1.10	1.13	2.1	2.2	2.3	2.4
≤38	19.75	25.53	25.86	23.94	21.27	23.70	25.86	25.86	24.82	24.82	20.68	24.82
50	19.30	25.04	25.86	23.65	20.86	23.43	25.60	25.86	23.92	24.06	19.98	23.99
100	17.80	23.19	25.77	22.55	19.31	23.31	24.52	25.77	20.44	21.10	17.24	20.75
150	16.90	22.61	25.10	21.98	18.86	23.19	23.32	25.10	18.17	19.25	15.61	18.75
200	15.90	21.91	24.39	21.34	18.28	22.71	22.42	24.39	16.38	17.84	14.35	17.19
250	14.35	20.86	23.17	20.29	17.36	22.23	22.11	23.17	15.27	16.69	13.35	16.03
300	12.85	19.37	21.21	18.85	16.15	21.21	21.21	21.21	14.53	15.81	12.62	15.27
350	11.95	18.48	20.12	17.98	15.46	20.12	20.12	20.12	14.03	15.21	12.02	14.67
375	11.45	18.23	19.40	17.66	15.43	19.40	19.40	19.40	13.88	14.85	11.80	14.46
400	10.90	17.25	17.25	16.20	15.15	18.29	18.29	18.29	13.73	14.56	11.58	14.31
425	10.60	14.38	14.38	13.65	12.89	17.55	17.55	17.25	13.58	14.33	11.35	14.24
450	9.79	10.02	10.02	9.90	9.79	16.90	16.90	15.45	13.43	14.04	11.13	14.10
475	6.77	6.77	6.77	6.77	6.77	15.83	15.83	12.95	13.28	13.68		14.01
500						13.90	13.90	10.13	13.03	13.41		13.90
525						10.13	10.96	7.71	11.94	12.90		12.90
550						6.38	8.18	5.84	10.91	12.48		12.48
575						4.25	5.85	4.41	10.04	12.05		11.39
600						2.94	3.82	3.26	8.36	10.72		9.90
625									6.54	9.13		7.90
650									5.26	7.06		6.24
675									3.88	6.32		4.92
700									2.99	4.97		3.84
725									2.31	3.85		3.10
750									1.83	2.94		2.40
775									1.40	2.28		1.88
800									1.03	1.75		1.52

表 7.1-20　PN42.0MPa（Class 2500）法兰最高无冲击工作压力　　　　单位：MPa

工作温度/℃	材料组号											
	1.0	1.1	1.2	1.3	1.4	1.9a	1.10	1.13	2.1	2.2	2.3	2.4
≤38	33.15	42.55	43.10	39.89	35.46	39.51	43.10	43.10	41.36	41.36	34.46	41.36
50	32.60	41.73	43.10	39.42	34.77	39.07	42.67	43.10	39.86	40.10	33.30	39.98
100	29.95	38.65	42.95	37.59	32.18	38.85	40.87	42.95	34.07	35.17	28.74	34.59
150	28.40	37.69	41.83	36.63	31.43	38.64	38.86	41.83	30.28	32.09	26.02	31.25
200	26.70	36.52	40.66	35.56	30.47	37.90	37.37	40.66	27.30	29.73	23.91	28.65
250	24.15	34.77	38.61	33.82	28.93	37.06	36.85	38.61	25.45	27.82	22.25	26.72
300	21.60	32.28	35.35	31.42	26.91	35.35	35.35	35.35	24.21	26.36	21.04	25.45
350	20.05	30.8	33.53	29.97	25.77	33.53	33.53	33.53	23.38	25.38	20.04	24.45
375	19.20	30.39	32.34	29.43	25.52	32.34	32.34	32.34	23.13	24.75	19.67	24.10
400	18.35	28.75	28.75	27.00	25.25	30.49	30.49	30.49	22.89	24.26	19.29	23.86
425	17.80	23.96	23.96	22.75	21.49	29.25	29.25	28.75	22.64	23.89	18.92	23.73
450	16.32	16.69	16.69	16.50	16.32	28.17	28.17	25.76	22.39	23.40	18.55	23.49
475	11.29	11.29	11.29	11.29	11.29	26.38	26.38	21.38	22.14	22.80		23.35
500						23.16	23.16	16.89	21.72	22.36		23.16
525						16.89	18.27	12.85	19.90	21.49		21.49
550						10.64	13.64	9.73	18.18	20.80		20.80
575						7.08	9.75	7.34	16.73	20.08		18.99
600						4.90	6.36	5.44	13.93	17.86		16.51
625									10.90	15.21		13.16
650									8.76	11.77		10.40
675									6.46	10.53		8.19
700									4.98	8.29		6.40
725									3.85	6.42		5.16
750									3.04	4.90		4.00
775									2.33	3.80		3.13
800									1.71	2.92		2.52

表 7.1-21　美洲体系钢制管法兰最高工作压力额定值　　　　单位：MPa

温度/℃	PN2.0	PN5.0	PN11.0	PN15.0	PN26.0	PN42.0
≤38	2.00	5.17	10.34	15.52	25.86	43.10
50	1.92	5.17	10.34	15.52	25.86	43.10
100	1.77	5.15	10.31	15.46	25.77	42.95
150	1.58	5.02	10.04	15.06	25.10	41.83
200	1.40	4.88	9.76	14.64	24.39	40.66
250	1.21	4.63	9.27	13.90	23.17	38.61
300	1.02	4.24	8.49	12.73	21.21	35.35
350	0.84	4.02	8.05	12.07	20.12	33.53
375	0.74	3.88	7.76	11.64	19.40	32.34
400	0.65	3.66	7.32	10.98	18.29	30.49
425	0.56	3.51	7.02	10.53	17.55	29.25
450	0.47	3.38	6.76	10.14	16.70	28.17
475	0.37	3.17	6.33	9.50	15.83	26.38
500	0.28	2.78	5.56	8.34	13.90	23.16
525	0.19	2.58	5.16	7.74	12.90	21.49
550	0.13[①]	2.5	4.99	7.49	12.48	20.80
575		2.41	4.82	7.23	12.05	20.08
600		2.14	4.29	6.43	10.72	17.86
625		1.83	3.65	5.48	9.13	15.21
650		1.41	2.82	4.24	7.06	11.77
675		1.26	2.53	3.79	6.32	10.53
700		0.99	1.99	2.98	4.97	8.29
725		0.77	1.54	2.31	3.85	6.42
750		0.59	1.10	1.76	2.94	4.90
775		0.46	0.91	1.37	2.28	3.80
800		0.35	0.70	1.05	1.75	2.92

① PN2.0MPa 的最高额定工作压力值为 540℃时的值。

7.1.4　阀门压力试验（GB/T 13927—2008）

7.1.4.1　试验压力

（1）壳体试验压力

① 试验介质是液体时，试验压力至少是阀门在20℃时允许最大工作压力的1.5倍（1.5×CWP）。

② 试验介质是气体时，试验压力至少是阀门在20℃时允许最大工作压力的1.1倍（1.1×CWP）。

（2）上密封试验压力

试验压力至少是阀门在20℃时允许最大工作压力的1.1倍（1.1×CWP）。

（3）密封试验压力

① 试验介质是液体时，试验压力至少是阀门在20℃时允许最大工作压力的1.1倍（1.1×CWP）。

② 试验介质是气体时，试验压力为0.6MPa±0.1MPa；当阀门的公称压力小于PN10MPa时，试验压力按阀门在20℃时允许最大工作压力的1.1倍（1.1×CWP）。

7.1.4.2　试验持续时间（表7.1-22）

表 7.1-22　保持试验压力的持续时间　　　　　　　　单位：mm

公称尺寸 DN/mm	壳体试验	上密封试验	密封试验	
			其他类型阀	止回阀
≤50	15	15	60	15
65～150	60	60	60	60
200～300	120	60	60	120
≥DN350	300	60	120	120

7.1.4.3　试验方法步骤

① 壳体试验：封闭阀门的进出各端口，阀门部分开启，向阀门壳体内充入试验介质，排净阀门体腔内的空气，逐渐加压到1.5倍的CWP，按表7.1-22的时间要求保持试验压力，然后检查阀门壳体各处的情况。壳体试验时，对可调阀杆密封结构的阀门，试验期间阀杆密封应能保持阀门的试验压力；对于不可调阀杆密封，试验期间不允许有可见的泄漏。

② 上密封试验：对具有上密封结构的阀门，封闭阀门的进出各端口，向阀门壳体内充入液体的试验介质，排净阀门体腔内的空气，用阀门设计给定的操作机构开启阀门到全开位置，逐渐加压到1.1倍的CWP，按表7.1-22的时间要求保持试验压力，观察阀杆填料处的情况。

主要类型阀门的试验和检查按表7.1-23的规定。

表 7.1-23　密封试验的试验方法

阀类	试验方法
闸阀 球阀 旋塞阀	封闭阀门两端，阀门的启闭件处于部分开启状态，给阀门内腔充满试验介质，逐渐加压到规定的试验压力；关闭阀门的启闭件，按规定的时间保持一端的试验压力，释放另一端的压力，检查该端的泄漏情况 重复上述步骤和动作，将阀门换方向进行试验和检查
截止阀 隔膜阀	封闭阀门对阀座密封不利的一端，关闭阀门的启闭件，给阀门内腔充满试验介质，逐渐加压到规定的试验压力，检查另一端的泄漏情况
蝶阀	封闭阀门的一端，关闭阀门的启闭件，给阀门内腔充满试验介质，逐渐加压到规定的试验压力，在规定的时间保持试验压力不变。检查另一端的泄漏情况
止回阀	止回阀在阀瓣关闭状态，封闭止回阀出口端，给阀门内充满试验介质，逐渐加压到规定的试验压力，检查进口端的泄漏情况
双截断与 排放结构	关闭阀门的启闭件，在阀门的一端充满试验介质，逐渐加压到规定的试验压力，在规定的时间保持试验压力不变。检查两个阀座中腔的螺塞孔处泄漏情况
单向密封 结构	关闭阀门的启闭件，按阀门标记显示的流向方向封闭该端，充满试验介质，逐渐加压到规定的试验压力，在规定的时间保持试验压力不变。检查另一端的泄漏情况

7.1.5 阀门的命名（JB/T 308—2004）

JB/T 308—2004《阀门型号编制方法》适用于通用中闸阀、截止阀、节流阀、球阀、蝶阀、隔膜阀、旋塞阀、止回阀、安全阀、减压阀、蒸汽疏水阀、排污阀、柱塞阀。

7.1.5.1 阀门型号编制

阀门的型号由 7 个单元组成，其含义如下所示：

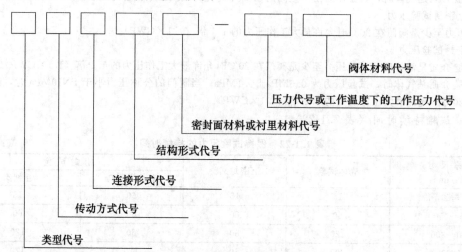

阀体材料代号
压力代号或工作温度下的工作压力代号
密封面材料或衬里材料代号
结构形式代号
连接形式代号
传动方式代号
类型代号

7.1.5.2 阀门类型代号（用汉语拼音字母表示）（表 7.1-24）

表 7.1-24 阀门的类型代号

阀门类型	代 号	阀门类型	代 号
弹簧载荷安全阀	A	排污阀	P
蝶阀	D	球阀	Q
隔膜阀	G	蒸汽疏水阀	S
杠杆式安全阀	GA	柱塞阀	U
止回阀和底阀	H	旋塞阀	X
截止阀	J	减压阀	Y
节流阀	L	闸阀	Z

7.1.5.3 驱动方式代号（用阿拉伯数字表示）（表 7.1-25）

表 7.1-25 阀门的传动方式代号

传动方式	代 号	传动方式	代 号
电磁动	0	锥齿轮	5
电磁-液动	1	气动	6
电-液动	2	液动	7
蜗轮	3	气-液动	8
正齿轮	4	电动	9

7.1.5.4 连接形式代号（用阿拉伯数字表示）（表 7.1-26）

表 7.1-26 阀门的连接形式代号

连接形式	代 号	连接形式	代 号
内螺纹	1	对夹	7
外螺纹	2	卡箍	8
法兰式	4	卡套	9
焊接式	6		

7.1.5.5 结构形式代号（用阿拉伯数字表示）（表7.1-27～表7.1-37）

表 7.1-27 闸阀结构形式代号

闸 阀 结 构 形 式				代 号
阀杆升降式（明杆）	楔式闸板		弹性闸板	0
		刚性	单闸板	1
			双闸板	2
	平行式闸板		单闸板	3
			双闸板	4
阀杆非升降式（暗杆）	楔式闸板		单闸板	5
			双闸板	6
	平行式闸板		单闸板	7
			双闸板	8

表 7.1-28 截止阀、柱塞阀和节流阀结构形式代号

截止阀、柱塞阀和节流阀结构形式		代 号	截止阀、柱塞阀和节流阀结构形式		代 号
阀瓣非平衡式	直通流道	1	阀瓣平衡式	直通流道	6
	Z形流道	2		角式流道	7
	三通流道	3			
	角式流道	4			
	直流流道	5			

表 7.1-29 球阀结构形式代号

球阀结构形式		代 号	球阀结构形式		代 号
浮动球	直通流道	1	固定球	直通流道	7
	Y形三通流道	2		四通流道	6
	L形三通流道	4		T形三通流道	8
	T形三通流道	5		L形三通流道	9
				半球直通	0

表 7.1-30 蝶阀结构形式代号

蝶阀结构形式		代 号	蝶阀结构形式		代 号
密封型	单偏心	0	非密封型	单偏心	5
	中心垂直板	1		中心垂直板	6
	双偏心	2		双偏心	7
	三偏心	3		三偏心	8
	连杆机构	4		连杆机构	9

表 7.1-31 隔膜阀结构形式代号

隔膜阀结构形式	代 号	隔膜阀结构形式	代 号
屋脊流道	1	直通流道	6
直流流道	5	Y形角式流道	8

表 7.1-32 旋塞阀结构形式代号

旋塞阀结构形式		代 号	旋塞阀结构形式		代 号
填料密封	直流流道	3	油封密封	直流流道	7
	T形三通流道	4		T形三通流道	8
	四通流道	5			

表 7.1-33 止回阀结构形式代号

止回阀结构形式		代 号	止回阀结构形式		代 号
升降式阀瓣	直通流道	1	旋启式阀瓣	单瓣结构	4
	立式流道	2		多瓣结构	5
	角式流道	3		双瓣结构	6
—	—	—	蝶形止回式		7

表 7.1-34　安全阀结构形式代号

安全阀结构形式		代　号	安全阀结构形式		代　号
弹簧载荷弹簧封闭结构	带散热片全启式	0	弹簧载荷弹簧不封闭且带扳手结构	微启式、双联阀	3
	微启式	1		微启式	7
	全启式	3		全启式	8
	带扳手全启式	4		—	—
杠杆式	单杠杆	2		带控制机构全启式	6
	双杠杆	4		脉冲式	9

表 7.1-35　减压阀结构形式代号

减压阀结构形式	代　号	减压阀结构形式	代　号
薄膜式	1	波纹管式	4
弹簧薄膜式	2	杠杆式	5
活塞式	3		

表 7.1-36　蒸汽疏水阀结构形式代号

蒸汽疏水阀结构形式	代　号	蒸汽疏水阀结构形式	代　号
浮球式	1	蒸汽压力或膜盒式	6
浮桶式	3	双金属片式	7
液体或固体膨胀式	4	脉冲式	8
钟形浮子式	5	圆盘热动力式	9

表 7.1-37　排污阀结构形式代号

排污阀结构形式		代　号	排污阀结构形式		代　号
液面连接排放	截止型直通式	1	液底间断排放	截止型直流式	5
	截止型角式	2		截止型直通式	6
	—	—		截止型角式	7
	—	—		浮动闸板型直通式	8

7.1.5.6　密封面或衬里材料代号（用汉语拼音字母表示）（表 7.1-38）

表 7.1-38　密封面或衬里材料代号

密封面或衬里材料	代　号	密封面或衬里材料	代　号
锡基轴承合金(巴氏合金)	B	尼龙塑料	N
搪玻璃	C	渗硼钢	P
渗氮钢	D	衬铅	Q
氟塑料	F	奥氏体不锈钢	R
陶瓷	G	塑料	S
Cr13 系不锈钢	H	铜合金	T
衬胶	J	橡胶	X
蒙乃尔合金	M	硬质合金	Y

7.1.5.7　阀体材料代号（用汉语拼音字母表示）（表 7.1-39）

表 7.1-39　阀体材料代号

阀 体 材 粒	代　号	阀 体 材 料	代　号
碳钢	C	铬镍钼系不锈钢	R
Cr13 系不锈钢	H	塑料	S
铬钼钢	I	铜及铜合金	T
可锻铸铁	K	钛及钛合金	Ti
铝合金	L	铬钼钒钢	V
铬镍系不锈钢	P	灰铸铁	Z
球墨铸铁	Q	—	—

7.1.5.8 苏州阀门厂产品代码（企标举例）

产品代码用 6 位代码表示：

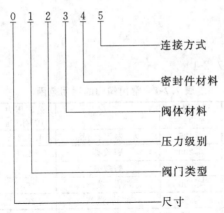

(1) 阀门类型
J：截止阀
H：旋启式止回阀
Q：全通道球阀
Z：闸阀
P：升降式止回阀
VQ：缩颈球阀

(2) 压力级别（API602）
1：150 lb
3：300 lb
6：600 lb
8：800 lb
9：900 lb
15：150 lb
25：2500 lb

(3) 阀体材料：
1：WCB   A105
2：WC6   F11
3：CF8   304
4：CF8M   316
5：CF3   304L
6：CF3M   316L

(4) 密封内件材料（表 7.1-40）

表 7.1-40   密封内件材料

代码	阀座环或阀座表面	阀瓣或阀瓣表面	阀 杆	球 体
1	1Cr13	1Cr13	1Cr13	
2	司太利	司太利	1Cr13	
3	哈斯特镍合金 C	哈斯特镍合金 C	同阀体	
4	对 WCB 阀体为 1Cr13 或 304,对不锈钢阀体为本体阀座	聚四氟乙烯	对 WCB 阀体为 1Cr13 或 304,对不锈钢阀体为本体阀座	
5	蒙乃尔	蒙乃尔	蒙乃尔	
6	聚四氟乙烯		对 WCB 阀体为 304,对不锈钢阀体为同阀体材料	对 WCB 阀体为 304,对不锈钢阀体为同阀体材料

注：1. 其他密封内件材料根据用户要求定做。

2. 表中百分数均指质量分数。

(5) 连接方式（不标注为凸台平法兰连接）
R：梯形槽环接
S：插接焊
W：对焊
C：螺纹

7.2　常用金属阀

7.2.1　金属阀的选用

7.2.1.1　阀门适用范围（表7.2-1）

表7.2-1　常用阀门的适用范围

序号	阀门类型	阀体材质	适用温度/℃	适用介质	公称压力 PN/MPa	公称直径 DN/mm	备　注
一	闸阀	碳钢	≤425	水、蒸汽、油品	1.6、2.5	15～1000	
		铬镍钛钢	≤200	硝酸类	4.0	15～600	
		铬镍钼钛钢	≤200	醋酸类	6.4	15～500	
		铬钼钢	≤550	油品、蒸汽	10.0	15～400	
		铬钼钢	≤550	油品、蒸汽	16.0	15～300	
		铬镍钛钢	≤50	水、蒸汽、油品	1.6、2.5、4.0	50～300	
		铬钼钛钢	≤650	烟气、空气	1.6、2.5、4.0	50～300	
		不锈钢及耐磨衬里	650～730	催化裂化催化剂、高温烟气、蒸汽	1.6、2.5、4.0	80～600	
二	截止阀	碳钢	≤425	水、蒸汽、油品	1.6、2.5、4.0	15～300	
		碳钢	≤425	水、蒸汽、油品	6.4～16.0	15～200	
		碳钢	−40～130	氨、液氨	2.5	15～200	即为氨阀类
		铬镍钛钢	≤200	硝酸类	1.6～6.4	15～200	
		铬镍钛钢	≤100	硝酸类	10.0	15～200	
		铬镍钼钛钢	≤200	醋酸类	1.6～6.4	15～200	
		铬镍钼钛钢	≤100	醋酸类	10.0	15～200	
		铬钼钢	≤550	油品、蒸汽	1.6～2.5	15～300	
		铬钼钢	≤550	油品、蒸汽	4.0～16.0	15～200	
三	止回阀	碳钢	≤425	水、蒸汽、油品	1.6	50～600	
		碳钢	≤425	水、蒸汽、油品	2.5、4.0	15～600	
		碳钢	≤425	水、蒸汽、油品	6.4	15～500	
		碳钢	≤425	水、蒸汽、油品	10.0	15～400	
		碳钢	≤425	水、蒸汽、油品	16.0	15～300	
		铬镍钛钢	≤200	硝酸类	1.6～6.4	15～200	
		铬镍钼钛钢	≤200	醋酸类	1.6～6.4	15～200	
		铬钼钢	≤550	油品、蒸汽	1.6、2.5、4.0	50～600	
		铬钼钢	≤550	油品、蒸汽	6.4～16.0	50～300	
四	球阀						
	1 软密封球阀	碳钢	≤150	水、蒸汽、油品	1.6、2.5、4.0	15～200	密封为聚四氟乙烯
		碳钢	≤180	水、蒸气、油品	1.6、2.5、4.0	15～200	密封为增强聚四氟乙烯
		碳钢	≤250	水、蒸汽、油品	1.6、2.5、4.0	15～200	密封为对位聚苯
		铬镍钛钢	≤180	硝酸类	1.6、2.5、4.0	15～200	密封为增强聚四氟乙烯
		铬镍钛钢	≤180	硝酸类	6.4	15～150	
		铬镍钼钛钢	≤180	醋酸类	1.6、2.5、4.0	15～200	密封为增强聚四氟乙烯
		铬镍钼钛钢	≤180	醋酸类	6.4	15～150	
	2 硬密封球阀	碳钢	≤425	水、蒸汽、油品	1.6、2.5、4.0	150～200	
		碳钢	≤425	水、蒸汽、油品	6.4	15～150	
		优质碳钢	≤425	水、蒸汽、油品	10.0	50～300	
		铬镍钛钢	≤200	硝酸类	1.6、2.5、4.0	15～200	
		铬镍钛钢	≤200	硝酸类	6.4	15～150	
		铬镍钼钛钢	≤200	醋酸类	1.6、2.5、4.0	15～200	
		铬镍钼钛钢	≤200	醋酸类	6.4	15～150	
五	蝶阀						

续表

序号	阀门类型	阀体材质	适用温度/℃	适用介质	公称压力 PN/MPa	公称直径 DN/mm	备 注
1	软密封蝶阀	碳钢	≤150	水、蒸汽、油品、煤气	1.0、1.6、2.5	50～150	手动操作
		碳钢	≤150	水、蒸汽、油品、煤气	1.6、2.5	50～1200	蜗轮手动及电动
		铬镍钛钢	≤200	硝酸等腐蚀性介质	1.6、2.5	80～1000	
		铬镍钼钛钢	≤200	醋酸等腐蚀性介质	1.6、2.5	80～1000	
2	金属密封蝶阀	碳钢	≤425	水、蒸汽、油品	1.6、2.5	50～700	蜗轮手动
		铬镍钛钢	≤540	蒸汽、油品、空气等	1.6、2.5	300～1200	

7.2.1.2 阀体材料选用 (表 7.2-2)

表 7.2-2 常用阀体材料选用

材料 类别	材料牌号	代号	常用工况 PN/MPa	常用工况 t/℃	主要介质
灰铸铁	HT20-14	Z	≤1.6	≤200	水、蒸汽、油类等
	HT25-47		氨 ≤2.5	氨 ≥-40	
可锻铸铁	KT30-6	K	≤2.5	≤300	
	KT30-8		≤2.5	氨 ≥-43	
球墨铸铁	QT40-17	Q	≤4	≤350	
高硅铸铁	NSTSi-15	G	≤0.6	≤120	硝酸等腐蚀性介质
优质碳素钢	ZG25	C	≤16	≤450	水、蒸汽、油类等
	25、35、40		≤32	≤200	氨、氮、氢气等
铬钼合金钢	15CrMo ZG20CrMo	I	$P_{54}10^{①}$	540	蒸汽等
	Cr5Mo ZGCr5Mo		≤16	≤550	油类
铬钼钒合金钢	12Cr1MoV 15Cr1MoV ZG15Cr1MoV	V	$P_{57}14$	570	蒸汽等
镍、铬、钛耐酸钢	1Cr18Ni9Ti ZG1Cr18Ni9Ti	P	≤6.4	≤200	硝酸等腐蚀性介质
				-100～-196	乙烯等低温介质
				≤600	高温蒸汽、气体等
镍、铬、钼、钛耐酸钢	Cr18Ni12Mo2Ti ZGCr18Ni12Mo2Ti	R	≤20	≤200	尿素、醋酸等
铜合金	HSi80-3	T	≤1.6	≤2	水、蒸汽、气体等

① 表中 $P_{54}10$ 指温度为540℃时公称压力为10MPa，余类推。

7.2.1.3 密封材料选用 (表 7.2-3)

表 7.2-3 常用密封面材料选用

材料	代号	常用工况 PN/MPa	常用工况 t/℃	适用阀类
橡胶	X	≤0.1	≤60	截止阀、隔膜阀、蝶阀、止回阀等
尼龙	N	≤32	≤80	球阀、截止阀等
聚四氟乙烯	F	≤6.4	≤150	球阀、截止阀、旋塞阀、闸阀等
巴氏合金	B	≤2.5	-70～150	氨截止阀
铜合金 QSn6-6-3 HMn58-2-2	T	≤1.6	≤200	闸阀、截止阀、止回阀、旋塞阀等
不锈钢 2Cr13、3Cr13 TDCr-2 TDCrMn	H	≤3.2	≤450	中、高压阀门

续表

材　料		代号	常用工况		适用阀类
			PN/MPa	t/℃	
硬质合金	WC、TiC	Y	按阀体材料确定		高温阀、超高压阀
	TDCoCr-1				高压、超高压阀
	TDCoCr-2				高温、低温阀
本体加工	铸铁	W	≤1.6	≤100	气、油类用闸阀、截止阀等
	优质碳素钢		≤4	≤200	油类用阀门
	1Cr18Ni9Ti		≤32	≤450	酸类等腐蚀性介质用阀门
	Cr18Ni12Mo2Ti				

7.2.2　闸阀

7.2.2.1　闸阀的分类（图 7.2-1）

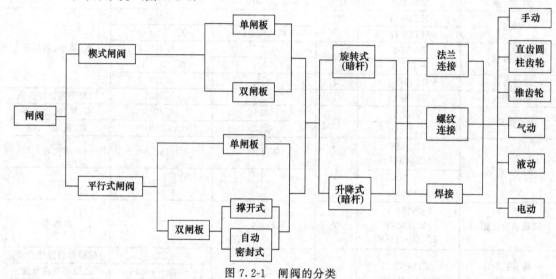

图 7.2-1　闸阀的分类

（1）按闸杆上螺纹位置分

① 明杆式（图 7.2-2）。阀杆螺纹露在上部，与之配合的阀杆螺母装在手轮中心，旋转手轮就是旋转螺母，从而使阀杆升降。这种阀门启闭程度可以从螺纹中看出，便于操作；对于阀杆螺纹的润滑和检查很方便；特别是螺纹与介质不接触，可避免腐蚀性介质的腐蚀，所以石油化工管道中采用较多。但其螺纹外露，容易粘上空气中的尘埃加速磨损，故应尽量安装于室内。

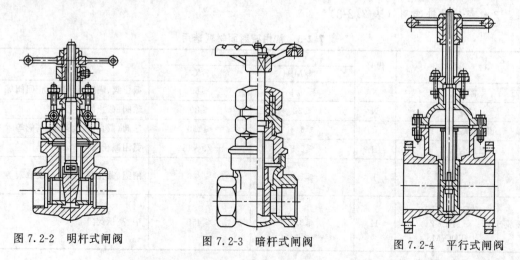

图 7.2-2　明杆式闸阀　　　　图 7.2-3　暗杆式闸阀　　　　图 7.2-4　平行式闸阀

② 暗杆式（图 7.2-3）。阀杆螺纹在下部，与闸板中心螺母配合，升降闸板依靠旋转阀杆来实现，而阀杆本身看不出移动。这种阀门的唯一优点是，开启时阀杆不升高，适合于安装在操作位置受到限制的地方。它的缺点很明显，启闭程度难以掌握，阀杆螺纹与介质接触，容易腐蚀损坏。

（2）按闸板构造分

① 平行式（图 7.2-4）。密封面与垂直中心线平行，一般制成双闸板。撑开两个闸板，使其与阀座密封面可靠密合，一般是顶楔来实现的，除上顶式之外，还有下顶式，有的阀门也用弹簧。

② 楔式。密封面与垂直中心线成一角度，即两个密封面成楔形。楔形倾角的大小，要视介质的温度，一般来说温度越高，倾角越大，以防温度变化时卡住。楔形闸阀有双闸板和单闸板（图 7.2-2、图 7.2-3）两种。单闸楔式阀门中，有一种弹性闸阀。它能依靠闸阀的弹性变形来弥补制造中密封面的微量误差。闸阀可以做得很大，如 2m 口径，但大口径闸阀，往往需要外力来开动，如电动闸阀。

7.2.2.2 闸阀的规格型号（表 7.2-4）

表 7.2-4 闸阀规格、型号、参数

名 称	型号	公称压力 PN/MPa	适用介质	适用温度/℃ ≤	公称直径 DN/mm
楔式双闸板闸阀	Z42W-1		煤气		300～500
锥齿轮转动楔式双闸板闸阀	Z542W-1	0.1	煤气	100	600～1000
电动楔式双闸板闸阀	Z942W-1				600～1400
电动暗杆楔式双闸板闸阀	Z946T-2.5	0.25	水		1600,1800
电动暗杆楔式闸阀	Z945T-6	0.6			1200,1400
楔式闸阀	Z41T-10		蒸汽、水	200	50～450
楔式闸阀	Z41W-10		油品	100	50～450
电动楔式闸阀	Z941T-10		蒸汽、水	200	100～450
平行式双闸板闸阀	Z44T-10				50～400
平行式双闸板闸阀	Z44W-10		油品	100	50～400
液动楔式闸阀	Z741T-10		水		100～600
电动平行式双闸板闸阀	Z944T-10	1.0	蒸汽、水	200	100～400
电动平行式双闸板闸阀	Z944W-10		油品		100～400
暗杆楔式闸阀	Z45T-10		水		50～700
暗杆楔式闸阀	Z45W-10		油品	100	50～450
正齿轮传动暗杆楔式闸阀	Z455T-10		水		800,900,1000
电动暗杆楔式闸阀	Z945T-10		水		100～1000
电动暗杆楔式闸阀	Z945W-10		油品		100～450
楔式闸阀	Z40H-16C				200～400
电动楔式闸阀	Z940H-16C		油品、蒸汽、水	350	200～400
气动楔式闸阀	Z640H-16C				200～500
楔式闸阀	Z40H-16Q	1.6			65～200
电动楔式闸阀	Z940H-16Q				65～200
楔式闸阀	Z40W-16P		硝酸类	100	200,250,300
楔式闸阀	Z40W-16I		醋酸类		200,250,300
楔式闸阀	Z40Y-16I		油品	550	200～400
楔式闸阀	Z40H-25				50～400
电动楔式闸阀	Z940H-25		油品、蒸汽、水	350	50～400
气动楔式闸阀	Z640H-25				50～400
楔式闸阀	Z40H-25Q	2.5			50～200
电动楔式闸阀	Z940H-25Q				50～200
锥齿轮传动楔式双闸板闸阀	Z542H-25		蒸汽、水	300	300～500
电动楔式双闸板闸阀	Z942H-25				300～800
承插焊楔式闸阀	Z61Y-40				15,20,25,32,40
楔式闸阀	Z41H-40	4.0	油品、蒸汽、水	425	15,20,25,32,40
楔式闸阀	Z40H-40				50～250
正齿轮传动楔式闸阀	Z400H-40				300,350,400

续表

名　称	型号	公称压力 PN/MPa	适用介质	适用温度/℃ ≤	公称直径 DN/mm
电动楔式闸阀	Z940H-40			425	50～400
气动楔式闸阀	Z640H-40		油品、蒸汽、水		50～400
楔式闸阀	Z40H-40Q	4.0		350	50～200
电动楔式闸阀	Z940H-40Q				50～200
楔式闸阀	Z40Y-40P		硝酸类	100	200,250
正齿轮传动楔式闸阀	Z440Y-40P				300～500
楔式闸阀	Z40Y-40I		油品	550	50～250
楔式闸阀	Z40H-64				50～250
正齿轮传动楔式闸阀	Z440H-64	6.4	油品、蒸汽、水	425	300,350,400
电动楔式闸阀	Z940H-64				50～800
电动楔式闸阀	Z940Y-64I		油品	550	300～500
楔式闸阀	Z40Y-64I				50～250
楔式闸阀	Z40Y-100		油品、蒸汽、水		50～200
正齿轮传动楔式闸阀	Z440Y-100	10.0		450	250,300
电动楔式闸阀	Z940Y-100				50～300
承插焊楔式闸阀	Z61Y-160				15,20,25,32,40
楔式闸阀	Z41H-160				50～200
楔式闸阀	Z40Y-160		油品		50～200
电动楔式闸阀	Z940Y-160	16.0			50～300
楔式闸阀	Z40Y-160I			550	50～200
电动楔式闸阀	Z940Y-160I				50～200

7.2.2.3　闸阀的结构参数（Z44T-10、Z44W-10）——平行式闸阀

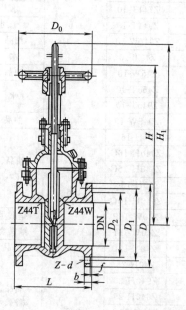

性能规范：

公称压力/MPa	1.0	适用介质	水、蒸汽、油品
工作温度/℃	T：≤200 W：≤100	驱动方式	手动

外形与连接尺寸：

公称尺寸 DN	尺寸参数/mm										重量 W/kg
	L	D	D_1	D_2	f	B	H ≈	H_1 ≈	D_0	Z-d	
100	230	215	180	155	3	22	396	516	200	8-φ18	42.5
125	255	245	210	185	3	24	478	624	240	8-φ18	61.5
150	280	280	240	210	3	24	555	729	240	8-φ23	80
200	330	335	295	265	3	26	720	948	320	8-φ23	130
250	450	390	350	320	4	28	821	1076	320	12-φ23	185
300	500	440	400	368	4	28	956	1266	360	12-φ23	277
350	550	500	460	428	4	30	1123	1492	400	16-φ23	381
400	600	565	515	482	4	32	1271	1691	500	16-φ27	510

主要零件材料：

零件名称	阀体、阀盖、阀板	阀座	阀杆	填料
零件材料	HT200	T 型 ZCuZn38Mn2Pb2 W 型 HT2000	35 2Cr13	浸石墨 石棉绳

7.2.2.4 闸阀的结构参数（Z45T-10、Z45W-10）——楔式闸阀

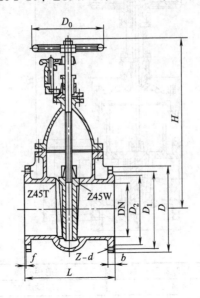

性能规范：

公称压力/MPa	1.0	适用介质	水、蒸汽、油品
工作温度/℃	T：≤200 W：≤100	驱动方式	手动

外形与连接尺寸：

公称尺寸 DN	尺寸参数/mm									重量 W/kg
	L	D	D_1	D_2	f	B	H ≈	D_0	Z-d	
50	180	160	125	100	3	20	310	180	4-φ18	17
80	210	195	160	135	3	22	400	200	4-φ18	30
100	230	215	180	155	3	22	450	200	8-φ18	40
150	280	280	240	210	3	24	560	240	8-φ23	90
200	330	335	295	265	3	26	695	320	8-φ23	146

续表

公称尺寸 DN	尺寸参数/mm										重量 W/kg
	L	D	D_1	D_2	f	B	H ≈	D_0	Z-d		
250	450	390	350	320	3	28	780	320	12-φ23		193
300	500	440	400	368	4	28	890	400	12-φ23		240
350	550	500	460	428	4	30	980	400	16-φ23		380
400	600	565	515	482	4	32	1100	500	16-φ27		500
500	700	670	620	585	4	34	1300	640	20-φ27		800

主要零件材料：

零件名称	阀体、阀盖、阀板	阀　座	阀　杆	填　料
零件材料	HT200	T 型 ZCuZn38Mn2Pb2 W 型 HT2000	35 2Cr13	浸石墨 石棉绳

7.2.2.5　闸阀的结构参数（Z40H-16C/25、Z41H-16C/25）——楔式闸阀

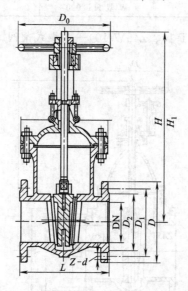

性能规范：

公称压力/MPa	1.6/2.5	适用介质	水、蒸汽、油品
工作温度/℃	≤425	驱动方式	手动

外形与连接尺寸（Z40H-16C、Z41H-16C）：

公称尺寸 DN	尺寸参数/mm											重量 W/kg
	L	D	D_1	D_2	b	f	Z-d	D_3	H	H_1	D_0	
50	250	160	125	100	16	3	4-φ18	180	371	438	240	29
65	265	180	145	120	18	3	8-φ18	190	393	473	240	30
80	280	195	160	135	20	3	8-φ18	220	430	530	280	46
100	300	215	180	155	20	3	8-φ18	260	500	620	320	63
125	325	245	210	185	22	3	8-φ18	295	580	724	360	105
150	350	280	240	210	24	3	8-φ23	335	674	845	360	134
200	400	335	295	265	26	3	12-φ23	400	844	1060	400	200
250	450	405	355	320	30	3	12-φ27	475	945	1220	450	275
300	500	460	410	375	30	3	12-φ27	530	1135	1454	560	390
350	550	520	470	435	34	3	16-φ27	611	1270	1652	640	598
400	600	580	525	485	36	3	16-φ30	710	1345	1689	720	850

外形与连接尺寸（Z40H-25、Z41H-25）

公称尺寸 DN	尺寸参数/mm											重量 W/kg
	L	D	D_1	D_2	b	f	Z-d	D_3	H	H_1	D_0	
50	250	160	125	100	20	3	4-φ18	180	371	438	240	29
65	265	180	145	120	22	3	8-φ18	190	393	473	240	33
80	280	195	160	135	22	3	8-φ18	220	430	530	280	46
100	300	230	190	160	24	3	8-φ23	260	500	620	320	63
125	325	270	220	188	28	3	8-φ27	295	580	724	360	105
150	350	300	250	218	30	3	8-φ27	335	674	845	360	134
200	400	360	310	278	34	3	12-φ27	400	864	1080	400	212
250	450	425	370	332	36	3	12-φ30	475	969	1244	450	294
300	500	485	430	390	40	4	16-φ30	530	1145	1474	560	402
350	550	550	490	448	44	4	16-φ34	610	1300	1682	640	634
400	600	610	550	505	48	4	16-φ34	710	1345	1689	720	900

主要零件材料：

零件名称	阀体、阀盖、阀板	阀座	阀杆	填料
零件材料	WCB	铬不锈钢	35/2Cr13	柔性石墨

7.2.2.6 闸阀的结构参数（Z40H-40/64、Z41H-40/64）——楔式闸阀

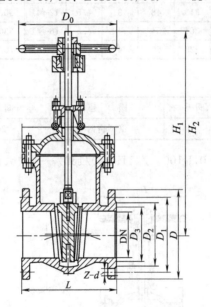

性能规范：

公称压力/MPa	4.0/6.4	适用介质	水、蒸汽、油品
工作温度/℃	≤425	驱动方式	手动

外形与连接尺寸（Z40H-40、Z41H-40）：

公称尺寸 DN	尺寸参数/mm												重量 W/kg
	L	D	D_1	D_2	D_6	b	f	f_2	Z-d	D_3	H_1	H_2	D_0	
50	250	160	125	100	88	20	3	4	4-φ18	180	371	438	280	29
65	280	180	145	120	110	22	3	4	8-φ18	210	393	473	280	33
80	310	195	160	135	121	22	3	4	8-φ18	235	455	500	320	51
100	350	230	190	160	150	24	3	4.5	8-φ23	280	551	669	360	81
125	400	270	220	188	176	28	3	4.5	8-φ27	315	628	772	400	128

续表

公称尺寸 DN	尺寸参数/mm													重量 W/kg
	L	D	D_1	D_2	D_6	b	f	f_2	Z-d	D_3	H_1	H_2	D_0	
150	450	300	250	218	204	30	3	4.5	8-ϕ27	345	708	883	400	155
200	550	375	320	282	260	38	3	4.5	12-ϕ30	420	858	1086	450	262
250	650	445	385	345	313	42	3	4.5	12-ϕ34	500	1015	1258	560	366
300	750	510	450	408	364	46	4	4.5	16-ϕ34	560	1330	1680	640	550
350	850	570	510	465	422	52	4	4.5	16-ϕ34	600	1339	1754	720	720

外形与连接尺寸（Z40H-64、Z41H-64）：

公称尺寸 DN	尺寸参数/mm													重量 W/kg
	L	D	D_1	D_2	D_6	b	f	f_2	Z-d	D_3	H_1	H_2	D_0	
50	250	175	135	105	88	26	3	4	4-ϕ23	180	371	438	280	40
65	280	200	160	130	110	28	3	4	8-ϕ23	210	393	473	280	45
80	310	210	170	140	121	30	3	4	8-ϕ23	235	455	500	320	51
100	350	250	200	168	150	32	3	4.5	8-ϕ27	280	551	669	360	81
125	400	295	240	202	176	36	3	4.5	8-ϕ30	315	628	772	400	130
150	450	340	280	240	204	38	3	4.5	8-ϕ34	345	708	883	400	205
200	550	405	345	300	260	44	3	4.5	12-ϕ34	420	858	1086	450	327
250	650	470	400	352	313	48	3	4.5	12-ϕ41	500	1015	1258	560	465
300	750	530	460	412	364	54	4	4.5	16-ϕ41	630	1330	1680	720	590
350	850	595	525	475	422	60	4	5	16-ϕ41	700	1339	1754	800	805

主要零件材料：

零件名称	阀体、阀盖、阀板	阀座	阀杆	填料
零件材料	WCB	铬不锈钢	2Cr13	柔性石墨

7.2.2.7　闸阀的结构参数（Z40H-100、Z41H-100/160）——楔式闸阀

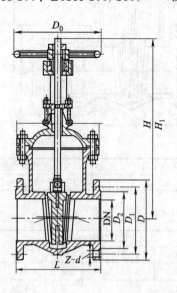

性能规范：

公称压力/MPa	10/16	适用介质	水、蒸汽、油品
工作温度/℃	≤425	驱动方式	手动

外形与连接尺寸（Z40H-100、Z41H-100）：

公称尺寸 DN	尺寸参数/mm												重量 W/kg
	L	D	D_1	D_2	D_6	b	f	f_2	$Z\text{-}d$	H	H_1	D_0	
50	250	195	145	112	85	28	3	4	4-ϕ27	425	505	280	48
65	280	220	170	138	110	32	3	4	8-ϕ27	470	545	280	68
80	310	230	180	148	115	34	3	4	8-ϕ27	500	590	320	90
100	350	265	210	172	145	38	3	4.5	8-ϕ30	555	665	400	129
125	400	310	250	210	175	42	3	4.5	8-ϕ34	645	780	400	212
150	450	350	290	250	205	46	3	4.5	12-ϕ34	800	980	450	374
200	550	430	360	312	265	54	3	4.5	12-ϕ41	900	1092	560	655

外形与连接尺寸（Z41H-160）：

公称尺寸 DN	尺寸参数/mm											重量 W/kg
	L	D	D_1	D_2	D_6	b	$Z\text{-}d$	D_3	H	H_1	D_0	
50	300	215	165	132	95	36	8-ϕ25	230	512	612	360	85
65	340	245	190	152	110	44	8-ϕ27	270	560	677	360	122
80	390	260	205	168	130	46	8-ϕ30	295	585	686	400	145
100	450	300	240	200	160	48	8-ϕ34	355	631	751	450	208
125	525	355	285	238	190	60	8-ϕ41	400	723	868	560	300
150	600	390	318	270	205	66	12-ϕ41	440	820	997	640	480
200	750	480	400	345	275	78	12-ϕ48	540	990	1224	720	800

主要零件材料：

零件名称	阀体、阀盖、阀板	阀座	阀杆	填料
零件材料	WCB	铬不锈钢	3Cr13	柔性石墨

7.2.2.8　闸阀的结构参数（Z41Y-64I）——楔式闸阀

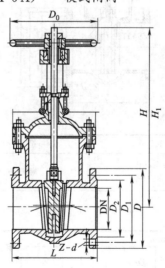

性能规范：

公称压力/MPa	6.4	适用介质	水、蒸汽、油品
工作温度/℃	≤550	驱动方式	手动

外形与连接尺寸：

公称尺寸 DN	尺寸参数/mm										重量 W/kg
	L	D	D_1	D_2	b	$Z\text{-}d$	D_6	H	H_1	D_0	
50	250	175	135	105	26	4-ϕ23	88	371	438	280	34
65	280	200	160	130	28	8-ϕ23	110	393	473	280	43
80	310	210	170	140	30	8-ϕ23	121	455	550	320	60

续表

公称尺寸 DN	尺寸参数/mm										重量 W/kg
	L	D	D_1	D_2	b	Z-d	D_6	H	H_1	D_0	
100	350	250	200	168	32	8-ϕ27	150	551	609	360	89
125	400	295	240	202	36	8-ϕ30	176	628	772	400	140
150	450	340	280	240	38	8-ϕ34	204	718	893	450	207
200	550	405	345	300	44	12-ϕ34	260	873	1100	560	325
250	650	470	400	352	48	12-ϕ41	313	1050	1332	640	467

主要零件材料:

零件名称	阀体、阀盖、阀板	阀座	阀杆	填料
零件材料	铬钼合金钢	硬质合金	合金钢	柔性石墨

7.2.2.9　闸阀的结构参数（Z945T-10、Z945W-10）——电动楔式闸阀

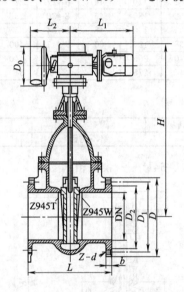

性能规范:

公称压力/MPa	1.0	适用介质	水、蒸汽、油品
工作温度/℃	T:≤200 W:≤100	驱动方式	电动

外形与连接尺寸:

公称尺寸 DN	尺寸参数/mm										转速/ (r/min)	电动装置型号	额定转矩/(N·m)	电动机		重量 W/kg
	L	D	D_1	D_2	f	b	D_0	L_1	L_2	Z-d				功率/kW	开关时间/s	
80	210	195	165	135	3	22	250	296	74	4-ϕ18	36	Z20-36	200	0.55	0.7	140
100	230	215	180	155	3	22	400	372	170	4-ϕ18	36	Z20-36	200	0.75	0.82	150
150	280	280	240	210	3	24	400	372	170	8-ϕ23	36	Z20-36	200	0.75	1.0	200
200	330	335	295	265	3	26	250	460	325	8-ϕ23	36	ZD30-36a	300	1.5	1.3	270
250	450	390	350	320	3	28	250	460	325	12-ϕ23	36	ZD30-36a	300	1.5	1.5	300
300	500	440	400	368	4	28	250	460	325	12-ϕ23	36	ZD30-36a	300	1.5	1.5	400
350	550	500	460	428	3	30	250	460	325	16-ϕ23	36	ZD30-36a	300	1.5	1.7	510
400	600	565	515	482	4	32	250	460	325	16-ϕ27	36	ZD30-36a	300	1.5	2.0	660
500	700	670	620	585	4	34	360	545	408	20-ϕ27	36	ZD60-36a	600	3.0	1.9	980

主要零件材料:

零件名称	阀体、阀盖、阀板	阀 座	阀 杆	填 料
零件材料	HT200	T 型 ZCuZn38Mn2Pb2 W 型 HT2000	35 2Cr13	浸石墨 石棉绳

7.2.2.10 闸阀的结构参数 (Z944T-10、Z944W-10)——电动平行式闸阀

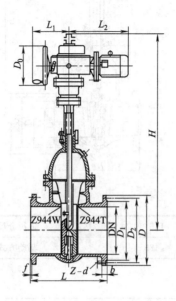

性能规范:

公称压力/MPa	1.0	适用介质	水、蒸汽、油品
工作温度/℃	T:≤200 W:≤100	驱动方式	电动

外形与连接尺寸:

公称尺寸 DN	尺寸参数/mm											转速/(r/min)	电动装置型号	额定转矩/(N·m)	电动机		重量 W/kg
	L	D	D_1	D_2	f	b	H	D_0	L_1	L_2	Z-d				功率/kW	开关时间/s	
*100	230	215	180	155	3	22	670	400	372	170	8-φ18	36	Z2O-36	200	0.75	0.82	75
*125	255	245	210	185	3	24	745	400	372	170	8-φ18	36	Z20-36	200	0.75	0.82	120
*150	280	280	240	210	3	24	810	400	372	170	8-φ23	36	Z20-36	200	0.75	1.0	140
200	330	335	295	265	3	26	1065	250	460	325	8-φ23	36	ZD30-36a	300	1.5	1.3	250
250	380	390	350	320	3	28	1155	250	460	325	12-φ23	36	ZD30-36a	300	1.5	1.5	285
300	500	440	400	368	4	28	1335	250	460	325	12-φ23	36	ZD30-36a	300	1.5	1.5	450
350	450	500	460	428	4	30	1410	250	460	325	16-φ23	36	ZD30-36a	300	1.5	1.7	500
400	600	565	515	482	4	32	1610	250	460	325	16-φ27	36	ZD30-36a	300	1.5	2.0	730

主要零件材料:

零件名称	阀体、阀盖、阀板	阀 座	阀 杆	填 料
零件材料	HT200	T 型 ZCuZn38Mn2Pb2 W 型 HT2000	35 2Cr13	浸石墨 石棉绳

7.2.2.11 闸阀的结构参数 (Z940H-16C)——电动楔式闸阀

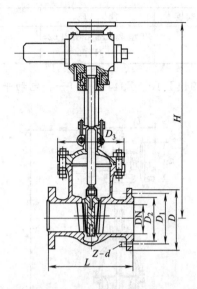

性能规范：

公称压力/MPa	1.6	适用介质	水、蒸汽、油品
工作温度/℃	≤425	驱动方式	电动

外形与连接尺寸：

公称尺寸 DN	尺寸参数/mm										转速/(r/min)	电动装置型号	额定转矩/(N·m)	电动机		重量 W/kg
	L	D	D_1	D_2	b	$Z\text{-}d$	f	D_0	D_3	H				型号	功率/kW	
50	250	160	125	100	16	4-ϕ18	3	240	180	615	24	DZ10B	100	YDF212	0.25	61
65	265	180	145	120	18	4-ϕ18	3	240	190	630	24	DZ10B	100	YDF212	0.25	62
80	280	195	160	135	20	8-ϕ18	3	280	220	690	24	DZ15B	150	YDF221	0.37	78
100	300	215	180	155	20	8-ϕ18	3	320	260	740	18	DZ20B	200	YDF221	0.37	95
125	325	245	210	185	22	8-ϕ18	3	360	295	830	18	DZ20B	200	YDF221	0.37	136
150	350	280	240	210	24	8-ϕ23	3	360	335	910	18	DZ20B	200	YDF221	0.37	165
200	400	335	295	265	26	12-ϕ23	3	400	400	1075	18	DZ30B	300	YDF222	0.55	225
250	450	405	355	320	30	12-ϕ25	3	450	475	1275	18	DZ30B	300	YDF222	0.55	303
300	500	460	410	375	30	12-ϕ25	4	560	530	1500	24	DZ45B	450	YDF311	1.1	472
350	550	520	470	435	34	16-ϕ25	4	640	610	1750	24	DZ90B(I)	900	YDF321	2.2	600
400	600	580	525	485	36	16-ϕ30	4	720	710	1950	24	DZ120(I)	1200	YDF322	3	932

主要零件材料：

零件名称	阀体、阀盖、阀板	阀 座	阀 杆	填 料
零件材料	WCB	铬不锈钢	2Cr13	浸石墨石棉绳

7.2.2.12 闸阀的结构参数（Z40Y-40C/40P/40R/40I/64C/64I）——中压国标弹性闸板楔式闸阀

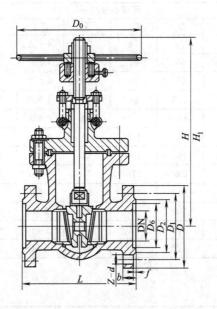

主要性能规范：

型　　号	公称压力 PN/MPa	适用温度 /℃	适用介质	试验压力 p/MPa		
				强度	密封（液）	低压密封
Z40Y-40C	4.0	≤425	水、蒸汽、油品	6.0	4.4	
Z40Y-40P	4.0	≤200	硝酸类	6.0	4.4	
Z40Y-40R	4.0	≤200	醋酸类	6.0	4.4	0.6（气）
Z40Y-40I	4.0	≤550	水、蒸汽、油品	6.0	4.4	
Z40Y-64C	6.4	≤425	水、蒸汽、油品	9.6	7.0	
Z40Y-64I	6.4	≤550	水、蒸汽、油品	9.6	7.0	

主要尺寸及重量：

Z40Y-40C/40P/40R/40I

公称尺寸 DN/mm	尺寸参数/mm										重量/kg
	L	D	D_1	D_2	D_6	b	$Z-d$	H	H_1	D_0	
25	160	115	85	65	58	16	4-ϕ14	303	—	—	9
32	180	135	100	78	66	16	4-ϕ14	315	—	—	11
40	240①	145	110	85	76	16	4-ϕ14	340	—	—	35
50	250	160	125	100	88	20	4-ϕ18	386	454	280	29
65	280	180	145	120	110	22	8-ϕ18	393	473	280	38
80	310	195	160	135	121	22	8-ϕ18	498	600	320	49
100	350	230	190	160	150	24	8-ϕ23	558	681	380	72
125	400	270	220	188	176	28	8-ϕ25	634	776	400	128
150	450	300	250	218	204	30	8-ϕ25	720	900	400	162
200	550	375	320	282	260	38	12-ϕ30	876	1110	450	228
250	650	445	385	345	313	42	12-ϕ34	1059	1348	560	469
300	750	510	450	408	364	46	16-ϕ34	1201	1531	640	550
350	850	570	510	465	422	52	16-ϕ34	—	—	—	640
400	950	655	585	535	474	58	16-ϕ41	—	—	—	780

Z40Y-64C/64I

公称尺寸	尺寸参数/mm										重量/kg
DN/mm	L	D	D_1	D_2	D_6	b	Z-d	H	H_1	D_0	
25	210	135	100	78	58	22	4-ϕ18	310	—	—	10
32	230	150	110	82	66	24	4-ϕ23	320	—	—	14
40	240	165	125	95	76	24	4-ϕ23	360	—	—	37
50	250	175	135	105	88	26	4-ϕ23	371	438	280	34
65	280	200	160	130	110	28	8-ϕ23	393	473	280	43
80	310	210	170	140	121	30	8-ϕ23	455	550	320	60
100	350	250	200	168	150	32	8-ϕ25	551	609	360	89
125	400	295	240	202	176	36	8-ϕ30	628	772	400	140
150	450	340	280	240	204	38	8-ϕ34	718	893	450	207
200	550	405	345	300	260	44	12-ϕ34	873	1100	560	325
250	650	470	400	352	313	48	12-ϕ41	1050	1332	640	467
300	750	530	460	412	364	54	16-ϕ41	1470	1804	640	590

① 某高压阀门厂 L 为 230mm。

主要零件材料：

零件名称	阀体阀盖	闸板、阀座	阀杆	阀杆螺母	填料	手轮
Z40Y-40/64	碳钢	碳钢+硬质合金	铬不锈钢	铝铁青铜	石墨石棉盘根	可锻铸铁 球墨铸铁
Z40Y-40P	铬镍钛钢	不锈钢+硬质合金	铬镍钛不锈钢		浸聚四氟 乙烯石棉盘根	
Z40Y-40R	铬镍钼钛钢		铬镍钼钛不锈钢			
Z40Y-40I/64I	铬钼钢	合金钢+硬质合金	铬钼铝钢		柔性石墨	

7.2.2.13 闸阀的结构参数 (Z40Y-100C/100I/160C/160I)——高压硬质合金密封弹性闸板楔式闸阀

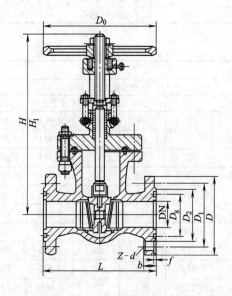

主要性能规范：

型 号	公称压力 PN/MPa	适用温度 /℃	适用介质	试验压力 p/MPa		低压密封
				强度	密封(液)	
Z40Y-100C/100I	10.0	≤425	水、蒸汽、油品	15.0	11.0	0.6(气)
Z40Y-160C/160I	16.0	≤550	水、蒸汽、油品	24.0	17.6	

主要尺寸及重量：

Z40Y-100C/100I

公称尺寸	尺寸参数/mm										重量/kg
DN/mm	L	D	D_1	D_2	D_8	$Z-d$	D_0	b	H	H_1	
25	210	135	100	78	50	4-ϕ18	—	24	310	—	13
32	230	150	110	82	65	4-ϕ23	—	24	320	—	20
40	240	165	125	95	75	4-ϕ23	—	26	360	—	60
50	250	195	145	112	85	4-ϕ25	360	28	490	558	50
65	280	220	170	138	110	8-ϕ25	400	32	540	622	70
80	310	230	180	148	115	8-ϕ25	400	34	573	671	100
100	350	265	210	172	145	8-ϕ30	400	38	573	671	110
125	400	310	250	220	175	8-ϕ34	560	42	744	892	180
150	450	350	290	250	205	12-ϕ34	560	46	800	972	250
200	550	430	360	312	265	12-ϕ41	560	54	800	972	360
250	650	500	430	382	320	12-ϕ41	640	60	—	—	—
300	750	585	500	442	375	16-ϕ48	640	70	—	—	—

Z40Y-160C/160I

公称尺寸	尺寸参数/mm										重量/kg
DN/mm	L	D	D_1	D_2	D_8	$Z-d$	D_0	b	H	H_1	
15	170	110	75	52	35	4-ϕ18	200	24	230	250	7
20	190	130	90	62	45	4-ϕ23	200	28	260	288	10
25	210	140	100	72	50	4-ϕ23	280	30	280	310	14
32	230	165	115	85	65	4-ϕ25	320	30	312	350	21
40	240	175	125	92	75	4-ϕ27	320	32	350	395	26
50	300	215	165	132	95	8-ϕ25	360	36	512	612	73
65	340①	245	190	152	110	8-ϕ30	360	44	560	677	110
80	390	260	205	168	130	8-ϕ30	400	46	585	686	141
100	450	300	240	200	160	8-ϕ34	450	48	631	751	185
125	525	355	285	238	190	8-ϕ41	560	60	723	868	320
150	600	390	318	270	205	12-ϕ41	640	66	820	997	462
200	750	480	400	345	265	12-ϕ48	720	78	990	1224	711

① 某高压阀门厂 DN65 的 L 为 345mm。

主要零件材料：

零件名称	阀体阀盖	闸板、阀座	阀杆	阀杆螺母	填料	手轮
Z40Y-100/160	碳钢	碳钢＋硬质合金	铬不锈钢	铝铁青铜	石墨石棉盘根	可锻铸铁
Z40Y-100I/160I	铬钼钢	合金钢＋硬质合金	铬钼铝钢	铝铁青铜	柔性石墨	球墨铸铁

7.2.2.14　闸阀的结构参数（Z40Y-200/250）——楔式闸阀

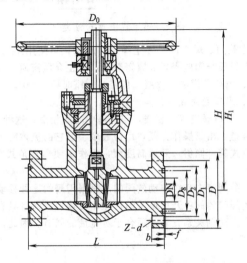

主要性能规范：

型　号	公称压力 PN/MPa	适用温度 /℃	适用介质	试验压力 p/MPa		低压密封
				强度	密封(液)	
Z40Y-200	20.0	≤200	水、气体、油品	30.0	22.0	0.6(气)
Z40Y-250	25.0	≤200	水、气体、油品	37.5	27.5	

主要尺寸及重量：

公称尺寸 DN/mm	尺寸参数/mm										重量/kg
	L	D	D_1	D_2	D_8	b	$Z-d$	H	H_1	D_0	
50	350	210	160	128	95	40	8-φ25	493	559	360	66
65	410	260	203	165	110	48	8-φ30	535	621	400	89
80	470	290	230	190	160	54	8-φ34	576	681	400	123
100	550	360	292	245	190	66	8-φ41	659	779	560	237

主要零件材料：

零件名称	阀体阀盖	闸板、阀座	阀杆	阀杆螺母	填料
Z40Y-200/250	碳钢	不锈钢 (堆焊硬质合金)	不锈钢	优质碳钢	夹铜丝石墨石棉盘根

注：主要生产厂有开封高压阀门厂、苏州阀门厂。

7.2.3　截止阀

7.2.3.1　截止阀的分类（图 7.2-5）

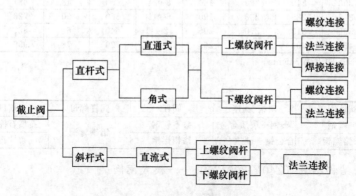

图 7.2-5　截止阀的分类

截止阀（Globe Valve）也称截门、球心阀、停止阀、切断阀，是使用最为广泛的一种阀门。它的闭合原理是：依靠阀杆压力，使阀瓣密封面与阀座密封面紧密贴合，阻止介质流通。截止阀可按通道方向分三类。

① 直通式（图 7.2-6）：进、出口通道成一直线，但经过阀座时要拐 90°。

② 直角式（图 7.2-7）：进、出口通道成一直角。

③ 直流式（图 7.2-8）：进、出口通道成一直线，与阀座中心线相交。这种截止阀阀杆是倾斜的。

直通式截止阀安装于直线管道，由于操作方便，用得最多。但它的流体阻力大，对于阻力损失要求严格的管道，使用直流式为好。但直流式阀杆倾斜，开启高度大，操作不便。直角式截止阀安装于垂直相交的管道，常用于高压。

截止阀是指闭件（阀瓣）沿阀座中心线移动的阀门。根据阀瓣的这种移动形式，阀座通口的变化是与阀瓣行程成正比例关系。由于该类阀门的阀杆开启或关闭行程相对较短，而且具有非常可靠的切断功能，又由于阀座通口的变化与阀瓣的行程成正比例关系，非常适合于对流量的调节。因此，这种类型的阀门非常适合作为切断或调节以及节流使用。

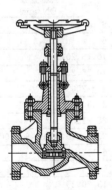
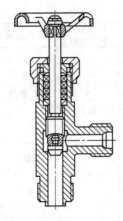
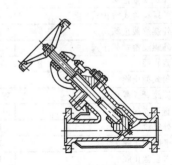

图 7.2-6　直通式截止阀　　　图 7.2-7　直角式截止阀　　　图 7.2-8　直流式截止阀

截止阀的阀瓣一旦从关闭位置移开，它的阀座和阀瓣密封面之间就不再有接触。因而它的密封面机械磨损很小，故其密封性能是很好的。缺点是密封面间可能会夹住流动介质中的颗粒。由于大部分截止阀的阀座和阀瓣比较容易修理或更换，而且在修理或更换密封元件时无需把整个阀门从管线上拆卸下来，这在阀门和管线焊成一体的场合是非常适用的。

由于介质通过此类阀门时的流动方向发生了变化，因此截止阀的最小流阻也较高于大多数其他类型的阀门。然而，根据阀体结构和阀杆相对于进、出口通道的布局，这种状况是可以改善的。同时，由于截止阀瓣开与关之间行程小，密封面又能承受多次启闭，因此它很适用于需要频繁开关的场合。

7.2.3.2　截止阀的选用

截止阀随着球阀和蝶阀的发展，应用的场合被取代一部分，但从截止阀本身的特点来看，球阀、蝶阀是不能替代的，其选用原则如下。

(1) 高温、高压介质的管路或装置上宜选用截止阀。如火电厂、核电站，石油化工系统的高温、高压管路上选用截止阀为宜。

(2) 管路上对流阻要求不严的管路上，即对压力损失考虑不大的地方。

(3) 小型阀门可选用截止阀，如针阀、仪表阀、取样阀、压力计阀等。

(4) 有流量调节或压力调节，但对调节精度要求不高，而且管路直径又比较小，如公称尺寸 DN≤50mm 的管路上，宜选用截止阀或节流阀。

(5) 合成工业生产中的小化肥和大化肥，宜选用 16MPa 或 32MPa 的高压角式截止阀或高压角式节流阀。

(6) 氧化铝拜尔法生产中的脱硅车间、易结焦的管路上，宜选用阀体分开式、阀座可取出的、硬质合金密封副的直流式截止阀或直流式节流阀。

(7) 城市建设中的供水、供热工程上，公称尺寸较小的管路，可选用截止阀、平衡阀或柱塞阀，如公称尺寸小于 150mm 的管路上。

7.2.3.3　截止阀的规格型号（表 7.2-5）

表 7.2-5　截止阀规格、型号、参数

名　　称	型号	公称压力 PN/MPa	适用介质	适用温度/℃ ≤	公称直径 DN/mm
衬胶直流式截止阀	J45J-6	0.6	酸、碱类	50	40～150
衬铅直流式截止阀	J45Q-6		硫酸类	100	25～150
焊接波纹管式截止阀	WJ61W-6P		硝酸类		10,15,20,25
波纹管式截止阀	WJ41W-6P				32,40,50
内螺纹截止阀	J11W-16	1.6	油品	100	15,20,25,32,40,50,65
内螺纹截止阀	J11T-16		蒸汽、水	200	15,20,25,32,40,50,65
截止阀	J41W-16		油品	100	25～150
截止阀	J41T-16		蒸汽、水	200	25～150
截止阀	J41W-16P		硝酸类	100	80,100,125,150
截止阀	J41W-16R		醋酸类		80,100,125,150

名称	型号	公称压力 PN/MPa	适用介质	适用温度/℃ ≤	公称直径 DN/mm
外螺纹截止阀	J21W-25K	2.5	氨、氨液	−40～150	6
外螺纹角式截止阀	J24W-25K				6
外螺纹截止阀	J21B-25				10,15,20,25
外螺纹角式截止阀	J24B-25K				10,15,20,25
截止阀	J41B-25Z				32～200
角式截止阀	J44B-25Z				32,40,50
波纹管式截止阀	WJ41W-25P		硝酸类	100	25～150
直流式截止阀	J45W-25P				25,32,40,50,65,80,100
外螺纹截止阀	J21W-40	4.0	油品	200	6,10
卡套截止阀	J91W-40		油品	200	6,10
卡套截止阀	J91H-40		油品、蒸汽、水	425	15,20,25
卡套角式截止阀	J91W-40		油品	200	6,10
卡套角式截止阀	J94H-40		油品、蒸汽、水	425	15,20,25
外螺纹截止阀	J21H-40				15,20,25
外螺纹角式截止阀	J24W-40		油品	200	6,10
外螺纹角式截止阀	J24H-40		油品、蒸汽、水	425	15,20,25
外螺纹截止阀	J21W-40P		硝酸类	100	6,10,15,20,25
外螺纹截止阀	J21W-40R		醋酸类		6,10,15,20,25
外螺纹角式截止阀	J24W-40P		硝酸类		6,10,15,20,25
外螺纹角式截止阀	J24W-40R		醋酸类		9,10,15,20,25
承插焊截止阀	J61Y-40		油品、蒸汽、水	425	10,15,20,25
截止阀	J41H-40				10～150
截止阀	J41W-40P		硝酸类	100	32～150
截止阀	J41W-40R		醋酸类		32～150
电动截止阀	J941H-40			425	50,65,80,100,125,150
截止阀	J41H-40Q			350	32～150
角式截止阀	J44H-40		油品、蒸汽、水		32,40,50
截止阀	J41H-64	6.4		425	50,65,80,100
电动截止阀	J941H-64				50,65,80,100
截止阀	J41H-100	10.0			10～100
电动截止阀	J941H-100			450	50,65,80,100
角式截止阀	J44H-100				32,40,50
承插焊截止阀	J61Y-160	16.0	油品		15,20,25,32,40,50
截止阀	J41H-160				15,20,25,32,40,50
截止阀	J41Y-160			550	15,20,25,32,40,50
外螺纹截止阀	J21W-160			200	6,10

7.2.3.4 截止阀的结构参数 (J41T-16、J41H-16) ——截止阀

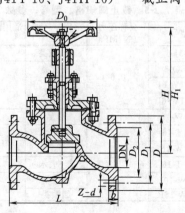

性能规范：

型　号	适用介质	工作温度/℃	型　号	适用介质	工作温度/℃
J41T-16	水、蒸汽	≤200	J41H-16	水、蒸汽、油类	≤200

外形与连接尺寸：

公称尺寸	尺寸参数/mm										重量
DN	L	D	D_1	D_2	b	f	Z-d	H	H_1	D_0	W/kg
15	120	95	65	45	14	2	4-ϕ14	110	118	65	2.1
20	150	105	75	55	14	2	4-ϕ14	110	118	65	2.8
25	160	115	85	65	16	2	4-ϕ14	132	146	80	3.6
32	180	135	100	78	18	2	4-ϕ18	157	171	100	5.3
40	200	145	110	85	18	2	4-ϕ18	169	187	100	7.0
50	230	160	125	100	20	3	4-ϕ18	185	200	120	9.8
65	290	180	145	120	20	3	4-ϕ18	204	231	140	14
80	310	195	160	135	22	3	8-ϕ18	340	380	200	34
100	350	215	180	155	24	3	8-ϕ18	377	428	240	43
125	400	245	210	185	26	3	8-ϕ18	422	486	280	70
150	480	280	240	210	28	3	8-ϕ23	485	566	320	95
200	600	335	295	265	30	3	12-ϕ23	568	648	360	170

主要零件材料：

零件名称	阀体、阀盖、阀瓣	密封圈	阀杆	填料	垫片
J41T-16	灰铸铁	黄铜	碳钢	油浸石棉盘根	橡胶石棉板
T41H-16		不锈钢			

7.2.3.5　截止阀的结构参数（J41H-16C/25/40）——截止阀

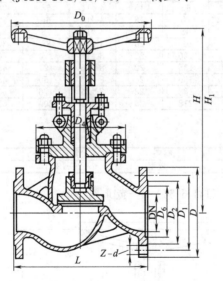

性能规范：

公称压力/MPa	1.6/2.5/4.0	适用介质	水、蒸汽、油品
工作温度/℃	≤425	驱动方式	手动

外形与连接尺寸（J41H-16C）：

公称尺寸	尺寸参数/mm									重量
DN	L	D	D_1	D_2	b	Z-d	H	H_1	D_0	W/kg
15	130	95	65	45	14	4-ϕ14	110	121	55	2.1
20	150	105	75	55	14	4-ϕ14	110	121	55	2.8
25	160	115	85	65	16	4-ϕ14	132	146	80	3.6
32	180	135	100	78	18	4-ϕ18	157	171	100	5.3
40	200	145	110	85	18	4-ϕ18	169	187	100	7.0
50	230	160	125	100	20	4-ϕ18	185	200	120	9.8

续表

公称尺寸	尺寸参数/mm									重量
DN	L	D	D_1	D_2	b	Z-d	H	H_1	D_0	W/kg
65	290	180	145	120	20	4-ϕ18	204	231	140	14.0
80	310	195	160	135	22	8-ϕ18	340	381	200	37.5
100	350	215	180	155	24	8-ϕ18	377	428	240	45
125	400	245	210	185	26	8-ϕ18	422	366	280	75
150	480	280	240	210	28	8-ϕ23	485	486	320	102

外形与连接尺寸 (J41H-25):

公称尺寸	尺寸参数/mm									重量
DN	L	D	D_1	D_2	b	Z-d	H	H_1	D_0	W/kg
20	150	105	75	55	16	4-ϕ14	275	285	140	6.9
25	160	115	85	65	16	4-ϕ14	285	300	160	7.4
32	180	135	100	78	18	4-ϕ18	302	327	180	8.5
40	200	145	110	85	18	4-ϕ18	355	385	200	12.5
50	230	160	125	100	20	4-ϕ18	362	397	240	16
65	290	180	145	120	22	8-ϕ18	325	345	280	25
80	310	195	160	135	22	8-ϕ18	369	420	280	42
100	350	230	190	160	24	8-ϕ23	370	425	320	52
125	400	270	220	188	28	8-ϕ26	558	608	400	89
150	480	300	250	218	30	8-ϕ26	611	692	400	120

外形与连接尺寸 (J41H-40):

公称尺寸	尺寸参数/mm										重量
DN	L	D	D_1	D_2	b	Z-d	D_6	H	H_1	D_0	W/kg
15	130	95	65	45	16	4-ϕ14	40	233	241	120	5.0
20	150	105	75	55	16	4-ϕ14	51	275	285	140	7.0
25	160	115	85	65	16	4-ϕ14	58	285	300	160	8.7
32	180	135	100	78	18	4-ϕ18	66	302	327	160	11.8
40	200	145	110	85	18	4-ϕ18	76	355	385	200	16.5
50	230	160	125	100	20	4-ϕ18	88	373	391	240	24
65	290	180	145	120	22	8-ϕ18	110	408	433	280	33
80	310	195	160	135	22	8-ϕ18	121	436	468	320	44
100	350	230	190	160	24	8-ϕ23	150	480	520	360	60
125	400	270	220	188	28	8-ϕ26	176	558	608	400	99
150	480	300	250	218	30	8-ϕ26	204	611	692	400	132

主要零件材料:

零件名称	阀体、阀瓣	阀座	阀杆	阀杆螺母	填料
零件材料	WCB	合金钢	2Cr13	ZQA19-4	柔性石墨

7.2.3.6 截止阀的结构参数 (J41H-64)——截止阀

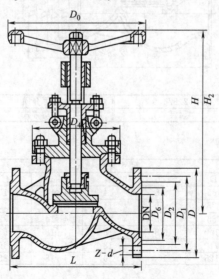

性能规范：

公称压力/MPa	6.4	适用介质	水、蒸汽、油品
工作温度/℃	≤425	驱动方式	手动

外形与连接尺寸：

公称尺寸 DN	尺寸参数/mm													重量 W/kg
	L	D	D_1	D_2	D_6	b	f_1	f_2	Z-d	D_3	H_1	H_2	D_0	
32	230	150	110	82	66	24	2	4	4-ϕ23	135	325	355	200	19
40	260	165	125	95	76	24	3	4	4-ϕ23	150	360	395	240	25
50	300	175	135	105	88	26	3	4	4-ϕ23	175	405	430	280	39.3
65	340	200	160	130	110	28	3	4	8-ϕ23	200	430	462	320	45.7
80	380	210	170	140	121	30	3	4	8-ϕ23	230	465	505	360	61.6
100	430	250	200	168	150	32	3	4.5	8-ϕ26	250	550	595	450	105.1
125	500	295	240	202	176	36	3	4.5	8-ϕ30	295	660	705	500	150.0

主要零件材料：

零件名称	阀体、阀瓣	阀座	阀杆	阀杆螺母	填料
零件材料	WCB	合金钢	2Cr13	ZQA19-4	柔性石墨

7.2.3.7　截止阀的结构参数（J941H-25）——截止阀

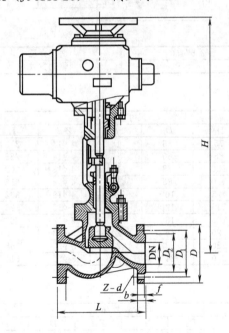

性能规范：

公称压力/MPa	2.5	适用介质	水、蒸汽、油品
工作温度/℃	≤425	驱动方式	电动

外形与连接尺寸：

公称尺寸 DN	尺寸参数/mm							重量 W/kg
	L	D	D_1	D_2	b	f	Z-d	H	
50	230	160	125	100	20	3	4-ϕ18	645	50
65	290	180	145	120	22	3	8-ϕ18	690	68
80	310	195	160	135	22	3	8-ϕ18	715	122
100	350	230	190	160	24	3	8-ϕ23	770	142
125	400	270	220	188	28	3	8-ϕ26	780	194
150	480	300	250	218	30	3	8-ϕ26	875	248
200	600	360	310	278	34	3	12-ϕ26	967	350

主要零件材料：

零件名称	阀体、阀瓣	阀座	阀杆	阀杆螺母	填料
零件材料	WCB	合金钢	2Cr13	ZQA19-4	柔性石墨

7.2.3.8 截止阀的结构参数（J41Y-25I/40I）——截止阀

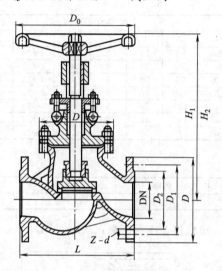

性能规范：

公称压力/MPa	2.5/4.0	适用介质	蒸汽、油品
工作温度/℃	≤550	驱动方式	手动

外形与连接尺寸（J41Y-25I）：

公称尺寸	尺寸参数/mm									重量
DN	L	D	D_1	D_2	b	$Z-d$	H	H_1	D_6	W/kg
20	150	105	75	55	16	4-ϕ14	275	285	140	6.9
25	160	115	85	65	16	4-ϕ14	285	300	160	7.4
32	180	135	100	78	18	4-ϕ18	302	327	180	8.5
40	200	145	110	85	18	4-ϕ18	355	385	200	12.5
50	230	160	125	100	20	4-ϕ18	362	397	240	16
65	290	180	145	120	22	8-ϕ18	325	345	280	25
80	310	195	160	135	22	8-ϕ18	369	420	280	42
100	350	230	190	160	24	8-ϕ23	370	425	320	52
125	400	270	220	188	28	8-ϕ25	558	608	400	89
150	480	300	250	218	30	8-ϕ25	611	692	400	120

外形与连接尺寸（J41Y-40I）：

公称尺寸	尺寸参数/mm										重量
DN	L	D	D_1	D_2	b	$Z-d$	D_6	H	H_1	D_0	W/kg
15	130	95	65	45	16	4-ϕ14	40	233	241	120	5.0
20	150	105	75	55	16	4-ϕ14	51	275	285	140	7.0
25	160	115	85	65	16	4-ϕ14	58	285	300	160	8.7
32	180	135	100	78	18	4-ϕ18	66	302	327	160	11.8
40	200	145	110	85	18	4-ϕ18	76	355	385	200	16.5
50	230	160	125	100	20	4-ϕ18	88	373	391	240	24
65	290	180	145	120	22	8-ϕ18	110	408	433	280	33
80	310	195	160	135	22	8-ϕ18	121	436	468	320	44
100	350	230	190	160	24	8-ϕ23	150	480	520	360	60
125	400	270	220	188	28	8-ϕ25	176	558	608	400	99
150	480	300	250	218	30	8-ϕ25	204	611	692	400	132

主要零件材料：

零件名称	阀体、阀瓣	阀座	阀杆	阀杆螺母	填料
零件材料	Cr5Mo	硬质合金	25Cr2MoV	ZQA19-4	柔性石墨

7.2.3.9 截止阀的结构参数 (J11T-16)——内螺纹截止阀

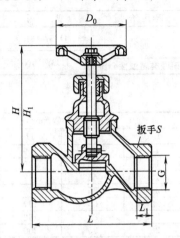

性能规范：

公称压力/MPa	1.6	适用介质	水、蒸汽、油品
工作温度/℃	≤200	驱动方式	手动

外形与连接尺寸：

公称尺寸 DN	管螺纹 G	尺寸参数/mm						重量 W/kg
		L	L₁	S	H	H₁	D₀	
15	1/2	90	14	32	109	117	55	0.9
20	3/4	100	16	36	109	117	55	1.1
25	1	120	18	46	132	142	80	1.8
32	1¼	140	20	55	156	168	100	2.5
40	1½	170	22	65	167	182	100	3.7
50	2	200	24	80	182	200	120	5.5
65	2½	260	26	95	200	223	146	9.3

主要零件材料：

零件名称	阀体、阀盖、阀瓣	密封圈	阀杆	填料	垫片
零件材料	灰铸铁	黄铜	碳钢	石棉盘根	橡胶石棉板

7.2.3.10 截止阀的结构参数 (J11W-16/16K/16P/16R)——内螺纹截止阀

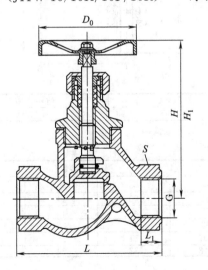

性能规范：

型　号	工作温度/℃	适用介质	型　号	工作温度/℃	适用介质
J11W-16	≤100	油类	J11W-16R	≤350	醋酸类腐蚀性介质
J11W-16K			J11W-16Ni		碱液、海水、盐水
J11W-16P		硝酸类腐蚀性介质			

外形与连接尺寸：

公称尺寸 DN	管螺纹 G	尺寸参数/mm						重量 W/kg
		L	L_1	S	H	H_1	D_0	
15	1/2	90	14	32	109	117	65	0.8
20	3/4	100	16	36	109	117	65	1.0
25	1	120	18	46	132	142	80	1.6
32	1¼	140	20	55	156	168	100	2.3
40	1½	170	22	65	167	182	100	3.5
50	2	200	24	80	182	200	120	5.5
65	2½	260	26	95	200	223	120	8.0

主要零件材料：

零件名称	阀体、阀盖、阀瓣	阀　杆	填　料	垫　片
J11W-16	灰铸铁	碳钢	油浸石棉盘根	橡胶石棉板
J11W-16K	可锻铸铁、灰铸铁			
J11W-16P	铬镍钛不锈钢		聚四氟乙烯	聚四氟乙烯
J11W-16R	铬镍钼钛不锈钢			

7.2.3.11　截止阀的结构参数（J24W-25P/25R/40）——外螺纹角式截止阀

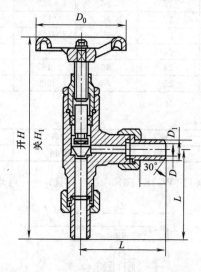

性能规范：

公称压力/MPa	2.5、4.0	适用介质	水、蒸汽、油品、酸碱
工作温度/℃	≤160	驱动方式	手动

外形与连接尺寸：

公称通径 /mm	尺寸参数/mm						
	D	L	L_2	D_1	D_0	H	H_1
6	9	71	20	14	65	152	158
10	12	77	22	18	80	172	180
15	16	93	26	22	120	288	295
20	22	107	31	28	140	338	348
25	27	118	32	34	160	358	370

主要零件材料：

零件名称	阀体、阀瓣	阀杆	填料
零件材料	WXB 1Cr18Ni9Ti 1Cr18Ni2Mo2Ti	2Cr13 1Cr18Ni9Ti	聚四氟乙烯

7.2.3.12 截止阀的结构参数（WJ41H-16C/25/40、WJ41W-16P/25P/40P）——波纹管截止阀

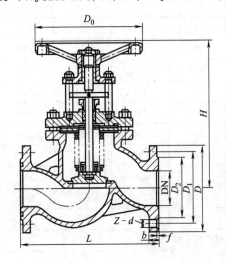

主要性能规范：

型　号	公称压力 PN/MPa	试验压力 p/MPa			适用温度 /℃	适用介质
		壳体	密封（水）	密封（气）		
WJ41H-16C	1.6	2.4	1.8		≤350	水、蒸汽、油品
WJ41W-16P					≤150	硝酸等
WJ41H-25	2.5	3.8	2.8	0.6	≤350	水、蒸汽、油品
WJ41W-25P					≤150	硝酸等
WJ41H-40	4.0	6.0	4.4		≤350	水、蒸汽、油品
WJ41W-40P					≤150	硝酸等

主要外形尺寸和连接尺寸：

公称尺寸 DN/mm	尺寸参数/mm								
	L	H	D	D_1	D_2	D_0	b	f	$Z\text{-}d$
10	130	202	90	60	42	120	14	2	4-ϕ13.5
15	130	202	95	65	47	120	14	2	4-ϕ13.5
20	150	231	105	75	58	140	14	2	4-ϕ13.5
25	160	231	115	85	68	140	14	2	4-ϕ13.5
32	180	286	140	100	78	160	16	2	4-ϕ17.5
40	200	317	150	110	88	200	16	3	4-ϕ17.5
50	230	317	165	125	102	200	16	3	4-ϕ17.5
65	290	331	185	145	122	240	18	3	8-ϕ17.5
80	310	402	200	160	133	240	20	3	8-ϕ17.5
100	350	416	220	180	158	320	20	3	8-ϕ17.5
125	400	467	250	210	184	360	22	3	8-ϕ17.5
150	480	525	285	240	212	360	24	3	8-ϕ22
200	600	611	340	295	268	500	26	3	12-ϕ22
250	650	750	405	355	320	640	30	3	12-ϕ25

注：密封面形式为光滑式，也可按用户要求加工。

WJ41H-16C、WJ41W-16P

续表

WJ41H-25、WJ41W-25P

公称尺寸 DN/mm	尺寸参数/mm								
	L	H	D	D_1	D_2	D_0	b	f	Z-d
10	130	202	90	60	42	120	16	2	4-ϕ13.5
15	130	202	95	65	47	120	16	2	4-ϕ13.5
20	150	231	105	75	58	160	16	2	4-ϕ13.5
25	160	231	115	85	68	160	16	2	4-ϕ13.5
32	180	286	140	100	78	160	18	2	4-ϕ17.5
40	200	317	150	110	88	200	18	3	4-ϕ17.5
50	230	317	165	125	102	200	20	3	4-ϕ17.5
65	290	331	185	145	122	280	22	3	8-ϕ17.5
80	310	402	200	160	133	280	22	3	8-ϕ17.5
100	350	416	235	190	158	320	24	3	8-ϕ22
125	400	467	270	220	184	360	28	3	8-ϕ26
150	480	525	300	250	212	360	30	3	8-ϕ26
200	600	611	360	310	278	500	30	3	12-ϕ27

注:密封面形式为榫槽式,也可按用户要求加工。

WJ41H-40、WJ41W-40P

公称尺寸 DN/mm	尺寸参数/mm								
	L	H	D	D_1	D_2	D_0	b	f	Z-d
10	130	202	90	60	42	120	16	2	4-ϕ13.5
15	130	202	95	65	47	120	16	2	4-ϕ13.5
20	150	228	105	75	58	160	16	2	4-ϕ13.5
25	160	228	115	85	68	160	16	2	4-ϕ13.5
32	180	271	140	100	78	160	18	2	4-ϕ17.5
40	200	343	150	110	88	200	20	3	4-ϕ17.5
50	230	395	165	125	102	200	22	3	4-ϕ17.5
65	290	399	185	145	122	280	22	3	8-ϕ17.5
80	310	405	200	160	133	280	24	3	8-ϕ17.5
100	350	460	235	190	158	320	28	3	8-ϕ22

注:密封面形式为凸凹式,也可按用户要求加工。

主要零件材料:

零件名称	阀体	阀盖	阀杆	波纹管	阀瓣	阀杆螺母	填料	垫片	手轮
WJ41H-16C	WCB 堆焊 不锈钢	WCB	2Cr13	1Cr18Ni9Ti	1Cr18Ni9Ti 堆焊硬质 合金	ZQA19-4	柔性石墨	缠绕式	KT35-10
WJ41H-25									
WJ41H-40									
WJ41W-16P	ZG1Cr18Ni9Ti		1Cr18Ni9Ti				柔性石墨 或聚四氟 乙烯	缠绕式 或聚四氟 乙烯	
WJ41W-25P									
WJ41W-40P									

7.2.3.13 截止阀的结构参数（J41W-16P/25P/40P/64P/100P/160P/16R/25R/40R/64R）——不锈耐酸钢截止阀

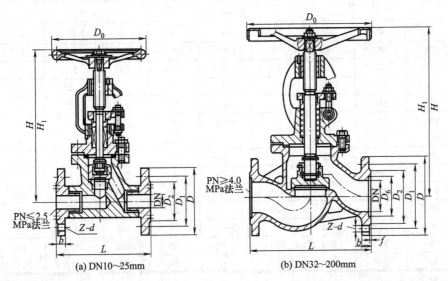

(a) DN10～25mm　　(b) DN32～200mm

主要性能规范：

型　　号	公称压力 PN/MPa	试验压力 p/MPa		工作压力 p/MPa	适用温度 /℃	适用介质
		壳体	密封			
J41W-16P	1.6	2.4	1.76	1.6		
J41W-25P	2.5	3.75	2.75	2.5		
J41W-40P	4.0	6.0	4.40	4.0		硝酸等
J41W-64P	6.4	9.6	7.04	6.4	≤200	
J41W-100P	10.0	15.0	11.0	10.0		
J41W-160P	16.0	24.0	17.6	16.0		
J41W-16R	1.6	2.4	1.76	1.6		
J41W-25R	2.5	3.75	2.75	2.5		醋酸等
J41W-40R	4.0	6.0	4.40	4.0		
J41W-64R	6.4	9.6	7.04	6.4		

主要外形、连接尺寸和重量：

J41W-16P、J41W-16R

公称尺寸 DN/mm	尺寸/mm										重量 /kg
	L	D	D_1	D_2	b	$Z-d$	D_3	H	H_1	D_0	
10	130	90	60	40	14	4-ϕ14	82	198	207	120	4.8
15	130	95	65	45	16	4-ϕ14	82	218	228	120	4.9
20	150	105	75	55	16	4-ϕ14	95	258	272	140	7.0
25	160	115	85	65	16	4-ϕ14	98	275	292	160	8.7
32	190	135	100	78	18	4-ϕ18	120	280	308	160	11.8
40	200	145	110	85	18	4-ϕ18	135	330	354	200	15.9
50	230	160	125	100	18	4-ϕ18	150	350	380	240	23.1
65	290	180	145	120	18	4-ϕ18	175	400	428	280	27.9
80	310	195	160	135	20	8-ϕ18	190	355	390	240	30.1
100	350	215	180	155	20	8-ϕ18	210	415	460	280	41.7
125	400	245	210	185	22	8-ϕ18	250	460	520	320	62.7
150	480	280	240	210	24	8-ϕ23	300	510	580	360	89.8
200	600	335	295	265	26	12-ϕ23		710			210

续表

J41W-25P、J41W-25R

公称尺寸 DN/mm	尺寸/mm									重量 /kg
	L	D	D_1	D_2	Z-d	b	H	H_1	D_0	
10	130	90	60	40	4-ϕ14	16	198	207	120	4.9
15	130	95	65	45	4-ϕ14	16	233	241	120	5.0
20	150	105	75	55	4-ϕ14	16	275	285	140	6.9
25	160	115	85	65	4-ϕ14	16	285	300	160	7.4
32	180	135	100	78	4-ϕ18	18	302	327	180	8.5
40	200	145	110	85	4-ϕ18	18	355	385	200	12.5
50	230	160	125	100	4-ϕ18	20	362	397	240	16
65	290	180	145	120	8-ϕ18	22	325	345	280	25
80	310	195	160	135	8-ϕ18	22	369	420	280	30
100	350	230	190	160	8-ϕ23	24	370	425	320	34.5
125	400	270	220	188	8-ϕ25	28	558	608	400	89
150	480	300	250	218	8-ϕ25	30	611	692	400	98
200	600	360	310	278	12-ϕ25	34	721	806	400	170

J41W-40P、J41W-40R

公称尺寸 DN/mm	尺寸/mm										重量 /kg
	L	D	D_1	D_2	D_6	b	Z-d	H	H_1	D_0	
10	130	90	60	40	35	16	4-ϕ14	198	207	120	4.9
15	130	95	65	45	40	16	4-ϕ14	233	241	120	5.0
20	150	105	75	55	51	16	4-ϕ14	275	285	140	7.0
25	160	115	85	65	58	16	4-ϕ14	285	300	160	8.7
32	180	135	100	78	66	18	4-ϕ18	302	327	160	11.8
40	200	145	110	85	76	18	4-ϕ18	355	385	200	16.5
50	230	160	125	100	88	20	4-ϕ18	373	391	240	24
65	290	180	145	120	110	22	8-ϕ18	408	433	280	33
80	310	195	160	135	121	22	8-ϕ18	436	468	320	44
100	350	230	190	160	150	24	8-ϕ23	480	520	360	60
125	400	270	220	188	176	28	8-ϕ25	558	608	400	89
150	480	300	250	218	204	30	8-ϕ25	611	692	400	98
200	600	375	320	282	260	38	12-ϕ30	721	806	400	170

J41W-64P、J41W-64R

公称尺寸 DN/mm	尺寸/mm										重量 /kg
	L	D	D_1	D_2	D_6	b	Z-d	H	H_1	D_0	
10	170	100	70	50	35	18	4-ϕ14	198	207	120	5.7
15	170	105	75	55	41	18	4-ϕ14	195	210	140	10
20	190	125	90	68	51	20	4-ϕ18	228	248	160	13
25	210	135	100	78	58	22	4-ϕ18	250	275	180	14.5
32	230	150	110	82	66	24	4-ϕ23	325	355	200	19
40	260	165	125	95	76	24	4-ϕ23	360	395	240	25
50	300	175	135	105	88	26	4-ϕ23	410	450	280	35
65	340	200	160	130	110	28	8-ϕ23	450	494	320	48
80	380	210	170	140	121	30	8-ϕ23	485	531	360	56
100	430	250	200	168	150	32	8-ϕ25	537	588	400	125
150	550	340	280	240	204	38	8-ϕ34	646	715	450	157

J41W-100P

公称尺寸 DN/mm	尺寸/mm												重量 /kg
	L	D	D_1	D_2	D_6	b	f	f_1	Z-d	H	H_1	D_0	
15	170	105	75	55	40	20	2	4	4-ϕ14	148	156	100	3.80
20	190	125	90	68	51	22	2	4	4-ϕ18	156	161	100	5.20
25	210	135	100	78	58	24	2	4	4-ϕ18	175	187	120	5.84
32	230	150	110	82	66	24	2	4	4-ϕ23	200	214	140	10.39
40	260	165	125	95	76	26	3	4	4-ϕ23	231	252	160	16.00
50	300	195	145	112	88	28	3	4	4-ϕ25	262	291	180	22.65

J41W-160P

公称尺寸 DN/mm	尺寸/mm												重量 /kg
	L	D	D_1	D_2	D_6	b	f	f_1	Z-d	H	H_1	D_0	
15	170	110	75	52	40	24	2	4	4-ϕ18	148	158	100	4.6
20	190	130	90	62	51	26	2	4	4-ϕ23	156	161	100	7.4
25	210	140	100	72	58	28	2	4	4-ϕ23	175	187	120	10.1
32	230	165	115	85	66	30	2	4	4-ϕ25	200	214	140	12.3
40	260	175	125	92	76	32	3	4	4-ϕ25	231	252	160	15.2
50	300	215	165	132	88	36	3	4	8-ϕ25	262	291	180	29.7

主要零件材料:

零件名称	阀体、阀盖、阀杆、阀瓣	阀杆螺母	螺栓螺母	垫片	填料	手轮
J41W-16P、J41W-25P、J41W-40P、J41W-64P、J41W-100P、J41W-160P	铬镍钛钢	铝铁青铜	不锈钢	聚四氟乙烯	浸聚四氟乙烯石棉盘根	灰铸铁、球墨铸铁
J41W-16R、J41W-25R、J41W-40R、J41W-64R	铬镍钼钛钢	铝铁青铜	不锈钢	聚四氟乙烯	浸聚四氟乙烯石棉盘根	灰铸铁、球墨铸铁

7.2.3.14 截止阀的结构参数 (J41N-25/40)——液化石油气用截止阀

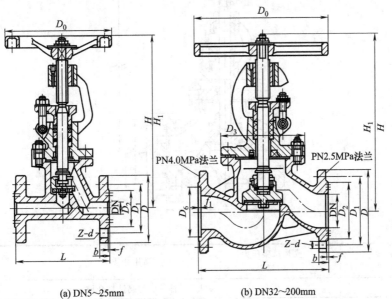

(a) DN5~25mm (b) DN32~200mm

主要性能规范：

型 号	公称压力 PN/MPa	试验压力 p/MPa		适用温度 /℃	适用介质
		壳体	密封（气）		
J41N-25	2.5	3.75	2.5	−40～+80	液化石油气、液氨、二氧化碳、氧气、空气等非腐蚀性流体
J41N-40	4.0	6.0	4.0		

主要外形、连接尺寸和重量：

公称尺寸 DN/mm	尺寸/mm													重量 /kg
	L	D	D_1	D_2	D_6	b	f	f_1	$Z-d$	H_1	H	D_0	D_3	
15	130	95	65	45	40	16	2	4	4-ϕ14	216	207	120	98	—
20	150	105	75	55	51	16	2	4	4-ϕ14	231	217	120	110	6.9
25	160	115	85	65	58	16	2	4	4-ϕ14	233	219	120	110	7.4
32	190	135	100	78	66	18	2	4	4-ϕ18	308	280	160	120	8.5
40	200	145	110	85	76	18	3	4	4-ϕ18	354	330	200	135	12.5
50	230	160	125	100	88	20	3	4	4-ϕ18	380	350	240	150	16
65	290	180	145	120	110	22	3	4	8-ϕ18	428	400	280	175	25
80	310	195	160	135	121	22	3	4	8-ϕ18	462	430	320	200	30
100	350	230	190	160	150	24	3	4.5	8-ϕ23	506	465	360	230	34.5
125	400	270	220	188	—	28	3	—	8-ϕ25	556	502	400	273	89
150	480	300	250	218	—	30	3	—	8-ϕ25	615	560	400	330	98
200	600	360	310	278	—	34	3	—	8-ϕ25	635	580	460	365	

注：法兰密封面型式可根据用户订货合同要求制作。

主要零件材料：

零件名称	阀体、阀盖	阀杆	密封面	填料
材料	碳钢	不锈钢	不锈钢与尼龙	聚四氟乙烯

7.2.3.15 截止阀的结构参数（J41W-25S）——耐稀硫酸截止阀

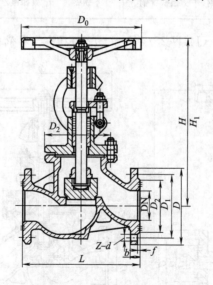

主要性能规范：

公称压力 PN/MPa	壳体试验压力 p/MPa	适用介质	适用温度 /℃
2.5	3.8	稀硫酸等腐蚀性介质	≤70

主要外形、连接尺寸和重量：

公称尺寸 DN/mm	尺寸/mm											重量/kg
	L	D	D_1	D_2	b	f	$Z-d$	D_2	H	H_1	D_0	
50	230	160	125	100	20	3	4-ϕ18	160	370	405	240	23.7
80	310	195	160	135	22	3	8-ϕ18	195	440	475	320	45.1

主要零件材料：

零件名称	阀体、阀盖	阀瓣、阀杆、阀瓣盖	填料、垫片
材　料	铸铬镍钼铜钛耐酸钢	铬镍钼铜钛耐酸钢	聚四氟乙烯

7.2.3.16　截止阀的结构参数（JY41W-25P/40P、JY41Y-25P/40P）——氧气管路用截止阀

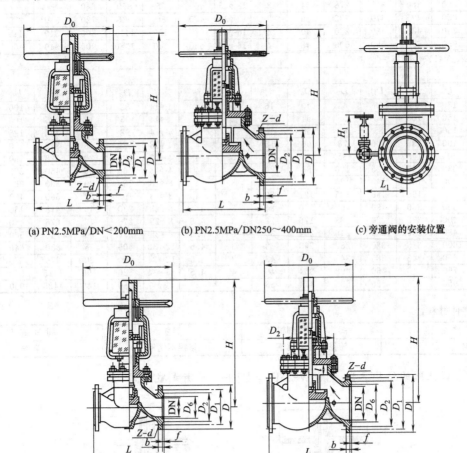

(a) PN2.5MPa/DN＜200mm　　(b) PN2.5MPa/DN250～400mm　　(c) 旁通阀的安装位置

(d) PN4.0MPa/DN＜200mm　　(e) PN4.0MPa/DN250～400mm

主要性能规范：

型　号	公称压力 PN/MPa	壳体试验压力 p/MPa		密封试验压力 p/MPa	适用温度 /℃	适用介质
		水	气			
JY41W-25P JY41Y-25P	2.5	3.8	2.5	2.5（气）	常温	氧气
JY41W-40P JY41Y-40P	4.0	6.0	4.0	4.0（气）		

主要外形、连接尺寸和重量：

JY41W-25P、JY41Y-25P

公称尺寸 DN/mm	尺寸/mm													重量 /kg
	L	D	D_1	D_2	b	f	Z-d	D_Z	l	H	D_0	H_1	L_1	
15	130	95	65	45	16	2	4-ϕ14	82	10	190	100	—	—	5.0
20	150	105	75	55	16	2	4-ϕ14	95	13	213	100	—	—	6.5
25	160	115	85	65	16	2	4-ϕ14	98	15	236	125	—	—	7.0
32	190	135	100	78	18	2	4-ϕ18	120	28	312	180	—	—	13.5
40	200	145	110	85	18	3	4-ϕ18	135	20	328	160	—	—	16.0
50	230	160	125	100	20	3	4-ϕ18	160	25	450	320	—	—	32.0
65	290	180	145	120	22	3	8-ϕ18	180	30	530	360	—	—	46.0
80	310	195	160	135	22	3	8-ϕ18	195	32	560	400	—	—	60.0
100	350	230	190	160	24	3	8-ϕ23	230	40	618	450	—	—	80.0
125	400	270	220	188	28	3	8-ϕ25	275	42	675	450	—	—	107.0
150	480	300	250	218	30	3	8-ϕ25	330	50	743	560	—	—	134.0
200	600	360	310	278	34	3	12-ϕ25	405	55	850	640	—	—	268.7
250	650	425	370	332	36	3	12-ϕ30	480	80	975	720	340	380	449.0
300	750	485	430	390	40	4	16-ϕ30	520	100	1115	800	340	415	663.0
400	950	610	550	505	48	4	16-ϕ34	650	140	1380	900	340	465	777.0

JY41W-40P、JY41Y-40P

公称尺寸 DN/mm	尺寸/mm														重量 /kg
	L	D	D_1	D_2	D_6	b	f	f_2	Z-d	D_Z	l	H_1	D_0		
15	130	95	65	45	40	16	2	4	4-ϕ14	82	10	202	100		5
20	150	105	75	55	51	16	2	4	4-ϕ14	95	13	225	100		6.5
25	160	115	85	65	58	16	2	4	4-ϕ14	98	15	236	125		7
32	190	135	100	78	66	18	2	4	4-ϕ18	120	28	312	180		13.5
40	200	145	110	85	76	18	3	4	4-ϕ18	135	20	328	160		16
50	230	160	125	100	88	20	3	4	4-ϕ18	160	25	450	320		32
65	290	180	145	120	110	22	3	4	8-ϕ18	180	30	530	360		45
80	310	195	160	135	121	22	3	4	8-ϕ18	195	32	560	400		60
100	350	230	190	160	150	24	3	4.5	8-ϕ23	230	40	618	450		80
125	400	270	220	188	176	28	3	4.5	8-ϕ25	275	42	675	450		105
150	480	300	250	218	204	30	3	4.5	8-ϕ25	330	50	743	560		134
200	600	375	320	282	260	38	3	4.5	12-ϕ30	405	55	850	640		266
250	650	445	385	345	313	42	3	4.5	12-ϕ34	480	80	975	720		491
300	750	510	450	408	364	46	4	4.5	16-ϕ34	520	100	1115	800		705
400	950	655	585	535	474	58	4	5	16-ϕ41	650	140	1425	900		1234

主要零件材料：

零件名称	阀体、阀盖、阀瓣	阀杆	阀杆螺母
材料	铸铬镍钛不锈钢	铬镍不锈钢	青铜

7.2.3.17 截止阀的结构参数 (J46W-25P/40P)——平衡式截止阀

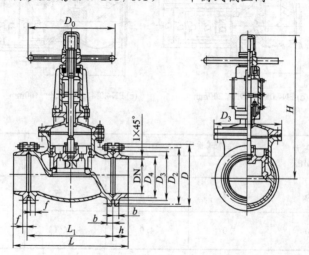

主要性能规范：

型 号	公称压力 PN/MPa	试验压力 p/MPa		工作压力 p/MPa	适用温度 /℃	适用介质
		壳体	密封			
J46W-25P	2.5	2.5	3.8	1.8	−40～80	空气、氧气
J46W-40P	4.0	4.0	6.0	3.0		

主要外形、连接尺寸和重量：

型 号	公称尺寸 DN /mm	尺寸/mm											重量 /kg
		L	L_1	D	D_2	D_3	D_4	D_0	b	f	h	H	
J46W-25P	250	817	650	425	332	450	265	560	36	3	85	900	370
	300	881	700	485	390	510	325	720	40	4	92	1052	540
	400	1047	820	610	505	630	430	800	48	4	115	1168	872
J46W-40P	250	851	650	445	345	460	265	560	42	3	102	900	413
	300	929	700	510	400	520	325	720	46	4	116	1052	626

7.2.3.18 截止阀的结构参数（10K/20K）——铸钢截止阀

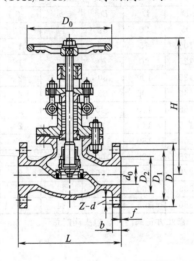

产品执行标准：

项 目	产品设计	压力温度额定值	结构长度	连接尺寸	检查验收
标准	JIS B2071、JIS B2081	JIS B2071、JIS B2081	JIS B2002	JIS B2212、JIS B2214	JIS B2003

主要性能规范：

压力级 CL	试验压力 p/MPa			
	壳体	密封(液)	密封(气)	上密封
10K	2.4	1.5	0.6	1.5
20K	5.8	4.0	0.6	4.0

阀体材料	SCPH2	SCPH21、 SCPH32	SCPL1	SCS13A	SCS14A	SCS19A	SCS16A
工作温度/℃	≤425	≤540	−45～150	≤275	≤275	≤200	
适用介质	水、蒸汽、油品等介质	水、蒸汽、石油、石油制品等介质	氨气、液氨等腐蚀性介质	工艺气、弱酸类等介质	硝酸、尿素等腐蚀性介质	酸、碱类腐蚀性介质	尿素、甲铵液等还原性介质

主要外形、连接尺寸和重量：

10K

公称尺寸 DN		尺寸/mm										重量 /kg
mm	in	d_0	L	D	D_1	D_2	b	f	Z-d	H≈	D_0	
15	1/2	15	108	95	70	52	12	1	4-ϕ15	240	125	—
20	3/4	20	117	100	75	58	14	1	4-ϕ15	240	125	
25	1	25	127	125	90	70	14	1	4-ϕ19	242	125	
32	1¼	32	140	135	100	80	16	2	4-ϕ19	275	125	
40	1½	40	165	140	105	85	16	2	4-ϕ19	286	160	
50	2	51	203	155	120	100	16	2	4-ϕ19	360	200	24
65	2½	64	216	175	140	120	18	2	4-ϕ19	380	200	34
80	3	76	241	185	150	130	18	2	8-ϕ19	415	250	42
100	4	102	252	210	175	155	18	2	8-ϕ19	465	280	70
125	5	127	356	250	220	185	20	2	8-ϕ23	515	300	
150	6	152	416	280	240	215	22	2	8-ϕ23	545	355	120
200	8	203	495	330	290	265	22	2	12-ϕ23	675	400	200

20K

公称尺寸 DN		尺寸/mm										重量 /kg
mm	in	d_0	L	D	D_1	D_2	b	f	Z-d	H≈	D_0	
15	1/2	13	152	95	70	52	14	1	4-ϕ15	253	90	
20	3/4	19	178	100	75	58	16	1	4-ϕ15	298	100	
25	1	25	203	125	90	70	16	1	4-ϕ19	315	130	
32	1¼	32	216	135	100	80	18	2	4-ϕ19	300	150	
40	1½	38	229	140	105	85	18	2	4-ϕ19	352	180	
50	2	51	267	155	120	100	22	2	8-ϕ19	420	200	32
65	2½	64	292	175	140	120	24	2	8-ϕ19	465	250	45
80	3	76	318	200	160	135	26	2	8-ϕ23	490	280	60
100	4	102	356	225	185	160	28	2	8-ϕ23	590	355	100
125	5	127	400	270	225	195	30	2	8-ϕ25	690	405	
150	6	152	444	305	260	230	32	2	12-ϕ25	760	455	190
200	8	203	559	350	305	275	34	2	12-ϕ25	1070	600	310

主要生产厂家：浙江永嘉引配阀门厂、浙江方正阀门厂、包头阀门总厂。

主要零件材料：

零件 名称	材 料 名 称						
阀体 阀盖	SCPH2	SCPH21 SCPH32	SCPL1	SCS13A	SCS14A	SCS19A	SCS16A
阀瓣	3Cr13 或 25 钢 堆焊司太立合金	20CrMoV、 15Cr1Mo1V （或铸件）堆焊 司太立合金	0Cr18Ni9Ti （或铸件）堆焊司 太立合金	0Cr18Ni9 （或铸件）堆焊 司太立合金	0Cr18Ni12Mo2Ti （或铸件）堆焊 司太立合金	00Cr18Ni10 （或铸件）堆焊 司太立合金	00Cr17Ni14Mo2 （或铸件）堆焊 司太立合金
阀座	25(20)钢堆焊司 太立合金、2Cr13	20CrMoV 15Cr1Mo1V 堆焊司太立合金	0Cr18Ni9Ti 堆焊司太立合金	0Cr18Ni9 堆焊司太立合金	0Cr18Ni12Mo2Ti 堆焊司太立合金	阀体上堆焊司 太立合金	阀体上堆焊司 太立合金
阀杆	2Cr13	20Cr1Mo1V1A	0Cr18Ni9Ti	0Cr18Ni9	0Cr18Ni12Mo2Ti	00Cr18Ni10	0Cr17Mn13Mo2V
垫片	XB450	耐高温石棉 ＋不锈钢	聚四氟乙烯	耐酸石棉 ＋不锈钢	耐酸石棉 ＋不锈钢	耐酸石棉 ＋不锈钢	聚四氟乙烯
填料	石墨石棉盘根	柔性石墨石棉 ＋Ni丝	浸四氟乙烯 石墨石棉	浸四氟乙烯 石墨石棉	浸聚四氟乙烯 石墨石棉	浸聚四氟乙烯 石墨石棉	柔性石墨 石棉＋Ni丝
螺栓	35CrMoA	25Cr2Mo1V	0Cr18Ni9Ti	0Cr18Ni9	1Cr17Ni2	1Cr17Ni2	1Cr17Ni2
螺母	35	35CrMoA	2Cr13	2Cr13	2Cr13	2Cr13	2Cr13

7.2.3.19 截止阀的结构参数（J11B-25K）——外螺纹截止阀

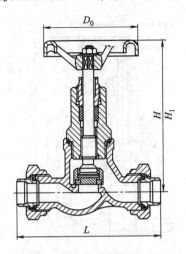

主要外形连接尺寸：　　　　　　　　　　　　　　　　　　　　　　　　　　单位：mm

公称直径 DN	L	H	H_1	D_0
10	155	129	134	80
15	165	145	152	100
20	183	152	160	100
25	203	169	180	120

7.2.3.20 截止阀的结构参数（J24B-25K）——外螺纹角式截止阀

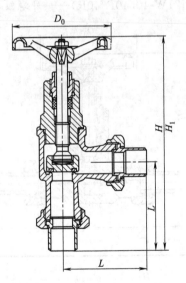

主要外形连接尺寸：　　　　　　　　　　　　　　　　　　　　　　　　　　单位：mm

公称直径 DN	L	H	H_1	D_0
10	77	194	199	80
15	82	214	221	100
20	91	227	235	100
25	101	250	261	120

7.2.3.21 截止阀的结构参数（J44B-25Z）——角式截止阀

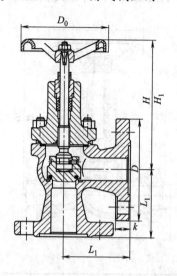

主要外形连接尺寸：   单位：mm

公称直径 DN	L_1	H	H_1	D	b	D_0
32	180	174	188	135	20	120
40	200	213	229	145	20	160
50	230	210	232	160	22	160

7.2.3.22 截止阀的结构参数（J21W-40/40P/40R）——外螺纹截止阀

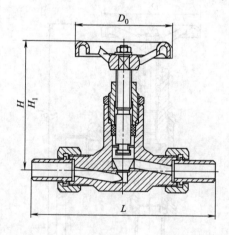

主要外形连接尺寸：   单位：mm

公称直径 DN	L	H	H_1	D_0	重量 /kg
6	142	85	92	65	0.7
10	154	102	110	80	1.1
15	186	218	228	120	3.7
20	214	258	272	140	5.5
25	236	275	292	160	6.9

7.2.3.23 截止阀的结构参数 (J21H-40)——外螺纹截止阀

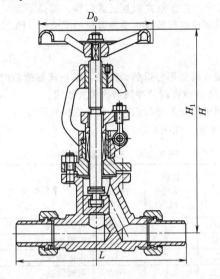

主要外形连接尺寸: 单位: mm

公称直径 DN	L	H	H_1	D_0	重量 /kg
15	186	220	230	120	3.7
20	214	260	275	140	5.5
25	236	288	295	160	6.9

7.2.4 节流阀

7.2.4.1 节流阀的分类 (图 7.2-9)

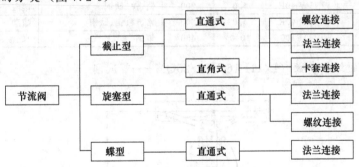

图 7.2-9 节流阀的种类

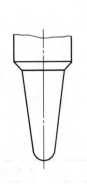

图 7.2-10 圆锥形阀瓣

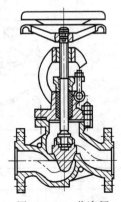

图 7.2-11 节流阀

　　节流阀（Throttle Valve）也称针形阀，外形与截止阀并无区别，但阀瓣形状不同，用途也不同。它以改变通道面积的形式来调节流量和压力，有直角式和直通式两种，都是手动的。最常见的节流阀阀瓣为圆锥形的，如图 7.2-10 所示；用这种阀瓣制成的节流阀也是最常见的节流阀（图 7.2-11）。

7.2.4.2　节流阀的选用

　　① 通常用于压力降较大的场合。

　　② 它的密封性能不好，作为截止阀是不合适的。同样，截止阀虽能短时间粗略调节流量，但作为节流阀也不合适，当形成狭缝时，高速流体会使密封面冲蚀磨损失去效用。

　　③ 节流阀特别适用于节流，用于改变通道截面积，调节流量或压力。

7.2.4.3　节流阀的规格型号（表 7.2-6）

表 7.2-6　节流阀规格型号

名　称	型　号	公称压力/MPa	工作温度/℃	阀体材料	介　质	直径范围/mm
氨外螺纹节流阀	L21W-25K	2.5	−40	可锻铸铁	氨、氨液	10～15
氨外螺纹节流阀	L21B-25K	2.5	−40	可锻铸铁	氨、氨液	20～25
氨节流阀	L41B-25Z	2.5	−40	可锻铸铁	氨、氨液	32～50
氨外螺纹角式节流阀	L24W-25K	2.5	−40	可锻铸铁	氨、氨液	10～15
氨外螺纹角式节流阀	L24B-25K	2.5	−40	可锻铸铁	氨、氨液	20～25
氨节流阀	L44B-25Z	2.5	−40	可锻铸铁	氨、氨液	32～50
外螺纹节流阀	L21W-40	4.0				6～10
外螺纹节流阀	L21W-40P	4.0	200	铬、镍、钛钢	硝酸	6～25
外螺纹节流阀	L21W-40R	4.0	200	铬、镍、钼、钛钢	醋酸	6～25
外螺纹节流阀	L21H-40	4.0				15～25
卡套节流阀	L91W-40	4.0				6～10
卡套节流阀	L91H-40	4.0	400		油	15～25
节流阀	L41H-40	4.0	400	铸钢	水	10～50
节流阀	L41W-40P	4.0	200	铬、镍、钛钢	硝酸	32～50
节流阀	L41W-40R	4.0	200	铬、镍、钼、钛钢	醋酸	32～50
节流阀	L41H-100	10.0	450	铸钢	水、油、汽	10～50

7.2.4.4　节流阀的结构参数（L41H-16C/25/25Q）——节流阀

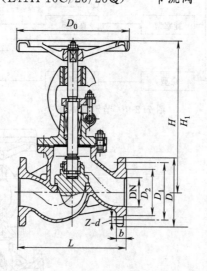

性能规范：

公称压力/MPa	1.6/2.5	适用介质	水、蒸汽、油品
工作温度/℃	≤425	驱动方式	手动

主要外形、连接尺寸和重量：

L41H-16C

公称尺寸 DN/mm	尺寸/mm									重量 /kg
	L	D	D_1	D_2	b	$Z\text{-}d$	H	H_1	D_0	
32	180	135	100	78	15	4-ϕ18	280	308	160	11.6
40	200	145	110	85	16	4-ϕ18	312	336	200	15.7
50	230	160	125	100	16	4-ϕ18	321	340	200	19.0
65	290	180	145	120	18	4-ϕ18	325	355	240	22.2
80	310	195	160	135	20	8-ϕ18	355	390	240	31
100	350	215	180	155	20	8-ϕ18	415	460	280	44.5
125	400	245	210	185	22	8-ϕ18	460	520	320	79.6
150	480	280	240	210	24	8-ϕ23	510	580	360	97.2

L41H-25/25Q

公称尺寸 DN/mm	尺寸/mm										重量 /kg
	L	L_2	D	D_1	D_2	$Z\text{-}d$	b	H	H_1	D_0	
10	130	65	90	60	40	4-ϕ14	16	218	225	120	4.6
15	130	65	95	65	45	4-ϕ14	16	220	230	120	5
20	150	75	105	75	55	4-ϕ14	16	262	275	140	7
25	160	75	115	85	65	4-ϕ14	16	280	295	160	8.7
32	190		135	100	78	4-ϕ18	18	280	308	160	11.6
40	200		145	110	85	4-ϕ18	18	330	354	200	15.6
50	230		160	125	100	4-ϕ18	20	350	380	240	22.6
65	290		180	145	120	8-ϕ18	22	400	428	280	32.9
80	310		195	160	135	8-ϕ18	22	430	462	320	43
100	350		230	190	160	8-ϕ23	24	465	506	360	58.8
125	400		270	220	188	8-ϕ25	28	520	595	360	82
150	480		300	250	218	8-ϕ25	30	575	665	400	147
200	600		360	310	278	12-ϕ25	34	670	780	400	

主要零件材料：

零件名称	阀体、阀盖	阀瓣	阀杆、密封面	填　料
材　料	碳钢	铬不锈钢	铬不锈钢	夹铜丝石棉盘根

7.2.4.5　节流阀的结构参数（L21W-25K）——氨外螺纹节流阀

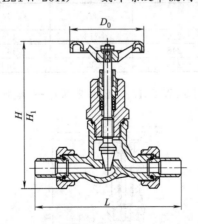

主要外形连接尺寸：　　　　　　　　　　　　　　　　　　　　　　　　单位：mm

公称直径 DN	L	H	H_1	D_0
10	155	128	135	80
15	165	144	155	100

7.2.4.6 节流阀的结构参数 (L21B-25K)——氨外螺纹节流阀

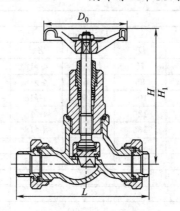

主要外形连接尺寸：　　　　　　　　　　　　　　　　　　　　　　　　　　　　　单位：mm

公称直径 DN	L	H	H_1	D_0
20	183	152	160	100
25	203	169	180	120

7.2.4.7 节流阀的结构参数 (L41B-25Z)——氨节流阀

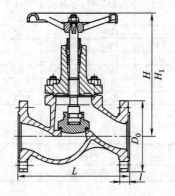

主要外形连接尺寸：　　　　　　　　　　　　　　　　　　　　　　　　　　　　　单位：mm

公称直径 DN	L	H	H_1	D_0	b	手轮直径
32	180	200	213	135	20	120
40	200	248	264	145	20	160
50	230	248	272.5	160	22	160

7.2.4.8 节流阀的结构参数 (L24W-25K、L24B-25K)——氨外螺纹角式节流阀

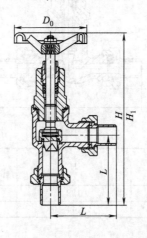

L24W-25K 主要外形连接尺寸：　　　　　　　　　　　　　　　　　　　单位：mm

公称直径 DN	L	H	H_1	D_0
10	77	194	201	80
15	82	213	225	100

L24B-25K 主要外形连接尺寸：　　　　　　　　　　　　　　　　　　　单位：mm

公称直径 DN	L	H	H_1	D_0
20	91	227	235	100
25	101	250	261	120

7.2.4.9　节流阀的结构参数（L44B-25Z）——氨节流阀

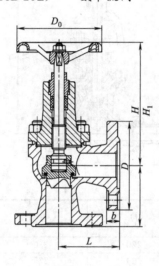

主要外形连接尺寸：　　　　　　　　　　　　　　　　　　　　　　　　单位：mm

公称直径 DN	L	H	H_1	D	b	D_0
32	180	174	188	135	20	120
40	200	213	229	145	20	160
50	230	210	232.5	160	22	160

7.2.4.10　节流阀的结构参数（L21W-40/40R）——外螺纹节流阀

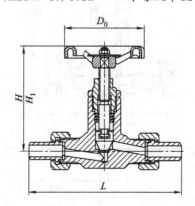

主要外形连接尺寸：   单位：mm

公称直径 DN	L	H	H_1	D_0	重量 /kg
6	142	85	92	65	0.7
10	154	102	110	80	1.1
15	186	218	228	120	3.7
20	214	258	272	140	5.5
25	236	275	292	160	6.9

7.2.4.11　节流阀的结构参数（L21H-40）——外螺纹节流阀

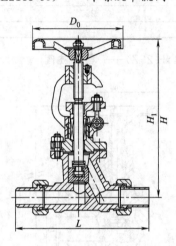

主要外形连接尺寸：   单位：mm

公称直径 DN	L	H	H_1	D_0	重量 /kg
15	186	220	230	120	3.7
20	214	260	275	140	5.5
25	236	288	295	160	6.9

7.2.4.12　节流阀的结构参数（L91W-40）——卡套节流阀

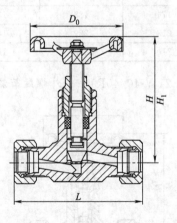

主要外形连接尺寸：   单位：mm

公称直径 DN	L	H	H_1	D_0	重量 /kg
6	106	85	92	65	0.6
10	112	102	110	80	1.0

7.2.4.13　节流阀的结构参数（L91H-40）——卡套节流阀

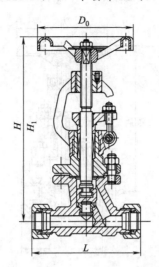

主要外形连接尺寸：　　　　　　　　　　　　　　　　　　　　　　　　　　　　　单位：mm

公称直径 DN	L	H	H_1	D_0	重量 /kg
15	135	220	230	120	3.6
20	156	260	275	140	5.3
25	172	286	295	160	6.6

7.2.4.14　节流阀的结构参数（L41H-40、L41W-40P/40R）——节流阀

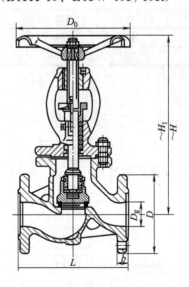

主要外形连接尺寸：　　　　　　　　　　　　　　　　　　　　　　　　　　　　　单位：mm

公称直径 DN	L	H	H_1	D	b	D_0	重量 /kg
10	130	218	225	90	16	120	4.6
15	130	220	230	95	16	120	5.0
20	150	262	275	105	16	140	7.0
25	160	280	295	115	16	160	8.7
32	180	280	308	135	18	160	11.8
40	200	330	354	145	18	200	15.9
50	230	350	380	160	20	240	23.1

7.2.4.15 节流阀的结构参数 (L41H-100)——节 流 阀

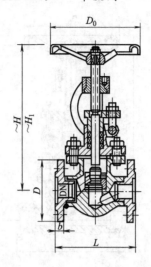

主要外形连接尺寸：
单位：mm

公称直径 DN	L	H	H_1	D	b	D_0	重量 /kg
10	170	218	225	100	18	120	5.6
15	170	220	230	105	20	120	6.2
20	190	262	275	125	22	140	9.1
25	210	280	295	135	24	160	11.7
32	230	330	348	150	24	200	17.9
40	260	350	380	165	26	240	25.4
50	300	405	430	195	28	280	37.6

7.2.5 止回阀

7.2.5.1 止回阀的分类 (图 7.2-12)

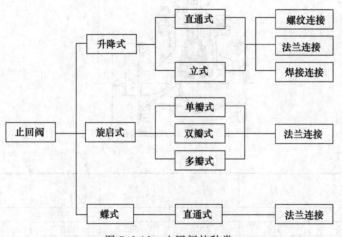

图 7.2-12 止回阀的种类

止回阀 (Check Valve) 又称单向阀，它只允许介质向一个方向流动，当介质顺流时阀瓣会自动开启，当介质反向流动时能自动关闭。安装时，应注意介质的流动方向应与止回阀上的箭头方向一致。止回阀的类型如图 7.2-13 所示。

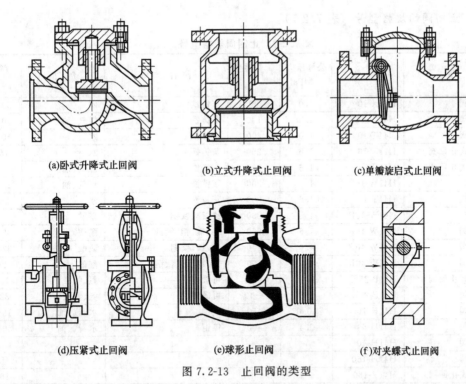

(a)卧式升降式止回阀　　　　　(b)立式升降式止回阀　　　　　(c)单瓣旋启式止回阀

(d)压紧式止回阀　　　　　(e)球形止回阀　　　　　(f)对夹蝶式止回阀

图 7.2-13　止回阀的类型

① 升降式止回阀（Lift Check Valve）是靠介质压力将阀门打开，当介质逆向流动时，靠自重关闭（有时是借助于弹簧关闭），因此升降式止回阀只能安装在水平管道上，受安装要求的限制，常用于小直径场合（DN≤40mm）。

② 旋启式止回阀（Swing Check Valve，Flap Check Valve）是靠介质压力将阀门打开，靠介质压力和重力将阀门关闭，因此它既可以用在水平管道上，又可用在垂直管道上（此时介质必须是自下而上），常用于DN≥50mm的场合。

③ 对夹式止回阀（Wafer Type Check Valve）结构尺寸小，制造成本低，常用来代替升降式和旋启式止回阀。

④ 梭式止回阀（Shuttle Check Valve）解决 DN40 的升降式止回阀不能用在竖管上的问题。

⑤ 底阀（Foot Valve）是在泵的吸入管的吸入口处使用的阀门。为防止水中混有异物被吸入泵内，设有过滤网。使用底阀的目的是开泵前灌注水使泵与入口管充满水；停泵后保持入口管及泵体充满水，以备再次启动，底阀如图 7.2-14 所示。

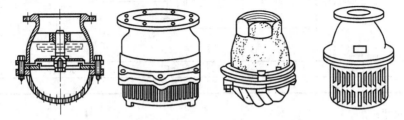

图 7.2-14　底阀

7.2.5.2　止回阀的选用

① 对于要求能自动防止介质倒流的场合应选用止回阀。

② DN≤40mm 时宜用升降式止回阀（仅允许安装在水平管道上）。

③ DN＝50～400mm 时，宜采用旋启式止回阀（不允许装在介质由上到下的垂直管道上）。

④ DN≥450mm 时，宜选用缓冲型（Tillting-Disc）止回阀。

⑤ DN＝100～400mm 也可以采用对夹式止回阀，其安装位置不受限制。

7.2.5.3 止回阀的规格型号（表7.2-7）

表7.2-7 止回阀规格型号

名　称	型　号	公称压力/MPa	工作温度/℃	阀体材料	介　质	直径范围/mm
旋启式止回阀	H44X-10	1.0	60	灰铸铁	水	50～600
旋启式止回阀	H44W-10	1.0	100	灰铸铁	煤气、油	50～600
旋启式止回阀	H44T-10	1.0	200	灰铸铁	水、汽	50～600
内螺纹升降式止回阀	H11T-16	1.6	200	灰铸铁	水、汽	15～65
内螺纹升降式止回阀	H11W-16	1.6	100	灰铸铁	煤气、油	15～65
升降式止回阀	H41W-16	1.6	200	灰铸铁	煤气、油	25～150
升降式止回阀	H41T-16	1.6	200	灰铸铁	水、汽	25～65
升降式止回阀	H41W-16P	1.6	200	铬、镍、钛钢	硝酸	80～150
升降式止回阀	H41W-16R	1.6	200	铬、镍、钼、钛钢	醋酸	80～150
升降式止回阀	H41W-40P	4.0	200	铬、镍、钛钢	硝酸	32～150
升降式止回阀	H41W-40R	4.0	200	铬、镍、钼、钛钢	醋酸	32～150
外螺纹升降式止回阀	H21B-25K	2.5	−40	可锻铸铁	氨、氨液	15～25
升降式止回阀	H41B-25Z	2.5	−40	可锻铸铁	氨、氨液	32～50
升降式止回阀	H41H-100	10.0	450	碳钢	水、汽、油	15～100
升降式止回阀	H41H-64	6.4	400	铸钢	水、汽、油	50～100
升降式止回阀	H41H-40					15～150
升降式止回阀	H41H-160					15～40
承插焊升降式止回阀	H41Y-160					15～40

7.2.5.4 止回阀的结构参数（H44H-64）——旋启式止回阀

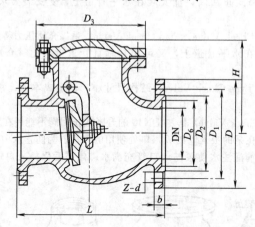

性能规范：

公称压力/MPa	6.4	适用介质	水、蒸汽、油品
工作温度/℃	≤450	驱动方式	

外形与连接尺寸：

公称尺寸 DN/mm	尺寸/mm									重量/kg
	L	D	D_1	D_2	D_6	b	$Z-d$	D_3	H	
50	300	175	135	105	88	26	4-ϕ23	200	177	27
65	340	200	160	130	110	28	8-ϕ23	225	197	37
80	380	210	170	140	121	30	8-ϕ23	250	212	57
100	430	250	200	168	150	32	8-ϕ25	315	248	89
125	500	295	240	202	176	36	8-ϕ30	365	296	135

续表

公称尺寸 DN/mm	尺寸/mm										重量 /kg
	L	D	D_1	D_2	D_6	b	$Z-d$	D_3	H		
150	550	340	280	240	204	38	8-ϕ34	410	330		184
200	650	405	345	300	260	44	12-ϕ34	480	385		266
250	775	470	400	352	313	48	12-ϕ41	565	445		396
300	900	530	460	412	364	50	16-ϕ41	600	474		643
350	1025	595	525	475	422	60	16-ϕ41	—	—		
400	1150	670	585	525	474	65	16-ϕ48	730	616		1234
700	1450	1010	910	844	768	80	24-ϕ54	1145	1075		3071

主要零件材料：

零件名称	阀体	销轴	密封面	垫片
材料	碳素铸钢	不锈钢	不锈钢	橡胶石棉板

7.2.5.5　止回阀的结构参数（H44T-10/16、H44W-10/16）——旋启式止回阀

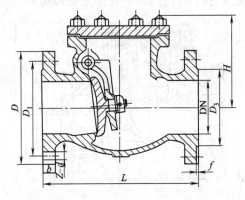

性能规范：

型号	工作温度/℃	适用介质	型号	工作温度/℃	适用介质
H44T-16P	≤200	水、蒸汽	H44W-16R	−20～150	硝酸类
H44W-16	≤100	煤气、油品	H44W-16R	−20～150	醋酸类

外形与连接尺寸：

H44W-16/H44W-16R

公称尺寸 DN/mm	尺寸/mm							重量 /kg
	L	D	D_1	D_2	D_6	$Z-d$	b	
50	230	165	125	100	4-ϕ18	20	132	17
65	290	180	145	120	4-ϕ18	20	140	25
80	310	195	160	135	8-ϕ18	20	145	30
100	350	215	180	155	8-ϕ18	22	150	46
125	400	245	210	185	8-ϕ18	22	250	54
150	480	280	240	210	8-ϕ23	24	295	80
200	500	335	295	265	12-ϕ23	30	300	180

H44W-10

公称尺寸 DN/mm	尺寸/mm						重量 /kg
	L	D	D_1	$Z-d$	b	H	
50	203	152	114	4-ϕ18	20	143	15
65	216	165	127	4-ϕ18	20	156	18
80	241	184	146	4-ϕ18	22	169	23

续表

H44W-10

公称尺寸	尺寸/mm						重量
DN/mm	L	D	D₁	Z-d	b	H	/kg
100	292	216	178	8-φ18	22	194	35
125	330	254	210	8-φ18	22	205	48
150	356	279	235	8-φ22	24	248	66
200	495	337	292	8-φ22	24	299	126

主要零件材料：

零件名称	阀体、阀盖、阀瓣	摇杆	密封面	销轴	垫片
H44T-16	灰铸铁	球墨铸铁	黄铜 灰铸铁	碳钢	橡胶石棉板
H44W-16					
H44W-16P	铬镍钛铸钢		—		聚四氟乙烯
H44W-16R	铬镍钛钼铸钢				

7.2.5.6 止回阀的结构参数（H41W-16P）——升降式止回阀

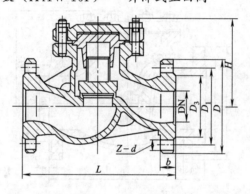

性能规范：

公称压力/MPa	1.6	适用介质	硝酸、醋酸、氧化性介质
工作温度/℃	≤150	驱动方式	

外形与连接尺寸：

公称尺寸	尺寸/mm							重量
DN/mm	L	D	D₁	D₂	Z-d	b	H	/kg
15	130	95	65	45	4-φ14	14	77	3
20	150	105	75	55	4-φ14	14	77	4
25	160	115	85	65	4-φ14	16	80	5
32	180	135	100	78	4-φ18	16	85	7
40	200	145	110	85	4-φ18	16	95	9
50	230	160	125	100	4-φ18	16	105	10
65	290	180	145	120	4-φ18	18	120	20
80	310	195	160	135	8-φ18	20	130	30
100	350	215	180	155	8-φ18	20	140	39
125	400	245	210	185	8-φ18	22	155	50
150	480	280	240	210	8-φ23	24	180	70
200	600	335	295	265	12-φ23	26	215	161

主要零件材料：

零件名称	阀体	阀盖	阀瓣
材料	铬镍钛钼不锈钢	铬镍钛钼不锈钢	钛合金

7.2.5.7　止回阀的结构参数（H41W-40P/40R）——升降式止回阀

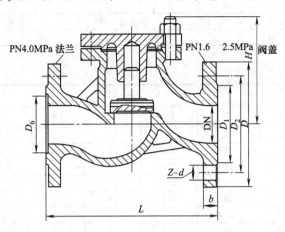

性能规范：

公称压力/MPa	4.0	适用介质	硝酸、醋酸、腐蚀性介质
工作温度/℃	≤100	驱动方式	

外形与连接尺寸：

公称尺寸 DN/mm	尺寸/mm								重量 /kg
	L	D	D_1	D_2	D_6	$Z-d$	b	H	
15	130	95	65	45	40	$4-\phi14$	16	77	4
20	150	105	75	55	51	$4-\phi14$	16	77	5
25	160	115	85	65	58	$4-\phi14$	16	80	6
32	180	135	100	78	66	$4-\phi18$	18	85	9
40	200	145	110	85	76	$4-\phi18$	18	95	12
50	230	160	125	100	88	$4-\phi18$	20	105	16
65	290	180	145	120	110	$8-\phi18$	22	120	24
80	310	195	160	135	121	$8-\phi18$	22	130	37
100	350	230	190	160	150	$8-\phi23$	24	140	47
125	400	270	220	188	176	$8-\phi25$	28	155	70
150	480	300	250	218	204	$8-\phi25$	30	180	100
200	600	375	300	282	260	$12-\phi30$	38	215	190

主要零件材料：

零件名称	阀体、阀盖、阀瓣、导套	垫　片
材　料	铬镍钛钼不锈钢	聚四氟乙烯

7.2.5.8　止回阀的结构参数（H44T-10/16）——旋启式止回阀

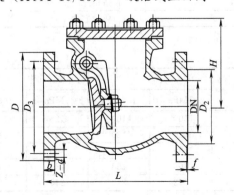

性能规范：

公称压力/MPa	1.0、1.6	适用介质	水、蒸汽、油品等
工作温度/℃	≤200	驱动方式	

外形与连接尺寸：

公称尺寸 DN/mm	尺寸/mm									重量 /kg
	L	D	D_1	D_2	b	f	$Z\text{-}d$	H	
40	180	150	110	85	20	2	4-ϕ18	134	15
50	200	165	125	100	20	2	4-ϕ18	144	18
65	240	185	145	120	22	2	4-ϕ18	158	22
80	260	200	160	135	24	2	8-ϕ18	176	31
100	300	220	180	155	26	2	8-ϕ18	193	45
125	350	250	210	185	26	2	8-ϕ18	210	64
150	400	285	240	210	28	2	8-ϕ23	233	95
200	500	340	295	265	30	2	12-ϕ23	304	135
250	600	405	355		34	2	12-ϕ27	340	210
300	700	460	410		36	3	12-ϕ27	382	260

主要零件材料：

零件名称	阀体、阀盖、阀瓣	摇杆	密封面	销轴	垫片
材料	灰铸铁	球墨铸铁	黄铜	碳钢	橡胶石棉板

7.2.5.9 止回阀的结构参数（DH79X-10/16）——对夹式蝶型止回阀

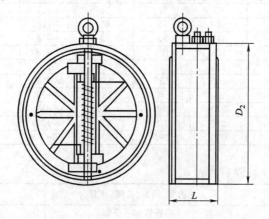

性能规范：

公称压力/MPa	1.0、1.6	适用介质	水、污水、海水等
工作温度/℃	≤120	驱动方式	

外形与连接尺寸：

公称尺寸		L	D_2		法兰孔中心圆直径		螺栓	
mm	in		1MPa	1.6MPa	1MPa	1.6MPa	1MPa	1.6MPa
50	2	43	100	100	125	125	4-M16	4-M16
65	2½	50	120	120	145	145	4-M16	4-M16
80	3	64	135	135	160	160	4-M16	8-M16
100	4		158	158	180	180	8-M16	8-M16
150	6	76	212	212	240	240	8-M16	8-M20

续表

公称尺寸		L	D_2		法兰孔中心圆直径		螺　栓	
mm	in		1MPa	1.6MPa	1MPa	1.6MPa	1MPa	1.6MPa
200	8	89	268	268	295	295	8-M20	12-M20
250	10	114	320	320	350	355	12-M20	12-M24
300	12	114	370	370	400	410	12-M20	12-M24
350	14	127	430	430	460	470	16-M20	16-M24
400	16	140	482	482	515	525	16-M20	16-M27
450	18	152	532	532	565	585	20-M22	20-M27
500	20	152	585	585	620	650	20-M22	20-M30
600	24	178	685	685	725	770	20-M27	20-M33
700	28	230	800	800	840	840	24-M27	24-M33
800	32	245	905	905	950	950	24-M30	24-M36
900	36	245	1005	1005	1050	1050	28-M30	28-M36
1000	40	300	1110	1110	1160	1170	28-M30	28-M39

主要零件材料：

零件名称	阀　体	阀　杆	阀　板
材　料	灰铸铁	不锈钢	铸钢

7.2.5.10　止回阀的结构参数（HH44X-10）——微阻缓闭止回阀

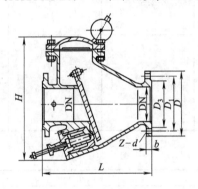

性能规范：

公称压力/MPa	1.0	适用介质	水
工作温度/℃	≤80	驱动方式	

外形与连接尺寸：

公称尺寸 DN/mm	尺寸/mm						重量 /kg
	L	D	D_1	$Z-d$	b	H	
150	480	285	240	8-ϕ22	24	540	137
200	500	340	295	8-ϕ22	26	600	160
250	550	395	350	12-ϕ22	28	650	236
300	620	445	400	12-ϕ22	28	720	317
350	720	505	460	16-ϕ22	30	780	480
400	900	565	515	16-ϕ26	32	860	606
500	980	670	620	20-ϕ26	34	1100	750
600	1180	780	725	20-ϕ30	36	1300	950

主要零件材料：

零件名称	阀体、阀盖	阀瓣	垫片	阀轴	活塞、缸筒	平衡锤
材　料	HT200	橡胶组合体	橡胶石棉板	45	不锈钢	HT150

7.2.5.11　止回阀的结构参数（H11T-10/16、H11H-10/16、H11W-10/16、H11X-10、H11F-16、H11W-16P/16R）——内螺纹连接低压止回阀

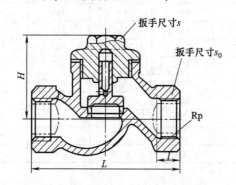

主要性能规范：

型　号	公称压力 PN/MPa	试验压力 p/MPa 壳体	试验压力 p/MPa 密封	适用温度 /℃	适用介质
H11T-10				≤200	水、蒸汽
H11H-10	1.0	1.5	1.1	≤100	水、蒸汽、油品
H11W-10				≤100	油品
H11X-10				≤50	水
H11H-16				≤200	水、蒸汽、油品
H11W-16				≤100	油品
H11F-16	1.6	2.4	1.76	≤150	水、油品
H11T-16				≤200	水、蒸汽
H11W-16P				-20～150	硝酸类
H11W-16R				-20～150	醋酸类

外形与连接尺寸：

公称尺寸 /mm	管螺纹 Rp /in	尺寸/mm L	l	s	s_0	H	重量 /kg
15	1/2	90	14	27	30	60	0.6
20	3/4	100	16	27	36	62	0.8
25	1	120	18	30	45	75	1.5
32	1¼	140	20	36	55	84	2.0
40	1½	170	22	36	60	95	3.2
50	2	200	24	46	75	109	5.0
65	2½	260	26	50	90	128	7.5

主要零件材料：

零件名称	阀体、阀盖、阀瓣	密封圈	衬套	垫片
H11T-10、H11T-16		黄铜		
H11H-10、H11H-16		不锈钢		
H11W-10、H11W-16	灰铸铁		黄铜	橡胶石棉板
H11X-10		橡胶		
H11F-16		氟塑料		
H11W-16P	ZG1Cr18Ni9Ti			聚四氟乙烯
H11W-16R	ZG1Cr18Ni12Mo2Ti			

7.2.5.12 止回阀的结构参数（H41T-10/16、H41W-10/16、H41H-10/16/16C）——升降式止回阀

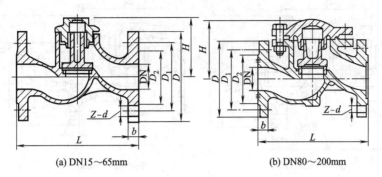

(a) DN15～65mm   (b) DN80～200mm

主要性能规范：

公称压力 PN/MPa	公称压力 /MPa	试验压力 p/MPa		工作温度 /℃	适用介质
		壳体	密封		
H41T-10				≤200	水、蒸汽
H41W-10	1.0	1.5	1.1	≤100	油品、煤气
H41H-10					油品、蒸汽、水
H41T-16				≤200	水、蒸汽
H41W-16	1.6	2.4	1.76	≤100	油品
H41H-16				≤200	水、蒸汽、油品
H41H-16C				≤425	

外形与连接尺寸：

公称尺寸 DN/mm	尺寸/mm								重量 /kg
	L	D	D_1	D_2	b	Z-d	s	H	
15	130	95	65	45	14	4-ϕ14	27	58	1.9
20	150	105	75	55	16	4-ϕ14	27	63	2.7
25	160	115	85	65	16	4-ϕ14	30	71	3.3
32	180	135	100	78	18	4-ϕ18	36	84	5.0
40	200	145	110	85	18	4-ϕ18	36	96	6.3
50	230	160	125	100	20	4-ϕ18	46	115	8.9
65	290	180	145	120	20	4-ϕ18	50	145	13.2
80	310	195	160	135	22	8-ϕ18	—	156	24
100	350	215	180	155	24	8-ϕ18	—	170	48
125	400	245	210	185	26	8-ϕ18	—	201	60
150	480	280	240	210	28	8-ϕ23	—	238	95
200	600	335	295	265	30	12-ϕ23	—	268	120

主要生产厂家：鞍山阀门总厂。

主要零件材料：

零件名称	阀体、阀盖、阀瓣	密封圈	衬套	垫片
H41T-10、H41T-16		黄铜		
H41H-10、H41H-16	灰铸铁	铬不锈钢	黄铜	橡胶石棉板
H41W-10、H41W-16		灰铸铁		
H41H-16C	碳钢	不锈钢		

7.2.5.13　止回阀的结构参数（H41Y-25I/40I/64I/100I）——升降式止回阀

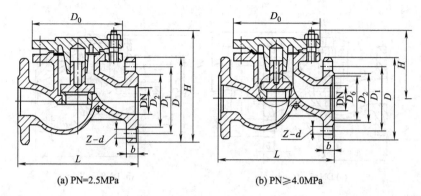

(a) PN=2.5MPa　　　　　　　　(b) PN≥4.0MPa

主要性能规范：

公称压力 PN/MPa	公称压力 /MPa	试验压力 p/MPa			工作温度 /℃	适用介质
		密封	气密封	壳体		
H41Y-25I	2.5	2.75	0.6	3.75	≤550	蒸汽、水、油品等
H41Y-40I	4.0	4.4	0.6	6.0		
H41Y-64I	6.4	7	0.6	9.6		
H41Y-100I	10.0	11.0	0.6	15.0		

外形与连接尺寸：

H41Y-25I

公称尺寸 DN/mm	尺寸/mm							重量 /kg
	L	D	D_1	D_2	b	H	$Z-d$	
20	150	105	75	55	16	64	4-ϕ14	5.6
25	160	115	85	65	16	68	4-ϕ14	6
32	180	135	100	78	18	79	4-ϕ18	9.1
40	200	145	110	85	18	98	4-ϕ18	11.8
50	230	160	125	100	20	110	4-ϕ18	15.8
65	290	180	145	120	22	160	8-ϕ18	23
80	310	195	160	135	22	170	8-ϕ18	30
100	350	230	190	160	24	195	8-ϕ23	44.4
125	400	270	220	188	28	225	8-ϕ25	65.5
150	480	300	250	218	30	255	8-ϕ25	99.3
200	600	360	310	278	34		12-ϕ25	

H41Y-25I

公称尺寸 DN/mm	尺寸/mm								重量 /kg
	L	D	D_1	D_2	D_6	b	H	$Z-d$	
20	150	105	75	55	51	16	105	4-ϕ14	5.5
25	160	115	85	65	58	16	120	4-ϕ14	6
32	180	135	100	78	66	18	130	4-ϕ18	8
40	200	145	110	85	76	18	135	4-ϕ18	12
50	230	160	125	100	88	20	149	4-ϕ18	13
65	290	180	145	120	110	22	164	8-ϕ18	17
80	310	195	160	135	121	22	169	8-ϕ18	23
100	350	230	190	160	150	24	194	8-ϕ23	32
125	400	270	220	188	176	28	225	8-ϕ25	66.5
150	480	300	250	218	204	30	255	8-ϕ25	99.3
200	600	375	320	282	260	38	—	12-ϕ30	—

续表

H41Y-64I

公称尺寸 DN/mm	尺寸/mm								重量 /kg
	L	D	D_1	D_2	D_6	b	H	$Z\text{-}d$	
20	190	125	90	68	51	20	110	4-ϕ18	11
25	210	135	100	78	58	22	125	4-ϕ18	13
32	230	150	110	82	66	24	152	4-ϕ23	14
40	260	165	125	95	76	24	168	4-ϕ23	20
50	300	175	135	105	88	26	170	4-ϕ23	23
65	340	200	160	130	110	28	188	8-ϕ23	37
80	380	210	170	140	121	30	205	8-ϕ23	46
100	430	250	200	168	150	32	230	8-ϕ25	68
125	500	295	240	202	176	36	—	8-ϕ30	—

H41Y-100I

公称尺寸 DN/mm	尺寸/mm								重量 /kg
	L	D	D_1	D_2	D_6	b	H	$Z\text{-}d$	
20	190	125	90	68	51	22	110	4-ϕ18	11
25	210	135	100	78	58	24	125	4-ϕ18	13
32	230	150	110	82	66	24	140	4-ϕ23	14
40	260	165	125	95	76	26	170	4-ϕ23	25
50	300	195	145	112	88	28	180	4-ϕ25	28
65	340	220	170	138	110	32	200	8-ϕ25	42
80	380	230	180	148	121	34	235	8-ϕ25	65
100	430	265	210	172	150	38	265	8-ϕ30	95

主要零件材料：

零件名称	阀体、阀盖、阀瓣	阀体、阀瓣密封面	垫 片	螺 栓
材 料	铬钼钢	硬质合金	钢带石棉缠绕式垫片	铬钼钒钢

7.2.5.14 止回阀的结构参数（H41N-25/40）——升降式止回阀

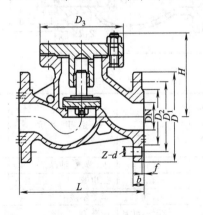

主要性能规范：

型 号	公称压力 /MPa	试验压力 p/MPa		工作温度 /℃	适用介质
		壳体	密封		
H41N-25	2.5	3.8	2.8	−40～80	液化石油气、液氨等
H41N-40	4.0	6.0	4.4		

外形与连接尺寸：

公称尺寸 DN/mm	尺寸/mm										重量 /kg
	L	D	D_1	D_2	b	f	Z-d	H	D_3		
15	130	95	65	45	16	2	4-ϕ14	100			5
20	150	105	75	55	16	2	4-ϕ14	105			7
25	160	115	85	65	16	2	4-ϕ14	115	110		9
32	190	135	100	78	18	2	4-ϕ18	120	120		10
40	200	145	110	85	18	3	4-ϕ18	140	135		15
50	230	160	125	100	20	3	4-ϕ18	150	150		20
65	290	180	145	120	22	3	8-ϕ18	160	175		25
80	310	195	160	135	22	3	8-ϕ18	175	200		32
100	350	230	190	160	24	3	8-ϕ23	200	230		37
125	400	270	220	188	28	3	8-ϕ25	230	273		
150	480	300	250	218	23	3	8-ϕ25	265	330		
200	600	360	310	278	34	3	12-ϕ25	300	365		

主要零件材料：

零件名称	阀体、阀盖	阀 瓣	阀 杆	密 封 圈
材 料	碳钢	碳钢	铬不锈钢	不锈钢与尼龙

7.2.5.15 止回阀的结构参数（H44Y-40I/40P/40P$_1$/64P$_1$/64I、H44M-40、H44W-40P/40P$_1$/40R）——旋启式止回阀

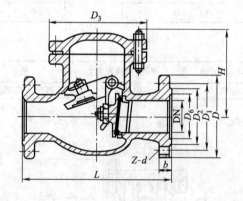

主要性能规范：

型 号	公称压力 /MPa	试验压力/MPa		工作温度 /℃	适用介质	工作温度/℃					
		壳体	密封			120	200	350	425	450	550
						最高工作压力/MPa					
H44Y-40I				≤550	水、蒸汽、油品	—	4.0	4.0	3.4	—	1.0
H44M-40				≤450	二甲苯					1.8	
H44Y-40P				≤120	苯菲尔溶液	3.7					
H44W-40P	4.0	6.0	4.0	−20~150	硝酸类						
H44W-40R				−20~150	醋酸类						
H44Y-40P$_1$							4.0				2.2
H44W-40P$_1$				≤550	蒸汽、空气、油品		4.0				2.2
H44Y-64P$_1$	6.4	9.6	6.4				6.4				3.6
H44Y-64I					水、蒸汽、油品	—	—	5.3	4.6		1.6

外形与连接尺寸：

H44Y-40I、H44M-40、H44Y-40P、H44Y-40P₁、H44W-40P₁、H44W-40P、H44W-40R

公称尺寸	尺寸/mm									重量
DN/mm	L	D	D_1	D_2	D_6	b	Z-d	D_3	H	/kg
50	230	160	125	100	88	20	4-ϕ18	185	172	20
65	290	180	145	120	110	22	8-ϕ18	210	182	30
80	310	195	160	135	121	22	8-ϕ18	210	192	35
100	350	230	190	160	150	24	8-ϕ23	260	217	50
125	400	270	220	188	176	28	8-ϕ25	295	250	75
150	480	300	250	218	204	30	8-ϕ25	330	270	105
200	550①	375	320	282	260	38	12-ϕ30	390	320	160
250	650	445	385	345	313	42	12-ϕ34	445	365	240
350	850	570	510	465	422	52	16-ϕ34	615	518	352

H44Y-64I、H44Y-64P₁

公称尺寸	尺寸/mm									重量
DN/mm	L	D	D_1	D_2	D_6	b	Z-d	D_3	H	/kg
50	300	175	135	105	88	26	4-ϕ23	200	177	27
65	340	200	160	130	110	28	8-ϕ23	225	197	37
80	380	210	170	140	121	30	8-ϕ23	250	212	53
100	430	250	200	168	150	32	8-ϕ25	315	248	90
125	500	295	240	202	176	36	8-ϕ30	365	298	135
150	550	340	280	240	204	38	8-ϕ34	410	330	187
200	650	405	345	300	260	44	12-ϕ34	480	385	212
250	775	470	400	352	313	48	12-ϕ41	565	445	403

① H44W-40P、H44W-40R 的 L=600。

主要零件材料：

零件名称	阀体、阀盖、摇杆	阀瓣	销轴	螺栓	螺母	垫片
H44Y-40I	铬钼铸钢	铬镍钛铸钢	铬不锈钢	铬钼钒钢	铬钼钢	不锈钢带与石棉板
H44Y-64I						
H44M-40	碳素铸钢		优质碳钢			
H44Y-40P	铬镍钛铸钢		铬镍钢		不锈钢	聚四氟乙烯
H44W-40P						
H44W-40R	铬镍钼钛铸钢		—			聚四氟乙烯
H44Y-40P₁	铬镍钛耐热钢					
H44W-40P₁						
H44Y-64P₁						

7.2.5.16 止回阀的结构参数（H44H-25/25Q/40/40Q/64）——旋启式止回阀

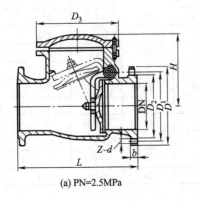

(a) PN=2.5MPa

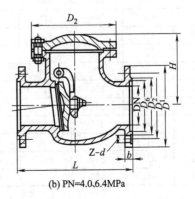

(b) PN=4.0,6.4MPa

主要性能规范：

型　　号	公称压力/MPa	试验压力 p/MPa		工作温度/℃	适用介质
		壳体	密封		
H44H-25	2.5	3.8	2.8	≤350	水、蒸汽、油品
H44H-25Q					
H44H-40	4.0	6.0	4.4	≤425	
H44H-40Q				≤350	
H44H-64	6.4	9.6	7.04	≤450	

外形与连接尺寸：

H44H-25、H44H-25Q

公称尺寸 DN/mm	尺寸/mm									重量/kg
	L	D	D_1	D_2	b	Z-d	D_3	H	
25	160	115	85	65	16	4-ϕ14	—	—	—
32	180	135	100	78	18	4-ϕ18	—	—	—
40	200	145	110	85	18	4-ϕ18	—	150	18
50	230	160	125	100	20	4-ϕ18	185	160	21.3
65	290	180	146	120	22	8-ϕ18	215	175	28.1
80	310	195	160	135	22	8-ϕ18	235	185	37.6
100	350	230	190	160	24	8-ϕ23	270	220	56.7
125	400	270	220	188	28	8-ϕ25	340	248	92
150	480	300	250	218	30	8-ϕ25	375	276	129.5
200	550	360	310	276	34	12-ϕ25	435	350	210
250	650	435	370	332	36	12-ϕ30	515	410	294
300	750	485	430	390	40	16-ϕ30	550	430	367
350	850	550	490	448	44	16-ϕ34	—	466	410
400	950	610	550	505	48	16-ϕ34	67	560	461
500	1150	730	660	610	52	20-ϕ41	—	—	850

H44H-40、H44H-40Q

公称尺寸 DN/mm	尺寸/mm										重量/kg
	L	D	D_1	D_2	D_6	b	Z-d	D_3	H	
25	160	115	85	65	58	16	4-ϕ14	—	—	—
32	180	135	100	78	66	18	4-ϕ18	—	—	—
40	200	145	110	85	76	18	4-ϕ18	—	—	—
50	230	160	125	100	88	20	4-ϕ18	185	169	22
65	290	180	145	120	110	22	8-ϕ18	215	175	29
80	310	195	160	135	121	22	8-ϕ18	235	185	38
100	350	230	190	160	150	24	8-ϕ23	270	220	57
125	400	270	220	188	176	28	8-ϕ25	340	248	91
150	480	300	250	218	204	30	8-ϕ25	375	270	129
200	550	375	320	282	260	38	12-ϕ30	450	342	213
250	650	445	385	345	313	42	12-ϕ34	525	401	297
300	750	510	450	408	364	46	16-ϕ34	550	423	362
350	850	570	510	465	422	52	16-ϕ34	—	430	400
400	950	655	585	535	474	58	16-ϕ41	670	447	450

H44H-64

公称尺寸 DN/mm	尺寸/mm									重量 /kg
	L	D	D_1	D_2	D_6	b	Z-d	D_3	H	
50	300	175	135	105	88	26	4-ϕ23	200	177	27
65	340	200	160	130	110	28	8-ϕ23	225	197	37
80	380	210	170	140	121	30	8-ϕ23	250	212	57
100	430	250	200	168	150	32	8-ϕ25	315	248	89
125	500	295	240	202	176	36	8-ϕ30	365	296	135
150	550	340	280	240	204	38	8-ϕ34	410	330	184
200	650	405	345	300	260	44	12-ϕ34	480	385	266
250	775	470	400	352	313	48	12-ϕ41	565	445	396
300	900	530	460	412	364	50	16-ϕ41	600	474	643
350	1025	595	525	475	422	60	16-ϕ41	—	—	-
400	1150	670	585	525	474	65	16-ϕ48	730	616	1234
700	1450	1010	910	844	768	80	24-ϕ54	1145	1075	3071

主要生产厂家：开封高压阀门厂、兰州高压阀门厂、苏州高中压阀门厂、浙江方正阀门厂、杭州华惠阀门有限公司、包头阀门总厂。

主要零件材料：

零件名称	阀体、阀盖、阀瓣、摇杆	销　轴	密封面	垫　片
H44H-25、H44H-40、H44H-64	碳素铸钢	不锈钢	不锈钢	橡胶石棉板
H44H-25Q、H44H-40Q	球墨铸铁			

7.2.5.17　止回阀的结构参数（H71H-10C、H71W-10P 等）——对夹升降式止回阀

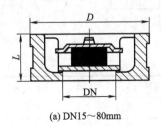

(a) DN15～80mm　　　　　(b) DN100～200mm

主要性能规范：

公称压力 /MPa	产品型号						
1.0	H71H-10C	H71W-10P	H71W-10P$_8$	H71W-10P$_3$	H71W-10R	H71W-10R$_8$	H71W-10R$_3$
1.6	H71H-16C	H71W-16P	H71W-16P$_8$	H71W-16P$_3$	H71W-16R	H71W-16R$_8$	H71W-16R$_3$
2.5	H71H-25	H71W-25P	H71W-25P$_8$	H71W-25P$_3$	H71W-25R	H71W-25R$_8$	H71W-25R$_3$
4.0	H71H-40	H71W-40P	H71W-40P$_8$	H71W-40P$_3$	H71W-40R	H71W-40R$_8$	H71W-40R$_3$
主要零件材料	阀体	WCB	ZG1Cr18Ni9Ti	CF8	CF3	ZG1Cr18-Ni12Mo2Ti	CF8M	CF3M
	阀瓣阀座	铬不锈钢	1Cr18Ni9Ti	0Cr18Ni9 (304)	00Cr18Ni10 (304L)	1Cr18Ni-12Mo2Ti	0Cr18Ni12-Mo2(316)	00Cr17Ni14-Mo2(316L)
适用工况	适用介质	水、蒸汽、油品等	硝酸等腐蚀性介质		强氧化性介质	醋酸等腐蚀性介质		尿素等腐蚀性介质
	工作温度	≤450℃	≤200℃					
试验压力	壳体	1.5PN						
	密封	1.1PN						

主要尺寸及重量：

公称压力 /MPa	1.0			1.6			2.5			4.0		
公称尺寸 /mm	尺寸/mm		重量 /kg	尺寸/mm		重量 /kg	尺寸/mm		重量 /kg	尺寸/mm		重量 /kg
	L	D		L	D		L	D		L	D	
15	16	53	0.3	16	53	0.3	16	53	0.3	16	53	0.3
20	19	63	0.5	19	63	0.5	19	63	0.5	19	63	0.5
25	22	73	0.7	22	73	0.7	22	73	0.8	22	73	0.8
32	28	84	1.1	28	84	1.2	28	84	1.3	28	84	1.3
40	32	94	1.4	32	94	1.5	32	94	1.6	32	94	1.8
50	40	109	2.1	40	109	2.2	40	109	2.3	40	109	2.6
65	46	129	2.9	46	129	3.1	46	129	3.3	46	129	3.6
80	50	144	3.7	50	144	4.0	50	144	4.4	50	144	4.8
100	60	164	4.8	60	164	5.2	60	170	5.6	60	170	5.9
125	90	194	7.8	90	194	8.6	90	198	9.2	90	198	9.8
150	106	220	10.6	106	220	11.6	106	228	12.5	106	228	13.6

7.2.5.18 止回阀的结构参数（H74J-10/16）——对夹圆片式止回阀

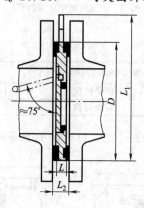

主要性能规范：

型　号	公称压力 /MPa	试验压力 p/MPa		工作温度 /℃	适用介质
		壳体	密封		
H74J-10	1.0	1.5	1.1	−45～135	水、蒸汽、油品、硝酸类、醋酸类
H74J-16	1.6	2.4	1.8		

主要尺寸及重量：

公称尺寸 /mm	尺寸/mm				重量 /kg	公称尺寸 /mm	尺寸/mm				重量 /kg
	D	L	L_1	L_2			D	L	L_1	L_2	
40	85	23	125	16	0.8	350	428/435	47	468	40	41
50	100	23	140	16	1.3						
65	120	23	160	16	1.6	400	482	52	522	45	55
80	135	23	175	16	3.0	450	532/545	57	572	50	78
100	155	23	195	16	5.4						
125	185	23	225	16	6.6	500	585/608	73	625	55	90
150	210	25	250	18	7.8						
200	265	31	305	24	10	600	685/718	76	725	68	180
250	320	37	360	30	18						
300	368/375	42	408	35	30	700	800/788	86	860	78	250

续表

公称尺寸	尺寸/mm				重量	公称尺寸	尺寸/mm				重量
/mm	D	L	L_1	L_2	/kg	/mm	D	L	L_1	L_2	/kg
800	$\frac{905}{898}$	98	965	90	390	1000	$\frac{1115}{1110}$	123	1175	115	600
900	$\frac{1005}{998}$	113	1065	105	510	—	—	—	—	—	—

注：表中尺寸 D 的上、下数字分别为 PN1.0、1.6MPa 时的止回阀最大外圆直径。

主要零件材料：

零件名称	阀体、阀板、轴	密封圈
材料	碳钢、不锈钢、青铜、铝合金、聚乙烯、聚丙烯、四氟乙烯	丁腈橡胶、氟化橡胶、食品橡胶、天然橡胶

7.2.5.19 止回阀的结构参数（H74-10/16/25/40）——对夹圆片式止回阀

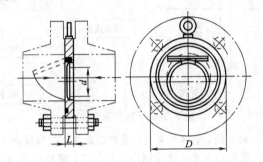

主要性能规范：

型　号	公称压力/MPa	试验压力/MPa		工作温度/℃		适用介质
		壳体	密封	硬密封	软密封	
H74-10	1.0	1.5	1.1	≤400	≤120 （最高≤250）	油、水、酸碱等液体
H74-16	1.6	2.4	1.8			
H74-25	2.5	3.8	2.8			
H74-40	4.0	6.0	4.4			

主要尺寸及重量：

公称尺寸/mm	尺寸/mm							重量/kg
	L		d	D				
	Ⅰ型	Ⅱ型		PN1.0MPa	PN1.6MPa	PN2.5MPa	PN4.0MPa	
50	14.5	22	25	109	109	109	109	1.2
65	14.5	22	38	129	129	129	129	1.6
80	14.5	22	46	144	144	144	144	2.2
100	14.5	24	71.5	164	164	170	170	2.7
125	16	26	95	194	194	196	196	3.8
150	19	29	114	221	221	226	226	5.8
200	29	43	140	275	275	286	293	14
250	29	43	188	330	331	343	355	17.5
300	38	50	216	380	386	403	420	27
350	41	52	263	440	446	460	477	41.5
400	51	62	305	491	498	517	549	60
450	51	62	356	541	558	567	574	74
500	65	80	406	596	620	627	631	116
600	70	90	482	698	737	734	750	178

注：Ⅰ型适于流速稳定的工况，Ⅱ型式在Ⅰ型基础上增加了弹簧装置。

主要零件材料：

零件名称	阀体、阀瓣	密　封　圈
材料	碳钢、不锈钢、铜	丁腈橡胶、三元乙丙橡胶、聚四氟乙烯

7.2.6　蝶阀

7.2.6.1　蝶阀的分类（图7.2-15）

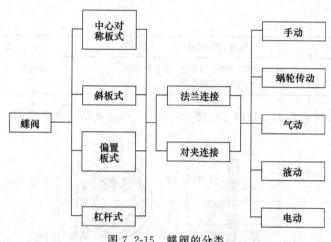

图7.2-15　蝶阀的分类

　　蝶阀（Butterfly Valve）也称蝴蝶阀，顾名思义它的关键性部件好似蝴蝶逆风，自由回旋。它的阀瓣是圆盘，围绕阀座内的一个轴旋转。旋角的大小，便是阀门的开闭度。蝶阀的类型和内部结构如图7.2-16和图7.2-17所示。

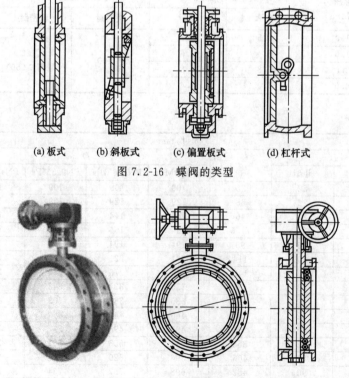

(a) 板式　　　(b) 斜板式　　　(c) 偏置板式　　　(d) 杠杆式

图7.2-16　蝶阀的类型

图7.2-17　蝶阀

7.2.6.2 蝶阀的选用

① 这种阀门具有轻巧的特点，比其他阀门要节省许多材料，且结构简单、开闭迅速（只需旋转90°）。

② 切断和节流都能用。

③ 流体阻力小，操作省力。

④ 在工业生产中，蝶阀日益得到广泛的使用。但它用料单薄，经不起高压、高温，通常只用于风路、水路和某些气路。

⑤ 蝶阀可以制成很大口径，大口径蝶阀，往往用蜗轮-蜗杆或电力、液压来传动。

⑥ 密封性能不如闸阀可靠。在某些条件下可以代替闸阀。能够使用蝶阀的地方，最好不要使用闸阀，因为蝶阀比闸阀要经济，而且调节流量的性能也要好。对于设计压力较低、管道直径较大，要求快速启闭的场合一般选用蝶阀。

7.2.6.3 蝶阀的规格型号（表7.2-8）

表7.2-8　蝶阀规格型号

名　　称	型　　号	公称压力/MPa	工作温度/℃	介　　质	直径范围/mm
金属密封对夹蝶阀	D74Hc-10C/16C	1.0 1.6		水、蒸汽、油品、酸碱	50～150
金属密封对夹蝶阀	D374Hc-10C D374Hc-16C D374Hc-25	1.0 1.6 2.5	−30～400	水、蒸汽、油品	50～1200
四氟密封对夹蝶阀	D73F-10/10C/10P D73F-16/16C/16P D73F-25/25P	1.0 1.6 2.5	−30～160	水、蒸汽、油品、酸碱	50～150
四氟密封对夹蝶阀	D373F-10/10C/10P D373F-16/16C/16P D373F-25/25P	1.0 1.6 2.5			50～1200
聚苯密封对夹蝶阀	D73E-10/10C/10P D73E-16/16C/16P D73E-25/25P	1.0 1.6 2.5	−30～300		50～150
聚苯密封对夹蝶阀	D373E-10/10C/10P D373E-16/16C/16P D373E-25/25P	1.0 1.6 2.5			50～1200
橡胶密封对夹蝶阀	D73X-6/6C/6P D73X-10/10C/10P D73X-16/16C/16P	0.6 1.0 1.6			50～150
橡胶密封对夹蝶阀	D373X-6/6C/6P	0.6	−15～100		50～2800
橡胶密封对夹蝶阀	D373X-10/10C/10P D373X-16/16C/16P	1.0 1.6			50～1200
气动橡胶密封对夹蝶阀	D673X-6/6C/6P D673X-10/10C/10P	0.6 1.0		水、污水、油品、酸碱	50～600
对夹式蝶阀	Ds73F/E/X-10/10C Ds73F/E/X-16/16C	1.0 1.6			50～150
对夹式蝶阀	Ds373F/E/X-10/10C	1.0	≤160		50～350
电动对夹式蝶阀	Ds973F/E/X-10/10C	1.0	≤300 ≤600		50～350
气动对夹式蝶阀	Ds673F/E/X-10/10C Ds673F/E/X-16/16C Ds673F/E/X-25	1.0 1.6 2.5		水、蒸汽、油品	50～350

7.2.6.4 蝶阀的结构参数 (D74Hc-10C/16C)——金属密封对夹蝶阀

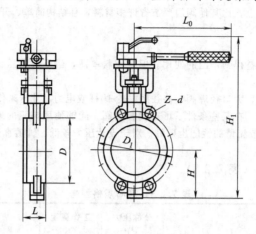

性能规范：

公称压力/MPa	1.0/1.6	适用介质	水、蒸汽、油品、酸碱
工作温度/℃	-30~400	驱动方式	手动

外形与连接尺寸：

公称尺寸 DN/mm	尺寸/mm							重量 /kg
	L	D	D_1	H	H_1	L_0	$Z\text{-}d$	
50	43	102	125	75	280	200	4-ϕ18	1.5
65	46	122	145	85	304	200	4-ϕ18	8.5
80	49	133	160	90	316	230	8-ϕ18	9.5
100	56	158	180	115	340	275	8-ϕ18	11.5
125	64	186	210	135	405	302	8-ϕ18	15
150	70	212	240	150	435	337	8-ϕ18	22

主要零件材料：

零件名称	阀体蝶板	密封圈	阀杆
材料	WCB	2Cr13+XB450	2Cr13

7.2.6.5 蝶阀的结构参数 (D374Hc-10C/16C/25)——金属密封对夹蝶阀

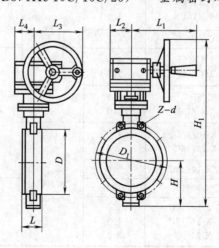

性能规范：

公称压力/MPa	1.0/1.6/2.5	适用介质	水、蒸汽、油品
工作温度/℃	−30～400	驱动方式	蜗轮传动

外形与连接尺寸（D374Hc-10C）：

公称尺寸 DN/mm	尺寸参数/mm										驱动装置	重量/kg
	L	D	D_1	H	H_1	L_1	L_2	L_3	L_4	Z-d		
50	43	102	125	75	432	195	50	50	147	4-ϕ18	VGC-1	13
65	46	122	145	85	452	195	50	50	147	4-ϕ18	VGC-1	16
80	49	133	160	90	467	195	50	50	147	8-ϕ18	VGC-1	21
100	56	158	180	115	492	195	50	50	147	8-ϕ18	VGC-1	26
125	64	186	210	135	547	195	50	50	147	8-ϕ18	VGC-1	31
150	70	212	240	150	582	228	69	69	172	8-ϕ22	VGC-3	35
200	71	268	295	182	615	228	70	70	172	8-ϕ22	VGC-3	41
250	76	320	350	245	797	260	85	85	238	12-ϕ22	VGC-8	54
300	83	370	400	270	890	260	85	85	238	12-ϕ22	VGC-8	65
350	92	430	460	310	1065	320	105	95	337	16-ϕ22	VGC-20	100
400	140	482	515	330	1140	370	120	105	320	16-ϕ26	VGC-35	180
450	152	532	565	370	1255	370	120	125	310	20-ϕ22	VGC-35	210
500	159	585	620	385	1280	370	120	125	320	20-ϕ30	VGC-35	250
600	178	685	725	445	1420	400	203	203	345	20-ϕ36	H3BC	370
700	229	800	840	540	1500	492	268	268	567	24-ϕ36	H5BC	460
800	241	900	950	580	1585	492	268	268	567	16-ϕ36	H5BC	590
900	241	1000	1050	636	1790	606	334	334	650	28-ϕ39	H6BC	780
1000	300	1112	1170	710	1950	606	334	334	650	28-ϕ42	H6BC	920
1200	360	1330	1380	800	2100	710	400	400	740	32-ϕ42	H7BC	1040

外形与连接尺寸（D374Hc-16C）：

公称尺寸 DN/mm	尺寸参数/mm										驱动装置	重量/kg
	L	D	D_1	H	H_1	L_1	L_2	L_3	L_4	Z-d		
50	43	102	125	87	310	195	50	50	147	4-ϕ18	VGC-1	13
65	46	122	145	95	416	195	50	50	147	4-ϕ18	VGC-1	16
80	49	133	160	110	441	195	50	50	147	8-ϕ18	VGC-1	21
100	56	158	180	123	473	195	50	50	147	8-ϕ18	VGC-1	26
125	64	184	210	144	513	240	70	70	172	8-ϕ18	VGC-1	31
150	70	212	240	160	556	240	70	70	172	8-ϕ22	VGC-3	35
200	71	268	295	160	622	240	70	70	172	12-ϕ22	VGC-3	41
250	76	320	355	255	854	260	85	85	243	12-ϕ26	VGC-8	54
300	83	372	410	285	1006	320	95	95	338	12-ϕ26	VGC-20	65
350	92	430	470	320	1090	370	105	105	290	16-ϕ26	VGC-35	100
400	140	482	525	330	1150	370	105	105	290	16-ϕ30	VGC-35	180
450	152	545	585	366	1260	370	105	105	290	20-ϕ30	VGC-35	210
500	159	609	650	406	1368	400	203	203	345	20-ϕ33	VGC-35	250
600	178	720	770	475	1538	470	238	238	420	20-ϕ36	H3BC	370
700	229	800	840	540	1600	492	268	268	567	24-ϕ36	H5BC	460
800	241	905	950	610	1750	606	334	334	650	24-ϕ39	H5BC	590
900	241	1005	1050	680	1900	710	400	400	740	28-ϕ39	H6BC	780
1000	300	1110	1170	750	2100	814	460	460	830	28-ϕ42	H6BC	920
1200	360	1330	1390	850	2500	920	520	520	920	32-ϕ48	H7BC	1040

外形与连接尺寸（D374Hc-25）：

公称尺寸 DN/mm	尺寸参数/mm										驱动装置	重量/kg
	L	D	D_1	H	H_1	L_1	L_2	L_3	L_4	$Z-d$		
50	43	102	125	98	300	195	50	50	147	4-ϕ18	VGC-1	13
65	46	122	145	100	325	195	50	50	147	4-ϕ18	VGC-1	16
80	49	133	160	105	350	195	50	50	147	8-ϕ18	VGC-1	21
100	56	158	180	122	380	195	50	50	147	8-ϕ22	VGC-1	26
125	64	186	220	142	420	240	70	70	172	8-ϕ26	VGC-3	31
150	70	212	250	157	475	240	70	70	172	8-ϕ26	VGC-3	35
200	71	272	310	192	550	240	70	70	172	8-ϕ26	VGC-3	45
250	76	330	370	235	610	265	85	85	250	12-ϕ30	VGC-8	54
300	83	390	430	270	690	315	160	195	340	16-ϕ30	VGC-20	60
350	127	450	490	350	910	355	160	195	350	16-ϕ33	VGC-35	70
400	140	505	550	375	950	355	160	195	350	16-ϕ36	VGC-35	135
450	152	555	600	420	1180	370	160	469	370	20-ϕ36	H2BC	220
500	159	610	660	440	1320	400	180	517	420	20-ϕ36	H3BC	250
600	178	720	770	500	1550	470	180	517	520	20-ϕ39	H4BC	300
700	229	820	875	550	1680	492	250	491	567	24-ϕ42	H5BC	500
800	241	930	990	630	1800	606	250	491	650	24-ϕ48	H6BC	625
900	241	1030	1100	700	1920	710	400	400	740	28-ϕ39	H7BC	770
1000	300	1110	1170	750	2120	795	405	665	800	28-ϕ42	H8BC	970
1200	360	1330	1380	850	2500	920	520	520	920	32-ϕ48	H10BC	1320

主要零件材料：

零件名称	阀体蝶板	密封圈	阀杆
材料	WCB	2Cr13＋XB450	2Cr13

7.2.6.6 蝶阀的结构参数（D73F-10/10C/10P/16/16C/16P/25/25P）——四氟密封对夹蝶阀

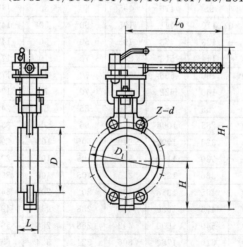

性能规范：

公称压力/MPa	1.0/1.6/2.5	适用介质	水、蒸汽、油品、酸碱
工作温度/℃	−30～160	驱动方式	手动

外形与连接尺寸：

D73F-10/10C/10P

公称尺寸	尺寸/mm							重量
DN/mm	L	D	D_1	H	H_1	L_0	Z-d	/kg
50	43	102	125	75	280	200	4-φ18	1.5
65	46	122	145	85	304	200	4-φ18	8.5
80	49	133	160	90	316	230	8-φ18	9.5
100	56	158	180	115	340	275	8-φ18	11.5
125	64	186	210	135	405	302	8-φ18	15
150	70	212	240	150	435	337	8-φ18	22

D73F-16/16C/16P

公称尺寸	尺寸/mm							重量
DN/mm	L	D	D_1	H	H_1	L_0	Z-d	/kg
50	43	102	125	87	310	200	4-φ18	8
65	46	122	145	95	330	225	4-φ18	9.5
80	49	133	160	110	350	250	8-φ18	11
100	56	158	180	122	388	300	8-φ18	12.5
125	64	186	210	142	430	380	8-φ18	16
150	70	212	240	157	472	420	8-φ22	24

D73F-25/25P

公称尺寸	尺寸/mm							重量
DN/mm	L	D	D_1	H	H_1	L_0	Z-d	/kg
50	43	102	125	87	310	200	4-φ18	8
65	46	122	145	95	330	225	4-φ18	9.5
80	49	133	160	110	350	250	8-φ18	11
100	56	158	190	122	388	300	8-φ22	12.5
125	64	186	220	142	430	380	8-φ26	16
150	70	212	250	157	472	420	8-φ26	24

主要零件材料：

零件名称	阀 体	蝶 板	密封圈	阀 杆	填 料
材 料	HT200、WCB 1Cr18Ni9Ti	WCB 1Cr18Ni9Ti	聚四氟乙烯	2Cr13 1Cr18Ni9	聚四氟乙烯

7.2.6.7 蝶阀的结构参数（D373F-10/10C/10P/16/16C/16P/25/25P）——四氟密封对夹蝶阀

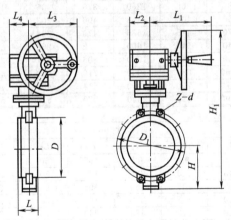

性能规范：

公称压力/MPa	1.0/1.6/2.5	适用介质	水、蒸汽、油品、酸碱
工作温度/℃	-30～160	驱动方式	蜗轮传动

外形与连接尺寸：

D373F-10/10C/10P

公称尺寸	尺寸/mm									重量
DN/mm	L	D	D_1	H	H_1	L_1	L_2	L_3	L_4	Z-d	/kg
50	43	102	125	75	432	195	50	50	147	4-φ18	13
65	46	122	145	85	452	195	50	50	147	4-φ18	16
80	49	133	160	90	467	195	50	50	147	8-φ18	21
100	56	158	180	115	492	195	50	50	147	8-φ18	26
125	64	186	210	135	547	195	50	50	147	8-φ18	31

D373F-10/10C/10P

公称尺寸 DN/mm	尺寸/mm										重量 /kg
	L	D	D_1	H	H_1	L_1	L_2	L_3	L_4	$Z\text{-}d$	
150	70	212	240	150	582	228	69	69	172	8-ϕ22	35
200	71	268	295	182	615	228	70	70	172	8-ϕ22	41
250	76	320	350	245	797	260	85	85	238	12-ϕ22	54
300	83	370	400	270	890	260	85	85	238	12-ϕ22	65
350	92	430	460	310	1065	320	95	105	337	16-ϕ22	100
400	140	482	515	330	1140	370	105	120	320	16-ϕ27	180
450	152	532	565	370	1255	370	125	120	310	20-ϕ27	210
500	159	585	620	385	1280	370	125	120	320	20-ϕ27	250
600	178	685	725	445	1420	400	203	203	345	20-ϕ30	370
700	229	800	840	540	1500	492	268	268	567	24-ϕ30	460
800	241	900	950	580	1585	492	268	268	567	24-ϕ36	590
900	241	1000	1050	636	1790	606	334	334	650	28-ϕ39	780
1000	300	1112	1170	710	1950	606	334	334	650	28-ϕ42	920
1200	360	1330	1380	800	2100	710	400	400	740	32-ϕ42	1040

D373F-16/16C/16P

公称尺寸 DN/mm	尺寸/mm										重量 /kg
	L	D	D_1	H	H_1	L_1	L_2	L_3	L_4	$Z\text{-}d$	
50	43	102	125	87	310	195	50	50	147	4-ϕ18	13
65	46	122	145	95	416	195	50	50	147	4-ϕ18	16
80	49	133	160	110	441	195	50	50	147	8-ϕ18	21
100	56	158	180	123	473	195	50	50	147	8-ϕ18	26
125	64	184	210	144	513	240	70	70	172	8-ϕ18	31
150	70	212	240	160	556	240	70	70	172	8-ϕ22	35
200	71	268	295	160	622	240	70	70	172	12-ϕ22	41
250	76	320	355	255	854	260	85	85	243	12-ϕ26	54
300	83	372	410	285	1006	320	95	95	338	12-ϕ26	65
350	92	430	470	320	1090	370	105	105	290	16-ϕ26	100
400	140	482	525	330	1150	370	105	125	290	16-ϕ30	180
450	152	545	585	366	1260	370	105	125	290	20-ϕ30	210
500	159	609	650	406	1368	400	203	203	345	20-ϕ33	250
600	178	720	770	475	1538	470	238	238	420	20-ϕ36	310
700	229	800	840	540	1600	492	268	268	567	24-ϕ36	460
800	241	905	950	610	1750	606	334	334	650	24-ϕ39	590
900	241	1005	1050	680	1900	710	400	400	740	28-ϕ39	780
1000	300	1110	1170	750	2100	814	460	460	830	28-ϕ42	980
1200	360	1330	1390	850	2500	920	520	520	920	32-ϕ48	1140

D373F-25/25P

公称尺寸 DN/mm	尺寸/mm										重量 /kg
	L	D	D_1	H	H_1	L_1	L_2	L_3	L_4	$Z\text{-}d$	
50	43	102	125	98	300	195	50	50	147	4-ϕ18	13
65	46	122	145	100	325	195	50	50	147	8-ϕ18	16
80	49	133	160	105	350	195	50	50	147	8-ϕ18	21
100	56	158	180	122	380	195	50	50	147	8-ϕ22	26
125	64	186	220	142	420	240	70	70	172	8-ϕ26	31
150	70	212	250	157	475	240	70	70	172	8-ϕ26	35
200	71	272	310	192	550	240	70	70	172	8-ϕ26	45
250	76	330	370	235	610	265	85	85	250	12-ϕ30	54
300	83	390	430	270	690	315	160	195	340	16-ϕ30	60
350	127	450	490	350	910	355	160	195	350	16-ϕ33	70
400	140	505	550	375	950	355	160	195	350	16-ϕ36	135
450	152	555	600	420	1180	370	160	469	370	20-ϕ36	220
500	159	610	660	440	1320	400	180	517	420	20-ϕ36	250
600	178	720	770	500	1550	470	180	517	520	20-ϕ39	300
700	229	820	875	550	1680	492	250	491	567	24-ϕ42	500
800	241	930	990	630	1800	606	250	491	650	24-ϕ48	625
900	241	1030	1100	700	1920	710	400	400	740	28-ϕ39	870
1000	300	1110	1170	750	2120	795	460	665	900	28-ϕ42	1070
1200	360	1330	1380	850	2500	920	520	520	920	32-ϕ48	1320

主要零件材料：

零件名称	阀体、蝶板	密封圈	阀杆	填料
材料	WCB 1Cr18Ni9Ti	聚四氟乙烯	2Cr13 1Cr18Ni9	聚四氟乙烯

7.2.6.8　蝶阀的结构参数（D73E-10/10C/10P/16/16C/16P/25/25P）——聚苯密封对夹蝶阀

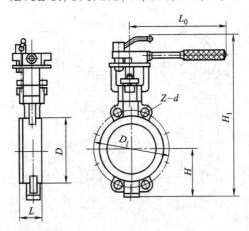

性能规范：

公称压力/MPa	1.0/1.6/2.5	适用介质	水、蒸汽、油品、酸碱
工作温度/℃	-30～300	驱动方式	手动

外形与连接尺寸：

D73E-10/10C/10P

公称尺寸 DN/mm	尺寸/mm							重量 /kg
	L	D	D_1	H	H_1	L_0	$Z-d$	
50	43	102	125	75	280	200	4-ϕ18	1.5
65	46	122	145	85	304	200	4-ϕ18	8.5
80	49	133	160	90	316	230	8-ϕ18	9.5
100	56	158	180	115	340	275	8-ϕ18	11.5
125	64	186	210	135	405	302	8-ϕ18	15
150	70	212	240	150	435	337	8-ϕ18	22

D73E-16/16C/16P

公称尺寸 DN/mm	尺寸/mm							重量 /kg
	L	D	D_1	H	H_1	L_0	$Z-d$	
50	43	102	125	75	310	200	4-ϕ18	8
65	46	122	145	85	330	225	4-ϕ18	9.5
80	49	133	160	90	350	250	8-ϕ18	11
100	56	158	180	115	388	300	8-ϕ18	12.5
125	64	186	210	135	430	380	8-ϕ18	16
150	70	212	240	150	472	420	8-ϕ22	24

D73E-25/25P

公称尺寸 DN/mm	尺寸/mm							重量 /kg
	L	D	D_1	H	H_1	L_0	$Z-d$	
50	43	102	125	87	310	200	4-ϕ18	8
65	46	122	145	95	330	225	4-ϕ18	9.5
80	49	133	160	110	350	250	8-ϕ18	11
100	56	158	190	122	388	300	8-ϕ22	12.5
125	64	186	220	142	430	380	8-ϕ26	16
150	70	212	250	157	472	420	8-ϕ26	24

主要零件材料：

零件名称	阀体	蝶板	密封圈	阀杆	填料
材料	HT200、WCB 1Cr18Ni9Ti	WCB 1Cr18Ni9Ti	聚苯	2Cr13 1Cr18Ni9	柔性石墨

7.2.6.9　蝶阀的结构参数（D373E-10/10C/10P/16/16C/16P/25/25P）——聚苯密封对夹蝶阀

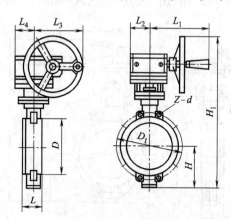

性能规范：

公称压力/MPa	1.0/1.6/2.5	适用介质	水、蒸汽、油品、酸碱
工作温度/℃	－30～300	驱动方式	蜗轮传动

外形与连接尺寸：

D373E-10/10C/10P

公称尺寸	尺寸/mm										重量
DN/mm	L	D	D_1	H	H_1	L_1	L_2	L_3	L_4	Z-d	/kg
50	43	102	125	75	432	195	50	50	147	4-ϕ18	13
65	46	122	145	85	452	195	50	50	147	4-ϕ18	16
80	49	133	160	90	467	195	50	50	147	8-ϕ18	21
100	56	158	180	115	492	195	50	50	147	8-ϕ18	26
125	64	186	210	135	547	195	50	50	147	8-ϕ18	31
150	70	212	240	150	582	228	69	69	172	8-ϕ22	35
200	71	268	295	182	615	228	70	70	172	8-ϕ22	41
250	76	320	350	245	797	260	85	85	238	12-ϕ22	54
300	83	370	400	270	890	260	85	85	238	12-ϕ22	65
350	92	430	460	310	1065	320	95	105	337	16-ϕ22	100
400	140	482	515	330	1140	370	105	120	320	16-ϕ27	180
450	152	532	565	370	1255	370	125	120	310	20-ϕ27	210
500	159	585	620	385	1280	370	125	120	320	20-ϕ27	250
600	178	685	725	445	1420	400	203	203	345	20-ϕ30	370
700	229	800	840	540	1500	492	268	268	567	24-ϕ36	460
800	241	900	950	580	1585	492	268	268	567	24-ϕ36	590
900	241	1000	1050	636	1790	606	334	334	650	28-ϕ39	780
1000	300	1112	1170	710	1950	606	334	334	650	28-ϕ42	920
1200	360	1330	1380	800	2100	710	400	400	740	32-ϕ42	1040

D373E-16/16C/16P

公称尺寸	尺寸/mm										重量
DN/mm	L	D	D_1	H	H_1	L_1	L_2	L_3	L_4	Z-d	/kg
50	43	102	125	87	310	195	50	50	147	4-ϕ18	13

续表

D373E-16/16C/16P

公称尺寸	尺寸/mm										重量
DN/mm	L	D	D_1	H	H_1	L_1	L_2	L_3	L_4	Z-d	/kg
65	46	122	145	95	416	195	50	50	147	4-ϕ18	16
80	49	133	160	110	441	195	50	50	147	8-ϕ18	21
100	56	158	180	123	473	195	50	50	147	8-ϕ18	26
125	64	184	210	144	513	240	70	70	172	8-ϕ18	31
150	70	212	240	160	556	240	70	70	172	8-ϕ22	35
200	71	268	295	160	622	240	70	70	172	12-ϕ22	41
250	76	320	355	255	854	260	85	85	243	12-ϕ26	54
300	83	372	410	285	1006	320	95	95	338	12-ϕ26	65
350	92	430	470	320	1090	370	105	105	290	16-ϕ26	100
400	140	482	525	330	1150	370	105	125	290	16-ϕ30	180
450	152	545	585	366	1260	370	105	125	290	20-ϕ30	210
500	159	609	650	406	1368	400	203	203	345	20-ϕ33	250
600	178	720	770	475	1538	470	238	238	420	20-ϕ36	310
700	229	800	840	540	1600	492	268	268	567	24-ϕ36	460
800	241	905	950	610	1750	606	334	334	650	24-ϕ39	590
900	241	1005	1050	680	1900	710	400	400	740	28-ϕ39	780
1000	300	1110	1170	750	2100	814	460	460	830	28-ϕ42	980
1200	360	1330	1390	850	2500	920	520	520	920	32-ϕ48	1140

D373E-25/25P

公称尺寸	尺寸/mm										重量
DN/mm	L	D	D_1	H	H_1	L_1	L_2	L_3	L_4	Z-d	/kg
50	43	102	125	98	300	195	50	50	147	4-ϕ18	13
65	46	122	145	100	325	195	50	50	147	8-ϕ18	16
80	49	133	160	105	350	195	50	50	147	8-ϕ18	21
100	56	158	180	122	380	195	50	50	147	8-ϕ22	26
125	64	186	220	142	420	240	70	70	172	8-ϕ26	31
150	70	212	250	157	475	240	70	70	172	8-ϕ26	35
200	71	272	310	192	550	240	70	70	172	8-ϕ26	45
250	76	330	370	235	610	265	85	85	250	12-ϕ30	54
300	83	390	430	270	690	315	160	195	340	16-ϕ30	60
350	127	450	490	350	910	355	160	195	350	16-ϕ33	70
400	140	505	550	375	950	355	160	195	350	16-ϕ36	135
450	152	555	600	420	1180	370	160	469	370	20-ϕ36	220
500	159	610	660	440	1320	400	180	517	420	20-ϕ36	250
600	178	720	770	500	1550	470	180	517	520	20-ϕ39	300
700	229	820	875	550	1680	492	250	491	567	24-ϕ42	500
800	241	930	990	630	1800	606	250	491	650	24-ϕ48	625
900	241	1030	1100	700	1920	710	400	400	740	28-ϕ39	870
1000	300	1110	1170	750	2120	795	460	665	900	28-ϕ42	1070
1200	360	1330	1380	850	2500	920	520	520	920	32-ϕ48	1320

主要零件材料：

零件名称	阀体	蝶板	密封圈	阀杆	填料
材料	HT200、WCB 1Cr18Ni9Ti	WCB 1Cr18Ni9Ti	聚苯	2Cr13 1Cr18Ni9	柔性石墨

7.2.6.10 蝶阀的结构参数 (D73X-6/6C/6P/10/10C/10P/16/16C/16P)——橡胶密封对夹蝶阀

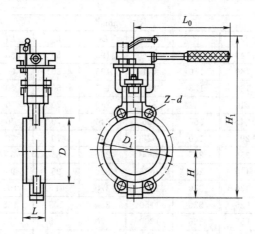

性能规范：

公称压力/MPa	0.6/1.0/1.6	适用介质	水、污水、油品、酸碱
工作温度/℃	-15~100	驱动方式	手动

外形与连接尺寸：

D73X-6/6C/6P/10/10C/10P

公称尺寸 DN/mm	尺寸/mm									重量 /kg
	L	D	H	H_1	L_0	D_1		Z-d		
						PN1.0	PN0.6	PN1.0	PN0.6	
50	43	102	75	280	200	125	110	4-ϕ18	4-ϕ14	1.5
65	46	122	85	304	200	145	130	4-ϕ18	4-ϕ14	8.5
80	46	133	90	316	230	160	150	8-ϕ18	4-ϕ18	9.5
100	52	158	115	340	275	180	170	8-ϕ18	4-ϕ18	11.5
125	56	186	135	405	302	210	200	8-ϕ18	8-ϕ18	15
150	56	212	150	435	337	240	225	8-ϕ22	8-ϕ18	22

D73X-16/16C/16P

公称尺寸 DN/mm	尺寸/mm							重量 /kg
	L	D	D_1	H	H_1	L_0	Z-d	
50	43	102	125	87	310	200	4-ϕ18	8
65	46	122	145	95	330	225	4-ϕ18	9.5
80	49	133	160	110	350	250	8-ϕ18	11
100	56	158	180	122	388	300	8-ϕ18	12.5
125	64	184	210	142	430	380	8-ϕ18	16
150	70	212	240	157	472	420	8-ϕ22	24

主要零件材料：

零件名称	阀体	蝶板	密封圈	阀杆
材料	HT200、QT400 WCB、1Cr18Ni9Ti	WCB 1Cr18Ni9Ti	丁腈橡胶	2Cr13 1Cr18Ni9

7.2.6.11　蝶阀的结构参数（D373X-6/6C/6P/10/10C/10P/16/16C/16P）——橡胶密封对夹蝶阀

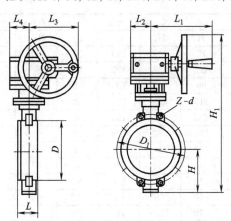

性能规范：

公称压力/MPa	0.6/1.0/1.6	适用介质	水、污水、油品、酸碱
工作温度/℃	−15～100	驱动方式	蜗轮传动

外形与连接尺寸（D373X-6/6C/6P）：

公称尺寸 DN/mm	尺寸参数/mm										驱动装置	重量/kg
	L	D	D_1	H	H_1	L_1	L_2	L_3	L_4	$Z\text{-}d$		
50	43	88	110	75	432	195	50	50	147	4-ϕ14	VGC-1	13
65	46	108	130	85	452	195	50	50	147	4-ϕ14	VGC-1	16
80	46	124	150	90	467	195	50	50	147	4-ϕ18	VGC-1	21
100	52	144	170	115	492	195	50	50	147	4-ϕ18	VGC-1	26
125	56	174	200	135	547	195	50	50	147	8-ϕ18	VGC-1	31
150	56	199	225	150	582	195	50	50	147	8-ϕ18	VGC-1	35
200	60	254	280	182	615	195	50	50	147	8-ϕ18	VGC-1	40
250	68	309	335	245	797	228	70	70	172	12-ϕ18	VGC-3	50
300	78	363	395	270	890	228	70	70	172	12-ϕ22	VGC-3	60
350	78	413	445	310	1065	260	85	85	238	12-ϕ22	VGC-8	100
400	140	463	495	330	1140	260	85	85	238	16-ϕ22	VGC-8	160
450	152	518	550	370	1255	320	105	95	337	16-ϕ22	VGC-20	200
500	159	568	600	385	1280	320	105	95	337	20-ϕ22	VGC-20	220
600	178	667	705	445	1420	370	120	105	320	20-ϕ26	VGC-35	350
700	229	772	810	540	1500	370	120	105	320	24-ϕ26	VGC-35	400
800	241	878	920	580	1585	400	203	203	345	24-ϕ30	H3BC	550
900	241	978	1020	636	1790	400	203	203	345	24-ϕ30	H3BC	740
1000	300	1078	1120	710	1950	400	203	203	345	28-ϕ30	H3BC	880
1200	360	1295	1340	800	2100	492	268	268	567	32-ϕ33	H5BC	1000
1400	390	1510	1560	1058	2926	492	268	268	567	36-ϕ36	H5BC	1400
1600	440	1710	1760	1190	3170	492	268	268	567	40-ϕ36	H5BC	1700
1800	490	1918	1970	1395	3640	492	268	268	567	44-ϕ39	H5BC	2000
2000	540	2125	2180	1456	3771	492	268	268	567	48-ϕ42	H5BC	2400
2200	590	2335	2390	1620	4220	606	334	334	650	52-ϕ42	H6BC	2700
2400	640	2545	2600	1760	4475	606	334	334	650	56-ϕ42	H6BC	3000
2600	700	2750	2810	2000	4935	606	334	334	650	60-ϕ48	H6BC	3400
2800	800	2960	3020	2065	5115	710	400	400	740	64-ϕ48	H7BC	3800

外形与连接尺寸（D373X-10/10C/10P）：

公称尺寸	尺寸参数/mm										驱动	重量
DN/mm	L	D	D_1	H	H_1	L_1	L_2	L_3	L_4	$Z\text{-}d$	装置	/kg
50	43	102	125	75	432	195	50	50	147	4-ϕ18	VGC-1	13
65	46	122	145	85	452	195	50	50	147	4-ϕ18	VGC-1	16
80	46/49	133	160	90	467	195	50	50	147	8-ϕ18	VGC-1	21
100	52/56	158	180	115	492	195	50	50	147	8-ϕ18	VGC-1	26
125	56/64	186	210	135	547	195	50	50	147	8-ϕ18	VGC-1	31
150	56/70	212	240	150	582	228	69	69	172	8-ϕ22	VGC-3	35
200	60/71	268	295	182	615	228	70	70	172	8-ϕ22	VGC-3	41
250	68/76	320	350	245	797	260	85	85	238	12-ϕ22	VGC-8	54
300	78/83	370	400	270	890	260	85	85	238	12-ϕ22	VGC-8	65
350	78/92	430	460	310	1065	320	105	95	337	16-ϕ22	VGC-20	100
400	140	482	515	330	1140	370	120	105	320	16-ϕ26	VGC-35	180
450	152	532	565	370	1255	370	120	125	310	20-ϕ22	VGC-35	210
500	159	585	620	385	1280	370	120	125	320	20-ϕ22	VGC-35	250
600	178	685	725	445	1420	400	203	203	345	20-ϕ30	H3BC	370
700	229	800	840	540	1500	492	268	268	567	24-ϕ36	H5BC	460
800	241	900	950	580	1585	492	268	268	567	24-ϕ36	H5BC	590
900	241	1000	1050	636	1790	606	334	334	650	28-ϕ39	H6BC	780
1000	300	1112	1170	710	1950	606	334	334	650	28-ϕ42	H6BC	920
1200	360	1330	1380	800	2100	710	400	400	740	32-ϕ42	H7BC	1040

注：DN80~350，"L"斜线前为橡胶密封及短系列四氟结构长度，斜线后为四氟密封结构长度。

外形与连接尺寸（D373X-16/16C/16P）：

公称尺寸	尺寸参数/mm										驱动	重量
DN/mm	L	D	D_1	H	H_1	L_1	L_2	L_3	L_4	$Z\text{-}d$	装置	/kg
50	43	102	125	87	310	195	50	50	147	4-ϕ18	VGC-1	13
65	46	122	145	95	416	195	50	50	147	4-ϕ18	VGC-1	16
80	49	133	160	110	441	195	50	50	147	8-ϕ18	VGC-1	21
100	56	158	180	123	473	195	50	50	147	8-ϕ18	VGC-1	26
125	64	184	210	144	513	240	70	70	172	8-ϕ18	VGC-3	31
150	70	212	240	160	556	240	70	70	172	8-ϕ18	VGC-3	35
200	71	268	295	160	622	240	70	70	172	12-ϕ22	VGC-3	41
250	76	320	355	255	854	260	85	85	243	12-ϕ26	VGC-8	54
300	83	372	410	285	1006	320	95	95	338	12-ϕ26	VGC-20	65
350	92	430	470	320	1090	370	105	105	290	16-ϕ26	VGC-35	100
400	140	482	525	330	1150	370	105	105	290	16-ϕ30	VGC-35	180
450	152	545	585	366	1260	370	105	105	290	20-ϕ30	VGC-35	210
500	159	609	650	406	1368	400	203	203	345	20-ϕ33	VGC-35	250
600	178	720	770	475	1538	470	238	238	420	20-ϕ36	H3BC	370
700	229	800	840	540	1600	492	268	268	567	24-ϕ36	H5BC	460
800	241	905	950	610	1750	606	334	334	650	24-ϕ39	H5BC	590
900	241	1005	1050	680	1900	710	400	400	740	28-ϕ39	H6BC	780
1000	300	1110	1170	750	2100	814	460	460	830	28-ϕ42	H6BC	920
1200	360	1330	1390	850	2500	920	520	520	920	32-ϕ48	H7BC	1040

主要零件材料：

零件名称	阀体	蝶板	密封圈	阀杆
材料	HT200、QT400 WCB、1Cr18Ni9Ti	WCB 1Cr18Ni9Ti	丁腈橡胶	2Cr13 1Cr18Ni9

7.2.6.12 蝶阀的结构参数 (D673X-6/6C/6P/10/10C/10P)——气动橡胶密封对夹蝶阀

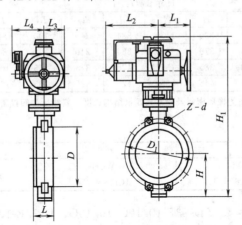

性能规范：

公称压力/MPa	0.6/1.0	适用介质	水、污水、油品、酸碱
工作温度/℃	−15~100	驱动方式	气动

外形与连接尺寸 (D673X-6/6C/6P)：

公称尺寸 DN/mm	尺寸参数/mm										驱动装置	重量/kg
	L	D	D_1	H	H_1	L_1	L_2	L_3	L_4	$Z-d$		
50	43	102	110	75	605	100	160	130	220	4-ϕ14	XQZ-01	32
65	46	122	130	85	630	100	160	130	220	4-ϕ14	XQZ-01	37
80	46	133	150	90	710	190	155	125	420	4-ϕ18	XQZ-01	40
100	52	158	170	115	740	190	155	125	420	4-ϕ18	XQZ-01	44
125	56	185	200	135	780	190	155	125	420	8-ϕ18	XQZ-02	50
150	56	212	225	150	830	190	155	125	420	8-ϕ18	XQZ-02	80
200	60	268	280	182	850	240	190	155	525	8-ϕ18	XQZ-02	100
250	68	320	335	245	910	240	190	155	525	12-ϕ18	XQZ-03	120
300	78	370	395	270	940	240	190	155	525	12-ϕ22	XQZ-04	160
350	78	430	445	310	1100	240	190	155	525	12-ϕ22	XQZ-04	190
400	140	482	495	330	1130	384	240	190	846	16-ϕ22	XQZ-05	230
450	152	532	550	370	1250	384	240	190	846	16-ϕ22	XQZ-05	270
500	159	585	600	385	1370	475	325	265	1045	20-ϕ22	XQZ-06	330
600	178	685	705	445	1580	475	325	265	1045	20-ϕ26	XQZ-07	400

外形与连接尺寸 (D673X-10/10C/10P)：

公称尺寸 DN/mm	尺寸参数/mm										驱动装置	重量/kg
	L	D	D_1	H	H_1	L_1	L_2	L_3	L_4	$Z-d$		
50	43	102	125	75	605	100	160	130	220	4-ϕ18	XQZ-01	32
65	46	122	145	85	630	100	160	130	220	4-ϕ18	XQZ-01	37
80	46/49	133	160	90	710	190	155	125	420	8-ϕ18	XQZ-01	40
100	52/56	158	180	115	740	190	155	125	420	8-ϕ18	XQZ-02	50
125	56/64	186	210	135	780	190	155	125	420	8-ϕ18	XQZ-02	70
150	56/70	212	240	150	830	190	155	125	420	8-ϕ22	XQZ-02	100
200	60/71	268	295	182	850	240	190	155	525	8-ϕ22	XQZ-03	120
250	68/76	320	350	248	910	240	190	155	525	12-ϕ22	XQZ-04	160
300	78/83	370	400	270	940	240	190	155	525	12-ϕ22	XQZ-04	190
350	78/92	430	460	310	1100	240	190	155	525	16-ϕ22	XQZ-05	230

续表

| 公称尺寸 | 尺寸参数/mm | | | | | | | | | | 驱动 | 重量 |
DN/mm	L	D	D_1	H	H_1	L_1	L_2	L_3	L_4	Z-d	装置	/kg
400	140	482	515	330	1130	384	240	190	846	16-ϕ26	XQZ-06	270
450	152	532	565	370	1250	384	240	190	846	20-ϕ26	XQZ-07	330
500	159	585	620	385	1370	475	325	265	1045	20-ϕ26	XQZ-08	400
600	178	685	725	445	1560	475	325	265	1045	20-ϕ30	XQZ-09	490

注：DN80～350，"L"中斜线前为橡胶密封及短系列四氟结构长度，斜线后为四氟密封结构长度。

主要零件材料：

零件名称	阀体	蝶板	密封圈	阀杆
材料	HT200、QT400 WCB、1Cr18Ni9Ti	WCB 1Cr18Ni9Ti	丁腈橡胶	2Cr13 1Cr18Ni9

7.2.6.13 蝶阀的结构参数（Ds73F-10/10C/16/16C、Ds73E-10/10C/16/16C、Ds73X-10/10C/16/16C）——对夹式蝶阀

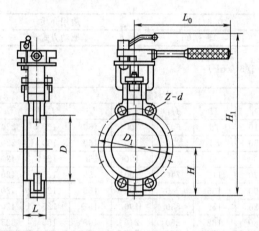

性能规范：

公称压力/MPa	1.0/1.6			适用介质	水、蒸汽、油品、酸碱
工作温度/℃	≤160	≤300	≤600	驱动方式	手动

外形与连接尺寸：

Ds73F-10/10C/16/16C，Ds73E-10/10C/16/16C，Ds73X-10/10C/16/16C

| 公称尺寸 | 尺寸/mm | | | | | D_1 | | Z-d | | 重量 |
DN/mm	L	D	H	H_1	L_0	PN1.0	PN1.6	PN1.0	PN1.6	/kg
50	43	102	75	280	200	125	110	4-ϕ14	4-ϕ18	1.5
65	46	122	85	304	200	145	130	4-ϕ14	4-ϕ18	8.5
80	46	133	90	316	230	160	150	4-ϕ18	8-ϕ18	9.5
100	52	158	115	340	275	180	170	4-ϕ18	8-ϕ18	11.5
125	56	186	135	405	302	210	200	8-ϕ18	8-ϕ18	15
150	56	212	150	435	337	240	225	8-ϕ18	8-ϕ22	22

主要零件材料：

零件名称	阀体	蝶板	密封圈	阀杆	填料
材料	HT200 WCB	QT450-10、WCB 1Cr18Ni9Ti	聚四氟乙烯 聚苯橡胶	2Cr13	聚四氟乙烯 柔性石墨

7.2.6.14 蝶阀的结构参数 （Ds373F-10/10C、Ds373E-10/10C、Ds373X-10/10C）——对夹式蝶阀

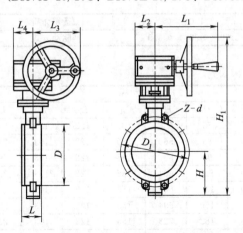

性能规范：

公称压力/MPa	1.0		适用介质	水、蒸汽、油品、酸碱
工作温度/℃	≤160 ≤300 ≤600		驱动方式	蜗轮传动

外形与连接尺寸：

公称尺寸 DN/mm	尺寸参数/mm										驱动 装置	重量 /kg
	L	D	D_1	H	H_1	L_1	L_2	L_3	L_4	$Z\text{-}d$		
50	43	102	125	75	432	195	50	50	147	4-ϕ18	VGC-1	13
65	46	122	145	85	452	195	50	50	147	4-ϕ18	VGC-1	16
80	46	133	160	90	467	195	50	50	147	8-ϕ18	VGC-1	21
100	52	158	180	115	492	195	50	50	147	8-ϕ18	VGC-1	26
125	56	186	210	135	547	195	50	50	147	8-ϕ18	VGC-1	31
150	56	212	240	150	582	228	69	69	172	8-ϕ22	VGC-3	35
200	60	268	295	182	615	228	70	70	172	8-ϕ22	VGC-3	41
250	68	320	350	245	797	260	85	85	238	12-ϕ22	VGC-8	54
300	78	370	400	270	890	260	85	85	238	12-ϕ22	VGC-8	65
350	78	430	460	310	1065	320	105	95	337	16-ϕ22	VGC-20	100

主要零件材料：

零件名称	阀体	蝶板	密封圈	阀杆	填料
材　料	HT200 WCB	QT450-10、WCB	聚四氟乙烯 聚苯橡胶	2Cr13	聚四氟乙烯 柔性石墨

7.2.6.15 蝶阀的结构参数 （Ds973F-10/10C、Ds973E-10/10C、Ds973X-10/10C）——电动对夹式蝶阀

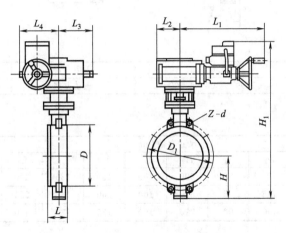

性能规范：

公称压力/MPa	1.0			适用介质	水、蒸汽、油品
工作温度/℃	≤160	≤300	≤600	驱动方式	蜗轮传动

外形与连接尺寸：

公称尺寸 DN/mm	尺寸参数/mm										驱动装置	重量/kg
	L	D	D_1	H	H_1	L_1	L_2	L_3	L_4	Z-d		
50	43	102	125	75	565	185	122	103	297	4-ϕ18	QB10	42
65	40	122	145	85	569	185	122	103	297	4-ϕ18	QB10	47
80	46	133	160	90	581	185	122	103	297	8-ϕ18	QB15	50
100	52	158	180	115	604	185	122	103	297	8-ϕ18	QB20	60
125	56	186	210	135	664	185	122	103	297	8-ϕ18	QB30	80
150	56	212	240	150	694	185	122	103	297	8-ϕ22	QB30	110
200	60	268	295	182	723	185	122	103	297	8-ϕ22	QB40	130
250	68	320	350	248	937	290	155	160	390	12-ϕ22	QB120	170
300	78	370	400	270	1014	290	155	160	390	12-ϕ22	QB120	200
350	78	430	460	310	1111	290	155	160	390	16-ϕ22	QB200	240

主要零件材料：

零件名称	阀体	蝶板	密封圈	阀杆	填料
材料	HT200 WCB	QT450-10、WCB 1Cr18Ni9Ti	聚四氟乙烯 聚苯橡胶	2Cr13 1Cr18Ni9	聚四氟乙烯 柔性石墨

7.2.6.16 蝶阀的结构参数（Ds673F-10/10C/16/16C/25、Ds673E-10/10C/16/16C/25、Ds673X-10/10C/16/16C/25）——气动对夹式蝶阀

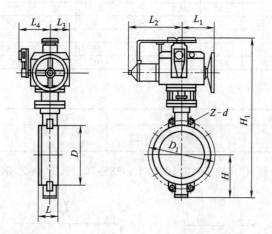

性能规范：

公称压力/MPa	1.0			适用介质	水、蒸汽、油品
工作温度/℃	≤160	≤300	≤600	驱动方式	气动

外形与连接尺寸：

公称尺寸 DN/mm	尺寸参数/mm										驱动装置	重量/kg
	L	D	D_1	H	H_1	L_1	L_2	L_3	L_4	Z-d		
50	43	102	125	75	605	100	160	130	220	4-ϕ18	XQZ-01	32
65	46	122	145	85	630	100	160	130	220	4-ϕ18	XQZ-01	37
80	46	133	160	90	710	190	155	125	420	8-ϕ18	XQZ-01	40

续表

| 公称尺寸 | 尺寸参数/mm | | | | | | | | | | 驱动装置 | 重量/kg |
DN/mm	L	D	D₁	H	H₁	L₁	L₂	L₃	L₄	Z-d		
100	52	158	180	115	740	190	155	125	420	8-φ18	XQZ-02	50
125	56	186	210	135	780	190	155	125	420	8-φ18	XQZ-02	70
150	56	212	240	150	830	190	155	125	420	8-φ22	XQZ-02	100
200	60	268	295	182	850	240	190	155	525	8-φ22	XQZ-03	120
250	68	320	350	248	910	240	190	155	525	12-φ22	XQZ-04	160
300	78	370	400	270	940	240	190	155	525	12-φ22	XQZ-04	190
350	78	430	460	310	1100	240	190	155	525	16-φ22	XQZ-05	230

主要零件材料：

零件名称	阀体	蝶板	密封圈	阀杆	填料
材料	HT200 WCB	QT450-10、WCB 1Cr18Ni9Ti	聚四氟乙烯 聚苯橡胶	2Cr13 1Cr18Ni9	聚四氟乙烯 柔性石墨

7.2.7 球阀

7.2.7.1 球阀的分类（图7.2-18）

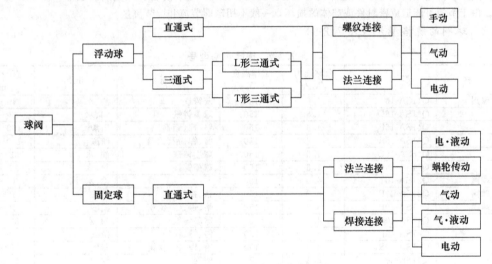

图 7.2-18　球阀的分类

球阀（Ball Valve）的动作原理与旋塞阀一样，都是靠旋转阀芯来使阀门打开或关闭。球阀的阀芯是一个带孔的球，当该孔的中心轴线与阀门进出口的中心轴线重合时阀门打开；当旋转该球 90°，使该孔的中心轴线与阀门进出口的中心轴线垂直时，阀门关闭。球阀可分浮动球阀和固定球阀。

（1）浮动球阀（图7.2-19）球体有一定浮动量，在介质压力下可向出口端位移，并压紧密封圈。这种球阀结构简单，密封性好。但由于球体浮动，将介质压力全部传递给密封圈，使密封圈负担很重；考虑到密封圈承载能力的限制，又考虑到大型球阀如采用这种结构形式，势必操作费力，所以只用于中、低压小口径阀门。

（2）固定球阀（图7.2-20）球体是固定的，不能移动。通常上、下支承处装有滚动轴承或滑动轴承，开闭较轻便。这种结构适合于制作高压大口径阀门。

阀座密封圈常用聚四氟乙烯制成，因为其摩擦因数小，耐腐蚀性能优异，耐温范围宽（−180～＋200℃），也可用聚三氟氯乙烯，它比前者耐腐蚀性能稍差，但机械强度高。橡胶密封性能很好，但耐压、耐温性能较差，只用于温度不高的低压管道。大型球阀，可以制成机械传动，还可以由电力、液力、气力来操作。球阀与旋塞阀一样，可以制成直角、三通、四通等形式。

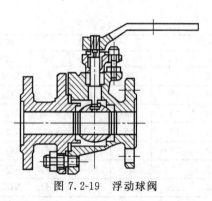

图 7.2-19　浮动球阀　　　　　　　　　图 7.2-20　固定球阀

7.2.7.2　球阀的选用

① 球阀的最大特点是在众多的阀门类型中其流体阻力最小，流动特性最好。

② 对于要求快速启闭的场合一般选用球阀。

③ 与蝶阀相比，其重量较大，结构尺寸也比较大，故不宜用于直径太大的管道。

④ 球阀与旋塞阀相比，开关轻便，相对体积小，所以可以制成很大口径的阀门。

⑤ 球阀密封可靠，结构简单，维修方便，密封面与球面常处于闭合状态，不易被介质冲蚀。

⑥ 与蝶阀一样，影响它不能在石化生产装置上应用的问题是热胀或磨损后会造成密封不严。软密封球阀虽有较好的密封性能，但当它用于易燃、易爆介质管道上时，尚需进行火灾安全试验和防静电试验。

⑦ 直通球阀用于截断介质，三通球阀可改变介质流动方向或进行分配。球阀启闭迅速，便于实现事故紧急切断。由于节流可能造成密封件或球体的损坏，一般不用球阀节流和调节流量。

7.2.7.3　球阀的规格型号（表 7.2-9）

表 7.2-9　球阀规格型号

名　　　称	型　　　号	公称压力/MPa	工作温度/℃	阀体材料	介质	直径范围/mm
内螺纹球阀	Q11SA-16	1.6	150	灰铸铁	油、水	15～65
球阀	Q41SA-16Q	1.6	150	球墨铸铁	油、水	32～150
球阀	Q41SA-16P	1.6	150	铬、镍、钼钢	硝酸	100～150
球阀	Q41SA-16R	1.6	150	铬、镍、钼、钛钢	醋酸	100～150
球阀	Q45SA-16Q	1.6	150	球墨铸铁	油、水	32～100
球阀	Q44SA-16Q	1.6	150	球墨铸铁	油、水	32～100
外螺纹球阀	Q21SA-40	4.0	150		油、水、汽	10～25
外螺纹球阀	Q21SA-40P	4.0	150	铬、镍、钛钢	硝酸	10～25
外螺纹球阀	Q21SA-40R	4.0	150	铬、镍、钼、钛钢	醋酸	10～25
球阀	Q41SA-40	4.0	150	球墨铸铁	油、水	32～100
球阀	Q41SA-40P	4.0	150	铬、镍、钛钢	硝酸	32～100
球阀	Q41SA-40R	4.0	150	铬、镍、钼、钛钢	醋酸	32～100
球阀	Q41SN-64	6.4	80	铸钢	油、水	50～100
气动球阀	Q641SA-40Q	4.0			油、水、汽	50～100
气动球阀	Q641SA-64	6.4	80	铸钢	油、水	50～100

7.2.7.4　球阀的结构参数（Q11F-16/16C/16Q/16P/16R/40/40P/40R）——手动内螺纹球阀

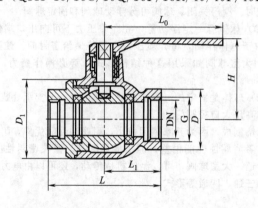

主要性能规范：

型　号	公称压力 /MPa	试验压力 p/MPa			工作压力 p/MPa	工作温度 /℃	适 用 介 质
		壳体	密封(液)	密封(气)			
Q11F-16	1.6	2.4	1.76	0.6	1.6	≤150	水、蒸汽、油品
Q11F-16C							硝酸类
Q11F-16P							醋酸类
Q11F-16R							水、蒸汽、油品
Q11F-16Q							水、蒸汽、油品
Q11F-40	4.0	6.0	4.4	0.6	4.0		水、蒸汽、油品
Q11F-40P							硝酸类
Q11F-40R							醋酸类

外形与连接尺寸：

公称尺寸 DN/mm	管螺纹 G	尺寸/mm						重量 /kg
		D_1	L	L_1	L_0	D	H	
15	1/2	48	90	45	140	34.6	76	0.87
20	3/4	58	100	50	160	41.6	81	2
25	1	66	115	58	180	53.1	92	4
32	1¼	80	130	64	200	63.5	112	5
40	1½	92	150	75	250	69.3	121	7.5
50	2	114	180	90	300	86.5	137	10
65	2½	136	190	100	300	104	147	12

主要零件材料：

零件名称	阀体	球体、阀杆	密封圈	填料
材料	HT200、WCB ZG1Cr18Ni9Ti ZG1Cr18Ni12Mo2Ti QT450-10	2Cr13 1Cr18Ni9Ti 1Cr18Ni12Mo2Ti	增强聚四氟乙烯	聚四氟乙烯

7.2.7.5 球阀的结构参数（Q11F-25/25P/25R）——手动内螺纹球阀

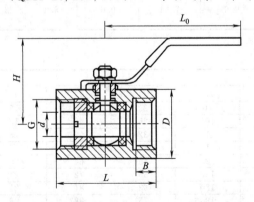

主要性能规范：

型　号	公称压力 /MPa	试验压力 p/MPa			工作压力 p/MPa	工作温度 /℃	适 用 介 质
		壳体	密封(液)	密封(气)			
Q11F-25	2.5	3.75	2.75	0.6	2.5	≤200	水、蒸汽、油品
Q11F-25P							硝酸类
Q11F-25R							醋酸类

外形与连接尺寸：

公称尺寸	管螺纹	尺寸/mm						重量
DN/mm	G	d	L	L_0	H	B	D	/kg
6	1/4	8	60	110	56	11.5	30	—
10	3/8	10	60	110	58	11.5	31	—
15	1/2	10	60	110	58	14	32	0.36
20	3/4	13.5	67.3	110	62	15	38	0.45
25	1	18	73	110	68	15	45	0.65
32	1¼	22	90	150	75	18	53.4	0.95
40	1½	26	97.5	150	83	19	63	1.47
50	2	32.8	112	180	90	19	73	1.94

主要零件材料：

零件名称	阀体	球体、阀杆	密封圈	填料
材料	35 ZG1Cr18Ni9Ti ZG1Cr18Ni12Mo2Ti	2Cr13 1Cr18Ni9Ti 1Cr18Ni12Mo2Ti	增强聚四氟乙烯	聚四氟乙烯

7.2.7.6 球阀的结构参数（Q11F-64/64P/64R）——手动内螺纹球阀

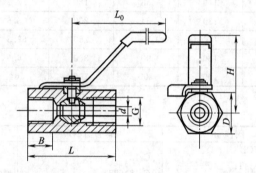

主要性能规范：

型 号	公称压力 /MPa	试验压力 p/MPa			工作压力 p/MPa	工作温度 /℃	适 用 介 质
		壳体	密封(液)	密封(气)			
Q11F-64							水、蒸汽、油品
Q11F-64P	6.4	9.6	7.04	0.6	6.4	−20～180	硝酸类
Q11F-64R							醋酸类

外形与连接尺寸：

公称尺寸	管螺纹	尺寸/mm						重量
DN/mm	G	L	L_0	D	H	B	d	/kg
6	1/4	45	70	20	38	12	5	0.5
10	3/8	55	100	25	48	12	7.5	1
15	1/2	65	110	32	52	15	9.5	1
20	3/4	75	110	40	56	17	12.5	1
25	1	90	120	45	64	20	17	1
32	1¼	95	150	56	72	21	23	1.5
40	1½	100	180	63	81	21	25	2
50	2	112	180	75	88	26	32	2.5

主要零件材料：

零件名称	阀 体	球体、阀杆	密封圈
材料	35 ZG1Cr18Ni9Ti ZG1Cr18Ni12Mo2Ti	2Cr13 1Cr18Ni9Ti 1Cr18Ni12Mo2Ti	聚四氟乙烯 增强聚四氟乙烯

7.2.7.7 球阀的结构参数（Q21F-25P/25R/40P/40R/64P/64R）——手动外螺纹球阀

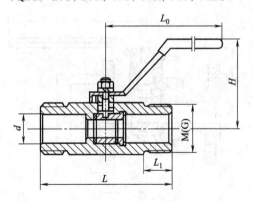

主要性能规范：

型号	公称压力 /MPa	试验压力 p/MPa			工作温度 /℃	适 用 介 质
		壳体	密封(液)	密封(气)		
Q21F-25P	2.5	3.8	2.8	0.6		硝酸类
Q21F-40P	4.0	6.0	4.4	0.6		
Q21F-64P	6.4	9.6	7.04	0.6	$-40\sim200$	
Q21F-25R	2.5	3.8	2.8	0.6		醋酸类
Q21F-40R	4.0	6.0	4.4	0.6		
Q21F-64R	6.4	9.6	7.04	0.6		

外形与连接尺寸：

公称尺寸 DN/mm	管螺纹 G	尺寸/mm				重量 /kg
		d	L_1	L	L_0	
15	1/2	10	15	75	110	
20	3/4	12.6	15	80	110	
25	1	17	15	90	135	
32	1¼	21.5	18	110	150	
40	1½	26	19	120	150	
50	2	32.8	19	140	180	

公称尺寸 DN/mm	管螺纹 M	尺寸/mm				重量 /kg
		L	L_1	H	L_0	
15	30×2	85	14	42	110	0.49
20	36×2	90	15	60	110	0.58
25	42×2	100	17	68	110	0.91
32	52×2	120	20	75	150	1.41
40	60×3	135	25	83	150	2.10
50	72×3	140	25	90	170	2.59

主要零件材料：

零件名称	阀 体	密封圈	填 料
材料	1Cr18Ni9Ti 1Cr18Ni12Mo2Ti	聚四氟乙烯	聚四氟乙烯

7.2.7.8 球阀的结构参数（Q41F-6/6C/6P/6R）——手动球阀

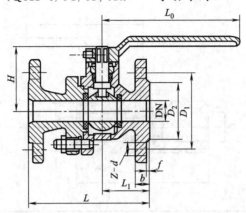

主要性能规范：

型号	公称压力 /MPa	试验压力 p/MPa			工作压力 p/MPa	工作温度 /℃	适用介质
		壳体	密封（液）	密封（气）			
Q41F-6	0.6	0.9	0.66	0.6	0.6	对位聚苯：≤250（增强） 聚四氟乙烯：≤150	水、蒸汽、油品
Q41F-6C							水、蒸汽、油品
Q41F-6P							硝酸类
Q41F-6R							醋酸类

外形与连接尺寸：

公称尺寸 DN/mm	尺寸/mm									重量 /kg
	L	L_1	D_1	D_2	b	f	L_0	H	Z-d	
15	95	38	55	40	11	1	100	101	4-ϕ10	1.5
20	105	44	68	48	11.5	1.5	100	109	4-ϕ10	2
25	120	50	73	56	12	1.5	160	131	4-ϕ12	2.5
32	130	51	83	64	12	2	160	143	4-ϕ12	3
40	151	67	93	74	12	2	160	160	4-ϕ12	4
50	165	75	103	84	14	2	250	184	4-ϕ14	6
65	185	85	123	104	14	2	250	210	4-ϕ14	10
80	253	100	138	118	14	2	300	253	6-ϕ16	13
100	229	115	158	138	14	2	300	290	6-ϕ16	20

主要零件材料：

零件名称	阀体	球体、阀杆	密封圈	填料
材料	HT200、WCB ZG1Cr18Ni9Ti ZG1Cr18Ni12Mo2Ti	2Cr13 1Cr18Ni9Ti 0Cr18Ni12Mo2Ti	聚四氟乙烯 增强聚四氟乙烯	聚四氟乙烯 柔性石墨

7.2.7.9 球阀的结构参数（Q41F-16/16Q/16C/16P/16R/25/25Q/25P/25R）——手动球阀

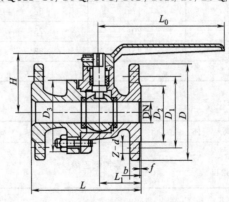

主要性能规范：

型号	公称压力 /MPa	试验压力 p/MPa			工作压力 p/MPa	工作温度 /℃	适用介质
		壳体	密封(液)	密封(气)			
Q41F-16							水、蒸汽、油品
Q41F-16Q							水、蒸汽、油品
Q41F-16C	1.6	2.4	1.76	0.6	1.6	对位聚苯：≤250 (增强)聚四氟乙烯： ≤150	水、蒸汽、油品
Q41F-16P							硝酸类
Q41F-16R							醋酸类
Q41F-25							水、蒸汽、油品
Q41F-25Q	2.5	3.75	2.75	0.6	2.5		水、蒸汽、油品
Q41F-25P							硝酸类
Q41F-25R							醋酸类

外形与连接尺寸（Q41F-16/16Q/16C/16P/16R）：

公称尺寸 DN	尺寸参数/mm																	重量 W/kg
	L							L_1	L_0	D	D_1	D_2	D_7	Z-d	b	f	H	
	系列1	系列2	系列3	系列4	系列5	系列6	系列7											
15	130	130	130	108	130	—	—	—	140	95	65	45	—	4-ϕ14	14	2	78	3.0
20	150	140	130	117	130	135	—	—	160	105	75	55	—	4-ϕ14	14	2	84	4.0
25	160	150	140	127	140	140	160	—	180	115	85	65	—	4-ϕ14	14	2	95	5.5
32	165	165	165	140	165	160	165	65	250	135	100	78	112	4-ϕ18	16	2	150	8.6
40	180	180	165	165	165	180	180	70	300	145	110	85	120	4-ϕ18	16	3	150	10.9
50		200	178	203	210	200		85	350	160	125	100	180	4-ϕ18	16	3	190	15.0
65		220	190	222	230	222		96	350	180	145	120	200	4-ϕ18	18	3	195	18.6
80		250	203	241	260	241		112	400	195	160	135	225	8-ϕ18	20	3	215	27.0
100		280	305	305	280	305		125	500	215	180	155	255	8-ϕ18	20	3	250	38.3
125		320	356	320	—	—		155	600	245	210	185	310	8-ϕ18	22	3	285	58.2
150		360	394	360	—			170	800	280	240	210	355	8-ϕ23	24	3	370	81.0
200		400	457	—	—			190	800	335	295	265	355	12-ϕ23	26	3	370	94.9

外形与连接尺寸（Q41F-25/25Q/25P/25R）：

公称尺寸 DN	尺寸参数/mm												重量 W/kg
	L				L_1	D	D_1	D_2	b	Z-d	H	L_0	
	系列1	系列2	系列3	系列4									
15	130	140	130	130	57	95	65	45	16	4-ϕ14	103	100	3
20	140	152	150	150	62	105	75	55	16	4-ϕ14	112	160	4
25	150	165	160	160	71	115	85	65	16	4-ϕ14	123	160	5
32	165	178	180	165	85	135	100	78	18	4-ϕ18	150	250	10
40	180	190	200	180	71	145	110	85	18	4-ϕ18	156	250	14
50	200	216	230	220	85	160	125	100	20	4-ϕ18	172	350	20
65	220	241	290	250	100	180	145	120	22	8-ϕ18	197	350	25
80	250	283	310	280	114	195	160	135	22	8-ϕ18	222	450	30
100	320	305	350	320	130	230	190	160	24	8-ϕ23	253	450	40
125	400	381	400	320	190	270	220	188	28	8-ϕ25	286	600	65
150	400	403	480	360	190	300	250	218	30	8-ϕ25	275	800	85
200	—	502	600	—	—	—	—	—	—	—	—	—	—

主要零件材料：

零件名称	阀体	球体、阀杆	密封圈	填料
材料	QT450-10、WCB ZG1Cr18Ni9Ti ZG1Cr18Ni12Mo2Ti	2Cr13 1Cr18Ni9Ti 1Cr18Ni12Mo2Ti	聚四氟乙烯 增强聚四氟乙烯 对位聚苯	聚四氟乙烯

7.2.7.10 球阀的结构参数（Q44F-16C/16P/16R/25/25P/25R/40P/40R）——三通手动球阀

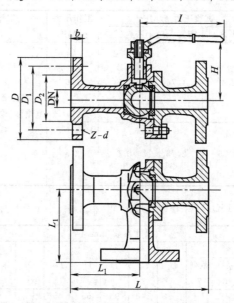

性能规范：

公称压力/MPa	1.6、2.5、4.0	适用介质	水、油品、硝酸类、醋酸类
工作温度/℃	−20～180	驱动方式	手动

外形与连接尺寸（PN1.6MPa、PN2.5MPa）：

公称尺寸 DN/mm	尺寸/mm									重量 /kg
	L	L_1	I	D	D_1	D_2	b	H	Z-d	
15	180	90	100	95	65	45	14	78	4-φ14	3
20	190	95	100	105	75	55	14	82	4-φ14	4
25	200	100	100	115	85	65	14	89	4-φ14	5
32	210	105	160	135	100	78	16	103	4-φ18	—
40	230	115	250	145	110	85	16	122	4-φ18	—
50	260	130	250	152	120	92	17	133	4-φ19	20
80	310	155	300	195	160	135	20	176	8-φ18	30

外形与连接尺寸（PN4.0MPa）：

公称尺寸 DN/mm	尺寸/mm									重量 /kg
	L	L_1	I	D	D_1	D_2	b	H	Z-d	
15	180	90	100	95	65	45	16	78	4-φ14	—
20	190	95	100	105	75	55	16	82	4-φ14	—
25	200	100	100	115	85	65	16	89	4-φ14	5
32	210	105	160	135	100	78	18	103	4-φ18	—
40	230	115	250	145	110	85	18	122	4-φ18	—
80	310	155	170	195	160	135	22	176	8-φ18	—

主要零件材料：

零件名称	阀体	球体、阀杆	密封圈
材料	WCB、ZG1Cr18Ni9Ti ZG1Cr18Ni12Mo2Ti	2Cr13、1Cr18Ni9Ti 0Cr18Ni12Mo2Ti	聚四氟乙烯 增强聚四氟乙烯

7.2.7.11 球阀的结构参数（Q341F-16C/16P/16R/25/25P/25R/40/40P/40R）——蜗轮传动球阀

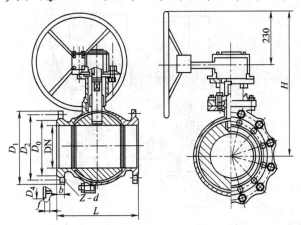

主要性能规范：

型号	公称压力 /MPa	试验压力 p/MPa			工作温度 /℃	适用介质
		壳体	密封(液)	密封(气)		
Q341F-16C						水、蒸汽、油品
Q341F-16P	1.6	2.4	1.76			硝酸类
Q341F-16R						醋酸类
Q341F-25					≤150(聚四氟乙烯)	水、蒸汽、油品
Q341F-25P	2.5	3.75	2.75	0.6	≤180(增强聚四氟乙烯) ≤200(对位聚苯)	硝酸类
Q341F-25R					≤250(金属镶嵌对位聚苯)	醋酸类
Q341F-40						水、蒸汽、油品
Q341F-40P	4.0	6.0	4.4			硝酸类
Q341F-40R						醋酸类

外形与连接尺寸：

公称尺寸 DN/mm	尺寸参数/mm									驱动装置	重量 /kg
	L	D_1	D_2	D_3	D_4	b	法兰台突面高度 f	H	Z-d		
PN1.6											
125	320	245	210	185	—	22	—	534	8-ϕ18	W140	86
150	360	280	240	210	—	24	—	568	8-ϕ23	W140	115
200	400	335	295	265	—	26	—	628	12-ϕ23	W140	227
PN2.5											
125	381	270	220	188	—	28	—	539	8-ϕ25	W140	—
150	403	300	250	218	—	30	—	588	8-ϕ25	W140	127
200	502	360	310	278	—	34	—	595	12-ϕ25	W300A	290
PN4.0											
125	400	270	220	188	176	28	4.5	539	8-ϕ25	W140	—
150	403	300	250	218	204	30	4.5	588	8-ϕ25	W140	127
200	550	375	320	282	260	38	4.5	595	12-ϕ30	W300A	290

主要零件材料：

零件名称	阀体	球体、阀杆	密封圈	填料
材料	WCB ZG1Cr18Ni9Ti ZG1Cr18Ni12Mo2Ti	2Cr13 1Cr18Ni9Ti 0Cr18Ni12Mo2Ti	聚四氟乙烯 增强聚四氟乙烯 对位聚苯	聚四氟乙烯 柔性石墨

7.2.7.12 球阀的结构参数（Q941F-16C/16P/16R/25P/25R/40/40P/40R）——电动球阀

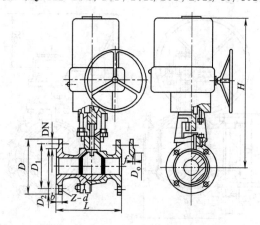

性能规范：

公称压力/MPa	1.6、2.5、4.0			适用介质	水、油品、硝酸类、醋酸类
工作温度/℃	≤150	≤180	≤200	驱动方式	电动

外形与连接尺寸（PN1.6MPa）：

公称尺寸	尺寸/mm							重量
DN/mm	L	D	D_1	D_2	b	H	Z-d	/kg
15	130	95	65	45	14	352	4-ϕ14	—
20	130	105	75	55	14	355	4-ϕ14	—
25	140	115	85	65	14	360	4-ϕ14	8
32	165	135	100	78	15	386	4-ϕ18	13
40	180	145	110	85	16	394	4-ϕ18	17
50	200	160	125	100	16	472	4-ϕ18	25
65	220	180	145	120	18	486	4-ϕ18	60
80	250	195	160	135	20	579	8-ϕ18	65
100	280	215	180	155	20	595	8-ϕ18	75
125	320	245	210	185	22	650	8-ϕ18	97
150	360	280	240	210	24	739	8-ϕ23	162
200	400	335	295	265	26	799	12-ϕ23	226
250	533	406	362	324	30	890	12-ϕ25	—
300	610	483	432	381	32	940	12-ϕ25	—

外形与连接尺寸（PN2.5MPa）：

公称尺寸	尺寸/mm							重量
DN/mm	L	D	D_1	D_2	b	H	Z-d	/kg
15	130	95	65	45	14	352	4-ϕ14	—
20	130	105	75	55	14	355	4-ϕ14	—
25	165	115	85	65	16	360	4-ϕ14	8
32	178	135	100	78	18	386	4-ϕ18	13
40	190	145	110	85	18	394	4-ϕ18	17
50	216	160	125	100	20	472	4-ϕ18	25
65	241	180	145	120	22	486	8-ϕ18	60
80	283	195	160	135	22	579	8-ϕ18	65
100	305	230	190	160	24	595	8-ϕ23	122
125	381	270	220	188	28	650	8-ϕ25	—
150	403	300	250	218	30	760	8-ϕ25	170
200	502	360	310	278	34	—	12-ϕ25	—

外形与连接尺寸（PN4.0MPa）：

公称尺寸	尺寸/mm										重量
DN/mm	L	D	D_1	D_2	D_6	b	f	H	Z-d		/kg
15	140	95	65	45	40	16	4	325	4-ϕ14		—
20	152	105	75	55	51	16	4	354	4-ϕ14		—
25	165	115	85	65	58	16	4	360	4-ϕ14		—
32	180	135	100	78	66	18	4	386	4-ϕ18		—
40	200	145	110	85	76	18	4	394	4-ϕ18		—
50	220	170	125	100	88	20	4	472	4-ϕ18		17
65	250	180	145	120	110	22	4	599	8-ϕ18		55
80	280	195	160	135	121	22	4	579	8-ϕ18		60
100	320	230	190	160	150	24	4.5	632	8-ϕ23		70
125	400	280	220	188	176	28	4.5	710	8-ϕ25		122
150	403	300	250	218	204	30	4.5	760	8-ϕ25		—
200	550	375	320	282	260	38	4.5	—	12-ϕ30		170

主要零件材料：

零件名称	阀体	球体、阀杆	密封圈	填料
材料	WCB ZG1Cr18Ni9Ti ZG1Cr18Ni12Mo2Ti	2Cr13 1Cr18Ni9Ti 0Cr18Ni12Mo2Ti	聚四氟乙烯 增强聚四氟乙烯 对位聚苯	聚四氟乙烯 柔性石墨

7.2.7.13　球阀的结构参数（Q641F-25/25P/64/64P）——气动球阀

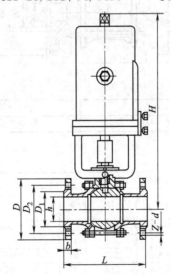

主要性能规范：

型　号	公称压力 /MPa	试验压力 p/MPa		工作压力 p/MPa	工作温度 /℃	适用介质
		密封	壳体			
Q641F-25	2.5	2.75	3.75	2.5	−20～+150	水、油品
Q641F-25P						硝酸类
Q641F-64	6.4	7.04	9.6	6.4		水、油品
Q641F-64P						硝酸类

外形与连接尺寸：

公称尺寸	尺寸/mm								重量
DN/mm	L	D	D₁	D₂	b	Z-d		H	/kg

公称尺寸 DN/mm	L	D	D₁	D₂	b	Z-d	H	重量 /kg
20	120	125	90	68	20	4-ϕ18	255	4.1
25	172	135	100	78	22	4-ϕ18	285	8
40	196	165	125	95	24	4-ϕ24	356	15
50	234	175	135	105	26	4-ϕ24	431	25
65	257	180	145	120	22	8-ϕ18	491	37
80	274	195	160	135	22	8-ϕ18	610	52
100	297	230	190	160	24	8-ϕ22	734	65
150	403	300	250	218	28	8-ϕ24	1010	91

主要零件材料：

零件名称	左右阀体	球体	阀杆	密封圈	填料
材料	35 1Cr18Ni9Ti	1Cr18Ni9Ti	2Cr13 1Cr18Ni9Ti	尼龙 1010 聚四氟乙烯	聚四氟乙烯

7.2.7.14　球阀的结构参数（Q641F-25/25P/25R/40/40P/40R）——气动球阀

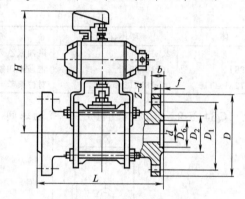

性能规范：

公称压力/MPa	2.5、4.0	适用介质	水、气、油品、醋、硝酸类
工作温度/℃	-40~150	驱动方式	气动

外形与连接尺寸：

公称尺寸 DN/mm	尺寸参数/mm										气动执行装置规格	重量 /kg
	L	d₁	D	D₁	D₂	D₆	H	b	f	Z-d		
15	130	11	95	65	45	40×4	249	16	2	4-ϕ14	QGH65/QGH65B	5.00
20	150	14	105	75	55	51×4	252	16	2	4-ϕ14	QGH65/QGH65B	5.90
25	160	21	115	85	65	56×4	265	16	2	4-ϕ14	QGH65/QGH65B	7.10
32	180	25	135	100	78	66×4	268	18	2	4-ϕ18	QGH65/QGH65B	9.20
40	200	32	145	110	85	76×4	282/295	18	3	4-ϕ18	QGH65/QGH65B	10.90
50	230	38	160	125	100	88×4	289/302	20	3	4-ϕ18	QGH80/QGH100B	15.20
65	290	64	180	145	120	110×4	364/392	22	3	8-ϕ18	QGH100/QGH120B	25/28
80	310	75	195	160	135	121×4.5	462/528	22	3	8-ϕ18	QGH120/140/190B	34/38
100	350	98	230	190	160	150×4.5	477/543	24	3	8-ϕ23	QGH140/QGH190B	54/68
125	400	123	270	220	188	176×4.5	575	28	3	8-ϕ25	QGH190/QGH220B	95
150	480	148	300	250	218	204×4.5	614	30	3	8-ϕ25	QGH190/200B/300B	112
200	600	198	360	310	278	260×4.5	—	34	3	8-ϕ25	QGH220/QGH300B	192
250	700	250	425	370	332	313×4.5	—	36	4	12-ϕ25	QGH300/QGH350B	400
300	800	300	485	430	390	364×4.5	—	40	4	12-ϕ30	QGH300/QGH350B	550

主要零件材料：

零件名称	阀体	球体、阀杆	密封圈、填料
材料	WCB、ZG1Cr18Ni9Ti ZG1Cr18Ni12Mo2Ti	2Cr13、1Cr18Ni9Ti 1Cr18Ni12Mo2Ti	聚四氟乙烯

7.2.7.15 球阀的结构参数（Q644F-16C/16P/16R/25/25P/25R）——三通气动球阀

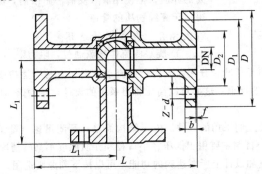

主要性能规范：

型号	公称压力 /MPa	试验压力 p/MPa			工作温度/℃	适用介质
		壳体	密封（液）	密封（气）		
Q644F-16C	1.6	2.4	1.76	0.6	−20～180	水、油、气
Q644F-16P						硝酸类
Q644F-16R						醋酸类
Q644F-25	2.5	3.75	2.75			水、油、气
Q644F-25P						硝酸类
Q644F-25R						醋酸类

主要尺寸：

公称尺寸 DN	尺寸参数/mm								
	L	L_1	D	D_1	D_2	b	$Z\text{-}d$	D_6	f
15	180	90	95	65	45	14	4-ϕ14	—	—
20	190	95	105	75	55	14	4-ϕ14	—	—
25	200	100	115	85	65	14	4-ϕ14	—	—
32	210	105	135	100	78	16	4-ϕ18	—	—
40	230	115	145	110	85	16	4-ϕ18	—	—
50	260	130	152	120	92	17	4-ϕ18	—	—
80	310	155	195	160	135	20	8-ϕ18	—	—

主要零件材料：

零件名称	阀体	球体、阀杆	密封圈
材料	35、ZG1Cr18Ni9Ti ZG0Cr18Ni12Mo2Ti	2Cr13、1Cr18Ni9Ti 0Cr18Ni12Mo2Ti	聚四氟乙烯 增强聚四氟乙烯

7.2.8 旋塞阀

7.2.8.1 旋塞阀的分类（图 7.2-21）

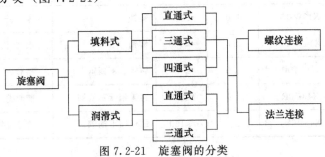

图 7.2-21 旋塞阀的分类

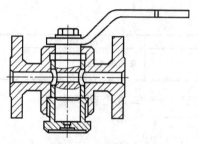

图 7.2-22 旋塞阀

旋塞阀（Plug Valve）是一种结构比较简单的阀门，其启闭件制成柱塞状，通过旋转 90°使阀塞的接口与阀体接口相合或分开。旋塞阀主要由阀体、塞子、填料压盖组成（图 7.2-22）。

填料式旋塞阀用于表面张力和黏性较高的液体时，密封效果较好。润滑式旋塞阀的特点是密封性能可靠、启闭省力；适用于压力较高的介质，但使用温度受润滑脂限制，由于润滑脂污染输送介质，不得用于高纯物质的管道。

7.2.8.2　旋塞阀的选用

① 旋塞阀流体直流通过，阻力降小、启闭方便、迅速。

② 旋塞阀在管道中主要用于切断、分配和改变介质流动方向。它易于适应多通道结构，以至一个阀可以获得两个、三个甚至四个不同的流道，这样可以简化管道系统的设计，减少阀门用量以及设备中需要的一些连接配件。

③ 旋塞阀是历史上最早被人们采用的阀件。由于结构简单，开闭迅速（塞子旋转 1/4 圈就能完成开闭动作），操作方便，流体阻力小，目前主要用于低压、小口径和介质温度不高的情况下。

④ 根据旋塞阀的结构特点和设计上所能达到的功能，可以按下列原则选用。

a. 用于分配介质和改变介质流动方向，其工作温度不高于 300℃、公称压力≤PN1.6MPa、公称尺寸不大于 300mm，建议选用多通路旋塞阀。

b. 牛奶、果汁、啤酒等食品企业及制药厂等的设备和管道上，建议选用奥氏体不锈钢制的紧定式圆锥形旋塞阀。

c. 油田开采、天然气田开采、管道输送的支管、精炼和清洁设备中，公称压力级不大于 Class300、公称尺寸不大于 300mm，建议选用油封式圆锥形旋塞阀。

d. 油田开采、天然气开采、管道输送的支管、精炼和清洁设备中，公称压力级不大于 Class2500、公称尺寸不大于 900mm，工作温度不高于 340℃，建议选用油封式圆锥形旋塞阀。

e. 在大型化学工业中，含有腐蚀性介质的管道和设备中，要求开启或关闭速度较快的场合，对于以硝酸为基的介质可选用聚四氟乙烯套筒密封圆锥形旋塞阀；对于以醋酸为基的介质，可选用 0Cr18Ni12Mo2Ti 不锈钢镶聚四氟乙烯套筒密封圆锥形旋塞阀。

f. 在煤气、天然气、暖通系统的管道中和设备上，公称通径不大于 200mm，宜选用填料式圆锥形旋塞阀。

7.2.8.3　旋塞阀的规格型号（表 7.2-10）

表 7.2-10　旋塞阀规格型号

名　称	型号	公称压力/MPa	工作温度/℃	阀体材料	介质	直径范围/mm
旋塞阀	X43W-10	1.0	≤100	灰铸铁	煤气、油品	15～200
旋塞阀	X43W-10P	1.0	−20～150	铬镍钛不锈钢	醋酸类	15～200
旋塞阀	X43W-10R	1.0	≤350	铬镍钼钛不锈钢	碱液、盐水、海水、卤水及其气体等介质	15～200
内螺纹旋塞阀	X13W-10	1.0	≤100	铸铁	煤气、天然气	15～40
内螺纹三通旋塞阀	X14W-6T	0.6	≤150	铸铜	水、蒸汽、油品	15～50
旋塞阀	X43-10P	1.0	≤150	铬镍钛不锈钢	硝酸类	15～200
旋塞阀	X43-10R	1.0	≤150	铬镍钼钛不锈钢	醋酸类	15～200
旋塞阀	X43-10R$_3$	1.0	≤150	超低碳不锈钢	硫铵、尿素等	15～200

7.2.8.4 旋塞阀的结构参数（X43W-10/10T/10P/10R）——旋塞阀

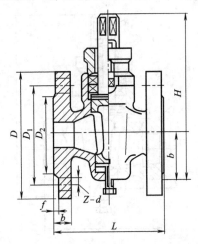

主要性能规范：

型号	公称压力 /MPa	试验压力 p/MPa		工作温度 /℃	适 用 介 质
		密封	壳体		
X43W-10				≤100	煤气、油品
X43W-10T				≤100	水、蒸汽
X43W-10P	1.0	1.5	1.1	−20～150	醋酸类
X43W-10R				≤350	碱液、盐水、海水、卤水 及其气体等介质
X43W-10Ni					

外形与连接尺寸（X43W-10/10T/10P/10R/10Ni）：

公称尺寸 DN/mm	尺寸/mm										重量 /kg
	L	D	D_1	D_2	f	b	$Z-d$	$\square S$	h	H	
15	80	90	65	45	2	14	4-ϕ14	14	26	99	2
20	90	105	75	55	2	16	4-ϕ14	14	34	124	2.6
25	110	115	85	65	2	16	4-ϕ14	17	38	133	3.5
32	130	130	100	78	2	18	4-ϕ18	19	45	152	5.4
40	150	145	110	85	3	18	4-ϕ18	22	55	212	7.0
50	170	160	125	100	3	20	4-ϕ18	27	74	260	11.0
65	220	180	145	120	3	20	4-ϕ18	32	82	295	16.5
80	250	195	160	135	3	22	4-ϕ18	36	95	327	23.0
100	300	215	180	155	3	26	4-ϕ18	46	135	425	47.5
125	350	245	210	185	3	24	8-ϕ18	50	154	482	67
150	400	280	240	210	3	24	8-ϕ23	55	172	512	90
200	460	335	295	265	3	24	8-ϕ23	75		705	

主要零件材料：

零件名称	阀体、塞子	填料压盖	填料
X43W-10	灰铸铁	可锻铸铁	油浸石棉盘根
X43W-10T	铸铜		
X43W-10P	铬镍钛不锈钢		柔性石墨
X43W-10R	铬镍钼钛不锈钢		
X43W-10Ni	奥氏体铸铁		

7.2.8.5　旋塞阀的结构参数（X13W-6T/10/10K/10Ni/10T、X13T-10）——内螺纹旋塞阀

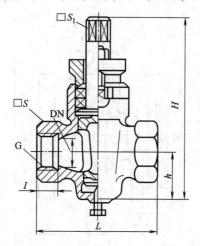

主要性能规范：

型　号	公称压力 /MPa	试验压力 p/MPa		工作温度 /℃	适 用 介 质
		密封	壳体		
X13W-6T	0.6	0.9	0.66		水、蒸汽、油品
X13T-10				≤100	水、蒸汽
X13W-10K					
X13W-10	1.0	1.5	1.1		油品、煤气
X13W-10T					
X13W-10Ni				≤350	碱液、盐液、海水、卤水及其气体等介质

外形与连接尺寸：

公称尺寸 DN/mm	管螺纹 G	X13W-10/10T/10Ni 尺寸/mm						重量 /kg
		L	I	□S	□S₁	h	H	
15	1/2	80	14	30	11	26	90	0.65
20	3/4	90	16	36	14	34	124	1.0
25	1	110	18	46	17	38	133	1.7
32	1¼	130	20	55	19	45	152	2.5
40	1½	150	22	60	22	55	212	4.0
50	2	170	24	75	27	74	260	7.0
65	2½	220	26	90	32	82	295	11.5
80	3	250	30	105	36	125	327	16.5
100	4	300	30	140	46	135	425	42.0

公称尺寸 DN	管螺纹 G	X13W-10K					X13T-10					X13W-6T				
		尺寸参数/mm				重量 /kg	尺寸参数/mm				重量 /kg	尺寸参数/mm				重量 /kg
		H	L	h	□S		H	L	h	□S		H	L	h	□S	
15	1/2	110	80	32.5	14	0.8	110	80	32.5	14	0.77	117	70	30	11	0.8
20	3/4	130	90	36	14	1.26	130	90	36	14	1.14	126	85	34	14	1.11
25	1	141	110	47	19	1.8	141	110	47	19	1.78	160	95	42	17	1.9
32	1¼	176	110	48	19	2.63	176	110	48	19	2.71	176	110	48	19	2.44
40	1½	210	130	65	22	4.24	210	130	65	22	4.34	210	130	64	20	4.35
50	2	239	150	76	27	5.54	239	150	76	27	5.54	238	150	76	27	5.95
65	2½	295	220	97	32	9.24	295	220	97	32	10.52	—	—	—	—	—
80	3	330	250	112	36	17.13	330	250	112	36	18.13	—	—	—	—	—

主要零件材料：

零件名称	阀体	塞子	填料压盖	填料
X13W-6T	铸铜			
X13T-10	可锻铸铁	铸铜	可锻铸铁	油浸石棉盘根
X13W-10K	可锻铸铁			柔性石墨
X13W-10	灰铸铁			
X13W-10T	铸铜			
X13W-10Ni	奥氏体铸铁			柔性石墨

7.2.8.6 旋塞阀的结构参数（X14W-6T）——内螺纹三通旋塞阀

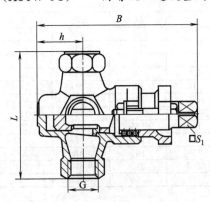

性能规范：

公称压力/MPa	0.6	适用介质	水、蒸汽、油品
工作温度/℃	≤150	驱动方式	手动

外形与连接尺寸：

公称尺寸 DN/mm	管螺纹 G	尺寸/mm				重量 /kg
		H	L	h	$\square S_1$	
15	1/2	117	70	30	11	0.8
20	3/4	126	85	34	14	1.1
25	1	160	95	42	17	1.9
32	1¼	176	110	48	19	2.4
40	1½	210	130	64	20	4.3
50	2	238	150	76	27	5.9

主要零件材料：

零件名称	阀体、塞子	填料
X13W-6T	铸铜	油浸石棉盘根

7.2.8.7 旋塞阀的结构参数（X43-10P/10R/10R₃）——旋塞阀

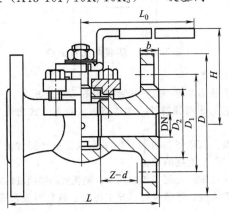

主要性能规范：

型　号	公称压力/MPa	试验压力 p/MPa		工作温度/℃	适 用 介 质
		壳体	密封		
X43-10P					硝酸类
X43-10R	1.0	1.5	1.1	≤150	醋酸类
X43-10R₃					硫铵、尿素等

外形与连接尺寸：

公称尺寸 DN/mm	尺寸/mm								重量/kg
	L	D	D_1	D_2	$Z-d$	b	L_0	H	
15	108	95	65	45	4-ϕ14	12	100	80	1.4
20	117	105	75	55	4-ϕ14	14	100	90	2.2
25	127	115	85	65	4-ϕ14	14	110	100	3.2
32	140	135	100	78	4-ϕ18	16	120	110	4.8
40	165	145	110	85	4-ϕ18	16	130	120	6.8
50	178	160	125	100	4-ϕ18	16	150	135	9.6
65	190	180	145	120	4-ϕ18	18	200	150	15.5
80	203	195	160	135	4-ϕ18	18	250	186	21
100	229	215	180	155	8-ϕ18	20	300	185	37
125	254	245	210	185	8-ϕ18	20	350	200	46
150	267	280	240	210	8-ϕ23	22	400	220	68
200	292	335	295	265	8-ϕ23	22	450	250	95

主要零件材料：

零件名称	阀体、阀盖、塞子	密封圈	螺　栓
X43F-10P	铬镍钛不锈钢		
X43-10R	铬镍钼钛不锈钢	聚四氟乙烯	聚四氟乙烯
X43-10R₃	超低碳不锈钢		

7.2.9　隔膜阀

7.2.9.1　隔膜阀的分类

隔膜阀（Diaphragm Valve）的结构形式，与一般阀门很不相同，它是依靠柔软的橡胶膜或塑料膜来控制流体运动的。其工作原理如图 7.2-23 所示。

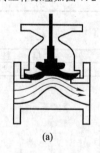 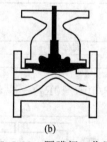 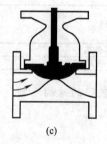

　　　　　(a)　　　　　　　　　　　(b)　　　　　　　　　　　(c)

图 7.2-23　隔膜阀工作原理

隔膜阀按结构形式可分为以下几类。

（1）屋脊式　也称突缘式，是最基本的一类，其结构如图 7.2-24 所示。从图中可以看出，阀体是衬里的。隔膜阀阀体衬里，就是为了发挥它的耐腐蚀特性。这类结构（除直通式之外）还可制成直角式，如图 7.2-25 所示。

（2）截止式　其结构形状与截止阀相似，如图 7.2-26 所示。这种形式的阀门，流体阻力比屋脊式大，但密封面积大，密封性能好，可用于真空度高的管道。

（3）闸板式　其结构形式与闸阀相似，如图 7.2-27 所示。闸板式隔膜阀流体阻力最小，适合于输送黏性物料。

隔膜材料常用天然橡胶、氯丁橡胶、丁腈橡胶、异丁橡胶、氟化橡胶和聚全氟乙丙烯塑料（F46）等。隔膜阀的缺点是耐压不高，一般在0.6MPa之内；耐温性能也受隔膜的限制，一般只能耐60～80℃，最高（氟化橡胶）也不超过180℃。

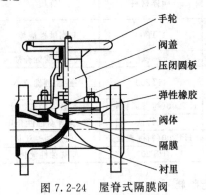

图 7.2-24 屋脊式隔膜阀

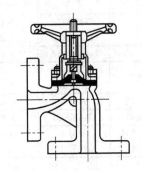

图 7.2-25 直角式隔膜阀

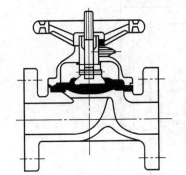

图 7.2-26 截止式隔膜阀

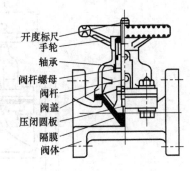

图 7.2-27 闸板式隔膜阀

7.2.9.2 隔膜阀的选用

① 流体阻力小。

② 能用于含硬质悬浮物的介质；由于介质只与阀体和隔膜接触，所以无需填料函，不存在填料函泄漏问题，对阀杆部分无腐蚀的可能。

③ 适用于有腐蚀性、黏性、浆液介质。

④ 不能用于介质压力较高的场合。

⑤ 隔膜材质的推荐使用范围见表7.2-11。

表 7.2-11 隔膜材质的推荐使用范围

隔膜材质(代号)	适用温度	适用介质
丁基胶(B级)	−40～100℃	良好的耐酸与耐碱性(85%硫酸、盐酸、氢氟酸、磷酸、苛性碱和多种酯类等)
天然胶(Q级)	−50～100℃	用于净化水、无机盐、稀释无机酸等
聚全氟乙丙烯(FEP或F46)	≤150℃	多种浓度的硫酸、氢氟酸、王水、高温浓硝酸、各类有机酸及强碱、强氧化剂、浓酸与稀酸交替、酸与碱交替和各种有机溶剂的强腐蚀性介质
可溶性聚四氟乙烯(PFA)	≤180℃	

7.2.9.3 隔膜阀的规格型号（表7.2-12）

表 7.2-12 隔膜阀规格型号

名　称	型号	公称压力/MPa	工作温度/℃	阀体材料	介质	直径范围/mm
衬搪瓷隔膜阀	G41C-6	0.6	≤100	HT200(衬耐酸搪瓷)	一般腐蚀性流体	15～250
衬氟塑料隔膜阀	G41F-6	0.6		HT200(衬多种氟塑料)	强腐蚀性流体	15～250
	G41F-10	1.0				

续表

名　　称	型号	公称压力 /MPa	工作温度 /℃	阀体材料	介质	直径范围 /mm
隔膜阀	G41W-6 G41W-10	0.6 1.0	≤100	HT200	非腐蚀性流体	25～400
隔膜阀	G41W-10A	1.0	≤100	纯钛	氧化性腐蚀介质	25～150
衬胶隔膜阀	G41J-6 G41J-10	0.6 1.0	≤80	HT200	一般腐蚀性流体	25～400
真空搪瓷隔膜阀	G44C-6	0.6	≤100	HT200(衬普通搪瓷)	短暂真空的蒸馏水	50～125
Y形角式隔膜阀	G44SP-10	1.0	−30～100	灰铸铁	酸、碱等腐蚀性介质	25～150
直流式衬胶隔膜阀	G45J-6	0.6	≤80	HT200(衬硬橡胶)	一般腐蚀性流体	50～250
直通式隔膜阀	G46W-10	1.0	≤100	HT200	非腐蚀性流体	25～200

7.2.9.4　隔膜阀的结构参数（G41C-6）——衬搪瓷隔膜阀

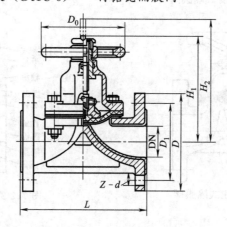

主要性能规范：

公称压力 PN/MPa	试验压力 p/MPa		工作压力 p/MPa		工作温度 /℃	适用介质
	壳体	密封	DN15～150	DN200、DN250		
0.6	0.9	0.66	0.6	0.4	≤100	一般腐蚀性流体

外形与连接尺寸：

公称尺寸 DN/mm	尺寸/mm							重量 /kg
	L	D_1	D	D_0	$Z-d$	H_1	H_2	
15	125	65	95	100	4-ϕ14	105	112	3
20	135	75	105	100	4-ϕ14	116	125	3.8
25	145	85	115	120	4-ϕ14	123	137	5.6
32	160	100	135	120	4-ϕ18	134	152	7
40	180	110	145	140	4-ϕ18	155	175	8.9
50	210	125	160	140	4-ϕ18	171	191	12.2
65	250	145	180	200	4-ϕ18	206	240	20
80	300	160	195	200	4-ϕ18	220	260	26
100	350	180	215	280	8-ϕ18	272	324	38.3
125	400	210	245	280	8-ϕ18	338	406	64
150	460	240	280	320	8-ϕ18	380	460	87
200	570	295	335	400	8-ϕ23	506	626	143
250	680	350	390	500	12-ϕ23	590	726	262

主要零件材料：

零件名称	阀　体	阀盖、阀瓣	阀杆	隔　膜	手轮
材料	HT200(衬耐酸搪瓷)	HT200	35	氯丁橡胶及氟塑料	HT200

7.2.9.5 隔膜阀的结构参数（G41F-6、G41F₃-6/10、G41F₄₆-6/10）——衬氟塑料隔膜阀

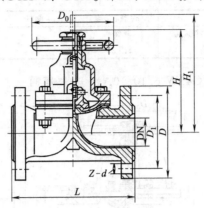

主要性能规范：

型号	公称压力 PN/MPa	试验压力/MPa		工作压力 p/MPa		工作温度 /℃	适用介质
		密封	壳体	DN15～150	DN200、DN250		
G41F₄₆-6	0.6	0.66	0.9	0.6	0.4	−50～150	强腐蚀性流体
G41F-6						≤120	
G41F₃-6						−50～120	
G41F₃-10	1.0	1.1	1.5	≤1.0		−50～120	
G41F₄₆-10						−50～150	

外形与连接尺寸：

G41F-6、G41F₄₆-6、G41F₃-6

公称尺寸	尺寸/mm							重量
DN/mm	L	D_1	D	D_0	$Z\text{-}d$	H_1	H_2	/kg
15	125	65	95	60	4-ϕ14	90	97	4
20	135	75	105	70	4-ϕ14	95	104	4.5
25	145	85	115	120	4-ϕ14	125	139	5
32	160	100	135	120	4-ϕ18	136	154	7
40	180	110	145	140	4-ϕ18	163	183	9
50	210	125	160	140	4-ϕ18	175	210	14
65	250	145	180	200	4-ϕ18	215	249	20
80	300	160	195	200	4-ϕ18	230	270	26
100	350	180	215	280	8-ϕ18	282	334	40
125	400	210	245	320	8-ϕ18	340	408	62
150	460	240	280	320	8-ϕ22	382	462	83
200	570	295	335	400	8-ϕ22	509	629	152
250	680	350	390	500	12-ϕ22	610	746	245
G41F₃-10、G41F₄₆-10								
15	125	65	95	100	4-ϕ14	105	111	3.5
20	135	75	105	100	4-ϕ14	116	126	4
25	145	85	115	120	4-ϕ14	116	135	5.5
32	160	100	135	120	4-ϕ18	121	154	8
40	180	110	145	140	4-ϕ18	136	176	10.5
50	210	125	160	140	4-ϕ18	156	195	14
65	250	145	180	200	4-ϕ18	169	234	23
80	300	160	195	200	4-ϕ18	200	256	29
100	350	180	215	280	8-ϕ18	270	322	46
125	400	210	245	320	8-ϕ18	338	406	70
150	460	240	280	320	8-ϕ23	370	450	95
200	570	295	335	400	8-ϕ23	478	598	170

主要零件材料：

零件名称	阀体	阀盖、阀瓣	阀杆	隔膜	手轮
材料	灰铸铁 HT200（衬多种氟塑料）	灰铸铁 HT200	碳钢 35	氯丁橡胶及氟塑料	灰铸铁 HT200

7.2.9.6 隔膜阀的结构参数（G41W-6/10/10A）——隔膜阀

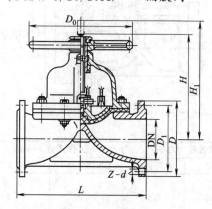

主要性能规范：

型号	公称压力/MPa	试验压力 p/MPa		工作温度/℃	适用介质
		密封	壳体		
G41W-6	0.6	0.66	0.9	≤100	非腐蚀性流体
G41W-10	1.0	1.0	1.5		
G41W-10A					氧化性腐蚀介质

外形与连接尺寸：

G41W-6

公称尺寸 DN/mm	尺寸/mm							重量/kg
	L	D_1	D	D_0	$Z-d$	H	H_1	
25	115	85	115	120	4-ϕ14	120	134	4.5
32	160	100	135	120	4-ϕ18	132	150	7.0
40	180	110	145	140	4-ϕ18	152	172	8.5
50	210	125	160	140	4-ϕ18	169	195	11.5
65	250	145	180	200	4-ϕ18	203	237	18
80	300	160	195	200	4-ϕ18	218	258	24
100	350	180	215	280	8-ϕ18	269	321	38
125	400	210	245	320	8-ϕ18	335	403	59.5
150	460	240	280	320	8-ϕ23	378	458	78.0
200	570	295	335	400	8-ϕ23	506	626	142
250	680	350	390	500	12-ϕ23	585	721	240
300	790	400	440	560	12-ϕ23	684	764	330
350	900	460	500	560	16-ϕ23	708	868	370
400	1000	515	565	640	16-ϕ25	852	1062	580
G41W-10/10A								
25	145	85	115	120	4-ϕ14	120	134	4.5
32	160	100	135	120	4-ϕ18	132	150	7.0
40	180	110	145	140	4-ϕ18	152	172	8.5
50	210	125	160	140	4-ϕ18	169	195	11.5
65	250	145	180	200	4-ϕ18	203	237	18
80	300	160	195	200	4-ϕ18	218	258	24
100	350	180	215	280	8-ϕ18	269	321	38
125	400	210	245	320	8-ϕ18	335	403	59.5
150	460	240	280	320	8-ϕ23	378	458	78

主要零件材料：

零件名称	阀体、阀盖、阀瓣	阀杆	隔膜	手 轮
G41W-6	HT200	35	氯丁橡胶	HT200
G41W-10				
G41W-10A	纯钛	钛合金	耐酸碱橡胶	

7.2.9.7 隔膜阀的结构参数（G41J-6/10）——衬胶隔膜阀

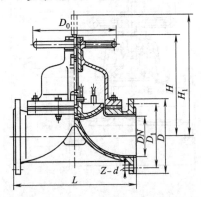

主要性能规范：

型 号	公称压力 PN/MPa	试验压力/MPa		工作压力/MPa			工作温度 /℃	适用介质
		密封	壳体	DN25~150	DN200~400	DN400		
G41J-6	0.6	0.9	0.66	0.6	0.4		≤80	一般腐蚀性流体
G41J-10	1.0	1.5	1.1	1.0				

外形与连接尺寸：

G41J-6

公称尺寸 DN/mm	尺寸/mm							重量 /kg
	L	D_1	D	D_0	Z-d	H	H_1	
25	145	85	115	120	4-φ14	121	135	4.5
32	160	100	135	120	4-φ18	132	150	7
40	180	110	145	140	4-φ18	156	176	9
50	210	125	160	140	4-φ18	169	195	12
65	250	145	180	200	4-φ18	202	236	18
80	300	160	195	200	4-φ18	216	256	24.5
100	350	180	215	280	8-φ18	270	322	38.5
125	400	210	245	320	8-φ18	338	406	60
150	460	240	280	320	8-φ23	384	464	78.5
200	570	295	335	400	8-φ23	518	638	143
250	680	350	390	500	12-φ23	598	734	240
300	790	400	440	560	12-φ23	698	778	334
350	900	460	500	560	16-φ23	723	883	371
400	1000	515	565	640	16-φ25	868	1078	584
G41J-10								
25	145	85	115	120	4-φ14	121	135	4.5
32	160	100	135	120	4-φ18	132	150	7
40	180	110	145	140	4-φ18	156	176	9
50	210	125	160	140	4-φ18	169	195	12
65	250	145	180	200	4-φ18	202	236	18.5
80	300	160	195	200	4-φ18	216	256	24.5
100	350	180	215	280	8-φ18	270	322	38.5
125	400	210	245	320	8-φ18	338	406	60.5
150	460	240	280	320	8-φ23	384	464	78.5

主要生产厂家：上海阀门五厂、石家庄市阀门一厂。

主要零件材料：

零件名称	阀　体	阀盖、阀瓣	阀杆	隔膜	手轮
材料	灰铸铁（衬硬橡胶）	灰铸铁	35	氯丁橡胶	HT200

7.2.9.8　隔膜阀的结构参数（G44C-6）——真空搪瓷隔膜阀

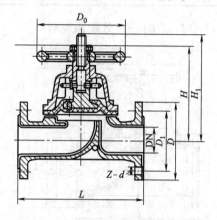

主要性能规范：

公称压力 PN/MPa	工作温度/℃	适用介质
0.6	≤100	短暂真空的蒸馏水

外形与连接尺寸：

公称尺寸	尺寸/mm							重量
DN/mm	L	D_1	D	D_0	$Z-d$	H	H_1	/kg
50	230	110	140	160	4-ϕ14	177	194	12
80	310	150	185	200	4-ϕ18	222	246	23
125	400	200	235	280	8-ϕ18	312	342	56

主要零件材料：

零件名称	阀　体	阀盖	阀　瓣	阀杆	隔膜	手轮
材　料	HT200（衬普通搪瓷）	HT200	HT200（衬隔膜连接）	35	氯丁橡胶	HT200

7.2.9.9　隔膜阀的结构参数（G44SP-10）——Y形角式隔膜阀

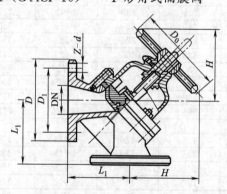

主要性能规范：

公称压力	试验压力 p/MPa		工作温度	适用介质
/MPa	壳体	密封	/℃	
1.0	1.5	1.1	-30～100	酸、碱等腐蚀性介质

外形与连接尺寸:

公称尺寸	尺寸/mm							重量
DN/mm	L_1	D_1	D	b	$Z-d$	D_0	H	/kg
25	100	85	115	16	4-ϕ14	120	80	4.5
32	105	100	140	18	4-ϕ18	120	100	6.5
40	115	110	150	18	4-ϕ18	120	100	8
50	125	125	165	20	4-ϕ18	120	110	13
65	145	145	185	20	4-ϕ18	200	160	19
80	155	160	200	22	8-ϕ18	200	160	25
100	175	180	220	24	8-ϕ18	250	212	36
125	200	210	250	26	8-ϕ18	320	220	50
150	225	240	285	26	8-ϕ22	320	255	72

主要零件材料:

零件名称	阀体、阀瓣、阀盖	阀体衬里	隔膜	阀杆	阀杆螺母	手轮
材料	灰铸铁	耐腐蚀涂层	合成橡胶	不锈钢	青铜	可锻铸铁

7.2.9.10 隔膜阀的结构参数（G45J-6）——直流式衬胶隔膜阀

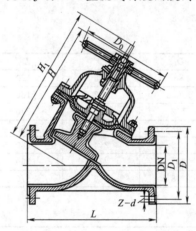

主要性能规范:

公称压力	试验压力/MPa		工作压力/MPa		工作温度	适用介质
PN/MPa	壳体	密封	DN50～150	DN200、DN250	/℃	
0.6	0.9	0.66	0.6	0.4	≤80	一般腐蚀性流体

外形与连接尺寸:

公称尺寸	尺寸/mm							重量
DN/mm	L_1	D_1	D	b	$Z-d$	D_0	H	/kg
50	210	125	160	140	4-ϕ18	213	229	14
80	300	160	195	200	4-ϕ18	281	305	30
100	350	180	215	280	8-ϕ18	332	362	42.3
150	460	240	280	320	8-ϕ23	450	496	80
200	570	295	335	400	8-ϕ23	594	654	150.2
250	680	350	390	500	12-ϕ23	695	771	236.3

主要零件材料:

零件名称	阀体、阀瓣	阀盖	阀杆	隔膜	手轮
材料	HT200(衬硬橡胶)	HT200	35	氯丁橡胶	HT200

7.2.9.11　隔膜阀的结构参数（G46W-10）——直通式隔膜阀

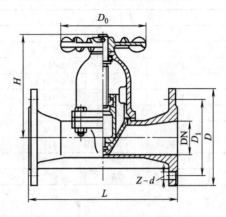

主要性能规范：

公称压力 PN/MPa	试验压力/MPa		工作压力/MPa		工作温度/℃	适用介质
	壳体	密封	DN25～150	DN200		
1.0	1.5	1.1	1.0	0.6	≤100	非腐蚀性流体

外形与连接尺寸：

单位：mm

公称尺寸 DN	L	D_1	D	D_0	$Z-d$	H
25	128	80	108	120	4-ϕ16	146
50	190	120.5	152	120	4-ϕ19	163
80	250	152	191	230	4-ϕ19	220
100	305	190.5	230	280	8-ϕ19	262
125	352	216	254	280	8-ϕ22	290
150	405	242	278	360	8-ϕ22	371
200	521	298	342	370	8-ϕ22	410

主要零件材料：

零件名称	阀体、阀盖、阀瓣	阀杆	隔膜	手轮
材料	HT200	35	氯丁橡胶	HT200

7.2.10　柱塞阀

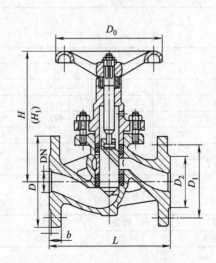

性能规范（U41SM-16/25）：

公称压力/MPa	1.6/2.5	适用介质	水、蒸汽、油品、气等
工作温度/℃	≤200	驱动方式	手动

外形与连接尺寸：

U41SM-16

公称尺寸	尺寸参数/mm								
DN/mm	L	D	D_1	D_2	b	$Z-d$	H	H_1	D_0
15	130	95	65	45	14	4-ϕ14	172	198	60
20	150	105	75	55	16	4-ϕ14	202	235	70
25	160	115	85	65	16	4-ϕ14	252	293	80
32	180	135	100	78	18	4-ϕ18	290	341	100
40	200	145	110	85	18	4-ϕ18	310	363	100
50	230	160	125	100	20	4-ϕ18	325	382	120
65	290	180	145	120	20	4-ϕ18	370	436	140
80	310	195	160	135	22	8-ϕ18	400	482	200
100	350	215	180	155	24	8-ϕ18	410	504	240
150	480	280	240	210	28	8-ϕ23			

U41SM-25

公称尺寸	尺寸参数/mm						
DN/mm	L	D	D_1	D_2	法兰面突台高度 f	b	$Z-d$
20	140	105	75	55	2	16	4-ϕ14
25	160	115	85	65	2	16	4-ϕ14
32	180	135	100	78	2	18	4-ϕ18
40	200	145	110	85	3	18	4-ϕ18
50	230	160	125	100	3	20	4-ϕ18
65	290	180	145	120	3	22	8-ϕ18
80	310	195	160	135	3	22	8-ϕ18
100	350	230	190	160	3	24	8-ϕ23
150	480	280	240	210	3	28	8-ϕ23

主要零件材料：

零件名称	阀体、阀盖、手轮	阀杆、柱塞	密封圈	阀杆螺母
零件材料	灰铸铁	不锈钢	聚四氟乙烯及石墨	铸铝青铜

7.3　非金属阀门

7.3.1　氟塑料衬里阀门（HG/T 3704—2003）

7.3.1.1　分类名称（表7.3-1）

表 7.3-1　阀门分类、名称和型号

序号	阀门名称			阀门型号			
1	蝶阀	法兰式（偏心）	手动	D43F$_2$	D43F$_4$	D43F$_{46}$	D43PFA
			蜗轮	D343F$_2$	D343F$_4$	D343F$_{46}$	D343PFA
			气动	D643F$_2$	D643F$_4$	D643F$_{46}$	D643PFA
			电动	D943F$_2$	D943F$_4$	D943F$_{46}$	D943PFA

续表

序号	阀门名称			阀门型号				
1	蝶阀	对夹式（中线）	手动	D71F₂		D71F₄	D71F₄₆	D71PFA
			蜗轮	D371F₂		D371F₄	D371F₄₆	D371PFA
			气动	D671F₂		D671F₄	D671F₄₆	D671PFA
			电动	D971F₂		D971F₄	D971F₄₆	D971PFA
		对夹式（偏心）	手动	D73F₂		D73F₄	D73F₄₆	D73PFA
			蜗轮	D373F₂		D373F₄	D373F₄₆	D373PFA
			气动	D673F₂		D673F₄	D673F₄₆	D673PFA
			电动	D973F₂		D973F₄	D973F₄₆	D973PFA
2	隔膜阀	堰式	手动	G41F₂	G41F₃		G41F₄₆	G41PFA
			气动	G641F₂	G641F₃		G641F₄₆	G641PFA
		直流式	手动	G45F₂	G45F₃		G45F₄₆	G45PFA
			气动	G645F₂	G645F₃		G645F₄₆	G645PFA
3	止回阀	法兰式	升降直通式	H41F₂	H41F₃		H41F₄₆	H41PFA
			升降立式	H42F₂	H42F₃		H42F₄₆	H42PFA
			旋启式	H44F₂	H44F₃		H44F₄₆	H44PFA
		对夹式	直通式	H72F₂	H72F₃		H72F₄₆	H72PFA
			单瓣旋启式	H74F₂	H74F₃		H74F₄₆	H74PFA
			双瓣旋启式	H76F₂	H76F₃		H76F₄₆	H76PFA
4	截止阀	直通式	手动	J41F₂			J41F₄₆	J41PFA
			齿轮	J441F₂			J441F₄₆	J441PFA
			气动	J641F₂			J641F₄₆	J641PFA
			电动	J941F₂			J941F₄₆	J941PFA
		角式	手动	J44F₂			J44F₄₆	J44PFA
			电动	J944F₂			J944F₄₆	J944PFA
5	球阀		手动	Q41F₂			Q41F₄₆	Q41PFA
			蜗轮	Q341F₂			Q341F₄₆	Q341PFA
			气动	Q641F₂			Q641F₄₆	Q641PFA
			电动	Q941F₂			Q941F₄₆	Q941PFA
6	旋塞阀		手动	X43F₂			X43F₄₆	X43PFA
			蜗轮	X343F₂			X343F₄₆	X343PFA
			气动	X643F₂			X643F₄₆	X643PFA
			电动	X943F₂			X943F₄₆	X943PFA

注：根据 JB/T 308 阀门型号还应标注公称压力和阀体材料代号等，本表为了清晰起见，这些标注内容分均予以省略。

7.3.1.2　衬里材料（表 7.3-2）

表 7.3-2　衬里材料及代号

衬里材料代号	聚偏氟乙烯	聚三氟氯乙烯	聚四氟乙烯	聚全氟乙丙烯	可溶性聚四氟乙烯
衬里材料代号	F₂	F₃	F₄	F₄₆	PFA
英语简称	PVDF	PCTFE	PTFE	FEP	PFA

7.3.1.3　蝶阀结构与长度（图 7.3-1、表 7.3-3）

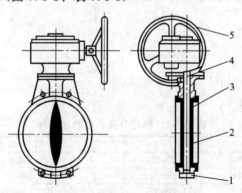

图 7.3-1　氟塑料衬里蝶阀结构

1—阀体；2—氟塑料衬里；3—蝶板；4—阀杆；5—手轮或其他驱动装置

表 7.3-3 蝶阀的衬里壁厚和结构长度　　　　　　　单位：mm

	公称尺寸 DN	40	50	65	80	100	125	150	200	250	300
	公称压力/MPa		0.6,1.0,1.6,2.5						0.6,1.0,1.6		
氟塑料衬里	最小壁厚	3.0		3.5		4.0			4.5		
	公差	0~+0.8					0~+1.0				
结构长度	法兰连接(GB/T 12221)	106	108	112	114	127	140	140	152	250	270
	对夹式(GB/T 12221)	33	43	46	46	52	56	56	60	68	78
	公差				±2						±3
	公称尺寸 DN	350	400	450	500	600	700	800	900	1000	
	公称压力/MPa		0.6,1.0					0.5			
氟塑料衬里	最小壁厚	5.0			5.5		6.0				
	公差				0~+1.0						
结构长度	法兰连接(GB/T 12221)	290	310	330	350	390	430	470	510	550	
	对夹式(GB/T 12221)	78	102	114	127	154	165	190	203	216	
	公差		±3.0			±4.0			±5.0		

7.3.1.4　隔膜阀结构与长度（图 7.3-2、表 7.3-4）

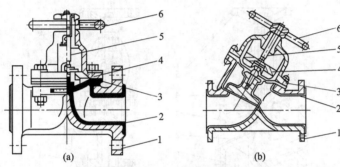

图 7.3-2　氟塑料衬里隔膜阀结构
1—阀体；2—氟塑料衬里；3—隔膜；4—阀瓣；5—阀杆；6—手轮或其他驱动装置

表 7.3-4 隔膜阀的衬里壁厚和结构长度　　　　　　　单位：mm

	公称尺寸 DN	15	20	25	32	40	50	65	80	100	125	150	200	250	300
氟塑料衬里	最小壁厚		2.5			3.0		3.5		4.0			4.5		
	公差			0~+0.8							0~+1.0				
结构长度	0.6、1.0、1.6MPa (GB/T12221)	108	117	127	146	159	190	216	254	305	356	406	521	635	749
	0.6MPa(协商选用)	125	135	145	160	180	210	250	300	350	400	460	570	680	790
	公差	±1.0				±2.0									±3.0

7.3.1.5　止回阀结构与长度（图 7.3-3、表 7.3-5）

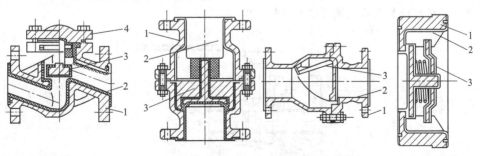

(a) 法兰连接(升降直通式)　　　(b) 法兰连接(升降立式)　　　(c) 法兰连接(旋启式)　　　(d) 对夹式
图 7.3-3　氟塑料衬里止回结构
1—阀体；2—氟塑料衬里；3—阀瓣；4—阀盖

表 7.3-5　止回阀的衬里壁厚和结构长度　　　　　　　　　单位：mm

公称尺寸 DN				15	20	25	32	40	50	65	80	100	125	150	200	250	300
氟塑料衬里			最小壁厚			2.5			3.0		3.5		4.0			4.5		
			公差				0～+0.8						0～+1.0					
结构长度	法兰连接	升降	直通式 0.6～2.5MPa (GB/T 12221)	130	150	160	180	200	230	290	310	350	400	480	495	622	698
			旋启式	—	—	—	—	—									
		升降立式	0.6～2.5MPa (短系列)	80	90	100	110	125	140	160	185	210	250	300	380	356	457
			0.6～1.0MPa (长系列)			152		178	178	190	203	267	394				
	对夹式	直通式 单、双瓣旋启式	0.6～1.6MPa (GB/T 15188)	16	19	22	28	31.5	40	46	50	60	90	106	140	200	250
				—	—	—	—										
公差						±1.0						±2.0					±3.0

7.3.1.6　截止阀结构与长度（图 7.3-4、表 7.3-6）

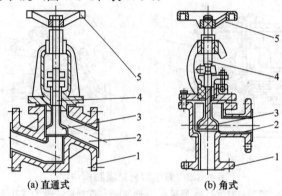

(a) 直通式　　　　　　　(b) 角式

图 7.3-4　氟塑料衬里截止阀结构

1—阀体；2—氟塑料衬里；3—阀瓣；4—阀盖；5—手轮或其他驱动装置

表 7.3-6　截止阀的衬里壁厚和结构长度　　　　　　　　　单位：mm

公称尺寸 DN			15	20	25	32	40	50	65	80	100	125	150	200	250	300
氟塑料衬里		最小壁厚			2.5			3.0		3.5		4.0			4.5		
		公差				0～+0.8						0～+1.0					
结构长度	直通式	0.6～2.5MPa (GB/T 12221)	130	150	160	180	200	230	290	310	350	400	480	495	622	698
	角式	GB/T12221	90	95	100	105	115	125	145	155	175	200	225	275	325	375
		协商选用	65	75	80	95	100	115					240			
公差					±1.0						±2.0					±3.0

7.3.1.7　球阀结构与长度（图 7.3-5、表 7.3-7）

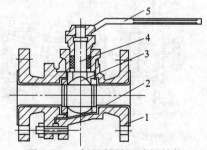

图 7.3-5　氟塑料衬里球阀结构

1—阀体；2—氟塑料衬里；3—球体；4—阀杆；5—手轮或其他驱动装置

表 7.3-7　球阀的衬里壁厚和结构长度　　　　　　　　单位：mm

公称尺寸 DN		15	20	25	32	40	50	65	80	100	125	150	200	250	300
氟塑料衬里	最小壁厚	2.5				3.0		3.5		4.0			4.5		
	公差	0～+0.8								0～+1.0					
结构长度	GB/T12221	130	130	140	165	165	203	222	241	305	356	394	457		
	协商选用	140	140	150	165	180	200	220	250	280	320	360			
	公差	±1.0			±2.0										

7.3.1.8　旋塞阀结构与长度（图 7.3-6、表 7.3-8）

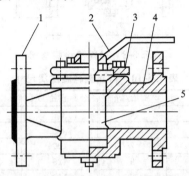

图 7.3-6　氟塑料衬里旋塞阀结构

1—阀体；2—手轮或其他驱动装置；3—上盖；4—氟塑料衬里；5—旋塞

表 7.3-8　旋塞阀的衬里壁厚和结构长度　　　　　　　　单位：mm

公称尺寸 DN		15	20	25	32	40	50	65	80	100	125	150	200	250	300
氟塑料衬里	最小壁厚	2.5				3.0		3.5		4.0			4.5		
	公差	0～+0.8								0～+1.0					
结构长度	GB/T 12221	130	130	140	165	165	203	222	241	305	356	394	457	533	610
	过渡系列	140	150	160	170	180	210	220	250	270	310	350			
	公差	±1.0			±2.0										±3.0

7.3.1.9　衬氟塑料截止阀（J41CF$_{46}$-16）（图 7.3-7、表 7.3-9）

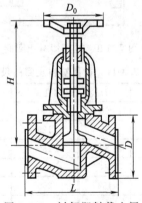

图 7.3-7　衬氟塑料截止阀

表 7.3-9　衬氟塑料截止阀尺寸　　　　　　　　单位：mm

公称直径 DN	L	D	D_0	H	公称直径 DN	L	D	D_0	H
15	130	95	80	171	80	310	195	200	445
20	150	105	80	201	100	350	215	240	510
25	160	115	100	221	125	400	245	280	578
32	180	135	120	258	150	480	280	320	650
40	200	145	140	286	200	600	335	360	725
50	230	160	160	324	250	730	390	400	880
65	290	180	180	368	300	850	440	500	1040

7.3.1.10　衬氟塑料旋塞阀（X43F₄₆-10）（图 7.3-8、表 7.3-10）

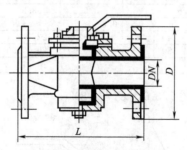

图 7.3-8　衬氟塑料旋塞阀

表 7.3-10　衬氟塑料旋塞阀尺寸　　　　　　　　　　　　　单位：mm

公称直径 DN	L	D	质量/kg	公称直径 DN	L	D	质量/kg
20	150	105	4	65	220	180	18
25	160	115	5	80	250	195	25
32	170	135	7	100	275	215	35
40	180	145	9	125	310	245	47
50	210	160	12	150	350	280	58

7.3.1.11　衬氟塑料止回阀（H41CF₄₆-16）（表 7.3-9、图 7.3-11）

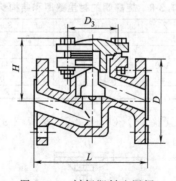

图 7.3-9　衬氟塑料止回阀

表 7.3-11　衬氟塑料止回阀尺寸　　　　　　　　　　　　　单位：mm

公称直径 DN	L	D	D_3	H	公称直径 DN	L	D	D_3	H
25	160	115	85	60	100	350	215	180	135
32	180	135	100	75	125	400	245	210	157
40	200	145	110	82	150	480	280	240	180
50	230	160	125	94	200	600	335	205	212
65	290	180	145	104	250	750	405	360	240
80	310	195	160	120					

7.3.1.12　衬氟塑料蝶阀

（1）衬氟塑料蝶阀技术数据（表 7.3-12）

表 7.3-12　衬氟塑料蝶阀技术数据

公称直径	DN～DN800（1.5″～32″）	适用温度	−40～200℃
公称压力	GB PN1.0、1.6、2.5MPa；ANSI 150lb；JIS10K	驱动方式	手动、蜗轮动、气动、电动
法兰标准	JB、HG、ANSI、JIS		

（2）手动衬氟塑料蝶阀（D71F₄-10）（图7.3-10、表7.3-13）

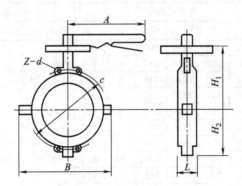

图7.3-10　手动衬氟塑料蝶阀

表7.3-13　手动衬氟塑料蝶阀尺寸　　　　　　　单位：mm

公称直径 DN		主要尺寸					法兰尺寸					质量 /kg
							JB、HG PN1.0MPa		ANSI150lb		JIS10K	
mm	in	L	A	B	H_1	H_2	c	Z-d	c	Z-d	c	Z-d	
40	1.5	40	240	132	122	60	$\phi110$	4-$\phi18$	$\phi98.5$	4-$\phi15$	$\phi105$	4-$\phi19$	3.65
50	2	43	240	150	148	70	$\phi125$	4-$\phi18$	$\phi120.7$	4-$\phi19$	$\phi120$	4-$\phi19$	4.20
65	2.5	46	266	170	158	70	$\phi145$	4-$\phi18$	$\phi139.7$	4-$\phi19$	$\phi140$	4-$\phi19$	5.05
80	3	46	266	196	167	85	$\phi160$	4-$\phi18$	$\phi152.4$	4-$\phi19$	$\phi150$	8-$\phi19$	6.15
100	4	52	320	210	175	110	$\phi180$	8-$\phi18$	$\phi190.5$	8-$\phi19$	$\phi175$	8-$\phi19$	7.50
125	5	56	320	236	196	124	$\phi410$	8-$\phi18$	$\phi215.9$	8-$\phi22$	$\phi210$	8-$\phi23$	10.65
150	6	56	360	276	230	144	$\phi240$	8-$\phi23$	$\phi241.3$	8-$\phi22$	$\phi240$	8-$\phi23$	14
200	8	60	360	340	280	175	$\phi295$	8-$\phi23$	$\phi298.5$	8-$\phi22$	$\phi290$	12-$\phi23$	17

（3）蜗轮式衬氟塑料法兰蝶阀（D41F₄-10/D341F₄-10）（图7.3-11、表7.3-14）

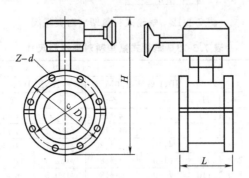

图7.3-11　蜗轮式衬氟塑料法兰蝶阀

表7.3-14　蜗轮式衬氟塑料法兰蝶阀尺寸　　　　　　单位：mm

产品型号	公称直径 DN		主要结构尺寸						产品性能		阀体 材料	衬氟 材料	选用 标准
	mm	in	L	H	c	D_1	Z	d	适用温度	适用介质			
D41F₄-10 衬氟 蝶阀	80	3	114	225	$\phi160$	200	4	$\phi18$	$-150\sim$ $+200℃$	强腐蚀性介质	不锈钢或铸钢	聚四氟乙烯（PTFE）	GB 12238
	100	4	120	285	$\phi180$	215	8	$\phi18$					
	125	5	130	320	$\phi210$	245	8	$\phi18$					
	150	6	140	360	$\phi240$	285	8	$\phi22$					
	200	8	150	393	$\phi295$	340	8	$\phi22$					

续表

| 产品型号 | 公称直径 DN | | 主要结构尺寸 | | | | | | 产品性能 | | 阀体材料 | 衬氟材料 | 选用标准 |
	mm	in	L	H	c	D_1	Z	d	适用温度	适用介质			
	80	3	114	338	$\phi160$	200	4	$\phi18$					
	100	4	120	370	$\phi180$	215	8	$\phi18$					
	125	5	130	405	$\phi210$	245	8	$\phi18$					
	150	6	140	512	$\phi240$	285	8	$\phi22$					
	200	8	150	593	$\phi295$	340	8	$\phi22$					
D341F$_4$-10 衬氟蝶阀	250	10	250	680	$\phi350$	390	12	$\phi22$	$-150\sim$ $+200℃$	强腐蚀性介质	不锈钢或铸钢	聚四氟乙烯 (PTFE)	GB 12238
	300	12	270	733	$\phi400$	415	12	$\phi22$					
	350	14	290	820	$\phi460$	505	16	$\phi23$					
	400	16	310	968	$\phi515$	565	16	$\phi26$					
	450	18	330	1088	$\phi565$	615	20	$\phi26$					
	500	20	350	1130	$\phi620$	670	20	$\phi26$					
	600	24	390	1320	$\phi725$	780	20	$\phi30$					
	700	28	430	1460	$\phi840$	895	24	$\phi30$					
	800	32	470	1585	$\phi950$	1015	24	$\phi33$					

（4）蜗轮式衬氟塑料对夹蝶阀（D371F-10）（图 7.3-12、表 7.3-15）

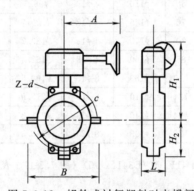

图 7.3-12　蜗轮式衬氟塑料对夹蝶阀

表 7.3-15　蜗轮式氟塑料对夹蝶阀尺寸　　　　　　单位：mm

| 公称直径 DN | | 主要尺寸 | | | | | 法兰尺寸 | | | | | | 质量 /kg |
| | | | | | | | JB、HG PN1.0MPa | | ANSI 150lb | | JIS 10K | | |
mm	in	L	A	B	H_1	H_2	c	$Z-d$	c	$Z-d$	c	$Z-d$	
40	1.5	40	84	132	201	60	$\phi110$	$4-\phi18$	$\phi98.5$	$4-\phi15$	$\phi105$	$4-\phi19$	5.8
50	2	43	84	150	223	70	$\phi125$	$4-\phi18$	$\phi120.7$	$4-\phi19$	$\phi120$	$4-\phi19$	6.4
65	2.5	46	84	170	242	70	$\phi145$	$4-\phi18$	$\phi139.7$	$4-\phi19$	$\phi140$	$4-\phi19$	7.3
80	3	16	84	196	253	85	$\phi160$	$4-\phi18$	$\phi152.4$	$4-\phi19$	$\phi150$	$8-\phi19$	10.4
100	4	52	157	210	260	110	$\phi180$	$8-\phi18$	$\phi190.5$	$8-\phi19$	$\phi175$	$8-\phi19$	11.7
125	5	56	157	236	281	124	$\phi210$	$8-\phi18$	$\phi215.9$	$8-\phi22$	$\phi210$	$8-\phi23$	14.5
150	6	56	225	276	368	144	$\phi240$	$8-\phi23$	$\phi241.3$	$8-\phi22$	$\phi240$	$8-\phi23$	23.8
200	8	60	225	340	418	175	$\phi295$	$8-\phi23$	$\phi298.5$	$8-\phi22$	$\phi290$	$12-\phi23$	30.4
250	10	68	225	390	469	211	$\phi350$	$12-\phi23$	$\phi362$	$12-\phi25$	$\phi355$	$12-\phi25$	68.2
300	12	78	225	447	503	230	$\phi400$	$12-\phi23$	$\phi431.8$	$12-\phi25$	$\phi400$	$16-\phi25$	91.8
350	14	78	225	500	563	257	$\phi460$	$16-\phi23$	$\phi476.3$	$12-\phi29$	$\phi445$	$16-\phi25$	172
400	16	102	225	565	670	298	$\phi515$	$16-\phi23$	$\phi539.8$	$16-\phi29$	$\phi510$	$16-\phi27$	258
450	18	114	225	600	743	345	$\phi563$	$20-\phi26$	$\phi577.9$	$16-\phi32$	$\phi565$	$20-\phi27$	270
500	20	127	286	625	780	350	$\phi620$	$20-\phi26$	$\phi635$	$20-\phi32$	$\phi620$	$20-\phi27$	290
600	24	154	295	836	845	425	$\phi725$	$20-\phi30$	$\phi749.3$	$20-\phi35$	$\phi730$	$24-\phi33$	310
700	28	165	320	900	675	500	$\phi840$	$24-\phi30$			$\phi840$	$24-\phi33$	330
800	32	190	320	1005	875	540	$\phi950$	$24-\phi34$			$\phi950$	$28-\phi33$	370

（5）气动式衬氟塑料蝶阀（D671F-10）（图7.3-13、表7.3-16）

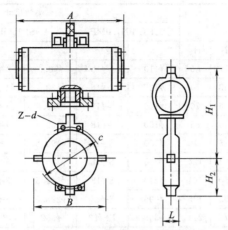

图7.3-13 气动式衬氟塑料蝶阀

表7.3-16 手动衬氟塑料蝶阀尺寸 单位：mm

公称直径 DN		主要尺寸					法兰尺寸						质量 /kg
							JB、HG PN1.0MPa		ANSI 150lb		JIS 10K		
mm	in	L	A	B	H_1	H_2	c	$Z-d$	c	$Z-d$	c	$Z-d$	
40	1.5	40	165	132	240	60	$\phi110$	$4-\phi18$	$\phi98.5$	$4-\phi15$	$\phi105$	$4-\phi19$	10
50	2	43	225	150	313	70	$\phi125$	$4-\phi18$	$\phi120.7$	$4-\phi19$	$\phi120$	$4-\phi19$	12
65	2.5	46	225	170	323	70	$\phi145$	$4-\phi18$	$\phi130.7$	$4-\phi19$	$\phi140$	$4-\phi19$	14
80	3	46	255	196	352	85	$\phi160$	$4-\phi18$	$\phi152.4$	$4-\phi19$	$\phi150$	$8-\phi19$	18.5
100	4	52	255	210	360	110	$\phi180$	$8-\phi18$	$\phi190.5$	$8-\phi19$	$\phi175$	$8-\phi19$	20
125	5	56	330	236	416	124	$\phi210$	$8-\phi18$	$\phi215.9$	$8-\phi22$	$\phi210$	$8-\phi23$	22
150	6	56	330	276	450	144	$\phi240$	$8-\phi23$	$\phi241.3$	$8-\phi22$	$\phi240$	$8-\phi23$	25
200	8	60	380	340	515	175	$\phi295$	$8-\phi23$	$\phi298.5$	$8-\phi22$	$\phi290$	$12-\phi23$	46
250	10	68	380	390	526	211	$\phi350$	$12-\phi23$	$\phi362$	$12-\phi25$	$\phi355$	$12-\phi25$	58
300	12	78	380	447	530	230	$\phi400$	$12-\phi23$	$\phi431.8$	$12-\phi25$	$\phi400$	$16-\phi25$	63
350	14	78	460	500	645	257	$\phi460$	$16-\phi23$	$\phi476.3$	$12-29$	$\phi415$	$16-\phi25$	82
400	16	102	460	565	690	298	$\phi515$	$16-\phi25$	$\phi539.8$	$16-\phi29$	$\phi510$	$16-\phi27$	120
450	18	114	460	600	743	315	$\phi565$	$20-\phi26$	$\phi577.9$	$16-\phi32$	$\phi565$	$20-\phi27$	150
500	20	127	880	625	800	350	$\phi620$	$20-\phi26$	$\phi635$	$20-\phi32$	$\phi620$	$20-\phi27$	173
600	24	154	880	836	855	425	$\phi725$	$20-\phi30$	$\phi749.3$	$20-\phi35$	$\phi730$	$24-\phi33$	240
700	28	165	1100	909	935	500	$\phi840$	$24-\phi30$			$\phi840$	$24-\phi33$	270
800	32	190	1100	1005	980	540	$\phi950$	$24-\phi31$			$\phi950$	$28-\phi33$	340

（6）电动式衬氟塑料蝶阀（D971F₄-10）（图7.3-14、表7.3-17）

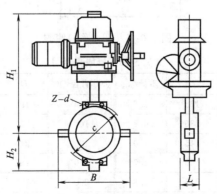

图7.3-14 电动式衬氟塑料蝶阀

表 7.3-17　电动式衬氟塑料蝶阀尺寸　　　单位：mm

公称直径 DN		主 要 尺 寸					法兰尺寸						质量 /kg
							JB、HG PN1.0MPa		ANSI 150lb		JIS 10K		
mm	in	L	A	B	H_1	H_2	c	Z-d	c	Z-d	c	Z-d	
40	1.5	40	220	132	417	60	φ110	4-φ18	φ98.5	4-φ15	φ105	4-φ19	23
50	2	43	220	150	453	70	φ125	4-φ18	φ120.7	4-φ19	φ120	4-φ19	24
65	2.5	46	220	170	476	70	φ145	4-φ18	φ139.7	4-φ19	φ140	4-φ19	25.5
80	3	46	220	196	510	85	φ160	4-φ18	φ152.1	4-φ19	φ150	8-φ19	27
100	4	52	220	210	525	110	φ180	8-φ18	φ190.5	4-φ19	φ175	8-φ19	28
125	5	56	360	236	534	124	φ210	8-φ18	φ215.9	8-φ22	φ210	8-φ23	50
150	6	56	360	276	550	141	φ240	8-φ18	φ241.5	8-φ22	φ240	8-φ23	53
200	8	60	360	340	563	175	φ295	8-φ18	φ298.5	8-φ22	φ290	12-φ23	55
250	10	68	360	390	570	211	φ350	12-φ23	φ362	12-φ25	φ355	12-φ25	60
300	12	78	360	447	595	230	φ400	12-φ23	φ431.8	12-φ25	φ400	16-φ25	75
350	14	78	500	500	618	257	φ460	16-φ23	φ476.8	12-φ29	φ445	16-φ25	84
400	16	102	500	565	625	298	φ515	16-φ25	φ539.8	16-φ29	φ510	16-φ27	90
450	18	114	500	600	630	345	φ565	20-φ26	φ577.9	16-φ32	φ565	20-φ27	160
500	20	127	500	625	645	350	φ620	20-φ26	φ635	20-φ32	φ620	20-φ27	190
600	24	154	500	836	660	425	φ725	20-φ30	φ719.3	20-φ35	φ730	24-φ33	230
700	28	165	630	900	690	500	φ840	24-φ30			φ840	28-φ33	285
800	32	190	630	1005	710	540	φ950	24-φ34			φ950	28-φ33	330

7.3.2　隔膜阀

常用非金属隔膜阀有增强聚丙烯隔膜阀、衬氟塑料隔膜阀、衬橡胶隔膜阀等，结构如图 7.3-15 所示。常见尺寸见表 7.3-18。

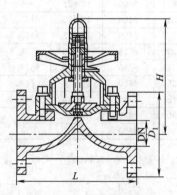

图 7.3-15　非金属隔膜阀

表 7.3-18　隔膜阀尺寸　　　单位：mm

公称直径 DN	D_1	L	H	质量/kg	公称直径 DN	D_1	L	H	质量/kg
15	95	125	125	0.7	80	195	300	300	5.6
20	105	135	130	0.8	100	215	350	340	6.8
25	115	145	145	1.0	125	245	400	420	17
40	145	180	190	1.7	150	280	460	480	26
50	160	210	215	2.3	200	335	570	625	45
65	180	250	280	4.8					

7.3.3 硬聚氯乙烯截止阀（图 7.3-16、表 7.3-19）

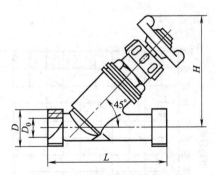

图 7.3-16 硬聚氯乙烯截止阀

表 7.3-19 0.3～0.4MPa 硬聚氯乙烯截止阀尺寸 单位：mm

公称直径 DN	D_0	D	L	H	公称直径 DN	D_0	D	L	H
15	15	30	105	87	32	30	54	177	167
20	20	38	125	100	40	38	68	202	202
25	24	44	155	140	50	51	83	230	236

7.3.4 增强聚丙烯止回阀（图 7.3-17、表 7.3-20）

在液体介质管道系统中，可直接在水平或垂直管道上安装使用。

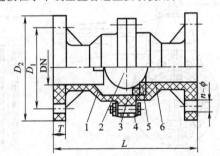

图 7.3-17 增强聚丙烯止回阀
1—阀体（FRPP、PVDF）；2—阀球（钢包塑 FRPP、PVDF）；
3—O 形圈（橡胶、EPDM）；4—压片（FRPP、PVDF）；
5—密封座（氟橡胶、EPDM）；6—下阀体
（FRPP、PVDF）

表 7.3-20 增强聚丙烯止回阀尺寸 单位：mm

公称通径 DN	尺寸参数/mm						球启动近似压力/MPa	工作压力/MPa
	D_1	D_2	L	T	n	ϕ		
25	85	115	150	16	4	14	0.005	0.7
32	100	140	180	18	4	18	0.005	0.7
40	110	150	200	18	4	18	0.005	0.7
50	125	165	230	20	4	18	0.005	0.7
65	145	185	280	22	4	18	0.005	0.7
80	160	200	310	25	8	18	0.005	0.7
100	180	220	350	25	8	18	0.005	0.6
125	210	250	400	35	8	18	0.005	0.5
150	240	285	480	35	8	22	0.005	0.5
200	295	340	495	40	12	22	0.005	0.4

注：工作温度 PVDF 为 40～+125℃；FRPP 为 -14～+90℃。

7.3.5 增强聚丙烯（FRPP）蝶阀

7.3.5.1 蝶阀流量特性曲线（图7.3-18）

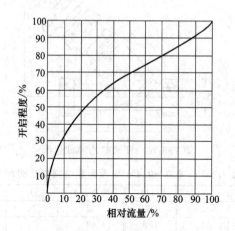

图7.3-18 蝶阀流量特性曲线

7.3.5.2 手动蝶阀（D71×F₂-1.0S、D71×S-1.0S）（图7.3-19、表7.3-21）

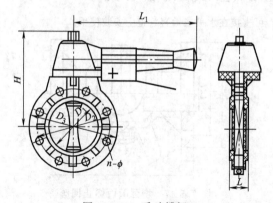

图7.3-19 手动蝶阀

表7.3-21 手动蝶阀尺寸 单位：mm

公称直径 DN	尺寸/mm							工作压力 /MPa
	D_1	D_2	D_3	L_1	L	H	$n-\phi$	
25	36	85	125	150	30	135	4-14	0.7
32	36	100	125	150	30	135	4-18	0.7
40	47	110	150	220	39	155	4-18	0.7
50	55	125	165	220	40	158	4-18	0.7
65	71	145	185	220	45	170	4-18	0.7
80	85	160	200	280	45	190	8-18	0.7
100	105	180	220	280	75	203	8-18	0.6
125	131	210	250	300	70	256	8-18	0.5
150	153	240	285	300	74	269	8-22	0.5

7.3.5.3 蜗轮传动蝶阀 （D371×F₂-1.0S、D371×S-1.0S）（图7.3-20、表7.3-22）

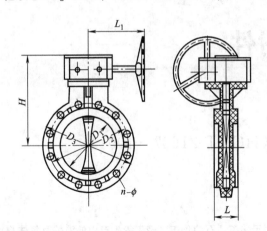

图 7.3-20 蜗轮传动蝶阀

表 7.3-22 蜗轮传动蝶阀尺寸　　　　　　　　　单位：mm

公称直径 DN	尺寸/mm							工作压力 /MPa
	D_1	D_2	D_3	L_1	L	H	n-ϕ	
125	131	210	250	180	70	256	8-18	0.5
150	153	240	285	180	74	269	8-22	0.5
200	204	295	340	180	87	303	8-22	0.4
250	255	350	395	180	114	333	12-22	0.3
300	307	400	445	180	114	363	12-22	0.3
350	358	460	505	180	127	393	16-22	0.3
400	398	515	565	240	140	458	16-26	0.3
450	446	565	615	240	152	478	20-26	0.2
500	494	620	570	260	152	508	20-26	0.2
600	590	725	780	260	178	573	20-30	0.2

注：1. 阀座通径按 GB 12238 标准，D_2、D_3、n-ϕ 按 HG/T 20592～20635—2009 PN1.0MPa，L 结构长度按 GB 12221 标准。

2. 工作温度 FRPP 为 -14～$+90$℃；PVDF 为 -40～$+125$℃。

8 管路附件

8.1 管道过滤器（HG/T 21637—1991）

8.1.1 过滤器的选用

8.1.1.1 适用范围

（1）标准所列过滤器适用于化工、石油化工、轻工等生产中的液体及气体物料，用以过滤其固体杂质。通常安装在泵、压缩机的入口或流量仪表前的管道上，以保护此类设备或仪表。

（2）标准包括公制和英制两个系列：公制系列分 1.0MPa、2.5MPa、4.0MPa 三个压力等级；英制系列分 150lb、300lb（2.0MPa、5.0MPa）两个压力等级。公制系列中的尖顶和平顶锥型过滤器压力等级从 0.6MPa 开始，即 0.6MPa、1.0MPa、2.5MPa。

（3）标准过滤器的主要结构材料选用铸铁、碳钢、低合金钢和奥氏体不锈钢四种，其工作温度范围：铸铁为 -20~300℃，碳钢为 -20~400℃，低合金钢为 -40~400℃，不锈钢为 -196~400℃。

（4）标准过滤器以 30 目/英寸的不锈钢丝网作为标准网，可拦截 $\geqslant 614\mu m$ 粒径的固体颗粒。

8.1.1.2 温度-压力等级（表 8.1-1、表 8.1-2）

表 8.1-1 公制系列过滤器工作温度（℃）与最高工作压力（MPa）的对应关系

材质	公称压力 PN/MPa	≤200℃	250℃	300℃	350℃	400℃
铁过滤器	1.0	1.0	0.8	0.8		
碳钢过滤器	1.0	1.0	0.92	0.82	0.73	0.64
	2.5	2.5	2.3	2.0	1.8	1.6
	4.0	4.0	3.7	3.3	3.0	2.8
低合金钢过滤器	1.0	1.0	1.0	0.94	0.91	0.82
	2.5	2.5	2.5	2.3	2.2	2.0
	4.0	4.0	4.0	3.7	3.6	3.3
不锈钢过滤器	1.0	1.0	0.93	0.86	0.82	0.78
	2.5	2.5	2.2	2.1	2.06	1.96
	4.0	4.0	3.7	3.4	3.3	3.13

表 8.1-2 英制系列过滤器工作温度（℃）与最高工作压力（MPa）的对应关系

材质	压力等级	100℃	150℃	200℃	250℃	300℃	350℃	400℃
碳钢过滤器	150lb	1.77	1.58	1.40	1.21	1.02	0.84	0.65
	300lb	4.04	4.52	4.38	4.17	3.87	3.70	3.45
低合金钢过滤器	150lb	1.73	1.58	1.40	1.21	1.02	0.84	0.65
	300lb	4.51	4.40	4.27	4.06	3.77	3.60	3.24
不锈钢过滤器	150lb	1.59	1.44	1.32	1.21	1.02	0.84	0.65
	300lb	4.15	3.75	3.44	3.21	3.05	2.93	2.88

8.1.1.3 标记分类

过滤器体上的铭牌标记以及订货时的型号填写均按下述形式标注：

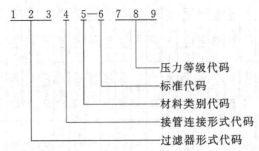

第"1"～"3"代码表示过滤器的结构形式，见表8.1-3。

表 8.1-3　过滤器结构形式代码

符号	意　义	符号	意　义
SY1	铸制 Y 型过滤器	SC1	尖顶锥型过滤器
ST1	正折流式 T 型过滤器	SC2	平顶锥型过滤器
ST2	反折流式 T 型过滤器	SD1	双滤筒式罐型过滤器
ST3	直流式 T 型过滤器	SD2	多滤筒式罐型过滤器

第"4"代码表示接管的连接形式，见表8.1-4。

表 8.1-4　接管连接形式代码

符号	意　义	符号	意　义
1	内螺纹连接	4	法兰连接
3	承插焊连接	6	对焊连接

第"5"代码表示材料类别，见表8.1-5。

表 8.1-5　材料类别代码

符号	意　义	符号	意　义
C	碳素钢或铸铁	S	奥氏体不锈钢
M	低合金钢		

第"6"代码表示接管、法兰等的标准，见表8.1-6。

表 8.1-6　接管、法兰标准代码

符号	意　义	符号	意　义
H	接管尺寸采用 GB 标准,法兰采用 HG 标准	A	接管尺寸采用 HG 标准,法兰采用美国 ANSI 标准

第"7"～"9"代码表示压力等级。

无论是公制或英制系列，均采用常用的压力等级数字。公制系列的压力等级单位为MPa，英制系列为lb。

HG/T 21637—1991 中列出八种结构型式的过滤器，其型号、通径及工作温度范围见表 8.1-7、表 8.1-8。

8.1.1.4　选用原则

八种结构型式过滤器的选用可根据工艺过程及管道安装的需要，并结合各种类型过滤器的综合性能从中选择。选用原则及注意要点有如下几条。

（1）为保证管网系统的严密性，可选用承插焊接、对焊连接的过滤器；若考虑更换方便，则可选用螺纹连接或法兰连接的过滤器。

（2）过滤器的本体材料应与相连的管道材料一致或相当。

（3）对固体杂质含量较多的工作介质，应选用有较大过滤面积的过滤器。

（4）一般有效过滤面积为相连管道的截面积3倍以上的过滤器可作为永久性过滤器；临时过滤器的有效过滤面积为管道截面积的两倍以上。但当输送流体中的固体杂质含量不多或有其他措施可弥补时，也可适当降低要求。

（5）滤网目数的选择应考虑能满足工艺过程的需要，或对泵、压缩机等流体输送机械能起到保护作用的目的。

表 8.1-7　公制系列过滤器的类型型号通径及工作温度范围

型式代号	结构特征	铸铁或碳钢 型号	公称压力PN/MPa	公称尺寸/mm	工作温度/℃	低合金钢 型号	公称压力PN/MPa	公称尺寸/mm	工作温度/℃	不锈钢 型号	公称压力PN/MPa	公称尺寸/mm	工作温度/℃
SY1 铸制Y型	螺纹连接 承插焊连接	SY11C-H10	1.0	15~50	-20~300								
		SY13C-H25	2.5	15~50	-20~400					SY13S-H25	2.5	15~50	-196~400
		SY13C-H40	4.0	15~50	-20~400					SY13S-H40	4.0	15~50	-196~400
	法兰连接	SY14C-H10	1.0	15~200	-20~300					SY14S-H10	1.0	15~200	-196~400
		SY14C-H25	2.5	15~200	-20~400					SY14S-H25	2.5	15~200	-196~400
		SY14C-H40	4.0	15~200	-20~400					SY14S-H40	4.0	15~200	-196~400
ST1 正折流式T型	对焊连接	ST16C-H10	1.0	50~600	-20~400	ST16M-H10	1.0	50~400	-40~400	SY16S-H10	1.0	50~400	-196~400
		ST16C-H25	2.5	50~600	-20~400	ST16M-H25	2.5	50~400	-40~400	SY16S-H25	2.5	50~400	-196~400
		ST16C-H40	4.0	50~600	-20~400	ST16M-H40	4.0	50~400	-40~400	SY16S-H40	4.0	50~300	-196~400
	法兰连接	ST14C-H10	1.0	50~600	-20~400	ST14M-H10	1.0	50~400	-40~400	SY14S-H10	1.0	50~400	-196~400
		ST14C-H25	2.5	50~600	-20~400	ST14M-H25	2.5	50~400	-40~400	SY14S-H25	2.5	50~400	-196~400
		ST14C-H40	4.0	50~500	-20~400	ST14M-H40	4.0	50~400	-40~400	SY14S-H40	4.0	50~300	-196~400
ST2 反折流式T型	对焊连接	ST26C-H10	1.0	50~600	-20~400	ST26M-H10	1.0	50~400	-40~400	SY26S-H10	1.0	50~400	-196~400
		ST26C-H25	2.5	50~600	-20~400	ST26M-H25	2.5	50~400	-40~400	SY26S-H25	2.5	50~400	-196~400
		ST26C-H40	4.0	50~500	-20~400	ST26M-H40	4.0	50~400	-40~400	SY26S-H40	4.0	50~300	-196~400
	法兰连接	ST24C-H10	1.0	50~600	-20~400	ST24M-H10	1.0	50~400	-40~400	SY24S-H10	1.0	50~400	-196~400
		ST24C-H25	2.5	50~600	-20~400	ST24M-H25	2.5	50~400	-40~400	SY24S-H25	2.5	50~400	-196~400
		ST24C-H40	4.0	50~500	-20~400	ST24M-H40	4.0	50~400	-40~400	SY24S-H40	4.0	50~300	-196~400
ST3 直流式T型	对焊连接	ST36C-H10	1.0	50~600	-20~400	ST36M-H10	1.0	50~400	-40~400	ST36S-H10	1.0	50~400	-196~400
		ST36C-H25	2.5	50~600	-20~400	ST36M-H25	2.5	50~400	-40~400	ST36S-H25	2.5	50~400	-196~400
		ST36C-H40	4.0	50~500	-20~400	ST36M-H40	4.0	50~400	-40~400	ST36S-H40	4.0	50~300	-196~400
	法兰连接	ST34C-H10	1.0	50~600	-20~400	ST34M-H10	1.0	50~400	-40~400	ST34S-H10	1.0	50~400	-196~400
		ST34C-H25	2.5	50~600	-20~400	ST34M-H25	2.5	50~400	-40~400	ST34S-H25	2.5	50~400	-196~400
		ST34C-H40	4.0	50~500	-20~400	ST34M-H40	4.0	50~400	-40~400	ST34S-H40	4.0	50~300	-196~400
SC1 尖顶锥形	法兰对夹									SC14S-H6	0.6	20~600	-196~400
										SC14S-H10	1.0	20~600	-196~400
										SC14S-H25	2.5	20~600	-196~400
SC2 平顶锥形	法兰对夹									SC24S-H6	0.6	25~600	-196~400
										SC24S-H10	1.0	25~600	-196~400
										SC24S-H25	2.5	25~600	-196~400

续表

代号	型式	结构特征	铸铁或碳钢 型号	公称压力PN/MPa	公称尺寸/mm	工作温度/℃	低合金钢 型号	公称压力PN/MPa	公称尺寸/mm	工作温度/℃	不锈钢 型号	公称压力PN/MPa	公称尺寸/mm	工作温度/℃
SD1	双滤筒式罐型	对焊连接	SD16C-H10	1.0	65~300	-20~400	SD16M-H10	1.0	65~300	-40~400	SD16S-H10	1.0	65~300	-196~400
			SD16C-H25	2.5	65~300	-20~400	SD16M-H25	2.5	65~300	-40~400	SD16S-H25	2.5	65~300	-196~400
			SD16C-H40	4.0	65~300	-20~400	SD16M-H40	4.0	65~300	-40~400	SD16S-H40	4.0	65~300	-196~400
		法兰连接	SD14C-H10	1.0	65~300	-20~400	SD14M-H10	1.0	65~300	-40~400	SD14S-H10	1.0	65~300	-196~400
			SD14C-H25	2.5	65~300	-20~400	SD14M-H25	2.5	65~300	-40~400	SD14S-H25	2.5	65~300	-196~400
			SD14C-H40	4.0	65~300	-20~400	SD14M-H40	4.0	65~300	-40~400	SD14S-H40	4.0	65~300	-196~400
SD2	多滤筒式罐型	对焊连接	SD26C-H10	1.0	65~300	-20~400	SD26M-H10	1.0	65~300	-40~400	SD26S-H10	1.0	65~300	-196~400
			SD26C-H25	2.5	65~300	-20~400	SD26M-H25	2.5	65~300	-40~400	SD26S-H25	2.5	65~300	-196~400
			SD26C-H40	4.0	65~300	-20~400	SD26M-H40	4.0	65~300	-40~400	SD26S-H40	4.0	65~300	-196~400
		法兰连接	SD24C-H10	1.0	65~300	-20~400	SD24M-H10	1.0	65~300	-40~400	SD24S-H10	1.0	65~300	-196~400
			SD24C-H25	2.5	65~300	-20~400	SD24M-H25	2.5	65~300	-40~400	SD24S-H25	2.5	65~300	-196~400
			SD24C-H40	4.0	65~300	-20~400	SD24M-H40	4.0	65~300	-40~400	SD24S-H40	4.0	65~300	-196~400

注：SC1/SC2 型过滤器也适用于碳钢/低合金钢/低合金钢管路。

表 8.1-8　英制系列过滤器的类型型号通径及工作温度范围

代号	型式	结构特征	铸铁或碳钢 型号	压力等级	公称尺寸/mm	工作温度/℃	低合金钢 型号	压力等级	公称尺寸/mm	工作温度/℃	不锈钢 型号	压力等级	公称尺寸/mm	工作温度/℃
SY1	铸制Y型	螺纹连接	SY11C-A150	150lb	1/2~2	-20~400								
		承插焊连接	SY13C-A150	150lb	1/2~2	-20~400					SY13S-A150	150lb	1/2~2	-196~400
			SY13C-A300	300lb	1/2~2	-20~400					SY13S-A300	300lb	1/2~2	-196~400
		法兰连接	SY14C-A150	150lb	1/2~8	-20~400					SY14S-A150	150lb	1/2~8	-196~400
			SY14C-A300	300lb	1/2~8	-20~400					SY14S-A300	300lb	1/2~8	-196~400
ST1	正折流式T型	对焊连接	ST16C-A150	150lb	2~24	-20~400	ST16M-A150	150lb	2~16	-40~400	ST16S-A150	150lb	2~16	-196~400
			ST16C-A300	300lb	2~24	-20~400	ST16M-A300	300lb	2~16	-40~400	ST16S-A300	300lb	2~12	-196~400
		法兰连接	ST14C-A150	150lb	2~24	-20~400	ST14M-A150	150lb	2~16	-40~400	ST14S-A150	150lb	2~16	-196~400
			ST14C-A300	300lb	2~24	-20~400	ST14M-A300	300lb	2~16	-40~400	ST14S-A300	300lb	2~12	-196~400

续表

型式代号	型式	结构特征	铸铁或碳钢 型号	压力等级	公称尺寸/mm	工作温度/℃	低合金钢 型号	压力等级	公称尺寸/mm	工作温度/℃	不锈钢 型号	压力等级	公称尺寸/mm	工作温度/℃
ST2	反折流式T型	对焊连接	ST26C-A150	150lb	2~24	-20~400	ST26M-A150	150lb	2~16	-20~400	ST26S-A150	150lb	2~16	-196~400
		对焊连接	ST26C-A300	300lb	2~24	-20~400	ST26M-A300	300lb	2~16	-20~400	ST26S-A300	300lb	2~12	-196~400
		法兰连接	ST24C-A150	150lb	2~24	-20~400	ST24M-A150	150lb	2~16	-20~400	ST24S-A150	150lb	2~16	-196~400
		法兰连接	ST24C-A300	300lb	2~24	-20~400	ST24M-A300	300lb	2~16	-20~400	ST24S-A300	300lb	2~12	-196~400
ST3	直流式T型	对焊连接	ST36C-A150	150lb	2~24	-20~400	ST36M-A150	150lb	2~16	-20~400	ST36S-A150	150lb	2~16	-196~400
		对焊连接	ST36C-A300	300lb	2~24	-20~400	ST36M-A300	300lb	2~16	-20~400	ST36S-A300	300lb	2~12	-196~400
		法兰连接	ST34C-A150	150lb	2~24	-20~400	ST34M-A150	150lb	2~16	-20~400	ST34S-A150	150lb	2~16	-196~400
		法兰连接	ST34C-A300	300lb	2~24	-20~400	ST34M-A300	300lb	2~16	-20~400	ST34S-A300	300lb	2~12	-196~400
SC1	尖顶锥形	法兰对夹									SC14S-A150	150lb	3/4~24	-196~400
		法兰对夹									SC14S-A300	300lb	3/4~24	-196~400
SC2	平顶锥形	法兰对夹									SC24S-A150	150lb	1~24	-196~400
		法兰对夹									SC24S-A300	300lb	1~24	-196~400
SD1	双滤筒式罐型	对焊连接	SD16C-A150	150lb	2½~12	-20~400	SD16M-A150	150lb	2½~12	-40~400	SD16S-A150	150lb	2½~12	-196~400
		对焊连接	SD16C-A300	300lb	2½~12	-20~400	SD16M-A300	300lb	2½~12	-40~400	SD16S-A300	300lb	2½~12	-196~400
		法兰连接	SD14C-A150	150lb	2½~12	-20~400	SD14M-A150	150lb	2½~12	-40~400	SD14S-A150	150lb	2½~12	-196~400
		法兰连接	SD14C-A300	300lb	2½~12	-20~400	SD14M-A300	300lb	2½~12	-40~400	SD14S-A300	300lb	2½~12	-196~400
SD2	多滤筒式罐型	对焊连接	SD26C-A150	150lb	2½~12	-20~400	SD26M-A150	150lb	2½~12	-40~400	SD26S-A150	150lb	2½~12	-196~400
		对焊连接	SD26C-A300	300lb	2½~12	-20~400	SD26M-A300	300lb	2½~12	-40~400	SD26S-A300	300lb	2½~12	-196~400
		法兰连接	SD24C-A150	150lb	2½~12	-20~400	SD24M-A150	150lb	2½~12	-40~400	SD24S-A150	150lb	2½~12	-196~400
		法兰连接	SD24C-A300	300lb	2½~12	-20~400	SD2M-A300	300lb	2½~12	-40~400	SD24S-A300	300lb	2½~12	-196~400

注：SC1/SC2 型过滤器也适用于碳钢/低合金钢管路。

（6）因 HG/T 21637—1991 标准过滤器以 30 目/英寸的不锈钢丝网作为标准滤网，而且滤筒（包括滤框、滤网等零件）统一用不锈钢材料制作，因此，当工艺过程对滤筒材料或者对允许通过的固体粒度有特殊要求时，可以选用其他材料或根据表8.1-9、表8.1-10的数据另选其他规格的金属丝网。但要注意，此时所选的过滤器，其有效过滤面积及压降与标准型号的数据不同。

表 8.1-9　不锈钢丝网的技术特征

孔目数目/in	丝径/mm	可拦截的粒径/μm	有效面积/%	孔目数目/in	丝径/mm	可拦截的粒径/μm	有效面积/%
10	0.508	2032	64	30	0.234	614	53
12	0.457	1660	61	32	0.234	560	50
14	0.376	1438	63	36	0.234	472	48
15	0.315	1273	65	38	0.213	456	46
18	0.315	1098	61	40	0.193	442	49
20	0.315	956	57	50	0.152	356	50
22	0.273	882	59	60	0.122	301	51
24	0.273	785	56	80	0.102	216	47
26	0.234	743	59	100	0.081	173	46
28	0.234	673	56	120	0.081	131	38

表 8.1-10　一般金属丝网的技术特征

孔目数目/in	丝径/mm	可拦截的粒径/μm	有效面积/%	孔目数目/in	丝径/mm	可拦截的粒径/μm	有效面积/%
10	0.559	1981	61	30	0.234	614	53
12	0.457	1680	61	32	0.213	581	54
14	0.37	1438	63	34	0.213	534	52
16	0.315	1273	65	36	0.213	493	50
18	0.315	1096	61	40	0.173	402	54
20	0.274	996	62	50	0.152	356	50
22	0.274	881	59	60	0.122	301	51
24	0.254	804	58	80	0.102	216	47
26	0.234	743	59	100	0.08	174	50
28	0.234	673	56	120	0.07	142	50

（7）根据实际实际配管需要选型。一般 SY1、ST3、SD1、SD2 诸型宜安装在直管段部位；ST1、ST2 型宜安装在有 90°流向变化处，以节省弯头；而 SC1、SC2 型既可设置在直管段，又可在 90°弯头处安装，但需配置可拆卸的短管。

（8）各类型过滤器应按表8.1-11所示的流向及推荐的安装方式进行安装。

（9）除 SC1、SC2 型无需专设支承；SD2 型中的 DN200～300 过滤器自身配带支腿外，其他过滤器均无支撑部件，由配管设计者考虑支承方式。

（10）ST1、ST2 型过滤器可根据配管需要采用图8.1-1所示的四种方法进行安装；当选用该两种类型中规格≥DN350的过滤器时，必须注明安装方式，否则按 A 型供货。

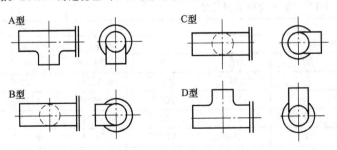

A型　C型
B型　D型

图 8.1-1　ST1、ST2 型过滤器的安装方式

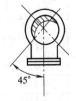

45°

图 8.1-2　ST3 型过滤器水平安装方式

(11) 当 ST3 型过滤器水平安装时，从合理利用安装空间有利于排液和方便检修等方面考虑，宜采用图 8.1-2 所示的方位。

8.1.1.5　安装方式（表 8.1-11）

表 8.1-11　各型式过滤器的主要性能及推荐安装方式

型式	SY1	ST1	ST2	ST3	SC1	SC2	SD1	SD2
允许的安装方式及流向（水平）								
允许的安装方式及流向（垂直）								
结构	简单	较简单	较简单	较复杂	简单	简单	较复杂	较复杂
体积	中	中	中	较小	小	小	大	大
重量	较重	中	中	中	轻	轻	重	重
过滤面积	中	中	中	小	小	较小	较大	大
流体阻力	中	中	中	大	大	较大	较小	小
滤筒装拆	方便	方便	方便	方便	较方便	较方便	方便	方便
滤筒清洗	方便	方便	方便	方便	方便	方便	方便	较不方便

8.1.2　铸制 Y 型过滤器（SY1）

8.1.2.1　铸制 Y 型螺纹连接（SY11）

结构尺寸见图 8.1-3、表 8.1-12、表 8.1-13。

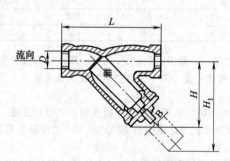

图 8.1-3　SY11 结构

表 8.1-12　SY11 公制系列尺寸

SY11C-H1.0（壳体材料：HT250）

公称尺寸 DN	安装尺寸/mm					有效过滤面积/m²	重量/kg
	D	L	H	H₁	B		
15	G½″	100	74	99	ZG⅜″	0.00186	0.78
20	G¾″	110	88	127	ZG½″	0.00281	1.10
25	G1″	130	103	150	ZG½″	0.00343	1.43
32	G1¼″	160	110	163	ZG½″	0.00486	2.11
40	G1½″	180	132	203	ZG½″	0.00767	3.07
50	G2″	200	163	243	ZG½″	0.01160	3.91

表 8.1-13　SY11 英制系列尺寸

SY11C-A150(壳体材料:ZG230-450)

公称尺寸 DN		安装尺寸/mm					有效过滤面积/m²	重量/kg
in	mm	D	L	H	H₁	B		
½	15	NPT½″	100	74	99	NPT⅜″	0.00185	0.78
¾	20	NPT¾″	110	88	127	NPT½″	0.00281	1.23
1	25	NPT1″	130	103	150	NPT½″	0.00343	1.43
1¼	32	NPT1¼″	160	110	163	NPT½″	0.00486	2.11
1½	40	NPT1½″	180	132	203	NPT½″	0.00767	3.07
2	50	NPT2″	200	163	243	NPT½″	0.01160	3.91

8.1.2.2　铸制 Y 型承插焊连接 (SY13)

结构尺寸见图 8.1-4、表 8.1-14、表 8.1-15。

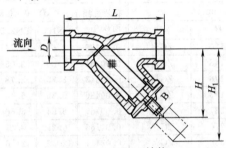

图 8.1-4　SY13 结构

表 8.1-14　SY13 公制系列尺寸

SY13C-H2.5,SY13C-H4.0(壳体材料:ZG230-450)
SY13S-H2.5,SY13S-H4.0(壳体材料:ZG1Gr18Ni9)

公称尺寸 DN	安装尺寸/mm					有效过滤面积/m²	SY13C 重量/kg		SY13S 重量/kg	
	D	L	H	H₁	B		PN2.5	PN4.0	PN2.5	PN4.0
15	18.6	100	74	99	ZG⅜″	0.00185	0.79	0.79	0.81	0.81
20	25.6	110	88	127	ZG½″	0.00281	1.13	1.13	1.15	1.15
25	32.8	130	103	150	ZG½″	0.00343	1.43	1.58	1.46	1.61
32	38.6	160	110	163	ZG½″	0.00486	2.34	2.34	2.12	2.38
40	45.6	180	132	203	ZG½″	0.00767	3.10	3.42	3.18	3.18
50	58.0	200	163	243	ZG½″	0.01160	4.34	4.77	5.91	5.91

表 8.1-15　SY13 英制系列尺寸

SY13C-A150,SY13C-A300(壳体材料:ZG230-450)
SY13S-A150,SY13S-A300(壳体材料:ZG1Gr18Ni9)

公称尺寸 DN		安装尺寸/mm					有效过滤面积/m²	SY13C 重量/kg		SY13S 重量/kg	
in	mm	D	L	H	H₁	B		150lb	300lb	150lb	300lb
½	15	21.80	100	74	99	NPT⅜″	0.00185	0.75	0.79	0.81	0.81
¾	20	27.15	110	88	127	NPT½″	0.00281	1.23	1.23	1.25	1.25
1	25	33.90	130	103	150	NPT½″	0.00343	1.43	1.58	1.46	1.61
1¼	32	42.65	160	110	163	NPT½″	0.00486	2.11	2.45	2.12	2.38
1½	40	48.75	180	132	203	NPT½″	0.00767	3.10	3.42	3.18	3.50
2	50	61.30	200	163	243	NPT½″	0.01160	3.91	4.77	4.89	4.89

8.1.2.3　铸制 Y 型法兰连接 (SY14)

结构尺寸见图 8.1-5、表 8.1-16、表 8.1-17。

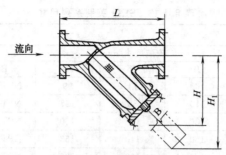

图 8.1-5　SY14 结构

表 8.1-16　SY14 公制系列尺寸

SY14C-H1.0(壳体材料:HT150)/SY14C-H2.5,SY14C-H4.0(壳体材料:ZG230-450)
SY14S-H1.0,SY14S-H2.5,SY14S-H4.0(壳体材料:ZG1Gr18Ni9)

公称尺寸 DN	安装尺寸/mm				有效过滤面积/m²	SY14C 重量/kg			SY14S 重量/kg		
	L	H	H₁	B		PN1.0	PN2.5	PN4.0	PN1.0	PN2.5	PN4.0
15	110	87	120	ZG⅜″	0.00185	2.62	2.74	2.81	2.80	2.85	2.85
20	130	105	148	ZG½″	0.00281	3.00	3.06	3.06	3.05	3.11	3.11
25	150	114	176	ZG½″	0.00343	3.70	3.78	3.98	3.80	3.84	3.84
32	160	124	193	ZG½″	0.00486	5.35	5.46	5.46	5.43	5.54	5.54
40	200	156	237	ZG½″	0.00767	6.54	6.60	7.01	6.62	6.72	6.72
50	220	181	270	ZG½″	0.01160	9.21	9.43	9.97	10.9	11.1	11.1
65	290	250	369	ZG¾″	0.02111	20.2	21.6	22.7	22.4	23.9	24.1
80	310	280	429	ZG¾″	0.03029	23.4	25.1	27.4	26.6	27.7	28.5
100	350	320	488	ZG¾″	0.04083	31.2	34.2	38.3	34.6	37.1	38.8
125	400	374	547	ZG¾″	0.05589	44.1	49.1	56.9	50.5	54.6	57.8
150	480	430	622	ZG¾″	0.07709	54.5	61.3	72.0	63.9	70.7	74.2
200	550	515	741	ZG¾″	0.11967	81.0	93.3	127.7	85.3	97.0	120.5

表 8.1-17　SY14 英制系列尺寸

SY14C-A150,SY14C-A300(壳体材料:ZG230-450)
SY14S-A150,SY14S-A300(壳体材料:ZG1Gr18Ni9)

公称尺寸 DN		安装尺寸/mm				有效过滤面积/m²	SY14C 重量/kg		SY14S 重量/kg	
in	mm	L	H	H₁	B		150lb	300lb	150lb	300lb
½	15	110	87	120	NPT⅜″	0.00185	1.96	2.47	2.10	2.51
¾	20	130	105	148	NPT½″	0.00281	2.25	3.35	2.29	3.40
1	25	150	114	176	NPT½″	0.00343	3.05	4.19	3.10	4.25
1¼	32	160	124	193	NPT½″	0.00486	4.14	5.85	4.21	5.64
1½	40	200	156	237	NPT½″	0.00767	6.09	8.40	6.20	8.63
2	50	220	181	270	NPT½″	0.01160	8.57	11.0	9.68	11.2
2½	65	290	259	369	NPT¾″	0.02111	22.7	27.7	23.6	29.0
3	80	310	293	429	NPT¾″	0.03029	25.2	37.6	27.8	38.2
4	100	350	324	483	NPT¾″	0.04033	33.7	58.0	36.7	57.2
5	125	400	390	547	NPT¾″	0.05589	48.1	76.4	52.1	76.6
6	150	480	449	622	NPT¾″	0.07709	50.7	112.1	66.8	104.4
8	200	550	535	741	NPT¾″	0.11967	87.3	183.2	91.2	175.6

8.1.3　正折流式 T 型过滤器（ST1）

8.1.3.1　正折流式 T 型对焊连接（ST16）

结构尺寸见图 8.1-6、表 8.1-18、表 8.1-19。

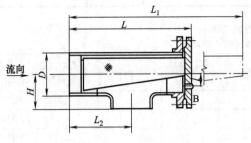

图 8.1-6 ST16 结构

排放口"B"的结构型式如图 8.1-7 所示。

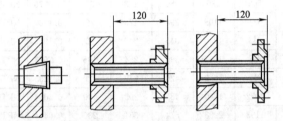

(a) PN1.0、2.5(C、M)、150lb (b) PN1.0、2.5(S)、300lb (c) PN4.0(C、M、S)

图 8.1-7 排放口"B"的结构型式

表 8.1-18 ST16 公制系列尺寸

ST16C-H1.0,ST16C-H2.5,ST16C-H4.0(壳体材料:20)
ST16M-H1.0,ST16M-H2.5,ST16M-H4.0(壳体材料:16Mn)
ST16S-H1.0,ST16S-H2.5,ST16S-H4.0(壳体材料:1Cr18Ni9Ti)

公称尺寸 DN	安装尺寸/mm						有效过滤面积/m²	ST16C,ST16M					ST16S				
								排放口"B"		重量/kg			排放口"B"		重量/kg		
	D	L	L₁	L₂	H	l		PN1.0/2.5	PN4.0	PN1.0	PN2.5	PN4.0	PN1.0/2.5	PN4.0	PN1.0	PN2.5	PN4.0
50	57	300	528	164	64	16	0.0132	ZG½″	DN20 凹面	6.59	7.31	8.95	DN20 凸面	DN20 凹面	7.18	8.06	8.49
65	76	338	594	184	76	25	0.0202	ZG½″	DN20 凹面	9.15	10.6	12.6	DN20 凸面	DN20 凹面	9.68	11.3	12.3
80	89	368	652	196	86	30	0.0276	ZG½″	DN20 凹面	11.0	13.3	15.7	DN20 凸面	DN20 凹面	11.2	13.7	15.1
100	108	423	735	220	105	40	0.0373	ZG½″	DN20 凹面	14.7	20.1	23.4	DN20 凸面	DN20 凹面	14.6	20.1	22.8
125	133	466	814	240	124	45	0.0544	ZG¾″	DN20 凹面	20.3	28.6	34.7	DN20 凸面	DN20 凹面	23.2	31.1	35.8
150	159	521	917	270	143	55	0.0776	ZG¾″	DN20 凹面	28.8	39.6	46.9	DN20 凸面	DN20 凹面	30.0	41.2	48.2
200	219	630	1108	320	178	70	0.1260	ZG¾″	DN20 凹面	48.0	66.8	98.4	DN20 凸面	DN20 凹面	48.1	67.4	98.0
250	273	738	1310	370	216	90	0.1915	ZG¾″	DN20 凹面	76.5	105.3	154.6	DN20 凸面	DN20 凹面	74.2	104.0	150.7
300	325	848	1512	420	254	105	0.2673	ZG¾″	DN20 凹面	101.2	153.9	232.6	DN20 凸面	DN20 凹面	102.0	150.1	219.2
350	377	911	1631	450	279	120	0.3253	ZG¾″	DN25 凹面	137.9	218.9	329.0	DN25 凸面		135.6	203.1	
400	426	1038	1840	521	305	140	0.4094	ZG¾″	DN25 凹面	191.1	301.2	474.0	DN25 凸面		207.0	261.6	
500	529	1234	2208	609	381	230	0.6444	ZG¾″	DN25 凹面	290.3	498.4	705.7					
600	630	1340	2454	710	432	250	0.8598	ZG¾″	DN25 凹面	385.8	668.2						

　　注：通径范围：ST16C-H1.0/2.5：DN50~600；
　　　　　　　　ST16C-H4.0：DN50~500；
　　　　　　　　ST16M-H1.0/2.5/4.0：DN50~400；
　　　　　　　　ST16S-H1.0/2.5：DN50~400；
　　　　　　　　ST16S-H4.0：DN50~300。

表 8.1-19　ST16 英制系列尺寸

ST16C-A150,ST16C-A300(壳体材料：20)
ST16M-A150,ST16M-A300(壳体材料：16Mn)
ST16S-A150,ST16S-A300(壳体材料：1Cr18Ni9Ti)

公称尺寸 DN		安装尺寸/mm						有效过滤面积/m²	排放口"B"		重量/kg	
in	mm	D	L	L_1	L_2	H	l		150lb	300lb	150lb	300lb
2	50	60.3	305	528	139	64	16	0.0132	NPT½″	DN20 凸面	7.00	11.1
2½	65	76.1	344	594	157	76	25	0.0202	NPT½″	DN20 凸面	11.6	16.4
3	80	88.9	376	652	171	86	30	0.0276	NPT½″	DN20 凸面	14.1	21.8
4	100	114.3	455	758	209	105	40	0.0373	NPT½″	DN20 凸面	22.0	34.1
5	125	139.7	500	840	230	124	45	0.0544	NPT¾″	DN20 凸面	28.3	44.8
6	150	168.3	542	930	250	143	55	0.0776	NPT¾″	DN20 凸面	37.8	62.0
8	200	219.1	634	1108	294	178	70	0.1260	NPT¾″	DN20 凸面	63.3	97.9
10	250	273.0	743	1310	345	216	90	0.1915	NPT¾″	DN20 凸面	92.8	155.6
12	300	323.9	848	1512	396	254	105	0.2673	NPT¾″	DN20 凸面	133.9	228.8
14	350	355.6	911	1632	426	279	120	0.3253	NPT¾″	DN25 凸面	187.1	310.0
16	400	406.4	1032	1840	485	305	140	0.4094	NPT¾″	DN25 凸面	246.2	421.1
20	500	508	1193	2208	574	381	230	0.6444	NPT¾″	DN25 凸面	399.4	664.0
24	600	610	1324	2454	637	432	250	0.8598	NPT¾″	DN25 凸面	566.4	1004.2

注：通径范围：ST16C-A150/A300：DN50～600；
　　ST16M-A150/A300：DN50～400；
　　ST16S-A150：DN50～400；
　　ST16S-A300：DN50～300。

8.1.3.2　正折流式 T 型法兰连接（ST14）

结构尺寸见图 8.1-8、表 8.1-20、表 8.1-21。

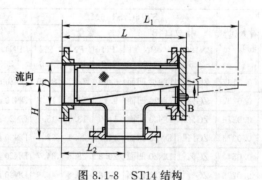

图 8.1-8　ST14 结构

排放口"B"的结构型式如图 8.1-9 所示。

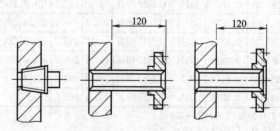

(a) PN1.0、2.5(C、M) 150lb　　(b) PN1.0、2.5(S)300lb　　(c) PN4.0(C、M、S)

图 8.1-9　排放口"B"的结构型式

表 8.1-20　ST14 公制系列尺寸

ST14C-H1.0,ST14C-H2.5,ST14C-H4.0(壳体材料:20)
ST14M-H1.0,ST14M-H2.5,ST14M-H4.0(壳体材料:16Mn)
ST14S-H1.0,ST14S-H2.5,ST14S-H4.0(壳体材料:1Cr18Ni9Ti)

公称尺寸 DN	安装尺寸/mm						有效过滤面积/m²	ST14C,ST14M					ST14S				
								排放口"B"		重量/kg			排放口"B"		重量/kg		
	D	L	L₁	L₂	H	l		PN1.0/2.5	PN4.0	PN1.0	PN2.5	PN4.0	PN1.0/2.5	PN4.0	PN1.0	PN2.5	PN4.0
50	57	300	528	164	164	16	0.0132	ZG½"	DN20 凹面	11.2	13.1	14.3	DN20 凸面	DN20 凹面	11.7	13.9	13.9
65	76	338	594	184	184	25	0.0202	ZG½"	DN20 凹面	15.6	17.7	19.8	DN20 凸面	DN20 凹面	15.7	18.1	19.4
80	89	368	652	196	196	30	0.0276	ZG½"	DN20 凹面	18.3	22.2	24.9	DN20 凸面	DN20 凹面	18.0	22.8	24.3
100	108	423	735	220	175	40	0.0373	ZG½"	DN20 凹面	23.3	32.8	36.6	DN20 凸面	DN20 凹面	22.7	32.7	36.1
125	133	466	814	240	194	45	0.0544	ZG¾"	DN20 凹面	31.7	46.2	52.5	DN20 凸面	DN20 凹面	35.4	49.5	55.2
150	159	521	917	270	217	55	0.0776	ZG¾"	DN20 凹面	42.2	61.3	70.7	DN20 凸面	DN20 凹面	44.4	64.3	73.8
200	219	630	1108	320	268	70	0.1260	ZG¾"	DN20 凹面	67.1	98.1	143.1	DN20 凸面	DN20 凹面	71.8	100.4	145.0
250	273	738	1310	370	320	90	0.1915	ZG¾"	DN20 凹面	102.2	140.8	219.1	DN20 凸面	DN20 凹面	101.2	147.3	219.9
300	325	846	1512	420	372	105	0.2673	ZG¾"	DN20 凹面	119.4	213.4	324.3	DN20 凸面	DN20 凹面	144.1	212.5	317.7
350	377	911	1631	450	401	120	0.3253	ZG¾"	DN25 凹面	170.2	296.3	445.8	DN25 凸面		178.2	283.7	
400	426	1038	1840	521	449	140	0.4094	ZG¾"	DN25 凹面	244.3	403.6	659.8	DN25 凸面		265.4	367.0	
500	529	1234	2208	609	539	230	0.6444	ZG¾"	DN25 凹面	362.5	653.4	941.4					
600	630	1340	2454	710	584	250	0.8598	ZG¾"	DN25 凹面	481.0	897.2						

注：通径范围：ST14C-H1.0/2.5：DN50～600;
　　　　ST14C-H4.0：DN50～500;
　　　　ST14M-H1.0/2.5/4.0：DN50～400;
　　　　ST14S-H1.0/2.5：DN50～400;
　　　　ST14S-H4.0：DN50～300。

表 8.1-21　ST14 英制系列尺寸

ST14C-A150,ST14C-A300(壳体材料:20)
ST14M-A150,ST14M-A300(壳体材料:16Mn)
ST14S-A150,ST14S-A300(壳体材料:1Cr18Ni9Ti)

公称尺寸 DN		安装尺寸/mm						有效过滤面积/m²	排放口"B"		重量/kg	
in	mm	D	L	L₁	L₂	H	l		150lb	300lb	150lb	300lb
2	50	60.3	305	528	139	139	16	0.0132	NPT½"	DN20 凸面	11.1	17.1
2½	65	76.1	344	594	157	157	25	0.0202	NPT½"	DN20 凸面	18.9	25.5
3	80	88.9	376	652	171	171	30	0.0276	NPT½"	DN20 凸面	22.4	34.4
4	100	114.3	455	758	209	209	40	0.0373	NPT½"	DN20 凸面	33.7	55.0
5	125	139.7	500	840	230	230	45	0.0544	NPT¾"	DN20 凸面	42.1	71.2
6	150	168.3	542	930	250	250	55	0.0776	NPT¾"	DN20 凸面	54.8	96.5
8	200	219.1	634	1108	294	294	70	0.1260	NPT¾"	DN20 凸面	90.8	149.8
10	250	273.0	743	1310	345	345	90	0.1915	NPT¾"	DN20 凸面	130.1	230.1
12	300	323.9	848	1512	396	396	105	0.2673	NPT¾"	DN20 凸面	193.3	336.4
14	350	355.6	911	1632	426	426	120	0.3253	NPT¾"	DN25 凸面	264.8	459.4
16	400	406.4	1032	1840	485	485	140	0.4094	NPT¾"	DN25 凸面	349.5	617.2
20	500	508	1193	2208	574	574	230	0.6444	NPT¾"	DN25 凸面	543.4	958.5
24	600	610	1324	2454	637	637	250	0.8598	NPT¾"	DN25 凸面	768.1	1447.2

注：公称尺寸范围：ST14C-A150,A300：DN50～600;
　　　　ST14M-A150,A300：DN50～400;
　　　　ST14S-A150：DN50～400;
　　　　ST14S-A300：DN50～300。

8.1.4 反折流式 T 型过滤器（ST2）

8.1.4.1 反折流式 T 型对焊连接（ST26）

结构尺寸见图 8.1-10、表 8.1-22、表 8.1-23。

排放口"B"的结构型式如图 8.1-11 所示。

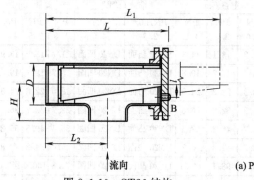

图 8.1-10　ST26 结构

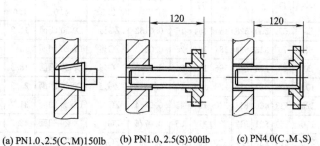

(a) PN1.0、2.5(C、M)150lb　(b) PN1.0、2.5(S)300lb　(c) PN4.0(C、M、S)

图 8.1-11　排放口"B"的结构型式

表 8.1-22　ST26 公制系列尺寸

ST26C-H1.0,ST26C-H2.5,ST26C-H4.0(壳体材料:20)
ST26M-H1.0,ST26M-H2.5,ST26M-H4.0(壳体材料:16Mn)
ST26S-H1.0,ST26S-H2.5,ST26S-H4.0(壳体材料:1Cr18Ni9Ti)

公称尺寸 DN	安装尺寸/mm						有效过滤面积/m^2	ST26C,ST26M					ST26S				
								排放口"B"		重量/kg			排放口"B"		重量/kg		
	D	L	L_1	L_2	H	l		PN1.0/2.5	PN4.0	PN1.0	PN2.5	PN4.0	PN1.0/2.5	PN4.0	PN1.0	PN2.5	PN4.0
50	57	300	528	164	64	16	0.0135	ZG½″	DN20 凹面	7.00	7.31	8.90	DN20 凸面	DN20 凹面	7.13	8.06	8.49
65	76	338	594	184	76	25	0.0210	ZG½″	DN20 凹面	9.17	10.6	12.6	DN20 凸面	DN20 凹面	9.72	11.3	12.3
80	89	368	652	196	86	30	0.0284	ZG½″	DN20 凹面	11.0	13.4	15.8	DN20 凸面	DN20 凹面	11.2	13.8	15.2
100	108	423	735	220	105	40	0.0382	ZG½″	DN20 凹面	14.8	20.2	23.4	DN20 凸面	DN20 凹面	14.4	20.1	22.2
125	133	466	814	240	124	45	0.0554	ZG¾″	DN20 凹面	20.4	28.7	34.7	DN20 凸面	DN20 凹面	23.1	31.2	35.8
150	159	521	917	270	143	55	0.0788	ZG¾″	DN20 凹面	29.1	40.6	47.2	DN20 凸面	DN20 凹面	30.3	41.5	48.5
200	219	630	1108	320	178	70	0.1277	ZG¾″	DN20 凹面	48.1	66.8	98.4	DN20 凸面	DN20 凹面	47.8	67.5	98.0
250	273	738	1310	370	216	90	0.1936	ZG¾″	DN20 凹面	76.7	105.3	154.7	DN20 凸面	DN20 凹面	74.4	104.2	150.8
300	325	848	1512	420	254	105	0.2697	ZG¾″	DN20 凹面	101.5	159.1	232.8	DN20 凸面	DN20 凹面	102.2	150.3	219.4
350	377	911	1631	450	279	120	0.3279	ZG¾″	DN25 凹面	137.9	219.0	329.0	DN25 凸面		135.6	203.7	
400	426	1038	1840	521	305	140	0.4128	ZG¾″	DN25 凹面	190.7	301.3	474.0	DN25 凸面		207.1	261.7	
500	529	1234	2208	609	381	230	0.6486	ZG¾″	DN25 凹面	290.5	498.5	705.9					
600	630	1340	2454	710	432	250	0.8645	ZG¾″	DN25 凹面	386.1	668.4						

注：公称尺寸范围：ST26C-H1.0，H2.5：DN50～600；
　　　　　　　　　　ST26C-H4.0：DN50～500；
　　　　　　　　　　ST26M-H1.0，H2.5，H4.0：DN50～400；
　　　　　　　　　　ST26S-H1.0，H2.5：DN50～400；
　　　　　　　　　　ST26S-H4.0：DN50～300。

表 8.1-23　ST26 英制系列尺寸

ST26C-A150,ST26C-A300(壳体材料:20)
ST26M-A150,ST26M-A300(壳体材料:16Mn)
ST26S-A150,ST26S-A300(壳体材料:1Cr18Ni9Ti)

公称尺寸 DN		安装尺寸/mm						有效过滤面积/m^2	排放口"B"		重量/kg	
in	mm	D	L	L_1	L_2	H	l		150lb	300lb	150lb	300lb
2	50	60.3	305	528	139	64	16	0.0135	NPT½″	DN20 凸面	7.01	11.1
2½	65	76.1	344	594	157	76	25	0.0210	NPT½″	DN20 凸面	11.7	16.4
3	80	88.9	376	652	171	86	30	0.0284	NPT½″	DN20 凸面	14.2	21.8

续表

公称尺寸 DN		安装尺寸/mm						有效过滤面积/m²	排放口“B”		重量/kg	
in	mm	D	L	L_1	L_2	H	l		150lb	300lb	150lb	300lb
4	100	114.3	455	758	209	105	40	0.0382	NPT½″	DN20 凸面	22.0	34.2
5	125	139.7	500	840	230	124	45	0.0554	NPT¾″	DN20 凸面	28.2	44.9
6	150	168.3	542	930	250	143	55	0.0788	NPT¾″	DN20 凸面	38.1	62.3
8	200	219.1	634	1108	294	178	70	0.1277	NPT¾″	DN20 凸面	63.4	97.9
10	250	273.0	743	1310	345	216	90	0.1936	NPT¾″	DN20 凸面	93.0	155.8
12	300	323.9	848	1512	396	254	105	0.2697	NPT¾″	DN20 凸面	134.1	228.9
14	350	355.6	911	1632	426	279	120	0.3279	NPT¾″	DN25 凸面	187.1	310.1
16	400	406.4	1032	1840	485	305	140	0.4128	NPT¾″	DN25 凸面	246.3	421.2
20	500	508	1193	2208	574	381	230	0.6486	NPT¾″	DN25 凸面	399.6	664.2
24	600	610	1324	2454	637	432	250	0.8645	NPT¾″	DN25 凸面	566.6	1004.4

注：公称尺寸范围：ST26C-A150，A300：DN50～600；
ST26M-A150，A300：DN50～400；
ST26S-A150：DN50～400；
ST26S-A300：DN50～300。

8.1.4.2 反折流式 T 型法兰连接（ST24）

结构尺寸见图 8.1-12、表 8.1-24、表 8.1-25。

排放口“B”的结构型式如图 8.1-13 所示。

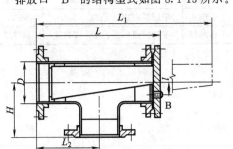

图 8.1-12 ST24 结构

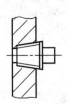

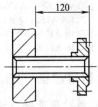

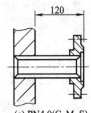

(a) PN1.0、2.5(C、M)150lb (b) PN1.0、2.5(S)300lb (c) PN4.0(C、M、S)

图 8.1-13 排放口“B”的结构型式

表 8.1-24 ST24 公制系列尺寸

ST24C-H1.0,ST24C-H2.5,ST24C-H4.0(壳体材料:20)

ST24M-H1.0,ST24M-H2.5,ST24M-H4.0(壳体材料:16Mn)

ST24S-H1.0,ST24S-H2.5,ST24S-H4.0(壳体材料:1Cr18Ni9Ti)

公称尺寸 DN	安装尺寸/mm						有效过滤面积/m²	ST24C,ST24M					ST24S				
								排放口“B”		重量/kg			排放口“B”		重量/kg		
	D	L	L_1	L_2	H	l		PN1.0/2.5	PN 4.0	PN 1.0	PN 2.5	PN 4.0	PN1.0/2.5	PN 4.0	PN 1.0	PN 2.5	PN 4.0
50	57	300	528	164	164	16	0.0135	ZG½″	DN20 凹面	11.2	13.1	14.3	DN20 凸面	DN20 凹面	11.7	13.9	13.9
65	76	338	594	184	184	25	0.0210	ZG½″	DN20 凹面	15.6	17.7	19.8	DN20 凸面	DN20 凹面	15.9	18.2	19.5
80	89	368	652	196	196	30	0.0284	ZG½″	DN20 凹面	18.3	22.3	24.9	DN20 凸面	DN20 凹面	18.3	22.6	24.3
100	108	423	735	220	175	40	0.0382	ZG½″	DN20 凹面	23.3	32.8	36.6	DN20 凸面	DN20 凹面	22.8	32.7	36.1
125	133	466	814	240	194	45	0.0554	ZG¾″	DN20 凹面	31.8	48.3	52.4	DN20 凸面	DN20 凹面	35.4	49.6	55.3
150	159	521	917	270	217	55	0.0788	ZG¾″	DN20 凹面	42.5	61.6	71.0	DN20 凸面	DN20 凹面	44.7	64.6	74.1
200	219	630	1108	320	268	70	0.1277	ZG¾″	DN20 凹面	67.1	98.1	142.2	DN20 凸面	DN20 凹面	71.6	100.4	145.0
250	273	738	1310	370	320	90	0.1936	ZG¾″	DN20 凹面	102.4	147.0	219.3	DN20 凸面	DN20 凹面	101.0	147.4	220.1
300	325	846	1512	420	372	105	0.2697	ZG¾″	DN20 凹面	119.8	213.6	324.5	DN20 凸面	DN20 凹面	143.5	212.7	317.0
350	377	911	1631	450	401	120	0.3279	ZG¾″	DN25 凹面	176.1	296.4	445.7	DN25 凸面		187.2	283.7	
400	426	1038	1840	521	449	140	0.4128	ZG¾″	DN25 凹面	244.4	403.7	659.9	DN25 凸面		265.5	367.0	
500	529	1234	2208	609	539	230	0.6486	ZG¾″	DN25 凹面	361.5	653.6	941.6					
600	630	1340	2454	710	584	250	0.8645	ZG¾″		481.2	897.5						

注：公称尺寸范围：ST24C-H1.0，H2.5：DN50～600；
ST24C-H4.0：DN50～500；
ST24M-H1.0，H2.5，H4.0：DN50～400；
ST24S-H1.0，H2.5：DN50～400；
ST24S-H4.0：DN50～300。

表 8.1-25 ST24 英制系列尺寸

ST24C-A150,ST24C-A300(壳体材料:20)
ST24M-A150,ST24M-A300(壳体材料:16Mn)
ST24S-A150,ST24S-A300(壳体材料:1Cr18Ni9Ti)

公称尺寸 DN		安装尺寸/mm						有效过滤面积/m²	排放口"B"		重量/kg	
in	mm	D	L	L_1	L_2	H	l		150lb	300lb	150lb	300lb
2	50	60.3	305	528	139	139	16	0.0135	NPT½″	DN20 凸面	11.1	17.1
2 ½	65	76.1	344	594	157	157	25	0.0210	NPT½″	DN20 凸面	18.9	25.5
3	80	88.9	376	652	171	171	30	0.0284	NPT½″	DN20 凸面	22.4	34.5
4	100	114.3	455	758	209	209	40	0.0382	NPT½″	DN20 凸面	33.8	55.0
5	125	139.7	500	840	230	230	45	0.0554	NPT¾″	DN20 凸面	41.9	71.3
6	150	168.3	542	930	250	250	55	0.0788	NPT¾″	DN20 凸面	55.1	96.8
8	200	219.1	634	1108	294	294	70	0.1277	NPT¾″	DN20 凸面	90.8	149.8
10	250	273.0	743	1310	345	345	90	0.1936	NPT¾″	DN20 凸面	130.2	230.2
12	300	323.9	848	1512	396	396	105	0.2697	NPT¾″	DN20 凸面	193.5	336.6
14	350	355.6	911	1632	426	426	120	0.3279	NPT¾″	DN25 凸面	264.8	459.4
16	400	406.4	1032	1840	485	485	140	0.4128	NPT¾″	DN25 凸面	349.8	617.3
20	500	508	1193	2208	574	574	230	0.6486	NPT¾″	DN25 凸面	543.6	958.7
24	600	610	1324	2454	637	637	250	0.8645	NPT¾″	DN25 凸面	768.4	1447.5

注: 公称尺寸范围:ST24C-A150,A300:DN50～600;
　　　　　　　　　　ST24M-A150,A300:DN50～400;
　　　　　　　　　　ST24S-A150:DN50～400;
　　　　　　　　　　ST24S-A300:DN50～300。

8.1.5 直流式 T 型过滤器（ST3）

8.1.5.1 直流式 T 型对焊连接（ST36）

结构尺寸见图 8.1-14、表 8.1-26、表 8.1-27。

排放口"B"的结构型式如图 8.1-15 所示。

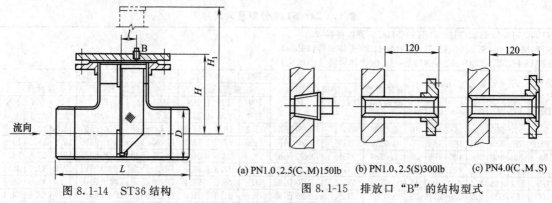

图 8.1-14 ST36 结构

(a) PN1.0、2.5(C、M)150lb　　(b) PN1.0、2.5(S)300lb　　(c) PN4.0(C、M、S)

图 8.1-15 排放口"B"的结构型式

表 8.1-26 ST36 公制系列尺寸

ST36C-H1.0,ST36C-H2.5,ST36C-H4.0(壳体材料:20)
ST36M-H1.0,ST36M-H2.5,ST36M-H4.0(壳体材料:16Mn)
ST36S-H1.0,ST36S-H2.5,ST36S-H4.0(壳体材料:1Cr18Ni9Ti)

公称尺寸 DN	安装尺寸/mm					有效过滤面积/m²	ST36C、ST36M					ST36S				
	D	L	H_1	H_2	l		排放口"B"		重量/kg			排放口"B"		重量/kg		
							PN1.0/2.5	PN4.0	PN1.0	PN2.5	PN4.0	PN1.0/2.5	PN4.0	PN1.0	PN2.5	PN4.0
50	57	228	136	254	14	0.0029	ZG½″	DN20 凹面	6.12	6.88	8.20	DN20 凸面	DN20 凹面	6.22	7.45	7.87
65	76	260	154	294	20	0.0048	ZG½″	DN20 凹面	8.28	9.74	11.8	DN20 凸面	DN20 凹面	8.76	10.4	11.6

公称尺寸 DN	安装尺寸/mm					有效过滤面积/m²	ST36C,ST36M					ST36S				
							排放口"B"		重量/kg			排放口"B"		重量/kg		
DN	D	L	H₁	H₂	l		PN1.0/2.5	PN4.0	PN1.0	PN2.5	PN4.0	PN1.0/2.5	PN4.0	PN1.0	PN2.5	PN4.0
80	89	292	172	332	23	0.0067	ZG½″	DN20 凹面	11.0	12.4	14.7	DN20 凸面	DN20 凹面	10.2	13.7	14.3
100	108	350	203	399	28	0.0102	ZG½″	DN20 凹面	13.5	19.1	22.3	DN20 凸面	DN20 凹面	13.9	18.9	21.9
125	133	388	226	449	42	0.0158	ZG¾″	DN20 凹面	19.3	27.3	28.2	DN20 凸面	DN20 凹面	21.1	28.3	45.2
150	159	434	251	508	60	0.0197	ZG¾″	DN20 凹面	26.3	36.3	43.7	DN20 凸面	DN20 凹面	28.3	38.7	46.3
200	219	536	310	639	104	0.0374	ZG¾″	DN20 凹面	45.7	63.8	92.8	DN20 凸面	DN20 凹面	44.6	62.9	93.1
250	273	640	368	768	110	0.0649	ZG¾″	DN20 凹面	73.5	103.0	146.2	DN20 凸面	DN20 凹面	68.1	97.5	143.1
300	325	744	426	898	132	0.0949	ZG¾″	DN20 凹面	90.7	144.6	215.2	DN20 凸面	DN20 凹面	93.0	138.7	207.5
350	377	802	481	980	158	0.1227	ZG¾″	DN25 凹面	121.3	202.7	307.6	DN25 凸面		121.2	188.6	
400	426	898	517	1100	179	0.1567	ZG¾″	DN25 凹面	161.0	274.3	441.9	DN25 凸面		184.5	238.9	
500	529	1078	623	1339	227	0.2499	ZG¾″	DN25 凹面	254.0	455.5	654.4					
600	630	1128	630	1438	277	0.3294	ZG¾″		329.0	602.0						

注：公称尺寸范围：ST36C-H1.0，H2.5：DN50～600；
　　　　　　　　　ST36C-H4.0：DN50～500；
　　　　　　　　　ST36M-H1.0，H2.5，H4.0：DN50～400；
　　　　　　　　　ST36S-H1.0，H2.5：DN50～400；
　　　　　　　　　ST36S-H4.0：DN50～300。

表 8.1-27　ST36 英制系列尺寸

ST36C-A150，ST36C-A300(壳体材料：20)
ST36M-A150，ST36M-A300(壳体材料：16Mn)
ST36S-A150，ST36S-A300(壳体材料：1Cr18Ni9Ti)

公称尺寸 DN		安装尺寸/mm					有效过滤面积/m²	排放口"B"		重量/kg	
in	mm	D	L	H	H₁	l		150lb	300lb	150lb	300lb
2	50	60.3	228	166	306	14	0.0039	NPT½″	DN20 凸面	6.80	10.8
2 ½	65	76.1	260	187	348	20	0.0053	NPT½″	DN20 凸面	11.2	15.9
3	80	88.9	292	205	384	23	0.0079	NPT½″	DN20 凸面	13.4	21.0
4	100	114.3	350	246	473	28	0.0133	NPT½″	DN20 凸面	20.2	32.4
5	125	139.7	388	270	529	42	0.0204	NPT¾″	DN20 凸面	26.5	42.4
6	150	168.3	434	292	581	60	0.0273	NPT¾″	DN20 凸面	35.7	59.0
8	200	219.1	536	340	694	104	0.0462	NPT¾″	DN20 凸面	59.4	92.7
10	250	273.0	640	398	821	110	0.0699	NPT¾″	DN20 凸面	88.1	147.6
12	300	323.9	744	452	949	132	0.1001	NPT¾″	DN20 凸面	126.7	216.9
14	350	355.6	802	485	1023	158	0.1205	NPT¾″	DN25 凸面	175.0	297.1
16	400	406.4	898	547	1166	179	0.1585	NPT¾″	DN25 凸面	228.3	398.8
20	500	508	1078	642	1372	227	0.2438	NPT¾″	DN25 凸面	371.0	627.6
24	600	610	1128	712	1569	277	0.3379	NPT¾″	DN25 凸面	522.2	946.7

注：公称尺寸范围：ST36C-A150，A300：DN50～600；
　　　　　　　　　ST36M-A150，A300：DN50～400；
　　　　　　　　　ST36S-A150：DN50～400；
　　　　　　　　　ST36S-A300：DN50～300。

8.1.5.2　直流式 T 型法兰连接（ST34）

　　结构尺寸见图 8.1-16、表 8.1-28、表 8.1-29。
　　排放口"B"的结构型式如图 8.1-17 所示。

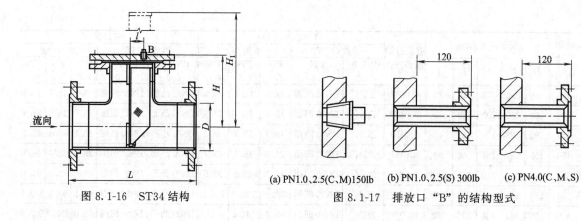

图 8.1-16　ST34 结构

图 8.1-17　排放口"B"的结构型式

(a) PN1.0、2.5(C、M)150lb　(b) PN1.0、2.5(S) 300lb　(c) PN4.0(C、M、S)

表 8.1-28　ST34 公制系列尺寸

ST34C-H1.0,ST34C-H2.5,ST34C-H4.0(壳体材料:20)
ST34M-H1.0,ST34M-H2.5,ST34M-H4.0(壳体材料:16Mn)
ST34S-H1.0,ST34S-H2.5,ST34S-H4.0(壳体材料:1Cr18Ni9Ti)

公称尺寸 DN	安装尺寸/mm					有效过滤面积/m²	ST34C,ST34M					ST34S				
							排放口"B"		重量/kg			排放口"B"		重量/kg		
	D	L	H₁	H₂	l		PN1.0/2.5	PN4.0	PN1.0	PN2.5	PN4.0	PN1.0/2.5	PN4.0	PN1.0	PN2.5	PN4.0
50	57	228	136	254	14	0.0029	ZG½"	DN20 凹面	10.7	12.7	13.6	DN20 凸面	DN20 凹面	10.7	13.2	13.2
65	76	260	154	294	20	0.0048	ZG½"	DN20 凹面	14.6	16.8	18.9	DN20 凸面	DN20 凹面	14.9	17.3	18.8
80	89	292	172	332	23	0.0067	ZG½"	DN20 凹面	18.4	21.4	24.0	DN20 凸面	DN20 凹面	17.3	22.6	23.5
100	108	350	203	399	28	0.0102	ZG½"	DN20 凹面	22.5	32.3	38.3	DN20 凸面	DN20 凹面	23.0	32.1	35.8
125	133	383	226	449	42	0.0158	ZG¾"	DN20 凹面	31.7	45.4	47.2	DN20 凸面	DN20 凹面	34.5	47.3	54.5
150	159	434	251	508	60	0.0197	ZG¾"	DN20 凹面	40.8	59.3	88.9	DN20 凸面	DN20 凹面	43.5	62.5	73.1
200	219	536	310	639	104	0.0374	ZG¾"	DN20 凹面	67.2	97.8	140.0	DN20 凸面	DN20 凹面	66.7	97.9	143.2
250	273	640	368	763	110	0.0649	ZG¾"	DN20 凹面	103.3	149.2	216.2	DN20 凸面	DN20 凹面	98.1	144.4	217.3
300	325	744	426	898	132	0.0949	ZG¾"	DN20 凹面	128.1	212.9	315.2	DN20 凸面	DN20 凹面	131.9	206.3	313.1
350	377	802	461	930	158	0.1227	ZG¾"	DN25 凹面	166.9	289.1	435.8	DN25 凸面		169.7	275.3	
400	426	898	517	1100	179	0.1567	ZG¾"	DN25 凹面	231.0	390.9	645.9	DN25 凸面		252.2	354.7	
500	529	1078	623	1339	227	0.2499	ZG¾"	DN25 凹面	342.7	634.0	920.4					
600	630	1128	630	1438	277	0.3294	ZG¾"		444.4	853.0						

注:公称尺寸范围:ST34C-H1.0, H2.5:DN50~600;
　　　　　　　ST34C-H4.0:DN50~500;
　　　　　　　ST34M-H1.0, H2.5, H4.0:DN50~400;
　　　　　　　ST34S-H1.0, H2.5:DN50~400;
　　　　　　　ST34S-H4.0:DN50~300。

表 8.1-29　ST34 英制系列尺寸

ST34C-A150,ST34C-A300(壳体材料:20)
ST34M-A150,ST34M-A300(壳体材料:16Mn)
ST34S-A150,ST34S-A300(壳体材料:1Cr18Ni9Ti)

公称尺寸 DN		安装尺寸/mm					有效过滤面积/m²	排放口"B"		重量/kg	
in	mm	D	L	H	H₁	l		150lb	300lb	150lb	300lb
2	50	60.3	278	166	306	14	0.0039	NPT½"	DN20 凸面	11.3	17.2
2 ½	65	76.1	314	187	348	20	0.0053	NPT½"	DN20 凸面	18.9	25.7
3	80	88.9	342	205	384	23	0.0079	NPT½"	DN20 凸面	22.5	34.6
4	100	114.3	418	246	473	28	0.0133	NPT½"	DN20 凸面	33.8	55.1
5	125	139.7	460	270	529	42	0.0204	NPT¾"	DN20 凸面	41.9	71.2
6	150	168.3	500	292	581	60	0.0273	NPT¾"	DN20 凸面	54.8	96.4
8	200	219.1	588	340	694	104	0.0462	NPT¾"	DN20 凸面	90.9	149.2

公称尺寸 DN		安装尺寸/mm					有效过滤面积/m²	排放口"B"		重量/kg	
in	mm	D	L	H	H₁	l		150lb	300lb	150lb	300lb
10	250	273.0	690	398	821	110	0.0699	NPT¾″	DN20 凸面	129.9	229.5
12	300	323.9	792	452	949	132	0.1001	NPT¾″	DN20 凸面	192.4	335.6
14	350	355.6	852	485	1023	158	0.1205	NPT¾″	DN25 凸面	262.4	460.5
16	400	406.4	970	547	1166	179	0.1585	NPT¾″	DN25 凸面	345.7	617.4
20	500	508	1148	642	1372	227	0.2438	NPT¾″	DN25 凸面	537.3	958.7
24	600	610	1274	712	1569	277	0.3379	NPT¾″	DN25 凸面	751.8	1445.0

注：公称尺寸范围：ST34C-A150，A300：DN50～600；

　　　　　ST34M-A150，A300：DN50～400；

　　　　　ST34S-A150：DN50～400；

　　　　　ST34S-A300：DN50～300。

8.1.6　法兰对夹过滤器（SC1/SC2）

8.1.6.1　尖顶锥型法兰对夹（SC14）

结构尺寸见图 8.1-18、表 8.1-30、表 8.1-31。

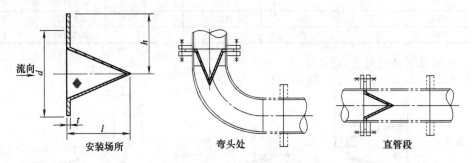

图 8.1-18　SC14 结构

表 8.1-30　SC14 公制系列尺寸

SC14S-H0.6,SC14S-H1.0,SC14S-H2.5(材料：1Cr18Ni9Ti)

公称尺寸 DN	安装尺寸 d/mm			安装尺寸/mm			有效过滤面积/m²	重量/kg		
	PN0.6	PN1.0	PN2.5	l	h	t		PN0.6	PN1.0	PN2.5
20	52	60	60	19	85	2	0.00022	0.05	0.06	0.06
25	62	70	70	26	90	2	0.00046	0.06	0.07	0.07
32	72	80	80	34	100	2	0.00076	0.07	0.10	0.10
40	84	90	90	41	120	2	0.00114	0.10	0.12	0.12
50	94	105	105	55	130	2	0.00216	0.11	0.14	0.14
65	114	125	125	77	140	2	0.00422	0.17	0.20	0.20
80	132	142	142	92	150	2	0.00603	0.21	0.26	0.26
100	152	162	162	113	160	2	0.00924	0.27	0.31	0.31
125	182	192	192	143	190	3	0.01463	0.52	0.59	0.59
150	206	218	218	172	210	3	0.02138	0.61	0.71	0.71
200	262	272	282	242	240	3	0.04255	0.92	1.03	1.13
250	316	326	340	302	270	3	0.06693	1.27	1.39	1.58
300	370	382	395	363	300	3	0.09654	1.58	1.83	2.02
350	420	438	454	425	340	6	0.1312	3.34	4.04	4.44
400	470	492	510	479	365	6	0.1677	4.91	5.00	5.52
500	575	590	616	600	430	6	0.2641	5.68	6.35	7.49
600	676	690	726	714	490	6	0.3754	7.52	8.25	10.1

表 8.1-31　SC14 英制系列尺寸

SC14S-A150,SC14S-A300(材料:1Cr18Ni9Ti)

公称尺寸 DN		安装尺寸/mm				有效过滤 面积/m²	重量 /kg
in	mm	d	l	h	t		
¾	20	50	22	85	2	0.00030	0.05
1	25	60	29	90	2	0.00055	0.06
1 ¼	32	70	39	95	2	0.00101	0.08
1 ½	40	80	45	100	2	0.00137	0.09
2	50	100	58	120	2	0.00234	0.12
2 ½	65	115	70	140	2	0.00346	0.18
3	80	130	87	150	2	0.00539	0.21
4	100	165	115	160	2	0.00951	0.30
5	125	190	145	180	3	0.01642	0.55
6	150	218	172	200	3	0.02176	0.69
8	200	275	229	230	3	0.03817	1.08
10	250	330	290	260	3	0.06166	1.47
12	300	390	351	300	3	0.09044	1.96
14	350	420	339	330	6	0.11050	3.82
16	400	480	449	360	6	0.14770	4.87
20	500	595	570	420	6	0.23890	7.07
24	600	700	691	490	6	0.35190	9.19

8.1.6.2　平顶锥型法兰对夹（SC24）

结构尺寸见图 8.1-19、表 8.1-32、表 8.1-33。

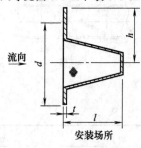

安装场所

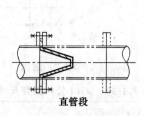

直管段

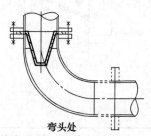

弯头处

图 8.1-19　SC24 结构

表 8.1-32　SC24 公制系列尺寸

SC24S-H0.6,SC24S-H1.0,SC24S-H2.5(材料:1Cr18Ni9Ti)

公称尺寸 DN	安装尺寸 d/mm			安装尺寸/mm			有效过滤 面积/m²	重量/kg		
	PN0.6	PN1.0	PN2.5	l	h	t		PN0.6	PN1.0	PN2.5
25	62	70	70	46	90	2	0.00094	0.07	0.08	0.08
32	72	80	80	61	100	2	0.00177	0.08	0.10	0.10
40	84	90	90	66	120	2	0.00259	0.12	0.14	0.14
50	94	105	105	81	130	2	0.00460	0.14	0.17	0.17
65	114	125	125	91	140	2	0.00699	0.19	0.22	0.22
80	132	142	142	111	150	2	0.01030	0.26	0.30	0.30
100	152	162	162	141	160	2	0.01550	0.35	0.37	0.37
125	182	192	192	172	190	3	0.02479	0.63	0.70	0.70
150	206	218	218	202	210	3	0.03463	0.76	0.86	0.86
200	262	272	282	262	240	3	0.06379	1.19	1.30	1.40
250	316	326	340	322	270	3	0.09699	1.65	1.78	1.95
300	370	382	395	382	300	3	0.13594	2.18	2.34	2.53
350	420	438	454	404	340	6	0.17343	4.02	4.72	5.12
400	470	492	510	464	365	6	0.22476	4.96	5.89	6.41
500	575	590	616	564	430	6	0.34523	6.99	7.66	8.80
600	676	690	726	684	490	6	0.50199	9.49	10.22	12.1

表 8.1-33 英制系列尺寸

SC24S-A150,SC24S-A300(材料:1Cr18Ni9Ti)

公称尺寸 DN		安装尺寸/mm				有效过滤 面积/m²	重量 /kg
in	mm	d	l	h	t		
1	25	60	45	90	2	0.00125	0.06
1 ¼	32	70	60	95	2	0.00223	0.08
1 ½	40	80	68	100	2	0.00294	0.11
2	50	100	75	120	2	0.00437	0.14
2 ½	65	115	85	140	2	0.00600	0.19
3	80	130	105	150	2	0.00917	0.23
4	100	165	140	160	2	0.01449	0.34
5	125	190	162	180	3	0.02396	0.61
6	150	218	200	200	3	0.03498	0.78
8	200	275	255	230	3	0.05940	1.19
10	250	330	315	260	3	0.09315	1.63
12	300	390	355	300	3	0.1266	2.16
14	350	420	385	330	6	0.1505	4.05
16	400	480	450	360	6	0.2074	5.11
20	500	595	550	420	6	0.3217	7.37
24	600	700	656	490	6	0.4704	9.57

8.1.7 双滤筒式罐型过滤器（SD1）

8.1.7.1 双滤筒式罐型对焊连接（SD16）

结构尺寸见图 8.1-20、表 8.1-34、表 8.1-35。

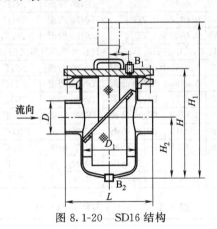

图 8.1-20 SD16 结构

排放口"B₁"的结构型式如图 8.1-21 所示。

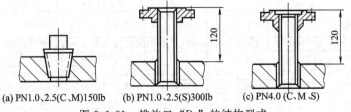

(a) PN1.0、2.5(C、M)150lb　(b) PN1.0、2.5(S)300lb　(c) PN4.0 (C、M、S)

图 8.1-21 排放口"B₁"的结构型式

排放口"B₂"的结构型式如图 8.1-22 所示。

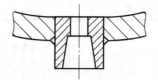 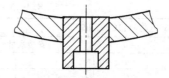

(a) PN1.0、2.5(C、M、S)150lb　　　　　(b) PN4.0(C、M、S) 300lb

图 8.1-22　排放口"B₂"的结构型式

表 8.1-34　SD16 公制系列尺寸

公称尺寸 DN	安装尺寸/mm							有效过滤面积/m²	排放口"B₁"		排放口"B₂"		重量/kg		
	D	D₁	L	H	H₁	H₂	l		PN1.0/2.5	PN4.0	PN1.0/2.5	PN4.0	PN1.0	PN2.5	PN4.0
SD16C-H1.0,SD16C-H2.5,SD16C-H4.0(壳体材料:20)															
65	76	133	373	364	637	174	40	0.0461	ZG¾″	DN20 凹面	ZG¾″	φ25.6 承插口	20.0	28.4	36.0
80	89	159	399	417	719	214	50	0.0690	ZG¾″	DN20 凹面	ZG¾″	φ25.6 承插口	27.1	37.8	47.8
100	108	219	459	508	881	272	70	0.1077	ZG¾″	DN20 凹面	ZG¾″	φ25.6 承插口	43.6	62.1	91.0
125	133	273	513	617	1079	345	90	0.1759	ZG¾″	DN20 凹面	ZG¾″	φ25.6 承插口	71.9	96.8	149.4
150	159	325	565	724	1276	404	120	0.2910	ZG¾″	DN20 凹面	ZG1″	φ32.8 承插口	96.5	123.3	223.4
200	219	377	617	733	1397	446	135	0.4076	ZG¾″	DN20 凹面	ZG1″	φ32.8 承插口	135.2	202.8	284.8
250	273	426	666	893	1544	495	150	0.5017	ZG¾″	DN20 凹面	ZG1″	φ32.8 承插口	187.4	264.9	418.2
300	325	478	718	997	1739	563	160	0.6800	ZG¾″	DN20 凹面	ZG1″	φ32.8 承插口	218.7	304.2	505.1
SD16M-H1.0,SD16M-H2.5,SD16M-H4.0(壳体材料:16Mn)															
65	76	133	373	364	637	174	40	0.0461	ZG¾″	DN20 凹面	ZG¾″	φ25.6 承插口	19.4	23.4	34.2
80	89	159	399	417	719	214	50	0.0690	ZG¾″	DN20 凹面	ZG¾″	φ25.6 承插口	26.8	37.8	46.3
100	108	219	459	508	881	272	70	0.1077	ZG¾″	DN20 凹面	ZG¾″	φ25.6 承插口	43.3	60.2	90.0
125	133	273	513	617	1079	345	90	0.1759	ZG¾″	DN20 凹面	ZG¾″	φ25.6 承插口	57.3	92.6	140.6
150	159	325	565	724	1276	404	120	0.2910	ZG¾″	DN20 凹面	ZG1″	φ32.8 承插口	81.8	141.4	214.0
200	219	377	617	793	1397	446	135	0.4076	ZG¾″	DN20 凹面	ZG1″	φ32.8 承插口	115.9	191.5	252.8
250	273	426	666	893	1544	495	150	0.5017	ZG¾″	DN20 凹面	ZG1″	φ32.8 承插口	167.3	263.3	415.0
300	325	478	718	997	1739	563	160	0.6800	ZG¾″	DN20 凹面	ZG1″	φ32.8 承插口	193.8	302.2	504.2
SD16S-H1.0,SD16S-H2.5,SD16S-H4.0(壳体材料:1Cr18Ni9Ti)															
65	76	133	373	364	637	174	40	0.0461	DN20 凸面	DN20 凹面	ZG¾″	φ25.6 承插口	22.0	30.3	37.3
80	89	159	399	417	719	214	50	0.0690	DN20 凸面	DN20 凹面	ZG¾″	φ25.6 承插口	29.2	40.3	49.2
100	108	219	459	508	881	272	70	0.1077	DN20 凸面	DN20 凹面	ZG¾″	φ25.6 承插口	44.1	63.0	91.1
125	133	273	513	617	1079	345	90	0.1759	DN20 凸面	DN20 凹面	ZG¾″	φ25.6 承插口	66.9	102.3	143.8
150	159	325	565	724	1276	404	120	0.2910	DN20 凸面	DN20 凹面	ZG1″	φ32.8 承插口	93.1	150.8	207.9
200	219	377	617	793	1397	446	135	0.4076	DN20 凸面	DN20 凹面	ZG1″	φ32.8 承插口	128.5	208.1	280.2
250	273	426	666	893	1544	495	150	0.5017	DN20 凸面	DN20 凹面	ZG1″	φ32.8 承插口	167.0	275.2	407.3
300	325	478	718	997	1739	563	160	0.6800	DN20 凸面	DN20 凹面	ZG1″	φ32.8 承插口	217.7	356.8	493.1

表 8.1-35　SD16 英制系列尺寸

SD16C-A150,SD16C-A300(壳体材料:20)
SD16M-A150,SD16M-A300(壳体材料:16Mn)
SD16S-A150,SD16S-A300(壳体材料:1Cr18Ni9Ti)

公称尺寸 DN		安装尺寸/mm							有效过滤面积/m²	排放口"B₁"		排放口"B₂"		重量/kg	
in	mm	D	D₁	L	H	H₁	H₂	l		150lb	300lb	150lb	300lb	150lb	300lb
2 ½	65	76.1	141.3	222	373	637	174	40	0.0461	NPT¾″	DN20 凸面	NPT¾″	φ27.15 承插口	27.5	44.0
3	80	88.9	168.3	258	426	719	214	50	0.0690	NPT¾″	DN20 凸面	NPT¾″	φ27.15 承插口	36.2	61.0
4	100	114.3	219.1	320	514	881	272	70	0.1077	NPT¾″	DN20 凸面	NPT¾″	φ27.15 承插口	60.4	97.3
5	125	139.7	273.0	383	623	1079	345	90	0.1759	NPT¾″	DN20 凸面	NPT¾″	φ27.15 承插口	99.8	152.3
6	150	168.3	323.9	444	727	1276	404	120	0.2910	NPT¾″	DN20 凸面	NPT1″	φ33.90 承插口	131.9	220.7
8	200	219.1	355.6	496	793	1397	446	135	0.4076	NPT¾″	DN20 凸面	NPT1″	φ33.90 承插口	181.2	297.6
10	250	273.0	406.4	562	889	1544	495	150	0.5017	NPT¾″	DN20 凸面	NPT1″	φ33.90 承插口	243.8	400.6
12	300	323.9	457	628	989	1739	563	160	0.6800	NPT¾″	DN20 凸面	NPT1″	φ33.90 承插口	297.4	513.2

8.1.7.2　双滤筒式罐型法兰连接（SD14）

结构尺寸见图8.1-23、表8.1-36、表8.1-37。

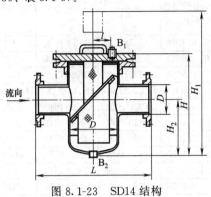

图 8.1-23　SD14 结构

排放口"B_1"的结构型式如图8.1-24所示。

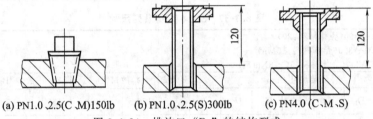

(a) PN1.0、2.5(C、M)150lb　　(b) PN1.0、2.5(S)300lb　　(c) PN4.0 (C、M、S)

图 8.1-24　排放口"B_1"的结构型式

排放口"B_2"的结构型式如图8.1-25所示

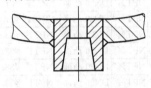 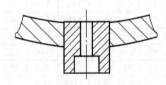

(a) PN1.0、2.5(C、M、S)150lb　　　　　(b) PN4.0(C、M、S) 300lb

图 8.1-25　排放口"B_2"的结构型式

表 8.1-36　SD14 公制系列尺寸

公称尺寸 DN	安装尺寸/mm							有效过滤面积/m²	排放口"B_1"		排放口"B_2"		重量/kg		
	D	D_1	L	H	H_1	H_2	l		PN1.0/2.5	PN4.0	PN1.0/2.5	PN4.0	PN1.0	PN2.5	PN4.0
SD14C-H1.0,SD14C-H2.5,SD14C-H4.0(壳体材料:20)															
65	76	133	373	364	637	174	40	0.0461	ZG¾″	DN20 凹面	ZG¾″	φ25.6 承插口	25.7	34.8	42.3
80	89	159	399	417	719	214	50	0.0690	ZG¾″	DN20 凹面	ZG¾″	φ25.6 承插口	33.5	41.9	57.2
100	108	219	459	508	881	272	70	0.1077	ZG¾″	DN20 凹面	ZG¾″	φ25.6 承插口	51.6	73.9	102.9
125	133	273	513	617	1079	345	90	0.1759	ZG¾″	DN20 凹面	ZG¾″	φ25.6 承插口	77.7	113.1	165.3
150	159	325	565	724	1276	404	120	0.2910	ZG¾″	DN20 凹面	ZG1″	φ32.8 承插口	102.4	166.7	230.0
200	219	377	617	793	1397	446	135	0.4076	ZG¾″	DN20 凹面	ZG1″	φ32.8 承插口	152.2	232.7	326.1
250	273	426	666	893	1544	495	150	0.5017	ZG¾″	DN20 凹面	ZG1″	φ32.8 承插口	211.5	305.8	479.5
300	325	478	718	997	1739	563	160	0.6800	ZG¾″	DN20 凹面	ZG1″	φ32.8 承插口	247.0	363.6	594.9
SD14M-H1.0,SD14M-H2.5,SD14M-H4.0(壳体材料:16Mn)															
65	76	133	373	364	637	174	40	0.0461	ZG¾″	DN20 凹面	ZG¾″	φ25.6 承插口	25.0	34.8	41.2
80	89	159	399	417	719	214	50	0.0690	ZG¾″	DN20 凹面	ZG¾″	φ25.6 承插口	33.2	41.9	54.6
100	108	219	459	508	881	272	70	0.1077	ZG¾″	DN20 凹面	ZG¾″	φ25.6 承插口	51.2	72.1	102.1
125	133	273	513	617	1079	345	90	0.1759	ZG¾″	DN20 凹面	ZG¾″	φ25.6 承插口	69.8	109.0	156.9
150	159	325	565	724	1276	404	120	0.2910	ZG¾″	DN20 凹面	ZG1″	φ32.8 承插口	87.6	162.1	234.2

续表

公称尺寸 DN	安装尺寸/mm							有效过滤面积/m²	排放口"B₁"		排放口"B₂"		重量/kg		
	D	D₁	L	H	H₁	H₂	l		PN1.0/2.5	PN4.0	PN1.0/2.5	PN4.0	PN1.0	PN2.5	PN4.0
200	219	377	617	793	1397	446	135	0.4076	ZG¾″	DN20 凹面	ZG1″	φ32.8 承插口	132.9	221.3	312.8
250	273	426	666	893	1544	495	150	0.5017	ZG¾″	DN20 凹面	ZG1″	φ32.8 承插口	190.7	303.8	477.9
300	325	478	718	997	1739	563	160	0.6800	ZG¾″	DN20 凹面	ZG1″	φ32.8 承插口	223.2	361.1	594.1
SD14S-H1.0,SD14S-H2.5,SD14S-H4.0(壳体材料:1Cr18Ni9Ti)															
65	76	133	373	364	637	174	40	0.0461	DN20 凸面	DN20 凹面	ZG¾″	φ25.6 承插口	27.1	36.7	43.7
80	89	159	399	417	719	214	50	0.0690	DN20 凸面	DN20 凹面	ZG¾″	φ25.6 承插口	35.1	48.4	62.1
100	108	219	459	508	881	272	70	0.1077	DN20 凸面	DN20 凹面	ZG¾″	φ25.6 承插口	52.1	74.8	105.1
125	133	273	513	617	1079	345	90	0.1759	DN20 凸面	DN20 凹面	ZG¾″	φ25.6 承插口	78.5	119.9	161.5
150	159	325	565	724	1276	404	120	0.2910	DN20 凸面	DN20 凹面	ZG1″	φ32.8 承插口	105.6	172.9	231.1
200	219	377	617	793	1397	446	135	0.4076	DN20 凸面	DN20 凹面	ZG1″	φ32.8 承插口	148.0	240.1	324.5
250	273	426	666	893	1544	495	150	0.5017	DN20 凸面	DN20 凹面	ZG1″	φ32.8 承插口	192.9	318.7	473.3
300	325	478	718	997	1739	563	160	0.6800	DN20 凸面	DN20 凹面	ZG1″	φ32.8 承插口	249.7	419.3	591.8

表 8.1-37 SD14 英制系列尺寸

SD14C-A150,SD14C-A300(壳体材料:20)
SD14M-A150,SD14M-A300(壳体材料:16Mn)
SD14S-A150,SD14S-A300(壳体材料:1Cr18Ni9Ti)

公称尺寸 DN		安装尺寸/mm							有效过滤面积/m²	排放口"B₁"		排放口"B₂"		重量/kg	
in	mm	D	D₁	L	H	H₁	H₂	l		150lb	300lb	150lb	300lb	150lb	300lb
2½	65	76.1	141.3	410	373	637	174	40	0.0461	NPT¾″	DN20 凸面	NPT¾″	φ27.15 承插口	35.7	54.0
3	80	88.9	168.3	460	426	719	214	50	0.0690	NPT¾″	DN20 凸面	NPT¾″	φ27.15 承插口	45.8	74.8
4	100	114.3	219.1	530	514	881	272	70	0.1077	NPT¾″	DN20 凸面	NPT¾″	φ27.15 承插口	74.0	119.7
5	125	139.7	273.0	600	623	1079	345	90	0.1759	NPT¾″	DN20 凸面	NPT¾″	φ27.15 承插口	115.7	180.9
6	150	168.3	323.9	660	727	1276	404	120	0.2910	NPT¾″	DN20 凸面	NPT1″	φ33.90 承插口	151.9	258.1
8	200	219.1	355.6	730	793	1397	446	135	0.4076	NPT¾″	DN20 凸面	NPT1″	φ33.90 承插口	214.5	352.1
10	250	273.0	406.4	810	889	1544	495	150	0.5017	NPT¾″	DN20 凸面	NPT1″	φ33.90 承插口	287.6	481.5
12	300	323.9	457	890	989	1739	563	160	0.6800	NPT¾″	DN20 凸面	NPT1″	φ33.90 承插口	366.2	630.2

8.1.8　多滤筒式罐型过滤器（SD2）

8.1.8.1　多滤筒式罐型对焊连接（SD26）

结构尺寸见图 8.1-26、表 8.1-38、表 8.1-39。

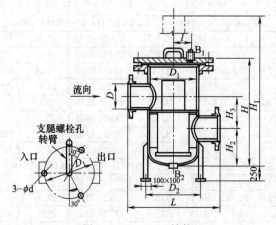

图 8.1-26　SD26 结构

排放口"B₁"的结构型式如图 8.1-27 所示。

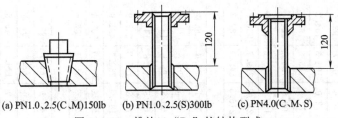

(a) PN1.0、2.5(C、M)150lb (b) PN1.0、2.5(S)300lb (c) PN4.0(C、M、S)

图 8.1-27 排放口"B_1"的结构型式

排放口"B_2"的结构型式如图 8.1-28 所示。

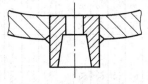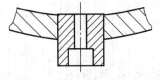

(a) PN1.0、2.5(C、M、S)150lb   (b) PN4.0(C、M、S)300lb

图 8.1-28 排放口"B_2"的结构型式

8.1.8.2 多滤筒式罐型法兰连接（SD24）

结构尺寸见图 8.1-29、表 8.1-40、表 8.1-41。

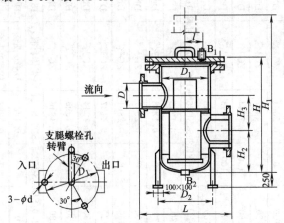

图 8.1-29 SD24 结构

排放口"B_1"的结构型式如图 8.1-30 所示。

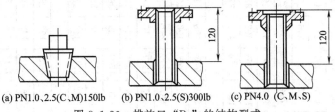

(a) PN1.0、2.5(C、M)150lb (b) PN1.0、2.5(S)300lb (c) PN4.0 (C、M、S)

图 8.1-30 排放口"B_1"的结构型式

排放口"B_2"的结构型式如图 8.1-31 所示。

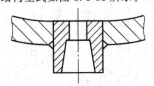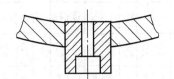

(a) PN1.0、2.5(C、M、S)150lb   (b) PN4.0(C、M、S)300lb

图 8.1-31 排放口"B_2"的结构型式

表 8.1-38 SD26 公制系列尺寸

公称尺寸	安装尺寸/mm								安装尺寸 L/mm		有效过滤面积/m^2	排放口“B_1”		排放口“B_2”		重量/kg		
DN	D	D_1	D_2	L	H	H_1	H_2	H_3	PN1.0/2.5	PN4.0		PN1.0/2.5	PN4.0	PN1.0/2.5	PN4.0	PN1.0	PN2.5	PN4.0
SD26C-H1.0,SD26C-H2.5,SD26C-H4.0(壳体材料:20)																		
65	76	219	—	459	554	975	198	129	70	0	0.1283	ZG¾″	DN20 凹面	ZG¾″	ϕ25.6 承插口	44.2	64.3	92.8
80	89	219	—	459	554	975	198	129	70	0	0.1283	ZG¾″	DN20 凹面	ZG¾″	ϕ25.6 承插口	44.4	64.7	93.2
100	108	273	—	513	687	1217	246	173	100	0	0.2861	ZG¾″	DN20 凹面	ZG¾″	ϕ25.6 承插口	72.0	104.3	154.2
125	133	273	—	513	687	1217	246	173	100	0	0.2861	ZG¾″	DN20 凹面	ZG¾″	ϕ25.6 承插口	72.6	105.3	155.9
150	159	325	—	575	794	1396	283	209	120	0	0.4487	ZG¾″	DN20 凹面	ZG1″	ϕ32.8 承插口	98.5	154.1	224.1
200	219	426	422	706	976	1708	339	269	150	150	0.7944	ZG¾″	DN20 凹面	ZG1″	ϕ32.8 承插口	193.3	303.6	420.5
250	273	478	474	793	1123	1969	392	323	160	160	1.1393	ZG¾″	DN20 凹面	ZG1″	ϕ32.8 承插口	241.2	399.7	550.8
300	325	529	525	869	1272	2214	443	375	180	180	1.4846	ZG¾″	DN20 凹面	ZG1″	ϕ32.8 承插口	316.5	542.9	789.7
SD26M-H1.0,SD26M-H2.5,SD26M-H4.0(壳体材料:16Mn)																		
65	76	219	—	459	554	975	198	129	70	0	0.1283	ZG¾″	DN20 凹面	ZG¾″	ϕ25.6 承插口	44.1	61.6	90.9
80	89	219	—	459	554	975	198	129	70	0	0.1283	ZG¾″	DN20 凹面	ZG¾″	ϕ25.6 承插口	44.3	61.7	91.2
100	108	273	—	513	687	1217	246	173	100	0	0.2861	ZG¾″	DN20 凹面	ZG¾″	ϕ25.6 承插口	60.8	98.8	142.6
125	133	273	—	513	687	1217	246	173	100	0	0.2861	ZG¾″	DN20 凹面	ZG¾″	ϕ25.6 承插口	61.3	99.8	144.1
150	159	325	—	575	794	1396	283	209	120	0	0.4487	ZG¾″	DN20 凹面	ZG1″	ϕ32.8 承插口	86.8	146.8	217.9
200	219	426	422	706	976	1708	339	269	150	150	0.7944	ZG¾″	DN20 凹面	ZG1″	ϕ32.8 承插口	183.4	280.1	421.9
250	273	478	474	793	1123	1969	392	323	160	160	1.1393	ZG¾″	DN20 凹面	ZG1″	ϕ32.8 承插口	227.0	371.0	557.4
300	325	529	525	869	1272	2214	443	375	180	180	1.4846	ZG¾″	DN20 凹面	ZG1″	ϕ32.8 承插口	295.3	513.1	787.6
SD26S-H1.0,SD26S-H2.5,SD26S-H4.0(壳体材料:1Cr18Ni9Ti)																		
65	76	219	—	459	554	975	198	129	0	0	0.1283	DN20 凸面	DN20 凹面	ZG¾″	ϕ25.6 承插口	45.1	66.1	97.6
80	89	219	—	459	554	975	198	129	0	0	0.1283	DN20 凸面	DN20 凹面	ZG¾″	ϕ25.6 承插口	45.6	68.6	97.9
100	108	273	—	513	687	1217	246	173	0	0	0.2861	DN20 凸面	DN20 凹面	ZG¾″	ϕ25.6 承插口	77.9	114.9	149.5
125	133	273	—	513	687	1217	246	173	0	0	0.2861	DN20 凸面	DN20 凹面	ZG¾″	ϕ25.6 承插口	78.8	115.9	151.3
150	159	325	—	575	794	1396	283	209	0	0	0.4487	DN20 凸面	DN20 凹面	ZG1″	ϕ32.8 承插口	110.7	164.8	220.4
200	219	426	422	706	976	1708	339	269	150	150	0.7944	DN20 凸面	DN20 凹面	ZG1″	ϕ32.8 承插口	186.5	319.6	434.4
250	273	478	474	798	1123	1969	392	323	160	160	1.1393	DN20 凸面	DN20 凹面	ZG1″	ϕ32.8 承插口	245.3	378.9	582.2
300	325	529	525	869	1272	2214	443	375	180	180	1.4846	DN20 凸面	DN20 凹面	ZG1″	ϕ32.8 承插口	301.1	516.0	740.5

注：DN65～150 过滤器无支腿，法兰盖无转臂。

SD26C-A150，SD26C-A300(壳体材料:20)
SD26M-A150，SD26M-A300(壳体材料:16Mn)
SD26S-A150，SD26S-A300(壳体材料:1Cr18Ni9Ti)

表8.1-39　SD26英制系列尺寸

公称尺寸 DN		安装尺寸/mm								安装尺寸 L/mm		有效过滤面积/m²	排放口"B_1"		排放口"B_2"		重量/kg	
in	mm	D	D_1	D_2	L	H	H_1	H_2	H_3	150lb	300lb		150lb	300lb	150lb	300lb	150lb	300lb
2½	65	76.1	219.1	—	302	560	975	198	129	70	0	0.1283	NPT¾″	DN20凸面	NPT¾″	φ27.15承插口	59.8	95.0
3	80	88.9	219.1	—	303	560	975	198	129	70	0	0.1283	NPT¾″	DN20凸面	NPT¾″	φ27.15承插口	61.1	96.1
4	100	114.3	273.0	—	374	693	1217	250	181	100	0	0.2861	NPT¾″	DN20凸面	NPT¾″	φ27.15承插口	92.4	125.3
5	125	139.7	273.0	—	388	693	1217	250	181	100	0	0.2861	NPT¾″	DN20凸面	NPT¾″	φ27.15承插口	95.5	156.2
6	150	168.3	323.9	—	444	797	1396	283	218	120	0	0.4487	NPT¾″	DN20凸面	NPT1″	φ33.90承插口	135.7	222.0
8	200	219.1	406.4	402	546	976	1708	339	269	150	150	0.7944	NPT¾″	DN20凸面	NPT1″	φ33.90承插口	264.3	432.7
10	250	273.0	457	452	612	1115	1969	392	323	160	160	1.1393	NPT¾″	DN20凸面	NPT1″	φ33.90承插口	326.2	562.5
12	300	323.9	508	504	680	1258	2244	443	375	180	180	1.4846	NPT¾″	DN20凸面	NPT1″	φ33.90承插口	445.6	710.3

注：DN65～150过滤器无支腿，法兰盖无转臂。

表8.1-40　SD24公制系列尺寸

公称尺寸 DN		安装尺寸/mm								安装尺寸 L/mm		有效过滤面积/m²	排放口"B_1"		排放口"B_2"		重量/kg	
DN	mm	D	D_1	D_2	L	H	H_1	H_2	H_3	PN1.0/2.5	PN4.0		PN1.0/2.5	PN4.0	PN1.0/2.5	PN4.0	PN1.0/2.5	PN4.0
SD24C-H1.0，SD24C-H2.5，SD24C-H4.0(壳体材料:20)																		
65	76	219	—	459	554	975	198	129	70	0		0.1283	ZG¾″	DN20凹面	ZG¾″	φ25.6承插口	71.0	100.0
80	89	219	—	459	554	975	198	129	70	0		0.1283	ZG¾″	DN20凹面	ZG¾″	φ25.6承插口	72.3	102.5
100	108	273	—	513	687	1217	246	173	100	0		0.2861	ZG¾″	DN20凹面	ZG¾″	φ25.6承插口	116.2	165.5
125	133	273	—	513	687	1217	246	173	100	0		0.2861	ZG¾″	DN20凹面	ZG¾″	φ25.6承插口	121.3	171.4
150	159	325	—	575	794	1396	283	209	120	0		0.4487	ZG¾″	DN20凹面	ZG1″	φ32.8承插口	174.7	246.4
200	219	426	422	706	976	1708	339	269	150	150		0.7944	ZG¾″	DN20凹面	ZG1″	φ32.8承插口	325.3	445.4
250	273	478	474	798	1123	1969	392	323	160	160		1.1393	ZG¾″	DN20凹面	ZG1″	φ32.8承插口	439.5	621.4
300	325	529	525	869	1272	2214	443	375	180	180		1.4846	ZG¾″	DN20凹面	ZG1″	φ32.8承插口	677.4	877.1
SD24M-H1.0，SD24M-H2.5，SD24M-H4.0(壳体材料:16Mn)																		
65	76	219	—	459	554	975	198	129	70	0		0.1283	ZG¾″	DN20凹面	ZG¾″	φ25.6承插口	68.1	98.0
80	89	219	—	459	554	975	198	129	70	0		0.1283	ZG¾″	DN20凹面	ZG¾″	φ25.6承插口	69.9	99.5
100	108	273	—	513	687	1217	246	173	100	0		0.2861	ZG¾″	DN20凹面	ZG¾″	φ25.6承插口	110.6	154.8
125	133	273	—	513	687	1217	246	173	100	0		0.2861	ZG¾″	DN20凹面	ZG¾″	φ25.6承插口	116.1	160.6
150	159	325	—	575	794	1396	283	209	120	0		0.4487	ZG¾″	DN20凹面	ZG1″	φ32.8承插口	167.6	230.3

续表

公称尺寸 DN	安装尺寸/mm D	D_1	D_2	L	H	H_1	H_2	H_3	有效过滤面积/m²	安装尺寸 L/mm PN1.0/2.5	PN4.0	排放口"B_1" PN1.0/2.5	PN4.0	排放口"B_2" PN1.0/2.5	PN4.0	重量/kg PN1.0	PN2.5	PN4.0
200	219	428	422	706	976	1708	339	269	0.7944	150	150	ZG¾"	DN20 凹面	ZG1"	φ32.8 承插口	191.6	308.8	460.0
250	273	478	474	798	1123	1969	392	323	1.1393	160	160	ZG¾"	DN20 凹面	ZG1"	φ32.8 承插口	250.3	411.5	619.9
300	325	529	525	869	1272	2214	443	375	1.4846	180	180	ZG¾"	DN20 凹面	ZG1"	φ32.8 承插口	324.5	571.8	876.2

SD24S-H1.0,SD24S-H2.5,SD24S-H4.0(壳体材料:1Cr18Ni9Ti)

公称尺寸 DN	安装尺寸/mm D	D_1	D_2	L	H	H_1	H_2	H_3	有效过滤面积/m²	安装尺寸 L/mm PN1.0/2.5	PN4.0	排放口"B_1" PN1.0/2.5	PN4.0	排放口"B_2" PN1.0/2.5	PN4.0	重量/kg PN1.0	PN2.5	PN4.0
65	76	219	—	459	554	975	198	129	0.1283	0	0	ZG¾"	DN20 凸面	ZG¾"	φ25.6 承插口	50.8	72.8	104.7
80	89	219	—	459	554	975	198	129	0.1283	0	0	ZG¾"	DN20 凸面	ZG¾"	φ25.6 承插口	52.1	74.7	107.2
100	108	273	—	513	687	1217	246	173	0.2861	0	0	ZG¾"	DN20 凸面	ZG¾"	φ25.6 承插口	86.4	126.9	159.4
125	133	273	—	513	687	1217	246	173	0.2861	0	0	ZG¾"	DN20 凸面	ZG¾"	φ25.6 承插口	91.0	133.7	167.2
150	159	325	—	575	794	1396	283	209	0.4487	0	0	ZG1"	DN20 凸面	ZG1"	φ32.8 承插口	124.3	187.2	245.2
200	219	426	422	706	976	1708	339	269	0.7944	150	150	ZG1"	DN20 凸面	ZG1"	φ32.8 承插口	205.3	351.5	478.6
250	273	478	474	798	1123	1969	392	323	1.1393	160	160	ZG1"	DN20 凸面	ZG1"	φ32.8 承插口	271.2	423.5	648.0
300	325	529	525	869	1272	2214	443	375	1.4846	180	180	ZG1"	DN20 凸面	ZG1"	φ32.8 承插口	333.3	578.6	834.5

注：DN65~150 过滤器无支腿，法兰盖无转臂。

SD24C-A150,SD24C-A300(壳体材料:20)
SD24M-A150,SD24M-A300(壳体材料:16Mn)
SD24S-A150,SD24S-A300(壳体材料:1Cr18Ni9Ti)

表 8.1-41 SD24 英制系列尺寸

公称尺寸 DN in	mm	安装尺寸/mm D	D_1	D_2	L	H	H_1	H_2	H_3	有效过滤面积/m²	安装尺寸 L/mm 150lb	300lb	排放口"B_1" 150lb	300lb	排放口"B_2" 150lb	300lb	重量/kg 150lb	300lb
2½	65	76.1	219.1	—	420	560	975	198	129	0.1283	70	0	NPT¾"	DN20 凸面	NPT¾"	φ27.15 承插口	67.8	105.1
3	80	88.9	219.1	—	510	560	975	198	129	0.1283	70	0	NPT¾"	DN20 凸面	NPT¾"	φ27.15 承插口	70.4	109.9
4	100	114.3	273.0	—	580	693	1217	250	181	0.2861	100	0	NPT¾"	DN20 凸面	NPT¾"	φ27.15 承插口	105.4	174.7
5	125	139.7	273.0	—	600	693	1217	250	181	0.2861	100	0	NPT¾"	DN20 凸面	NPT¾"	φ27.15 承插口	110.9	133.9
6	150	168.3	323.9	—	660	797	1396	283	218	0.4487	120	0	NPT¾"	DN20 凸面	NPT1"	φ33.90 承插口	155.1	259.8
8	200	219.1	406.4	402	780	976	1703	339	269	0.7944	150	150	NPT¾"	DN20 凸面	NPT1"	φ33.90 承插口	296.2	489.6
10	250	273.0	457	452	860	1115	1969	392	323	1.1393	160	160	NPT¾"	DN20 凸面	NPT1"	φ33.90 承插口	368.2	644.0
12	300	323.9	508	504	940	1258	2244	443	375	1.4846	180	180	NPT¾"	DN20 凸面	NPT1"	φ33.90 承插口	510.4	827.2

注：DN65~150 过滤器无支腿，法兰盖无转臂。

8.2 安全喷淋洗眼器（HG/T 20570.14—95）

8.2.1 设置原则

8.2.1.1 应用范围

具有对人体有灼伤（俗称腐蚀），对人体皮肤（包括黏膜和眼睛）有刺激、渗透，容易被皮肤组织吸收而损害内部器官组织（俗称有毒）的化学品的化工装置，要设置应急喷淋洗眼器（习惯称安全喷淋洗眼器）的人身防护应急措施。

(1) 安全喷淋洗眼器的设置位置与可能发生事故点的距离，与使用或生产的化学品的毒性、腐蚀性及其温度有关，通常由工艺提出设置点和要求。

① 一般性有毒、有腐蚀性的化学品的生产和使用区域内，包括装卸、储存和分析取样点附近，安全洗眼器按 20～30m 距离设置一站。

② 在剧毒、强腐蚀及温度高于 70℃ 的化学品以及酸性、碱性物料的生产和使用区内，包括装卸、储存、分析取样点附近，需要设置安全喷淋洗眼器，其位置设置在离事故发生处（危险处）3～6m，但不得小于 3m，并应避开化学品喷射方向布置，以免事故发生时影响它的使用。

(2) 化学分析试验室中，有使用频繁的有毒、有腐蚀试剂，并有可能发生对人体损伤的岗位，要设置安全喷淋洗眼器。

(3) 电瓶充电室附近应设置安全喷淋洗眼器。

(4) 安全喷淋洗眼器应设置在通畅的通道上，多层厂房一般布置在同一轴线附近或靠近出口处。

8.2.1.2 设计条件

(1) 水质要求：使用生活用水（饮用水）。无生活用水处，应使用过滤水。

(2) 水压 0.2～0.4MPa（表）。

(3) 水温 10～35℃ 为宜。

(4) 水量：安全喷淋器最小水流量为 114L/min（安装在实验室的安全喷淋器最小水流量 76L/min），安全洗眼器最小水流量 12L/min（每用一次需要冲水洗 15min）。水量要求连续而充足地供应。

(5) 每星期至少试用两次。

8.2.1.3 设计要求

(1) 安全喷淋洗眼器尽量与经常流动的给水管道相连接，该连接管道要求最短。

(2) 安全喷淋器的喷淋头（不是组装产品），安装高度以 2.0～2.4m 为宜。

(3) 当给水的水质较差（含渣有固体物），则在安全洗眼器前加一个过滤器，过滤网采用 80 目。

(4) 安全喷淋洗眼器的给水管道应采用镀锌钢管。

(5) 在寒冷地区选用埋地式安全喷淋洗眼器，它的进水口与排水口的位置必须在冻土层以下 200mm。

(6) 如果需要使用温水（15～35℃），则选用电热式安全喷淋洗眼器。

8.2.2 性能数据（表 8.2-1）

表 8.2-1 安全喷淋洗眼器性能参数表

序号	型号	名称	功能	特点	供水表压 /MPa	供水流量 /(L/s)	连接尺寸 管螺纹（内螺纹）	其他
1	X-Ⅰ	安全喷淋洗眼器	喷淋、洗眼	本设备中滞留积水，适用于气候较温暖的地区	0.2～0.4	2～3	1 ½″（或 1 ¼″）	地脚螺钉固定
2	X-X-Ⅰ	安全洗眼器	洗眼		0.2～0.4	0.2～0.3	1 ½″ 1 ¼″	地脚螺钉固定
3	X-L-Ⅰ	安全喷淋器	喷淋		0.2～0.4	2～3	1 ½″ 1 ¼″	地脚螺钉固定
4	X-H	安全喷淋洗眼器	喷淋、洗眼	本设备中的水能自行排净，适用于气温较低地区	0.2～0.4	2～3	1 ½″ 1 ¼″	地脚螺钉固定
5	X-X-Ⅱ	安全洗眼器	洗眼		0.2～0.4	0.2～0.3	1 ½″ 1 ¼″	地脚螺钉固定
6	X-L-Ⅱ	安全喷淋器	喷淋、洗眼		0.2～0.4	2～3	1 ½″ 1 ¼″	地脚螺钉固定

序号	型号	名称	功能	特点	供水表压 /MPa	供水流量 /(L/s)	连接尺寸 管螺纹(内螺纹)	其他
7	X-Ⅱ	埋地式安全喷淋洗眼器	喷淋、洗眼	采用三通球阀作进水总阀,关闭进水口即开启排水口,适用于气候较寒冷的地区	0.2~0.4	2~3	1½″(或 1¼″)	进水位于冻土层以下 200mm,排水口的周围约 0.5m 内堆 φ10~φ30mm 卵石
8	XD-Ⅰ	电热式安全喷淋洗眼器	喷淋、洗眼	用电热带加热,温控仪控制温度,适用于气候较寒冷的地区	0.2~0.4	2~3		出水温度 15~35℃,220V,80~100W,地脚螺钉固定

8.3　管道混合器

8.3.1　静态混合器的应用类型（HG/T 20570.20—95）

8.3.1.1　应用范围

静态混合器应用于液-液、液-气、液-固、气-气的混合、乳化、中和、吸收、萃取、反应和强化传热等工艺过程，可以在很宽的流体黏度范围（约 10^6 mPa·s）以内，在不同的流型（层流、过渡流、湍流、完全湍流）状态下应用，既可间歇操作，也可连续操作，且容易直接放大。以下分类简述。

（1）液-液混合：从层流至湍流或黏度比大到 $1:10^6$ 的流体都能达到良好混合，分散液滴最小直接可达到 $1\sim2\mu m$，且大小分布均匀。

（2）液-气混合：液-气两相组分可以造成相界面的连续更新和充分接触，从而可以代替鼓泡塔或部分筛板塔。

（3）液-固混合：少量固体颗粒或粉末（固体占液体体积的 5％左右）与液体在湍流条件下，强制固体颗粒或粉末充分分散，达到液体的萃取或脱色作用。

（4）气-气混合：冷、热气体掺混，不同组分气体的混合。

（5）强化传热：静态混合器的给热系数与空管相比，对于给热系数很小的热气体冷却或冷气体加热，气体的给热系数提高 8 倍；对于黏性流体加热提高 5 倍；对于大量不凝性气体存在下的冷凝提到到 8.5 倍；对于高分子熔融体可以减少管截面上熔融体的温度和黏度梯度。

8.3.1.2　结构类型

（1）按行业标准《静态混合器》（JB/T 7660—95）的规定，以 SV 型、SX 型、SL 型、SH 型和 SK 型五种类型的静态混合器系列产品为例编制，结构示意图见图 8.3-1。

（2）由于混合单元内件结构各有不同，应用场合和效果亦各有差异，选用时应根据不同应用场合和技术要求进行选择。

（3）五种类型静态混合器产品用途见表 8.3-1。

表 8.3-1　五类静态混合器产品用途表

型号	产品用途
SV	适用于黏度≤10^2mPa·s 的液-液、液-气、气-气的混合、乳化、反应、吸收、萃取、强化传热过程。当 d_h（单元水力直径，mm）≤3.5，适用于清洁介质；当 d_h≥5，应用介质可伴有少量非黏结性杂质
SX	适用于黏度≤10^4mPa·s 的中高黏液-液混合，反应吸收过程或生产高聚物流体的混合、反应过程，处理量较大时使用效果更佳
SL	适用于化工、石油、油脂等行业，黏度≤10^6mPa·s 或伴有高聚物流体的混合，同时进行传热、混合和传热反应的热交换器，加热或冷却黏性产品等单元操作
SH	适用于精细化工、塑料、合成纤维、矿冶等部门的混合、乳化、配色、注塑纺丝、传热等过程。对流量小、混合要求高的中、高黏度（≤10^4mPa·s）的清洁介质尤为适合
SK	适用于化工、石油、炼油、精细化工、塑料挤出、环保、矿冶等部门的中、高黏度（≤10^6mPa·s）流体或液-固混合、反应、萃取、吸收、塑料配色、挤出、传热等过程。对小流量并伴有杂质的黏性介质尤为适用

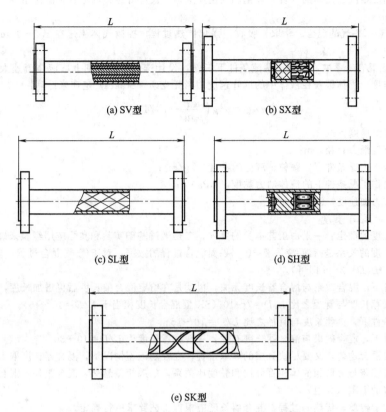

图 8.3-1　结构示意

（4）五种类型静态混合器性能比较见表 8.3-2。

表 8.3-2　五类静态混合器产品性能比较表

内容	SV 型	SX 型	SL 型	SH 型	SK 型	空管
分散、混合效果[①]（强化倍数）	8.7～15.2	6.0～14.3	2.1～6.9	4.7～11.9	2.6～7.5	1
适用介质情况 黏度/(mPa·s)	清洁流体 ≤10²	可伴杂质的流体 ≤10⁴	可伴杂质的流体 ≤10⁶	清洁流体 ≤10⁴	可伴杂质的流体 ≤10⁶	—
压力降比较（Δp 倍数）	$\dfrac{\Delta p_{ak}}{\Delta p_{空管}}=7～8$ 倍					
层流状态压力降（Δp 倍数）	18.6～23.5[②]	11.6	1.85	8.14	1	—
完全湍流压力降（Δp 倍数）	2.43～4.47	11.1	2.07	8.66	1	—

　　① 分散、混合效果也就是强化倍数，比较条件是相同介质、长度（混合设备）、规格相同或相近，不考虑压力降的情况下，流速取 0.15～0.6m/s 时与空管比较的强化倍数。

　　② 18.6 倍是指 $d_h \geqslant 5$ 时的 Δp，23.5 倍是指 $d_h < 5$ 时的 Δp。

8.3.2　静态混合器的设计计算 （HG/T 20570.20—95）

8.3.2.1　流型选择

　　根据流体物性、混合要求来确定流体流型。流型受表观的空管内径流速控制。

　　（1）对于中、高黏度流体的混合、传热、慢化学反应，适宜于层流条件操作，流体流速控制在 0.1～0.3m/s。

　　（2）对于低、中黏度流体的混合、萃取、中和、传热、中速反应，适宜于过渡流或湍流条件下工作，流体流速控制在 0.3～0.8m/s。

(3) 对于低黏度难混合流体的混合、乳化、快速反应、预反应等过程，适宜于湍流条件下工作，流体流速控制在 0.8～1.2m/s。

(4) 对于气-气、液-气的混合、萃取、吸收、强化传热过程，控制气体流速在 1.2～14m/s 的完全湍流条件下工作。

(5) 对于液-固混合、萃取，适宜于湍流条件下工作，设计选型时，原则上取液体流速大于固体最大颗粒在液体中的沉降速度。固体颗粒在液体中的沉降速度用斯托克斯（Stokes）定律来计算：

$$v_{颗粒} = d^2 g \left(\frac{\rho_{颗粒}}{\rho_{液体}} - 1 \right) / 18\sqrt{\mu} \tag{8.3-1}$$

式中　$v_{颗粒}$——沉降速度，m/s；

　　　　d——颗粒最大直径，m；

　$\rho_{颗粒}$、$\rho_{液体}$——操作工况条件下，颗粒、液体的密度，kg/m³；

　　　　μ——操作工况条件下的液体动力黏度，mPa·s；

　　　　g——重力加速度，9.81m/s²。

8.3.2.2　混合效果与长度

静态混合器长度的确定：一是由工艺本身的要求，二是通过基础实验和实际应用经验来确定（以上所列混合效果与混合器长度的关系是指液-液、液-气、液-固混合过程的数据，对于气-气混合过程，其混合比较容易，在完全湍流情况下 $L/D = 2\sim5$ 即可）。

(1) 湍流条件下，混合效果与混合器长度无关，也就是在给定混合器长度后再增加长度，其混合效果不会有明显的变化。推荐长度与管径之比 $L/D = 7\sim10$（SK 型混合长度相当于 $L/D = 10\sim15$）。

(2) 过渡流条件下，推荐长度与管径之比 $L/D = 10\sim15$。

(3) 层流条件下，混合效果与混合器长度有关，一般推荐长度为 $L/D = 10\sim30$。

(4) 对于既要混合均匀，又要尽快分层的萃取过程，在控制流型情况下，混合器长度取 $L/D = 7\sim10$。

(5) 流体的连续相与分散相的体积百分比和黏度比关系，如果相差悬殊，混合效果与混合器长度有关，一般取上述推荐长度的上限（大值）。

(6) 对于乳化、传质、传热的过程，混合器长度应根据工艺要求另行确定。

8.3.2.3　压力降计算

对于系统压力较高的工艺过程，静态混合器产生的压力降相对比较小，对于工艺压力不会产生大的影响。但对系统压力较低的工艺过程，设置静态混合器要进行压力降计算，以适应工艺要求。

(1) SV 型、SX 型、SL 型压力降计算公式：

$$\Delta p = f \frac{\rho_c}{2\varepsilon^2} u^2 \frac{L}{d_h} \tag{8.3-2}$$

$$Re_\varepsilon = \frac{d_h \rho_c u}{\mu \varepsilon} \tag{8.3-3}$$

水力直径（d_h）定义为混合单元空隙体积的 4 倍与润湿表面积（混合单元和管壁面积）之比：

$$d_h = 4 \left(\frac{\pi}{4} D^2 L - \Delta A \delta \right) / (2\Delta A + \pi DL) \tag{8.3-4}$$

式中　Δp——单位长度静态混合器压力降，Pa；

　　　　f——摩擦系数；

　　　　ρ_c——工作条件下连续相流体密度，kg/m³；

　　　　u——混合流体流速（以空管内径计），m/s；

　　　　ε——静态混合器空隙率，$\varepsilon = 1 - A\delta$；

　　　　d_h——水力直径，m；

　　　　Re_ε——雷诺数；

　　　　μ——工作条件下连续相黏度，Pa·s；

　　　　L——静态混合器长度，m；

　　　　ΔA——混合单元总单面面积，m²；

　　　　A——SV 型，单位体积中混合单元单面面积，m²/m³，见表 8.3-3；

　　　　δ——混合单元材料厚度，m，一般 $\delta = 0.0002$m；

　　　　D——管内径，m。

摩擦系数（f）与雷诺数（Re_ε）的关系式见表 8.3-4 和图 8.3-2 所示。

表 8.3-3　d_h-A 关系

d_h/mm	2.3	3.5	5	7	15	20
A/(m²/m³)	700	475	350	260	125	90

表 8.3-4　SV 型、SX 型、SL 型静态混合器 f 与 $Re_ε$ 关系式

混合器类型		SV-2.3/D	SV-3.5/D	SV-5～15/D	SX 型	SL 型
层流区	范围	$Re_ε \leqslant 23$	$Re_ε \leqslant 23$	$Re_ε \leqslant 150$	$Re_ε \leqslant 13$	$Re_ε \leqslant 10$
	关系式	$f=139/Re_ε$	$f=139/Re_ε$	$f=150/Re_ε$	$f=235/Re_ε$	$f=156/Re_ε$
过渡区	范围	$23<Re_ε \leqslant 150$	$23<Re_ε \leqslant 150$	—	$3<Re_ε \leqslant 70$	$10<Re_ε \leqslant 100$
	关系式	$f=23.1Re_ε^{-0.428}$	$f=43.7Re_ε^{-0.631}$	—	$f=74.7Re_ε^{-0.476}$	$f=57.7Re_ε^{-0.568}$
湍流区	范围	$150<Re_ε \leqslant 2400$	$150<Re_ε \leqslant 2400$	$Re_ε>150$	$70<Re_ε \leqslant 2000$	$100<Re_ε \leqslant 3000$
	关系式	$f=14.1Re_ε^{-0.329}$	$f=10.3Re_ε^{-0.351}$	$f \approx 1.0$	$f=22.3Re_ε^{-0.194}$	$f=10.8Re_ε^{-0.205}$
完全湍流区	范围	$Re_ε>2400$	$Re_ε>2400$	—	$Re_ε>2000$	$Re_ε>3000$
	关系式	$f \approx 1.09$	$f \approx 0.702$	—	$f \approx 5.11$	$f \approx 2.10$

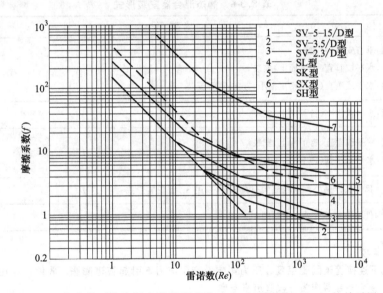

图 8.3-2　各种类型静态混合器摩擦系数（f）与雷诺数（$Re_ε$）的关系图

（2）SH 型、SK 型压力降计算公式

$$\Delta p = f \frac{\rho_c}{2} u^2 L/D \tag{8.3-5}$$

$$Re_D = D\rho_c u/\mu \tag{8.3-6}$$

摩擦系数（f）与雷诺数（Re_D）关系式见表 8.3-5 和图 8.3-2 所示。关系式的压力降计算值允许偏差 ±30%，适用于液-液、液-气、液-固混合。

表 8.3-5　SH 型、SK 型静态混合器 f 与 Re_D 关系式

混合器类型		SH 型	SK 型	混合器类型		SH 型	SK 型
层流区	范围关系式	$Re_D \leqslant 30$ $f=3500/Re_D$	$Re_D \leqslant 23$ $f=430/Re_D$	湍流区	范围关系式	$Re_D>320$ $f=80.1Re_D^{-0.141}$	$300<Re_D \leqslant 11000$ $f=17.0Re_D^{-0.205}$
过渡流区	范围关系式	$30<Re_D \leqslant 320$ $f=646Re_D^{-0.503}$	$23<Re_D \leqslant 300$ $f=87.2Re_D^{-0.491}$	完全湍流区	范围关系式	—	$Re_D>11000$ $f \approx 2.53$

（3）气-气混合压力降计算公式

气-气混合一般均采用 SV 型静态混合器，其压力降与静态混合器长度和流速成正比，与混合单元水力直径成反比。对不同规格 SV 型静态混合器测试，关联成以下经验计算公式：

$$\Delta p = 0.0502 \left(u \sqrt{\rho_c} \right)^{1.5339} \frac{L}{d_h} \tag{8.3-7}$$

式中　Δp——单位长度静态混合器压力降，Pa；

　　　　u——混合气工作条件下流速，m/s；

　　　　ρ_c——工作条件下混合气密度，kg/m³；

　　　　L——静态混合器长度，m；

　　　　d_h——水力直径，m。

8.3.3　静态混合器的应用安装（HG/T 20570.20—95）

8.3.3.1　安装形式

五大系统静态混合器安装于工艺管线时，应尽量靠近二股或多股流体初始分配处。除特殊注明外，通常设备两端均可作进、出口。由于本规定所述的五大系列产品使用于不同场合，因此安装形式也有一定的差异，见表 8.3-6。

表 8.3-6　静态混合器安装形式

型号	安　装　形　式
SV	气-液相：垂直安装（并流） 液-气相：水平或垂直（自下而上）安装 气-气相：水平或垂直（气相密度差小，方向不限）安装
SX	液-液相：水平或垂直（自下向上）安装
SL	液-液相：水平或垂直（自下而上）安装 液-固相：水平或垂直（自上而下）安装
SH	两端法兰尺寸按产品公称直径放大一级来定，采用 SL 型安装形式
SK	以可拆内件不固定的一端为进口端

8.3.3.2　注意事项

（1）设计工况下连接管道因受温度、压力影响而产生应力，引起管道膨胀、收缩，应在系统管道本身解决。计算时，可将静态混合器作为一段管道来考虑。

（2）静态混合器的进、出口阀门（包括放尽、放空阀）可根据工艺要求确定。

（3）工程设计一般以单台或串联静态混合器来完成混合目的。若以两台并联操作使用时，配管设计应确保流体分配均匀。

（4）当使用小规格 SV 型时，如果介质中含有杂质，应在混合器前设置两个并联切换操作的过滤器，滤网规格一般选用 40～20 目不锈钢滤网。

（5）静态混合器上尽量不安装流量、温度、压力等指示仪表和检测点，特殊情况在订货时出图指明。

（6）对于需要在混合器外壳设置换热夹套管时，应在订货时加以说明。

（7）静态混合器连接法兰，采用相应的化工行业标准。特殊要求订货时注明。

（8）清洗：拆卸后从出口进水冲洗，如遇胶聚物，采用溶剂浸泡或竖起来加热熔解。

8.3.3.3　设计参数

表 8.3-7～表 8.3-11 所列参数仅指单位长度内参数，不影响外形设计。各表中所列处理量是指较低黏度流体混合的常规量，对于萃取、反应等处理量参阅 8.3.2 规定由设计流速确定，对于气-气混合，按工程设计流量确定。

表 8.3-7　SV 型参数表

选型参数　型号	公称直径 DN /mm	水力直径 d_h /mm	空隙率 ε	混合器长度 L /mm	处理量 V /(m³/h)
SV-2.3/20	20	2.3	0.88	1000	0.5~1.2
SV-2.3/25	25	2.3	0.88	1000	0.9~1.8
SV-3.5/32	32	3.5	0.909	1000	1.4~2.8
SV-3.5/40	40	3.5	0.909	1000	2.2~4.4
SV-3.5/50	50	3.5	0.909	1000	3.5~7.0
SV-5/80	80	5	约1.0	1000	9.0~18.0
SV-5/100	100	5	约1.0	1000	14~28
SV-5~7/150	150	5~7	约1.0	1000	30~60
SV-5~15/200	200	5~15	约1.0	1000	56~110
SV-5~20/250	250	5~20	约1.0	1000	88~176
SV-7~30/300	300	7~30	约1.0	1000	120~250
SV-7~30/500	500	7~30	约1.0	1000	353~706
SV-7~50/1000	1000	7~50	约1.0	1000	1413~2826

表 8.3-8　SX 型参数表

选型参数　型号	公称直径 DN /mm	水力直径 d_h /mm	空隙率 ε	混合器长度 L /mm	处理量 V /(m³/h)
SX-12.5/50	50	12.5	约1.0	1000	3.5~7.0
SX-20/80	80	20	约1.0	1000	9.0~18.0
SX-25/100	100	25	约1.0	1000	14~28
SX-37.5/150	150	37.5	约1.0	1000	30~60
SX-50/200	200	50	约1.0	1000	56~110
SX-62.5/250	250	62.5	约1.0	1000	88~176
SX-75/300	300	75	约1.0	1000	125~250
SX-125/500	500	125	约1.0	1000	353~706
SX-250/1000	1000	250	约1.0	1000	1413~2826

表 8.3-9　SL 型参数表

选型参数　型号	公称直径 DN /mm	水力直径 d_h /mm	空隙率 ε	混合器长度 L /mm	处理量 V /(m³/h)
SL-12.5/25	25	12.5	0.937	1000	0.7~1.4
SL-25/50	50	25	0.937	1000	3.5~7.0
SL-40/80	80	40	约1.0	1000	9~18
SL-50/100	100	50	约1.0	1000	14~28
SL-75/150	150	75	约1.0	1000	30~60
SL-100/200	200	100	约1.0	1000	56~110
SL-125/250	250	125	约1.0	1000	88~176
SL-150/300	300	150	约1.0	1000	125~250
SL-250/500	500	250	约1.0	1000	357~706

表 8.3-10　SH 型参数表

选型参数 型号	公称直径 DN /mm	水力直径 d_h /mm	空隙率 ε	混合器长度 L /mm	处理量 V /(m³/h)
SH-3/15	15	3	约 1.0	1000	0.1～0.2
SH-4.5/20	20	4.5	约 1.0	1000	0.2～0.4
SH-7/30	30	7	约 1.0	1000	0.5～1.1
SH-12/50	50	12	约 1.0	1000	1.6～3.2
SH-19/80	80	19	约 1.0	1000	4.0～8.0
SH-24/100	100	24	约 1.0	1000	6.5～13
SH-49/200	200	49	约 1.0	1000	26～52

表 8.3-11　SK 型参数表

选型参数 型号	公称直径 DN /mm	水力直径 d_h /mm	空隙率 ε	混合器长度 L /mm	处理量 V /(m³/h)
SK-5/10	10	5	约 1.0	1000	0.1～0.3
SK-7.5/15	15	7.5	约 1.0	1000	0.3～0.6
SK-10/20	20	10	约 1.0	1000	0.6～1.2
SK-12.5/25	25	12.5	约 1.0	1000	0.9～1.8
SK-25/50	50	25	约 1.0	1000	3.5～7.0
SK-40/80	80	40	约 1.0	1000	9.0～18
SK-50/100	100	50	约 1.0	1000	14～24
SK-75/150	150	75	约 1.0	1000	30～60
SK-100/200	200	100	约 1.0	1000	56～110
SK-125/250	250	125	约 1.0	1000	88～176
SK-150/300	300	150	约 1.0	1000	120～250

8.3.4　汽水混合器

SQS 系列汽水混合器用于热水采暖系统中，代替原板式换热器作加热设备；用于浴室加热热水，送入水箱，代替热水箱中原高噪声、强振动的蒸汽直接加热方式；用于除氧器预热软水；用于水-水换热等。其结构外形如图 8.3-3 所示，规格尺寸见表 8.3-12。

表 8.3-12　SQS 系列汽水混合器规格尺寸　　　　　　　　　　　　单位：mm

规格尺寸		SQS-1/SQS-6	SQS-8/SQS-10/SQS-12	SQS-16/SQS-20/SQS-24	SQS-27/SQS-32 SQS-40/SQS-48
安装 尺寸	A	105	130	220	450
	B	105	130	170	300
	L	240	360	660	1200
水侧 连接 法兰	DN	30	50	100	200
	D_1	110	145	210	350
	D	145	180	245	405
	$n×\phi$	4×18	4×18	8×18	12×22
汽侧 连接 法兰	DN	40	65	125	250
	D_1	110	145	210	350
	D	145	180	245	405
	$n×\phi$	4×18	4×18	8×18	12×22

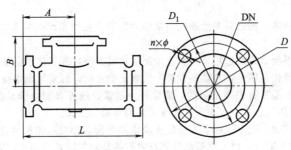

图 8.3-3 SQS 系列汽水混合器

8.4 液体装卸臂（HG/T 21608—96）

8.4.1 分类选型

8.4.1.1 产品分类

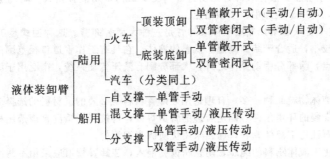

8.4.1.2 基本参数

(1) 陆用液体装卸臂基本参数

工作压力：−0.06MPa、0.6MPa、1.0MPa、1.6MPa、2.5MPa、4.0MPa；

工作温度：−40～200℃；

口径：DN25、DN50、DN80、DN100、DN150。

(2) 船用液体装卸臂基本参数

工作压力：0.6MPa、1.0MPa、1.6MPa、2.5MPa；

工作温度：−40～200℃；

口径：DN100、DN150、DN200、DN250、DN300、DN350、DN400、DN500。

8.4.1.3 型式选用

在石油化工行业中液体产品的品种较多，化工物料特性各异，装运这些化工物料所采用汽车槽车、火车槽车或槽船，其类型差别比较大，并且槽口尺寸大小各不相同。所以应根据各种不同的实际情况，合理地选用装卸臂型式，这对安全生产是很重要的。选用时一般应遵循以下原则。

(1) 在装卸液化石油气或液化气体物料时，必须采用密闭式装卸。

(2) 物料在常温储存和装卸条件下，对于饱和蒸气压接近或超过 0.1MPa（绝压）时，必须采用密闭式装卸。

(3) 在常温储存和装卸条件下，物料是易挥发性液体，并具有易燃、易爆和对环境有污染或对人身有危害时，必须采用密闭式装卸。

(4) 物料是易挥发液体，挥发气体具有一定的回收价值时，应采用密闭式装卸。

(5) 在卸槽车或卸船时，当采用气相增压卸料或真空抽料时，必须采用密闭式卸料。

(6) 对有腐蚀性的物料，为防止物料喷溅或确保人身安全，应采用密闭式装卸。

(7) 对低挥发和无危害的一般液体物料的装卸，可采用敞开式装卸。

(8) 低挥发性液体物料装车时，可采用插入式短垂管形式，如 90°平出口或 45°斜出口。

(9) 对于易产生静电集聚且为低挥发性液体物料的情况下，在装车时必须采用插入式长垂管，如分流帽出口或敞开式伸缩管出口。

(10) 一般低挥发性液体物料，装车排放气体对环境有污染或对人身有危害时，应采用有回气密闭短垂管出口。

（11）物料是易挥发性液体，而又易产生静电集聚的情况下，在装车时必须采用插入式有回气的密闭伸缩管出口。

（12）装卸臂的外伸臂平衡方式的选用，一般选用配重式或弹簧缸式，该平衡器结构简单。

（13）装卸臂的外臂在操作范围内，当需要在某一位置上锁定时，可采用配重锁紧杆式或弹簧缸锁紧杆式。

（14）当装卸臂的垂管上是带有密闭压盖的，需要外力压紧，或外臂和垂管长度较长，抬升高度比较大，而手动操作不方便时，应采用气缸式、配重气缸式或者采用弹簧气缸式。

（15）在选用平衡器型式时，配重式需要安排配重块调整平衡，相对结构尺寸比较大，应根据装卸臂安装空间位置而定；弹簧缸式和气缸式，以及弹簧缸锁紧杆式和弹簧缸气缸式结构比较紧凑，活动轻巧，平衡器不需占有另外空间，操作方便。

（16）陆用液体装卸臂中，结构型式有上接式、下接式、上翻式等区别，上接式用于顶部接入进料管，下接式用于底部接入进料管，这两种型式多用于装车。上翻式是外臂高于内臂，又底部接入进料管，这种型式多用于插入式卸车。这是便于将物料卸净。

（17）自支承双配重单管船用液体装卸臂是物料管道自身作为支承体，内外臂的长度受到限制，最大长度不超过10m，适合安装在水位稳定的河流上。其管径规格较小，可用于装卸小型的槽船。

（18）混支承单配重单管船用液体装卸臂是物料管和支承结构采用混合型式，略优于自支承结构。但内外臂总长度亦不超过18m，可用于装卸中、小型槽船。

（19）分支承单配重单管（双管）船用液体装卸臂是一种大型装卸臂。这种型式是工作管道与支承结构互相独立，工作管道受力较小，适合于装卸高温、低温的液体。它具有工作管道口径范围广，内外臂伸出长，适应槽船漂移范围大的特点，除部分手动操作之外，大部分配有液压传动系统，广泛用于海上大型槽船的装卸。

8.4.1.4　材料选用

在石油化工行业中液体物品品种较多，合理选用装卸臂材料是必要的。材料的选择应按装卸液体物料的输送压力、温度和装卸臂安装的环境条件，确定合理的管道等级，再按以下情况合理选用材料。

（1）一般无腐蚀性石油化工液体物料，通常采用优质碳素钢管材。

（2）需要保持石油化工液体物料的纯净，防止锈蚀物混入，装卸臂管道应采用不锈钢管材；液体物料若直接用于食品工业时，装卸臂管道也应采用不锈钢材料。

（3）常用具有腐蚀性的酸性、碱性物料的装卸臂选用材料

① 硝酸：装卸臂宜采用不锈钢管材或衬塑管，若垂管插入槽车较长时，垂管也可以采用铝管材。

② 冰醋酸：可选用耐酸不锈钢管材料（316L）。

③ 硫酸：98%硫酸及发烟硫酸采用优质碳素钢管材。80%以下稀硫酸应采用钢衬PTFE管、钢衬PVC管、钢衬PP管等。若垂管需要插入槽车时，插入垂管可采用PVC管、PP管、PTFE管或玻璃钢管等。

④ 盐酸：同稀硫酸物料选材基本一样。

⑤ 烧碱溶液（常温）：装卸臂采用优质碳素钢管。

8.4.1.5　伴热选用

当装卸的液体物料其凝固点高于环境最低温度时，装卸的液体物料储存和输送应采取伴热措施。装卸臂有两种伴热方式：蒸汽伴热或电伴热。

8.4.2　陆用液体装卸臂

8.4.2.1　标注方法

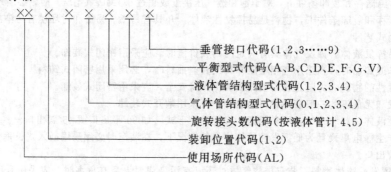

```
XX  X  X  X  X  X  X
 │  │  │  │  │  │  └── 垂管接口代码（1、2、3……9）
 │  │  │  │  │  └───── 平衡型式代码（A、B、C、D、E、F、G、V）
 │  │  │  │  └──────── 液体管结构型式代码（1、2、3、4）
 │  │  │  └─────────── 气体管结构型式代码（0、1、2、3、4）
 │  │  └────────────── 旋转接头数代码（按液体管计4、5）
 │  └───────────────── 装卸位置代码（1、2）
 └──────────────────── 使用场所代码（AL）
```

8.4.2.2 结构型式——陆用液体装卸臂（表8.4-1）

表8.4-1 陆用液体装卸臂

代号		AL1401	AL1402	AL1403	AL1412	AL1501	AL1502	AL1503	AL1512	AL1513	AL2503	AL2504	AL2543
名称		顶部上接式插入装卸臂	顶部下接式插入装卸臂	顶部上翻式插入装卸臂	顶部组合式插入装卸臂	顶部上接式法兰装卸臂	顶部下接式法兰装卸臂	顶部上翻式法兰装卸臂	顶部组合式法兰装卸臂	顶部组合式法兰装卸臂	底部上翻式法兰装卸臂	底部下翻式法兰装卸臂	底部组合式法兰装卸臂
示意图													
平衡器型式	A 配重式	√	√	√	√	√	√	√	√	√	√	√	√
	B 弹簧缸式	√	√	√	√	√	√	√	√	√	√	√	
	C 气缸式	√	√		√								
	D 配重气缸式	√	√	√	√								
	E 配重锁紧杆式	√	√	√	√								
	F 弹簧缸锁紧杆式	√	√	√	√								
垂管型式	G 任意	√	√	√	√	√	√	√	√	√	√	√	√
	V 任意	√	√	√	√	√	√	√	√	√	√	√	√
	1 90°平出口	√	√	√	√	√	√	√	√	√	√	√	
	2 45°斜出口	√	√	√	√				√	√			
	3 分流帽出口			√									
	4 法兰连接出口												
	5 90°转角法兰双法兰连接出口												
	6 有回气密闭法兰连接出口												
	7 有回气密闭短管垂管出口				√	√	√	√	√	√	√	√	
	8 有回气密闭伸缩管出口	√	√	√	√	√	√	√	√	√	√	√	√
	9 敞开式伸缩管出口	√	√	√	√	√	√	√	√	√	√	√	√
装卸臂材料 内外臂	碳钢管	√	√	√	√	√	√	√	√	√	√	√	√
	不锈钢管	√	√	√	√	√	√	√	√	√	√	√	√
	衬聚四氟乙烯钢管	√	√	√	√	√	√	√	√	√	√	√	√
	衬聚丙烯钢管	√	√	√	√	√	√	√	√	√	√	√	√
	衬聚氯乙烯钢管	√	√	√	√	√	√	√	√	√	√	√	√
垂管	碳钢管	√	√	√	√	√	√	√	√	√	√	√	√
	不锈钢管	√	√	√	√	√	√	√	√	√	√	√	√
	铝管	√	√	√	√								
	聚丙烯管	√	√	√	√								
	聚氯乙烯管	√	√	√	√								
	聚四氟乙烯管	√	√	√	√								
	衬聚四氟乙烯钢管	√	√	√	√	√	√	√	√	√	√	√	√

8.4.2.3　顶部上接式插入装卸臂（AL1401）（图8.4-1）

8.4.2.4　顶部下接式插入装卸臂（AL1402）（图8.4-2）

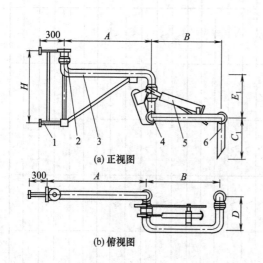

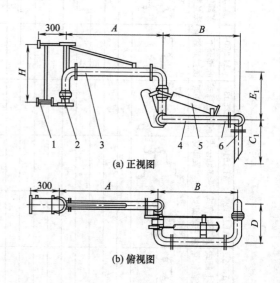

图8.4-1　AL1401装卸臂结构

1—支架；2—旋转接头；3—内臂；
4—外臂；5—平衡器；6—垂管

图8.4-2　AL1402装卸臂结构

1—支架；2—旋转接头；3—内臂；
4—外臂；5—平衡器；6—垂管

8.4.2.5　顶部上翻式插入装卸臂（AL1403）（图8.4-3）

8.4.2.6　顶部组合式插入装卸臂（AL1412）（图8.4-4）

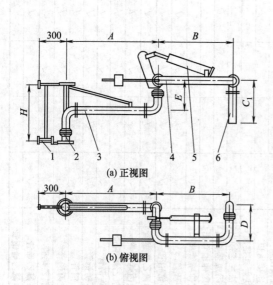

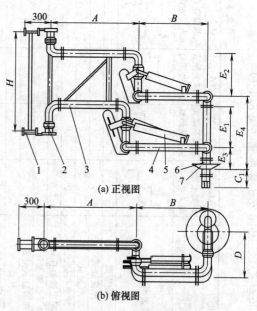

图8.4-3　AL1403装卸臂结构

1—支架；2—旋转接头；3—内臂；
4—外臂；5—平衡器；6—垂管

图8.4-4　AL1412装卸臂结构

1—支架；2—旋转接头；3—内臂；4—外臂；
5—平衡器；6—垂管；7—锥帽

8.4.2.7 顶部上接式法兰装卸臂（AL1501）（图 8.4-5）

8.4.2.8 顶部下接式法兰装卸臂（AL1502）（图 8.4-6）

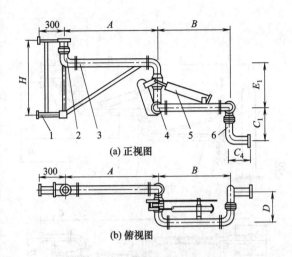

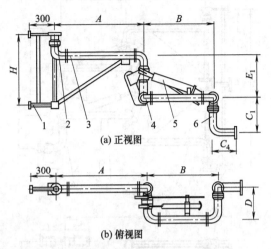

图 8.4-5 AL1501 装卸臂结构
1—支架；2—旋转接头；3—内臂；4—外臂；
5—平衡器；6—垂管

图 8.4-6 AL1502 装卸臂结构
1—支架；2—旋转接头；3—内臂；4—外臂；
5—平衡器；6—垂管

8.4.2.9 顶部上翻式法兰装卸臂（AL1503）（图 8.4-7）

8.4.2.10 顶部组合式法兰装卸臂（AL1512）（图 8.4-8）

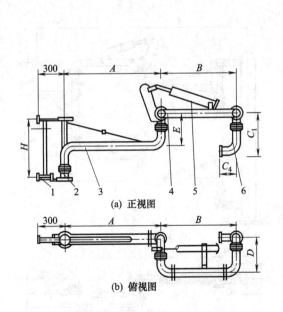

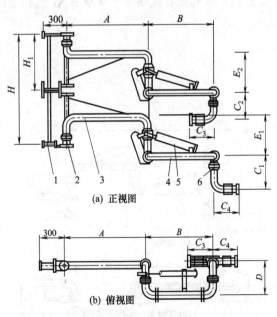

图 8.4-7 AL1503 装卸臂结构
1—支架；2—旋转接头；3—内臂；4—外臂；
5—平衡器；6—垂管

图 8.4-8 AL1512 装卸臂结构
1—支架；2—旋转接头；3—内臂；4—外臂；
5—平衡器；6—垂管

8.4.2.11　顶部组合式法兰装卸臂（AL1513）（图 8.4-9）

8.4.2.12　底部上翻式法兰装卸臂（AL2503）（图 8.4-10）

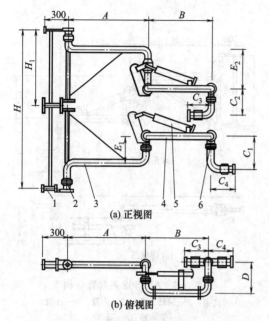

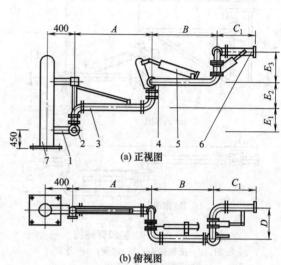

图 8.4-9　AL1513 装卸臂结构

1—支架；2—旋转接头；3—内臂；4—外臂；
5—平衡器；6—垂管

图 8.4-10　AL2503 装卸臂结构

1—支架；2—旋转接头；3—内臂；4—外臂；
5—平衡器；6—垂管；7—立柱

8.4.2.13　底部翻下式法兰装卸臂（AL2504）（图 8.4-11）

8.4.2.14　底部组合式法兰装卸臂（AL2543）（图 8.4-12）

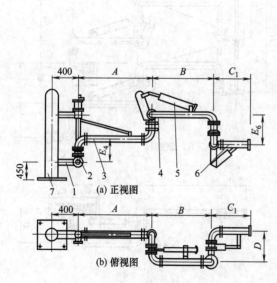

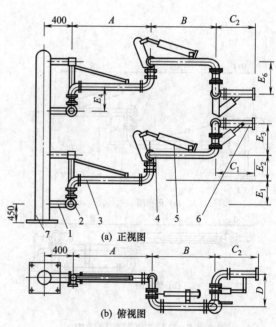

图 8.4-11　AL2504 装卸臂结构

1—支架；2—旋转接头；3—内臂；4—外臂；
5—平衡器；6—垂管；7—立柱

图 8.4-12　AL2543 装卸臂结构

1—支架；2—旋转接头；3—内臂；4—外臂；
5—平衡器；6—垂管；7—立柱

8.4.2.15 平衡器结构型式（图 8.4-13）

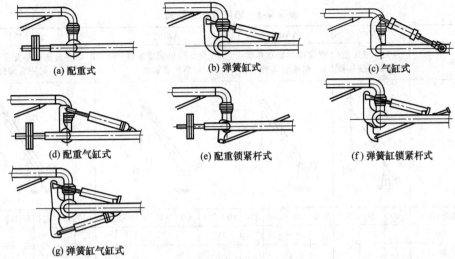

(a) 配重式　　　　(b) 弹簧缸式　　　　(c) 气缸式

(d) 配重气缸式　　(e) 配重锁紧杆式　　(f) 弹簧缸锁紧杆式

(g) 弹簧缸气缸式

图 8.4-13　平衡器结构型式

8.4.2.16 垂管接口型式（图 8.4-14）

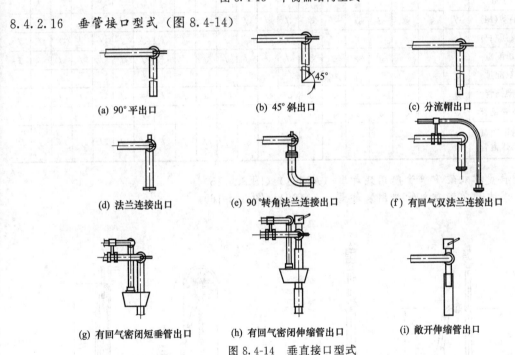

(a) 90° 平出口　　　　(b) 45° 斜出口　　　　(c) 分流帽出口

(d) 法兰连接出口　　(e) 90° 转角法兰连接出口　　(f) 有回气双法兰连接出口

(g) 有回气密闭短垂管出口　　(h) 有回气密闭伸缩管出口　　(i) 敞开伸缩管出口

图 8.4-14　垂直接口型式

8.4.3　船用液体装卸臂

8.4.3.1　标注方法

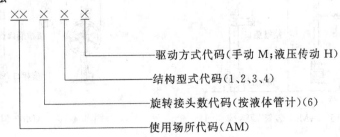

驱动方式代码(手动 M；液压传动 H)

结构型式代码(1、2、3、4)

旋转接头数代码(按液体管计)(6)

使用场所代码(AM)

8.4.3.2　结构型式-船用液体装卸臂（表 8.4-2）

表 8.4-2　船用液体装卸臂

代号	AM61			AM62				AM63							AM64						
名称	自支撑双配重单管船用装卸臂			混支撑单配重单管船用装卸臂				分支撑单配重单管船用装卸臂							分支撑单配重单管船用装卸臂						
示意图																					
液体管道通径	100	150	200	100	150	200	250	100	150	200	250	300	400	500	100	150	200	250	300	400	500
气体管道通径　50																✓					
气体管道通径　80																✓	✓	✓	✓	✓	✓
气体管道通径　100																✓	✓	✓	✓	✓	✓
驱动方式　手动(M)	✓	✓	✓	✓	✓	✓	✓	✓	✓	✓											
驱动方式　液压(H)								✓	✓	✓	✓	✓	✓	✓	✓	✓	✓	✓	✓	✓	✓
平衡方式　单配重				✓	✓	✓	✓	✓	✓	✓	✓	✓	✓	✓	✓	✓	✓	✓	✓	✓	✓
平衡方式　双配重	✓	✓	✓																		
装卸臂材料　碳钢管	✓	✓	✓	✓	✓	✓	✓	✓	✓	✓	✓	✓	✓	✓	✓	✓	✓	✓	✓	✓	✓
装卸臂材料　不锈钢管	✓	✓	✓	✓	✓	✓	✓	✓	✓	✓	✓	✓	✓	✓	✓	✓	✓	✓	✓	✓	✓
装卸臂材料　衬聚四氟乙烯钢管								✓	✓	✓	✓	✓	✓	✓	✓	✓	✓	✓	✓	✓	✓

8.4.3.3　自支撑双配重单管船用装卸臂（AM61）（图 8.4-15）
8.4.3.4　混支撑单配重单管船用装卸臂（AM62）（图 8.4-16）

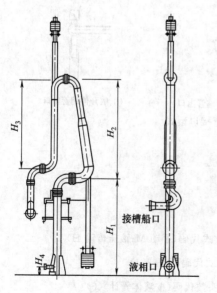

图 8.4-15　AM61 装卸臂结构

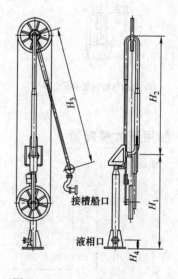

图 8.4-16　AM62 装卸臂结构

8.4.3.5　分支撑单配重单管船用装卸臂（AM63）（图8.4-17）
8.4.3.6　分支撑单配重单管船用装卸臂（AM64）（图8.4-18）

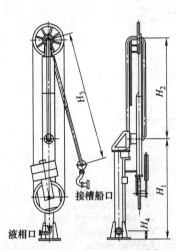

图8.4-17　AM63装卸臂结构

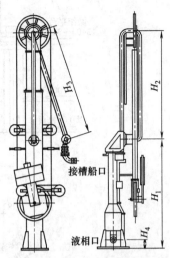

图8.4-18　AM64装卸臂结构

8.4.4　陆用液体装卸臂安装

8.4.4.1　不配立柱火车槽车顶部安装（图8.4-19）
8.4.4.2　配立柱火车槽车顶部安装（图8.4-20）

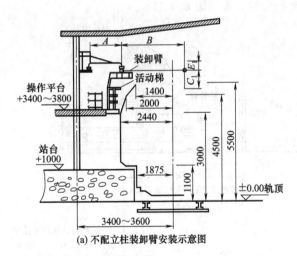

(a) 不配立柱装卸臂安装示意图

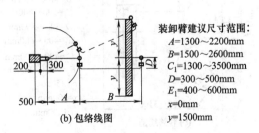

(b) 包络线图

装卸臂建议尺寸范围：
A=1300～2200mm
B=1500～2600mm
C_1=1300～3500mm
D=300～500mm
E_1=400～600mm
x=0mm
y=1500mm

图8.4-19　不配立柱火车槽车顶部装卸臂安装

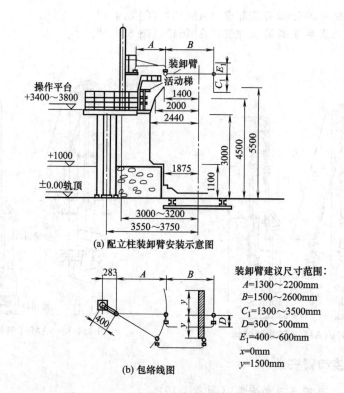

操作平台
+3400~3800

装卸臂
活动梯

1400
2000
2440

+1000

±0.00轨顶

1875

3000~3200
3550~3750

(a) 配立柱装卸臂安装示意图

装卸臂建议尺寸范围：
A=1300~2200mm
B=1500~2600mm
C_1=1300~3500mm
D=300~500mm
E_1=400~600mm
x=0mm
y=1500mm

(b) 包络线图

图 8.4-20　配立柱火车槽车顶部装卸臂安装

8.4.4.3　配立柱火车槽车底部安装（图 8.4-21）

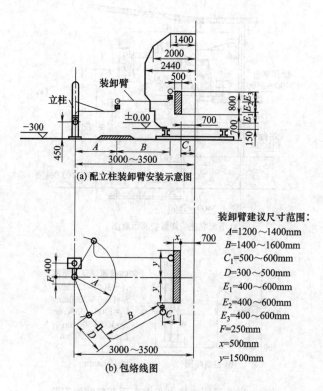

立柱
装卸臂
±0.00

1400
2000
2440
500

800

700

−300

450

700

150

3000~3500

(a) 配立柱装卸臂安装示意图

装卸臂建议尺寸范围：
A=1200~1400mm
B=1400~1600mm
C_1=500~600mm
D=300~500mm
E_1=400~600mm
E_2=400~600mm
E_3=400~600mm
F=250mm
x=500mm
y=1500mm

700

3000~3500

(b) 包络线图

图 8.4-21　配立柱火车槽车底部安装

8.4.4.4 不配立柱汽车槽车顶部安装（图 8.4-22）

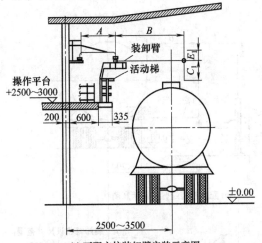

(a) 不配立柱装卸臂安装示意图

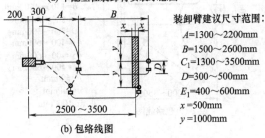

(b) 包络线图

装卸臂建议尺寸范围：
$A=1300\sim2200$mm
$B=1500\sim2600$mm
$C_1=1300\sim3500$mm
$D=300\sim500$mm
$E_1=400\sim600$mm
$x=500$mm
$y=1000$mm

图 8.4-22　不配立柱汽车槽车顶部装卸臂安装

8.4.4.5 配立柱汽车槽车顶部安装（图 8.4-23）

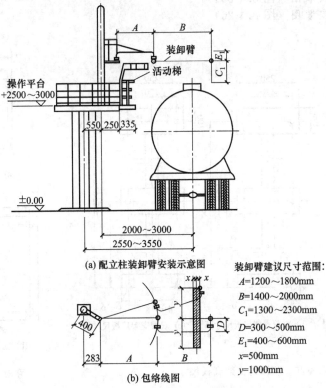

(a) 配立柱装卸臂安装示意图

(b) 包络线图

装卸臂建议尺寸范围：
$A=1200\sim1800$mm
$B=1400\sim2000$mm
$C_1=1300\sim2300$mm
$D=300\sim500$mm
$E_1=400\sim600$mm
$x=500$mm
$y=1000$mm

图 8.4-23　配立柱汽车槽车顶部装卸槽安装

8.4.4.6 配立柱汽车槽车底部安装 (图 8.4-24)

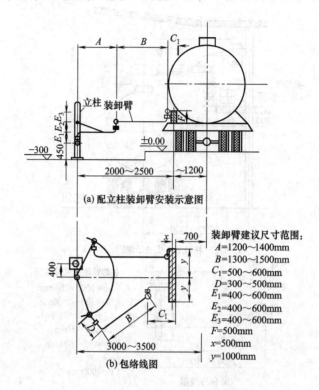

装卸臂建议尺寸范围：

$A=1200\sim1400mm$
$B=1300\sim1500mm$
$C_1=500\sim600mm$
$D=300\sim500mm$
$E_1=400\sim600mm$
$E_2=400\sim600mm$
$E_3=400\sim600mm$
$F=500mm$
$x=500mm$
$y=1000mm$

(a) 配立柱装卸臂安装示意图

(b) 包络线图

图 8.4-24 配立柱汽车槽车底部装卸臂安装

8.4.4.7 支架底板安装图 (图 8.4-25)
8.4.4.8 立柱底板安装图 (图 8.4-26)

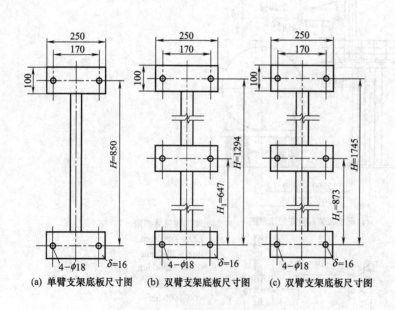

(a) 单臂支架底板尺寸图　(b) 双臂支架底板尺寸图　(c) 双臂支架底板尺寸图

图 8.4-25 装卸臂支架底板尺寸

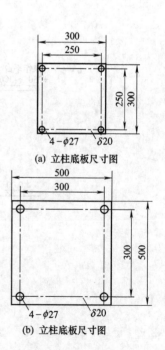

(a) 立柱底板尺寸图

(b) 立柱底板尺寸图

图 8.4-26 装卸臂立柱
底板尺寸

8.4.4.9 操作平台安装图（图 8.4-27、表 8.4-3）

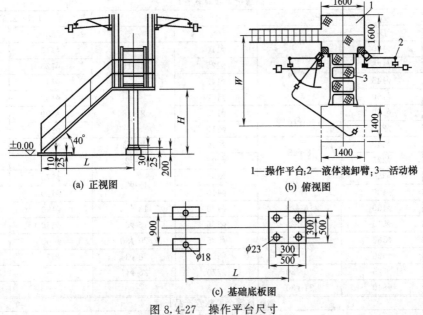

(a) 正视图

1—操作平台;2—液体装卸臂;3—活动梯

(b) 俯视图

(c) 基础底板图

图 8.4-27 操作平台尺寸

表 8.4-3 尺寸范围表

项目	尺寸范围/mm	项目	尺寸范围/mm
W	2500～3500	L	3780～5320
H	2500～3800		

8.5 软管与接头

8.5.1 金属软管

8.5.1.1 储罐抗震金属软管

储罐抗震金属软管安装于储罐的进出口管系，主要作用是减轻储罐的地震破坏、补偿储罐的地基下沉，管线的热胀冷缩以及施工时的安装偏差，其结构外形见图 8.5-1。

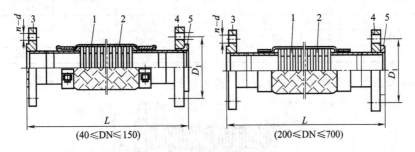

(40≤DN≤150)   (200≤DN≤700)

图 8.5-1 金属软管结构外形

1—波纹管；2—网套；3—平焊法兰；4—松套法兰；5—密封座

软管结构特点是采用钢带管套，φ40～φ150 采用机械加固结构，φ200～φ700 采用焊接式结构；两端为法兰连接，一端平焊，一端松套。产品代号标注方法如下：

$$\boxed{公称压力}\ \boxed{KZJR}\ \boxed{公称直径}\ \boxed{法兰材料}-\boxed{软管长度}$$

法兰材料包括 A 表示碳钢，F 表示不锈钢。软管的规格尺寸见表 8.5-1。

表 8.5-1　软管的规格尺寸　　　　单位：mm

储罐抗震金属软管尺寸

公称直径 DN	PN=1.0MPa		PN=1.6MPa		PN=2.5MPa	
	D_1	$n\text{-}d$	D_1	$n\text{-}d$	D_1	$n\text{-}d$
40	φ110	4-φ18	φ110	4-φ18	φ110	4-φ18
50	φ125	4-φ18	φ125	4-φ18	φ125	4-φ18
65	φ145	4-φ18	φ145	4-φ18	φ145	4-φ18
80	φ160	4-φ18	φ160	4-φ18	φ160	8-φ18
100	φ180	8-φ18	φ180	8-φ18	φ190	8-φ18
125	φ210	8-φ18	φ210	8-φ18	φ220	8-φ23
150	φ240	8-φ23	φ240	8-φ23	φ250	8-φ25
200	φ295	8-φ23	φ295	12-φ23	φ310	8-φ25
250	φ350	12-φ23	φ355	12-φ25	φ370	12-φ30
300	φ400	12-φ23	φ410	12-φ25	φ430	12-φ30
350	φ460	16-φ23	φ470	16-φ25	φ490	16-φ34
400	φ515	16-φ25	φ525	16-φ30	φ550	16-φ34
450	φ565	20-φ25	φ585	20-φ30	φ600	20-φ34
500	φ620	20-φ25	φ650	20-φ34	φ660	20-φ41
600	φ725	20-φ30	φ770	20-φ41	—	—
700	φ840	24-φ30	—	—	—	—

储罐抗震金属软管产品长度

公称直径 DN	最大横向位移量 Y/mm							
	50	100	150	200	250	300	350	400
	金属软管全长 L/mm							
40	500	700	900	1000	1100	1200	1300	1400
50	600	800	1000	1100	1200	1300	1400	1500
65	700	900	1100	1200	1300	1400	1500	1600
80	800	1000	1200	1300	1400	1500	1600	1700
100	900	1200	1300	1500	1600	1700	1800	1900
125	1000	1200	1400	1600	1700	1900	2000	2100
150	1000	1300	1500	1600	1800	2200	2100	2200
200	1200	1500	1700	1800	2000	2200	2400	2500
250	1300	1700	1900	2100	2300	2500	2700	2900
300	1500	1900	2200	2400	2600	2800	3000	3200
350	1600	2000	2300	2600	2800	3000	3200	3400
400	1700	2100	2500	2800	3100	3300	3600	3800
450	1700	2100	2500	2800	3100	3300	3600	3800
500	1800	2200	2600	2900	3200	3400	3700	4000
600	1900	2400	2800	3100	3400	3700	3900	4200
700	2100	2600	3000	3400	3600	4000	4200	4500

8.5.1.2　无接管泵用金属软管（图 8.5-2、表 8.5-2）

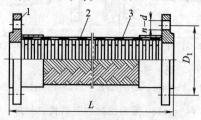

图 8.5-2　金属软管结构外形
1—法兰；2—波纹管；3—网套

产品代号标注方法如下：　公称压力 JRH 公称直径 — A 11　（A表示碳钢法兰，F表示不锈钢法兰）

表 8.5-2　软管的规格尺寸

表 8.5-2　软管的规格尺寸　　　　　　　　　　　　单位：mm

产品代号	公称直径 DN	公称压力 /MPa	平焊法兰		产品长度 L （推荐值）
			D_1	n·d	
25JRH50A/F11	50	≤2.5	125	4-φ18	250
25JRH65A/F11	65		145	8-φ18	255
25JRH80A/F11	80		160	8-φ18	265
16JRH100A/F11	100	≤1.6	180	8-φ18	295
16JRH125A/F11	125		210	8-φ18	340
16JRH150A/F11	150		240	8-φ23	355
16JRH200A/F11	200		295	12-φ23	385
16JRH250A/F11	250		355	12-φ25	445
10JRH300A/F11	300	≤1.0	410	12-φ25	460
10JRH350A/F11	350		470	16-φ25	500
10JRH400A/F11	400		525	16-φ30	550

8.5.1.3　有接管泵用金属软管（图 8.5-3、表 8.5-3）

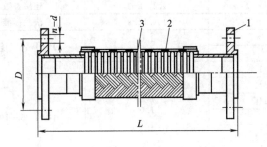

图 8.5-3　金属软管结构外形

1—法兰；2—网套；3—波纹管

产品代号标注方法如下：| 公称压力 | JRH | 公称直径 |—| A | 21（A 表示碳钢法兰，F 表示不锈钢法兰）

表 8.5-3　软管的规格尺寸　　　　　　　　　　　　单位：mm

产品代号	公称直径 DN	公称压力 /MPa	平焊法兰			产品长度 L （推荐值）
			D_1	n·d	法兰标准	
40JRH50A/F21	50	4.0	125	4-φ18	JH/T 82.2—1994	350
40JRH65A/F21	65		145	8-φ18		390
40JRH80A/F21	80		160	8-φ18		410
25JRH100A/F21	100	2.5	190	8-φ23		450
25JRH125A/F21	125		220	8-φ25		500
25JRH150A/F21	150		250	8-φ25		510
25JRH200A/F21	200		310	12-φ25	JB/T 81—1994	580
25JRH250A/F21	250		370	12-φ30		640
16JRH300A/F21	300	1.6	410	16-φ25		710
16JRH350A/F21	350		470	16-φ25		770
16JRH400A/F21	400		525	16-φ30		840

8.5.2　非金属软管

8.5.2.1　适用范围

对温度不高的管道系统，如果输送介质为有毒、医用流体或具有较强腐蚀性的介质等，可优先考虑使用非金属软管。非金属软管由不锈钢网套、法兰、快速接头或接管，和聚四氟乙烯波纹管构成。具有耐腐蚀，密封好等优点，可以起到补偿位移、吸振、补偿安装偏差的作用。工作温度范围：−50～180℃，已广泛应用于医药、食品、化工等行业。

8.5.2.2 F型结构软管（图8.5-4、表8.5-4）

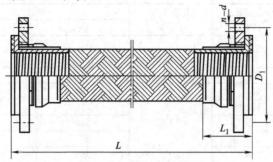

图8.5-4　F型结构外形

产品代号标注方法如下：| 公称压力 | FSJR | 公称直径 | F | 产品长度 |（F表示不锈钢法兰）

表8.5-4　F型软管的规格尺寸　　　　　　　　单位：mm

公称直径 DN		公称压力	连接参数	刚性段长度
mm	in	PN/MPa	法兰标准	L_1/mm
15	⅝	1.0	JB/T 83—1994	47
20	¾	1.6		47
25	1			60
32	1¼			60
40	1½			65
50	2	1.0 1.6	JB/T 83—1994	70
65	2¼			71
80	3			77
100	4			117

8.5.2.3 K型结构软管（图8.5-5、表8.5-5）

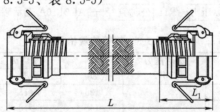

图8.5-5　K型结构外形

产品代号标注方法如下：| 公称压力 | FSJR | 公称直径 | K | 产品长度 |

表8.5-5　K型软管的规格尺寸　　　　　　　　单位：mm

公称直径		公称压力 PN /MPa	刚性段长度 L_1 /mm
mm	in		
15	⅝		75
20	¾		78
25	1		92
32	1¼		92
40	1½	1.0 1.6	101
50	2		108
65	2¼		113
80	3		117
100	4		164

8.5.2.4 FK型结构软管（图8.5-6、表8.5-6）

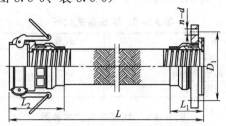

图8.5-6 FK型结构外形

产品代号标注方法如下：公称压力 FSJR 公称直径 FK 产品长度

表8.5-6 FK型软管的规格尺寸 单位：mm

| 公称直径 DN | | 公称压力 PN | 连接参数 | 刚性段长度 | |
mm	in	/MPa	法兰标准	L_1	L_2
15	⅝			47	75
20	¾			47	78
25	1			60	92
32	1¼			60	92
40	1½	1.0 1.6	JB/T 83—1994	65	101
50	2			70	108
65	2¼			71	113
80	3			77	117
100	4			117	164

8.5.2.5 J型结构软管（图8.5-7、表8.5-7）

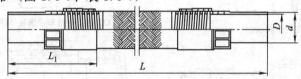

图8.5-7 J型结构外形

产品代号标注方法如下：公称压力 FSJR 公称直径 J 产品长度

表8.5-7 J型软管的规格尺寸 单位：mm

| 公称直径 DN | | 公称压力 PN | 连接参数 | | 刚性段长度 |
mm	in	/MPa	D_1	$n-d$	L_1
15	⅝		26	15	150
20	¾		29	20	150
25	1	1.0 1.6	34	25	170
32	1¼		41	32	170
40	1½		48	40	190
50	2		63.5	50	200

8.5.3 快速接头

8.5.3.1 型号参数

快速接头的型号标注如下：

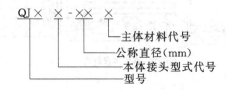

其中接头型式代号见表 8.5-8。快速接头的技术参数见表 8.5-9。

表 8.5-8 接头型式代号

代号	接 头 型 式	代号	接 头 型 式
A	不带卡箍软管连接	D	内螺纹连接
B	带卡箍软管连接	E	外螺纹连接
C	承插焊连接		

表 8.5-9 快速接头技术参数

型号	类型	材料	公称直径/mm	公称压力/MPa	工作温度/℃	适用介质
QJA	配金属软管直通式	Ⅰ 20钢	15～80			
QJB	非金属软管直通式	Ⅱ H62				
QJC	钢球直通式	Ⅲ 1Cr13				
QJD	钢球本体单自封式	Ⅳ 0Cr19Ni9	8～50	0.6～2.5	≤100	水、气、酸、碱、有机物
QJE	钢球双自封式	Ⅴ 00Cr19Ni10				
QJF	按钮直通式	Ⅵ 0Cr18Ni11Ti				
QJG	按钮本体单自封式	Ⅶ 0Cr17Ni12Mo2	5～25			
QGH	按钮双自封式	Ⅷ 00Cr17Ni14Mo2				

8.5.3.2 安装结构

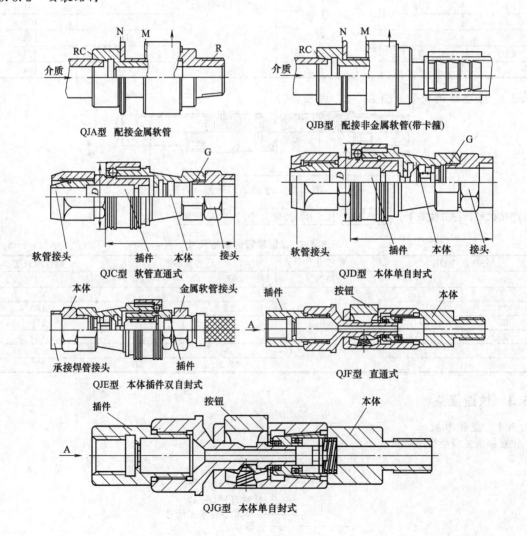

QJA型 配接金属软管

QJB型 配接非金属软管(带卡箍)

QJC型 软管直通式

QJD型 本体单自封式

QJE型 本体插件双自封式

QJF型 直通式

QJG型 本体单自封式

QJH型 本体、插件双自封式

8.6 消声器与隔声罩

8.6.1 消声器的选用 （HG/T 20570.10—95）

8.6.1.1 噪声限制值 （表 8.6-1）

表 8.6-1 工作区域的噪声限制值 （摘自 GBJ 87—85）

序号	地点类别		dB(A)
1	生产车间及作业场所（工人每天连续接触噪声 8 小时）		90
2	高噪声车间设置的值班室、观察室、休息室（室内背景噪声级）	无电话通信要求	75
		有电话通信要求	70
3	精密装配线、精密加工车间的工作地点计算机房（正常工作）		70
4	车间所属办公室、实验室、设计室（室内背景噪声级）		70
5	主控室、集中控制室、通信室、电话总机室、消防值班室（室内背景噪声级）		60
6	厂部所属办公室、会议室、设计室、中心实验室（包括试验、化验、计量室）（室内背景噪声级）		60
7	医务室、教室、哺乳室、托儿所、工人值班室（室内背景噪声级）		55

8.6.1.2 管道共振频率

管道本身是一种单层的隔声壁，从其形状可视为无限长的圆柱体，所以其隔声量的计算应考虑到管道截面上最低共振频率，又称管道自鸣频率，其计算见下式：

$$f_B = \frac{C_L}{\pi d} \tag{8.6-1}$$

式中 f_B——管道最低共振频率，Hz；
C_L——管道内纵波传播速度，m/s；钢管为 5100m/s；
d——管道直径，m。

8.6.1.3 管道隔声估算

已知管道的管径和壁厚，可从图 8.6-1 中查取管道隔声量的极限值。

在最低共振频率以下，圆形管道的隔声量仍可按图8.6-1估算，但还需用表8.6-2进行修正。

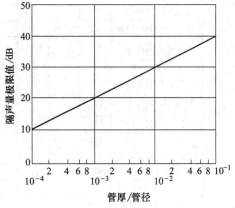

图 8.6-1 管道隔声量估算图

表 8.6-2 圆管在自鸣频率以下隔声量的修正值到底

f/f_R	0.025	0.05	0.1	0.2	0.3	0.4	0.5	0.6	0.7	0.8
修正值/dB	−6	−5	−4	−3	−2	−2	−2	−2	−2	−3

在最低共振频率以上，管道的隔声量几乎与单层平板一样，可应用单层平板平均隔声量的计算式估算其隔声量，当 $m \leq 200 \text{kg/m}^2$ 时，$\overline{R} = 13.5 \lg m + 14$（式中，$\overline{R}$ 为平均隔声量，dB；m 为单层平板的面密度，kg/m^2）。

8.6.1.4 消声器的选用原则

(1) 消声器适用于降低空气动力机械，如风机、压缩机、内燃机的进、排气口，管道排气、放空所辐射的空气动力性噪声。

(2) 空气动力机械和排气放空管道除产生气流噪声外，同时产生固体传声，所以采用消声器外，同时还应配合相应的隔声、隔振、阻尼减振等措施。

(3) 进、排气口敞开的动力机械，均应在敞口处加装消声器。

（4）在设计或选用消声器时，应从经济和效果两方面平衡考虑，其消声量一般不超过 50dB（A）。

（5）设计和选用消声器时应控制气流速度，使再生噪声小于环境噪声。消声器（或管道）中气流速度推荐值：

① 鼓风机、压缩机、燃气轮机的进入排气消声器处流速应≤30m/s；

② 内燃机的进入排气消声器处流速应≤50m/s；

③ 高压大流量排气放空消声器处流速应控制在≤60m/s（管道中）。

（6）选用消声器时应核对其压力降，使消声器的阻力损失控制在工艺操作的许可范围内。

（7）消声器除满足降噪要求外，还需满足工程上对防潮、防火、耐油、耐腐蚀、耐高温高压的工艺要求。

（8）对尚无系列产品供应，并有一定要求的消声器，可作为特殊管件进行设计制造。在选用和设计消声器时推荐考虑以下几点：

① 选用阻性消声器时，应防止高频失效的影响，当管径＞400mm 时，不可选用直管式消声器；

② 当噪声频谱特性呈现明显的低中频脉动时，选用扩张式消声器；

③ 当噪声频谱呈现中低频特性但无脉动时，选用共振消声器；

④ 高温高压排气放空噪声，选用小孔消声器；

⑤ 大流量放空噪声，选用扩散缓冲型消声器；

⑥ 具有火焰喷射和阻力降要求很小的放空噪声，采用微穿孔金属板消声器。

8.6.2　排气消声器的性能（HG/T 20570.10—95）

8.6.2.1　KX-P 型消声器系列（表 8.6-3）

表 8.6-3　KX-P 型消声器系列性能数据表

消声器类别	消声器型号	适用锅炉参数			消声器特性					重量/kg
		容量/(t/h)	压力/MPa	温度/℃	设计排放量/(t/h)	消声量/dB(A)	总高度/mm	最大直径/mm	接管直径×厚度(d×h)/mm	
中压	φ2KXP(ZH)-10	35	3.9	450	10	36.4	1175	φ108	φ57×3	29
	φ2KXP(ZH)-10A	35			10	36.4	1079	φ260	φ57×3.5	37
	φ2KXP(ZH)-25	65 75			25	40.4	1604	φ219	φ57×3	64
	φ2KXP(ZH)-25A	65 75			25	40.4	1578	φ260	φ57×3.5	49
	φ2KXP(ZH)-40	130			40	36.7	1976	φ273	φ108×4.5	126
	φ2KXP(ZH)-40A	130			40	36.7	2040	φ260	φ108×4.5	86
	φ2KXP(ZH)-60	220			60	36.5	2394	φ273	φ108×4.5	142
高压	φ2KXP(G)-60A-Ⅰ	220	10.0	540	60	36.3	2284	φ516	φ133×10	194
	φ2KXP(G)-85A-Ⅰ	410			85	39	2644	φ516	φ133×10	217
	φ2KXP(G)-100A-Ⅰ	410			100	39.7	2848	φ516	φ133×10	232
超高压	φ2KXP(CH)-100A-Ⅰ	410	14.0	540	100	40.7	2831	φ516	φ133×16	242
	φ2KXP(CH)-200A-Ⅰ	670			2×100	—	—	—	—	—
亚临界	φ2KXP(Y)-150A-Ⅰ	1000	17.0	555	150	42.4	3492	φ516	φ133×16	288

8.6.2.2　GUP 型排气放空消声器系列（表 8.6-4）

表 8.6-4　GUP 型排气放空消声器性能数据

型号	配用排气管直径/mm	外形尺寸/mm			连接法兰尺寸/mm				重量/kg
		总长度	有效长度	外径	外径	螺孔中径	内径	螺孔数-螺孔直径	
GUP-1	38(1½″)	350	300	188	145	110	41	4-φ18	22
GUP-2	50(2″)	450	375	200	160	125	53	4-φ18	30
GUP-3	63(2½″)	550	450	215	180	145	67	4-φ18	37
GUP-4	76(3″)	600	500	228	195	160	80	4-φ18	45
GUP-5	100(4″)	650	550	254	215	180	100	8-φ18	55
GUP-6	125(5″)	750	600	280	245	210	131	8-φ18	76

8.6.2.3　ZK-V 型排气放空消声器系列（表 8.6-5）

表 8.6-5　ZK-V 型排气放空消声器系列性能数据表

型号	适用压力/MPa	适用流量/(t/h)	外形尺寸/mm		消声量/dB(A)	重量/kg
			外径(D)	有效长度(L)		
1#	0.1～0.8	0.5～10	300	600	30～40	—
2#	0.1～0.8	11～100	900	2200	30～40	—
3#	0.9～2.5	1～20	500	1000	30～40	—
4#	0.9～2.5	21～100	1000	2200	30～40	—
5#	2.6～4.1	5～30	600	1200	30～40	—
6#	2.6～4.1	31～100	1000	2300	30～40	—
7#	4.2～9.9	5～70	700	1500	30～40	—
8#	10.0～13.0	10～50	700	1700	30～40	—
9#	10.0～13.0	51～150	1000	2500	30～40	—
10#	13.1～14.1	50～200	1200	3000	30～40	—
11#	14.2～18.0	80～250	1300	3500	30～40	—

8.6.2.4　B 型排气消声器系列（表 8.6-6）

表 8.6-6　B 型排气消声器系列性能数据表

型号	外形尺寸/mm			接管尺寸/mm	消声频段/Hz	最大静态消声量/dB(A)	允许介质最高流速/(m/s)	允许介质最大压差/MPa	允许介质最高温度/℃	压力损失/mmH₂O	重量/kg
	直径	有效长度	安装长度								
B802	ϕ102	260	404	ZGϕ12.7（即 1/2″）ZGϕ19（即 3/4″）	125～16000	42	70	0.8	150～200	120	—
B811	ϕ300	916	1196	ϕ89×4.5 或法兰盘	125～16000	40	70	0.2	150～200	88	—
B812	ϕ258	692	958	ϕ57×4.5 或法兰盘	63～16000	43	70	0.15	150	42	—

8.6.2.5　PX 型排气放空消声器系列（表 8.6-7）

表 8.6-7　PX 型排气放空消声器系列性能参数表

型号	入口管径/mm	设计排量/(t/h)	外形尺寸/mm		重量/kg	配用设备及用途
			直径	长度		
PX-1	57	6	500	800	145	适用于 6t/h 以下的低压工业锅炉排汽及安全阀排汽
PX-2	108	10	600	1200	230	适用于 6～12t/h 的低压工业锅炉排汽及安全阀排汽
PX-3	108	20	600	1500	280	适用于 35t/h 中压锅炉点火排汽及低压锅炉的安全阀排汽
PX-4	133	30	700	1500	360	适用于 35～65t/h 中压锅炉点火排汽及低压锅炉的安全阀排汽
PX-5	133	45	800	1500	460	适用于 130t/h 中压锅炉或 220t/h 高压锅炉点火排汽及中压锅炉的安全阀排汽
PX-6	108	60	800	1800	580	130～220t/h 高压锅炉点火排汽,65t/h 中压锅炉安全阀排汽
PX-7	133	75	900	1800	650	230t/h 高压锅炉点火排汽,130t/h 中压锅炉安全阀排汽
PX-8	133	100	900	2100	700	400t/h 超高压锅炉点火排汽,220t/h 高压锅炉安全阀排汽
PX-9	133	130	1000	2100	820	400t/h 高压及超高压锅炉点火排汽,220t/h 高压锅炉安全阀排汽
PX-10	159	130	1100	2200	1050	670t/h 超高压锅炉点火排汽,400t/h 高压锅炉安全阀排汽
PX-11	219	230	1200	2200	1300	670t/h 超高压锅炉点火排汽,400t/h 高压、超高压锅炉安全阀排汽
PX-12	219	300	1300	2600	1700	400t/h、670t/h、1000t/h 高压、超高压锅炉点火排汽,安全排汽
PX-13	273	400	1400	2800	2200	1000t/h 超高压锅炉点火及安全阀排汽,400t/h、670t/h 高压或超高压锅炉安全阀排汽
PX-14	325	550	1500	2900	2800	1000t/h 超高压锅炉安全阀排汽

8.6.2.6　CQ 型扩散缓冲型放空消声器系列（表 8.6-8）

8.6.2.7　CS 小孔型放空消声器系列（表 8.6-9）

表 8.6-8　CQ 扩散缓冲型放空消声器系列性能数据表

型号	放空量/(m³/h)	备注
CQ₁A	11000	
CQ₂A	22000	
CQ₃B	32000	
CQ₄B	54000	消声量为 30dB(A)
CQ₅C	108000	
CQ₆D	160000	
CQ₇D	220000	
CQ₈D	320000	

表 8.6-9　CS 型放空消声器系列性能数据表

型号	放空量/(t/h)	备注
CS1-A	1	
CS2-A	2.5	
CS3-A	5	
CS4-A	10	消声量为 35～40dB(A)
CS5-A	15	
CS6-A	25	
CS7-A	50	

8.6.3　常用设备消声器（HG/T 21616—97）

8.6.3.1　消声器的分类（表 8.6-10）

表 8.6-10　消声器分类

序号	类型	所包括型式	消声器频率特性	备　　注
1	阻性消声器	直管式、片式、折板式、声流式、蜂窝式、弯头式	具有中、高频的消声性能	适用于消除风机、燃气轮机进气噪声等
2	抗性消声器	扩张室式、共振腔式干涉型	具有低、中频消声性能	适用于消除空压机、内燃机、汽车排气噪声等
3	阻抗复合式消声器	阻-扩型 阻-共型 阻-扩-共型	具有低、中、高频消声性能	适用于消除鼓风机、发动机试车台噪声
4	微穿孔板消声器	单层微穿孔板消声器、双层微穿孔板消声器	具有宽频带消声性能	可用于高温、潮湿有水汽、有油雾、粉尘及要求特别清洁卫生的场所
5	喷注型消声器	小孔喷注型 降压扩容型 多孔扩散型	宽频带消声特性	适用于消除压力气体排放噪声，以及锅炉排气、化工工艺气体排放噪声等

8.6.3.2　消声器的特性

（1）阻性消声器是利用声波在多孔性吸声材料中传播时，摩擦将声能转化为热能而散发掉，以达到消声的目的。阻性消声器具有良好的中、高频消声性能。

（2）抗性消声器是利用声波的反射、干涉及共振等原理，吸收或阻碍声能向外传播。它适用于消除中、低频噪声或窄带噪声。

（3）微穿孔板消声器是建立在微孔声结构基础上的既有阻又有抗共振式消声器。此消声器可承受较高气流速度的冲击、耐高温、不怕水和潮湿，能耐一定粉尘。

（4）复合式消声器为了达到宽频带、高吸收的消声效果，可将阻性和抗性消声器组合为复合式消声器。该类消声器既有阻性吸声材料，又有共振器、扩张室、穿孔屏等声学滤波器件。

（5）扩容减压、小孔喷注式排气放空消声器是为了降低高温、高速、高压排气喷流噪声而设计的排气放空消声器。从结构上看，风机消声器、空压机消声器大都是阻性或阻抗复合式消声器，排气喷流消声器大都是节流降压、扩容降速，或小孔喷注型消声器。

8.6.3.3　消声器的标记

（1）风机消声器系列参数及标准方式

系列参数包括：型号、风量（流量）、风速、外形尺寸、安装尺寸（法兰尺寸）以及重量等。标记方法如下：

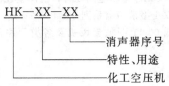

（2）空压机消声器系列参数及标记方法

系列参数包括：型号、适用气量、外形尺寸、连接法兰尺寸、消声量、重量等。标记方法如下：

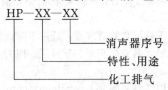

（3）排气放空消声器系列参数及标记方法

系列参数包括：型号、适用气量、外形尺寸、连接尺寸、消声量、重量等。标记方法如下：

$$HP-XX-XX$$
消声器序号
特性、用途
化工排气

8.6.3.4 风机消声器系列

（1）通风空调消声器系列（HF-TK-XX）

① HF-TK-1 型系列

适用于中低压离心式通风机进气排气消声配套用。阻抗复合式消声器适用风量范围为 2000～6000m³/h，共有十种规格，其中 1～4 号每节长度为 1600mm，膨胀室为三室串联；5～10 号每节长度为 900mm，膨胀室为二室串联。

② HF-TK-2 型系列

作为通风换气、锅炉鼓风机使用时，都可用本系列阻性片式消声器降低风机噪声和进、排气噪声。对于其他离心式通风机，当消声器通过流量在 1000～700000m³/h 时，片间流速在 3～30m/s，所受压力在 7845Pa 以下，均可配用本系列消声器。

（2）高压离心通风消声器系列

① HF-GLT-1 型消声器系列

属阻抗复合式消声器。适用风量为 2000～5000m³/h，适用流速为 12～18m/s，消声量低频为 10～15dB（A），中高频为 20～35dB（A）。

② HF-GLT-2 型消声器系列

属中高压离心风机消声器系列，属于阻性片式消声器。适用风量在 619～48800m³/h，最适合 8-18 系列风机消声。

③ HF-GLT-3 型消声器系列

属阻性直管式消声器系列，用于各类中小型风机进排气管道的消声。本系列分为圆管式和方管式两大类。当流速为 10～20m/s 时，消声量为 15～20dB（A）。

④ HF-GLT-4 型消声器系列

属通用性消声器，用于各种离心风机、罗茨风机等的进、排气消声，消声量为 20～30dB（A）。

（3）罗茨鼓风机消声器系列

① HF-LG-1 型消声器系列

属阻性折板式消声器，主要用于降低罗茨鼓风机系列的进气口辐射的噪声。消声量在额定风速下大于 30dB（A），消声器流速控制在 20m/s 以下。

② HF-LG-2 型消声器系列

属圆环式阻性消声器，适用于流量在 28～112m³/min，流速在 20m/s 以下的罗茨或叶式鼓风机进排气消声，消声量均大于 25dB（A）。

③ HF-LG-3 型消声器系列

属阻性消声器，适用于流量在 $5\sim250m^3/min$ 范围内，消声量在 35dB（A）左右。该消声器共有 14 种规格，流量在 $60m^3/min$ 以下的消声器采用同一个断面；流量在 $80\sim250m^3/min$ 采用两种断面形式，使其气流通道错开，避免高频声束直接通过，故提高了中高频消声效果。

(4) 锅炉鼓风机消声器系列——HF-GG-1 型消声器系列

适用于降低快装锅炉鼓风机进风口噪声（0.5T、1T、2T、4T 快装锅炉），也可用于降低其他使用场所的低中压鼓风机的进风口噪声，其结构型式属阻抗复合式消声器。适用风量 $1100\sim8228m^3/h$，适用温度 200℃以下，使用于对金属零件无腐蚀作用以及无过量粉尘的场合，消声量在额定风量下 $12\sim30dB$（A）。

(5) 轴流风机消声器系列——HF-Z-1 型消声器系列

纯阻性消声器，其适用范围为降低 03-11 型轴流风机及各类厂房的进排风机消声，适用风量为 $3900\sim47000m^3/h$，消声量为 10dB（A）。

8.6.3.5　空压机消声器系列

(1) HK-ZK-1 型消声器系列

属一种以抗性为主的阻抗复合式消声器，主要用于降低 L.V.W 型空压机进气口噪声，该消声器的适用气量为 $3\sim100m^3/min$，压力为 $0.8kgf/cm^2$（$1kgf/cm^2=98.0665kPa$），消声量为 $20\sim25dB$（A）。

(2) HK-ZK-2 型消声器系列

属阻抗复合式消声器，是中小型空压机配套的消声器，适用于降低活塞式空压机进气口噪声，其适用气量为 $0.3\sim20m^3/min$，消声量大于 8dB（A），具有体积小、重量轻、阻力小、消声量高等优点。

(3) HK-WK-3 型消声器系列

适用于降低空压机进气口噪声，适用气量范围为 $4.5\sim100m^3/min$，消声量为 $15\sim30dB$（A），适宜 L 型活塞式空压机进气消声配套，中低频效果良好。

8.6.3.6　排气放空消声器标准系列

(1) HP-QP-1 型消声器系列

本系列由节流扩散小孔喷注及防水耐热吸声部分组成，具有结构新颖、设计先进、制作精良、体积小、重量轻、强度牢固、经久耐用、安装方便等优点。适用于降低各种气体（如空气、过热蒸汽、饱和蒸汽、N_2、O_2、CO_2 等）的排气放空噪声。如电厂锅炉排气（包括点火排气、安全阀排气），化工行业各种气体放散及冶金、机械行业的各种压力和流量下的排气消声，也可用于各种空压机、鼓风机的多余气体排放消声，消声值大于 30dB（A）。

(2) HP-GP-2 型消声器系列

本系列消声器适用于化工企业中的工业锅炉、压力罐、喷射口、鼓风机及化学反应器等设备的气体排放消声。本系列消声器分中压、高压、超高压、亚临界等四大类。

(3) HP-QP-3 型消声器系列

为 HP-QP-1 型系列中的主导产品，主要用于锅炉点火排气、定期排污等的消声降噪。排放介质以饱和蒸汽、过热蒸汽为主，其他介质（空气、化工气体等）在适当条件下也可直接选用，本型号产品带有消声外筒，具有一定的安全防护作用，消声值在 35dB（A）以上。

8.6.3.7　消声器的选用

根据噪声源性质、频谱、使用环境的不同，选择不同类型的消声器。如：风机类噪声一般可选用阻性或阻抗复合型消声器；空压机噪声可选用抗性或以抗性为主的阻抗复合型消声器；锅炉蒸汽放空以及高温、高压、高速排气放空，可选用节流减压及小孔喷注消声器。

(1) 化工厂消声器适用于降低空气动力机械，如通风机、压缩机和各种排气放空装置所辐射的空气动力噪声。

(2) 为了获得更佳的降噪效果，在采用消声器的同时还应配合相应的隔声、隔振、阻尼等措施。

(3) 凡进排气口均敞开的空气动力机械和装置，则在进排气口均应安装消声器。

(4) 在设计和选用消声器时，一般应根据工程具体要求来选定其消声量，做到经济合理，消声量不应超过 50dB（A）。

(5) 设计和选用消声器时，务必使气流再生噪声小于环境噪声。当达不到要求时，应调整消声器的规格以降低其流速来满足工程要求。

(6) 消声器和管道中气流速度推荐值

① 空调系统：

主管道内流速　$v\leqslant10m/s$

消声器内流速 　　$v \leqslant 10 \mathrm{m/s}$

排风口流速 　　$v \leqslant 3 \mathrm{m/s}$

② 鼓风机、压缩机进排气消声器：$v \leqslant 20 \mathrm{m/s}$

③ 高压大气流排气放空消声器内流速：$v \leqslant 60 \mathrm{m/s}$

(7) 选用消声器时应同时考虑其压力降，应把消声器内的实际阻力损失，控制在保证机组正常运行的许可范围内。

(8) 选用的消声器同时还需满足工程上对防潮、防火、耐油、耐腐蚀、耐高温等工艺要求。

(9) 阻性消声器的选用应防止高频失效的影响，当管径>400mm 时不可选用直管式消声器。

(10) 扩张式和共振式消声器的选用，当噪声频谱呈现明显的低中频特性，脉动时应选用扩张式，而无脉动时可选用共振式。

(11) 放空消声器选用

① 高温高压排气放空噪声可选用小孔消声器。

② 大流量放空可选用扩散缓冲式消声器。

③ 具有火焰喷射和阻挠要求很小的放空可采用微穿孔金属板消声器。

8.6.3.8　消声器的安装

(1) 消声器往往是安装于需要消声的设备或管道上，消声器与设备或管道的连接一定要牢靠。

(2) 消声器不应与风机接口直接连接。在消声器前后加接变径管时，变径管的当量扩张角不得大于 20°，消声器接口尺寸应大于或等于风机接口尺寸。

(3) 为防止其他噪声传入消声器的后端，可在消声器外壳或部分管道上做隔声处理。消声器法兰和风机管道法兰连接处应加弹性垫并密封，以避免漏声、漏气或刚性连接引起固体传声。

(4) 消声器安装场所不同应采取不同的防护措施

消声器露天使用时应加防雨罩，作为进气消声使用时应加防尘罩；含粉尘的场合应加滤清器。对于通风消声器来说，气体含尘量应低于 $150 \mathrm{mg/m^3}$；不允许含水雾、油雾或腐蚀性气体通过；气体温度应 $\leqslant 150 ℃$；寒冷地区应防止消声器孔板表面结冰。

(5) 消声器片间流速应适当

风机消声器片间流速通常可选为等于风机管道流速。用于民用建筑时，消声器片间平均流速常取 3~12 m/s，而用于工业方面常取 12~25 m/s，最大不得超过 30 m/s。

8.6.4　隔声罩 （HG/T 20570.10—95）

8.6.4.1　隔声罩的常见结构

对于独立的强噪声设备或装置（包括装置上的阀门），可按操作、维修及通风冷却要求采用不同型式的隔声罩。

(1) 固定密封型结构的隔声罩，降噪量在 30~40dB（A）。

(2) 活动密封型结构的隔声罩，降噪量在 15~30dB（A）。

(3) 局部开敞型结构的隔声罩，降噪量在 10~20dB（A）。

(4) 带有通风散热消声结构的隔声罩，降噪量在 15~25dB（A）。

8.6.4.2　隔声罩的设计要点

(1) 隔声罩的设计必须以不影响生产和不妨碍操作为原则。

(2) 隔声罩内的吸声层表面，用穿孔率 $\geqslant 18\%$ 的穿孔钢板护面或钢丝网护面，吸声材料用中粗无碱玻璃布袋装，其平均吸声系数 $\geqslant 0.5$。

(3) 隔声罩内部若安装发热设备，则必须进行通风换气，通风口必须配以消声器，其消声量以不降低隔声要求为准。

(4) 隔声罩外形避免方形平行罩壁，以防止罩内因空气声驻波效应而使隔声量出现低谷。

(5) 钢结构隔声罩为防止共振和吻合效应产生，应在罩壁钢板内侧涂刷阻尼材料，抑制钢面板振动。阻尼层厚度不小于钢板厚度的 2~4 倍，并且做到黏结紧密、牢固，结构上应尽量去掉不必要的金属面。

(6) 隔声罩与噪声源设备不可有刚性接触，防止声桥形成而降低隔声效果。

(7) 罩板各连接点要做好密封处理，工艺管线、电缆穿过罩壁时，必须加套管并做好密封处理。

(8) 隔声罩安装时，罩内声源设备与隔声罩的罩壁落地部分应采取隔振措施，以提高隔声效果。

8.7 视镜与喷嘴

8.7.1 管道视镜

8.7.1.1 选用类型

视镜系根据输送介质的化学性质、物理状态及工艺要求来选用。视镜的材料基本和管子材料相同，如碳钢管采用钢制视镜，不锈钢管子采用不锈钢视镜，硬聚氯乙烯管子应采用硬聚氯乙烯视镜。需要变径的可采用异径视镜，需要多面窥视的可采用双面视镜，需要代替三通功能的可选用三通视镜。具体视镜的类型和代号见表 8.7-1。

表 8.7-1　视镜类型和代号

视 镜 类 型	代　号	视 镜 类 型	代　号
对夹式	S1	框式对夹式	S5
单压式	S2	框式单压式	S6
衬套式	S3	管式	S7
螺纹压紧式	S4		

8.7.1.2 结构型式（表 8.7-2）

表 8.7-2　视镜结构型式和代号

结构型式	示　意　图	代号	结构型式	示　意　图	代号
直径式		A	摆板式		P
缩颈式		B	叶轮式		R
偏颈式		C	浮球式		F
无颈式		D			

8.7.1.3 材料密封（表 8.7-3）

表 8.7-3　视镜主体材料和密封面型式

主体材料		密封面型式	
主体材料	代号	密封面型式	代号
20 钢	I	突面（凸台面）	RF
0Cr19Ni9(304)	IV	凹凸面	M/FM
00Cr19Ni11(304L)	V	环槽面	RJ
0Cr18Ni11Ti(321)	VI	全平面	FF
0Cr17Ni12Mo2(316)	VII	锥管内螺纹	RC
00Cr17Ni12Mo2(316L)	VIII	榫槽面	T/G

8.7.1.4 结构安装（图8.7-1）

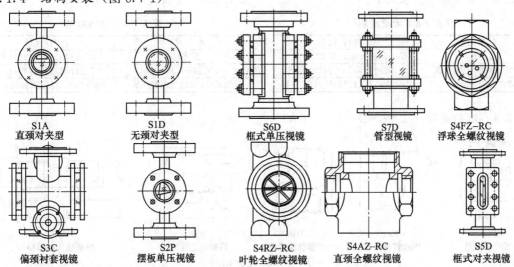

| S1A
直颈对夹型 | S1D
无颈对夹型 | S6D
框式单压视镜 | S7D
管型视镜 | S4FZ-RC
浮球全螺纹视镜 |

| S3C
偏颈衬套视镜 | S2P
摆板单压视镜 | S4RZ-RC
叶轮全螺纹视镜 | S4AZ-RC
直颈全螺纹视镜 | S5D
框式对夹视镜 |

图 8.7-1　视镜结构

8.7.1.5　技术参数与结构长度（表8.7-4）

表 8.7-4　视镜技术参数与结构长度

视镜的技术参数			
设计压力/MPa	公称直径/mm	工作温度/℃	主体材料
0.6～2.5	8～150	0～180	见表 8.7-3

视镜的结构长度											
型号	公称直径/mm										
	8	10	15	20	25	40	50	65	80	100	125	150
S1A		140/160	140/160	160/180	160/180	180/200						
S1D		140/160	140/160	160/180	160/180	180/200						
S6D							210/230	220/250	230/250	230/260		
S7D			220	220	220	220	240	240				
S4FZ-RC	76		85	95	110	135	160					
S3C			195	195	205	225	250	270	300	330		
S2P							250/270	270/320	270/380	320		
S4RZ-RC			100	100								
S4AZ-RC			89	89	89							
S5D			200	200	210	210/230						

注：1. 公称直径栏中，分子为 PN≤1.6MPa 长度，分母为 PN2.5MPa 长度。
　　2. 型号 S7D 的 PN=0.25MPa。

8.7.2　常见喷嘴

8.7.2.1　标记方法

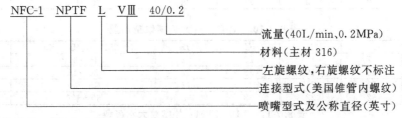

NFC-1　NPTF　L　VⅢ　40/0.2

- 流量（40L/min、0.2MPa）
- 材料（主材 316）
- 左旋螺纹，右旋螺纹不标注
- 连接型式（美国锥管内螺纹）
- 喷嘴型式及公称直径（英寸）

8.7.2.2　型式连接（表8.7-5）

表 8.7-5　喷嘴连接型式/代号

喷嘴型式/代号	连接型式/代号	喷嘴型式/代号	连接型式/代号
满锥型/NFC	锥管内螺纹(55°)/RC	大水幕型/NDF	锥管内螺纹(60°)/NPTF
空锥型/NHC	锥管外螺纹(55°)/R		锥管外螺纹(60°)/NPT

8.7.2.3 喷嘴材料（表8.7-6）

表 8.7-6 喷嘴材料

材料/代号	材料/代号
20钢/Ⅰ	0Cr18Ni11Ti(321)/Ⅵ
0Cr19Ni9(304)/Ⅳ	0Cr17Ni12Mo2(316)/Ⅶ
00Cr19Ni11(304L)/Ⅴ	00Cr17Ni12Mo2(316L)/Ⅷ

8.7.2.3 喷嘴材料（表8.7-6）

表 8.7-6 喷嘴材料

材料/代号	材料/代号
20钢/Ⅰ	0Cr18Ni11Ti(321)/Ⅵ
0Cr19Ni9(304)/Ⅳ	0Cr17Ni12Mo2(316)/Ⅶ
00Cr19Ni11(304L)/Ⅴ	00Cr17Ni12Mo2(316L)/Ⅷ

8.7.2.4 结构类型（图8.7-2）

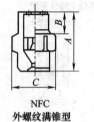 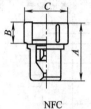 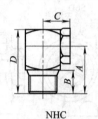 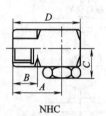 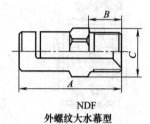

NFC	NFC	NHC	NHC	NDF
外螺纹满锥型	内螺纹满锥型	外螺纹满锥型	内螺纹空锥型	外螺纹大水幕型

图 8.7-2 喷嘴结构

8.7.2.5 结构参数（表8.7-7～表8.7-11）

表 8.7-7 NFC（TM）外螺纹满锥型 单位：mm

型号	A	B	面距C	(0.2MPa)$Q/\text{L}\cdot\text{min}^{-1}$	喷散角$\alpha/(°)$
NFC-1/4R	28	12	17	3～5	85～90
NFC-3/8R	37	15	21	5～10	85～90
NFC-1/2R	44	17	26	10～20	85～90
NFC-3/4R	52	20	32	20～35	85～90
NFC-1R	65	21	38	35～65	85～90
NFC-1 1/2R	80	25	52	65～120	85～90

表 8.7-8 NFC（TF）内螺纹满锥型 单位：mm

型号	A	B	面距C	(0.2MPa)$Q/\text{L}\cdot\text{min}^{-1}$	喷散角$\alpha/(°)$
NFC-1/2RC	46	19	26	10～20	85～90
NFC-3/4RC	54	22	32	20～35	85～90
NFC-1RC	67	24	42	35～65	85～90
NFC-1 1/2RC	82	27	56	65～120	85～90

表 8.7-9 NHC（TM）外螺纹空锥型 单位：mm

型号	A	B	C	D	(0.2MPa)$Q/\text{L}\cdot\text{min}^{-1}$	喷散角$\alpha/(°)$
NHC-1/4R	25	13	16	36	2～5	75～85
NHC-3/8R	30	16	19	44	5～15	75～85
NHC-1/2R	37	17	23	52	15～30	75～85
NHC-3/4R	43	19	28	62	30～45	75～85
NHC-1R	50	21	30	72	45～60	75～85
NHC-1 1/4R	52	23	38	78	60～120	75～85

表 8.7-10 NHC（TF）内螺纹空锥型 单位：mm

型号	A	B	C	D	(0.2MPa)$Q/\text{L}\cdot\text{min}^{-1}$	喷散角$\alpha/(°)$
NHC-1/2RC	37	17	23	52	15～30	75～85
NHC-3/4RC	43	19	28	52	30～45	75～85
NHC-1RC	50	21	30	72	45～60	75～85
NHC-1 1/2RC	52	23	38	78	60～120	75～85

表 8.7-11 NDF（TM）外螺纹大水幕型 单位：mm

型号	A	B	C	额定压力下流量 $Q/(\text{L}\cdot\text{min}^{-1})$				喷散角 $\alpha/(°)$
				0.125MPa	0.15MPa	0.175MPa	0.20MPa	
NDF-1/4R	30	12	15	2～4	2.2～4.4	2.5～5	2.4～5.5	90～120
NDF-3/8R	36	13	18	4～6	4.4～6.6	5～7	5.5～7.6	100～120
NDF-1/2R	42	16	22	5～26	6.6～28	7～30	7.5～32	120～130
NDF-3/4R	52	18	30	26～50	28～55	30～65	32～65	120～130

8.8 取样设施

8.8.1 取样冷却器

8.8.1.1 型号标记

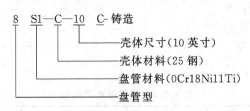

```
8  S1—C—10  C- 铸造
                └─── 壳体尺寸(10 英寸)
            └─────── 壳体材料(25 钢)
        └─────────── 盘管材料(0Cr18Ni11Ti)
    └─────────────── 盘管型
```

8.8.1.2 技术参数 (表 8.8-1)

表 8.8-1 技术参数

介质温度/℃				工作压力/MPa	
冷却水入口	冷却水出口	物料入口	物料出口	壳程	管程
≤32	≤40	≤520	≤60	≤1.0	≤10.0

注：一般物料入口温度不大于350℃；当物料凝固点较高时物料出口温度可不大于90℃。

8.8.1.3 材料选用 (表 8.8-2)

表 8.8-2 取样冷却器材料

代号/壳体材料	代号/盘管材料	新材料代号	代号/壳体材料	代号/盘管材料	新材料代号
C/铸造 (盘管20钢， 壳体25钢)	S1/0Cr18Ni11Ti(321)	Ⅵ	D/可锻铸铁	S6/0Cr17Ni12Mo2(316)	Ⅶ
				L4/00Cr19Ni11(304L)	V
	S4/0Cr19Ni9(304)	Ⅳ	G/灰铸铁	L6/00Cr17Ni14Mo2(316L)	Ⅷ

8.8.1.4 结构尺寸 (表 8.8-3)

表 8.8-3 取样冷却器规格参数

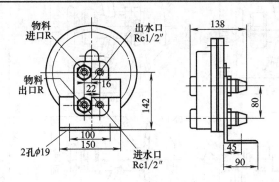

型 号	材 料		PN/MPa		传热面积 /m²	管程流通总截面积/cm²	
	管程	壳程	管程	壳程		CS	SS
8CG-10C	20 钢	灰铸铁 GCi		1.0			
8CD-10C	20 钢	可锻铸铁 M. I		1.0			
8CC-10C	20 钢	铸铁 CAS		1.0			
8SiG-10C	0Cr18Ni11Ti	灰铸铁 GCi		1.0			
8SID-10C	0Cr18Ni11Ti	可锻铸铁 M. I	10.0	1.0	0.22	1.01	0.57
8SIC-10C	0Cr18Ni11Ti	铸铁 CAS		1.0			
8S6G-10C	0Cr17Ni12Mo2	灰铸铁 GCi		1.0			
8S6D-10C	0Cr17Ni12Mo2	可锻铸铁 M. I		1.0			
8S6C-10C	0Cr17Ni12Mo2	铸铁 CAS		1.0			

8.8.2 冲洗式取样阀

8.8.2.1 型号标记

（1）液体取样阀型号标记

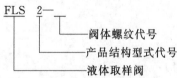

FLS 2—
　　　　　阀体螺纹代号
　　　　产品结构型式代号
　　液体取样阀

（2）气体取样阀型号标记

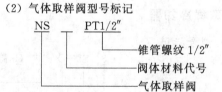

NS　PT1/2″
　　　　　锥管螺纹 1/2″
　　　　阀体材料代号
　　气体取样阀

8.8.2.2 材料选用（表8.8-4）

表8.8-4　阀体材料和代号

代　号	阀体材料	代　号	阀体材料
Ⅳ	0Cr19Ni9(304)	Ⅶ	0Cr17Ni12Mo2(316)
Ⅴ	00Cr19Ni11(304L)	Ⅷ	00Cr17Ni14Mo2(316L)

8.8.2.3 技术参数（表8.8-5）

表8.8-5　取样阀技术参数

型号	结构代号	结构型式	公称压力	工作温度	工作介质	适用管径	管壁钻孔直径
FLS	1	管卡型	≤0.6MPa	≤180℃	无固体颗粒液体	DN20～50	φ8mm
	2	法兰型	≤1.6MPa			DN≥100	
	3	鞍座型	≤1.6MPa			DN≥100	φ30mm
	4	镶入型				DN≥200	φ81mm
NS	锥管螺纹用户自定		≤6.4MPa	≤200℃	气体		根据螺纹定

8.8.2.4 结构尺寸（图8.8-1）

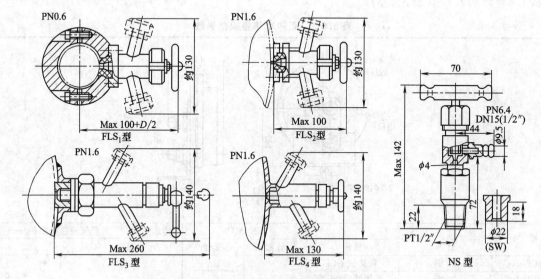

图 8.8-1　冲洗式取样阀结构

8.9 阻火器与呼吸阀

根据 GB 50160—2008《石油化工企业设计防火规范》的规定，甲、乙类液体的固定顶罐，应设置阻火器和呼吸阀。这不仅可使罐内压力保持正常状态，防止罐内超压或超真空度，且可减少罐内液体挥发损失，是不可缺少的安全设施。

8.9.1 阻火器的设置

8.9.1.1 基础知识 (SH/T 3413—1999)

阻火器是安装在输送和排放可燃气体的管道上，用以阻止因回火而引起火焰向管道传播、蔓延的安全设备，主要由阻火层、壳体、连接件组成。阻火层是通过猝灭的方式将火焰扑灭的防回火组合元件，由芯件、芯壳、芯件压环或支承杆组成。芯件是由不锈钢的平带和波纹带卷制而成的圆形盘，可由单盘、双盘或多个圆形盘组成。芯壳是对芯件定位和提高其机械强度的部件。芯件压环（或支承杆）是用于加强芯件强度，防止芯件被爆炸冲击波破坏的部件。阻爆燃型阻火器是用于阻止火焰以亚声速通过的阻火器。阻爆轰型阻火器是用于阻止火焰以声速或超声速通过的阻火器。

阻火器材质选用，应满足下列要求：

① 安装于管端的阻火器壳体，宜采用铸铁和含镁量不大于 0.5% 的铸铝合金，也可按设计要求采用其他材料；

② 安装于管道中的阻火器壳体，应采用铸钢或碳钢焊接，也可按设计要求采用其他材料；

③ 阻火层芯件和安装于管道中的阻火器芯壳及芯件压环应采用不锈钢；

④ 安装于管端的阻火器芯壳及芯件压环，宜采用铸铁或铸铝。

8.9.1.2 选用原则 (SH/T 3413—1999)

（1）所选用的阻火器，其安全阻火速度应大于安装位置可能达到的火焰传播速度。

（2）与燃烧器连接的可燃气体输送管道，在无其他防回火设施时，应设阻火器。

① 阻止以亚声速传播的火焰，应使用阻爆轰型阻火器，其安装位置宜靠近火源。

② 阻止以声速或超声速传播的火焰，应使用阻爆轰型阻火器，其安装位置应远离火源；不同公称直径的阻爆轰型阻火器，所要求的距火源最小安装距离见表 8.9-1。

表 8.9-1　阻爆轰型阻火器距火源最小安装距离

管子公称直径 DN	最小安装距离 L/m	管子公称直径 DN	最小安装距离 L/m
15	0.5	65	6.0
20	1.0	80	8.0
25	1.5	100	10.0
32	2.0	125	10.0
40	3.0	150	10.0
50	4.0	200	10.0

（3）在寒冷地区使用的阻火器，应选用部分或整体带加热套的壳体，也可采用其他伴热方式。

（4）在特殊情况下，可根据需要选用设有冲洗管、压力计、温度计、排污口等接口的阻火器。

（5）安装于管端的阻火器，当公称直径小于 DN50 时宜采用螺纹连接；当公称直径大于或等于 DN50 时，应采用法兰连接；安装于管道中的阻火器，应采用法兰连接。

（6）安装于管端的阻火器，应带有可自动开启的防雨通风罩。

（7）储罐之间气相连通管道各支管上的阻火器应选用阻爆轰型；储罐顶部的油气排放管道，应在与罐顶的连接处选用阻爆轰型阻火器。

（8）储罐顶部保护性气体及油气排放管道的集合管上应选用阻爆轰型阻火器；紧急放空管应设置阻爆轰型阻火器。

（9）装卸设施的油气排放（或回收）总管与各支线的气相管道之间应设置阻爆轰型阻火器；可燃气体放空管道在接入火炬前，若设置阻火器时，应选用阻爆轰型阻火器。

8.9.1.3 设置注意事项 (HG/T 20570.19—95)

（1）放空阻火器的设置

① 石油油品储罐阻火器的设置按《石油库设计规范》（GBJ 74—84）（注：已作废，被 GB 50074—2002 代替）规定执行。

② 化学油品的闪点≤43℃的储罐（和槽车），其直接放空管道（含带有呼吸阀的放空管道）上设置阻火器。

③ 储罐（和槽车）内物料的最高工作温度大于或等于该物料的闪点时，其直接放空管道（含带有呼吸阀的放空管道）上设置阻火器。最高工作温度要考虑到环境温度变化、日光照射、加热管失控等因素。

④ 可燃气体在线分析设备的放空汇总管上设置阻火器。

⑤ 进入爆炸危险场所的内燃发动机排气口管道上设置阻火器。

⑥ 其他有必要设置阻火器的场合。

(2) 管道阻火器的设置

① 输送有可能产生爆燃或爆轰的爆炸性混合气体的管道（应考虑可能的事故工况），在接收设备的入口处设置管道阻火器。

② 输送能自行分解爆炸并引起火焰蔓延的气体物料的管道（如乙炔），在接收设备的入口或由试验确定的阻止爆炸最佳位置上，设置管道阻火器。

③ 火炬排放气进入火炬头前应设置阻火器或阻火装置。

④ 其他应设置管道阻火器的场合。

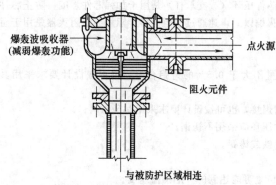

图 8.9-1　阻爆轰阻火器的安装方向

8.9.1.4　注意事项（HG/T 20570.19—95）

(1) 阻火器应安装在接近火源的部位。

(2) 放空阻火器应尽量靠近管道末端设置，同时要考虑检修方便。一般选用管端型放空阻火器；如果选用普通型放空阻火器，应考虑到由于阻火器下游接管的配管长度、形状对阻火器性能选型（阻爆燃型还是阻爆轰型）的影响，并根据介质工况和安装条件来确定普通型放空阻火器的规格。

(3) 安装管道阻爆轰阻火器时，要注意其"爆轰波吸收器"应朝向有可能产生爆轰的方向，否则将失去阻爆轰的作用。见图 8.9-1 所示。

(4) 阻火器与管道的连接一般为法兰形式，小直径的管道采用螺纹连接。

8.9.1.5　结构材料（表 8.9-2）

表 8.9-2　阻火器结构、材料和密封面代号

阻火元件类型/代号	结构形式/代号	主体材料/代号		密封面型式/代号
波纹式/W	通风罩式/H	20钢/Ⅰ	0Cr17Ni12Mo2(316)/Ⅶ	突面/RF
		0Cr19Ni9(304)/Ⅳ	00Cr17Ni11Mo2(316L)/Ⅷ	
圆片式/P	两端法兰(管道用)/L1	00Cr19Ni11(304L)/Ⅴ	ZL 102/Ⅸ	平面/FF
	两端法兰式/L			
	两端法兰(抽屉式)/LA	0Cr18Ni11Ti(321)/Ⅵ		锥管内螺纹 PT

8.9.1.6　结构参数（表 8.9-3）

表 8.9-3　阻火器工作压力、工作温度和公称直径

工作压力/MPa	工作温度/℃	公称直径/mm					
		FWH 型	FPH 型	FWL 型	FWLA 型	FPL 型	FWL1 型
0.6/1.0	≤200	40～200	25～100	25～250	25～200	25～300	20～350

8.9.2　阻火器的安装（表 8.9-4）

表 8.9-4　阻火器结构外形与结构长度

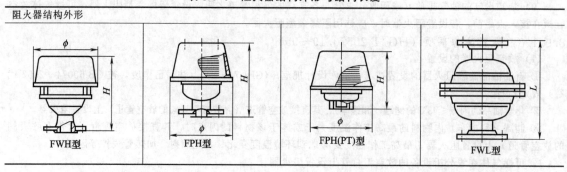

续表

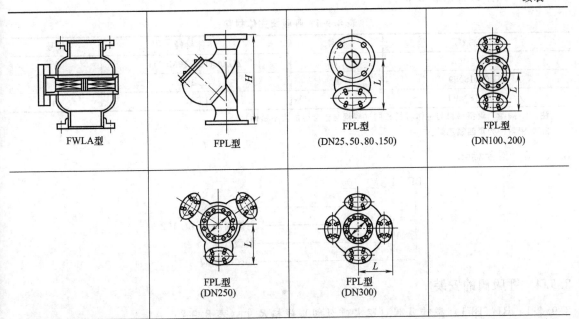

阻火器结构长度 H(或 L)/mm

型　号	公　称　直　径													
	20	25	32	40	50	65	80	100	125	150	200	250	300	350
FWH				235	250		315	328		395	430			
FPH		150			210		260	290						
FPH(PT)		130			150		180	260						
FWL							302	348		385	460	490		
FWLA		180			210		230	310		400	445			
FPL		180			280		340	370		540	605	615	715	
FWL	180	220	250	320	336	370	430	530	656	720	730	860	920	920

8.9.3　呼吸阀的选用

8.9.3.1　类别代号（表8.9-5）

表 8.9-5　呼吸阀类别代号

类　型	代号	类　型	代号
呼吸阀	B1(BL1)	阻火呼吸阀	BF1(BLF1)
带吸入接管呼吸阀	B2	带吸入接管阻火呼吸阀	BF2
带呼出接管呼吸阀	B3	带呼出接管阻火呼吸阀	BF3
带双接管呼吸阀	B4	带双接管阻火呼吸阀	BF4
呼出阀	B5	阻火呼出阀	BF5
吸入阀	B6	阻火吸入阀	BF6
带接管呼出阀	B7	带接管阻火呼出阀	BF7
带接管吸入阀	B8	带接管阻火吸入阀	BF8

注：带吸入/呼出接管的均采用法兰连接。

8.9.3.2　主体材料（表 8.9-6）

表 8.9-6　呼吸阀主体材料

主体材料	代号	主体材料	代号
ZG 200-400	I	ZG 0Cr18Ni12Mo2Ti	IV
ZG 0Cr18Ni9	II	ZL 102	V
ZG 0Cr18Ni9Ti	III	HT 150	VI

注：1. 阀盘、阀座材料与主体材料相同（碳钢与铝合金的为不锈钢）。
　　2. 阀密封件为聚四氯乙烯。

8.9.3.3　型号标记

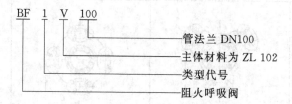

　　BF　1　V　100
　　　　　　　　　└─ 管法兰 DN100
　　　　　　└─── 主体材料为 ZL 102
　　　　└───── 类型代号
　　└─────── 阻火呼吸阀

8.9.4　呼吸阀的安装

8.9.4.1　B1（BF1）型呼吸阀（阻火呼吸阀）规格尺寸（表 8.9-7）

表 8.9-7　B1（BF1）型呼吸阀

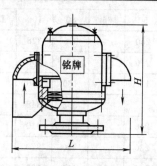

单位：mm

DN	40	50	80	100	150	200	250
H	310	310	410	485	585	680	835
L	275	275	397	450	640	835	1060
质量/kg	22	24	32	43.5	70	120	183

8.9.4.2　B4（BF4）型带双接管呼吸阀（带双接管阻火呼吸阀）规格尺寸（表 8.9-8）

表 8.9-8　B4（BF4）型呼吸阀

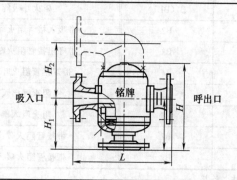

吸入口　　　　铭牌　　　　呼出口

单位：mm

DN	40	50	80	100	150	200	250
H_2	175	220	250	280	345	420	480
H	310	310	410	485	585	680	835
H_1	178	178	220	265	295	320	405
L	325	325	397	435	584	715	860
质量/kg	23	25	33	44.5	74	124	185

8.9.4.3 B2（BF2）型带吸入接管呼吸阀（带吸入接管阻火呼吸阀）/B3（BF3）型带呼出接管呼吸阀（带呼出接管阻火呼吸阀）规格尺寸（表8.9-9）

表 8.9-9　B2（BF2）/B3（BF3）型呼吸阀

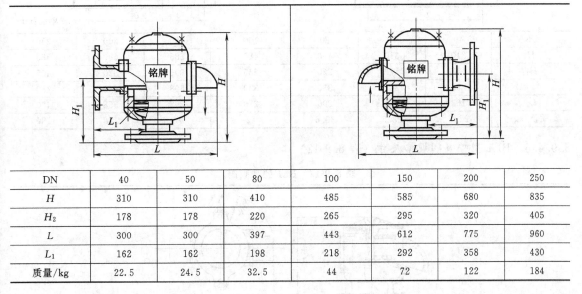

DN	40	50	80	100	150	200	250
H	310	310	410	485	585	680	835
H_2	178	178	220	265	295	320	405
L	300	300	397	443	612	775	960
L_1	162	162	198	218	292	358	430
质量/kg	22.5	24.5	32.5	44	72	122	184

8.9.4.4 B5（BF5）型呼出阀（阻火呼出阀）/B6（BF6）型吸入阀（阻火吸入阀）规格尺寸（表8.9-10）

表 8.9-10　B5（BF5）/B6（BF6）型呼吸阀

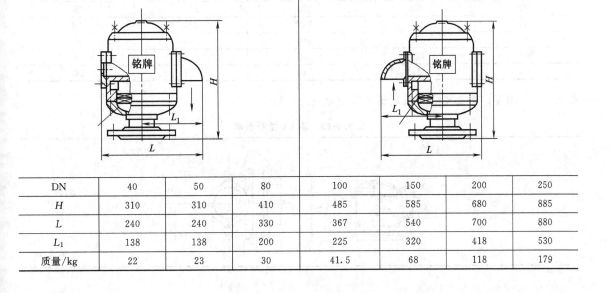

DN	40	50	80	100	150	200	250
H	310	310	410	485	585	680	885
L	240	240	330	367	540	700	880
L_1	138	138	200	225	320	418	530
质量/kg	22	23	30	41.5	68	118	179

8.9.4.5 B7（BF7）型带接管呼出阀（带接管阻火吸出阀）/B8（BF8）型带接管吸入阀（带接管阻火吸入阀）规格尺寸（表8.9-11）

表8.9-11　B7（BF7）/B8（BF8）型呼吸阀

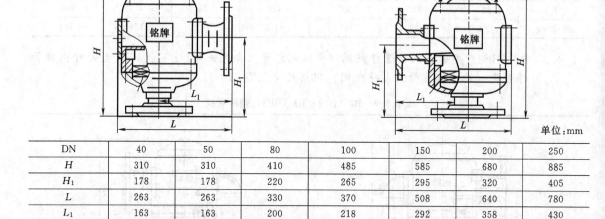

单位：mm

DN	40	50	80	100	150	200	250
H	310	310	410	485	585	680	885
H_1	178	178	220	265	295	320	405
L	263	263	330	370	508	640	780
L_1	163	163	200	218	292	358	430
质量/kg	22.5	23.5	30.5	42	70	128	180

8.9.4.6 BL1型呼吸阀规格尺寸（表8.9-12）

表8.9-12　BL1型呼吸阀

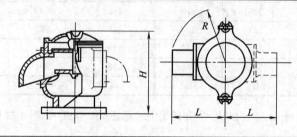

单位：mm

DN	L	H	R	质量/kg
40	162	185	166	20
50	162	185	166	22
80	203	200	210	29
100	235	240	244	39
150	330	460	343	63
200	425	560	444	108
250	535	740	557	165

8.9.4.7 BLF1型阻火呼吸阀规格尺寸（表8.9-13）

表8.9-13　BLF1型呼吸阀

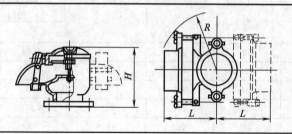

单位：mm

续表

DN	L	H	R	质量/kg
40	190	185	200	24
50	190	185	200	26
80	220	200	240	35
100	235	240	290	48
150	410	460	450	77
200	460	560	505	132
250	590	740	690	201

8.10 爆破片与安全阀

8.10.1 爆破片的选用 (HG/T 20570.03—95)

8.10.1.1 爆破片的分类

HG/T 20570.03—95 适用于石油化工、化工装置的压力容器、管道或其他密闭空间防止超压的拱形金属爆破片和爆破片装置。爆破片的爆破压力最高不大于 35MPa。爆破片装置是由爆破片（或爆破片组件）和夹持器（或支承圈）等装配组成的压力泄放安全装置。当爆破片两侧压力差达到预定温度下的预定值时，爆破片即刻动作（破裂或脱落），泄放出压力介质。

金属爆破片的分类包括正拱型和反拱型两类。其中正拱型包括普通型、开缝型、背压托架型、加强环型、软垫型、刻槽型；反拱型包括卡圈型、背压托架型、刀架型、鳄齿型、刻槽型。夹持器的夹持面的形状包括平面和锥面；外接密封面型式包括平面、凹凸面、榫槽面。

8.10.1.2 爆破片的设置

(1) 独立的压力容器和/或压力管道系统设有安全阀、爆破片装置或这二者的组合装置。

(2) 满足下列情况之一应优先选用爆破片：

① 压力有可能迅速上升的；

② 泄放介质为含有颗粒、易沉淀、易结晶、易聚合和介质黏度较大；

③ 泄放介质有强腐蚀性，使用安全阀时其价格很高；

④ 工艺介质十分贵重或有剧毒，在工作过程中不允许有任何泄漏，应与安全阀串联使用；

⑤ 工作压力很低或很高时，选用安全阀则其制造比较困难；

⑥ 当使用温度较低而影响安全阀的工作特性；

⑦ 需要较大泄放面积。

(3) 对于一次性使用的管路系统（如开车前吹扫的管道放空系统），爆破片的破裂不影响操作和生产的场合，设置爆破片。

(4) 为减少爆破片破裂后的工艺介质的损失，可与安全阀串联使用。

(5) 作为压力容器的附加安全设施，可与安全阀并联使用，例如爆破片仅用于火灾情况下的超压泄放。

(6) 为增加异常工况（如火灾等）下的泄放面积，爆破片可并联使用。

(7) 爆破片不适用于经常超压的场合。

(8) 爆破片不宜用于温度波动很大的场合。

8.10.1.3 爆破片的爆破压力

爆破压力及允差见表 8.10-1。

表 8.10-1 爆破压力及允差

爆破片型式	标定爆破压力(表)/MPa	允许偏差	破片型式	标定爆破压力(表)/MPa	允许偏差
正拱型	<0.2	±0.010	反拱型	<0.3	±0.015
	≥0.2	±5%		≥0.3	±5%

为了使爆破片获得最佳的寿命，对于每一种类型的爆破片的设备最高压力与最小标定爆破压力之比见表 8.10-2。

表 8.10-2　爆破片最高压力与最小压力的规定

型别名称及代号	简　图	$\dfrac{设备最高压力（表压）}{最小标定爆破压力（表压）}\times100\%$
正拱普通平面型 LPA		70%
正拱普通锥面型 LPB		70%
正拱普通平面托架型 LPTA		70%
正拱普通锥面托架型 LPTB		70%
正拱开缝平面型 LKA		80%
正拱开缝锥面型 LKB		80%
反拱刀架型 YD		90%
反拱卡圈型 YQ		90%
反拱托架型 YT		80%

　　与爆破片相关的压力关系图，见图 8.10-1 所示。本图表示了爆破片的最高压力（即被保护容器的最高压力）与爆破片设计、制造时的各类爆破压力的关系。

　　与容器相关的压力关系见表 8.10-3。本表表明了不同情况下被保护系统设置爆破片的最大设计爆破压力、最大标定爆破压力的数值与被保护容器的设计压力或最大允许工作压力数值的比例关系。

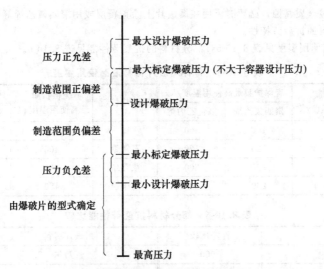

图 8.10-1 爆破片相关的压力关系图

表 8.10-3 爆破片与容器相关的压力关系表

压力容器要求	容器压力	爆破片典型特性
	121%	火灾情况下最大设计爆破压力
	116%	多个爆破片用于非火灾情况下最大设计爆破压力
	110%	多个爆破片用于火灾情况下的最大标定爆破压力 单个爆破片用于非火灾情况下的最大设计爆破压力
	105%	多个爆破片用于非火灾情况下的最大标定爆破压力
容器设计压力(或最大允许工作压力)最高压力	100%	最大标定爆破压力(单个爆破片)

8.10.1.4 爆破片的选用

选择爆破片型式时,应考虑以下几个因素。

(1) 压力

① 压力较高时,爆破片宜选择正拱型;

② 压力较低时,爆破片宜选用开缝型或反拱型;

③ 系统有可能出现真空或爆破片可能承受背压时,要配置背压托架;

④ 有循环压力或脉冲压力则选用反拱型。

(2) 温度

高温对金属材料和密封膜的影响。

(3) 使用场合

① 在安全阀前使用,爆破片爆破后不能有碎片;

② 用于液体介质,不能选用反拱型爆破片。

表 8.10-4 为各种爆破片的特性汇总表。

表 8.10-4 各种爆破片特性汇总

类型名称	正拱普通型	正拱刻槽型	正拱开缝型	反拱刀架型	反拱鳄齿型	反拱刻槽型
内力类型	拉伸	拉伸	拉伸	压缩	压缩	压缩
抗压力疲劳能力	较好	好	差	优良	优良	优良
爆破时有无碎片	有	无	有,但很少	无	无	无
可否引起撞击火花	可能	否	可能性很小	可能	可能性小	否
可否与安全阀串联使用	否	可	可	可	可	可
背压托架	可加	可加	已加	不加	不加	不加

制造爆破片的标准材料为铝、镍、不锈钢、因康镍、蒙乃尔。特殊用途时,可以采用金、银、钛、哈氏合金等。爆破片材料的选择,主要有以下因素:

① 不允许爆破片被介质腐蚀，必要时，要在爆破片上涂盖覆层或用聚四氟乙烯等衬里来保护；

② 使用温度和材料的抗疲劳特性。

爆破片材料的最高使用温度见表 8.10-5，部分材料的抗疲劳性能见表 8.10-6。

表 8.10-5　各种爆破片材料最高使用温度

爆破片材料	无保护膜 最高使用温度/℃	有保护膜最高使用温度/℃		爆破片材料	无保护膜 最高使用温度/℃	有保护膜最高使用温度/℃	
		聚四氟乙烯	氟化乙丙烯			聚四氟乙烯	氟化乙丙烯
铝	100	100	100	钛	350	—	—
银	120	120	120	不锈钢	400	260	200
铜	200	200	200	蒙乃尔	430	260	200
镍	400	260	200	因康镍	480	260	200

表 8.10-6　部分材料抗疲劳性能比较

爆破片材料	性能比较	爆破片材料	性能比较
镍	1000	蒙乃尔	400
厚铝板（≥0.25mm）	1000	薄铝板（≤0.127mm）	7
因康镍	700	铜	2
316 不锈钢	700	银	2

注：假定最好的材料抗疲劳性能为 1000。

8.10.2　爆破片与安全阀（HG/T 20570.03—95）

8.10.2.1　爆破片安装在安全阀入口

为了避免因爆破片的破裂而损失大量的工艺物料，在安全阀不能直接使用的场合（如物料腐蚀、严禁泄漏等），一般在安全阀的入口处安装一个爆破片。爆破片的标定爆破压力与安全阀的设定压力相同。爆破片的公称直径不小于安全阀的入口直径。爆破片的使用降低了 20% 的安全阀泄放能力。爆破片的阻力降按当量长度计时，为 75 倍公称直径。

8.10.2.2　爆破片安装在安全阀出口

如果泄放总管有可能存在腐蚀性气体环境，爆破片应安装在安全阀的出口，以保护安全阀不受腐蚀。爆破片的最大设计爆破压力不超过弹簧式安全阀设定压力的 10%。爆破片的公称直径与安全阀出口管径相同。爆破片安装在安全阀出口附近。爆破片的阻力降按当量长度计时，为 75 倍公称直径。

8.10.2.3　爆破片与安全阀并联使用

为防止在异常工况下压力容器内的压力迅速升高，或增加在火灾情况下的泄放面积，安装一个或几个爆破片与安全阀并联使用。爆破片的标定爆破压力略高于安全阀的设定压力，并不得大于容器的设计压力。爆破片要有足够的泄放面积，以达到保护容器的要求。

8.10.2.4　爆破片与安全阀性能比较（表 8.10-7）

表 8.10-7　安全阀与爆破片性能比较表

内　容		对比项目	爆破片	安全阀
结构型式	1	品种	多	较少
	2	基本结构	简单	复杂
适用范围	3	口径范围	φ3～φ1000mm	大口径或小口径均难
	4	压力范围	几十毫米水柱～几千大气压力	很低压力或高压均难
	5	温度范围	−250～500℃	低温或高温均困难
	6	介质腐蚀性	可选用各种耐腐蚀材料或可作简单防护	选用耐腐蚀材料有限，防护结构复杂
	7	介质黏稠,有沉淀结晶	不影响动作	明显影响动作
	8	对温度敏感性	高温时动作压力降低 低温时动作压力升高	不很敏感
	9	工作压力与动作压力差	较大	较小
	10	经常超压的场合	不适用	适用

续表

内 容		对比项目	爆破片	安全阀
防超压动作	11	动作特点	一次性爆破	泄压后可复位,多次使用
	12	灵敏性	惯性小,急剧超压时反应迅速	不很及时
	13	正确性	一般±5%	波动幅度大
	14	可靠性	一旦受损伤,爆破压力降低	甚至不起跳,或不闭合
	15	密闭性	无泄漏	可能泄漏
	16	动作后对生产造成损失	较大,必须更换后恢复生产	较小,复位后正常进行生产
维护与更换	17		不需要特殊维护,更换简单	要定期检验

8.10.3 安全阀的选用 (HG/T 20570.02—95)

8.10.3.1 安全阀的分类

HG/T 20570.02—95 仅适用于化工生产装置中压力大于 0.2MPa 的压力容器上防超压用安全阀的设置和计算,不包括压力大于 100MPa 的超高压系统。适用于化工生产装置中上述范围内的压力容器和管道所用安全阀;不适用于其他行业的压力容器上用的安全阀,如各类槽车、各类气瓶、锅炉系统、非金属材料容器,以及核工业、电力工业等。计算方法引自《压力容器安全技术监督规程》和 API-520 (见 2.3 节),在使用本规定时,应采用同一个规范来进行泄放量和泄放面积的计算。

(1) 安全阀:由弹簧作用或由导阀控制的安全阀。当入口静压超过设定压力时,阀瓣上升以泄放被保护系统的超压,当压力降至回座压力时,可自动关闭的安全泄放阀。

(2) 导阀:控制主阀动作的辅助压力泄放阀。

(3) 全启式安全阀:当安全阀入口处的静压达到其设定压力时,阀瓣迅速上升至最大高度,最大限度地排出超压的物料。一般用于可压缩流体,阀瓣的最大上升高度不小于喉径的 1/4。

(4) 微启式安全阀:当安全入口处的静压达到其设定压力时,阀瓣位置随入口压力的升高而成比例地升高,最大限度地减少应排出的物料。一般用于不可压缩流体,阀瓣的最大上升高度不小于喉径的 1/20~1/40。

(5) 弹簧式安全阀:由弹簧作用的安全阀。其设定压力由弹簧控制,其动作特性受背压的影响。

(6) 背压平衡式安全阀:由弹簧作用的安全阀。其设定压力由弹簧控制,用活塞或波纹管减少背压对其动作性能的影响。

(7) 导阀式安全阀:由导阀控制的安全阀。其设定压力由导阀控制,其动作性能基本上不受背压的影响。当导阀失灵时,主阀仍能在不超过泄放压力时自动开启,并排出全部额定泄放量。

(8) 主安全阀:主安全阀是被保护系统的主要安全泄放装置,其泄放面积是基于最大可能事故工况下的泄放量。

(9) 辅助安全阀:辅助安全阀 (有时多于一个) 是主安全阀的辅助装置,提供除主安全阀以外的附加泄放面积。用于非最大可能事故工况下的超压泄放。

8.10.3.2 安全阀的压力关系 (表 8.10-8)

表 8.10-8 安全阀与容器有关的压力关系表

容 器	压力百分比	安 全 阀
设计压力(或最大允许工作压力)	121%	火灾用安全阀的最大泄放压力
	116%	非火灾用辅助安全阀的最大泄放压力
	110%	非火灾用主安全阀的最大泄放压力、火灾用辅助安全阀的最大设定压力
	105%	非火灾用辅助安全阀的最大设定压力
	100%	主安全阀的最大设定压力
	93%~97%	回座压力

8.10.3.3 安全阀的设置

安全阀适用于清洁、无颗粒、低黏度流体。凡必须安装安全泄压装置而又不适合安装安全阀的场所,应安装爆破片或安全阀与爆破片串联使用。凡属下列情况之一的容器必须安装安全阀：

① 独立的压力系统（有切断阀与其他系统分开），该系统指全气相、全液相或气相连通；

② 容器的压力物料来源处没有安全阀的场合；

③ 设计压力小于压力来源处的压力的容器及管道；

④ 容积式泵或压缩机的出口管道；

⑤ 由于不凝气的累积产生超压的容器；

⑥ 加热炉出口管道上如设有切断阀或控制阀时，在该阀上游应设置安全阀；

⑦ 由于工艺事故、自控事故、电力事故、火灾事故和公用工程事故引起的超压部位；

⑧ 液体因两端阀门关闭而产生热膨胀的部位；

⑨ 凝气透平机的蒸汽出口管道；

⑩ 某些情况下，由于泵出口止回阀的泄流，则在泵的入口管道上设置安全阀；

⑪ 其他应设置安全阀的地方。

8.10.3.4 安全阀的选用

(1) 排放气体或蒸汽时，选用全启式安全阀。

(2) 排放液体时，选用全启式或微启式安全阀。

(3) 排放水蒸气或空气时，可选用带扳手的安全阀。

(4) 对设定压力大于 3MPa，温度超过 235℃ 的气体用安全阀，则选用带散热片的安全阀，以防止泄放介质直接冲蚀弹簧。

(5) 排放介质允许泄漏至大气的，选用开式阀帽安全阀；不允许泄漏至大气的，选用闭式阀帽安全阀。

(6) 排放有剧毒、有强腐蚀、有极度危险的介质，选用波纹管安全阀。

(7) 高背压的场合，选用背压平衡式安全阀或导阀控制式安全阀。

(8) 在某些重要的场合，有时要安装互为备用的两个安全阀。两个安全阀的进口和出口切断阀宜采用机械联锁装置，以确保在任何时候（包括维修，检修期间）都能满足容器所要求的泄放面积。

8.10.4 安全泄放计算 (HG/T 20570.02—95)

8.10.4.1 阀门误关闭

(1) 出口阀门关闭，入口阀门未关闭时，泄放量为被关闭的管道最大正常流量。

(2) 管道两端的切断阀关闭时，泄放量为被关闭液体的膨胀量。此类安全阀的入口一般不大于 DN25。但对于大口径、长距离管道和物料为液化气的管道，液体膨胀量按式 (8.10-1) 计算。

(3) 换热器冷侧进出口阀门关闭时，泄放量按正常工作输入的热量计算，计算公式见式 (8.10-1)。

(4) 充满液体的容器，进出口阀门全部关闭时，泄放量按正常工作输入的热量计算。按式 (8.10-1) 计算液体膨胀工况的泄放量：

$$V = BH/(G_1 C_p) \qquad (8.10\text{-}1)$$

式中 V——体积泄放流量，m^3/h；

B——体积膨胀系数，$℃^{-1}$；

H——正常工作条件下最大传热量，kJ/h；

G_1——液相密度，kg/m^3；

C_p——定压比热容，$kJ/(kg \cdot ℃)$。

8.10.4.2 循环水故障

(1) 以循环水为冷媒的塔顶冷凝器，当循环水发生故障（断水）时，塔顶设置的安全阀泄放量为正常工作工况下进入冷凝器的最大蒸发量。

(2) 以循环水为冷媒的其他换热器，当循环水发生故障（断水）时，应仔细分析影响的范围，确定泄放量。

8.10.4.3 电力故障

(1) 停止供电时，用电机驱动的塔顶回流泵、塔侧线回流泵将停止转动，塔顶设置的安全阀的泄放量为该事故工况下进入塔顶冷凝器的蒸发量。

(2) 塔顶冷凝器为不装百叶的空冷器时，在停电情况下，塔顶设置的安全阀的泄放量为正常工作工况下，进入冷凝器的最大蒸汽量的 75%。

(3) 停止供电时，要仔细分析停电的影响范围，如泵、压缩机、风机、阀门的驱动机构等，以确定足够的泄放量。

8.10.4.4 不凝气积累

(1) 若塔顶冷凝器中有较多无法排放的不凝气，则塔顶设置的安全阀的泄放量与 8.10.4.2 规定相同。

(2) 其他积累不凝气的场合，要分析其影响范围，以确定泄放量。

8.10.4.5 控制阀故障

(1) 安装在设备出口的控制阀，发生故障时若处于全闭位置，则所设安全阀的泄放量为流经此控制阀的最大正常流量。

(2) 安装在设备入口的控制阀，发生故障时若处于全开位置时：

① 对于气相管道，如果满足低压侧的设计压力小于高压侧的设计压力的 2/3，则安全阀的泄放量应按下式计算：

$$W = 3171.3(C_{V1} - C_{V2})p_h(C_g/T)^{1/2} \tag{8.10-2}$$

式中　W——质量泄放流量，kg/h；

　　　C_{V1}——控制阀的 C_V 值；

　　　C_{V2}——控制阀最小流量下的 C_V 值；

　　　p_h——高压侧工作压力，MPa；

　　　G_g——气相密度，kg/m³；

　　　T——泄放温度，K。

如果高压侧物料有可能向低压侧传热，则必须考虑传热的影响。

② 对于液相管道，安全阀的泄放量为控制阀最大通过量与正常流量之差，并且要估计高压侧物料有无闪蒸。

8.10.4.6 过度热量输入

换热器热媒侧的控制阀失灵全开、切断阀误开，设备的加热夹套、加热盘管的切断阀误开等工况下，以过度热量的输入而引起的气体蒸发量或液体膨胀量来计。

8.10.4.7 易挥发物料进入高温系统

(1) 轻烃误入热油以及水误入热油等工况下，由于产生大量蒸汽，致使容器内的压力迅速上升。

(2) 由于此事故工况下的泄放量无法确定而且压力升高十分迅速，所以，安装安全阀是不合适的，应设置爆破片。

(3) 这种工况的保护措施是确保避免发生此类事故。

8.10.4.8 换热管破裂

(1) 如果换热器低压侧的设计压力小于高压侧的设计压力的 2/3 时，则应作为事故工况考虑。

(2) 根据 (1) 的条件，安全阀的泄放量按下式计算出的结果和高压侧正常流量比较，取二者的较小值。

(3) 换热器管破裂时的泄放量

$$W = 5.6d^2(G_l \times \Delta p)^{1/2} \tag{8.10-3}$$

式中　W——质量泄放流量，kg/h；

　　　d——管内径，mm；

　　　G_l——液相密度，kg/m³；

　　　Δp——高压侧（管程）与低压侧（壳程）的压差，MPa。

本公式适用于高压流体为液相。

8.10.4.9 化学反应失控

(1) 对于放热的化学反应，如果温度、压力和流量等自动控制失灵，使化学反应失控，形成"飞温"，这时产生大量的热量，使物料急剧大量蒸发，形成超压。这类事故工况，安装安全阀无论在反应时间，还是在泄放速率方面均不能满足要求，应设置爆破片。

(2) 如果专利所有者能提供准确的化学反应动力学关联式，推算出事故工况下的泄放量，则可以在专利所有者和建设方的同意下设置安全阀。

8.10.4.10 外部火灾

(1) 本规定适用于盛有液体的容器暴露在外部火灾之中。

(2) 容器的湿润面积 (A)

容器内液面之下的面积统称为湿润面积。外部火焰传入的热量通过湿润面积使容器内的物料汽化。不同型式设备的湿润面积计算如下。

① 卧立式容器：距地面 7.5m 或距能形成大面积火焰的平台之上 7.5m 高度范围内的容器外表面积与最高正常液位以下的外表面积比较，取两者中较小值。

对于椭圆形封头的设备全部外表面积为：

$$A_e = \pi D_0 (L + 0.3 \times D_0) \tag{8.10-4}$$

式中　A_e——外表面积，m^2；

$\quad\quad D_0$——设备直径，m；

$\quad\quad L$——设备总长（包括封头），m。

气体压缩机出口的缓冲罐一般最多盛一半液体，湿润表面为容器总表面积的 50%。

分馏塔的湿润表面为塔底正常最高液位和 7.5m 高度内塔盘上液体部分的表面积之和。

② 球型容器：球型容器的湿润面积，应取半球表面积或距地面 7.5m 高度下表面积二者中的较大值。

③ 湿润面积包括火灾影响范围内的管道外表面积。

（3）容器外壁校正系数（F）

容器壁外的设施可以阻碍火焰热量传至容器，用容器外壁校正系数 F 反映其对传热的影响。

① 根据劳动部颁发的《压力容器安全技术监察规程》（1991 年 1 月 1 日施行）中规定：

容器在地面上无保温时 $F=1.0$；

容器在地面下用砂土覆盖时 $F=0.3$；

容器顶部设有大于 $10L/(m^2 \cdot min)$ 水喷淋装置时 $F=0.6$；

容器在地面上有完好保温，见式（8.10-5）。

② 根据美国石油学会标准 API-520：

容器在地面上无保温时 $F=1.0$；

容器有水喷淋设施时 $F=1.0$；

容器在地面上有良好保温时，按下式计算

$$F = 4.2 \times 10^{-6} \frac{\lambda}{d_0} (904.4 - t) \tag{8.10-5}$$

式中　λ——保温材料的热导率，$kJ/(m \cdot h \cdot ℃)$；

$\quad\quad d_0$——保温材料厚度，m；

$\quad\quad t$——泄放温度，℃。

容器在地面之下和有砂土覆盖的地上容器，F 值按式（8.10-5）计算，将其中的保温材料的导热系数和厚度换成土壤或砂土相应的数值。

另外，保冷材料一般不耐烧，因此，保冷容器的外壁校正系数 F 为 1.0。

（4）安全泄放量

① 根据《压力容器安全技术监察规程》中规定：

无保温层时

$$W = \frac{2.55 \times 10^5 \times F \times A^{0.82}}{H_1} \tag{8.10-6}$$

式中　W——质量泄放量，kg/h；

$\quad\quad H_1$——泄放条件下汽化热，kJ/kg；

$\quad\quad A$——湿润面积，m^2；

$\quad\quad F$——容器外壁校正系数，取（3）中的值。

有保温层时

$$W = \frac{2.61 \times (650 - t) \times \lambda \times A^{0.82}}{d_0 H_1} \tag{8.10-7}$$

② 根据美国石油学会标准 API-520 中规定：对于有足够的消防保护措施和有能及时排走地面上泄漏的物料措施时，容器的泄放量为：

$$W = \frac{1.555 \times 10^5 \times F \times A^{0.82}}{H_1} \tag{8.10-8}$$

否则，采用下式计算：

$$W=\frac{2.55\times10^5\times F\times A^{0.82}}{H_1} \qquad (8.10-9)$$

8.10.4.11　安全阀出口设计

（1）安全阀出口管道的管径要不小于安全阀出口直径。对于弹簧式安全阀，弹簧设定时不考虑静背压的影响，出口管道的动背压（动背压按 HG/T 20570.02—95 9.0.2 所要求的计算）与静背压之和要不大于设定压力（表压）的10%。对于波纹管背压平衡式安全阀要不大于50%。安全阀的出口管道一般不设切断阀，如必须设置，则要求切断阀铅封在开启状态。

（2）直接排向大气

① 排放的气相要排向安全地点，一般出口朝上，排放口要切成平口，在管道低点有一个 $\phi6\sim10$ 的排液口。管口附丝网以避免飞鸟筑巢。

② 排放口要高出以排放口为中心的7.5m半径范围内的地面、设备、操作平台等2.5m以上。对于有毒或有腐蚀性或易燃物料，应按有关规范执行；当允许排向大气时，排放口要高出以排放口为中心的15m半径范围内的地面、设备、操作平台3m以上。

③ 安全阀排放气体的温度高于物料的自燃温度，则排出管要设灭火蒸汽，灭火蒸汽管最小管径为 DN25。

④ 特殊工艺物料，如易自聚，易结晶等，在排出管设氮气吹扫口，连续通入氮气。

⑤ 排至大气的液体要向下引至安全地点。

（3）排至密闭系统

① 安全阀的排放管道应坡向主管，尽量避免袋形弯。无法避免时，在低点要设易接近的放净阀。对于易凝气体，在低点设蒸汽伴热管，以免积液。

② 排放管与主管的连接，要从主管上部或侧面顺流向45°角插入。既可防止总管内的凝液倒入支管，又可减少管路压力降。

③ 核算在可能的工作温度范围内出口管道的补偿。

④ 对于排放来自冷冻（液化气等）的物料，应检查管材是否合理。

（4）排放管道的管径（气相）

① 在背压允许的范围内，应保持排放管道内的物料具有较高的流速，使之经济合理。

② 直接排至大气的管道，排放管出口马赫数取小于或等于0.5；对于排入密闭系统的管道，马赫数取0.5～0.7。马赫数的计算见下式。

$$Ma=u/u_a \qquad (8.10-10)$$

$$u_a=10^3\sqrt{\frac{kp_d}{\rho_g}} \qquad (8.10-11)$$

式中　Ma——马赫数；

　　　u_a——声速，m/s；

　　　u——物料流速，m/s；

　　　p_d——物料压力，MPa；

　　　k——绝热指数；

　　　ρ_g——气体密度，kg/m³。

排放管道压力较低，压力降计算公式应选用可压缩流体的压力降计算公式。

在安全阀未选定之前，排放流量按工艺计算的泄放量；一般在安全阀选定之后，用安全阀的额定流量再计算一次管道压力降，校核所选的管径是否合适。但在特殊情况下则有所不同，在工艺计算的泄放量很小时，不得不选择较大的安全阀，这样安全阀的额定流量可能几倍于计算值。按额定流量计算的管径可能远大于用计算的泄放量计算的管径，所以在经济上是不合算的。这时，要根据经验确定合理的管径，以满足技术和经济的要求。

8.10.5　安全阀的性能结构

8.10.5.1　波纹管弹簧全启式安全阀（图 8.10-2）

（1）主要性能规范（表 8.10-9）

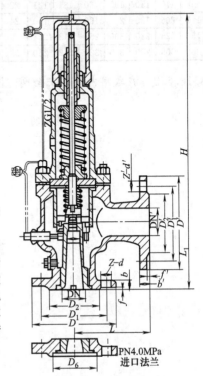

图 8.10-2　波纹管弹簧
全启式安全阀

表 8.10-9　性能规范

型　号	壳体试验压力/MPa	开启压力范围 p_k/MPa	密封压力/MPa	排放压力/MPa	启闭压差/MPa	开启高度/mm	适用温度/℃	适用介质
WA42Y-16C	2.4	0.1～1.6	90%p_k	≤1.1p_k	≤15%p_k	≥0.25d_0	≤300	水、蒸汽、油品等
WA42Y-16P							≤200	硝酸等
WA42Y-40P	6.0	1.3～4.0					≤300	水、蒸汽、油品等
							≤200	硝酸等

(2) 主要零件材料 (表 8.10-10)

表 8.10-10　零件材料

零件名称	阀体	阀盖	阀杆、阀瓣、导向套、反冲盘	阀瓣、阀座密封面	弹簧
WA42Y-16C	WCB	QT45-5	2Cr13		50CrVA
WA42Y-16P	ZG1Cr18Ni9Ti	QT45-5	1Cr18Ni9Ti	堆焊硬质合金	50CrVA
WA42Y-40P					喷涂氟塑料

(3) 主要外形尺寸和连接尺寸 (表 8.10-11)

表 8.10-11　主要尺寸　　　　　　　　　单位：mm

WA42Y-16C、WA42Y-16P															
DN	L	L_1	D	D_1	D_2	b	f	Z-d	DN'	D'	D_1'	D_2'	b'	f'	Z'-d'	H≈	d_0
40	130	115	145	110	85	16	3	4-ϕ18	50	160	125	100	16	3	4-ϕ18	340	25
50	145	130	160	125	100	16	3	4-ϕ18	65	180	145	120	18	3	4-ϕ18	344	32
80	170	150	195	160	135	20	3	8-ϕ18	100	215	180	155	20	3	8-ϕ18	530	50
100	205	185	230	180	155	20	3	8-ϕ18	125	245	210	185	22	3	8-ϕ18	605	65
150	255	230	280	240	210	24	3	8-ϕ23	175	310	270	240	26	3	8-ϕ23	730	100
200	305	280	335	295	265	26	3	12-ϕ25	225	365	325	295	26	3	12-ϕ23	1140	150

WA42Y-40P																
DN	L	L_1	D	D_1	D_2	D_5	b	f	Z-d	DN'	D'	D_1'	D_2'	b'	f'	Z'-d'	H≈	d_0
40	130	115	145	110	85	76	18	3	4-ϕ18	50	160	125	100	16	3	4-ϕ18	340	25
50	145	130	160	125	100	88	20	3	4-ϕ18	65	180	145	120	18	3	4-ϕ18	337	32
80	170	150	195	160	135	121	22	3	8-ϕ18	125	245	210	185	22	3	8-ϕ18	545	50
100	205	185	230	190	160	150	24	3	8-ϕ23	150	280	240	210	24	3	4-ϕ23	705	65
150	225	230	300	250	218	204	30	3	8-ϕ25	200	335	295	265	26	3	8-ϕ23	900	100
200	305	280	375	320	282	260	38	3	12-ϕ30	250	405	355	320	30	3	12-ϕ25	1150	150

8.10.5.2　液氨用内装式安全阀 (图 8.10-3)

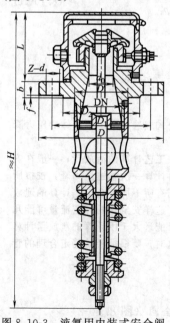

图 8.10-3　液氨用内装式安全阀

（1）主要零件材料（表 8.10-12）

表 8.10-12　零件材料

零件名称	阀体、支架、阀瓣	阀杆	上导向套	弹簧	密封垫
NA42F-25 YANA42F-25	碳钢	铬不锈钢	青铜 球墨铸铁	铬钒钢	聚四氟乙烯

（2）主要尺寸及重量（表 8.10-13）

表 8.10-13　尺寸及重量

DN /mm	尺寸/mm										重量 /kg
	L	D	D_1	D_2	D'	d_0	b	f	Z-d	H≈	
50	95	160	125	100	70	34	20	3	4-ϕ18	380	
80	99	235	190	149	105	52	25	4.5	8-ϕ22	501	21.3

8.10.5.3　弹簧封闭全启式安全阀（图 8.10-4）

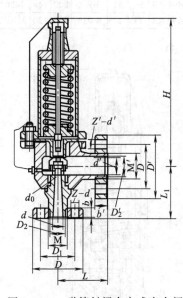

图 8.10-4　弹簧封闭全启式安全阀

（1）主要性能规范（表 8.10-14）

表 8.10-14　性能规范

型　号	公称压力 /MPa	强度试验 压力/MPa	弹簧压力级/MPa					适用温度 /℃	适用介质
A42H-160 A42Y-160	16.0	24.0	>10.0 约13.0	>13.0 约16.0	—	—	—	≤150	空气、氮氢混合气
A42Y-160P									硝酸类腐蚀性气体
A42H-320	32.0	48.0	>16.0 约19.0	>19.0 约22.0	>22.0 约25.0	>25.0 约29.0	>29.0 约32.0		空气、氮氢混合气
A42Y-320P									硝酸类腐蚀性气体

（2）主要零件材料（表 8.10-15）

表 8.10-15　零件材料

零件名称	阀体	阀瓣、阀座、阀杆、反冲盘、导向套、调节圈	弹簧	阀盖、法兰	密封面
A42H-160 A42H-320	40	2Cr13	50CrVA	35	2Cr13
A42Y-160					
A42Y-160P A42Y-320P		1Cr18Ni9Ti	50CrVA 包覆氟塑料	2Cr13	硬质合金

（3）主要尺寸及重量（表 8.10-16）

表 8.10-16　尺寸及重量

型号	DN	尺寸/mm																				重量/kg
		d_0	d	d'	D	D_1	M	D_2	b	$Z-d$	D'	D_1'	M'	D_2'	b'	$Z'-d'$	L	L_1	H	
A42Y-160	32	15	29	50	115	80	M42×2	37	22	4-ϕ18	165	115	M64×3	59	32	6-ϕ26	150	150	390	34
	40	20	39	65	165	115	M52×2	47	28	6-ϕ26	200	145	M80×3	74	40	6-ϕ29	165	165	437	47
	50	25	50	80	165	115	M64×3	59	32	6-ϕ26	225	170	M100×3	94	50	6-ϕ33	180	180	445	62
A42H-320	32	15	30	50	135	95	M48×2	41	25	4-ϕ22	165	115	M64×3	59	32	6-ϕ26	150	150	394	60
A42H-160 A42Y-160P	32	15	32	50	115	80	M42×2	37	22	4-ϕ18	165	115	M64×3	59	28	6-ϕ26	150	150	300	55
	40	20	40	65	165	115	M52×2	47	28	4-ϕ22	200	145	M80×3	73	28	6-ϕ26	180	180	340	60
	50	25	50	80	200	145	M64×3	59	32	6-ϕ26	225	170	M100×3	94	32	6-ϕ26	165	155	370	65
A42H-320 A42Y-320P	15	8	15	29	105	68	M33×2	27	20	3-ϕ18	115	80	M42×2	37	22	4-ϕ18	95	100	235	20
	32	15	32	50	135	95	M48×2	41	25	4-ϕ22	165	115	M64×3	59	28	6-ϕ26	150	150	300	50
	40	20	40	65	165	115	M64×3	59	32	6-ϕ26	200	145	M80×3	74	32	6-ϕ26	180	180	340	60
	50	25	50	80	200	145	M80×3	74	40	6-ϕ29	225	170	M100×3	94	32	6-ϕ26	165	155	370	65

8.10.5.4　安全溢流阀（图 8.10-5）

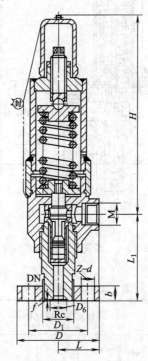

图 8.10-5　安全溢流阀

（1）主要性能规范（表 8.10-17）

表 8.10-17　性能规范

型　号	公称压力/MPa	开启压力分级/MPa	工作温度/℃	适用介质
AY42H-160	16.0	6.3～16.0		
AY42H-250	25.0	10.0～25.0	200	水、油品等
AY42H-400	40.0	20.0～40.0		

（2）主要零件材料（表 8.10-18）

表 8.10-18　零件材料

零件名称	阀体、阀底座、阀座、阀瓣	阀盖	弹簧
材料	不锈钢	焊接件	弹簧钢

（3）主要尺寸及重量（表 8.10-19）

表 8.10-19 尺寸及重量

型　号	DN/mm	尺寸/mm											重量/kg
		D	D_1	M	D_6	f	Z-d	b	L	L_1	Rc	H	
AY42H-160	15	135	95	M48×2	25	1.8	4-ϕ22	25	65	140	1	329	16.5
AY42H-250	25	200	145	M80×3	38	2.4	6-ϕ29	40	90	180	2	485	51.6
AY42H-400	15	135	95	M48×2	25	1.8	4-ϕ22	25	65	140	1	369	18.4
	25	200	145	M80×3	38	2.4	6-ϕ29	40	90	180	2	485	51.6

8.10.5.5 美标弹簧式安全阀（图 8.10-6）

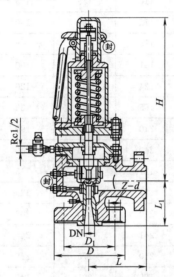

图 8.10-6 美标弹簧式安全阀

美标弹簧式安全阀 LFA-41C150C/1500C、LFA-42C150C/300C 型，适用于工作温度≤300℃的空气、油、水等介质的设备和管路上；LFA-48C150C/2500C 型，适用于工作温度≤450℃的蒸汽等介质的设备和管路上，作为超压保护装置。

（1）主要性能规范（表 8.10-20）

表 8.10-20 性能规范

压力级	公称压力/MPa	强度试验压力/MPa	工作压力/MPa			
150	2	3	＞1～1.3	＞1.3～1.6	＞1.3～2	
300	5	7.5	＞2～2.5	＞2.5～3.2	＞3.2～4	＞4～5
400	6.8	10.2	＞5～6	＞6～6.8	—	—
600	10	15	＞6.4～8	＞8～10	—	—
900	15	23	＞10～13	＞13～15	—	—
1500	25	38	＞15～20	＞20～25	—	—
2500	42	63	＞25～32	＞32～42	—	—

注：选用时，应根据所需整定压力值确定阀门工作压力级。

（2）主要零件材料（表 8.10-21）

表 8.10-21 零件材料

零件名称	阀体、阀盖、散热器	阀座、阀瓣	调节圈、导向套、阀杆	弹簧	调整螺管
材料	WCB	2Cr13,密封面堆焊钴基硬质合金	2Cr13	50CrAV	35

（3）主要外形尺寸和连接尺寸（表 8.10-22）

表 8.10-22　尺寸

型　号	DN	尺　寸/mm					
		L	D	D_1	$Z{-}d$	H	L_1
LFA-41C150C	25	100	110	80	$4{-}\phi16$	280	100
	15	90	95	65	$4{-}\phi16$	265	90
LFA-41C300C	20	115	120	85	$4{-}\phi20$	300	100
	25	100	125	90	$4{-}\phi20$	325	110
	40	110	155	115	$4{-}\phi22$	396	115
LFA-41BC600	65	172	190	150	$8{-}\phi22$	685	155
LFA-41BC1500	45	125	—	—	—	—	125
	40	121	130	100	$4{-}\phi16$	307	125
	50	124	155	120	$4{-}\phi20$	355	135
LFA-42C150C	80	165	190	155	$4{-}\phi20$	478	155
	100	210	250	190	$8{-}\phi20$	613	195
	150	240	280	240	$8{-}\phi22$	794	240
	40	121	155	115	$4{-}\phi22$	346	125
LFA-42C300C	50	124	165	125	$8{-}\phi20$	386	130
	100	210	255	200	$8{-}\phi22$	730	195
LFA-48sC150C	150	241	280	240	$8{-}\phi22$	856	240
LFA-48sC600C	100	210	275	215	$8{-}\phi26$	881	200
LFA-48sC2500C	40	165	205	146	$4{-}\phi32$	675	140

8.10.5.6　弹簧封闭带扳手全启式安全阀（图 8.10-7）

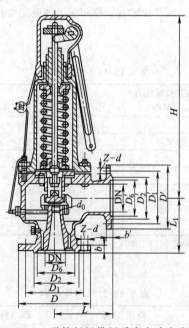

图 8.10-7　弹簧封闭带扳手全启式安全阀

(1) 主要性能规范（表 8.10-23）

表 8.10-23　性能规范

型号	公称压力/MPa	强度试验压力/MPa	弹簧压力级/MPa													工作温度/℃	适用介质
A44Y-16C	1.6	2.4	0.1~0.13	0.13~0.16	0.16~0.2	0.2~0.25	0.25~0.3	0.3~0.4	0.4~0.5	0.5~0.6	0.6~0.7	0.7~0.8	0.8~1.0	1.0~1.3	1.3~1.6	≤300	空气、石油气等
A44Y-40	4.0	6.0	1.3~1.6	1.6~2.0	2.0~2.5	2.5~3.2	3.2~4.0										
A44Y-64	6.4	9.6	3.2~4.0	4.0~5.0	5.0~6.4												
A44Y-100	10.0	15.0	5.0~6.4	6.4~8.0	8.0~10.0												

(2) 主要零件材料（表 8.10-24）

表 8.10-24　零件材料

零件名称	阀体	阀座、调节圈、反冲盘、阀瓣、导向套、阀杆	弹簧	阀盖	密封面
材料	WCB	2Cr13	50CrVA	碳钢或球墨铸铁	堆焊硬质合金

(3) 主要尺寸及重量（表 8.10-25）

表 8.10-25　尺寸及重量

A44Y-16C[①]

DN	尺寸/mm														重量/kg
	d_0	D	D_1	D_2	b	Z-d	DN'	D'	D_1'	D_2'	b'	Z'-d'	L	L_1	H	
32	20	140	100	78	18	4-ϕ18	40	150	110	88	16	4-ϕ18	115	100	290	—
40	25	150	110	84	18	4-ϕ18	50	165	125	99	20	4-ϕ18	120	110	300	25
50	32	165	125	99	20	4-ϕ18	65	185	145	118	20	4-ϕ18	135	120	345	30
80	50	200	160	132	20	8-ϕ18	100	220	180	156	22	8-ϕ18	170	135	495	65
100	65	220	180	158	22	8-ϕ18	125	250	210	184	22	8-ϕ18	205	160	610	80
150	100	285	240	212	24	8-ϕ22	175	315	270	242	26	8-ϕ22	250	210	900	135
200	150	335	295	265	26	8-ϕ25	225	405	355	320	30	8-ϕ25	305	260	990	—

A44Y-40[②]

DN	尺寸/mm															重量/kg
	d_0	D	D_1	D_2	D_6	b	Z-d	DN'	D'	D_1'	D_2'	b'	Z'-d'	L	L_1	H	
32	20	140	100	78	66	18	4-ϕ18	40	150	110	84	18	4-ϕ18	115	100	290	—
40	25	150	110	84	76	18	4-ϕ18	50	165	125	99	20	4-ϕ18	120	110	300	25
50	32	165	125	99	88	20	4-ϕ18	65	185	145	118	20	4-ϕ18	135	120	345	30
80	50	200	160	132	121	22	8-ϕ18	100	235	190	156	22	8-ϕ18	170	135	495	70
100	65	235	190	158	150	24	8-ϕ23	125	250	210	184	22	8-ϕ18	205	160	610	95
150	100	300	250	212	204	28	8-ϕ25	175	315	270	242	26	8-ϕ22	250	210	900	155

A44Y-64[③]

DN	尺寸/mm																重量/kg
	d_0	D	D_1	D_2	D_6	b	Z-d	DN'	D'	D_1'	D_2'	D_6'	b'	Z'-d'	L	L_1	H	
32	20	155	110	78	66	24	4-ϕ22	40	150	110	88	76	18	4-ϕ18	130	110	300	—
40	25	170	125	88	76	18	4-ϕ22	50	165	125	102	88	20	4-ϕ18	135	120	345	32
50	32	180	135	102	88	26	8-ϕ23	65	185	145	122	110	22	8-ϕ18	160	130	495	35
80	50	210	170	140	121	30	8-ϕ23	80	230	195	160	150	24	8-ϕ23	175	160	620	70
100	65	250	200	168	150	32	8-ϕ25	125	270	220	188	176	28	8-ϕ25	195	195	675	115

续表

A44Y-100③

DN	尺寸/mm																	重量/kg
	d_0	D	D_1	D_2	D_6	b	Z-d	DN'	D'	D_1'	D_2'	D_6'	b'	Z'-d'	L	L_1	H	
32	20	155	110	78	66	24	4-ϕ22	40	150	110	88	76	18	4-ϕ18	130	110	300	—
40	25	170	125	95	76	26	4-ϕ22	50	165	125	100	88	20	4-ϕ18	135	120	345	—
50	32	195	145	112	88	28	8-ϕ26	65	185	145	122	110	22	8-ϕ18	160	130	495	35

① 进出口法兰均采用光滑式密封面。

② 进口法兰采用凹凸式密封面，出口法兰采用光滑式密封面。

③ 进出口法兰均采用凹凸式密封面。

8.10.5.7 弹簧封闭全启式安全阀（图8.10-8）

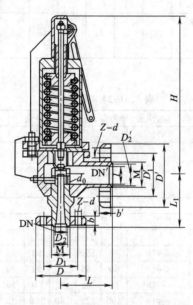

图 8.10-8 弹簧封闭全启式安全阀

（1）主要性能规范（表8.10-26）

表 8.10-26 性能规范

型 号	公称压力/MPa	强度试验压力/MPa	弹簧压力级/MPa					工作温度/℃	适用介质
A44H-160	16.0	24.0	10~13	13~16	—	—	—	≤150	空气、石油气等
A44Y-160P									腐蚀性气体
A44H-320	32.0	48.0	16~19	19~22	22~25	25~29	29~32		空气、石油气等
A44Y-320P									腐蚀性气体

（2）主要零件材料（表8.10-27）

表 8.10-27 零件材料

零件名称	阀体	阀座、阀瓣、导向套	弹簧	法兰	扳手、保护罩
A44H-160 A44H-320	40	2Cr13	50CrVA	35	ZG200~400
A44Y-160P A44Y-320P	1Cr18Ni9Ti	1Cr18Ni9Ti	50CrVA 包覆氟塑料	2Cr13	ZG200~400

（3）主要尺寸及重量（表 8.10-28）

表 8.10-28 尺寸及重量

DN	尺寸/mm																		重量/kg
	d_0	DN	DN'	D	D_1	M	D_2	b	Z-d	D'	D_1'	M'	D_2'	b'	Z'-d'	L	L_1	H	
	A44H-160/A44Y-160P																		
32	15	32	50	115	80	M42×2	37	22	4-φ18	165	115	M64×3	59	28	6-φ26	150	150	320	57
40	20	40	65	165	115	M52×2	47	28	4-φ22	200	145	M80×3	73	28	6-φ26	180	180	360	62
50	25	50	80	200	145	M64×3	59	32	6-φ26	225	170	M100×3	94	32	6-φ26	165	155	390	68
	A44H-320/A44Y-320P																		
15	8	15	29	105	68	M33×2	27	20	3-φ18	115	80	M42×2	37	22	4-φ18	95	100	245	22
32	15	32	50	135	95	M48×2	41	25	4-φ22	165	115	M64×3	59	28	6-φ26	150	150	320	57
40	20	40	65	165	115	M64×3	59	32	4-φ26	200	145	M80×3	74	32	6-φ26	180	180	360	62
50	25	50	80	200	145	M80×3	74	40	6-φ29	225	170	M100×3	94	32	6-φ26	165	155	390	68

8.10.5.8 弹簧微启式安全阀（图 8.10-9）

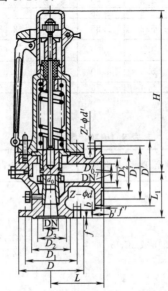

图 8.10-9 弹簧微启式安全阀

（1）主要性能规范（表 8.10-29）

表 8.10-29 性能规范

型 号	公称压力/MPa	强度试验压力/MPa	弹簧压力级/MPa	主要性能参数				开启高度/mm ≥	适用介质	适用温度/℃ ≤	额定排量系数 Kdr
				整定压力/MPa	密封试验压力/MPa	排放压力/MPa≤	回座压力/MPa≥				
A47H-16C A47H-16Q A47H-16 A47Y-16C	1.6	2.4	0.10~0.13	0.10	0.06	0.103	0.06	0.05喉径	蒸汽、空气、水	350（铸铁阀体为250）	约0.16
				0.13	0.09	0.134	0.09				
			0.13~0.16	0.16	0.144	0.165	0.12				
			0.16~0.20	0.20	0.16	0.206	0.16				
			0.20~0.25	0.25	0.21	0.258	0.21				
			0.25~0.3	0.30	0.26	0.309	0.26				
			0.3~0.4	0.40	0.36	0.412	0.36				
			0.4~0.5	0.50	0.45	0.515	0.45				
			0.5~0.6	0.60	0.54	0.618	0.54				
			0.6~0.7	0.70	0.63	0.721	0.63				
			0.7~0.8	0.80	0.72	0.824	0.72				
			0.8~1.0	1.0	0.90	1.03	0.90				
			1.0~1.3	1.3	1.17	1.34	1.17				
			1.3~1.6	1.6	1.44	1.65	1.44				

续表

型　号	公称压力/MPa	强度试验压力/MPa	弹簧压力级/MPa	主要性能参数				开启高度/mm ≥	适用介质	适用温度/℃ ≤	额定排量系数 Kdr
				整定压力/MPa	密封试验压力/MPa	排放压力/MPa≤	回座压力/MPa≥				
A47H-25	2.5	3.8	1.3～1.6	1.3	1.17	1.34	1.17	0.05 喉径	蒸汽、空气、水	350(铸铁阀体为250)	约 0.16
				1.6	1.44	1.65	1.44				
			1.6～2.0	2.0	1.80	2.06	1.80				
			2.0～2.5	2.5	2.25	2.58	2.25				
A47H-40 A47Y-40	4.0	6.0	1.6～2.0	1.6	1.44	1.65	1.44				
				2.0	1.80	2.06	1.80				
			2.0～2.5	2.5	2.25	2.58	2.25				
			2.5～3.2	3.2	2.88	3.30	2.88				
			3.2～4.0	4.0	3.60	4.12	3.60				
A47H-64	6.4	9.6	2.5～3.2	2.5	2.25	2.58	2.25	0.05 喉径	蒸汽、空气、水	350(铸铁阀体为250)	约 0.16
				3.2	2.88	3.30	2.88				
			3.2～4.0	4.0	3.60	4.12	3.60				
			4.0～5.0	5.0	4.50	5.15	4.50				
			5.0～6.4	6.4	5.76	6.59	5.76				

(2) 主要零件材料（表 8.10-30）

表 8.10-30　零件材料

零件名称	阀体	调节圈、阀座、阀瓣、导向套	阀杆	调节螺杆	弹簧	密封面	阀盖
A47H-16C A47H-25 A47H-40 A47H-64	WCB	ZG2Cr13 或 2Cr13	2Cr13	2Cr13 或 35	50CrVA	2Cr13	WCB 或球墨铸铁
A47Y-16C A47Y-40						硬质合金	
A47H-16Q	球墨铸铁					2Cr13	球墨铸铁
A47H-16	灰铸铁						灰铸铁

(3) 主要尺寸及重量（表 8.10-31）

表 8.10-31　尺寸及重量

DN	尺寸/mm																重量/kg
	d_0	D	D_1	D_2	b	Z-d	DN′	D′	D_1'	D_2'	b′	Z′-d′	L[②] 系列1	L[②] 系列2	L_1[②] 系列1	L_1[②] 系列2	H	
A47H-16C、A47H-16Q、A47H-16、A47Y-16C[①]																	
25	20	115	85	68	14	4-φ14	25	115	85	68	14	4-φ14	—	100	—	83	230	10
32	25	140	100	76	18	4-φ18	32	140	100	76	18	4-φ18	115	115	100	100	310	16
40	32	150	110	84	18	4-φ18	40	150	110	84	18	4-φ18	120	120	110	105	360	20
50	40	165	125	99	18	4-φ18	50	165	125	99	18	4-φ18	135	130	120	115	410	25
80	65	200	160	132	20	8-φ18	80	200	160	132	20	8-φ18	170	160	135	135	440	52
100	80	220	180	158	22	8-φ18	100	220	180	158	22	8-φ18	170[②]	170	160	160	515	70
A47H-25[①]																	
25	20	115	85	68	16	4-φ14	25	115	85	68	16	4-φ14	—	100	—	85	—	10
32	25	140	100	76	16	4-φ18	32	140	100	76	16	4-φ18	—	115	—	100	212	13
40	32	150	110	84	18	4-φ18	40	150	110	84	18	4-φ18	120	120	110	110	295	20
50	40	165	125	99	18	4-φ18	50	165	125	99	18	4-φ18	135	130	120	115	410	25
80	65	200	160	132	22	8-φ18	80	200	160	132	22	8-φ18	170	160	135	135	440	52
100	80	220	180	158	24	8-φ18	100	220	180	158	24	8-φ18	170	170	160	160	515	70

续表

A47H-40、A47Y-40[3]

DN	尺寸/mm																		重量/kg
	d_0	D	D_1	D_6	D_2	b	$Z-d$	DN'	D'	D_1'	D_2'	b'	$Z'-d'$	L[2]系列1	L[2]系列2	L_1[2]系列1	L_1[2]系列2	H	
25	20	115	85	58	65	16	4-ϕ14	25	115	85	68	14	4-ϕ14	—	100	—	85	230	10
32	25	140	100	66	76	18	4-ϕ18	32	140	100	76	18	4-ϕ18	115	115	100	100	269	14
40	32	150	110	76	84	18	4-ϕ18	40	150	110	84	18	4-ϕ18	120	120	110	110	281	19
50	40	165	125	88	99	18	4-ϕ18	50	165	125	99	20	4-ϕ18	135	130	120	115	320	25
80	65	200	160	121	132	22	8-ϕ18	80	200	160	132	20	8-ϕ18	170	160	135	135	480	70
100	80	235	190	150	156	24	8-ϕ22	100	220	180	156	20	8-ϕ18	170[2]	170	160	160	580	78

A47H-64[4]

DN	尺寸/mm																重量/kg
	d_0	D	D_1	D_6	D_2	b	$Z-d$	DN'	D'	D_1'	D_2'	D_6'	b'	$Z'-d'$	L	L_1	H	
50	32	180	135	102	88	26	4-ϕ22	50	165	125	102	88	20	4-ϕ18	160	130	394	29.7

① 进出口均为光滑式密封面；
② 开封阀门厂按系列 2，其余按系列 1；
③ 进口法兰为凹凸密封面，出口法兰为光滑式密封面；
④ 进出口均为凹凸式密封面。

8.10.5.9 弹簧全启式安全阀（图 8.10-10）

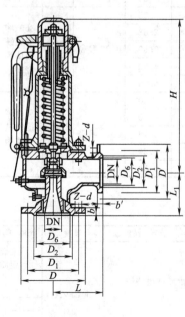

(a) 单调节圈式

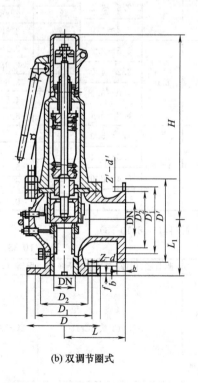

(b) 双调节圈式

图 8.10-10 弹簧全启式安全阀

(1) 主要性能规范（表 8.10-32）

表 8.10-32 性能规范

型　号	公称压力 /MPa	强度试验压力 /MPa	弹簧压力级 /MPa	主要性能参数				开启高度 /mm ≥	适用介质	适用温度 /℃ ≤	额定排量系数 Kdr
				整定压力 /MPa	密封试验压力/MPa	排放压力 /MPa≤	回座压力 /MPa≥				
A48Y-16C A48Y-16Q A48H-16C A48H-16Q	1.6	2.4	0.10～0.13	0.10	0.06	0.103	0.06	0.25 喉径	蒸汽、空气	350（球墨铸铁阀体为250）	约0.75
			0.13～0.16	0.13	0.09	0.134	0.09				
			0.16～0.20	0.16	0.144	0.165	0.12				
			0.20～0.25	0.20	0.16	0.206	0.16				
			0.25～0.3	0.25	0.21	0.258	0.21				
			0.3～0.4	0.30	0.26	0.309	0.26				
			0.4～0.5	0.40	0.36	0.412	0.36				
			0.5～0.6	0.50	0.45	0.515	0.45				
			0.6～0.7	0.60	0.54	0.618	0.54				
			0.7～0.8	0.70	0.63	0.721	0.63				
			0.8～1.0	0.80	0.72	0.824	0.72				
			1.0～1.3	1.0	0.90	1.03	0.90				
			1.3～1.6	1.3	1.17	1.34	1.17				
				1.6	1.44	1.65	1.44				
A48Y-25	2.5	3.8	1.6～2.0	1.6	1.44	1.65	1.44	0.25 喉径	蒸汽、空气	350（球墨铸铁阀体为250）	约0.75
			2.0～2.5	2.0	1.80	2.06	1.80				
				2.5	2.25	2.58	2.25				
A48Y-40	4.0	6.0	1.6～2.0	1.6	1.44	1.65	1.44	0.25 喉径	蒸汽、空气	350（球墨铸铁阀体为250）	约0.75
			2.0～2.5	2.0	1.80	2.06	1.80				
			2.5～3.2	2.5	2.25	2.58	2.25				
			3.2～4.0	3.2	2.88	3.30	2.88				
				4.0	3.60	4.12	3.60				
A48Y-64 A48Y-64I	4.0	6.0	2.5～3.2	2.5	2.25	2.58	2.25	0.25 喉径	蒸汽、空气	350（球墨铸铁阀体为250）	约0.75
			3.2～4.0	3.2	2.88	3.30	2.88				
			4.0～5.0	4.0	3.60	4.12	3.60				
			5.0～6.4	5.0	4.50	5.15	4.50				
				6.4	5.76	6.59	5.76				
A48Y-100 A48Y-100I	10.0	15.0	4.0～5.0	4.0	3.60	4.12	3.60	0.25 喉径	蒸汽、空气	350（球墨铸铁阀体为250）	约0.75
			5.0～6.4	5.0	4.50	5.15	4.50				
			6.4～8.0	6.4	5.76	6.59	5.76				
			8.0～10.0	8.0	7.20	8.24	7.20				
				10.0	9.00	10.3	9.00				

(2) 主要零件材料（表 8.10-33）

表 8.10-33 零件材料

零件名称	阀体	调节圈、阀座、反冲盘、导向套	阀瓣、阀杆	阀盖	扳手、保护罩	弹簧	阀座、阀瓣密封面
A48Y-16C A48Y-25 A48Y-40 A48Y-64 A48Y-10 A48H-16C	WCB	ZG2Cr13 或 2Cr13	2Cr13	铸钢或球墨铸铁		50CrVA	堆焊钴基硬质合金
A48H-16Q A48Y-16Q	球墨铸铁			球墨铸铁			
A48Y-64I A48Y-100I	铬钼钢	不锈钢	WCB 铬钼钢	碳钢	合金弹簧钢		堆焊钴基硬质合金

（3）主要尺寸及重量（表 8.10-34）

表 8.10-34　尺寸及重量

A48Y-16C、A48Y-16Q、A48H-16C、A48H-16Q

DN	尺寸/mm																	重量/kg
	d_0	D	D_1	D_2	b	$Z-d$	DN'	D'	D_1'	D_2'	b'	$Z'-d'$	L 系列1	L 系列2	L_1 系列1	L_1 系列2	H	
25	15	115	85	68	16	4-φ14	32	140	100	76	16	4-φ14	—	100		95	200	13
32	20	140	100	78	18	4-φ18	40	150	110	88	16	4-φ18	115	115	100	130	278	16
40	25	150	110	84	18	4-φ18	50	165	125	99	20	4-φ18	120	130	110	115	285	20
50	32	165	125	99	20	4-φ18	65	185	145	118	20	4-φ18	135	145	120	130	332	25
80	50	200	160	132	20	8-φ18	100	220	180	156	22	8-φ18	170	170	135	150	478	52
100	65	220	180	158	22	8-φ18	125	250	210	184	22	8-φ18	205	205	160	185	590	75
150	100	285	240	212	24	8-φ22	175	315	270	242	26	8-φ22	250	255	210	230	850	130
200	150	335	295	265	26	12-φ23	225	405	355	320	30	12-φ23	305		260		980	160
250	150	405	355	320	30	12-φ26	350	520	470	420	30	12-φ26	350		320		1000	350
300	200	460	410	370	34	12-φ26	400	580	525	485	40	12-φ30	370		350		1220	550

A48Y-25

DN	尺寸/mm																	重量/kg
	d_0	D	D_1	D_2	b	$Z-d$	DN'	D'	D_1'	D_2'	b'	$Z'-d'$	L 系列1	L 系列2	L_1 系列1	L_1 系列2	H	
40	25	150	110	84	18	4-φ18	50	165	125	99	16	4-φ18	120	130	110	120	330	20
50	32	165	125	99	20	4-φ18	65	185	145	118	18	4-φ18	135	145	120	120	340	25

A48Y-40

DN	尺寸/mm																				重量/kg
	d_0	D	D_1	D_2	D_6	b	$Z-d$	DN'	D'	D_1'	D_2'	b'	$Z'-d'$	L 系列1	L 系列2	L 系列3	L_1 系列1	L_1 系列2	L_1 系列3	H	
32	20	140	100	78	66	18	4-φ18	40	150	110	84	18	4-φ18	115	115	—	100	110	—	278	16
40	25	150	110	84	76	18	4-φ18	50	165	125	99	20	4-φ18	130	130	130	110	120	120	285	20
50	32	165	125	99	88	20	4-φ18	65	185	145	118	20	4-φ18	145	145	135	120	130	120	332	25
80	50	200	160	132	121	22	8-φ18	100	35	180	156	22	8-φ18	170	170	—	135	150	—	478	52
100	65	235	180	158	150	24	8-φ23	125	250	210	184	22	8-φ18	205	205	—	160	185	—	590	75
150	100	300	250	212	204	28	8-φ25	175	315	270	242	26	8-φ22	255	255	—	210	230	—	850	130

A48Y-64、A48Y-64I

DN	尺寸/mm																			重量/kg
	d_0	D	D_1	D_2	D_6	b	$Z-d$	DN'	D'	D_1'	D_2'	D_6'	b'	$Z'-d'$	L 系列1	L 系列2	L_1 系列1	L_1 系列2	H	
32	20	150	110	82	66	24	4-φ23	40	145	110	85	76	18	4-φ18	130	130	110	110	285	28
40	25	165	125	95	76	24	4-φ23	50	160	125	100	88	20	4-φ18	135	130	120	120	332	30
50	32	175	135	105	88	26	4-φ23	65	180	145	120	110	22	8-φ18	160	155	130	130	478	35
80	50	210	170	140	121	30	8-φ23	100	230	195	160	150	24	8-φ23	175	175	160	160	630	70
100	65	250	200	168	150	32	8-φ25	125	270	220	188	176	28	8-φ25	220	195	200	195	680	130

A48Y-100、A48Y-100I

DN	尺寸/mm																	重量/kg
	d_0	D	D_1	D_2	D_6	b	$Z-d$	DN'	D'	D_1'	D_2'	D_6'	b'	$Z'-d'$	L	L_1	H	
32	20	150	110	82	66	24	4-φ23	40	145	110	85	76	18	4-φ18	130	110	285	28
40	25	165	125	95	76	26	4-φ23	50	160	125	100	88	20	4-φ18	135	120	540	39
50	32	195	145	112	88	28	4-φ25	65	180	145	120	110	22	8-φ18	160	130	618	58
80	50	230	180	148	121	34	8-φ25	100	230	190	160	150	24	8-φ23	175	160	730	96
100	65	265	210	172	150	38	8-φ30	125	270	220	188	176	28	8-φ25	220	200	892	179
150	100	350	290	250	204	46	12-φ34	200	375	320	282	260	38	12-φ30	285	260	1252	456
200	125	430	360	312	260	54	12-φ41	250	445	385	345	313	42	12-φ34	350	320	1350	594

8.11　疏水阀

8.11.1　疏水阀的选用（HG/T 20570.21—95）

8.11.1.1　疏水阀的设置

下列各处均应设置疏水阀：

① 饱和蒸汽管（包括用来伴热的蒸汽管）的末端或最低点；

② 长距离输送的蒸汽管的中途；对于饱和蒸汽的蒸汽管的每个补偿弯前或最低点；立管的下部；

③ 蒸汽管上的减压阀和控制阀的阀前；

④ 蒸汽管不经常流动的死端且又是最低点处，如公用物料站的蒸汽管的阀门前；

⑤ 蒸汽分水器、蒸汽分配罐或管、蒸汽减压增湿器的低点以及闪蒸罐的水位控制处；

⑥ 蒸汽加热设备；夹套、盘管的凝结水出口；

⑦ 经常处于热备用状态的设备和机泵；间断操作的设备和机泵以及现场备用的设备和机泵的进汽管的最低点；

⑧ 其他需要疏水的场合。

8.11.1.2　疏水阀的分类

按照动作原理，疏水阀的分类见表 8.11-1。

表 8.11-1　疏水阀分类

种　类		动　作　原　理
热动力型	孔板式、圆盘式	蒸汽和凝结水的热力学和流体力学特性
热静力型	双金属式、波纹管式	蒸汽和凝结水的温度差
机械型	浮子式、吊桶式	蒸汽和凝结水的密度差

(1) 热动力型疏水阀

体积小重量轻，便于安装和维修，价格低廉，抗水击能力强，不易冻结。不适用于大排水量。阀的允许背压度不低于 50%，其中脉冲式不低于 25%。

① 圆盘式疏水阀

结构简单，间断排水，有噪声，可排放接近饱和温度的凝水，过冷度为 6～8℃，有一定的漏汽量（大约 3%），能自动排气，耐水击。其背压不可超过最低入口压力的 50%，最小工作压差为，Δp＝0.05MPa。安装方位不受限制，需防冻时可出口向下垂直安装。

② 脉冲式疏水阀

结构简单，能连续排水，但有较大的漏汽量，允许背压度较低（25%）。

③ 迷宫式或微孔式疏水阀

结构简单，能连续排水、排空气。微孔式适用于小排量，迷宫式适用于特大排量。但都不能适应压力流量变化较大的情况，而且要注意防止流道的阻塞和冲蚀。

(2) 热静力型疏水阀

较其他类型疏水阀噪声小，低温时呈开启状态，在开始启动时或停止运行时存积在系统中的凝结水可在短时间内排除，使疏水阀不会冻结。由于该型阀是依靠温差而动作，因此动作不灵敏，不能随负荷的急剧变化而变化。仅适用于压力较低，压力变化不大的场合。阀的允许背压度不低于 30%。

① 液体膨胀式或固体膨胀式疏水阀

结构复杂，灵敏度不高，能排除 60～100℃的温度水，也能排除空气，适用于要求伴热温度较低的伴热管线及采暖管线的排凝结水。

② 膜盒蒸汽压力式疏水阀

结构简单，动作灵敏，可连续排水，排空气性能良好，过冷 3～20℃，允许背压度 30%～60%，漏气量小于 3%，不受安装位置限制，但抗污垢、抗水击性差，也可作为蒸汽系统的排空气阀。

③ 波纹管压力式疏水阀

结构简单，动作灵敏，间断性排水，过冷 5～20℃左右，工作压力受波纹管材料的限制，一般为 1.6MPa（表），抗污垢、抗水击性能差，也可作为蒸汽系统排空气阀。

④ 双金属片疏水阀

动作灵敏度高，能连续排水，排水性能好，过冷度较大并可调节，排气性能好，且反向密封的具有止回功能。最大使用压力可达 21.5MPa（表），最高使用温度可达 550℃。抗污垢、抗水击性强，允许最大背压为入口压力的 50%，经调整可提高背压，也可作为蒸汽系统排空气阀。

⑤ 双金属式温度调整型疏水阀（TB 型）

可人为地控制凝结水的排放温度，利用高温凝结水的显热。采用了"自动关阀、自动定心和自动落座阀芯"的关闭系统，寿命长、体积小，可任意方位安装，连续排水、排气性能好。允许背压度可达 80%。节能效果好。

（3）机械型疏水阀

该型疏水阀噪声小，凝结水排除快，外形较其他类型的疏水阀要大，需水平安装，适用于大排水量。阀的允许背压度不低于 80%。

① 自由浮球式疏水阀

结构简单，灵敏度高，能连续排水，漏汽量小。分为具有自动排气功能与不具有自动排气功能的两种，当选用后者时，需选用附加热静力型排气阀或设置手动放空阀。最大工作压力 9.0MPa（表），允许背压度较大，可达 80%，抗水击、抗污垢能力差，动作迟缓，但有规律，性能稳定、可靠。

② 杠杆浮球式疏水阀

结构较为复杂，灵敏度稍低，连续排水，漏汽量小。分为具有自动排气功能和不具有自动排气功能两种，当选用后者时，需选用附加热静力型排气阀或设置手动放空阀。能适应负荷的变化，可自动调节排水量，但抗水击、抗污垢能力差。

③ 浮球式双座平衡型疏水阀（G 型）

排水量大，可达 60t/h，相对同类疏水阀体积小、重量轻，内装有双金属空气排放阀，能自动排除空气。浮球内装有挥发性液体，增加了浮球的耐压、抗水击能力，可连续排水。

④ 倒吊桶式（钟形浮子式）疏水阀

间歇排放凝结水，漏汽量为 2%~3%，可排空气，额定工作压力范围小于 1.6MPa（表），使用条件可以自动适应。允许背压度为 80%，但进出口压差不能小于 0.05MPa。动作迟缓，有规律性，性能稳定、可靠。工作压力必须与浮筒的体积、重量相适应，阀结构较复杂，阀座及销钉尖易磨损，使用前应充水。

⑤ 杠杆钟形浮子式疏水阀（ES 型）

采用杠杆机构增加开、关阀力，加大排量，浮动阀芯软着陆，动作灵活，寿命长，阻汽排水性能好，自动排除空气，允许背压度可达 80%，抗污垢能力强，便于维修。与同类疏水阀相比，体积小、排量大。

⑥ 差压钟型浮子式疏水阀（ER 型）

采用了"自动关阀、自动定心和自动落座阀芯"的关闭系统，寿命长，动作灵活，阻汽排水性能好，自动排除空气，与同类疏水阀相比，体积小、排量大、强度好。采用双重关闭方式，使操作振动小，主副阀动作平稳，克服了撞击磨损的缺点。

（4）其他类型疏水阀

有些疏水阀具有热动力型或热静力型或机械型两种或两种以上的性能，有些疏水阀具有常规疏水阀不具备的功能。例如：浮子式双金属疏水阀，这种疏水阀结构复杂，动作灵敏，具有疏水阀、过滤器、排空气、止回阀、截止阀和旁通阀的功能，在规定的操作范围内都能正常工作，作为防冻型的，必须水平安装。

8.11.1.3 疏水阀的选择

选型要点如下。

（1）能及时排除凝结水（有过冷要求的除外）。

（2）尽量减少蒸汽泄漏损失。

（3）工作压力范围大，压力变化后不影响其正常工作。

（4）背压影响小，允许背压大（凝结水不回收的除外）。

（5）能自动排除不凝性气体。

（6）动作敏感，性能可靠、耐用，噪声小，抗水击、抗污垢能力强。

（7）安装方便、容易维修。

（8）外形尺寸小，重量轻，价格便宜。

（9）具体的选型参数如下：

① 疏水阀的型式（工作特性）；

② 疏水阀的容量（凝结水排量）；

③ 疏水阀的最大使用压力；

④ 疏水阀的最高使用温度；

⑤ 正常工况下疏水阀的进口压力；

⑥ 正常工况下疏水阀的出口压力（背压）；

⑦ 疏水阀的阀体材料；

⑧ 疏水阀的连接管径（配管尺寸）；

⑨ 疏水阀的进口、出口的连接方式。

8.11.1.4 选型注意事项

(1) 选疏水阀时，应选择符合国家标准的优质节能疏水阀。这种疏水阀在阀门代号 S 前都冠以"C"，字代号，其使用寿命≥8000 小时，漏汽率≤3％。有关疏水阀性能应以制造厂说明书或样本为准。

(2) 在负荷不稳定的系统中，如果排水量可能低于额定最大排水量 15％时，不应选用脉冲式疏水阀，以免在低负荷下引起蒸汽泄漏。

(3) 在凝结水一经形成，必须立即排除的情况下，不宜选用脉冲式和波纹管式疏水阀（二者均要求有一定的过冷度），可选用浮球式 ES 型和 ER 型等机械型疏水阀，也可选用圆盘式疏水阀。

(4) 对于蒸汽泵、带分水器的蒸汽主管及透平机外壳等工作场合，可选用浮球式疏水阀，必要时可选用热动力式疏水阀，不可选用脉冲式和恒温型疏水阀。

(5) 热动力式疏水阀有接近连续排水的性能，其应用范围较广，一般都可选用，但最大允许背压不得超过入口压力的 50％，最低进出口压差不得低于 0.05MPa。

(6) 间歇工作的室内蒸汽加热设备或管道，可选用机械型疏水阀。

(7) 机械型疏水阀在寒冷地区不宜室外使用，否则应有防冻措施。

(8) 疏水阀的选型要结合安装位置考虑，如图 8.11-1 所示。

(a) 疏水阀安装位置低于加热设备，可选任何型式的疏水阀；

(b) 疏水阀安装位置高于加热设备，不可选用浮筒式，可选用双金属式疏水阀；

(c) 疏水阀安装位置标高与加热设备基本一致，为可选用浮筒式、热动力式和双金属式疏水阀。

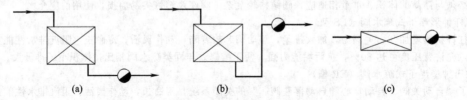

(a) (b) (c)

图 8.11-1 疏水阀的不同安装位置

(9) 对于易发生蒸汽汽锁的蒸汽使用设备，可选用倒吊桶式疏水阀或安装与解锁阀（安装在疏水阀内的强行开阀排气的装置）并用的浮球式疏水阀。

(10) 管路伴热管道、蒸汽夹套加热管道，各类热交换器、散热器以及一些需要根据操作要求选择排水温度的用汽设备，可选用温度调整型等热静力型疏水阀。要求用汽设备恒温的可选用温度调整型疏水阀。

8.11.2 疏水阀的系统要求

8.11.2.1 系统的设计要求（HG/T 20570.21—95）

疏水阀不允许串联使用，必要时可以并联使用。多台用汽设备不能共用一只疏水阀，以防短路。疏水阀入口管要求如下。

(1) 疏水阀的入口管应设在用汽设备的最低点。对于蒸汽管道的疏水，应在管道底部设置一集液包，由集液包至疏水阀。集液包管径一般比主管径小两级，但最大不超过 DN250。

(2) 从凝结水出口至疏水阀入口管段应尽可能短，且使凝结水自然流下进入疏水阀。对于热静力型疏水阀要留有 1m 长管段，不设绝热层。在寒冷环境中，如果由于停车或间断操作而有冻结危险，或在需要对人身采取保护的情况下，凝结水管可适当设绝热层或防护层。

(3) 疏水阀一般都带有过滤器。如果不带者，应在阀前安装过滤器，过滤器的滤网为网孔 $\phi 0.7 \sim \phi 1.0 \text{mm}$ 的不锈钢丝网，过滤面积不得小于管道截面积的 2～3 倍。

(4) 对于凝结水回收的系统，疏水阀前要设置切断阀和排污阀，排污阀一般设在凝结水出口管的最低点，除特别必要外，一般不设旁路。

（5）从用汽设备到疏水阀这段管道，沿流向应有 4％的坡度，尽量少用弯头。管道的公称直径等于或大于所选定容量的疏水阀的公称直径，以免形成汽阻或加大阻力，降低疏水阀的排水能力。

（6）疏水阀安装的位置一般都比用汽设备的凝结水出口低。必要时在采取防止积水和防止汽锁措施后，才能将疏水阀安装在比凝结水出口高的位置上。在蒸汽管的低点设置返水接头，靠它的作用把凝结水吸上来。另外在这种情况下，为了使立管内被隔离的蒸汽迅速凝结，防止汽锁，便于凝结水顺利吸升，立管的尺寸宜小一级或用带散热片的管子作立管。亦可将加热管末端做成 U 形并密封，虹吸管下端插入 U 形管底，虹吸管上部设置疏水阀。

8.11.2.2 安全系数选择（HG/T 20570.21—95）（表 8.11-2）

表 8.11-2 疏水阀安全系数（n）推荐值

序号	使用部位	使用要求	n值
1	分汽缸下部排水	在各种压力下，能进行快速排除凝结水	3
2	蒸汽主管疏水	每100m或控制阀前、管路拐弯、主管末端等处疏水	3
3	支管	支管长度大于5m处的各种控制阀的前面设疏水	3
4	汽水分离器	在汽水分离器的下部疏水	3
5	伴热管	伴热管径为DN15，≤50m处设疏水点	2
6	暖风机	压力不变时	3
		压力可调时 0～0.1MPa（表）	
		0.2～0.6MPa（表）	3
7	单路盘管加热（液体）	快速加热	3
		不需快速加热	
8	多路并联盘管加热（液体）		2
9	烘干室（箱）	压力不变时	2
		压力可调时	3
10	溴化锂制冷设备蒸发器疏水	单效：压力≤0.1MPa（表）	2
		双效：压力≤1.0MPa（表）	3
11	浸在液体中的加热盘管	压力不变时	2
		压力可调时 0.1～0.2MPa（表）	2
		≥0.2MPa（表）	3
		虹吸排水	5
12	列管式热交换器	压力不变时	2
		压力可调时 ≤0.1MPa（表）	2
		≥0.2MPa（表）	3
13	夹套锅	必须在夹套锅上方设排空气阀	3
14	单效、多效蒸发器	凝结水<20t/h	3
		>20t/h	2
15	层压机	应分层疏水，注意水击	3
16	间歇，需速加热设备		4
17	回转干燥圆筒	表面线速度≤30m/s	5
		≤80m/s	8
		≤100m/s	10
18	二次蒸汽罐	罐体直径应保证二次蒸汽速度≤5m/s,且罐体上部要设排空气阀	3
19	淋浴	单独热交换器	2
		多喷头	4
20	采暖	压力≥0.1MPa（表）	2～3
		<0.1MPa（表）	4

8.11.2.3 部分性能比较（HG/T 20549.5—1998）（表 8.11-3）

表 8.11-3 疏水阀性能比较表

项目	机械型疏水阀				热动力型疏水阀		恒温型疏水阀		液体膨胀式疏水阀
	浮桶式	倒吊桶式	自由浮球式	杠杆浮球式	热动力式	脉冲式	双金属片式	波纹管式	
排水性能	间歇排水	间歇排水	连续排水	连续排水	间歇排水	间歇排水	间歇排水	间歇排水	间歇排水
排气性能	排空气不好	排空气好但较慢	排空气不好	需内设自动排气阀	升压慢时排气好	排气好	排气好	排气好	排气好
使用条件变动时可调性	负荷与浮桶重量有关	不需调整	不需调整，负荷变化不大时能够适应	不需调整，能适应负荷变化	在工作范围内不需调整	根据系统压力，调整疏水阀的控制缸	需调整，使用压力范围广	不需调整	需调整
允许最高背压或允许背压度	Δp >0.05MPa	Δp >0.05MPa	Δp >0.05MPa	Δp >0.05MPa	允许背压度50%最低压力0.05MPa	允许背压度25%	允许背压度低	允许背压度低	允许背压度低
启动操作要求	排气、充水	需先充水，入口需设止回阀			宜先排空气，避免阀盘被气封				
动作性能	迟缓，但规律稳定、可靠	迟缓，但规律稳定、可靠	迟缓，但规律稳定、可靠	迟缓，但规律稳定、可靠	敏感，可靠	敏感、控制缸易卡住	迟缓、可靠性差，不能用于立即排水的场合	迟缓、可靠性差，不能用于立即排水的场合	迟缓、可靠性差，不能用于立即排水的场合
蒸汽泄漏	排空气时有蒸汽泄漏	2%～3%	<0.5%	排空气时有蒸汽泄漏	<3%	1%～2%			
是否适用于过热蒸汽	不能用	可用于过热蒸汽	不能用	不能用	可用	可用	可用	不能用	可用
冻坏可能性	易冻坏	易冻坏	易冻坏	易冻坏	不易冻坏	易冻坏	不易冻坏	不易冻坏	不易冻坏
耐水锤振动	耐	耐	不耐	不耐	耐	不耐	耐	不耐	耐
常见疏水阀的阀门位置				或					

8.11.3 疏水阀的性能结构

8.11.3.1 内螺纹连接自由浮球式蒸汽疏水阀

(1) 主要性能规范（表 8.11-4）

表 8.11-4 性能规范

公称压力/MPa	试验压力/MPa	最高工作压力/MPa	最高工作温度/℃		最高背压率/%	漏汽率/%	过冷度/℃	适用介质
			铸铁	铸钢				
1.6	2.4	1.6	200	350	85～90	<0.5	0	蒸汽、凝结水

（2）排水量（表8.11-5）

表8.11-5　排水量　　　　　　　　　　单位：kg/h

公称尺寸 DN	最高工作压力/MPa	阀座号	压差/MPa					
			0.15	0.4	0.8	1.0	1.2	1.6
15 20 25	0.15	3N1.5	300					
	0.4	3N4	163	250				
	0.8	3N8	117	202	285			
	1.0	3N10	88	119	165	190		
	1.2	3N12	81	114	160	182	189	
	1.6	3N16	66	88	118	125	134	148
15 20 25 40 50	0.15	5N1.5	766					
	0.4	5N4	463	627				
	0.8	5N8	360	495	715			
	1.0	5N10	275	455	650	705		
	1.2	5N12	290	397	552	615	645	
	1.6	5N16	245	370	510	555	585	620
25 32 40 50	0.15	7N1.5	3150					
	0.4	7N4	1687	2412				
	0.8	7N8	1125	1620	2180			
	1.0	7N10	950	1320	1850	2050		
	1.2	7N12	900	1287	1422	1800	1940	
	1.6	7N16	770	1230	1450	1580	1700	1920

（3）主要零件材料（表8.11-6）

表8.11-6　零件材料

零件名称	阀体、阀盖	浮球、阀座、滤网	双金属片
S11H-16 CS11H-16	灰铸铁	不锈钢	特殊不锈双金属
CS11H-16C	碳素铸钢		

（4）CS11H-16、CS11H-16C主要外形尺寸和连接尺寸（表8.11-7）

表8.11-7　主要尺寸

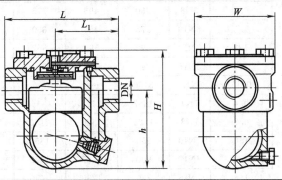

单位：mm

公称通径 DN	浮球系列代号：3N					浮球系列代号：5N					浮球系列代号：7N				
	尺寸				重量/kg	尺寸				重量/kg	尺寸				重量/kg
	L	W	H	h		L	W	H	h		L	W	H	h	
15	120	84	128	77	2.8	150	113	166	98	6	270	200	308	215	
20					3					6.1					
25					3.1					6.2					17
32						160				6.3					18
40										6.4					18.5
50										6.5	290				19

8.11.3.2 自由浮球式蒸汽疏水阀

(1) 主要性能规范（表 8.11-8）

表 8.11-8 性能规范

型 号	公称压力 /MPa	壳体试验压力 /MPa	最高工作压力 /MPa	最高工作温度 /℃	最高允许温度 /℃	漏汽率 /%	最高背压率 /%	适用介质
CS41H-16C	1.6	2.4	1.6	203	425			
CS41H-25	2.5	3.75	2.5	225	425	<0.5	>80	蒸汽、凝结水
CS41H-40	4.0	6.0	4.0	250	425			
CS41H-160I	16.0	24.0	8.0	475	475			

(2) 排水量（表 8.11-9）

表 8.11-9 排水量

单位：mm

型 号	压差/MPa	公称通径/mm			
		15~25	25~50	50、80	80、100
CS41H-16C CS41H-40	0.15	1110	5640	19500	27600
	0.25	1000	5350	18000	25100
	0.4	950	4700	17000	22700
	0.6	810	3590	14300	18200
	1.0	660	3190	11870	16600
	1.6	550	2740	9180	12900
CS41H-40	2.5	420	2210	8000	10700
	3.8	330	1650	6590	8360

型号	公称尺寸 DN/mm	最高工作压力/MPa	阀座号	压差/MPa					
				0.15	0.4	0.8	1.0	1.2	1.6
CS41H-16C	15 20 25	0.15	3N1.5	300	—	—	—	—	—
		0.4	3N4	163	250	—	—	—	—
		0.8	3N8	117	202	285	—	—	—
		1.0	3N10	88	119	165	190	—	—
		1.2	3N12	81	114	160	182	189	—
		1.6	3N16	66	88	118	125	134	148
	15 20 25 40 50	0.15	5N1.5	766	—	—	—	—	—
		0.4	5N4	463	627	—	—	—	—
		0.8	5N8	360	495	715	—	—	—
		1.0	5N10	275	455	650	705	—	—
		1.2	5N12	290	397	552	615	645	—
		1.6	5N16	245	370	510	555	585	620
	25 32 40 50	0.15	7N1.5	3150	—	—	—	—	—
		0.4	7N4	1687	2412	—	—	—	—
		0.8	7N8	1125	1620	2180	—	—	—
		1.0	7N10	950	1320	1850	2050	—	—
		1.2	7N12	900	1287	1422	1800	1940	—
		1.6	7N16	770	1230	1450	1580	1700	1920
	40 50 65 80 100	0.15	7.5N1.5	10800	—	—	—	—	—
		0.4	7.5N4	6120	8500	—	—	—	—
		0.8	7.5N8	3600	5200	6700	—	—	—
		1.0	7.5N10	3100	4500	5900	6300	—	—
		1.2	7.5N12	3150	4050	5200	5700	6100	—
		1.6	7.5N16	2520	3510	4500	4860	5350	5850

（3）主要零件材料（表 8.11-10）

表 8.11-10　零件材料

零件名称	阀体、阀盖	阀座、球、过滤网
CS41H-16C CS41H-25 CS41H-40	碳素铸铁（WCB）	奥氏体不锈钢
CS41H-160 I	铬钼铸铁	

（4）主要外形尺寸和连接尺寸（表 8.11-11）

表 8.11-11　主要尺寸

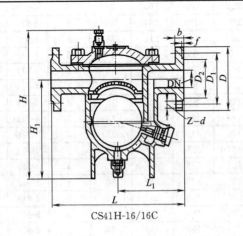

CS41H-16/16C

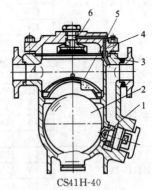

CS41H-40

1—阀座；2—浮球；3—阀体；4—阀盖；
5—过滤网；6—自动排气阀

单位：mm

型号		CS41H-16、CS41H-16C					CS41H-40				
浮球系列代号	公称尺寸	尺寸				重量 /kg	尺寸				重量 /kg
		L	W	H	H_1		L	W	H	H_1	
3N	15	210	84	128	77	6	—				—
	20					6.5					
	25					7					
5N	15	230	113	166	98	9	230	125	175	100	11.5
	20					10					12.5
	25					11					13.5
	32					11.5					
	40					12					14.5
	50					13					15.5
7N	25	320	200	308	215	21	320	200	308	215	24
	32					23					26
	40					24					28
	50					25					29
7.5N	40	490	292	440	338	65	490	292	440	338	69
	50					66					70
	65					67					71
	80					68					72
	100					69					73

型号	DN	L	H	D	K	d	c	f	$Z-d$	重量 /kg
CS41H-16C-B	15	195	229	95	65	46	14	2	4-ϕ14	21.5
	20	195	229	105	75	56	16	2	4-ϕ14	21.9
	25	215	229	115	85	65	16	3	4-ϕ14	22.2

型　号	DN	L	H	D	K	d	c	f	Z-d	重量/kg
CS41H-16C-D	25	270	264	115	85	65	16	3	4-φ14	19.1
	32	280	297	140	100	84	18	3	4-φ18	30.1
	40	280	297	150	110	84	18	3	4-φ18	32.5
	50	290	297	165	125	99	20	3	4-φ18	33.5
CS41H-16C-F	50	400	440	165	125	99	20	3	4-φ18	125.8
	65	400	440	185	145	118	20	3	4-φ18	128
	80	430	440	200	160	132	20	3	8-φ18	129
CS41H-16C-G	80	550	495	200	160	132	20	3	8-φ18	90.5
	100	550	495	220	180	156	22	3	8-φ18	92.2
	125	550	495	250	210	184	22	3	8-φ18	97.3
	150	550	495	285	240	211	24	3	8-φ22	99.5
CS41H-25-B	15	230/250	200	95	65	46	14	2	4-φ14	22.7
	20	230/250	200	105	75	56	16	2	4-φ14	22.9
	25	310/250	200	115	85	65	16	3	4-φ14	23.5
CS41H-25-D	25	380/350	264.5	115	85	65	16	3	4-φ14	26.5
	32	420/350	264.5	140	100	76	18	3	4-φ18	26.5
	40	420/350	287.5	150	110	84	18	3	4-φ18	32.3
	50	500/350	287.5	165	125	99	20	3	4-φ18	34.0
CS41H-25-F	50	500/430	425	165	125	99	20	3	4-φ18	82
	65	500/430	425	185	145	118	22	3	8-φ18	82.7
	80	460	425	200	160	132	24	3	8-φ18	86
CS41H-25-G	80	572	495	200	160	132	24	3	8-φ18	106.03
	100	572	495	235	190	156	24	3	8-φ22	109.01
	125	572	495	270	220	184	26	3	8-φ26	110.4
	150	572	495	300	250	211	28	3	8-φ26	115.3
CS41H-40-B	15	250	200	95	65	46	14	2	4-φ14	22.2
	20	250	200	105	75	56	16	2	4-φ14	22.6
	25	250	200	115	85	65	16	3	4-φ14	23.1
CS41H-40-D	25	350	264	115	85	65	16	3	4-φ14	26.3
	32	350	287	140	100	76	18	3	4-φ18	28
	40	350	287	150	110	84	18	3	4-φ18	31.7
	50	350	287	165	125	99	20	3	4-φ18	32.6
CS41H-40-F	50	430	425	165	125	99	20	3	4-φ18	82.6
	65	430	425	185	145	118	22	3	8-φ18	85.2
	80	460	425	200	160	132	24	3	8-φ18	86
CS41H-40-G	80	572	495	200	160	132	24	3	8-φ18	106
	100	572	495	235	190	156	24	3	8-φ22	109
	125	572	495	270	220	184	26	3	8-φ26	114
	150	572	495	300	250	211	28	3	8-φ26	116.4
CS41H-64-B	15	250	200	105	75	41	18	2	4-φ14	23.2
	20	250	200	125	90	51	20	2	4-φ18	23.2
	25	250	200	135	100	58	22	2	4-φ18	34.1
CS41H-64-D	25	350	264.5	135	100	58	22	2	4-φ18	26.3
	32	350	287.5	150	110	66	24	2	4-φ23	32.3
	40	350	287.5	165	125	76	24	3	4-φ23	37.3
	50	350	287.5	175	135	88	26	3	4-φ23	34.4
CS41H-64-F	50	430	425	175	135	88	26	3	4-φ23	84.6
	65	430	425	200	160	110	28	3	8-φ23	87.2
	80	460	425	210	170	121	30	3	8-φ23	88

续表

型 号	DN	L	H	D	K	d	c	f	Z-d	重量/kg
CS41H-64-G	80	572	495	210	170	121	30	3	8-φ23	106
	100	572	495	250	200	150	32	3	8-φ25	109
CS41H-160 I	15	370	315	110	75	56	32	3	4-φ18	
	20	370	315	130	90	62	32	3	4-φ23	
	25	370	315	140	100	72	32	3	4-φ23	

8.11.3.3 自由半浮球式蒸汽疏水阀

(1) 主要性能规范 (表 8.11-12)

表 8.11-12 性能规范

公称压力/MPa	试验压力/MPa	最高工作压力/MPa	最高工作温度/℃	最高背压率/%	适用介质
1.6	2.4	1.6	210	85	蒸汽、凝结水

(2) 排水量 (表 8.11-13)

表 8.11-13 排水量 单位：mm

型 号	压差/MPa												
	0.01	0.05	0.1	0.2	0.3	0.4	0.5	0.6	0.8	1.0	1.2	1.4	1.6
CS45H-16-LAA4	1518	3394	4800	6788	8314	9600							
CS45H-16-LAA8	1229	2749	3888	5498	6734	7776	8694	9524	10997				
CS45H-16-LAA12	971	2172	3072	4344	5321	6144	6869	7525	8689	9715	10642		
CS45H-16-LAA16	744	1663	2325	3326	4074	4704	5259	5761	6652	7438	8148	8800	9408
CS45H-16-LA4 CS45H-16-A4	634	1036	1340	1778	2059	2240							
CS45H-16-LA6 CS45H-16-A6	446	753	960	1281	1417	1600	1720	1772					
CS45H-16-LA10 CS45H-16-A10	323	559	693	906	1096	1250	1325	1366	1458	1522			
CS45H-16-LA16 CS45H-16-A16	200	368	475	546	657	750	795	833	920	987	1038	1085	1146
CS45H-16-LB6 CS45H-16-B4	192	350	425	539	649	740	784	809					
CS45H-16-LB10 CS45H-16-B10	128	235	296	406	484	544	591	627	702	758			
CS45H-16-LB16 CS45H-16-B16	75	139	176	241	288	324	353	375	420	455	483	505	522
CS45H-16-LC10 CS45H-16-C10	72	132	167	228	272	306	333	353	395	427			
CS45H-16-LC16 CS45H-16-C16	52	96	122	167	200	225	245	260	292	316	335	351	363

(3) 主要零件材料 (表 8.11-14)

表 8.11-14 零件材料

零件名称	阀盖	喷嘴、半浮球、发射台、导流管、过滤网、配重环	双金属片
材料	灰铸铁	不锈钢	RSN210
	碳素钢	不锈钢	RSN210

（4）主要外形尺寸和连接尺寸（表 8.11-15）

表 8.11-15　主要尺寸

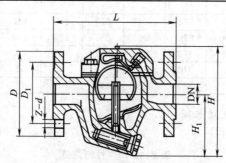

单位：mm

型号	公称尺寸	L	H_1	H	B	D	D_1	Z-d	b	重量/kg
CS45H-16-LA	20	290	115	124	158	105	75	4-φ13.5	16	16～18
	25	310				115	85			
	32	320	130	229	158	140	100	4-φ17.5	18	
	40					150	110			
	50				165	165	125		20	
CS45H-16-LB	15	230	105	180	102	95	65	4-φ13.5	14	8.5～9.5
	20					105	75		16	
	25					115	85			

型号	公称尺寸	L	D	D_1	D_2	b	Z-d	H
CS45H-16C	15	170	95	65	45	14	4-φ14	134
	20	170	105	75	55	14	4-φ14	134
	25	230	115	85	65	14	4-φ14	146
	32	270	135	100	78	16	4-φ18	193
	40	270	145	110	85	16	4-φ18	193
	50	270	160	125	100	16	4-φ18	193

8.11.3.4　内螺纹连接自由半浮球式蒸汽疏水阀

（1）主要性能规范（表 8.11-16）

表 8.11-16　性能规范

公称压力 PN/MPa	试验压力 /MPa	最高工作压力 /MPa	最高工作温度 /℃	适用介质	漏汽率 /%	最高背压率 /%
1.6	2.4	1.6	220	蒸汽、凝结水	<0.5	85

（2）主要零件材料（表 8.11-17）

表 8.11-17　零件材料

零件名称	阀体、阀盖	喷嘴、半浮球、发射台、导流管、过滤网、配重环	双金属片
CS15H-16 CS15H-16C	灰铸铁 碳素铸铁	不锈钢	RSN210

（3）排水量（表 8.11-18）

表 8.11-18　排水量　　　　　　　　单位：kg/h

型号	公称通径 /mm	最高工作压力/MPa	阀座号	压差/MPa			
				0.3	0.6	1.0	1.6
CS15H-16 CS15H-16C	15 20 25	0.3	3B3	320	—	—	—
		0.6	3B6	228	270	—	—
		1.0	3B10	154	180	219	—
		1.6	3B16	95	115	145	170

续表

型　号	公称通径/mm	最高工作压力/MPa	阀座号	压差/MPa			
				0.3	0.6	1.0	1.6
CS15H-16 CS15H-16C	15、20 25、32 40、50	0.3	5B3	720	—	—	—
		0.6	5B6	480	590	—	—
		1.0	5B10	210	310	415	—
		1.6	5B16	180	225	297	410
	20、25 32、40 50	0.3	6B3	1270	—	—	—
		0.6	6B6	900	1010	—	—
		1.0	6B10	570	700	940	—
		1.6	6B16	320	360	460	570
	25 32 40 50	0.3	7B3	2250	—	—	—
		0.6	7B6	1530	1940	—	—
		1.0	7B10	1260	1620	1900	—
		1.6	7B16	910	1380	1540	1820

型　号	压差/MPa												
	0.01	0.05	0.1	0.2	0.3	0.4	0.5	0.6	0.8	1.0	1.2	1.4	1.6
S15H-16-LAA$_4$	1518	3394	1800	6788	8314	9600							
S15H-16-LAA$_8$	1229	2749	3888	5498	6734	7776	8694	9524	10997				
S15H-16-LAA$_{12}$	971	2172	3072	4344	5321	6144	6869	7525	8689	9715	10642		
S15H-16-LAA$_{16}$	744	1663	2325	3326	4074	4704	5259	5761	6652	7438	8148	8800	9408
S15H-16-LA$_4$	634	1036	1340	1778	2059	2240							
S15H-16-LA$_8$	446	753	960	1281	1417	1600	1720	1772					
S15H-16-LA$_{12}$	323	559	693	906	1096	1250	1325	1366	1458	1522			
S15H-16-LA$_{16}$	200	368	175	546	657	750	795	833	920	987	1038	1085	1146
S15H-16-LB$_6$	192	350	125	539	649	740	784	809					
S15H-16-LB$_{10}$	128	235	296	406	484	544	591	627	720	758			
S15H-16-LB$_{16}$	75	139	176	241	288	324	353	375	420	455	483	505	522
S15H-16-LC$_{10}$	72	132	167	228	272	306	333	353	395	427			
S15H-16-LB$_{16}$	52	96	122	167	200	225	245	260	292	316	335	351	363

（4）主要外形尺寸和连接尺寸（表 8.11-19）

表 8.11-19　主要尺寸

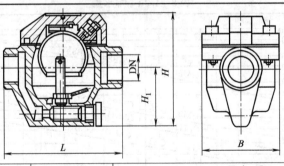

单位：mm

型　号	浮球系列代号	公称尺寸 DN	尺寸				重量/kg
			L	H_1	H	B	
CS15H-16 CS15H-16C	3B	15	120	60	113	78	2.4
		20					2.5
		25					2.6
	5B	15	150	88	157	100	5.4
		20					5.5
		25					5.6
		32					5.7
		40					6.0
		50					6.5

续表

型　号	浮球系列代号	公称尺寸 DN	尺寸				重量/kg
			L	H₁	H	B	

型　号	浮球系列代号	公称尺寸 DN	L	H_1	H	B	重量/kg
CS15H-16 CS15H-16C	6B	20	270	120	208	172	10
		25					11
		32					12
		40					13
		50					14
	7B	25	300	168	272	220	20
		32					21
		40					22
		50					23
CS15H-16-LAA		50、65、80、100	400	195	360	320	31
CS15H-16-LA		20、25、32、40	205	115	214	158	13.6
CS15H-16-LB		15、20、25	170	92	170	120	7.5
CS15H-16-LC		15、20、25	120	70	130	90	3

8.11.3.5　GS 型杠杆浮球式蒸汽疏水阀

(1) 主要性能规范（表 8.11-20）

表 8.11-20　性能规范

公称压力 PN/MPa	壳体试验压力/MPa	最高工作压力/MPa	最高工作温度/℃	最高允许温度/℃	适用介质
2.0	3.0	1.8	209	425	蒸汽、凝结水

(2) 主要零件材料（表 8.11-21）

表 8.11-21　零件材料

零件名称	阀体、阀盖	阀瓣、阀座	浮球
材料	碳素钢	不锈钢	奥氏体不锈钢

(3) 排水量（表 8.11-22）

表 8.11-22　排水量

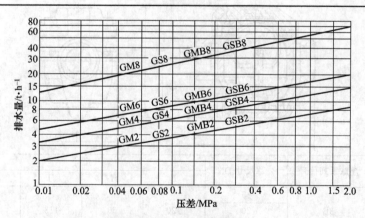

杠杆浮球式蒸汽疏水阀排量曲线

压力/MPa		0.01	0.02	0.04	0.06	0.08	0.1	0.2	0.4	0.6	0.8	1.0	1.5	2.0	2.5	4.0	5.0
型号	GS2	2	2.5	3	3.4	3.7	4	4.5	5.5	6	5.5	7	8	8.5	9.4	10.5	2
	GS4	3.4	4	5	3.5	5.7	6	6.5	9	9	10	12	13	14	15	16	18
	GSB6	5	5.6	7	7.5	8	8.5	10	13	14	15	16	17	20	25	34	39
	GSB8	13	16	20	22	25	28	31	40	45	50	52	60	68	76	88	96

注：法兰连接尺寸执行美国标准 ASME B16.5

（4）主要外形尺寸和连接尺寸（表8.11-23）

表8.11-23　主要尺寸

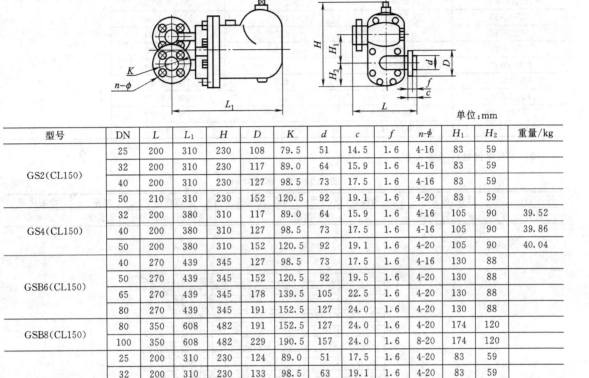

单位：mm

型号	DN	L	L₁	H	D	K	d	c	f	n-φ	H₁	H₂	重量/kg
GS2(CL150)	25	200	310	230	108	79.5	51	14.5	1.6	4-16	83	59	
	32	200	310	230	117	89.0	64	15.9	1.6	4-16	83	59	
	40	200	310	230	127	98.5	73	17.5	1.6	4-16	83	59	
	50	210	310	230	152	120.5	92	19.1	1.6	4-20	83	59	
GS4(CL150)	32	200	380	310	117	89.0	64	15.9	1.6	4-16	105	90	39.52
	40	200	380	310	127	98.5	73	17.5	1.6	4-16	105	90	39.86
	50	200	380	310	152	120.5	92	19.1	1.6	4-20	105	90	40.04
GSB6(CL150)	40	270	439	345	127	98.5	73	17.5	1.6	4-16	130	88	
	50	270	439	345	152	120.5	92	19.5	1.6	4-20	130	88	
	65	270	439	345	178	139.5	105	22.5	1.6	4-20	130	88	
	80	270	439	345	191	152.5	127	24.0	1.6	4-20	130	88	
GSB8(CL150)	80	350	608	482	191	152.5	127	24.0	1.6	4-20	174	120	
	100	350	608	482	229	190.5	157	24.0	1.6	8-20	174	120	
GS2(CL300)	25	200	310	230	124	89.0	51	17.5	1.6	4-20	83	59	
	32	200	310	230	133	98.5	63	19.1	1.6	4-20	83	59	
	40	200	310	230	156	114.5	73	20.7	1.6	4-22	83	59	
	50	210	310	230	165	127.0	92	23.0	1.6	8-20	83	59	
GS4(CL300)	32	200	380	310	133	98.5	63	19.1	1.6	4-20	105	90	
	40	200	380	310	156	114.5	73	20.7	1.6	4-22	105	90	
	50	200	380	310	165	127.0	92	23.0	1.6	8-20	105	90	
GSB6(CL300)	40	270	439	345	156	114.5	73	20.7	1.6	4-22	130	88	
	50	270	439	345	165	127	92	23	1.6	8-20	130	88	
	65	270	439	345	191	149	105	26	1.6	8-22	130	88	
	80	270	439	345	210	168	127	29	1.6	8-22	130	88	
GSB8(CL300)	80	350	608	482	210	168	127	29	1.6	8-22	174	120	
	100	350	608	482	254	200	157	32	1.6	8-22	174	120	

8.11.3.6　差压敞口向下浮子式蒸汽疏水阀

（1）主要性能规范（表8.11-24）

表8.11-24　性能规范

型　号	工作压力/MPa	工作温度/℃	最大排量/(kg/h)	适用介质
ER105-3	0.05～0.3	220	1000～2000	
ER105-7	0.05～0.7	220	650～1800	
ER105F-3	0.05～0.3	220	1000～2000	
ER105F-7	0.05～0.7	220	650～1800	
ER110-5	0.05～0.5	220	1000～2400	蒸汽、凝结水
ER110-12	0.05～1.2	220	650～3600	
ER116-7	0.05～0.7	220	1000～2800	
ER116-16	0.05～1.6	220	650～2500	
ER116-16L	0.05～1.6	220	1000～4000	

续表

型　号	工作压力/MPa	工作温度/℃	最大排量/(kg/h)	适用介质
ER120-8	0.05~0.8	220	3000~9000	蒸汽、凝结水
ER120-16	0.05~1.6	220	2000~8000	
ER25-25	0.05~2.5	425	1200~4000	
ER25-45	0.05~4.5	425	750~3000	
ER25-65	0.05~6.5	425	500~2200	
ER25W-25	0.05~2.5	425	1200~4000	
ER25W-45	0.05~4.5	425	750~3000	
ER25W-65	0.05~6.5	425	500~2200	
ER32-105	0.05~10.0	425	750~3800	
ER34-120	0.05~12.0	425	750~4000	

（2）主要零件材料（表 8.11-25）

表 8.11-25　零件材料

零件名称	阀体、阀盖	阀瓣、阀座、浮子、导阀瓣、过滤网	连接螺栓	螺塞	导套浮球
材料	铬钼钢、碳素钢	不锈钢	铬钼钢、碳素钢	碳素钢	不锈钢

（3）排水量（图 8.11-2）

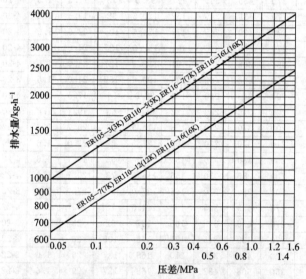

图 8.11-2　差压敞口向下浮子式蒸汽疏水阀排量曲线

（4）主要外形尺寸和连接尺寸（表 8.11-26）

表 8.11-26

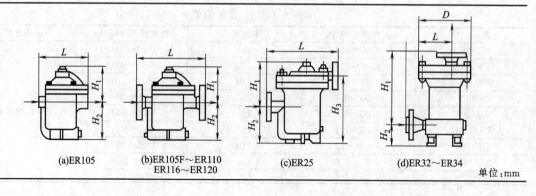

(a)ER105　　(b)ER105F~ER110 ER116~ER120　　(c)ER25　　(d)ER32~ER34

单位：mm

续表

型　号	公称尺寸	螺纹连接			法兰连接				承插焊连接				重量/kg
		L	H_1	H_2	L	H_1	H_2	H_3	L	H_1	H_2	H_3	
ER105-3	20～40	190	155	134									10.2
ER105-7	20～40	190	155	134									10.2
ER105F-3	15～25				254	155	134						13.6
	32～50				260	155	134						15.1
ER105F-7	15～25				254	155	134						13.6
	32～50				260	155	134						15.1
ER110-5	15～25				254	220	140						16.1
	32～50				280	210	130						18.1
ER110-12	15～25				254	220	140						16.1
	32～50				280	210	130						18.1
ER116-7	15～25				300	220	131						19
	32～50				300	180	167						23
ER116-16	15～25				300	220	131						19
	32～50				300	180	167						23
ER116-16L	15～25				300	220	131						19
	32～50				300	180	167						23
ER120-8	40～65				400	220	217						46
ER120-16	40～65				400	220	217						46
ER25-25	15～25				340	210	180	345					48
	32～50				380	210	180	345					55
ER25-45	15～25				345	210	180	345					48
	32～50				380	210	180	345					55
ER25-65	15～25				380	210	180	345					48
	32～50				400	210	180	345					55
ER25W-25	15～40								340	210	180	345	45
	50								380	210	180	345	45
ER25W-45	15～40								340	210	180	345	45
	50								380	210	180	345	45
ER25W-65	15～40								340	210	180	345	45
	50								380	210	180	345	45
ER32-105	15～50				280	630	190						
ER34-120	15～50				280	630	190						

8.11.3.7　杠杆敞口向下浮子式蒸汽疏水阀

(1) 主要性能规范（表 8.11-27）

表 8.11-27　性能规范

型　号	工作压力/MPa	工作温度/℃	最大排量/(kg/h)	适用介质
ES-3	0.01～0.3	350	300	
ES5-7	0.01～0.7	350	240	
ES5-16	0.01～1.6	350	150	
ES8N-8	0.01～0.8	220	500	蒸汽、凝结水
ES8N-16	0.01～1.6	220	300	
ES10F-8	0.01～0.8	220	900	
ES10F-16	0.01～1.6	220	600	
ES10-16	0.01～1.6	220	600	

(2) 主要零件材料（表 8.11-28）

表 8.11-28　零件材料

零件名称	阀体、阀盖	阀瓣、阀座、吊筒、支架、控制架、过滤网	螺栓
材料	球墨铸铁	不锈钢	碳钢

（3）排水量（图 8.11-3）

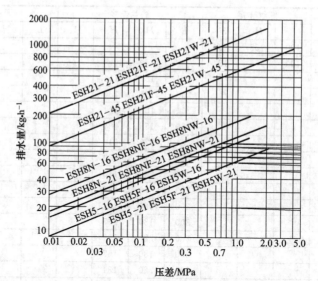

图 8.11-3　杠杆敞口向下浮子式蒸汽疏水阀排量曲线

（4）主要外形尺寸和连接尺寸（表 8.11-29）

表 8.11-29　主要尺寸

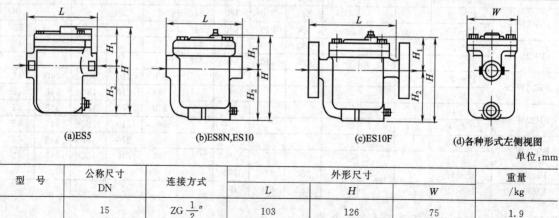

(a)ES5　　(b)ES8N,ES10　　(c)ES10F　　(d)各种形式左侧视图

单位:mm

型　号	公称尺寸 DN	连接方式	外形尺寸			重量 /kg
			L	H	W	
ES-3	15	ZG $\frac{1}{2}$″	103	126	75	1.9
	20	ZG $\frac{3}{4}$″	105	126	75	2.0
	25	ZG1″	109	126	75	2.1
ES5-7	15	ZG $\frac{1}{2}$″	103	126	75	1.9
	20	ZG $\frac{3}{4}$″	105	126	75	2.0
	25	ZG1″	109	126	75	2.1
ES5-16	15	ZG $\frac{1}{2}$″	103	126	75	1.9
	20	ZG $\frac{3}{4}$″	105	126	75	2.0
	25	ZG1″	109	126	75	2.1
ES8N-8	15	ZG $\frac{1}{2}$″	130	146	100	3.7
	20	ZG $\frac{3}{4}$″	130	146	100	3.7
	25	ZG1″	135	146	100	3.9

续表

型　号	公称尺寸 DN	连接方式	外形尺寸			重量 /kg
			L	H	W	
ES8N-16	15	ZG $\frac{1}{2}''$	130	146	100	3.7
	20	ZG $\frac{3}{4}''$	130	146	100	3.7
	25	ZG1″	135	146	100	3.9
ES10F-8	32～50	法兰连接	260	236	120	14.2
ES10F-16	32～50	法兰连接	260	236	120	14.2
ES10-16	20～40	ZG $\frac{1}{2}''$～$\frac{3}{4}''$	190	236	120	9.3

8.11.3.8 圆盘式蒸汽疏水阀

（1）主要性能规范（表8.11-30）

表8.11-30 性能规范

型　号	公称压力 /MPa	壳体试验压力 /MPa	最高工作压力 /MPa	最高工作温度 /℃	最高允许温度 /℃	适用介质
CS19H-16C CS49H-16C CS69H-16C	1.6	2.4	1.5	203	425	蒸汽、凝结水
CS19H-25 CS49H-25 CS69H-25	2.5	3.75	2.3	210	425	
CS19H-40 CS49H-40 CS69H-40	4.0	6.0	3.8	247	425	

（2）主要零件材料（表8.11-31）

表8.11-31 零件材料

零件名称	阀体、阀盖	阀片	阀体密封面
材料	碳素钢	不锈钢	喷焊铁基粉

（3）排水量（表8.11-32）

表8.11-32 排水量　　　　　　　单位：kg/h

型　号	公称尺寸 DN/mm	压差/MPa						
		0.05	0.15	0.4	0.6	1.0	1.6	2.5
CS19H-16C CS49H-16C CS69H-16C	15、20	150	280	400	475	600	800	
	25	550	650	900	1200	1700	2100	
	32、40、50	1717	1828	2536	2701	3202	3581	
CS19H-25 CS49H-25 CS69H-25	15～25	56		119		321	470	534
	32、40、50	1800	2050	2600	3000	3500	4300	5000
CS19H-40 CS49H-40 CS69H-40	15～25	56		119		321	470	534
	32、40、50	1800	2050	2600	3000	3500	4300	5000

（4）主要外形尺寸和连接尺寸（表 8.11-33）

表 8.11-33　主要尺寸

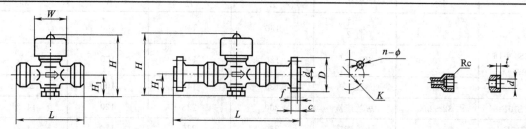

单位：mm

型号	通径	螺纹连接				承插焊连接					重量/kg	法兰连接									重量/kg
		Rc	L	H	H₁	L	H	H₁	d	t		L	H	H₁	D	K	d	c	f	n-φ	
CS19H-16C CS49H-16C CS69H-16C	15	$\frac{1}{2}$	75	57	35	75	57	35	23	7	1.23	150	57	35	95	65	46	14	2	4-14	3.13
	20	$\frac{3}{4}$	85	60	43	85	60	43	28	7	1.32	150	60	43	105	75	56	16	2	4-14	3.70
	25	1	95	68	50	95	68	50	33	10	1.67	160	68	50	115	85	65	16	3	4-14	4.78
	32	$1\frac{1}{4}$	130	90	80	130	90	80	42	12	6.70	230	90	80	140	100	76	18	3	4-18	10.8
	40	$1\frac{1}{2}$	130	90	80	130	90	80	52	12	6.90	230	90	80	150	110	84	18	3	4-18	10.84
	50	2	140	95	87	140	95	87	62	12	7.70	230	95	87	160	125	99	20	3	4-18	13.62
CS19H-25 CS49H-25 CS69H-25	15	$\frac{1}{2}$	75	61	41	75	61	41	23	9	1.23	170	61	41	95	65	46	14	2	4-14	3.13
	20	$\frac{3}{4}$	85	64	45	85	64	45	28	12	1.32	170	64	45	105	75	56	16	2	4-14	3.70
	25	1	95	68	45	95	68	45	33	15	1.67	210	68	45	115	85	65	16	3	4-14	4.78
	32	$1\frac{1}{4}$	130	81	56	130	81	56	40	15	6.70	270	81	56	140	100	76	18	3	4-18	11.7
	40	$1\frac{1}{2}$	130	81	56	130	81	56	50	15	6.82	270	81	56	150	110	84	18	3	4-18	11.82
	50	2	140	89	64	140	89	64	60	20	7.62	270	89	64	160	125	99	20	3	4-18	14.14
CS19H-40 CS49H-40 CS69H-40	15	$\frac{1}{2}$	75	61	41	75	61	41	23	9	1.23	170	61	41	95	65	46	14	2	4-14	3.13
	20	$\frac{3}{4}$	85	64	45	85	64	45	28	12	1.32	170	64	45	105	75	56	16	2	4-14	3.70
	25	1	95	68	45	95	68	45	33	15	1.67	210	68	45	115	85	65	16	3	4-14	4.78
	32	$1\frac{1}{4}$	130	81	56	130	81	56	40	15	6.70	270	81	56	140	100	76	18	3	4-18	11.7
	40	$1\frac{1}{2}$	130	81	56	130	81	56	50	15	6.82	270	81	56	150	110	84	18	3	4-18	11.82
	50	2	140	89	64	140	89	64	60	20	7.62	270	89	64	160	125	99	20	3	4-18	14.14

8.11.3.9　高压圆盘式蒸汽疏水阀

（1）主要性能规范（表 8.11-34）

表 8.11-34　性能规范

型号	公称压力/MPa	壳体试验压力/MPa	最高工作压力/MPa	最高工作温度/℃	最高允许温度/℃	适用介质
HRF3、HR3、HRW3	6.4	9.6	5.6	270	500	
HRF150、HRW150	16	24	15	340	550	蒸汽、凝结水
CS49H-160V、CS69H-160V	16	24	15	340	500	

（2）主要零件材料（表 8.11-35）

表 8.11-35　零件材料

零件名称	阀体、阀盖	阀座、阀片	外阀盖
HRF3、HR3、HRW3	铬钼钢	不锈钢	铬钼钢
HRF150、HRW150 CS49H-160V、CS69H-160V	铬钼钒钢	不锈钢	铬钼钒钢

（3）排水量（表 8.11-36）

表 8.11-36　排水量

型　号	HRF3、HR3、HRW3											
压力/MPa	0.3	0.6	1.0	1.6	2.0	2.4	3.0	3.5	4.0	4.5	5.0	5.5
排水量/(kg/h)	135	205	270	350	400	440	500	550	600	650	690	715
型号	HRF150、HRW150、CS49H-160V、CS69H-160V											
压力/MPa	4.0	5.0	6.0	7.0	8.0	9.0	10	11	12	13	14	15
排水量/(kg/h)	390	430	460	490	510	530	554	562	575	585	595	602

（4）主要外形尺寸和连接尺寸（表 8.11-37）

表 8.11-37　主要尺寸　　　　　　　　　　　　　单位：mm

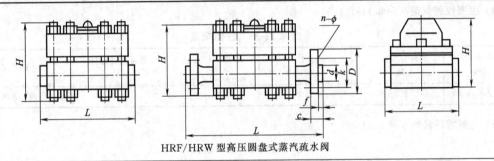

HRF/HRW 型高压圆盘式蒸汽疏水阀

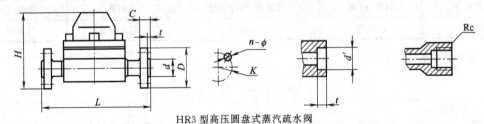

HR3 型高压圆盘式蒸汽疏水阀

型　号	通径 DN	承插焊连接				螺纹连接			法兰连接							重量 /kg
		L	H	t	d	L	H	Rc	L	H	n-φ	D	K	d	c	f	
HRF3	15								220	146	4-15	95	66.5	35	15	1.6	
	20								230	157	4-19	118	82.5	43	16	1.6	
	25								240	160	4-19	124	89	51	18	1.6	
HRW3	15	130	124	7.8	22.2												
	20	130	124	7.7	27.7												
	25	130	124	7.5	34.5												
HR3	15					130	124	1/2									
	20					130	124	3/4									
	25					130	124	1									

续表

型　号	通径 DN	承插焊连接				螺纹连接			法兰连接								重量 /kg
		L	H	t	d	L	H	Rc	L	H	nϕ	D	K	d	c	f	
HRF150 CS49H-160V	15								400	185	4-18	110	75	52	32	2	
	20								400	190	4-23	130	90	63	32	2	
	25								400	195	4-23	140	100	72	32	2	
	32								400	207.5	4-25	165	115	85	32	2	
	40								400	212.5	4-27	175	125	92	32	3	
	50								400	232.5	8-25	215	165	132	36	3	
HRW150 CS69H-160V	15	220	185	14	22.2												30
	20	220	185	14	27.7												34
	25	220	185	14	34.5												38
	32	320	185	14	43												
	40	320	185	14	50												
	50	320	185	16	62												

8.11.3.10　脉冲式蒸汽疏水阀

（1）主要性能规范（表 8.11-38）

表 8.11-38　性能规范

公称压力 /MPa	壳体试验压力 /MPa	最高工作压力 /MPa	最高工作温度 /℃	最高允许温度 /℃	适用介质
2.5	3.75	2.3	210	425	蒸汽、凝结水

（2）主要零件材料（表 8.11-39）

表 8.11-39　零件材料

零件名称	阀体、阀盖	阀瓣、阀座、控制缸	阀罩	阀座、垫片
材料	碳素钢	不锈钢	粉末冶金	紫铜

（3）排水量（表 8.11-40）

表 8.11-40　排水量

单位：mm

公称通径 DN		15	20	25	40	50
压差 /MPa	0.15	253	600	1180	1680	2050
	0.2	319	660	1250	1730	2280
	0.3	365	780	1320	2220	2580
	0.4	418	840	1380	2400	2940
	0.5	424	900	1440	2520	3180
	0.6	471	960	1560	2580	3420
	0.7	486	1020	1620	2620	3600
	0.8	531	1080	1680	2760	3720
	0.9	598	1140	1710	3000	3970
	1.0	605	1260	1860	3060	4200

（4）主要外形尺寸和连接尺寸（表 8.11-41）

表 8.11-41　主要尺寸

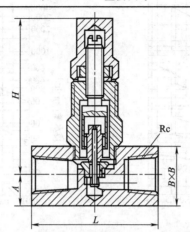

单位：mm

DN/mm	15	20	25	40	50
Rc/in	$\frac{1}{2}''$	$\frac{3}{4}''$	$1''$	$1\frac{1}{2}''$	$2''$
L/mm	67	76	86	108	120
A/mm	16	22	22.5	35	42
B/mm	32	38	45	63	76
H/mm	84	96	104.2	137	157
重量/kg	0.6	1.1	1.6	3.8	6.1

8.11.3.11　双金属片式蒸汽疏水阀

（1）主要性能规范（表 8.11-42）

表 8.11-42　性能规范

型　号	公称压力 /MPa	壳体试验压力 /MPa	最高工作压力 /MPa	最高工作温度 /℃	最高允许温度 /℃	适用介质
CS17H-16C CS47H-16C CS67H-16C	1.6	2.4	1.5	203	425	
CS17H-25 CS47H-25 CS67H-25	2.5	3.75	2.3	220	425	
CS17H-40 CS47H-40 CS67H-40	4.0	6.0	3.8	247	425	蒸汽、凝结水
CS47H-64I CS67H-64I	6.4	9.6	5.6	280	450	
CS47H-100I CS67H-100I	10	15	8.7	300	500	

（2）主要零件材料（表 8.11-43）

表 8.11-43　零件材料

零件名称	阀体、阀盖	阀芯、阀座、过滤网	热敏元件	过滤网
CS17H-16C、25、40 CS47H-16C、25、40 CS67H-16C、25、40	碳素钢	不锈钢	不锈热双金属	不锈钢
CS47H-64I、100I CS67H-64I、100I	铬钼钢	不锈钢	不锈热双金属	不锈钢

（3）排水量（图 8.11-4、图 8.11-5）

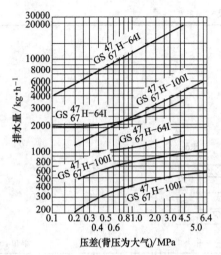

图 8.11-4　双金属片式蒸汽疏水阀排量曲线

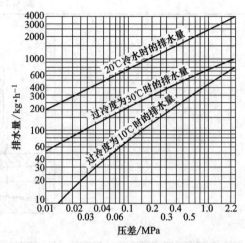

图 8.11-5　双金属片式蒸汽疏水阀过冷度 10℃、
30℃及 20℃冷水时的排量曲线

（4）主要外形尺寸和连接尺寸（表 8.11-44）

表 8.11-44　主要尺寸　　　　　　　　　　　　单位：mm

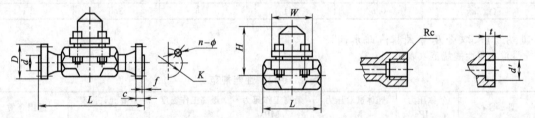

型　号	公称尺寸 DN	螺纹连接				承插焊连接					法兰连接							
		Rp	Rc	L	H	W	L	H	W	d	t	L	H	D	K	d	c	f	n-φ
CS17H-16C CS47H-16C CS67H-16C	15	$\frac{1}{2}$		95	92	82	95	92	82	22	9.5	150	92	95	65	46	14	2	4-14
	20	$\frac{3}{4}$		95	92	82	95	92	82	27	12.5	150	92	105	75	56	16	2	4-14
	25	1		95	92	82	95	92	82	34	7.5	160	92	115	85	65	16	3	4-14
	32		$1\frac{1}{4}$	230	140	115	230	140	115	42	13	200	140	140	100	76	18	3	4-18
	40		$1\frac{1}{2}$	270	140	115	270	140	115	48	13	200	140	150	110	84	18	3	4-18
	50		2	300	140	115	300	140	115	61	16	230	140	165	125	99	20	3	4-18
CS17H-25 CS47H-25 CS67H-25	15	$\frac{1}{2}$		95	92	82	95	92	82	22	9.5	150	92	95	65	46	14	2	4-14
	20	$\frac{3}{4}$		95	92	82	95	92	82	27	12.5	150	92	105	75	56	16	2	4-14
	25	1		95	92	82	95	92	82	34	7.5	160	92	115	85	65	16	3	4-14
	32		$1\frac{1}{4}$	230	140	115	230	140	115	42	13	200	140	140	100	76	18	3	4-18
	40		$1\frac{1}{2}$	270	140	115	270	140	115	48	13	200	140	150	110	84	18	3	4-18
	50		2	300	140	115	300	140	115	61	16	230	140	165	125	99	20	3	4-18

续表

型　号	公称尺寸 DN	螺纹连接					承插焊连接					法兰连接							
		Rp	Rc	L	H	W	L	H	W	d	t	L	H	D	K	d	c	f	n-φ
CS17H-40 CS47H-40 CS67H-40	15	$\frac{1}{2}$		95	92	82	95	92	82	22	9.5	150	92	95	65	46	14	2	4-14
	20	$\frac{3}{4}$		95	92	82	95	92	82	27	12.5	150	92	105	75	56	16	2	4-14
	25	1		95	92	82	95	92	82	34	7.5	160	92	115	85	65	16	3	4-14
	32		$1\frac{1}{4}$	230	140	115	230	140	115	42	13	200	140	140	100	76	18	3	4-18
	40		$1\frac{1}{2}$	270	140	115	270	140	115	48	13	200	140	150	110	84	18	3	4-18
	50		2	300	140	115	300	140	115	61	16	230	140	165	125	99	20	3	4-18
CS47H-64I CS67H-64I	15						130	130	108	22	9.5	210	130	105	75	47	18	2	4-14
	20						130	130	108	27.5	12.5	210	130	130	90	58	20	2	4-18
	25						130	130	108	34.5	12.5	210	130	140	100	68	22	2	4-18
CS47H-100I CS67H-100I	15						130	130	108	22	9.5	210	130	95	66.5	46	14.5	5	4-16
	20						130	130	108	28	12.5	210	130	120	82.5	54	16	5	4-20
	25						130	130	108	34	12.5	210	130	125	89	62	17.5	5	4-20

8.12　减压阀

8.12.1　减压阀的选用

8.12.1.1　减压阀的适用

　　减压阀是一种自动阀门，是调节阀的一种。它是通过启闭件的节流，将进口压力降至某一需要的出口压力，并能在进口压力及流量变动时，利用介质本身的能量保持出口压力基本不变的阀门。

　　减压阀按动作原理分为直接作用式减压阀和先导式减压阀。直接作用式减压阀是利用出口压力的变化直接控制阀瓣的运动。波纹管直接作用式减压阀适用于低压、中小口径的蒸汽介质；薄膜直接作用式减压阀适用于中低压、中小口径的空气、水介质。先导式减压阀由导阀和主阀组成，出口压力的变化通过导阀放大来控制主阀阀瓣的运动。先导活塞式减压阀，适用于各种压力、各种口径、各种温度的蒸汽、空气和水介质。若用不锈耐酸钢制造，可适用于各种腐蚀性介质。先导波纹管式减压阀，适用于低压、中小口径的蒸汽、空气等介质；先导薄膜式减压阀适用于中压、低压，中小口径的蒸汽或水等介质。

　　各类减压阀的性能对比见表 8.12-1。

表 8.12-1　各类减压阀的性能对比

性　能			精度	流通能力	密封性能	灵敏性	成本
类型	直接作用式	波纹管	低	中	中	中	中
		薄　膜	中	小	好①	高	低
	先导式	活　塞	高	大	中	低	高
		波纹管	高	大	中	中	高
		薄　膜	高	中	中	高	较高

　　① 采用非金属材料，如聚四氟乙烯、橡胶等。

8.12.1.2　减压阀的原理

　　(1) 直接作用薄膜式减压阀，当出口侧压力增加，薄膜向上运动，阀开度减小，流速增加，压降增大，阀后压力减小；当出口侧压力下降。薄膜向下运动，阀开度增大，流速减小，压降减小，阀后压力增大。阀后的出口压力始终保持由整定调节螺钉整定的恒压。

　　(2) 直接作用波纹管式减压阀，当出口侧压力增加，波纹管带动阀瓣向上运动，阀开度减小，流速增加，压降增大，阀后压力减小；当出口侧压力下降，波纹管带动阀瓣向下运动，阀开度增大。流速减小，压降减小，阀后压力增大，阀后的出口压力始终保持由整定调节螺钉整定的恒压。

（3）先导活塞式减压阀，拧动调节螺钉，顶开导阀阀瓣，介质从进口侧进入活塞上方。由于活塞面积大于主阀瓣面积，推动活塞向下移动使主阀打开，由阀后压力平衡调节弹簧的压力改变导阀的开度，从而改变活塞上方的压力，控制主阀瓣的开度，使阀后的压力保持恒定。

（4）先导薄膜式减压阀，当调节弹簧处于自由状态时，主阀和导阀都是关闭的。顺时针转动手轮时，导阀膜片向下顶开导阀，介质经过导阀至主阀片上方，推动主阀使主阀开启，介质流向出口，同时进入导阀膜片的下方，出口压力上升至与所调弹簧力保持平衡。如出口压力增高，导阀膜片向上移动，导阀开度减小。同时进入主阀膜片下方介质减少，压力下降，主阀的开度减小，出口压力降低达到新的平衡，反之亦然。

（5）气泡式减压阀，依靠阀内介质进入气泡的压力来平衡压力的减压阀。该减压阀薄膜上腔的压力由旁路调节阀控制，当出口压力升高时，出口端的介质压力通过旁路调节阀，进入膜片的下方，使膜片向上，带动阀瓣运动，阀的开度减小。当出口端的压力下降时，气泡内的压力就向下压膜片，膜片带动阀瓣运动，使阀的开度增大，从而使压力上升。出口压力总保持在预先整定的恒压。

（6）组合式减压阀，减压阀由主阀、导阀、截止阀组成。当调节弹簧处于自由状态时，主阀和导阀呈关闭状态。拧动调节螺钉，由介质推开导阀，同时进入腔室与调节弹簧的压力保持平衡，进入主阀橡胶薄膜腔室，使橡胶膜片向上打开主阀，介质流向出口（此时截止阀打开，保持腔室一定的压力），出口介质再反馈至橡胶薄膜上方腔室和导阀下方腔室。当出口压力增高时，传导阀的膜片上移，导阀的开度减小，使腔室的介质压力下降，同时腔室的压力也下降，主阀橡胶薄膜下移，主阀的开度减小，出口压力下降，达到新的平衡，反之亦然。

（7）杠杆式减压阀通过杠杆上的重锤平衡压力。其动作原理是当杠杆处于自由状态时，双阀座的阀瓣和阀座处于关闭状态。在进口压力作用下，向上推阀瓣，出口端形成压力。通过杠杆上的平衡重锤，调整重量传达到所需的出口压力。当出口压力超过给定压力时，由于介质压力作用于上阀座上的力比作用于下阀座上的力大，形成一定压差使阀瓣向下移动，减小节流面积，出口压亦随之下降；反之亦然，达到新的平衡。

（8）先导波纹管式减压阀，拧动调节螺栓，顶开导阀阀瓣，介质从进口侧进入波纹管的上方，由于波纹管面积大于主阀瓣面积，推动波纹管向下移动使主阀打开，由阀后压力平衡装置的压力改变导阀开度，从而改变波纹管上方的压力，控制主阀瓣的开度，使阀后的压力保持平衡。

8.12.1.3 减压阀的选用

（1）减压阀进口压力的波动应控制在进口压力给定值的 $80\% \sim 105\%$，如超过该范围，减压阀的性能会受影响。

（2）通常减压阀的阀后压力 p_C 应小于阀前压力的 0.5 倍，即 $p_C < 0.5p_1$。

（3）减压阀的每一挡弹簧只在一定的出口压力范围内适用，超出范围应更换弹簧。

（4）在介质工作温度比较高的场合，一般选用先导活塞式减压阀或先导波纹管式减压阀。

（5）介质为空气或水（液体）的场合，一般宜选用直接作用薄膜式减压阀或先导薄膜式减压阀。

（6）介质为蒸汽的场合，宜选用先导活塞式减压阀或先导波纹管式减压阀。

（7）为了操作、调整和维修的方便，减压阀一般应安装在水平管道上。

8.12.2 减压阀的性能结构

8.12.2.1 Y12T-10T 型供水系统减压阀

（1）主要性能规范（表 8.12-2）

表 8.12-2 性能规范

公称压力 /MPa	适用介质	工作温度 /℃	出口压力		
			$\frac{1}{2}''$、$\frac{3}{4}''$、$1''$	$1\frac{1}{4}''$、$1\frac{1}{2}''$、$2''$	$2\frac{1}{2}''$、$3''$、$4''$
1.0	水	≤70	0.05～0.3	0.1～0.4	0.1～0.5

（2）主要零件材料（表 8.12-3）

表 8.12-3 零件材料

零件名称	阀体	膜	弹簧
材料	黄铜	橡胶	合金钢

（3）主要外形尺寸和连接尺寸（表 8.12-4）

表 8.12-4　主要尺寸

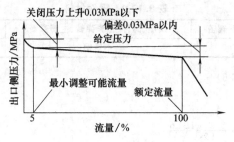

公称通径		15	20	25	32	40	50
尺寸 /mm	D	92	104	127	155	180	204
	H	197	209	252	318	391	460
	H_1	69	75	82	92	99	109

8.12.2.2　CY13H-16 型蒸汽减压阀

（1）主要性能规范（表 8.12-5）

表 8.12-5　性能规范

最高使用 压力/MPa	最高使用 温度/℃	使用压力 范围/MPa	减压调压 范围/MPa	最大减压 比	最小压差 /MPa	压力偏差 /MPa	密封性
1.6	220	0.1～1.6	0.035～1.2	20：1	0.07	≤0.03	关阀压力上升≤0.03MPa

（2）主要零件材料（表 8.12-6）

表 8.12-6　零件材料

零件名称	阀体、上阀盖、下阀盖	波纹管	调节弹簧	主阀弹簧、锁紧弹簧	阀瓣、主副阀座
材料	铜合金	不锈钢	硅锰钢	不锈钢	不锈钢

（3）流量特性（图 8.12-1）

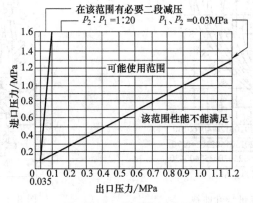

图 8.12-1　流量特性

（4）压力使用范围（图 8.12-2）

图 8.12-2　压力使用范围

（5）主要外形尺寸和连接尺寸（表 8.12-7）

表 8.12-7 主要尺寸

公称通径	管螺纹/in	尺寸/mm			
		L	L_1	H_1	H_2
15	$\frac{1}{2}$	90	127	87	58
20	$\frac{3}{4}$	95	130	87	58
25	1	100	132	87	58
32	$1\frac{1}{4}$	130	155	111	73
40	$1\frac{1}{2}$	130	155	111	73
50	2	140	157	121	79

8.12.2.3 CY14H-16 型直接作用波纹管式减压阀

（1）主要性能规范（表 8.12-8）

表 8.12-8 性能规范

最高使用压力/MPa	最高使用温度/℃	使用压力范围/MPa	减压调压范围/MPa	最大减压比	最小压差/MPa	压力特性 Δp_2/MPa	密封性
1.6	≤220	0.1～1.6	0.05～0.1	10∶1	0.07	≤5%p_2（≤0.06MPa）	关阀压力回升值≤0.07MPa

（2）主要零件材料（表 8.12-9）

表 8.12-9 零件材料

零件名称	阀体、上阀盖、下阀盖	阀座、阀杆、锁紧弹簧、主阀弹簧	调节弹簧	波纹管
材料	铜合金	不锈钢	铬钒钢	锡青铜

（3）流量特性曲线（图 8.12-3）

（4）结构外形（图 8.12-4）

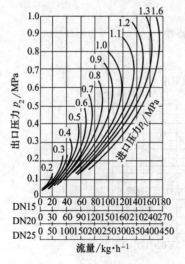

图 8.12-3 流量特性曲线

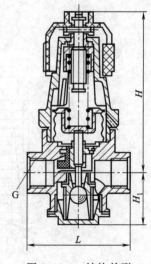

图 8.12-4 结构外形

（5）主要外形尺寸和连接尺寸（表 8.12-10）

表 8.12-10　主要尺寸

公称通径	管螺纹/in	尺寸/mm		
		L	H_1	H
15	1/2	90	44	137
20	3/4	90	44	137
25	1	100	55	137

8.12.2.4　外螺纹直接作用薄膜式减压阀

（1）主要性能规范（表 8.12-11）

表 8.12-11　性能规范

型　号	进口压力/MPa	试验压力/MPa	出口压力/MPa	出口压力偏差值	进口压力与出口压力之差
Y22T-16T	≤1.6	2.4	0.02～1.0	10%	≥0.1MPa
Y22T-40T	≤4.0	6.0	0.1～2.5	10%	

（2）主要零件材料（表 8.12-12）

表 8.12-12　零件材料

零件名称	阀体	上阀盖、下阀盖、阀杆	膜片	密封圈	弹簧
材料	铜	不锈钢	丁腈橡胶	尼龙	硅锰钢

（3）主要外形尺寸和连接尺寸（表 8.12-13）

表 8.12-13　主要尺寸

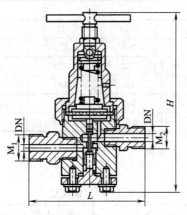

单位:mm

型　号	Y22N-16T					Y22N-40T				
公称通径	L	H	M_1	M_2	重量/kg	L	H	M_1	M_2	重量/kg
6	100	150	M15×1.5	M15×1.5	1	100	150	M22×1.5	M18×1.5	1.2
8	110	150	M18×1.5	M18×1.5	1.5	110	150	M24×1.5	M20×1.5	1.7
10	125	170	M22×1.5	M22×1.5	2	125	170	M27×2	M22×1.5	2.2
15	160	210	M27×2	M27×2	5	160	210	M36×2	M30×2	5.5

8.12.2.5　先导薄膜式减压阀

（1）主要性能规范（表 8.12-14）

表 8.12-14　性能规范

公称压力/MPa	进口工作压力及温度		出口压力/MPa	出口压力偏差值
	压力/MPa	对应温度/℃		
1.6	≤1.76	≤250	0.02～1.5	±0.5%
1.0		≤325	0.02～3.9	

（2）主要零件材料（表 8.12-15）

表 8.12-15　零件材料

零件名称	阀体、上阀盖、下阀盖	主副阀瓣、主副阀座、活塞	主弹簧	调节弹簧	活塞环	膜片
Y12H-16	灰铸铁	不锈钢	铬钒钢	硅锰钢	合金耐磨铸铁硅锰钢	合金耐磨铸铁不锈钢
Y12H-40	碳素铸钢					

（3）主要外形尺寸和连接尺寸（表 8.12-16）

表 8.12-16　主要尺寸

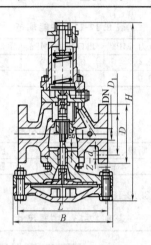

单位：mm

公称尺寸 DN	L	D_1	D	H	B	b	Z-d
20	160±1.0	75	105	325	200	16	4-ϕ13.5
25	180±1.0	85	120	325	274	16	4-ϕ13.5
32	200±1.5	100	140	364	274	18	4-ϕ17.5
40	220±1.5	110	145	370	274	18	4-ϕ17.5
50	250±1.5	125	165	413	304	20	4-ϕ17.5

8.12.2.6　直接作用弹簧薄膜式减压阀

（1）主要性能规范（表 8.12-17）

表 8.12-17　性能规范

型号	进口压力/MPa	试验压力/MPa	出口压力/MPa		动静压差/MPa	出口压力偏差值
Y42X-16 Y42X-16Q	≤1.6	2.4	DN≤50	0.1～0.8	0.10	±15%
			DN≥65	0.2～0.8		
Y42X-25	≤2.5	3.8	DN≤50	0.15～1.2	0.15	±20%
			DN≥65	0.25～1.2		

（2）主要零件材料（表 8.12-18）

表 8.12-18　零件材料

零件名称	阀体、阀盖、弹簧罩	阀杆、阀座	膜片、密封圈	弹簧
Y42X-16Q	球墨铸铁	不锈钢	丁腈橡胶	硅锰钢、铬钒钢
Y42X-25 Y42X-16C	铸钢			
Y42X-16	灰铸铁			
Y42F-16			塑料	

（3）主要外形尺寸和连接尺寸（表 8.12-19）

表 8.12-19　主要尺寸

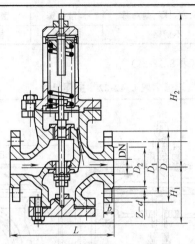

单位：mm

公称压力 /MPa	公称尺寸 DN/mm	L		D	D_1	D_2	b	Z-d	H_1	H_2	重量 /kg
		系列 1	系列 2								
1.6	20	160	160	105	75	55	16	4-ϕ14	65	275	12
	25	200	180	115	85	65	18	4-ϕ18	105	280	16
	32	200	200	135	100	78	18	4-ϕ18	105	280	17
	40	250	220	145	110	85	20	4-ϕ18	105	290	23
	50	250	250	160	125	100	20	4-ϕ18	105	300	25
	65	250	280	180	145	120	20	4-ϕ18	120	310	26
	80	310	310	195	160	135	22	8-ϕ18	155	380	55
	100	310	350	215	180	155	24	8-ϕ18	155	380	57
	125	400	400	245	210	185	26	8-ϕ18	200	530	95
	150	400	450	280	240	210	28	8-ϕ23	200	530	98
	200	500	550	335	295	265	30	12-ϕ23	230	650	170
2.5	20	160		105	75	55	16	4-ϕ14	85	235	—
	25	180		115	85	65	18	4-ϕ14	100	300	17
	32	200		140	100	76	18	4-ϕ18	108	300	18
	40	220		150	110	84	18	4-ϕ18	110	310	25
	50	250		165	125	99	20	4-ϕ18	116	320	30
	65	280		180	145	118	22	8-ϕ18	140	340	37
	80	310		200	160	132	24	8-ϕ18	155	380	58
	100	350		235	190	156	24	8-ϕ22	165	380	60
	125	400		270	220	184	26	8-ϕ26	190	530	98
	150	450		300	250	211	28	8-ϕ26	215	530	115

8.12.2.7　Y42X-16C、Y42X-16 型先导薄膜式减压阀

（1）主要性能规范（表 8.12-20）

表 8.12-20　性能规范

公称压力 /MPa	压力调整范围/MPa			进口与出口 压力差/MPa	适用介质	工作温度/℃
	进口压力 p_1	出口压力 p_2	出口压力误差			
1.6	1.6	<1	0.20	≥0.2	水、气	≤50
		0.1~0.3	0.10			
		0.3~1.0	0.08			
		1.0~1.2	0.06			

（2）主要零件材料（表 8.12-21）

表 8.12-21　主要零件

零件名称	阀体、阀盖	阀杆、密封圈、副阀瓣	调节弹簧	密封环	薄膜	膜片
材料	碳素铸钢	不锈钢	硅锰钢	橡胶	氯丁橡胶	铬镍钛钢

（3）主要外形尺寸和连接尺寸（表 8.12-22）

表 8.12-22　主要尺寸

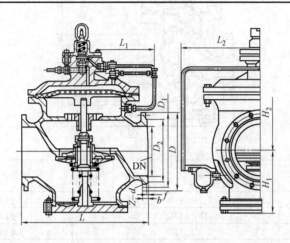

公称尺寸 DN	尺寸/mm											重量 /kg
	L	D	D_1	D_2	b	f	$Z-d$	H_1	H_2	L_1	L_2	
125	400	245	210	185	26	3	8-ϕ18	180	415	—	—	—
150	450	280	210	210	28	3	8-ϕ23	180	415	—	—	—
200	500	335	295	265	30	3	12-ϕ23	225	475	—	—	—
250	600	405	355	320	34	4	12-ϕ25	250	510	—	—	—
300	750	460	410	375	36/30	4	12-ϕ25	349	820	435	455	560

8.12.2.8　先导活塞式减压阀

（1）主要性能规范（表 8.12-23）

表 8.12-23　性能规范

型　号	公称压力 /MPa	壳体试验压力 /MPa	进口参数		出口压力 /MPa	出口压力偏差 /MPa	适用介质
			温度/℃	压力/MPa			
Y43H-16	1.6	2.4	<200	1.6	0.05~1.0	±0.05	蒸汽
			200	1.5			
Y43H-16Q			<250	1.6			
			250	1.5			
Y43H-16C			—	—			
Y43H-25	2.5	3.75	200	2.5	0.05~1.6	±0.07	
			250	2.3			
			350	1.8			

（2）主要零件材料（表 8.12-24）

表 8.12-24　零件材料

零件名称	阀体、上阀盖、下阀盖	主副阀瓣、主副阀座、活塞	主副弹簧	调节弹簧	膜片	活塞环
材料	WCB	不锈钢	铬钒钢	硅锰钢	不锈钢带	合金耐磨铸铁

（3）主要外形尺寸和连接尺寸（表 8.12-25）

表 8.12-25 主要尺寸

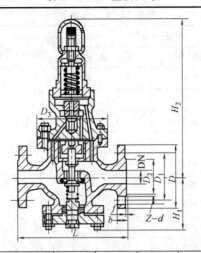

单位：mm

公称压力 /MPa	公称尺寸 DN/mm	L		D	D_1	D_2	b	Z-d	H_1	H_2	重量 /kg
		系列1	系列2								
	15	—	140	95	65	45	14	4-ϕ14	—	—	—
	20	160	160	105	75	55	16	4-ϕ14	70	285	11
	25	200	180	115	85	65	18	4-ϕ18	100	290	16
	32	200	200	135	100	78	18	4-ϕ18	100	290	17
	40	250	220	145	110	85	20	4-ϕ18	105	310	22
	50	250	250	160	125	100	20	4-ϕ18	105	310	24
1.6	65	250	280	180	145	120	20	4-ϕ18	105	310	25
	80	310	310	195	160	135	22	8-ϕ18	160	340	50
	100	310	350	215	180	155	24	8-ϕ18	160	340	52
	125	400	400	245	210	185	26	8-ϕ18	195	375	88
	150	400	450	280	240	210	28	8-ϕ23	195	375	94
	200	500	550	335	295	265	30	12-ϕ23	225	475	151
	15	110		95	65	45	16	4-ϕ14	—	—	—
	20	160		105	75	55	16	4-ϕ14	—	—	—
	25	180		115	85	65	16	4-ϕ14	100	310	16
	32	200		140	100	76	18	4-ϕ18	108	320	17
	40	220		150	110	84	18	4-ϕ18	110	325	25
	50	250		165	125	99	20	4-ϕ18	116	330	30
2.5	65	280		180	145	118	22	8-ϕ18	140	355	36
	80	310		200	160	132	24	8-ϕ18	155	375	51
	100	350		235	190	156	24	8-ϕ22	165	385	54
	125	400		270	220	184	26	8-ϕ26	190	430	94
	150	450		300	250	211	28	8-ϕ26	215	450	112
	200	500		360	310	274	30	12-ϕ26	250	520	170

8.12.2.9 先导活塞式减压阀

(1) 主要性能规范（表 8.12-26）

表 8.12-26 性能规范

公称压力 /MPa	壳体试验压力 /MPa	进口参数		出口压力 /MPa	出口压力偏差 /MPa	适用介质
		温度/℃	压力/MPa			
4.0	6.0	200	4.0	<1.0	±(0.03~0.05)	
		250	3.7			
		300	3.3	1.0~1.6	±(0.05~0.07)	
		350	3.0	>1.6~3.0	±(0.07~0.10)	
		400	2.8			
6.4	9.6	200	6.4	<1.0	±(0.03~0.05)	蒸汽
		250	5.5			
		300	5.2			
		350	4.7	1.0~1.6	±(0.05~0.07)	
		400	4.1	>1.6~3.0	±(0.07~0.10)	
		425	3.7			
		450	2.9			

(2) 蒸汽流量（表 8.12-27）

表 8.12-27 蒸汽流量　　　　　　　　　　单位：kg/h

进口压力 /MPa	减压压力 /MPa	绝对压力 /MPa	公称尺寸 DN/mm						
			25	32	40	50	65	80	100
2.0	0.6~1.4	<ε	1545.9	2527.9	4786.8	7584.8	11580.8	19094.2	19094.2
	2.0	0.7	1416.8	2315.2	4383.5	6947.2	10608.0	17485.4	17485.4
	2.7	0.93	788.8	1289.0	2440.6	3868.2	5906.2	9735.3	9735.3
3.7	0.7~1.8	<ε	1958.1	3201.9	6063.3	9607.4	14669.0	24186.0	24186.0
	2.5	0.68	1626.5	2983.2	5649.4	8954.1	13671.0	22535.0	22535.0
	3.0	0.816	1517.5	2477.9	4691.7	7436.1	11353.8	18714.7	18714.7
4.1	0.8~2.0	<ε	2164.0	3538.9	6701.5	10618.7	16213.1	26731.9	26731.9
	2.5	0.62	2099.3	3432.3	6498.7	10300.1	15726.7	25922.6	25922.6
	3.0	0.74	1900.2	3106.8	5882.3	9323.2	14235.1	23464.0	23464.0
4.7	0.9~2.3	<ε	2473.4	4044.5	7658.9	12135.6	18529.3	30550.7	30550.7
	2.5	0.54	2463.5	4027.6	7626.1	12087.1	18455.1	30120.0	30120.0
	3.0	0.65	2359.6	3857.9	7304.6	11577.1	17676.9	29137.2	29137.2
5.2	1.0~2.6	<ε	2731.1	4165.8	8456.7	13399.8	20459.4	33733.0	33733.0
	3.0	0.58	2698.6	4411.6	8352.9	13238.9	20213.9	33318.9	33318.9

(3) 主要零件材料（表 8.12-28）

表 8.12-28 零件材料

零件名称	阀体、上阀盖、下阀盖	主副阀瓣、主副阀座、活塞	主副弹簧	调节弹簧	膜片	活塞环
材料	碳素铸钢	不锈钢	铬钒钢	硅锰钢	不锈钢带	合金耐磨铸铁

（4）主要外形尺寸和连接尺寸（表8.12-29）

表8.12-29

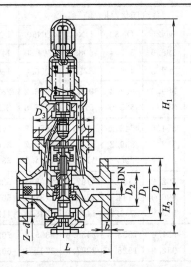

单位：mm

公称压力 /MPa	公称尺寸 DN/mm	L	D	D_1	D_2	D_6	b	f	Z-d	D_3	H_1	H_2	重量 /kg
4.0	25	200	115	85	65	58	16	2	4-ϕ14	130	110	370	18
	32	220	135	100	78	66	18	2	4-ϕ18	135	120	380	23
	40	240	145	110	85	76	18	3	4-ϕ18	150	125	395	28
	50	270	160	125	100	88	20	3	4-ϕ18	160	130	405	33
	65	300	180	145	120	110	22	3	8-ϕ18	180	140	410	40
	80	330	195	160	135	121	22	3	8-ϕ18	200	165	445	54
	100	380	230	190	160	150	24	3	8-ϕ23	200	170	455	60
	125	450	270	220	188	176	28	3	8-ϕ25	246	195	475	100
	150	500	300	250	218	204	30	3	8-ϕ25	260	195	475	115
6.4	25	200	135	100	78	58	22	2	4-ϕ18	130	110	370	23
	32	220	150	110	82	66	24	2	4-ϕ23	135	125	380	28
	40	240	165	125	95	76	24	3	4-ϕ23	150	130	395	34
	50	270	175	135	105	88	26	3	4-ϕ23	160	135	405	40
	65	300	200	160	130	110	28	3	8-ϕ23	180	145	410	52
	80	330	210	170	140	124	30	3	8-ϕ23	200	170	445	68
	100	380	250	200	168	150	32	3	8-ϕ25	200	175	455	78
	125	450	295	240	202	176	36	3	8-ϕ30	246	195	475	115
	150	500	340	280	240	204	38	3	8-ϕ34	260	195	475	130

8.12.2.10 先导波纹管式减压阀

（1）主要性能规范（表8.12-30）

表8.12-30 性能规范

公称压力 /MPa	壳体试验压力 /MPa	密封试验压力 /MPa	进口工作压力 /MPa		出口压力 /MPa	出口压力偏差 /MPa	适用介质	工作温度 /℃
1.6	2.4	1.6	<200℃	1.6	0.05～1	±0.05	蒸汽、空气	常温
			>200℃	1.5				

注：每种规格的先导波纹管式减压阀备有0.05～0.4MPa、0.4～1.0MPa两种调节弹簧来调节各种不同的减压压力，用户根据出口压力选用。

（2）蒸汽、空气流量表（表 8.12-31）

表 8.12-31　蒸汽、空气流量

进口压力/MPa	减压压力/MPa	蒸汽流量/(kg/h)					空气流量/(kg/h)				
		DN20	DN25	DN32	DN40	DN50	DN20	DN25	DN32	DN40	DN50
0.3	0.1	127.1	198.6	325.4	508.4	794.4	141.9	222.0	363.6	568.2	888.0
0.4	0.1~0.2	168.0	262.5	430.1	672.0	1050.0	189.2	296.0	484.8	757.6	1184.0
0.6	0.1~0.3	249.0	389.0	637.4	996.0	1556.2	283.8	444.0	727.2	1136.4	1776.0
	0.4	244.1	381.4	625.0	976.6	1525.8	272.3	426.1	697.6	1090.4	1704.3
0.8	0.1~0.4	329.4	514.6	843.1	1317.4	2058.3	378.4	592.0	969.6	1515.2	2368.0
	0.5	329.9	512.2	839.2	1311.2	2048.7	370.4	579.6	949.2	1483.3	2318.2
	0.6	302.8	473.4	706.3	1103.6	1724.3	335.3	524.6	859.2	1342.6	2098.3
1.1	0.1~0.5	449.4	702.2	1150.5	1797.6	2808.3	520.3	814.0	1333.2	2083.4	3256.0
	0.7	446.0	696.9	1141.8	1784.1	2787.5	507.3	793.7	1330.0	2031.5	3174.9
	0.9	373.7	583.9	956.7	1494.8	2335.5	412.7	645.7	1057.5	1652.6	2582.8
1.5	0.1~0.7	608.9	951.4	1558.0	2435.6	3805.5	709.5	1110.0	1818.0	2841.0	4440.0
	1.0	597.0	932.8	1528.3	2387.9	3731.1	608.9	1065.2	1744.6	2726.3	4280.1

（3）主要零件材料（表 8.12-32）

表 8.12-32　零件材料

零件名称	阀体、上阀盖、下阀盖	主副阀瓣、主副阀座	波纹管、膜片	主弹簧	调节弹簧
材料	铸铁	不锈钢	不锈钢带	铬钒钢	硅锰钢

（4）主要外形尺寸和连接尺寸（表 8.12-33）

表 8.12-33　主要尺寸

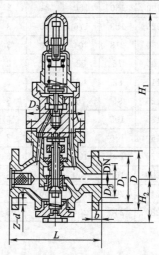

单位：mm

公称尺寸 DN/mm	L	D	D_1	D_2	b	$Z-d$	D_3	H_1	H_2	重量/kg
20	160	105	75	55	16	4-ϕ14	102	76	274	14
25	180	115	85	65	16	4-ϕ14	102	74	278	15
32	200	135	100	78	18	4-ϕ18	126	95	290	16
40	230	145	110	85	18	4-ϕ18	155	105	310	21.5
50	250	160	125	100	20	4-ϕ18	155	105	310	26.5
65	260	180	145	120	20	4-ϕ18	160	125	325	31.5

8.12.2.11　直接作用波纹管式减压阀

(1) 主要性能规范（表8.12-34）

表8.12-34　性能规范

公称压力/MPa	试验压力/MPa	进口压力/MPa	出口压力/MPa	进口与出口的最小压力差/MPa	适用介质
1.0	1.5	1.0～0.25	0.4～0.05	≥0.2	蒸汽、空气、水

(2) 主要零件材料（表8.12-35）

表8.12-35　零件材料

零件名称	阀体、阀盖	阀瓣、密封圈	波纹管	阀杆	调节弹簧	辅弹簧
材料	灰铸铁	ZCuZn40Pb2	1Cr18Ni9Ti	2Cr13	60Si2Mn	50CrVA

(3) 主要外形尺寸和连接尺寸（表8.12-36）

表8.12-36

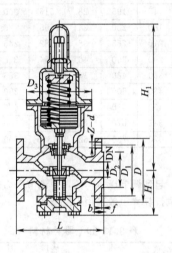

单位：mm

公称尺寸 DN/mm	L	D	D_1	D_2	D_3	b	f	H	H_1	Z-d	重量/kg
20	140	105	75	55	136	16	2	87	293	4-ϕ14	6.5
25	160	115	85	65	136	16	2	87	293	4-ϕ14	8.5
32	180	135	100	78	136	18	2	92	293	4-ϕ18	11
40	200	145	110	85	136	18	3	100	303	4-ϕ18	14
50	230	160	125	100	136	20	3	106	308	4-ϕ18	16.5

8.12.2.12　杠杆式减压阀

该阀主要配套在减温减压装置上，起到调节压力的作用。减压比一般用0.6较合适，一般选用DKJ-310电动执行装置，DN500阀选用DKJ-510电动执行装置较合适。

(1) 主要零件材料（表8.12-37）

表8.12-37　零件材料

零件名称	阀体、阀盖	阀瓣	阀杆	阀座
Y45Y-64/100/200	WCB	2Cr13	38CrMoAlA	1Cr18Ni9Ti
Y45Y-64Ⅰ/100Ⅰ/200Ⅰ	ZG20CrMo	1Cr18Ni9Ti		

(2) 主要外形尺寸和连接尺寸（表 8.12-38）

表 8.12-38　主要尺寸

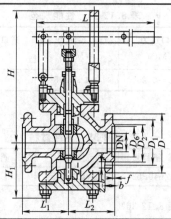

单位：mm

公称压力 /MPa	公称尺寸 DN/mm	D_6	D_2	D_1	D	b	H	H_1	L	L_1	L_2	$Z\text{-}d$	重量 /kg
10.0	50	88	112	145	195	28	515	200	565	150	150	4-φ25	56.97
	80	121	150	180	230	34	555	220	650	190	190	8-φ25	102.5
	100	150	172	210	265	38	582	245	800	200	200	8-φ30	145.0
	150	204	250	290	350	46	654	318	800	225	225	12-φ34	211.5
	200	260	312	360	430	54	725	355	800	250	250	12-φ41	338.0
	250	313	382	430	500	60	750	390	800	275	275	12-φ41	406.37
6.4	300	364	412	460	530	54	918	475	900	355	395	16-φ41	567.0
	400	474	525	585	670	66	1080	660	1000	400	550	16-φ48	1114.0
4.0	500	576	612	670	755	62	1636	800	1000	450	680	20-φ48	2024.0

8.12.2.13　杠杆式减温减压阀

该阀主要配套在减温减压装置上，起到调节压力与温度。调节压力时的减压比一般用 0.6 较合适；调节温度时要与节水分配阀配套使用。电动执行装置一般选用 DKJ-310。

(1) 主要零件材料（表 8.12-39）

表 8.12-39　零件材料

零件名称	阀体、阀盖	阀瓣	阀杆	阀座
WY45Y-64/100	WCB	2Cr13	38CrMoAlA	1Cr18Ni9Ti
WY45Y-64Ⅰ/100Ⅰ	ZG20CrMo	1Cr18Ni9Ti		

(2) 主要外形尺寸和连接尺寸（表 8.12-40）

表 8.12-40　主要尺寸

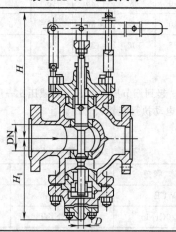

单位：mm

续表

公称压力/MPa	公称尺寸 DN/mm	D	H	H_1	重量/kg
10.0	50	10	515	260	57.17
	80	20	555	305	105.8
	100	20	582	320	154
	150	32	654	400	215
	200	32	725	420	352.8
	250	32	750	455	421
6.4	300	34	918	574.5	593
	400	50	1080	750	1138

8.12.2.14 减压稳压阀

该阀采用卸荷机构减小了进口压力变化对减压阀出口压力的影响，同时加大了出口压力的作用面积，即加大了敏感元件的作用面积，从而减小了阀门出口压力偏差，提高了减压阀的稳压精度。

(1) 主要性能规范（表 8.12-41）

表 8.12-41 性能规范

型 号	进口压力/MPa	试验压力/MPa	出口压力/MPa	出口压力偏差	工作温度/℃	适用介质
YW42F/X-16	≤1.6	2.4	0.1~0.8	≤5%	≤70	水、空气
YW42F/X-25	≤2.5	3.8	0.1~0.2			

(2) 主要零件材料（表 8.12-42）

表 8.12-42 零件材料

型 号	阀体、上盖、下盖	阀座、卸荷活塞	膜片	调节弹簧和阀座弹簧
YW42F/X-16	灰铸铁	不锈钢	丁腈橡胶	铬钒钢
YW42F/X-25	铸钢			

(3) 主要外形尺寸和连接尺寸（表 8.12-43）

表 8.12-43 主要尺寸

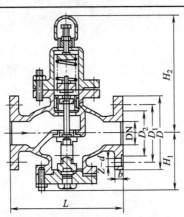

公称通径/mm	尺寸/mm							
YW42F/X-16	L	D	D_1	D_2	b	Z-d	H_1	H_2
20	160	105	75	85	16	4-ϕ14	85	220
25	180	115	85	68	16	4-ϕ14	100	245
32	200	135	100	78	18	4-ϕ18	100	245
40	220	145	110	88	18	4-ϕ18	105	260
50	250	160	125	102	20	4-ϕ18	105	260

续表

公称通径/mm	尺寸/mm							
	L	D	D_1	D_2	b	$Z-d$	H_1	H_2
65	280	180	145	122	20	4-ϕ18	105	260
80	310	195	160	133	22	8-ϕ18	160	380
100	350	215	180	158	24	8-ϕ18	160	380
125	400	245	210	184	26	8-ϕ18	200	500
150	450	260	240	212	28	8-ϕ23	200	500
200	500	335	295	268	30	12-ϕ23	260	650

YW42F/X-25

公称通径/mm	尺寸/mm							
	L	D	D_1	D_2	b	$Z-d$	H_1	H_2
20	160	105	75	58	16	4-ϕ14	85	230
25	180	115	85	68	16	4-ϕ14	100	265
32	200	135	100	78	18	4-ϕ18	100	265
40	220	145	110	88	18	4-ϕ18	105	270
50	250	160	125	102	20	4-ϕ18	110	280
65	280	180	145	122	22	4-ϕ18	115	285
80	310	195	160	133	22	8-ϕ18	310	410
100	350	230	180	158	24	8-ϕ22	360	420

9 管道应力与支吊架

9.1 管道应力分析

9.1.1 应力分析的内容

9.1.1.1 管系上作用的荷载

管系上的应力主要是由于管系上作用的荷载引起（当然还有管系在制造和安装时产生的残余应力），通常作用到管系上的荷载分类如下。

(1) 引起一次应力的荷载

① 装置运转时产生内压力、外压力，因为在运转条件下管内压力或管外压力差有种种变化，所以取最高温度和压力作为设计条件。

② 装置运转时产生压力脉动，受到机泵输运设备的压力脉动和喘振的作用。

③ 管系长期承受一定质量作用，其中包括管道、阀门、管件，管内流体及隔热材料质量等，及其集中荷载等。

④ 仅在瞬间或短时间内管系承受的荷载

a. 管内气体或蒸汽，在停工时由于大气的冷却使管内产生减压或大气温度上升、太阳直照使管内流体压力上升。

b. 试验荷载，试压时管系承受的水压和水重等荷载。

c. 管系在开始运转时和停工时所受的各种短期荷载。

d. 压力冲击、泵等在启动、关闭时及水锤现象所产生的压力冲击波。

e. 风力地震、紧急事故短期荷载。

(2) 引起二次应力的荷载

① 热膨胀变形产生的荷载。

② 安装时残余荷载或冷紧产生荷载。

③ 与管系连接的设备不均匀的下沉及管系支点（固定点）相对位移。

9.1.1.2 静力分析

(1) 一次应力分析

管系承受上述一次应力荷载（持续外载）作用产生的应力属于一次应力。一次应力是非自限性的，超过某一限度，将使管系整体变形直至破坏。管道在工作状态时管壁将产生内压周向应力，轴向应力和径向应力，在持续外载作用下产生持续外载轴向应力、弯曲应力和扭转应力，其中由于外载产生的扭转应力很小，可以认为外载弯曲应力和扭转应力组合的当量应力方向，基本上是沿着管子轴向的。因此管道在内压和持续外载联合作用下，管壁上三个主应力仍为周向应力、轴向应力（包括内压轴向应力、持续外载轴向应力和当量应力）和内压径向应力。按照最大剪切应力理论，内压和持续外载合成的轴向应力最大值大于或等于内压周向应力时，可得应力为：

$$\sigma = (\sigma_{zhp} + \sigma_{zhw} + \sigma_w) - \sigma_{jxp} \tag{9.1-1}$$

式中　σ_{zhp}——内压轴向应力；

　　　σ_{zhw}——持续外载轴向应力；

　　　σ_w——持续外载当量应力；

　　　σ_{jxp}——内压径向应力。

$$\sigma_{zhp} = \frac{p_{is} D_n^2}{4(D_n + S)S} \tag{9.1-2}$$

$$\sigma_{jxp} = \frac{p_{is}}{2} \tag{9.1-3}$$

$$\sigma_{zhw} = \frac{p_{zhw}}{A} \tag{9.1-4}$$

$$\sigma_w = \frac{mM_w}{Wf} \tag{9.1-5}$$

式中　p_{js}——计算压力，kgf/cm^2（$1kgf/cm^2 = 98.0665kPa$）；

D_n——管子内径，cm；

S——管子壁厚，cm；

p_{zhw}——持续外载轴向力，kgf（$1kgf = 9.80665N$）；

M_w——持续外载当量力矩，$kgf \cdot cm$（$1kgf \cdot cm = 0.098N \cdot m$）；

A——管壁断面积，cm^2；

W——管壁断面抗弯矩，cm^3；

m——应力加强系数；

ϕ——环向焊缝系数；对于碳钢、低合金钢取 $\phi = 0.9$，对于高铬钢取 $\phi = 0.7$。

（2）二次应力分析

管道由于热胀冷缩等引起二次应力荷载的作用而产生的应力属二次应力。其特征是具有自限性，当管道局部屈服和小量变形时应力就会自动降低下来，二次应力产生的破坏，是在反复交变应力作用下引起的疲劳破坏。对于二次应力的限定，是采用许用应力范围和控制一定的交复循环次数。

因热胀而产生的合成应力 σ_E 是按照最大剪切应力理论合成的，即热应力是由于轴向力、剪切力、弯曲力矩和扭矩而产生的合应力，在普通形状的管系中，轴向力和剪切力同弯曲和扭矩相比甚小可以忽略不计，按最大剪切应力理论简化，热应力近似计算为：

$$\sigma_E = \sqrt{\sigma_h^2 + 4\tau^2} \tag{9.1-6}$$

式中　σ_h——由合成弯曲力矩产生的应力，kgf/cm^2；

τ——由扭矩产生的扭应力，kgf/cm^2。

对于直管：

$$\sigma_h = \frac{\sqrt{M_{b1}^2 + M_{b2}^2}}{W} \tag{9.1-7}$$

对于光滑的弯头和斜接弯头：

$$\sigma_h = \frac{\sqrt{(I_i M_i)^2 + (I_o M_o)^2}}{W} \tag{9.1-8}$$

$$\tau = \frac{M_t}{2W} \tag{9.1-9}$$

式中　M_{b1}——管段所在平面内的弯矩，$kgf \cdot cm$；

M_{b2}——与管段所在平面成垂直的平面的弯矩，$kgf \cdot cm$；

I_i——平面内应力集中系数；

I_o——平面外应力集中系数；

M_i——平面内弯矩，$kgf \cdot cm$；

M_o——平面外弯矩，$kgf \cdot cm$；

M_t——扭矩，$kgf \cdot cm$。

（3）管系对设备和固定点的作用力

管系对端点（设备和固定点）的推力（力和力矩），由引起一次应力的持续外载、支座摩擦力和引起二次应力的荷载（热胀冷缩）等联合作用在端点上。

$$N = N_P + N_F + N_E \tag{9.1-10}$$

式中　N——作用在端点的合成力；

N_P——持续外载作用在端点的力；

N_F——摩擦力反作用在端点的力；

N_E——引起二次应力的荷载作用在端点的力（弹性力等）。

各种不同摩擦副的滑动支座摩擦系数如下：

钢对钢滑动摩擦 $\mu=0.3$

钢对钢滚动摩擦 $\mu=0.1$

不锈钢对聚四氟乙烯滑动摩擦 $\mu=0.1$

钢对混凝土滑动摩擦 $\mu=0.6$

（4）管系支吊架的受力

管系对支吊架的作用力（力和力矩），由于引起一次应力的持续外载，引起二次应力的荷载（热胀冷缩），支座摩擦力，及设备、支座的沉降等联合作用在支吊架上，可以通过计算机计算出管系对各支吊架的作用力。

9.1.1.3 动力分析

化工管道的振动，经常会引起管系和管架的疲劳破坏，建筑物诱发振动和噪声等，严重地影响整个装置的正常运行。化工管道中常遇到的振动有往复式压缩机及往复泵进出口管道的振动，两相流管道呈柱塞流时的振动，水锤现象，安全阀排气系统产生振动，风载荷、地震载荷引起振动等。

管系设计时要考虑防止或控制管道发生振动和共振，对振动管系特别是往复式压缩机、往复泵的管系，重点进行以下动力分析。

（1）气（液）柱固有频率分析，使其避开激振力的频率。

（2）压力脉动不均匀度分析，将压力不均匀度控制在允许范围内。

（3）管系结构振动固有频率、振动及各节点的振幅及动应力分析，通过设置防振支架，优化管道布置消除过大管道振动。

为避免发生管系共振，应使气（液）柱固有频率、管系的结构固有频率与激振力频率错开。

9.1.1.4 进行应力分析的范围

（1）进出加热炉及蒸汽发生器的高温管道。

（2）进出汽轮机的蒸汽管道。

（3）进出离心压缩机、透平鼓风机的工艺管道。

（4）进出离心分离机的工艺管道。

（5）进出高温反应器的管道。

（6）锅炉规范中规定要进行柔性分析的管道。

（7）与空冷器连接的管道（公称管径 DN≥150mm 的连接管口的管道；温度等于或高于 120℃ 的连接管口的管道）。

（8）与炉子连接的管道（公称管径 DN≥150mm 的连接管口的管道；温度等于或高于 230℃ 的连接管口的管道）。

（9）一般管道

① 温度等于或高于 340℃ 的所有管道。

② 所有冷箱（整体冷装置）的管道。

③ 公称管径 DN≥150mm 而且温度等于或高于 230℃，或者温度等于或小于 −20℃ 的所有管道。

④ 连接到按《钢制石油化工压力容器设计规定》设计的压力容器的重要管道。

⑤ 所有重要工艺管道和内部绝热管道。

⑥ 公称管径 DN≥150mm 的管廊上的管道。

⑦ 所有铝及铝合金的管道。

⑧ 所有衬里的管道。

（10）利用图表或其他简化法初步分析后，表明需要进一步详细分析的管道。

（11）与有受力要求的其他设备相连的管道。

9.1.1.5 不进行应力分析的管道

（1）与运行良好的管道柔性相同或基本相当的管道。

（2）和已分析的管道比较，确认有足够柔性的管道。

（3）对具有同一直径、同一壁厚、无支管、两端固定、无中间约束并能满足下式要求的非剧毒介质管道。

$$\frac{D_0 Y}{(L-U)^2} \leqslant 208.4 \qquad Y = \sqrt{\Delta X^2 + \Delta Y^2 + \Delta Z^2} \tag{9.1-11}$$

式中 D_0——管子外径，mm；

    Y——管段总位移，mm；

    U——管段两固定点间的直线距离，m；

L——管段在两固定点间的展开长度，m；

ΔX、ΔY、ΔZ——分别为管段在 X、Y、Z 轴方向的位移，mm。

式（9.1-11）不适用于下列管道：

① 在剧烈循环条件下运行，有疲劳危险的管道；

② 大直径薄壁管道（管件应力增强系数 $i \geqslant 5$）；

③ 端点附加位移量占总位移量大部分的管道；

④ $L/U > 2.5$ 的不等腿 U 形弯管管道，或近似直线的锯齿状管道。

9.1.2 热应力计算基础

9.1.2.1 热膨胀量计算

大部分工程材料，单位长度热胀量近似地与温度成线性关系。如管系温度变化均匀，它沿各坐标轴方向的热胀量（线位移）等于管系在该轴上的投影长度与单位线胀量（线位移）的乘积，其热胀方向为管系两端点连线的方向。图 9.1-1 所示为中间有一固定点的平面管系（实际上已分割为两个管系①和②），其两端自由膨胀的膨胀量和热胀方向。

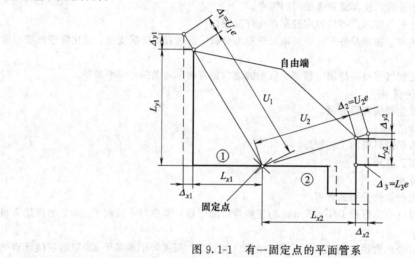

图 9.1-1　有一固定点的平面管系

由于　$\Delta = Le$　$U_1 = \sqrt{L_{x1}^2 + L_{y1}^2}$

所以　　　　　$\Delta_{x1} = L_{x1}e$　$\Delta_{y1} = L_{y1}e$　$\Delta_1 = \sqrt{(\Delta_{x1})^2 + (\Delta_{y1})^2} = U_1 e$　　　(9.1-12)

同理，可求得　　$\Delta_{x2} = L_{x2}e$　$\Delta_{y2} = L_{y2}e$　$\Delta_2 = U_2 e$　　　(9.1-13)

式中　　Δ、Δ_1、Δ_2——管系线胀量和管系①②的线胀量，cm；

　　　　L、U_1、U_2——管系长度和管系①②两端点间距离，m；

　　　　　　　　e——管单位长度的线胀量，cm/m；

Δ_{x1}、Δ_{y1}、Δ_{x2}、Δ_{y2}——管系①②在 x、y 轴上的线胀量，cm/m；

L_{x1}、L_{y1}、L_{x2}、L_{y2}——管系①②在 x、y 轴上的投影长度，m。

通常管系不止一个固定点，而是两端固定，如图 9.1-2 所示。

$$\Delta_x = L_x e$$
$$\Delta_y = L_y e$$
$$\Delta = Ue = \sqrt{L_x^2 + L_y^2}\, e$$

式中　Δ_x、Δ_y、Δ——管系在 x、y 轴上和总的线胀量，cm；

　　　L_x、L_y、U——管系在 x、y 轴上的投影长度和两端点的距离，m。

对于空间管系，同样可以得到：

$$\left.\begin{array}{l} \Delta_x = L_x e \qquad \Delta_y = L_y e \qquad \Delta_z = L_z e \\ \Delta = \sqrt{\Delta_x^2 + \Delta_y^2 + \Delta_z^2} = \sqrt{L_x^2 + L_y^2 + L_z^2}\, e \end{array}\right\}$$
　　　(9.1-14)

式中　Δ、Δ_x、Δ_y、Δ_z——管系总的线胀量和在 x、y、z 轴上的线胀量，cm；

　　　　L_x、L_y、L_z——管系在 x、y、z 轴上的投影长度，m；

　　　　　　　　e——管单位长度的线胀量，cm/m。

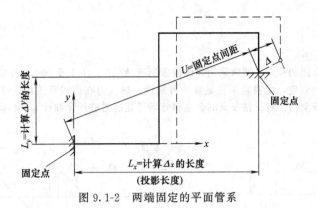

图 9.1-2 两端固定的平面管系

9.1.2.2 补偿量计算

由于管系两端多与设备相接，而设备因热胀或基础下沉产生位移，这时管系的补偿值应包括热胀量和附加端点位移，即：

$$\left.\begin{array}{l}\Delta_x=\Delta_{x_A}-\Delta_{x_B}-\Delta_{x_t}\\[4pt]\Delta_y=\Delta_{y_A}-\Delta_{y_B}-\Delta_{y_t}\\[4pt]\Delta_z=\Delta_{z_A}-\Delta_{z_B}-\Delta_{z_t}\end{array}\right\} \tag{9.1-15}$$

式（9.1-15）是从许多例题中总结出来的公式，一般假定管系的某一固定点 A 为坐标原点，并解除 A 点约束。这时其线胀方向与坐标轴同向者取"＋"，反之取"－"；端点位移方向与坐标轴同向者取"＋"，反之取"－"值。

9.1.2.3 热应力计算

管系受到温度的作用，产生热胀冷缩的变形，由于管系受到端点（设备及固定点）及支座等约束，阻止管系自由变形，因此管系上受到约束力（力和力矩）作用，也就必然在管系各点产生各种大小不等的应力。由虎克定律可知，对于直管来说应力与应变的关系为：

$$\sigma=E_t e=E_t \frac{\Delta l}{l}=E_t \alpha_t \Delta t \tag{9.1-16}$$

式中　σ——应力，kgf/cm^2；

E_t——钢材在计算温度下的弹性模数；

Δl——管子的膨胀量，cm；

l——管子的长度，cm；

α_t——钢材在计算温度下的线膨胀系数；

Δt——温升，℃。

9.1.3 热应力分析方法

热应力的严密解析式非常复杂而且必须进行大量的计算。例如：无分支的几何形状简单的管系需手算几天，何况实际上多为有分支管和受种种约束条件的管系，用手算进行严密解析是不可能的。利用电子计算机可进行热应力的严密解析。因为解法复杂迄今已有很多近似的解法在文献上发表。

对于不能利用电子计算机的场合和几何形状简单的管系可用近似解法进行计算。但是，实际运用到管系的计算上，多以材料力学作为计算和判断的依据。作为有代表性的管系，热应力解析方法举例如下。

① 简支梁法（导向悬臂法）。

② 力矩分配法。

③ 弹性中心法。

④ 面积力矩法。

⑤ 变形能法。

⑥ 矩阵解析法。

⑦ 除上述用数学的解析方法外还有利用图表解析的方法，如：凯洛格（Kellogg）法、特拨吞（Tube Turn）法等。

⑧ 有限元法。

⑨ 挠性判断法。

⑩ ANSI 判断法。

9.1.3.1　ANSI 判断法

对一般非输送有毒介质的管系，通常采用美国国家标准 ANSI B31.1 及 B31.3 介绍的判断式进行判断（见图 9.1-3）。满足判断式的规定，说明管系有足够的可挠性，热应力在许可范围内，可不再进行详细计算。但是，这种判断结果是偏安全的。对价格昂贵的合金钢管系可能还需进行详细计算，在确保安全的前提下设计出最经济的管系。

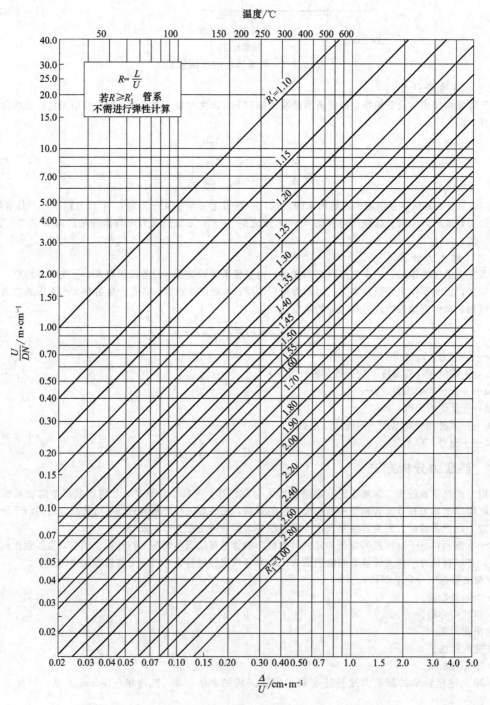

图 9.1-3　ANSI B31.3 判断式线算图（适用于碳钢、低铬钼钢）

ANSI B31.1 编制判断式时，假定：

① 管段两端为固定点；

② 管段内管子的管径、壁厚、材料都是一致的；

③ 管段上无支管引出；

④ 管段的冷热周期少于 7000 次。

对一般碳钢管，冷热交变小于 7000 次时，可忽略温度对许用应力和弹性模量的影响，判断式为式（9.1-11）。

9.1.3.2　导向悬臂法

导向悬臂法（又称简支梁法）的基本原理是将框架的解析应用于局部的解析方法，可用于任何形状的两端固定的管系，计算结果是偏安全的。使用时有以下假设：

① 管系由直管组成，只有两端固定，管系内管子的直径不变，壁厚相同，交角成直角；

② 所有的管段都与坐标轴平行；

③ 管系每段的热膨胀由与此管段相垂直的管段吸收；

④ 假定管段所能吸收的热膨胀量与其刚性成反比，由于管截面不变，所以管段吸收的热膨胀量与长度 L 的三次方成比例；

⑤ 管系的一端固定，另一端为带导向支座的悬臂梁，管端在热膨胀时发生线位移，使管段稍有弯曲，但端部不允许发生角位移。

简单的 L 形管系用导向悬臂法时的示意见图 9.1-4。

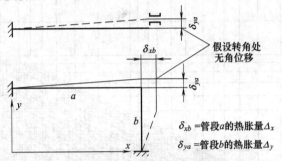

图 9.1-4　平面管系带导向支座时的位移

根据上述假定③和④，可以求出管系在 x 方向的热膨胀吸收量，同理可得 y、z 方向的热膨胀吸收量。

$$
\left.
\begin{aligned}
\delta_x &= \frac{L^3}{\sum L_y^3 + \sum L_z^3}\Delta_x \\
\delta_y &= \frac{L^3}{\sum L_x^3 + \sum L_z^3}\Delta_y \\
\delta_z &= \frac{L^3}{\sum L_x^3 + \sum L_y^3}\Delta_z
\end{aligned}
\right\}
\tag{9.1-17}
$$

式中　δ_x，δ_y，δ_z——x、y、z 方向的变形量，cm；

　　　　L——计算管段的长度，m；

　Δ_x，Δ_y，Δ_z——x、y、z 方向管系的总热胀量，cm；

　L_x，L_y，L_z——管系在 x、y、z 轴上的投影长度，m。

由假设⑤，图 9.1-4 所示的悬臂可写成：

$$
\delta = \frac{3331.6 L^2 S_A}{E \times DN}
\tag{9.1-18}
$$

式中　δ——允许变形量，cm；

　S_A——许用应力范围，kgf/cm²；

　　L——计算管段长度，m；

　　E——弹性模数，kgf/cm²；

　DN——管子公称直径，cm。

为了便于计算，按 $E = 2.04 \times 10^6$ kgf/cm² 绘制成线算图（见图 9.1-5）。计算时，先由式（9.1-17）算出 δ_x、δ_y、δ_z；由图 9.1-5 求出每管段的 δ 值。若 δ_x、δ_y、δ_z 都小于求得的 δ 值，表示整个管系有足够的挠性。$\delta > \delta_{\max}$（$\delta_{\max}$ 是 δ_x、δ_y、δ_z 中的最大值），管系是安全的。计算时，考虑到由于计算管段邻近管段的微量角位

移减少了作用在弯头的力矩，要用系数 f 进行修正（f 值由图 9.1-6 根据管段的位置和邻近管段的长度比查得）。若修正后的位移量 $f\delta$ 大于 δ_{max}，此管系是安全的。$\delta_{max}/f\delta$ 是实际应力与许用应力的比值，因此可写成：

$$S_E = \frac{\delta_{max}}{f\delta} S_A \tag{9.1-19}$$

式中　S_E——计算热应力，kgf/cm^2；

　　　S_A——许用应力范围，kgf/cm^2；

　　　δ——由图 9.1-5 查得的允许位移量，cm；

　　　f——由图 9.1-6 查得的修正值。

　　计算力矩：

$$M_b = \frac{S_E W}{100} \tag{9.1-20}$$

式中　M_b——最大力矩，kgf/m；

　　　W——断面模数，cm^3。

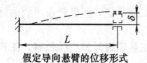

假定导向悬臂的位移形式

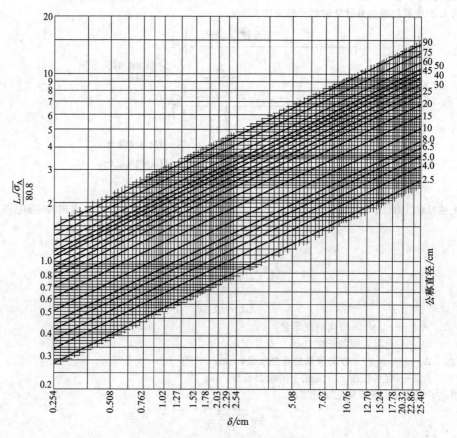

图 9.1-5　导向悬臂计算图

注：L——管长，m；δ——横向位移，cm；$E=2.04\times10^6\,kgf/cm^2$；$\sigma_A=1.25\sigma_c+0.25\sigma_h\,kgf/cm^2$

9.1.4　管系安全性判断

9.1.4.1　管道的一次允许应力

　　管道的一次应力 S_L 不得超过设计温度下管道材料的许用应力 S_h，即：

$$S_L \leqslant S_h \tag{9.1-21}$$

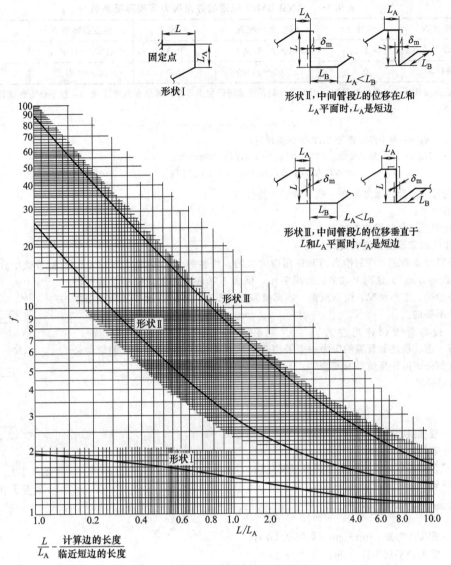

图 9.1-6 导向悬臂法的修正系数 f

9.1.4.2 管道的二次允许应力

管道的二次应力 S_E 不得超过许用应力范围 S_A，即：

$$S_E \leqslant S_A = f(1.25 S_C + 0.25 S_h) \qquad (9.1\text{-}22)$$

式中 f——在预期寿命内，考虑循环总次数影响的许用应力范围降低系数，见表 9.1-1；

S_C——管子材料在 20℃时的许用应力，MPa；

S_h——管子材料在设计温度下的许用应力，MPa。

若 S_h 大于 S_L，其差值可以加到式（9.1-22）中，在此情况下，许用应力范围为：

$$S_A = f[1.25(S_C + S_h) - S_L] \qquad (9.1\text{-}23)$$

式中 S_L——由内压及持续外载产生的纵向应力，MPa。

9.1.4.3 设备的允许推力和应力

为了防止热管系对设备的推力过大，造成接管及设备的破坏，使动力设备不能安全运行，以及连接处泄漏等，要求将该推力控制在一定的范围内。对各类设备的推力和应力许用值，由于设备类型、工况等复杂因素的影响，很难作出统一的计算或规定，下面介绍一些较为常用的计算式，供设计中参考使用。

正确的规定应由透平机、压缩机、大型泵等制造厂提出，在没有制造厂提供的数据时，可参考有关公式进行验算。当推力和应力超过许用值时，应采取下列各种必要措施，降低推力和应力：

表 9.1-1　ANSI B31.3 规定的许用应力范围降低系数

温度循环数 N	系数 f	温度循环数 N	系数 f	温度循环数 N	系数 f
7000 以下	1.0	14000~22000	0.8	45000~100000	0.6
7000~14000	0.9	22000~45000	0.7	100000 以上	0.5

注：本表主要用于不受腐蚀的管道，因为腐蚀能很快地降低使用寿命，如果有温度变化，可按下面方程式计算出当量全温度循环数 N：

$$N = N_E + r_1^5 N_1 + r_2^5 N_2 + \cdots + r_n^5 N_n$$

式中　　　　　N_E——整个温度变化（ΔT_E）的循环数；

N_1，N_2，…，N_n——较小温度变化（ΔT_1，ΔT_2，…，ΔT_n）的循环数；

r_1，r_2，…，$r_n = \Delta T_1/\Delta T_E$，$\Delta T_2/\Delta T_E$，…，$\Delta T_n/\Delta T_E$。

① 改变管道布置，增加柔性，或加软管、挠性管；

② 采用冷紧；

③ 在接管处设立坚固的支架；

④ 对连接的容器设备接管处进行补强。

过去是靠经验确定允许的推力值和许用应力值的。经验的允许推力大于 1200kgf；接管处组合应力（弯、扭）大于 420kgf/cm²。这两个数字虽沿用多年，但由于对许多因素，如接管直径的大小、设备种类、工作状况、设备质量、容器壁厚等都没有考虑。因此，其理论根据的正确性是不够的。

9.1.4.4　设备管嘴的许用应力

计算塔、槽、换热器管嘴的应力一般采用凯洛格或鲁姆斯（Lummus）的近似公式。这些近似公式的计算值是偏安全的。

（1）凯洛格法

$$S = 0.83\sqrt{\frac{D}{T}} \times \frac{t_n}{T}(F_1 + 1.5F_2) \tag{9.1-24}$$

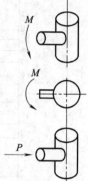

图 9.1-7　设备管嘴受力和力矩

式中　S——管嘴最大应力值，kgf/cm²；

D——容器内径，cm；

T——容器有效壁厚（包括补强板厚度），cm；

t_n——管嘴管壁厚度，cm；

F_1——管嘴的弯曲应力，$F_1 = \dfrac{M}{\pi r_n^2 t_n}$，kgf/cm²；

M——管嘴的弯矩，kgf·cm（见图 9.1-7）；

r_n——管嘴的平均半径，cm；

F_2——管嘴的轴向应力，$F_2 = \dfrac{P}{A}$，kgf/cm²；

P——管嘴轴向力，kgf；

A——管嘴管壁截面积，$A = 2\pi r_n t_n$，cm²。

则式（9.1-24）可写为：

$$S = 0.83\sqrt{\frac{D}{T}} \times \frac{t_n}{T}\left(\frac{M}{\pi r_n^2 t_n} + 1.5\frac{P}{A}\right) \tag{9.1-25}$$

管嘴的断面系数：$Z = \pi r_n^2 t_n$

所以

$$S = 0.83\sqrt{\frac{D}{T}} \times \frac{t_n}{T}\left(\frac{M}{W} + 1.5\frac{P}{A}\right) \tag{9.1-26}$$

根据上式计算得到 $S < S_A$（许用应力范围），则是可行的。

（2）鲁姆斯法

由纵向弯矩产生的应力为：

$$S_1 = \frac{KM}{r_n^2 t^{1.9}} \times 10^5 \tag{9.1-27}$$

由周向弯矩产生的应力为：

$$S_2 = \frac{KM}{r_n^2 t^{1.75}} \times 10^6 \tag{9.1-28}$$

由轴向产生的应力为： $S_3 = \dfrac{KP}{r_n t^{1.75}} \times 10^5$ （9.1-29）

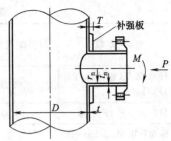

图 9.1-8　设备管嘴受力和力矩

式中　S_1，S_2，S_3——作用于容器的应力，kgf/cm²；

M——管嘴部位的弯矩，见图 9.1-8，kgf·m；

r_n——管嘴半径，mm；

t——设备筒体壁厚，不包括腐蚀余量，mm；

K——直径系数，见图 9.1-9。

要求：　　　　$S_1 + S_2 + S_3 \leqslant 2$　$S_h - S_p$

$$S_p = \frac{pD}{2t}$$

式中　S_h——管材在设计温度下的许用应力，kgf/cm²；

S_p——内压造成的设备圆周环向应力，kgf/cm²；

p——设备设计内压，kgf/cm²；

D——设备筒体内径，mm。

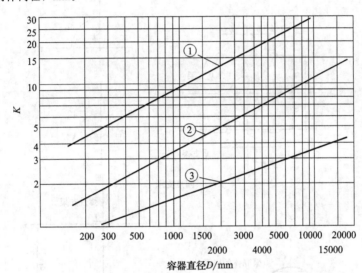

容器直径D/mm

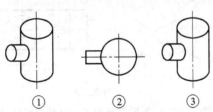

(注：曲线①～③分别对应接管形式①～③)

图 9.1-9　K 值曲线图（鲁姆斯法）

9.1.4.5　泵管嘴的允许荷载

管系的热应力在反复（交变）次数较少时，可允许相当高的应力。容器管嘴受到较大的应力和有较大的变形，不会有什么危险；可是，对机、泵等旋转设备要避免旋转轴线不重合，故机、泵的允许荷载远小于容器的允许荷载。一般机、泵制造厂不提这个要求，在管道设计时若不给予充分的注意就易出事故。凯洛格公司推荐，把泵的接管作为关系的一部分进行计算，求得力矩和螺栓扭矩所产生的合成应力。对于钢制泵体，此值要小于 420kgf/cm²；鲁姆斯公司推荐，作用在铸铁泵体管嘴上的合成应力小于 105kgf/cm²。泵、透平、压力容器的允许荷载值见表 9.1-2，支承方式见图 9.1-10。

罗塞姆（Rossheim）与马克尔（Markl）及沃罗塞威克（Wolwsewick）提出的泵、透平和压力容器的允许推力和力矩值见表 9.1-3。

表 9.1-2 泵、透平、压力容器的允许荷载

允许荷载	罗塞姆-马克尔[1]	四点支承沃罗塞威克(345℃以下)[2]		两点支承沃罗塞威克(345℃以下)[2]	
		实际值	最大允许值	实际值	最大允许值
径向反力(包括立管质量)F_z/kgf	$0.09D_H^3$	44.7D	1800	53.6D	1200
切向反力 F_x、F_y/kgf	$0.042D_H^3$	17.9D	680	15.2D	400
纵向弯矩 M_{zy}/(kgf·m)					115
周向弯矩 M_{zx}/(kgf·m)	$0.0423D_H^3$	12.27D	460	7.73D	253
扭矩 M_{xy}/(kgf·m)					207

① D_H=管外径+7.62cm。

② D=进入管公称直径+出口管公称直径,当温度超过345℃时,每超过28℃,D值减少15%。

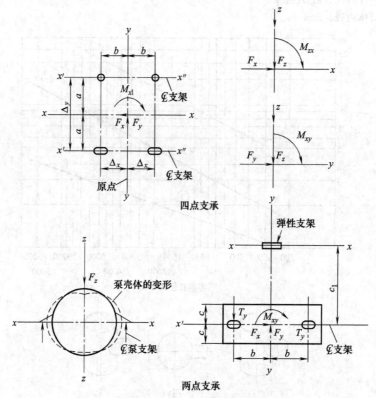

图 9.1-10 不同支承形式的泵的荷载情况

表 9.1-3 离心泵管嘴的允许荷载

允许荷载①		管嘴法兰的公称直径/mm								
		≤50	80	100	150	200	250	300	350②	400②
每个顶部管嘴	F_x/kgf	73	109	145	254	286	544	680	726	862
	F_y(压缩)/kgf	91	136	181	318	499	680	817	907	1043
	F_y(压缩)/kgf	45	68	97	159	240	340	417	454	544
	F_x/kgf	69	91	118	209	318	454	544	590	680
每个侧面管嘴	F_x/kgf	73	109	145	254	386	544	680	726	862
	F_y/kgf	69	91	118	209	318	454	544	590	680
	F_z/kgf	91	136	181	318	499	680	817	907	1043

续表

允许荷载[①]		管嘴法兰的公称直径/mm								
		≤50	80	100	150	200	250	300	350[②]	400[②]
每个端部管嘴	F_x/kgf	91	136	181	318	499	680	817	907	1043
	F_y/kgf	59	91	118	209	318	454	544	590	680
	F_z/kgf	73	109	145	254	386	544	680	726	862
每个管嘴	M_x/(kgf·m)	47	97	136	235	360	512	622	650	747
	M_y/(kgf·m)	36	73	102	180	263	387	470	484	553
	M_z/(kgf·m)	24	48	69	120	180	249	304	318	373

① 在任何一点上的力 F 要分别乘上各自的力臂，加到各力矩中去构成总力矩。

② 这些数值不作为规定，协商后确定。

注：1. 下标 x 表示平行于水平轴线，下标 y 表示平行垂直轴线，下标 z 表示平行于侧面管嘴中心线（见图9.1-11）。

2. 对于透平驱动的立式泵和管道泵采用侧面管嘴的数值；对于电动驱动的立式泵和管道泵，将侧面接管的数值乘2。

凯洛格公司已经采用这一方法规定的允许推力和力矩值，结果颇为满意。美国石油学会 API610 81 石油炼制通用离心泵规范规定，对于排出口径在 DN300mm 以下的铸钢和合金钢制泵壳的管嘴，在制造厂商没有提供数据时，采用表 9.1-3 所列的允许推力及力矩值。

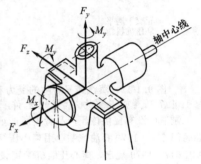

图 9.1-11　泵的管嘴受力分析

9.1.4.6　蒸汽透平管嘴的允许荷载

作用在蒸汽透平管嘴上的允许合力，如果制造厂没有提供力和力矩的允许值时，可采用美国电机制造厂协会的 NEMA-NO.SM-23-1979《机械驱动汽轮机》推荐的计算方法。

① 作用在汽轮机的任一管嘴上合力 F 的许用值为：

$$F \leqslant 30.3D - 1.09M \tag{9.1-30}$$

式中　F——合力，kgf；

M——合成力矩，kgf·m；

D——管嘴尺寸。

当管嘴直径小于 20cm 时，D 即为管嘴的公称直径，当管嘴直径大于 20cm 时：

$$D = \frac{40.6 + 管嘴公称直径}{3} \tag{9.1-31}$$

② 根据作用在进汽口、抽汽口及排汽口的力和力矩，在出口管嘴中心线上的合力和合成力矩，不超过下面两个限制。

$$F_C \leqslant 22.7D_C - 1.64M_C \tag{9.1-32}$$

式中　F_C——进汽管、抽汽管、排汽管的合力，kg；

M_C——进汽管、抽汽管、排汽管的合成力矩，kgf·m；

D_C——面积等于进汽管、抽汽管、排汽管断面之和的圆管直径，cm。

当 $D_C \leqslant 22.5$cm 时：　　$C_C = \sqrt{D_进^2 + D_抽^2 + D_排^2}$ $\tag{9.1-33A}$

当 $D_C > 22.5$cm 时：　　$D_C = \dfrac{45.72 + \sqrt{D_进^2 + D_抽^2 + D_排^2}}{3}$ $\tag{9.1-33B}$

式中　$D_进$——进汽管公称直径；

$D_抽$——抽汽管公称直径；

$D_排$——排汽管公称直径。

这些合成量的分量不应超过下列各值。

合力：$F_x \leqslant 9.1D_C$

　　　$F_y \leqslant 22.7D_C$

　　　$F_z \leqslant 18.1D_C$

力矩：$M_x \leqslant 13.8D_C$

　　　$M_y \leqslant 6.9D_C$

$$M_z \leqslant 6.9D_C$$

式中 F_x、F_y、F_z——合力在 x、y、z 三轴方向分力，（坐标系的规定见图 9.1-12）kgf；

M_x、M_y、M_z——合成力矩的各轴上的分量，kgf·m。

蒸汽透平管嘴的允许外力和力矩的算图见图 9.1-13。

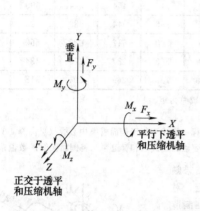

图 9.1-12 蒸汽透平管嘴的受力和力矩

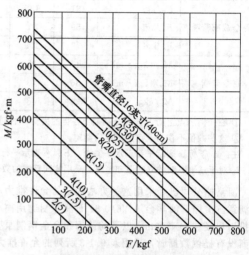

图 9.1-13 蒸汽透平管嘴

9.1.4.7 离心压缩机管嘴的允许荷载

制造厂没有提供该厂产品管嘴所能承受的力和力矩时，离心压缩机管嘴的允许荷载可采用美国石油学会标准 API 617—1979 石油炼制通用离心压缩机和 NEMA-No. SM-23—1979《机械驱动汽轮机》规定的计算方法。API 617—1979 规定，离心压缩机管嘴设计至少能承受 NEMA-No. SM-23—1979（见前节）规定值的 1.85 倍的外力和力矩。图 9.1-14 为压缩机管嘴的允许外力和力矩的算图。

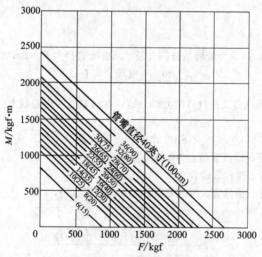

图 9.1-14 压缩机管嘴

9.1.4.8 管壳式换热器管嘴的允许荷载许用应力范围。

换热器管嘴的应力应符合 ANSI B31.3 管道规范所规定的许用应力范围。作用在基础上的力 F 不应超过下面的规定值：

管箱端的基础：	$F \leqslant 0.3 \times 0.6W$	(9.1-34)
浮头端的基础：	$F \leqslant 0.3 \times 0.6W$	(9.1-35)

式中 W——换热器总质量，kg。

作用在换热器管嘴的推力和力矩建议不要超过表 9.1-4 所列数值，此表适用于管口只有两个方向的受力，没有换热器轴线方向的推力；换热器轴线方向的推力可以用限位支架来消除。

表 9.1-4 换热器管道的容许推力和力矩

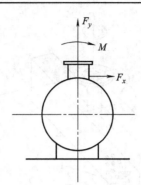

公称直径/mm	径向力 F_y/kgf	切向力 F_x/kgf	力矩 M/kgf·m
40	134	62	6.3
50	184	65	8.6
65	245	113	11.5
80	318	147	14.9
100	506	234	23.7
150	1075	496	50.4
200	1962	906	92.0
250	3239	1495	151.9
300	4975	2297	233.3
350	7243	3343	339.6
400	10111	4667	405.0
450	13652	6301	640.2
500	17936	8279	841.1
600	29016	13392	1360.6
750	52978	24451	2484.2
900	87444	40360	4100.6

9.1.4.9 直接受火加热炉管嘴的允许荷载

直接受火加热炉的允许荷载一般是由制造厂决定的。不仅由于金属温度高而使许用应力降低，而且在接管处管子的允许位移量通常也是加以限制的，尤其是角位移。这些限制是根据管子和加热炉内部耐火衬里之间的间隙来考虑的。此处提供一个近似的估算方法：

作用力 $(35.8\sim53.7)D$ kg（D 为管子的公称直径）；

力矩相当于热态许用应力 1/4 时的弯矩；

接管角位移 0.5°～1°。

9.1.4.10 空冷器管嘴的允许荷载

空冷器管嘴允许的推力和弯矩见表 9.1-5，本表摘自 API 661—2002《炼厂通用空冷换热器》。

9.1.5 热应力和柔性调整

9.1.5.1 增强自然补偿

当管系经过热应力分析后，发现整个管系或局部柔性不足，产生应力过大，对设备或固定点推力超过设备允许值时，首先应考虑增强管系自然补偿的能力，其方法如下：

① 改变管道局部或整体走向，以增强管道；

② 在条件许可的情况下，改变设备及固定管架等布置。

9.1.5.2 调整支吊架

当发现管系柔性很差，或对设备的固定点推力过大时，应在采取上述第 9.1.5.1 节措施外，应同时调整管架布置，改变支吊架的结构型式，包括有：刚性、导向、限位、固定、可变弹簧及恒力弹簧等。

表 9.1-5　空冷器管嘴允许的推力和弯矩

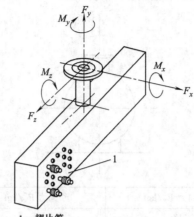

1—翅片管

公称直径 DN(NPS)	弯矩/N·m(ft·lbf)			推力/N(lbf)		
	M_x	M_y	M_z	F_x	F_y	F_z
40(1½)	110(80)	150(110)	110(80)	670(150)	1020(230)	670(150)
50(2)	150(110)	240(180)	150(110)	1020(230)	1330(300)	1020(230)
80(3)	410(300)	610(450)	410(300)	2000(450)	1690(380)	2000(450)
100(4)	810(600)	1220(900)	810(600)	3340(750)	2670(600)	3340(750)
150(6)	2140(1580)	3050(2250)	1630(1200)	4000(900)	5030(1130)	5030(1130)
200(8)	3050(2250)	6100(4500)	2240(1650)	5690(1280)	13340(3000)	8010(1800)
250(10)	4070(3000)	6100(4500)	2550(1880)	6670(1500)	13340(3000)	10010(2250)
300(12)	5080(3750)	6100(4500)	3050(2250)	8360(1880)	13340(3000)	13340(3000)
350(14)	6100(4500)	7120(5250)	3570(2630)	10010(2250)	16680(3750)	16680(3750)

9.1.5.3　增设补偿器

(1) 装置配管时，应尽量利用弯管及 Π 形弯等自然补偿的方法来达到增强柔性的目的，只有当下列情况之一时才设置补偿器：

① 两设备间距较小；

② 为减少管系的压降，在工艺过程中可能经济合理；

③ 由于管系的作用力太大；

④ 需要减震时；

⑤ 低压大直径管道；

⑥ 不均匀沉降的设备管道；

⑦ 旋转设备供水供气和供油的管道。

(2) 补偿器的选用

① 根据管系的特点，选择合适结构型式的补偿器；

② 根据各种补偿器的性能特点和制造厂的要求，选用合理管架型式进行正确的设置。

9.1.5.4　冷紧

冷紧是指在冷态安装时，使管道产生一个初位移和初应力的一种方法。如果热胀产生的初应力较大时，在运行初期，初始应力超过材料的屈服强度而发生塑性变形，或在高温持续作用下，管道上产生应力松弛或发生蠕变现象，在管道重新回到冷态时，则产生反方向的应力，称此现象为自冷紧。

冷紧的目的是将管道的热应变一部分集中在冷态，从而降低管道在热态下的热胀应力和对端点的推力和力矩，也可防止法兰连接处弯矩过大而发生泄漏。但冷紧不改变热胀应力范围。

(1) 冷紧比

为冷紧值与全补偿量的比值。对于材料在蠕变温度下工作的管道，冷紧比宜取为 0.7。对于材料在非蠕变温度下工作的管道，冷紧比宜取为 0.5。

(2) 与敏感设备相连的管道不宜采用冷紧安装方法。

9.2 管架设计计算（HG/T 20645.5—1998）

9.2.1 管道跨距的计算

一般连续敷设的管道，其基本跨距 L 应按三跨连续梁承受均布荷载时的刚度条件计算，按强度条件校核，取两者中的较小值。

9.2.1.1 刚度条件

$$L_1 = 0.11(EI\Delta/W)^{1/4} \tag{9.2-1}$$

式中　L_1——由刚度条件决定的跨度，m；

　　　E——管材在设计温度下的弹性模量，MPa；

　　　I——管道断面惯性矩，cm^4；

　　　Δ——管道许用挠度，mm；

　　　W——单位长度管道荷载（包括管道、介质、隔热或隔声结构等的荷载），daN/m。

(1) 许用挠度

对于无脉动的管道，考虑风荷载等因素的影响后，装置内管道的固有振动频率宜不低于 4 次/秒，装置外管道的固有振动频率不宜低于 2.55 次/秒。相应管道许用挠度，装置内宜控制在 15mm 之内，装置外控制在 38mm 之内。

(2) 跨距计算

装置内取 $\Delta = 15mm$，装置外取 $\Delta = 38mm$，将其代入式 (9.2-1) 得：

装置内：　　　　　$L_1 = 0.2165(EI/W)^{1/4}$ （9.2-2）

装置外：　　　　　$L_1 = 0.2731(EI/W)^{1/4}$ （9.2-3）

9.2.1.2 强度条件

$$L_2 = (Z[\sigma]/W)^{1/2} \tag{9.2-4}$$

式中　L_2——按强度条件计算的跨距，m；

　　　Z——管道断面系数，cm^3；

　　　$[\sigma]$——在设计温度下管材因受管道重力荷载作用引起的应力的许用值，MPa。

(1) 在不计管内压力的条件下，其跨距就按式 (9.2-4) 计算。式中 $[\sigma]$ 用 $[\sigma_1]$ 代替。$[\sigma_1]$ 为设计温度下管材的许用应力，MPa。

(2) 考虑管道内压力产生的环向应力达到许用应力值，即轴向应力达到 1/2 许用应力时，装置内外的管道荷载及其他垂直持续荷载在管壁中引起的一次应力，即轴向应力不应超过许用应力的 1/2，即 $[\sigma] = 0.5[\sigma_1]$ 的前提下，其跨距 L_2 应按式 (9.2-5) 计算：

$$L_2 = (Z[\sigma_1]/2W)^{1/2} \tag{9.2-5}$$

9.2.1.3 基本跨距的确定

将 L_1 与 L_2 进行比较，最后选定较小值为基本跨距计算值。

9.2.2 管架的最大间距

9.2.2.1 水平管道的管架间距

管架间距系指管道的跨距（或跨度）。一般连续敷设的管道，其最大跨距即管道的基本跨距，应按三跨连续梁承受均布荷载时的刚度（挠度）条件计算，按强度条件校核，取两者中的较小值。

(1) 装置内外不保温管道、保温管道基本跨距见表 9.2-1～表 9.2-4。

表 9.2-1　装置内不保温管道基本跨距

公称直径	外径×壁厚/mm	管道计算荷载/(kgf/m)		≤200℃管道基本跨距/m		≤350℃管道基本跨距/m	
		气体管	液体管	气体管	液体管	气体管	液体管
15	21.25×2.75	1.55	1.74	3.43	3.33	3.37	3.28
	18×2.5	1.18	1.31	3.15	3.07	3.09	3.01
	18×3	1.36	1.47	3.11	3.05	3.06	3.00

续表

公称直径	外径×壁厚/mm	管道计算荷载/(kgf/m)		≤200℃管道基本跨距/m		≤350℃管道基本跨距/m	
		气体管	液体管	气体管	液体管	气体管	液体管
20	26.75×2.75	2.04	2.38	3.89	3.74	3.82	3.67
	25×2.5	1.74	2.04	3.76	3.61	3.70	3.55
	25×3	2.02	2.29	3.73	3.61	3.62	3.56
25	33.5×3.25	3.05	3.60	4.36	4.18	4.28	4.11
	32×2.5	2.32	2.87	4.28	4.06	4.21	3.99
	32×3.5	3.07	3.54	4.24	4.09	4.17	4.02
32	42.25×3.25	3.99	4.95	4.92	4.66	4.84	4.58
	38×2.5	2.83	3.65	4.68	4.39	4.60	4.31
	38×3.5	3.75	4.48	4.65	4.45	4.57	4.37
40	48×3.5	4.93	6.19	5.25	4.96	5.16	4.87
	45×3	4.02	5.16	5.09	4.78	5.00	4.70
	45×3.5	4.57	4.66	5.08	4.81	4.99	4.73
50	60×3.5	6.38	8.50	5.89	5.48	5.78	5.38
	57×3.5	6.01	7.90	5.74	5.36	5.63	5.26
	57×4	6.73	8.54	5.73	5.40	5.63	5.30
70	73×3.75	8.83	12.32	6.60	6.08	6.49	5.97
	76×4	9.39	12.88	6.63	6.12	6.51	6.02
	76×6	13.20	16.29	6.60	6.26	6.48	6.15
80	88.9×4	11.22	16.11	7.14	6.53	7.02	6.41
	89×4	11.30	16.24	7.16	6.54	7.04	6.43
	89×6	15.85	20.32	7.16	6.73	7.04	6.61
100	114×4	15.14	23.60	8.06	7.23	7.93	7.10
	108×4	14.19	21.73	7.87	7.08	7.73	6.95
	108×6	19.85	26.79	7.90	7.33	7.76	7.20
125	140×4.5	21.28	34.21	8.93	7.93	8.78	7.80
	133×4	18.21	29.99	8.69	7.67	8.54	7.54
	133×6	25.31	36.34	8.76	8.00	8.60	7.86
150	168×4.5	25.96	44.30	9.65	8.44	9.48	8.29
	159×4.5	24.81	41.77	9.48	8.33	9.32	8.18
	159×6	31.24	47.52	9.56	8.60	9.39	8.45
200	219×6	45.89	78.18	11.12	9.73	10.92	9.56
	219×8	57.72	88.77	11.20	10.06	11.01	9.88
250	273×6	60.24	111.58	12.31	10.55	12.09	10.36
	273×8	75.18	124.95	12.44	10.96	12.22	10.76
	273×10	89.89	138.12	12.51	11.24	12.29	11.04
300	325×6	75.10	148.93	13.31	11.21	13.07	11.02
	325×8	93.03	164.99	13.49	11.09	13.25	11.49
	325×10	110.74	180.84	13.59	12.03	13.36	11.81
350	377×6	90.97	191.37	14.21	11.80	13.96	11.59
	377×8	111.91	210.12	14.44	12.33	14.18	12.12
	377×10	132.61	228.66	14.57	12.72	14.32	12.49
400	426×6	106.86	236.03	14.96	12.28	14.71	12.07
	426×8	130.63	257.31	15.25	12.87	14.98	12.65
	426×10	154.16	278.38	15.42	13.30	15.15	13.07

续表

公称直径	外径×壁厚/mm	管道计算荷载/(kgf/m)		≤200℃管道基本跨距/m		≤350℃管道基本跨距/m	
		气体管	液体管	气体管	液体管	气体管	液体管
450	480×6	125.42	290.46	15.75	12.77	15.48	12.55
	480×10	178.95	338.41	18.28	13.88	15.99	13.63
	480×12	205.36	362.06	16.41	14.24	16.12	13.99
500	530×6	143.89	345.80	16.42	13.18	16.13	12.76
	530×9	188.14	385.70	16.91	14.13	16.61	13.89
	530×12	232.18	425.13	17.19	14.76	16.87	14.50
600	630×6	182.75	470.56	17.62	13.91	17.31	13.03
	630×9	235.95	518.21	18.23	14.97	17.91	14.71
700	720×6	221.21	598.96	18.59	14.49	18.26	13.23
	720×9	282.20	653.58	19.29	15.64	18.96	15.37
800	820×6	267.53	759.53	19.55	14.71	19.21	13.40
	820×9	337.17	821.89	20.37	16.30	20.01	15.69
900	920×6	317.61	938.93	20.43	14.86	20.08	13.54
	920×9	395.91	1009.94	21.35	16.90	20.97	15.92
1000	1020×6	323.91	1137.17	21.98	14.98	21.59	13.65
	1020×9	395.91	1215.03	22.86	17.44	22.46	16.10
1200	1220×6	422.18	1590.17	23.55	15.18	23.13	13.83
	1220×8	492.19	1652.46	24.32	17.15	23.89	15.63
1400	1420×8	613.40	2191.16	25.81	17.36	25.36	15.82
	1420×10	694.78	2263.57	26.43	19.05	25.96	17.36
1600	1620×8	745.93	2805.21	27.15	17.52	26.67	15.96
	1620×10	838.93	2887.95	27.85	19.27	27.36	17.56

表 9.2-2 装置内保温管道基本跨距

公称直径	外径×壁厚/mm	≤200℃保温厚度/mm	≤200℃计算荷载/(kgf/m)		≤200℃基本跨距/m		≤350℃保温厚度/mm	≤350℃计算荷载/(kgf/m)		≤350℃基本跨距/m	
			气体管	液体管	气体管	液体管		气体管	液体管	气体管	液体管
25	33.5×3.25	45	9.54	10.09	3.44	3.31	65	14.06	14.61	2.50	2.53
	32×2.5	45	8.70	9.25	3.11	3.01	65	13.18	13.73	2.30	2.28
	32×3.5	45	9.45	9.92	3.36	3.28	65	13.93	14.40	2.52	2.48
32	42.25×3.25	50	12.24	13.20	3.95	3.81	65	15.91	16.36	3.16	3.07
	38×2.5	50	10.72	11.55	3.39	3.27	65	14.31	16.14	2.67	2.60
	38×3.5	50	11.65	12.37	3.70	3.59	65	15.24	15.96	2.94	2.88
40	48×3.5	50	13.64	14.91	4.44	4.25	70	16.85	20.12	3.44	3.33
	45×3	50	12.49	13.63	4.07	3.89	70	17.61	18.75	3.12	3.02
	45×3.5	50	13.04	14.13	4.23	4.06	70	18.16	19.25	3.26	3.17
50	60×3.5	50	16.09	18.21	5.23	4.91	70	21.63	23.75	4.11	3.92
	57×3.5	50	15.47	17.36	5.04	4.76	70	20.93	22.82	3.95	3.78
	57×4	50	16.19	18.00	5.20	4.93	70	21.65	23.46	4.10	3.93
70	73×3.75	55	21.21	24.70	6.01	5.57	75	27.47	30.95	4.81	4.53
	76×4	55	21.82	25.30	6.13	5.69	75	28.09	31.57	4.92	4.64
	76×6	55	25.62	28.71	6.66	6.29	75	31.89	34.98	5.20	5.08
80	88.9×4	55	24.77	29.65	6.78	6.19	80	33.22	38.10	5.33	4.98
	89×4	55	24.89	29.83	6.80	6.21	80	33.35	38.30	5.35	5.00
	89×6	55	29.44	33.91	7.40	6.90	80	37.91	42.38	5.66	5.50

续表

公称直径	外径×壁厚/mm	≤200℃保温厚度/mm	≤200℃计算荷载/(kgf/m)		≤200℃基本跨距/m		≤350℃保温厚度/mm	≤350℃计算荷载/(kgf/m)		≤350℃基本跨距/m	
			气体管	液体管	气体管	液体管		气体管	液体管	气体管	液体管
100	114×4	60	32.69	41.16	7.72	6.88	80	40.31	48.77	6.21	5.76
	108×4	60	31.17	38.71	7.46	6.70	80	38.62	46.15	6.02	5.59
	108×6	60	36.82	43.77	8.18	7.50	80	44.27	51.21	6.35	6.12
125	140×4.5	60	41.34	54.27	8.98	7.84	85	49.68	62.62	7.10	6.65
	133×4	60	37.60	49.38	8.46	7.38	85	47.96	59.74	6.70	6.11
	133×6	60	44.70	55.73	9.29	8.32	85	55.06	66.09	7.08	6.77
150	168×4.5	60	48.44	66.78	9.85	8.39	90	62.52	80.76	7.61	6.95
	159×4.5	60	46.71	63.67	9.65	8.26	90	60.44	77.40	7.46	6.83
	159×6	60	53.14	69.42	10.30	9.01	90	60.87	83.15	7.76	7.35
200	219×6	65	76.12	108.40	12.04	10.10	95	92.79	125.08	9.16	8.50
	219×8	65	87.94	118.99	12.51	10.96	95	104.61	135.67	9.49	8.80
250	273×6	65	96.06	147.40	13.47	10.87	95	115.00	166.34	10.28	9.33
	273×8	65	111.00	160.77	14.00	11.83	95	129.94	179.91	10.66	9.83
	273×10	65	125.71	173.94	14.27	12.64	95	144.65	192.88	10.91	10.16
300	325×6	70	119.65	193.48	14.44	11.36	100	141.19	215.02	11.16	9.82
	325×8	70	137.58	209.54	15.18	12.48	100	159.13	231.08	11.59	10.56
	325×10	70	158.71	228.81	15.42	13.23	100	176.83	246.94	11.88	10.93
350	377×6	70	141.27	241.67	15.48	11.83	100	165.00	265.40	12.03	10.29
	377×8	70	162.21	260.42	16.33	13.06	100	185.99	284.15	12.49	11.24
	377×10	70	182.91	278.96	16.68	13.99	100	205.64	302.69	12.81	11.65
400	426×6	70	162.58	291.74	16.35	12.20	105	192.91	322.07	12.69	10.58
	426×8	70	186.34	313.02	17.31	13.51	105	216.67	343.35	13.20	11.75
	426×10	70	209.87	334.10	17.71	14.51	105	240.20	364.42	13.56	12.21
450	480×6	70	187.11	352.17	17.21	12.54	105	220.09	385.14	13.45	10.95
	480×10	70	240.64	400.10	18.75	15.00	105	273.61	433.07	14.38	12.83
	480×12	70	287.05	423.86	19.07	15.87	105	300.02	456.73	14.66	13.20
500	530×6	70	210.80	413.01	17.94	12.81	105	246.23	448.44	14.10	11.20
	530×9	70	255.36	452.91	19.44	14.86	105	290.78	488.34	14.90	13.04
	530×12	70	299.40	492.34	19.99	16.32	105	334.82	527.78	15.39	13.74
600	630×6	75	266.57	554.39	19.01	13.18	110	307.38	595.20	15.20	11.59
	630×9	75	319.78	602.03	20.96	15.38	110	306.59	642.85	16.11	13.56
700	720×6	75	315.61	693.37	20.00	13.50	110	380.84	738.59	16.16	11.91
	720×9	75	376.61	747.98	22.27	15.81	110	421.83	793.21	17.14	13.99
800	820×6	75	373.69	865.68	20.97	13.78	110	423.81	915.81	17.12	12.20
	820×9	75	443.33	928.05	23.45	16.21	110	493.45	918.17	18.19	14.38
900	920×6	75	435.53	1056.84	21.82	14.01	110	490.55	1111.87	18.01	12.44
	920×9	75	513.82	1126.95	24.48	16.53	110	568.85	1181.98	19.16	14.71
1000	1020×6	80	461.93	1272.19	23.51	14.15	125	540.24	1353.10	19.00	12.51
	1020×9	80	549.45	1353.05	26.28	16.75	125	627.75	1431.36	20.21	14.84
1200	1220×6	80	585.11	1753.11	25.02	14.45	125	676.02	1844.01	20.56	12.84
	1220×8	80	655.12	1815.40	27.04	16.36	125	746.03	1906.30	21.53	14.55
1400	1420×8	80	801.24	2379.00	28.71	16.66	125	904.75	2484.51	23.01	14.86
	1420×10	80	882.63	2451.41	30.51	18.31	125	986.13	2554.92	23.79	16.34
1600	1620×8	80	958.69	3017.97	29.79	16.89	125	1074.79	3134.07	24.34	15.01
	1620×10	80	1051.68	3100.71	31.93	18.60	125	1167.79	3216.81	25.19	16.64

表 9.2-3 装置外不保温管道基本跨距

公称直径	外径×壁厚/mm	管道计算荷载/(kgf/m)		≤200℃管道基本跨距/m		≤350℃管道基本跨距/m	
		气体管	液体管	气体管	液体管	气体管	液体管
15	21.25×2.75	1.55	1.74	4.26	4.14	4.18	4.07
	18×2.5	1.18	1.31	3.90	3.80	3.84	3.74
	18×3	1.36	1.47	3.86	3.79	3.79	3.71
20	26.75×2.75	2.04	2.38	4.62	4.64	4.74	4.56
	25×2.5	1.74	2.04	4.67	4.84	4.59	4.41
	25×3	2.02	2.29	4.63	4.49	4.55	4.41
25	33.5×3.25	3.05	3.60	5.41	5.19	5.31	5.10
	32×2.5	2.32	2.87	5.32	5.04	5.22	4.93
	32×3.5	3.07	3.54	5.26	5.08	5.17	4.99
32	42.25×3.25	3.99	4.95	6.11	5.79	6.00	5.66
	38×2.5	2.83	3.65	5.81	5.42	5.71	5.29
	38×3.5	3.75	4.48	5.77	5.52	5.67	5.42
40	48×3.5	4.93	6.19	6.52	6.16	6.40	6.01
	45×3	4.02	5.16	6.32	5.93	6.21	5.77
	45×3.5	4.57	5.66	6.30	5.98	6.19	5.85
50	60×3.5	6.38	8.50	7.30	6.80	7.18	6.55
	57×3.5	6.01	7.90	7.12	6.65	6.99	6.43
	57×4	6.73	8.54	7.11	6.70	6.98	6.52
70	73×3.75	8.83	12.32	8.19	7.54	8.05	7.18
	76×4	9.39	12.88	8.22	7.60	8.08	7.27
	76×6	13.20	16.29	8.19	7.77	8.05	7.61
80	88.9×4	11.22	16.11	8.86	8.10	8.71	7.66
	89×4	11.30	16.24	8.89	8.12	8.73	7.67
	89×6	15.85	20.32	8.89	8.35	8.73	8.12
100	114×4	15.14	23.60	10.02	8.97	9.85	8.27
	108×4	14.19	21.73	9.77	8.78	9.59	8.15
	108×6	19.85	26.79	9.80	9.09	9.63	8.74
125	140×4.5	21.28	34.21	11.08	9.84	10.89	8.99
	133×4	18.21	29.99	10.78	9.47	10.59	8.63
	133×6	25.31	36.34	10.87	9.93	10.68	9.38
150	168×4.5	25.96	44.30	11.97	10.30	11.76	9.38
	159×4.5	24.81	41.77	11.77	10.20	11.56	9.30
	159×6	31.24	47.52	11.85	10.67	11.65	9.92
200	219×6	45.89	78.18	13.80	11.88	13.55	10.82
	219×8	57.72	88.77	13.90	12.48	13.66	11.57
250	273×6	60.24	111.58	15.27	12.50	15.00	11.39
	273×8	75.18	124.95	15.44	13.48	15.17	12.29
	273×10	89.89	138.12	15.52	13.94	15.25	12.92
300	325×6	75.10	148.93	16.51	12.94	16.22	11.79
	325×8	93.03	164.99	16.74	14.07	16.45	12.82
	325×10	110.74	180.84	16.87	14.89	16.57	13.56
350	377×6	90.97	191.37	17.63	13.30	17.32	12.12
	377×8	111.91	210.12	17.91	14.54	17.59	13.25
	377×10	132.61	228.66	18.08	15.46	17.76	14.09

公称直径	外径×壁厚/mm	管道计算荷载/(kgf/m)		≤200℃管道基本跨距/m		≤350℃管道基本跨距/m	
		气体管	液体管	气体管	液体管	气体管	液体管
400	426×6	106.86	236.03	18.58	13.57	18.25	12.36
	426×8	130.63	257.31	18.92	14.90	18.59	13.57
	426×10	154.16	278.38	19.13	15.90	18.76	14.49
450	480×6	125.42	290.48	19.55	13.81	19.15	12.52
	480×10	178.95	338.41	20.19	16.31	19.85	14.87
	480×12	205.36	362.06	20.36	17.17	19.99	15.64
500	530×6	143.89	345.80	20.37	14.00	19.80	12.76
	530×9	188.14	385.70	20.98	16.10	20.62	14.67
	530×12	232.18	425.13	21.30	17.56	20.93	15.00
600	630×6	182.75	470.56	21.87	14.31	20.92	13.04
	630×9	235.95	518.21	22.62	16.58	22.22	15.11
700	720×6	221.21	598.96	23.06	14.52	21.77	13.23
	720×9	282.20	653.58	23.49	16.92	23.46	15.41
800	820×6	267.53	759.53	24.26	14.71	22.58	13.40
	820×9	337.17	821.89	25.27	17.22	24.50	15.69
900	920×6	317.61	938.93	25.36	14.86	23.28	13.54
	920×9	395.91	1009.94	26.49	17.47	25.41	15.92
1000	1020×6	323.91	1137.17	27.27	14.98	25.58	13.65
	1020×9	411.42	1215.03	28.37	17.67	27.68	16.10
1200	1220×6	422.18	1590.17	29.22	15.18	26.84	13.83
	1220×8	492.19	1652.46	30.18	17.15	28.63	15.63
1400	1420×8	613.40	2191.16	32.03	17.36	29.89	15.82
	1420×10	694.78	2263.57	32.79	19.05	31.34	17.36
1600	1620×8	745.93	2805.21	33.68	17.52	30.96	15.96
	1620×10	838.93	2887.95	34.55	19.27	32.58	17.56

表 9.2-4　装置外保温管道基本跨距

公称直径	外径×壁厚/mm	≤200℃保温厚度/mm	≤200℃计算荷载/(kgf/m)		≤200℃基本跨距/m		≤350℃保温厚度/mm	≤350℃计算荷载/(kgf/m)		≤350℃基本跨距/m	
			气体管	液体管	气体管	液体管		气体管	液体管	气体管	液体管
25	33.5×3.25	45	9.54	10.09	3.44	3.31	65	14.06	14.61	2.50	2.53
	32×2.5	45	8.70	9.25	3.11	3.01	65	13.18	13.73	2.30	2.28
	32×3.5	45	9.45	9.92	3.36	3.28	65	13.93	14.40	2.52	2.48
32	42.25×3.25	50	12.24	13.20	3.95	3.81	65	15.91	16.36	3.16	3.07
	38×2.5	50	10.72	11.55	3.39	3.27	65	14.31	16.14	2.67	2.60
	38×3.5	50	11.65	12.37	3.70	3.59	65	15.24	15.96	2.94	2.88
40	48×3.5	50	13.64	14.91	4.44	4.25	70	16.85	20.12	3.44	3.33
	45×3	50	12.49	13.63	4.07	3.89	70	17.61	18.75	3.12	3.02
	45×3.5	50	13.04	14.13	4.23	4.06	70	18.16	19.25	3.26	3.17
50	60×3.5	50	16.09	18.21	5.23	4.91	70	21.63	23.75	4.11	3.92
	57×3.5	50	15.47	17.36	5.04	4.76	70	20.93	22.82	3.95	3.78
	57×4	50	16.19	18.00	5.20	4.93	70	21.65	23.46	4.10	3.93

续表

公称直径	外径×壁厚/mm	≤200℃保温厚度/mm	≤200℃计算荷载/(kgf/m)		≤200℃基本跨距/m		≤350℃保温厚度/mm	≤350℃计算荷载/(kgf/m)		≤350℃基本跨距/m	
			气体管	液体管	气体管	液体管		气体管	液体管	气体管	液体管
70	73×3.75	55	21.21	24.70	6.01	5.57	75	27.47	30.95	4.81	4.53
	76×4	55	21.82	25.30	6.13	5.69	75	28.09	31.57	4.92	4.64
	76×6	55	25.62	28.71	6.66	6.29	75	31.89	34.98	5.44	5.19
80	88.9×4	55	24.77	29.65	6.78	6.19	80	33.22	38.10	5.33	4.98
	89×4	55	24.89	29.83	6.80	6.21	80	33.35	38.30	5.35	5.00
	89×6	55	29.44	33.91	7.40	6.90	80	37.91	42.38	5.94	5.62
100	114×4	60	32.69	41.16	7.72	6.88	80	40.31	48.77	6.33	5.76
	108×4	60	31.17	38.71	7.46	6.70	80	38.62	46.15	6.11	5.59
	108×6	60	36.82	43.77	8.18	7.50	80	44.27	51.21	6.79	6.32
125	140×4.5	60	41.34	54.27	8.98	7.84	85	49.68	62.62	7.46	6.65
	133×4	60	37.60	49.38	8.46	7.38	85	47.96	59.74	6.82	6.11
	133×6	60	44.70	55.73	9.29	8.32	85	55.06	66.09	7.62	6.96
150	168×4.5	60	48.44	66.78	9.85	8.39	90	62.52	80.76	7.90	6.95
	159×4.5	60	46.71	63.67	9.65	8.26	90	60.44	77.40	7.73	6.83
	159×6	60	53.14	69.42	10.30	9.01	90	60.87	83.15	8.36	7.50
200	219×6	65	76.12	108.40	12.04	10.10	95	92.79	125.08	9.93	8.56
	219×8	65	87.94	118.99	12.51	10.96	95	104.61	135.67	10.65	9.36
250	273×6	65	96.06	147.40	13.47	10.87	95	115.00	166.34	11.21	9.33
	273×8	65	111.00	160.77	14.00	11.83	95	129.94	179.91	12.06	10.25
	273×10	65	125.71	173.94	14.27	12.64	95	144.65	192.88	12.63	10.93
300	325×6	70	119.65	193.48	14.44	11.36	100	141.19	215.02	12.11	9.82
	325×8	70	137.58	209.54	15.18	12.48	100	159.13	231.08	13.05	10.83
	325×10	70	158.71	228.81	15.42	13.23	100	176.83	246.94	13.72	11.61
350	377×6	70	141.27	241.67	15.48	11.83	100	165.00	265.40	13.05	10.29
	377×8	70	162.21	260.42	16.33	13.06	100	185.99	284.15	14.08	11.39
	377×10	70	182.91	278.96	16.68	13.99	100	205.64	302.69	14.81	12.24
400	426×6	70	162.58	291.74	16.35	12.20	105	192.91	322.07	13.67	10.58
	426×8	70	186.34	313.02	17.31	13.51	105	216.67	343.35	14.79	11.75
	426×10	70	209.87	334.10	17.71	14.51	105	240.20	364.42	15.60	12.66
450	480×6	70	187.11	352.17	17.21	12.54	105	220.09	385.14	14.46	10.93
	480×10	70	240.64	400.10	18.75	15.00	105	273.61	433.07	16.53	13.14
	480×12	70	287.05	423.86	19.07	15.87	105	300.02	456.73	17.19	13.93
500	530×6	70	210.80	413.01	17.94	12.81	105	246.23	448.44	15.12	11.20
	530×9	70	255.36	452.91	19.44	14.86	105	290.78	488.34	16.90	13.04
	530×12	70	299.40	492.34	19.99	16.32	105	334.82	527.78	18.03	14.36
600	630×6	75	266.57	554.39	19.01	13.18	110	307.38	595.20	16.13	11.59
	630×9	75	319.78	602.03	20.96	15.38	110	306.59	642.85	18.11	13.56
700	720×6	75	315.61	693.37	20.00	13.50	110	380.84	738.59	17.04	11.91
	720×9	75	376.61	747.98	22.27	15.81	110	421.83	793.21	19.19	13.99
800	820×6	75	373.69	865.68	20.97	13.78	110	423.81	915.81	17.94	12.20
	820×9	75	443.33	928.05	23.45	16.21	110	493.45	918.17	20.20	14.38

续表

公称直径	外径×壁厚 /mm	≤200℃ 保温厚度 /mm	≤200℃ 计算荷载 /(kgf/m)		≤200℃ 基本跨距 /m		≤350℃ 保温厚度 /mm	≤350℃ 计算荷载 /(kgf/m)		≤350℃ 基本跨距 /m	
			气体管	液体管	气体管	液体管		气体管	液体管	气体管	液体管
900	920×6	75	435.53	1056.84	21.82	14.01	110	490.55	1111.87	18.73	12.44
	920×9	75	513.82	1126.95	24.48	16.53	110	568.85	1181.98	21.20	14.71
1000	1020×6	80	461.93	1272.19	23.51	14.15	125	540.24	1353.10	19.81	12.51
	1020×9	80	549.45	1353.05	26.28	16.75	125	627.75	1431.36	22.40	14.84
1200	1220×6	80	585.11	1753.11	25.02	14.45	125	676.02	1844.01	21.21	12.84
	1220×8	80	655.12	1815.40	27.04	16.36	125	746.03	1906.30	23.26	14.55
1400	1420×8	80	801.24	2379.00	28.71	16.66	125	904.75	2484.51	24.61	14.86
	1420×10	80	882.63	2451.41	30.51	18.31	125	986.13	2554.92	26.30	16.34
1600	1620×8	80	958.69	3017.97	29.79	16.89	125	1074.79	3134.07	25.79	15.10
	1620×10	80	1051.68	3100.71	31.93	18.60	125	1167.79	3216.81	27.61	16.64

(2) 对于端头直管的许用跨距 L，定为水平直管基本跨距的 0.8 倍，如图 9.2-1 所示。

(3) 对于水平 90°弯管的许用跨距 L（弯管管段展开长度的最大值），定为水平直管基本跨距的 0.7 倍，如图 9.2-2 所示。

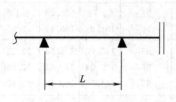

图 9.2-1　带端头的水平直管

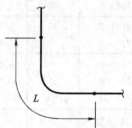

图 9.2-2　水平 90°弯管

9.2.2.2　垂直管道的管架间距

垂直管道管架的设置，除了考虑承重的因素外，还要注意防止风载引起的共振以及垂直管道的轴向失稳，因此在考虑承重架的同时，还应适当考虑增设必要的导向架。一般垂直管道（钢管）的管架间距可按表 9.2-5 选用。

表 9.2-5　垂直管道管架最大间距

DN/mm	15	20	25	32	40	50	65	80	100	125
管架最大间距/m	3.5	4	4.5	5	5.5	6	6.5	7	8	8.5
DN/mm	150	200	250	300	350	400	450	500	600	
管架最大间距/m	9	10	11	12	12.5	13	13.5	14	15	

注：对于高温垂直管道的管架间距，同样可按本表选用，但应适当减小。

9.2.2.3　水平管道导向管架间距

水平管道与垂直管道一样，除了考虑承重的因素外，还应注意到当管道需要约束，限制风载、地震、温差变形等引起的横向位移，或要避免因不平衡内压、热胀推力以及支承点摩擦力造成管道轴向失稳时，应适当地设置些必要的导向架。特别是在管道很长的情况下，更不能避免。水平管道（钢管）的导向架最大间距见表 9.2-6。

表 9.2-6　水平管道导向架最大间距

DN/mm	15	20	25	32	40	50	65	80	100	125
导向架最大间距/m	10	11	12.7	13	13.7	15.2	18.3	19.8	22.9	23.5
DN/mm	150	200	250	300	350	400	450	500	600	
导向架最大间距/m	24.4	27.4	30.5	33.5	36.6	38.1	41.4	42.7	45.7	

9.2.2.4 地震荷载影响的管道基本跨距（表 9.2-7）

表 9.2-7 考虑地震荷载影响的管道基本跨距

	DN/mm	25	40	50	80	100	150	200	250	300	350
跨距 /m	气体管	2.2	2.7	3.0	3.7	4.3	5.2	6.1	6.8	7.5	7.9
	液体管	2.1	2.6	2.8	3.5	3.9	4.7	5.4	6.0	6.5	6.7

	DN/mm	400	450	500	600	700	800	900	1000	1200	
跨距 /m	气体管	8.4	9.0	9.5	10.4	11.3	12.1	12.8	13.8	14.8	
	液体管	7.1	7.4	7.7	8.2	8.6	9.0	9.4	9.8	10.3	

9.2.2.5 有脉动影响的管道管架间距

有脉动影响的管道的管架间距，要以避免管道产生共振为依据来考虑，一般均要在管道基本跨距的基础上减小一相应倍数的距离，该倍数是管道的固有频率和机器的脉动频率的函数，由设计工程师酌情确定。

9.2.3 管架荷载的计算

作用在管架上的荷载按其性质可分为两大类，即静荷载和动荷载。静荷载包括管道系统的垂直荷载、雪荷载以及因管系热胀冷缩引起的各种荷载。动荷载包括管系因地震、风压、安全阀排气管道的反作用力、调节阀的推力、水击、流体脉动、机械振动等因素引起的各类动荷载。在计算过程中进行荷载组合时，不需考虑地震荷载、风荷载、冲击荷载以及流体脉动荷载等同时发生的叠加影响。

9.2.3.1 荷载计算符号说明

a——相邻二受力点间距；

b——相邻二受力点间距；

c——相邻二受力点间距；

d——相邻二受力点间距；

DN——公称直径；

D_1——管内径；

D_2——管外径；

D_3——隔热或隔声结构外径；

G_A——A 点所承受的荷载；

G_B——B 点所承受的荷载；

G_C——C 点所承受的荷载；

g——重力加速度；

K——管内介质液体填充率；

L——管架间距；

L_1——管架间距；

L_2——管架间距；

l——管段长度；

l_1——管段长度；

l_2——管段长度；

l_3——管段长度；

P——集中荷载；

P_1——集中荷载；

P_2——集中荷载；

Q_1——管段基本荷载；

Q_2——管段基本荷载；

q——单位长度管道基本荷载；

q_1——单位长度管道基本荷载；

q_2——单位长度管道基本荷载；

q_A——单位长度阀门或特殊附件荷载；

q_I——单位长度管外隔热或隔声结构荷载；

q_L——单位长度管内介质荷载；

q_P——单位长度管道自身荷载；

S_1——Q_1 作用点至管架点的垂直距离；

S_2——Q_2 作用点至管架点的垂直距离；

α——夹角；

β——夹角；

ρ_I——隔热或隔声材料密度；

ρ_L——介质密度；

ρ_P——管材密度。

9.2.3.2 单位长度管道基本荷载

单位长度管道基本荷载，包括管道自身的质量荷载以及管件、阀门、附件、隔热或隔声结构、管内介质的质量荷载。

(1) 管道、隔热或隔声结构和管内介质的质量荷载之和是沿管道长度均匀分布的荷载（即均布荷载），是一类最基本的荷载。它对考虑管架特别是承重架的承受荷载的计算，以及对管道基本跨距的计算和确定都起着十分重要的作用，可按式（9.2-6）计算：

$$q = q_P + q_L + q_I \tag{9.2-6}$$

式中　q——单位长度管道基本荷载，N/m；

q_P——单位长度管道自身荷载，N/m；

q_L——单位长度管内介质荷载，N/m；

q_I——单位长度管外隔热或隔声结构荷载，N/m。

(2) 阀门和特殊附件的荷载，一般按均布荷载考虑（即设定将其荷载均匀地分布在其所占的局部长度上），也可作为集中荷载考虑。因此，在阀门以及特殊附件的荷载可按式（9.2-7）计算

$$q = q_A + q_L + q_I \tag{9.2-7}$$

式中　q_A——单位长度阀门或特殊附件荷载，N/m；

q_L——单位长度管内介质荷载，N/m；

q_I——单位长度管内隔热或隔声结构荷载，N/m。

(3) q_P、q_L、q_I 按式（9.2-8）～式（9.2-10）计算

$$q_P = \frac{\pi}{4}(D_2^2 - D_1^2)\rho_P g \tag{9.2-8}$$

$$q_L = \frac{\pi}{4}D_1^2 K \rho_L g \tag{9.2-9}$$

$$q_I = \frac{\pi}{4}(D_3^2 - D_2^2)\rho_I g \tag{9.2-10}$$

式中　D_1——管内径，m；

D_2——管外径，m；

D_3——隔热或隔声结构外径，m；

ρ_P——管材密度，kg/m³；

ρ_L——介质密度，kg/m³；

ρ_I——隔热或隔声材料密度，kg/m³；

g——重力加速度，m/s²；

K——管内介质液体填充率。

管内液体介质填充率（K 值）是指管道中液体所占容积与总容积的比。一般可按以下原则确定。

① 一般性气体输送管道，可不计介质荷载，即 $K=0$。

② 蒸汽或湿气体输送管道，要计其冷凝液即冷凝水的荷载，这时 K 可取下列数值：

当 DN<100 时，$K=0.2$；

DN=100～500 时，$K=0.15$；

DN>500 时，$K=0.1$。

③ 需要进行水压试验的气体、蒸汽输送管道，要考虑充水的荷载，取 $K=1$。若多根管道支承在同一管架

上,则考虑到管道的水压试验常是逐根进行的。所以,一般情况下只需加其中一根最大管径的管道充满水的荷载即可。

④ 液体输送管道,一般以充满水计,取 $K=1$。若液体密度大于水时,应以实际液体的荷载为准。

9.2.3.3 承重架荷载的近似计算

承重架荷载的近似计算系指管架点承受的垂直荷载。计算原理为力和力矩平衡法。具体步骤是:首先要定出对要计算的管道的某个管架点至其相邻两管架点间的距离,然后再根据该三个管架点间管道的形状以及管道的某些特性数据,如规格等,计算出管架点承受的基本荷载。

图 9.2-3 水平管道(无集中荷载)

采用近似计算时,根据管架承受的荷载类型和管道布置情况,为方便计算,归纳为以下七个类型。

(1) 水平管道(无集中荷载),如图 9.2-3 所示。

$$G_A = \frac{qL_1}{2} \tag{9.2-11}$$

$$G_B = \frac{q(L_1 + L_2)}{2} \tag{9.2-12}$$

$$G_C = \frac{qL_2}{2} \tag{9.2-13}$$

式中 G_A——A 点所承受的荷载,N;
  G_B——B 点所承受的荷载,N;
  G_C——C 点所承受的荷载,N;
  L_1——管架间距,m;
  L_2——管架间距,m。

(2) 水平管道(有集中荷载),如图 9.2-4 所示。

$$G_A = \frac{qL}{2} + \frac{Pb}{L} \tag{9.2-14}$$

$$G_B = \frac{qL}{2} - \frac{Pa}{L} \tag{9.2-15}$$

式中 P——集中荷载,N;
  L——管架间距,m;
  a——A、P 二受力点间距,m;
  b——P、B 二受力点间距,m。

(3) 带有阀门等集中荷载的水平管道,如图 9.2-5 所示。

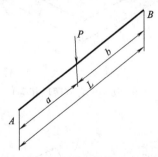

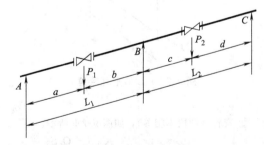

图 9.2-4 水平管道(有集中荷载)　　图 9.2-5 带有阀门等集中荷载的水平管道

$$G_A = \frac{qL_1}{2} + \frac{P_1 b}{L_1} \tag{9.2-16}$$

$$G_B = \frac{aP_1}{L_1} + \frac{dP_2}{L_2} + \frac{qL_1}{2} + \frac{qL_2}{2} \tag{9.2-17}$$

$$G_C = \frac{ql_2}{2} + \frac{cP_2}{L_2} \tag{9.2-18}$$

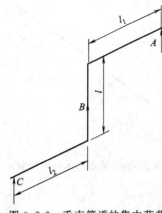

图 9.2-6 垂直管道的集中荷载

式中　P_1——集中荷载，N；

　　　P_2——集中荷载，N；

　　　a——A、P_1 二受力点间距，m；

　　　b——P_1、B 二受力点间距，m。

　　　c——B、P_2 二受力点间距，m；

　　　d——P_2、C 二受力点间距，m。

（4）垂直管道的集中荷载，如图 9.2-6 所示。

① 在垂直管道上有承重架时，可将垂直管段当作集中荷载，全部作用在承重架 B 上。

$$G_A = \frac{ql_1}{2} \tag{9.2-19}$$

$$G_B = \frac{ql_1}{2} + \frac{ql_2}{2} + ql \tag{9.2-20}$$

$$G_C = \frac{ql_2}{2} \tag{9.2-21}$$

式中　l——管段长度，m；

　　　L_1——管段长度，m；

　　　L_2——管段长度，m。

② 当没有管架 B 时，可将垂直管段当作集中荷载，此荷载按比例分配到 A 和 C 两个管架点上，可按式（9.2-22）、式（9.2-23）计算

$$G_A = \frac{ql_2 l}{l_1 + l_2} + \frac{q(l_1 + l_2)}{2} \tag{9.2-22}$$

$$G_C = \frac{ql_1 l}{l_1 + l_2} + \frac{q(l_1 + l_2)}{2} \tag{9.2-23}$$

（5）L 形垂直弯管，如图 9.2-7 所示。

$$G_A = ql + \frac{qL}{2} \tag{9.2-24}$$

$$G_B = \frac{qL}{2} \tag{9.2-25}$$

（6）水平弯管

① 弯管（两段相等），如图 9.2-8 所示。

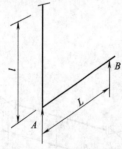

图 9.2-7 L 形垂直管道

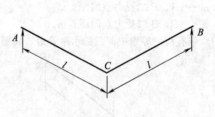

图 9.2-8 弯管（两段相等）

$$G_A = G_B = gl \tag{9.2-26}$$

② 弯管（两段不相等），如图 9.2-9 所示。

$$G_A = \frac{Q_1 S_1 + Q_2 S_2}{L} \tag{9.2-27}$$

$$G_B = Q_1 + Q_2 - G_A \tag{9.2-28}$$

$$Q_1 = ql_1 \tag{9.2-29}$$

$$Q_2 = ql_2 \tag{9.2-30}$$

$$L = l_1^2 + l_2^2 - 2l_1 l_2 \cos(180° - \alpha - \beta)^{1/2} \tag{9.2-31}$$

$$S_1 = L - \frac{l_1}{2} \cos\alpha \tag{9.2-32}$$

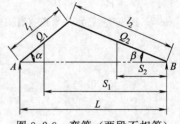

图 9.2-9 弯管（两段不相等）

$$S_2 = \frac{l_2}{2}\cos\beta \tag{9.2-33}$$

式中　Q_1——l_1 管段基本荷载，N；

　　　Q_2——l_2 管段基本荷载，N；

　　　S_1——$l_1/2$ 处距 B 端的垂直距离，m；

　　　S_2——$l_2/2$ 处距 B 端的垂直距离，m；

　　　α——夹角，(°)；

　　　β——夹角，(°)。

（7）带分支的水平管

① 分支管在同一平面上，如图 9.2-10 所示。

$$G_A = \frac{q_1 L}{2} + \frac{q_2 l_2 l}{2L} \tag{9.2-34}$$

$$G_B = \frac{q_1 L}{2} + \frac{q_2 l_1 l}{2L} \tag{9.2-35}$$

$$G_C = \frac{q_2 l}{2} \tag{9.2-36}$$

式中　q_1——单位长度管道基本荷载，N/m；

　　　q_2——单位长度管道基本荷载，N/m。

② 分支管不在同一平面上（带有垂直管段），如图 9.2-11 所示。

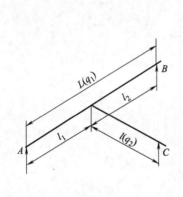

图 9.2-10　分支管在同一平面上

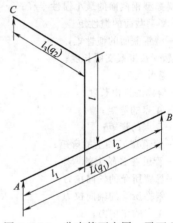

图 9.2-11　分支管不在同一平面上

$$G_A = \frac{q_1 L}{2} + \frac{q_2 l_2}{L}\left(\frac{l_3}{2} + 1\right) \tag{9.2-37}$$

$$G_B = \frac{q_1 l}{2} + \frac{q_2 l_1}{L}\left(\frac{l_3}{2} + 1\right) \tag{9.2-38}$$

$$G_C = \frac{q_2 l_3}{2} \tag{9.2-39}$$

式中　l_3——管段长度，m。

9.2.3.4　管架计算荷载的确定

在选用标准管架和非标准管架计算时，如以管道的基本荷载为设计依据是欠妥的，不安全的，所以一般常将管道的基本荷载乘以一经验系数确定为管架的计算荷载，以此作为选用和设计管架时的荷载依据或条件。此经验系数是一个范围，可取 1.1～1.4。它是管道壁厚误差、隔热或隔声结构厚度误差、隔热或隔声结构材料密度误差，以及因热胀冷缩的变化引起荷载的变化等诸多因素的函数。在工程设计中应根据具体情况，综合考虑后确定一个系数或多个系数供设计使用。

9.2.4　管架强度的计算

对于热力管系及振动管系的管架，其承受的荷载通过管系静力分析和动力分析计算求得。管架结构的强度计算主要是针对非标准管架而言，它包括管架构件的强度计算和管架焊缝的强度计算，对于标准管架按《管架标准图》（HG/T 21629—1999）选用即可。

9.2.4.1 管架计算温度

管架结构计算温度范围，一般可按以下四种情况确定。

(1) 直接与管道、设备焊接的构件（焊接处有无加强板均一样），其计算温度按下述情况确定：

① 与无内衬里保温的管道、设备连接的构件，其计算温度取介质温度；

② 与无内衬里不保温的管道、设备连接的构件，其计算温度取介质温度的95%；

③ 与有内衬里的管道、设备连接的构件，其计算温度取外表面壁温。

(2) 紧固在隔热层外的管夹，其计算温度取隔热层表面温度，一般可按60℃计算。

(3) 在建筑物、构筑物上生根的构件，其计算温度取当地环境温度。

(4) 与管道用管夹连接或与设备上的预焊件用螺栓连接的管架构件，其计算温度应按下列两种情况选用。

① 设备或管道无内衬里保温时，取介质温度的80%。

② 设备或管道有内衬里不保温时，取介质温度的80%。

9.2.4.2 强度计算符号说明

d——吊杆直径；

F——型钢截面面积；

H——荷载作用高度；

h——组合型钢的外缘宽度；

h_1——组合型钢的内缘宽度；

i——斜撑型钢截面的最小惯性半径；

J_y——型钢截面的惯性矩；

J_{y1}——型钢截面的惯性矩；

L——悬臂长度或支腿长度；

L_1——悬臂长度；

L_0——斜撑的自由长度；

M_A——A点的弯矩；

M_B——B点的弯矩；

M_Y——管道在Y轴上的弯矩；

M_Z——管道在Z轴上的弯矩；

N_1——悬臂所受的轴向拉力；

N_2——斜撑所受的轴向拉力；

P_A——A点的作用力；

P_X——管架承受的X方向荷载；

P_Y——管架承受的Y方向荷载；

$[P_Y]$——吊杆许用荷载；

P_{Y1}——管架承受的Y方向荷载；

P_{Y2}——管架承受的Y方向荷载；

P_Z——管架承受的Z方向荷载；

P_{Z1}——管架承受的Z方向荷载；

P_{Z2}——管架承受的Z方向荷载；

R_A——A点的反力；

W——断面系数；

W_Y——型钢截面对$Y-Y$（垂直）轴的抗弯断面系数；

W_{Y1}——型钢截面对Y_1-Y_1（垂直）轴的抗弯断面系数；

W_Z——型钢截面对$Z-Z$（水平）轴的抗弯断面系数；

W_{Z1}——型钢截面对Z_1-Z_1（水平）轴的抗弯断面系数；

Z_0——重心距离；

α——三角架横梁与斜撑的夹角；

λ——斜撑压杆长细比；

ψ——压杆稳定系数；

σ——管架的计算应力；

$[\sigma]$——型钢许用应力；

σ_W——弯曲应力；

$[\sigma_W]$——许用弯曲应力；

τ——剪切应力；

$[\tau]$——许用剪切应力。

9.2.4.3 悬臂架强度计算

悬臂架的计算，如图 9.2-12 所示。

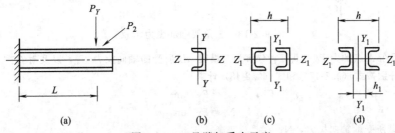

图 9.2-12 悬臂架受力示意

当悬臂架同时承受垂直荷载和水平推力时，由垂直荷载 P_Y 引起的最大弯矩和由水平推力 P_Z 引起的最大弯矩，都作用在固定端的截面上。在对悬臂梁进行强度计算时，该截面上危险点的最大应力不应超过许用应力。对危险点，根据应力叠加的原理，可得出如下公式：

$$\sigma = (M_Z/W_Z + M_Y/W_Y) \leqslant [\sigma] \tag{9.2-40}$$

$$M_Y = P_Z \times L \tag{9.2-41}$$

$$M_Z = P_Y \times L \tag{9.2-42}$$

式中　L——悬臂长度，mm；

　　　M_Y——管道在 Y 轴上的弯矩，N·mm；

　　　M_Z——管道在 Z 轴上的弯矩，N·mm；

　　　P_Y——管架承受的 Y 方向荷载，N；

　　　P_Z——管架承受的 Z 方向荷载，N；

　　　W_Y——型钢截面对 Y—Y（垂直）轴的抗弯断面系数，mm³；

　　　W_Z——型钢截面对 Z—Z（水平）轴的抗弯断面系数，mm³；

　　　σ——管架的计算应力，MPa；

　　　$[\sigma]$——型钢许用应力，MPa。

对于图 9.2-12（c）、（d），W_Y、W_Z 分别由 W_{Y1}、W_{Z1} 代替。

$$W_{Y1} = 2J_{Y1}/h \tag{9.2-43}$$

$$W_{Z1} = 2W_Z \tag{9.2-44}$$

式中　h——组合型钢的外缘宽度，mm；

　　　J_{Y1}——型钢截面的惯性矩，mm⁴；

　　　W_{Y1}——型钢截面对 Y_1—Y_1（垂直）轴的抗弯断面系数，mm³；

　　　W_{Z1}——型钢截面对 Z_1—Z_1（水平）轴的抗弯断面系数，mm³。

对于图 9.2-12（c）：　　　　　$J_{Y1} = 2[2J_Y + F(h/2 - Z_0)^2] \tag{9.2-45}$

式中　F——型钢截面面积，mm²；

　　　J_Y——型钢截面的惯性矩，mm⁴；

　　　Z_0——重心距离，mm。

对于图 9.2-12（d）：　　　　　$J_{Y1} = 2[2J_Y + F(h_1/2 + Z_0)^2] \tag{9.2-46}$

式中　h_1——组合型钢的内缘宽度，mm。

9.2.4.4 三角架强度计算

三角架的计算，根据受力点的不同位置，可分为四种类型。

（1）三角架端部（管道位于横梁与斜撑的交点）受力的计算，如图 9.2-13 所示。

在垂直荷载 P_Y 作用下，A 点的作用力 P_A 与支点反力 R_A 大小相等，方向相反，并且与垂直荷载 P_Y 相

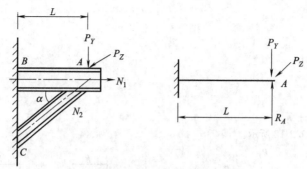

图 9.2-13　三角架端部受力示意

等，因此可将作用在 A 点的力 P_A，即 P_Y 分解为对横梁 AB 所受的轴向拉力 N_1，以及对斜撑 AC 的轴向压力 N_2。N_1、N_2 可分别按式（9.2-47）和式（9.2-48）计算

$$N_1 = P_Y / \tan\alpha \tag{9.2-47}$$

$$N_2 = P_Y / \sin\alpha \tag{9.2-48}$$

式中　N_1——悬臂所受的轴向拉力，N；

　　　N_2——斜撑所受的轴向压力，N；

　　　α——三角架横梁与斜撑的夹角，(°)。

为简化计算，假定横梁为一端固定的悬臂梁，水平推力 P_Z 全部由横梁承担，故由 P_Z 产生的弯矩按式（9.2-41）计算。

① 横梁的计算

如上所述，横梁的强度计算应包括两个部分：

a. 垂直荷载产生的轴向拉力以及由它产生的正应力；

b. 由水平推力产生的弯矩以及由该弯矩引起的应力。

上述二者之和应不超过材料的许用应力，即

$$\sigma = (N_1 / F + M_Y / W_Y) \leqslant [\sigma] \tag{9.2-49}$$

② 斜撑的计算

为了使斜撑在受压过程中不发生弯曲变形，保证足够的稳定性，对斜撑的长细比应有一定的要求。

对长细比的规定：当 $\lambda > 120$ 时，斜撑为大柔度杆；当 $\lambda \leqslant 61.6$ 时，斜撑为小柔度杆，介于二者之间的称为中柔度杆。可把材质为碳钢的型钢斜撑定为中柔度杆处理，因此其极限长细比 λ 可取为 120。

为了简化计算，把压杆稳定当做强度问题处理，因此引出一个与长细比 λ 有关的压杆稳定系数 ψ。对于碳钢杆件其数值可见表 9.2-8。

表 9.2-8　压杆稳定系数

长细比(λ)	稳定系数(ψ)	长细比(λ)	稳定系数(ψ)
0	1.00	110	0.52
10	0.99	120	0.45
20	0.96	130	0.40
30	0.94	140	0.36
40	0.92	150	0.32
50	0.89	160	0.29
60	0.86	170	0.26
70	0.81	180	0.23
80	0.75	190	0.21
90	0.69	200	0.19
100	0.60		

a. 选取型钢的规格，要求满足已确定的长细比的极限值，即：

$$\lambda = L_0 / i \leqslant 120 \tag{9.2-50}$$

$$L_0 = L / \cos\alpha \tag{9.2-51}$$

式中 i——斜撑型钢截面的最小惯性半径，mm；

L——悬臂长度，mm；

L_0——斜撑的自由长度，mm；

λ——斜撑压杆长细比。

b. 对确定的斜撑进行强度校核：

$$\sigma = N_2/(\psi F) \leqslant [\sigma] \qquad (9.2\text{-}52)$$

式中 ψ——压杆稳定系数。

（2）三角架中间受力的计算

首先将横梁视为一端固定的简支梁，如图 9.2-14 所示。

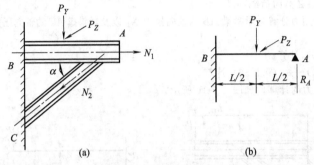

(a) (b)

图 9.2-14 三角架中间受力示意

根据一端固定，另一端简支的单跨梁计算公式，在 P_Y 的作用下 A 点的支点反力：

$$R_A = 5P_Y/16 \qquad (9.2\text{-}53)$$

式中 R_A——A 点的反力，N。

B 点的弯矩：

$$M_B = -3P_YL/16 \qquad (9.2\text{-}54)$$

式中 M_B——B 点的弯矩，N·mm。

一般受力点靠近 A 点，为安全起见和简化计算，常将力的作用点定为 $L/2$ 处。由于管道推力 P_Z 的作用，在 B 点产生弯矩 M_Y。可按式（9.2-55）计算

$$M_Y = P_ZL/2 \qquad (9.2\text{-}55)$$

将与 R_A 大小相等，方向相反的作用在 A 点的力 P_A，分解为对横梁 AB 的轴向拉力 N_1 以及对斜撑 AC 的轴向压力 N_2：

$$N_1 = P_A/\text{tg}\alpha \qquad (9.2\text{-}56)$$

$$N_2 = P_A/\sin\alpha \qquad (9.2\text{-}57)$$

$$P_A = R_A \qquad (9.2\text{-}58)$$

式中 P_A——A 点的作用力，N。

① 横梁的计算：

$$\sigma = (N_1/F + M_Z/W_Z + M_Y/W_Y) \leqslant [\sigma] \qquad (9.2\text{-}59)$$

$$M_Z = M_B \qquad (9.2\text{-}60)$$

② 斜撑按式（9.2-50）～式（9.2-52）计算。

（3）三角架中间和端部同时受力的计算，如图 9.2-15 所示。

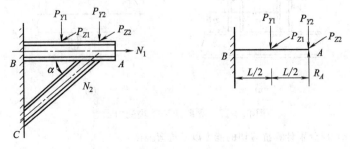

图 9.2-15 三角架中间和端部同时受力示意

由于两根管道垂直荷载 P_{Y1} 与 P_{Y2} 的作用在 A 点的作用力

$$P_A = 5P_{Y1}/16 + P_{Y2} \tag{9.2-61}$$

式中　P_{Y1}——管架承受的 Y 方向荷载，N；

　　　P_{Y2}——管架承受的 Y 方向荷载，N。

在 B 点的弯矩按式（9.2-54）、式（9.2-60）得：

$$M_Z = -3P_{Y1}L/16 \tag{9.2-62}$$

由于两根管道水平推力 P_{Z1} 与 P_{Z2} 的作用，在 B 点产生的弯矩：

$$M_Y = P_{Z1}L/2 + P_{Z2}L \tag{9.2-63}$$

式中　P_{Z1}——管架承受的 Z 方向荷载，N；

　　　P_{Z2}——管架承受的 Z 方向荷载，N。

与此同时将 A 点的作用力分解为对横梁 AB 的轴向拉力 N_1 以及对斜撑 AC 的轴向压力 N_2，并按式（9.2-56）、式（9.2-57）计算。

① 横梁按式（9.2-59）计算。

② 斜撑按式（9.2-50）～式（9.2-52）计算。

（4）三角架悬臂端受力的计算，如图 9.2-16 所示。

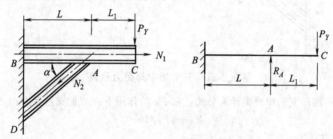

图 9.2-16　三角架悬臂端受力示意

由于在悬臂的端点受力，危险断面在 A 点，A 点的弯矩 M_A 按式（9.2-64）计算：

$$M_A = P_Y L_1 \tag{9.2-64}$$

式中　L_1——悬臂长度，mm；

　　　M_A——A 点的弯矩，N·mm。

① 横梁的计算：

$$\sigma = M_A/W \leqslant [\sigma] \tag{9.2-65}$$

式中　W——断面系数，mm³。

② 斜撑的计算：

根据单跨梁的计算公式得出，在支点 A 的反力：

$$R_A = P_Y[1 + 3L_1/(2L)] = P_A \tag{9.2-66}$$

P_A 对斜撑产生的轴向压力按式（9.2-57）计算。然后再根据式（9.2-50）～式（9.2-52）进行斜撑强度校核计算。

9.2.4.5　导向架强度计算

导向架（侧向限位）以及挡块（轴向限位）的计算，如图 9.2-17 所示。

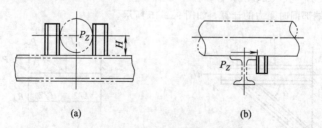

图 9.2-17　导向架和挡块受力示意

（1）对图 9.2-17(a) 应分别计算抗剪切的能力以及抗弯强度：

$$\tau = P_Z/F \leqslant [\tau] \tag{9.2-67}$$

$$\sigma = (\sigma_W^2 + 4\tau^2)^{1/2} \leqslant [\sigma] \tag{9.2-68}$$

$$\sigma_W = P_Z H / W \tag{9.2-69}$$

式中 H——荷载作用高度，mm；

　　σ_W——弯曲应力，MPa；

　　τ——剪切应力，MPa；

　　$[\tau]$——许用剪切应力，MPa。

（2）对图 9.2-18（b）仅按式（9.2-67）计算承受剪切能力即可。

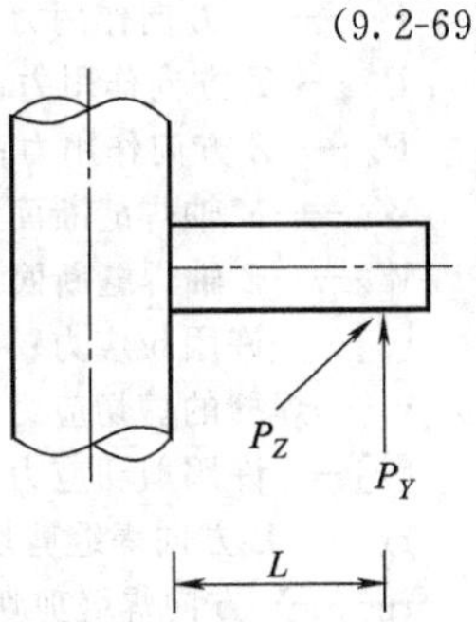

9.2.4.6 支腿的强度计算

（1）垂直高度的水平支腿的受力计算，如图 9.2-18 所示。

垂直高度的水平支腿，其强度按式（9.2-70）计算，按式（9.2-71）校核：

$$\sigma_W = (P_Y^2 + P_Z^2)^{1/2} L / W \tag{9.2-70}$$

$$\sigma_W \leqslant [\sigma_W] \tag{9.2-71}$$

图 9.2-18　垂直高度的水平支腿受力示意

式中 $[\sigma_W]$——许用弯曲应力，MPa。

（2）水平管道以及弯头的底部支腿的受力计算，如图 9.2-19 所示。

弯曲应力按式（9.2-72）计算，按式（9.2-73）校核：

$$\sigma_W = (P_X^2 + P_Z^2)^{1/2} L / W \tag{9.2-72}$$

$$\sigma_W + P_Y / (\psi F) \leqslant [\sigma] \tag{9.2-73}$$

式中 L——支腿长度，mm；

　　P_X——管架承受的 X 方向荷载，N。

（3）L 型支腿的受力计算，如图 9.2-20 所示。

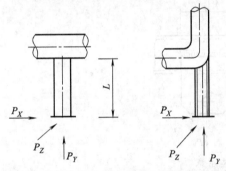

图 9.2-19　水平管道和弯头的底部支腿受力示意

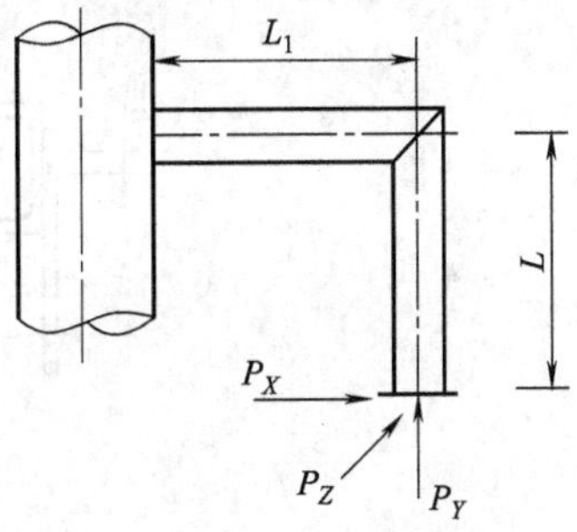

图 9.2-20　L 型支腿受力示意

弯曲应力按式（9.2-74）计算，按式（9.2-71）校核：

$$\sigma_W = [(P_X L + P_Y L_1)^2 + (P_Z L_1)^2 + (P_Z L)^2]^{1/2} / W \tag{9.2-74}$$

9.2.4.7 吊杆的强度计算

吊杆许用荷载可按式（9.2-75）计算

$$[P_Y] = \pi d^2 [\sigma] / 4 \tag{9.2-75}$$

式中 d——吊杆直径（螺纹连接时为螺纹内径），mm；

　　$[P_Y]$——吊杆许用荷载，N。

9.2.4.8 焊缝的强度计算

管架构件的焊接以及构件与生根结构的焊接，一般均为角焊缝，其焊缝强度的校核应按剪切应力来衡量和判断。

（1）符号说明

a——焊缝实际长度或焊缝中心距；

b——焊缝实际长度；

F——焊缝计算断面积；

H——型钢高度；

H——焊缝直角边高度，一般取较薄的连接件厚度；

I_p——焊缝断面极惯性矩；

L——悬臂长度；

l——焊缝计算（有效）长度；

P_X——X方向作用力；

P_Y——Y方向作用力；

P_Z——Z方向作用力；

W_Y——Y轴焊缝断面系数；

W_Z——Z轴焊缝断面系数；

$[\sigma]$——许用拉应力；

τ——焊缝的剪切应力；

$[\tau]$——许用剪切应力。

τ_X——X方向焊缝剪切应力；

τ_Y——Y方向焊缝剪切应力；

τ_Z——Z方向焊缝剪切应力；

（2）计算公式

① 焊缝结构示意图见图 9.2-21 所示，一般通用公式如下：

$$\tau = P_Y/(0.7hl) \leqslant [\tau] \tag{9.2-76}$$

式中　h——焊缝直边高度，mm；

　　　L——焊缝计算长度，mm。

　　P_Y——Y方向作用力，N；

　　　τ——焊缝的剪切应力，MPa；

　　$[\tau]$——许用剪切应力，MPa。

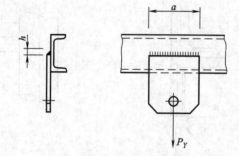

图 9.2-21　焊缝结构示意

考虑到焊缝始点和终端可能局部未焊透等不利因素的影响，在选取焊缝的计算长度 l 时，应按焊缝实际长度减去 10mm（每条焊缝）。因此，该处焊缝计算长度 l 为 $(a-10)$。将其代入式（9.2-76）得：

$$\tau = P_Y/[0.7h(a-10)] \leqslant [\tau] \tag{9.2-77}$$

式中　a——焊缝实际长度，mm。

② 常见焊接生根构件的焊缝强度计算公式如下：

a. 侧向焊接型吊架生根构件，见图 9.2-22 所示。

$$\tau = P_Y/[0.7h(2b+a-10)] \leqslant [\tau] \tag{9.2-78}$$

式中　b——焊缝实际长度，mm。

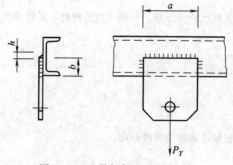

图 9.2-22　吊架侧向生根示意

b. 顶部焊接型吊架生根构件见图 9.2-23 所示。

$$\tau = P_Y[1.4h(a-10)] \leqslant [\tau] \tag{9.2-79}$$

c. 端部焊接型悬臂架见图 9.2-24 所示。

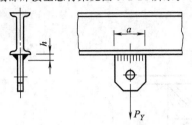

图 9.2-23 吊架顶部生根示意

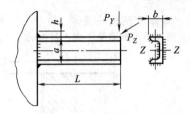

图 9.2-24 悬臂架端部生根示意

$$\tau = (\tau_X^2 + \tau_Y^2 + \tau_Z^2)^{1/2} \leqslant [\tau] \tag{9.2-80}$$

$$\tau_X = L(P_Y/W_Z + P_Z/W_Y)/0.7 \tag{9.2-81}$$

$$\tau_Y = P_Y/(0.7F) \tag{9.2-82}$$

$$\tau_Z = P_Z/(0.7F) \tag{9.2-83}$$

$$F = 2h(2b + a - 3h) \tag{9.2-84}$$

式中　F——焊缝计算断面积，mm^2。

L——悬臂长度，mm；

P_Z——Z 方向作用力，N；

W_Y——Y 轴焊缝断面系数，mm^3；

W_Z——Z 轴焊缝断面系数，mm^3；

τ_X——X 方向焊缝剪切应力，MPa；

τ_Y——Y 方向焊缝剪切应力，MPa；

τ_Z——Z 方向焊缝剪切应力，MPa。

d. 侧向焊接型悬臂架，分如下两种情况。

Ⅰ. 见图 9.2-25 所示。

$$\tau = (\tau_X^2 + \tau_Y^2 + \tau_Z^2)^{1/2} \leqslant [\tau] \tag{9.2-85}$$

$$\tau_X = P_Y LH/(1.4I_P) \tag{9.2-86}$$

$$\tau_Y = P_Y[L_a/(2 \times I_P) + 1/F]/0.7 \tag{9.2-87}$$

$$\tau_Z = P_Z(L/W_Y + 1/F)/0.7 \tag{9.2-88}$$

$$F = 2h(a-10) \tag{9.2-89}$$

$$W_Y = ha^2/3 \tag{9.2-90}$$

$$I_P = ha(a^2 + 3H^2)/6 \tag{9.2-91}$$

式中　H——型钢高度，mm；

I_P——焊缝断面惯性矩，mm^4。

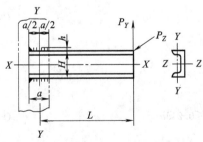

图 9.2-25 悬臂架侧向生根示意

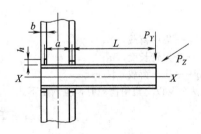

图 9.2-26 悬臂架侧向生根示意

Ⅱ. 见图 9.2-26 所示。

$$\tau = (\tau_Y^2 + \tau_Z^2)^{1/2} \leqslant [\tau] \tag{9.2-92}$$

$$\tau_Y = P_Y(L+a)/(0.7aF) \tag{9.2-93}$$

$$\tau_Z = P_Z(L+a)/(0.7aF) \tag{9.2-94}$$
$$F = 2bh \tag{9.2-95}$$

式中　a——焊缝中心距，mm。

9.2.5　悬臂管架的设计

9.2.5.1　墙体及预制块要求

墙体及预制块示意图见图 9.2-27 所示。

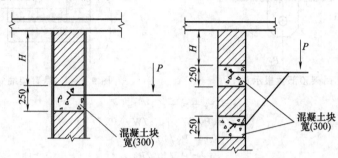

图 9.2-27　墙体及预制块示意图

注：1. P 为标准值（未包括管架自身荷载）；2. $H \geqslant 1000$mm

(1) 墙体通常为 24 墙（墙厚 240mm）和 37 墙（墙厚 370mm）。混凝土预制块强度等级应符合 GBJ 10《混凝土结构设计规范》（已作废，被 GB 50010 代替），连同悬臂管架（或三角架）整体预制后安装；或者采用预制块表面预埋钢板（有拉筋）焊接安装。

(2) 预制块尺寸（墙上留孔应略大于预制块尺寸）

① 墙体厚度 240mm：240×300×250

② 墙体厚度 370mm：370×300×250

(3) 预制块数量：应满足管架选型和在墙上生根的要求。

9.2.5.2　墙架选型及安装方式

(1) 墙架选型

① 单臂或双臂悬臂架；

② 三角架。

(2) 安装方式

① 预制块（包括带预埋钢板）直接砌入墙体。整体性好，其承载能力较强。

② 墙上预留孔。施工较方便，但与墙体结合性较差，其承载能力不强。

③ 膨胀螺栓固定。仅适用于小荷载的情况。

9.2.5.3　荷载要求

(1) 悬臂架

① 一个集中荷载时，应满足下式：

$$P \leqslant \frac{0.245q}{L} \tag{9.2-96}$$

式中　P——集中荷载，N；

L——力臂长度，m；

q——均布荷载，N/m。

② 两个及以上集中荷载时，应满足下式：

$$P_1L_1 + P_2L_2 + \cdots + P_nL_n \leqslant 0.245q \tag{9.2-97}$$

式中　P_1、P_2、$\cdots$、P_n——集中力，N；

L_1、L_2、$\cdots$、L_n——力臂，m。

(2) 三角架

① 一个集中荷载时，应将受力点放在斜撑的交汇点处。

② 荷载类型之一见图 9.2-28 所示，许用荷载见表 9.2-9。

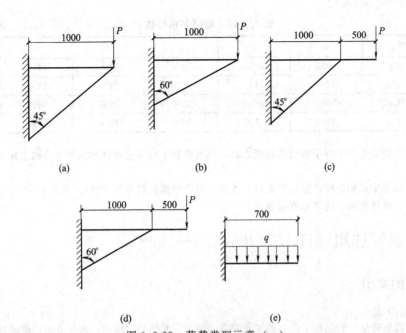

图 9.2-28 荷载类型示意（一）

表 9.2-9 墙架许用荷载 P 单位：N/m

荷载类型		a	b	c	d	e
24墙	C_{20}	7400	4300	4900	2850	820
	C_{15}	5500	3200	3700	2100	620
37墙	C_{20}	11400	6600	7600	4400	1900
	C_{15}	8550	4950	5700	3300	1400

③ 荷载类型之二见图 9.2-29 所示，许用荷载见表 9.2-10。

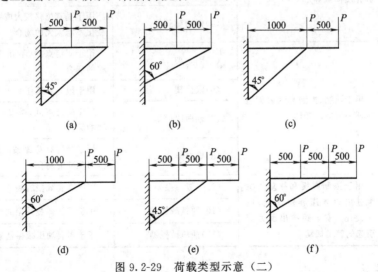

图 9.2-29 荷载类型示意（二）

④ 两个及以上集中荷载时，其受力点可按表 9.2-10 中所示尺寸定位。

9.2.5.4 许用荷载值

墙架的许用荷载值应包括管架和墙体所容许承受的荷载值，并以两者中的较小值为墙架设计的依据。

（1）当墙体承载能力大于管架的承载能力时，则可确认墙架设计数据有效，见表 9.2-9、表 9.2-10（表中荷载 P 未包括管架自身荷载）。

表 9.2-10 墙架许用荷载 P 单位：N/m

荷载类型		a	b	c	d	e	f
24墙	C_{20}	4930	2850	2960	1700	2470	1400
	C_{15}	3700	2100	2200	1270	1850	1100
37墙	C_{20}	7600	4400	4560	2600	3800	2200
	C_{15}	5700	3300	3400	1950	2850	1650

（2）当墙体承载能力小于等于管架承载能力时，应调整管架以适应墙体承载要求或向土建专业提出条件并提予确认。

（3）对在墙体上采用膨胀螺栓固定管架时，通常应限定管道公称直径（DN）不大于50mm。

（4）在墙体上设置管架，应避免管道振动。

9.3 管架设置选用 （HG/T 20645.5—1998）

9.3.1 管架的类型

9.3.1.1 管架分类

管道支吊架简称管架，它包括了所有的支承管系的装置。其结构、型式、形状众多，但就其功能和用途而言，可分为几大类，见表9.3-1。

表 9.3-1 管架分类

序号	大 分 类		小 分 类	
	名称	用途	名称	用途
1	承重管架	承受管道荷载（包括管道自身荷载、隔热或隔声结构荷载和介质荷载等）	(1)刚性架	用于无垂直位移的场合
			(2)可调刚性架	用于无垂直位移，但要求安装误差严格的场合
			(3)可变弹簧架	用于有少量垂直位移的场合
			(4)恒力弹簧架	用于垂直位移较大或要求支吊点的荷载变化不能太大的场合
2	限制性管架	用于限制、控制和约束管道在任一方向的变形	(5)固定架	用于固定点处，不允许有线位移和角位移的场合
			(6)限位架	用于限制管道任一方向线位移的场合
			(7)轴向限位架	用于限位点处，需要限制管道轴向线位移的场合
			(8)导向架	用于允许有管道轴向位移，但不允许有横向位移的场合
3	减振架	用于限制或缓和往复式机泵进出口管道和由地震、风压、水击、安全阀排出反力等引起的管道振动	(9)一般减振架	用于需要减振的场合
			(10)弹簧减振器	用于需要弹簧减振的场合
			(11)油压减振器	用于需要油压减振器减振的场合

9.3.1.2 管架类型

管架主要几大类型代码及图例，见表9.3-2。

9.3.2 管架的设置

9.3.2.1 管架设置原则

为满足管系的柔性要求，在支承管道荷载的同时，防止管系产生过量变形，是设置管架时必须考虑的两个

表 9.3-2 管架类型代码及图例

序号	名称	代码	基本图形	管道轴测图上表示的图例
1	固定架	A		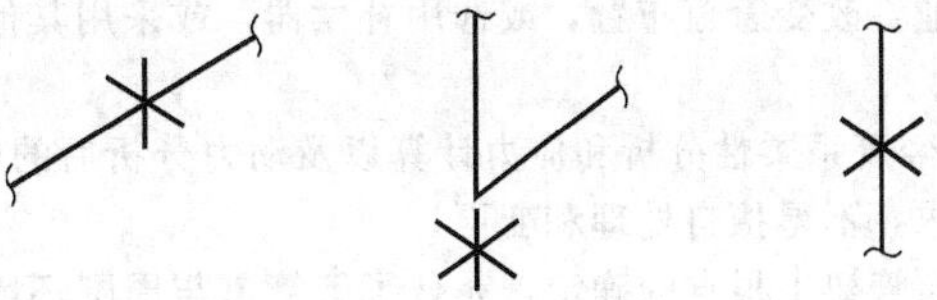
2	导向架	G		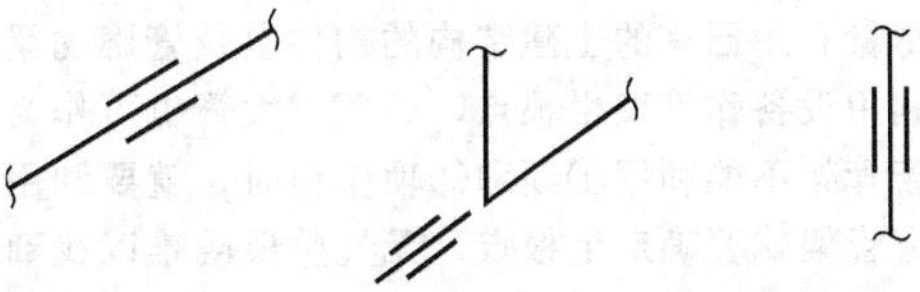
3	吊架	H		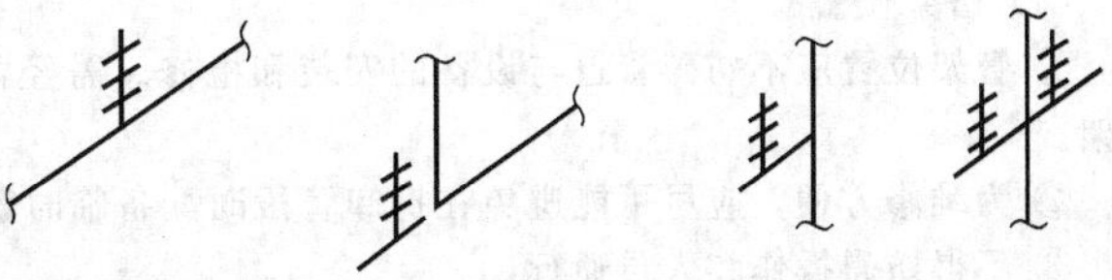
4	滑动架（支架）	R		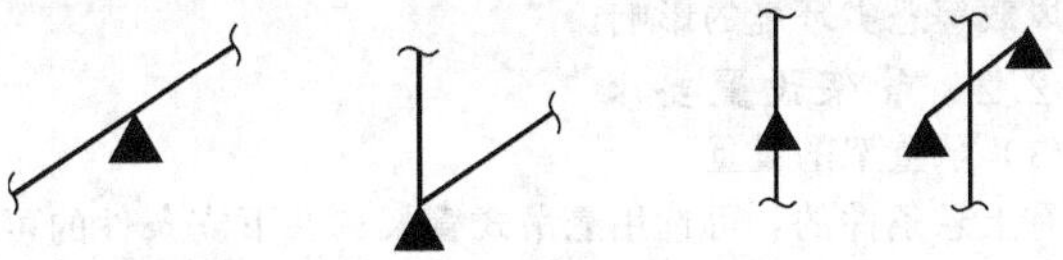
5	弹簧吊架	SH		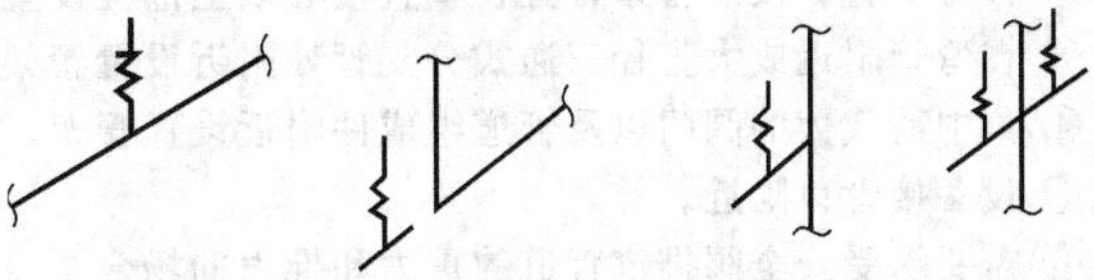
6	弹簧支架	SS		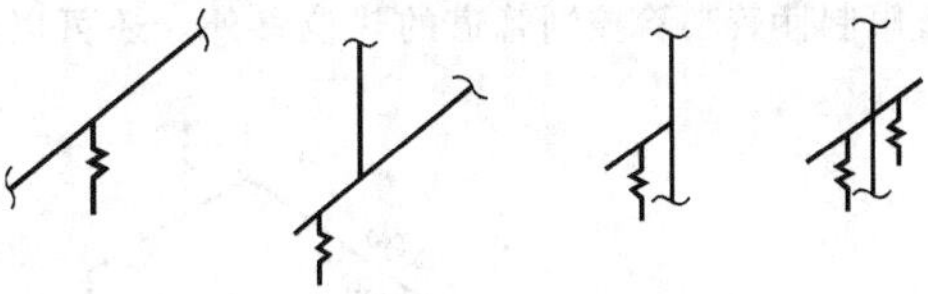
7	轴向限位架（停止架）（挡块）	ST		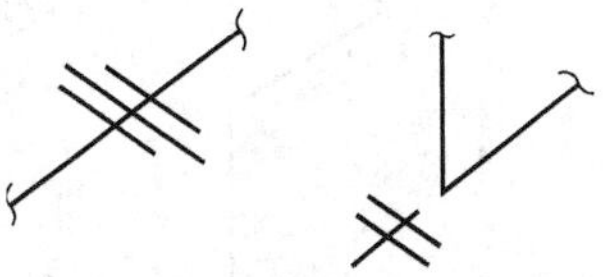

注：图例近旁可附上管架号。

最基本的问题。其具体要求有如下几点。

（1）严格控制管架间距不要超过管道的基本跨距（即管架的最大间距）之要求，尤其是水平管道的承重架间距更不应超过许用值，这是控制挠度不超限的需要。

（2）应满足管系柔性要求

① 尽可能地利用管道的自支撑作用，少设置或不设置管架。在化工装置内有一类较常见的管系，例如设备到管廊或到另一设备之间的短程管道，就可判别情况不另设管架。

② 尽可能利用管系的自然补偿能力，合理分配管架点和选择管架类型。注意在同一段直管段上，不能设置两个或两个以上的轴向限位架。

③ 在设置管架的过程中，如发现有与两台设备的接管口相连接的同一轴向直连管道时，应及时通知有关设计专业，改变管道布置，或选用补偿器，或采用其他措施消除热胀冷缩对设备接管口受力和管系柔性的不利影响。

④ 经管系柔性分析和应力计算以及动力分析后的管系，其确定了的约束点位置和约束型式，设计时应满足其要求，不得擅自处理和变更。

(3) 管架生根点的确定，充分了解管道与周围环境情况，如管道附近建构筑物和设备布置情况，合理选择管架生根点（其承受荷载较大时，应注意征得有关专业同意）。

① 尽量利用已有的土建结构的构件以及管廊的梁柱来支承管架。建筑物如墙也可以作为管架的生根点。

② 利用设备作管架生根点，必要时大管也可作为荷载小的小管管架的生根点。

③ 若管架不能利用①项和②项生根时，就要利用地面或地面基础生根。

④ 有管架就要确定生根点，无处生根或难以找到合适生根点的管架，就必须以改变该管道走向的方式重新设置相应的管架。

(4) 管架位置

① 管架位置应不妨碍管道与设备的安装和检修。需经常拆卸、清扫和维修的部位，不得设置任何型式的管架。

② 为维修方便，应尽可能避免在拆卸管段时配备临时管架。

③ 不得妨碍操作和人员通行。

(5) 管架尽可能数量少，结构简单，经济合理，但又要确保安全可靠，既能减缓和抑制振动，又能抵御地震、风载等恶劣环境的影响。

9.3.2.2 管架设置要求

(1) 承重架的设置

有上悬条件的，可选用悬吊式管架；有下支条件的可选用支承式管架。下列情况应设置承重架：

① 水平敷设的管道按正常要求设置管架，应符合两相邻架间的距离不大于水平管道的基本跨距的规定。

② 具有垂直管段的管系，宜在垂直重心以上部位设置管架，如果需要也可移至管系下部。

③ 在弯管附近或大直径三通式分支管处附近设置管架。

④ 集中荷载大的阀门以及管道组成件附近设置管架。

⑤ 设备接管口附近。

⑥ 需要承受安全阀排汽管道的重力和推力的场合。

(2) 限制性管架的设置

设置限制性管架除控制管道的热位移外，还可以提高管道的固有频率，有防止振动的作用，如图 9.3-1 所示。

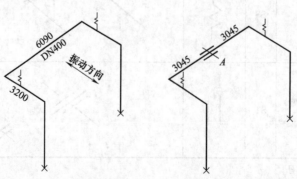

(a) 无限位架　　　　　　(b) 有限位架

图 9.3-1　水平限位架消除管道振动实例

图 9.3-1(a) 表示管系未设置限位架时，由于采用了两个弹簧吊架，管道的固有频率仅为 0.9Hz 左右，受外力时很容易引起振动。图 9.3-1(b) 表示管系管系在 A 点增加限位架，管道的固有频率达到 1.8Hz 以上，达到了消除振动的目的。

① 当垂直管段很长时，除必要的承重架外，还应在管段中间设置适当数量的导向架。

② 当铸铁阀门承受较大的弯矩时，在其两侧应设导向架。

③ 为控制敏感设备（如机泵）接管口的力和力矩，一般应在接管口附近的直管段上设置导向架或其他类型的限位架，如图 9.3-2 所示。

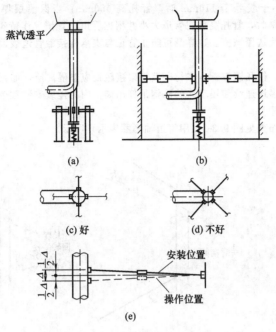

图 9.3-2　保护蒸汽透平机接管口管架

图 9.3-2 中，(a) 表示在弯管支架下端安装可调限位架的情况，四个方向限位，使管道只能沿垂直方向膨胀，避免了因弯头处产生水平位移而使设备接管口受到弯曲应力的作用。图（b）表示四根带有松紧螺母的拉杆固定在基础上，同样起到了图（a）的作用；拉杆不能过短，以免倾斜角过大阻碍管道沿垂直方向的顺利膨胀。为保护拉杆冷热态松紧一致，安装时可预先偏置 0.5Δ（位移），见图（e）所示。图（c）和（d）表示了四根拉杆在管道上具体安装位置的好与不好（指可调性的好坏）的情况。

④ 为分割管系成为两段或多段，以充分利用各段的自然补偿能力，使位移有较为合理的分配，或控制热膨胀方向沿着所希望的方向位移等情况，应设置导向架、轴向限位架，甚至固定架。设置限制性管架时要十分谨慎，对于热管系最好通过管系柔性分析与应力计算后来最终确认。

（3）弹簧架的设置

按照管道基本跨距以及其他特殊要求，在某点需要承重，但该点又有垂直方向热位移，若选用刚性支吊架，则有可能造成该管架在操作时因管道脱空而失重，引起荷载的再分配，对管系柔性和相邻管架的强度均有不良影响；也有可能使机泵等敏感设备接管口的力和力矩不但不会减少，反而会增加，因此，类似上述场合宜选用弹簧支吊架。

（4）防振管架的设置

选用防振架的目的是为约束振动管系，提高其固有频率。避免管系发生共振，但约束管系后又限制了该管系的热胀冷缩的自由，所以一般应通过管系静力分析和动力分析来综合考虑防振管架的设置。防振架应单独生根于地面基础上，并与建筑物隔离，以避免将振动传递到建筑物上。

（5）补偿器管架的设置

对具有补偿器（波纹补偿器、套筒式补偿器、软管等）的管系，除遵守一般管系布架的要求外，还得遵守合格的补偿器生产厂商提供的规定和要求进行布架。

9.3.3　典型管架设置

9.3.3.1　一般管道

（1）一般性要求：安全可靠、经济合理、整齐美观、生根牢固。

（2）沿地面或浅沟敷设的管道，可设管架基础（管墩）支承，地沟管道应支在横梁式管架上，并设置相应的导向架和轴向限位架。

（3）不保温、不保冷的常温碳钢管道除非有坡度要求外，可不设置管托。非金属或金属衬里管道不宜用焊接管托，而用带管夹的管托。温管托适宜高度与保温层的厚度有关，当保温层厚度小于或等于80mm时，管托高100mm；当保温层厚度小于或等于110mm时，管托高150mm；当保温层厚度大于110mm时，管托高200mm；当保温层厚度特别厚时，管托高度视管道大小并根据管道布置情况作特殊处理。

（4）大直径管和薄壁管宜选用鞍座。这样既可防止管道与支承件接触管道表面的磨损，又有利于管壁上应力分布趋向均匀化。

（5）对不锈钢、合金钢、铝和镀锌管，在与碳钢管架接触处应垫隔离层，如石棉布、橡胶和石棉橡胶等。

（6）同一管系上不宜过多地连续使用单一的圆钢吊杆吊架。因为连续安装数个圆钢吊杆吊架，管道的横向阻力很小，容易引起摆动或振动。

一般管道典型的配管及布架见图9.3-3（用管道轴测图表示）所示。

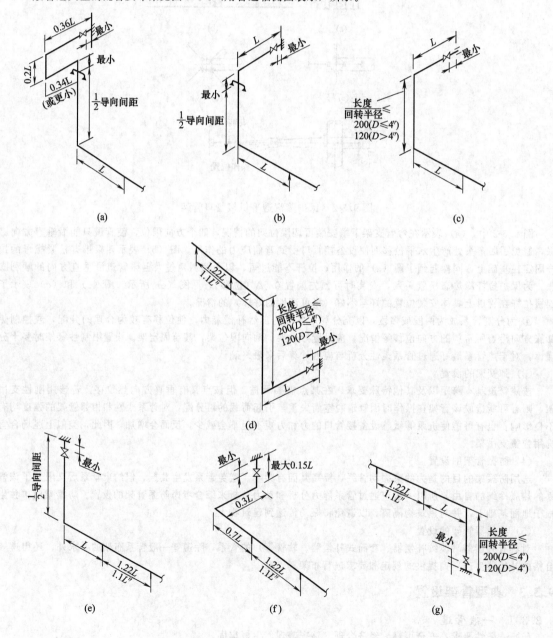

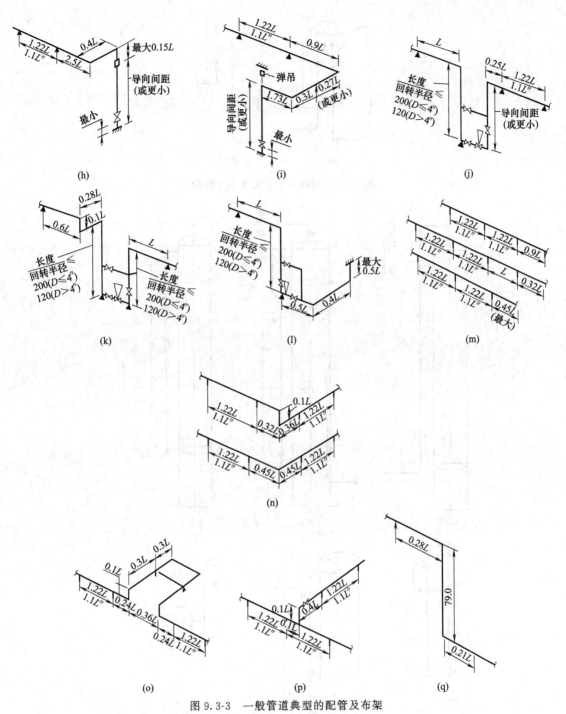

图 9.3-3 一般管道典型的配管及布架

注：1. L——装置内管道基本跨距。2. L——装置外管道基本跨距。3. "最小"——指可能做到的最小尺寸

9.3.3.2 槽罐管道

一般对槽罐上部每根管道都设一个滑动承重架，当垂直管段较长时，可再增设一个导向架。管架均生根在设备上，见图 9.3-4 所示。

9.3.3.3 塔类管道

（1）从塔顶或塔侧出口的管道，应尽量在靠近设备接管口处设立第一个管架，并为承重架，如需要再设第二个承重架时，则应为弹簧支吊架。一般在承重架的下面，应按规定间距设导向架。见图 9.3-5 所示。应特别注意最下面的一个导向架距管道转弯处，至少为导向架最大间距的三分之一，以免影响管道的自然补偿。

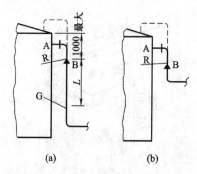

图 9.3-4　槽罐类设备上部接管管架

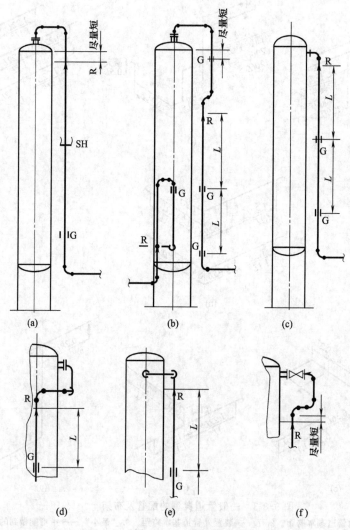

图 9.3.5　塔类管道管架

（2）直接与塔侧接管管口相连接的等于或大于 DN150mm（6″）的阀门下面，宜单独设置承重架，如图 9.3-6 所示。

（3）管架原则上均生根在塔体上，距地面或通道平台 2.2m 以上。

9.3.3.4　泵类管道

由于各类泵接管口均对荷载有一定的限制规定，因此在设置管架和热应力分析计算时，应注意遵守这一规定。

（1）为使泵体少受管端力的作用，应在靠近泵的管段上设置恰当的支吊架，或设置必要的弹簧支吊架，并做到泵检修或更换时管道不需另外设临时支吊架。

（2）若泵为侧面进口，顶部出口，则应在入口侧设支架或可调支架，出口上方应设吊架或弹簧吊架。

（3）若泵靠近其吸入料液罐布置，且又不是同一基础时，要考虑罐基础下沉引起的管道垂直位移对泵接管口的影响。要求在泵与罐间的连接管道上应有一定的柔性。一般是采用一组波纹管补偿器或软管或其他柔性接头，再加上设置适当的管架来解决因沉降差引起的相对垂直位移的不良影响。

（4）对于大型的水泵出口管要注意止回阀关闭时的推力作用。在止回阀及切断阀附近应有坚固的管架，以承受水击及重力荷载。

泵类进出口附件的管架间距应比一般管道小，约为一般管道基本跨距的 $1/2 \sim 1/3$。几种典型配管及布架实例，见图 9.3-7 所示。

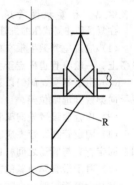

图 9.3-6 塔壁阀门支架

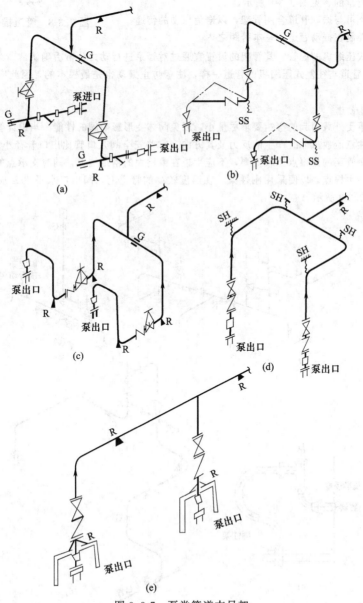

图 9.3-7 泵类管道支吊架

注：图（a）～（d）为热力管道；图（e）为常温管道

9.3.3.5 往复机泵管道

往复泵和往复式压缩机管道属于振动管道之列，因此在设置管架时，对管道振动的防止更为突出，要引起重视。

(1) 应避免管架生根在楼面上或梁上或墙上，以避免把管道的振动传递给建构筑物；也不要把管架生根于设备上；一般将管道固定于生根在地面基础上的牢靠的型钢架上，并且地面基础应是独立的。

(2) 由于弯头、阀门以及其他附加荷载集中处特别容易引起振动，所以应考虑在这些部位附近设置承重架或导向架或其他限位架。

(3) 应合理设置导向架和固定管夹，既要能抗振，又要不妨碍管道热胀位移的自由。

(4) 固定管托、管夹应有一定的弹性，用于吸收管道的振动，例如在固定管夹与管道之间衬以软木或橡胶垫或石棉橡胶垫等。

(5) 对于沿管廊布置的振动管道宜设置弹簧减振器。

(6) 设置管架时还应注意压缩机各级进出口管道对气缸的作用力不应超过气缸的重量。否则会使气缸被抬起，因为有的压缩机气缸是用极简单的支承块支承的，见图9.3-8所示。

(7) 其他管道不可与振动管道合用管架，以避免振动的传递。

(8) 管架间距控制在振动管道的基本跨距之内。

(9) 对于往复式压缩机的配管，其管架的设置宜通过对管系进行动力分析后确认。

(10) 往复泵的管道与往复式压缩机的管道一样，注意防止振动也是最根本的，因此应参照往复式压缩机管道设置管架。

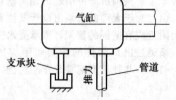

图 9.3-8 管道推力对气缸的影响

9.3.3.6 安全阀管道

安全阀的管口承受外载引起的弯矩要求尽量小，以免阀体变形影响阀的性能。当设计管架时，除承受管道重力荷载外，还应注意泄放流体时产生的反力及其方向。有些安全阀入口管比出口管径小，应重视强度校核。安全阀出口管第一个管架的生根点比较重要，不应生根在柔性大的钢结构上，同时支承点的垂直方向热位移应尽量小，合理地选择生根点，以便采用刚性架。在温度较高的管道上，阀出口水平段 L 应有总够长，使管架不至于脱空，见图9.3-9所示。

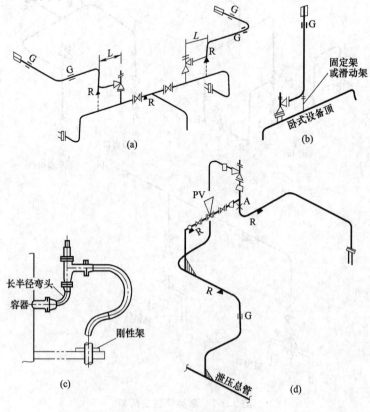

图 9.3-9 安全阀管道管架

安全阀突然开启，容易产生振动。特别是大口径、大压差的安全阀应注意防振，出口管为气液两相时，更应注意防振及避免水击。

安全阀出口排入大气的和排入泄压总管的管道及管架布置的实例，见图9.3-9所示。

9.3.3.7 调节阀组管道

调节阀组最常见的布置为立面布置，见图9.3-10所示。这种阀组通常是在管道弯头下面设置管架。对于常温的管道可采用固定架，但如有热胀的管道，应根据柔性计算的要求，将一个管架设为固定架，另一个设为滑动架或导向架。

如果阀组很长，仅在阀组两端支撑会使阀组中间下垂较大时，应在中间增加一个管架，中间管架最好采用可调式管架以便安装。这样中间管架可为固定架，两端为滑动架或导向架，热胀时管道可向两端位移，见图9.3-10所示。

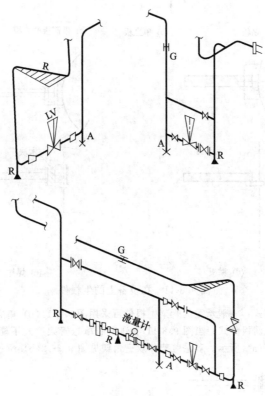

图9.3-10 调节阀组管道管架

9.3.4 管架生根结构

9.3.4.1 在设备上生根及要求

(1) 在设备壁上焊贴板，见图9.3-11(a)所示。

(2) 在设备壁上焊单立板，见图9.3-11(b)所示。

(3) 在设备壁上焊带筋板的立板，见图9.3-11(c)所示。

(4) 在设备壁上焊平面横板，见图9.3-11(d)所示。

(5) 在保冷设备壁上预焊件，见图9.3-11(e)所示。

(6) 在设备上的组合生根件。

根据需要，可对生根件（贴板、立板、平板、筋板及其他焊接附着件）进行双位或多位设置，以满足管架设计（选型及功能）的要求。在设备上生根件条件的要求如下。

(1) 设备生根件（预焊件）一般应该在设备制造时完成其焊制工作，特别是压力容器和衬里设备，必须预先焊接生根件。因为设备的制造和检验要求较高，在制造检验完毕后，一般不允许再在其壳壁上动火焊件。若特殊情况需要在施工现场补焊生根件时，必须征得设备专业人员的许可，并与设备专业人员共同商定焊接方案。

(2) 管架预焊件应具有足够的强度，以满足承载和热应力分析的要求。仅起轴向导向作用的管架生根件，

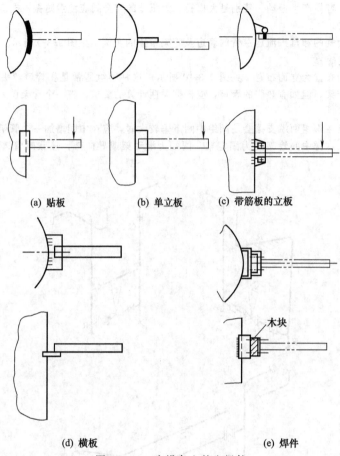

(a) 贴板　　　　　(b) 单立板　　　　(c) 带筋板的立板

(d) 横板　　　　　　　　　　　(e) 焊件

图 9.3-11　在设备上的生根件

可采用图 9.3-11(d) 的横板型式；一般承重的管架生根件可采用图 9.3-11(b) 单立板型式；荷载较大的管架生根件应采用图 9.3-11(c) 的带筋板型式；当图 9.3-11 中列出的单悬管架型式不能满足荷载要求时，可采用组合型式为三角架，见图 9.3-12(a) 所示。双悬臂架，双三角架见图 9.3-12(b) 所示。

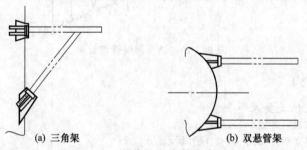

(a) 三角架　　　　　　　(b) 双悬管架

图 9.3-12　设备生根条件组合型式

（3）在设备生根件采用组合型式的设计时，要注意消除管架和设备之间由于温差引起的相对位移的影响，以减小作用在运行设备壳体和管架上的应力，见图 9.3-13 所示。

（4）对于保温、保冷设备，应注意减少热量的传递，避免雨水通过支架结构流入设备保温层中，以免影响设备的隔热效果，增加系统的能量损耗。

（5）各种生根预焊件要便于制造、运输和储存。

9.3.4.2　在土建结构上生根及要求

（1）在混凝土结构梁、柱上预埋钢板，见图 9.3-14(a) 所示。

（2）在混凝土结构梁、柱上预埋型钢，见图 9.3-14(b) 所示。

（3）在混凝土楼面穿孔处预埋环型钢板，见图 9.3-14(c) 所示。

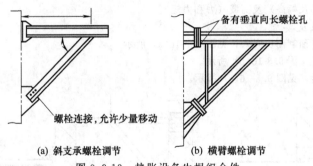

(a) 斜支承螺栓调节　　　(b) 横臂螺栓调节

图 9.3-13　热胀设备生根组合件

(4) 在混凝土结构梁上预埋套管，见图 9.3-14(d) 所示。

(5) 在混凝土结构梁、柱上打膨胀螺栓，见图 9.3-14(e) 所示。

(6) 在混凝土结构柱上夹紧式抱箍，见图 9.3-14(f) 所示。

(7) 在钢结构梁、柱上焊接管架。

(8) 在土建结构上的组合生根件。

根据需要，可对生根件（预埋的钢板、型钢、套管及其他焊接附着件）进行双位或多位设置，以满足管架设计（选型及功能）的要求。在土建结构上生根条件的要求如下。

(1) 设计文件中要求应尽量采用事先预埋生根件的方式。在预埋件遗漏，且荷载较小处，可用膨胀螺栓在混凝土结构上生根。

(2) 承载较大的管架预埋件应尽量在主梁或柱上生根。

(3) 管架在钢结构上生根时，须注意避免型钢翼缘扭曲。常用措施是在受力处增加筋板，或改变管架生根型式以改善结构受力情况，见图 9.3-15 所示。

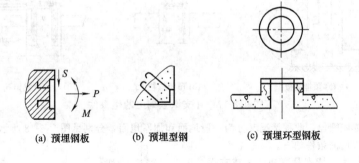

(a) 预埋钢板　　　　(b) 预埋型钢　　　　(c) 预埋环型钢板

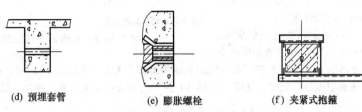

(d) 预埋套管　　　(e) 膨胀螺栓　　　(f) 夹紧式抱箍

图 9.3-14　在土建结构上的生根件

在土建结构上生根提出的条件如下。

(1) 生根在混凝土结构上的预埋件确定后，向结构专业提供生根在混凝土结构上的管架预埋件条件。该条件包括预埋件位置（纵横坐标及标高），预埋件型式及尺寸，每个预埋件荷载（力和力矩）。

(2) 生根在钢结构上的管架荷载条件。该条件包括管架

图 9.3-15　钢结构受力处加筋板

生根处的位置（纵横坐标及标高）及荷载（力和力矩）。

9.3.4.3　在墙上生根及要求

(1) 墙上预留孔再将预制砌块嵌入，见图9.3-16(a) 所示。

(2) 墙上预埋钢板，见图9.3-16(b) 所示。

(3) 墙上打膨胀螺栓，见图9.3-16(c) 所示。

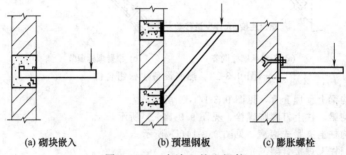

(a) 砌块嵌入　　　　　(b) 预埋钢板　　　　　(c) 膨胀螺栓

图 9.3-16　在墙上的生根件

由于墙上承载能力较小，所以墙上生根管架一般用于其他结构不好利用之处。墙上生根的管架荷载不宜太大，详见本书9.2.5。墙上生根件条件包括管架生根位置（纵横坐标及标高）、生根件型式尺寸及荷载（力和力矩）。

9.3.4.4　在地面上生根及要求

(1) 支墩基础上预埋钢板、螺栓，预留孔，分别见图9.3-17 所示。

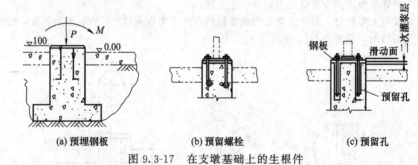

(a) 预埋钢板　　　　　(b) 预留螺栓　　　　　(c) 预留孔

图 9.3-17　在支墩基础上的生根件

(2) 地面上打膨胀螺栓。此种情况又分为一般地面和加厚地面，分别见图9.3-18 所示。

在地面上生根提出的条件如下。

(1) 对于荷载较大，特别是弯矩较大或有振动荷载，以及其他要求较高的重要管架，必须有供其生根的支墩基础。支墩一般高出地面100mm，有特殊要求时，由设计规定。

(2) 对于荷载较小，高度较低的一般管架，在地面变形对管道影响不大时，可用膨胀螺栓在

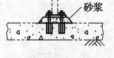

(a) 一般地面打膨胀螺栓

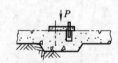

(b) 加厚地面膨胀螺栓

图 9.3-18　在地面上打膨胀螺栓

地面生根。荷载小于350dN 的不重要管架可在一般未加厚的地面上生根，见图9.3-18(a)；荷载在350～750dN 之间时，管架生根处地面应做加厚处理，见图9.3-18(b) 所示。为防雨水和污水的锈蚀，管架支承点均应适当高出地面。

9.3.4.5　在大管上生根及要求

(1) 直接在大管壁上焊接支承构件，见图9.3-19(a)、(b)、(c) 所示。

(2) 在大管壁上加焊局部加强板，如图9.3-19(d)、(e) 所示。

(3) 在大管的管夹上生根，如图9.3-19(f)、(g) 所示。

在大管上生根条件的要求如下。

(1) 此情况适用于无其他生根条件的小管、小荷载、小位移管架的生根。

(2) 通常不把临界管线作为支承大管。

(3) 支承用大管的保温、保冷性能不应因支承小管的管架而受影响。

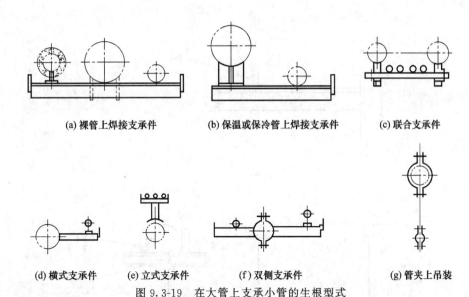

(a) 裸管上焊接支承件　　(b) 保温或保冷管上焊接支承件　　(c) 联合支承件

(d) 横式支承件　　(e) 立式支承件　　(f) 双侧支承件　　(g) 管夹上吊装

图 9.3-19　在大管上支承小管的生根型式

(4) 支承用大管与被支承小管的相对位移不宜太大，并对预知的位移量作出相应的技术处理。

9.4　管架设计选用

9.4.1　管架选用原则 （HG/T 20645.5—1998）

9.4.1.1　标准管架选用

(1) 设计中采用的标准为《管架标准图》（HG/T 21629—1999）（标准原文为 HGJ 524，该标准被 HG/T 21629—1999 代替）。标准中列入了 A、B、C、D、E、F、G、J、K、L、M 共十一大类管架，供设计人员选用。

(2) 应依据管道的操作条件、管道的布置要求以及支承点的荷载大小和方向、管道的位移情况、是否保温或保冷、管道的材质、建构筑物和设备的布置等条件选用合适的支吊架。

(3) 设计时应尽可能地选用标准管架。

(4) 弹簧支吊架应根据管道工作荷载、安装荷载、位移量及其方向，以及安装方式等确定弹簧箱的型号（从弹簧支吊架标准中查得）。然后根据弹簧所要求配套的吊杆和管道规格来选用相应的标准弹簧支吊架。

(5) 由《管架标准图》（HG/T 21629—1999）中的标准零部件组合构成的组合管架，应绘制一幅简化结构图，以便施工安装，见图 9.4-1 所示。

9.4.1.2　非标管架设计

(1) 在选不到标准管架时，才进行非标准管架的设计。

(2) 在设计非标准管架时，首先应按照 HG/T 20645.5—1998 规定确定一特殊式的管架，并绘出结构草图，然后进行设计计算确认。

(3) 非标准管架设计计算，见 HG/T 20645.5—1998 第 11 章 "管架计算规定"。

(4) 经设计计算确认的管架，按照制图规定绘制管架制造图。

9.4.1.3　管架施工安装要求

(1) 管道安装时，应按设计要求以及现场情况及时进行支、吊架的安装和调整工作。管架位置应正确，安装平整牢固，与管子接触良好；

(2) 无特殊要求的吊架，包括弹簧吊架，其吊杆应垂直安装；

(3) 导向架的滑动面应洁净平整，不能有歪斜和卡塞现象；

(4) 弹簧支吊架的弹簧箱定位块（上下各一块），待系统安装、试压、绝热完毕后，系统开始运行前必须拆除；

(5) 管架与管道焊接时，应避免管子烧穿等削弱管子强度的现象发生；

(6) 安装完毕后，应按设计要求逐个核对支、吊架的型式和位置。

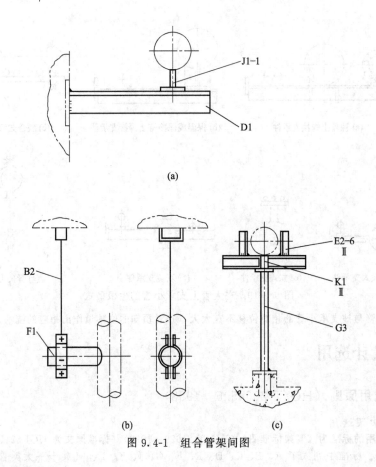

图 9.4-1　组合管架间图

9.4.2　固定支吊架

化工行业有管架标准图（HG/T 21629），常用支吊架型式已基本形成系列化。虽然不同的国家、不同的行业、不同的设计单位所用的支吊架形式不尽相同，但总的来说大同小异。这些支吊架系列包括平（弯）管支托、假管支托、型钢支架、悬臂支架、管托、管卡、摩擦减振支架、吊架等。

9.4.2.1　管卡

管卡是一种应用比较广泛的支架形式，它常与梁柱或其他支架（如悬臂支架等）配合使用，用于非隔热管道，也可用于保冷管道。一般由扁钢或圆钢制作。常用的管卡形式如图 9.4-2 所示。

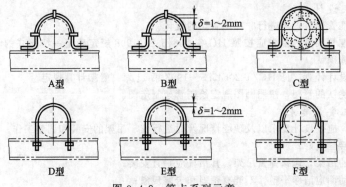

图 9.4-2　管卡系列示意

图 9.4-2 共给出了 A、B、C、D、E、F 六种管卡，其应用情况分述如下。

A 型管卡常配有支耳板。当它们与悬臂支架配合用于竖管时，可起承重作用；当它们与水平梁配合用于水平管时，可起止推作用。该管卡的承载能力取决于扁钢的宽度、螺栓的数量、支耳板的大小和数量，一般情况它适用于 DN80～350 的光管承重或止推。

B 型管卡既可与悬臂支架配合，又可与水平支承梁配合，用于 DN80～350 光管（竖直或水平）的导向。

C 型管卡专用于保冷管道的承重和导向。当它用于竖直管子的承重时，限用于 DN50 以下的管子，当管子直径较大时，应辅以其他承重支架。

D 型和 E 型管卡均用圆钢做支架零部件，形式较简单。又由于它沿管子切向拉紧，可获得较大的卡紧力，故不大于 DN50 的竖直光管常以 D 型管卡进行承重。E 型常用于 DN15～150 的竖直或水平光管的导向，此时它的固定螺母为生根件，上下各一个，便于保证导向间隙。

F 型管卡常又称防振管卡，用于有机械振动的管道。该支架用扁钢做卡箍零部件以增大其受力面积，而以螺栓切向拉紧有利于增加支架的卡紧力，管卡与管子之间垫若干石棉块，既便于增加振动阻尼，又使管子能够有少量的轴向位移，固定螺母为双螺母，以防止因振动而脱落。

9.4.2.2　吊架

吊架一般用于管子的承重。其刚度较小，与管子之间又不存在摩擦力，故它对管系的柔性限制较小。正因为它的刚度较小，降低了管系的稳定性，因此在一个管系中，不可全部用吊架承重。另外，当管子有较大的横向位移时，也不能选用吊架，一般规定吊架吊杆的偏转角不大于 4°。何时选用吊架，何时选用其他形式的承重架，往往取决于可用的支架生根条件。当生根点位于被支承管子的上面时，可考虑用吊架。常用的吊架形式如图 9.4-3 所示。

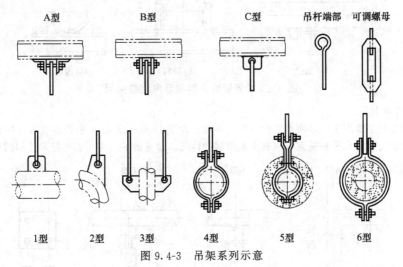

图 9.4-3　吊架系列示意

图中共给出了 A、B、C 三种生根形式和 1、2、3、4、5、6 六种吊装形式。两者组合共可得到 18 种吊架形式。在生根部件和附管部件之间还可根据需要添加其他中间连接件，如可调螺母（又称花篮螺母）、弹簧吊架等。

9.4.2.3　管托

管托主要用于隔热管道，并分别与不同的生根形式配合使用，可以实现管子的滑动（承重）、固定、导向、止推等作用。常用的管托形式如图 9.4-4 所示。

图 9.4-4 中共给了 A、B、C 三种管托形式和 1、2、3、4 四种生根形式。三种管托形式可单独使用，也可与四种生根形式组合使用。两者组合使用时，可以得到 12 种限位管托形式。

A 型和 B 型管托适用于管道允许现场焊接的情况，其中 A 型一般适用管子 DN≤150mm 的情况，B 型适用于 DN＝200～400mm 的情况。对于 DN≥450mm 的情况，应考虑按设备支座要求制作管托。当管道材料对支架材料不敏感时，A 型或 B 型中的垫板可以取消不用。C 型适用于管托不允许在现场直接与管道焊接的场合（如管道保冷时）。A 型、B 型、C 型单独使用时即为一般的滑动管托。

1 型生根形式可以通过管托实现隔热管道在此处的全固定，使其成为固定点。2 型生根形式与管托配合可以实现管道的双向止推，即限制管道在此处的轴向位移。3 型和 4 型与管托配合可以实现管子的导向，即限制管道在此处的横向位移。其中 4 型常与附塔悬臂支架配合用于竖直管道的导向。

对于不隔热管道，一般不用管托，此时它的止推和导向往往借助于图 9.4-5(a)、(b) 所示的支架形式进行。而光管的固定则是借助于管卡和止推卡实现。光管的滑动则不需要任何支架，将管子直接置于支承梁上即

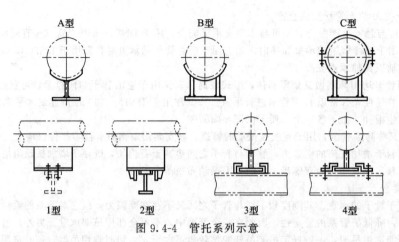

图 9.4-4　管托系列示意

可。对于较重的管道，有时为了防止因热位移而划伤管道，则在相应的位置焊一块垫板，如图 9.4-5(c) 所示。

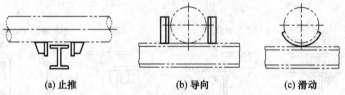

(a) 止推　　　　　(b) 导向　　　　　(c) 滑动

图 9.4-5　光管的止推和导向支架示意

9.4.2.4　管道支托

平（弯）管支托主要用于距地面或平台较近（一般不大于 1500mm）的水平管道或弯管的承重。根据结构的不同，它可分别使用于水平和垂直方向有少量位移的情况。常见的平（弯）管支托形式如图 9.4-6 所示。

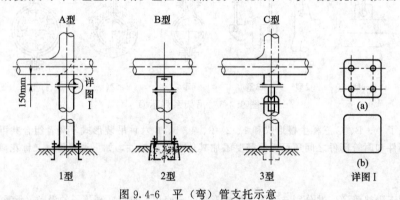

图 9.4-6　平（弯）管支托示意

图 9.4-6 中共给出 A、B、C 三种附管部件形式，同时给出了 1、2、3 三种生根部件形式，附管部件形式与生根部件形式以不同的形式组合可以得到 9 种平（弯）管支托形式，它们各自的适用情况如下。

A 型支承形式常用于允许附管部件与管子可直接焊接的情况；B 型用于附管部件不允许与管道直接焊接的情况；C 型用于高度可上下少量调节的情况。三种形式均可用于保温或光管情况。

1 型生根形式一般用于 DN≤125mm 的管子支承；2 型一般用于 DN≥150mm 的管子支承，此时应向土建专业提出有关基础大小、荷载大小、预埋地脚螺栓或钢板要求等条件；3 型一般用于置在平台上的情况，此时应向有关专业提出支承荷载大小的条件，以便布置承重梁。三种情况均可以螺栓与生根设施相连，也可以焊接形式与生根设施相连，视方便而定，并向有关专业提出相应条件。

图 9.4-6 给出了（a）、（b）两种支架上下部分的连接形式：（a）型为螺栓连接，此时不允许管道有水平位移；（b）型无连接要求，可允许管子有少量的水平位移。（a）、（b）两种连接形式常配对出现，用于阀组、集合管、蒸汽分配器等两端的支承。

9.4.2.5 耳轴

耳轴主要用于水平敷设的管道承重。当水平管道拐弯且其跨度超出标准要求的最大允许值时，可以借助于该形式的支架承重。该支架一般仅作承重用，而且仅能用于允许支架与管子直接焊接的情况。当管道有保温时，它可与滑动管托配合使用，此时的滑动管托形式与直接支承在管子上的形式相同。

耳轴的最大长度视不同管径而定，一般最大不应超过 2000mm。图 9.4-7 的 A 型适用于向下拐弯的情况，B 型适用于向上拐弯的情况，C 型适用于水平拐弯的情况。

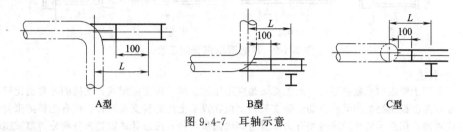

A型　　　　　　　　B型　　　　　　　　C型

图 9.4-7　耳轴示意

9.4.2.6 柱型钢支架

单柱型钢支架常常代替平（弯）管支托用于小直径（DN≤40mm）管道的承重。所用型钢一般为角钢，并与管卡配合使用。由于管卡不利于管道的热位移（尤其是管子隔热时更是如此），故此类支架不适用于管子有较大位移的场合。

常用的单柱型钢支架形式如图 9.4-8 所示。该支架形式也可为组合形式。图 9.4-8 中共给出了 A、B、C、D 四种支承形式，同时给出了 1、2、3、4 四种生根形式，两者组合可得到 16 种支架形式。它们各自的适用场合如下。

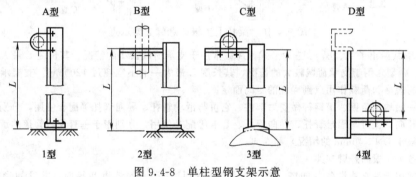

图 9.4-8　单柱型钢支架示意

A、C、D 型支承形式均适用于平管的支承。其中 A 型常用于生根点距管子较近的情况，C 型和 D 型常用于生根点距管子较远的场合。C 型和 D 型的区别在于前者用于上支场合，后者用于下吊场合；B 型支承形式用于竖管的支承。

1 型生根形式适用于地面情况，此时无需向有关专业提出条件，用膨胀螺栓固定即可；2 型用于平台生根情况，此时应酌情向有关专业提出荷载条件，以便设置承重梁；3 型用于在设备上生根的情况，其中，增设垫板的目的是使质量较差的支架材料不会影响到设备材料，此时垫板材料应与设备同材质，该形式限于设备允许现场焊接的情况；4 型用于生根在建筑物梁柱上的情况，此时一般不必向有关专业提出条件。

单柱型钢支架的最大支承高度 L 一般不宜超过 1200mm，最大承载视采用的型钢规格而定，最大不超过 4500N（对∟75×75×6 角钢）。

9.4.2.7 框架型型钢支架

框架型型钢支架主要用于水平管道的承重。该类支架常利用系统已有的梁柱作为生根点，其特点是承重能力大，支承刚度大，常代替系统支承梁进行局部支承。

常见的框架型型钢支架形式如图 9.4-9 所示。

图 9.4-9 中共给出了 A、B、C、D 四种形式，究竟采用哪种形式视原有的梁柱和被支承管的位置而定。一般情况下，该种支架的尺寸最长应不超过 1500mm，最高尺寸 H 应不超过 2000mm，支承荷载视所用型钢规格、尺寸 L 和 H 而定，一般最多不超过 10000N。

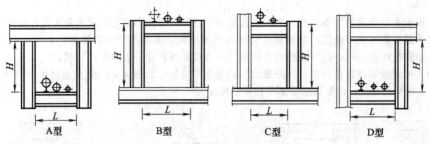

图 9.4-9　框架型型钢支架示意

9.4.2.8　悬臂支架

悬臂支架常用于管道的承重或导向。此类支架是应用比较多的一种支架形式，支架的种类也比较多。按生根条件分，可分为生根在钢结构梁柱上的悬臂支架和生根在设备上的悬臂支架两种；按有无斜撑来分则分为悬臂式和三角式两种；按支承的作用来分则分为承重型和导向型两种；按悬臂的数量来分则分为单肢型和双肢型两种。

（1）在钢结构梁柱上生根的悬臂支架（如图 9.4-10 所示）

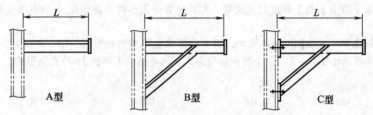

图 9.4-10　梁柱上生根的悬臂支架示意

图 9.4-10 中共给出了 A、B、C 三种形式。A 型常用于支承荷载较小的情况，其长度 L 最大一般不宜超过 600mm。B 型、C 型常用于支承荷载较大的情况，其长度 L 最大一般不宜超过 1200mm。支架承受的荷载大小视所选用型钢的规格和荷载作用点到梁柱的距离而定。

这类支架一般均用角钢、槽钢等做受力部件。它可与滑动管托、导向管托等配合使用，分别用于水平保温管道的承重和导向，也可与固定管托、导向管托、管卡等配合使用，分别用于垂直保温管道的承重和导向及光管的承重（仅限于 DN≤40mm 的情况）和导向。

（2）在设备上生根的悬臂支架

此类支架常用于沿立式设备（如塔、罐等）上敷设的竖直管道的承重和导向。常见的形式如图 9.4-11 所示。

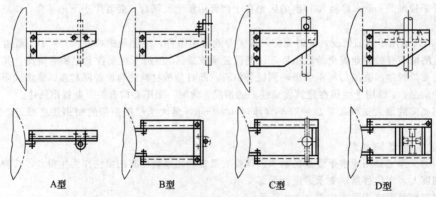

图 9.4-11　设备上生根的悬臂支架示意

图 9.4-11 中共给出了 A、B、C、D 四种形式，它们的适用场合分述如下。

A 型一般用于 DN≤150mm 的情况下。它通过与管卡、固定管托、滑动管托配合，分别用于光管承重（带支耳时）、光管的导向、保温管道的承重和导向。当用于承重时，与管卡或管托配合的螺栓孔应为横向椭圆形，以适应管道有少量的横向位移。

B 型一般适用于管子 DN＝200～350mm 的情况下，使用方法同 A 型。

C 型适用于 DN＝400～600mm 的管子承重。当用于保温管子时，双肢间的距离应加大一些，以适应隔热厚度的要求。管子不保温时，双肢间的距离应尽可能小。

D 型适用于 DN＝400～600mm 的管子导向。当管子有保温时，管子四周应有滑动管托，且管托高度应大于保温厚度。当管子不保温时，应将管托去掉并代之以厚度为 4mm 的钢板，以防止管子发生位移时，支架划伤管子。无论保温与否，都应控制支架内壁与管托或钢板之间有不大于 3mm 的间隙。

上述形式均适用于设备不允许现场焊接的情况。当设备允许现场焊接时，可将生根部件换成贴合钢垫板，而中间支承件直接焊在贴合钢垫板上即可，这样处理的结果可以简化支架形式，也便于减少支承误差，同时增加了支架的可靠性。

9.4.2.9 摩擦防振支架

摩擦防振支架就是利用给管道上一些点施加一个较大的摩擦力，以达到减振的目的。摩擦减振对强迫振动来说并不是很有效，故在设计中不能以这种支架作为强迫振动的防振支架，而仅能作为一种辅助防振支架。常用的摩擦减振支架如图 9.4-12 所示。图中给出了 A、B 两种形式的摩擦减振支架，分别适用于不同的生根形式。

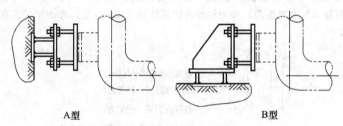

A型   B型

图 9.4-12　摩擦减振支架示意

9.4.2.10 组合式支架

工程上还常常用到一些组合式支架，以满足一些特殊情况的管道支承需要。图 9.4-13 给出了几种常见的组合支架形式。

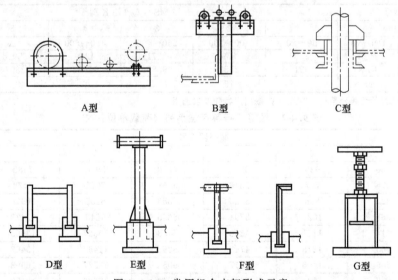

A型   B型   C型

D型   E型   F型   G型

图 9.4-13　常用组合支架形式示意

A 型支架俗称邻管支架，它是利用邻近的两个大管子来支承一些小管子。这种支架在管廊上或并排多根管道布置的场合应用较多。

B 型支架多用于软管站的管道支承。软管站一般由 2～4 根 DN≤40mm 的管子组成，B 型支架可以随意生根在设备或土建平台的边梁甚至平台栏杆上，既满足了管子的支承需要，也方便了操作。

C 型支架常用于穿越平台管子的承重。在采用 C 型支架时，一定要给相关专业提供有关的荷载资料，以便在平台的支承处设置承载梁，因为一般的平台钢板仅有几毫米厚，是不能直接承受管子荷载的。

D 型支架是地面生根的门型支架；E 型为地面生根的支柱；F 型为地面生根的角钢支架；G 型为可调支腿。

9.4.3 弹簧支吊架

弹簧支吊架是管道支吊架中的一种特殊形式，它一般是由专业生产厂制造的组合件，制造要求高，选用也比较复杂。当管道在某处有竖向位移时，如果此时采用刚性支吊架会造成管道的脱空或顶死，从而造成相邻支吊架或设备管口受力增加，严重时会导致它们的破坏。在这种情况下，就应考虑选用弹簧支吊架，使支吊架在承受一定荷载的情况下能允许管系有一定的竖向位移。

目前工程上常用的弹簧支吊架主要有两类，即恒力弹簧支吊架和可变弹簧支吊架，而且已形成标准系列。对应的国家标准为 GB 10181《恒力弹簧支吊架》和 GB 10182《可变弹簧支吊架》（注：此两标准已作废，替换为 JB/T 8130）。化工行业弹簧支吊架的标准一般以 HG/T 20644—98 为准。

9.4.3.1 弹簧减振器（HG/T 20645.5—1998）

HG/T 20645.5—1998 适用于化工装置内弹簧减振器的选用，使其吸收或消除 DN50～DN600 管道内由于气流脉动或冲击等引起的振动。弹簧减振器见《管道支吊架》（GB/T 17116）和《管道减振器》（HG/T 21578）标准。弹簧减振器（管道减振器）分为初始荷载固定型（MS-G 型）和初始荷载可调型（MS-K 型）两种。其型号表示方法如下：

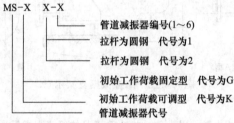

初选用行程荷载系列表见表 9.4-1，核算用行程荷载系列表见表 9.4-2。

表 9.4-1 初选用行程荷载系列

减振器型号		MS-G 型 MS-K 型					
减振器编号		1	2	3	4	5	6
适用管径	DN/mm	50～80	100～200	250～400	450～600	△	△
初始工作荷载	P/N	230	639	2371	4259	5918	7982
最大工作荷载	P/N	921	2557	9485	17036	23674	31930
行程	mm	75			48		

注：适用管径 DN 值为推荐数值，"△"——按用户特殊要求选用。

表 9.4-2 核算用行程荷载系列（荷载单位：N）

行程/mm	减振器编号						行程/mm
	1	2	3	4	5	6	
0	230	639	2371	4259	5918	7982	0
5	276	767	2846	5058	7028	9479	3
10	322	895	3320	5856	8138	10976	6
15	368	1023	3794	6655	9248	12473	9
20	414	1151	4268	7453	10357	13969	12
25	460	1278	4743	8252	11467	15467	15
30	506	1406	5217	9050	12577	16963	18
35	552	1534	5691	9849	13686	18459	21
40	599	1662	6165	10648	14796	19956	24
45	645	1790	6640	11446	15906	21453	27
50	691	1918	7114	12245	17015	22494	30
55	737	2045	7588	13043	18125	24446	33
60	783	2173	8062	13842	19235	25943	36
65	829	2301	8537	14640	20345	27440	39

续表

行程/mm	减振器编号						行程/mm
	1	2	3	4	5	6	
70	875	2429	9011	15439	21454	28936	42
75	921	2557	9485	17036	23674	31930	48
刚度/(N/mm)	9.208	25.568	94.85	266.19	369.9	498.9	刚度/(N/mm)

弹簧减振器选用原则与要求如下。

(1) 根据安装弹簧减振器的管道与生根梁（柱）的相对空间位置来决定拉杆长度尺寸和拉杆形式（当 $L \leqslant$ 600 时，采用圆钢；当 $L \geqslant 600$ 时，采用钢管）。

(2) 根据安装弹簧减振器的管道需要的防振力（指激振力）来选用弹簧减振器的编号。

(3) 根据安装弹簧减振器的管道公称直径 DN 来选用弹簧减振器的编号（仅选用固定型弹簧减振器）。

(4) 选定的弹簧减振器固定型初始工作荷载或可调型预荷载，应大于或等于管系安装弹簧减振器这一点的管道防振力（即激振力）。

(5) 选定的弹簧减振器的实际行程，必须大于或等于管系上该止振点管道的热位移量（指减振器轴向位移量）。

弹簧减振器实际行程计算如下：

$$L_0 = l - l_b \tag{9.4-1}$$

式中　L_0——弹簧减振器实际行程，mm；

　l——弹簧减振器最大工作行程，mm；

　l_b——弹簧减振器预荷载（指激振力）所对应的行程，mm。

9.4.3.2　变力弹簧支吊架选用 (HG/T 20644—1998)

(1) 变力弹簧支吊架的位移范围分别为 30mm、60mm、90mm、120mm、150mm、180mm 六档，荷载范围为 154～217381N。

(2) 使用环境温度为 −19～200℃。

(3) 变力弹簧支吊架主要由圆柱螺旋弹簧、指示板、壳体、花篮螺母及定位块等组成，典型结构见图 9.4-14。

(4) 变力弹簧支吊架根据安装型式分为 A、B、C、D、E、F、G 七种类型。

① A 型：上螺纹悬吊型

② B 型：单耳悬吊型

③ C 型：双耳悬吊型

④ D 型：上调节搁置型

⑤ E 型：下调节搁置型

⑥ F 型：支撑搁置型

⑦ G 型：并联悬吊型

(5) 选择变力弹簧支吊架类型主要根据生根的结构形式、管道空间位置和管道支吊方式等因素。

① A、B、C 型为悬吊型吊架。吊架上端与吊杆或吊板连接，吊杆、吊板另一端连接在钢梁或楼板上，下端用花篮螺母与吊杆、管道连接。见图 9.4-15～图 9.4-17。

② D、E 型为搁置型吊架。底板搁置在钢梁或楼板上，下端用吊杆悬吊管道。见图 9.4-18、图 9.4-19。

③ F 型为支撑搁置型支架。底板搁置在基础、楼面或钢结构上，管道由支腿支撑在支架顶部。见图 9.4-20。

F 型弹簧支吊架可分为普通荷重板（F_I 型）、带聚四氟乙烯荷重板（F_{II} 型）、带滚轮荷重板（F_{III} 型）三种型式。当管道水平位移大于 6mm 时，建议采用 F_{II} 或 F_{III} 型。

④ G 型为并联悬吊型吊架。当管道上方不能直接悬挂或没有足够高度悬挂弹簧支吊架，或管道的垂直载荷超出单个弹簧支吊架所能承受的范围时，可采用 G 型吊架。选用 G 型吊架时，应以计算载荷的一半作为选择弹簧号的依据。见图 9.4-21。

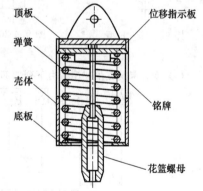

图 9.4-14　典型结构

（图中标注：顶板、弹簧、壳体、底板、位移指示板、铭牌、花篮螺母）

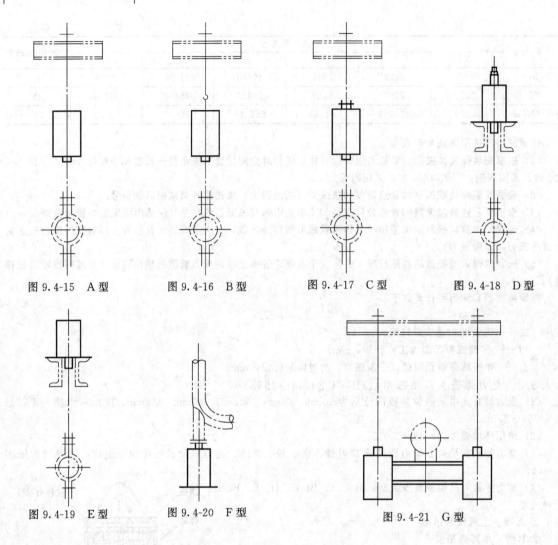

图 9.4-15 A 型　　　　图 9.4-16 B 型　　　　图 9.4-17 C 型　　　　图 9.4-18 D 型

图 9.4-19 E 型　　　　图 9.4-20 F 型　　　　图 9.4-21 G 型

(6) 变力弹簧支吊架型号由下列四部分组成：

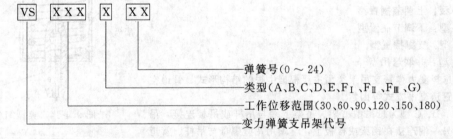

弹簧号(0 ～ 24)
类型(A、B、C、D、E、F$_I$、F$_{II}$、F$_{III}$、G)
工作位移范围(30、60、90、120、150、180)
变力弹簧支吊架代号

　　例如：VS90F15 表示允许工作位移范围为 90mm，支撑搁置型普通荷重板变力弹簧支吊架，弹簧号 15。

　　(7) 弹簧支吊架类别和弹簧号选择可根据管道运行时的工作载荷［包括物料、全部管道组成件（如管道、阀门、管件、保温材料等）］、垂直方向工作位移量、位移方向，查表 9.4-5 来确定（弹簧载荷选用表由弹簧号、弹簧支吊架类别、工作位移范围、弹簧刚度等组成。表中由中线将上下分成两个区域，上粗直线和下粗直线之间为最佳工作范围）。

9.4.3.3　变力弹簧支吊架系列（HG/T 20644—1998）

　　A 型弹簧支吊架见图 9.4-22 和表 9.4-6。

　　B、C 型弹簧支吊架见图 9.4-23 和表 9.4-7。

　　D 型弹簧支吊架见图 9.4-24、表 9.4-8、图 9.4-25 和表 9.4-3。

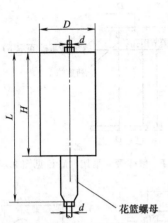

图 9.4-22　A 型弹簧支吊架

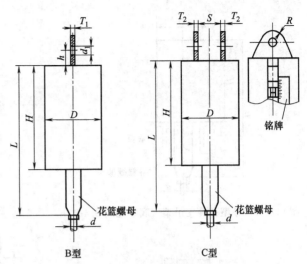

图 9.4-23　B、C 型弹簧支吊架

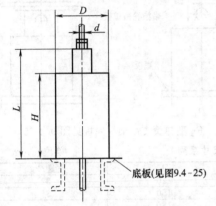

图 9.4-24　D 型弹簧支吊架

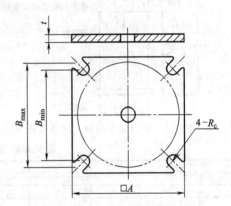

图 9.4-25　D 型弹簧支吊架底板

表 9.4-3　**D 型弹簧支吊架底板尺寸系列**　　　　单位：mm

弹簧号	A	B_{max}	B_{min}	R_c	t
0～7	200	160	120	9	12
8、9	240	200	160	9	12
10、11	300	250	220	9	14
12、13、14	300	250	220	11	14
15、16	340	295	260	11	14
17、18	340	295	260	11	16
19、20	360	310	280	11	16
21	360	310	280	11	20
22、23、24	400	355	320	11	20

注：E、F 型弹簧支吊架底板同 D 型。

E 型弹簧支吊架见图 9.4-26 和表 9.4-9。

F 型弹簧支吊架分三类。

F_I 型带普通荷重板见图 9.4-27 和表 9.4-10。

F_{II} 型带聚四氟乙烯荷重板见图 9.4-28。

F_{III} 型带滚轮荷重板见图 9.4-29 和表 9.4-4。

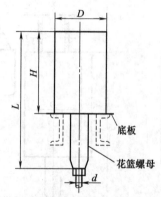

图 9.4-26 E 型弹簧支吊架（底板见图 9.4-25）

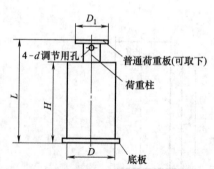

图 9.4-27 F$_I$ 型弹簧支吊架（底板见图 9.4-25）

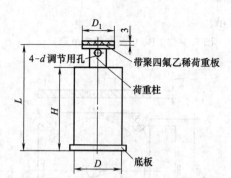

图 9.4-28 F$_{II}$ 型弹簧支吊架（底板见图 9.4-25）

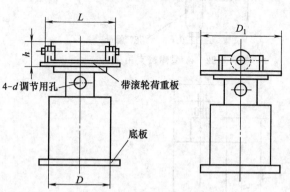

图 9.4-29 F$_{III}$ 型弹簧支吊架（底板见图 9.4-25）

表 9.4-4 F$_{III}$ 型滚轮荷重板尺寸系列　　　　　单位：mm

弹簧号	L	h	D$_1$	质量/kg
4～7	94	48	120	3
8～9	120	48	150	3
10～11	150	66	180	5
12～13	170	66	200	7
14～15	190	96	230、260	10
16～18	240	96	280	14
19～21	260	116	300	20
22	260	116	330	22
23～24	280	134	350	24

注：1. F$_{II}$、F$_{III}$ 型弹簧支吊架除顶部外，其余同 F$_I$ 型，其尺寸见表 9.4-10。

2. 选用 F 型弹簧支吊架，订货时应指明 F$_I$、F$_{II}$、F$_{III}$ 型。

G 型弹簧支吊架见图 9.4-30 和表 9.4-11。

花篮螺母见图 9.4-31 和表 9.4-12。

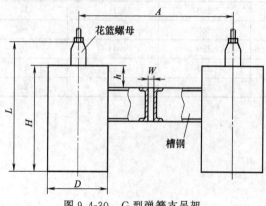

图 9.4-30 G 型弹簧支吊架

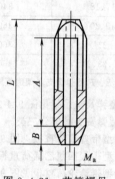

图 9.4-31 花篮螺母

表 9.4-5 弹簧载荷选用表

单位:N

弹簧支吊架类别（左上角）：VS180 / VS150 / VS120 / VS90 / VS60 / VS30

工作弹簧位移范围值（mm）

弹簧号（弹簧载荷主表，单位：N）与右侧弹簧位移量（mm）：

弹簧号	0	1	2	3	4	5	6	7	8	9	10	11	12	13	14	15	16	17	18	19	20	21	22	23	24	VS30	VS60	VS90	VS120	VS150	VS180
	127	170	234	296	411	558	745	1022	1376	1862	2412	3312	4479	5683	7680	9544	12232	17148	24126	31583	42120	54816	66880	86580	106590	38	76	114	152	190	228
	134	179	246	312	433	588	824	1076	1448	1960	2539	3486	4715	5982	8084	10446	12876	18050	25395	33245	44337	57701	73550	91136	114411	40	80	120	160	200	240
	141	188	259	328	454	617	824	1130	1521	2058	2666	3660	4950	6282	8488	10549	13520	18953	26665	34907	46554	60586	77227	95693	120131	42	84	126	168	210	252
	147	197	271	343	476	647	863	1184	1593	2156	2793	3835	5186	6581	8893	11051	14164	19855	27935	36570	48771	63471	80905	100250	125852	44	88	132	176	220	264
	154	205	283	359	498	676	902	1238	1666	2254	2920	4009	5422	6880	9297	11553	14808	20758	29205	38232	50988	66356	84582	104807	131573	46	92	138	184	230	276
	157	210	289	367	509	691	922	1265	1702	2303	2983	4096	5540	7029	9499	11804	15130	21209	29840	39063	52096	67799	86421	107085	134433	47	94	141	188	235	282
	161	214	295	374	519	705	941	1291	1738	2352	3047	4183	5658	7179	9701	12055	15452	21660	30474	39894	53204	69241	88260	109364	137293	48	96	144	192	240	288
	164	219	302	382	530	720	961	1318	1774	2401	3110	4270	5776	7329	9903	12307	15773	22112	31109	40725	54313	70684	90099	111642	140153	49	98	147	196	245	294
	167	223	308	390	541	735	981	1345	1810	2450	3174	4358	5893	7478	10105	12558	16095	22563	31744	41557	55421	72127	91937	113921	143014	50	100	150	200	250	300
	171	228	314	398	552	749	1000	1372	1874	2499	3237	4445	6011	7628	10307	12809	16417	23014	32379	42388	56530	73569	93776	116199	145847	51	102	153	204	255	306
	178	232	320	406	563	764	1020	1399	1883	2548	3301	4532	6129	7777	10510	13060	16739	23465	33014	43219	57638	75012	95615	118477	148734	52	104	156	208	260	312
	181	237	326	413	573	779	1040	1426	1918	2597	3364	4619	6247	7927	10712	13311	17061	23917	33649	44050	58747	76454	97454	120756	151594	53	106	159	212	265	318
	184	241	332	421	584	793	1059	1453	1955	2646	3428	4706	6365	8076	10914	13562	17383	24368	34284	44881	59855	77897	99292	123034	154455	54	108	162	216	270	324
	188	246	339	429	595	808	1079	1480	1990	2695	3491	4793	6483	8226	11116	13814	17705	24819	34919	45712	60963	79339	101131	125313	157315	55	110	165	220	275	330
	191	250	345	437	606	823	1098	1507	2028	2744	3555	4880	6601	8375	11318	14065	18027	25271	35553	46543	62072	80782	102970	127591	160175	56	112	168	224	280	336
	194	255	351	445	617	838	1118	1534	2064	2793	3618	4968	6718	8525	11520	14316	18349	25722	36188	47374	63180	82224	104809	129869	163036	57	114	171	228	285	342
	198	259	357	452	628	852	1138	1560	2100	2842	3682	5055	6836	8675	11722	14567	18671	26174	36823	48206	64289	83667	106647	132148	165896	58	116	174	232	290	348
	201	264	363	460	638	867	1157	1587	2136	2891	3745	5142	6954	8824	11924	14818	18993	26624	37458	49037	65397	85109	108486	134426	168756	59	118	177	236	295	354
	204	268	369	468	649	882	1177	1614	2173	2940	3802	5229	7072	8974	12126	15069	19314	27076	38093	49868	66506	86552	110325	136705	171616	60	120	180	240	300	360
	208	273	376	476	660	896	1196	1641	2196	2989	3872	5316	7189	9123	12328	15320	19636	27527	38728	50699	67614	87994	112164	138984	174477	61	122	183	244	305	366
	211	277	382	484	671	911	1216	1668	2245	3038	3935	5403	7308	9273	12531	15572	19958	27978	39363	51530	68722	89437	114002	141261	177337	62	124	186	248	310	372
	214	281	388	491	682	926	1236	1695	2281	3087	3999	5490	7426	9422	12733	15823	20280	28429	39998	52361	69831	90879	115841	143540	180197	63	126	189	252	315	378
	218	286	394	499	693	940	1255	1749	2317	3136	4062	5578	7544	9572	12935	16325	20602	28881	40633	53192	70939	92322	117680	145818	183057	64	128	192	256	320	384
	221	290	400	507	703	955	1275	1776	2354	3185	4126	5665	7661	9722	13137	16576	20924	29332	41267	54023	72048	93765	119519	148097	185918	65	130	195	260	325	390
	224	295	406	515	714	970	1294	1803	2390	3234	4189	5752	7779	9871	13339	16827	21246	29783	41902	54855	73156	94265	121357	150375	188778	66	132	198	264	330	396
	228	299	412	523	725	984	1314	1829	2426	3283	4253	5839	7897	10021	13541	17079	21568	30234	42537	55686	74265	96650	123196	152654	191638	67	134	201	268	335	402
	231	304	419	530	736	999	1334	1856	2462	3332	4316	5926	8015	10170	13743	17330	21890	30686	43172	56517	75373	98092	125035	154932	194499	68	136	204	272	340	408
	234	308	425	538	747	1014	1353	1883	2498	3381	4380	6013	8133	10320	13945	17581	22212	31137	43807	57348	76481	99489	126874	157210	197359	69	138	207	276	345	414
	241	313	431	546	757	1029	1373	1910	2535	3430	4443	6101	8251	10469	14147	17832	22534	31588	44442	58179	77590	100977	128712	159489	200219	70	140	210	280	350	420
	245	317	437	554	768	1043	1393	1937	2571	3479	4507	6188	8369	10619	14350	18083	22855	32039	45077	59010	78698	102420	130551	161767	203079	71	142	213	284	355	426
	248	322	443	562	779	1058	1412	1964	2607	3528	4570	6275	8487	10768	14532	18334	23177	32491	45712	59841	79807	103862	132390	164046	205940	72	144	216	288	360	432
	251	326	449	569	790	1073	1432	1991	2643	3576	4634	6362	8604	10918	14754	18585	23499	32942	46346	60672	80915	105305	134229	166324	208800	73	146	219	292	365	438
	255	331	456	577	800	1087	1451	2018	2679	3625	4697	6449	8722	11067	14956	18837	23821	33394	46981	61504	82024	106747	136067	168603	211660	74	148	222	296	370	444
	261	335	468	585	812	1102	1471	2045	2716	3723	4761	6536	8840	11217	15158	19088	24143	33844	47616	62335	83132	108190	137906	170881	214520	75	150	225	300	375	450
	268	348	480	608	844	1146	1510	2099	2824	3821	4951	6810	8958	11666	15764	19590	25109	35198	49521	64828	86457	112517	143432	177116	223101	78	156	234	312	390	468
	275	357	492	624	866	1175	1569	2152	2897	3919	5078	6972	9429	11965	16181	20092	25753	36101	50791	66490	88674	115402	147109	180777	228822	80	160	240	320	400	480
	281	375	505	640	887	1205	1608	2206	2969	4017	5205	7146	9665	12264	16573	20595	26396	37003	52060	68153	90891	118288	150777	186861	234542	82	164	246	328	410	492
			517	655	909	1234	1648	2260	3042	4115	5332	7321	9901	12563	16977	21097	27040	37906	53330	69815	93108	121173	154455	191386	240263	84	168	252	336	420	504

弹簧刚度（N/mm）：

	0	1	2	3	4	5	6	7	8	9	10	11	12	13	14	15	16	17	18	19	20	21	22	23	24
	3.350	4.467	6.156	7.801	10.821	14.693	19.613	26.904	36.209	48.993	63.475	87.150	117.868	149.562	202.106	251.155	321.908	451.259	634.883	831.130	1108.427	1442.531	1838.747	2278.410	2860.273
	1.675	2.234	3.078	3.900	5.410	7.347	9.837	13.452	18.105	24.497	31.738	43.575	58.934	74.781	101.053	125.577	160.954	225.630	317.442	415.565	554.213	721.266	919.373	1139.205	1430.136
	1.117	1.489	2.052	2.600	3.607	4.898	6.558	8.968	12.070	16.331	21.158	29.050	39.289	49.854	67.369	83.718	107.303	150.420	211.628	277.043	369.480	480.844	612.916	759.470	953.424
	0.837	1.117	1.539	1.950	2.705	3.673	4.933	6.726	9.052	12.248	15.869	21.788	29.467	37.390	50.527	62.789	80.477	112.815	158.721	207.107	277.360	360.633	459.687	569.603	715.068
	0.670	0.893	1.231	1.560	2.164	2.938	3.923	5.381	7.242	9.799	12.695	17.430	23.573	29.912	40.421	50.231	64.382	90.252	126.977	166.226	221.685	288.506	367.749	455.682	572.055
	0.558	0.744	1.026	1.300	1.803	2.449	3.259	4.484	6.035	8.165	10.579	14.525	19.645	24.927	33.683	41.859	53.651	75.210	105.814	138.522	184.738	240.422	306.458	379.735	476.712

表 9.4-6　A 型弹簧支吊架尺寸系列表

弹簧号	工作载荷范围 /N	壳体外径 D	吊杆 d	VS30					VS60					VS90					VS120					VS150					VS180				
				壳体高度 H	无载高度 L	指示板指零位时 L	指示板指30mm时 L	理论质量 /kg	壳体高度 H	无载高度 L	指示板指零位时 L	指示板指60mm时 L	理论质量 /kg	壳体高度 H	无载高度 L	指示板指零位时 L	指示板指90mm时 L	理论质量 /kg	壳体高度 H	无载高度 L	指示板指零位时 L	指示板指120mm时 L	理论质量 /kg	壳体高度 H	无载高度 L	指示板指零位时 L	指示板指150mm时 L	理论质量 /kg	壳体高度 H	无载高度 L	指示板指零位时 L	指示板指180mm时 L	理论质量 /kg
0	154~255	89	M12	128	213	221	251	4.2	210	295	311	371	5.7	306	336	360	450	7.5	388	418	450	570	8.9	484	516	556	706	14	566	600	648	828	15
1	205~340	89	M12	133	218	226	256	4.2	220	305	321	381	5.9	321	351	375	465	7.7	408	438	470	590	9.2	509	541	581	731	14.5	596	628	676	856	15.5
2	283~468	89	M12	137	222	230	260	4.3	227	312	328	388	6	332	362	386	476	7.9	422	452	484	604	9.6	527	559	599	749	14.6	617	651	699	879	15.6
3	359~593	89	M12	143	228	236	266	5.6	238	323	339	399	6.2	349	379	403	493	8.1	444	474	506	626	9.9	555	587	627	777	14.9	650	684	732	912	15.9
4	498~822	114	M12	145	230	238	268	5.6	242	327	343	403	7.7	355	385	409	499	10.5	452	482	514	634	12.4	565	597	637	787	17.4	662	696	744	924	18.4
5	676~1117	114	M12	149	234	242	272	6.1	246	331	347	407	8.3	361	391	415	505	11.6	458	488	520	640	13.5	573	605	645	795	18.5	670	704	752	932	20.5
6	902~1491	114	M12	161	246	254	284	6.4	269	354	370	430	9	396	426	450	540	12.7	504	534	566	686	15.2	631	663	703	853	20.2	739	773	821	1001	23.2
7	1238~2045	114	M12	176	261	269	299	7.4	293	378	394	454	10.2	431	461	485	575	14.4	548	578	610	730	17.2	686	718	758	908	24.2	803	837	885	1065	26.2
8	1666~2752	159	M12	170	255	263	293	11.1	276	361	377	437	14.8	406	436	460	550	20	512	542	574	694	24	642	674	714	864	31	748	782	830	1010	35
9	2254~3723	168	M12	187	272	280	310	14.2	303	388	404	464	19.1	446	476	500	590	26.3	562	592	624	744	31	705	737	777	927	40	821	855	903	1083	45
10	2920~4824	194	M12	195	280	288	318	20.3	310	395	411	471	26.4	455	485	509	599	36.1	570	600	632	752	42.1	715	747	787	937	54.1	830	864	912	1092	60.1
11	4009~6623	194	M16	223	323	331	361	24.4	353	453	469	529	32	516	576	600	690	43.9	646	706	738	858	51.5	809	871	911	1061	66.5	939	995	1043	1223	74.5
12	5422~8958	219	M16	234	334	342	372	32.4	366	466	482	542	42	538	598	622	712	57.4	670	730	762	882	66.6	842	904	944	1094	85.6	974	1038	1086	1266	95.6
13	6880~11367	219	M20	266	366	374	404	37.6	416	516	532	592	49.3	608	668	692	782	68	758	818	850	970	79.3	950	1012	1052	1202	101.3	1100	1164	1212	1392	115.3
14	9297~15360	245	M24	279	379	387	417	51	427	527	543	603	66.4	623	683	707	797	89.7	771	831	863	983	104.3	967	1029	1069	1219	131.3	1115	1179	1227	1407	147.3
15	11553~19088	273	M24	300	400	408	438	68.6	451	551	567	627	86.8	654	714	738	828	118	805	865	897	1017	136.4	1008	1070	1110	1260	171.4	1159	1223	1271	1451	191.4
16	14808~24465	299	M30	328	428	436	466	91.2	491	591	607	667	115	712	772	796	886	156	875	935	967	1087	180	1096	1158	1198	1348	225	1259	1323	1371	1551	251
17	20758~34296	299	M36	361	461	469	499	107	536	636	652	712	136.4	775	835	859	949	186	950	1010	1042	1162	215.8	1189	1251	1291	1441	270	1364	1428	1476	1656	302
18	29205~48251	299	M36	400	525	533	563	123	597	722	738	798	160	864	964	988	1078	220	1061	1161	1193	1313	257	1328	1430	1470	1620	323	1525	1629	1677	1857	361
19	38232~63166	325	M42	452	577	585	615	168	677	802	818	878	218.5	979	1079	1103	1193	298	1204	1304	1336	1456	349	1506	1608	1648	1798	436	1731	1835	1883	2063	488
20	50988~84240	325	M43	514	639	647	677	200.3	781	906	922	982	268.5	1133	1233	1257	1347	371	1400	1500	1532	1652	439.6	1752	1854	1894	2044	548.6	2019	2123	2171	2351	619.6
21	66336~109632	325	M56	588	713	721	751	243	903	1028	1044	1104	333	1310	1410	1434	1524	464	1625	1725	1757	1877	550	2032	2134	2174	2324	688	2347	2451	2499	2679	782
22	84582~139745	351	M64	671	796	804	834	311	1038	1163	1179	1239	430	1505	1605	1629	1719	598	1872	1972	2004	2124	717	2339	2441	2481	2631	892.5	2706	2810	2858	3038	1017.2
23	104807~173159	377	M72×6	627	752	760	790	364	922	1047	1063	1123	479	1324	1424	1448	1538	658.6	1619	1719	1751	1871	774	2021	2123	2163	2313	963	2316	2420	2468	2648	1080
24	131573~217381	377	M80×6	693	818	826	856	442	1022	1147	1163	1223	561	1467	1567	1591	1681	776	1796	1896	1928	2048	914	2241	2343	2303	2533	1137	2570	2674	2722	2902	1230

表 9.4-7　B、C型弹簧支吊架尺寸系列表

弹簧号	工作载荷范围/N	壳体外径 D	吊杆 d	吊耳 d1	S	h	T1	T2	R	VS30 壳体高度H	无载高度L	指零位时L	指30mm时L	理论质量/kg	VS60 壳体高度H	无载高度L	指零位时L	指60mm时L	理论质量/kg	VS90 壳体高度H	无载高度L	指零位时L	指90mm时L	理论质量/kg	VS120 壳体高度H	无载高度L	指零位时L	指120mm时L	理论质量/kg	VS150 壳体高度H	无载高度L	指零位时L	指150mm时L	理论质量/kg	VS180 壳体高度H	无载高度L	指零位时L	指180mm时L	理论质量/kg
0	154~255	89	M12	18	28	40	6	6	25	122	247	255	285	4.3	204	329	345	405	5.8	300	370	394	484	7.6	382	452	484	604	9	478	550	590	740	14	560	634	682	862	15
1	205~340	89	M12	18	28	40	6	6	25	127	252	260	290	4.3	214	339	355	415	6	315	385	409	499	7.8	402	472	504	624	9.3	503	575	615	765	14.3	590	664	712	892	15.3
2	283~468	89	M12	18	28	40	6	6	25	131	256	264	294	4.4	221	346	362	422	6.1	326	396	420	510	8	416	486	518	638	9.7	521	603	643	793	14.7	611	685	733	913	15.7
3	359~593	89	M12	18	28	40	6	6	25	137	262	270	300	4.5	232	357	373	433	6.3	343	413	437	527	8.3	438	508	540	660	10	549	621	661	811	15	644	718	766	946	16
4	498~822	114	M12	18	28	40	6	6	25	139	264	272	302	5.6	236	361	377	437	7.7	349	419	443	533	10.4	446	516	548	668	12.3	559	631	671	821	17.3	656	730	778	958	18.3
5	676~1117	114	M12	18	28	40	6	6	25	143	268	276	306	6	240	365	381	441	8.2	355	425	449	539	11.5	452	522	554	674	13.5	567	639	679	829	18.5	664	738	786	966	20.5
6	902~1491	114	M12	18	28	40	6	6	25	155	280	288	318	6.3	263	388	404	464	9	390	460	484	574	12.6	498	568	600	720	15.1	625	697	737	887	21.1	733	807	855	1035	23.1
7	1238~2045	114	M12	18	28	40	6	6	25	168	293	301	331	6.9	285	410	426	486	10.1	423	493	517	607	14.3	540	610	642	762	16.6	678	750	790	940	23.6	795	869	917	1097	25.6
8	1666~2752	159	M12	18	28	40	6	6	25	162	287	295	325	10.5	268	393	409	469	14.1	398	468	492	582	19.7	504	574	606	726	23.1	634	706	746	896	30.1	740	814	862	1042	34.1
9	2254~3723	168	M12	18	28	40	6	6	25	179	304	312	342	13.4	295	420	436	496	18.3	438	508	532	622	24.1	554	624	656	776	30	697	769	809	959	39	813	887	935	1115	44
10	2920~4824	194	M12	18	28	40	6	6	25	185	310	318	348	18.3	300	425	441	501	24.5	445	515	539	629	34.2	560	630	662	782	40	705	777	817	967	52	820	882	930	1110	58
11	4009~6623	194	M16	22	28	40	6	6	30	211	351	359	389	23.3	341	481	497	557	31	504	604	628	718	46	634	734	766	886	50.5	797	899	939	1089	65.5	927	1031	1079	1259	73.5
12	5422~8958	219	M18	22	28	40	8	8	30	222	362	370	400	31.7	354	494	510	570	41	526	626	650	740	56.4	658	758	790	910	66.5	830	932	972	1122	85	962	1066	1114	1294	95
13	6880~11367	219	M20	26	32	50	8	8	35	252	402	410	440	36.5	402	552	568	628	48.2	594	704	728	818	66.5	744	854	886	1006	78.5	936	1048	1088	1238	100.5	1086	1200	1248	1428	145.5
14	9297~15360	245	M24	33	32	65	10	10	45	265	430	438	468	50.3	413	578	594	654	65	609	734	758	848	88.5	757	882	914	1034	104	953	1080	1120	1270	131	1110	1230	1278	1458	147
15	11553~19088	273	M24	33	32	65	10	10	45	280	445	453	483	65	431	596	612	672	83	634	759	783	873	114	785	910	942	1062	133.4	988	1115	1155	1305	168.4	1139	1268	1316	1496	188.4
16	14808~24465	299	M30	39	35	70	12	12	50	310	480	488	518	89.5	473	643	659	719	113	694	824	848	938	154.1	857	987	1019	1139	179	1078	1210	1250	1400	224	1241	1375	1423	1603	250
17	20758~34296	299	M36	46	48	80	14	14	55	345	525	533	563	99	520	700	716	776	129	759	899	923	1013	178	934	1074	1106	1226	208.5	1176	1318	1358	1508	262.5	1348	1492	1540	1720	294.5
18	29205~48251	299	M36	46	48	80	18	18	55	380	585	593	623	113.2	577	782	798	858	150	844	1024	1048	1138	210	1041	1221	1253	1373	252	1308	1490	1530	1680	314	1505	1689	1737	1917	352.2
19	38232~63166	325	M42	52	48	80	18	18	60	430	635	643	673	163.5	655	860	876	936	214	957	1137	1161	1251	294	1182	1362	1394	1514	345	1484	1666	1706	1856	432	1709	1893	1941	2121	484
20	50988~84240	325	M48	62	60	95	22	22	65	492	710	718	748	197	759	979	995	1055	265	1111	1306	1330	1420	375.6	1378	1573	1605	1725	437	1730	1927	1967	2117	546.4	1993	2196	2244	2424	612.4
21	66356~109632	325	M56	70	65	100	25	25	75	564	789	797	827	239.4	848	1104	1120	1180	329	1286	1486	1510	1601	461	1601	1801	1833	1953	548	2008	2210	2250	2400	683	2327	2527	2575	2755	780
22	84582~139745	351	M64	78	75	115	30	30	90	643	883	891	921	304	955	1190	1206	1266	424	1477	1692	1716	1806	592	1844	2059	2091	2211	712	2311	2528	2568	2718	887.6	2678	2893	2945	3125	1013
23	104807~173159	377	M72×6	85	80	120	18	18	100	599	844	852	882	354	894	1079	1095	1155	469	1506	1516	1540	1630	648	1591	1811	1843	1963	766	1993	2215	2255	2405	955	2288	2512	2560	2740	1072
24	131573~217381	377	M80×6	85	90	120	30	30	100	665	910	918	948	412	994	1179	1195	1255	551	1439	1659	1683	1773	766	1768	1988	2020	2140	906	2213	2435	2475	2625	1129	2542	2766	2814	2994	1272

表9.4-8　D型弹簧支吊架尺寸系列表

弹簧号	工作载荷范围/N	壳体外径D	吊杆d	VS30 壳体高度H	VS30 无载高度L	VS30 指示板指零位时L	VS30 指示板指30mm时L	VS30 理论质量/kg	VS60 壳体高度H	VS60 无载高度L	VS60 指示板指零位时L	VS60 指示板指60mm时L	VS60 理论质量/kg	VS90 壳体高度H	VS90 无载高度L	VS90 指示板指零位时L	VS90 指示板指90mm时L	VS90 理论质量/kg	VS120 壳体高度H	VS120 无载高度L	VS120 指示板指零位时L	VS120 指示板指120mm时L	VS120 理论质量/kg	VS150 壳体高度H	VS150 无载高度L	VS150 指示板指零位时L	VS150 指示板指150mm时L	VS150 理论质量/kg	VS180 壳体高度H	VS180 无载高度L	VS180 指示板指零位时L	VS180 指示板指180mm时L	VS180 理论质量/kg
0	154~255	89	M12	118	238	230	200	6.8	200	350	334	274	8.3	296	516	496	402	10.3	378	668	636	516	11.8	474	842	802	652	17.3	556	1002	954	774	19.8
1	205~340	89	M12	123	243	235	205	6.8	210	360	334	284	8.5	311	531	507	417	10.4	398	688	656	536	12.2	499	867	827	677	17.7	586	1032	984	804	20.2
2	283~468	89	M12	127	247	239	209	7	217	367	351	291	8.6	322	542	518	428	10.7	412	702	670	550	12.4	517	885	845	695	17.9	607	1053	1005	825	20.4
3	359~593	89	M12	133	253	245	215	7.2	228	378	362	302	8.8	339	559	535	445	11.9	434	724	692	572	12.7	545	913	873	723	18.2	640	1086	1038	858	20.7
4	498~822	114	M12	135	255	247	217	7.6	232	382	366	306	9.9	345	565	541	451	19.1	442	732	700	580	15	555	923	883	733	21.5	652	1098	1050	870	23
5	676~1117	114	M12	139	259	251	221	8	236	386	370	310	10.4	351	571	547	457	14	448	738	706	586	16.1	563	931	891	741	22.6	660	1106	1058	878	25.1
6	902~1491	114	M12	151	271	263	233	8.7	259	409	393	333	11.2	386	606	582	492	15	494	784	752	632	17.6	621	989	949	799	24.1	729	1175	1127	947	29.6
7	1238~2045	114	M12	164	292	284	254	9.6	281	431	415	355	12.2	419	639	615	525	16.6	536	826	794	674	19.5	674	1042	1002	852	27	791	1237	1189	1009	30.5
8	1666~2752	159	M12	158	278	270	240	14.2	264	414	398	338	17.3	394	614	590	500	23	500	790	758	638	26.8	630	998	958	805	35.3	736	1182	1134	950	39
9	2254~3723	168	M12	173	295	287	257	16.8	289	441	425	365	21	432	654	630	540	28.3	548	840	808	688	33.3	691	1061	1021	871	43.8	807	1255	1207	1027	49.3
10	2920~4824	194	M12	181	301	293	263	26	296	446	430	370	31.6	441	661	637	547	41.5	556	846	814	694	47.7	701	1069	1029	879	60.3	816	1262	1214	1034	67.7
11	4009~6623	194	M16	201	321	313	283	28.4	331	481	465	405	35.5	494	714	690	600	47.5	624	914	882	762	55.1	787	1155	1115	965	71.6	917	1363	1315	1135	79.1
12	5422~8958	219	M16	208	350	342	312	34	340	512	496	436	42.3	512	754	730	640	57.8	644	946	914	794	67.4	816	1196	1156	1006	87.5	948	1406	1358	1178	97
13	6880~11367	219	M20	231	375	367	337	38.8	381	555	539	479	48.9	573	817	793	703	67.4	723	1027	995	875	78.4	915	1297	1257	1107	101.4	1065	1525	1477	1297	117
14	9297~15360	245	M24	238	382	374	344	46	386	560	544	484	60.1	582	826	802	712	85.4	730	1034	1002	882	98.3	926	1308	1268	1118	126.3	1074	1534	1486	1306	158.3
15	11553~19088	273	M24	249	395	387	357	62.3	400	576	560	500	80.5	603	849	825	735	111.3	754	1060	1028	908	129.3	957	1341	1301	1151	162	1108	1570	1522	1342	183.3
16	14808~24465	299	M30	271	417	409	379	77.1	434	610	594	534	100.8	655	901	877	787	140.8	818	1124	1092	972	168.8	1039	1423	1383	1232	218.8	1202	1664	1616	1436	242
17	20758~34296	299	M36	297	443	435	405	88.4	472	648	632	572	142.3	711	957	933	843	167.8	886	1192	1160	1040	194	1125	1509	1469	1319	249	1300	1762	1714	1534	280
18	29205~48251	299	M36	325	475	467	437	99	522	702	686	626	135	789	1039	1015	925	194	986	1296	1264	1144	230	1253	1641	1601	1451	296	1450	1916	1868	1688	334
19	38232~63166	325	M42	364	517	509	479	127.1	589	772	756	696	176	891	1144	1120	1030	254	1116	1429	1397	1277	296	1418	1809	1769	1619	382.5	1643	2112	2064	1884	433
20	50988~84240	325	M48	424	578	570	540	155.6	691	875	859	799	221.3	1043	1297	1273	1183	320	1310	1624	1592	1472	385	1662	2054	2014	1864	494	1929	2399	2351	2171	563
21	66356~109632	325	M56	487	643	635	605	188.7	802	988	972	912	273.3	1209	1465	1441	1351	398	1524	1840	1808	1688	483	1931	2325	2285	2135	619	2246	2718	2670	2490	708
22	84582~139745	351	M64	553	709	701	671	238.1	920	1106	1090	1030	348.5	1387	1643	1619	1529	504	1754	2070	2038	1918	617.1	2221	2615	2575	2425	787	2588	3060	3012	2832	902
23	104807~173159	377	M72×6	494	654	646	616	262.2	789	979	963	903	368.7	1191	1451	1427	1337	539.5	1486	1806	1774	1654	643	1888	2286	2246	2096	824	2183	2659	2611	2431	932
24	131573~217381	377	M80×6	543	703	695	665	299	872	1062	1046	986	424.5	1317	1577	1553	1463	625	1646	1966	1934	1814	751	2091	2489	2449	2299	963	2420	2896	2848	2668	1093

表 9.4-9　E型弹簧支吊架尺寸系列表

弹簧号	壳体外径 D	工作载荷范围 /N	吊杆 d	VS30 壳体高度 H	VS30 无载高度 L	VS30 指示板指零位时 L	VS30 指示板指30mm时 L	VS30 理论质量 /kg	VS60 壳体高度 H	VS60 无载高度 L	VS60 指示板指零位时 L	VS60 指示板指60mm时 L	VS60 理论质量 /kg	VS90 壳体高度 H	VS90 无载高度 L	VS90 指示板指零位时 L	VS90 指示板指90mm时 L	VS90 理论质量 /kg	VS120 壳体高度 H	VS120 无载高度 L	VS120 指示板指零位时 L	VS120 指示板指120mm时 L	VS120 理论质量 /kg	VS150 壳体高度 H	VS150 无载高度 L	VS150 指示板指零位时 L	VS150 指示板指150mm时 L	VS150 理论质量 /kg	VS180 壳体高度 H	VS180 无载高度 L	VS180 指示板指零位时 L	VS180 指示板指180mm时 L	VS180 理论质量 /kg
0	89	154~255	M12	126	396	404	434	7.5	208	478	494	554	8.9	304	574	598	688	10.7	386	656	688	808	12.3	482	754	794	944	17.3	564	838	886	1066	18.3
1	89	205~340	M12	131	401	409	439	7.5	218	488	504	564	9.2	319	589	613	703	11	406	676	708	828	12.7	507	779	819	969	17.7	594	858	906	1086	18.7
2	89	283~468	M12	135	405	413	443	7.7	225	495	511	571	9.3	330	600	624	714	11.4	420	690	722	842	13.1	525	797	837	987	18.1	615	889	937	1117	19.1
3	89	359~593	M12	141	411	419	449	7.7	236	506	522	582	9.5	347	617	641	731	11.6	442	712	744	864	13.1	553	825	865	1015	18.4	648	923	971	1151	19.4
4	114	498~822	M12	143	413	421	451	8.6	240	510	526	586	10.6	353	623	647	737	13.4	450	720	752	872	15.6	563	835	875	1025	20.6	660	934	982	1162	21.6
5	114	676~1117	M12	147	417	425	455	9	244	514	530	590	11.1	359	629	653	743	14.4	456	726	758	878	16.7	571	843	883	1033	21.7	668	942	990	1170	23.7
6	114	902~1491	M12	159	429	437	467	9.4	267	537	553	613	11.9	394	664	688	778	15.5	502	772	804	924	18.3	629	901	941	1091	24.3	737	1011	1059	1239	26.3
7	114	1238~2045	M12	172	442	450	480	10.3	289	559	575	635	13	427	697	721	811	17.3	544	814	846	966	20.1	682	954	994	1144	27.1	799	1073	1121	1301	29.1
8	159	1666~2752	M12	166	436	444	474	14.7	272	542	558	618	18.3	402	672	696	786	23.3	508	778	810	930	27.5	638	910	950	1100	34.5	744	1018	1066	1246	38.5
9	168	2254~3723	M12	181	451	459	489	17.2	297	567	583	643	21.9	440	710	734	824	29.1	556	826	858	978	32.9	699	971	1011	1161	42.9	815	1089	1137	1317	47.9
10	194	2920~4824	M12	189	457	465	495	26.3	304	572	588	648	33.3	449	717	741	831	40	564	832	864	984	48.2	709	979	1019	1169	50.1	824	1096	1144	1324	66.1
11	194	4009~6623	M16	211	571	579	609	31	341	701	717	777	38.6	504	864	888	978	50.8	634	994	1026	1146	58.5	797	1159	1199	1349	73.5	927	1291	1339	1519	81.5
12	219	5422~8958	M16	218	578	586	616	36.6	350	710	726	786	46	522	882	906	996	61.6	654	1014	1046	1166	71.1	826	1188	1228	1378	90.1	958	1322	1370	1550	101.1
13	219	6880~11367	M20	244	604	612	642	41	394	754	770	830	52.6	586	946	970	1060	71.1	736	1096	1128	1248	82.8	928	1290	1330	1480	105	1078	1442	1490	1670	120
14	245	9297~15360	M24	253	663	671	701	51.1	401	811	827	887	66.1	597	1007	1031	1121	90	745	1155	1187	1307	104.7	941	1353	1393	1543	131.7	1089	1503	1551	1731	148
15	273	11553~19088	M24	264	674	682	712	67.7	415	825	841	901	86.3	618	1028	1052	1142	117.4	769	1179	1211	1331	136	972	1384	1424	1574	171.3	1123	1537	1585	1765	191.3
16	299	14808~24465	M30	290	710	718	748	86.8	453	873	889	949	110.6	674	1094	1118	1208	152	837	1257	1289	1409	176.3	1058	1480	1520	1670	222	1221	1645	1693	1873	248
17	299	20758~34296	M36	320	760	768	798	101.7	495	935	951	1011	131.2	734	1174	1198	1288	181.5	909	1349	1381	1501	211	1151	1593	1637	1783	265	1323	1767	1815	1995	297
18	299	29205~48251	M36	348	828	836	866	112.5	545	1025	1041	1101	149.6	812	1292	1316	1406	210.5	1009	1499	1531	1651	247	1276	1768	1808	1958	313	1473	1967	2015	2195	351
19	325	38232~63166	M42	390	890	898	928	149	615	1115	1131	1191	200	919	1417	1441	1531	279.4	1142	1642	1674	1794	330.6	1444	1946	1986	2136	418	1669	2173	2221	2401	470
20	325	50988~84240	M48	454	974	982	1012	185.3	721	1241	1257	1317	253	1073	1593	1617	1707	358	1340	1860	1892	2012	426	1692	2214	2254	2404	535	1959	2483	2531	2711	606
21	325	66356~109632	M56	522	1062	1070	1100	227	837	1377	1393	1453	317.4	1244	1784	1808	1898	450	1559	2099	2131	2251	540	1966	2508	2548	2698	676	2381	2825	2873	3053	772
22	351	84582~139745	M64	593	1153	1161	1191	287.5	960	1520	1536	1596	408.7	1427	1987	2011	2101	577.5	1794	2354	2386	2506	697.5	2261	2823	2863	3013	872.5	2628	3192	3240	3420	977.5
23	377	104807~173159	M72×2	547	1127	1135	1165	331	842	1422	1438	1498	452	1244	1824	1848	1938	634	1539	2119	2151	2271	746	1941	2523	2563	2713	935	2236	2820	2868	3048	1052
24	377	131573~217381	M80×6	601	1181	1189	1219	386	930	1510	1526	1586	530	1375	1955	1979	2069	746	1704	2286	2318	2438	884	2149	2733	2773	2923	1107	2478	3064	3112	3292	1250

表 9.4-10　F_I 型弹簧支吊架尺寸系列表

弹簧号	工作载荷范围/N	壳体外径 D	荷重板 D_1	调节用孔 d	VS30 壳体高度 H	VS30 最大高度 L_{max}	VS30 最小高度 L_{min}	VS30 平均高度 $L_{平均}$	VS30 理论质量/kg	VS60 壳体高度 H	VS60 最大高度 L_{max}	VS60 最小高度 L_{min}	VS60 平均高度 $L_{平均}$	VS60 理论质量/kg	VS90 壳体高度 H	VS90 最大高度 L_{max}	VS90 最小高度 L_{min}	VS90 平均高度 $L_{平均}$	VS90 理论质量/kg	VS120 壳体高度 H	VS120 最大高度 L_{max}	VS120 最小高度 L_{min}	VS120 平均高度 $L_{平均}$	VS120 理论质量/kg	VS150 壳体高度 H	VS150 最大高度 L_{max}	VS150 最小高度 L_{min}	VS150 平均高度 $L_{平均}$	VS150 理论质量/kg	VS180 壳体高度 H	VS180 最大高度 L_{max}	VS180 最小高度 L_{min}	VS180 平均高度 $L_{平均}$	VS180 理论质量/kg
0	154~255	89	80	8	118	181	168	175	6.4	200	300	250	275	8	296	396	346	371	10.5	378	478	428	453	12.2	474	574	524	549	19.5	556	656	606	631	21.8
1	205~340	89	80	8	123	186	173	180	6.4	210	310	260	285	8.1	311	411	361	386	10.6	398	498	448	473	12.5	499	599	549	574	19.8	586	686	636	661	22.1
2	283~468	89	80	8	127	190	177	184	6.6	217	317	267	292	8.4	322	422	372	397	11	412	512	462	487	12.9	517	617	567	592	20.2	607	707	657	682	22.5
3	359~593	89	80	8	133	196	183	190	6.7	228	328	278	303	8.7	339	439	389	414	11.3	434	534	484	509	13.5	545	645	595	620	20.9	640	740	690	715	23.2
4	498~822	114	120	8	135	198	185	192	8.8	232	332	282	307	11.1	345	445	395	420	14.7	442	542	492	517	17.1	555	655	605	630	22.7	652	752	702	727	26
5	676~1117	114	120	8	139	202	189	196	9.3	236	336	286	311	11.5	351	451	401	426	15.9	448	548	498	523	18.4	563	663	613	638	26.1	660	760	710	735	28.4
6	902~1491	114	120	8	151	214	201	208	10.3	259	359	309	334	13.6	386	486	436	461	19.1	494	594	544	569	22.5	621	721	671	696	32.6	729	829	779	804	36.3
7	1238~2045	114	120	10	164	227	214	221	10.9	281	381	331	356	14.5	419	519	469	494	20.5	536	636	586	611	24.4	674	774	724	749	35.9	791	891	841	866	39.6
8	1666~2752	159	150	10	158	221	208	215	16.7	264	364	314	339	21.4	394	504	454	479	29.3	500	600	550	575	34	630	730	680	705	49	736	836	786	811	54.4
9	2254~3723	168	150	10	173	236	223	230	19.3	289	389	339	364	25.4	432	532	482	507	34.9	548	648	598	623	41	691	791	741	766	58.3	807	907	857	882	64.5
10	2920~4824	194	180	10	181	258	233	246	28	296	394	344	369	36	441	543	493	518	48.8	556	658	608	633	56.4	701	803	753	778	81.5	816	918	868	893	89
11	4009~6623	194	180	10	201	278	253	266	30.4	331	433	383	408	40.1	494	592	542	567	55.5	624	726	676	701	65	787	889	839	864	94.5	917	1019	969	994	103
12	5422~8958	219	200	15	208	285	260	273	40	340	442	392	417	52.4	512	614	564	589	74	644	746	696	721	86.2	816	918	868	893	126.4	948	1050	1000	1025	140
13	6880~11367	219	200	15	231	308	283	296	43.4	381	483	433	458	59	573	675	625	650	83.6	723	825	775	800	98.3	915	1017	967	992	143.4	1065	1167	1117	1142	161.4
14	9297~15360	245	230	15	235	312	287	300	54	383	485	435	460	71.8	579	681	631	656	102	727	829	779	804	120.3	923	1025	975	1000	169	1071	1173	1123	1148	188
15	11553~19088	273	260	15	242	319	294	307	66.4	393	495	445	470	89.3	596	698	648	673	129	747	849	799	824	151	950	1052	1002	1027	216	1101	1203	1153	1178	240
16	14808~24465	299	280	20	263	340	315	328	93	426	528	478	503	112	647	749	699	724	162.1	810	912	862	887	190.4	1031	1133	1083	1108	266.3	1194	1296	1246	1271	296
17	20758~34296	299	280	20	289	366	341	354	100	464	566	516	541	133	703	805	755	780	182.7	878	982	932	957	225	1117	1221	1171	1196	311.5	1292	1396	1346	1371	347.5
18	29205~48251	299	280	20	321	400	375	388	113.3	518	622	572	597	154	785	889	839	864	224.7	982	1086	1036	1061	264	1249	1353	1303	1328	363	1456	1550	1500	1525	407
19	38232~63166	325	300	20	360	439	414	427	140	585	689	639	664	194	887	991	941	966	284.2	1112	1216	1166	1191	341	1414	1518	1468	1493	468	1639	1743	1693	1718	525
20	50988~84240	325	300	20	419	500	475	488	173	686	790	740	765	253	1038	1142	1092	1117	375	1305	1409	1359	1384	453.2	1657	1761	1711	1736	644.5	1924	2028	1978	2003	726.5
21	66356~109632	325	300	20	489	570	545	558	219	804	910	860	885	321.6	1211	1317	1267	1292	472	1526	1632	1582	1607	572.4	1933	2039	1989	2014	804	2248	2354	2304	2329	909
22	84582~139745	351	330	20	553	634	609	622	267	920	1026	976	1001	399	1387	1493	1443	1468	586	1754	1860	1810	1835	715	2221	2327	2277	2302	998.5	2588	2694	2644	2669	1133
23	104807~173159	377	350	25	488	574	549	662	289	783	894	844	869	414	1185	1296	1246	1271	616	1480	1593	1543	1568	735	1882	1995	1945	1970	1021	2177	2296	2246	2271	1137
24	131573~217381	377	350	25	531	617	592	605	323	860	971	921	946	470	1305	1416	1366	1391	705	1634	1745	1695	1720	847	2079	2190	2140	2165	1179	2408	2519	2469	2494	1328

表 9.4-11　G型弹簧支吊架尺寸系列表

弹簧号	工作载荷范围/N	壳体外径D	螺纹d	中心距	装配高度A	背靠背间距W	背靠背高度h	VS30 壳体高度H	VS30 无载高度L	VS30 指示零位L	VS30 理论质量/kg	VS30 指示板指30mm时L	VS60 壳体高度H	VS60 无载高度L	VS60 指示零位L	VS60 理论质量/kg	VS60 指示板指60mm时L	VS90 壳体高度H	VS90 无载高度L	VS90 指示零位L	VS90 理论质量/kg	VS90 指示板指90mm时L	VS120 壳体高度H	VS120 无载高度L	VS120 指示零位L	VS120 理论质量/kg	VS120 指示板指120mm时L	VS150 壳体高度H	VS150 无载高度L	VS150 指示零位L	VS150 理论质量/kg	VS150 指示板指150mm时L	VS180 壳体高度H	VS180 无载高度L	VS180 指示零位L	VS180 理论质量/kg	VS180 指示板指180mm时L
0	154~255	89	M12	500	25	16	6.3	122	207	215	13.8	245	204	289	305	13.8	365	300	330	354	16.6	444	382	412	444	20.2	564	478	510	550	23.2	700	560	594	642	35.2	822
1	205~340	89	M12	500	25	16	6.3	127	212	220	13.8	250	214	299	315	13.8	375	315	345	369	17	459	402	432	464	20.6	584	503	535	575	24	725	590	624	672	36	852
2	283~468	89	M12	500	25	16	6.3	131	216	224	14.2	254	221	306	322	14.2	382	326	356	380	17.2	470	416	446	478	21.2	598	521	553	593	24.2	743	611	645	693	36.2	873
3	359~593	89	M12	500	25	16	6.3	137	222	230	14.2	260	232	317	333	14.2	393	343	373	397	17.6	487	438	468	500	22	620	549	581	621	25	771	644	678	726	37	906
4	498~822	114	M12	500	25	16	6.3	139	224	232	16.4	262	236	321	337	16.4	397	349	379	403	20.4	493	446	476	508	26	628	559	591	631	30	781	656	690	738	42	918
5	676~1117	114	M12	500	25	16	8	143	228	236	19.4	266	240	325	341	19.4	401	355	385	409	23.4	499	452	480	512	30.2	632	567	597	637	34.2	787	664	696	744	48.2	924
6	902~1491	114	M12	500	25	16	8	155	240	248	20	278	263	348	364	20	424	390	420	444	25	534	498	528	560	32	680	625	657	697	37.4	847	733	767	815	53.4	995
7	1238~2045	114	M12	750	25	16	8	168	253	261	24.4	291	285	370	386	24.4	446	423	453	477	30	567	540	570	602	38.6	722	678	710	750	44.2	900	795	829	877	62.2	1057
8	1666~2752	159	M12	750	30	16	10	162	247	255	34.2	285	268	353	369	34.2	429	398	428	452	41.2	542	504	534	566	52.4	686	634	666	706	59.4	856	740	774	822	81.4	1002
9	2254~3723	168	M12	750	30	16	10	177	262	270	38.4	300	293	378	394	38.4	454	436	466	490	43.6	580	552	582	614	63	734	695	727	767	72.4	917	811	845	893	100.4	1073
10	2920~4824	194	M12	750	40	16	10	183	266	274	47.6	304	298	383	399	47.6	459	443	473	497	60.8	587	558	588	620	80.4	740	703	735	775	92.4	925	818	852	900	128.4	1080
11	4009~6623	194	M16	1000	40	20	10	209	309	317	62.4	347	339	439	455	62.4	515	502	562	586	77.4	676	632	692	724	101.4	844	795	857	897	116.8	1047	925	989	1037	162.8	1217
12	5422~8958	219	M16	1000	50	20	12.6	218	318	326	80.4	356	350	450	466	80.4	526	522	582	606	112.6	696	654	714	746	130	866	826	888	928	149	1078	958	1022	1070	186.8	1250
13	6880~11367	219	M20	1000	50	25	12.6	246	346	354	89.2	384	396	496	512	89.2	572	588	648	672	140.6	762	738	798	830	150	950	930	992	1032	173	1182	1080	1144	1192	217	1372
14	9297~15360	245	M24	1000	50	30	12.6	257	357	365	112	395	405	505	521	112	581	601	661	685	188.6	775	749	809	841	189	961	945	1007	1047	218	1197	1093	1157	1205	272	1385
15	11553~19088	273	M24	1250	60	30	16	270	370	378	152.2	408	421	521	537	152.4	597	624	684	708	251	798	775	835	867	251	987	978	1040	1080	288	1230	1129	1193	1241	358	1421
16	14808~24465	299	M30	1250	60	38	16	298	398	406	202.6	436	461	561	577	202.6	637	682	742	766	291	856	845	905	937	333	1057	1066	1128	1168	371	1318	1229	1293	1341	460.4	1521
17	20758~34296	299	M36	1250	60	40	16	329	429	437	232	467	504	604	620	232	680	743	803	827	346	917	918	978	1010	390	1130	1157	1219	1259	450	1409	1332	1396	1444	558.4	1624
18	29205~48251	299	M36	1250	70	40	20	362	487	495	271.2	525	559	684	700	271.4	760	826	926	950	450	1040	1023	1123	1155	465.4	1275	1290	1392	1432	540	1582	1487	1591	1639	672	1819
19	38232~63166	325	M42	1250	70	50	20	408	533	541	348.4	571	633	758	774	348.4	834	935	1035	1059	568	1149	1160	1260	1292	610	1412	1462	1564	1604	710	1754	1687	1791	1839	884	2019
20	50988~84240	325	M48	1500	70	55	20	474	599	607	430	637	741	866	882	430	942	1093	1193	1217	688	1307	1360	1460	1492	773	1612	1712	1814	1854	909	2004	1978	2083	2131	1127	2311
21	66356~109632	325	M56	1500	75	60	20	542	667	675	500.4	705	857	981	998	500.6	1058	1264	1364	1388	857	1478	1579	1679	1711	1031	1831	1978	2088	2128	1133	2278	2306	2405	2453	1271	2633
22	84582~139745	351	M64	1500	75	70	20	619	744	752	618	782	986	1111	1127	618	1187	1453	1553	1577	957	1667	1820	1920	1952	1194	2072	2286	2389	2429	1432	2579	2658	2758	2806	2032	2986
23	104807~173159	377	M72×6	1500	85	80	25	577	702	710	723	740	872	997	1013	723	1073	1274	1374	1398	1126	1488	1569	1669	1701	1312	1821	1971	2073	2113	1543	2263	2259	2370	2418	2155	2598
24	131573~217381	377	M80×6	1500	85	90	25	637	762	770	848	800	966	1091	1107	848	1167	1411	1511	1535	1411	1625	1740	1840	1872	1559	1992	2185	2287	2327	1833	2477	2466	2618	2666	2565	2846

表 9.4-12　花篮螺母主要尺寸　　　　　　　　　　单位：mm

弹簧号	0	1～10	11、12	13	14、15	16	17、18	19	20	21	22	23	24
M_a	M12	M12	M16	M20	M24	M30	M36	M42	M48	M56	M64	M72×6	M80×6
B	25	25	30	30	35	40	50	60	70	80	80	100	100
A	120	120	160	160	200	200	200	200	200	200	200	200	200
L	170	170	220	220	270	280	300	320	340	360	360	400	400

注：花篮螺母两端螺纹均为右螺纹。

9.4.4　标准管架索引（HG/T 21629—1999）

9.4.4.1　管架标准零部件索引图（A 类）

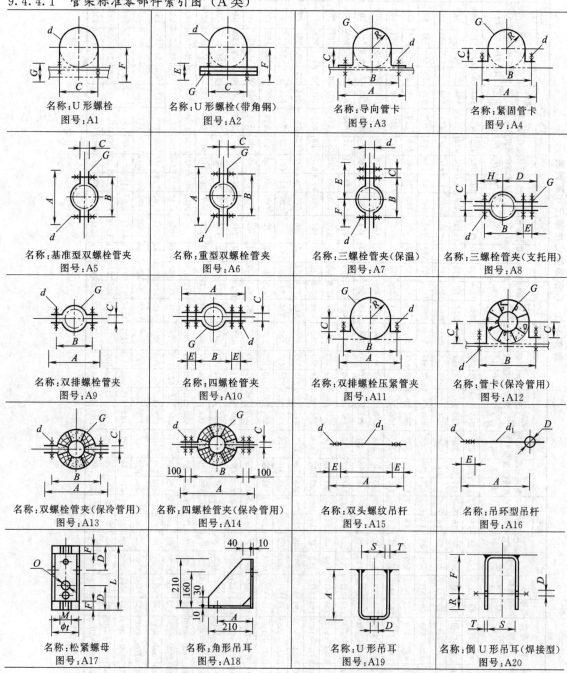

名称：U 形螺栓　　图号：A1

名称：U 形螺栓（带角钢）　　图号：A2

名称：导向管卡　　图号：A3

名称：紧固管卡　　图号：A4

名称：基准型双螺栓管夹　　图号：A5

名称：重型双螺栓管夹　　图号：A6

名称：三螺栓管夹（保温）　　图号：A7

名称：三螺栓管夹（支托用）　　图号：A8

名称：双排螺栓管夹　　图号：A9

名称：四螺栓管夹　　图号：A10

名称：双排螺栓压紧管夹　　图号：A11

名称：管卡（保冷管用）　　图号：A12

名称：双螺栓管夹（保冷管用）　　图号：A13

名称：四螺栓管夹（保冷管用）　　图号：A14

名称：双头螺纹吊杆　　图号：A15

名称：吊环型吊杆　　图号：A16

名称：松紧螺母　　图号：A17

名称：角形吊耳　　图号：A18

名称：U 形吊耳　　图号：A19

名称：倒 U 形吊耳（焊接型）　　图号：A20

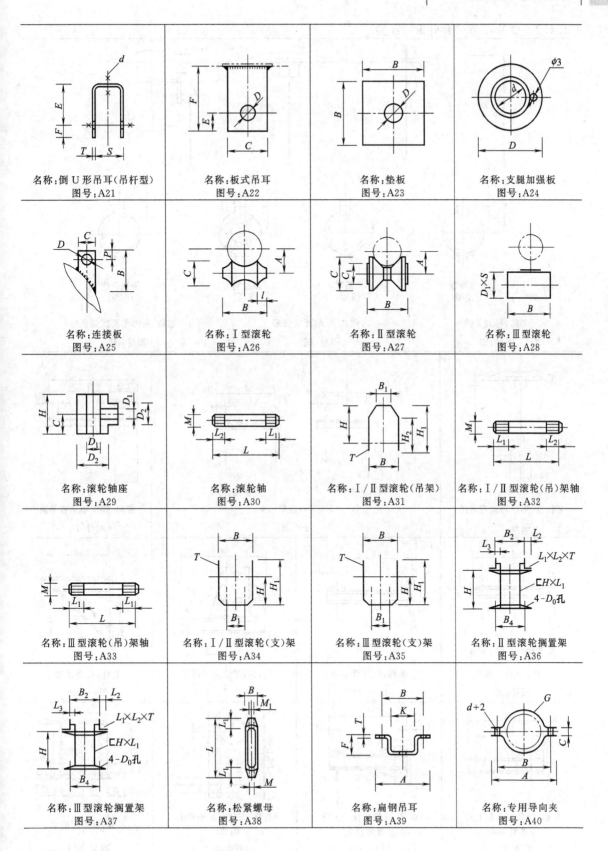

名称:倒 U 形吊耳(吊杆型)
图号:A21

名称:板式吊耳
图号:A22

名称:垫板
图号:A23

名称:支腿加强板
图号:A24

名称:连接板
图号:A25

名称:Ⅰ型滚轮
图号:A26

名称:Ⅱ型滚轮
图号:A27

名称:Ⅲ型滚轮
图号:A28

名称:滚轮轴座
图号:A29

名称:滚轮轴
图号:A30

名称:Ⅰ/Ⅱ型滚轮(吊架)
图号:A31

名称:Ⅰ/Ⅱ型滚轮(吊)架轴
图号:A32

名称:Ⅲ型滚轮(吊)架轴
图号:A33

名称:Ⅰ/Ⅱ型滚轮(支)架
图号:A34

名称:Ⅲ型滚轮(支)架
图号:A35

名称:Ⅱ型滚轮搁置架
图号:A36

名称:Ⅲ型滚轮搁置架
图号:A37

名称:松紧螺母
图号:A38

名称:扁钢吊耳
图号:A39

名称:专用导向夹
图号:A40

9.4.4.2 管吊与吊架索引图（B类）

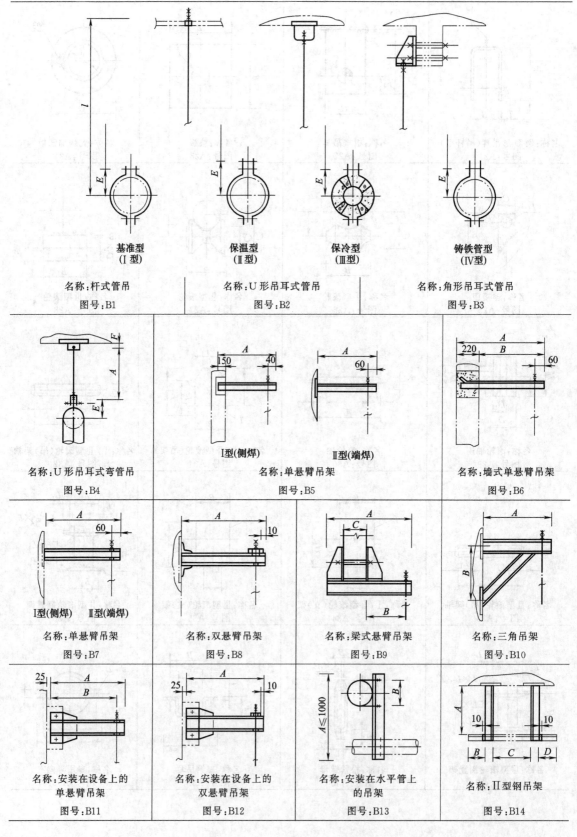

基准型
（I型）
保温型
（II型）
保冷型
（III型）
铸铁管型
（IV型）

名称：杆式管吊
图号：B1

名称：U形吊耳式管吊
图号：B2

名称：角形吊耳式管吊
图号：B3

名称：U形吊耳式弯管吊
图号：B4

I型(侧焊)　　II型(端焊)
名称：单悬臂吊架
图号：B5

名称：墙式单悬臂吊架
图号：B6

I型(侧焊)　II型(端焊)
名称：单悬臂吊架
图号：B7

名称：双悬臂吊架
图号：B8

名称：梁式悬臂吊架
图号：B9

名称：三角吊架
图号：B10

名称：安装在设备上的
单悬臂吊架
图号：B11

名称：安装在设备上的
双悬臂吊架
图号：B12

名称：安装在水平管上
的吊架
图号：B13

名称：II型钢吊架
图号：B14

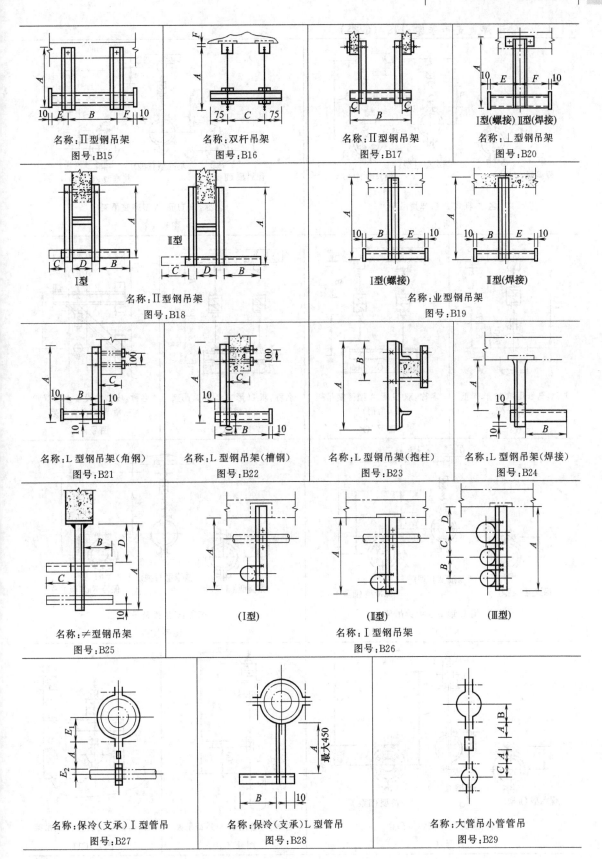

名称：∏型钢吊架
图号：B15

名称：双杆吊架
图号：B16

名称：∏型钢吊架
图号：B17

I型(螺接) II型(焊接)
名称：⊥型钢吊架
图号：B20

I型

II型

名称：∏型钢吊架
图号：B18

I型(螺接)

II型(焊接)

名称：业型钢吊架
图号：B19

名称：L型钢吊架（角钢）
图号：B21

名称：L型钢吊架（槽钢）
图号：B22

名称：L型钢吊架（抱柱）
图号：B23

名称：L型钢吊架（焊接）
图号：B24

名称：≠型钢吊架
图号：B25

(I型)

(II型)

(III型)

名称：Ⅰ型钢吊架
图号：B26

名称：保冷（支承）Ⅰ型管吊
图号：B27

名称：保冷（支承）L型管吊
图号：B28

名称：大管吊小管管吊
图号：B29

9.4.4.3　管道弹簧支吊架索引图（C类）

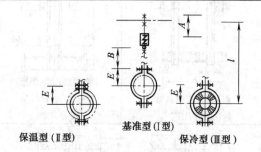

保温型（Ⅱ型）　　基准型（Ⅰ型）　　保冷型（Ⅲ型）

名称:杆式 A 型弹簧吊架

图号:C1

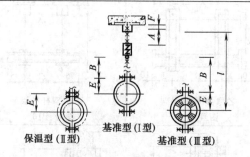

保温型（Ⅱ型）　　基准型（Ⅰ型）　　基准型（Ⅲ型）

名称:单 U 形 A 型弹簧吊架

图号:C2

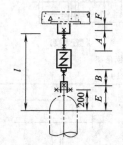

名称:弯管用单 U 形 A 型
弹簧吊架

图号:C3

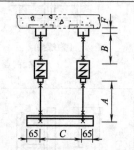

名称:双 U 形 A 型弹簧吊架
（角钢）

图号:C4

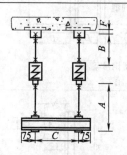

名称:双 U 形 A 型弹簧吊架
（槽钢）

图号:C5

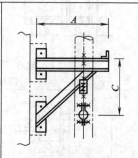

名称:安装在设备上的双梁
三角 A 型弹簧吊架

图号:C6

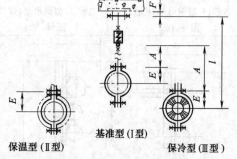

保温型（Ⅱ型）　　基准型（Ⅰ型）　　保冷型（Ⅲ型）

名称:倒 U 形 B 型弹簧吊架

图号:C7

保温型（Ⅱ型）　　基准型（Ⅰ型）　　保冷型（Ⅲ型）

名称:C 型弹簧吊架

图号:C8

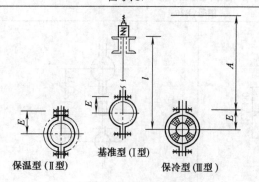

保温型（Ⅱ型）　　基准型（Ⅰ型）　　保冷型（Ⅲ型）

名称:搁置式 D 型弹簧吊架

图号:C9

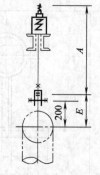

名称:弯管用 D 型弹簧吊架

图号:C10

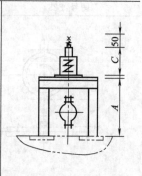

名称:框架式 G 型弹簧吊架

图号:C11

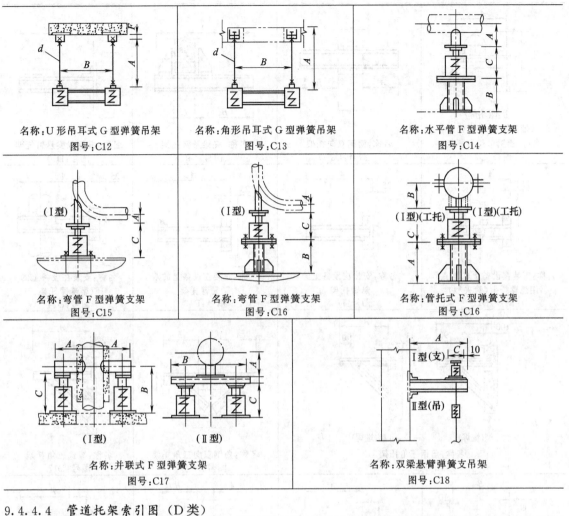

| 名称:U形吊耳式G型弹簧吊架
图号:C12 | 名称:角形吊耳式G型弹簧吊架
图号:C13 | 名称:水平管F型弹簧支架
图号:C14 |
| 名称:弯管F型弹簧支架
图号:C15 | 名称:弯管F型弹簧支架
图号:C16 | 名称:管托式F型弹簧支架
图号:C16 |

(I型) (II型)

名称:并联式F型弹簧支架
图号:C17

名称:双梁悬臂弹簧支吊架
图号:C18

9.4.4.4 管道托架索引图（D类）

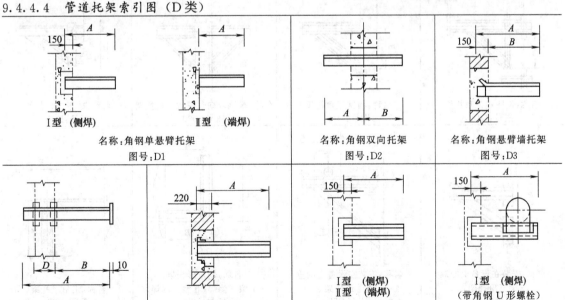

I型（侧焊）　　II型（端焊）

名称:角钢单悬臂托架
图号:D1

名称:角钢双向托架
图号:D2

名称:角钢悬臂墙托架
图号:D3

名称:包柱托架
图号:D4

名称:槽钢悬臂墙托架
图号:D5

I型（侧焊）
II型（端焊）

名称:槽钢单悬臂托架
图号:D6

I型（侧焊）
（带角钢U形螺栓）

名称:槽钢单悬臂托架
图号:D7

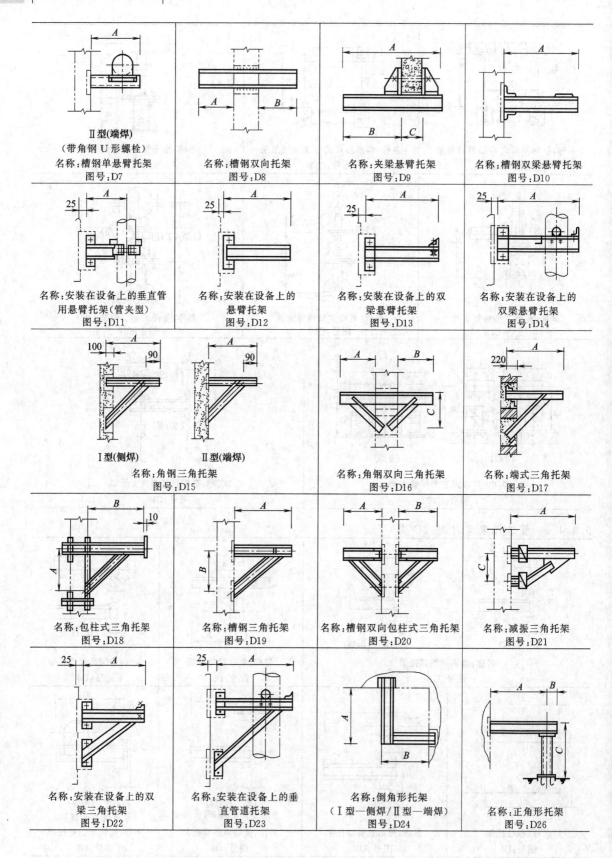

Ⅱ型(端焊)
（带角钢 U 形螺栓）
名称:槽钢单悬臂托架
图号:D7

名称:槽钢双向托架
图号:D8

名称:夹梁悬臂托架
图号:D9

名称:槽钢双梁悬臂托架
图号:D10

名称:安装在设备上的垂直管
用悬臂托架(管夹型)
图号:D11

名称:安装在设备上的
悬臂托架
图号:D12

名称:安装在设备上的双
梁悬臂托架
图号:D13

名称:安装在设备上的
双梁悬臂托架
图号:D14

Ⅰ型(侧焊)　　　Ⅱ型(端焊)
名称:角钢三角托架
图号:D15

名称:角钢双向三角托架
图号:D16

名称:端式三角托架
图号:D17

名称:包柱式三角托架
图号:D18

名称:槽钢三角托架
图号:D19

名称:槽钢双向包柱式三角托架
图号:D20

名称:减振三角托架
图号:D21

名称:安装在设备上的双
梁三角托架
图号:D22

名称:安装在设备上的垂
直管道托架
图号:D23

名称:倒角形托架
（Ⅰ型—侧焊/Ⅱ型—端焊）
图号:D24

名称:正角形托架
图号:D26

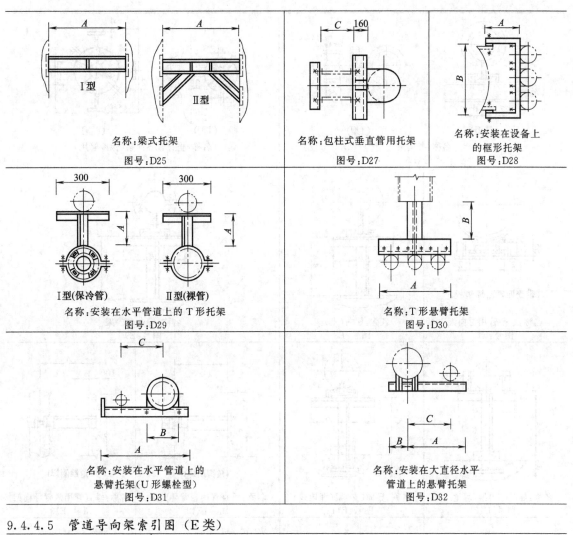

名称:梁式托架
图号:D25

名称:包柱式垂直管用托架
图号:D27

名称:安装在设备上
的框形托架
图号:D28

Ⅰ型(保冷管)　Ⅱ型(裸管)
名称:安装在水平管道上的 T 形托架
图号:D29

名称:T 形悬臂托架
图号:D30

名称:安装在水平管道上的
悬臂托架(U 形螺栓型)
图号:D31

名称:安装在大直径水平
管道上的悬臂托架
图号:D32

9.4.4.5　管道导向架索引图（E 类）

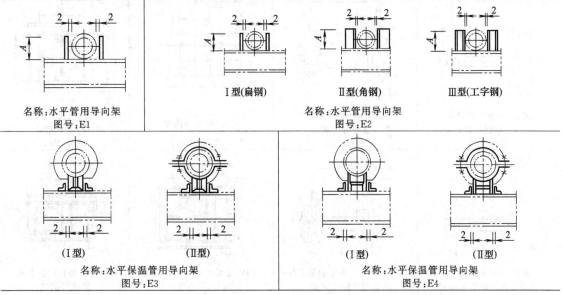

名称:水平管用导向架
图号:E1

Ⅰ型(扁钢)　Ⅱ型(角钢)　Ⅲ型(工字钢)
名称:水平管用导向架
图号:E2

(Ⅰ型)　(Ⅱ型)
名称:水平保温管用导向架
图号:E3

(Ⅰ型)　(Ⅱ型)
名称:水平保温管用导向架
图号:E4

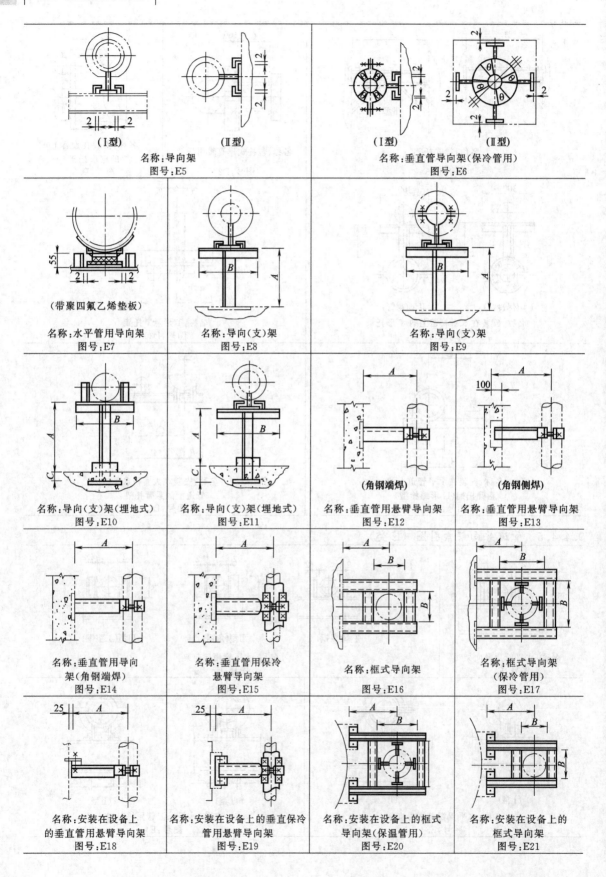

名称：导向架
图号：E5

名称：垂直管导向架（保冷管用）
图号：E6

名称：水平管用导向架
图号：E7

名称：导向（支）架
图号：E8

名称：导向（支）架
图号：E9

名称：导向（支）架（埋地式）
图号：E10

名称：导向（支）架（埋地式）
图号：E11

名称：垂直管用悬臂导向架
图号：E12

名称：垂直管用悬臂导向架
图号：E13

名称：垂直管用导向架（角钢端焊）
图号：E14

名称：垂直管用保冷悬臂导向架
图号：E15

名称：框式导向架
图号：E16

名称：框式导向架（保冷管用）
图号：E17

名称：安装在设备上的垂直管用悬臂导向架
图号：E18

名称：安装在设备上的垂直保冷管用悬臂导向架
图号：E19

名称：安装在设备上的框式导向架（保温管用）
图号：E20

名称：安装在设备上的框式导向架
图号：E21

（Ⅰ型）　　（Ⅱ型）

（Ⅰ型）　　（Ⅱ型）

（带聚四氟乙烯垫板）

（角钢端焊）　　（角钢侧焊）

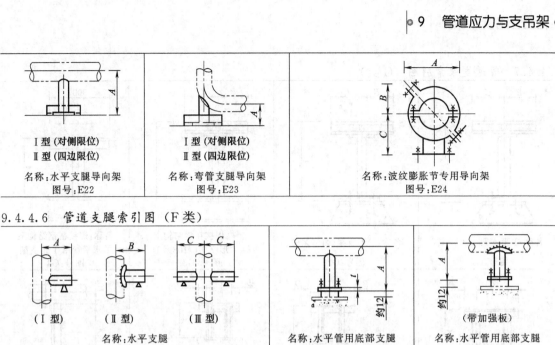

名称:水平支腿导向架
图号:E22

名称:弯管支腿导向架
图号:E23

名称:波纹膨胀节专用导向架
图号:E24

9.4.4.6 管道支腿索引图（F类）

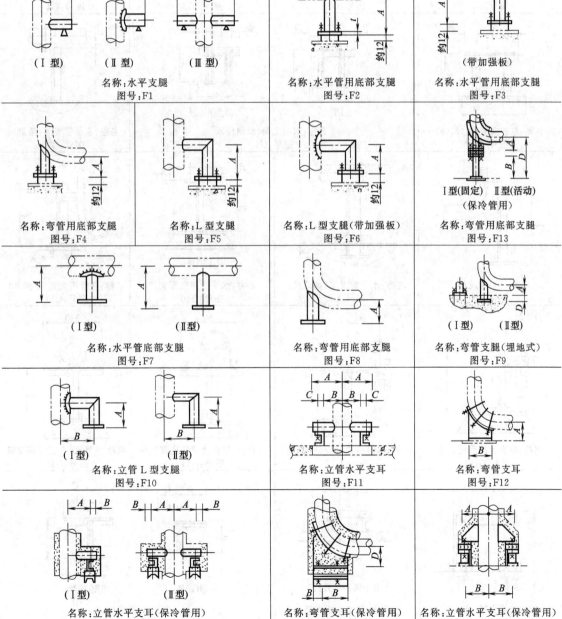

（Ⅰ型） （Ⅱ型） （Ⅲ型）
名称:水平支腿
图号:F1

名称:水平管用底部支腿
图号:F2

（带加强板）
名称:水平管用底部支腿
图号:F3

名称:弯管用底部支腿
图号:F4

名称:L型支腿
图号:F5

名称:L型支腿(带加强板)
图号:F6

Ⅰ型(固定) Ⅱ型(活动)
（保冷管用）
名称:弯管用底部支腿
图号:F13

（Ⅰ型） （Ⅱ型）
名称:水平管底部支腿
图号:F7

名称:弯管用底部支腿
图号:F8

（Ⅰ型） （Ⅱ型）
名称:弯管支腿(埋地式)
图号:F9

（Ⅰ型） （Ⅱ型）
名称:立管L型支腿
图号:F10

名称:立管水平支耳
图号:F11

名称:弯管支耳
图号:F12

（Ⅰ型） （Ⅱ型）
名称:立管水平支耳(保冷管用)
图号:F14

名称:弯管支耳(保冷管用)
图号:F15

名称:立管水平支耳(保冷管用)
图号:F16

9.4.4.7　管道支架索引图（G 类）

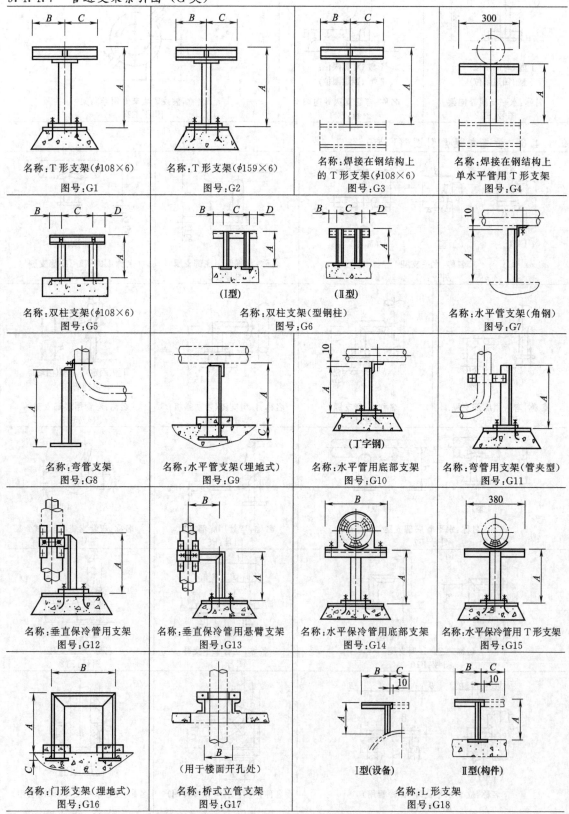

名称：T 形支架（φ108×6） 图号：G1	名称：T 形支架（φ159×6） 图号：G2	名称：焊接在钢结构上 的 T 形支架（φ108×6） 图号：G3	名称：焊接在钢结构上 单水平管用 T 形支架 图号：G4
名称：双柱支架（φ108×6） 图号：G5	（I型）　（II型） 名称：双柱支架（型钢柱） 图号：G6		名称：水平管支架（角钢） 图号：G7
名称：弯管支架 图号：G8	名称：水平管支架（埋地式） 图号：G9	（丁字钢） 名称：水平管用底部支架 图号：G10	名称：弯管用支架（管夹型） 图号：G11
名称：垂直保冷管用支架 图号：G12	名称：垂直保冷管用悬臂支架 图号：G13	名称：水平保冷管用底部支架 图号：G14	名称：水平保冷管用 T 形支架 图号：G15
名称：门形支架（埋地式） 图号：G16	（用于楼面开孔处） 名称：桥式立管支架 图号：G17	I型(设备)　II型(构件) 名称：L 形支架 图号：G18	

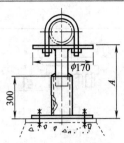

名称:水平管用底部支架
图号:G19

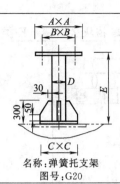

名称:弹簧托支架
图号:G20

9.4.4.8 管道管托索引图 (J类)

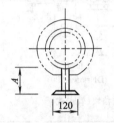

名称:T型管托(焊接型)
图号:J1

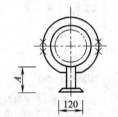

名称:T型管托(管夹型)
图号:J2

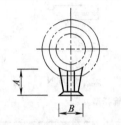

名称:T型管托(加筋焊接型)
图号:J3

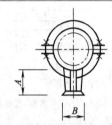

名称:T型管托(加筋管夹型)
图号:J4

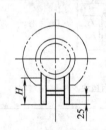

名称:H型管托(焊接型)
图号:J5

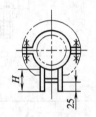

名称:H型管托(管夹型)
图号:J6

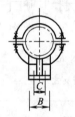

名称:高压减振管托
图号:J7

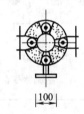

名称:管托(保冷管用)
图号:J8

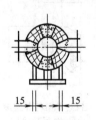

名称:管托(保冷管用)
图号:J9

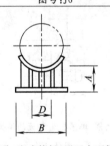

名称:座式管托(用于大型管)
图号:J10

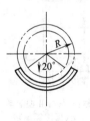

名称:鞍板管托
图号:J11

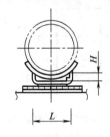

名称:管托(带聚四氟乙烯垫板)
图号:J12

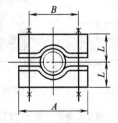

名称:振动管道用管托
图号:J13

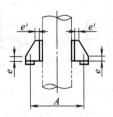

名称:立管支座
图号:J14

9.4.4.9　管道挡块索引图（K类）

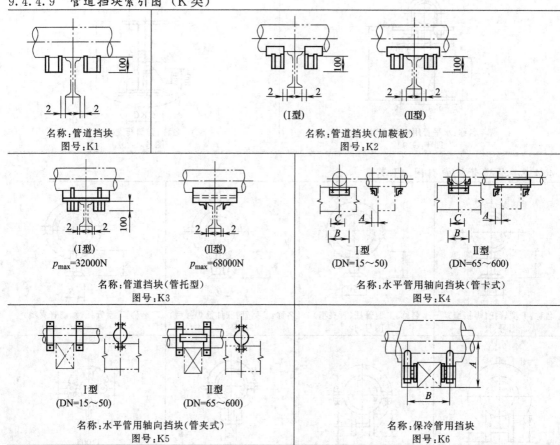

名称:管道挡块
图号:K1

（I型）　　（II型）
名称:管道挡块（加鞍板）
图号:K2

（I型）
$p_{max}=32000N$

（II型）
$p_{max}=68000N$

名称:管道挡块（管托型）
图号:K3

I型
(DN=15～50)

II型
(DN=65～600)

名称:水平管用轴向挡块（管卡式）
图号:K4

I型
(DN=15～50)

II型
(DN=65～600)

名称:水平管用轴向挡块（管夹式）
图号:K5

名称:保冷管用挡块
图号:K6

9.4.4.10　管道滚动支吊架索引图（L类）

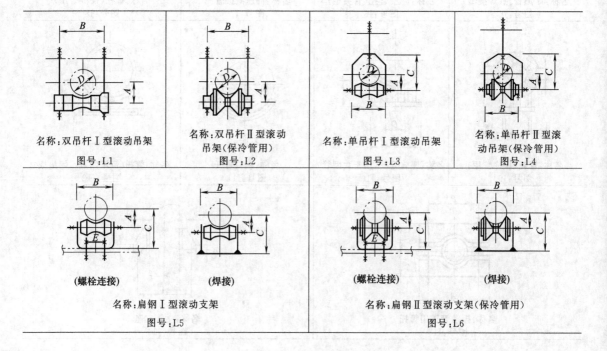

名称:双吊杆I型滚动吊架
图号:L1

名称:双吊杆II型滚动
吊架（保冷管用）
图号:L2

名称:单吊杆I型滚动吊架
图号:L3

名称:单吊杆II型滚
动吊架（保冷管用）
图号:L4

（螺栓连接）　　（焊接）
名称:扁钢I型滚动支架
图号:L5

（螺栓连接）　　（焊接）
名称:扁钢II型滚动支架（保冷管用）
图号:L6

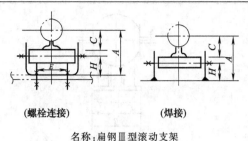

(螺栓连接)   **(焊接)**

名称:扁钢Ⅲ型滚动支架
图号:L7

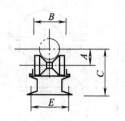

名称:搁置式Ⅱ型滚动支架
图号:L8

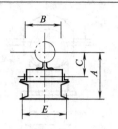

名称:搁置式Ⅱ型滚动支架
图号:L9

9.4.4.11 管道支架零部件索引图 (M 类)

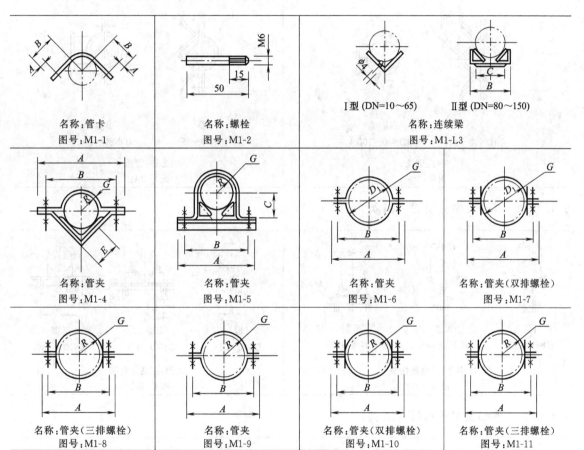

名称:管卡
图号:M1-1

名称:螺栓
图号:M1-2

Ⅰ型 (DN=10~65)　　Ⅱ型 (DN=80~150)
名称:连续梁
图号:M1-L3

名称:管夹
图号:M1-4

名称:管夹
图号:M1-5

名称:管夹
图号:M1-6

名称:管夹(双排螺栓)
图号:M1-7

名称:管夹(三排螺栓)
图号:M1-8

名称:管夹
图号:M1-9

名称:管夹(双排螺栓)
图号:M1-10

名称:管夹(三排螺栓)
图号:M1-11

9.4.4.12 塑料管道支架索引图 (M 类)

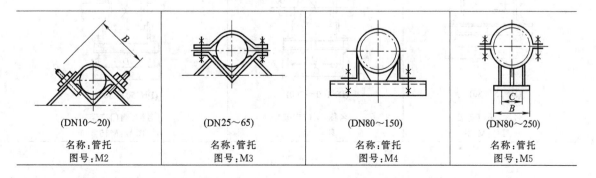

(DN10~20)
名称:管托
图号:M2

(DN25~65)
名称:管托
图号:M3

(DN80~150)
名称:管托
图号:M4

(DN80~250)
名称:管托
图号:M5

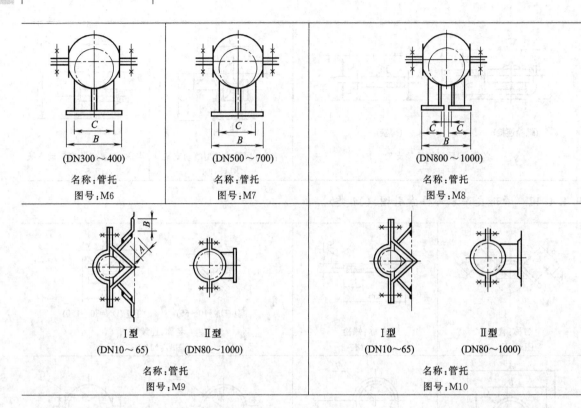

I型 (DN10~65)　II型 (DN80~1000)　　I型 (DN10~65)　II型 (DN80~1000)

名称:管托　　　　　　　名称:管托
图号:M9　　　　　　　图号:M10

9.4.4.13 三通支架索引图（M类）

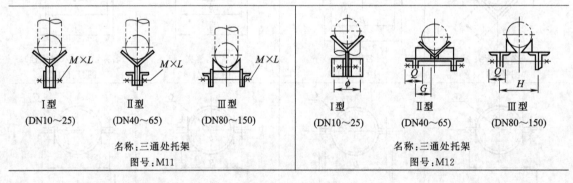

I型 (DN10~25)　II型 (DN40~65)　III型 (DN80~150)　　I型 (DN10~25)　II型 (DN40~65)　III型 (DN80~150)

名称:三通处托架　　　　　　名称:三通处托架
图号:M11　　　　　　　图号:M12

9.4.4.14 阀门支架索引图（M类）

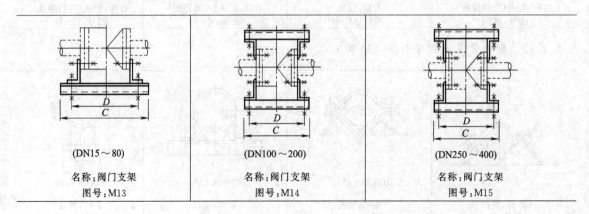

(DN15~80)　　　　　(DN100~200)　　　　(DN250~400)

名称:阀门支架　　　名称:阀门支架　　　名称:阀门支架
图号:M13　　　　　图号:M14　　　　　图号:M15

9.4.4.15 （玻璃纤维加强）塑料管道支架索引图（M类）

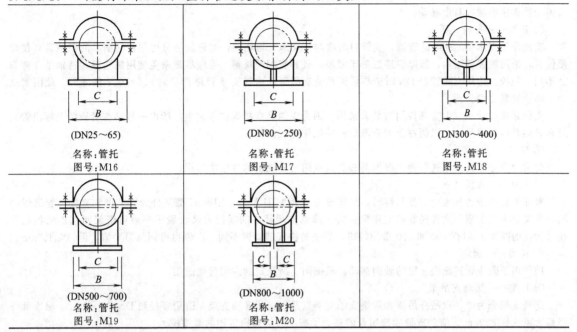

(DN25～65)	(DN80～250)	(DN300～400)
名称：管托	名称：管托	名称：管托
图号：M16	图号：M17	图号：M18
(DN500～700)	(DN800～1000)	
名称：管托	名称：管托	
图号：M19	图号：M20	

9.4.4.16 索引图使用说明

（1）管架分类

在一个完整的管道布置设计中，设置管架是个相当重要的环节。应根据管道的操作条件和管道的布置要求，合理地选用不同类型的管架。HG/T 21629—1999《管架标准图》所包括的管架分 A、B、C、D、E、F、G、J、K、L、M 十一大类，可供设计人员选用。这十一大类管架的简图及其名称、图号见管架标准索引。

① A类——管架标准零部件

标准零部件包括吊架生根结构 U 形吊耳，吊耳和角形吊耳，悬吊管道用的吊杆，管夹、松紧螺母，U 形螺栓、导向管夹、管道支座和滚动支架用的滚轮等多种。其中与管道直接配合的有公制和英制以及铸铁管、塑料管系列，设计人员应根据所采用的管子分别选用。保冷管道上用的管夹应根据保冷层的外径选取与其接近的规格。

② B类——管吊与吊架

根据生根结构和管吊组件的不同组合构成各种类型的管吊。从 B1 到 B4 这类管吊属基本的型式，它可与托架和悬臂托架组合成各种型式的管吊。双杆吊架和型钢吊架用于一根或一根以上的水平管道。另一种为大管吊小管的管吊，这种管吊的被吊管径与支承管的管径之差较大，被吊管的重量不宜太重，一般只能作为一种辅助性的吊架使用。

③ C类——弹簧吊架和弹簧支架

本标准只编入了几种常用的弹簧吊架，图号 C1 属 A 型弹簧吊架的基本型式，它可与各类托架组成各种形式的弹簧吊架。B、C、D、G 型弹簧吊架只列出了基本安装形式，F 型弹簧托架只列出了几种常用的安装使用图例，以供选用。

选用时应首先根据管道工作荷载、位移量及方向、安装荷载、安装方式等确定弹簧吊（弹簧托）的型号（见《变力弹簧支吊架》HG/T 20644 或《可变弹簧支吊架》JB/T 8130.2）然后根据弹簧吊所要求的吊杆和管道规格选用其他零部件，但要注意其他零部件的承载能力与弹簧吊的承载能力相适应。

④ D类——托架

本类管架包括生根于设备外壁、钢梁（柱）或混凝土构件预埋件以及砖结构和大管上的单、双悬臂，三角形、次梁式、大管托小管式托架等，根据作用在托架上的荷载查荷载曲线或按许用值选用，对生根在砖墙内的托架允许荷载应与土建专业商定。

⑤ E类——导向架

对悬臂式导向架，其生根结构同 D 类。选用时应首先根据导向力表（HG/T 21649—1999 的附录 A：AA-

19～AA-22）确定其水平导向力，然后选用相应的导向架。水平管道一般在管道两侧设置导向挡板，以便保证管道受热膨胀沿轴向自由移动。

⑥ F类——支腿（耳）

支腿用于支承 DN≥80 的管道，支腿材料应与被支承管道相同，对超长部分可用相同壁厚的碳钢管对接焊接代替，采用加强板结构，板厚应接近等于壁厚，且具有相同材料，但应尽量避免使用加强板，特别是在弯头处不用加强板。选用支腿管径 DN 时应尽量满足使支腿管径为被支承管道管径的 0.5～0.7 倍之间。此限制是为了防止直观比例失调。

支腿是通过计算或由支腿许用荷载表选用。因为支腿是直接焊在管道上，所以一般都在管段图上标出管架号和管架具体位置尺寸，以便在预制管段时一并制作完成。

⑦ G类——支架

此类管架分单柱和双柱两种，根据荷载曲线或图上所规定的许用值选用。

⑧ J类——管托（座）

管托依管道压力分为中、低和高压，形式分为 T 型和 H 型。T 型和 H 型又分为管夹型和直接与管道焊接型，并又分为立管型和大管径管道支座型。为了降低支承部位的摩擦力又设置了一种可带聚四氟乙烯板的管托。管托的高度 A 值有 100 和 150 常用规格，为了解决安装高度不同，A 值也可调到需要值，但 A≤300mm。

⑨ K类——挡块

挡块用于阻止管道热胀冷缩的轴向移动。根据图上所规定的许用荷载选用。

⑩ L类——滚动支吊架

此类支架分为单、双吊杆吊架和扁钢支承支架以及搁置式滚动支架，适用管径到 DN600（24″）。保冷管外径最大可达到 870mm。滚动支架的选用目的是为了减小管架对构筑物的摩擦推力。

⑪ M类——非金属（塑料）管道支架及零部件

这类支架是专门用来支承塑料管道而编制的。由于塑料管的使用温度受到限制（一般≤60℃），其刚性较差且易损，因而它的支承方式是连续的。对于管子的夹具都不是紧夹管壁，而是留有一定间隙，这是为了避免管夹将管壁压碎和便于热膨胀引起的位移。对于管道上的阀门等在荷载较集中的地方要设置特殊的管架，以减少管子的挠度。在制作支架时要严防焊接时产生的高温影响塑料管壁。因此要求在安装管道之前先将支架装好，管子就位后，不许动火施焊。

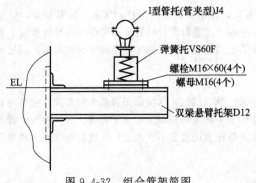

图 9.4-32　组合管架简图

⑫ 组合管架

前述各类管架可以单独使用，还可以用标准零部件或不同类型的管架或零部件与不同类型的管架组合成新的类型的管架。如图 9.4-32 所示，并将简图画在"空白管架表"中，并填写所配的管架（或零部件）图号和系列号、有关尺寸和标高（EL）。

（2）管架表的内容

管架表即管架数据表，由管架图或简图和表格组成，是供施工单位制造和安装管架用的，它和管架标准图配合使用。工程设计中用到哪些管架就填在管架表（即管架数据表）中，其中有一类为空白管架表，此表适用于标准图中不能选用的那些管架和新组合的管架：用简图形式画在空白管架表上方空白处，随后填上有关数据，从而成为带图的管架表。管架表的图签名称用工程设计规定名称，图号也用工程设计的图号。

① 管架编号栏

管架编号按工程设计统一规定表示在"管道平面布置图"上（对于 F 类支腿管架还要将管架编号表示在"管段空视图"上）。此栏通常按管架编号顺序填写，也可将同形式的管架按归类顺序编写。

② 管架所在管道布置图栏

此栏有图号和网格号两小栏，图号即该管架所在管道平面布置图的图号，网格号是指该管架所在管道平面布置图的横向等分 A、B、C······与纵向等分 1、2、3······所组成的网格（如 A1、B4、C2······）。无网格号的不填。

③ 所支承管道的管段号和管径栏

此栏按管道编号的规定填写，如 N-09017-80-B1F06，对支承多根管道的管架，应把被支承在此管架上的管道都依次序填上。

④ 管架图号和系列号栏

根据在本标准和管架表中的管架图所选用的图号和系列号填写在相应的栏目中，如 B1（150）。

⑤ 类型栏

按管架表中简图下的圆圈内的编号或标准图中的类型号填写，没有的不填。

⑥ 零部件系列号栏

按本标准 A 类标准零部件中被选用到的系列号填。如 A16（16）、A5-1（150）。弹簧吊（托）填写型号，如 VS60A11 或 VS60F11。

⑦ 荷载栏

指作用在管架上的荷载，分水平与垂直两项填写。

⑧ 数量栏

是指一个完整的管架的数量。

⑨ 标高栏

本标准中以符号 EL 表示标高，以毫米为单位填写数字。

⑩ 尺寸栏

按标准图或管架表中简图有关尺寸的代表符号，分别填上以毫米为单位的实际数字。

⑪ 备注栏

填写需要补充和需要说明的内容。

（3）组合管架

组合管架在管架表中填写，以图 9.4-33 为例，示意填写出有关内容：

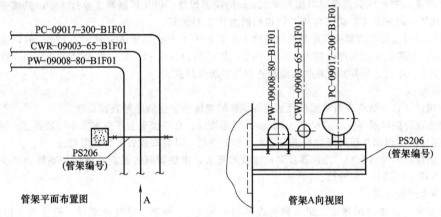

图 9.4-33　组合管架示意图

PS206 号管架支承 3 根管道。第一根 PW-09008-80-B1F01 用 U 型螺栓固定在管架上；第二根 CWR-09003-65-B1F01 用 T 型管托；第三根 PG-09017-300-B1F01 用 H 型管托的 E 类导向架，经计算后选用一个 D 类的槽钢悬臂墙托架。管架表的填法（这里只填出需要说明的栏目）见表 9.4-13。

表 9.4-13　管架表

管架编号	所支承管道的管段号和管径	管架图号和系列号	类型	零部件系列号		数量
				1	2	
PS206		D5				3
	PW-09008-80-B1F01	A1-1(80)	Ⅱ			1
	CWR-09003-65-B1F01	J1	b			1
	PG-09017-300-B1F01	E5	Ⅰ			1

9.4.4.17　索引图技术条件

本技术条件用于普通碳钢、低合金钢、奥氏体不锈钢刚性管架及其构件的制造。

（1）材料

① 所用材料应进行抽查检验，其化学成分、机械性能和尺寸偏差须符合国家或冶金部标准的规定。

② 所有标准零部件和其他通用产品的材料，除注明者外，均应符合有关标准规定的各项指标。

③ 由碳素钢制作的构件，若其实际最高工作温度不超过 200℃ 时，可用钢 Q235-A 代替。

（2）成形

① 坯料厚度≤12mm，且最小内侧弯曲半径≥12mm，以及胚料厚度大于 12mm，且最小内侧弯曲半径≥30mm 的构件均可采用冷态成形。除此之外，均应按热态成形加工。

② 热态成形的坯料成形温度，推荐碳钢为 760～1100℃，铬钼钢为 840～1100℃，奥氏体不锈钢为 760～1150℃。保温时间可按每 25mm 厚度 1 小时计算，且不少于 1 小时，成形后应在静止空气中缓慢降温，不允许在水中急剧冷却。对于奥氏体不锈钢制件，当要求做固熔热处理时，其具体规定由供需双方协商确定。

③ 凡直接成形的构件均可按成形状态交货，除进行必要的表面清理之外不必做进一步的机械加工。

（3）加工精度

① 所有未注明公差之尺寸，按国际 GB/T 1804 之 IT14 要求制造。

② 除注明者外，同一构件上相邻钻孔间距的允许偏差为 ±0.5mm，任意两钻孔的距离允许偏差不得超过 ±2mm。

③ 除注明者外，非标准件的普通螺纹可按国际 GB/T 196 和 GB/T 192 之三级精度制造。

（4）焊接

① 焊接采用电焊，焊条牌号按所焊材料的要求确定，一般情况下推荐：

碳钢焊件（Q-235）焊条为 T42-2；

钢 15CrMo 焊条为 TRG1MoV7；

钢 1Cr8N9Ti 焊条为 Tb18-8-2。

② 除注明者外，所有焊缝为连续焊缝，角焊缝高度取较薄焊件的厚度，且不小于 6mm。其余未注明尺寸之焊接按国标 GB/T 324 和 GB/T 985 规定执行。

③ 对含碳量大于 0.30% 或焊缝厚度大于 25mm 的碳钢焊件，以及焊缝厚度超过 10mm 的铬钼钢焊件，焊接前应进行预热，预热温度对碳钢为 80℃，铬钼钢为 200～300℃。

④ 当焊件的对接焊缝的厚度或角焊缝的高度，对碳钢大于 20mm 和铬钼钢大于 12mm 时，应进行焊后消除应力热处理。推荐热处理温度碳钢为 600～670℃，铬钼钢为 700～760℃，保温时间每 25mm 厚度按一小时计算，且不少于一小时。冷却时应在炉内或静止空气中缓慢降温。

（5）表面处理

① 根据用户要求，制作表面可做热浸法镀锌或涂耐腐蚀非金属涂层等表面处理。

② 热浸法镀锌的锌层厚度不应小于 0.02mm，镀层均匀，在连接面上不应有大小镀团残存。对带螺纹的构件，加工阴螺纹时要留出与镀层厚度相适应的尺寸加工余量，以免造成安装时的困难。

③ 非金属涂层的涂料品种，涂层厚度和施工技术要求，由供需双方根据具体应用条件协商决定，一般带螺纹的构件不适于涂覆非金属涂层。

（6）高强度螺栓连接

① 高强度螺栓连接所用螺栓、螺母和垫圈的材料均为 45 号钢。经热处理后，螺栓的抗拉强度不低于 600MPa，芯部硬度为 HRC24～31；螺母硬度为 HB220～270；垫圈表面硬度为 HRC36～45。

② 安装前，摩擦连接面应以钢丝刷或手提砂轮清除表面浮锈，并使清理后的表面保持干净。

③ 安装完毕，应将连接板之间的缝隙、螺栓头部、螺母和垫圈周边涂快干防锈油，使表面保持干净。

（7）包装及运输

① 螺纹制件的螺纹表面应涂以防锈油（黄油或无酸性工业凡士林），并采取必要的防护措施避免搬运过程中损伤螺纹。

② 与管架配套的有关附件，包括螺栓、螺母、垫圈等，包装时应注明编号和作必要的标记，防止混淆。

③ 对产品的包装应考虑能防止运输和存放过程中，不致受潮生锈和受到其他损伤。

④ 产品检验由制造厂进行，并向用户提供产品合格证明。

9.5　管廊与埋地管道

9.5.1　装置内管廊布置（HG 20546.5—2009）

9.5.1.1　装置内管廊布置原则

（1）装置内管廊应处于易与各类主要设备联系的位置上。要考虑能使多数管线布置合理，少绕行，以减少管线长度。典型的位置是在两排设备的中间或一排设备的旁侧。

（2）布置管廊时要综合考虑道路、消防的需要，以及电线杆、地下管道与电缆布置和临近建、构筑物等情况，并避开大、中型设备的检修场地。

（3）管廊上部可以布置空冷器及仪表和电气电缆槽等，下部可以布置泵的设备。

（4）管廊上设有阀门，需要操作或检修时，应设置人行走道或局部的操作平台和梯子。

9.5.1.2　装置内管廊布置要求

（1）管廊布置的几种形式

① 对于小型装置，通常采用盲肠式或直通式管廊；

② 对于大型装置，可采用"L"型、"T"型和"∏"型等形式的管廊；

③ 对于大型联合装置，一般采用主管廊、支管廊组合的结构形式。

（2）管廊的结构型式

装置内管廊的管架型式一般分为单柱独立式、双柱连系梁式和纵梁式。

① 单柱独立式管架，宽度≤1.8m，一般为单层，见图9.5-1所示。

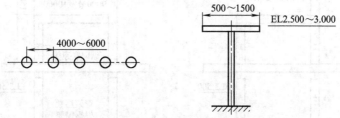

图9.5-1　单柱独立式管架

② 双柱连系梁式管架，宽度在2m以上，分单层与双层，根据需要也可以多层。如果管廊两侧进出管线较多时，一般在该层层高的一半附近处加纵向连系梁，以支撑侧向进出管线，见图9.5-2所示。

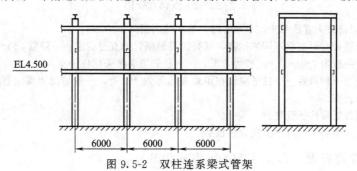

图9.5-2　双柱连系梁式管架

③ 纵梁式管架分单柱和双柱结构，双柱纵梁式管架一般为多层结构。这种管架的特点是管架之间设有纵梁，可以根据管道允许跨距在纵梁间加支撑用次梁，见图9.5-3所示。

（3）管廊的结构材料

一般采用混凝土柱子与钢梁的混合结构，也可全部采用钢结构。

（4）管廊的宽度

① 管廊的宽度应根据管道直径、数量及管道间距来决定，同时要考虑仪表及电气电缆槽（架）所需的位置。当提土建条件时，要考虑预留20%～30%的增添管道所需宽度余量。

② 管廊下维修通道的宽度参见HG/T 20546.2—92。

③ 双柱的管廊柱间宽度一般不宜大于10m，当管廊宽度大于12mm时，应采取三柱或多柱型式。

（5）管廊的高度

① 管廊底层净高主要考虑下列因素：

a. 管廊下面布置的设备所要求的净高；

b. 管廊下面有检修通道时，要考虑有汽车或吊车通过的要求，一般通道最小净高及底层梁至地面最小净空见HG/T 20546.2—92。

② 管廊两层之间的距离应根据管道直径的大小及管架结构尺寸、检修要求等具体情况而定，但最小净距

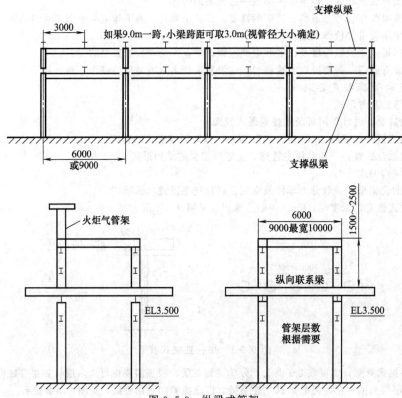

图 9.5-3　纵梁式管架

为 1.5m。管道较多以及最大管径 DN≤500mm 时，常用的两层间差为 2m。

③ 两管廊 "T" 形相交时应取不同的标高，其高差可根据管道直径确定，一般以 750～1000mm 为宜。

(6) 管架柱间距一般为 4～6m，6m 最为常见，因有些管道必须采用柱子支承。

(7) 管廊第一个柱子和最后一个柱子应设在距装置边界线 1m 处，一般情况为固定管架，以便于装置内、外热力管道的热补偿计算。

(8) 直爬梯应紧靠管廊柱子设置。

(9) 多层管廊上如需要人行过道，宜设在顶层。

9.5.2　装置区管廊布置 （HG/T 20546.5—2009）

9.5.2.1　外管架布置原则

(1) 外管架的布置依据：全厂工艺及供热外管道系统图，全厂总平面布置图和分期建设规划。

(2) 外管架的布置要力求经济合理，管线长度最短，并尽量减少管架改变走向。

(3) 外管架布置应尽量避免对装置区或单元装置形成环形包围。

(4) 布置外管架时应考虑扩建区的运输，预留出足够空间和通道，根据分期建设规划等要求统筹安排。

9.5.2.2　外管架布置要求

(1) 外管架的形式

一般分为单柱（T型）和双柱（Ⅱ型）式。

单柱管架一般为单层，必要时也可采用双层。双柱管架可分为单层、双层，必要时也可采用三层，见图 9.5-4 所示。

按连接结构型式，可分为独立式、纵梁式、轻型桁架式、桁架式、吊索式、悬索式等，见图 9.5-5 所示。

按管道限位要求，管架可分为固定管架和非固定管架。

按管架净空高度分，有高管架（净空高度≥4.5m），中管架（净空高度 2.5～3.5m）、低管架（净空高度 1～1.5m）和管墩或管枕等（净空高度约 500mm）。

按管架断面宽度，可分为小型管架（管架宽度＜3m）和大型管架（管架宽度≥3m）。

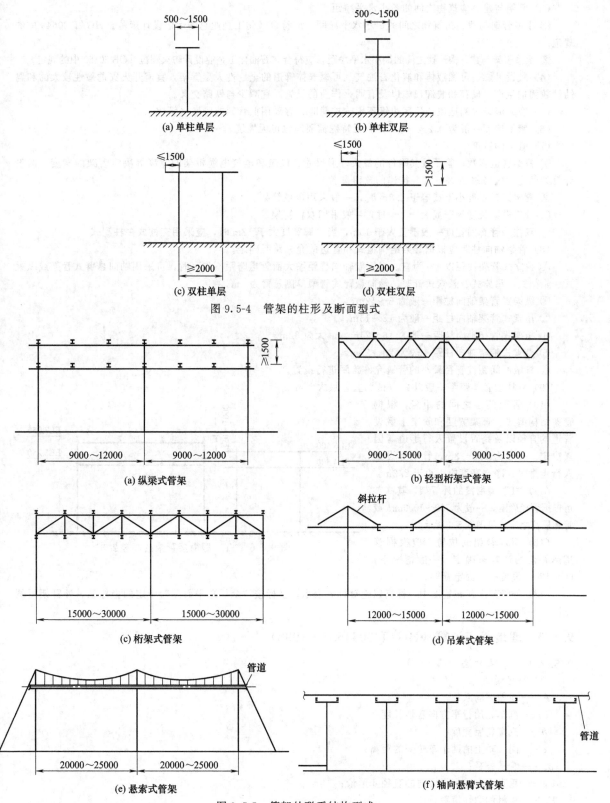

图 9.5-4　管架的柱形及断面型式

图 9.5-5　管架的联系结构型式

（2）管架跨越道路、铁路时，最小净空高度见 HG/T 20546.2—2009。

（3）管架与建、构筑物之间的最小水平净距

① 小型管架与建、构筑物之间的最小水平净距，应符合《化工企业总图运输设计规范》HG/T 20649 中的规定。

② 大型管架与建、构筑物之间的最小水平净距，应符合《石油化工企业设计防火规范》GB 50160 中的规定。

（4）敷设易燃、可燃液体和液化石油气及可燃气体管道的全厂性大型管架，宜避开火灾危险性较大的和腐蚀性较强的生产、储存和装卸设施以及有明火作业的设施。宜减少与铁路交叉。

（5）在人流较少的地段或厂区边缘不影响扩建时，宜采用低管架或管墩（管枕）。

（6）管架坡度一般为 0.2%~0.5%，无特殊需要时也可无坡度。

（7）管架的宽度

① 根据管道根数、管子及其附件的最大外形尺寸、仪表和电气电缆桥架的宽度等决定管架的宽度。新设计管架的宽度应考虑 20%~30%扩建的预留量。

② 管架横梁长度小于或等于 1.8m 时，一般采用单柱管架。

③ 管架横梁长度等于或大于 2m 时，一般采用双柱管架。

④ 双柱的管廊间宽度一般不宜大于 10m，当管廊宽度大于 12m 时，应采用三柱或多柱型式。

（8）管架轴向柱距应根据管架结构型式和管道的允许跨距确定。

① 独立式管架柱距以 4m 为宜。当管架轴向柱距增大而管道跨距不许可时，可采用轴向悬臂式管架或纵梁式、桁架式、吊索式、悬索式管架。轴向悬臂管架单侧悬臂为 1m。

② 纵梁式管架轴向柱距一般为 6~12m。

③ 吊索式管架轴向柱距一般为 12~15m。

④ 桁架式管架轴向柱距一般为 16~24m，最大为 32m。

⑤ 悬索式管架轴向柱距一般为 20~25m。

⑥ 管墩的间距按管径最小的管道允许跨距进行设置。

（9）双柱型管架跨距一般以 2~6m 为宜，最大 10m。

（10）管架两层之间的距离，根据管架结构型式、管架宽度和管架上敷设管道的直径以及是否设置人行走道等因素决定。一般为 1.5~3m。管架上设置人行走廊时，净空高度应不小于 2.2m。

（11）"T"型衔接的外管架，其高差可根据管径确定，一般为 750~1000mm 或管廊层高之半，见图 9.5-6 所示。

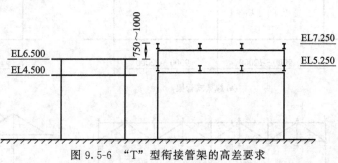

图 9.5-6 "T"型衔接管架的高差要求

（12）固定管架的位置，应根据管道热补偿的计算来确定。一般情况下，60~120m 设置一个固定管架。

（13）外管架平面布置图中，标高以绝对标高表示；坐标按"全厂总平面图"中定的坐标系。外管架图例见图 9.5-7。

9.5.3 埋地管道计算（HG/T 20645.5—1998）

9.5.3.1 计算方法

（1）符号说明

A——地载减弱系数；

a——汽车轮胎行车方向着地长度；

b——汽车轮胎宽度；

c——同一轴上的两个车轮间的距离；

d_a——管子外径；

$\Delta d_{\mu h}$——垂直方向或水平方向的直径变形量；

E_R——钢材的弹性模数；

F——横截面积；

f_λ——地压减弱系数；

H——埋地深度；

K_D——动力系数；

M——弯矩；

N——轴向力；

r_i——管子内半径；

r_m——管子平均半径；

p——内压；

p_1——有外载时的有效内压；

p_k——管道变形临界压力；

P_R——汽车第一后轮轮压；

q——单位面积上总的垂直荷载；

q_1——由地层荷载引起的垂直于管顶的均布荷载；

q_2——由交通荷载引起的垂直于管顶的均布荷载；

S——管子计算壁厚；

S_n，S_b——安全系数；

μ——泊松比，$\mu=0.3$；

W——截面系数；

γ——土壤比重；

α——压力在土壤中的传播角，一般为 $30°$；

ρ'——沟壁摩擦角；

φ——管子圆周角；$\varphi=\rho'$；

λ——地压系数；

λ_R——兰金氏（Rankine）活动地压系数；

ω——系数；

σ——管道应力；

$\sigma_{max,d}$——最大压应力；

$\sigma_{max,z}$——最大拉应力；

σ_s——屈服应力。

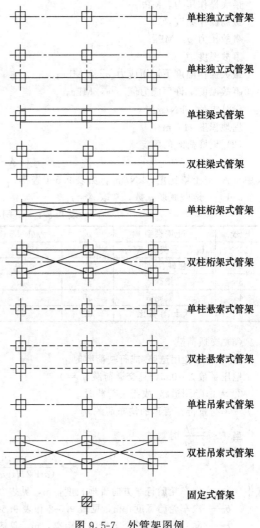

图 9.5-7　外管架图例

（单柱独立式管架、单柱独立式管架、单柱梁式管架、双柱梁式管架、单柱桁架式管架、双柱桁架式管架、单柱悬索式管架、双柱悬索式管架、单柱吊索式管架、双柱吊索式管架、固定式管架）

（2）计算公式

① 不考虑管道内压力时的管道应力计算公式

a. 最大压应力 $\sigma_{max,d}$

$$\sigma_{max,d}=-\frac{r_m}{S}q-3\frac{1-\lambda}{2+\lambda}\left(\frac{r_m}{S}\right)^2 q$$

b. 最大拉应力 $\sigma_{max,z}$

$$\sigma_{max,z}=-\frac{1+2\lambda}{2+\lambda}\frac{r_m}{S}q+3\frac{1-\lambda}{2+\lambda}\left(\frac{r_m}{S}\right)^2 q$$

② 考虑管道内压力时的管道最大拉应力 $\sigma_{max,z}$ 计算公式

$$\sigma_{max,z}=\frac{N}{F}+\frac{M}{W}=\left(\frac{Pr_i}{S}-\frac{1+2\lambda}{2+\lambda}\frac{r_m}{S}q\right)+\frac{3}{1+\omega}\frac{1-\lambda}{2+\lambda}\left(\frac{r_m}{S}\right)^2 q$$

③ 管道变形计算

$$\frac{\Delta d_{\mu h}}{d_a}=\pm 2(1-\mu^2)\frac{1-\lambda}{2+\lambda}\left(\frac{r_m}{S}\right)^3\frac{q}{E_R}$$

④ 临界变形安全系数 S_k 的计算（$P=0$）

$$S_k=p_k\frac{2(2+\lambda)}{3q(1+\lambda)}$$

9.5.3.2　计算输入数据

（1）原始数据

钢管外径 d_a，mm；

钢管壁厚 S，mm；

钢管材料；

最大操作压力，MPa；

最高操作温度，℃；

事故压力 p，MPa；

事故温度，℃；

最大操作温度下许用应力$[\sigma]^{t}$，MPa；

事故温度下许用应力值$[\sigma]_{p}$，MPa；

设计雪载，kN/m²；

埋地深度 H，m。

(2) 土壤荷载的确定

$$q_1 = A \cdot \gamma \cdot H + 雪载$$

式中　γ——土壤比重，kN/m³，由表 9.5-1 查得；

　　　A——地载减弱系数，常取 $A=1$。

表 9.5-1　不同类型土壤的 ρ' 和 γ 值

序号	土壤类型	ρ'	$\gamma/(\text{kN/m}^3)$	序号	土壤类型	ρ'	$\gamma/(\text{kN/m}^3)$
1	破石、石英石、碎石	37	19	6	烂泥、黏土、贫黏土	20	20
2	粗砂、河砂	33	20	7	黄土、黄沃土	18	21
3	细砂	31	17	8	烂泥、黏土、肥黏土	14	15
4	淤泥	25	18	9	泥浆、黏土、陶土	12	17
5	沃土、粗砾土	22	21				

(3) 交通荷载

① 不考虑专用道路/或行驶荷载时

地压系数 $\lambda=0.5$，且交通荷载 $q_2=0$

② 考虑专用道路/或行驶荷载时

汽车荷重传至管顶的均布荷载 q_2

当 $H<\dfrac{c-b}{2\text{tg}\alpha}$ 时

$$q_2 = \frac{K_{\text{D}} P_{\text{R}} \times 10^{-6}}{(a+2H\text{tg}\alpha)(b+2H\text{tg}\alpha)} \text{（MPa）}$$

式中　a——汽车轮胎行车方向着地长度，m，见表 9.5-2 和表 9.5-3；

　　　b——汽车轮胎宽度，m，见表 9.5-2 和表 9.5-3；

　　　c——同一轴上的两个车轮间的距离，m，见表 9.5-2 和表 9.5-3；

　　　H——埋地深度，m；

　　　K_{D}——动力系数，见表 9.5-4；

　　　P_{R}——汽车每一后轮轮压，N，见表 9.5-2 和表 9.5-3；

　　　α——压力在土壤中的传播角，一般为 30°。

当 $H>\dfrac{c-b}{2\text{tg}\alpha}$ 时

$$q_2 = \frac{K_{\text{D}} P_{\text{R}} \times 10^6}{(a+2H\text{tg}\alpha)\left(\dfrac{b}{2}+\dfrac{c}{2}+H\text{tg}\alpha\right)} \text{（MPa）}$$

(4) 总荷载 $q=q_1+q_2$（MPa）

表 9.5-2　一般载重汽车荷载主要技术指标

技术指标名称	单位	汽车-10 级计算荷载等级		汽车-15 级计算荷载等级		汽车-20 级计算荷载等级		汽车-超 20 级计算荷载等级	
		主车	重车	主车	重车	主车	重车	主车	重车
一般满载汽车重量	t	10	15	15	20	20	30	20	55
一行车队中车辆数	—	不限	1	不限	1	不限	1	不限	1
满载时前轴重	t	3	5	5	7	7	6	7	3
满载时中轴重	t	—	—	—	—	—	—	—	2×12

续表

技术指标名称	单位	汽车-10 级计算荷载等级		汽车-15 级计算荷载等级		汽车-20 级计算荷载等级		汽车-超 20 级计算荷载等级	
		主车	重车	主车	重车	主车	重车	主车	重车
满载时后轴重	t	7	10	10	13	13	2×12	13	2×14
轴距	m	4	4	4	4	4	4+1.4	4	3+1.4+7+1.4
轮距	m	1.8	1.8	1.8	1.8	1.8	1.8	1.8	1.8
满载时每个前车轮着地宽度和长度	m²	0.25×0.2	0.25×0.2	0.25×0.2	0.3×0.2	0.3×0.2	0.3×0.2	0.3×0.2	0.3×0.2
满载时每个中后车轮着地宽度和长度	m²	0.5×0.2	0.5×0.2	0.5×0.2	0.6×0.2	0.6×0.2	0.6×0.2	0.6×0.2	0.6×0.2
车辆外形(长×宽)	m²	7×2.5	7×2.5	7×2.5	7×2.5	7×2.5	8×2.5	7×2.5	15×2.5

表 9.5-3　重型自卸汽车荷载主要技术指标

技术指标名称	单位	计算荷载等级				
		汽车-30 级	汽车-40 级	汽车-60 级	汽车-80 级	汽车-110 级
一般满载汽车重量	t	30(13)	40(17)	60(28)	80(35)	110(43)
一行车队中车辆数	—	不限	不限	不限	不限	不限
满载时前轴重	t	10(6)	13(8)	20(14)	27(17)	36(21)
满载时后轴重	t	20(7)	27(9)	40(14)	53(18)	74(22)
轴距	m	3.6	3.6	3.6	3.6	3.6
轮距	m	2.0	2.2	2.6	3.0	3.4
满载时每个前车轮着地宽度和长度	m²	0.25×0.3 (0.20×0.25)	0.30×0.35 (0.25×0.30)	0.40×0.50 (0.35×0.40)	0.50×0.55 (0.40×0.45)	0.55×0.60 (0.40×0.50)
满载时每个后车轮组着地宽度和长度	m²	0.50×0.30 (0.25×0.20)	0.60×0.35 (0.30×0.25)	0.80×0.50 (0.40×0.35)	1.00×0.55 (0.45×0.40)	1.10×0.60 (0.50×0.40)
车辆外形(长×宽)	m²	7.5×2.5	8.0×3.0	8.0×3.5	9.0×4.0	10.0×5.0
技术指标名称	单位	计算荷载等级				
		汽车-130 级	汽车-160 级	汽车-190 级	汽车-220 级	汽车-260 级
一般满载汽车重量	t	130(55)	160(68)	190(82)	220(84)	260(105)
一行车队中车辆数	—	不限	不限	不限	不限	不限
满载时前轴重	t	43(27)	54(34)	63(36)	73(38)	86(50)
满载时后轴重	t	87(28)	106(34)	127(46)	147(46)	174(55)
轴距	m	4.7	4.7	5.1	5.1	5.6
轮距	m	3.6	3.6	4.1	4.1	4.3
满载时每个前车轮着地宽度和长度	m²	0.60×0.70 (0.50×0.55)	0.70×0.80 (0.55×0.60)	0.75×0.85 (0.55×0.60)	0.80×0.90 (0.60×0.65)	0.85×1.00 (0.65×0.75)
满载时每个后车轮组着地宽度和长度	m²	1.20×0.70 (0.55×0.50)	1.40×0.80 (0.60×0.55)	1.50×0.85 (0.75×0.60)	1.60×0.90 (0.75×0.60)	1.70×1.00 (0.85×0.65)
车辆外形(长×宽)	m²	11.0×5.0	11.0×5.0	11.0×6.0	11.0×6.0	12.0×7.0

注：表中括号内数值系汽车空载时的情况。

表的选用说明：

根据道路所允许通过的最大满载汽车总重量，对应在表中可查得相应的汽车轮胎宽度 b、汽车轮胎行车方向着地长度 a、同一轴上的两个车轮间的距离 c 和汽车第一后轮轮压 P_R 等相关的数据，依此数据就可以进行相关的计算。

表 9.5-4　动力系数 K_D

埋置深度 h/m	0.25	0.3	0.4	0.5	0.6	≥0.7
动力系数 K_D	1.30	1.25	1.20	1.15	1.05	1.0

(5) 系数 ω 的确定

① 地压减弱系数 f_λ

a. 兰金氏（Rankine）活动地压系数

$$\lambda_a = tg^2 \left(45° - \frac{\varphi}{2} \right)$$

式中　φ——管子圆周角，$\varphi = \rho'$。

　　b. 地压减弱系数

$$f_\lambda = \frac{1-\lambda_a}{1-\lambda} \frac{2+\lambda}{2+\lambda_a}$$

式中　λ——地压系数，取 $\lambda = 0.5$。

　② 临界压力 p_k

$$p_k = \frac{E_R}{4(1-\mu^2)} \left(\frac{S}{r_m} \right)^3 \text{（MPa）}$$

式中　E_R——钢材的弹性模数，MPa；

　　　r_m——管子平均半径，mm；

　　　S——管子计算壁厚，mm。

　③ 有效内压 p_1

$$p_1 = p - \frac{3}{2} \frac{1+\lambda}{2+\lambda} q \quad \text{（MPa）}$$

式中　p——内压，MPa；

　　　q——单位面积上总的垂直荷载，MPa。

　④ 系数 ω

$$\omega = \frac{0.712}{f_\lambda} \frac{p_1}{p_k}$$

9.5.3.3　计算输出数据

考虑内压力时的管道应力，最大拉应力是轴向应力（N/F）与弯曲应力（M/W）的叠加：

$$\sigma_{max,z} = \frac{N}{F} + \frac{M}{W}$$

考虑到安全因素取轴向应力安全系数 $S_n = 1.5$，弯曲应力安全系数 $S_b = 1.1$，所以管道应力 σ 为：

$$\sigma = S_n \frac{N}{F} + S_b \frac{M}{W} = 1.5 \left(\frac{Pr_i}{S} - \frac{1+2\lambda}{2+\lambda} \frac{r_m}{S} q \right) + 1.1 \left[\frac{3}{1+\omega} \frac{1-\lambda}{2+\lambda} \left(\frac{r_m}{S} \right)^2 q \right]$$

9.5.3.4　计算结果处理

（1）强度校核

① 不考虑管内压力

若 $\dfrac{\sigma_s}{\sigma_{max,d} \text{ 或 } \sigma_{max,z}} \geqslant 1.7$ 满足要求。

② 考虑管内压力

若 $\sigma = S_n \dfrac{N}{F} + S_b \dfrac{M}{W} \leqslant \dfrac{2}{3} \sigma_s$ 满足要求。

（2）刚度校核

若 $\dfrac{\Delta d_{\mu.h}}{d_a} \leqslant 3\%$ 满足要求。

（3）临界变形安全系数 $S_k (P=0)$

若 $S_k \geqslant 2.5$ 满足要求。

若以上条件中有一项未满足，则应重新假定管壁厚，再按以上步骤进行计算，直到各部分都通过为止。

附录

1 部分计量单位及换算（附表 1-1）

附表 1-1 部分计量单位及换算

序 号	类 别	换 算	备 注
1	长度	1 丝米(dmm)＝0.1 毫米(mm)	
2		1 海里(n mile)＝1852 米(m)	
3		1 埃(Å)＝10^{-10}米(m)	
4	面积	1 公顷(ha)＝15 市亩	
5		1 市亩＝666.7m²	
6	体积	1 桶(油)＝42(美)加仑＝158.99 升(L)	含容积
7	质量	1 公斤(kg)＝2.205 磅(lb)	含重量(力)
8		1[米制]克拉＝$2×10^{-4}$kg	
9		1 公担(q)＝100 公斤(kg)	
10		1 盎司＝28.35 克	
11		1 牛顿(N)＝0.225 磅(lb)	
12	压力	1 帕(Pa)＝10^{-5}巴(bar)＝$1.45×10^{-4}$磅/英寸²(lb/in²)	
13	功率	1 米制马力＝0.7355 千瓦(kW)	
14	速度	1 节(kn)＝1 海里/小时(n mile/h)＝0.5144 米/秒(m/s)	
15	黏度	1N·s/m²＝1Pa·s＝10^3cP(动力黏度＝密度×运动黏度)	
16	温度	$t/\mathrm{℉}=\dfrac{9}{5}t/\mathrm{℃}+32$	
17		$t/\mathrm{℃}=\dfrac{5}{9}(t/\mathrm{℉}-32)$	

2 医药洁净要求

2.1 洁净级别

100 级洁净厂房：

适用于生产无菌而又不能在最后容器中灭菌药品的配液（指罐封前不需无菌滤过）及罐封；能在最后容器中灭菌的大体积（≥50mL）注射用药品的滤过及罐封；粉针剂的分装、压塞；无菌制剂、粉针剂原料药的精制、烘干、分装。

10000 级洁净厂房：

适用于生产无菌而又不能在最后容器中灭菌药品的配液（指罐封前需无菌滤过）；能在最后容器中灭菌的大体积（≥50mL）注射用药品的配液及小体积（＜50mL）注射用药品的配液、滤过、罐封；滴眼液的配液、滤过、罐封；不能热压灭菌口服液的配液、滤过、罐封；不在最后容器中灭菌的油膏、霜膏、悬浮液、乳化液等药品的制备和罐封；注射用药品原料药的精制、烘干、分装。

100000 级洁净厂房：

适用于片剂、胶囊剂、丸剂及其他制剂的生产；原料的精制、烘干、分装。

2.2 洁净要求

洁净室内的温度和湿度，以穿着洁净工作服不产生不舒服感为宜，一般情况下百级、万级洁净度控制温度为 20～24℃，相对湿度为 45%～65%；十万级和大于十万级洁净区控制温度为 18～26℃，相对湿度为 50%～65%。生产特殊品种洁净室的温度和湿度，应根据生产工艺要求确定。洁净室内不同洁净级别及换气次数要求见附表 2-1。

附表 2-1　洁净室不同洁净级别及换气次数要求

洁净级别	尘粒数/m³		活微生物数/m³		换气次数
	$\geqslant 0.5\mu m$	$\geqslant 5\mu m$	沉降菌	浮游菌	
100 级	$\leqslant 35\times 10^2$	0	$\leqslant 1$	$\leqslant 5$	垂直层流 0.3m/s 水平层流 0.4m/s
1000 级	$\leqslant 35\times 10^3$	$\leqslant 250$			
10000 级	$\leqslant 35\times 10^4$	$\leqslant 2500$	$\leqslant 3$	$\leqslant 100$	$\geqslant 20$ 次/小时
100000 级	$\leqslant 35\times 10^5$	$\leqslant 25000$	$\leqslant 10$	$\leqslant 500$	$\geqslant 15$ 次/小时

洁净室内的新鲜空气量要求见附表 2-2。

附表 2-2　洁净室内新鲜空气量要求

洁净室类型	乱流洁净室			层流洁净室	
洁净室级别	100000 级	10000 级	1000 级	水平 100 级	垂直 100 级
新风比例	30%	20%	10%	4%	2%

3　几何图形计算公式

3.1　平面图形计算公式

（A——面积；x_0——重心与底边或某点的距离）

图形及名称	计算公式
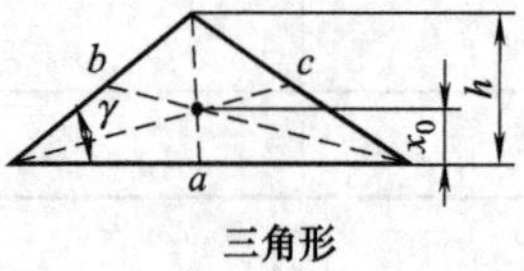 三角形	$A=ah/2=ab\sin\gamma/2=\sqrt{s(s-a)(s-b)(s-c)}$ 式中：$s=(a+b+c)/2$　　$x_0=h/3$
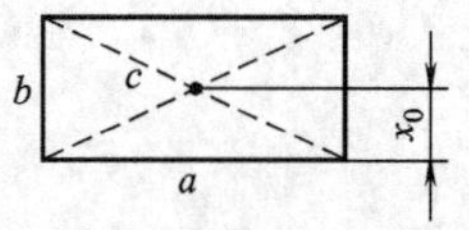 长方形	$A=ab$ $x_0=b/2$ $c=\sqrt{a^2+b^2}$
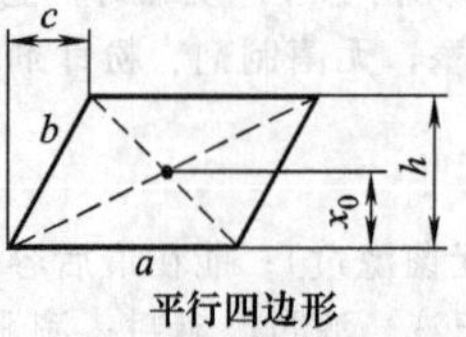 平行四边形	$A=ah$ $h=\sqrt{b^2-c^2}$ $x_0=h/2$
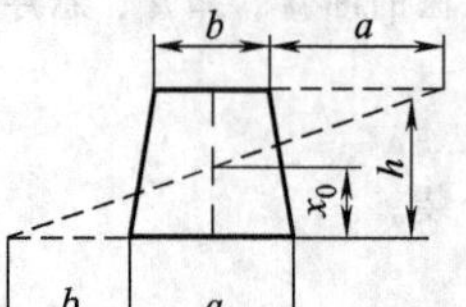 梯形	$A=(a+b)h/2$ $x_0=\dfrac{h}{3}\dfrac{a+2b}{a+b}$

续表

图形及名称	计 算 公 式

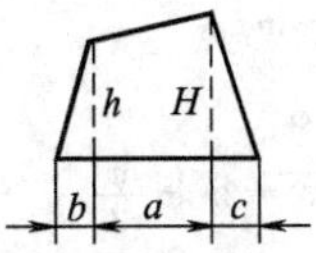

不等边四角形

$$A=\frac{(H+h)a+bh+cH}{2}$$

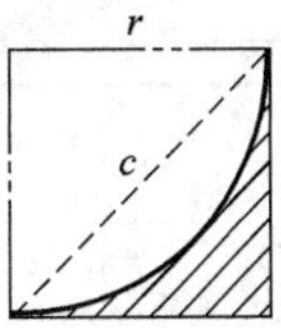

角缘

$$A=r^2-\pi r^2/4=0.215r^2=0.1075c^2$$

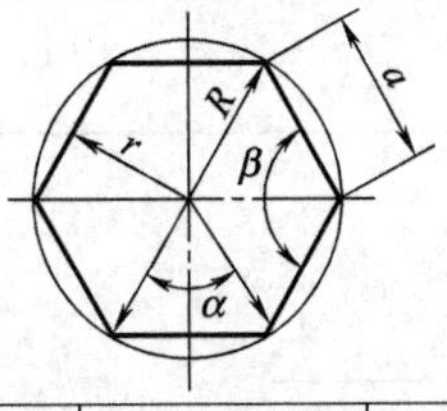

n	K_1	K_2
3	0.4330	5.1062
4	1.0000	4.0000
5	1.7205	3.6327
6	2.5981	3.4641
7	3.6339	3.2710
8	4.8284	3.3137
9	6.1813	3.2767
10	7.6942	3.2492
12	11.196	3.2154
16	20.109	3.1826
20	31.569	3.1677
24	45.575	3.1597

等边多角形　n—边数

$$A=nra/2=(na/2)\sqrt{R^2-a^2/4}=\frac{na^2}{4}\cot\frac{\alpha}{2}=\frac{nR^2}{2}\sin\alpha=nr^2\text{tg}\frac{\alpha}{2}$$

$$A=a^2K_1=r^2K_2$$

$$R=\sqrt{R^2+a^2/4}=\frac{r}{\cos\frac{180°}{n}}=\frac{a}{2\sin\frac{180°}{n}}R$$

$$r=\sqrt{R^2-a^2/4}=R\cos\frac{180°}{n}=\frac{a}{2}\cot\frac{180°}{n}$$

$$a=2R\sin\frac{180°}{n}=2\sqrt{R^2-r^2}$$

$$\alpha=360°/n$$

$$\beta=180°-\alpha$$

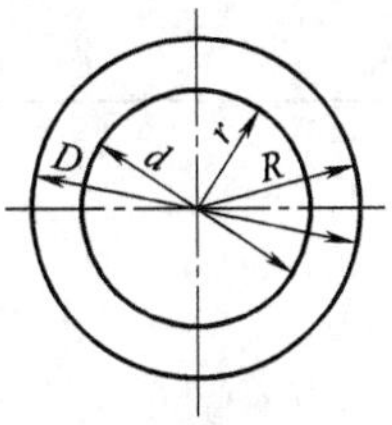

圆环

$$A=\frac{\pi}{4}(D^2-d^2)=\pi(R^2-r^2)$$

外周长　$C=\pi D=2\pi R$

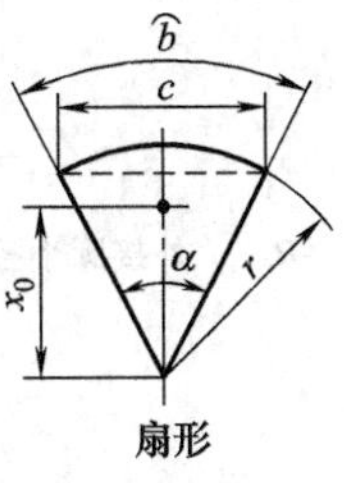

扇形

$$A=\widehat{b}r/2=\frac{\alpha}{360°}\pi r^2=0.008727\alpha r^2$$

$$\widehat{b}=\frac{\pi}{180°}\alpha r=0.01745\alpha r \quad c=2r\sin\frac{\alpha}{2}$$

$$x_0=\frac{2}{3}r\frac{c}{\widehat{b}}=\frac{4}{3}\frac{180°}{\pi}\frac{r}{\alpha}\sin\frac{\alpha}{2}=76.394\frac{r}{\alpha}\sin\frac{\alpha}{2}=r^2c/3A$$

续表

图形及名称	计 算 公 式
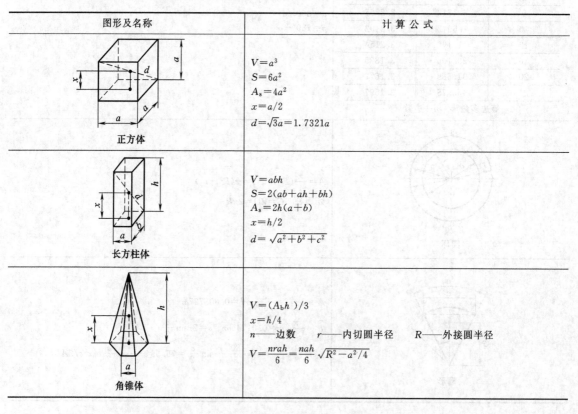 弓形	$A=\dfrac{1}{2}[r\,\widehat{b}-c(r-h)]=\dfrac{r^2}{2}\left(\dfrac{\pi\varphi}{180°}-\sin\varphi\right)$ $r=c^2/8h+h/2\qquad \widehat{b}=0.01745\varphi r$ $h=r-r\cos\dfrac{\varphi}{2}\qquad c=2\sqrt{h(2r-h)}=2r\sin\dfrac{\varphi}{2}$ $x_0=c^2/12A=\dfrac{2}{3}\dfrac{r^3\sin^3\dfrac{\varphi}{2}}{A}=\dfrac{4}{3}\dfrac{r\sin^3\dfrac{\varphi}{2}}{\dfrac{\pi\varphi}{180°}-\sin\varphi}$
缺圆环	$A=\dfrac{\pi\varphi}{360°}(R^2-r^2)=0.00873\varphi(R^2-r^2)$ $x_0=\dfrac{4}{3}\dfrac{R^3-r^3}{R^2-r^2}\dfrac{180°}{\varphi\pi}\sin\dfrac{\varphi}{2}=76.394\dfrac{R^3-r^3}{(R^2-r^2)\varphi}\sin\dfrac{\varphi}{2}$
椭圆	$A=\pi ab$ 周长近似值　$s=\pi\sqrt{2(a^2+b^2)}$ 周长更近似　$s=\pi\sqrt{2(a^2+b^2)-\dfrac{(a-b)^2}{2.2}}$

3.2　立体图形计算公式

（V—容积或体积；A_s—侧面积；A_b—底面积；S—表面积；x_0—重心位置）

图形及名称	计 算 公 式
正方体	$V=a^3$ $S=6a^2$ $A_s=4a^2$ $x=a/2$ $d=\sqrt{3}a=1.7321a$
长方柱体	$V=abh$ $S=2(ab+ah+bh)$ $A_s=2h(a+b)$ $x=h/2$ $d=\sqrt{a^2+b^2+c^2}$
角锥体	$V=(A_b h)/3$ $x=h/4$ n——边数　　r——内切圆半径　　R——外接圆半径 $V=\dfrac{nrah}{6}=\dfrac{nah}{6}\sqrt{R^2-a^2/4}$

续表

图 形 及 名 称	计 算 公 式
截头角锥体	$V = h/3(A_{b1} + A_{b2} + \sqrt{A_{b1}A_{b2}})$ $x = (h/4)\dfrac{A_{b2} + 2\sqrt{A_{b1}A_{b2}} + 3A_{b1}}{A_{b2} + \sqrt{A_{b1}A_{b2}} + A_{b1}}$
截头方锥体	$V = h/6[(2a + a_1)b + (2a_1 + a)b_1] = h/6[ab + (a + a_1)(b + b_1) + a_1 b_1]$ $x = (h/2)\dfrac{ab + ab_1 + a_1 b + 3a_1 b_1}{2ab + ab_1 + a_1 b + 2a_1 b_1}$
楔形体	$V = \dfrac{(2a + c)bh}{6}$
圆球体	$V = 4\pi r^3/3 = 4.1888 r^3 = 0.5236 d^3$ $S = 4\pi r^2 = \pi d^2$ $r = \sqrt[3]{3V/4\pi} = 0.62035\sqrt[3]{V}$
缺球体	$V = \pi h/6(3a^2 + h^2) = (\pi h^2/3)(3r - h)$ $A_s = 2\pi rh = \pi(a^2 + h^2)$ $a = \sqrt{h(2r - h)}$ $r = (a^2 + h^2)/2h$ $x = \dfrac{3}{4}\dfrac{(2r - h)^2}{3r - h}$
圆柱体	$V = \pi r^2 h$ $S = 2\pi r(r + h)$ $A_s = 2\pi rh$ $x = h/2$
中空圆柱体	$V = \pi(R^2 - r^2)h = \pi ht(R + r)$ $x = h/2$

图形及名称	计 算 公 式
截头圆柱体	$V = \pi R^2 \dfrac{h_1 + h_2}{2}$ $A_s = \pi R (h_1 + h_2)$ $h = (h_1 + h_2)/2$ $x = h/2 + \dfrac{r^2 \operatorname{tg}^2 \alpha}{8h}$ $y = r^2 \operatorname{tg} \alpha / 4h$
圆锥体	$V = \pi R^2 h / 3 = 1.0472 R^2 h$ $A_s = \pi R L$ $L = \sqrt{R^2 + h^2}$ $x = h/4$
截头圆锥体	$V = (\pi h/3)(R^2 + Rr + r^2)$ $A_s = \pi (R + r) L$ $L = \sqrt{(R - r)^2 + h^2}$ $x = (h/4) \dfrac{R^2 + 2Rr + 3r^2}{R^2 + Rr + r^2}$
缺圆柱体	$V = [(2/3)a^3 \pm bF_{(ABC)}]h/(r \pm b)$ $A_s = (ad \pm bl)\dfrac{h}{r \pm b} \qquad l \text{——} ABC \text{ 弧长}$ 式中,"+"用于底面积大于半圆,"-"用于底面积大于半圆
球面锥体	$V = 2\pi r^2 h / 3 = 2.0944 r^2 h$ $S = \pi r (2h + a)$ $a = \sqrt{h(2r - h)}$ $x = (3/8)(2r - h)$
球带体	$V = \dfrac{\pi h}{8}(3a^2 + 3b^2 + h^2) \qquad A_s = 2\pi r h$ $r = \sqrt{a^2 + [(a^2 - b^2 - h^2)/2h]^2}$ $x = (h/2)\dfrac{2a^2 + 4b^2 + h^2}{3a^2 + 3b^2 + h^2}$
球楔	$V = \dfrac{\alpha}{360°}\dfrac{4\pi r^3}{3} = 0.0116 \alpha r^3$ 球面 $A = \dfrac{\alpha}{360°}(4\pi r^2) = 0.0349 \alpha r^2$

续表

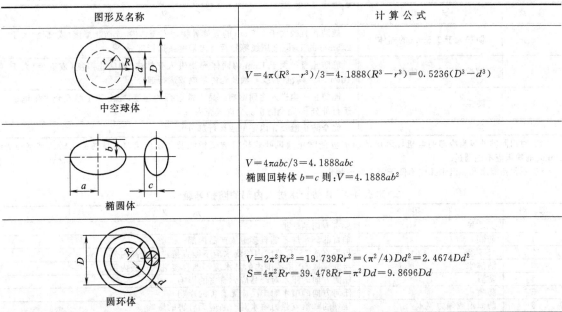

图形及名称	计算公式
中空球体	$V=4\pi(R^3-r^3)/3=4.1888(R^3-r^3)=0.5236(D^3-d^3)$
椭圆体	$V=4\pi abc/3=4.1888abc$ 椭圆回转体 $b=c$ 则:$V=4.1888ab^2$
圆环体	$V=2\pi^2Rr^2=19.739Rr^2=(\pi^2/4)Dd^2=2.4674Dd^2$ $S=4\pi^2Rr=39.478Rr=\pi^2Dd=9.8696Dd$

4 电器防护与安装

4.1 防爆分级分组 （附表4-1、附表4-2）

附表4-1 防爆分级分组 （GB 50058）

最大试验安全间隙(MESG)或最小点燃电流(MIC)分级			引燃温度分组	
级别	最大试验安全间隙(MESG)/mm	最小点燃电流比(MICR)	组别	温度 t/℃
ⅡA ⅡB ⅡC	MESG≥0.9 0.5<MESG<0.9 MESG≤0.5	MICR>0.8 0.45≤MICR≤0.8 MICR<0.45	T1 T2 T3 T4 T5 T6	450<t 300<t≤450 200<t≤300 135<t≤200 100<t≤135 85<t≤100

附表4-2 防爆结构

结构	本安型	隔爆型	正压型	充油型	增安型	无火花型
代号	ia/ib	d	p	o	e	n

4.2 电器防护等级 （附表4-3、附表4-4）

电器防护等级的标记方法：IP A B

附表4-3 A 防止固体进入内部的防护等级

等级	作 用	定 义
0	无防护	没有专门的防护
1	防护大于50mm的固体	能防止直径大于50mm的固体异物进入壳体内,能防止人体的某一大面积部分(如手)偶然或意外地触及壳内带电或运行部分,但不能防止有意识地接近这些部分
2	防护大于12mm的固体	能防止直径大于12mm的固体异物进入壳体内,能防止手指触及壳内带电或运行部分[1]

续表

等　级	作　　用	定　　义
3	防护大于 2.5mm 的固体	能防止直径大于 2.5mm 的固体异物进入壳体内,能防止厚度(或直径)大于 2.5mm 的工具、金属线等触及壳内带电或运行部分[①②]
4	防护大于 1mm 的固体	能防止直径大于 1mm 的固体异物进入壳体内,能防止厚度(或直径)大于 1mm 的工具、金属线等触及壳内带电或运行部分[①②]
5	防尘	能防止灰尘进入达到影响产品正常运行的程度,完全防止触及壳内带电或运行部分[①];完全防止灰尘进入壳内
6	尘密	完全防止触及壳内带电或运行部分[①]

① 对用同轴外风扇冷却的电机,风扇的防护应能防止其风叶或轮辐被试指触及。在出风口,试指插入时,其直径为 50mm 的护板应不能通过。

② 不包括泄水孔,泄水孔应不低于第 2 级的规定。

附表 4-4　B 防止水进入内部的防护等级

等　级	作　　用	定　　义
0	无防护	没有专门的防护
1	防滴	垂直的滴水应不能直接进入产品内部
2	15°防滴	与垂直成 15°角范围内的滴水应不能直接进入产品内部
3	防淋水	与垂直成 50°角范围内的淋水应不能直接进入产品内部
4	防溅	任何方向的溅水对产品应无有害的影响
5	防喷水	任何方向的喷水对产品应无有害的影响
6	防海浪或强力喷水	猛烈的海浪或强力喷水对产品应无有害的影响
7	浸水	产品在规定的压力和时间下浸入水中,进水量应无有害的影响
8	潜水	产品在规定的压力下长时间浸在水中,进水量应无有害的影响

4.3　电机安装结构

电机安装的基本结构型势有三种,即 B3 型(机座带底脚,端盖无凸缘)、B5 型(机座不带底脚,端盖有凸缘)和 B35 型(机座带底脚,端盖有凸缘)。其安装结构型式见附表 4-5。

附表 4-5　电机安装结构

基本结构型式	B3					
安装结构形式	B3	B6	B7	B8	V5	V6
示意图						
制造机座号	80～315			80～160		

基本结构型式	B5			B35		
安装结构形式	B5	V1	V3	V35	V15	V36
示意图						
制造机座号	80～225	80～315	80～160	80～315	80～160	

5　机械制图知识

5.1　图纸格式 (GB/T 14689)

图纸进行装订时,一般采用 A4 幅面竖装或 A3 幅面横装。根据 GB/T 14689—2008 图纸幅面及格式如附图 5-1 和附图 5-2 所示。图纸幅面选择见附表 5-1。

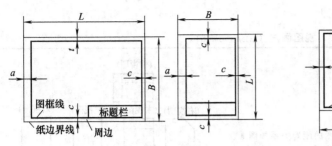

附图 5-1 需要装订的图样

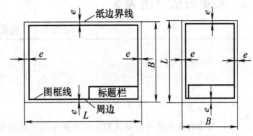

附图 5-2 不需要装订的图样

附表 5-1　图纸幅面　　　　　　　　　　　　　　　单位：mm

基本幅面（第一选择）

幅面代号	A0	A1	A2	A3	A4
$B \times L$	841×1189	594×841	420×594	297×420	210×297
e	20			10	
c	10			5	
a	25				

加长幅面（第二选择）				加长幅面（第三选择）	
幅面代号	$B \times L$	幅面代号	$B \times L$	幅面代号	$B \times L$
A3×3	420×891	A0×2	1189×1682	A3×5	420×1486
A3×4	420×1189	A0×3	1189×2523	A3×6	420×1783
A4×3	297×630	A1×3	841×1783	A3×7	420×2080
A4×4	297×841	A1×4	841×2378	A4×6	297×1261
A4×5	297×1051	A2×3	594×1261	A4×7	297×1471
		A2×4	594×1682	A4×8	297×1682
		A2×5	594×2102	A4×9	297×1892

注：1. 绘制技术图样时，应优先采用基本幅图。必要时也允许选用第二选择的加长幅面或第三选择的加长幅面。

2. 加长幅面的图框尺寸，按所选用的基本幅面大一号的图框尺寸确定。例如 A2×3 的图框尺寸，按 A1 的图框尺寸确定，即 e 为 20（或 c 为 10），而 A3×4 的图框尺寸，按 A2 的图框尺寸确定，即 e 为 10（或 c 为 10）。

5.2　比例选择 （GB/T 14690）

根据 GB/T 14690—1993，图纸比例选择见附表 5-2。

附表 5-2　图纸比例

原值比例	1:1	应用说明
缩小比例	1：2、1：5、1：10 1：2×10ⁿ、1：5×10ⁿ、1：1×10ⁿ (1：1.5)(1：2.5)(1：3)(1：4)(1：6) (1：1.5×10ⁿ)(1：2.5×10ⁿ)(1：3×10ⁿ) (1：4×10ⁿ)(1：6×10ⁿ)	1. 绘制同一机件的各个视图时，应尽可能采用相同的比例，使绘图和看图都很方便 2. 比例应标注在标题栏的比例栏内，必要时可在视图名称的下方或右侧标注比例，如： $\dfrac{\mathrm{I}}{1:2}$　$\dfrac{A 向}{1:10}$　$\dfrac{B—B}{2.5:1}$　$\dfrac{墙板位置图}{1:100}$　$\dfrac{平面图}{1:50}$
放大比例	5：1、2：1 5×10ⁿ：1、2×10ⁿ：1、1×10ⁿ：1 (4：1)(2.5：1) (4×10ⁿ：1)(2.5×10ⁿ：1)	3. 当图形中孔的直径或薄片的厚度等于或小于2mm，以及斜度和锥度较小时，可不按比例而夸大画出。 4. 表格图或空白图不必标注比例

注：1. n 为正整数。

2. 一般选用不带括号的比例，必要时允许采用带括号的比例。

5.3 视图画法（附表 5-3）

附表 5-3 视图画法 （GB/T 17451）

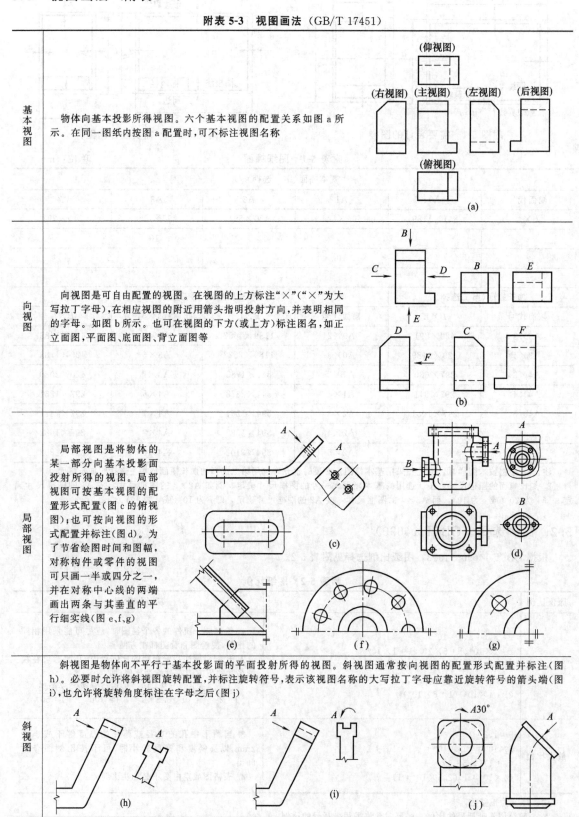

基本视图 物体向基本投影所得视图。六个基本视图的配置关系如图 a 所示。在同一图纸内按图 a 配置时,可不标注视图名称

向视图 向视图是可自由配置的视图。在视图的上方标注"×"("×"为大写拉丁字母),在相应视图的附近用箭头指明投射方向,并表明相同的字母。如图 b 所示。也可在视图的下方(或上方)标注图名,如正立面图,平面图、底面图、背立面图等

局部视图 局部视图是将物体的某一部分向基本投影面投射所得的视图。局部视图可按基本视图的配置形式配置(图 c 的俯视图);也可按向视图的形式配置并标注(图 d)。为了节省绘图时间和图幅,对称构件或零件的视图可只画一半或四分之一,并在对称中心线的两端画出两条与其垂直的平行细实线(图 e、f,g)

斜视图 斜视图是物体向不平行于基本投影面的平面投射所得的视图。斜视图通常按向视图的配置形式配置并标注(图 h)。必要时允许将斜视图旋转配置,并标注旋转符号,表示该视图名称的大写拉丁字母应靠近旋转符号的箭头端(图 i),也允许将旋转角度标注在字母之后(图 j)

5.4 剖视图和断面图 (GB/T 17452—1998)

剖视图——假想用剖切面剖开物体,将处在观察者和剖切面之间的部分移去,而将其余部分向投影面投射所得的图形。剖视图可简称剖视。

断面图——假想用剖切面将物体的某处切断,仅画出该剖切面与物体接触部分的图形。断面图可简称断面。

剖切图——剖切被表达物体的假想平面或曲面。

剖面区域——假想用剖切面剖开物体,剖切面与物体的接触部分。

剖切线——指示剖切面位置的线(点画线)。

剖切符号——指示剖切面起、讫和转折位置(用短粗画表示)及投射方向的符号(用箭头或短粗画表示)。

根据 GB/T 17452—1998,剖视图和断面图画法如下:

	根据物体的结构特点,可选择单一剖切面(图 a),几个平行的剖切平面(图 b)或几个相交的剖切面(交线垂直于某一投影面)(图 c)		
剖 切 面 的 种 类	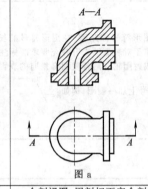 图 a	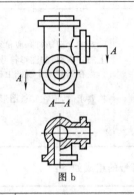 图 b	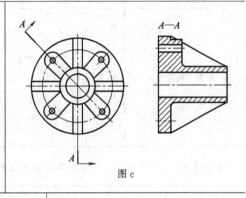 图 c
剖 视 面	全剖视图:用剖切面完全剖开物体所得的剖视图(图 d) 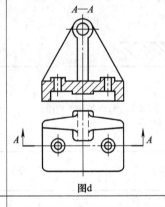 图 d	半剖视图:当物体具有对称平面时,向垂直于对称平面的投影面上投射所得的图形,可以对称中心线为界,半画剖视图,另一半画成视图(图 e) 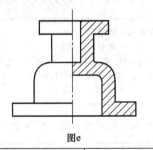 图 e	局部剖视图:用剖切面局部地剖开物体所得的剖视图(图 f) 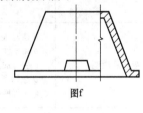 图 f
断 面 图	移出断面图的图形应画在视图之外,轮廓线用粗实线绘制,配置在剖切线的延长线上(图 g),或其他适当位置 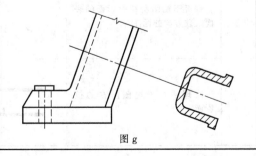 图 g	重合断面图的图形应画在视图之内,断面轮廓线用细实线(图 h)绘出。当视图中轮廓线与重合断面图的图形重叠时,视图中的轮廓线仍应连续画出,不可间断 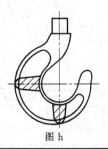 图 h	

5.5　表面粗糙度

根据 GB/T 131—2006，对表面结构有要求时的表示法。表示法涉及的轮廓参数（与 GB/T 3505 标准相关）包括 R 轮廓（粗糙度参数）、W 轮廓（波纹度参数）和 P 轮廓（原始轮廓参数）。表示法涉及的图形参数（与 GB/T 18618 标准相关）包括粗糙度图形和波纹度图形。

根据 GB/T 131—2006，图样上表示零件表面粗糙度的符号如下：

符号说明	符号表示	符号意义
基本图形符号		对表面结构有要求的图形符号,简称基本符号;仅适用于简化代号标注,没有补充说明时不能单独使用
扩展图形符号		对表面结构有指定要求(去除材料或不去除材料)的图形符号,简称扩展符号
完整图形符号		对基本图形符号或扩展图形符号扩充后(在图形符号的长边上加一横线)的图形符号,用于对表面结构有补充要求的标注 当在图样某个视图上构成封闭轮廓的各表面有相同的表面结构要求时,应在完整图形符号上加一圆圈,例如:

根据 GB/T 131—2006，表面结构完整图形符号的组成如下：

符号	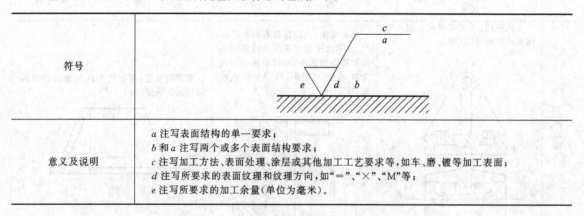
意义及说明	a 注写表面结构的单一要求; b 和 a 注写两个或多个表面结构要求; c 注写加工方法、表面处理、涂层或其他加工工艺要求等,如车、磨、镀等加工表面; d 注写所要求的表面纹理和纹理方向,如"="、"×"、"M"等; e 注写所要求的加工余量(单位为毫米)。

根据 GB/T 131—2006，需要控制表面加工纹理方向时注写的方法如下：

示　例	解　释	符　号
铣 $Ra\,0.8$ $Rz1\,3.2$ ⊥	垂直于视图所在投影面的表面纹理方向的标注	
纹理方向	纹理平行于视图所在的投影面	

续表

示　例	解　释	符　号
	纹理垂直于视图所在的投影面	⊥
	纹理呈两斜向交叉且与视图所在的投影面相交	X
	纹理呈多方向	M
	纹理呈近似同心圆且圆心与表面中心相关	C
	纹理呈近似放射形且与表面圆心相关	R
	纹理呈微粒、凸起,无方向	P

表面粗糙度 Ra、Ry 与公差、配合中一般用途公差带间有对应关系,其选取实例如下:

公差代号	基本尺寸/mm												
	< 3	>3~ 6	>6~ 10	>10~ 18	>18~ 30	>30~ 50	>50~ 80	>80~ 120	>120~ 180	>180~ 250	>250~ 315	>315~ 400	>400~ 500
	Ra或Ry/μm												
H1、js1、H1、JS1	>0.02~0.04Ra									>0.08~0.16Ra			
H2、js2、H2、JS2	>0.1~0.2Ry						>0.4~0.8Ry						
H3、js3、H3、JS3	>0.04~0.08Ra						>0.16~0.32Ra			>0.32~0.63Ra			
G4、h4、js4、k4、m4、n4、r4、s4	>0.2~0.4Ry		>0.08~0.16Ra				>0.8~1.6Ry			>1.6~3.2Ry			
H4、JS4、K4、M4			>0.4~0.8Ry										
f5、g5、h5、j5、js5、k5、m5、n5、p5、r5、s5、t5、u5、v5、x5、y5、z5	>0.16~0.32Ra		>0.63~1.25Ra							>0.63~1.25Ra			
G5、H5、JS5、K5、M5、N5、P5、R5、S5	>0.8~1.6Ry		>3.2~6.3Ry							>3.2~6.3Ry			

续表

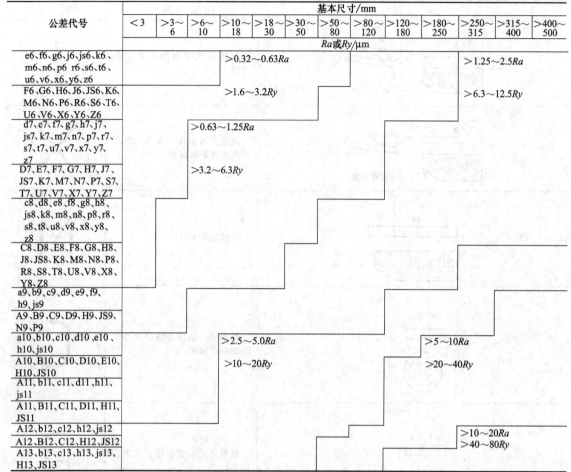

公差代号	基本尺寸/mm												
	<3	>3~6	>6~10	>10~18	>18~30	>30~50	>50~80	>80~120	>120~180	>180~250	>250~315	>315~400	>400~500
	*Ra*或*Ry*/μm												
e6、f6、g6、j6、js6、k6、m6、n6、p6 r6、s6、t6、u6、v6、x6、y6、z6				>0.32~0.63*Ra*						>1.25~2.5*Ra*			
F6、G6、H6、J6、JS6、K6、M6、N6、P6、R6、S6、T6、U6、V6、X6、Y6、Z6				>1.6~3.2*Ry*						>6.3~12.5*Ry*			
d7、e7、f7、g7、h7、j7、js7、k7、m7、n7、p7、r7、s7、t7、u7、v7、x7、y7、z7			>0.63~1.25*Ra*										
D7、E7、F7、G7、H7、J7、JS7、K7、M7、N7、P7、S7、T7、U7、V7、X7、Y7、Z7			>3.2~6.3*Ry*										
c8、d8、e8、f8、g8、h8、js8、k8、m8、n8、p8、r8、s8、t8、u8、v8、x8、y8、z8													
C8、D8、E8、F8、G8、H8、J8、JS8、K8、M8、N8、P8、R8、S8、T8、U8、V8、X8、Y8、Z8													
a9、b9、c9、d9、e9、f9、h9、js9													
A9、B9、C9、D9、H9、JS9、N9、P9													
a10、b10、c10、d10、e10、h10、js10			>2.5~5.0*Ra*						>5~10*Ra*				
A10、B10、C10、D10、E10、H10、JS10			>10~20*Ry*						>20~40*Ry*				
A11、b11、c11、d11、h11、js11													
A11、B11、C11、D11、H11、JS11													
A12、b12、c12、h12、js12										>10~20*Ra*			
A12、B12、C12、H12、JS12										>40~80*Ry*			
A13、b13、c13、h13、js13、H13、JS13													

注：横线和竖线的交点所在区就是对应的参考值。

不同加工方法可能达到的表面粗糙度如下：

加工方法		表面粗糙度 *Ra*/μm												
		0.012	0.025	0.05	0.10	0.20	0.40	0.80	1.60	3.20	6.30	12.5	25	50	100
砂模铸造											✓	✓	✓	✓	✓
型壳铸造											✓	✓	✓	✓	✓
金属模铸造								✓	✓	✓	✓	✓	✓		
离心铸造									✓	✓	✓	✓	✓		
精密铸造							✓	✓	✓	✓	✓	✓			
蜡模铸造						✓	✓	✓	✓	✓	✓				
压力铸造						✓	✓	✓	✓						
热轧											✓	✓	✓	✓	✓
模锻								✓	✓	✓	✓	✓	✓	✓	✓
冷轧						✓	✓	✓	✓	✓	✓	✓			
挤压							✓	✓	✓	✓	✓	✓			
冷拉						✓	✓	✓	✓	✓	✓				
锉							✓	✓	✓	✓	✓	✓	✓		
刮削						✓	✓	✓	✓	✓	✓				
刨削	粗										✓	✓	✓		
	半精								✓	✓	✓				
	精				✓	✓	✓								
插削									✓	✓	✓	✓	✓		
钻孔								✓	✓	✓	✓	✓	✓		

加工方法		表面粗糙度 $R_a/\mu m$													
		0.012	0.025	0.05	0.10	0.20	0.40	0.80	1.60	3.20	6.30	12.5	25	50	100
扩孔	粗										√	√	√		
	精							√	√		√				
金刚镗孔				√	√	√	√								
镗孔	粗										√	√	√	√	
	半精							√	√	√	√				
	精						√	√	√						
铰孔	粗								√	√	√	√			
	半精						√	√	√	√					
	精			√	√	√	√	√	√						
拉削	半精							√	√	√	√				
	精			√	√	√	√								
滚铣	粗										√	√	√	√	
	半精							√	√	√	√				
	精						√	√	√						
端面铣	粗										√	√	√		
	半精							√	√	√	√				
	精					√	√	√	√						
车外圆	粗										√	√	√		
	半精								√	√	√				
	精					√	√	√	√						
金刚车			√	√	√	√									
车端面	粗										√	√	√		
	半精								√	√	√				
	精						√	√	√						
磨外圆	粗							√	√	√					
	半精					√	√	√	√						
	精		√	√	√	√	√								
磨平面	粗							√	√						
	半精						√	√	√						
	精		√	√	√	√	√								
珩磨	平面		√	√	√	√	√								
	圆柱	√	√	√	√	√	√								
研磨	粗						√	√	√						
	半精			√	√	√	√								
	精	√	√	√	√										
抛光	一般				√	√	√	√	√						
	精	√	√	√	√										
滚压抛光				√	√	√	√	√	√	√					
超精加工	平面	√	√	√	√	√									
	柱面	√	√	√	√	√	√								
化学磨								√	√	√	√	√	√		
电解磨		√	√	√	√	√	√	√							
电火花加工								√	√	√	√	√			
切割	气割										√	√	√	√	√
	锯							√			√	√	√	√	√
	车									√	√	√	√		
	铣											√	√	√	
	磨							√	√	√					

续表

加工方法		表面粗糙度 $R_a/\mu m$													
		0.012	0.025	0.05	0.10	0.20	0.40	0.80	1.60	3.20	6.30	12.5	25	50	100
螺纹加工	丝锥板牙							√	√	√	√				
	梳洗							√	√	√	√				
	滚					√	√	√							
	车							√	√	√	√	√			
	搓丝							√	√	√	√				
	滚压						√	√	√						
	磨					√	√	√	√						
	研磨		√	√	√	√									
齿轮及花键	刨							√	√	√					
	滚							√	√	√					
	插							√	√	√					
	磨			√	√	√	√								
	剃					√	√	√	√						

注：本表作为一般情况参考。

表面粗糙度选用举例：

$Ra \leqslant$ μm	相当于光洁度	表面状况	加工方法	应用举例
100	▽1	明显可见的刀痕	粗车、镗、刨、钻	粗加工的表面,如粗车、粗刨、切断等表面,用粗锉刀和粗砂轮等技工的便面,一般很少采用
50 25	▽2 ▽3			粗加工后的表面,焊接前的焊缝、粗钻孔壁等
12.5	▽3 ▽4	可见刀痕	粗车、刨、铣、钻	一般非结合表面,如轴的端面、倒角、齿轮及带轮的侧面、键槽的非工作表面、减重孔眼表面等
6.3	▽4 ▽5	可见加工痕迹	车、镗、刨、钻、铣、锉、磨、粗铰、铣齿	不重要零件的非配合表面,如支柱、支架、外壳、衬套、轴、盖等的端面。紧固件的自由表面,紧固件通孔的表面,内、外花键的非定心表面,不作为计量基准的齿轮顶圆表面等
3.2	▽5 ▽6	微见加工痕迹	车、镗、刨、铣、刮1~2点/cm²、拉、磨、锉、滚压、铣齿	和其他零件连接不形成配合的表面,如箱体、外壳、端盖等零件的端面。要求有定心及配合特性的固定支承面如定心的轴肩、键和键槽的工作表面。不重要的紧固螺纹的表面,需要滚花或氧化处理的表面等
1.6	▽6 ▽7	看不清加工痕迹	车、镗、刨、铣、铰、拉、磨、滚压、刮1~2点/cm²、铣齿	安装直径超过80mm的G级轴承的外壳孔,普通精度齿轮的齿面,定位销孔,V带轮的表面,外径定心的内花键外径,轴承盖的定心凸肩表面等
0.8	▽7 ▽8	可辨加工痕迹的方向	车、镗、拉、磨、立铣、刮3~10点/cm²、滚压	要求保证定心及配合特性的表面,如锥销与圆柱销的表面,与G级精度滚动轴承相配合的轴颈和外壳孔,中速转动的轴颈,直径超过80mm的E、D的级滚动轴承配合的轴泵及外壳孔,内、外花键的定心内径,外花键键侧及定心外径,过盈配合IT7级的孔(H7)IT8~IT9级的孔(H8,H9),磨削的轮齿表面等
0.4	▽8 ▽9	微辨加工痕迹的方向	铰、磨、镗、拉、刮3~10点/cm²、滚压	要求长期保持配合性质稳定的配合表面,IT7级的轴、孔配合表面,精度较高的齿轮表面,受变应力作用的重要零件,与直径小于80mm的E、D级轴承配合的轴颈表面,与橡胶密封件接触的轴表面,尺寸大于120mm的IT13~IT16级孔和轴用量规的测量表面
0.2	▽9 ▽10	不可辨加工痕迹的方向	布轮磨、磨、研磨、超级加工	工作时受变应力作用的重要零件的表面。保证零件的疲劳强度、防腐性和耐久性,并在工作时不破坏配合性质的表面,如轴径表面、要求气密的表面和支撑表面、圆锥定心表面等。IT5、IT6级配合表面、高精度齿轮的齿面,与C级滚动轴承配合的轴颈表面,尺寸大于315mm的IT7~IT9级孔和轴用量规及尺寸大于120~315mm的IT10~IT12级孔和轴用量规的测量表面等

续表

$Ra\leqslant$ μm	相当于光洁度	表面状况	加工方法	应用举例
0.1	▽10 ▽11	暗光泽面	超级加工	工作时受承较大变应力作用的重要零件的表面,保证精确定心的锥体表面。液压传动用的孔表面。汽缸套的内表面,活塞销的外表面,仪器导轨面,阀的工作面。尺寸小于120mm的IT10～IT12的缓孔和轴用量规测量面等
0.05	▽11 ▽12	亮光泽面		保证高度气密性的接合表面,如活塞、柱塞和汽缸内表面。摩擦离合器的摩擦表面。对同轴度有精确要求的轴和孔。滚动导轨中的钢球或高速摩擦的工作表面
0.025	▽12 ▽13	镜状光泽面		高压柱塞泵中柱塞和柱塞套的配合表面,中等精度仪器零件配合表面,尺寸大于120mm的IT6级孔用量规、小于120mm的IT7～IT9级轴用和孔用量规测量表面
0.012	▽13 ▽14	雾状镜面		仪器的测量表面和配合表面,尺寸超过100mm的块规工作面
0.008	▽14			块规的工作表面,高精度测量仪器的测量面,高精度仪器摩擦机构的支撑表面

表面粗糙度新旧标准对照:

老标准光洁度代号	Ra		Ra、Ry	
	第1系列	第2系列	第1系列	第2系列
▽14		0.008 0.010	0.025 0.050	0.032 0.040
▽13	0.012	0.018 0.020	0.100	0.083 0.080
▽12	0.025	0.032 0.040	0.20	0.125 0.160
▽11	0.050	0.063 0.080	0.40	0.25 0.32
▽10	0.100	0.125 0.160	0.80	0.50 0.63
▽9	0.20	0.25 0.32	1.60	1.00 1.25
▽8	0.40	0.50 0.63	3.2	2.0 2.5
▽7	*0.80	1.00 1.25	6.3	4.0 5.0
▽6	1.60	2.0 2.5	12.5	8.0 10.0
▽5	*3.20	4.0 5.0	25	16.0 20
▽4	6.30	8.0 10.0	50	32 40
▽3	*12.5	16.0 20	100	63 80
▽2	25	32 40	200	125 160
▽1	50	63 80		250 320
	100		400	
			800	500 630
			1600	1000 1250

6 配合与公差

6.1 极限偏差与配合

6.1.1 极限与配合

根据 GB/T 1800.1—2009 极限与配合的示意图及基本偏差系列如附图 6-1、附图 6-2 所示。

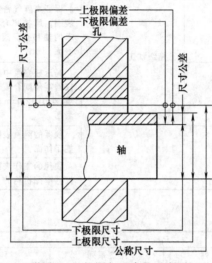

附图 6-1 极限与配合的示意图

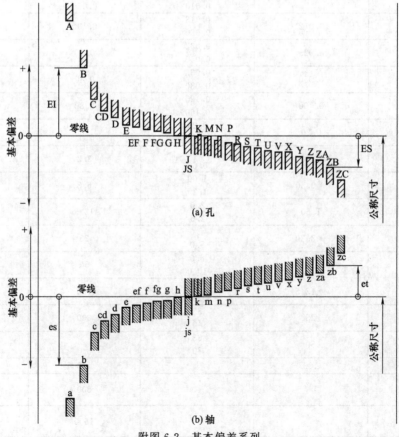

附图 6-2 基本偏差系列

与极限与配合有关的术语和标注方法见附表 6-1。

附表 6-1　术语和定义

术　　语	定　　义
尺寸要素	由一定大小的线性尺寸或角度尺寸确定的几何形态
轴与基准轴	轴通常指工件的圆柱形外尺寸要素,也包括非圆柱形的外尺寸要素 基准轴指在基轴制配合中选作基准的轴(即上极限偏差为零的轴)
孔与基准孔	孔通常指工件的圆柱形内尺寸要素,也包括非圆柱形的内尺寸要素 基准孔指在基孔制配合中选作基准的孔(即下极限偏差为零的孔)
尺寸与公称尺寸	尺寸以特定单位表示线性尺寸值的数值 公称尺寸由图样规范确定的理想形状要素的尺寸
极限尺寸	尺寸要素允许的尺寸的两个极端。尺寸要素允许的最大尺寸称为上极限尺寸,尺寸要素允许的最小尺寸称为下极限尺寸
零线	极限与配合的图解中,表示公称尺寸的一条直线,以其为基准确定偏差和公差。通常零线沿水平方向绘制,正偏差位于其上,负偏差位于其下
偏差与极限偏差	某一尺寸减其公称尺寸所得的代数差,偏差可以为正、负或零 极限偏差包括上极限偏差(孔为 ES,轴为 es)和下极限偏差(孔位 EI,轴为 ei)
尺寸公差	上极限尺寸减下极限尺寸之差,或上极限偏差减下极限偏差之差。它是允许尺寸的变动量
标准公差与公差带	本标准极限与配合制中,所规定的任一公差称标准公差。字母 IT 为国际公差的英文缩略语 在公差带图中,由代表上极限偏差和下极限偏差或上极限尺寸和下极限尺寸的两条直线所限定的一个区域。它是由公差大小及其相对零线的位置如基本偏差来确定
配合	公称尺寸相同的并且相互结合的孔和轴公差带之间的关系。配合有间隙配合、过盈配合和过渡配合三类
基孔制与基轴制	基本偏差为一定的孔的公差带,与不同基本偏差的轴的公差带形成各种配合的一种制度称基孔制。基孔制是孔的下极限偏差为零,即基本偏差为 H 的孔 基本偏差为一定的轴的公差带,与不同基本偏差的孔的公差带形成各种配合的一种制度称基轴制。基轴制是轴的上极限偏差为零,即基本偏差为 h 的轴 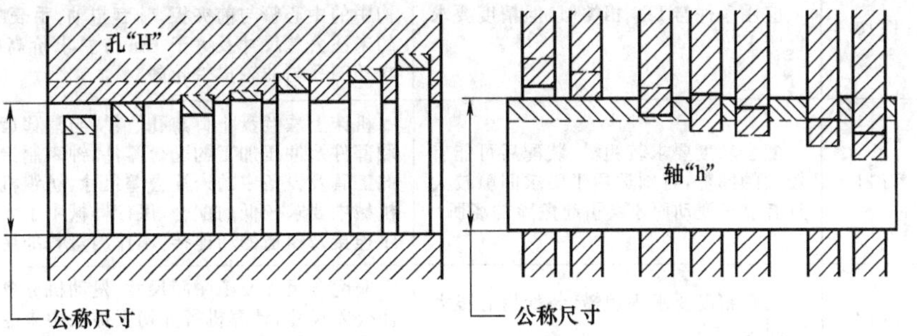

6.1.2　公差等级

对于基本尺寸≤500mm 的配合,当公差等级高于或等于 IT8 时,推荐选择公差等级比轴低一级;对于公差等级低于 IT8 或基本尺寸＞500mm 的配合,推荐选用同级孔、轴配合。在选择公差等级时,还应考虑表面粗糙度的要求,有关标准公差等级的选择见附表 6-2。

附表 6-2　公差等级与应用

公差等级	应用条件说明	应用举例
IT5	用于机床、发动机和仪表中特别重要的配合,在配合公差要求很小时,形状精度要求很高的条件下,这类公差等级能使配合性质比较稳定,它对加工要求较高,一般机械制造中较少应用	与 D 级滚动轴承相配的机床箱体孔,与 E 级滚动轴承相配的机床主轴,精密机械及高速机械的轴径,机床尾架套筒,高精度分度盘轴颈,分度头主轴,精密丝杆基准轴颈,高精度镗套的外径等。发动机主轴的外径,活塞销外径与活塞的配合,精密仪器的轴与各种传动件轴承的配合,航空、航海工业仪表中重要的精密孔的配合,5 级精度齿轮的基准孔及 5 级、6 级精度齿轮的基准轴

续表

公差等级	应用条件说明	应用举例
IT6	广泛用于机械制造中的重要配合,配合表面有较高均匀性的要求,能保证相当高的配合性质,使用安全可靠	与 E 级滚动轴承相配的外壳孔及与滚动轴承相配的机床主轴轴颈,机床制造中,装配式齿轮、蜗轮、联轴器、带轮、凸轮的孔径,机床丝杆支承轴颈,矩形花键的定心直径,摇臂钻床的主柱等,机床夹具导向件的外径尺寸,精密仪器、光学仪器、计量仪器的精密轴,无线电工业、自动化仪表、电子仪器、邮电机械中特别重要的轴,以及手表中特别重要的轴,医疗器械中牙科车头、中心齿轮及 X 线机齿轮箱的精密轴等。缝纫机中重要的轴类,发动机的汽缸外套外径,曲轴主轴颈,活塞销,连杆衬套,连杆和轴瓦外径等,6 级精度齿轮的基准孔和 7 级、8 级精度齿轮的基准轴径,以及 1、2 级精度齿轮圆直径
IT7	应用条件与 IT6 类似,但精度要求可比 IT6 稍低一点,在一般机械制造业中应用相当普遍	机械制造中装配式青铜蜗轮轮缘孔径、联轴器、皮带轮、凸轮等的孔径,机床卡盘座孔、摇臂钻床的摇臂孔、车床丝杆轴承孔等,机床夹头导件的内孔,发动机的连杆孔、活塞孔,铰制螺栓定位孔等,纺织机械的重要零件,印染机械中要求较高的零件,手表的离合杆压簧等,自动化仪表中的重要内孔,缝纫机的重要轴内孔零件,邮电机械中重要零件的内孔,7 级、8 级精度齿轮的基准孔和 9 级、10 级精度齿轮的基准轴
IT8	在机械制造中属中等精度,在仪器、仪表及钟表制造中,由于基本尺寸较小,所以较高精度范畴配合确定性要求不太高时,应用较多的一个等级,尤其是在农业机械、纺织机械、印染机械、自行车、缝纫机、医疗器械中应用最广	轴承座衬套沿宽度方向的尺寸配合,手表中跨齿轮,棘爪拨针轮等与夹板的配合,无线电仪表工业中的一般配合,电子仪器仪表中较重要的内孔,计算机中变数齿轮孔与轴的配合,医疗器械中牙科车头的钻头套的孔与车针柄部的配合,电机制造业中铁芯与基座的配合,发动机活塞油环槽宽,连杆轴瓦内径,低精度(9~12 级精度)齿轮的基准孔和 11~12 精度齿轮和基准轴。6~8 级精度齿轮的顶圆
IT9	应用条件与 IT8 相类似,但精度要求低于 IT8	机床制造业中轴套外径与孔,操作件与轴,空转皮带与轴,操纵系统的轴与轴承等的配合,纺织机械、印染机械中的一般配合零件,发动机中油泵体内孔,气门导管内孔,飞轮与飞轮套轴,圈衬套、混合气预热阀轴,汽缸盖孔径,活塞槽环的配合等,光学仪器、自动化仪表中的一般配合,手表中要求较高零件的未注公差尺寸的配合,单键连接中键宽配合尺寸,打字机中的运动件配合等
IT10	应用条件与 IT9 相类似,但精度要求低于 IT9	电子仪器仪表中支架上的配合,打字机中铆合件的配合尺寸,闹钟机构中的中心管与前夹板,轴套与轴,手表中尺寸小于 18mm 时要求一般的未注公差尺寸及大于 18mm 要求价高的未注公差尺寸,发动机中油封挡圈孔与曲轴皮带轮毂
IT11	配合精度要求较粗糙,装配后可能有较大的间隙,特别适用于要求间隙较大且有显著变动而不会引起危险的场所	机床上法兰盘止口与孔、滑块与滑移齿轮、凹槽等,农业机械、机车车厢部件及冲压加工的配合零件,钟表制造中不重要的零件,手表制造用的工具及设备中的未注公差尺寸,纺织机械中较粗糙的活动配合,印染机械中要求较低的配合,医疗器械中手术刀片的配合,磨床制造中的螺纹连接及粗糙的动连接,不作测量基准用的齿轮顶径直径公差
IT12	配合精度要求很粗糙,装配后有很大的间隙	非配合尺寸及工序间尺寸,发动机分离杆,手表制造中工艺装备的未注公差尺寸,计算机行业切削加工中未注公差尺寸的极限偏差,医疗器械中手术刀柄的配合,机床制造中扳手孔与扳手座的连接
IT13	应用条件与 IT12 相类似	非配合尺寸及工序间尺寸,计算机、打字机中切削加工零件及圆片孔、二孔中心距的未注公差尺寸
IT14	用于非配合尺寸及不包括在尺寸链中的尺寸	机床、汽车、拖拉机、冶金矿山、石油化工、电机、电器、仪器、仪表、造船、航空、医疗器械、钟表、自行车、造纸、纺织机械等工业中未注公差尺寸的切削加工零件
IT15	用于非配合尺寸及不包括在尺寸链中的尺寸	冲压件、木模铸造零件、重型机床中尺寸大于 3150mm 的未注公差尺寸
IT16	用于非配合尺寸及不包括在尺寸链中的尺寸	打字机中浇铸件的尺寸,无线电制造中箱体外形尺寸,压弯延伸加工用尺寸,纺织机械中木制零件及塑料零件尺寸公差,木模制造和自由锻造时用
IT17	用于非配合尺寸及不包括在尺寸链中的尺寸	塑料成型尺寸公差,医疗器械中的一般外形尺寸公差
IT18	用于非配合尺寸及不包括在尺寸链中的尺寸	冷作、焊接尺寸用公差

各种加工方法所能达到的公差等级见附表 6-3。

附表 6-3　各种加工方法的公差等级

加工方法	公差等级																	
	01	0	1	2	3	4	5	6	7	8	9	10	11	12	13	14	15	16
研磨	√	√	√	√	√	√	√											
珩磨						√	√	√	√									
圆磨							√	√	√	√								
平磨							√	√	√	√								
金刚石车							√	√	√									
金刚石镗							√	√	√									
拉削							√	√	√									
铰孔								√	√	√	√	√						
车									√	√	√	√	√					
镗									√	√	√	√	√					
铣										√	√	√						
刨插												√	√					
钻孔												√	√	√	√			
滚压、挤压												√	√					
冲压												√	√	√	√	√		
压铸													√	√	√	√		
粉末冶金成型								√	√	√								
粉末冶金烧结									√	√	√							
砂型铸造、气割																		√
铸造																	√	

6.1.3　公差带的选择

根据国家标准的标准公差和基本偏差的数值，可组成大量不同大小与位置的公差带，具有非常广泛选用公差带的可能性。从经济出发，为避免刀具、量具的品种、规格不必要的繁杂，国家标准对公差带的选择多次加以限制。根据 GB/T 1801—2009 公差带的优先选择如下。见附图 6-3～附图 6-6、附表 6-4、附表 6-5。

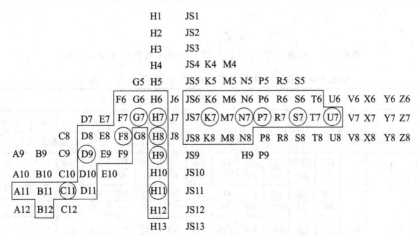

附图 6-3　公称尺寸至 500mm 的孔的常用优先公差带

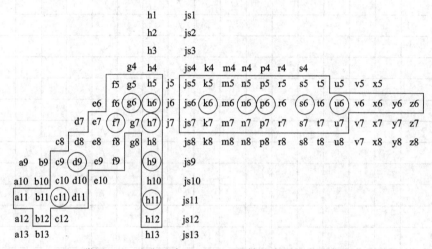

		G6	H6	JS6	K6	M6	N6
	F7	G7	H7	JS7	K7	M7	N7
D8 E8 F8			H8	JS8			
9D E9 F9			H9	JS9			
D10			H10	JS10			
D11			H11	JS11			
			H12	JS12			

附图 6-4　公称尺寸大于 500 至 3150mm 的孔的常用公差带

h1　js1
h2　js2
h3　js3
g4 h4　js4 k4 m4 n4 p4 r4　s4
f5 g5 h5 j5　js5 k5 m5 n5 p5 r5 s5 t5　u5 v5 x5
e6 f6 g6 h6 j6　js6 k6 m6 n6 p6 r6 s6 t6 u6 v6 x6 y6 z6
d7 e7 f7 g7 h7 j7　js7 k7 m7 n7 p7 r7 s7 t7 u7 v7 x7 y7 z7
c8 d8 e8 f8 g8 h8　js8 k8 m8 n8 p8 r8 s8 t8 u8 v7 x8 y8 z8
a9 b9 c9 d9 e9 f9 h9　js9
a10 b10 c10 d10 e10 h10　js10
a11 b11 c11 d11 h11　js11
a12 b12 c12 h12　js12
a13 b13 h13　js13

附图 6-5　公称尺寸至 500mm 的轴的常用优先公差带

g6 h6 js6 k6 m6 n6 p6 r6 s6 t6 u6
f7 g7 h7 js7 k7 m7 n7 p7 r7 s7 t7 u7
d8 e8 f8 h8 js8
d9 e9 f9 h9 js9
d10 h10 js10
d11 h11 js11
h12 js12

附图 6-6　公称尺寸大于 500 至 3150mm 的轴的常用公差带

附表 6-4　基孔制优先、常用配合（GB/T 1801—2009）

基准孔	轴																				
	A	b	c	d	e	f	g	h	js	k	M	n	p	r	s	t	u	v	x	y	z
	间隙配合								过渡配合				过盈配合								
H6						$\dfrac{H6}{f5}$	$\dfrac{H6}{g5}$	$\dfrac{H6}{h5}$	$\dfrac{H6}{js5}$	$\dfrac{H6}{k5}$	$\dfrac{H6}{m5}$	$\dfrac{H6}{n5}$	$\dfrac{H6}{p5}$	$\dfrac{H6}{r5}$	$\dfrac{H6}{s5}$	$\dfrac{H6}{t5}$					
H7						$\dfrac{H7}{f6}$	$\dfrac{H7}{g6}$	$\dfrac{H7}{h6}$	$\dfrac{H7}{js6}$	$\dfrac{H7}{k6}$	$\dfrac{H7}{m6}$	$\dfrac{H7}{n6}$	$\dfrac{H7}{p6}$	$\dfrac{H7}{r6}$	$\dfrac{H7}{s6}$	$\dfrac{H7}{t6}$	$\dfrac{H7}{u6}$	$\dfrac{H7}{v6}$	$\dfrac{H7}{x6}$	$\dfrac{H7}{y6}$	$\dfrac{H7}{z6}$
H8					$\dfrac{H8}{e7}$	$\dfrac{H8}{f7}$	$\dfrac{H8}{g7}$	$\dfrac{H8}{h7}$	$\dfrac{H8}{js7}$	$\dfrac{H8}{k7}$	$\dfrac{H8}{m7}$	$\dfrac{H8}{n7}$	$\dfrac{H8}{p7}$	$\dfrac{H8}{r7}$	$\dfrac{H8}{s7}$	$\dfrac{H8}{t7}$	$\dfrac{H8}{u7}$				

基准孔	轴																				
	A	b	c	d	e	f	g	h	js	k	M	n	p	r	s	t	u	v	x	y	z
	间隙配合								过渡配合				过盈配合								
H8				$\frac{H8}{d8}$	$\frac{H8}{e8}$	$\frac{H8}{f8}$		$\frac{H8}{h8}$													
H9			$\frac{H9}{c9}$	$\frac{H9}{d9}$	$\frac{H9}{e9}$	$\frac{H9}{f9}$		$\frac{H9}{h9}$													
H10			$\frac{H10}{c10}$	$\frac{H10}{d10}$				$\frac{H10}{h10}$													
H11	$\frac{H11}{a11}$	$\frac{H11}{b11}$	$\frac{H11}{c11}$	$\frac{H11}{d11}$				$\frac{H11}{h11}$													
H12		$\frac{H12}{b12}$						$\frac{H12}{h12}$													

注：1. $\frac{H6}{n5}$、$\frac{H7}{p6}$ 在基本尺寸小于或等于 3mm 和 $\frac{H8}{r7}$ 在小于或等于 100mm 时，为过渡配合。

2. 优先配合为 $\frac{H7}{g6}$、$\frac{H7}{h6}$、$\frac{H7}{k6}$、$\frac{H7}{n6}$、$\frac{H7}{p6}$、$\frac{H7}{s6}$、$\frac{H7}{u6}$、$\frac{H8}{f7}$、$\frac{H9}{d9}$、$\frac{H9}{h9}$、$\frac{H11}{c11}$、$\frac{H11}{h11}$。

附表 6-5　基轴制优先、常用配合（GB/T 1801—2009）

基准轴	孔																				
	A	B	C	D	E	F	G	H	JS	K	M	N	P	R	S	T	U	V	X	Y	Z
	间隙配合								过渡配合				过盈配合								
h5						$\frac{F6}{h5}$	$\frac{G6}{h5}$	$\frac{H6}{h5}$	$\frac{JS6}{h5}$	$\frac{K6}{h5}$	$\frac{M6}{h5}$	$\frac{N6}{h5}$	$\frac{P6}{h5}$	$\frac{R6}{h5}$	$\frac{S6}{h5}$	$\frac{T6}{h5}$					
h6						$\frac{F7}{h6}$	$\frac{G7}{h6}$	$\frac{H7}{h6}$	$\frac{JS7}{h6}$	$\frac{K7}{h6}$	$\frac{M7}{h6}$	$\frac{N7}{h6}$	$\frac{P7}{h6}$	$\frac{R7}{h6}$	$\frac{S7}{h6}$	$\frac{T7}{h6}$	$\frac{U7}{h6}$				
h7					$\frac{E8}{h7}$	$\frac{F8}{h7}$		$\frac{H8}{h7}$	$\frac{JS8}{h7}$	$\frac{K8}{h7}$	$\frac{M8}{h7}$	$\frac{N8}{h7}$									
h8				$\frac{D8}{h8}$	$\frac{E8}{h8}$	$\frac{F8}{h8}$		$\frac{H8}{h8}$													
h9				$\frac{D9}{h9}$	$\frac{E9}{h9}$	$\frac{F9}{h9}$		$\frac{H9}{h9}$													
h10				$\frac{D10}{h10}$				$\frac{H10}{h10}$													
h11	$\frac{A11}{h11}$	$\frac{B11}{h11}$	$\frac{C11}{h11}$	$\frac{D11}{h11}$				$\frac{H11}{h11}$													
h12		$\frac{B12}{h12}$						$\frac{H12}{h12}$													

注：优先配合为 $\frac{C7}{h6}$、$\frac{H7}{h6}$、$\frac{K7}{h6}$、$\frac{P7}{h6}$、$\frac{S7}{h6}$、$\frac{U7}{h6}$、$\frac{F8}{h7}$、$\frac{H8}{h7}$、$\frac{K8}{h7}$、$\frac{D9}{h9}$、$\frac{H9}{h9}$、$\frac{C11}{h11}$、$\frac{H11}{h11}$。

6.1.4　极限偏差

根据 GB/T 1804—2000 一般公差是指在车间一般加工条件下可保证的公差。采用一般公差的尺寸，在该尺寸后不需注出极限偏差。线性尺寸的极限偏差数值及倒角半径和倒角高度尺寸的极限偏差数值见下表。线性尺寸的一般公差在图样上、技术文件或其他标准中用该标准号和公差等级符号表示。见附表 6-6、附表 6-7。

附表 6-6　线性尺寸的极限偏差数值

公差等级	尺寸分段							
	0.5～3	＞3～6	＞6～30	＞30～120	＞120～400	＞400～1000	＞1000～2000	＞2000～4000
f（精密级）	±0.05	±0.05	±0.1	±0.15	±0.2	±0.3	±0.5	—
m（中等级）	±0.1	±0.1	±0.2	±0.3	±0.5	±0.8	±1.2	±2
c（粗糙级）	±0.2	±0.3	±0.5	±0.8	±1.2	±2	±3	±4
v（最粗级）	—	±0.5	±0.1	±1.5	±2.5	±4	±6	±8

附表 6-7 倒圆半径与倒角高度尺寸的极限偏差数值

公差等级	尺寸分段			
	0.5～3	>3～6	>6～30	>30
f(精密级)	±0.2	±0.5	±1	±2
m(中等级)				
c(粗糙级)	±0.4	±1	±2	±4
v(最粗级)				

注：倒圆半径与倒角高度的含义参见国家标准 GB/T 6403.4《零件倒圆与倒角》

　　线性尺寸的一般公差适用于金属切削加工的尺寸，也适用于一般的冲压加工的尺寸，非金属及其他工艺方法加工的尺寸可参照采用。对零件上一些无特殊要求的要素，无论线性尺寸、角度尺寸，形状还是位置都规定有未注公差。未注公差决不是没有公差要求，只是为简化图样标注，不在图上标注出，而是在图样上，技术文件或其他标准中做出总的说明。

　　线性尺寸的一般公差主要用于较低精度的非配合尺寸。当功能上允许的公差等于或大于一般公差时，均应采用一般公差。线性尺寸要求精度高于一般公差的，应当注出其公差代号或极限偏差或同时注出；当功能上允许，而且采用大于一般公差更为经济的线性尺寸（例如装配时所钻的盲孔深度），亦要在线性尺寸之后注出极限偏差。线性尺寸的一般公差，在正常车间精度保证的条件下，一般可不检验。两个表面分别由不同类型的工艺（例如切削和铸造）加工时，它们之间线性尺寸的一般公差，应按规定的两个公差中取值中的较大值。

6.2　形状和位置公差

　　根据 GB/T 1182—2008 几何公差的几何特征符号和附加符号标注见附表 6-8、附表 6-9。

附表 6-8　几何特征符号

公差类别	几何特征	符　　号	有无基准
形状公差	直线度	—	无
	平面度	▱	无
	圆面	○	无
	圆柱面	⌀	无
	线轮廓度	⌒	无
	面轮廓度	◠	无
方向公差	平行度	∥	有
	垂直度	⊥	有
	倾斜度	∠	有
	线轮廓度	⌒	有
	面轮廓度	◠	有
位置公差	位置度	⊕	有或无
	同心度 (用于中心点)	◎	有
	同轴度 (用于轴线)	◎	有
	对称度	=	有

续表

公差类别	几何特征	符　号	有无基准
位置公差	线轮廓度		有
	面轮廓度		有
跳动公差	圆跳动 (径向/端面/斜向)		有
	全跳动 (径向/端面)		有

附表 6-9　附加符号

说　明	符　号	说　明	符　号
被测要素	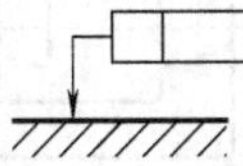	最小实体要求	Ⓛ
基准要素	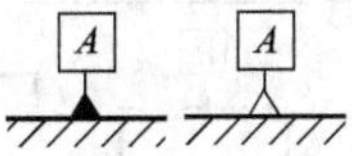	自由状态条件 (非刚性零件)	Ⓕ
基准目标	 $\frac{\phi 2}{A1}$	全周(轮廓)	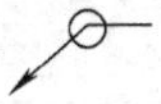
理论正确尺寸	50	包容要求	Ⓔ
延伸公差带	Ⓟ	可逆要求	Ⓡ
最大实体要求	Ⓜ		

被测要素的标注方法见附表 6-10。

附表 6-10　被测要素的标注方法

被测要素	标注方法	标注示例
公差涉及轮廓线或轮廓面	箭头指向该要素的轮廓线上或其延长线(应与尺寸线明显错开) 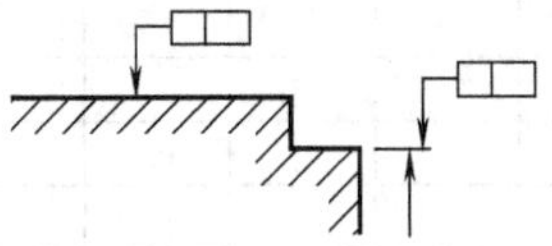 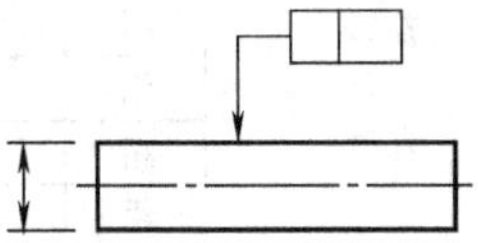	
	箭头也可指向引出线的水平线,引出线引自被测面	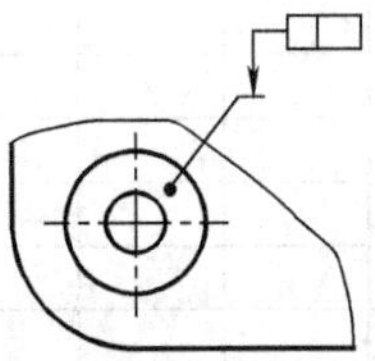
公差涉及中心线、中心面或中心点	箭头应位于相应尺寸线的延长线上 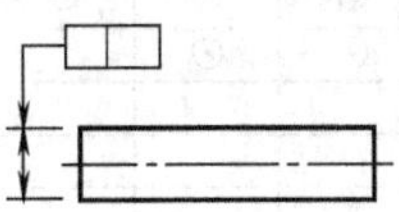 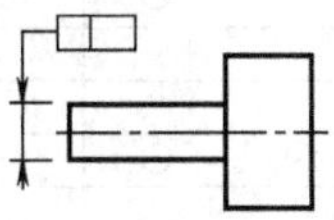 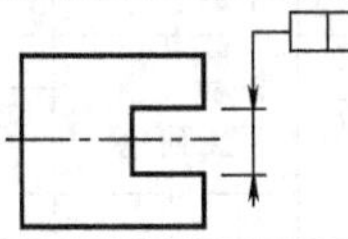	

基准的标注方法见附表 6-11。

附表 6-11　基准的标注方法

标注方法	标注示例	
与被测要素相关的基准用一个大写字母表示。字母标注在基准方格内，与一个涂黑的或空白的三角形相连以表示基准；表示基准的字母还应标注在公差框格内		
当基准要素是轮廓线或轮廓面时，基准三角形放置在要素的轮廓线或其延长线上；基准三角形也可放置在该轮廓面引出线的水平线上		
当基准是尺寸要素确定的轴线、中心平面或中心点时，基准三角形应放置在该尺寸线的延长线上。如果没有足够的位置标注基准要素尺寸的两个箭头，则其中一个可用基准三角形代替		
如果只以要素的某一局部作基准，则应用粗点画线示出该部分并加注尺寸		
以单个要素作基准时，用一个大写字母表示；由两个要素建立公共基准时，用中间加连字符的两个大写字母表示；由两个或三个基准建立基准体系（即采用多基准）时，表示基准的大写字母按基准的优先顺序自左至右填写在各框格内		

几种主要加工方法达到的公差等级见表附表 6-12～附表 6-15。

附表 6-12　几种主要加工方法达到的直线度和平面度公差等级

加工方法			公差等级										
			1	2	3	4	5	6	7	8	9	10	11	12
车	普车 立车 自动	粗											⊙	⊙
		细									⊙	⊙		
		精					⊙	⊙	⊙	⊙				
铣	万能铣	粗											⊙	⊙
		细									⊙	⊙		
		精					⊙	⊙	⊙	⊙				
刨	龙门刨 牛头刨	粗											⊙	⊙
		细									⊙	⊙		
		精					⊙	⊙	⊙					
磨	无心磨 外圆磨 平磨	粗									⊙	⊙	⊙	
		细							⊙	⊙	⊙			
		精		⊙	⊙	⊙	⊙	⊙	⊙					
研磨	机动 手工研磨	粗				⊙	⊙							
		细			⊙									
		精	⊙	⊙										
刮研	刮 研 手工	粗						⊙	⊙					
		细				⊙	⊙							
		精	⊙	⊙	⊙									

附表 6-13　几种主要加工方法达到的圆度、圆柱度公差等级

表面	加工方法		公差等级											
			1	2	3	4	5	6	7	8	9	10	11	12
轴	精密车削				⊙	⊙	⊙							
	普通车削						⊙	⊙	⊙	⊙	⊙	⊙		
	普通立车	粗					⊙	⊙	⊙					
		细						⊙	⊙	⊙	⊙	⊙		
	自动车半自动车	粗								⊙	⊙			
		细							⊙	⊙				
		精						⊙						
	外圆磨	粗					⊙	⊙	⊙					
		细			⊙	⊙	⊙							
		精	⊙	⊙	⊙									
	无心磨	粗						⊙	⊙					
		细			⊙	⊙	⊙	⊙						
	研磨				⊙	⊙	⊙	⊙						
	精磨		⊙	⊙										
孔	钻								⊙	⊙	⊙	⊙	⊙	⊙
	镗	普通镗 粗							⊙	⊙	⊙	⊙		
		普通镗 细					⊙	⊙	⊙	⊙				
		普通镗 精				⊙	⊙							
		金刚镗 细			⊙	⊙								
		金刚镗 精	⊙	⊙	⊙									
	铰孔						⊙	⊙	⊙					
	扩孔							⊙	⊙	⊙				
	内圆磨	细					⊙	⊙						
		精				⊙	⊙							
	研磨	细					⊙	⊙	⊙					
		精	⊙	⊙	⊙	⊙								
	珩磨						⊙	⊙	⊙					

附表 6-14　几种主要加工方法达到的平行度、垂直度公差等级

加工方法		公差等级											
		1	2	3	4	5	6	7	8	9	10	11	12
面对面													
研磨		⊙	⊙	⊙	⊙								
刮		⊙	⊙	⊙	⊙	⊙	⊙						
磨	粗						⊙	⊙	⊙				
	细				⊙	⊙	⊙						
	精		⊙	⊙	⊙								
铣							⊙	⊙	⊙	⊙	⊙	⊙	
刨							⊙	⊙	⊙	⊙	⊙	⊙	
拉								⊙	⊙	⊙			
插								⊙	⊙				
轴线对轴线(或平面)													
磨	粗							⊙	⊙				
	细				⊙	⊙	⊙	⊙					
镗	粗									⊙	⊙	⊙	
	细							⊙	⊙				
	精						⊙	⊙					
金刚石镗					⊙	⊙	⊙						
车	粗										⊙	⊙	
	细							⊙	⊙	⊙	⊙		
铣							⊙	⊙	⊙	⊙	⊙		
钻										⊙	⊙	⊙	⊙

附表 6-15　几种主要加工方法达到的同轴度、圆跳动公差等级

加工方法		公差等级										
		1	2	3	4	5	6	7	8	9	10	11
车、镗	（加工孔）				⊙	⊙	⊙	⊙	⊙	⊙		
	（加工轴）			⊙	⊙	⊙	⊙	⊙				
铰						⊙	⊙	⊙				
磨	孔		⊙	⊙	⊙	⊙	⊙	⊙				
	轴	⊙	⊙	⊙	⊙	⊙						
珩磨			⊙	⊙	⊙							
研磨		⊙	⊙	⊙								

综合考虑形状、位置和尺寸等三种公差的相互关系。

(1) 合理考虑各项几何公差之间的关系

在同一要素上给出的形状公差值应小于位置公差。如两个平行的表面，其表面度公差值应小于平行度公差值。圆柱形零件的形状公差（轴线的直线度除外）一般情况下应小于其尺寸公差值。平行度公差值应小于其相应的距离公差值。

(2) 根据零件的功能要求选用合适公差原则

对于尺寸公差与形位公差需要分别满足要求，两者不发生联系的要素，采用独立原则。对于尺寸公差与形位公差发生联系，用理想边界综合控制的要素，采用相关要求。并根据所需要的理想边界的不同，采用包容要求或最大实体要求。当被测要素用最大实体边界（即最大实体状态下的理想边界）控制时，采用包容要求。当被测要素用实效边界（实效状态下的综合极限边界）控制时，采用最大实体要求。独立原则则有较好的装配使用质量，工艺性较差；最大实体要求有良好的工艺经济性，但使零件精度、装配质量有所降低。因此要结合零件的使用性能和性能，以及制造工艺、装配、检验的可能性与经济性等进行具体分析和选用。各公差原则的适用范围见附表 6-16。

附表 6-16　公差原则的主要应用范围

公差原则	主要应用范围
独立原则	主要满足功能要求，应用很广，如有密封性、运动平稳性、运动精度、磨损寿命、接触强度、外形轮廓大小要求等场合，有时甚至有配合性质要求的场合。常用的有如下一些。 (1) 没有配合要求的要素尺寸。零件外形尺寸，管路尺寸，以及工艺结构尺寸。如退刀槽尺寸、肩距。螺纹收尾、倒圆、倒角尺寸等，还有未注尺寸公差等的要素尺寸。 (2) 有单项特殊功能的要素。其单项功能由形位公差保证，不需要或不可能由尺寸公差控制，如印染机的滚筒，为保证印染时接触均匀，印染图案清晰，滚筒表面必须圆整，而滚筒尺寸大小，影响不大，可由调整机构补偿，因此采用独立原则，分别给定极限尺寸和较严的圆柱公差即可，如用尺寸公差来控制圆柱度误差是不经济的。 (3) 非全长配合的要素尺寸。有些要素尽管有配合要求，但与其相配的要素仅在局部长度上配合。故可不必将全长控制在最大实体边界之内。 (4) 对配合性质要求不严的尺寸。有些零件装配时，对配合性质要求不严，尽管由于形状或位置误差的存在，配合性质将有所改变，但仍能满足使用功能的要求
包容要求	(1) 单一要素。主要满足配合性能，如与滚动轴承相配的曲颈等，或必须遵守最大实体状态边界，如轴、孔的作用尺寸不允许超过最大实体尺寸，要素的任意局部实际尺寸不允许超过最小实体尺寸。 (2) 关联要素。主要用于满足装配互换性。零件处于最大实体状态时，形位公差为零。零值公差主要应用于： ①保证可装配性，有一定配合间隙的关联要素的零件； ②形位公差要求较严，尺寸公差相对地要求差些的关联要素的零件； ③轴线或对称中心面有形位公差要求的零件，即零件的配合要素必须是包容件或被包容件； ④扩大尺寸公差，即由形位公差补偿尺寸公差，以解决实际上应该合格，而经检测被判为不合格的零件的验收问题
最大实体要求	主要应用于保证装配互换性，例如控制螺钉孔、螺栓孔等中心距的位置度公差等； (1) 保证可装配栏，包括大多数无严格要求静止配合部位，使用后不致破坏配合性能。 (2) 用于配合要素有装配关系的类似包容件或被包容件，如孔、槽等面和轴、凸台等面。 (3) 公差方向一致性的公差项目；形位公差只有直线度公差，位置度公差有： ①定向公差（垂直度、平行度、倾斜度）有：线、线/面、面/线，即线Ⓜ/线Ⓜ、线Ⓜ/面、面/线Ⓜ； ②定位公差（同轴度、对称度、位置度等）的轴线或对称中心面和中心线； ③跳动公差的基准轴线（测量不便）； ④尺寸公差不能控制形位公差的场合，如销轴轴线直线度
最小实体要求	主要应用于控制最小壁厚，以保证零件具有允许的刚度和强度。提高对中度，必须用中心要素。被测要素和基准要素均可采用最小实体要求。常见于位置度、同轴度等位置公差同最小实体要求，可扩大零件合格率
可逆要求	应用于最大实体要求，但允许其实际尺寸超过最大实体尺寸；必须用于中心要素；形状公差只有直线公差；位置度公差有：平行度、垂直度、倾斜度、同轴度、对称度、位置度。 应用于最小实体要求，但允许实际尺寸超过最小实体尺寸；必须用于中心要素；只有同轴度和位置度等位置公差

根据 GB/T 1184—1996 形位公差未注公差值的规定如下。

(1) 直线度、平面度的未注公差值见附表 6-17。选择公差时，对于直线度应按其相应线的长度选择；对于平面度应按其表面的较长一侧或圆表面的直径选择。

附表 6-17　直线度和平面度的未注公差值　　　　　　　　单位：mm

公差等级	基本长度范围					
	≤10	>10~30	>30~100	>100~300	>300~1000	>1000~3000
H	0.02	0.05	0.1	0.2	0.3	0.4
K	0.05	0.1	0.2	0.4	0.6	0.8
L	0.1	0.2	0.4	0.8	1.2	1.6

(2) 圆度的未注公差值等于标准的直径公差值，但不能大于径向圆跳动值的未注公差值。

(3) 圆柱度的未注公差值不做规定。

① 圆柱度误差由三个部分组成：圆度、直线度和相对素线的平行度误差，而其中每一项误差均由它们的注出公差或未注出公差控制。

② 如因功能要求，圆柱度应小于圆度、直线度和平行度的未注公差的综合结果，应在被测要素上按 GB/T 1182 的规定标注出圆柱度公差值。

③ 采用包容要求。

(4) 平行度的未注公差等于给出的尺寸公差值，或是直线度和平面度未注公差中的相应公差值取较大者。应取两要素中的较长者作为基准，若两要素的长度相等则可选任一要素为基准。

(5) 垂直度的未注公差值见附表 6-18。取形成直角的两边中较长的一边作为基准，较短的一边为被测要素；若两边的长度相等则可取其中的任意一边为基准。

附表 6-18　垂直度未注公差值　　　　　　　　单位：mm

公 差 等 级	基本长度范围			
	≤100	>100~300	>300~1000	>1000~3000
H	0.2	0.3	0.4	0.5
K	0.4	0.6	0.8	1
L	0.6	1	1.5	2

(6) 对称度的未注公差值见附表 6-19。应取两要素中较长者作为基准，较短者作为被测要素；若两要素长度相等可选任一要素为基准。对称度的公差值用于至少两个要素中的一个是中心平面，或两个要素的轴线相互垂直。

附表 6-19　对称度未注公差值　　　　　　　　单位：mm

公 差 等 级	基本长度范围			
	≤100	>100~300	>300~1000	>1000~3000
H	0.5	0.5	0.5	0.5
K	0.6	0.6	0.8	1
L	0.6	1	1.5	2

(7) 同轴度的未注公差值未作规定。在极限状况下，同轴度的未注公差值可以和径向圆跳动的未注公差值相等。应选两要素中的较长者为基准，若两要素长度相等则可选任一要素为基准。

(8) 圆跳动（径向、端面和斜向）的未注公差值见附表 6-20。对于圆跳动的未注公差值，应以设计或工艺给出的支承面作为基准，否则应取要素中较长的一个作为基准；若两要素的长度相等则可选任一要素为基准。

附表 6-20　圆跳动的未注公差值　　　　　　　　单位：mm

公 差 等 级	圆跳动公差值	公 差 等 级	圆跳动公差值
H	0.1	L	0.5
K	0.2		

线轮廓度、面轮廓度、倾斜度、位置度和全跳动均应由各个要素的未注出或未注形位公差、线性尺寸公差或角度公差控制。

若采用 GB/T 1184 规定的未注公差值，应在标题栏附近或技术要求、技术文件（如企业标准）中注出标准号及公差等级代号："GB/T 1184-×"

7 金属的焊接

7.1 常用焊接方法（附表7-1、附表7-2）

附表7-1 常用金属材料的焊接方法

焊接方法	铁	碳钢				铸钢		铸铁			低合金钢									不锈钢			耐热合金		轻金属						铜合金				
	纯铁	低碳钢	中碳钢	高碳钢	工具钢	含铜铸钢	碳素铸钢	高锰钢	灰铸铁	可锻铸铁	合金铸铁	镍钢	锰铜钢	碳素钼钢	镍铬钢	铬铬钼钢	镍钼钢	铬钢	铬钒钢	锰钢	铬钢M型	铬钢F型	铬镍钢A型	耐热超合金	高镍合金	纯铝	铝合金①	铝合金②	纯镁	镁合金	纯钛	钛合金①	钛合金②	纯铜	黄铜	磷青铜	铝青铜	镍青铜	锆铌
手弧焊	A	A	A	B	A	A	B	B	B	B	A	A	A	A	A	A	B	B	A	A	A	A	A	A	A	B	B	B	D	D	D	D	D	B	B	B	B	B	D
埋弧焊	A	A	B	B	A	A	B	D	D	D	A	A	A	A	A	A	B	B	A	A	A	A	A	A	D	D	D	D	D	D	D	D	D	C	D	C	D	D	D
CO₂焊	B	A	A	C	D	C	A	B	D	D	C	C	C	C	C	C	C	C	C	C	B	B	B	C	D	D	D	D	D	D	D	D	D	C	C	C	C	C	D
氩弧焊	C	B	B	B	B	B	B	B	B	B	B	—	—	—	B	B	A	—	B	A	A	A	A	A	A	A	A	A	B	A	A	A	A	B	A	A	A	A	B
电渣焊	A	A	A	C	A	A	A	B	D	D	D	D	D	D	D	D	D	D	D	B	C	C	C	D	D	D	D	D	D	D	D	D	D	D	D	D	D	D	D
气电焊	A	A	A	A	B	D	D	B	D	B	D	D	D	D	D	D	D	D	B	C	C	C	D	D	D	D	D	D	D	D	D	D	D	D	D	D	D	D	D
氧-乙炔焊	A	A	A	A	A	A	A	B	A	A	A	A	A	A	B	B	B	B	A	B	D	D	D	B	A	A	A	A	D	B	B	B	B	C	C	C	C	C	D
气压焊	A	A	A	A	D	D	D	D	D	D	B	B	B	B	B	B	B	B	C	C	C	C	C	C	C	C	C	C	D	B	C	C	C	C	C	C	C	C	D
点缝焊	A	A	B	D	D	A	B	A	B	D	D	D	A	A	A	—	D	D	D	D	D	D	D	C	A	A	A	A	A	A	A	A	A	B	B	C	C	C	C	B
闪光焊	A	A	A	A	D	A	A	B	D	D	A	A	A	A	A	A	A	A	B	A	A	A	A	D	D	D	D	D	D	D	D	D	C	C	C	C	C	C	D
铝热焊	A	A	A	A	A	A	A	A	B	D	D	D	D	D	D	D	D	D	D	D	D	D	D	D	D	D	D	D	D	D	D	D	D	D	D	D	D	D	D
电子束焊	A	A	A	A	A	C	C	C	A	A	A	A	A	A	A	A	A	A	A	A	A	A	A	A	A	A	A	A	A	A	A	A	A	A	A	A	A	A	A
钎焊	A	A	B	B	B	B	B	C	C	C	B	B	B	B	B	B	B	B	B	B	B	B	B	C	C	B	C	B	B	B	B	C	C	C	D	D	B	B	B	B	C

① 铝、钛合金为非热处理型；
② 铝、钛合金为热处理型。
注：A—最适用；B—适用；C—稍适用；D—不适用。

附表7-2 异种金属材料的焊接方法

金属名称	铬钢	镀锡铁皮	镀锌铁皮	锌	镉	锡	铅	钼	镁	铝	紫铜	青铜	黄铜	镍铜合金	镍铬合金	镍	不锈钢	碳钢
碳钢	⊙	⊙	⊙					⊙		⊙	⊙	⊙	⊙	⊙	⊙	⊙	⊙	⊙
不锈钢	⊙	⊙	⊙	⊕	⊕	⊕		⊙		×	⊙	⊙	⊙	⊙	⊙	⊙	⊙	
镍	⊙	⊙	⊙	⊕	×	×		⊙		○	⊙	⊙	⊙	⊙	⊙	⊙		
镍铬合金	⊙	⊙	⊙	⊙	⊙	⊙	⊙	⊕	⊙		⊕	⊙	⊙	⊙	⊙			
镍铜合金	⊕	⊙	⊙	○	⊙	⊙	⊙	×	×		⊙	⊙	⊙	⊙				
黄铜	⊕	⊙	⊙	○	⊙	⊙	⊙	×	×	⊕	⊙	⊙	⊙					
青铜	⊙	⊙	⊙	○	⊙	⊙	⊙		×		⊙	⊙						
紫铜	×	⊙	⊙	○	×	×	×				⊙							
铝										⊙								
镁									⊙									
钼		⊙	⊙	⊙	⊕	⊙	⊙	⊕										
铅		⊙	⊙	⊙	⊙	⊙	⊙											
锡		⊙	⊙	⊙	⊙	⊙												
镉		⊕	⊕	⊙	⊙													
锌	⊙	⊙	⊙	○														
镀锌铁皮	⊙	⊙	⊙															
镀锡铁皮	⊙	⊙																
铬钢	⊙																	

符号说明
⊙—可焊性好。
○—可焊性尚好，但焊缝脆弱。
⊕—可焊性不好。
×—不能焊接。
空白—未经试焊。

7.2 管道焊接材料（附表 7-3、附表 7-4）

附表 7-3 同种钢焊接选用的焊接材料

钢 号	手弧焊		埋弧焊			二氧化碳保护焊	氩弧焊
	焊条型号	焊条牌号	焊丝钢号	焊剂型号	焊剂牌号	焊丝钢号	丝钢号
Q235-A、10、20	E4303	J422	H08、H08Mn	HJ401-H08A	HJ431	H08Mn2Si	—
20R、20G	E4316	J426	H08A	HJ401-H08A	HJ431	H08Mn2Si	—
	E4315	J427	H08MnA				
25	E4303	J422	H08	HJ401-H08A	HJ431	—	—
	E5003	J502	H08Mn				
09Mn2V	E5515-C1	W707Ni	H08Mn2MoVA	—	HJ250	—	—
09Mn2VDR 09Mn2VD	E5515-C1	W707Ni	—	—	—	—	—
06MnNbDR	E5515-C2	W907Ni	—	—	—	—	—
		W107Ni					
16Mn 16MnR 16MnRC	E5003	J502	H10MnSi H10Mn2	HJ401-H08A	HJ431	H08MnMoA H08Mn2SiA	H10Mn2
	E5016	J506		HJ402-H10Mn2	HJ350		
	E5015	J507					
16MnDR 16MnD	E5016-G	J506RH					
	E5015-G	J507RH					
15MnV	E5003	J502	H08MnMoA H10MnSi H10Mn2	HJ401-H08A	HJ431	H08Mn2SiA	H08Mn2SiA
15MnVR 15MnVRC	E5016	J506					
	E5015	J507		HJ402-H10Mn2	HJ350		
	E5515-G	J557					
15MnVNR	E6016-D1	J606	H08MnMoA	HJ402-H10Mn2	HJ350	H08Mn2SiA	H08Mn2SiA
	E6015-D1	J607					
18MnMoNbR	E7015-D2	J707	H08MnMoA	—	HJ250G	—	—
12CrMo	E5515-B10	R207	H13CrMoA	HJ402-H10Mn2	HJ350	—	H08CrMoA
15CrMo	E5515-B2	R307		—	HJ250G		H13CrMoA
12Cr1MoV	E5515-B2-V	R317	H08CrMoVA	HJ402-H10Mn2	HJ350		H08CrMoVA
12Cr2Mo	E6015-B3	R407	—	—	—	—	—
1Cr5Mo	E1-5MoV-15	R507	H1Cr5Mo	—	HJ250	—	—
0Cr19Ni9	E0-19-10-16	A102	—	—	—	—	—
	E0-18-10-15	A107					
0Cr18Ni9Ti	E0-19-10Nb-16	A132	—	—	—	—	—
	E0-19-10Nb-16	A137					
00Cr18Ni10	E00-19-10-16	A002	H00Cr21Ni10	—	HJ260	—	H00Cr21Ni10
00Cr19Ni11	E00-19-10-16	A002	—	—	—	—	—
0Cr17Ni12Mo2	E0-18-12Mo2-16	A202	H00Cr19Ni12Mo2		HJ260	—	H00Cr19Ni12Mo2
	E0-18-12Mo2-16	A207					
0Cr18Ni12Mo2Ti	E00-18-12Mo-16	A022	H0Cr20Ni14Mo3	—	HJ260	—	H0Cr20Ni14Mo3
	E00-18-12Mo2Nb-16	A212					
0Cr19Ni13Mo3	E0-19-13Mo3-16	A242	—	—	—	—	—
0Cr18Ni12Mo3Ti	E00-18-12Mo2-16	A022	H0Cr20Ni14Mo3	—	HJ260	—	H0Cr20Ni14Mo3
0Cr18Ni12Mo3Ti	E00-18-12Mo2-16	A212	H0Cr20Ni14Mo3	—	HJ260	—	H0Cr20Ni14Mo3
00Cr17Ni14Mo2	E00-18-12Mo2-16	A022	H0Cr20Ni14Mo3	—	HJ260	—	H0Cr20Ni14Mo3
0Cr13	E1-13-16	G202	—	—	—	—	—
	E1-13-15	G207					
0Cr17	E0-17-16	G302	—	—	—	—	—
	E0-17-15	G307					
1Cr13	E1-13-16	G202	—	—	—	—	—
2Cr13	E1-13-15	G207					

附表 7-4　异种钢焊接选用的焊接材料

接头钢号	手 弧 焊		埋 弧 焊		
	焊条型号	焊条牌号示例	焊丝钢号	焊剂型号	焊剂牌号示例
Q235＋16Mn	E4303	J422	H08、H08Mn	HJ401-H08A	HJ431
20、20R＋16MnR、16MnRC	E4315	J427	H08MnA	HJ401-H08A	HJ431
	E5015	J507			
16MnR＋18MnMoNbR	E5015	J507	H10Mn2、H10MnSi	HJ401-H08A	HJ431
Q235＋15CrMo	E4315	J427	H08、H08MnA	HJ401-08A	HJ431
Q235＋1CrMo					
16MnR＋15CrMo	E5015	J507	—	—	—
20、20R、16MnR＋12Cr1MoV	E5015	J507	—	—	—
Q235＋0Cr18Ni9Ti	E1-23-13-16	A302			
	E1-23-13Mo2-16	A312			
20R＋0Cr18Ni9Ti	E1-23-13-16	A302			
	E1-23-13Mo2-16	A312			
16MnR＋0Cr18Ni9Ti	E1-23-13-16	A302			
	E1-23-13Mo2-16	A312			
18MnMoNbR＋0Cr18Ni9Ti	E2-26-21-16	A402	—	—	—
	E2-26-21-15	A407			
15CrMo＋0Cr18Ni9Ti	E2-26-21-16	A402	—	—	—
	E2-26-21-15	A407			

7.3　焊缝符号表示（GB/T 324）

根据 GB/T 324—2008 焊缝符号包括基本符号、指引线组、补充符号、尺寸符号及数据等。有关焊缝符号表示方法见附表 7-5、附表 7-6。

附表 7-5　基本符号

名　　称	示　意　图	符　　号
卷边焊缝（卷边完全熔化）		 八
I 型焊缝		‖
V 形焊缝		 Ⅴ
单边 V 形焊缝		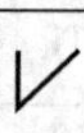 Ⅴ
带钝边 V 形焊缝		 Y
带钝边单边 V 形缝		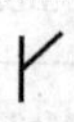 Ⅴ
带钝边 U 形焊缝		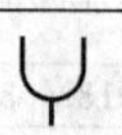 Y
带钝边 J 形焊缝		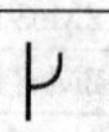 Ⅴ
封底焊缝	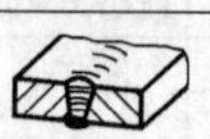	⌒
角焊缝		◿

续表

名　　称	示　意　图	符　号
塞焊缝或槽焊缝		⊔
点焊缝		○
缝焊缝		⊖
陡边 V 形焊缝		⋁
陡边单 V 形焊缝		⋁
端焊缝		‖‖
堆焊缝		∽
平面连接(钎焊)		═
斜面连接(钎焊)		⫽
折叠连接(钎焊)		㇇

附表 7-6　补充符号

名　称	符　号	说　　明	名　称	符　号	说　　明
平面	───	焊缝表面通常经过加工后平整	三面焊缝	⊐	三面带有焊缝
凹面	⌣	焊缝表面凹陷	周围焊缝	○	沿着工件周边施焊的焊缝 标注位置为基准线与箭头线的交点处
凸面	⌢	焊缝表面凸起			
圆滑过渡		焊趾处过渡圆滑	现场焊缝		在现场焊接的焊缝
永久衬垫	M	衬垫永久保留			
临时衬垫	MR	衬垫在焊接完成后拆除	尾部	‹	可以表示所需的信息

7.4　焊接坡口形式

根据 GB/T 985.1—2008,气焊、焊条电弧焊、气体保护焊和高能束焊的推荐坡口包括单面对接焊接坡口(在横焊位置焊接时,坡口角或坡口面角可适当加大,而且允许非对称的)、双面对接焊接坡口(在横焊位置焊接时,坡口角或坡口面角可适当加大,而且允许非对称的)、单面角焊缝、双面角焊缝,其形式和尺寸见附表 7-7~附表 7-11。

附表 7-7　单面对接焊接坡口（GB/T 985.1—2008）　　　　单位：mm

母材厚度 t	坡口/接头种类	基本符号	横截面示意图	坡口角 α 或坡口面角 β	间隙 b	钝边 c	坡口深度 h	焊缝示意图
≤2	卷边坡口	八		—	—	—	—	
≤4	I 形坡口	‖		—	≈t	—	—	
3<t≤8					3<b≤8 或 ≈t			
≤15					≤1/0			
≤100	I 形坡口（带衬垫）	—						
	I 形坡口（带锁底）	—						
3<t≤10	V 形坡口	V		40°≤α≤60°	≤4	≤2	—	
8<t≤12				6°≤α≤8°	—			
>16	陡边坡口	⊔		5°≤β≤20°	5≤b≤15	—	—	
5<t≤40	V 形坡口（带钝边）	Y		α≈60°	1≤b≤4	2≤c≤4	—	
>12	U-V 形组合坡口			60°≤α≈90° 8°≤β≤12°	1≤b≤3	—	≈4	
>12	V-V 形组合坡口			60°≤α≈90° 10°≤β≤15°	2≤b≤4	>2	—	
>12	U 形坡口	Y		8°≤β≤12°	≤4	≤3	—	

续表

母材厚度 t	坡口/接头种类	基本符号	横截面示意图	坡口角 α 或坡口面角 β	间隙 b	钝边 c	坡口深度 h	焊缝示意图
$3<t\leqslant10$	单边V形坡口	$\bigvee$		$35°\leqslant\beta\leqslant60°$	$2\leqslant b\leqslant4$	$1\leqslant c\leqslant2$	—	
>16	单边陡边坡口			$15°\leqslant\beta\leqslant60°$	$2\leqslant b\leqslant12$ 或 ≈12	—	—	
>16	J形坡口			$10°\leqslant\beta\leqslant20°$	$2\leqslant b\leqslant12$	$1\leqslant c\leqslant2$	—	
$\leqslant15$ 或 $\leqslant100$	T形坡口			—	—	—	—	

附表 7-8　双面对接焊接坡口 （GB/T 985.1—2008）　　　　单位：mm

母材厚度 t	坡口/接头种类	基本符号	横截面示意图	坡口角 α 或坡口面角 β	间隙 b	钝边 c	坡口深度 h	焊缝示意图
$\leqslant8$	I形坡口	$\parallel$		—	$\approx t/2$	—	—	
$\leqslant15$					0			
$3<t\leqslant40$	V形坡口			$40°\leqslant\alpha\leqslant60°$	$\leqslant3$	$\leqslant2$	—	
>10	带钝边V形坡口			$40°\leqslant\alpha\leqslant60°$	$1\leqslant b\leqslant3$	$2\leqslant c\leqslant4$	—	

母材厚度 t	坡口/接头种类	基本符号	横截面示意图	坡口角 α 或坡口面角 β	间隙 b	钝边 c	坡口深度 h	焊缝示意图
>10	双 V 形坡口（带钝边）			$40°\leqslant\alpha\leqslant60°$	$1\leqslant b\leqslant4$	$2\leqslant c\leqslant6$	$h_1=h_2=(t-c)/2$	
>10	双 V 形坡口			$40°\leqslant\alpha\leqslant60°$	$1\leqslant b\leqslant3$	$\leqslant2$	$\approx t/2$	
	非对称双 V 形坡口			$40°\leqslant\alpha\leqslant60°$	$1\leqslant b\leqslant3$	$\leqslant2$	$\approx t/3$	
>12	U 形坡口			$8°\leqslant\beta\leqslant12°$	$1\leqslant b\leqslant3$	≈5	—	
≥30	双 U 形坡口			$8°\leqslant\beta\leqslant12°$	$\leqslant3$	≈3	$\approx(t-c)/2$	
$3\leqslant t\leqslant30$	单边 V 形坡口			$35°\leqslant\beta\leqslant60°$	$1\leqslant b\leqslant4$	$\leqslant2$	—	
>10	K 形坡口			$35°\leqslant\beta\leqslant60°$	$1\leqslant b\leqslant4$	$\leqslant2$	$\approx t/2$ 或 $\approx t/3$	

续表

母材厚度 t	坡口/接头种类	基本符号	横截面示意图	坡口角 α 或坡口面角 β	间隙 b	钝边 c	坡口深度 h	焊缝示意图
>16	J 形坡口			$10° \leqslant \beta \leqslant 20°$	$1 \leqslant b \leqslant 3$	$\geqslant 2$	—	
>30	双 J 形坡口			$10° \leqslant \beta \leqslant 20°$	$\leqslant 3$	$\geqslant 2$	$(t-c)/2$	
						<2	$\approx t/2$	
≤170	T 形接头			—	—	—	—	

附表 7-9　单面角焊缝的接头形式（GB/T 985.1—2008）　　　　单位：mm

母材厚度 t	接头种类	基本符号	横截面示意图	角度 α	间隙 b	焊缝示意图
$t_1 > 2$ $t_2 > 2$	T 形接头			$70° \leqslant \alpha \leqslant 100°$	$\leqslant 2$	
$t_1 > 2$ $t_2 > 2$	搭接			—	$\leqslant 2$	
$t_1 > 2$ $t_2 > 2$	角接			$60° \leqslant \alpha \leqslant 120°$	$\leqslant 2$	

附表 7-10　双面角焊缝的接头形式（GB/T 985.1—2008）　　　　单位：mm

母材厚度 t	接头种类	基本符号	横截面示意图	角度 α	间隙 b	焊缝示意图
$t_1 > 3$ $t_2 > 3$	角接			$70° \leqslant \alpha \leqslant 100°$	$\leqslant 2$	
$t_1 > 2$ $t_2 > 5$	角接			$60° \leqslant \alpha \leqslant 120°$	—	

母材厚度 t	接头种类	基本符号	横截面示意图	角度 α	间隙 b	焊缝示意图
$2{\leqslant}t_1{\leqslant}4$ $2{\leqslant}t_2{\leqslant}4$	T形接头			—	$\leqslant 2$	
$t_1>4$ $t_2>4$				—	—	

附表 7-11 窄间隙热丝焊坡口（GB/T 985.1—2008） 单位：mm

母材厚度 t	坡口/接头种类	基本符号	横截面示意图	坡口角 α 或坡口面角 β	间隙 b	钝边 c	坡口深度 h	焊缝示意图
$20{\leqslant}t{\leqslant}150$	U形坡口			$1°{\leqslant}\beta{\leqslant}1.5°$	—	$c{\approx}2$	—	

不同厚度钢板对接焊接时，如果两板厚度（$\delta-\delta_1$）不超过附表 7-12 规定，则焊接接头的基本型式与尺寸按较厚的尺寸数据来选取，否则，应在较厚的板上作出单面（如表中图 a）或双面（如表中图 b）削薄，其削薄长度 $l{\geqslant}3$（$\delta-\delta_1$）

附表 7-12 不同厚度钢板的对接焊接 单位：mm

(a)	较薄板的厚度 δ_1	$\geqslant 2{\sim}5$	$>5{\sim}9$	$>9{\sim}12$	>12
(b)	允许厚度差 $\delta-\delta_1$	1	2	3	4

7.5 焊缝系数（GB 50316）

焊接接头系数 E_j 应根据下表中焊接接头的型式、焊接方法和焊接接头的检验要求确定。对有色金属管道熔化极氩弧焊 100% 无损检测时，单面对接接头系数为 0.85，双面对接接头系数为 0.90；局部无损检测时，对接接头系数按附表 7-13。

附表 7-13 焊接接头系数 E_j

接焊方法及检测要求		单面对接焊	双面对接焊
电熔焊	100%无损探伤	0.90	1.00
	局部无损检测	0.80	0.85
	不做无损检测	0.60	0.70
电阻焊		0.65(不做无损检测)；0.85(100%涡流检测)	
加热炉焊		0.60	
螺旋缝自动焊		0.80~0.85(无损检测)	

注：无损检测指采用射线或超声波检测。

8 常用钢号对照

8.1 结构钢号对照（附表8-1～附表8-3）

附表 8-1 碳素结构钢和工具钢钢号近似对照

序号	中国	德国		法国	标准化组织	日本	俄罗斯	瑞典	英国	美国	
	GB	DIN	W-Nr	NF	ISO	JIS	ГОСТ	SS	BS	ASTM	UNS
1	Q195 (A1,B1)	S185 (st33)	1.0035	S185 (A33)	HR2	—	CT 1кп CT 1сп CT 1пс		S185 (040A10)	A285M Gr. B	—
2 3	Q215A Q215B (A2, C2)	USt 34.2 RSt 34.2	1.0028 1.0034	A34 A34-2NE	HR1	SS330 (SS34)	CT 2кп,пс,сп-2 CT 2кп,пс,сп-3 CT 2кп-2,-3	1370	040A12	A283M Gr. C A573M Gr. 58	—
4 5 6 7	Q235A Q235B Q235C Q235D (A3,C3)	S235JR S235JRG1 S235JRG2 (St37.2 U St37.2, RSt37.2)	1.0037 1.0036 1.0038	S235JR S235JRG1 S235JRG2 (E24.2, E24.2NE)	Fe 360A Fe 360D	SS400 (SS41)	CT 3кп,пс,сп-2 CT 3кп,пс,сп-3 CT 3кп,пс,сп-4 CT 3кп,пс,сп-4 БСТ 3кп-2	1311 1312	S235JR S235JRG1 S235JRG2 (40B,C)	A570Gr. A A570Gr. D A283M Gr. D	K02501 K02502
8 9	Q255A Q255B (A4,C4)	St44-2	1.0044	E28.2	—	SM400A SM400B (SM41A, SM41B)	CT 4кп,пс,сп-2 CT 4кп,пс,сп-3 БСТ 4кп-2	1412	43B	A709M Cr. 36	—
10	Q275 (C5)	S275J2G3 S275J2G4 (St44-3N)	1.0144 1.0145 1.0055	S275J2G3 S275J2G4	Fe430A	SS490 (SS50)	CT 5кп-2 CT 5пс БСТ 5пс-2	1430	S275J2G3 S275J2G4 (43D)	—	K02901

注：括号内为旧钢号。

附表 8-2 优质碳素结构钢钢号近似对照

序号	中国	德国		法国	标准化组织	日本	俄罗斯	瑞典	英国	美国	
	GB	DIN	W-Nr	NF	ISO	JIS	ГОСТ	SS	BS	ASTM	UNS
1	05F	D6-2	1.0314	—			05кп	—	015A03	1005	G10050
2	08F	USt4	1.0336			S9CK	08кп	—	—	≈1008	
3	08	—	—	XC6	—	—	08		040A04 050A04	1008	G10080
4	10F	USt13	—	—			10кп	—	—	≈1010	
5	10	C10 Ck10	1.0301 1.1121	C10 XC10		S10C	10	1265	040A10 045M10	1010	G10100
6	15	C15 Ck15	1.0401 1.1141	C12 XC15		S15C	15	1350 1370	040A15 080M15	1015	G10150
7	20	C22E Ck22	1.1151	C22E XC18		S20C	20	1435	C22E 070M20	1020	G10200
8	25	C25E Ck30	1.1158	C25E XC25	C25E4	S25C	25		C25E 070M26	1025	G10250
9	30	C30E Ck30	1.1178	C30E XC32	C30E4	S30C	30		C30E 080M30	1030	C10300
10	35	C35E Ck35	1.1181	C35E XC38	C35E4	S35C	35	1572	C35E 080M36	1035	G10350

续表

序号	中国	德国		法国	标准化组织	日本	俄罗斯	瑞典	英国	美国	
	GB	DIN	W-Nr	NF	ISO	JIS	ГOCT	SS	BS	ASTM	UNS
11	40	C40E Ck40	1.1186	C40E XC42	C40E4	S40C	40	—	C40E 080M40	1040	G10400
12	45	C45E Ck45	1.1191	C45E XC48	C45E4	S45C	45	1660	C40E 080M46	1045	G10450
13	50	C50E Ck53	1.1210	C50E	C50E4	S50C	50	1674	C50E 080M50	1050	C10500
14	55	C55E Ck55	1.1203	C55E XC55	C55E4	S55C	55	1665	C55E 070M55	1055	G10550
15	60	C60E Ck60	1.1221	C60E XC60	C60E4		60	1678	C60E 070M60	1060	C10600
16	65	Ck67	1.1231	XC65	SL,SM	—	65	1770	060A67	1065	C10650
17	15Mn	15Mn3	1.0467	12M5	—	—	15Г	1430	080A15	1016	G10160
18	20Mn	21Mn4	1.0469	20M5	—	—	20Г	1434	080A20	1022	G10220
19	25Mn				—	—	25Г		080A25	1026	G10260
20	30Mn	30Mn4	1.1146	32M5	—	—	30Г		080A30	1033	G10330
21	35Mn	36Mn4	1.0561	35M5	—	—	35Г	—	080A35	1037	G10370
22	40Mn	40Mn4	1.1157	40M5	SL,SM	SWRH42B	40Г	—	080A40	1039	G10390
23	45Mn	—	—	45M5	SL,SM	SWRH47B	45Г	1672	080A47	1046	G10460
24	50Mn	—	—	45M5	SL,SM	SWRH52B	50Г	1674	080A52	1053	G10530
25	60Mn	60Mn3	1.0642	—	SL,Sm	S58C SWRH62B	60Г	1678	080A62	1062	—

附表 8-3 合金结构钢钢号近似对照

序号	中国	德国		法国	标准化组织	日本	俄罗斯	瑞典	英国	美国	
	GB	DIN	W-Nr	NF	ISO	JIS	ГOCT	SS	BS	ASTM	UNS
1	20Mn2	20Mn6	1.1169	20M5	22Mn6	SMn420	20Г2	—	150M19	1320	—
2	30Mn2	30Mn5	1.1165	32M5	28Mn6		30Г2	—	150M28	1330	G13300
3	35Mn2	36Mn5	1.1167	35M5	36Mn6	SMn433	35Г2	2120	150M36	1335	G13350
4	40Mn2	—	—	40M5	42Mn6	SMn438	40Г2	—	—	1340	G13400
5	45Mn2	46Mn7	1.0912	45M5	—	SMn443	45Г2	—	—	1345	G13450
6	50Mn2	50Mn7	1.0913	55M5	—		50Г2	—	—	—	—
7	15MnV	15MnV5	1.5213								
8	20MnV	20MnV6	1.5217								
9	42MnV	42MnV7	1.5223								
10	35SiMn	37MnSi5	1.5122	38MS5	—		35СГ			—	
11	42SiMn	46MnSi4	1.5121	41S7	—		42СГ		En46[②]	—	
12	40B								170H41	14B35	
13	45B	—		38MB5					—	14B50	
14	40MnB								185H40		
15	15Cr	15Cr3	1.7015	12C3		SCr415	15X	—	523A14 523M15	5115	G51150
16	20Cr	20Cr4	1.7027	18C3	20Cr4	SCr420	20X		527A20	5120	G51200
17	30Cr	28Cr4	1.7030	32C4	—	SCr430	30X		530A30	5130	G51300
18	35Cr	34Cr4	1.7033	38C4	34Cr4	SCr435	35X	—	530A36	5135	G51350

序号	中国	德国		法国	标准化组织	日本	俄罗斯	瑞典	英国	美国	
	GB	DIN	W-Nr	NF	ISO	JIS	ГОСТ	SS	BS	ASTM	UNS
19	40Cr	41Cr4	1.7035	42C4	41Cr4	SCr440	40X	2245	530A40 530M40	5140	G51400
20	45Cr	—		45C4	—	SCr445	45X	—	—	5145	G51450
21	50Cr	—		50C4	—	—	50X	—	—	5150	G51400
22	12CrMo	13CrMo44	1.7335	12CD4	—	—	12XM	2216	1501 620 Cr27	4119	—
23	12CrMoV						12XMФ				
24	15CrMo①	15CrMo5	1.7262	15CD4.05	—	SCM415	15XM	—	1501 620 Cr31		
25	20CrMo	20CrMo5	1.7264	18CD4	18CrMo4	SCM420	20XM	—	CDS12	4118	G41180
26	25CrMo①	25CrMo4	1.7218	25CD4	—	—	30XM	2225	—	—	—
27	30CrMo	—		30CD4	—	SCM430	—	—	—	—	—
28	35CrMo	34CrMo4	1.7220	35CD4	34CrMo4	SCM435	35XM	2234	708A37	4135	G41350
29	35CrMoV						35XMФ		CDS13		
30	42CrMo	42CrMo4	1.7225	42CD4	42CrMo4	SCM440	—	2244	708M40	4140	G41400
31	25Cr2MoVA	24CrMoV55	1.7733	—	—	—	25X2M1Ф	—	—	—	—
32	25Cr2Mo1VA										
33	20Cr3MoWVA	21CrVMoW12		—	—	—	ЭИ415				
34	38CrMoAl	41CrAlMo7	1.8509	40CAD6.12	41CrAlMo74	—	38X2МЮА	2940	905M39	—	—
35	20CrV	21CrV4	1.7510	—	—	—	—	—	—	6120	
36	50CrVA	51CrV4 (50CrV4)	1.8159	50CV4	13	SUP10	50XФ	2230	735A50	6150	G61500
37	15CrMn	16MnCr5	1.7131	16MC5	—	—	15XГ	2511	—	5115	G61500
38	20CrMn	20MnCr5	1.7147	20MC5	20MnCr5	SMnC420	20XГ	—	—	5120	G51200
39	20CrMnSi						20XГС				
40	30CrMnSi	—	—	—	—	—	30XГС	—	—	—	—
41	35CrMnSiA						35XГСА				
42	20CrMnMo	—	—	—	—	SCM421	18XГМ	—	—	4119	G41420
43	40CrMnMo	42CrMo4	1.7225	—	42CrMo4	SCM440	40XГМ	—	708A42	4142	G41420
44	20CrMnTi	30MnCrTi4	1.8401	—	—	—	18XГТ				
45	30CrMnTi						30XГТ				
46	20CrNi						20XH				
47	40CrNi	40NiCr6	1.5711	—	—	—	40XH	—	640M40	3140	G31400
48	50CrNi						50XH				
49	12CrNi2	14NiCr10	1.5732	14NC11	—	SNC415	12XH2A	—	—	3415	—
50	12CrNi3	14NiCr14	1.5752	14NC12	15NiCr13	SNC815	12XH3A	—	665A12 665M13	3310	G33106
51	20CrNi3	—	—	20NC11	—	—	20XH3A	—	—	—	—
52	30CrNi3	31NiCr14	1.5755	30NC11	—	SNC836	30XH3A	—	653M31	3435	—
53	12Cr2Ni4	14NiCr18	1.5860	12NC15	—	—	12X2H4A	—	659M15	2515	—
54	20Cr2Ni4	~14NiCr14	1.5752	18NC13	—	~SNC815	20X2H4A	—	~665M13	3316	—
55	18Cr2Ni4WA						18X2H4BA				
56	20CrNiMo	21NiCrMo2	1.6523	20NCD2	20NiCrMo2	SNCM220	20XHM	2506	805M20	8620	G86200
57	40CrNiMo	36CrNiMo4	1.6511	40NCD3	—	SNCM439	40XHM	—	816M40	4340	G43400
58	45CrNiMoVA						45XH2MФA				

① 中国 YB 标准旧钢号。
② 英国 BS 标准旧钢号。

8.2　不锈钢号对照（附表 8-4～附表 8-8）

附表 8-4　（奥氏体型）不锈钢钢号近似对照

序号	中国	德国		法国	标准化组织	日本	俄罗斯	瑞典	英国	美国	
	GB	DIN	W-Nr	NF	ISO	JIS	ГОСТ	SS	BS	ASTM	UNS
1	1Cr17Mn6Ni5N	—	—	—	A-2	SUS201	—			201	S20100
2	1Cr18Mn8Ni5N	—	—	—	A-3	SUS202	12X17Г9АH4	—	284S16	202	S20200
3	1Cr17Ni7	X12CrNi17 7	1.4310	Z12CN17.07 Z12CN18.07	14	SUS301			301S21	301	S30100
4	1Cr18Ni9	X12CrNi8 8	1.4300	Z10CN18.09		SUS302	12X18H9	—	302S25	302	S30200
5	Y1Cr18Ni9	X10CrNiS18 9	1.4305	Z10CNF18.09	17	SUS303		—	303S21	303	S30300
6	Y1Cr18Ni9Se	—	—	—	17a	SUS303Se	12X18H10E	—	303S41	303Se	S30323
7	0Cr19Ni9 (0Cr18Ni9)	X5CrNi18 10	1.4301	Z6CN18.09	11	SUS 304	08X18H10	2332 2333	304S15	304 304H	S30400
8	0Cr19Ni11 (00Cr18Ni10)	X2CrNi19 11	1.4306	Z2CN18.10 Z2CN18.09	10	SUS 304I	03X18H11	—	304S12	304L	S30403
9	0Cr19Ni19N	—	—	—		SUS304N1	—			304N	S30451
10	0Cr19Ni10NbN	—	—	—		SUS304N2	—			XM21	S30452
11	00Cr18Ni10N	X2CrNiN18 10	1.4311	Z2CN18.10Az	10N	SUS304LN	—	2371	304S62	304LN	S30453
12	1Cr18Ni12 (1Cr18Ni12Ti)	X5CrNi18 12	1.4303	Z8CN18.12	13	SUS305	12X18H12T	—	305S19	305	S30500
13	0Cr23Ni13	X7CrNi23 14	1.4833	Z15CN24.13		SUS309S				309S	S30908
14	0Cr23Ni20 (1Cr25Ni20Si2)	X12CrNi25 21	1.4845	Z12CN25.20		SUS310S		2361	304S24	310S	S31008
15	0Cr17Ni12Mo2	X5CrNiMo17 12 2 X5CrNiMo17 13 3	1.4401 1.4436	Z6CND17.11 Z6CND17.12	20 20a	SUS316		2347 2343	316S16 316S31	316	S31600
16	0Cr18Ni12Mo2Ti	X6CrNiMoTi17 12 2	1.4571	Z6CNDT17.12	21		08X17H13M2T	2350	320S31 320S17	316Ti	S31635
17	00Cr17Ni14Mo2	X2CrNiMo18 14 3	1.4435	Z2CND17.13	19 19a	SUS316L	03X17H14M2	2353	316S11 316S12	316L	S31603
18	0Cr17Ni12Mo2N	—	—	—		SUS316N				316N	S31651
19	00Cr17Ni13Mo2N	X2CrNiMoN17 12 2 X2CrNiMoN17 13 3	1.4406 1.4429	Z2CND17.12Az Z2CND17.13Az	19N 19aN	SUS316LN		2375	316S61	316LN	S31653
20	0Cr18Ni12Mo2Cu2	—	—	—		SUS316JI					—
21	00Cr18Ni14Mo2Cu2	—	—	—		SUS316JIL					—
22	0Cr19Ni13Mo3	X5CrNiMo17 13 3	1.4449		25	SUS317		—	317S16	317	S31700
23	1Cr18Ni12Mo3Ti			X6CrNiMoTi17 12			10X17H13M3T	—	320S31		
24	0Cr18Ni12Mo3Ti	X6CrNiMo17 12 2	1.4571		21		08X17H15M3T	—	320S17		
25	00Cr19Ni13Mo3 (00Cr17Ni14Mo3)	X2CrNiMo18 16 4	1.4438	Z2CND19.15		SUS317L		2367	317S12	317L	S31703
26	0Cr18Ni16Mo5	—	—	—		SUS317JI					—
27	1Cr18Ni9Ti	X12CrNiTi18 9	1.4878	Z6CNT18.12	X6CrNiTi18 10	SUS321	12X18H10T	2337	321S20	321	S32100
28	0Cr18Ni11Ti (0Cr18Ni9Ti)	X6CrNiTi18 10	1.4541	Z6CNT18.10	15	SUS321	09X18H10T X18H10T	2337	321S12 321S31	321	S32100
29	0Cr18Ni11Nb	X6CrNiNb18 10	1.4550	Z6CNNb18.10	16	SUS347	08XH12Б	2338	347S17 347S31	347	S34700
30	0Cr18Ni9Cu3	X3CrNiCu18 9	1.4567	Z3CNU18.10	D32	SUS XM7	—	—		XM7	—
31	0Cr18Ni13Si4	—	—	—		SUS XM15JI	—			XM15	S38100

注：括号内钢号是 GB 标准旧钢号，以下同。

附表 8-5　（奥氏体-铁素体型）不锈钢钢号近似对照

序号	中国	德国		法国	标准化组织	日本	俄罗斯	瑞典	英国	美国	
	GB	DIN	W-Nr	NF	ISO	JIS	ГОСТ	SS	BS	ASTM	UNS
32	0Cr26Ni5Mo2	X8CrNiMo27 5	1.4460	—	—	SUS329JI	—	2324	—	329	S32900
33	1Cr18Ni11Si4AlTi	—	—	—	—	—	15X18H12C4ТЮ				—
34	00Cr18Ni5Mo3Si2	—	—	—	—	—	—				—

附表 8-6 （铁素体型）不锈钢钢号近似对照

序号	中国	德国		法国	标准化组织	日本	俄罗斯	瑞典	英国	美国	
	GB	DIN	W-Nr	NF	ISO	JIS	ГОСТ	SS	BS	ASTM	UNS
35	0Cr13Al	X6CrAl13	1.4002	Z6CA13	2	SUS405	—	2302	405S17	405	S40500
36	00Cr12	—	—	Z3CT12	—	SUS410L	—	—	—	—	—
37	1Cr17	X6Cr17	1.4016	Z8C17	8	SUS430	12X17	2320	430S15	430	S43000
38	YCr17	X12CrMoS17	1.4104	Z10CF17	8a	SUS430F	—	2383	—	430F	S43020
39	1Cr17Mo	X6CrMo17	1.4113	Z8CD17.01	9c	SUS434	—	2325	434S17	434	S43400
40	00Cr30Mo2	—	—	—	—	SUS 447JI	—	—	—	—	—
41	00Cr27Mo	X1CrMo26 1	1.4131	Z01CD26.01	—	SUS XM27	—	—	—	XM27	S44625

附表 8-7 （马氏体型）不锈钢钢号近似对照

序号	中国	德国		法国	标准化组织	日本	俄罗斯	瑞典	英国	美国	
	GB	DIN	W-Nr	NF	ISO	JIS	ГОСТ	SS	BS	ASTM	UNS
42	1Cr12	—	—	—	3	SUS403	08X13	2301	403S17	403	S40300
43	0Cr13	X6Cr13	1.4000	Z6C13	1	SUS405	—	—	—	405	S40500
44	1Cr13	X10Cr13	1.4006	Z12C13	3	SUS410	12X13	2302	410S21	410	S41000
45	1Cr13Mo	X15Cr13	1.4024	—	—	SUS410JI	—	—	420S29	—	—
46	Y1Cr13	X12CrS13	1.4005	Z12CF13	7	SUS416	—	2380	416S21	416	S41600
47	2Cr13	X20Cr13	1.4021	Z20C13	4	SUS420JI	12X13	2303	420S37	420	S42000
48	3Cr13	X30Cr13	1.4028	Z30C13	5	SUS420J2	30X13	2304	420S45	—	—
49	4Cr13	X38Cr13	—	Z40C14	—	—	40X13	—	—	—	—
50	Y3Cr13	—	—	Z30CF13	—	SUS420F	—	—	—	420F	S42020
51	1Cr17Ni2	X20CrNi17 2	1.4057	Z15CN16.02	—	SUS431	14X17H2	2321	431S29	431	S43100
52	7Cr17	—	—	—	—	SUS440A	—	—	—	440A	S44002
53	8Cr17	—	—	—	—	SUS440B	—	—	—	440B	S44003
54	11Cr17 (9Cr18)	—	—	—	—	SUS440C	95X18	—	—	440C	S44004
55	Y11Cr17	—	—	—	—	SUS440F	—	—	—	440F	S44020

附表 8-8 （沉积硬化型）不锈钢钢号近似对照

序号	中国	德国		法国	标准化组织	日本	俄罗斯	瑞典	英国	美国	
	GB	DIN	W-Nr	NF	ISO	JIS	ГОСТ	SS	BS	ASTM	UNS
56	0Cr17Ni4Cu4Nb	X5CrNiCuNb17 14	1.4542	Z6CNU17.04	1	SUS630	—	—	—	630	S17400
57	0Cr17Ni7Al	X7CrNiAl17 7	1.4568	Z8CNA17.07	2	SUS631	09X17H7Ю	—	—	631	S17700
58	0Cr15Ni7Mo2Al	X7CrNiMoAI15 7	1.4532	Z8CNDA17.07	3	SUS632	—	—	—	632	S15700
59	—	X38Cr13	1.4031	Z40C14	—	SUS420J2	40X13	2340	—	—	—
60	—	X46Cr13	1.40234	Z38C13M	—	—	—	—	420S45	—	—
61	—	X105CrMo17	1.4125	Z100CD17	—	SUS440C	—	—	—	440C	S44004
62	—	X5CrNi134	1.4313	Z5CN13.4	—	—	—	2385	425C11	—	—
63	—	X2CrNiMo17 13 2	1.4404	Z2CND17.12	—	SUS316L	—	—	316S11	316L	—
64	—	X6CrTi17	1.4510	Z8CT17	—	SUS403LX	08X17T	—	—	430Ti	—
65	—	X8CrNb17	1.4511	Z8CNb17	—	—	—	—	—	—	—
66	—	X5CrNiNb18 10	1.4546	—	—	—	—	—	347S17 347S18	348	—
67	—	X10CrNiMoTi18 12	1.4573	—	—	—	10X17H13M3T 08X17H13M2T	—	320S33	316Ti	—
68	—	X6CrNiMoNb17 122	1.4580	Z6CNDNb17.12	—	—	08X16H13M2Б	—	318S17	316Cb	

8.3 耐热钢号对照 （附表 8-9～附表 8-13）

附表 8-9 （奥氏体型）耐热钢钢号近似对照

序号	中国	德国		法国	标准化组织	日本	俄罗斯	瑞典	英国	美国	
	GB	DIN	W-Nr	NF	ISO	JIS	ГОСТ	SS	BS	ASTM	UNS
1	5Cr21Mn9Ni4N	X53CrMnNiN21 9	1.4871	Z52CMN21.09	—	SUH35	55Х20Г9АН4	—	349S52	(SAE)	S63008
2	Y5Cr21Mn9Ni4N	—	—	—		SUH36	—		349554	EV8	—
3	2Cr22Ni11N	—	—	—		SUH37	—		349S54	—	—
4	3Cr20Ni11Mo2PB	—	—	—		SUH38	—		—	—	—
5	2Cr23Ni13 (1Cr23Ni13)	X15CrNiSi20 12	1.4828	Z15CNS20.12		SUH309	20Х20Н14С2		309S24	309	S30900
6	2Cr25Ni20 (1Cr25Ni20Si2)	X15CrNiSi25 20	1.4841	Z15CNS25.20	H16	SUH310	20Х25Н20С2		310S31	310	S31000
7	1Cr16Ni35	X12NiCrSi36 16	1.4864	Z12NCS35.16 Z12NC37.18	H17	SUH330	—		NA17	330	N08330
8	0Cr15Ni25Ti2MoAlVB (0Cr15Ni25Ti2MoVB)	X5NiCrTi26 15	1.4980	Z6NCTDV25.15		SUH660	—		286S31	660	S66286
9	1Cr22Ni20Co 20Mo3W3NbN	X12CrCoNi21 20	1.4971	—		SUH661	—		—	661	R30155
10	0Cr9Ni9 (0Cr18Ni9)	X5CrNi18 10	1.4301	Z6CN18.09	11	SUS304	08Х18Н10	2332 2333	304S15	304 304H	S30400
11	0Cr23Ni13	X7CrNi23 14	1.4833	Z15CN24.13	H14	SUS309S	—		—	309S	S30908
12	0Cr25Ni20 (1Cr25Ni20Si2)	X12CrNi25 21	1.4845	Z12CN25.20	H15	SUS310S	—	2361	304S24	310S	S31008
13	0Cr17Ni12Mo2 (0Cr18Ni12Mo2Ti)	X5CrNiMo17 12 2 X5CrNiMo17 13 3	1.4401 1.4436	Z6CND17.11 Z6CND17.12	20 20a	SUS316	08Х17Н13М2Т	2347 2343	316S16 316S31	316	S31600
14	4Cr14Ni14W2Mo	—	—	—			45Х14Н14В2М		—	—	—
15	0Cr19Ni13Mo3 (0Cr18Ni12Mo3Ti)	X5CrNiMo17 13	1.4449	—	25	SUS317	—		317S16	317	S31700
16	1Cr18Ni9Ti	X12CrNiTi18 9	1.4878	Z6CNT18.12		SUS231	12Х18Н10Т	2337	321S20	321	S32100
17	0Cr18Ni11Ti (0Cr18Ni9Ti)	X6CrNiTi18 10	1.4541	Z6CNT18.10	15	SUS321	09Х18Н10Т	2337	321S12 321S31	321	S32100
18	0Cr18Ni11Nb	X6CrNiNb18 10	1.4550	Z6CNNb18.10	16	SUS347	08Х18Н12Б	2338	347S17 347S31	347	S34700
19	0Cr18Ni13Si4	—	—	—		SUS XM15J1	—		—	XM15	S38100
20	1Cr25Ni20Si2	—	—	Z15CNS25.20			—		310S24	—	—

注：括号内钢号是 GB 标准旧钢号，以下同。

附表 8-10 （铁素体型）耐热钢钢号近似对照

序号	中国	德国		法国	标准化组织	日本	俄罗斯	瑞典	英国	美国	
	GB	DIN	W-Nr	NF	ISO	JIS	ГОСТ	SS	BS	ASTM	UNS
21	2Cr25N	—	—		H7	SUH446	—	—	—	446	S44600
22	0Cr13Al	X6CrAl13	1.4002	Z6CA13	2	SUS405	—	2302	405S17	405	S40500
23	00Cr12					SUS410L					
24	1Cr17	X6Cr17	1.4016	Z8C17	8	SUS430	12Х17	2320	430SI5	430	S43000

附表 8-11 （马氏体型）耐热钢钢号近似对照

序号	中国	德国		法国	标准化组织	日本	俄罗斯	瑞典	英国	美国	
	GB	DIN	W-Nr	NF	ISO	JIS	ГОСТ	SS	BS	ASTM	UNS
25	1Cr5Mo	—	—				15Х5М	—		502	S51502
26	4Cr9Si2	X45CrSi9 3	1.4718	Z45CS9	X45CrSi9 3	—	40Х9С2	—	401S45	(SAE) HNV3	S65000
27	4Cr10Si2Mo	X40CrSiMo10 2	1.4731	Z40CSD10	2	SUH3	40Х10С2М	—	—	—	—
28	8Cr20Si2Ni	X80CrNiSi20	1.4747	Z80CSN20.02	4	SUH4	—	—	443S65	(SAE) HNV6	S65006
29	1Cr11MoV	—	—	—			15Х11МФ	—		—	—
30	2Cr12MoVNbN	—	—	Z20CDNbV11		SUH600	—	—		—	—

续表

序号	中国	德国		法国	标准化组织	日本	俄罗斯	瑞典	英国	美国	
	GB	DIN	W-Nr	NF	ISO	JIS	ГОСТ	SS	BS	ASTM	UNS
31	2Cr12NiMoWV	X20CrMoWV12 1	1.4935	—	—	SUH616	—	—	—	616	S42200
32	1Cr13	X10Cr13	1.4006	Z12C13	3	SUS410	12X13	2302	410S21	410	S41000
33	1Cr13Mo	X15Cr13	1.4024	—	X12CrMo12 6	SUS410JI	—	—	420S29	—	—
34	1Cr17Ni2	X20CrNi17 2	1.4057	Z15CN16.02	9	SUS431	14X17H2	2321	431S29	431	S43100
35	1Cr11Ni2W2MoV	—	—	—	—	—	11X11H2B2MФ	—	—	—	—
36	2Cr13	X20Cr13	1.4021	420F20 Z20C13	4	SUS420JI	20X13	—	420S37	420	S42000

附表 8-12 （沉淀硬化型）耐热钢钢号近似对照

序号	中国	德国		法国	标准化组织	日本	俄罗斯	瑞典	英国	美国	
	GB	DIN	W-Nr	NF	ISO	JIS	ГОСТ	SS	BS	ASTM	UNS
37	0Cr17Ni14Cu4Nb	X5CrNiCuNb17 14	1.4542	Z6CNU17.04	1	SUS630	—	—	—	630	S17400
38	0Cr17Ni7Al	X7CrNiAl17 7	1.4568	Z8CNA17.07	2	SUS631	—	—	—	631	S17700

附表 8-13 （补充）耐热钢钢号近似对照

序号	中国	德国		法国	标准化组织	日本	俄罗斯	瑞典	英国	美国	
	GB	DIN	W-Nr	NF	ISO	JIS	ГОСТ	SS	BS	ASTM	UNS
39	—	X5CrTi12	1.4512	Z6CT12	—	SUH409	—	—	409S19	409	S40900
40	—	X10CrAl13	1.4724	Z10C13	—	—	—	—	403S17	—	—
41	—	X10CrAl18	1.4742	Z10CAS18	—	SUH21	—	—	430S15	430	S43000
42	—	X10CrAl24	1.4762	Z10CAS24	—	—	—	—	—	446	S44600
43	—	X45CrNiW18 9	1.4873	Z35CNW14.14	—	SUH31	—	—	331S40	—	—

8.4 阀门钢号对照（附表 8-14）

附表 8-14 阀门用钢号近似对照

序号	中国	德国		法国	标准化组织	日本	俄罗斯	瑞典	英国	美国	
	GB	DIN	W-Nr	NF	ISO	JIS	ГОСТ	SS	BS	ASTM	UNS
1	2Cr21Ni12N	—	—	Z20CN21.21Az	—	SUH37	—	—	381S34	EV4 (21.12N)	S63017
2	4Cr14Ni14W2Mo	~X50NiCrWV13.13	~1.2731	~Z35CNWS 14.14	—	SUH31	45X14H14B2M	—	331S42	—	—
3	5Cr21Mn9Ni4N	X53CrMnNiN21.9	1.4871	Z53CMN 21.09Az	X53CrMnNiN 21.9	SUH35	56X20Г9AH4	—	349S52	EV8 (21.4N)	S63008
4	4Cr9Si2	X45CrSi9.3	1.4718	Z45CS9	X45CrSi9.3	SUH1	40X9C2	—	401S45	HNV3 (Si1.1)	S65007
5	4Cr10Si2Mo	X40CrSiMo10.2	1.4731	Z40CSD10	—	SUH3	40X10C2M	—	—	—	—
6	8Cr20Si2Ni	X80CrNiSi20	1.4747	Z80CNS20.02	—	SUH4	—	—	443S65	HNV6 (XB)	S65006

8.5 铸钢牌号对照（附表 8-15～附表 8-20）

附表 8-15 工程与结构用碳素钢钢号近似对照

序号	中国	德国		法国	标准化组织	日本	俄罗斯	瑞典	英国	美国	
	GB	DIN	W-Nr	NF	ISO	JIS	ГОСТ	SS	BS	ASTM	UNS
1	ZG200-400 (ZG15)	GS-38	1.0416	—	200-400	SC410 (SC42)	15Л	1306	—	415-205 (60-30)	J03000
2	ZG230-450 (ZG25)	GS-45	1.0446	GE230	230-450	SC450 (SC46)	25Л	1305	A1	450-240 (65-35)	J03101
3	ZG270-500 (ZG35)	GS-52	1.0552	GE280	270-480	SC180 (SC49)	35Л	1505	A2	485-275 (70-40)	J02501

序号	中国	德国		法国	标准化组织	日本	俄罗斯	瑞典	英国	美国	
	GB	DIN	W-Nr	NF	ISO	JIS	ГОСТ	SS	BS	ASTM	UNS
4	ZG310-570 (ZG45)	GS-60	1.0558	GE320	—	SCC5	45Л	1606	—	(80-40)	J05002
5	ZG340-640 (ZG55)	—	—	GE370	340-550	—	—	—	A5		J05000

注：表中括号内分别为 GB 标准、JIS 标准、ASTM 标准的旧钢号。

附表 8-16　合金铸钢钢号近似对照

序号	中国	德国		法国	日本	俄罗斯	美国	
	GB	DIN	W-Nr	NF	JIS	ГОСТ	ASTM	UNS
1	ZG40Mn	GS-40Mn5	1.1168	—	SCMn3			
2	ZG40Cr	—	—	—		40Л		
3	ZG20SiMn	GS-20Mn5	1.1120	G20M6	SCW480 (SCW49)	20ГСЛ	LCC	J02505
4	ZG35SiMn	GS-37MnSi5	1.5122	—	SCSiMn2	35ГСЛ	—	
5	ZG35CrMo	GS-34CrMo4	1.7220	G35CrMo4	SCCrM3	35ХМЛ		J13048
6	ZG35CrMnSi				SCMnCr3	35ХГСЛ		

注：括号内为日本 JIS 标准的旧钢号。

附表 8-17　不锈、耐蚀铸钢钢号近似对照

序号	中国	德国		法国	日本	俄罗斯	瑞典	英国	美国	
	GB	DIN	W-Nr	NF	JIS	ГОСТ	SS	BS	ASTM	UNS
1	ZG1Cr13	G-X7Cr13 G-X10Cr13	1.4001 1.4006	Z12C13M	SCS1	15Х13Л	—	410C21	CA-15	J91150
2	ZG2Cr13	G-X20Cr14	1.4027	Z20C13M	SCS2	20Х13Л	—	420C29	CA-40	J91153
3	ZGCr28	G-X70Cr29 G-X120Cr29	1.4085 1.4086	Z130C29M				452C11	—	
4	ZG00Cr18Ni10	G-X2CrNi18.9	1.4306	Z2CN18.10M	SCS19A	03Х18Н11Л	—	304C12	CF-3	J92500
5	ZG0Cr18Ni9	G-X6CrNi18.9	1.4308	Z6CN18.10M	SCS13 SCS13A	07Х18Н9Л	2333	304C15	CF-8	J92600
6	ZG1Cr18Ni9	G-X10CrNi18.8	1.4312	Z10CN18.9M	≈SCS12	10Х18Н9Л	—	302C25	CF-20	J92602
7	ZG0Cr18Ni9Ti	≈G-X5CrNiNb18.9	1.4552	Z6CNNb18.10M	SCS21	—	—	347C17	CF-8C	J92710
8		—	—	Z2CND18.12M	SCS16A	—	—	316C12	CF-3M	J92800
9	ZG0Cr18Ni12Mo2Ti	G-X6CrNiMo18.10		Z6CND18.12M	SCS14A	—	2343	—	CF-8M	J92900
10	ZG1Cr18Ni12Mo2Ti	≈G-X5CrNiMoNb 18.10	1.4581	Z6CND18.12M	SCS22	—	—	—	—	—
11		—	—	Z4CND13.4M	SCS6	—	—	425C12	CA6NM	J91540
12	ZG0Cr18Ni12Mo2Ti			25CNU16.4M	SCS24				CB7Cu-1 CB7Cu	
13		—	—	Z8CN25.20M	SCS18	20Х25Н19С2Л	—	—	CK-20	J94202

附表 8-18　耐热铸钢钢号近似对照

序号	中国	德国		法国	日本	英国	美国	
	GB	DIN	W-Nr	NF	JIS	BS	ASTM	UNS
1	ZG30Cr26Ni5	G-X40CrNiSi27.4	1.4823	Z30CN26.05M	SCH11	—	HD	J93005
2	ZG35Cr26Ni12	G-X40CrNiSi25.12	1.4837	—	SCH13	309C35	HH	J93503
3	ZG30Ni35Cr15	—	—	—	SCH16	330C12	HT-30	—
4	ZG40Cr28Ni16	—	—	—	SCH18	—	HI	J94003
5	ZG35Ni24Cr18Si2	—	—	—	SCH19	311C11	HN	J94213
6	ZG40Cr25Ni20	G-X40CrNiSi25.20	1.4848	Z40CN25.20M	SCH22	—	HK HK-20	J94224 J94204

续表

序号	中国	德国		法国	日本	英国	美国	
	GB	DIN	W-Nr	NF	JIS	BS	ASTM	UNS
7	ZG40Cr30Ni20	—	—	Z40CN30.20M	SCH23	—	HL	J94604
8	ZG45Ni35Cr26	G-X45CrNiSi35.25	1.4857	—	SCH24	—	HP	J95705
9	—	—	—	Z25C13M	SCH1	420C24	—	—
10	—	G-X40CrNiSi27.4	1.4822	Z40C28M	SCH2	452C1	HC	J92605
11	—	—	—	Z25CN20.10M	SCH12	—	HF	J92603
12	—	—	—	Z40CN25.12M	SCH13A	309C30	HHTypeⅡ	—
13	—	—	—	Z40NC35.15M	SCH15	309C32	HT	J94605
14	—	G-X15CrNiSi25.20	1.4840	—	SCH21	310C40 10C45	HK-30	J94203

附表 8-19　高锰铸钢钢号近似对照

序号	中国	德国		日本	俄罗斯	英国	美国	
	GB	DIN	W-Nr	JIS	ГOCT	BS	ASTM	UNS
1	ZGMn13.1 ZGMn13.2	G-X120Mn13 G-X120Mn12	1.3802 1.3401	—	Г13Л	BW10 (En1457)	B-4 B-3 B-2 A	J91149 J91139 J91129 J91109
2	ZGMn13.3 ZGMn13.4	—	—	SCMnH1 SCMnH2 SCMnH3	100Г13Л	—	B-1	J91119

注：括号内位英国 BS 标准的旧钢号。

附表 8-20　承压铸钢钢号近似对照

序号	德国		法国	日本	英国	美国	
	DIN	W-Nr	NF	JIS	BS	ASTM	UNS
1	GS-C25	1.0619	A420CP-M	SCPH1	161Grade430	Grade WCA	J02502
2	—	—	—	SCPH2	161Grade480	Grade WCB	J03002
3	Gs-17CrMo5.5	1.7357	15CD5.05-M	SCPH21	621	Grade WC6	J12072
4	GS-18CrMo9.10	1.7379	15CD9.10-M	SCPH32	622	Grade WC9	J21890
5	—	—	Z15CD5.05-M	SCPH61	625	Grade WC5	J22000

8.6　铸铁牌号对照（附表 8-21、附表 8-22）

附表 8-21　灰铸铁牌号近似对照

序号	中国	德国		法国	标准化组织	日本	俄罗斯	瑞典	英国	美国	
	GB	DIN	W-Nr	NF	ISO	JIS	ГOCT	SS	BS	ASTM	UNS
1	HT100	GG10	0.6010	—	100	FC10	СЧ10	0110-00	—	No.20	F11401
2	HT150	GG15	0.6015	FGLI50	150	FC15	СЧ15	0115-00	Grade 150	No.25	F11701
3	HT200	GG20	06020	FGI200	200	FC20	СЧ18 СЧ20 СЧ21	0120-00	Grade 180 Grade 220	No.30	F12101
4	HT250	GG25	0.6025	FGL250	250	FC25	СЧ24 СЧ25	0125-00	Grade 260	No.35 No.40	F12801
5	HT300	GG30	0.6030	FGL300	300	FC30	СЧ30	0130-00	Grade 300	No.45	F13101
6	HT350	GG35	0.6035	FGL350	350	FC35	СЧ35	0135-00	Grade 350	No.50	F13501
7	—	GG40	0.6040	FGL400	—	—	—	0140-00	Grade 400	No.60	F14101

附表 8-22　球墨铸铁牌号近似对照

序号	中国	德国		法国	标准化组织	日本	俄罗斯	瑞典	英国	美国	
	GB	DIN	W-Nr	NF	ISO	JIS	ГОСТ	SS	BS	ASTM	UNS
1	—	—	—	—	350-22	FCD37	ВЧ35	—	370/17	—	—
2	QT400-15	GGG-40	0.7040	FGS400-15	400-15	FCD40	ВЧ40	0717-02	370/17	—	—
3	QT400-18	—	—	FCS400-18	400-18	—	—	—	420/12	60-40-18	F32800
4	QT450-18	—	—	FGS450-10	450-10	FCD45	ВЧ45	—	420/12	65-45-12	F33100
5	QT500-7	GGG-50	0.7050	FGS500-7	500-7	FCD50	ВЧ50	0727-02	500/7	80-50-06	F33800
6	QT600-3	GGG-60	0.7060	FGS600-3	600-3	FCD60	ВЧ60	0732-03	600/3	≈80-55-06 ≈100-70-03	≈F33800 ≈F34800
7	QT700-2	GGG-70	0.7070	FGS700-2	700-2	FCD70	ВЧ70	0737-01	700/2	100-70-03	F34800
8	QT800-2	GGG-80	0.7080	FGS800-2	800-2	FCD80	ВЧ80	—	800/2	120-90-02	F36200
9	QT900-2	—	—	FGS900-2	900-2	—	~ВЧ100	—	—	120-90-02	F36200

9　金属的性质（GB 50316）

9.1　常用钢管许用应力（附表 9-1～附表 9-4）

附表 9-1　碳素钢钢管（焊接管）许用应力

钢号	标准号	使用状态	厚度/mm	σ_b/MPa	σ_s/MPa	≤20	100	150	200	250	300	350	400	425	450	475	500	525	550	575	600	使用温度下限/℃	注
Q235-A Q235-B	GB/T 14980 GB/T 13793		≤12	375	235	113	113	113	105	94	86	77	—	—	—	—	—	—	—	—	—	0	①
20	GB/T 13793		≤12.7	390	(235)	130	130	125	116	104	95	86	—	—	—	—	—	—	—	—	—	−20	⑤①

附表 9-2　碳素钢钢管（无缝管）许用应力

钢号	标准号	使用状态	厚度/mm	σ_b/MPa	σ_s/MPa	≤20	100	150	200	250	300	350	400	425	450	475	500	525	550	575	600	使用温度下限/℃	注
10	GB 9948	热轧、正火	≤16	330	205	110	110	106	101	92	83	77	71	69	61	—	—	—	—	—	—	−29 正火状态	③
10	GB 6479 GB/T 8163	热轧、正火	≤15	335	205	112	112	108	101	92	83	77	71	69	61	—	—	—	—	—	—		
			16～40	335	195	112	110	104	98	89	79	74	68	66	61	—	—	—	—	—	—		
10	GB 3087	热轧、正火	≤26	333	196	111	110	104	98	89	79	74	68	66	61	—	—	—	—	—	—		
20	GB/T 8163	热轧、正火	≤15	390	245	130	130	130	123	110	101	92	86	83	61	—	—	—	—	—	—		
			16～40	390	235	130	130	125	116	104	95	86	79	78	61	—	—	—	—	—	—		
20	GB 3087	热轧、正火	≤15	392	245	131	130	130	123	110	101	92	86	83	61	—	—	—	—	—	—		
			16～26	392	226	131	130	124	113	101	93	84	77	75	61	—	—	—	—	—	—		
20	GB 9948	热轧、正火	≤16	410	245	137	137	132	123	110	101	92	86	83	61	—	—	—	—	—	—	−20	③⑤
20G	GB 6479 GB 5310	正火	≤16	410	245	137	137	132	123	110	101	92	86	83	61	—	—	—	—	—	—		
			17～40	410	235	137	132	126	119	104	95	86	79	78	61	—	—	—	—	—	—		

附表 9-3 低合金钢钢管（无缝管）许用应力

钢号	标准号	使用状态	厚度/mm	σ_b/MPa	σ_s/MPa	≤20	100	150	200	250	300	350	400	425	450	475	500	525	550	575	600	使用温度下限/℃	注
16Mn	GB 6479 GB/T 8163	正火	≤15	490	320	163	163	163	159	147	135	126	119	93	66	43	—					−40	
			16~40	490	310	163	163	163	153	141	129	119	116	93	66	43							
15MnV	GB 6479	正火	≤16	510	350	170	170	170	170	166	153	141	129	—	—	—						−20	⑤
			17~40	510	340	170	170	170	170	159	147	135	126										
09MnD	—	正火	≤16	400	240	133	133	128	119	106	97	88										−50	④
12CrMo 12CrMoG	GB 6479 GB 5310	正火加回火	≤16	410	205	128	113	108	101	95	89	83	77	75	74	72	71	50					
			17~40	410	195	122	110	104	98	92	86	79	74	72	71	69	68	50					
12CrMo	GB 9948	正火加回火	≤16	410	205	128	113	108	101	95	89	83	77	75	74	72	71	50					
15CrMo	GB 9948	正火加回火	≤16	440	235	147	132	123	116	110	101	95	89	87	86	84	83	58	37				
15CrMo 15CrMoG	GB 6479 GB 5310	正火加回火	≤16	440	235	147	132	123	116	110	101	95	89	87	86	84	83	58	37				
			17~40	440	225	141	126	116	110	104	95	89	86	84	83	81	79	58	37				
12Cr1MoVG	GB 5310	正火加回火	≤16	470	255	147	144	135	126	119	110	104	98	96	95	92	89	82	57	35		−20	⑤
12Cr2Mo 12Cr2MoG	GB 6479 GB 5310	正火加回火	≤16	450	280	150	150	150	147	144	141	138	134	131	128	119	89	61	46	37			
			17~40	450	270	150	150	147	141	138	134	131	128	126	123	119	89	61	46	37			
1Cr5Mo	GB 6479 GB 9948	退火	≤16	390	195	122	110	104	101	98	95	89	87	86	83	62	46	35	26	18			
	GB 6479		17~40	390	185	116	104	98	95	92	89	86	83	81	79	78	62	46	35	26	18		
10MoWVNb	GB 6479	正火加回火	≤16	470	295	157	157	157	156	153	147	141	135	130	126	121	97						
			17~40	470	285	157	157	156	150	147	141	135	129	121	119	111	97						

附表 9-4 高合金钢钢管许用应力

钢号	标准号	使用状态	厚度/mm	≤20	100	150	200	250	300	350	400	425	450	475	500	525	550	575	600	625	650	675	700	使用温度下限/℃	注
0Cr13	GB/T 14976	退火	≤18	137	126	123	120	119	117	112	109	105	100	89	72	53	38	26	16	—	—	—	—	−20	⑤
0Cr19Ni9 0Cr18Ni9	GB/T 12771 GB/T 14976	固溶	≤14	137	137	137	130	122	114	111	107	105	103	101	100	98	91	79	64	52	42	32	27		②①
			≤18	137	114	103	96	90	85	82	79	78	76	75	74	73	71	67	62	52	42	32	27		
0Cr18Ni11Ti 0Cr18Ni10Ti	GB/T 12771 GB/T 14976	固溶或稳定化	≤14	137	137	137	130	122	114	111	108	106	105	104	103	101	83	58	44	33	25	18	13		②①
			≤18	137	114	103	96	90	85	82	79	77	77	75	74	58	44	33	25	18	13				
0Cr17Ni12Mo2	GB/T 12771 GB/T 14976	固溶	≤14	137	137	137	134	125	118	113	111	110	109	108	107	106	105	96	81	65	50	38	30		②①
			≤18	137	117	107	99	93	87	84	82	81	81	81	80	79	78	76	73	65	50	38	30		
0Cr18Ni 12Mo2Ti	GB/T 14976	固溶	≤18	137	137	137	134	125	118	113	111	110	109	108	107	—								−196	②
				137	117	107	99	93	87	84	82	81	81	80	79	—									
0Cr19Ni13Mo3	GB/T 14976	固溶	≤18	137	137	137	134	125	118	113	111	110	109	108	107	106	105	96	81	65	50	38	30		②
				137	117	107	99	93	87	84	82	81	81	81	80	79	78	76	73	65	50	38	30		
00Cr19Ni11 00Cr19Ni10	GB/T 12771 GB/T 14976	固溶	≤14	118	118	118	110	103	98	94	91	89	—	—											②①
			≤18	118	97	87	81	76	73	69	67	66	—												
00Cr17Ni14Mo2	GB/T 12771 GB/T 14976	固溶	≤14	118	118	117	108	100	95	90	86	85	84	—											②①
			≤18	118	97	87	80	74	70	67	64	63	62												
00Cr19Ni13Mo3	GB/T 14976	固溶	≤18	118	118	118	118	118	118	113	111	110	109	—											②
				118	117	107	99	93	87	94	82	81	81												

① GB 12771、GB 13793、GB 14980 焊接钢管的许用应力，未计入焊接接头系数，见本规范第3.2.2条规定。
② 该行许应力，仅适用于允许产生微量永久变形之元件。
③ 使用温度上限不宜超过粗线的界限。粗线以上的数值仅用于特殊条件或短期使用。
④ 钢管的技术要求应符合《钢制压力容器》GB 150 附录A的规定。
⑤ 使用温度下限−20℃的材料，根据本规范第4.3.1条的规定，宜大于−20℃的条件下使用，不需做低温韧性试验。

9.2　常用钢板许用应力（附表 9-5～附表 9-7）

附表 9-5　碳素钢钢板许用应力

钢号	标准号	使用状态	厚度/mm	σb/MPa	σs/MPa	≤20	100	150	200	250	300	350	400	425	450	475	500	525	550	575	600	使用温度下限/℃	注
Q235-AF	GB/T 912	热轧	3～4	375	235	113	113	113	105	94	—	—	—	—	—	—	—	—	—	—	—	0	①
	GB/T 3274		4.5～16	375	235	113	113	113	105	94	—	—	—	—	—	—	—	—	—	—	—		
Q235A	GB/T 912	热轧	3～4	375	235	113	113	113	105	94	86	77	—	—	—	—	—	—	—	—	—	0	①
	GB/T 3274		4.5～16	375	235	113	113	113	105	94	86	77	—	—	—	—	—	—	—	—	—		
			>16～40	375	235	113	113	107	99	91	83	75	—	—	—	—	—	—	—	—	—		
Q235-B	GB/T 912	热轧	3～4	375	235	113	113	113	105	94	86	77	—	—	—	—	—	—	—	—	—	0	①
	GB/T 3274		4.5～16	375	235	113	113	113	105	94	86	77	—	—	—	—	—	—	—	—	—		
			>16～40	375	225	113	113	107	99	91	83	75	—	—	—	—	—	—	—	—	—		
Q235-C	GB/T 912	热轧	3～4	375	235	125	125	125	116	104	95	86	79	—	—	—	—	—	—	—	—	0	
	GB/T 3274		4.5～16	375	235	125	125	125	116	104	95	86	79	—	—	—	—	—	—	—	—		
			>16～40	375	235	125	125	125	119	110	101	92	83	77	—	—	—	—	—	—	—		
20R	GB 6654	热轧、正火	6～16	400	245	133	133	132	123	110	101	92	86	83	61	—	—	—	—	—	—	−20	③⑤
			>16～36	400	235	133	132	126	116	104	95	86	79	78	61	—	—	—	—	—	—		
			>36～60	400	225	133	126	119	110	101	92	83	77	75	61	—	—	—	—	—	—		
			>60～100	390	205	128	115	110	103	92	84	77	71	68	61	—	—	—	—	—	—		

附表 9-6　低合金钢钢板许用应力

钢号	标准号	使用状态	厚度/mm	σb/MPa	σs/MPa	≤20	100	150	200	250	300	350	400	425	450	475	500	525	550	575	600	使用温度下限/℃	注
16MnR	GB 66543	热轧、正火	6～16	510	345	170	170	170	170	156	144	134	125	93	66	43	—	—	—	—	—	−20	⑤
			>16～36	490	325	163	163	163	159	147	134	125	119	93	66	43	—	—	—	—	—		
			>36～60	470	305	157	157	157	150	138	125	116	109	93	66	43	—	—	—	—	—		
			>60～100	460	285	153	153	150	141	128	116	109	103	93	66	43	—	—	—	—	—		
			>100～120	450	275	150	150	147	138	125	113	106	100	93	66	43	—	—	—	—	—		
15MnVR	GB 6654	热轧、正火	6～16	530	390	177	177	177	177	177	172	159	147	—	—	—	—	—	—	—	—	−20	⑤
			>16～36	510	370	170	170	170	170	163	150	138	—	—	—	—	—	—	—	—	—		
			>36～60	490	350	163	163	163	163	163	153	141	131	—	—	—	—	—	—	—	—		
15MnVNR	GB 6654	正火	6～16	570	440	190	190	190	190	190	190	175	163	—	—	—	—	—	—	—	—		
			>16～36	550	420	183	183	183	183	183	181	169	156	—	—	—	—	—	—	—	—		
			>36～60	530	400	177	177	177	177	177	172	159	147	—	—	—	—	—	—	—	—		
18MnMoNbR	GB 6654	正火加回火	30～60	590	440	197	197	197	197	197	197	197	197	197	177	117	—	—	—	—	—		
			>60～100	570	410	190	190	190	190	190	190	190	190	190	177	117	—	—	—	—	—		
13MnNiMoNbR	GB 6654	正火加回火	30～100	570	390	190	190	190	190	190	190	190	190	—	—	—	—	—	—	—	—		
			>100～120	570	380	190	190	190	190	190	190	190	188	—	—	—	—	—	—	—	—		
07MnCrMoVR	—	调质	16～50	610	490	203	203	203	203	203	203	203	—	—	—	—	—	—	—	—	—	−20	④⑤
07MnNiCrMoVDR	—	调质	16～50	610	490	203	203	203	203	203	203	203	—	—	—	—	—	—	—	—	—	−40	④
16MnDR	GB 3531	正火	6～16	490	315	163	163	163	156	144	131	122	—	—	—	—	—	—	—	—	—	−40	
			>16～36	470	295	157	157	156	147	134	122	113	—	—	—	—	—	—	—	—	—		
			>36～60	450	275	150	150	147	138	125	113	106	—	—	—	—	—	—	—	—	—		
			>60～100	450	255	150	147	138	128	116	106	100	—	—	—	—	—	—	—	—	—	−30	
09Mn2VDR	GB 3531	正火或正火加回火	6～16	440	290	147	147	—	—	—	—	—	—	—	—	—	—	—	—	—	—	−50	
			>16～36	430	270	143	143	—	—	—	—	—	—	—	—	—	—	—	—	—	—		
09MnNiDR	GB 3531	正火或正火加回火	6～16	440	300	147	147	147	147	147	147	138	—	—	—	—	—	—	—	—	—	−70	
			>16～36	430	280	143	143	143	143	143	138	128	—	—	—	—	—	—	—	—	—		
			>36～60	430	260	143	143	143	141	134	128	119	—	—	—	—	—	—	—	—	—		
15MnNiDR	GB 3531	正火或正火加回火	6～16	490	325	163	163	—	—	—	—	—	—	—	—	—	—	—	—	—	—	−45	
			>16～36	470	305	157	157	—	—	—	—	—	—	—	—	—	—	—	—	—	—		
			>36～60	460	290	153	153	—	—	—	—	—	—	—	—	—	—	—	—	—	—		

续表

钢号	标准号	使用状态	厚度/mm	常温强度指标		在下列温度(℃)下许用应力/MPa															使用温度下限/℃	注
				σb/MPa	σs/MPa	≤20	100	150	200	250	300	350	400	425	450	475	500	525	550	575	600		
15CrMoR	GB 6654	正火加回火	6~60	450	295	150	150	150	150	141	131	125	118	115	112	110	88	58	37	—	—	−20	⑤
			>60~100	450	275	150	150	147	138	131	123	116	110	107	104	108	88	58	37	—	—	−20	
14Cr1MoR	—	正火加回火	6~150	515	310	172	172	169	159	153	144	138	131	127	122	116	88	58	37	—	—	−20	④⑤

附表9-7 高合金钢钢板许用应力

钢号	标准号	使用状态	厚度/mm	在下列温度(℃)下许用应力/MPa																				使用温度下限/℃	注
				≤20	100	150	200	250	300	350	400	425	450	475	500	525	550	575	600	625	650	675	700		
0Cr13	GB 4237	退火	2~60	137	126	123	120	119	117	112	109	105	100	89	72	53	38	26	16	—	—	—	—	−20	⑤
0Cr18Ni9	GB 4237	固溶	2~60	137	137	137	130	122	114	111	107	105	103	101	100	98	91	79	64	52	42	32	27	−196	②
				137	114	103	96	90	85	82	79	78	76	75	74	73	71	67	62	52	42	32	27		
0Cr18Ni10Ti	GB 4237	固溶或稳定化	2~60	137	137	137	130	122	114	111	108	106	105	104	103	101	83	58	44	33	25	18	13		
				137	114	103	96	90	85	82	79	78	77	76	75	74	58	44	33	25	18	13			
0Cr17Ni12Mo2	GB 4237	固溶	2~60	137	137	137	134	125	118	113	111	110	109	108	107	106	105	96	81	65	50	38	30		
				137	117	107	99	93	87	84	82	81	81	80	79	78	78	76	73	65	50	38	30		
0Cr18Ni12Mo2Ti	GB 4237	固溶	2~60	137	137	137	134	125	118	113	111	110	109	108	107	—	—	—	—	—	—	—	—		
				137	117	107	99	93	87	84	82	81	81	80	79	—	—	—	—	—	—	—	—		
0Cr19Ni13Mo3	GB 4237	固溶	2~60	137	137	137	134	125	118	113	111	110	109	108	107	106	105	96	81	65	50	38	30		
				137	117	107	99	93	87	84	82	81	81	80	79	78	78	76	73	65	50	38	30		
00Cr19Ni10	GB 4237	固溶	2~60	118	118	118	110	103	98	94	89	—	—	—	—	—	—	—	—	—	—	—	—		
				118	97	87	81	76	73	69	67	66	—	—	—	—	—	—	—	—	—	—	—		
00Cr17Ni14Mo2	GB 4237	固溶	2~60	118	118	117	108	100	95	90	86	85	84	—	—	—	—	—	—	—	—	—	—		
				118	97	87	80	74	70	67	64	63	62	—	—	—	—	—	—	—	—	—	—		
00Cr19Ni13Mo3	GB 4237	固溶	2~60	118	118	118	118	116	118	113	111	110	109	—	—	—	—	—	—	—	—	—	—		
				118	117	107	99	93	87	84	82	81	81	—	—	—	—	—	—	—	—	—	—		

① 所列许应力,已乘质量系数 0.9。

② 该许应力,仅适应于允许产生微量永久变形之元件。对于法兰或其他有微量永久变形就引起泄露或故障的场合不能采用。

③ 使用温度上限不宜超过粗线的界限。

④ 该钢板技术要求应符合 GB 150 的附录 A 的规定。

⑤ 使用温度下限为 −20℃的材料。要求同附录 9.1 表的注⑤。

9.3 常用螺栓许用应力(附表9-8～附表9-10)

附表9-8 碳素钢螺栓许用应力

钢号	标准号	使用状态	螺栓规格/mm	常温强度指标		在下列温度(℃)下许用应力/MPa															使用温度下限/℃	注
				σb/MPa	σs/MPa	≤20	100	150	200	250	300	350	400	425	450	475	500	525	550	575	600		
Q235-A	GB 700	热轧	≤M20	375	235	87	78	74	69	62	56	—	—	—	—	—	—	—	—	—	—	0	
35	GB 699	正火	≤M22	530	315	117	105	98	91	82	74	69	—	—	—	—	—	—	—	—	—	−20	②
			M24~M27	510	295	118	106	100	92	84	76	70	—	—	—	—	—	—	—	—	—		

附表9-9 低合金钢螺栓许用应力

钢号	标准号	使用状态	螺栓规格/mm	σb/MPa	σs/MPa	≤20	100	150	200	250	300	350	400	425	450	475	500	525	550	575	600	使用温度下限/℃	注
40MnB	GB 3077	调质	≤M22	805	685	196	176	171	165	162	154	143	126	—	—	—	—	—	—	—	—	−20	②
			M24~M36	765	635	212	189	183	180	176	167	154	137	—	—	—	—	—	—	—	—		
40MnVB	GB 3077	调质	≤M22	835	735	210	190	185	179	176	168	157	140	—	—	—	—	—	—	—	—		
			M24~M36	805	685	228	206	199	196	193	183	173	154	—	—	—	—	—	—	—	—		
40Cr	GB 3077	调质	≤M22	805	685	196	176	171	165	162	157	148	134	—	—	—	—	—	—	—	—		
			M24~M36	765	635	212	189	183	180	176	170	160	147	—	—	—	—	—	—	—	—		
30CrMoA	GB 3077	调质	≤M22	700	550	157	141	137	134	131	129	124	116	111	107	103	79					−100	
			M24~M48	660	500	167	150	145	142	140	137	132	123	118	113	108	79						
			M52~M56	660	500	185	167	161	157	156	152	146	137	131	126	111	79						
35CrMoA	GB 3077	调质	≤M22	835	735	210	190	185	179	176	174	165	154	147	140	111	79						
			M24~M48	805	685	228	206	199	196	193	189	180	170	162	150	111	79						
			M52~M80	805	685	254	229	221	218	214	210	200	189	180	150	111	79						
			M85~105	735		219	196	189	185	181	178	171	160	153	145	111	79						
35CrMoVA	GB 3077	调质	M52~M105	835	735	272	247	240	232	229	225	218	207	201	—	—	—	—	—	—	—		
			M110~140	785	665	246	221	214	210	207	203	196	189	183	—	—	—	—	—	—	—		
25Cr2MoVA	GB 3077	调质	≤M22	835	735	210	190	185	179	176	174	168	160	156	151	141	131	72	39	—	—	−20	②
			M24~M48	835	735	245	222	216	209	206	203	196	186	181	176	168	131	72	39	—	—		
			M52~M105	805	686	254	229	221	218	214	210	203	196	191	185	176	131	72	39	—	—		
			M110~140	735	590	219	196	189	185	181	178	174	167	164	160	153	131	72	39	—	—		
40CrNiMoA	GB 3077	调质	M50~M140	930	825	306	291	281	274	267	257	244	—	—	—	—	—	—	—	—	—	−50	①
1Cr5Mo	GB 1221	调质	≤M22	590	390	111	101	97	94	92	91	90	87	84	81	77	62	46	35	26	18	−20	②
			M24~M48	590	390	130	118	113	109	108	106	105	101	98	95	83	62	46	35	26	18		

附表9-10 高合金钢螺栓许用应力

钢号	标准号	使用状态	螺栓规格/mm	≤20	100	150	200	250	300	350	400	450	500	525	550	575	600	625	650	675	700	使用温度下限/℃	注
2Cr13	GB 1220	调质	≤M22	126	117	111	106	103	100	97	91	—	—	—	—	—	—	—	—	—	—	−20	②
			M24~M27	147	137	130	123	120	117	113	107	—	—	—	—	—	—	—	—	—	—		
0Cr18Ni9	GB 1220	固溶	≤M22	129	107	97	90	84	79	77	74	71	69	68	66	63	58	52	42	32	27	−196	
			M24~M48	137	114	103	96	90	85	82	79	76	74	73	71	67	62	52	42	32	27		
0Cr17Ni12Mo2	GB 1220	固溶	≤M22	129	109	101	93	87	82	79	77	75	74	73	71	68	65	50	38	30		−196	
			M24~M48	137	117	107	99	93	87	84	82	81	79	78	78	76	73	65	50	38	30		
0Cr18Ni10Ti	GB 1220	固溶	≤M22	129	107	97	90	84	79	77	75	73	71	70	69	58	44	33	25	18	13	−196	
			M24~M48	137	114	103	96	90	85	82	80	78	76	74	74	58	44	33	25	18	13		

① M80 及以下使用温度下限为−70℃。② 使用温度下限为−20℃的材料，要求同附录9.1表的注⑤。

9.4 常用锻件许用应力（附表9-11～附表9-13）

附表9-11 碳素钢锻件许用应力

钢号	标准号	公称厚度/mm	σb/MPa	σs/MPa	≤20	100	150	200	250	300	350	400	425	450	475	500	525	550	575	600	使用温度下限/℃	注
20	JB 4726	≤100	370	215	123	119	113	104	95	86	79	74	72	61	41	—	—	—	—	—	−20	③④
35	JB 4726	≤100	510	265	166	147	141	129	116	108	98	92	85	61	41	—	—	—	—	—		①③④
		>100~300	490	255	159	144	138	126	113	104	95	89	85	61	41	—	—	—	—	—		

附表 9-12　低合金钢锻件许用应力

钢号	标准号	公称厚度/mm	常温强度指标 σb/MPa	σs/MPa	≤20	100	150	200	250	300	350	400	425	450	475	500	525	550	575	600	使用温度下限/℃	注
16Mn	JB 4726	≤300	450	275	150	150	147	135	129	116	110	104	93	66	43	—	—	—	—	—		
15MnV	JB 4726	≤300	470	315	157	157	157	156	147	135	126	113	—	—	—	—	—	—	—	—		
12MnMo	JB 4726	≤300	530	370	177	177	177	177	177	177	171	163	156	131	84	49	—	—	—	—		
		>300～500	510	355	170	170	170	170	170	169	163	153	147	131	84	49	—	—	—	—	−20	④
		>500～700	490	340	163	163	163	163	163	163	159	150	144	131	84	49	—	—	—	—		
20MnMoNb	JB 4726	≤300	620	470	207	207	207	207	207	207	207	207	207	177	117	—	—	—	—	—		
		>300～500	610	460	203	203	203	203	203	203	203	203	203	177	117	—	—	—	—	—		
16MnD	JB 4727	≤300	450	275	150	150	147	135	129	116	110	—	—	—	—	—	—	—	—	—	−40	
09Mn2VD	JB 4727	≤200	420	260	140	140	—	—	—	—	—	—	—	—	—	—	—	—	—	—	−50	
09MnNiD	JB 4727	≤300	420	260	140	140	140	140	134	128	119	—	—	—	—	—	—	—	—	—	−70	
16MnMoD	JB 4727	≤300	510	355	170	170	170	170	170	169	163	—	—	—	—	—	—	—	—	—	−40	
20MnMoD	JB 4727	≤300	530	370	177	177	177	177	177	177	171	—	—	—	—	—	—	—	—	—	−30	
		>300～500	510	355	170	170	170	170	170	169	163	—	—	—	—	—	—	—	—	—	−30	
		>500～700	490	340	163	163	163	163	163	163	159	—	—	—	—	—	—	—	—	—	−20	
08MnNiCr MoVD	JB 4727	≤300	600	480	200	200	200	200	200	200	200	—	—	—	—	—	—	—	—	—	−40	
10Ni3MoVD	JB 4727	≤300	610	490	203	203	—	—	—	—	—	—	—	—	—	—	—	—	—	—	−50	
15CrMo	JB 4726	≤300	440	275	147	147	147	138	132	123	116	110	107	104	103	88	58	37	—	—		
		>300～500	430	255	143	143	135	126	119	110	104	98	96	95	93	88	58	37	—	—		
12Cr1MoV	JB 4726	≤300	440	255	147	144	135	126	119	110	104	98	96	95	92	89	82	57	35	—	−20	④
		>300～500	430	245	143	141	131	126	119	110	104	98	96	95	92	89	82	57	35	—		
12Cr2Mo1	JB 4726	≤300	510	310	170	170	169	163	159	156	153	150	147	144	119	89	61	46	37	—		
		>300～500	500	300	167	167	166	159	156	153	150	147	144	141	119	89	61	46	37	—		
1Cr5Mo	JB 4726	≤500	590	390	197	197	197	197	197	197	197	190	136	107	83	62	46	35	26	18		
35CrMo	JB 4726	≤300	620	440	207	207	207	207	207	207	207	200	194	150	111	79	50	—	—	—	−20	①④
		>300～500	610	430	203	203	203	203	203	203	203	200	194	150	111	79	50	—	—	—		

附表 9-13　高合金钢锻件许用应力

钢号	标准号	公称厚度/mm	≤20	100	150	200	250	300	350	400	425	450	475	500	525	550	575	600	625	650	675	700	使用温度下限/℃	注
0Cr13	JB 4728	≤100	137	126	123	120	119	117	112	109	105	100	89	72	53	38	26	16	—	—	—	—	−20	④
0Cr18Ni9	JB 4728	≤200	137	137	137	130	122	114	111	107	105	103	101	100	98	91	79	64	52	42	32	27		
			137	114	103	96	90	85	82	79	78	76	75	74	73	71	67	62	52	42	32	27		
0Cr18Ni10Ti	JB 4728	≤200	137	137	137	130	122	114	111	108	106	105	104	103	101	83	58	44	33	25	18	13		
			137	114	103	96	90	85	82	80	79	78	77	76	75	74	58	44	33	25	18	13	−196	②
0Cr17Ni12 Mo2	JB 4728	≤200	137	137	137	134	125	118	113	111	110	109	108	107	106	105	96	81	65	50	38	30		
			137	117	107	99	93	87	84	82	81	81	80	79	78	78	76	73	65	50	38	30		
00Cr19Ni10	JB 4728	≤200	117	117	117	110	103	98	94	91	89	—	—	—	—	—	—	—	—	—	—	—		
			117	97	87	81	76	73	69	67	66	—	—	—	—	—	—	—	—	—	—	—		

续表

钢号	标准号	公称厚度/mm	在下列温度(℃)下许用应力/MPa																			使用温度下限/℃	注
			≤20	100	150	200	250	300	350	400	425	450	475	500	525	550	575	600	625	650	675	700		
00Cr17Ni14Mo2	JB 4728	≤200	117	117	117	108	100	95	90	86	85	84	—	—	—	—	—	—	—	—	—	—	-196	②
			117	97	87	80	74	70	67	64	63	62	—	—	—	—	—	—	—	—	—	—		

① 该锻件不得用于焊接结构。

② 该行许用应力,仅适用于允许产生微量永久变形之元件,对于法兰或其他有微量永久变形就引起泄露或故障的场合不采用。

③ 使用温度上限不宜超过粗线的界限。

④ 使用温度下限为−20℃的材料,要求同附录9.1表的注⑤。

9.5 常用铸件许用应力 (附表 9-14~附表 9-17)

附表 9-14 碳素钢铸件的许用应力

牌号	标准号	碳含量/%	常用强度指标		在下列温度(℃)下许用应力/MPa							使用温度下限/℃	注
			σ_b/MPa	σ_s/MPa	≤20	100	150	200	300	350	400	425		
ZG200-400H	GB 7659	0.2	400	200	100									
ZG230-450H	GB 7659	0.2	450	230	115									
ZG275-485H	GB 7659	0.2	485	275	129	待定	待定	待定	待定	待定	待定	待定	−20	①
ZG200-400	GB 11532	0.2	400	200	100									
ZG230-450	GB 11532	0.3	450	230	115									

注:表中许用应力值已乘质量系数 0.8。

① 使用温度下限要求见附录 9.1 的表注⑤。

附表 9-15 球墨铸铁件的许用应力

牌号	标准号	金相组织	常温强度指标		在下列温度(℃)下许用应力/MPa						使用温度下限/℃
			σ_b/MPa	σ_s/MPa	≤20	100	150	200	250	300	350	
QT400-18	GB 1348	铁素体	400	250	106							−19
QT400-15	GB 1348	铁素体	400	250	106	待定	待定	待定	待定	待定	待定	−19
QT450-10	GB 1348	铁素体	450	310	120							−19
QT500-7	GB 1348	铁素体+珠光体	500	230	133							−19

注:表中许用应力值已乘质量系数 0.8。

附表 9-16 可锻铸铁件的许用应力

牌号	标准号	金相组织	壁厚/mm	常温强度指标		在下列温度(℃)下许用应力/MPa						使用温度下限/℃
				σ_b/MPa	σ_s/MPa	≤20	100	150	200	250	300	
KTH300-06	GB 9440	—	—	300	—	48	待定	待定	待定	待定	待定	−19
KTH330-08	GB 9440	—	—	330	—	52.8	待定	待定	待定	待定	待定	−19
KTH350-10	GB 9440	—	—	350	200	56	待定	待定	待定	待定	待定	−19
KTH370-12	GB 9440	—	—	370	—	59	待定	待定	待定	待定	待定	−19

注:表中许用应力值已乘质量系数 0.8。

附表 9-17 灰铸铁件的许用应力

牌号	标准号	金相组织	壁厚/mm	常温强度指标		在下列温度(℃)下许用应力/MPa						使用温度下限/℃
				σ_b/MPa	σ_s/MPa	≤20	100	150	200	250	300	
HT100	GB 9439	铁素体	2.5~10	130		10.4						−10
			10~20	100		8.0	待定	待定	待定	待定	待定	
			20~30	90		7.2						
			30~50	80		604						

续表

牌号	标准号	金相组织	壁厚/mm	常温强度指标 σ_b/MPa	σ_s/MPa	≤20	100	150	200	250	300	使用温度下限/℃
HT150	GB 9439	珠光体＋铁素体20%	2.5~10	175	—	14.0	待定	待定	待定	待定	待定	−10
			10~20	145	—	11.6						
			20~30	130	—	10.4						
			30~50	120	—	9.6						
HT200	GB 9439	珠光体	2.5~10	220	—	17.6	待定	待定	待定	待定	待定	−10
			10~20	195	—	15.6						
			20~30	170	—	13.6						
			30~50	160	—	12.8						
HT250	GB 9439	珠光体	4~10	270	—	21.6	待定	待定	待定	待定	待定	−10
			10~20	240	—	19.2						
			20~30	220	—	17.6						
			30~50	200	—	16.0						
HT300	GB 9439	100％珠光体	10~20	290	—	23.2	待定	待定	待定	待定	待定	−10
			20~30	250	—	20.0						
			30~50	230	—	18.4						
HT350	GB 9439	100％珠光体	10~20	340	—	27.2	待定	待定	待定	待定	待定	−10
			20~30	290	—	23.2						
			30~50	260	—	20.8						

注：表中许用应力值已乘质量系数0.8。

9.6　常用铝材许用应力（附表 9-18）

附表 9-18　铝及铝合金管的许用应力

牌号 旧	牌号 新	状态代号 旧	状态代号 新	δ_b (MPa)	$\delta_{0.2}$ (MPa)	−269~20	40	65	75	100	125	150	175	200	使用温度下限/℃
L1	1070A	M	O	(55)	(15)	10	10	—	10	9	8	7	6	5	
		R	H112	(55)	(15)	10	10	—	10	9	8	7	6	5	
L2	1060	M	O	(60)	(15)	10	10	—	10	9	8	7	6	5	
		R	H112	(60)	(15)	10	10	—	10	9	8	7	6	5	
L3	1050A	M	O	(60)	(15)	10	10	—	10	9	8	7	6	5	
		R	H112	(65)	(20)	13	13	—	13	12	11	10	10	6	
L5	1200	M	O	(75)	(20)	13	13	—	13	12	11	10	8	6	−269
		R	H112	(75)	(20)	13	13	—	13	12	11	10	8	6	
LF21 3A21	3003	M	O	(95)	(35)	23	23	—	23	23	20	16	13	10	
		R	H112	(95)	(35)	23	23	—	23	23	20	16	13	10	
LF2	5A02	M	O	(165)	(65)	41	41	—	41	41	41	37	28	17	
LF3	5A03	M	O	175	65	43	43	43	—	—	—	—	—	—	
		R	H112	175	75	43	43	43	—	—	—	—	—	—	
LF5	5A05	M	O	215	85	53	53	53	—	—	—	—	—	—	
		R	H112	255	105	63	63	63	—	—	—	—	—	—	

注：1. 表中产品标准尺寸：GB 6893 拉（轧），制管外径 6~120mm，壁厚 0.5~5mm；GB 4437 挤压管，外径 25~300mm，壁厚 5~32.5mm，外径 310~500mm，壁厚 15~50mm。

2. 表中状态代号：0 为退火状态，H112 为热作状态。

3. 新牌号见现行国家标准《变形铝及铝合金化学成分》GB/T 3190。

4. 表中（ ）内的数值为标准中未定的推荐合格指标。

9.7 常用金属弹性模量（附表 9-19）

附表 9-19　金属材料的弹性模量

材料	在下列温度(℃)下的弹性模量/GPa																		
	−196	−150	−100	−20	20	100	150	200	250	300	350	400	450	475	500	550	600	650	700
碳素钢（C≤0.30%）	—	—	—	194	192	191	189	186	183	179	173	165	150	133					
碳锰钢、碳素钢（C>0.30%）	—	—	—	208	206	203	200	196	190	186	179	170	158	151					
碳钼钢、低铬钼钢（至 Cr3Mo）	—	—	—	208	206	203	200	197	194	190	186	180	174	170	165	153	133		
中铬钼钢（Cr5Mo~Cr9Mo）	—	—	—	191	189	187	185	182	180	176	173	169	165	163	161	156	150		
奥氏体不锈钢（至 Cr25Ni20）	210	207	205	199	195	191	187	184	181	177	173	169	164	162	160	155	151	147	143
高铬钢（Cr13~Cr17）	—	—	—	203	201	198	195	191	187	181	175	165	156	153					
灰铸铁	—	—	—	—	92	91	89	87	84	81									
铝及铝合金	76	75	73	71	69	66	63	60											
紫铜	116	115	114	111	110	107	106	104	101	99	96								
蒙乃尔合金（Ni67-Cu30）	192	189	186	182	179	175	172	170	168	167	165	161	158	156	154	152	149		
铜镍合金（Cu70-Ni30）	160	158	157	154	151	148	145	143	140	136	131								

9.8 平均线膨胀系数值（附表 9-20）

附表 9-20　金属材料的平均线膨胀系数值

材料	在下列温度(℃)与20℃之间的平均线膨胀系数/(10^{-6}/℃)																		
	−196	−150	−100	−50	0	50	100	150	200	250	300	350	400	450	500	550	600	650	700
碳素钢、碳钼钢、低铬钼钢（至 Cr3Mo）	—	—	9.89	10.39	10.76	11.12	11.53	11.88	12.25	12.56	12.90	13.24	13.58	13.93	14.22	14.42	14.62	—	—
铬钼钢（Cr5Mo~Cr9Mo）	—	—	—	9.77	10.16	10.52	10.91	11.15	11.39	11.66	11.90	12.15	12.38	12.63	12.86	13.05	13.18		
奥氏体不锈钢（Cr18Ni9 至 Cr19Ni14）	14.67	15.08	15.45	15.97	16.28	16.54	16.84	17.06	17.25	17.42	17.61	17.79	17.99	18.19	18.34	18.58	18.71	18.87	18.97
高铬钢（Cr13、Cr17）	—	—	—	8.95	9.29	9.59	9.94	10.20	10.45	10.67	10.96	11.19	11.41	11.61	11.81	11.97	12.11		
Cr25-Ni20	—	—	—	—	—	15.84	15.98	16.05	16.06	16.07	16.11	16.13	16.17	16.33	16.56	16.66	16.91	17.14	
灰铸铁	—	—	—	—	—	10.39	10.68	10.97	11.26	11.55	11.85	—	—	—	—	—	—	—	—
球墨铸铁	—	—	—	9.48	10.08	10.55	10.89	11.26	11.66	12.20	12.50	12.71							
蒙乃尔（Monel）Ni67-Cu30	9.99	11.06	12.13	12.81	13.26	13.70	14.16	14.45	14.74	15.06	15.36	15.67	15.98	16.30	16.60	16.90	17.18		
铝	17.86	18.72	19.65	20.78	21.65	22.52	23.38	23.92	24.47	24.93	—	—	—	—	—	—	—	—	—
青铜	15.13	15.43	15.76	16.41	16.97	17.53	18.07	18.22	18.41	18.55	18.73								
黄铜	14.77	15.03	15.32	16.05	16.56	17.10	17.62	18.01	18.41	18.77	19.14								
铜及铜合金	13.99	14.99	15.70	16.07	16.63	16.96	17.24	17.48	17.71	17.87	18.18								
Cu70~Ni30	12.00	12.64	13.33	13.98	14.47	14.94	15.41	15.69	16.02										

10 常用工程材料

10.1 热轧扁钢 (附表 10-1)

附表 10-1 热轧扁钢理论重量 (GB/T 702—2008)

单位: kg/m

宽度/mm	厚度/mm																								
	3	4	5	6	7	8	9	10	11	12	14	16	18	20	22	25	28	30	32	36	40	45	50	56	60
10	0.24	0.31	0.39	0.47	0.55	0.63																			
12	0.28	0.38	0.47	0.57	0.66	0.72																			
14	0.33	0.44	0.55	0.66	0.77	0.88																			
16	0.38	0.50	0.63	0.75	0.88	1.00	1.15	1.26																	
18	0.42	0.57	0.71	0.85	0.99	1.13	1.27	1.41																	
20	0.47	0.63	0.78	0.94	1.10	1.26	1.41	1.57	1.73	1.88															
22	0.52	0.69	0.86	1.04	1.21	1.38	1.55	1.73	1.90	2.07															
25	0.59	0.78	0.98	1.18	1.37	1.57	1.77	1.96	2.16	2.36	2.75	3.14													
28	0.66	0.88	1.10	1.32	1.54	1.76	1.98	2.20	2.42	2.64	3.08	3.53													
30	0.71	0.94	1.18	1.41	1.65	1.88	2.12	2.36	2.59	2.83	3.30	3.77	4.24	4.71											
32	0.75	1.00	1.26	1.51	1.76	2.01	2.26	2.55	2.76	3.01	3.52	4.02	4.52	5.02											
35	0.82	1.10	1.37	1.65	1.92	2.20	2.47	2.75	3.02	3.30	3.85	4.40	4.95	5.50	6.04	6.87	7.69								
40	0.94	1.26	1.57	1.88	2.20	2.51	2.83	3.14	3.45	3.77	4.40	5.02	5.65	6.28	6.91	7.85	8.79								
45	1.06	1.41	1.77	2.12	2.47	2.83	3.18	3.53	3.89	4.24	4.95	5.65	6.36	7.07	7.77	8.83	9.89	10.60	11.30	12.72					
50	1.18	1.57	1.96	2.36	2.75	3.14	3.53	3.93	4.32	4.71	5.50	6.28	7.06	7.85	8.64	9.81	10.99	11.78	12.56	14.13					
55		1.73	2.16	2.59	3.02	3.45	3.89	4.32	4.75	5.18	6.04	6.91	7.77	8.64	9.50	10.79	12.09	12.95	13.82	15.54					
60		1.88	2.36	2.83	3.30	3.77	4.24	4.71	5.18	5.65	6.59	7.54	8.48	9.42	10.36	11.78	13.19	14.13	15.07	16.96	18.84	21.20			
65		2.04	2.55	3.06	3.57	4.08	4.59	5.10	5.61	6.12	7.14	8.16	9.18	10.20	11.23	12.76	14.29	15.31	16.33	18.37	20.41	22.96			
70		2.20	2.75	3.30	3.85	4.40	4.95	5.50	6.04	6.59	7.69	8.79	9.89	10.99	12.09	13.74	15.39	16.49	17.58	19.78	21.98	24.73			
75		2.36	2.94	3.53	4.12	4.71	5.30	5.89	6.48	7.07	8.24	9.42	10.60	11.78	12.95	14.72	16.48	17.66	18.84	21.20	23.55	26.49			
80		2.51	3.14	3.77	4.40	5.02	5.65	6.28	6.91	7.54	8.79	10.05	11.30	12.56	13.82	15.70	17.58	18.84	20.10	22.61	25.12	28.26	31.40	35.17	
85			3.34	4.00	4.67	5.34	6.01	6.67	7.34	8.01	9.34	10.68	12.01	13.34	14.68	16.68	18.68	20.02	21.35	24.02	26.69	30.03	33.36	37.37	40.04
90			3.53	4.24	4.95	5.65	6.36	7.07	7.77	8.48	9.89	11.30	12.72	14.13	15.54	17.66	19.78	21.20	22.61	25.43	28.26	31.79	35.32	39.56	42.39
95			3.73	4.47	5.22	5.97	6.71	7.48	8.20	8.95	10.44	11.91	13.42	14.92	16.41	18.64	20.88	22.37	23.86	26.85	29.83	33.56	37.29	41.76	44.74
100			3.92	4.71	5.50	6.28	7.06	7.85	8.64	9.42	10.99	12.56	14.13	15.70	17.27	19.62	21.98	23.55	25.12	28.26	31.40	35.32	39.25	43.96	47.10
105			4.12	4.95	5.77	6.59	7.42	8.24	9.07	9.89	11.54	13.19	14.84	16.48	18.13	20.61	23.61	24.73	26.38	29.67	32.97	37.09	41.21	46.16	49.46
110			4.32	5.18	6.04	6.91	7.77	8.64	9.50	10.36	12.09	13.82	15.54	17.27	19.00	21.59	24.18	25.90	27.63	31.09	34.54	38.86	43.18	48.36	51.81
120			4.71	5.65	6.59	7.54	8.48	9.42	10.36	11.30	13.19	15.07	16.96	18.84	20.72	23.55	26.38	28.26	30.14	33.91	37.68	42.39	47.10	52.75	56.52
125				5.89	6.87	7.85	8.83	9.81	10.79	11.78	13.74	15.70	17.66	19.62	21.58	24.53	27.48	29.44	31.40	35.32	39.25	44.16	49.06	54.95	58.88
130				6.12	7.14	8.16	9.18	10.20	11.23	12.25	14.29	16.33	18.37	20.41	22.45	25.51	28.57	30.62	32.66	36.74	40.82	45.92	51.02	57.15	61.23
140					7.69	8.79	9.89	10.99	12.09	13.19	15.39	17.58	19.78	21.98	24.18	27.48	30.77	32.97	35.17	39.56	43.96	49.46	54.95	61.54	65.94
150					8.24	9.42	10.60	11.78	12.95	14.13	16.48	18.84	21.20	23.55	25.90	29.44	32.97	35.32	37.68	42.39	47.10	52.99	58.88	65.94	70.65
160					8.79	10.05	11.30	12.56	13.82	15.07	17.58	20.10	22.61	25.12	27.63	31.40	35.17	37.68	40.19	45.22	50.24	56.52	62.80	70.34	75.36
180					9.89	11.30	12.72	14.13	15.54	16.96	19.78	22.61	25.43	28.26	31.09	35.32	39.56	42.39	45.22	50.87	56.52	63.58	70.65	79.13	84.78
200					10.99	12.56	14.13	15.70	17.27	18.84	21.98	25.12	28.26	31.40	34.54	39.25	43.96	47.10	50.24	56.52	62.80	70.65	78.50	87.92	94.20

注：扁钢的钢号和化学成分、力学性能应符合 GB/T 700、GB/T 699 的规定。

10.2 热轧圆钢、方钢、六角钢（附表 10-2）

附表 10-2 热轧圆钢、方钢、六角钢（GB/T 706—2008）

D 或 a /mm	截面面积/cm²			理论重量/(kg/m)		
	d	a	a	d	a	a
5.5	0.2376	0.30	—	0.186	0.237	—
6	0.2827	0.36	—	0.222	0.283	—
6.5	0.3318	0.42	—	0.260	0.332	—
7	0.3848	0.49	—	0.302	0.385	—
8	0.5026	0.64	0.5543	0.395	0.502	0.435
9	0.6362	0.81	0.7015	0.499	0.636	0.551
10	0.7854	1.00	0.8660	0.617	0.785	0.680
11	0.9503	1.21	1.048	0.746	0.950	0.823
12	1.1330	1.44	1.247	0.888	1.13	0.979
13	1.3273	1.69	1.464	1.04	1.33	1.15
14	1.539	1.96	1.697	1.21	1.54	1.33
15	1.767	2.25	1.948	1.39	1.77	1.53
16	2.011	2.56	2.217	1.58	2.01	1.74
17	2.270	2.89	2.503	1.78	2.27	1.96
18	2.545	3.24	2.806	2.00	2.54	2.20
19	2.840	3.61	3.126	2.23	2.83	2.45
20	3.142	4.00	3.464	2.47	3.14	2.72
21	3.460	4.41	3.819	2.72	3.46	3.00
22	3.801	4.84	4.192	2.98	3.80	3.29
23	4.150	5.29	4.581	3.26	4.15	3.60
24	4.524	5.76	4.988	3.55	4.52	3.92
25	4.909	6.25	5.413	3.85	4.91	4.25
26	5.309	6.76	5.854	4.17	5.31	4.60
27	5.726	7.29	6.314	4.49	5.72	4.96
28	6.158	7.84	6.790	4.83	6.15	5.33
29	6.605	8.41	—	5.18	6.60	—
30	7.069	9.00	7.794	5.55	7.06	6.12
31	7.550	9.61	—	5.92	7.54	—
32	8.042	10.24	8.868	6.31	8.04	6.96
33	8.550	10.89	—	6.71	8.55	—
34	9.079	11.56	10.011	7.13	9.07	7.86
35	9.621	12.25	—	7.55	9.62	—
36	10.18	12.96	11.223	7.99	10.2	8.81
38	11.34	14.44	12.505	8.90	11.3	9.82
40	12.57	16.00	13.86	9.86	12.6	10.88
42	13.85	17.64	15.28	10.9	13.8	11.99
45	15.90	20.25	17.54	12.5	15.9	13.77
48	18.10	23.04	19.95	14.2	18.1	15.66
50	19.64	25.00	21.65	15.4	19.6	17.00
53			24.33	17.3	22.0	19.10
55			—	18.6	23.7	—
56			27.16	19.3	24.6	21.32
58			29.13	20.7	26.4	22.87
60			31.18	22.2	28.3	24.50
63			34.37	24.5	31.2	26.98
65			36.59	26.0	33.2	28.72
68			40.04	28.5	36.3	31.43
70			42.43	30.2	38.5	33.30

续表

D 或 a /mm	截面面积/cm²			理论重量/(kg/m)		
75				34.7	44.2	
80				39.5	50.2	
85				44.5	56.7	
90				49.9	63.6	
95				55.6	70.8	
100				61.7	78.5	
105				68.0	86.5	
110				74.6	95.0	
115				81.5	104	
120				88.8	113	
125				96.3	123	
130				104	133	
135				112	143	
140				121	154	
145				130	165	
150				139	177	
155				148	189	
160				158	201	
165				168	214	
170				178	227	
180				200	254	
190				223	283	
200				247	314	
210				272		
220				298		
230				326		
240				355		
250				385		
260				417		
270				449		
280				483		
290				518		
300				555		
310				592		

10.3 热轧等边角钢（附表 10-3）

附表 10-3　热轧等边角钢（GB/T 706—2008）

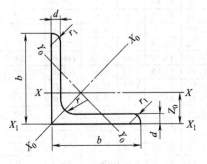

b——边宽度
d——边厚度
r——内圆弧半径
r_1——边端内圆弧半径，$r_1 = d/3$

I——惯性矩
W——截面系数
i——惯性半径
Z_0——重心距离

续表

型号	b	d	r	截面面积/cm²	理论重量/(kg/m)	外表面积/(m²/m)	Ix/cm⁴	ix/cm	Wx/cm³	Ix0/cm⁴	ix0/cm	Wx0/cm³	Iy0/cm⁴	iy0/cm	Wy0/cm³	Ix1/cm⁴	Z0/cm
							X-X			X0-X0			Y0-Y0			X1-X1	
2	20	3		1.132	0.889	0.078	0.40	0.59	0.29	0.63	0.75	0.45	0.17	0.39	0.20	0.81	0.60
		4	3.5	1.459	1.145	0.077	0.50	0.58	0.36	0.78	0.73	0.55	0.22	0.38	0.24	1.09	0.64
2.5	25	3		1.432	1.124	0.098	0.82	0.76	0.46	1.29	0.95	0.73	0.34	0.49	0.33	1.57	0.73
		4		1.859	1.459	0.097	1.03	0.74	0.59	1.62	0.93	0.92	0.43	0.48	0.40	2.11	0.76
3.0	30	3		1.749	1.373	0.117	1.46	0.91	0.68	2.33	1.15	1.09	0.61	0.59	0.51	2.71	0.85
		4		2.276	1.786	0.117	1.84	0.90	0.87	2.92	1.13	1.37	0.77	0.58	0.62	3.63	0.89
3.6	36	3	4.5	2.109	1.656	0.141	2.58	1.11	0.99	4.09	1.39	1.61	1.07	0.71	0.76	4.68	1.00
		4		2.756	2.163	0.141	3.29	1.09	1.28	5.22	1.38	2.05	1.37	0.70	0.93	6.25	1.04
		5		3.382	2.654	0.141	3.95	1.08	1.56	6.24	1.36	2.45	1.65	0.70	1.09	7.84	1.07
4	40	3	5	2.359	1.852	0.157	3.59	1.23	1.23	5.69	1.55	2.01	1.49	0.79	6.96	6.41	1.09
		4		3.086	2.422	0.157	4.60	1.22	1.60	7.29	1.54	2.58	1.91	0.79	1.19	8.56	1.13
		5		3.791	2.976	0.156	5.53	1.21	1.96	8.76	1.52	3.10	2.30	0.78	1.39	10.74	1.17
4.5	45	3	5	2.659	2.088	0.177	5.17	1.40	1.58	8.20	1.76	2.51	2.14	0.90	1.24	9.12	1.22
		4		3.486	2.736	0.177	6.65	1.38	2.05	10.56	1.74	3.32	2.75	0.89	1.54	12.18	1.26
		5		4.292	3.369	0.176	8.04	1.37	2.51	12.74	1.72	4.00	3.33	0.88	1.81	15.25	1.30
		6		5.076	3.985	0.176	9.33	1.39	2.95	14.76	1.70	4.64	3.89	0.88	2.06	18.36	1.33
5	50	3	5.5	2.971	2.332	0.197	7.18	1.55	1.96	11.37	1.96	3.22	2.98	1.00	1.57	12.50	1.34
		4		3.897	3.059	0.197	9.26	1.54	2.56	14.70	1.94	4.16	3.82	0.99	1.96	16.69	1.38
		5		4.803	3.770	0.196	11.21	1.53	3.13	17.79	1.92	5.03	4.64	0.98	2.31	20.90	1.42
		6		5.688	4.465	0.196	13.05	1.52	3.68	20.68	1.91	5.85	5.42	0.98	2.63	25.14	1.46
5.6	56	3	6	3.343	2.624	0.221	10.19	1.75	2.48	16.14	2.20	4.08	4.24	1.13	2.02	17.56	1.48
		4		4.390	3.446	0.220	13.18	1.73	3.24	20.92	2.18	5.28	5.46	1.11	2.52	23.43	1.53
		5		5.415	4.251	0.220	16.02	1.72	3.97	25.42	2.17	6.42	6.61	1.10	2.98	29.33	1.57
		6		6.420	5.040	0.220	18.69	1.71	4.68	29.66	2.15	7.49	7.73	1.10	3.40	35.26	1.61
		7		7.404	5.812	0.219	21.23	1.69	5.36	33.63	2.13	8.49	8.82	1.09	3.80	41.23	1.64
		8		8.367	6.568	0.219	23.63	1.68	6.03	37.37	2.11	9.44	9.89	1.09	4.16	47.24	1.68
6	60	5	6.5	5.829	4.576	0.236	19.89	1.85	4.59	31.57	2.33	7.44	8.21	1.19	3.48	36.05	1.67
		6		6.914	5.427	0.235	23.25	1.83	5.41	36.89	2.31	8.70	9.60	1.18	3.98	43.33	1.70
		7		7.977	6.262	0.235	26.44	1.82	6.21	41.92	2.29	9.88	10.96	1.17	4.45	50.65	1.74
		8		9.020	7.081	0.235	29.47	1.81	6.98	46.66	2.27	11.0	12.28	1.17	4.88	58.02	1.78
63	63	4	7	4.978	3.907	0.248	19.03	1.96	4.13	30.17	2.46	6.78	7.89	1.26	3.29	33.35	1.70
		5		6.143	1.822	0.248	23.17	1.94	5.08	30.77	2.45	8.25	9.57	1.25	3.90	41.73	1.74
		6		7.288	5.721	0.247	27.12	1.93	6.00	43.03	2.43	9.66	11.20	1.24	4.46	50.14	1.78
		7		8.412	6.603	0.247	30.87	1.92	6.88	48.96	2.41	10.99	12.79	1.23	4.98	58.60	1.82
		8		9.515	7.469	0.247	34.46	1.90	7.75	54.56	2.40	12.25	14.33	1.23	5.47	67.11	1.85
		10		11.657	9.151	0.246	41.09	1.88	9.39	64.85	2.36	14.56	17.33	1.22	6.36	84.31	1.93
7	70	4	8	5.570	4.372	0.275	26.39	2.18	5.14	41.80	2.74	8.44	10.99	1.40	4.17	45.74	1.86
		5		6.875	5.397	0.275	32.21	2.16	6.32	51.08	2.73	10.32	13.34	1.39	4.95	37.21	1.91
		6		8.160	6.406	0.275	37.77	2.15	7.48	59.93	2.71	12.11	15.61	1.38	5.67	68.73	1.95
		7		9.424	7.398	0.275	43.09	2.14	8.59	68.35	2.69	13.81	17.82	1.38	6.34	80.29	1.99
		8		10.667	8.373	0.274	48.17	2.12	9.68	76.37	2.68	15.43	19.98	1.37	6.98	91.92	2.03
7.5	75	5	9	7.367	5.818	0.295	39.97	2.33	7.32	63.30	2.92	11.94	16.63	1.50	5.77	70.56	2.04
		6		8.797	6.905	0.294	46.95	2.31	8.64	74.38	2.90	14.02	19.51	1.49	6.67	84.55	2.07
		7		10.160	7.976	0.294	53.57	2.30	9.93	84.96	2.89	16.02	22.18	1.48	7.44	98.71	2.11
		8		11.503	9.030	0.294	59.96	2.28	11.20	95.07	2.88	17.93	24.86	1.47	8.19	112.97	2.15
		10		14.126	11.089	0.293	71.98	2.26	13.64	113.92	2.84	21.48	30.05	1.46	9.56	141.71	2.22
8	80	5	9	7.912	6.211	0.315	48.79	2.48	8.34	77.33	3.13	13.67	20.25	1.60	6.66	85.36	2.15
		6		9.397	7.376	0.314	57.35	2.47	9.87	90.98	3.11	16.08	23.72	1.59	7.65	102.50	2.19
		7		10.860	8.525	0.314	65.58	2.46	11.37	104.07	3.10	18.40	27.09	1.58	8.58	119.70	2.23
		8		12.303	9.658	0.314	73.49	2.44	12.83	116.60	3.08	20.61	30.39	1.57	9.46	136.97	2.27
		10		15.126	11.874	0.313	88.43	2.42	15.64	140.09	3.04	24.76	36.77	1.56	11.08	171.74	2.33
9	90	6	10	10.637	8.350	0.354	82.77	2.79	12.61	131.26	3.51	20.63	34.28	1.80	9.95	145.87	2.44
		7		12.301	9.656	0.354	94.83	2.78	14.54	150.47	3.50	23.64	39.18	1.78	11.19	170.30	2.48
		8		13.944	10.946	0.353	106.47	2.76	16.42	168.97	3.48	26.55	43.97	1.78	12.35	194.80	2.52
		9		15.566	12.219	0.353	117.72	2.75	18.27	186.77	3.46	29.35	48.66	1.77	13.46	219.39	2.56
		10		17.167	13.476	0.353	128.58	2.74	20.07	203.90	3.45	32.04	53.26	1.76	14.52	244.07	2.59
		12		20.306	15.940	0.352	149.22	2.71	23.57	236.21	3.41	37.12	62.22	1.75	16.49	293.76	2.67

续表

型号	尺寸/mm			截面面积/cm²	理论重量/(kg/m)	外表面积/(m²/m)	X−X			X₀−X₀			Y₀−Y₀			X₁−X₁	Z₀/cm
	b	d	r				I_x/cm⁴	i_x/cm	W_x/cm³	I_{x0}/cm⁴	i_{x0}/cm	W_{x0}/cm³	I_{y0}/cm⁴	i_{y0}/cm	W_{y0}/cm³	I_{x1}/cm⁴	
10	100	6	12	11.932	9.366	0.393	114.95	3.10	15.68	181.98	3.90	25.74	47.92	2.00	12.69	200.07	2.67
		7		13.796	10.830	0.393	131.86	3.09	18.10	209.97	3.89	29.55	54.74	1.99	14.26	233.54	2.71
		8		15.638	12.276	0.393	148.24	3.08	20.47	235.07	3.88	33.24	61.41	1.98	15.75	267.09	2.76
		10		19.261	15.120	0.392	179.51	3.05	25.06	284.68	3.84	40.26	74.35	1.96	18.54	334.48	2.84
		12		22.800	17.898	0.391	208.90	3.03	29.48	330.95	3.81	46.80	86.84	1.95	21.08	402.34	2.91
		14		26.256	20.611	0.391	236.53	3.00	33.73	374.06	3.77	52.09	99.00	1.94	23.44	470.75	2.99
		16		29.627	23.257	0.390	262.53	2.98	37.82	414.16	3.74	58.57	110.89	1.94	25.63	539.80	3.06
11	110	7	12	15.196	11.928	0.433	177.16	3.41	22.05	280.94	4.30	36.12	73.38	2.20	17.51	310.64	2.96
		8		17.238	13.532	0.433	199.46	3.40	24.95	316.49	4.28	40.69	82.42	2.19	19.39	355.20	3.01
		10		21.261	16.690	0.432	242.19	3.38	30.60	384.39	4.25	49.42	99.98	2.17	22.91	444.65	3.09
		12		25.200	19.782	0.431	282.55	3.35	36.05	448.17	4.22	57.62	116.93	2.15	26.15	534.60	3.16
		14		29.056	22.809	0.431	320.71	3.32	41.31	508.01	4.18	65.31	133.40	2.14	29.14	625.16	3.24
12.5	125	8	14	19.750	15.504	0.492	297.03	3.88	32.52	470.89	4.88	53.28	123.16	2.50	25.86	521.01	3.37
		10		24.373	19.133	0.491	361.67	3.85	39.97	573.89	4.85	64.93	149.46	2.48	30.62	651.93	3.45
		12		28.912	22.696	0.491	423.16	3.83	41.17	671.44	4.82	75.96	174.88	2.46	35.03	783.42	3.53
		14		33.367	26.193	0.490	481.65	3.80	54.16	763.73	4.78	86.41	199.57	2.45	39.13	915.31	3.61
		16		37.739	29.625	0.489	537.31	3.77	60.93	850.98	4.75	96.28	223.65	2.43	42.96	1047.62	3.68
14	140	10	14	27.373	21.488	0.551	514.65	4.34	50.58	817.27	5.46	82.56	212.04	2.78	39.20	915.11	3.82
		12		32.512	25.522	0.551	603.68	4.31	59.80	958.79	5.43	96.85	248.57	2.76	45.02	1099.28	3.90
		14		37.567	29.190	0.550	688.81	4.28	68.75	1093.56	5.40	110.47	284.06	2.75	50.45	1284.22	3.58
		16		42.539	33.393	0.549	770.24	4.26	77.46	1221.81	5.36	123.42	318.67	2.74	55.55	1470.07	4.06
15	150	8		23.750	18.644	0.592	521.37	4.69	47.36	827.49	5.90	78.02	215.25	3.01	38.14	899.55	3.99
		10		29.373	23.058	0.591	637.50	4.66	58.35	1012.79	5.87	95.49	262.21	2.99	45.51	1125.09	4.08
		12		34.912	27.406	0.591	748.85	4.63	69.04	1189.97	5.84	112.19	307.73	2.97	52.38	1351.26	4.15
		14		40.367	31.688	0.590	855.64	4.60	79.45	1359.30	5.80	128.16	351.98	2.95	58.83	1578.25	4.23
		15		43.063	33.804	0.590	907.39	4.59	84.56	1441.09	5.78	135.87	373.69	2.95	61.90	1692.10	4.27
		16		45.739	35.905	0.589	958.08	4.58	89.59	1521.02	5.77	143.40	395.14	2.94	64.89	1806.21	4.31
16	160	10	16	31.502	21.729	0.630	779.53	4.98	66.70	1237.30	6.27	109.36	321.76	3.20	52.76	1365.33	4.31
		12		37.441	29.391	0.630	916.58	4.95	79.98	1455.68	6.24	128.67	377.49	3.18	60.74	1639.57	4.39
		14		43.296	33.987	0.629	1048.36	4.92	90.95	1665.02	6.20	147.17	431.70	3.16	68.24	1914.68	4.47
		16		49.067	38.518	0.629	1175.08	4.89	102.63	1865.57	6.17	164.88	484.59	3.14	75.31	2190.82	4.35
18	180	12	16	42.241	33.159	0.710	1321.35	5.59	100.62	2100.10	7.05	165.00	542.61	3.58	78.41	2332.80	4.89
		14		48.896	33.383	0.709	1514.48	5.56	116.25	2407.42	7.02	189.14	621.53	3.56	88.38	2723.48	4.97
		16		55.467	43.542	0.709	1700.99	5.54	131.13	2708.37	6.98	212.40	698.40	3.55	97.83	3115.29	5.05
		18		61.955	48.634	0.708	1875.12	5.50	145.64	2988.24	6.94	234.78	762.01	3.51	105.14	3502.43	5.13
20	200	14	18	54.642	42.894	0.788	2103.55	6.20	144.70	3343.26	7.82	236.40	863.83	3.98	111.82	3734.10	5.46
		16		62.013	48.680	0.788	2366.15	6.18	163.65	3760.89	7.79	265.93	971.41	3.96	123.96	4279.39	5.54
		18		69.301	54.401	0.787	2620.64	6.15	182.22	4164.54	7.75	294.48	1076.74	3.94	135.52	4808.13	5.62
		20		76.505	60.056	0787	2867.30	6.12	200.42	4554.55	7.72	322.06	1180.04	3.93	146.55	5347.51	5.69
		24		90.661	71.168	0.785	3338.25	6.07	236.17	5294.97	7.64	374.41	1381.53	3.90	166.65	6457.16	5.87
22	220	16	21	68.664	53.901	0.866	3187.36	6.81	199.55	5063.73	8.59	325.51	1310.99	4.37	153.81	5681.62	6.03
		18		76.752	60.250	0.866	3534.30	6.79	222.37	5615.32	8.55	360.97	1452.27	4.35	168.29	6395.93	6.11
		20		84.756	66.533	0.865	3871.49	6.76	244.77	6150.08	8.52	395.34	1592.90	4.34	182.16	7112.04	6.18
		22		92.676	72.751	0.865	4199.23	6.73	266.78	6668.37	8.48	428.66	1730.10	4.32	195.45	7830.19	6.26
		24		100.512	78.902	0.864	4517.83	6.70	288.39	7170.55	8.45	460.94	1865.11	4.31	208.21	8550.57	6.33
		26		108.264	84.987	0.864	4827.58	6.68	309.62	7656.98	8.41	492.21	1998.17	4.30	220.49	9273.39	6.41
25	250	18	24	87.842	68.956	0.985	5268.22	7.74	290.12	9369.04	9.76	473.42	2167.41	4.97	224.03	9379.11	6.84
		20		97.045	76.180	0.984	5779.34	7.72	319.66	9181.94	9.73	519.41	2376.74	4.95	242.85	10426.97	6.92
		24		115.201	90.433	0.983	6763.93	7.66	377.34	10742.67	9.66	607.70	2785.19	4.92	278.38	12529.74	7.07
		26		124.154	97.461	0.982	7238.08	7.63	405.50	11491.33	9.62	650.05	2984.84	4.90	295.19	13585.18	7.15
		28		133.022	104.422	0.982	7700.60	7.61	433.22	12219.39	9.58	691.23	3181.81	4.89	311.42	14643.62	7.22
		30		141.807	111.318	0.981	8151.80	7.58	460.51	12927.26	9.55	731.28	3376.34	4.88	327.12	15705.30	7.30
		32		150.508	118.149	0.981	8592.01	7.56	487.39	13615.32	9.51	770.20	3568.71	4.87	342.33	16770.41	7.37
		35		163.402	128.271	0.980	9232.44	7.52	526.97	14611.16	9.46	826.53	3853.72	4.86	364.30	18374.95	7.48

注：1. 角钢的通常长度：型号 2~9 时，长为 4~12m；型号 10~14 时，长为 4~19m；型号 16~20 时，长为 6~19m。

2. 轧制的钢号，通常为碳素结构钢。

10.4 热轧不等边角钢（附表 10-4）

附表 10-4 热轧不等边角钢（GB/T 706—2008）

B——长边宽度
b——短边宽度
d——边厚度
r——内圆弧半径
r_1——边端内圆弧半径，$r_1=d/3$

I——惯性矩
W——截面系数
i——惯性半径
X_0——重心距离
Y_0——重心距离

型号	B	b	d	r	截面面积/cm²	理论重量/(kg/m)	外表面积/(m²/m)	I_x/cm⁴	i_x/cm	W_x/cm³	I_y/cm⁴	i_y/cm	W_y/cm³	I_{x1}/cm⁴	Y_0/cm	I_{y1}/cm⁴	X_0/cm	I_U/cm⁴	i_U/cm	W_U/cm³	$\tan\alpha$
								X—X			Y—Y			X_1—X_1		Y_1—Y_1		U—U			
2.5/1.6	25	16	3	3.5	1.162	0.912	0.080	0.70	0.78	0.43	0.22	0.44	0.19	1.56	0.86	0.43	0.42	0.14	0.34	0.16	0.392
			4		1.499	1.176	0.079	0.88	0.77	0.55	0.27	0.43	0.24	2.09	0.90	0.59	0.46	0.17	0.34	0.20	0.381
3.2/2	32	20	3	3.5	1.492	1.171	0.102	1.53	1.01	0.72	0.46	0.55	0.30	3.27	1.08	0.82	0.49	0.28	0.43	0.25	0.382
			4		1.939	1.522	0.101	1.93	1.00	0.93	0.57	0.54	0.39	4.37	1.12	1.12	0.53	0.35	0.42	0.32	0.374
4/2.5	40	25	3	4	1.890	1.484	0.127	3.08	1.28	1.15	0.93	0.70	0.49	5.39	1.32	1.59	0.59	0.56	0.54	0.40	0.385
			4		2.467	1.936	0.127	3.93	1.36	1.49	1.18	0.69	0.63	8.53	1.37	2.14	0.63	0.71	0.54	0.52	0.381
4.5/2.8	45	28	3	5	2.149	1.687	0.143	4.45	1.44	1.47	1.34	0.79	0.62	9.10	1.47	2.23	0.64	0.80	0.61	0.51	0.383
			4		2.806	2.203	0.143	5.69	1.42	1.91	1.70	0.78	0.80	12.13	1.51	3.00	0.68	1.02	0.60	0.66	0.380
5/3.2	50	32	3	5.5	2.431	1.908	0.161	6.24	1.60	1.84	2.02	0.91	0.82	12.49	1.60	3.31	0.73	1.20	0.70	0.68	0.404
			4		3.177	2.494	0.160	8.02	1.59	2.39	2.58	0.90	1.06	16.65	1.65	4.45	0.77	1.53	0.69	0.87	0.402
5.6/3.6	56	36	3	6	2.743	2.153	0.181	8.88	1.80	2.32	2.92	1.03	1.05	17.54	1.78	4.70	0.80	1.73	0.79	0.87	0.408
			4		3.590	2.818	0.180	11.45	1.79	3.03	3.76	1.02	1.37	23.39	1.82	6.33	0.85	2.23	0.79	1.13	0.408
			5		4.415	3.466	0.180	13.86	1.77	3.71	4.49	1.01	1.65	29.25	1.87	7.94	0.88	2.67	0.78	1.36	0.404
6.3/4	63	40	4	7	4.058	3.185	0.202	16.49	2.02	3.87	5.23	1.14	1.70	33.30	2.04	8.63	0.92	3.12	0.88	1.40	0.398
			5		4.993	3.920	0.202	20.02	2.00	4.74	6.31	1.12	2.07	41.63	2.08	10.86	0.95	3.76	0.87	1.71	0.396
			6		5.908	4.638	0.201	23.26	1.96	5.59	7.29	1.11	2.43	49.98	2.12	13.12	0.99	4.34	0.86	1.99	0.393
			7		6.802	5.339	0.201	26.53	1.98	6.40	8.24	1.10	2.78	58.07	2.15	15.47	1.03	4.97	0.86	2.29	0.389

续表

型号	尺寸/mm B	b	d	r	截面面积/cm²	理论重量/(kg/m)	外表面积/(m²/m)	X-X I_x/cm⁴	i_x/cm	W_x/cm³	Y-Y I_y/cm⁴	i_y/cm	W_y/cm³	X₁-X₁ I_{x1}/cm⁴	Y_0/cm	Y₁-Y₁ I_{y1}/cm⁴	X_0/cm	U-U I_U/cm⁴	i_U/cm	W_U/cm³	tgα
7/4.5	70	45	4	7.5	4.547	3.570	0.226	23.17	2.26	4.86	7.55	1.29	2.17	45.92	2.24	12.26	1.02	4.40	0.98	1.77	0.410
			5		5.609	4.403	0.225	27.95	2.23	5.92	9.13	1.28	2.65	57.10	2.28	15.39	1.06	5.40	0.98	2.19	0.407
			6		6.647	5.218	0.225	32.54	2.21	6.95	10.62	1.26	3.12	68.35	2.32	18.58	1.09	6.35	0.98	2.59	0.404
			7		7.657	6.011	0.225	37.22	2.20	8.03	12.01	1.25	3.57	79.99	2.36	21.84	1.13	7.16	0.97	2.94	0.402
7.5/5	75	50	5	8	6.125	4.808	0.245	34.86	2.39	6.83	12.61	1.44	3.30	70.00	2.40	21.04	1.17	7.41	1.10	2.74	0.435
			6		7.260	5.699	0.245	41.12	2.38	8.12	14.70	1.42	3.88	84.30	2.44	25.37	1.21	8.54	1.08	3.19	0.435
			8		9.467	7.431	0.244	52.39	2.35	10.52	18.53	1.40	4.99	112.50	2.52	34.23	1.29	10.87	1.07	4.10	0.429
			10		11.590	9.098	0.244	62.71	2.33	12.79	21.96	1.38	6.04	140.80	2.60	43.43	1.36	13.10	1.06	4.99	0.423
8/5	80	50	5	8	6.375	5.005	0.255	41.96	2.56	7.78	12.82	1.42	3.32	85.21	2.60	21.06	1.14	7.66	1.10	2.74	0.388
			6		7.560	5.935	0.255	49.49	2.56	9.25	14.95	1.41	3.91	102.53	2.65	25.41	1.18	8.85	1.08	3.20	0.387
			7		8.724	6.848	0.255	56.16	2.54	10.58	16.96	1.39	4.48	119.33	2.69	29.82	1.21	10.18	1.08	3.70	0.384
			8		9.867	7.745	0.254	62.83	2.52	11.92	18.85	1.38	5.03	136.41	2.73	34.32	1.25	11.38	1.07	4.16	0.381
9/5.6	90	56	5	9	7.212	5.661	0.287	60.45	2.90	9.92	18.32	1.59	4.21	121.32	2.91	29.53	1.25	10.98	1.23	3.49	0.385
			6		8.557	6.717	0.286	71.03	2.88	11.74	21.42	1.58	4.96	145.59	2.95	35.58	1.29	12.90	1.23	4.13	0.384
			7		9.880	7.756	0.286	81.01	2.86	13.49	24.36	1.57	5.70	159.60	3.00	41.71	1.33	14.67	1.22	4.72	0.382
			8		11.183	8.779	0.286	91.03	2.85	15.27	27.15	1.56	6.41	194.17	3.04	47.93	1.36	16.34	1.21	5.29	0.380
10/6.3	100	63	6	10	9.617	7.550	0.320	99.06	3.21	14.64	30.94	1.79	6.35	199.71	3.24	50.50	1.43	18.42	1.38	5.25	0.394
			7		11.111	8.722	0.320	113.45	3.20	16.88	35.26	1.78	7.29	233.00	3.28	59.14	1.47	21.00	1.38	6.02	0.394
			8		12.584	9.878	0.319	127.37	3.18	19.08	39.39	1.77	8.21	256.32	3.32	67.88	1.50	23.50	1.37	6.78	0.391
			10		15.467	12.142	0.319	153.81	3.15	23.32	47.12	1.74	9.98	333.06	3.40	85.73	1.58	28.33	1.35	8.24	0.387
10/8	100	80	6	10	10.637	8.350	0.354	107.04	3.17	15.19	61.24	2.40	10.16	199.83	2.95	102.68	1.97	31.65	1.72	8.37	0.627
			7		12.301	9.656	0.354	122.73	3.16	17.52	70.08	2.39	11.71	233.20	3.00	119.98	2.01	36.17	1.72	9.60	0.626
			8		13.944	10.946	0.353	137.92	3.14	19.81	78.58	2.37	13.21	256.61	3.04	137.37	2.05	40.58	1.71	10.80	0.625
			10		17.167	13.476	0.353	166.87	3.12	24.24	94.65	2.35	16.12	333.63	3.12	172.48	2.13	49.10	1.69	13.12	0.622
11/7	110	70	6	10	10.637	8.350	0.334	133.37	3.54	17.85	42.92	2.01	7.90	265.78	3.53	69.08	1.57	25.36	1.54	6.53	0.403
			7		12.301	9.656	0.334	153.00	3.53	20.60	49.01	2.00	9.09	310.07	3.57	80.82	1.61	28.95	1.53	7.50	0.402
			8		13.944	10.946	0.353	172.04	3.51	23.30	54.47	1.98	10.25	354.39	3.62	92.70	1.65	32.45	1.53	8.45	0.401
			10		17.167	13.476	0.353	208.39	3.48	28.54	65.88	1.96	12.48	443.13	3.70	116.83	1.72	39.20	1.51	10.29	0.397
12.5/8	125	80	7	11	14.096	11.066	0.403	227.98	4.02	26.86	74.42	2.30	12.01	454.99	4.01	120.32	1.80	43.81	1.76	9.92	0.408
			8		15.989	12.551	0.403	256.77	4.01	30.41	83.49	2.28	13.56	519.99	4.06	137.85	1.84	49.15	1.75	11.18	0.407
			10		19.712	15.474	0.402	312.04	3.98	37.33	100.67	2.26	16.56	650.09	4.14	173.40	1.92	59.45	1.74	13.64	0.404
			12		23.351	18.330	0.402	364.41	3.95	44.01	116.67	2.24	19.43	730.39	4.22	209.67	2.00	69.35	1.72	16.01	0.400

续表

型号	B	b	d	r	截面面积/cm²	理论重量/(kg/m)	外表面积/(m²/m)	X-X Iₓ/cm⁴	X-X iₓ/cm	X-X Wₓ/cm³	Y-Y I_y/cm⁴	Y-Y i_y/cm	Y-Y W_y/cm³	X₁-X₁ I_{zx1}/cm⁴	X₁-X₁ Y₀/cm	Y₁-Y₁ I_{y1}/cm⁴	Y₁-Y₁ X₀/cm	U-U I_U/cm⁴	U-U i_U/cm	U-U W_U/cm³	tgα
14/9	140	90	8	12	18.038	14.160	0.453	365.64	4.50	38.48	120.69	2.59	17.34	730.53	4.50	195.79	2.04	70.83	1.98	14.31	0.411
			10		22.261	17.475	0.452	445.50	4.47	47.31	140.03	2.56	21.22	913.20	4.58	245.92	2.12	85.82	1.96	17.48	0.409
			12		26.400	20.724	0.451	521.56	4.44	55.87	169.79	2.54	24.95	1096.09	4.66	296.89	2.19	100.21	1.95	20.54	0.406
			14		30.456	23.908	0.451	594.10	4.42	64.18	192.10	2.51	28.54	1279.76	4.74	348.82	2.27	114.13	1.94	23.52	0.403
15/9	150	90	8	12	18.839	14.788	0.473	442.05	4.84	43.86	122.80	2.55	17.47	898.35	4.92	195.96	1.97	74.14	1.98	14.48	0.364
			10		23.261	18.260	0.472	539.24	4.81	53.97	148.62	2.53	21.38	1122.85	5.01	246.26	2.05	89.86	1.97	17.69	0.362
			12		27.600	21.666	0.471	632.08	4.79	63.79	172.85	2.50	25.14	1347.50	5.09	297.46	2.12	104.95	1.95	20.80	0.359
			14		31.856	25.007	0.471	720.77	4.76	73.33	195.62	2.48	28.77	1572.38	5.17	349.74	2.20	119.53	1.94	23.84	0.356
			15		33.952	26.652	0.471	763.62	4.74	77.99	206.50	2.47	30.53	1684.93	5.21	376.33	2.24	126.67	1.93	25.33	0.354
			16		36.027	28.281	0.470	805.51	4.73	82.60	217.07	2.45	32.27	1797.55	5.25	403.24	2.27	133.72	1.93	26.82	0.352
16/10	160	100	10	13	25.315	19.872	0.512	668.69	5.14	62.13	205.03	2.85	26.56	1362.89	5.24	336.59	2.28	121.74	2.19	21.92	0.390
			12		30.054	23.592	0.511	784.91	5.11	73.49	239.06	2.82	31.28	1635.56	5.32	405.94	2.36	142.33	2.17	25.79	0.388
			14		34.709	27.247	0.510	896.30	5.08	84.56	271.20	2.80	35.83	1908.50	5.40	476.42	2.43	162.23	2.16	29.56	0.385
			16		39.381	30.835	0.510	1003.04	5.05	95.33	301.60	2.77	40.24	2181.79	5.48	548.22	2.51	182.57	2.16	33.44	0.382
18/11	180	110	10	14	28.373	22.273	0.571	956.25	5.80	78.96	278.11	3.13	32.49	1940.40	5.89	447.22	2.44	166.50	2.42	26.88	0.376
			12		33.712	26.464	0.571	1124.72	5.78	93.53	325.03	3.10	38.32	2328.38	5.98	538.94	2.52	194.87	2.40	31.66	0.374
			14		39.967	30.589	0.570	1286.91	5.75	107.76	369.55	3.08	43.97	2716.60	6.06	631.95	2.59	222.30	2.39	36.32	0.372
			16		44.139	34.649	0.569	1443.06	5.72	121.64	411.85	3.06	49.44	3105.15	6.14	726.46	2.67	248.94	2.38	40.87	0.369
20/12.5	200	125	12	14	37.912	29.761	0.641	1570.90	6.44	116.73	483.16	3.57	49.99	3193.85	6.54	787.74	2.83	285.79	2.74	41.23	0.392
			14		43.867	34.436	0.640	1800.97	6.41	134.65	550.83	3.54	57.44	3726.17	6.62	922.47	2.91	326.58	2.73	47.34	0.390
			16		49.739	39.045	0.639	2023.35	6.38	152.18	615.44	3.52	64.69	4258.86	6.70	1058.86	2.09	366.21	2.71	53.32	0.388
			18		55.526	43.588	0.639	2238.30	6.35	169.33	677.19	3.49	71.74	4792.00	6.78	1197.13	3.06	404.83	2.70	59.18	0.385

注：1. 角钢的通常长度：型号 2.5/1.6~9/5.6，长度为 4~12m；型号 10/6.3~14/9，长度为 4~19m；型号 16/10~20/12.5，长度为 6~19m。
2. 轧制钢号，通常为碳素结构钢。

10.5 热轧槽钢（附表 10-5）

附表 10-5 热轧槽钢（GB/T 706—2008）

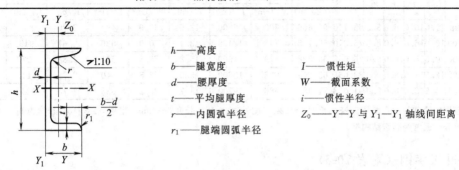

h——高度
b——腿宽度
d——腰厚度　　　　I——惯性矩
t——平均腿厚度　　W——截面系数
r——内圆弧半径　　i——惯性半径
r_1——腿端圆弧半径　Z_0——Y—Y 与 Y_1—Y_1 轴线间距离

型号	尺寸						截面面积 /cm²	理论重量 /(kg/m)	参考数值							
									X—X			Y—Y			Y_1—Y_1	Z_0/cm
	h	b	d	t	r	r_1			W_x/cm³	I_x/cm⁴	i_x/cm	W_y/cm³	I_y/cm⁴	i_y/cm	I_{y1}/cm⁴	
5	50	37	4.5	7.0	7.0	3.5	6.928	5.438	10.4	26.0	1.94	3.55	8.30	1.10	20.9	1.35
6.3	63	40	4.8	7.5	7.5	3.8	8.451	6.634	16.1	50.8	2.45	4.50	11.9	1.19	28.4	1.36
6.5	65	40	4.3	7.5	7.5	3.8	8.547	6.709	17.0	55.2	2.54	4.59	12.0	1.19	28.3	1.38
8	80	43	5.0	8.0	8.0	4.0	10.248	8.045	25.3	101	3.15	5.79	16.6	1.27	37.4	1.43
10	100	48	5.3	8.5	8.5	4.2	12.748	10.007	39.7	198	3.95	7.80	25.6	1.41	54.9	1.52
12	120	53	5.5	9.0	9.0	4.5	15.362	12.059	57.7	346	4.75	10.2	37.4	1.56	77.7	1.62
12.6	126	53	5.5	9.0	9.0	4.5	15.692	12.318	62.1	391	4.95	10.2	38.0	1.57	77.1	1.59
14a	140	58	6.0	9.5	9.5	4.8	18.516	14.535	80.5	564	5.52	13.0	53.2	1.70	107	1.71
14b	140	60	8.0	9.5	9.5	4.8	21.316	16.733	87.1	609	5.35	14.1	61.1	1.69	121	1.67
16a	160	63	6.5	10.0	10.0	5.0	21.962	17.240	108	866	6.28	16.3	73.3	1.83	144	1.80
16	160	65	8.5	10.0	10.0	5.0	25.162	19.752	117	935	6.10	17.6	83.4	1.82	161	1.75
18a	180	68	7.0	10.5	10.5	5.2	25.699	20.174	141	1270	7.04	20.0	98.6	1.96	190	1.88
18b	180	70	9.0	10.5	10.5	5.2	29.299	23.000	152	1370	6.84	21.5	111	1.95	210	1.84
20a	200	73	7.0	11.0	11.0	5.5	28.837	22.637	178	1780	7.86	24.2	128	2.11	244	2.01
20b	200	75	9.0	11.0	11.0	5.5	32.831	25.777	191	1910	7.64	25.9	144	2.09	268	1.95
22a	220	77	7.0	11.5	11.5	5.8	31.846	24.999	218	2390	8.67	28.2	158	2.23	298	2.10
22b	220	79	9.0	11.5	11.5	5.8	36.246	28.453	234	2570	8.42	30.1	176	2.21	326	2.03
24a	240	78	7.0	12.0	12.0	6.0	34.217	26.860	254	3050	9.45	30.5	174	2.25	325	2.10
24b	240	80	9.0	12.0	12.0	6.0	39.017	30.628	274	3280	9.17	32.5	194	2.23	355	2.03
24c	240	82	11.0	12.0	12.0	6.0	43.817	34.396	293	3510	8.96	34.4	213	2.21	388	2.00
25a	250	78	7.0	12.0	12.0	6.0	34.917	27.410	270	3370	9.82	30.6	176	2.24	322	2.07
25b	250	80	9.0	12.0	12.0	6.0	39.917	31.335	282	3530	9.41	32.7	196	2.22	353	1.98
25c	250	82	11.0	12.0	12.0	6.0	44.917	35.260	295	3690	9.07	35.9	218	2.21	384	1.92
27a	270	82	7.5	12.5	12.5	6.2	39.284	30.838	323	4360	10.5	35.5	216	2.34	393	2.13
27b	270	84	9.5	12.5	12.5	6.2	44.684	35.077	347	4690	10.3	37.7	239	2.31	428	2.06
27c	270	86	11.5	12.5	12.5	6.2	50.084	39.316	372	5020	10.1	39.8	261	2.28	467	2.03
28a	280	82	7.5	12.5	12.5	6.2	40.034	31.427	340	4760	10.9	35.7	218	2.33	388	2.10
28b	280	84	9.5	12.5	12.5	6.2	45.634	35.823	366	5130	10.6	37.9	242	2.30	428	2.02
28c	280	86	11.5	12.5	12.5	6.2	51.234	40.219	393	5500	10.4	40.3	268	2.29	463	1.95
30a	300	85	7.5	13.5	13.5	6.8	43.902	34.463	403	6050	11.7	41.1	260	2.43	467	2.17
30b	300	87	9.5	13.5	13.5	6.8	49.902	39.173	433	6500	11.4	44.0	289	2.41	515	2.13
30c	300	89	11.5	13.5	13.5	6.8	55.902	43.883	463	6950	11.2	46.4	316	2.38	560	2.09
32a	320	88	8.0	14.0	14.0	7.0	48.513	38.083	475	7600	12.5	46.5	305	2.50	552	2.24
32b	320	90	10.0	14.0	14.0	7.0	54.913	43.107	509	8140	12.2	49.2	336	2.47	593	2.16
32c	320	92	12.0	14.0	14.0	7.0	61.313	48.131	543	8690	11.9	52.6	374	2.47	643	2.09
36a	360	96	9.0	16.0	16.0	8.0	60.910	47.814	660	11900	14.0	63.5	455	2.73	818	2.44

续表

型号	尺寸						截面面积 /cm²	理论重量 /(kg/m)	参考数值							
									X—X			Y—Y			Y₁—Y₁	Z₀/cm
	h	b	d	t	r	r_1			W_x/cm³	I_x/cm⁴	i_x/cm	W_y/cm³	I_y/cm⁴	i_y/cm	I_{y1}/cm⁴	
36b	360	98	11.0	16.0	16.0	8.0	68.110	53.466	703	12700	13.6	66.9	497	2.70	880	2.37
36c	360	100	13.0	16.0	16.0	8.0	75.310	59.118	746	13400	13.4	70.0	536	2.67	948	2.34
40a	400	100	10.5	18.0	18.0	9.0	75.068	58.928	879	17600	15.3	78.8	592	2.81	1070	2.49
40b	400	102	12.5	18.0	18.0	9.0	83.068	65.208	932	18600	15.0	82.5	640	2.78	1140	2.44
40c	400	104	14.5	18.0	18.0	9.0	91.068	71.488	986	19700	14.7	86.2	688	2.75	1220	2.42

注：1. 槽钢的通常长度：型号5～8，长度5～12m；型号>8～18，长度5～19m；型号>18～40，长度为6～19m。

2. 轧制钢号，通常为碳素结构钢。

10.6 热轧工字钢（附表10-6）

附表 10-6 热轧工字钢（GB/T 706—2008）

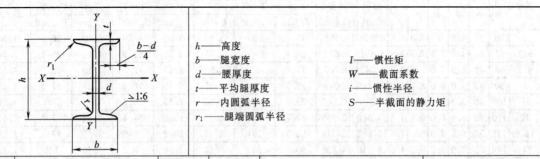

h——高度
b——腿宽度
d——腰厚度
t——平均腿厚度
r——内圆弧半径
r_1——腿端圆弧半径

I——惯性矩
W——截面系数
i——惯性半径
S——半截面的静力矩

型号	尺寸						截面面积 /cm²	理论重量 /(kg/m)	X—X				Y—Y		
	h	b	d	t	r	r_1			I_x/cm⁴	W_x/cm³	i_x/cm	$I_x : S_x$	I_y/cm⁴	W_y/cm³	i_y/cm
10	100	68	4.5	7.6	6.5	3.3	14.345	11.261	245	49.0	4.14	8.59	33.0	9.72	1.52
12	120	74	5.0	8.4	7.0	3.5	17.818	13.987	436	72.7	4.95	10.3	46.9	12.7	1.62
12.6	126	74	5.0	8.4	7.0	3.5	18.118	14.223	488	77.5	5.20	10.8	46.9	12.7	1.61
14	140	80	5.5	9.1	7.5	3.8	21.516	16.890	712	102	5.76	12.0	64.4	16.1	1.73
16	160	88	6.0	9.9	8.0	4.0	26.131	20.513	1130	141	6.58	13.8	93.1	21.2	1.89
18	180	94	6.5	10.7	8.5	4.3	30.756	24.143	1600	185	7.36	15.4	122	26.0	2.00
20a	200	100	7.0	11.4	9.0	4.5	35.578	27.929	2370	237	8.15	17.2	153	31.5	2.12
20b	200	102	9.0	11.4	9.0	4.5	39.578	31.069	2500	250	7.96	16.9	169	33.1	2.06
22a	220	110	7.5	12.3	9.5	4.8	42.128	33.070	3400	309	8.99	16.9	225	40.9	2.31
22b	220	112	9.5	12.3	9.5	4.8	46.528	36.524	3570	325	8.78	18.7	239	42.7	2.27
24a	240	116	8.0	13.0	10.0	5.0	47.741	37.477	4570	381	9.77	20.7	280	43.4	2.42
24b	240	118	10.0	13.0	10.0	5.0	52.541	41.245	4800	400	9.57	20.6	297	50.4	2.38
25a	250	116	8.0	13.0	10.0	5.0	48.541	38.105	5020	402	10.2	21.6	280	48.3	2.40
25b	250	118	10.0	13.0	10.0	5.0	53.541	42.030	5280	423	9.94	21.3	309	52.4	2.40
27a	270	122	8.5	13.7	10.5	5.3	54.554	42.825	6550	485	10.9	23.8	345	56.6	2.51
27b	270	124	10.5	13.7	10.5	5.3	59.954	47.064	6870	509	10.7	22.9	366	58.9	2.47
28a	280	122	8.5	13.7	10.5	5.3	55.404	43.492	7110	508	11.3	24.6	345	56.6	2.50
28b	280	124	10.5	13.7	10.5	5.3	61.004	47.888	7480	534	11.1	24.2	379	61.2	2.49
30a	300	126	9.0	14.4	11.0	5.5	61.254	48.084	8950	597	12.1	25.7	400	63.5	2.55
30b	300	128	11.0	14.4	11.0	5.5	67.254	52.794	9400	627	11.8	25.4	422	65.9	2.50
30c	300	130	13.0	14.4	11.0	5.5	73.254	57.504	9850	657	11.6	26.0	445	68.5	2.46
32a	320	130	9.5	15.0	11.5	5.8	67.156	52.717	11100	692	12.8	27.5	460	70.8	2.62
32b	320	132	11.5	15.0	11.5	5.8	73.556	57.741	11500	726	12.6	27.1	502	76.0	2.61
32c	320	134	13.5	15.0	11.5	5.8	79.956	62.765	12200	760	12.3	26.8	544	81.2	2.61
36a	360	136	10.0	15.8	12.0	6.0	76.480	60.037	15800	875	14.4	30.7	552	81.2	2.69
36b	360	138	12.0	15.8	12.0	6.0	83.680	65.689	16500	919	14.1	30.3	582	84.3	2.64

续表

型号	尺 寸						截面面积 /cm²	理论重量 /(kg/m)	X—X				Y—Y		
	h	b	d	t	r	r_1			I_x/cm⁴	W_x/cm³	i_x/cm	$I_x:S_x$	I_y/cm⁴	W_y/cm³	i_y/cm
36c	360	140	14.0	15.8	12.0	6.0	90.880	71.341	17300	962	13.8	29.9	612	87.4	2.60
40a	400	142	10.5	16.5	12.5	6.3	86.112	67.598	21700	1090	15.9	34.1	660	93.2	2.77
40b	400	144	12.5	16.5	12.5	6.3	94.112	73.878	22800	1140	15.6	33.6	692	96.2	2.71
40c	400	146	14.5	16.5	12.5	6.3	102.112	80.158	23900	1190	15.2	33.2	727	99.6	2.65
45a	450	150	11.5	18.0	13.5	6.8	102.446	80.420	32200	1430	17.7	38.6	855	114	2.89
45b	450	152	13.5	18.0	13.5	6.8	111.446	87.485	33800	1500	17.4	38.0	894	118	2.84
45c	450	154	15.5	18.0	13.5	6.8	120.446	94.550	35300	1570	17.1	37.6	938	112	2.79
50a	500	158	12.0	20.0	14.0	7.0	119.304	93.654	46500	1860	19.7	42.8	1120	142	3.07
50b	500	160	14.0	20.0	14.0	7.0	129.304	101.504	48600	1940	19.4	42.4	1170	146	3.01
50c	500	162	16.0	20.0	14.0	7.0	139.304	109.354	50600	2080	19.0	41.8	1220	151	2.96
55a	550	166	12.5	21.0	14.5	7.3	134.185	105.335	62290	2290	21.6	46.9	1370	164	3.19
55b	550	168	14.5	21.0	14.5	7.3	145.185	113.970	65600	2390	21.6	46.4	1420	170	3.14
55c	550	170	16.5	21.0	14.5	7.3	156.185	122.605	68400	2490	20.9	45.8	1480	175	3.08
56a	560	166	12.5	21.0	14.5	7.3	135.435	106.316	65600	2340	22.0	47.7	1370	165	3.18
56b	560	168	14.5	21.0	14.5	7.3	146.635	115.108	68500	2450	21.6	47.2	1490	174	3.16
56c	560	170	16.5	21.0	14.5	7.3	157.835	123.900	71400	2550	21.3	46.7	1560	183	3.16
63a	630	176	13.0	22.0	15.0	7.5	154.658	121.407	93900	2980	24.5	54.2	1700	193	3.31
63b	630	178	15.0	22.0	15.0	7.5	167.258	131.298	98100	3160	24.2	53.5	1810	204	3.29
63c	630	180	17.0	22.0	15.0	7.5	179.858	141.189	102000	3300	23.8	52.9	1920	214	3.27

注：1. 工字钢的通常长度：型号 10～18，长度为 5～19m；型号 20～63，长度为 6～19m。

　　2. 轧制钢号，通常为碳素结构钢。

10.7　地脚螺栓（HG 20546.5—1992）

（1）对有震动的设备和塔类，地脚螺栓应采用双螺母。

（2）设备基础安装弯钩式地脚螺栓时，地脚螺栓直径和基础预留孔尺寸见附图 10-1 和附表 10-7。或见《钢结构设计手册》中的钢锚栓选用表。

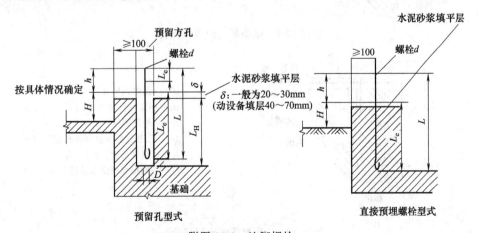

附图 10-1　地脚螺栓

（3）地脚螺栓直接埋入混凝土基础内的深度一般为 $30d$（d 为螺栓直径）。对不重要的设备不考虑倾覆力矩时，可采用 $20d$。对于塔类设备的地脚螺栓，要求埋入深度为 $L_e \geqslant 30d$。

（4）为了考虑到直埋地脚螺栓间距的误差，以避免设备上的地脚螺栓孔不能与地脚螺栓对准，可采用下列方法处理。

附表 10-7　地脚螺栓预留孔尺寸　　　　　　　　　　　单位：mm

地脚螺栓 长度 L	螺 栓 直 径								
	M10	M12	M16	M20	M24	M30	M36	M42	M48
160	180	180							
220	<u>240</u>	<u>240</u>	260						
300	320	320	<u>320</u>	320					
400		420	420	<u>420</u>	440				
500		520	520	520	540	540			
630			660	660	<u>680</u>	680	700		
800				840	<u>840</u>	860	860		
1000						1100	<u>1100</u>	1100	1100
1250								<u>1400</u>	1400
1500							1600	1600	<u>1600</u>
预留方孔	80×80	80×80	100×100	120×120	140×140	140×140	180×180	180×180	220×220
螺纹长 L_c	30	40	50	70	80	90	110	120	140
弯钩外径 D	35	44	52	70	78	105	132	144	166
展开长度	$L+53$	$L+72$	$L+72$	$L+110$	$L+110$	$L+165$	$L+217$	$L+217$	$L+255$

①　将设备底板、裙座或耳架上的螺栓孔适当予以放大，待地脚螺栓穿入后，加一块垫板，将垫板焊在设备底板上，再上螺母，如附图 10-2 所示。

②　在地脚螺栓上焊一个套管，将套管与地脚螺栓一起埋入基础中，套管顶部与基础顶面齐平。当设备地脚螺栓孔间距与埋入基础中的地脚螺栓间距有偏差时，可将套管中的地脚螺栓位置予以调整，如附图 10-3 所示，地脚螺栓向左偏移。

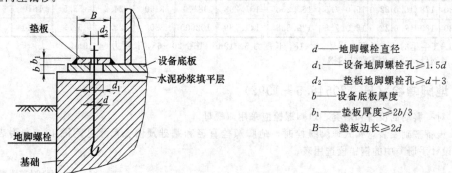

d——地脚螺栓直径
d_1——设备地脚螺栓孔$\geqslant 1.5d$
d_2——垫板地脚螺栓孔$\geqslant d+3$
b——设备底板厚度
b_1——垫板厚度$\geqslant 2b/3$
B——垫板边长$\geqslant 2d$

附图 10-2　带垫板的地脚螺栓孔

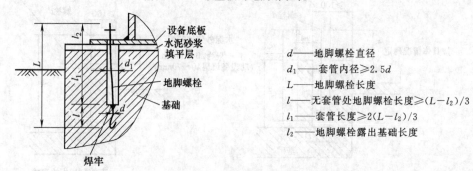

d——地脚螺栓直径
d_1——套管内径$\geqslant 2.5d$
L——地脚螺栓长度
l——无套管处地脚螺栓长度$\geqslant (L-l_2)/3$
l_1——套管长度$\geqslant 2(L-l_2)/3$
l_2——地脚螺栓露出基础长度

附图 10-3　带套管的地脚螺栓孔

（5）对于受力不大的静设备，可将地脚螺栓焊在预埋在基础面的钢板上。预埋钢板结构型式和尺寸见附图 10-4 和附表 10-8 所示。

（6）在钢结构上的设备一般均采用普通的螺栓代替地脚螺栓，其长度按连接结构而定。

（7）地脚螺栓选用标准见 HG/T 21545《地脚螺栓（锚栓）通用图》。

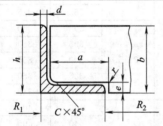

附图 10-4　基础面预埋钢板型式

附表 10-8　预埋钢板尺寸

焊接单头 螺柱直径 d	螺柱长度 范围 L	预埋钢板 长×宽×厚	螺纹长 L_0	重量/ (kg/100mm)	焊接坡口 C_1	钢筋 $N×Φ$
M12	35～250	100×100×8	40	0.072	4	2×8
M16	45～280	120×120×12	50	0.133	5	2×10
M20	60～300	120×120×12	70	0.208	6	2×10
M24	150～300	120×120×12	80	0.3	7	2×12

10.8　型钢焊接及开孔

10.8.1　等边角钢（附表 10-9）

附表 10-9　等边角钢

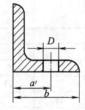

$E=d+1, a=b-d$　　　　标准 JB/T 5000.3—2007 规定卷圆冷弯弯曲内半径 $R≥45b$

单位：mm

角钢尺寸		焊接接头尺寸			螺栓、铆钉连接规线		最小热弯半径		最小冷弯半径	
b	d	a	e	C	a′	D	R_1	R_2	R_1	R_2
20	3	17	4	3	13	4.5	95	85	345	335
	4	16	5				90	85	335	325
25	3	22	4	3	15	5.5	120	110	435	425
	4	21	5				115	105	425	415
30	3	27	4	4	18	6.6	145	130	530	515
	4	26	5				140	130	520	505
36	3	33	4	4	20	9	175	160	640	625
	4	32	5				170	155	630	615
	5	31	6				170	145	620	605
40	3	37	4	5	22	11	195	180	735	715
	4	36	5				195	175	705	690
	5	35	6				190	170	695	680
45	3	42	4	5	25	11	220	200	810	790
	4	41	5				220	200	800	775
	5	40	6				215	195	790	770
	6	39	7				215	195	780	760

角钢尺寸		焊接接头尺寸			螺栓、铆钉连接规线		最小热弯半径		最小冷弯半径	
b	d	a	e	C	a'	D	R_1	R_2	R_1	R_2
50	3	47	4	5	30	13	250	225	900	800
	4	46	5				245	220	880	860
	5	45	6				240	220	880	860
	6	44	7				240	220	870	850
56	3	53	4	6	30	13	280	255	1000	1090
	4	52	5				275	250	1000	980
	5	51	6				270	250	990	965
	6	48	7				265	240	965	940
63	4	59	5	7	35	17	310	285	1135	1105
	5	58	6				310	280	1120	1095
	6	57	7				305	280	1110	1085
	8	55	9				300	275	1090	1065
	10	53	11				295	270	1070	1045
70	4	66	5	8	40	20	350	315	1265	1235
	5	65	6				345	315	1255	1220
	6	64	7				340	310	1240	1210
	7	63	8				340	310	1230	1200
	8	62	9				335	305	1225	1115
75	5	70	6	9	45	21.5	370	335	1345	1310
	6	69	7				365	335	1335	1305
	7	68	8				365	330	1330	1295
	8	67	9				360	330	1330	1285
	10	65	11				355	325	1300	1265
80	5	75	6	9	45	21.5	395	360	1440	1400
	6	74	7				395	360	1430	1390
	7	73	8				390	355	1420	1385
	8	72	9				385	350	1420	1375
	10	70	11				380	345	1390	1355
90	6	84	7	10	50	23.5	445	405	1615	1575
	7	83	8				440	400	1605	1565
	8	82	9				440	400	1600	1560
	10	80	11				435	395	1575	1535
	12	78	13				425	390	1555	1515
100	6	94	7	12	55	23.5	495	450	1815	1765
	7	93	8				495	450	1795	1745
	8	92	9				485	440	1780	1740
	10	90	11				485	440	1765	1720
	12	88	13				475	435	1740	1700
	14	86	15				470	430	1720	1680
	16	84	17				465	425	1705	1665
110	7	103	8	12	60	26	555	505	1980	1930
	8	102	9				550	490	1965	1915
	10	100	11				535	490	1945	1895
	12	98	13				530	480	1930	1880
	14	96	15				520	475	1910	1860
125	8	117	9	14	70	26	620	560	2245	2190
	10	115	11				610	555	2225	2170
	12	113	13				600	550	2205	2150
	14	111	15				600	545	2205	2150

续表

角钢尺寸		焊接接头尺寸		螺栓、铆钉连接规线			最小热弯半径		最小冷弯半径	
b	d	a	e	C	a'	D	R₁	R₂	R₁	R₂
140	10	130	11	14	80	32	690	625	2500	2440
	12	128	13				680	620	2485	2425
	14	126	15				675	615	2460	2400
	16	124	17				670	610	2440	2380
160	10	150	11	16	90	32	790	720	2875	2805
	12	148	13				785	715	2855	2785
	14	146	15				775	705	2740	2765
	16	144	17				775	705	2815	2765
180	12	168	13	16	100	32	890	805	3230	3150
	14	166	15				880	800	3210	3130
	16	164	17				875	795	3190	3110
	18	162	19				870	790	3160	3080
200	14	186	15	18	110	32	985	895	3575	3485
	16	184	17				980	890	3565	3475
	18	182	19				970	885	3535	3445
	20	180	21				965	880	3525	3435
	24	176	25				950	870	3470	3390

10.8.2 不等边角钢（附表10-10）

附表10-10 不等边角钢

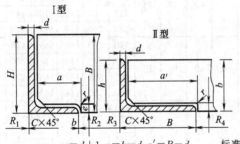

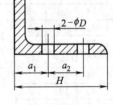

$e=d+1, a=b-d, a'=B-d$

标准 JB/T 5000.3—2007 规定冷弯半径同等边角钢

单位：mm

角钢尺寸			焊接接头尺寸				螺栓、铆钉连接规线						朝小的翼缘方向弯曲				朝大的翼缘方向弯曲			
			I	II			孔并列			孔交错排列			热弯半径		冷弯半径		热弯半径		冷弯半径	
B	b	d	a	a'	e	C	a₁	a₂	D	a₁	a₂	D	R₁	R₂	R₁	R₂	R₃	R₄	R₃	R₄
25	16	3	13	22	4	3							80	75	290	285	110	100	400	395
		4	12	21	5								75	70	280	280	105	100	390	385
32	20	3	17	29	4	4							100	90	370	360	140	130	520	510
		4	16	28	5								100	90	360	360	140	130	510	500
40	25	3	22	37	4	5							130	115	470	470	180	180	655	655
		4	21	36	5								125	115	460	460	175	160	645	630
45	28	3	25	42	4	5							150	135	535	535	200	185	745	730
		4	24	41	5								145	130	520	525	200	185	735	720
50	32	3	29	47	4	5	18	22	6.6	18	20	6.6	170	150	610	610	225	210	835	815
		4	28	46	5								165	150	600	600	220	190	820	790
56	36	3	33	53	4	7	18	25	6.6	18	20	6.6	190	170	690	690	255	235	935	915
		4	32	52	5								190	170	680	680	250	230	925	905
		5	31	51	6								185	165	670	670	250	230	915	895

续表

角钢尺寸			焊接接头尺寸				螺栓、铆钉连接规线						朝小的翼缘方向弯曲				朝大的翼缘方向弯曲			
							孔并列			孔交错排列			热弯半径		冷弯半径		热弯半径		冷弯半径	
B	b	d	I	II	e	C														
			a	a'			a₁	a₂	D	a₁	a₂	D	R₁	R₂	R₁	R₂	R₃	R₄	R₃	R₄
63	40	4	36	59	5	7	20	32	9	20	28	9	210	190	760	760	285	260	1045	1020
		5	35	58	6								210	185	755	750	285	260	1035	1005
		6	34	57	7								205	185	745	745	280	255	1025	1005
		7	33	56	8								200	180	730	730	275	255	1015	995
70	45	4	41	66	5	8	25	32	9	25	28	9	240	215	860	860	320	295	1165	1140
		5	40	65	6								235	215	850	850	315	290	1160	1135
		6	39	64	7								235	210	840	840	310	290	1145	1125
		7	38	63	8								230	210	830	830	310	285	1140	1115
75	50	5	45	70	6	9	28	32	9	30	28	9	260	235	945	945	340	315	1255	1225
		6	44	69	7								260	235	935	935	335	310	1240	1215
		8	42	67	9								252	230	915	915	330	305	1220	1195
		10	40	65	11								245	225	890	890	325	300	1200	1175
80	50	5	45	75	6	9	28	32	9	30	35	11	265	235	955	955	360	330	1325	1295
		6	44	74	7								260	235	945	945	355	330	1310	1285
		7	43	73	8								260	235	935	935	355	325	1305	1275
		8	42	72	9								255	230	925	925	350	325	1295	1265
90	56	5	51	85	6	10	30	40	11	30	40	13	300	265	1075	1075	405	375	1495	1460
		6	50	84	7								295	265	1065	1065	405	375	1485	1450
		7	49	83	8								290	260	1055	1055	400	370	1470	1440
		8	48	82	9								290	260	1045	1045	395	365	1460	1430
100	63	6	57	94	7	12	35	40	11	40	40	13	335	300	1205	1170	455	415	1660	1620
		7	56	93	8								330	295	1195	1160	450	415	1645	1615
		8	55	92	9								325	290	1185	1150	440	410	1635	1600
		10	53	90	11								320	290	1165	1130	440	405	1615	1585
100	80	6	74	94	7	12	35	40	11	40	40	13	410	370	1485	1490	475	435	1730	1690
		7	73	93	8								410	370	1480	1480	470	430	1720	1680
		8	72	92	9								405	365	1470	1460	470	430	1710	1670
		10	70	90	11								400	360	1445	1450	460	425	1690	1650
110	70	6	64	104	7	12	35	55	15	40	45	15	370	335	1340	1340	500	460	1835	1795
		7	63	103	8								370	330	1330	1335	495	460	1820	1780
		8	62	102	9								365	330	1325	1320	490	455	1810	1775
		10	60	100	11								360	325	1305	1305	485	450	1790	1750
125	80	7	73	118	8	14	45	55	15	55	35	23.5	425	380	1530	1530	570	525	2080	2035
		8	72	117	9								420	380	1520	1520	565	520	2070	2025
		10	70	115	11								415	375	1500	1500	555	515	2050	2010
		12	68	113	13								410	370	1480	1480	550	510	2030	1980
140	90	8	82	132	9	14	45	70	21	60	40	23.5	480	430	1720	1720	635	585	2330	2280
		10	80	130	11								470	420	1700	1700	630	580	2315	2265
		12	78	128	13								465	420	1680	1680	620	575	2290	2245
		14	76	126	15								460	415	1660	1660	615	570	2270	2225
160	100	10	90	150	11	16	55	75	21	60	70	26	530	475	1905	1910	720	660	2640	2580
		12	88	148	13								525	470	1900	1885	710	655	2600	2565
		14	86	146	15								515	465	1870	1870	705	655	2595	2545
		16	84	144	17								510	460	1845	1845	700	645	2575	2525
180	110	10	100	170	11	16	55	90	26	65	80	26	590	525	2115	2115	810	745	2980	2910
		12	98	168	13								580	520	2095	2095	800	740	2940	2880
		14	96	166	15								575	520	2075	2085	795	735	2930	2870
		16	94	164	17								510	510	2055	2055	790	730	2900	2840

续表

角钢尺寸			焊接接头尺寸					螺栓、铆钉连接规线						朝小的翼缘方向弯曲				朝大的翼缘方向弯曲			
			I	II				孔并列			孔交错排列			热弯半径		冷弯半径		热弯半径		冷弯半径	
B	b	d	a	a'	e	C		a_1	a_2	D	a_1	a_2	D	R_1	R_2	R_1	R_2	R_3	R_4	R_3	R_4
		12	113	188	13									665	595	3030	2390	900	830	3295	3225
200	125	14	111	186	15	18		70	90	26	80	80	26	655	590	3025	2370	890	820	3275	3205
		16	109	184	17									650	590	3020	2350	890	815	3255	3190
		18	107	182	19									640	580	3015	2330	880	815	3240	3180

10.8.3 热轧普通槽钢（附表 10-11）

附表 10-11 热轧普通槽钢

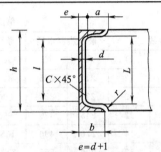

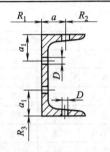

标准 JB/T 5000.3—2007 规定
卷圆冷弯弯曲半径 $R \geqslant 45b$ 或
$R \geqslant 25h$（随弯曲方向定）

单位：mm

型号	焊接接头尺寸					螺栓、铆钉连接规线				最小热弯半径			最小冷弯半径		
	L	l	a	C	c	b	a	a_1	D	R_1	R_2	R_3	R_1	R_2	R_3
5	38	31	33	3	5.5	37	21		12	155	145	155	575	565	600
6.3	51	43	36	4	5.8	40	22			175	160	195	645	635	755
8	66	58	38	5	6.0	43	25	29	14	190	175	245	700	685	960
10	86	77	43		6.3	48	28	30		220	200	305	805	790	1200
12.6	104	94	48	6	6.5	53	30	34	18	250	230	385	910	890	1510
14a	124	114	52	6	7.0	58	35	36	18	270	250	430	1005	980	1680
14b					9.0	60				295	265		1065	1010	
16a	144	133	57	6	7.5	63	36	39	20	305	275	490	1105	1080	1920
16					9.5	65				320	290		1170	1140	
18a	162	150	61	6	8	68	38	40	20	335	305	555	1210	1180	2160
18					10.0	70				350	315		1270	1240	
20a	182	169	66	7	8.0	73	40	41	22	360	325	615	1300	1270	2400
20					10.0	75				375	340		1370	1335	
22a	200	186	70	7	8.0	77	42	43	22	380	345	675	1380	1345	2640
22					10.0	79				400	360		1450	1410	
a	230	215	72	7	8	78	45	46	26	390	350	770	1415	1380	2995
25b					10	80				410	370		1485	1445	
c					12	82				430	385		1550	1505	
a	258	242	76	7	8.5	82	46	48	26	415	375	860	1505	1465	3360
28b					10.5	84				445	400		1575	1530	
c					12.5	86				455	410		1640	1595	
a	296	278	80	8	9	88	49	50	30	445	405	985	1620	1575	3840
32b					11	90				455	410		1690	1640	
c					13	92				485	435		1770	1710	
a	334	316	88	9	11.0	96	55	55	30	490	445	1105	1775	1720	4320
36b					12.0	98				505	455		1835	1795	
c					14.0	100				525	470		1890	1840	
a	370	352	90	10	11.5	100	60	59	30	515	460	1230	1855	1805	4800
40b					13.5	102				530	475		1915	1860	
c					15.5	104				555	490		1970	1915	

10.8.4　热轧普通工字钢（附表 10-12）

附表 10-12　热轧普通工字钢

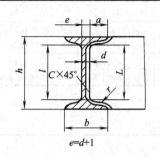

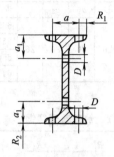

标准 JB/T 5000.3—2007 规定卷圆冷弯弯曲半径 $R \geqslant$ 25h 或 $R \geqslant 25b$（随弯曲方向定）

单位：mm

型号	焊接接头尺寸					螺栓、铆钉连接规线				最小热弯半径		最小冷弯半径	
	L	l	a	C	c	b	a	a_1	D	R_1	R_2	R_1	R_2
10	88	77	32	4	5.5	68	36	—	12	210	305	815	1200
12.6	106	95	35	4	6.0	74	40	—	12	225	385	890	1510
14	126	113	38	5	6.5	80	44	—	12	245	430	960	1680
16	144	130	41	5	7.0	88	48	—	14	270	490	1055	1920
18	164	149	44	5	7.5	94	50	45	17	290	555	1130	2160
20a	182	166	47	5	8.0	100	54	47	17	305	615	1200	2400
20b					10.5	102			17	315		1220	
22a	202	185	52	5	8.5	110	60	48	17	340	675	1320	2640
22b					10.5	112			17	345		1345	
25a	220	202	55	5	9	116	65	54	20	355	770	1390	2995
25b					11	118			20	365		1415	
28a	248	229	58	5	9.5	122	66	56	20	375	860	1465	3360
28b					11.5	124			20	380		1490	
a	308	288	61	6	10.5	130	75	58	22	400	985	1560	3840
32b					12.5	132				405		1585	
c					14.5	134				410		1610	
a	336	316	64	6	11.0	136	80	64	22	420	1105	1630	4320
36b					13.0	138				425		1655	
c					15.0	140				430		1680	
a	376	354	66	7	11.5	142	80	65	24	435	1230	1705	4800
40b					13.5	144				440		1730	
c					15.5	146				450		1750	
a	424	400	70	7	12.5	150	85	67	24	460	1380	1800	5395
45b					14.5	152				465		1825	
c					16.5	154				475		1850	
a	472	446	74	7	13.0	158	90	70	24	485	1535	1895	6000
50b					15.0	160				490		1920	
c					17.0	162				500		1940	
a	520	494	78	8	13.5	166	94	72	26	510	1720	1995	6720
56b					15.5	168				515		2015	
c					17.5	170				520		2035	
a	590	564	83	8	14.0	176	95	75	26	540	1935	2110	7560
63b					16.0	178				545		2135	
c					18.0	180				565		2160	

11 常用设计资料

11.1 金属材料的耐蚀性（附表 11-1）

附表 11-1 金属材料的耐蚀性

腐蚀剂	质量分数/%	温度/℃	碳素钢	铸铁	SUS 304	SUS 316	SUS 440C	SUS 630	20C-30N	青铜	镍	锰	哈氏合金B	哈氏合金C	镍铬铁耐热合金	钛	锆
丙酮	100	常温	A	A	A	A	A	A	A	A	A	A	A	A	A	A	A
丙酮	100	100	A	A	A	A	A	A	A	A	A	A	A	A	A	A	A
乙炔	100	常温	A	A	A	A	A	A	A	A	A[1]	A	A	A	A	A	A
乙炔	100	100	A	A	A	A	A	A	A	—	—	A	A	A	A	—	—
乙醛		常温	A	A	A	A	A	A	A	A	A	—	A	A	A	—	
苯胺	100	常温	A	A	A	A	A~B	A~B	A	C	A~B	A~B	A	A	A	A	
亚硫酸气（干）		常温	A	A	A	A	A	A	A	—	—	—	A	A	A	A	
亚硫酸气（干）		100	A	A	A	A	A	A	A	—	—	—	A	A	A	A	
亚硫酸气（湿）	5	常温	C	C	A	A	A	A	A	—	A	A	—	A	A	B	
亚硫酸气（湿）	全浓度	100	C	C	C	B	—	—	A	B	C	C	A	A	A	C	
乙醇（乙基）	全浓度	常温	A~B	A~B	A	A	A	A	A	A	A	A	A	A	—	A	A
乙醇（甲基）	全浓度	常温	A~B	A~B	A	A	A	A	A	A	A	A	A	A	A	A	A
安息香酸	全浓度	常温	C	C	A~B	A~B	A~B	A~B	A~B	A~B	A~B	A~B	A	A	A~B	A	A
氨	100	常温	A	A	A	A	A	A	A	A	A~B	A~B	A	A	A	A	
氨湿蒸汽		常温	A	A	A	A	A	A	A	C	C	C	A	A	A	A	—
氨湿蒸汽		70	B	B	A	A	A	A	A	C	C	C	A~B	A	A	A	A
硫（熔融）	100		A	A	A	A	A	A	A	A	—	—	A	A	A	—	
乙烷			A	A	A	A	A	A	A	A	—	—	A	A	A	—	
乙二醇	30		A	A	A	A	A~B	A	A~B	—	—	A	A	—	A	A	
氯化锌	5	常温	C	C	C[2]	B[2]	C	C	A	B	A~B	A~B	A~B	A~B	—	A	A
氯化锌	5	沸腾	C	C	C	C	C	C	A	B	—	A~B	A~B	A~B	—	A	A
氯化铝	5	常温	C	C	A	A	—	A	A	C	B	A~B	—	A	A~B	A	A
氯化铝	1	常温	C	C	A	A	C	—	A	B	A	A~B	—	A	A	A	
氯化铵	10	沸腾	C	C	C	B	C	—	A~B	C	A~B	A~B	A	A~B	A	A	A
氯化铵	28	沸腾	C	C	C	B	C	—	A~B	C	A~B	A~B	A	A~B	—	A	A
氯化铵	50	沸腾	C	C	C	B	C	—	A~B	C	A~B	A~B	A	A~B	—	A	A
氯化硫（干）		常温	C	C	C	C	C	A~B	A~B	A~B	A~B	A~B	A	A~B	—	—	
氯化乙烯	100	常温	A[3]	A~B	A[3]	A[3]	A[3]	A[3]	A[3]	A	A	A	A	A	A	A	—
氯化钙	0~60	常温	A~B	A~B	A~B	A~B	A~B	A~B	A~B	A	A	A	A	A	A	A	A
氯化银		常温	C	C	C	C	C	C	B	C	A~B	A~B	C	A~B	—	A	—
氯化钠			C	C	B	A~B	B	C	A~B	A	A	A	A	A	A	A	
盐酸	1~5	<30	C	C	C	B	C	C	B	B	B	B	A	A	B	A~B	A
盐酸	1~5	<50	C	C	C	C	C	C	B	C	B	B	A	B	A	B	A
盐酸	1~5	沸腾	C	C	C	C	C	C	C	C	C	C	A	C	C	C	A
盐酸	5~10	<30	C	C	C	C	C	C	B	B	B	B	A	A	B	C	A
盐酸	5~10	<70	C	C	C	C	C	C	C	C	C	C	A	B	C	C	A
盐酸	5~10	沸腾	C	C	C	C	C	C	C	C	C	C	C	A	C	C	A

续表

腐蚀剂	质量分数/%	温度/℃	碳素钢	铸铁	SUS 304	SUS 316	SUS 440C	SUS 630	20C-30N	青铜	镍	锰	哈氏合金B	哈氏合金C	镍铬铁耐热合金	钛	锆
盐酸	10~20	<30	C	C	C	C	C	C	C	C	C	B	A	A	B	C	A
	10~20	<70	C	C	C	C	C	C	C	C	C	C	A	B(<50℃)	C	C	A
	10~20	沸腾	C	C	C	C	C	C	C	C	C	C	B	C	C	C	B
	>20	<30	C	C	C	C	C	C	C	C	C	C	A	C	C	C	A
	>20	<80	C	C	C	C	C	C	C	C	C	C	—	C	C	C	A
	>20	沸腾	C	C	C	C	C	C	C	C	C	C	A	C	C	C	B
氯	干	<30	A	A	A	A	A	A	A	A	A	A	A	—	—	C	A
	湿	<30	C	C	C	C	C	C	—	A			A	—	—	A	—
海水		常温	C	C	A[4]	A[5]	C[5]	A[5]	A[5]	A[5]	A	A	A	A	—	A	A
过氧化氢	<30	常温	—	—	A	A	A~B	A~B	A	C	A	A	A	A	A	A	A
苛性钠	<10	<30	A	A	A	A	A	A	A	B	A	A	A	A	A	A	A
	<10	<90	A~B	A~B	A	A	A	A	A	B	A	A	A	A	A	A	A
	<10	沸腾	—	—	A	A	A	A	A	B	A	A	A	A	A	A	A
	10~30	<30	A	A	A	A	A	A	A	C	A	A	A	A	A	A	A
	10~30	<100	A	A	A	A	A	A	A	C	A	A	A	A	A	A	A
	10~30	沸腾	—	—	B	B	—	—	A	C	A	A	A	A	A	A	A
	30~50	<30	A	A	A	A	A	A	A	C	A	A	A	A	A	A	A
	30~50	<100	B	B	A	A	—	B	A	C	A	A	A	A	A	A	A
	30~50	沸腾								C	A	A	A	A	A	A	A
	50~70	<30	C	C	B	B	—	—	B	C	A	A	A	A	A	A	A
	50~70	<80	C	C	—	—	—	—	—	C	A	A	A	A	A	A	A
	50~70	沸腾	C	C	—	—	—	—	—	C	A	A	A	A	A	A	A
	70~100	≤260	—	—	B	B	—	—	B	—	A	B	B	B	B	—	—
	100	≤480			C	C			C		A	B	B	B	B		
甲酸	<10	常温	C	C	A	A	C	B	A	C	—	A~B	A	A	A~B	—	A
柠檬酸	5	<70	C	C	A~B	A	A	A	A	C	A~B	A~B	A	A	A	A	A
	15	常温	C	C	A~B	A	B	A~B	A	C	A~B	A~B	A	A	A	A	A
	15	沸腾	C	C	A~B	A	B	—	A	C	A~B	A~B	A~B	A	A~B	—	A~B
	浓	沸腾	C	C	C	B	—	—	A	C	—	—	A	A	A	—	A
杂酚油			A	A	A	A	A	A	A	C	A	A	A	A	A	A	A
铬酸	5	<66	C	C	B	B	C		A~B	C	C	C	A~B	A~B	A	A	A
	10	沸腾	C	C	C	C	C		C	C	C	C	A~B	B	A	A	A
	浓	沸腾	C	C	C	C	C		C	C	C	C	—	—	A	A	A
铬酸钠			—	—	A	A	—	—	A	A	A	A	—	A	—	—	—
醋酸	≤10	≤30	C	C	A	A	A~B	A	A	B~C	A	A	A	A	A	A	A
	≤10	沸腾	C	C	A	A	—	—	A	B~C	—	A~B	A	A	A	A	A
	10~20	<60	C	C	A	A	—	—	A	—	A	—	A	A	A	A	A
	10~20	沸腾	C	C	A	A	—	—	A	—	—	—	A	A	A	A	A
	20~50	<60	C	C	A	A	—	—	A	—	A	A	A	A	A	A	A
	20~50	沸腾	C	C	A	A	—	—	A	—	—	—	A	A	A	A	A
	50~99.5	<60	C	C	A	A	—	—	A	—	—	—	A	A	A	A	A
	50~99.5	沸腾	C	C	A	A	—	—	A	—	—	—	A	A	A	A	A
	无水	常温	C	C	A~B	A	—	—	A	—	A	A	A	A	A	A	A
醋酸钠			A~B	A~B	A~B	A~B	A~B	A~B	A~B	A~B	A~B	A~B	A~B	A~B	A~B	A	A
次亚氯酸钠	<20	常温	C	C	C	B	C	C	B	C	C	C	—	A	C	A	A

腐蚀剂	质量分数/%	温度/℃	碳素钢	铸铁	不锈钢 SUS304	SUS316	SUS440C	SUS630	20C-30N	青铜	镍	锰	哈氏合金B	哈氏合金C	镍铬铁耐热合金	钛	锆
四氯化碳			B	B	A	A	B	A	A	A	A	A	A	A	A	A	A
草酸	5	常温	C	C	A~B	A~B	A~B	A~B	A	—	C	A~B	A	A	A	A~B	A
	10	常温	C	C	A~B	A~B	A~B	A~B	A	—	C	A~B	A	A	A	C	A
	10	沸腾	C	C	C	A~B	C	C	A	—	C	A~B	B	A	A	C	A
	≤0.5	≤30	C	C	A	A	A	A	A	C	C	C	C	A	A	A	A
	≤0.5	≤60	C	C	A	A	A	A	A	C	C	C	C	A	A	A	A
	≤0.5	沸腾	C	C	A	A	A	A	A	C	C	C	C	A	A	A	A
	0.5~20	≤30	C	C	A	A	A	A	A	C	C	C	C	A	—	A	A
	0.5~20	≤60	C	C	A	A	A	A	A	C	C	C	C	A	—	A	A
	0.5~20	沸腾	C	C	A	A	A	—	A	C	C	C	C	—	—	A	A
	20~40	≤30	C	C	A	A	A	A	A	C	C	C	C	A	—	A	A
	20~40	≤60	C	C	A	A	A	A	A	C	C	C	C	A	—	A	A
	20~40	沸腾	C	C	A	A	—	A	A	C	C	C	C	—	—	C	A
硝酸	40~70	≤30	C	C	A	A	A	A	A	C	C	C	C	—	—	A	A
	40~70	≤60	C	C	A	A	A	A	A	C	C	C	C	—	—	A	A
	40~70	沸腾	C	C	B	B	B	B	B	C	C	C	C	—	—	C	A
	70~80	≤30	C	C	A	A	A~B	A~B	A	C	C	C	C	—	—	A	A
	70~80	≤60	C	C	A	A	—	—	B	C	C	C	C	—	—	A	A
	70~80	沸腾	C	C	C	C	—	—	C	C	C	C	C	—	—	C	A
	80~85	≤30	C	C	A	A	—	—	A	C	C	C	C	—	—	A	A
	80~85	≤60	C	C	A	A	—	—	B	C	C	C	C	—	—	A	A
	80~85	沸腾	C	C	C	C	—	—	C	C	C	C	C	—	—	A	A
	≥95	≤30	A	—	A	A	—	—	A	—	—	—	—	—	—	A	A
硝酸根			C	C	A	A	A~B	A~B	A	C	C	C	A~B	A~B	—	A	A
氢氧化钾	5	常温	A~B	A~B	A	A	A~B	A	B	A	A	A~B	A	A~B	A	A	—
	27	沸腾	A~B	A~B	A	A	A~B	—	A~B	B	A	A	A~B	A~B	A~B	C	A
	50	沸腾	—	—	B	A	—	—	A~B	—	A	A	A~B	A~B	A~B	C	A
氢氧化镁	浓	常温	A	A	A	A	A	A	A	A	A	A	A	A	A	A	A
氢	100	常温	A	A	A	A	A	A	A	A	A	A	A	A	A	A	A
水银	100	沸腾	A	A	A	A	A	A	A	C	A~B	A~B	A	A	A	—	A
硬脂酸	浓	50	—	C	A	A	A~B	A~B	A	C	A~B	A~B	A	A	A	A	—
焦油	浓	常温	A	A	A	A	A	A	A	A	A	A	A	A	A	A	A
碳酸钠	全浓度	常温	A	A	A	A	A	A	A	A	A	A	A	A	A	A	A
硫代硫酸钠	20	常温	C	C	A~B	A~B	—	—	A	—	—	A	A	A	A	—	—
松节油			B	B	A	A	—	—	A	A	—	A	A	A	A	A	A
三氯乙烯			A~B	A~B	A	A	A	A	A	A	A	A	A	A	A	A	A
二氧化碳 干		常温	A	A	A	A	A	A	A	A	A	A	A	A	A	A	A
二氧化碳 湿		常温	C	C	A	A	A	A	A	B	A	A	A	A	A	A	A
二硫化碳			A	A	A	A	B	—	A	C	—	A	A	B	A	A	A
苦味酸			C	C	A~B	A~B	A~B	A~B	A	C	C	C	C	A	A~B	—	—
氟酸	混入蒸气		C	C	C	C	C	C	C	C	C	A~B	A	B	C	C	C
	未混空气		C	C	C	A	C	C	C	C	C	A	A	A~B	C	C	C
氟利昂 干			A~B	A~B	A	A	A	A	A	A	A	A	A	A	A	—	A
氟利昂 湿			B	B	B	A	—	—	A	A	—	A	A	A	A	—	A
丙烷			A	A	A	A	A	A	A	A	A	A	A	A	A	A	A
丁烷			A	A	A	A	A	A	A	A	A	A	A	A	A	A	A

腐蚀剂	腐蚀条件 质量分数/%	腐蚀条件 温度/℃	碳素钢	铸铁	不锈钢 SUS304	不锈钢 SUS316	不锈钢 SUS440C	不锈钢 SUS630	不锈钢 20C-30N	青铜	镍	锰	哈氏合金B	哈氏合金C	镍铬铁耐热合金	钛	锆
汽油			A	A	A	A	A	A	A	A	A	A	A	A	A	A	A
硼酸			C	C	A	A	B	A	A	A~B	A~B	A~B	A	A	A~B	A	A
甲酸			B	B	A	A	A	A	A	A	A	A	A	A	A	A	A
乳品			—	—	A	A	—	—	A	—	—	—	A	—	—	—	—
丁酮			A	A	A	A	A	A	A	A	A	A	A	A	A	A	A
硫化氢		湿	B~C	C	A~B	A~B	—	A	B	C	C			A	B	A	
	≤0.25	≤30	C	C	A	A		A		A~B	A		A	A	A	A	A
		≤60	C	C	A	A		A~B	A	A~B	A		A	A	A	A	A
		沸腾	C	C	A	A		A~B	A	C	A		A	A	A	A	A
	0.5~5	≤30	C	C	B	B		C	A	C	C		A	A	C	C	A
		≤60	C	C	C	B		C	A	C	C		A	A	C	C	A
		沸腾	C	C	C	C		C	A	C	C		A	A	C	C	A
	5~25	≤30	C	C	B~C	C		C	A	C	C		A	A	C	C	A
		≤50	C	C	C	C		C	A	C	C		A	A	C	C	A
		沸腾	B~C	C	C	C		C	B(>80℃)	C	C		A	B	C	C	A
	25~50	≤30	C	C	C	C	C	C	A	C	C		A	A	C	C	A
		≤50	C	C	C	C	C	C	A	C	C		A	A	C	C	A
		沸腾	C	C	C	C	C	C	C	C	C		B	C	C	C	—
硫酸	50~60	≤30	C	C	C	C	C	C	A	C	C		A	A	C	C	A
		≤60	C	C	C	C	C	B	A	C	C		A	B	C	C	A
		沸腾	C	C	C	C	C	C	C	C	C		C	C	C	C	A~B
	60~75	≤30	C	C	C	C	C	C	A	C	C		A	A	C	C	A~B
		≤60	C	C	C	C	C	B	A	C	C		A	B	C	C	A~B
		沸腾	C	C	C	C	C	C	C	C	C		B	C	C	C	C
	75~90	≤30	B	C	B	B	C	C	A	C	C		A	—	—	—	A
		≤50	C	—	C	B	C	C	B	C	C		A	—	—	—	A
		沸腾	C	C	C	C	C	C	C	C	C		C				
	95~100	≤30	A(>98%)		A(>98%)	A(>98%)			A		C	C	A	A	A		A
		≤50	B(>98%)		B(>98%)	B(>98%)	C	C	A~B		C	C	A	B~C			A
		沸腾	—						C		C	C	C	C			
硫酸锌	5	常温	—		A	A			A	A	A~B	A~B	A	A	A~B		
	饱和 25	常温	—		A	A			A	A	—	—	A	A	A~B		
		沸腾	—		A	A			A	B	—	—	A	A	—		
硫酸铵	1~5	常温	—		A	A			A	—	A	A	A	A	—		
硫酸铜	<25	<100	—		A	A			A	—	—	—	A	—	A	A	
磷酸	≤65	≤30	C	C	A(>50%)	A			A				A	A	A(>50%)		A
		≤70	C	C	A[6]	A[6]			A[6]				A[6]	A	A	A(>25%)	A
		沸腾	C	C	A~B	A			A				A	A	A	A(>50%)	
	65~85	≤30	C	C	C	A			A				B	A	—		—
		≤90	C	C	C	A			A				B	A	—		—
		沸腾	C	C	C	C			A				C	A~B	—		—

① 铜及铜合金当存在水分时会爆炸。
② 有产生凹痕和应力腐蚀龟裂的可能性。
③ 存在水分则应为"C"。
④ 钽的质量分数在30%以上时,在沸腾状态下才为"B"或"C"。
⑤ 有可能发生孔蚀。
⑥ 蒙乃尔合金时,未混入空气时的数据。
注:1. 表中 A、B、C 分别表示耐腐蚀性优异、良好、尚可,"—"表示未进行试验。
2. 选自《化工机械材料便览》。

11.2 管道分界 （HG/T 20549.1—1998）

地下管道与地上管道的分界应在基准设计平面以上 500mm 处（相对标高 EL100.500）。界外管道图中所标注的坐标均为工厂坐标，所标注的标高为绝对标高。坐标和标高以米计，精确到小数点后三位。图中标注的尺寸以毫米计。图中标高代表符号如下：

管中心标高——$\mathcal{C}$ LEL

管道底标高——BOP EL

支架顶标高——TOS EL

管道中心标高 $\xrightarrow{i=0.003}$

11.3 管道材料等级填写

11.3.1 管子、管件标题栏中各栏填写说明

(1) 制造栏：对于管子，填写 SMLS（无缝）、EFW（电熔焊）、ERW（电阻焊）。

对于管件（弯头、三通、异径管、管帽），填写 S（无缝）、W（焊接）。

(2) 端部栏：对于管子，填写 BE（坡口）、PE（平端）、TE（螺纹）。

对于管件，填写 BW（对焊）、SCRD（螺纹）、SW（承插）。

(3) 壁厚栏：对于管子，填写 Sch×××（管标号）或毫米数。

对于承插管件，填写磅级数，如 3000#。

(4) 标准号栏：填写标准号或参考图号。

11.3.2 法兰、垫片及螺栓/螺母标题栏中各栏填写说明

(1) 类型栏：对于法兰，填写 SW（承插）、SO（滑套）、WN（对焊）等。

对于垫片，填写厚度值，如 4.5t。

对于螺栓，填写 SB（双头）、MB（单头）。

(2) 密封面栏：对于法兰，填写 RF（突面）、MF（凹面）、G（槽面）等。

11.3.3 阀门标题栏中各栏填写说明

(1) 端部栏：填写 FLG（法兰）、SW（承插）、SCRD（螺纹）等。

(2) 类型栏：对于止回阀应填写 LIFT（升降）、SWNG（旋启）等。

(3) 阀号栏：填写阀门型号。

(4) 阀体/阀芯栏：填写阀体/阀芯材料。

11.4 管道支架估算

当受初步设计深度条件所限，提不出管道支架重量时，可参见附表 11-2 估算管道支架。

附表 11-2 管道支架估算

序号	管 材 名 称	管架材质及重量	
		材质	重量/(kg/t)
1	焊接钢管、低中压无缝钢管	碳钢	200
2	高压无缝钢管	碳钢	240
3	低中压铬钼钢管、低中压不锈钢及卷管	碳钢、不锈钢	116、35
4	高压铬钼钢管、高压不锈钢管	碳钢、不锈钢	190、50
5	钛管	碳钢	200
6	铝管	碳钢	285
7	铝板管、铝镁、铝锰合金管	碳钢	230
8	铜管	碳钢	185
9	铅管	碳钢	100
10	硅铁管、铸铁管	碳钢	200
11	衬里钢管	碳钢	250
12	搪玻璃管	碳钢	200
13	玻璃管	碳钢	500
14	石墨管	碳钢	300
15	玻璃钢管、聚氯乙烯管、酚醛石棉塑料管	碳钢	285

11.5 综合材料余量

材料的单重应计到小数点后两位，总重计到小数点后一位（贵重金属材料计到小数点后三位）。管材、板材、型钢、管件等每项填写完后，应作出重量小计。管段表或轴测图中的材料表所列的数量是根据设计图纸统计的净量，既不包括现场切割及使用过程中的损耗量，也未包括因设计考虑不周（如缺高点放空、低点导淋或更改设计等）而缺少的材料，所以综合材料表中材料量需加一定的富余量。现提供一般情况下的余量百分数供参考（附表 11-3），可根据流程的繁简、装置的大小作适当调整。

附表 11-3　综合材料余量

项　目	尺寸/(″)	余量/%	项　目	尺寸/(″)	余量/%
管子	$\frac{1}{2}\sim1\frac{1}{2}$	20	管件(包括法兰、弯头、三通、异径管等)	14～24	3
	2～6	15	螺栓、螺母	对于每种规格	30
	8～12	7	管架材料		30
	14～24	3	阀门	$\frac{1}{4}\sim1\frac{1}{2}$	15
管件(包括法兰、弯头、三通、异径管等)	$\frac{1}{2}\sim1\frac{1}{2}$	15		2～6	7
	2～6	10		8～12	3
	8～12	5		12～24	0

11.6 磅级与压力对应关系（附表 11-4）

附表 11-4　美洲体系与欧洲体系压力对应关系

磅级 Class	150	300	400	600	800	900	1500	2500
压力 PN/MPa	2.0	5.0	6.8	10.0	14.0	15.0	25.0	42.0

11.7 K 级与磅级对应关系（附表 11-5）

附表 11-5　K 级与磅级对应关系

K 级	10	20	40	63	100
磅级 Class	150	300	600	900	1500

11.8 大气压与海拔对照（附表 11-6）

附表 11-6　大气压与海拔对照

海拔/m	−600	0	100	200	300	400	500	600	700	800	900	1000	1500	200
大气压力/mH₂O	11.3	10.3	10.2	10.1	10.0	9.8	9.7	9.6	9.5	9.4	9.3	9.2	8.6	8.4

12 管道的无损检测（GB 50316—2000）

（GB 50316—2000 附录 J 管道的无损检测）

J.1　管道组成件制造的无损检测

J.1.1　管道组成件的无损检测应不低于现行国家标准中规定的无损检测要求。下列情况应在设计文件中补充规定：

J.1.1.1　在现行国家标准中指定产品按用户要求协商决定的无损检测项目，且设计需要时；

J.1.1.2　产品标准中采用涡流探伤时，除 D 类流体管道外，还应增加焊缝的 100% 超声波检测。

J.1.2　不属于钢管制造厂生产线制造的钢板卷管（焊接钢管），板材应符合本规范第 4.4.1 条第 4.4.1.3 款的规定。纵向及环向焊缝的无损检测比例应不低于本附录中"管道施工中的无损检测"的规定。

J.1.3　剧烈循环条件或做替代性试验的管道，用焊接钢管时，焊缝应进行 100% 无损检测。

J.1.4　焊缝的无损检测均指采用超声波或射线检测。

J.1.5　检测合格标准应符合现行国家标准《现场设备、工业金属管道焊接工程施工及验收规范》GB

50236 及《工业金属管道工程施工及验收规范》GB 50235 的规定。

J.2　管道施工中的无损检测

J.2.1　现场管道施工中对于环焊缝、斜接弯管或弯头焊缝及嵌入式支管的对焊缝应按表 J.2.1 的要求进行无损检测。工程设计另有不同检测的要求时，应按工程设计文件的规定执行。

表 J.2.1　管道施工中的无损检测

无损检测比例	需要检测的管道
100%	(1)做替代性试验的管道
	(2)剧烈循环条件
	(3)A1 类流体
	(4)设计压力大于或等于 10MPa 的 B 类及 A2 类流体
	(5)设计压力大于或等于 4MPa,设计温度高于或等于 100℃的 B 类及 A2 类流体
	(6)设计压力大于或等于 10MPa,设计温度高于或等于 400℃的 C 类流体
	(7)设计温度低于－29℃的所有流体
10%	(8)设计压力大于或等于 4MPa,且低于以上(4)～(6)项参数的 B 类、C 类及 A2 类流体
5%	(9)除上述 100%和 10%的检测及 D 类流体以外的管道
不做无损检测	(10)所有 D 类流体管道

注：1. 对于 D 类流体管道要求进行抽查时，应在设计文件中规定，抽查不合格应修复，但不要求加倍抽查。

2. 夹套内管的所有焊缝在夹套以内时应经 100%无损检测。

J.2.2　除注明外，无损检测均指采用射线照相或超声波检测。

J.2.3　检测合格标准应符合有关管道施工及焊接的现行国家规范的规定。

J.2.4　本附录表 J.2.1 中 100%无损检测的管道，其承插焊焊缝及支管连接的焊缝可采用磁粉或液体渗透法检测，或按工程设计文件的规定进行检测。

J.2.5　氧气管道按 C 类流体的检测要求。

J.2.6　局部无损检测的焊缝选择应保证每一个焊工焊接的焊缝都按比例进行检测。

J.2.7　施工工地制造的管道组成件应符合本附录第 J.1.2 条的规定。

J.2.8　对制造厂生产的制品，需要现场抽查时，应在工程设计文件中指定。

13　设备材料采购要求（HG/T 20701.11—2000）

13.1　适用范围

13.1.1　本文规定了容器、换热器和特殊设备专业负责的设备（材料），在设备询价阶段和订货阶段所采用的请购单和/或技术规格书的格式及其编写要求，适用于设计技术管理和质量管理。

13.1.2　设备/材料（询价、订货）请购单/技术规格书，及其附件是设备（材料）采购的技术附件。同一工程设计中可根据采购设备（材料）或物品的特点，及要求选择其中的一种或两种，但对于同一采购包的设备（材料）或物品只选用其中一种。

13.1.3　设备/材料（询价、订货）请购单/技术规格书是设备（材料）采购活动中的重要技术文件，只对公司（院）负责总承包项目或用户委托公司（院）进行采购服务的项目才需要编写，对公司（院）只承担工程设计的项目则不编写。

13.2　设备/材料（询价、订货）请购单

13.2.1　设备/材料（询价、订货）请购单是一份以表格型式表述的设备（材料）采购技术附件，其目的是告诉投标者（卖方）询价（订货）设备（材料）或物品的名称、规格、数量、供货范围和要求。

13.2.2　设备/材料（询价、订货）请购单，通常适用于种类比较单一，不需要附加更多技术说明的设备、材料或物品。例如：完全由制造厂负责设计制造的板式换热器、螺旋板换热器；容器中需单独外购的部件；小批或大宗材料等。

13.2.3　设备/材料（询价、订货）请购单应按相关专业设计质量保证程序的要求，经校审和设计经理批准后再送采购部门。

13.2.4　设备/材料（询价、订货）请购单编制说明

(1) 设备/材料（询价、订货）请购单通常由两部分组成（格式见附录 A），即主表（包括首页和续页）和附表（卖方提供的图纸资料清单）。采购设备和单独外购（零）部件时，选用主表和附表。采购材料时可只选用主表，对供货要求（包括钢厂数据报告、合格证等），可用文字叙述并附在"货物名称及规格"栏之后。

(2) 货物的名称、规格、数量应具体、明确，且与附件中所述的相一致。对于大宗材料，可根据材料、品种、规格只列出标题，详细品种规格以附表的形式表示。

(3) 设备、材料或物品的品种、规格较多，主表的首页填写不完时，须用续页填写，最后根据主表和附表的总数按顺序统一编页码。

(4) 表中"技术附件"指本采购包涉及的设备或材料（询价、订货）简图（工程图）、数据表、设备通用技术规定、工程标准等，通常只列出文件号及版次。

(5) 设备（材料）采购中其他的必要说明可以以文字表述并附在"货物名称及规格"栏之下。

(6) 设备（询价、订货）请购单的填写样例见附录 B。材料（询价、订货）请购单的填写样例见附录 C。

13.3 设备/材料（询价、订货）技术规格书

13.3.1 设备/材料（询价、订货）技术规格书是一种以文字表述的设备（材料）采购技术附件，其目的是告诉投标者（卖方）询价（订货）设备（材料）或物品的名称、数量、供货范围和要求等。

13.3.2 设备/材料（询价、订货）技术规格书适用于同一采购包内所包含的设备规格种类较多并需要附加更多说明的场合。

13.3.3 设备/材料（询价、订货）技术规格书应按相关专业设计质量保证程序的要求，经校审和设计经理批准后再送采购部门。

13.3.4 设备/材料（询价、订货）技术规格书的编制说明

虽然各类设备（材料）和物品的情况有所不同，但其技术规格书的基本内容是类似的，一般包括：总则、设计、供货范围、卖方提供的图纸资料和报价要求等部分。

(1) 总则

① 范围

在本节中应阐明本技术规格书是为哪一个工程项目编制的，所包括的设备（材料）和/或物品的名称、位号和数量，并指出当所提供的设备（材料）和物品与买方所提出的要求有偏离时应如何处理。

② 标准、规范及相关文件

在本节中应阐明本采购包所包含设备（材料）和/或物品的设计、材料、制造和检验应遵循的标准、文件、资料和卖方的责任范围，并指出当相关技术文件存在有矛盾时的处理办法。

(2) 设计

① 强调设备（材料）和物品的设计、选材、检验和试验应遵循买方提供的设计图纸和相关文件的要求。

② 强调卖方所提供的文件和图纸采用的度量单位及文字种类。

③ 指明设备和物品采用的材料标准，当采用与规定不同的材料时的处理办法。

(3) 供货范围

① 本节应阐明本技术规格书中所涉及的设备和物品的供货范围，当需配备专用工具时，还应详细列出专用工具的供货清单或细目。

② 本节应阐明本技术规格书所涉及的设备，应附的开车备件和两年操作备件的要求。

(4) 卖方提供的图纸资料

本节应明确投标者在报价阶段提供的技术附件的内容和份数。如投标者成为供货商（卖方）时，它应提供的供审查的先期确认图纸资料（ACF）和最终确认图纸资料（CF）的内容、份数和提交日期。

(5) 报价要求

本节应阐述随报价提供的技术附件的要求、报价图的内容和深度。

13.4 其他

13.4.1 工程采购开始前，容器、换热器和特殊设备专业应与采购部门协商，对所有需要采购的设备、材料和物品进行分类并划分成若干个采购包，按本公司（院）档案管理标准规定或工程项目的要求统一编号。

13.4.2 设备/材料（询价、订货）请购单/技术规格书，在询价阶段和订货阶段若同用一份文件，订货合同签字前可根据买卖双方取得一致的意见，对其中内容和条文进行修改，并出新版文件。当采用设备/材料请购单时，应将表中"询价"字样打"×"或删除，填写合同号、签署日期；当采用设备/材料技术规格书时，

应将技术规格书中第 5 章"报价要求"内容删除。

13.5 附录

附录 A　设备/材料（询价、订货）请购单（格式）

（公司标）	设备/材料（询价、订货）请购单（格式）		询价号		日期		部门	
			合同号		日期			
工程名称		工程地址		工程号		第1页		共3页
工程合同号		编制		校核		审核		设计经理		日期	

序号	货物名称及规格		位号	数量	重量（kg）	技术附件	
						文件号	版次

卖方提供的图纸资料清单						询价号		合同号		第3页	共3页

组别	类别	图纸资料名称	随报价提供的图纸资料		先期确认图（ACF图）		最终确认图（CF图）	
			份数	时间	份数	时间	份数	时间
1	1.1	外形图或布置图			(3)		(4)	
	1.2	基础负荷图			(3)		(4)	
	1.3	流程图或接线图			(3)		(4)	
	1.4	补充完整设计数据表			(3)		(4)	
2	2.1	设备详图			(3)		(4)	
	2.2	安装图和组装图			(3)		(4)	
	2.3	计算书			(3)		(4)	
	2.4	焊接工艺规程			(3)		(4)	
	2.5	预期的性能曲线或数据			(3)		(4)	
3	3.1	设备装运图			(3)		(4)	
	3.2	试车备件清单			(3)		(4)	
	3.3	两年备件清单			(3)		(4)	
	3.4	制造检验计划						
	3.5	专用工具清单						
4	4.1	制造厂数据报告					(5)	
	4.2	性能试验报告					(5)	
	4.3	安装维护操作说明					(5)	
	4.4	现场组装和安装图					(5)	
	4.5	钢厂试验合格证书					(5)	

说明：

1. 卖方提供的图纸资料的内容和要求应遵循 HG/T 207011.13—2000《卖方图纸和数据要求》。

2. 符号：R—底图；P—复印图（或蓝图）；S—软盘。

3. 符号(3)左侧的数字为合同生效后的周数。

4. 符号(4)左侧的数字为卖方收到由买方返回的 ACF 图[在加盖的审查专用章中的"批准"或"修改后批准"栏前的方框(√)]后的周数。

5. 符号(5)左侧的数字为设备（或物品）发运后的周数。

附录 B　设备（询价、订货）请购单（例）

（公司标）	设备（询价、订货）请购单（例）		询价号	××××	日期		部门	
			合同号	××××	日期			
工程名称	日产 400 吨尿素装置	工程地址	中国××省××市	工程号	××××	第1页		共2页
工程合同号	××××	编制		校核		审核		设计经理		日期	

续表

序号	货物名称及规格	位号	数量 台	重量 (kg)	技术附件 文件号	技术附件 版次
1	解吸塔预热器	E-116	1		RA-E-23005	3
					RA-E-23006	3
2	蒸汽冷凝液冷却器	E-122	1		RA-E-23104	1
					CWP725-97	
	附加说明:				GA-E-60701	1
	1. 设计、材料、制造、检验和试验应遵循 ASME CODE SECT. Ⅷ DIV. Ⅰ 和右列技术附件要求				GA-E-60703	1
	2. 连接法兰标准为 ANSI B16.5,接管应尽可能设在固定端板上					
	3. 整个板片和活动端板由顶部导杆支承,底部导杆仅作导向用且应包上不锈钢					
	4. 所有垫片应用合适的合成黏结剂粘到板片上,带黏结剂的垫片就位后应通过不低于正常操作温度下约 1 小时固化,固化后应检查。变了形的垫片应更换并再次固化					
	5. 水压试验应按使用的规范的要求进行,试验用水的氯离子含量应小于 25ppm					

| 卖方提供的图纸资料清单(例) | | | | | | | | | 询价号 | | 合同号 | | 第2页 | 共2页 |

组别	类别	图纸资料名称	随报价提供的图纸资料 份数	随报价提供的图纸资料 时间	先期确认图(ACF图) 份数	先期确认图(ACF图) 时间	最终确认图(CF图) 份数	最终确认图(CF图) 时间
1	1.1	外形图或布置图	3P	20天	6P	4(3)	8P	4(4)
	1.2	基础负荷图						
	1.3	流程图或接线图						
	1.4	补充完整设计数据表	3P	20天				
2	2.1	设备详图						
	2.2	安装图和组装图			6P	4(3)	8P	4(4)
	2.3	计算书	3P	20天				
	2.4	焊接工艺规程						
	2.5	预期的性能曲线或数据						
3	3.1	设备装运图			6P	4(3)	8P	4(4)
	3.2	试车备件清单			6P	4(3)	8P	4(4)
	3.3	两年备件清单			6P	4(3)	8P	4(4)
	3.4	制造检验计划						
	3.5	专用工具清单						
4	4.1	制造厂数据报告					8P	2(5)
	4.2	性能试验报告						
	4.3	安装维护操作说明					8P	2(5)
	4.4	现场组装和安装图					8P	2(5)
	4.5	钢厂试验合格证书					8P	2(5)

说明:

1. 卖方提供的图纸资料的内容和要求应遵循 HG/T 207011.13—2000《卖方图纸和数据要求》。

2. 符号:R—底图;P—复印图(或蓝图);S—软盘。

3. 符号(3)左侧的数字为合同生效后的周数。

4. 符号(4)左侧的数字为卖方收到由买方返回的 ACF 图[在加盖的审查专用章中的"批准"或"修改后批准"栏前的方框(√)]后的周数。

5. 符号(5)左侧的数字为设备(或物品)发运后的周数。

附录 C 材料(询价、订货)请购单(例)

(公司标)	材料(询价、订货) 请购单(例)			询价号	××××	日期		部门	
				合同号	××××	日期			
工程名称	××××		工程地址	中国××省××市	工程号	××××	第×页	共×页	
工程合同号	××××	编制		校核		审核	设计经理	日期	

续表

序号	货物名称及规格		位号	数量	重量/kg	技术附件	
						文件号	版次
1	X2CrNiMo18143Mod 不锈钢管					ENG. STD 30-A10S-95	0
1.1	$\Phi273\times25.4$	$L\geqslant4$m		20m		ENG. STD 8-A9S-95	0
1.2	$\Phi219\times20$	$L\geqslant4$m		20m		ENG. STD 8-A10S-95	0
2	X2CrNiMo25-22-2 不锈钢无缝管						
2.1	$\Phi313\times3$	$L=7100$		95 根			
2.2	$\Phi25\times2.5$	$L=12350$		20 根			
2.3	$\Phi38\times8$	$L\geqslant3000$		230m			

附加说明：

1. 材料供货技术要求按 DIN 17458 和右列工程标准

2. 管子(上列第 1 项)尺寸公差按 DIN 2462D1/T1,对于 $\Phi31\times3$ 外径 ±0.2mm,壁厚 $\pm10\%t$,对于 $\Phi38\times8$ 尺寸公差按 DIN 2462D2/T2

3. X2CrNiMo25-22-2 的化学成分和机械性能应符合工程标准 14-A325-95,X2CrNiMo18143Mod 的化学成分应符合工程标准 30-AIOS-95,机械性能应符合 DIN 17458 要求

4. 附加试验按工程标准 30-A10S-95,14-A325-95,8-A9S-95 和 8-A10S-95

5. 管子供货状态:固溶处理+酸洗

6. 表面状态按 DIN 17458 第 8 表,最低为 h 级

7. 合格证记录报告按 DIN 50049 3.1B,买方保留复验(抽查)的权利

8. 管材发货前应用防水塑料进行适当包装并装入木箱中发运

9. 对于 $\Phi31\times3$,$\Phi38\times8$,炉批号应尽量少,每个炉批号的管子应大于 200 根

注:(1)本表只作为一个填写格式样例,不针对某项目

(2)上述附加说明也可编写成一份采购技术附件,附入本请购单中

附录 D 尿素合成塔、高压洗涤塔技术规格书（例一）

(公司标)	用 户:××化工厂 工程地址:××省××市 项目名称:日产××××吨尿素装置	工程号:×××× 询价号:×××× 第 1 页共 6 页

尿素合成塔、高压洗涤器技术规格书(例一)

目 录

0	用于询价					
版次	说明	设计经理	日期	编制	校核	审核

D.1 总则

D.1.1 范围

1 本技术规格书规定了××化工厂日产××××吨 CO_2，汽提法尿素装置在 D.1.1 条第 2 款中所列设备的供货范围和设计、材料、制造、检验、试验采用的规范、标准和必须遵循的相关技术文件以及投标技术要求。

2 本技术规格书中包括下述设备：

(1) 尿素合成塔　　201-D　　1 台

(2) 高压洗涤器　　203-C　　1 台

3 卖方的供货应完全遵循本技术规格书各规定条款的要求，如有偏离应书面列出，且在开始制作之前取得买方的认可。

D.1.2 规范、标准及相关技术文件

1 设计、制造、检验和试验应遵循本技术规格书，以及设备图纸和技术文件中指明的规程、标准、规范和要求的条款。

2 当各项技术文件出现矛盾时，优先采用的顺序为：

——本技术规格书；

——所附的技术文件；

——(设计单位名称缩写) 设备通用技术规定。

如发现有矛盾时，卖方应向买方提出并予以澄清，原则上应以最严的要求为准。

3 遵循 (设计单位名称缩写) 设备通用技术规定和标准，不能解除买方的责任、保证和合同的其他义务。

4 设备的设计、材料、制造、检验和试验应遵循下列规范、标准和技术文件。

(1) 本技术规格书涉及的规范、标准名称及版本如下：

——ASME 第Ⅷ篇第 1 分册最新版 (适用于高压洗涤器)

——ASME 第Ⅷ篇第 2 分册最新版 (适用于尿素合成塔)

——TEMA Class R 最新版

——WRC 会刊 107 期

——ANSI B16.5 最新版

(2) 与本技术规格书相关的工程标准和技术文件如下：

——994-201D-1　　尿素合成塔

——994-201D-2　　尿素合成塔详图

——994-201D-3　　尿素合成塔详图

——994-201D-4　　尿素合成塔详图

——994-201D-5　　尿素合成塔详图

——994-203C-1　　高压洗涤器

——994-203C-2　　高压洗涤器详图

——994-203C-3　　高压洗涤器详图

——994-203C-4　　高压洗涤器详图

——994-203C-5　　高压洗涤器详图

——C10-A15E-95　　高压汽提塔、高压冷凝器、高压洗涤器的计算

——D10-A15E-95　　尿素合成塔采购说明书 (通用技术规定)

——C10-A10S-95　　尿素厂高压部分高压汽提塔、高压冷凝器、高压洗涤器的计算

——D10-A10S-95　　尿素厂高压尿素合成塔的计算

——30-A105-95　　尿素厂 316Lmod 不锈钢的材料要求

——14-A32S-95　　尿素厂 $X_2CrNiMo25-22-2$ 不锈钢材料要求

——8-A9S　尿素厂耐腐蚀钢的休氏试验和金相检验取样

——8-A10S-95　尿素厂耐腐蚀钢的休氏试验和金相检验

——8-A11S-95　尿素高压设备自动焊和手工堆焊的焊接工艺评定

——8-A12S-95　尿素高压设备不锈钢手工堆焊焊工技能评定

——8-A13S-95　不锈钢高压尿素设备管子与管板连接焊的焊接工艺评定

——8-A14S-95　尿素高压设备自动堆焊的超声波检验

——D10-A10P-95　压力容器氨泄漏试验

——M20-A81-95　尿素厂高压法兰

——HG/T 20701.13—2000　卖方图纸和数据要求

——944-MPV　压力容器铭牌

——944-MPE　热交换器铭牌

——944-BV　保温支架

D.2　设计

D.2.1　设备的设计、制造、检验和试验应遵循买方提供的设计图纸和 D.1.2 条第 4 款所述的相关文件的要求。

D.2.2　由卖方提供的设计图纸和文件应采用英文（或中英文），所采用的单位为国际单位制（温度℃；压力 MPa；长度 mm）。

D.2.3　所有材料应完全符合买方的规定，如从技术角度考虑更为有效和更加经济时，卖方可推荐替代材料。当材料不在 ASTM 标准内，材料的化学成分、机械性能和焊接性能应附在技术报价中。

D.3　供货范围

设备的供货将包括下列项目：

D.3.1　尿素合成塔和高压洗涤器

——整台尿素合成塔、高压洗涤器的设计、材料、制造、检验和试验；

——设备支座；

——一套液压螺栓上紧装置[见注]；

——为适应液压装置上紧，人孔（法兰）上的双头螺栓应适当加长并配特制螺母；

——供整台设备起吊用的吊耳或吊轴；

——设备保温支架；

——平台、爬梯、管道支承的预焊件（如果存在的话）；

——带支承和全部紧固件完整的内件；

——设备铭牌；

——接地板；

——地脚螺栓和螺母。

注：一套液压螺栓上紧装置应包括下列配件：

——一台高压手动油泵；

——每种螺栓/螺母规格配四个拉伸器；

——一个油分布器（要求一进四出）；

——四根高压软臂，每根长 4 米，并配适当的高压连接接头。

D.3.2　安装和开车备件

1　每种类型的安装用垫片 200%；

2　人孔盖和管箱法兰每种规格的双头螺栓和螺母 2 套；

3　每种型式内件安装用垫片 200%；

4　尿素合成塔塔板连接螺栓、螺母和垫片 20%（至少 30 套）。

D.3.3　两年正常操作备件

1　人孔盖和管箱法兰用垫片 200%；

2　每种规格的螺栓、螺母 10%（至少 4 套）。

D.4　卖方提供的图纸资料清单

合同签订后，卖方应按下表规定提供图纸和资料。

组别	类别	图纸资料名称	随报价提供的图纸资料		先期确认图（ACF图）		最终确认图（CF图）	
			份数	时间	份数	时间	份数	时间
1	1.1	外形图或布置图	3P	随报价	6P	6(3)	1R＋8P	2(4)
	1.2	基础负荷图			6P	6(3)	1R＋8P	2(4)
	1.3	流程图或接线图						
	1.4	补充完整设计数据表						

组别	类别	图纸资料名称	随报价提供的图纸资料		先期确认图（ACF 图）		最终确认图（CF 图）	
			份数	时间	份数	时间	份数	时间
2	2.1	设备详图			6P	6(3)	1R＋8P	2(4)
	2.2	安装图和组装图			6P	6(3)	1R＋8P	2(4)
	2.3	计算书			6P	6(3)	8P	2(4)
	2.4	焊接工艺规程			6P	6(3)	8P	2(4)
	2.5	预期的性能曲线或数据						
3	3.1	设备装运图			6P	6(3)	1R＋8P	2(4)
	3.2	试车备件清单			6P	8(3)	8P	2(4)
	3.3	两年备件清单			6P	4(3)	8P	4(4)
	3.4	制造检验计划			6P	6(3)		
	3.5	专用工具清单			6P	6(3)	8P	4(4)
4	4.1	制造厂数据报告					8P	2(5)
	4.2	性能试验报告						
	4.3	安装维护操作说明					8P	2(5)
	4.4	现场组装和安装图					1R＋8P	2(5)
	4.5	钢厂试验合格证书					8P	2(5)

说明：

1. 卖方提供的图纸资料的内容和要求应遵循 HG/T 207011.13—2000《卖方图纸和数据要求》。

2. 符号：R—底图；P—复印图（或蓝图）；S—软盘。

3. 符号（3）左侧的数字为合同生效后的周数。

4. 符号（4）左侧的数字为卖方收到由买方返回的 ACF 图［在加盖的审查专用章中的"批准"或"修改后批准"栏前的方框（√）］后的周数。

5. 符号（5）左侧的数字为设备发运后的周数。

D.5　报价要求

投标者在其报价中应附技术报价，其内容至少应包括：

D.5.1　设备简图，在图中至少应包括：

——外形图；

——主要结构尺寸及重量。

D.5.2　主要构件材料及供货商清单。

D.5.3　主要零部件的制造程序说明。

D.5.4　建议的安装、开车备件和两年操作备件清单。

D.5.5　制造、检验计划。

D.5.6　其他需要说明的问题。

附录 E　换热器技术规格书（例二）

（公司标）	用　　户：××化工厂 工程地址：××省××市 项目名称：日产××××吨尿素装置	工程号：×××× 询价号：×××× 第 1 页共 5 页

换热器技术规格书（例二）

目　录

E.1　总则

E.2　设计

E.3　供货范围

E.4　卖方提供的图纸资料清单

E.5　报价要求

0	用于询价					
版次	说明	设计经理	日期	编制	校核	审核

E.1　总则

E.1.1　范围

1　本技术规格书规定了××化工厂日产××××吨 CO_2，汽提法尿素装置在 E.1.1 条第 2 款中所列设备的供货范围和设计、材料、制造、检验、试验采用的规范、标准和必须遵循的相关技术文件以及投标技术要求。

2　本技术术规格书中包括下述设备：

(1) 高压 CO_2 冷却器　　102-C　　　1台
(2) 中压 CO_2 加热器　　105-C　　　1台
(3) 中压 CO_2 冷却器　　106-C　　　1台
(4) 二段蒸发器　　　　　402-C　　　1台
(5) 一段蒸发冷凝器　　　702-C　　　1台
(6) 二段蒸发冷凝器　　　703-C　　　1台
(7) 水解器换热器　　　　707-CA/CB 1+1台

3　卖方的供货应完全遵循本技术规格书各规定条款的要求，如有偏离应书面列出，且在开始制作之前取得买方的认可。

E.1.2　规范、标准及相关技术文件

1　设计、制造、检验和试验应遵循本技术规格书，以及设备图纸和技术文件中指明的规程、标准、规范和要求的条款。

2　当各项技术文件出现矛盾时，优先采用的顺序为：

——本技术规格书；

——所附的技术文件；

——（设计单位名称缩写）设备通用技术规定。

如发现有矛盾时，卖方应向买方提出并予以澄清，原则上应以最严的要求为准。

3　遵循（设计单位名称缩写）设备通用技术规定和标准，不能解除买方的责任、保证和合同的其他义务。

4　设备的设计、材料、制造、检验和试验应遵循下列规范、标准和技术文件。

(1) 本技术规格书涉及的规范、标准名称及版本如下：

——ASME 第Ⅷ篇第 1 分册最新版

——TEMA Class R 最新版

(2) 与本技术规格书相关的工程标准和技术文件如下：

——994-102C-1　　　　　高压 CO_2 冷却器总图　　　0版
——994-102C-2　　　　　高压 CO_2 冷却器详图　　　0版
——994-102C-3　　　　　高压 CO_2 冷却器详图　　　0版
——994-105C-1　　　　　中压 CO_2 加热器总图　　　0版
——994-105C-2　　　　　中压 CO_2 加热器详图　　　0版
——994-106C-1　　　　　中压 CO_2 冷却器总图　　　0版
——994-106C-2　　　　　中压 CO_2 冷却器详图　　　0版
——994-402C-1　　　　　二段蒸发器总图　　　　　　0版
——994-402C-2　　　　　二段蒸发器详图　　　　　　0版
——994-702C-1　　　　　一段蒸发冷凝器总图　　　　0版
——994-702C-2　　　　　一段蒸发冷凝器详图　　　　0版
——994-702C-3　　　　　一段蒸发冷凝器详图　　　　0版
——994-703C-1　　　　　二段蒸发冷凝器总图　　　　0版
——994-703C-2　　　　　二段蒸发冷凝器详图　　　　0版
——994-703C-3　　　　　二段蒸发冷凝器详图　　　　0版
——994-707CA/CB-1　　　水解器换热器总图　　　　　0版
——994-707CA/CB-2　　　水解器换热器详图　　　　　0版
——C41-A1E-95　　　　　管壳式换热器通用技术规定　0版
——HG/T 20701.13—2000　卖方图纸和数据要求　　　　0版
——944-MPE　　　　　　换热器铭牌　　　　　　　　0版

E.2 设计

E.2.1 设备的设计、制造、检验和试验应遵循买方提供的设计图纸和相关文件的要求。

E.2.2 由卖方提供的设计图纸和文件应采用英文（或中英文），所采用的单位为国际单位制（温度℃；压力 MPa；长度 mm）。

E.2.3 所有材料应完全符合买方的规定，如从技术角度考虑更为有效和更加经济时，卖方可推荐替代材料。当材料不在 ASTM 标准内（或 GB 150 中），材料的化学成分、机械性能和焊接性能应附在技术报价中。

E.3 供货范围

设备的供货将包括下列项目：

E.3.1 本次采购所包括的设备

——整台设备的设计、材料、制造、检验和试验；

——设备所有内件，支承和紧固件；

——保温支架（有要求时）；

——吊耳，重叠换热器调整块；

——梯子、平台、管子支架的预焊件（有要求时）；

——设备铭牌；

——接地板；

——地脚螺栓和螺母。

E.3.2 安装和开车备件

1 10％管箱（壳体）法兰连接螺栓、螺母 10％（每种型式至少 4 套）。

2 高压螺栓和螺母每种规格 2 套；

3 每种型式垫片 200％；

E.3.3 两年正常操作备件

1 200％管箱法兰、壳体法兰垫片；

2 10％管箱（壳体法兰）连接螺栓、螺母。

E.4 卖方提供的图纸资料清单

合同签订后，卖方应按下表规定提供图纸和资料。

组别	类别	图纸资料名称	随报价提供的图纸资料		先期确认图（ACF 图）		最终确认图（CF 图）	
			份数	时间	份数	时间	份数	时间
1	1.1	外形图或布置图	3P	随报价	6P	6(3)	1R＋8P	2(4)
	1.2	基础负荷图			6P	6(3)	1R＋8P	2(4)
	1.3	流程图或接线图						
	1.4	补充完整设计数据表						
2	2.1	设备详图			6P	6(3)	1R＋8P	2(4)
	2.2	安装图和组装图			6P	6(3)	1R＋8P	2(4)
	2.3	计算书			6P	6(3)	8P	2(4)
	2.4	焊接工艺规程			6P	6(3)	8P	2(4)
	2.5	预期的性能曲线或数据						
3	3.1	设备装运图			6P	6(3)	1R＋8P	2(4)
	3.2	试车备件清单	3P	随报价	6P	8(3)	8P	2(4)
	3.3	两年备件清单	3P	随报价	6P	8(3)	8P	2(4)
	3.4	制造检验计划			6P	6(3)		
	3.5	专用工具清单			6P	6(3)	8P	2(4)
4	4.1	制造厂数据报告					8P	2(5)
	4.2	性能试验报告						
	4.3	安装维护操作说明					8P	2(5)
	4.4	现场组装和安装图					1R＋8P	2(5)
	4.5	钢厂试验合格证书					8P	2(5)

说明：

1. 卖方提供的图纸资料的内容和要求应遵循 HG/T 207011.13—2000《卖方图纸和数据要求》。

2. 符号：R—底图；P—复印图（或蓝图）；S—软盘。

3. 符号（3）左侧的数字为合同生效后的周数。

4. 符号（4）左侧的数字为卖方收到由买方返回的 ACF 图［在加盖的审查专用章中的"批准"或"修改后批准"栏前的方框（√）］后的周数。

5. 符号（5）左侧的数字为设备发运后的周数。

E.5　报价要求

投标者在其报价中应附技术报价，其内容至少应包括：

E.5.1　设备简图，在图中至少应包括：

——外形图；

——主要结构尺寸及重量。

E.5.2　主要构件材料及供货商清单。

E.5.3　主要零部件的制造程序说明。

E.5.4　建议的安装、开车备件和两年操作备件清单。

E.5.5　其他需要说明的问题。

参考文献

[1]　化工部化工工艺配管设计技术中心站组织编写. 化工管路手册. 北京：化学工业出版社，1986.
[2]　中国石化集团上海工程有限公司编. 化工工艺设计手册. 第三版. 北京：化学工业出版社，2003. 7
[3]　时钧，汪家鼎，余国琮，陈敏恒主编. 化学工程手册. 第二版. 北京：化学工业出版社，1996. 1
[4]　童景山，李敬. 流体热物理性质的计算. 北京：清华大学出版社，1982.
[5]　宋岢岢主编. 压力管道设计及工程实事. 北京：化学工业出版社，2007.
[6]　成大先主编. 机械设计手册. 北京：化学工业出版社，2004.
[7]　陆培文，孙晓霞，杨炯良编著. 阀门选用手册. 北京：机械工业出版社，2001.
[8]　张德姜，王怀义，刘绍叶主编. 工艺管道安装设计手册. 北京：中国石化出版社，1998.
[9]　王松汉主编. 石油化工设计手册. 北京：化学工业出版社，2001.
[10]　化工部化工机械研究院. 腐蚀与防护手册. 北京：化学工业出版社，1991.
[11]　《工业金属管道设计规范》GB 50316—2000.